信息技术经典译丛

电子学的艺术

（原书第3版）

|上册|

[美] 保罗·霍洛维茨（Paul Horowitz）
温菲尔德·希尔（Winfield Hill） 著

任爱锋 张伟涛 袁晓光 邓军 杨延华 朱天桥 罗铭 译

邓成 审校

The Art of Electronics

|Third Edition|

机械工业出版社
CHINA MACHINE PRESS

图书在版编目（CIP）数据

电子学的艺术 : 原书第 3 版. 上册 /（美）保罗·霍洛维茨（Paul Horowitz），（美）温菲尔德·希尔（Winfield Hill）著 ; 任爱锋等译. -- 北京 : 机械工业出版社，2024. 9. --（信息技术经典译丛）.
ISBN 978-7-111-76080-1

Ⅰ. TN01

中国国家版本馆 CIP 数据核字第 20241WR893 号

机械工业出版社（北京市百万庄大街 22 号　邮政编码 100037）
策划编辑：王　颖　　　　责任编辑：王　颖
责任校对：高凯月　杨　霞　景　飞　　责任印制：郜　敏
三河市国英印务有限公司印刷
2024 年 10 月第 1 版第 1 次印刷
185mm×260mm・29.25 印张・1107 千字
标准书号：ISBN 978-7-111-76080-1
定价：149.00 元

电话服务　　网络服务
客服电话：010-88361066　　机　工　官　网：www.cmpbook.com
010-88379833　　机　工　官　博：weibo.com/cmp1952
010-68326294　　金　书　网：www.golden-book.com
封底无防伪标均为盗版　　机工教育服务网：www.cmpedu.com

译者序

《电子学的艺术》的前两版得到了业内人士的广泛认可，被誉为权威的电子电路设计参考书，且被翻译成八种语言，全球销量超过一百万册。相隔25年，《电子学的艺术》的第3版经过作者的全面修订和更新，终于在2015年与读者见面了（第1版于1980年出版，第2版于1989年出版）。在第3版的前言中作者也提到，尽管《电子学的艺术》已经出版了35年，但至今仍然受到电路设计工程师们的欢迎。因此，在此新版中，作者继续采用“How we do it”的写作方式来描述电路设计方法，并且扩展了描述的深度，同时延续了通俗易懂的叙述风格。

《电子学的艺术》起源于作者为哈佛大学电子学实验室课程编写的一系列讲稿。两位作者合作编写本书的初衷是将电路设计的专业知识和丰富的实践经验与电子学教师的视角结合起来。因此，本书强调的是电路设计人员在实践中采用的方法，从一系列基本定律、经验法则和大量技巧出发，鼓励读者发散思维，通过电路参数和性能的简化计算，采用非数学方法理解电路为何（why）以及如何（how）工作。Paul Horowitz是哈佛大学物理学教授，他创建了哈佛大学的实验电子学课程。除了电路设计和电子仪器方面的工作之外，他的研究兴趣还包括天体物理学、X射线和粒子显微镜学、光学干涉测量以及地外智能的探索，他是搜寻外星智能（SETI）的先驱者之一。Winfield Hill在哈佛大学工作期间设计过100余种电子和科学仪器。1988年，他加入由Edwin Land创立的罗兰研究所，担任电子工程实验室主任，设计了约500个科学仪器。两位作者编写的《电子学的艺术》偏向工程实践，充满了巧妙的电路设计方法和敏锐的洞察力，为读者展现了电子学的魅力和乐趣。

《电子学的艺术》第3版与第2版间隔了20多年，书中针对电子学领域的快速发展与变化做了重大改进。在前两版的基础上，作者针对仪器/仪表设计中的模拟电路部分进行了大幅度延伸，包括电源开关、电源转换、精密电路设计、低噪声技术等，并扩展了嵌入式微控制器应用中A/D和D/A转换的器件与应用电路、专用外设IC以及数字逻辑接口器件等。在第3版中，作者还添加了许多全新的主题，例如数字音频和视频（包括有线和卫星电视）、传输线、跨阻放大器、耗尽型/受保护型MOSFET、高端驱动器、石英晶体特性和振荡器、JFET性能、高压稳压器、光电子学、功率型逻辑寄存器、Δ-Σ转换器、精密多斜率转换、存储技术、串行总线等，并增加了“大师级设计”示例。由于数字存储示波器技术的发展，此新版中作者通过使用示波器的屏幕截图来展示电路的工作波形，使得电路的功能描述更加直观。除此之外，此新版中还给出了大量非常有用的测量数据，如晶体管噪声和增益特性、运算放大器输入和输出特性等，通常这些信息在相关器件的数据手册中很难直接获得，但在实际电路设计中又是非常重要的。此新版的内容和细节描述部分得到了大量扩充，包含的大量实用的电路设计实例、电路设计思路和技巧、图表资料以及芯片参考资料是普通电子学书籍所没有的。附加练习为所学知识点的巩固提供了帮助。

《电子学的艺术》的作者在第1版前言中给出了采用本书作为教学参考的建议，本书在哈佛大学作为一学期课程的教材（教学中省略了书中不太重要的部分），与之配套的还有一本单独的实验室手册——*Laboratory Manual for the Art of Electronics*（Horowitz和Robinson，1981），其中包含了23个实验练习，以及相关的阅读材料和作业。《电子学的艺术》内容综合全面，而我国高校电子信息类相关专业的电路基础、低频电子线路、高频电子线路、数字电子技术以及微处理器等课程属于独立课程，每一门课程一般在64学时左右，因此《电子学的艺术》非常适合作为教学参考书。另外，我国高等教育正处于新时期教学改革关键时期，许多学校在人才培养模式中尝试课程融合改革，面向

“新工科”人才培养需求，此新版可作为教学改革实验班教材。承担本书审校工作的邓成教授在担任西安电子科技大学电子工程学院副院长期间致力于推动电子信息类相关课程的融合改革，并在改革中参考了本书的相关内容，基于此，机械工业出版社委托西安电子科技大学承担本书的翻译工作，由西安电子科技大学电子工程学院任爱锋教授负责组织相关课程组教师组成翻译团队进行翻译，并在教学改革中引入和实践此新版的相关内容。翻译期间申报的《通过翻译原版教材对电子信息类专业基础课程群建设的思考与研究》获批教育部中外教材比较研究重点项目，基于融合改革课程申报的“数字逻辑与微处理器课程群虚拟教研室”入选全国首批虚拟教研室。本书可作为电气、电子、通信、计算机与自动化等专业本科生的专业基础课程教材或参考书，对于从事电子工程、通信及微电子等方面电路设计的工程技术人员，也是一本具有较高参考价值的好书！因此，欢迎选用本书作为教材或教学参考书的同行与翻译团队教师互相交流学习，并加入“数字逻辑与微处理器课程群虚拟教研室”，共同推动新时期课程改革。

本书主要由西安电子科技大学电子工程学院模拟电子技术、数字电子技术和微机原理课程组多位教师翻译完成。其中任爱锋负责全书的统稿工作，并翻译了前言、第9章和附录；张伟涛翻译了第3章、第13～15章；袁晓光翻译了第11章和第12章；邓军翻译了第8章；杨延华翻译了第10章；朱天桥翻译了第4～7章；罗铭翻译了第1章和第2章；王新怀对本书的翻译也做出了贡献。在本书翻译过程中得到了国家级教学名师——西安电子科技大学孙肖子教授的大力支持与帮助，以及西安电子科技大学电子工程学院领导的支持。本书的翻译工作也离不开机械工业出版社的领导与工作人员的耐心支持与帮助，借此机会表示衷心的感谢。

翻译书籍是件艰苦而细致的工作，尤其是这样一本涉猎范畴广泛的电子学巨著，涉及的专业术语数量非常庞大，即便翻译团队教师竭尽全力，但错误之处也在所难免。加上本书作者极具诙谐幽默的写作风格，以及中外文化背景差异，很多在专业书中很少见到的词语表达让译者很难找到恰当的中文表述，这些给本书的翻译带来了较大挑战。同时，由于翻译团队教师英文能力有限，若有不恰当之处，恳请读者包涵与理解，并感谢您的不吝赐教与斧正。

译　者
2024年2月

第 3 版前言

自 25 年前出版第 2 版以来，摩尔定律仍然发挥着作用。在这次的第 3 版中，作者针对该领域的快速发展与变化，对本书内容做出了重大改进：

- 由于嵌入式微控制器无处不在，第 13 章强调了可用于 A/D 和 D/A 转换的器件和电路；
- 第 15 章增加了用于微控制器的专用外设 IC 的插图；
- 第 10 章和第 12 章增加了对逻辑系列器件选择以及逻辑信号与现实世界接口的详细讨论；
- 对仪器设计中基本模拟部分的重要内容进行了大幅度扩展，包括第 5 章的精密电路设计，第 8 章的低噪声设计，第 3 章、第 9 章和第 12 章的电源开关，以及第 9 章的电源转换。

第 3 版还增加了许多全新的主题，包括：

- 数字音频和视频（包括有线和卫星电视）；
- 传输线；
- 跨阻放大器；
- 耗尽型 MOSFET；
- 受保护型 MOSFET；
- 高端驱动器；
- 石英晶体特性和振荡器；
- JFET 性能；
- 高压稳压器；
- 光电子学；
- 功率型逻辑寄存器；
- Δ-Σ 转换器；
- 精密多斜率转换；
- 存储技术；
- 串行总线；
- “大师级设计”示例。

在此新版中，作者也回应了一个事实：尽管《电子学的艺术》(*The Art of Electronics*) 已经出版了 35 年（现在仍在印刷），但前几版仍然受到从事电路设计的工程师的热烈欢迎。因此，作者将继续采用“How we do it”的方法来设计电路，并扩展了描述的深度，同时希望仍然保留基础知识的易用性和解释性。同时，作者将一些与课程相关的教学和实验材料分拆为独立的 *Learning the Art of Electronics*，这也是对前面版本的 *Student Manual for The Art of Electronics* 的重要扩展。

数字示波器使得波形捕获、注释和测量变得容易，因此，新版中作者通过使用示波器的屏幕截图来展示电路的工作波形。除了这些实际情况之外，书中还以表和图的形式给出了大量非常有用的测量数据，如晶体管噪声和增益特性（e_n、i_n、$r_{bb'}$；h_{fe}、g_m、g_{oss}）、模拟开关特性（R_{ON}、Q_{inj}、电容)、运算放大器输入和输出特性（e_n 和 i_n 超频率、输入共模范围、输出漂移、自动零恢复、失真、可用封装）等。这些通常在数据手册中被隐藏或省略的数据在实际电路设计时是十分重要的。

此新版包括 350 余张插图、50 余张照片和 87 余张表格（列出了超过 1900 个实际器件），最后通过列出可用器件的基本特性（包括标定的和测量得到的）来提供电路元器件的快速选择。

由于此新版中的内容和细节描述部分显著扩展，作者不得不放弃在第 2 版中所描述的一部分话题。此新版尽管使用了较大的页面、更加紧凑的字体以及大多数适合单列布局的图表，但作者希望在该版本中包含的一些额外的相关内容（如关于元器件的实际属性，以及 BJT、FET、运算放大器和功率控制的高级主题），还是被安排在即将出版的 *The Art of Electronics*：*The x-Chapters* 中。

如往常一样，作者欢迎勘误和建议，这些内容可以发送至 horowitz@physics. harvard. edu 或 hill@rowland. harvard. edu。

感谢 首先要感谢的是 David Tranah，他是剑桥大学出版社不懈努力的编辑、我们的支柱、乐于助人的 LATEX 专家，以及书籍出版高级顾问。他费力地阅读了 1905 页的文稿，修改了来自不同审阅人的 LATEX 源文件，然后输入数千个索引条目，使其与 1500 多个图表链接在一起，同时还需要忍受两位作者的挑剔。我们感激 David。

我们还要感谢电路设计大师 Jim Macarthur，他仔细阅读了所有的章节，并提出了非常有价值的改进建议，我们采纳了他的每一个建议。我们的同事 Peter Lu 教会了我们使用 Adobe Illustrator，当我们有问题时，他就会及时出现，书中的插图证明了他对我们高质量的辅导。还有我们总是非常有趣的同事 Jason Gallicchio，他慷慨地将他的 Mathematica 大师级技能用于 Δ-Σ 转换、非线性控制和滤波函数特性的图形化展示中；在微控制器章节中也留下了他的印记，包括他的智慧和代码。

感谢 Bob Adams、Mike Burns、Steve Cerwin、Jesse Colman、Michael Covington、Doug Doskocil、Jon Hagen、Tom Hayes、Phil Hobbs、Peter Horowitz、George Kontopidis、Maggie McFee、Curtis Mead、Ali Mehmed、Angel Peterchev、Jim Phillips、Marco Sartore、Andrew Speck、Jim Thompson、Jim van Zee、GuYeon Wei、John Willison、Jonathan Wolff、John Woodgate 和 Woody Yang。同样感谢其他在这里遗漏的人，并对遗漏表示歉意。本书内容的其他贡献者（来自 Uwe Beis、Tom Bruhns 和 John Larkin 等人的电路，基于网络的工具，非寻常的测试数据等）在书中相关文本中给出了引用参考。

感谢 Simon Capelin 对我们的不懈鼓励。在整个出版过程中，我们要感谢我们的项目经理 Peggy Rote、我们的文字编辑 Vicki Danahy 以及一群不知名的平面艺术家，他们将我们的铅笔电路草图转换成美丽的矢量图形。

我们怀念已故的同事兼朋友 Jim Williams，他为我们讲述了电路故障发现和解决的精彩故事，以及他对精确电路设计的不妥协态度。他诚恳的工作态度是我们所有人的榜样。

最后，我们永远感激对我们充满爱心、支持和宽容的爱人——Vida 和 Ava。

Paul Horowitz

Winfield Hill

2015 年 1 月

第 2 版前言

在过去的四十多年里，电子学可能是所有科技领域中发展最迅速的领域之一。因此，作者在1980 年尝试推出一本尽可能全面讲授这一领域艺术的书籍。这里所说的“艺术”，是指对实际电路、实际器件等有深入了解并能熟练应用的技能，而不是在普通电子学书籍中所介绍的偏向抽象的方法。当然，在一个快速发展的领域中，这种注重实际应用细节的方法也存在一定的风险——最主要的就是随着技术的快速发展，这些技巧很快会变得陈旧。

电子技术的进步并没有让我们失望！在第 1 版刚刚出版不久，作者就感到之前关于“经典的2KB 2716 EPROM 价格约为 25 美元”的说法已经过时了。如今，这些 EPROM 已经被容量大 64 倍、价格不到一半的新 EPROM 所取代，它们甚至已经很难买到了！因此，第 2 版的一个重要部分是对改进的器件和方法的更新——完全重写了关于微型计算机和微处理器（使用 IBM PC 和 68008）的章节，对数字电子学（包括 PLD 和新的 HC 及 AC 逻辑系列）、运算放大器和精准设计（反映 FET 输入运算放大器的优越性）以及结构设计技术（包括 CAD/CAM）的章节进行了大量修订。

作者也利用第 2 版修订的机会回应了读者反馈的建议，并融合了作者自己在使用第 1 版过程中的经验。因此，作者重新编写了关于场效应晶体管的章节，并将其放在运算放大器的章节之前。新版本还添加了关于低功率和微功耗设计（包括模拟和数字）的新章节，这是一个既重要又被忽视的领域。剩下的大部分章节都进行了大规模的修订。新版本增加了许多新的表格，包括 A/D 及 D/A 转换器、数字逻辑器件和低功率器件，整本书中图表的数量被扩展了很多。

在整个修订过程中，作者尽可能保持原版的非正式感和易于理解的特点，这也是第 1 版作为参考资料和教材都非常成功以及受读者喜爱的原因。作者也了解到，初学者在第一次接触电子学时所面临的困难在于这个领域的相关知识交织紧密，但没有一条可以通过逻辑步骤让初学者从新手变为全面胜任的电路设计师的学习路径。因此，作者在全书中添加了大量的交叉引用；此外，作者还将单独的实验室手册扩展为学生手册（Thomas C. Hayes 和 Paul Horowitz 编写的 *Student Manual for The Art of Electronics*），其中包括了额外的电路设计示例、解释性材料、阅读任务、实验室练习和针对选定问题的解决方案。这些补充材料能够满足许多将本书作为参考资料使用的读者的要求，使本书的内容既简洁又丰富。

作者希望新版能够满足所有读者的需求，包括学生和从事工程实践的工程师，并欢迎读者提出建议和勘误。读者可以直接将意见寄给美国马萨诸塞州剑桥市哈佛大学物理系的 Paul Horowitz 教授。

在编写新版的过程中，非常感谢 Mike Aronson、Brian Matthews、John Greene、Jeremy Avigad、Tom Hayes、Peter Horowitz、Don Stern 和 Owen Walker 提供的帮助；还要感谢 Jim Mobley 出色的校对工作，以及剑桥大学出版社 Sophia Prybylski 和 David Tranah 的专业与敬业精神，还有罗森劳出版服务公司辛劳的排版人员在 TEX 方面的精湛技艺。

Paul Horowitz
Winfield Hill
1989 年 3 月

第1版前言

本书旨在作为电子电路设计相关课程的参考书，适合电子技术领域的初学者阅读，通过学习本书，读者可以达到一定的电子电路设计水平。本书采用了直接的方法来呈现电路设计的基本理念，同时选择了一些比较深入的设计题目。本书的目的是在电路设计中融合实践物理学家的实用主义与工程师的定量化方法，工程师需要对电路设计进行全面的评估。

本书起源于为哈佛大学电子实验室课程编写的一系列讲稿。这门课程的学生构成比较复杂，包括本科生、在读研究生以及已经毕业的研究生和博士后研究人员，本科生是为了将来在科学或工业领域拥有工作、学习技能，研究生已经具备了明确的研究领域，已经毕业的研究生和博士后研究人员突然发现自己在“做电子”方面有所欠缺。

在电子实验室的教学中，我们发现现有的书籍对这门课程来说是不够的。虽然有针对四年工程课程或从业工程师编写的各种电子专业的优秀书籍，但那些试图涵盖整个电子领域的书籍似乎存在过多的细节（类似于手册），或过度简化（类似于食谱），或内容选择不平衡。许多面向初学者的书籍中所采用的看似受欢迎的教学方法实际上是不必要的，也就是说工程师们实际上是不使用这些方法的，而电路设计工程师所采用的实用的电路设计和分析方法则隐藏在应用笔记、工程期刊和难以获得的数据手册中。换句话说，很多作者在书籍中更多地呈现了电子学的相关理论而不是电子学的艺术。

本书两位作者合作编写本书的初衷是将电路设计工程师的专业知识与物理学家丰富的实践经验和电子学教师的视角结合起来。因此，本书中的讨论反映了两位作者的观点，即当前实践中应用的电子学基本上是一种简单的艺术，是一些基本定律、经验法则和大量技巧的结合。基于此，书中完全省略了固态物理、晶体管 h 参数模型和复杂网络理论的常规讨论，并尽量减少了负载线和 s 平面的相关内容。书中大多数的案例讨论是非数学的，鼓励读者进行电路设计头脑风暴，最多采用粗略方法计算电路值和性能。

除了电子学相关书籍中通常会涉及的主题外，本书还包括以下方面的内容：

- 易于使用的晶体管模型；
- 比较实用的子电路的广泛讨论，如电流源和电流镜；
- 单电源运算放大器的设计；
- 讨论一些容易理解但实际设计信息却很难找到的主题，例如运算放大器频率补偿、低噪声电路、锁相环和精密线性设计；
- 通过表格和插图实现有源滤波器的简化设计；
- 在噪声部分专门讨论屏蔽和接地；
- 一种用于简化低噪声放大器分析的图形方法；
- 专门用一章介绍电压参考和稳压电源，包括恒流电源；
- 对单稳态多谐振荡器及其特性的讨论；
- 收集数字逻辑设计中的错误现象及其应对措施；
- 对逻辑器件内部结构的广泛讨论，重点是 NMOS 和 PMOS LSI；
- 对 A/D 和 D/A 转换技术的详细讨论；
- 专门用一节介绍数字噪声的产生；

- 对微型计算机和数据总线接口的讨论，包括汇编语言的简介；
- 专门用一章介绍微处理器，包含实际设计示例和讨论——如何使用它们完成仪器的设计，以及如何让它们按照我们的意愿工作；
- 专门用一章介绍电子结构相关技术——原型制作、印制电路板、仪器设计等；
- 评估高速开关电路的简单方法：
- 专门用一章介绍科学测量和数据处理——如何精确测量，如何处理数据；
- 带宽变窄方法——信号平均、多通道缩放、锁相放大器和脉冲振幅分析；
- 有趣的“错误电路”集合和“电路设计建议”集合；
- 非常有用的附录，包括如何绘制原理图、IC 的通用类型、*LC* 滤波器设计、电阻值、示波器、相关数学知识回顾等；
- 二极管、晶体管、场效应晶体管、运算放大器、比较器、稳压器、电压参考、微处理器和其他器件的表格，列出了最常用的和最佳类型的特性。

整本书中作者都采用一种命名原则，经常将电路中所用的器件与同类型器件在特性上进行比较，并给出替代电路配置的优点。书中给出的示例电路都使用真实的器件类型，而不是黑盒子。本书的意图是让读者清楚地理解在设计电路时所做出的选择——如何选择电路配置、器件类型和元件值。许多与数学无关的电路设计技术并不会导致电路性能或可靠性的降低。相反，这些技术增强了读者对实际工程应用中电路的理解，代表了比较好的电路设计方法。

另外，还有一本单独的实验室手册——*Laboratory Manual for the Art of Electronics*（Horowitz 和 Robinson，1981)，其中包含了 23 个实验练习，以及与本书相关的阅读材料和作业。

为了引导读者更好地阅读本书，作者在页边留出了一些空白方框，标记了作者认为可以快速浏览的部分章节。对于一门一学期的课程来说，可能最好省略第 5（上半部分)、7、12、13、14 以及 15 章可以省略的内容，正如这些章节开头段落中所解释的那样。

作者要感谢在撰写本书过程中给予意见、建议和帮助的同事们，特别是 Mike Aronson、Howard Berg、Dennis Crouse、Carol Davis、David Griesinger、John Hagen、Tom Hayes、Peter Horowitz、Bob Kline、Costas Papaliolios、Jay Sage 和 Bill Vetterling；还要感谢 Eric Hieber 和 Jim Mobley，以及剑桥大学出版社的 Rhona Johnson 和 Ken Werner，感谢他们富有想象力和高度专业的工作。

Paul Horowitz
Winfield Hill
1980 年 4 月

目录

第1章 电子学基础

1.1 引言

电子学领域的发展和应用是20世纪最成功的典范之一。从最初的原始火花隙发射器和“猫须”检测器[一]开始，20世纪前50年开启了真空电子管技术时代，在这期间电子学已经发展出了相当成熟的技术，并在通信、导航、仪器、控制和计算等领域得到了广泛应用。在随后的50年中，固态电子技术取得了惊人的进步，首先出现了分立晶体管，之后是集成电路（Integrated Circuit，IC）中的大型晶体管阵列，技术发展势头至今不衰。当前，社会常见的小巧便宜的消费类产品中通常包含了超大规模集成（VLSI）芯片，其内部集成了数百万个晶体管，并结合了精妙的光电技术（如显示、激光等），它们可以处理声音、图像、数据，以及其他功能，例如允许无线联网和口袋式访问网络等。值得注意的是，单位美元价格性能不断提升的趋势令人欣喜[二]。随着制造工艺的进步，微电子电路的成本已降到其当初的几分之一。实际上，仪器的控制面板和机柜硬件的成本通常高于内部电子设备的成本。

在了解了这些令人振奋的电子学新进展后，你可能会有这样的感受：我们应该能够制造出功能强大、精妙而又便宜的器件来完成几乎任何可能的任务，而我们所需要知道的就是这些神奇的器件是如何工作的。如果你有这种感受，那么本书正是为你准备的。在本书中，我们将向你分享学习电子学过程中的欣喜以及其中的专业知识。

在本章中，我们将研究电子学的定律、规律和技巧。你需要从头开始学习电子电路的电压、电流、功率和元器件等。因为电是无法闻、听、触、看的，所以会有一定程度上的抽象（特别是在第1章中），有时候也会借助例如示波器、电压表等可视化工具。为了便于更直观地理解电路设计行为，我们已经尽量降低数学难度，但是从各方面来说，第1章仍是数学化程度最高的一章。

在此新版本中，我们引入了一些直观的辅助近似方法，这些方法对后续的学习很有帮助。通过提前引入一些有源器件，我们可以直接转到传统图书“无源电路”一章中通常无法实现的某些应用，使学习变得有趣，甚至令人兴奋。

一旦了解了电子学的基础，我们将很快进入有源电路（放大器、振荡器、逻辑电路等），这些电路使得电子学成为一个令人兴奋的领域。本章假定读者没有学习过电子学方面的知识，具有电子学背景的读者可以跳过本章。

1.2 电压、电流与电阻

1.2.1 电压与电流

在电子电路中，我们需要掌握两个量：电压和电流。它们通常会随着时间变化。

电压 符号为V或E。正式地说，两点间的电压是使单位正电荷从能量较低的点（低电势）移动到能量较高的点（高电势）所需要消耗的能量。同样，它也是单位电荷从高电势到低电势“下落”时所释放的能量[三]。电压也被称作*电位差*或*电动势*（EMF）。它的度量单位是伏特，电压通常用伏特（V）、千伏（$1\text{kV}=10^3\text{V}$）、毫伏（$1\text{mV}=10^{-3}\text{V}$）或微伏（$1\mu\text{V}=10^{-6}\text{V}$）表示。通过1V电位差移动1C（库仑）电荷的过程中会做1J（焦耳）的功（库仑是电荷的单位，大约等于6×10^{18}个电子的电荷）。在之后的学习中会发现，我们很少讨论纳伏（$1\text{nV}=10^{-9}\text{V}$）和兆伏（$1\text{MV}=10^6\text{V}$）。

电流 符号为I。电流是电荷流过某一点的速率。它的度量单位是安培，电流通常以安培（A）、毫安（$1\text{mA}=10^{-3}\text{A}$）、微安（$1\mu\text{A}=10^{-6}\text{A}$）、纳安（$1\text{nA}=10^{-9}\text{A}$）的形式出现，偶尔以皮安

[一] 矿石收音机的核心部件。——译者注

[二] 20世纪中叶的计算机（IBM650）售价30万美元，重2.7吨，控制面板上有126盏灯。有趣的是，当代节能灯的底座上装有一台性能更强的计算机，价格约为10美元。

[三] 这些都是定义，但并不是电路设计者对电压的看法。随着时间的推移，你会对电子电路中的电压有很好的直观理解。粗略（非常粗略）地说，电压用来驱使电流流动。

(1pA=10^{-12}A）的形式出现。1A的电流等于每秒1C电荷的流量。按照惯例，我们认为电路中的电流从正极向负极流动，尽管这与电子流动的实际方向相反。

重点：从这些定义中，你可以发现电流流过物体，电压施加（或出现）在物体两端。所以必须这么说才对：电压总是在电路中两个点或两个点之间，电流总是在电路中的元器件或连接中流过。

类似于“通过电阻的电压……”这样的话是不准确的。然而，我们经常提到电路中某一点的电压，这通常被理解为该点与地之间的电压，大家都知道，地指的是电路中的公共点，相信很快你也会理解的。

我们通过对诸如电池（电化学能的转换）、发电机（通过磁力的机械能的转换）、太阳能电池（光子能的光电转换）等设备中的电荷进行做功来产生电压，通过在物体之间施加电压来获取电流。

此时，你可能很想知道如何“看到”电压和电流。示波器是最有用的电子仪器，它可以让你查看电路中的电压（有时是电流）随时间的变化㊀。当我们简短地讨论信号时，我们也将讨论示波器和电压表。

在实际电路中，物体用导线（金属导体）连接，每根导线在任何地方都有相同的电压（比如相对于地）㊁。我们现在提到这一点可以让你意识到，由于导线可以重新排列，实际电路并不一定要看起来像它的原理图。

以下是有关电压和电流的一些简单规则。

1）流入电路某一点的电流之和等于流出的电流之和（电荷守恒），有时它被称为基尔霍夫电流定律（KCL），工程师们喜欢把这种点称为节点。这说明串联电路（端到端连接的二端口器件）中电流在任何地方都是相同的。

2）并联的负载（见图1.1）两端具有相同的电压。重申一下，通过电路其中一条路径从A到B电压降的总和等于通过其他任一条路径电压降的总和，也就是A和B之间的电压。换句话说，任何闭合电路的电压降之和为零，这就是基尔霍夫电压定律（KVL）。

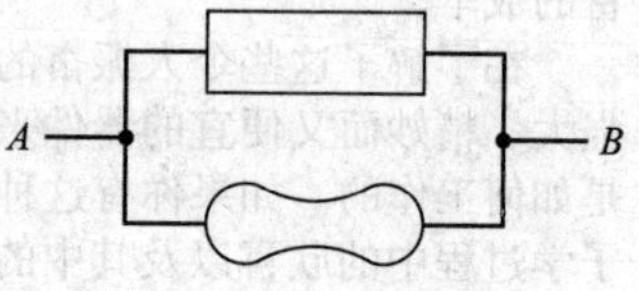

图1.1 并联

3）电路元器件消耗的功率（单位时间内消耗的能量）为

$$P=VI \tag{1.1}$$

这就是简单的（能量/电荷）×（电荷/时间），V以伏特为单位，I以安培为单位，因此P以瓦特（W）为单位。1W=1J/s。举个例子，120V、60W的灯泡上流过的电流是0.5A。

电能通常转化为热能，有时转化为机械能（发动机）、辐射能（灯、发射机）或被储存的能量（电池、电容、电感）。管理复杂系统中的热负荷（例如，在大型计算机中，几千瓦的电能被转换成热能，与之相比，几页的计算结果确实是能量微不足道的副产品）也是系统设计的关键部分。常见的电阻类型如图1.2所示。

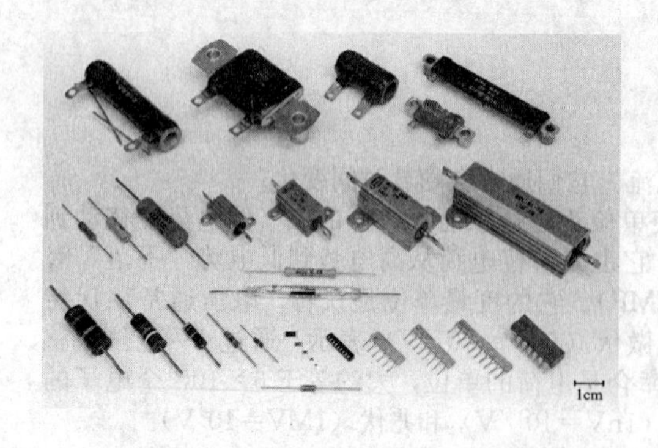

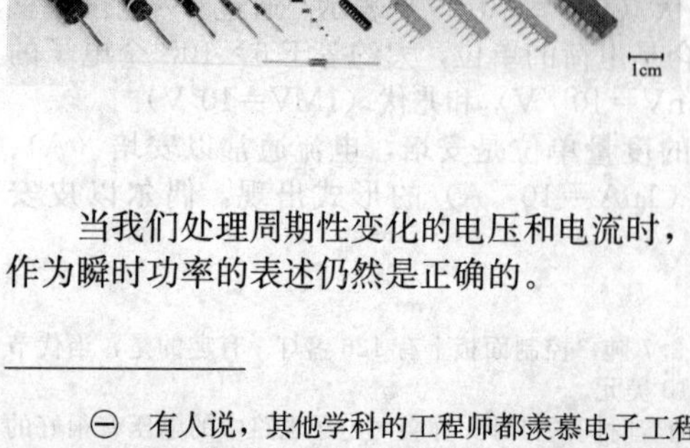

图1.2 常见的电阻类型。顶排，从左至右（线绕陶瓷功率电阻）：20W（釉质，带引线）、20W（带安装螺柱）、30W（釉质）、5W和20W（带安装螺柱）。中排（线绕功率电阻）：1W、3W和5W轴向陶瓷电阻，5W、10W、25W和50W传导冷却型电阻（谷型）。底排：2W、1W、1/2W、1/4W和1/8W碳成分电阻，表面贴装厚膜电阻（2010、1206、0805、0603和0402尺寸），表面贴装电阻阵列，6、8和10针单列直插式封装阵列电阻，双列直插式封装阵列电阻。底部的电阻为无处不在的RN55D 1/4W 1%金属膜型电阻。上方的一对电阻为Victoreen高阻型电阻（玻璃材料，2GΩ；陶瓷材料，5GΩ）

当我们处理周期性变化的电压和电流时，我们不得不将$P=VI$进行拓展来处理平均功率，但它作为瞬时功率的表述仍然是正确的。

㊀ 有人说，其他学科的工程师都羡慕电子工程师，因为我们有出色的可视化工具。

㊁ 在高频或低阻抗的领域，这并不是严格成立的。就目前而言，这是一个很好的近似。

顺便一提，不要把电流称为“安培”，这会显得很外行[1]。当我们在下一节中提到电阻时，同样也需要谨慎地对待“欧姆”[2]这一术语。

1.2.2 电阻

这是一个漫长而有趣的故事，它是电子学的核心。粗略地说，这是关于 $I-V$ 特性的小器件。例如，电阻（I 与 V 成简单的正比）、电容（I 与 V 的变化率成正比）、二极管（I 只沿一个方向流动）、热敏电阻（随温度变化的电阻）、光敏电阻（随光照变化的电阻）、应变仪（随应变变化的电阻）等。也许更有趣的是三端子器件，例如在晶体管中，一对端子之间可流动的电流由施加在第三端子上的电压控制。我们将逐渐了解其中一些独特的器件，目前，我们先从最普通（也是最广泛使用）的电路元件——电阻开始（见图1.3）。

图1.3 电阻

1. 电阻

一个有趣的事实是，通过金属导体（或其他部分导电的材料）的电流与其两端的电压成正比（对于电路中使用的导线，我们通常选择足够粗的导线，以便让这些电压降可以忽略不计）。但这绝不是适用于所有对象的普遍规律，例如，通过霓虹灯的电流是外加电压的高度非线性函数（它在临界电压之前为零，但在这一点上它会急剧上升）。许多有趣的特殊器件也是如此，例如二极管、晶体管、灯泡等。

词头

所表示的因数	词头名称	词头符号	所表示的因数	词头名称	词头符号
10^{24}	尧	Y	10^{-3}	毫	m
10^{21}	泽	Z	10^{-6}	微	μ
10^{18}	艾	E	10^{-9}	纳	n
10^{15}	拍	P	10^{-12}	皮	p
10^{12}	太	T	10^{-15}	飞	f
10^{9}	吉	G	10^{-18}	阿	a
10^{6}	兆	M	10^{-21}	介	z
10^{3}	千	k	10^{-24}	攸	y

这些词头普遍用于对科学和工程中的单位进行缩写。它们的词源派生存在一些争议，不应认为具有历史可靠性。用词头缩写单位时，单位的符号跟在词头后面，不带空格。注意，词头和单位中的大小写字母（特别是m和M）：1mW是1毫瓦或千分之一瓦；1MHz是兆赫兹或100万赫兹。一般来说，即便单位是从专有名称中派生出来的，它们仍要用小写字母拼写。单位在拼写出来并与词头一起使用时不是大写的，只有在缩写时才是大写的。例如，赫兹和千赫是Hz和kHz，瓦、毫瓦和兆瓦是W、mW和MW。

电阻由一些导电材料（碳、薄金属、碳薄膜或导电性差的导线）制成，两端各有一根导线或连接点。电阻的特征是电阻值：

$$R=V/I \tag{1.2}$$

R 以欧姆为单位，V 以伏特为单位，I 以安培为单位。这就是众所周知的欧姆定律。最常用类型的典型电阻（金属氧化物膜、金属膜或碳膜）的阻值范围是1Ω～10MΩ。电阻的特征还在于它们可以安全地消耗功率（最常用的电阻额定功率为1/4W或1/8W），物理尺寸[3]以及其他参数，例如允许偏差（精度）、温度系数、噪声、电压系数（R 取决于施加的 V 的程度）、时间稳定性、电感等。图1.2展示了一组电阻，这是大多数可用电阻的形态。

粗略地说，电阻用于将电压转换为电流，反之亦然。

---

[1] 除非你是一名在13kV大型变压器或其他类似地方工作的电力工程师，他们会把电流称为安培。

[2] 注意，“欧姆”不是首选的命名法，请使用“电阻”。

[3] 用于表面安装的贴片电阻和其他元件的尺寸由四位数的尺寸代码指定，其中，每对数字表示以0.010英寸（0.25毫米）为单位的尺寸。例如，0805尺寸的电阻为2mm×1.25mm，或80mil×50mil（1mil为0.001英寸）；高度必须单独指定。更复杂的话，四位数的尺寸代码可能是公制的（有时不说明），单位为0.1mm，因此“0805”（英制）也是“2012”（公制）。

电阻

电阻确实无处不在，它的应用场景几乎和它的类型一样广泛。电阻可以作为有源器件的负载应用于放大器电路中，也可以作为反馈元件应用于偏置网络中。与电容相结合，它们可以建立时间常数，并起到滤波器的作用。电阻可以用于设置工作电流和信号电平。在电源电路中，电阻通过耗散电能来降低电压，测量电流，并在断电后给电容放电。在精密电路中，电阻可以用来确定电流、提供精确的电压比和设置精确的增益值。在逻辑电路中，电阻充当总线和线路终端，以及上拉和下拉电阻。在高压电路中，电阻被用来测量电压并平衡串联二极管或电容之间的漏电流。在射频（RF）电路中，电阻用来设置谐振电路的带宽，甚至被当作线圈来形成电感。

电阻的阻值范围为0.0002Ω～10^{12}Ω，标准额定功率为1/8W～250W，精度范围为0.005%～20%。电阻可以由金属膜、金属氧化物膜或碳膜制成，也可以由碳复合材料或陶瓷复合材料制成，或者由金属箔或金属丝缠绕形成，还能来自类似于场效应晶体管（FET）的半导体器件。由碳膜、金属膜或氧化膜组成的电阻是最常用的类型，它们有两种广泛使用的封装形式：圆柱形轴向引线型（以通用的RN55D 1% 1/4W金属膜电阻为代表）[㊀]和小得多的表面贴装贴片电阻。这些常见类型具有5%、2%和1%的允许偏差，标准的取值范围为1Ω～10MΩ。1%的类型每个数量级有96个取值，而2%和5%的类型每个数量级有24个取值。图1.2展示了大多数常见电阻的封装。

电阻易于使用且性能良好，这是理所当然的。尽管如此，它们也并不完美，你应该意识到它们的一些局限性，这样你在未来的某一天就不会感到惊讶。电阻器主要的缺陷是电阻值随温度、电压、时间和湿度发生变化。其他缺陷还涉及电感性（在高频情况下可能很严重）、在电源应用中会形成发热点，以及在低噪声放大器中会产生电噪声等问题。

2. 串联和并联电阻

根据R的定义，可以得出一些简单的结论。

1）两个串联电阻的电阻值（见图1.4）为

$$R=R_1+R_2 \tag{1.3}$$

通过串联电阻，你总能得到一个更大的电阻。

2）两个并联电阻的电阻值（见图1.5）为

$$R=\frac{R_1R_2}{R_1+R_2}\quad \text{或}\quad R=\frac{1}{\dfrac{1}{R_1}+\dfrac{1}{R_2}} \tag{1.4}$$

通过并联电阻，你总会得到一个更小的电阻。电阻以欧姆（Ω）为测量单位，但实际上，当涉及大于1000Ω（1kΩ）的电阻时，我们经常会省略Ω。因此，4.7kΩ的电阻通常称为4.7k电阻，1MΩ的电阻通常称为1M电阻[㊁]。

图1.4　串联电阻　　图1.5　并联电阻

练习1.1　你有一个5kΩ电阻和一个10kΩ电阻。它们串联和并联的总电阻分别是多少？

练习1.2　如果你在一个12V的汽车电池上放置一个1Ω的电阻，它会消耗多少功率？

练习1.3　证明电阻串联和并联的公式。

练习1.4　证明多个电阻并联后的总电阻为

$$R=\frac{1}{\dfrac{1}{R_1}+\dfrac{1}{R_2}+\dfrac{1}{R_3}+\cdots} \tag{1.5}$$

初学者在设计或试图理解电子学时，往往会迷失在复杂的代数中。现在是时候开始学习一些技巧以及快捷方法了，这里有几个不错的技巧。

㊀　军用级RN55的额定功率保守值为1/8W，但工业级CMF-55的额定功率为1/4W。

㊁　一种流行的国际记数法用单位乘数代替小数点，即4k7或1M0，2.2Ω的电阻就变成了2R2。对于电容和电感也有类似的方法。

技巧1　一个大电阻和一个小电阻串联（并联）的电阻大致是大电阻（小电阻）的电阻值。因此，你可以通过串联或并联第二个电阻来调整电阻值：若要增加电阻值，选择低于目标值的可用电阻，然后添加（小得多的）串联电阻来弥补差异；若要减小电阻值，选择高于目标值的可用电阻，然后并联（大得多的）电阻。对于后者，你可以用比例来近似——假设要将电阻值降低1%，就并联一个100倍大的电阻[㊀]。

技巧2　假设你想将5kΩ的电阻和10kΩ的电阻并联，如果你把5kΩ想象成两个10kΩ并联，那么整个电路就像三个10kΩ并联。因为并联的n个相等电阻的阻值是单个电阻的$1/n$，所以这种情况下的答案是10kΩ/3或3.33kΩ。这个技巧很方便，因为它可以让你在头脑中快速分析电路而不会分心。我们鼓励读者在脑中设计构想，或者至少是粗略地设计，来进行头脑风暴。

还有一些本能的不良习惯：初学者在很多重要场合喜欢利用计算器和计算机简单地计算电阻和其他电路元件的参数值。需要避免这种习惯的两个理由是：①元器件本身具有一定的精度（电阻通常为±5%或±1%，电容通常为±10%或±5%，晶体管表征参数的精度一般也仅是其1/2左右）；②好的电路设计的一个标志是成品电路对元器件的精确值不敏感（当然也有例外）。如果你养成了在脑海中进行近似计算的习惯，而不是看着计算器显示屏上弹出的毫无意义的数字，就会更快地掌握对电路的直觉。我们认为，在电子电路学习的早期，依赖公式和方程会阻碍你了解实际的情况。

在尝试建立有关电阻的关系时，有人发现使用电导$G=1/R$会很有帮助。电导为G的元器件两端的电压V由$I=GV$（欧姆定律）给出。小电阻对应大电导，在施加电压的影响下相应地有大电流。从这个角度来看，并联电阻的公式更加直观：当多个电阻或导电通路连接到同一电压时，总电流是各个电流的总和。因此，净电导仅仅是各自电导的总和，即$G=G_1+G_2+G_3+\cdots$，这与之前电阻并联的公式是相同的。

工程师们喜欢定义倒数单位，将西门子（S=1/Ω）作为电导单位，它也称为mho（这是ohm的反向拼写，用符号℧表示）。尽管电导的概念有助于对电子电路直觉的发展，但它并未得到广泛使用，大多数人仍更喜欢谈论电阻。

3. 电阻功率

电阻（或任何其他元器件）消耗的功率是$P=IV$。根据欧姆定律，你可以得到$P=I^2R$和$P=V^2/R$的等价形式。

练习1.5　证明在15V电池供电的电路中使用阻值大于1kΩ的电阻，无论如何连接，功率都不可能超过1/4W。

练习1.6　*可选练习*：纽约市需要大约10^{10}W的电力，电压为115V[㊁]（这很合理：1000万人平均每人1kW）。重型电力电缆的直径可能有1英寸[㊂]。让我们计算一下，如果我们尝试通过直径为1英尺[㊃]的纯铜电缆供电，将会发生什么情况。每英尺的电阻为0.05μΩ（$5\times10^{-8}\Omega$）。计算：(a) 因I^2R损耗而导致的每英尺功率损失；(b) 消耗10^{10}W的全部功率所对应的电缆长度；(c) 如果知道其中所涉及的物理原理，电缆将变得多热（$\sigma=6\times10^{-12}\text{W/K}^4\text{cm}^2$）。如果你正确地进行了计算，那么结果看起来应该很荒谬。该难题的解决方案是什么？

4. 输入和输出

几乎所有的电子电路都接受某种应用*输入*（通常是电压），并产生某种对应的*输出*（通常还是电压）。例如，音频放大器可能产生的（变化的）输出电压是（同样变化的）输入电压的100倍。当描述这样的放大器时，我们可以设想在给定的输入电压下测量输出电压，工程师们会谈到*传递函数*H，即（测量的）输出除以（外加的）输入的比值。对于上面的音频放大器，H只是一个常数（$H=100$）。在下一章中，我们很快就会介绍放大器，然而，仅使用电阻，我们就已经可以看到一个非常重要的电路片段，即*分压器*（你可以将其称为去放大器）。

1.2.3 分压器

现在讨论分压器这一主题，它是电子电路组成部分之一。下面以实际电路为例，展示六种分压器。简而言之，分压器是一种电路，在给定电压输入的情况下，它会将可预测的一部分输入电压作

㊀ 在这种情况下，误差只有0.01%。

㊁ 尽管官方线缆电压是120×(1±5%)V，有时会看到110V、115V或117V。这种不严谨的语言也是可以的（并且我们会在本书中使用），因为墙上插头在给用电器供电时，它的平均电压要低3～5V，并且墙插的最低电压是110V。

㊂ 1英寸=2.54厘米。——编辑注

㊃ 1英尺=30.48厘米。——编辑注

为输出电压产生。最简单的分压器见图 1.6。

一个重要的解释是：当工程师绘制这样的电路时，通常假设左边的 V_{in} 是要施加到电路上的电压，而右边的 V_{out} 是正在测量（或至少是需要测量）的输出电压（由电路产生）。你应该了解这些内容：①由于约定俗成的原因，信号流向通常从左到右；②借助信号的提示性名称（in、out 等）；③熟悉类似的电路。一开始这可能会令人困惑，但是随着时间的推移，它会变得容易起来。

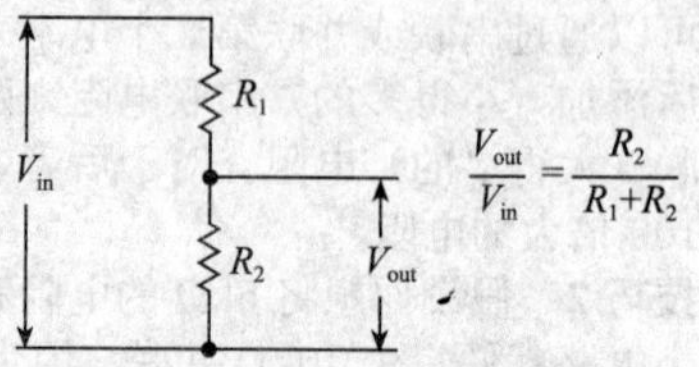

$$\frac{V_{out}}{V_{in}}=\frac{R_2}{R_1+R_2}$$

图 1.6　分压器。外加电压 V_{in} 会产生（较小的）输出电压 V_{out}

什么是 V_{out} 呢？电流（各个地方都是相同的，假设输出没有负载，即输出之间没有任何连接）为

$$I=\frac{V_{in}}{R_1+R_2}$$

我们使用电阻的定义和串联定律，可以得到，对于 R_2：

$$V_{out}=IR_2=\frac{R_2}{R_1+R_2}V_{in} \tag{1.6}$$

注意，输出电压总是小于（或等于）输入电压，这也是它被称为分压器的原因。如果其中一个电阻是负的，你就可以得到放大的结果（输出大于输入）。这并不像听起来那么疯狂，完全有可能造出来具有负增量的电阻（例如，被称为隧道二极管的器件），甚至是真的负电阻（例如，我们将在本书后面的 6.2.4 节中讨论的负阻抗转换器）。然而，这些应用已经相当专业，现在不需要关心。

在电路中，电压分压器通常用于从较大的固定（或变化）电压中产生特定电压。例如，假设电压 V_{in} 是变化的且 R_2 是可调电阻（见图 1.7a），就可以实现音量控制。更简单地说，R_1R_2 的组合可以由单个可变电阻或电位器制成（见图 1.7b）。这种应用和类似的应用都很常见。电位器有多种样式，其中一些样式见图 1.8。

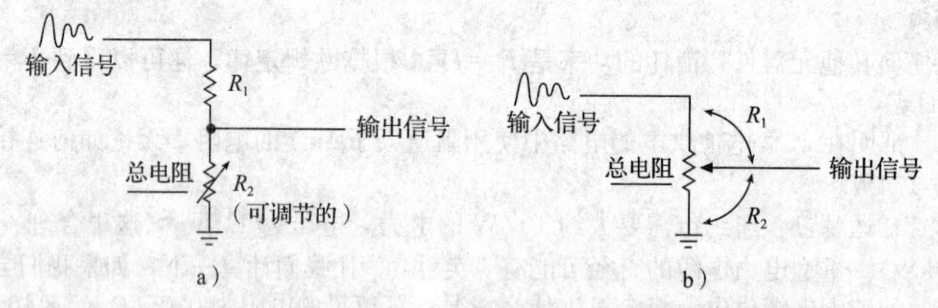

图 1.7　可调分压器可以由定值和可变电阻组成，也可以由电位器组成。在某些现代电路中，你会发现由等值电阻组成的较长的串联链，以及一系列电子开关，可让你选择任一节点作为输出。这听起来要复杂得多，但是它的优点是你可以通过电子的方式（而不是机械的方式）调节电压比

图 1.8　大多数常见电位器的样式。最上行，从左到右（面板安装）：电源线缠绕、"AB 型" 2W 碳素合成、10 圈绕线/塑料混合和组合双轴。中间行（面板安装）：光学编码器（连续旋转，每圈 128 圈）、单圈金属陶瓷、单圈碳素和螺丝调节单圈锁定。最下行（板装式微调电阻）：多圈侧向调节（两种类型）、四圈单圈、3/8 英寸（9.5mm）方形单圈、1/4 英寸（6.4mm）方形单圈、1/4 英寸（6.4mm）圆形单圈、4mm 方形单圈表面贴装、4mm 方形多圈表面贴装、3/8 英寸（9.5mm）方形多圈和 24 针小型非易失性 256 阶集成电阻芯片（E^2POT）

不过，作为分析电路的一种方式，不起眼的分压器甚至更有用：例如，输入电压和上端电阻可能代表放大器的输出，而下端电阻可能代表下一级的输入。在这种情况下，分压方程会告诉你有多

少信号到达最后一级的输入端。在了解稍后将要讨论的一个重要事实（戴维南定理）之后，这一切都会变得更加清晰。不过，首先简单介绍一下电压源与电流源。

1.2.4　电压源与电流源

理想的*电压源*是两个端子的“黑匣子”，无论负载电阻如何，其两端的压降均保持固定。这就意味着，例如当电阻 R 连接到其端子时，它必须提供 $I=V/R$ 的电流。一个真正的电压源只能提供有限的最大电流，而且它通常表现得像一个串联电阻很小的完美电压源。显然，串联电阻越小越好。例如，一个标准的 9V 碱性电池的表现近似于一个完美的 9V 电压源与 3Ω 电阻串联。它可以提供最大（短路时）3A 的电流（然而这将在几分钟内耗尽电池）。显而易见，电压源“喜欢”开路负载，而“讨厌”短路负载（开路和短路的含义有时会使初学者感到困惑：开路没有任何连接，而短路则是一条导线桥接了输出端口）。图 1.9 展示了用于表示电压源的符号。

理想的*电流源*是两个端子的“黑匣子”，无论负载电阻或施加的电压如何，该黑匣子都能保持恒定的电流通过外部电路。为此，它必须能够在其端子之间提供必要的电压。真正的电流源可以提供的电压有一定的限制（称为输出电压顺从性，或简称为顺从性）。此外，它们也不提供绝对恒定的输出电流。电流源“喜欢”短路负载，而“讨厌”开路负载。图 1.10 展示了用于表示电流源的符号。

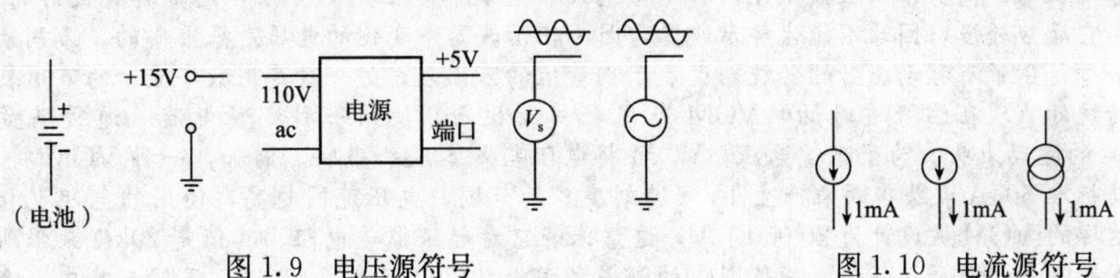

图 1.9　电压源符号　　图 1.10　电流源符号

电池是电压源的真实近似（电流源没有模拟电路）。例如，一个标准的 D 型手电筒电池的端电压为 1.5V，等效串联电阻约为 0.25Ω，总容量约为 10 000W・s（其特性会随着使用而逐渐变差，最终在其使用寿命内，电压可能约为 1.0V，内部串联电阻为几欧姆）。构造具有更好特性的电压源很容易，当我们谈到反馈时，你将会学到它。除了追求便携性的重要设备之外，电子设备中很少使用电池。

1.2.5　戴维南等效电路

戴维南定理指出，任何由电阻和电压源组成的双端口网络，都等价于一个电阻 R_{Th} 与一个电压源 V_{Th} 串联。这个结论很重要，任何复杂的电压源和电阻都可以用一个电压源和一个电阻来模拟（见图 1.11）。还有一个诺顿定理，它表明你可以用一个电流源和一个电阻并联来实现同样的效果。

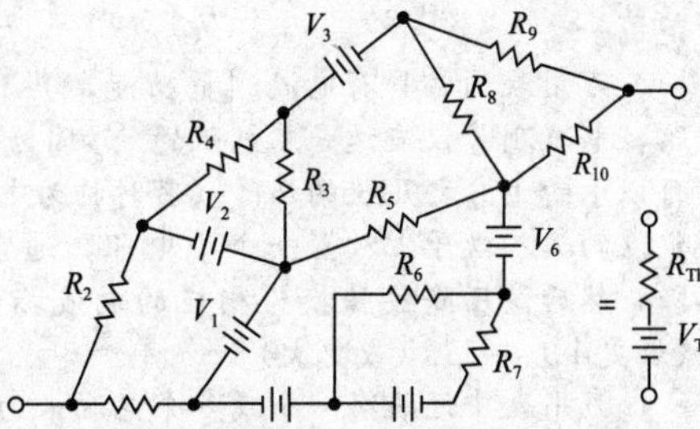

图 1.11　戴维南等效电路

如何计算给定电路的戴维南等效电阻 R_{Th} 和等效电压 V_{Th} 呢？这很容易！V_{Th} 是戴维南等效电路的开路电压，因此，如果两个电路的各种表现相同，那么它也就是给定电路的开路电压（如果知道电路是什么，则可以通过计算获得；如果不知道，则可以通过测量得到）。然后你就会发现等效电阻 R_{Th} 可以由等效电路的短路电流得到，即 V_{Th}/R_{Th}。换句话说，

$$V_{Th}=V(\text{开路})$$

$$R_{Th}=\frac{V(\text{开路})}{I(\text{短路})} \tag{1.7}$$

让我们将此方法应用于分压器，该分压器的戴维南等效如下。

1）开路电压为

$$V=V_{in}\frac{R_2}{R_1+R_2}$$

2）短路电流为

$$V_{in}/R_1$$

所以，其戴维南等效电路是一个电压源与一个电阻串联，电压源为

$$V_{Th}=V_{in}\frac{R_2}{R_1+R_2} \tag{1.8}$$

串联电阻为

$$R_{\mathrm{Th}}=\frac{R_1R_2}{R_1+R_2} \tag{1.9}$$

这恰好是R_1和R_2的并联电阻，但它并非巧合，其中的原因随后会讲清楚。

从该示例可以很容易地看出，分压器不是一个很好的电池，从某种意义上说，当连接负载时，它的输出电压会急剧下降。对于这种情况的示例，可以思考练习1.10。现在，你已经学习了有关如何计算在给定负载电阻下输出电压将下降多少的所有知识：使用戴维南等效电路，连接负载并计算新的输出。但注意，新电路仍然只是一个分压器（见图1.12）。

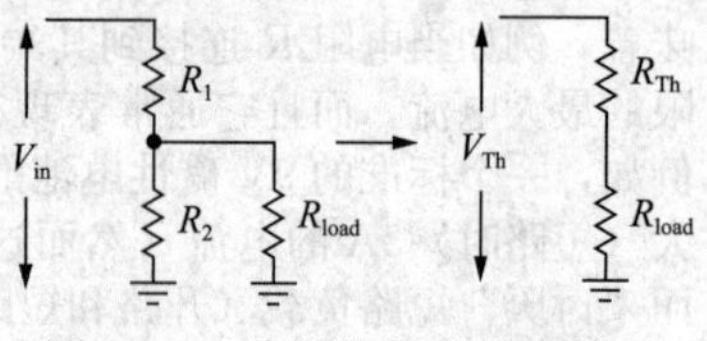

图1.12 分压器的戴维南等效

万用表

有非常多的仪器可以让你测量电路中的电压和电流。其中，示波器是使用最多的，它可以让你“看到”电路中一个或多个点的电压与时间的关系。逻辑探针和逻辑分析仪是数字电路故障排除的专用仪器。简易万用表提供了一种测量电压、电流和电阻的好方法，通常具有良好的精度。然而，它反应缓慢，因此不能代替示波器，因为在示波器中变化的电压是很重要的。万用表有两种：一种是用带有移动指针的传统刻度表示测量值的万用表，另一种是用数字显示的万用表。

传统的（现在已经过时的）VOM万用表（伏欧表）使用一种测量电流（通常满量程为50μA）的运动表头。为了测量电压，VOM将电阻与基本表头串联。例如，一种VOM将20kΩ电阻与标准50μA表头串联来产生1V（满刻度）的范围，电压范围越高，使用的电阻也相应越大。这样的VOM被设计为20 000Ω/V，这意味着它看起来像是电阻，其值是20kΩ乘以所选特定范围的满刻度电压。任何电压范围内的满量程都是1/20 000A或50μA。显然，其中一个电压表在较高的范围内对电路的干扰较小，因为它看起来像一个较大的电阻（可以将电压表想象成分压器的下端，而要测量的电路的戴维南电阻是上端电阻）。理想情况下，电压表应该有无穷大的输入电阻。

大多数现代万用表使用电子放大器，测量电压时的输入电阻为10～1000MΩ，它们以数字方式显示结果，统称为数字万用表（DMM）。需要注意的是，有时这些仪表在最灵敏的范围内输入电阻非常大，在较大的范围内会下降到较小的电阻。例如，0.2V和2V范围的输入电阻通常为10^9Ω，所有更大范围的输入电阻为10^7Ω。所以，请仔细阅读说明书！然而，对于大多数电路的测量，这些大输入电阻将产生可以忽略不计的负载效应。在任何情况下，使用分压方程都很容易计算出影响的严重程度。通常，万用表提供1V（或更小）～1kV（或更大）的满量程电压范围。

万用表通常具有电流测量功能，具有一组可切换的量程。理想情况下，为了不干扰被测电路，电流测量仪应该是零电阻的㊀，因为它必须与电路串联。在使用时，VOM和数字万用表都可以承受十分之几伏的压降（有时称为电压负载）。对于任一类型的仪表，选择电流范围都会在仪表的输入端子上放置一个小电阻，通常该电阻可为所选的满量程电流产生0.1～0.25V的压降，然后该压降被转换为相应的电流指示器㊁。通常，万用表提供的电流范围满量程为50μA（或更小）～1A（或更大）。

万用表中还装有一个或多个电池来为电阻测量供电。通过提供小电流并测量压降，它们可以测量电阻，其覆盖范围为1Ω（或更小）～10MΩ（或更大）的多个范围。

重点：不要通过将电表插在墙上的插座里来测量电压源的电流，欧姆挡也是如此。这是电表烧坏的主要原因。

练习1.7 20 000Ω/V仪表在其1V刻度范围内连接到内阻为10kΩ的1V电源时，读数会是多少？当连接到由“刚性”（零内阻）1V电源驱动的10kΩ-10kΩ分压器上时，它的读数会是多少？

练习1.8 50μA表头的内阻为5kΩ，将其转换为0～1A的电流表需要什么样的分流电阻？什么

㊀ 这与理想电压测量仪相反，理想电压测量仪应该在其输入端口上具有无穷大的电阻。

㊁ 一种特殊类型的电流计，称为静电计。通过使用反馈技术，以非常小的电压负荷（低至0.1mV）工作，我们将在第2章和第4章中了解到这些。

样的串联电阻会将其转换为 0～10V 的电压表？

练习 1.9　在其电压测量范围内，数字万用表的极高内阻可用于测量极低的电流（即使 DMM 可能未明确提供低电流范围）。例如，假设你要测量流过 1000MΩ 漏电电阻的小电流（该术语用于描述理想情况下应完全不存在的小电流，例如通过地下电缆的绝缘），你可以使用标准的 DMM，其 2V 直流范围具有 10MΩ 内阻，并且可以使用＋10V 的直流源。怎样才能用你已学习的知识准确地测量漏电电阻？

练习 1.10　对于图 1.12 所示的电路，在 $V_{in}=30V$ 且 $R_1=R_2=10k\Omega$ 的情况下，求解：(a) 未连接负载的输出电压（开路电压）；(b) 负载为 10kΩ 时的输出电压（作为分压器进行处理，R_2 和 R_{load} 合并为一个电阻）；(c) 戴维南等效电路；(d) 与 (b) 相同，但使用戴维南等效电路[同样，你最终得到一个分压器，答案应与 (b) 的结果一致]；(e) 每个电阻消耗的功率。

1. 等效源电阻和电路负载

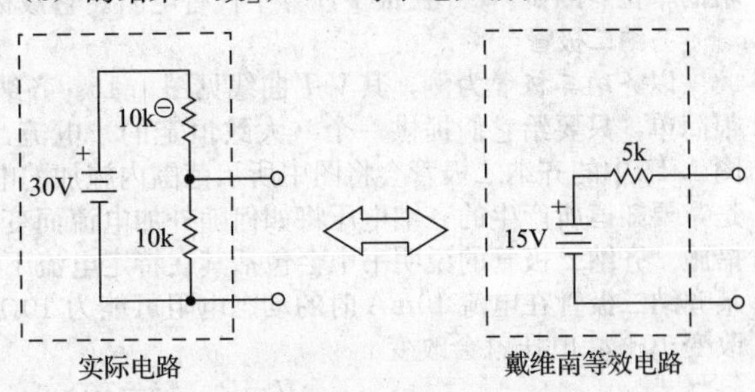

图 1.13　分压器实例

正如我们已经看到的，由某个固定电压供电的分压器等效于与电阻串联的某个较小的电压源。例如，由一个理想 30V 电池驱动的 10kΩ-10kΩ 分压器的输出端口正好等效于一个由 5kΩ 电阻串联的理想 15V 电池（见图 1.13）。由于有限的内阻（分压器输出的戴维南等效电阻，被视为电压源），连接负载电阻会导致分压器的输出下降，这是我们不希望的。对于刚性电压源问题的一种解决方案是在分压器中使用更小的电阻（这里的“刚性”用于描述在负载下不会弯曲的特性）。有时候，这种蛮力方法很有用。然而，通常最好的方法是使用晶体管或运算放大器等有源器件来构造电压源或电源，我们将在第 2～4 章讨论这一点。通过这种方式，你可以轻松设计出内阻（戴维南等效）小至毫欧级（千分之一欧姆）的电压源，它不会出现小电阻分压器所具有的大电流和高功耗特性，而且能够提供相同的性能。此外，有源电源的输出电压很容易调节，这些内容将在《电子学的艺术》（原书第 3 版）（下册）第 9 章中讨论。

等效内阻的概念适用于所有类型的电源，而不仅仅是电池和分压器。信号源（如振荡器、放大器和传感设备）都具有等效内阻。连接一个阻值小于甚至相当于内部电阻的负载会大大降低输出。负载使开路电压（或信号）发生的这种不期望降低被称为电路负载。因此，你应该努力使 $R_{load} \gg R_{internal}$，因为大电阻负载对信号源的衰减作用很小（见图 1.14）[㊁]。在之后的章节中，我们将看到许多电路的示例，这种高阻条件是电压表和示波器等测量仪器的理想特性。

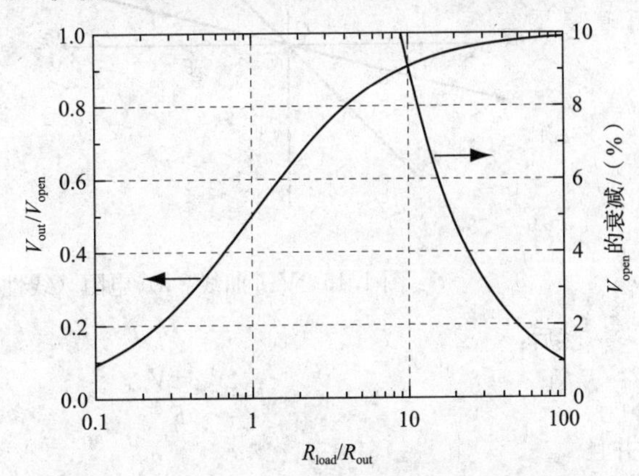

图 1.14　为了将信号源低于其开路电压的衰减最小化，需要保持负载电阻比输出电阻大

说明：你经常听到类似于“从分压器看进去的电阻”或者“输出看到一个多少欧姆的负载”的说法，就好像电路有眼睛一样。说电路的哪一部分在“看”是没问题的（事实上，这是说明你正在讨论哪个电阻的好办法）。

2. 功率转换

这是一个有趣的问题：对于给定的内阻，怎样的负载电阻可以将最大功率传输到负载？（术语源电阻、内阻和戴维南等效电阻都是相同的意思。）很容易看出，无论 $R_{load}=0$ 还是 $R_{load}=\infty$，都会导致零功率传输，因为 $R_{load}=0$ 意味着 $V_{load}=0$ 和 $I_{load}=V_{source}/R_{source}$，因此 $P_{load}=V_{load}I_{load}=0$。但是

㊀ 本书为翻译版，保留了英文原书图中类似“10k”这种电阻值的表示形式，与我国标准采用“10kΩ”表示形式有差异，特此说明。——编辑注

㊁ 这个一般性的原理有两个重要的例外情况：①电流源的内阻很大（理想情况下是无穷大的），应该驱动负载电阻相对较小的负载；②在处理无线电频率和传输线时，必须匹配阻抗，以防止反射和损耗。

$R_{\text{load}}=\infty$意味着$V_{\text{load}}=V_{\text{source}}$并且$I_{\text{load}}=0$，因此$P_{\text{load}}=0$。这两者之间必定存在最大值。

练习 1.11　证明对于给定的源电阻，$R_{\text{load}}=R_{\text{source}}$可使负载中的功率最大化。注意，如果你不懂微积分，那么跳过本练习，并相信结论是正确的。

为了避免该示例给人留下错误的印象，我们再次强调一下，通常对电路进行设计时，要使负载电阻远大于驱动负载的信号的源电阻。

1.2.6　小信号电阻

我们经常处理I与V不成正比的电子器件，在这种情况下，讨论电阻没有多大意义，因为比率V/I将取决于V，而不是一个与V无关的常数。对于这些器件，有时候知道V-I曲线的斜率是有用的，换句话说，外加电压的微小变化与流经器件电流变化之比（$\Delta V/\Delta I$或dV/dI）。这个量使用电阻的单位（欧姆），并在很多计算中代替电阻。它被称为小信号电阻、增量电阻或动态电阻。

齐纳二极管

以齐纳二极管为例，其V-I曲线见图1.15。齐纳二极管用于在电路内部某处产生恒定电压，这很简单，只要给它们提供一个（大致恒定的）电流，这个电流来自电路内部的较高电压[⊖]。例如，图1.15中的齐纳二极管会将图中所示范围内施加的电流转换为相应（但略窄）的电压范围。重要的是，要知道所产生的齐纳电压将如何随外加电流而变化，这是一种针对所提供驱动电流变化的调节措施。齐纳二极管的说明书中会包括其在特定电流下的动态电阻。例如，在指定的齐纳电压5V下，某齐纳二极管在电流10mA时的动态电阻可能为10Ω。利用动态电阻的定义，我们发现外加电流每改变10%，电压就会改变

$$\Delta V=R_{\text{dyn}}\Delta I=10\times0.1\times0.01\text{V}=10\text{mV}$$

或

$$\Delta V/V=0.002=0.2\%$$

从而表现出良好的稳压性能。在这种应用中，你经常可以从电路中某处较高电压通过一个电阻来获得齐纳电流，见图1.16。

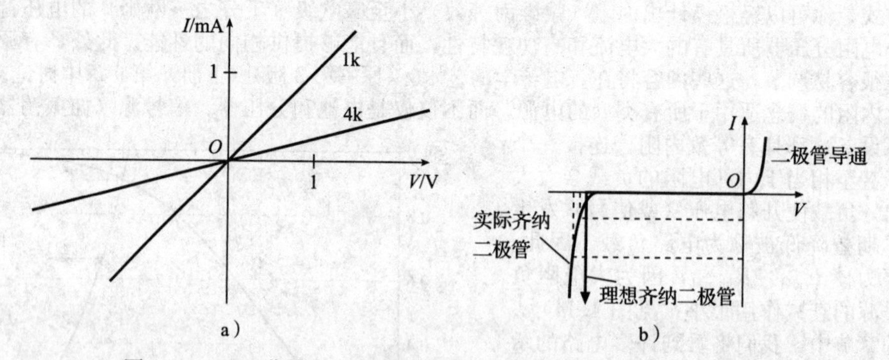

图1.15　V-I曲线。a）电阻（线性）；b）稳压二极管（非线性）

然后，

$$I=\frac{V_{\text{in}}-V_{\text{out}}}{R}$$

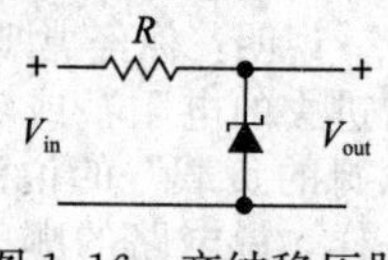

图1.16　齐纳稳压器

并且

$$\Delta I=\frac{\Delta V_{\text{in}}-\Delta V_{\text{out}}}{R}$$

所以，

$$\Delta V_{\text{out}}=R_{\text{dyn}}\Delta I=\frac{R_{\text{dyn}}}{R}(\Delta V_{\text{in}}-\Delta V_{\text{out}})$$

最后，

⊖　齐纳二极管属于更一般的二极管和整流器，我们将在本章后面的部分（1.6节）看到这些重要的器件，甚至贯穿整本书。理想的二极管（或整流器）既是电流单向流动的完美导体，又是电流反向流动的绝缘体，是电流的“单向阀”。

$$\Delta V_{out}=\frac{R_{dyn}}{R+R_{dyn}}\Delta V_{in}$$

看，又是分压方程式！因此，对于电压的变化，电路的表现类似于分压器，齐纳二极管可被一个阻值等于其工作电流下的动态电阻的电阻取代。这就是增量电阻的实用之处。例如，假设在前面的电路中，输入电压范围为 15～20V，我们使用 1N4733（5.1V，1W 的齐纳二极管）来产生一个稳定的 5.1V 电源。我们选择 $R=300\Omega$，它的最大齐纳电流为 50mA，即（20V－5.1V）/300Ω。现在，我们知道该特定齐纳二极管在 50mA 时具有 7.0Ω 的指定最大动态电阻，因此可以估算输出电压的调节度（输出电压的变化）。齐纳电流在输入电压范围内从 50mA 到 33mA 不等，这 17mA 的电流变化会产生一个输出电压变化 $\Delta V=R_{dyn}\Delta I$，即 0.12V。

在处理齐纳二极管时，一个有用的事实是，齐纳二极管的动态电阻与电流成反比。同样值得一提的是，有些 IC 可以替代齐纳二极管。这些双端基准电压源具有卓越的性能——低得多的动态电阻（即使在电流仅为 0.1mA 的情况下也小于 1Ω，这比我们刚刚使用的齐纳二极管好一千倍），并且具有出色的温度稳定性（优于 0.01%/C）。

在现实生活中，根据定义 $R_{incr}=\infty$（相同的电流，与电压无关），如果由电流源驱动，齐纳二极管将提供更好的稳压输出。但是由于电流源更加复杂，在现实中我们经常使用简陋的电阻。当考虑齐纳二极管时，需要记住，就电压相对于电流的恒定性而言，低压单元（例如 3.3V）的性能相当差（见图 1.17），如果你认为需要低压齐纳二极管时，请改用双端基准电压源（9.10 节）。

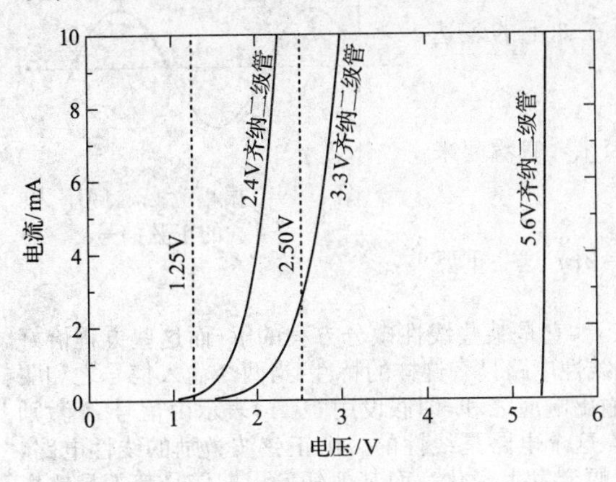

图 1.17　从这些测得的 V-I 曲线（对应于 1N5221-67 系列的三个型号）可以看出，低压齐纳二极管非常令人沮丧，特别是与一对 IC 电压基准优异的测量性能相比（LM385Z-1.2 和 LM385Z-2.5）。然而，在 6V 附近的齐纳二极管（例如 5.6V 1N5232B 或 6.2V 1N5234B）呈现出了令人赞叹的陡峭曲线，是很有用的器件

1.2.7　实例：太热了！

有些人喜欢把空调恒定温度调高，这让其他喜欢自己房子凉爽的人很恼火。这里有一个小装置（见图 1.18），它可以让持后一种观点的人知道什么时候该抱怨。当房间温度高于 30℃时，它会亮起一个红色发光二极管指示灯。图中还展示了如何使用简单的分压器（甚至更简单的欧姆定律），以及如何处理 LED，它的功能类似于齐纳二极管（有时也是这样使用的）。

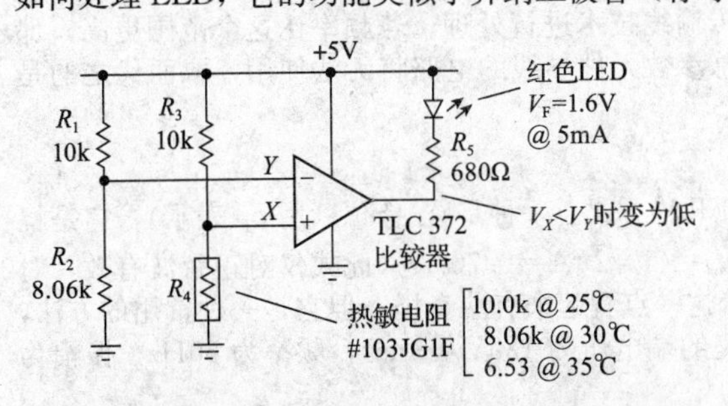

图 1.18　温度高于 30℃时，LED 会亮起。当 X 处的电压小于 Y 处的电压时，比较器（将在第 4 章和《电子学的艺术》（原书第 3 版）（下册）的第 12 章中介绍）将其输出接地。R_4 是一个具有负温度系数的热敏电阻，也就是说其电阻随着温度的升高而降低，约为 4%/℃

三角形的电路是比较器，这是一种方便的装置（在 12.3 节中讨论），可以根据其两个输入端的相对电压来切换它的输出。温度传感器件为 R_4，其电阻降低约 4%/℃，在 25℃时为 10kΩ。因此，我们将其作为分压器（R_3R_4）的下端支路，将其输出与温度不敏感的分压器 R_1R_2 进行比较。当温度高于 30℃时，点 X 的电压低于点 Y，因此比较器将其输出拉到地。

在输出处有一个 LED，其电学性能类似于 1.6V 齐纳二极管，当电流流过时它就点亮。之后，其下端口为 5V－1.6V 或＋3.4V。因此，我们添加了一个串联电阻，该电阻的阻值大小为当比较器

输出接地时流过5mA的电流：$R_5=3.4\text{V}/5\text{mA}=680\Omega$。

如果需要，可以用一个5kΩ固定电阻串联一个5kΩ电位器代替R_2，从而使设定值可调。我们稍后会看到，添加一些滞后也是一种解决方法，它会使得比较器发挥决定性作用。注意，该电路对准确的电源电压不是那么敏感，因为它比较的是比率。比率测量的技术非常好，我们稍后会再看到它。

1.3 信号

本章之后的小节将讨论电容，它是一种特性依赖于电路中电压与电流变化方式的元件。迄今为止，直流电路的分析方法（如欧姆定律、戴维南等效电路等）对电压与电流随时间变化的电路仍然有效。但是，为了更好地理解交流电路，需要考虑一类常用信号，即电压以特定方式随时间变化的信号。

1.3.1 正弦信号

正弦信号是最普遍的一种信号，从电源插座得到的就是正弦信号。“取一个10μV，频率为1MHz的信号”，就是指正弦信号。从数学角度来看，正弦信号的电压为

$$V=A\sin 2\pi ft \tag{1.10}$$

式中，A是振幅或幅度，f是以赫兹（Hz）为单位的频率（次/秒）。正弦信号见图1.19。有时确定该信号在某一个时刻$t=0$处的值也是非常重要的，这时，有一个*相位*ϕ包含在如下的表达式中：

$$V=A\sin(2\pi ft+\phi)$$

这个简单表达式的另一种变化形式是利用*角频率*，它看起来会是这样的：

$$V=A\sin\omega t$$

式中，ω是角频率，单位为弧度/秒（rad/s）。记住$\omega=2\pi f$这一重要的关系式。

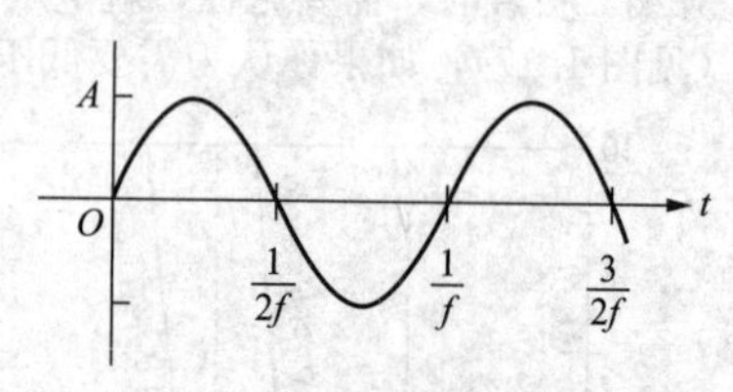

图1.19 振幅为A、频率为f的正弦信号

正弦波的巨大优点（也是它经久不衰的原因）在于，它是某些线性微分方程的解，而这些方程恰好描述了自然界中的许多现象以及线性电路的特性。线性电路具有这样的特性：当两个输入信号之和驱动电路时，其输出响应等于单个输入分别激励下的输出响应之和，即假设用$O(A)$表示由信号A激励的输出响应，如果$O(A+B)=O(A)+O(B)$，则称这个电路是线性的。由正弦波激励的线性电路，其输出总是一个正弦波响应，尽管通常其相位与振幅会发生变化，而其他任何周期信号都不是这样的。实际上，用*频率响应*来描述电路的行为是一种标准做法，它指的是电路使正弦波的幅度特性随着频率变化的函数关系。例如，一个高保真度放大器应该在至少20Hz～20kHz频率范围内具有平坦的频率响应。

我们通常处理的正弦波频率从几赫兹到几十兆赫兹。如果需要的话，可以使用一些精心设计的电路来产生如0.0001Hz或更低的低频信号。当然，也可以产生更高的频率，例如高达2000MHz（2GHz）或更高的信号，但它们需要更加特殊的传输线技术进行处理。若频率比这个范围更高，那么你处理的对象就变成微波，那些常用的具有集总参数元件导线的电路将无法使用，取而代之的是更加特殊的波导或微带线。

1.3.2 信号振幅与分贝

除了用振幅来描述正弦波之外，还可以用其他几种方式。一种是*峰-峰值*（用pp表示），它是幅度值的2倍。另一种是*有效值*（用rms表示），$V_{rms}=(1/\sqrt{2})A=0.707A$（此式仅对正弦波有效，对于其他信号波形，pp值与rms值之比不同）。尽管这一点看起来有些奇怪，但它是一种常用的方法，有效值通常用于计算功率。在美国，家用电源插座的端电压为120V（rms），频率为60Hz，振幅为170V（而pp值为339V）[⊖]。

分贝

我们如何比较两个信号幅度的大小呢？例如，我们可以说，信号X是信号Y的两倍，这样也是

⊖ 我们偶尔会遇到对交流信号平均振幅进行响应的设备（例如机械式移动指针表）。对于正弦波，其关系为$V_{avg}=V_{rms}/1.11$。然而，这类仪表通常经过校准后会指示方均根正弦波振幅。对于正弦波以外的信号，它们的指示是错误的，如果想要获得准确的数据，务必使用“真有效值”仪器。

可以的，并且它们也适用于很多场合。然而，由于我们经常要处理大比值，有时可达上百万，因此我们采用对数来衡量其倍数，为此我们引入分贝。根据定义，两种信号的比值（用分贝表示）可表示为

$$\mathrm{dB}=10\log_{10}\frac{P_2}{P_1} \tag{1.11}$$

式中，P_1 和 P_2 表示两个信号的功率。但是我们要经常处理信号幅度，因此，我们可以将具有相同波形的两个信号的比值表示为

$$\mathrm{dB}=20\log_{10}\frac{A_2}{A_1} \tag{1.12}$$

式中，A_1 与 A_2 分别表示两个信号的幅度。因此，若一个信号幅度是另一个信号幅度的两倍，由于 lg 2=0.3010，则对应的比值分贝数为+6dB；若一个信号是另一个信号的 10 倍，则对应的比值分贝数为+20dB；若一个信号是另一个信号的 1/10，则对应的比值分贝数为−20dB。

虽然分贝数通常用来表示两个信号的比值，但有时也用来表示幅度的绝对值。现在的情况是，假设一个参考信号电平，然后用分贝来表示与之相关的任何其他电平。有几种标准方式表示，最常见的参数值是①0dBV（1V rms）；②0dBm（在某个假设的负载阻抗上对应于 1mW 的电压，对于射频通常是 50Ω，但对于音频通常取 600Ω。加载上这些阻抗后，0dBm 的幅度分别对应于 0.22V rms 与 0.78V rms）；③电阻在室温下产生的小噪声电压（这个令人惊讶的事实将在 8.1.1 节中讨论）。除此之外，还有一些参考幅度用于工程和科学其他领域的测量。例如在声学中，0dB SPL（声压级）指的是有效值（rms）压强为 20μPa（即 2×10^{-10}atm）的波；在音频通信中，电平可以用 dBrnC 表示（它是一个用曲线 C 以频率加权的相对噪声参考电平）。当用这种方式表示幅度时，最好明确 0dB 的参考幅值，例如可以说"一个相对于 1V rms 的 27dB 幅值"或"27dB 基于 1V rms"，也可定义一个术语，如 dBV。

练习 1.12　对于一对信号，其具有的分贝数如下，确定其电压、功率的比值：(a) 3dB；(b) 6dB；(c) 10dB；(d) 20dB。

练习 1.13　我们可以将这个有趣的练习称为"荒岛 dB"：在下表中，使用上一个练习 (a) 和 (c) 的结果，填入与 12 个完整 dB 对应功率比的值。你需要在不使用计算器的情况下完成这张表。一个可能有用的提示：从 10dB 开始，以 3dB 的步长向下排列，然后以 10dB 的步长向上，然后再向下。最后，除去像 3.125（及其附近的数）这样的数字，你会注意到它们与 π 非常接近。

dB	比值（P/P_0）	dB	比值（P/P_0）	dB	比值（P/P_0）
0	1	4		8	
1		5		9	8
2		6	4	10	10
3	2	7		11	

1.3.3　其他信号

1. 斜坡信号

斜坡信号如图 1.20a 所示，它是一个以恒定速率上升（或下降）的电压。当然，即便是在科幻电影中，这种上升也不可能永远持续下去。它有时近似为有限斜坡（见图 1.20b）或周期性斜坡（称为锯齿波，见图 1.20c）。

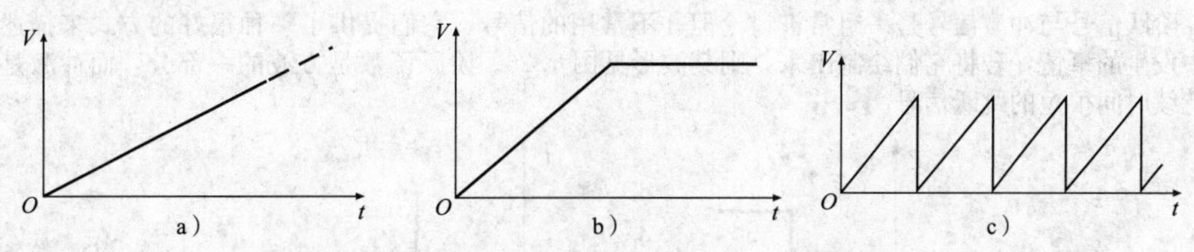

图 1.20　a) 斜坡信号；b) 有限斜坡；c) 锯齿波

2. 三角波

三角波与斜坡信号类似，只不过它是一个对称斜坡（见图 1.21）。

3. 噪声

有用的信号常常伴随*噪声*，这是一个模糊的词语，它通常是指源于热效应的随机噪声。噪声电压特性可以用它的功率谱密度（不同频率中的功率）或它的振幅分布来描述。最常见的一种噪声就是*有限带宽高斯白噪声*，这种噪声的功率谱密度在某一段频率范围内是相等的，且当对噪声电压的振幅进行大量瞬时测量时，它的振幅满足高斯分布。这种噪声是由电阻产生的（Johnson 噪声或奈奎斯特噪声），它会影响各种灵敏电路的测量。在示波器上显示的噪声见图 1.22。第 8 章将详细研究噪声及低噪声技术。

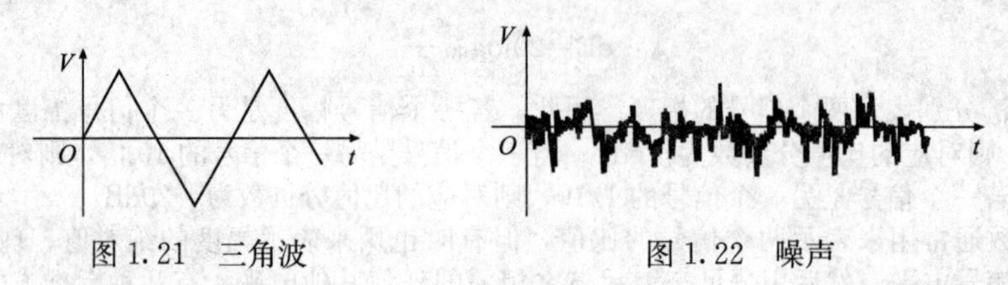

图 1.21　三角波　　　图 1.22　噪声

4. 方波

方波信号随时间变化的波形见图 1.23。就像正弦波一样，方波信号也可由它的振幅与频率来描述（甚至可以是相位）。方波激励的线性电路很少会输出方波响应。对于方波，它的 rms 值和振幅是相等的。

方波的边缘通常并不是完全方的，在典型的电子电路中，上升时间 t_r 在几纳秒到几毫秒之间。图 1.24 显示了这种通常可见的上升沿。上升时间一般定义为信号从 10%跳变到 90%所需要的时间。

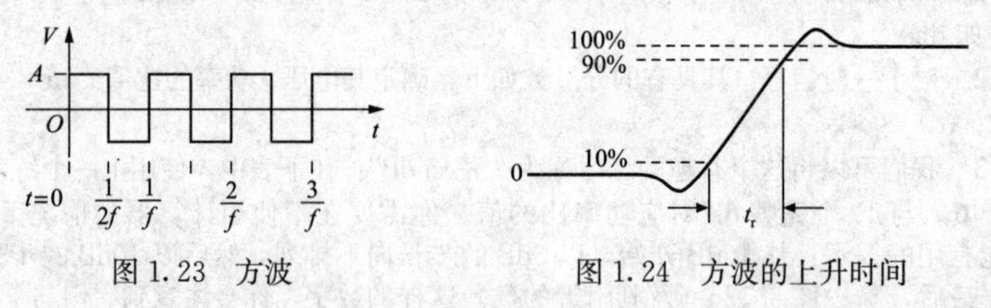

图 1.23　方波　　　图 1.24　方波的上升时间

5. 脉冲

脉冲信号见图 1.25，它由脉冲振幅与脉冲宽度来定义。你可以产生一系列（均匀间隔的）脉冲序列信号，在这种情况下讨论它的频率，即脉冲重复率，以及占空比，即脉冲宽度与周期之比（占空比范围为 0～100%）。脉冲也有正的或负的极性，此外，它们也可以是“正向变化的”或“负向变化的”。例如，图 1.25 中的第 2 个脉冲就是从正向朝负向变化。

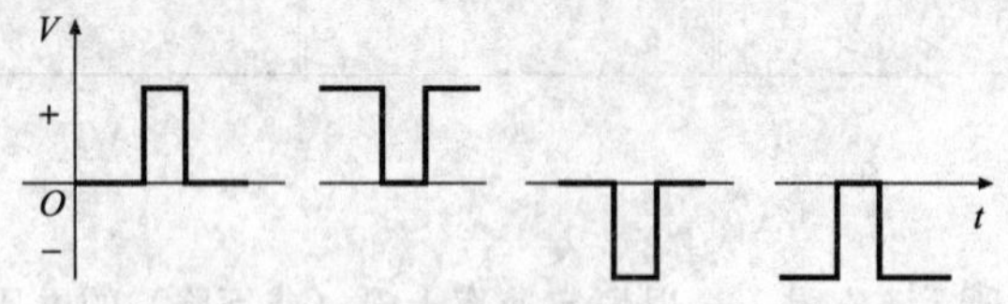

图 1.25　双极性正向和负向变化的脉冲

6. 阶跃与冲激

阶跃信号与冲激信号是一组常被讨论但并不常用的信号。它们提供了一种很好的方式来描述电路中发生的事情，若将它们绘制出来，则其波形见图 1.26。阶跃函数是方波的一部分，而冲激是一个持续时间很短的跳跃信号。

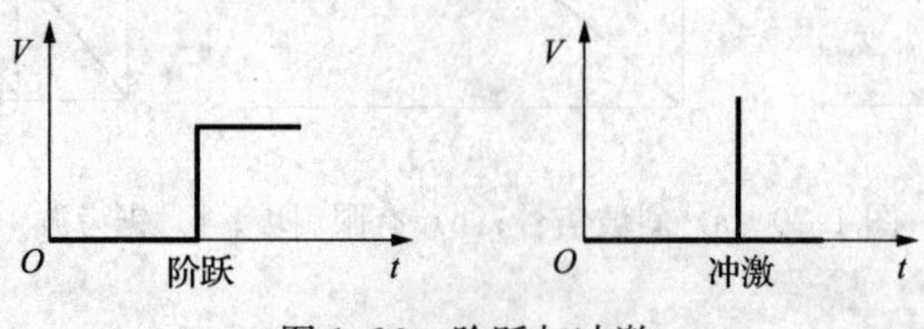

图 1.26　阶跃与冲激

1.3.4　逻辑电平

脉冲与方波信号广泛应用于数字电路中，其中预先定义好的电压电平表示电路任何一点可能存在的两种状态之一。这两种状态又称为“高”和“低”，分别对应布尔逻辑状态中的1（真）和0（假）（描述这两种系统状态的代数表示）。

数字电路中并不需要非常精确的电压，只需要区分它是这两种可能状态中的哪一种。因此，每一种数字逻辑系列均规定了合理的“高”与“低”状态。例如，74LVC数字逻辑系列就利用一个+3.3V的电源供电，其典型的输出电平为0V（低）与3.3V（高），其输入判决门限电平是1.5V。然而，在电路没有故障的情况下，实际的输出可能会与地和+3.3V偏离0.4V左右。在《电子学的艺术》（原书第3版）（下册）的第10章～第12章中，我们有更多关于逻辑电平的内容要讨论。

1.3.5　信号源

通常，信号源是我们研究的电路的一部分。但是对于测试而言，灵活的信号源是非常宝贵的。信号源具有三种形式：信号发生器、脉冲发生器和函数发生器。

1. 信号发生器

信号发生器指正弦波振荡器，通常可提供宽频带范围内的信号，并提供精确的幅度控制（使用了被称为*衰减器*的电阻分压器网络）。某些仪器可让你*调制*（即随时间变化）输出振幅（AM代表调幅）或频率（FM代表调频）。它的一种变体是*扫频仪*，这也是一种信号发生器，可以在一定频率范围内重复扫描其输出频率。这对于测试那些特性以特定方式随频率变化的电路来说非常方便，例如调谐电路或滤波器。如今，这些设备以及大多数测试仪器均允许通过计算机或其他数字仪器编程进而对频率、幅度等进行配置。

对于许多信号发生器来说，信号源就是*频率合成器*——一种产生频率可以精确设定正弦波的装置。数字化设置的频率，通常有8位或更多有效位，并按照一个精确的标准（独立石英晶振或铷频率标准，或者GPS衍生振荡器）通过数字方法进行内部频率合成，我们将在13.13.6节进行讨论。典型的合成器是Stanford Research Systems的可编程SG384，其频率范围为1μHz～4GHz，幅度范围为−110dBm～+16.5dBm（rms值为0.7μV～1.5V），还有如AM、FM和ΦM等各种调制模式，它的价格约为4600美元。你可以使用合成扫频仪，也可以使用产生其他波形的合成器（参见下面的*函数发生器*）。如果你的要求是产生准确的频率，那么只能利用这种频率合成器来实现。

2. 脉冲发生器

脉冲发生器只能产生脉冲信号，但是脉冲宽度、重复频率、幅度、极性和上升时间等均是可调节的。它最快的频率可达GHz。另外，许多脉冲发生器也可以产生脉冲对，并且可以设置这些脉冲对的间隔和频率，甚至设置成可编程模式（有时也称为模式发生器）。大多数现代脉冲发生器都具有逻辑电平输出，以方便连接到数字电路。与信号发生器一样，它们也有可编程类的产品。

3. 函数发生器

在许多方面，函数发生器是所有信号源中最灵活的。它可以在宽频率范围内（典型的是0.01Hz～30MHz）产生正弦波、三角波和方波，并控制振幅和直流偏移量（向信号中加入的恒定直流电压）。许多函数发生器还有扫频功能，通常具有多种模式（线性或对数的时频变化关系）。它们也可用于脉冲输出（尽管不像脉冲发生器那样灵活），其中一些还提供了调制功能。

传统的函数发生器使用模拟电路，但现代型号通常是综合数字函数发生器，既具有函数发生器的灵活性，又具有频率合成器的稳定性和准确性。此外，它们还允许对任意波形进行编程，可以在一组等距的点中指定振幅。Tektronix AFG3102就是一个例子，它的频率下限为1μHz，可以使正弦波和方波达到100MHz，脉冲和噪声达到50MHz，以及任意波形（高达128k个点）达到50MHz。它有调制（五种）、扫描（线性和对数）和触发模式（$1\sim10^6$个周期），频率、脉冲宽度、上升时间、调制和幅度（20mV到10Vpp）都是可编程的。它甚至包括一些特殊的内置波形，如$\sin(x)/x$、指数上升和下降、高斯曲线和洛伦兹函数。它有两个独立的输出，价格约为5000美元。一般情况下，如果你只能有一个信号源，那么函数发生器更适合。

1.4　电容与交流电路

一旦进入电压、电流或信号不断变化的世界，我们就会遇到两个非常有趣的电路元件，它们在纯直流电路中是没有用的：电容和电感。正如我们将看到的，这些简易的元件与电阻相结合为三位一体的无源线性电路，构成了几乎所有电路的基础。尤其是电容，它在几乎所有电路应用中都是必不可少的，它可用于波形生成、滤波、阻塞和旁路，也用于积分器和微分器。与电感相结合时，它们可以构成特性尽可能狭窄的滤波器，以便将所需的信号与背景分开。随着本章内容的推进，你将看到电容的一些应用，并且在后面的章节中还会有许多有趣的例子。

现在我们继续深入学习电容，以下的部分内容不可避免地会与数学方面的知识有关。无论如何，从长远来看，了解最终的结果总是比了解详细过程更为重要。

1.4.1 电容

电容（见图1.27）有两根引线接出，并具有以下特性：

$$Q=CV \tag{1.13}$$

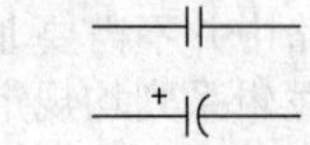

图1.27 电容。弯曲电极表示极化电容的负端或包裹薄膜电容的外箔

它的基本形式是一对间隔很近的金属板，由某种绝缘材料隔开，如图1.28所示的卷式轴向薄膜电容。在一个具有C法拉的电容两端跨接V伏特的电压时，该电容的一个极板上会存储Q库伦的电荷，而在另一个极板上会存储$-Q$库伦的电荷。电容与面积成正比，与间距成反比。对于简单的平行板电容，其间距为d且板面积为A（间距d远小于板的尺寸），则电容C为

$$C=8.85\times10^{-14}\varepsilon A/d \tag{1.14}$$

式中，ε是绝缘体的介电常数，尺寸以厘米为单位。需要很大的面积和很小的间距才能制造出电路中常用的电容㊀。例如，一对间隔1mm，面积1cm^2的极板是一个略低于10^{-12}F（皮法）的电容，仅制造如图1.28所示的0.1μF电容就需要100 000个这样的极板（这并没有什么特别的，我们经常会使用几微法级的电容）。通常不需要计算电容，因为你购买的电容就是一个电子元件。

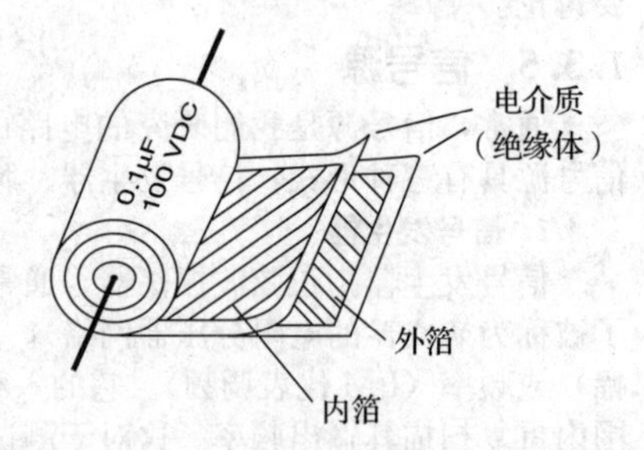

图1.28 通过卷起一对金属化塑料薄膜，你可以获得很大的面积。展开一个轴向引线聚酯薄膜电容非常有趣

首先，电容是一种可以简单近似认为是与频率相关的电阻元件，例如，可以用它构成一个与频率相关的分压电路。在一些（旁路、耦合）应用场合，你只需要了解这些就足够了；但对于其他应用（滤波、储能、谐振电路），则需要更深入的了解。例如，即使电流可以流过电容，理想电容也不会损耗功率，这是因为电压和电流有90°的相位差异。

在接下来展开介绍电容的细节之前（包括一些描述其时频特性的必要数学知识），我们希望强调前两种应用——旁路和耦合，因为它们是电容最常见的用途，在最简单的层面上就很容易理解。我们将在后面详细介绍这些（1.7.1节和1.7.16节），但是现在就可以先为你介绍，因为这很简单且直观。电容在直流电路中看起来像开路，它可以让你耦合一个变化的信号，同时阻断它的平均直流电平。这是一个*隔离电容*（也称为耦合电容），见图1.93。同样，因为电容在高频时看起来像短路，所以它会抑制（旁路）你不想要的地方的信号，例如在为电路供电的直流电压上，见图8.80a（电容抑制直流电源电压+5V和−5V上的信号，也抑制晶体管Q_2基极上的信号）㊁。从统计上看，电容的这两种应用占据了电路中的绝大多数。

取式（1.13）的导数，可以得到

$$I=C\frac{\mathrm{d}V}{\mathrm{d}t} \tag{1.15}$$

因此，电容比电阻要更复杂：电流不是简单地与电压成正比，而是与电压的变化率成正比。如果以1V/s的速度改变1F电容两端的电压，就相当于为它提供1A的电流。相反，如果提供1A的电流，那么电容的电压会以1V/s的速度变化。1F的电容是很大的，我们通常采用μF（微法）、nF（纳法）或pF（皮法）㊂。例如，如果给1μF的电容提供1mA的电流，则电压将以1000V/s的速度上升。脉宽为10ms的脉冲电流将使电容两端的电压增加10V（见图1.29）。

当给电容充电时，你是在提供能量，但电容不会发热，它将能量储存在内部电场中。充电的电容中储存的能量为

㊀ 介电常数大也无妨：空气的$\varepsilon=1$，但塑料薄膜的$\varepsilon=2.1$（聚丙烯）或3.1（聚酯）。某些陶瓷在电容制造中经常用到：$\varepsilon=45$（C0G型）或3000（X7R型）。

㊁ 这些必不可少的旁路电容被认为是理所当然的，以至于它们通常从原理图中省略（这是我们在本书中遵循的一种做法），但是不要再在实际电路中也忽略它们！

㊂ 让外行人感到困惑的是在原理图中指定的电容值上，这些单位经常被省略。你得从上下文中弄清楚。

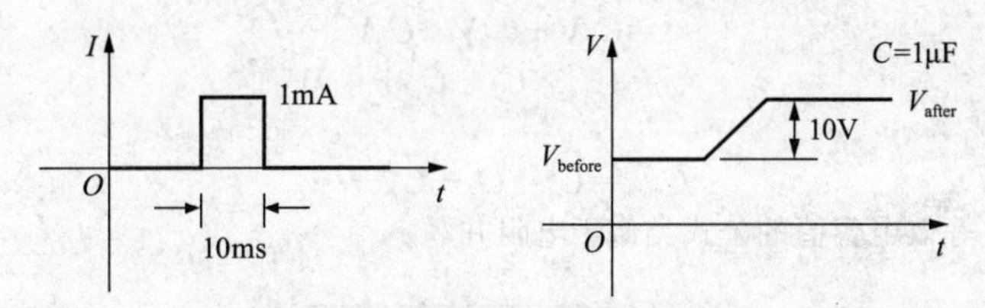

图 1.29 当电流流过电容时，电容两端的电压发生变化

$$U_C=\frac{1}{2}CV^2 \tag{1.16}$$

式中，U_C 以焦耳（J）为单位，C 以法拉（F）为单位，V 以伏特（V）为单位。这是一个重要的公式，我们会经常看见它。

练习 1.14 能量挑战：想象一下给电容为 C 的电容充电，电容的电压从 0V 变化到某个最终电压 V_f。如果你的做法没问题的话，最终的结果并不取决于你所采用的方法。所以你不需要假设恒流充电（尽管你可以这么做）。在任意时刻，能量流入电容的速率都是 VI（J/s）。因此，你需要从头到尾对 $dU=VI\,dt$ 进行积分，请尝试从这里开始。

电容具有各种形状和尺寸（图 1.30 显示了其中的大多数示例）。随着时间的推移，我们将认识到它们更为常见的形式。对于小电容，你可能会见到带有基本平行板（或圆柱活塞）等构造的类型。对于更大的电容，我们需要更大的面积和更小的间距，通常的方法是将一些导体镀在薄的绝缘材料（电介质）上，例如将铝化塑料薄膜卷成小圆柱状。其他常用的类型是薄陶瓷晶片（陶瓷芯片电容）、带有氧化物绝缘体的金属箔（电解电容）和金属化云母。这些类型中的每一种都有独特的性质。通常，陶瓷和聚酯电容可用于大多数普通电路；具有聚碳酸酯、聚苯乙烯、聚丙烯、聚四氟乙烯或玻璃电介质的电容一般用于要求苛刻的应用中；钽电容用于需要更大电容的场合；铝电解电容用于电源滤波等。

图 1.30 电容的封装有很多，上图是一个代表性的汇总。左下方是小数值可变电容（一个空气介质，三个陶瓷介质），它们的上方是大数值的极化铝电解电容（左侧的三个具有径向引线，右侧的三个具有轴向引线，顶部有螺丝端子的样品通常被称为计算机电解）。顶部的下一个是低电感薄膜电容（注意宽的带状端子），然后是注油纸电容，最后是一组在右下方的圆盘陶瓷电容。下面的四个矩形物体是薄膜电容（聚酯、聚碳酸酯或聚丙烯）。D 型微连接器似乎不该摆在这里，但这是一个滤波连接器，每个引脚与外壳之间都有一个 1000pF 的电容。它左侧的一组是七个极化钽电容（五个带有轴向引线、一个径向和一个表面贴装）。它们上方的三个电容是轴向薄膜电容。底部中间的十个电容均为陶瓷电容（四个带径向引线、两个轴向和四个表面贴片电容），它们上方是高压电容——轴向玻璃电容和带有螺丝端子的陶瓷传输电容。最后，在它们下方和左侧是四个云母电容和一对称为变容二极管的二极管状物体，它们是由二极管结制成的电压可变电容

电容的并联和串联

几个电容的并联值是它们各自电容的总和。这很容易得到：设并联两端的电压为 V，则有

$$C_{\text{total}}V=Q_{\text{total}}=Q_1+Q_2+Q_3+\cdots$$

$$=C_1V+C_2V+C_3V+\cdots$$
$$=(C_1+C_2+C_3+\cdots)V$$

即

$$C_{\text{total}}=C_1+C_2+C_3+\cdots \tag{1.17}$$

对于电容串联，等效电容值的公式类似于电阻并联：

$$C_{\text{total}}=\frac{1}{\dfrac{1}{C_1}+\dfrac{1}{C_2}+\dfrac{1}{C_3}+\cdots} \tag{1.18}$$

或（仅有两个电容串联时）

$$C_{\text{total}}=\frac{C_1C_2}{C_1+C_2}$$

练习1.15　推导两个电容串联的等效电容公式。提示：由于两个电容串联在一起的点不与外部连接，因此它们存储相等的电荷。

充电时流经电容的电流（$I=C\mathrm{d}V/\mathrm{d}t$）有一些不寻常的特性。与流经电阻的电流不同，它与电压不成正比，而与电压的变化率（时间导数）成正比。此外，与电阻不同的特点还有，与电容电流有关的功率（$V\times I$）并不会转化为热量，而是以能量的形式储存在电容的内部电场中。当电容放电时，就会释放出所有的能量。当在1.7节讨论*电抗*时，我们将从另一种角度来看这种特性。

1.4.2　*RC*电路：*V*和*I*与时间的关系

当我们讨论交流电路（或者任何具有变化电压、电流的电路）时，有两种可能的方法。你可以讨论V和I随时间变化的关系，也可以讨论振幅与信号频率的关系。这两种方法都有各自的优点，我们一般根据具体的情况选择最方便的方法。我们首先在时域中研究交流电路。从1.7节开始，我们将在频域中进行处理。

有电容的电路有哪些特点？为了回答这个问题，让我们从最简单的RC电路开始（见图1.31）。根据电容的相关公式可以得到

$$C\frac{\mathrm{d}V}{\mathrm{d}t}=I=-\frac{V}{R} \tag{1.19}$$

这是一个微分方程，它的解为

$$V=A\mathrm{e}^{-t/RC} \tag{1.20}$$

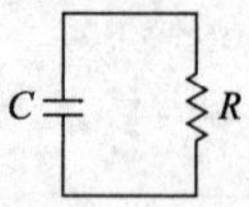

图1.31　最简单的RC电路

因此，一个充电的电容与电阻并联后将放电，见图1.32。这里可以仅靠直觉考虑：流经的电流（根据电阻方程）与剩余电压成正比，但放电的斜率（根据电容方程）与该电流呈比例。因此，放电曲线是其导数与值成正比的函数（即指数）。

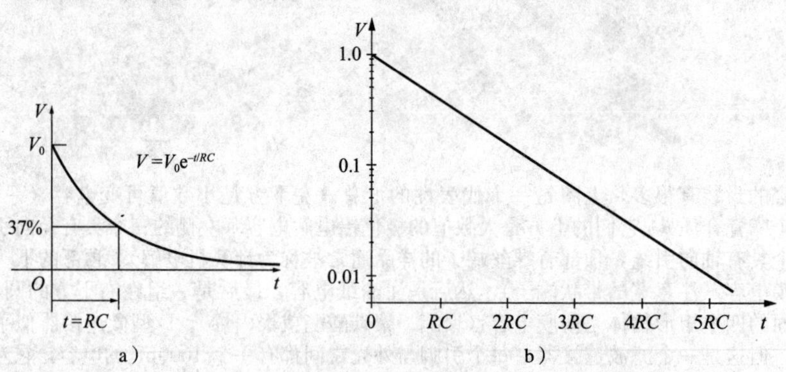

图1.32　RC放电波形，用a）线性和b）对数绘制电压轴

1. 时间常数

上式的RC之积称为电路的*时间常数*。如果R的单位是欧姆，C的单位是法拉，那么乘积RC的单位是秒（s）。1μF的电容与1kΩ的电阻并联后，该电路的时间常数为1ms，如果电容最初充电至1.0V，则初始电流为1.0mA。

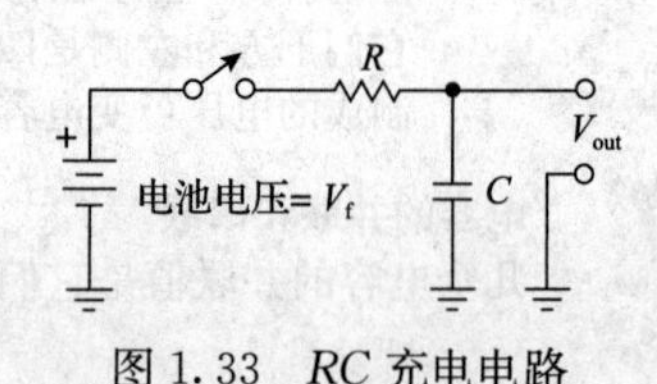

图1.33　RC充电电路

图1.33显示了一个略有不同的电路，在$t=0$时刻，电路接上电源。这个电路的方程为

$$I=C\frac{\mathrm{d}V}{\mathrm{d}t}=\frac{V_{\mathrm{f}}-V_{\mathrm{out}}}{R}$$

方程的解为

$$V_{\mathrm{out}}=V_{\mathrm{f}}+A\mathrm{e}^{-t/RC}$$

如果你很难跟上这些数学的内容，也不必担心。我们这样做只是为了得到一些你应该记住的重要结论，之后我们将经常使用这些结论，而不再需要从数学上进行推导。常数 A 由初始条件决定（见图 1.34），在 $t=0$ 时刻，$V=0$，因此，$A=-V_{\mathrm{f}}$，并且

$$V_{\mathrm{out}}=V_{\mathrm{f}}(1-\mathrm{e}^{-t/RC}) \tag{1.21}$$

再一次非常符合直觉：当电容充电时，斜率（与电流成正比，因为它是电容）与剩余电压成正比（因为这是在电阻上产生电流的电压）。所以我们可以得到一个波形，它的斜率与它仍然要走的垂直距离成正比（指数形式）。

你可以回到最后一个方程，计算出电压 V 到达最终电压 V_{f} 所需的时间。试试看吧！

$$t=RC\log_{\mathrm{e}}\left(\frac{V_{\mathrm{f}}}{V_{\mathrm{f}}-V}\right) \tag{1.22}$$

2. 衰减至平衡状态

最终（当 $t\gg RC$ 时），V 达到 V_{f}（常常采用"5RC 经验法则"：电容在五个时间常数内充电或衰减到其最终值的 1%以内）。如果我们将电源电压更改为其他某个值（例如 0V），V 将以指数 $\mathrm{e}^{-t/RC}$ 衰减到该新值。例如，用 $V_{\mathrm{in}}(t)$ 的方波代替电源从 0V 到 V_{f} 的阶跃输入，将产生如图 1.35 所示的输出。

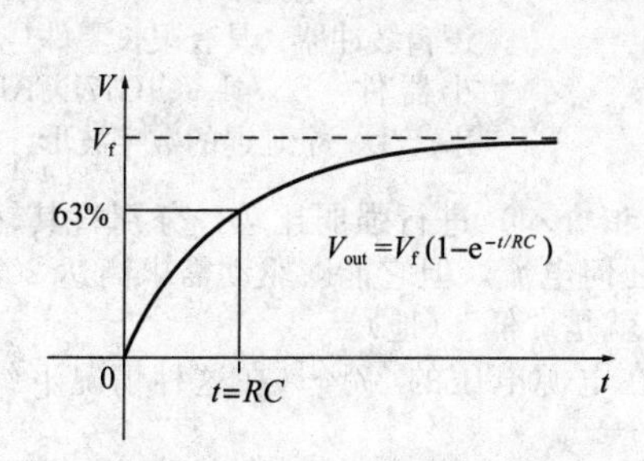

图 1.34　RC 电路充电波形

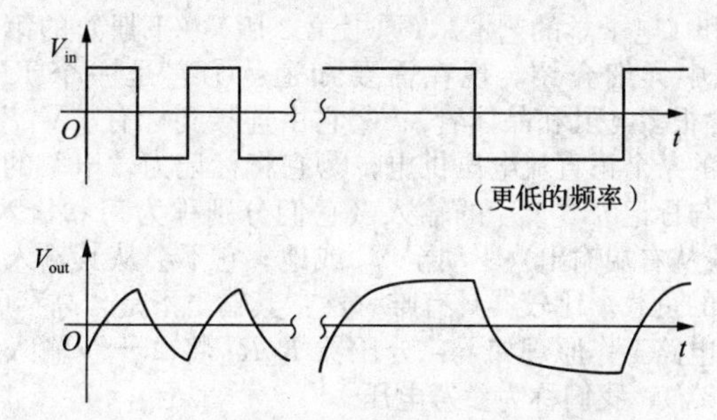

图 1.35　使用通过电阻的方波作为激励时，电容两端的输出（下方的波形）

练习 1.16　证明这种信号的上升时间（从其最终值的 10%变为 90%所需的时间）为 2.2RC。

显然，你可能想问的下一个问题是：对于任意的 $V_{\mathrm{in}}(t)$，$V(t)$ 是怎么样的？该问题的答案涉及一个非齐次微分方程，可以通过标准方法来求解（但是这超出了本书的范围）。求解方程可得到：

$$V(t)=\frac{1}{RC}\int_{-\infty}^{t}V_{\mathrm{in}}(\tau)\mathrm{e}^{-(t-\tau)/RC}\mathrm{d}\tau$$

也就是说，RC 电路将之前的输入求平均，加权因子为 $\mathrm{e}^{-\Delta t/RC}$

实际上，我们很少问这个问题，而是会在频域中进行处理，研究输入信号中的每个频率分量有多少能通过这一 RC 电路。我们将很快讨论这个重要问题（1.7 节）。但是，在这之前还有一些其他的有趣电路可以使用时域的方法进行简单分析。

3. 利用戴维南等效电路进行简化

我们可以继续用类似的方法分析更复杂的电路，先写出微分方程，然后试着求解。但在大多数情况下不必这样做，这就像我们所需要的 RC 电路那样复杂。许多其他电路都是可以简化的，以图 1.36 中的电路为例，利用由 R_1 和 R_2 构成的分压器的戴维南等效电路，可以得到由 V_{in} 的阶跃输入产生的输出 $V(t)$。

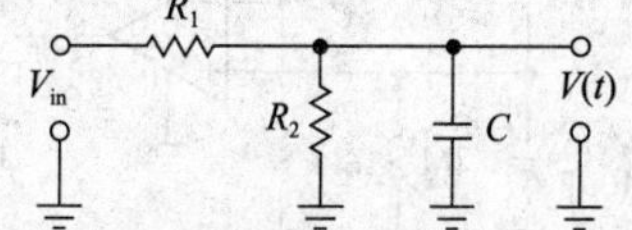

图 1.36　看起来很复杂，但事实并非如此！（戴维南等效便是解决方法）

练习 1.17　在图 1.36 所示的电路中，$R_1=R_2=10\mathrm{k}\Omega$，$C=0.1\mu\mathrm{F}$，求出 $V(t)$ 并绘制其曲线。

4. 电路示例：延时电路

让我们走一小段弯路，在几个实际电路上尝试这些理论。在教科书中，特别是在前几章，通常会避免这种实用主义，但我们认为，将电子技术应用到实际应用中是很有趣的。我们需要引入一些

黑盒来完成工作，但是稍后你将详细了解它们，所以不必担心。

我们已经提到过逻辑电平，即数字电路中的电压。图1.37显示了使用电容产生延迟脉冲的过程，图中的三角形符号是CMOS[⊖]缓冲器。如果输入为高电平（给它们供电的直流电源电压的一半以上），它们将输出高电平，反之亦然。第一个缓冲器提供与输入信号相同的信号，但具有较低的内阻，用来防止 *RC* 电路引起的输入负载（参阅我们在1.2.5节中有关电路负载的讨论）。*RC* 输出具有衰减的特性，并会在输入转换10μs后使输出缓冲器切换状态（在 $t=0.7RC$ 之后，*RC* 会达到输出的50%）。在实际应用中，必须考虑缓冲器输入阈值偏离电源电压一半的影响，这将改变延迟并引起输出脉宽变化。有时会使用这种电路来延迟一个脉冲，以便让其他信号先产生。在设计电路时不会太频繁地依靠这样的技巧，但有时它们的确很方便。

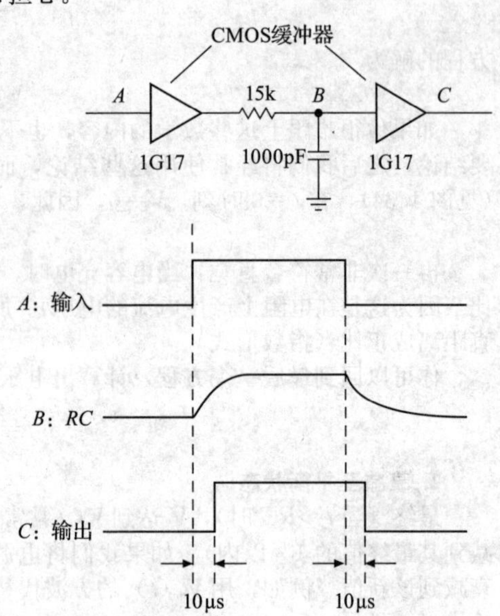

图1.37　借助 *RC* 电路和一对LVC系列逻辑缓冲器（具有很长零件号的小器件：SN74LVC1G17DCKR）来产生一个延迟的数字波形

5. 另一个电路示例：一分钟的功率

图1.38给出了使用简单 *RC* 定时电路可以完成的另一示例。图中的三角形符号是比较器，我们将在第4章和《电子学的艺术》（原书第3版）（下册）的第10章中详细介绍。现在需要知道：①它是一个IC（包含很多电阻和晶体管）；②它由连接到标有“V_+”引脚的某个正直流电压供电；③它将标记为“+”的输入与标记为“−”的输入（它们分别称为同相输入和反相输入）进行强弱比较，分别将其输出（导线从右端输出）驱动至 V_+ 或地。它不会从其输入获取任何电流，但它能够驱动需求高达20mA左右的负载。比较器具有唯一性：其输出不是“高”（V_+）就是“低”（地）。

电路工作原理如下：分压器 R_3R_4 将“−”输入保持在电源电压的37%（在这种情况下约为+1.8V），我们称为参考电压。

因此，如果电路已经放置了一段时间，C_1 就完全放完电了，比较器的输出是接地的。当你瞬间按下START按钮时，C_1 会快速充电（10ms的时间常数）至+5V，从而使比较器的输出切换为+5V，见图1.39。释放按钮后，电容对地按照指数形式放电，时间常数为 $\tau=R_2C_1$，我们已将其设置为1min。此时，比较器的电压曲线会穿过参考电压，因此比较器的输出迅速切换回地。（注意，我们为了方便选择参考电压为 V_+ 的1/e，因此只需要一个时间常数 τ 就可以实现这一点。对于 R_2，我们使用了最接近6MΩ的标准值。）最终它能实现的功能是按下按钮后，输出在+5V电压下保持1min。

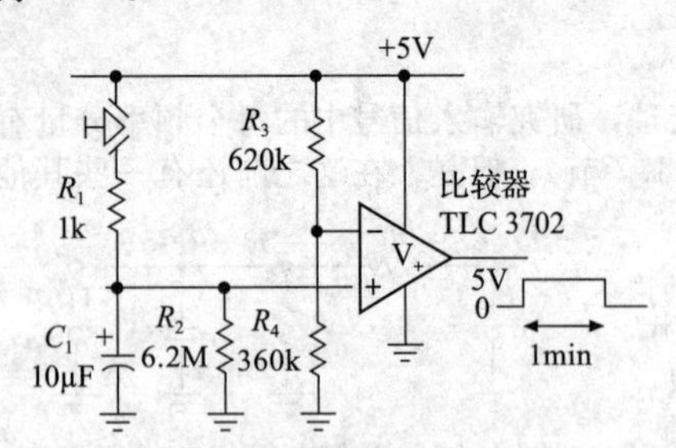

图1.38　*RC* 定时电路：按下去后便会定时1分钟

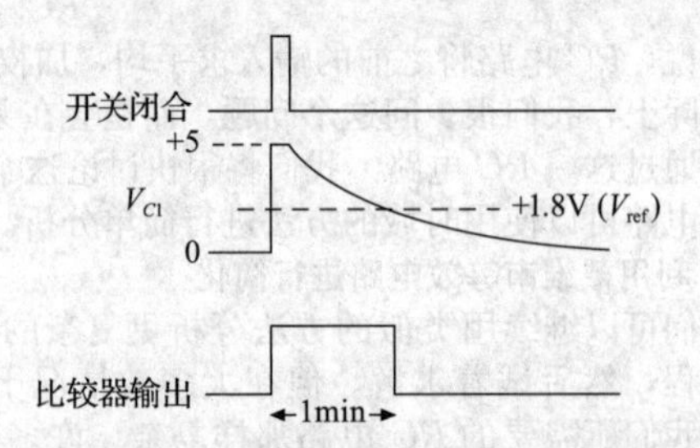

图1.39　为图1.38的电路产生一个延迟的数字波形。电压 V_{C1} 的上升时间为 $R_1C_1\approx10\text{ms}$

我们很快将为你介绍更多细节，但是首先让我们使用这个输出来做一些有趣的事情。如图1.40a～d所示，你可以通过将这个输出连接到LED来制作自停式闪光灯。你需要串联一个电阻

⊖　互补金属氧化物半导体，数字逻辑电路的主要组成部分，我们将从《电子学的艺术》（原书第3版）（下册）的第10章开始学习。

来设置电流（我们稍后会详细介绍）。如果想发出一些声音，则可以连接压电蜂鸣器连续（或间歇地）鸣响一分钟（这可能是洗衣机的结束信号）。另一种应用是连接一个小型机电继电器，它只是一个电动机械开关，可以利用它提供的触点来激活你想开关的几乎所有负载。使用继电器可以获得一个非常重要的特性，即负载（由继电器切换的电路）与定时电路本身的+5V和地是电气隔离的。

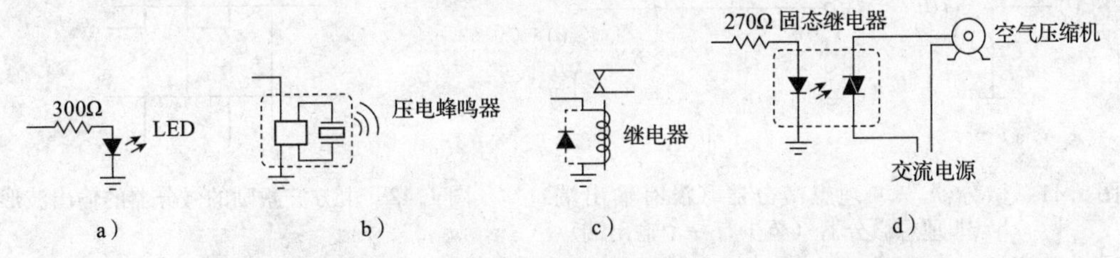

图1.40　利用图1.38的RC定时电路输出驱动一些有趣的电路

最后，为了打开和关闭重要的工业机械，你可能会使用重型固态继电器（SSR，12.7节会涉及），其内部有一个红外LED连接到被称为可控硅的交流开关。被激活时，该开关作为优秀的机械开关，能够承受数安培的切换，并且（就像机电继电器一样）与输入电路完全电气隔离。

一些细节：①在图1.38的电路中，去掉R_1后电路仍然可以工作，但是当放电电容刚连接到+5V电源时就会产生较大的瞬时电流（回想$I=C\mathrm{d}V/\mathrm{d}t$，此处就如同尝试在大约0s的"d$t$"中产生5V的"d$V$"）。通过添加串联电阻$R_1$，就可以将峰值电流限制为适度的50mA，同时对电容进行足够快的充电（在5RC时间常数中达到99%，即0.05s）。②比较器的输出可能会有轻微的振荡（图4.31），就像"+"输入会朝向地变化并且沿着指数的趋势穿过参考电压一样，这是由于不可避免的电气噪声带来的。为了解决这个问题，通常会看到电路被布置成能够增强输入的形式，以便让某些输出耦合回输入（术语为迟滞或正反馈，我们将在第4章和《电子学的艺术》（原书第3版）（下册）的第10章中看到它）。③在电子电路中，最好在直流电源"轨"和地之间连接一个或多个电容，以对直流电源添加旁路。这种电容的取值并不关键，通常使用0.1～10μF，参见1.7.16节。

上面的简单示例都涉及启动和关闭一些负载，但电子逻辑信号还有其他用途，例如比较器的输出，即处于两种可能的二进制状态之一，称为高和低（在本例中为+5V和地）、1和0或真和假。例如，这样的信号可以启动或关闭某个其他电路。想象一下，假如打开车门会触发1min的高输出电平，然后启动键盘输入安全密码，这样就可以启动汽车了。一分钟后，如果你还没有输入安全密码，它就会关闭，从而确保操作人员一定程度上的清醒。

1.4.3　微分器

我们可以设计一个简单电路来对输入信号进行微分，即$V_{\mathrm{out}}\propto \mathrm{d}V_{\mathrm{in}}/\mathrm{d}t$。让我们分两步进行。

1）首先看一下图1.41a中的（理想）电路，输入电压$V_{\mathrm{in}}(t)$产生流经电容的电流$I_{\mathrm{cap}}=C\mathrm{d}V_{\mathrm{in}}/\mathrm{d}t$，如果我们能以某种方式将通过$C$的电流作为我们的输出，那么这种电路正是我们想要的。但是我们却不能。

2）我们在电容的那一端加一个小电阻到地，作为一个电流感应电阻（见图1.41b）。这样的好处是输出与流经电容的电流就成正比了，坏处是电路不再是完美数学意义上的微分器。这是因为C上的电压（它的导数所产生的就是流经电阻R的电流）不再等于V_{in}，而是等于V_{in}和V_{out}之间的差值。它是这样计算的：C两端的电压是$V_{\mathrm{in}}-V_{\mathrm{out}}$，因此

$$I=C\frac{\mathrm{d}}{\mathrm{d}t}(V_{\mathrm{in}}-V_{\mathrm{out}})=\frac{V_{\mathrm{out}}}{R}$$

如果选择足够小的R和C，以至于$\mathrm{d}V_{\mathrm{out}}/\mathrm{d}t\ll \mathrm{d}V_{\mathrm{in}}/\mathrm{d}t$，那么

$$C\frac{\mathrm{d}V_{\mathrm{in}}}{\mathrm{d}t}\approx\frac{V_{\mathrm{out}}}{R}$$

或

$$V_{\mathrm{out}}(t)\approx RC\frac{\mathrm{d}}{\mathrm{d}t}V_{\mathrm{in}}(t)$$

也就是说，我们得到一个与输入波形变化率成正比的输出。

要保证$\mathrm{d}V_{\mathrm{out}}/\mathrm{d}t\ll \mathrm{d}V_{\mathrm{in}}/\mathrm{d}t$，我们应使$RC$的乘积很小，注意不要让$R$太小以免增加输入的负载

（瞬态时电容两端的电压变化为零，因此 R 为从输入端看到的负载）。当我们在频域中进行研究时，我们会有一个更好的标准来看待它（1.7.10节）。如果用方波作为该电路的激励，则输出见图1.42。

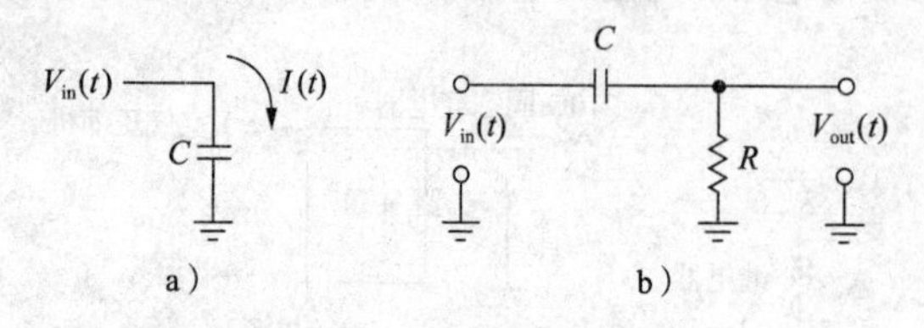

图1.41　微分器。a）理想微分器（没有输出端）；b）非理想微分器（至少有一个输出端）

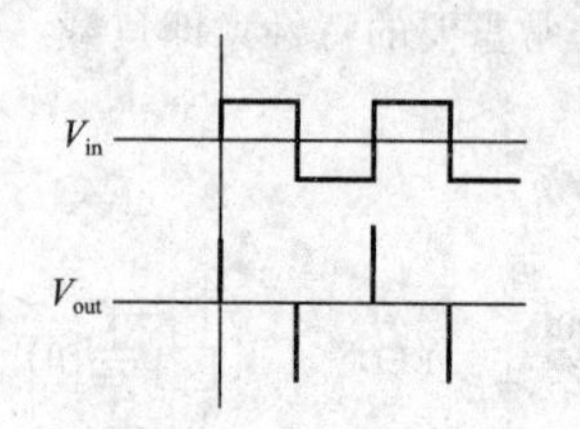

图1.42　由方波激励的微分器的输出波形

微分器可以方便地检测脉冲信号中的上升沿和下降沿，在数字电路中，有时会看到如图1.43所示的现象。RC 微分器会在输入信号的突变处产生尖脉冲，输出缓冲器会将这些尖脉冲转换为窄方波脉冲。实际上，由于缓冲器中内置了二极管（1.6节中讨论的一种实用器件），因此负的尖脉冲很小。

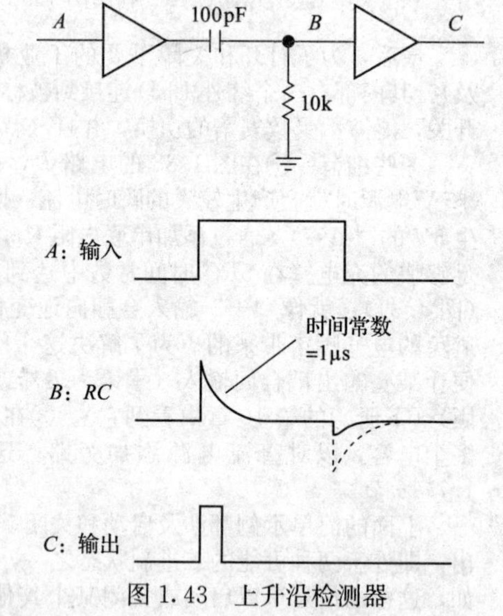

图1.43　上升沿检测器

为了更贴近实际的应用，我们连接并测量了一个为高速信号配置的微分器。为此，我们使用了 $C=1\text{pF}$ 的电容和 $R=50\Omega$ 的电阻，我们用可设置的5V步进压摆率（即 dV/dt）作为激励。图1.44显示了三种选择 dV/dt 的输入和输出波形。在这种速度下（注意横轴尺度为4ns/div），从最快的上升时间中可以发现，电路经常偏离理想性能。两个较慢的步长显示了合理的表现，即在输入向上跳变的期间，输出是平顶的波形，请你自己检查一下，这个公式是否正确地预测了输出振幅。

不期望的容性耦合

微分电路有时会意外地出现在电路中，而这并不是我们所期望的。你可能会看到如图1.45所示的信号，第一种情况是由方波与正在查看的信号通路产生容性耦合而引起的，这可能表示信号通路上缺少电阻负载。如果不是这样，则必须降低信号通路的内阻，或者找到一种方法来减少这种方波的容性耦合。第二种情况是在观察方波时可能会看到的典型情况，在某个地方（通常是在示波器探头处）出现了断开的连接，断开连接处的小电容与示波器的输入电阻结合在一起形成微分器。知道这里有一个会进行微分的“东西”可以帮助你找到问题并解决它。

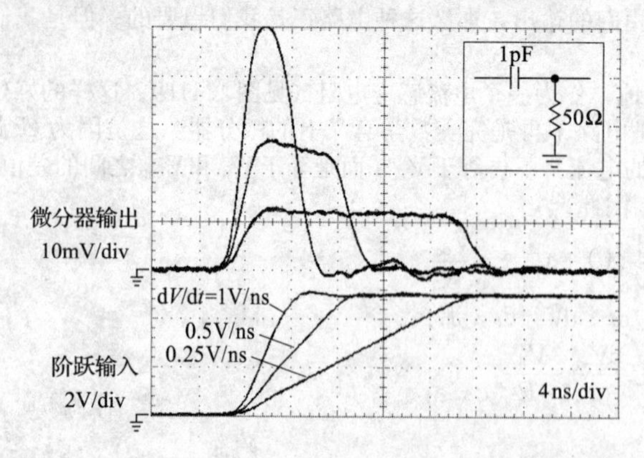

图1.44　RC 网络微分处理的三种快速步进波形。对于最快的波形（每秒 10^9 V），器件和测量仪器中的缺陷会使得信号偏离理想状态

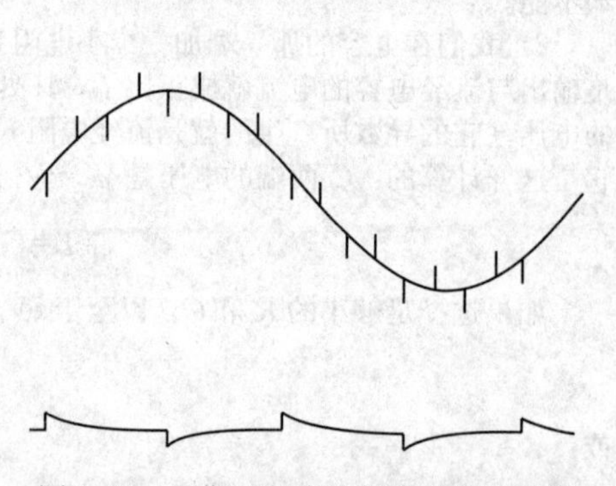

图1.45　不期望的容性耦合的两个示例

1.4.4 积分器

如果 RC 电路可以求导数，为什么不能求积分呢？像之前一样，可以分两步进行。

1）假设输入信号是随时间变化的电流 $I_{\text{in}}(t)$（见图 1.46a）[⊖]。输入电流恰好是流经电容的电流，所以 $I_{\text{in}}(t)=C\mathrm{d}V(t)/\mathrm{d}t$，因此 $V(t)=1/C\int I_{\text{in}}(t)\mathrm{d}t$，这正是我们想要的。因此，如果我们有一个电流为 $I_{\text{in}}(t)$ 的输入信号，则一个一侧接地的简单电容就是一个积分器，不过大多数时候我们都不这么做。

2）我们将一个电阻与更常见的输入电压信号 $V_{\text{in}}(t)$ 串联，将其转换为电流（见图 1.46b）。这样做确实有效，但是该电路却不再是理想积分器，这是因为流过 C 的电流（积分产生的输出电压）不再与 V_{in} 成正比，现在它与 V_{in} 和 V_{out} 之间的差成正比。它是这样计算的：R 两端的电压为 $V_{\text{in}}-V_{\text{out}}$，因此

$$I=C\frac{\mathrm{d}V_{\text{out}}}{\mathrm{d}t}=\frac{V_{\text{in}}-V_{\text{out}}}{R}$$

我们通常保持 RC 乘积较大，以使 $V_{\text{out}}\ll V_{\text{in}}$，则有

$$C\frac{\mathrm{d}V_{\text{out}}}{\mathrm{d}t}\approx\frac{V_{\text{in}}}{R}$$

或

$$V_{\text{out}}(t)=\frac{1}{RC}\int^{t}V_{\text{in}}(t)\mathrm{d}t+\text{常数}$$

也就是说，我们得到的输出正比于输入对时间的积分。我们还可以看到方波输入是如何近似的，$V_{\text{out}}(t)$ 是我们前面看到的指数充电曲线（见图 1.47）。指数曲线的第一部分是斜坡，是一个常数的积分，随着时间常数 RC 的增加，我们只选取了指数的一小部分，即更好地逼近理想斜坡。

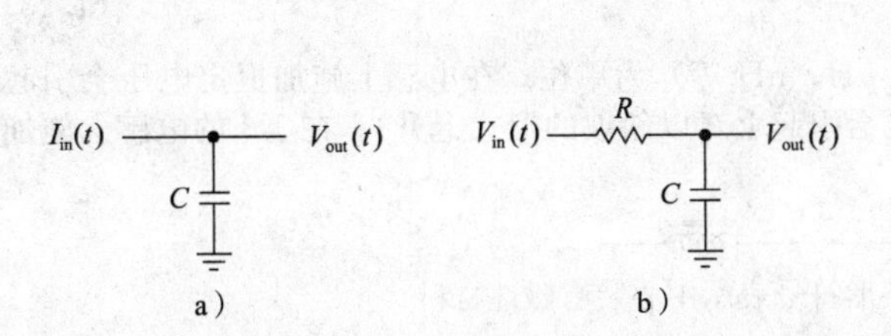

图 1.46　积分器。a）理想积分器（但需要电流输入信号）；b）非理想积分器

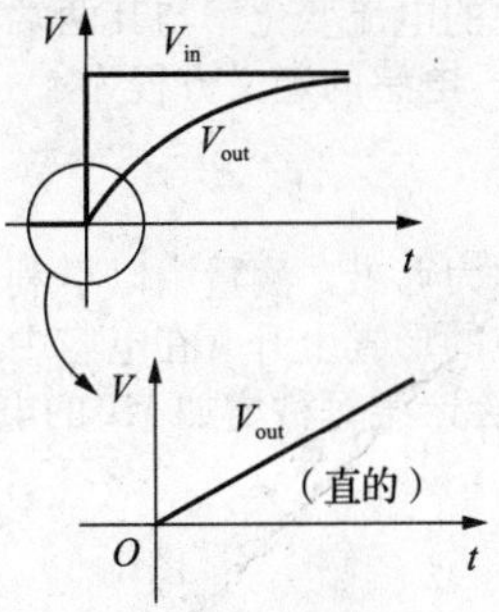

图 1.47　在 $V_{\text{out}}\ll V_{\text{in}}$ 的情况下，积分器的近似是比较好的

注意，$V_{\text{out}}\ll V_{\text{in}}$ 的条件等同于 I 与 V_{in} 成正比，这是我们的第一个积分电路。在大电阻上施加大电压相当于电流源，实际上我们也经常这么做。

之后，当我们研究运算放大器和反馈时，我们将能够在没有限制 $V_{\text{out}}\ll V_{\text{in}}$ 的情况下构建积分器。它们将在很高的频率和电压范围内工作，误差可以忽略不计。

积分器在模拟计算中有着广泛的应用，它是一个子电路模块，在控制系统、反馈、模数转换和波形产生中发挥重要作用。

斜坡发生器

此时，我们很容易就能够理解斜坡发生器的工作原理。这种电路非常有用，例如可以应用于定时电路、波形和函数发生器、模拟示波器扫描电路和模数转换电路。该电路采用恒定电流为电容充电（见图 1.48）。根据电容方程式 $I=C(\mathrm{d}V/\mathrm{d}t)$，可以得出 $V(t)=(I/C)t$。输出波形见图 1.49。当电流源电压不足，即达到其极限时，斜坡停止。图中还显示了一个简单 RC 电路的曲线，其中电阻连接到一个与电流源所能承载电压值相等的电压源，并且 R 的值要经过挑选以便使零输出电压下的电流与原电流源相同（实际电流源的输出通常受制于它所使用电源的电压，因此对这两种曲线进行

⊖ 我们习惯把信号看作是时变的电压，通过使用“电压到电流的转换器”（更好的名字是“跨导放大器”），我们可以看到如何把这种信号转换为成比例的时变电流。

比较是有意义的）。在下一章中将展开对晶体管的讨论，我们将设计一些电流源并进行一些改进，以便进入有关运算放大器（运放）与场效应晶体管的章节中。

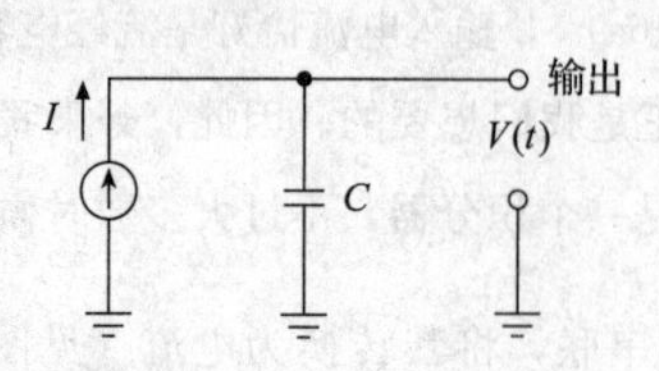

图1.48　用恒定电流源为电容充电可以产生斜坡电压波形

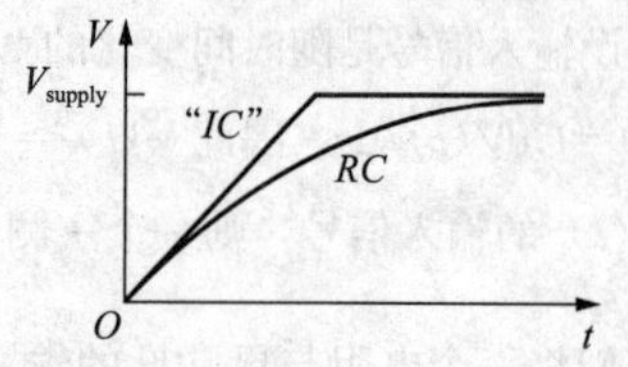

图1.49　恒定电流充电（有限容限值）与RC充电

练习1.18　用1mA的电流为1μF的电容充电，需要多长时间才能使斜坡值达到10V?

1.4.5　并不完美

真正的电容（你能看到、拿到、买到的）通常按照理论工作，但它们有一些额外的特性，在一些要求苛刻的应用中可能会产生问题。例如，所有电容都会表现得像一些串联电阻（可能是频率的函数）和一些串联电感（见下一节），以及一些与频率相关的并联电阻。还有一种"记忆"效应（称为介质吸收）：如果你把电容充电到某个电压V_0并保持一段时间，然后放电到0V，那么当你把两端的短路去掉时，它会向V_0方向漂移一点。

1.5　电感与变压器

1.5.1　电感

如果你已经了解了电容，那么在电感方面应该不会有太大问题（见图1.50）。它们与电容密切相关：电感中的电流变化率与其两端施加的电压成正比（对于电容则相反，电压变化率与流经它的电流成正比）。电感的定义方程为

$$V=L\frac{\mathrm{d}I}{\mathrm{d}t} \tag{1.23}$$

式中，L称为电感，测量中以亨利（或mH、μH、nH等）为单位。在电感上施加恒定电压会引起电流以斜坡的形式上升（在电容中，恒定电流会引起电压以斜坡的形式上升）。在1H的电感上施加1V的电压会产生每秒增加1A的电流。

图1.50　电感。横条形符号表示中心装有磁性材料

就像电容一样，在电感中增大电流所消耗的能量储存在电感内部，在这里以磁场的形式存在。类似的公式为

$$U_L=\frac{1}{2}LI^2 \tag{1.24}$$

式中，U_L的单位是焦耳，L的单位是亨利，I的单位是安培。与电容一样，这是一个重要的公式，也是开关电源转换的核心（以那些为各种消费电子产品提供电源的适配器为例）。

电感的符号看起来像一卷线，那是因为这就是最简单的且最能代表它本质的形式。电感的一些奇怪特性是由于它是磁性元件，在它之中会发生两件事：流经线圈的电流会产生一个沿着线圈轴排列的磁场，然后该磁场的变化会产生电压（反电动势），它会试图抵消这些变化（楞次定律）。线圈的电感L便是通过线圈的磁通量除以产生磁通量的电流的比率（还要乘以一个常数）。电感取决于线圈的几何形状（例如直径和长度）以及可用于限制磁场的任何磁性材料（磁心）的特性，这就是给定线圈几何形状的电感会与匝数的平方成正比的原因。

练习1.19　解释为什么对于n圈导线的电感，$L\propto n^2$（当n变化时，直径和长度保持不变）。

在此，有必要给出一个近似计算电感L的半经验公式，其中有直径d、长度l，并揭示了与n^2的相关性：

$$L\approx K\frac{d^2n^2}{18d+40l}(\mu\mathrm{H})$$

式中，$K=1.0$（以英寸为单位）或$K=0.394$（以厘米为单位），这就是众所周知的惠勒公式，只要$l>0.4d$，精度就可达1%。

与电容电流一样，电感的电流不是简单地与电压成正比（如同在电阻中一样）。此外，与电阻中的情况不同，与电感电流（$V\times I$）相关的功率不会转化为热，而是以能量的形式存储在电感的磁场中（回想一下，与电容电流相关的功率同样不会以热的形式耗散，而是以能量的形式存储在电容的电场中）。当阻断电感的电流时，你会获得所有的能量（对于电容，当你把电压放电到零时，你就会获得所有的能量）。

最基本的电感是线圈，它可以只是一个有一圈或多圈导线的线圈，也可以是一个有一定长度的线圈，称为螺线管。其他的形式包括缠绕在各种核心材料上的线圈，最常用的是铁（或者铁合金、薄片或粉末）和铁氧体（一种灰色不导电且易碎的磁性材料），这些都是利用磁心材料的磁导率来成倍增加给定线圈电感值的技术。磁心的形状可能是条状的、环形的（像甜甜圈），甚至是更奇特的形状。参见图1.51了解电感的一些典型形状。

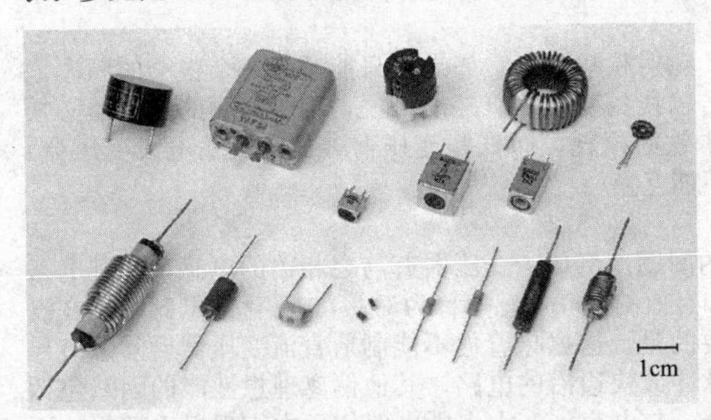

图1.51 电感。顶排从左到右：封装环形线圈、密封环形线圈、板载双轴和裸环形线圈（两种尺寸）。中排：嵌条调谐铁氧体磁心电感（三种尺寸）。底排：大电流铁氧体磁心扼流圈、铁氧体磁珠扼流圈、浸铅径向铁氧体磁心电感、表面贴装铁氧体扼流圈、模制轴向铅铁氧体磁心扼流圈（两种类型）和涂漆铁氧体磁心电感（两种类型）

电感在射频（RF）电路中应用广泛，它充当射频扼流圈，也是调谐电路的一部分（1.7.14节）。一对紧密耦合的电感会形成变压器这种有趣的器件，我们稍后将简要地讨论。

电感在真正意义上是电容的对立面[⊖]。当我们之后讨论阻抗这个重要问题时，你将对此理解更深。

深入探索：电感的一些魔力

为了让你体验使用电感时的一些技巧，参见图1.52。在图1.52a中，电感L的左侧在直流输入电压V_{in}和地之间以某种快速的速率交替切换，每次切换到输入电压的时间相等（50%的占空比）。但定义$V=LdI/dt$要求电感两端的平均电压必须为零，否则其平均电流的大小将无限制地上升（这有时被称为伏秒平衡规则）。由此推出，平均输出电压是输入电压的一半（请确保你已经理解了这一点）。在此电路中，C_2充当稳定输出电压的存储电容。

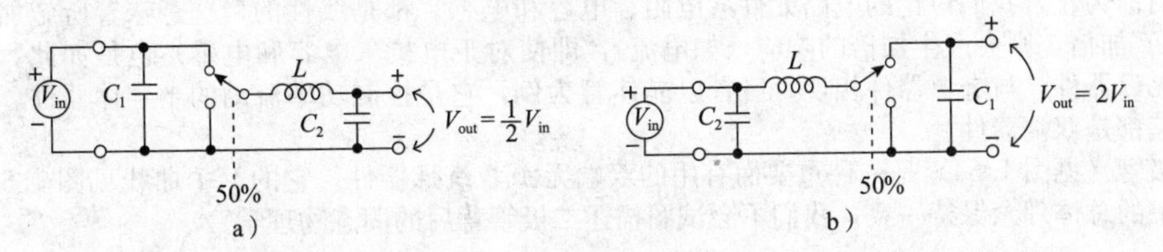

图1.52 电感可以让你做一些巧妙的事情，比如增加直流输入电压

产生输入电压一半的输出并不是什么了不起的事，毕竟简单的分压器就可以做到这一点。但与分压器不同的是，这个电路不浪费任何能量，除去器件的非理想性，它的效率是100%。而实际上，这种电路广泛应用于功率转换，它被称为同步降压转换器。

图1.52b是图1.52a的相反版本。这一次，伏秒平衡要求输出电压是输入电压的两倍，你不能用分压器来实现。输出电容（C_1）通过存储电荷来保持输出电压稳定，这种配置称为同步升压转换器。

1.5.2 变压器

变压器是由两个紧密耦合的线圈（称为初级线圈和次级线圈）组成的器件。施加在初级线圈上的交流电压会出现在次级线圈上，电压倍数与变压器的匝数比成正比，电流倍数与匝数比成反比，

⊖ 实际上电容在电子电路中的应用要更加广泛，这是因为实际的电感具有明显不理想的性能，例如有线圈电阻、铁心损耗和自电容。而实用的电容几乎是完美的。然而，在开关功率变换器，以及调谐LC电路的射频应用中，电感是不可或缺的。

功率守恒。图1.53展示了叠片铁心变压器的电路符号。

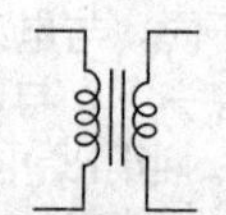

图1.53　叠片铁心变压器的电路符号

变压器效率很高（输出功率非常接近输入功率），因此升压变压器能够以较低的电流提供较高的电压。已知匝数比为n的变压器将使阻抗变为n^2倍，若次级空载，则初级电流会非常小。

电力变压器在电子仪器中有两个重要功能：它们将交流线路电压变为电路可以使用的值（通常较低），并且它们将电子设备与输电线的连接进行隔离，因为变压器的线圈是彼此电绝缘的。它们可以输出大量不同类型的次级电压与电流，输出可低至1V左右，也可高达几千伏，额定电流从几毫安到数百安，电子仪器中使用的典型变压器可能具有10～50V的次级电压，额定电流为0.1～5A左右。还有一类相关的变压器用于电子功率转换，它内部有大量的功率流动，但通常是脉冲或方波，频率非常高（通常为50kHz～1MHz）。

也有可用于音频信号和射频信号的变压器。在射频频率上，如果它只能通过一个很窄的频率范围，则可以作为可调谐变压器，还有一类用于传输线的变压器。一般来说，用于高频的变压器必须使用特殊的铁心材料或结构，以最大限度地减少铁心损耗，而低频变压器（如交流输电线变压器）则由又大又重的铁心组成，这两种变压器一般不能互换。

各种问题

这种简单的直观描述容易忽略有趣而重要的问题。例如，变压器有与之相关的电感，如其电路符号所示：有效的并联电感（称为*励磁电感*）和有效的串联电感（称为*漏感*）。磁化的电感即使在没有次级负载的情况下也会产生初级电流，更重要的是，这意味着你不能制造直流变压器。漏感会导致有关负载电流的电压下降，以及干扰具有快脉冲或快边沿的电路。其他偏离理想性能的因素包括线圈电阻、铁心损耗、电容以及与外界的磁耦合。与电容（在大多数电路应用中表现近乎理想）不同，电感的缺陷在实际电路应用中有很大影响。

1.6　二极管与二极管电路

我们对电容和电感的学习还没有结束！我们已经在*时域*对它们进行了分析（RC电路、指数充放电、微分器和积分器等），但是我们还没有在*频域*分析它们的特性。

我们很快就会学到那些内容，但现在是从RLC电路的学习中跳出的好时机，也是能够将我们的知识运用到一些有趣而有用的电路中的好时机。我们通过介绍新的器件——*二极管*开始，这是我们学习的第一个非线性器件，我们可以用它做一些很棒的事情。

1.6.1　二极管

到目前为止，我们讨论的电路元件（电阻、电容和电感）都是线性的，这意味着所施加的信号（如电压）加倍，则会产生加倍的响应（如电流），即使对于电抗（电容和电感）也是如此。这些元件也是*无源*器件，与*有源*器件相反，后者以晶体管为例，它是控制功率流动的半导体器件。显而易见，它们都是双端器件。

二极管（见图1.54）是一种重要而有用的双端无源*非线性*器件。它的V-I曲线见图1.55。（为了与本书的总体理念保持一致，我们不会试图描述二极管背后的固态物理学。）

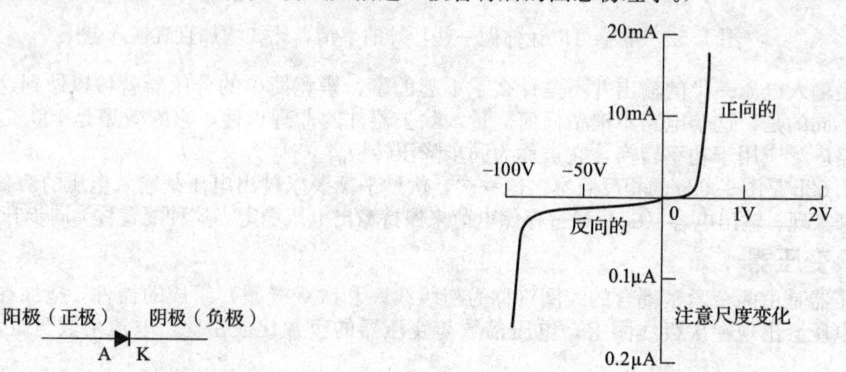

图1.54　二极管

图1.55　二极管V-I曲线

二极管的箭头（正极）指向正向电流的方向。例如，如果二极管位于一个电流为10mA的电路中，电流从正极流向负极，那么正极大约比负极高0.6V，这称为正向压降。对于普通二极管，反向电流在 nA 数量级（注意，正向电流和反向电流在图中的刻度不同），在达到反向击穿电压（也称为反向峰值电压，PIV）之前，反向电流增加不大，对于 1N4148 这样的普通二极管，通常反向击穿电压为 75V（通常情况下，二极管不会被施加足以导致反向击穿的大电压，但前面提到的齐纳二极管是个例外）。此外，一般大约 0.5～0.8V 的正向压降并不重要，二极管可以看作理想的单向导体。当然，还有其他重要特性可以区分数千种二极管类型，例如最大正向电流、电容、漏电流和反向恢复时间，表 1.1 给出了一些常用二极管。

表 1.1　常用二极管

	V_R(max) /V	I_R(典型值，25℃) /A	@V	V_F@I_F /mV	/mA	电容 (pF	@V_R)	SMT p/n
硅								
PAD5	45	0.25pA	20V	800	1	0.5	5V	SSTPAD5
1N4148	75	10nA	20V	750	10	0.9	0V	1N4148W
1N4007	1000	50nA	800V	0.8	250	12	10V	DL4007
1N5406	600	<10μA	600V	1.0V	10A	18	10V	—
肖特基								
1N6263	60	7nA	20V	400	1	0.6	10V	1N6263W
1N5819	40	10μA	32V	400	1000	150	1V	1N5819HW
1N5822	40	40μA	32V	480	3000	450	1V	—
MBRP40045	45	500μA	40V	540	400A	3500	10V	—

在研究二极管电路之前，我们应该指出两件事：①二极管实际上没有电阻（它不遵守欧姆定律）；②如果你在电路中接入一些二极管，它就不会有相应的戴维南等效电路。

1.6.2　整流

整流器将交流电转换为直流电，这是二极管（有时也称为整流器）最简单和最重要的应用之一。最简单的电路见图 1.56。图中 ac 符号表示交流电压源，在电子电路中，它通常由交流电源驱动的变压器提供。对于比正向压降大得多的正弦波输入（常用硅二极管的正向压降约为 0.6V），输出见图 1.57。如果把二极管看作单向导体，就可以很容易地理解电路是如何工作的。这种电路被称为半波整流器，因为它只利用了输入波形的一半。

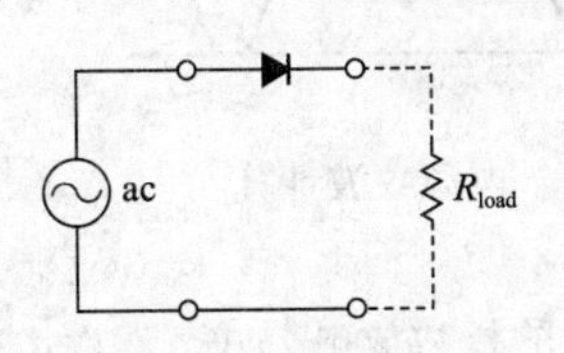

图 1.56　半波整流器

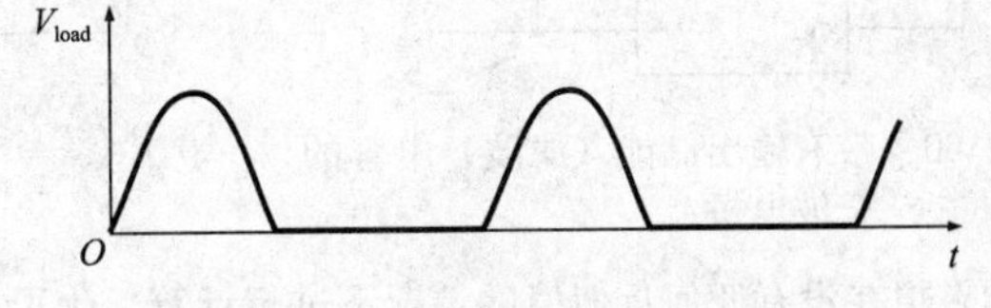

图 1.57　半波输出电压（未滤波）

图 1.58 显示了另一种整流电路，即全波桥式整流器，图 1.59 展示了负载两端的电压波形。注意，此时利用的是整个输入波形，零电压构成的间隙是由二极管的正向压降造成的。在此电路中，两个二极管始终与输入串联。当设计低压电源时，二极管的压降就变得很重要，必须记住这一点⊖。

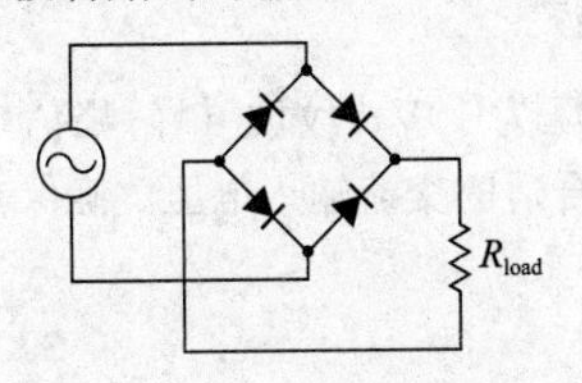

图 1.58　全波桥式整流器

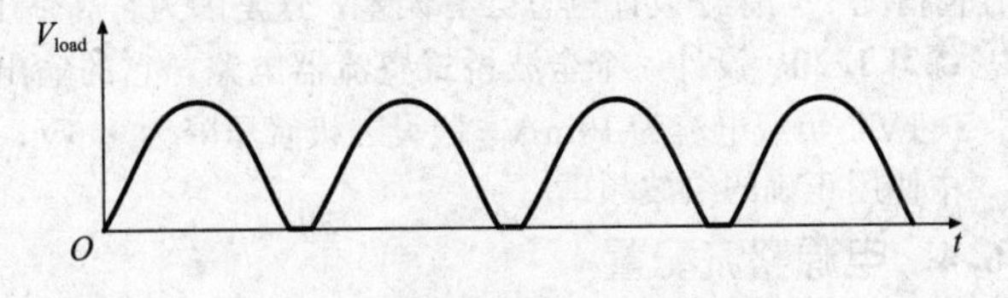

图 1.59　全波输出电压（未滤波）

⊖ 二极管压降可以通过有源开关消除（或同步开关，一种用晶体管开关取代二极管的技术），与输入交流波形同步驱动。

1.6.3 电源滤波

上面的整流波形并不是很理想，它们的直流意义仅仅在于没有改变极性，而它们仍然有很多纹波（电压在稳定值附近的周期性变化），为得到真正的直流，必须消除这些纹波。为此，我们接入了一个相对较大的电容（见图1.60），它在二极管导通期间充电至峰值输出电压，其存储的电荷（$Q=CV$）在充电周期之间输出电流。注意，二极管可防止电容通过交流电源回流。在此应用中，应将电容视为储能装置，储能$U=\frac{1}{2}CV^2$（回想1.4.1节，C以法拉为单位，V以伏特为单位，U以焦耳为单位）。

电容值的选择要保证

$$R_{\text{load}}C \gg 1/f$$

式中，f是纹波频率，此处为120Hz。为了保证纹波足够小，应使放电的时间常数比充电的时间长得多。我们接下来将把这个模糊的说法描述得更清楚。

纹波电压的计算

计算近似的纹波电压很容易，尤其是当它与直流相比纹波电压较小时（见图1.61）。负载会引起电容在一个周期（全波整流则是半周期）内略微放电，假设负载电流保持不变（在小纹波的情况下是会变的），则

$$\Delta V=\frac{I}{C}\Delta t\left(\text{源于 } I=C\frac{\mathrm{d}V}{\mathrm{d}t}\right) \tag{1.25}$$

我们只需要将$1/f$（全波整流时用$1/2f$）代入上式中的Δt（这样估计比较安全，因为电容在不到半个周期内开始再次充电）。这样就有

$$\Delta V=\frac{I_{\text{load}}}{fC}\quad（半波）$$

$$\Delta V=\frac{I_{\text{load}}}{2fC}\quad（全波）$$

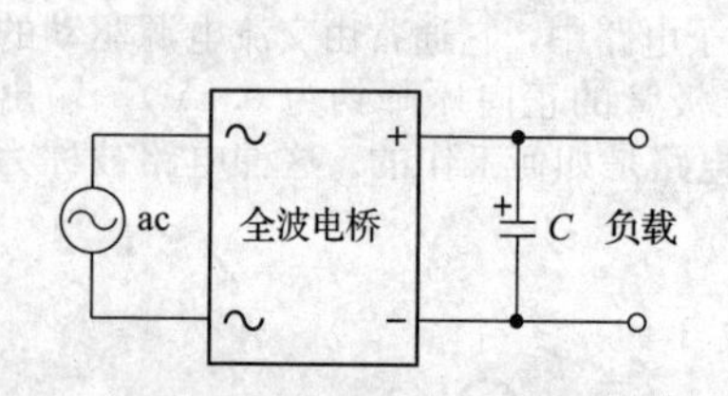

图1.60 带有输出储能（滤波）电容的全波电桥

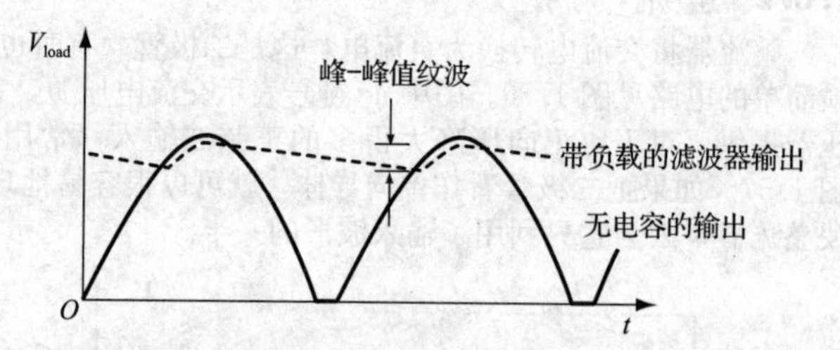

图1.61 电源纹波计算

如果想在没有任何近似值的情况下进行计算，你可以使用精确的指数放电公式。然而，这样做并没有必要，出于两个原因：①只有当负载是电阻时，放电才是指数型的，许多负载并不是这样。事实上，最常见的负载是稳压器，它看起来就像是恒流负载。②电源均装有典型误差为20%或以上的电容，考虑到生产的差异，可以进行保守设计，允许最坏情况下的元件值组合。

在这种情况下，将放电的初始部分视为一个斜坡，实际上是很准确的，尤其是当纹波很小时。在任何情况下，保守设计也总会有误差，这是因为它高估了纹波。

练习1.20 设计一个全波桥式整流器电路，它的输出直流电压为10V，纹波（峰-峰值）小于0.1V，负载电流为10mA。假设二极管压降为0.6V，请选择合适的交流输入电压。确保在计算中使用正确的纹波频率。

1.6.4 电源整流配置

1. 全波桥式整流

带有我们刚讨论的桥式电路的直流电源见图1.62。实际上，一般都会购买模块化的桥式整流器。最小的整流模块的最大额定电流平均为1A，额定最小击穿电压范围为100～600V，甚至1000V。大电流桥式整流器的额定电流为25A或更高。

2. 带中心抽头的全波整流器

图1.63中的电路称为带中心抽头的全波整流器，它的输出电压是使用桥式整流器时的一半。就变压器设计而言，它不是最有效的电路，因为在一半的时间内只会用到一半的次级电路。为了更直观地理解这一细微之处，考察能够产生相同整流直流输出电压的两种不同配置：①图1.63所示的电路；②相同的变压器，此时它的次级断路在中心抽头，并改成两半并联重新布线，所产生的组合次级线圈连接到全波电桥。现在，为了提供相同的输出功率，①中的每个半线圈在其导通周期内必须提供与②中的并联对相同的电流。但是，线圈电阻会消耗类似于 I^2R 的功率，因此变压器次级线圈中因发热而损失的功率在桥式结构中减少了2倍。

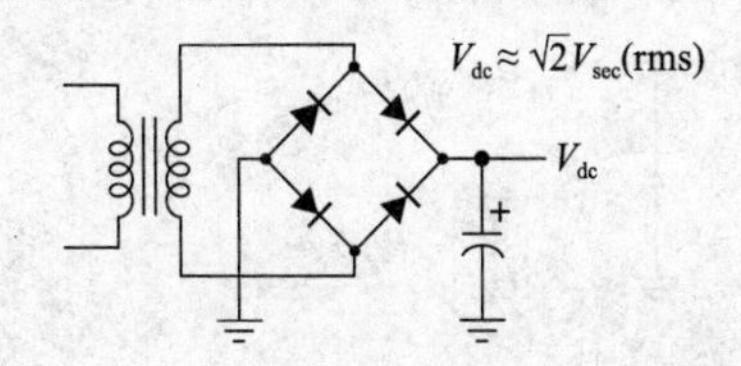

图1.62 桥式整流电路。极性标记和弯曲的电极表示极化电容，它不允许使用相反的极性充电

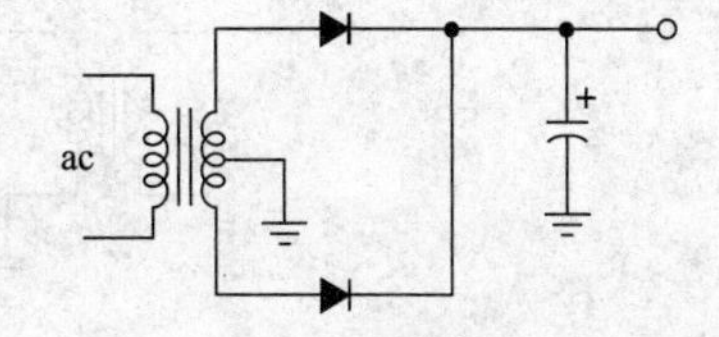

图1.63 带中心抽头的全波整流器

从另外的角度来看这个问题：假设我们使用的变压器与①中的变压器相同，但是对于用于比较的电路，我们用电桥替换了这对二极管，见图1.62，并且我们不连接中心抽头。现在，为了提供相同的输出功率，在此期间通过线圈的电流是真正意义全波电路的两倍。让我们把这里阐述得更细致一些，根据欧姆定律计算，线圈中的热量是 I^2R，所以在一半的时间里会出现四倍的热量，或者是同等全波电桥电路平均热量的两倍。与（更好的）桥式电路相比，你将不得不选择一个额定电流为1.4（2的平方根）倍的变压器。除了成本更高之外，基于此造出的电源也会更笨重。

练习1.21 这个 I^2R 热量的例子可以帮助你理解带中心抽头的整流电路的缺点。如图1.64所示的电流波形（平均电流为1A）需要多大的保险丝额定值（最小值）？提示：对于大于额定电流的稳定电流，保险丝通过熔化金属丝（I^2R 加热）而“烧断”。对于这个问题，假设熔丝的热时间常数比方波的时间尺度长得多，也就是说，熔丝会根据许多周期求平均后的 I^2 值进行响应。

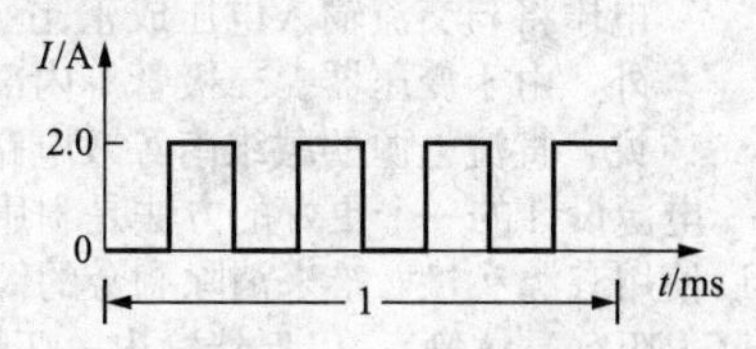

图1.64 表明 I^2R 加热的不连续电流

3. 双电源

带中心抽头的全波整流电路的一种常见变式见图1.65。它可以提供许多电路所需的双电源（正负电压相等）。这是一种非常高效的电路，因为输入波形的两个半波各用在一个线圈中。

4. 倍压器

图1.66所示的电路称为倍压器，它可以看作两个半波整流电路串联。这是一个正规的全波整流电路，因为输入波形的两个半波都被使用了，其纹波频率是交流频率的两倍（在美国，60Hz的电源交流频率就会产生120Hz的纹波电压）。

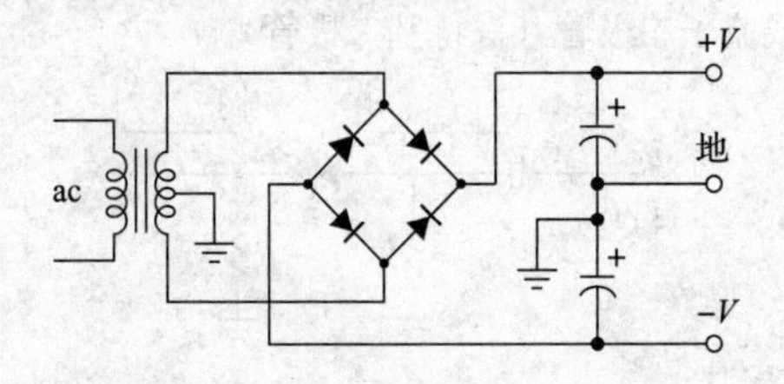

图1.65 双极性（双）电源

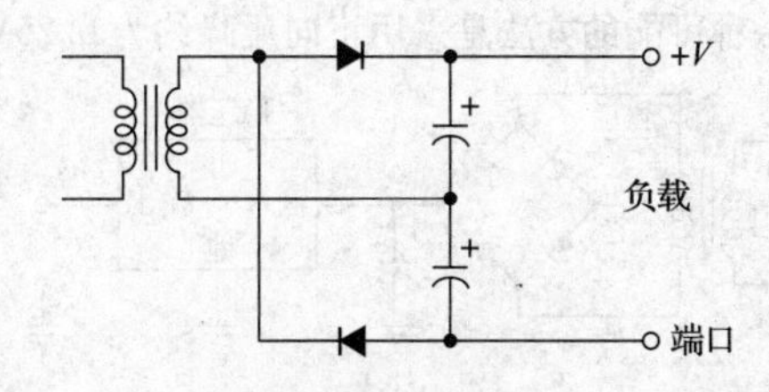

图1.66 倍压器

这种电路的变化形式还有三倍变压器、四倍变压器等。图1.67展示了倍压器、三倍变压器与四倍变压器电路。你可以把这个方案应用到很多地方，生产出所谓的科克罗夫特-沃尔顿发电机。它们可用于高端应用（如粒子加速器）和日常应用（如图像增强器、空气离子发生器、激光复印机，甚至灭虫器），这些应用需要高直流电压，但几乎不需要任何电流。

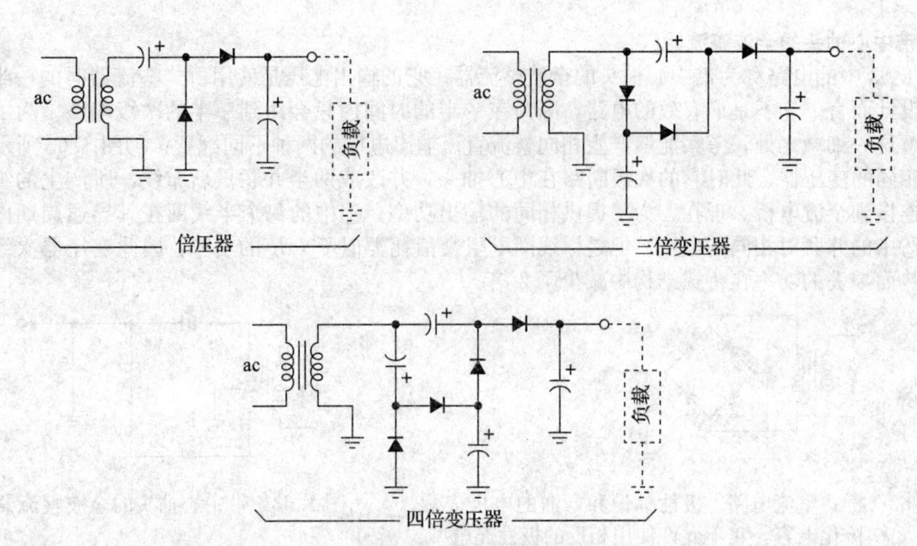

图 1.67　倍压器。这些结构不需要悬空的电压源

1.6.5　稳压器

通过选择足够大的电容，我们可以将纹波电压降至任意电平。当然，这种粗暴的方法有三个缺点。

- 所需的电容可能过于庞大且昂贵。
- 在每个周期[一]中，非常短的电流间隔（仅非常接近正弦波的顶部）却会产生更多的 I^2R 功耗。
- 即使纹波降至可忽略不计的电平值，输出电压仍会因其他原因而发生变化。例如，直流输出电压将与交流输入电压成正比变化，从而导致输入线路电压变化而引起的输出电压漂移。此外，由于变压器、二极管等内部电阻有限，负载电流的变化仍会导致输出电压变化。换句话说，直流电源的戴维南等效电路的电阻 R 大于 0。

电源设计的一个更好的方法是利用足够的电容将纹波降低到低水平（可能是直流电压的 10%），然后使用有源反馈电路来消除剩余的纹波。这种反馈电路会“监视”输出端，根据需要改变可控的串联电阻（晶体管），以保持输出电压恒定（见图 1.68）。这就是所谓的线性直流稳压电源[二]。

这种稳压器非常广泛地用于电子电路的电源。如今，我们可以使用完整又便宜的稳压器集成电路。内置稳压器的电源可以很轻易地实现输出电压的调节，同时具有保护电路的功能（防止短路、过热等），它具有作为电压源的优异特性（例如，内阻只有 mΩ 数量级）。

1.6.6　二极管的电路应用

1. 信号检波器

在其他一些场合，我们可以用二极管获得单极性的波形。如果输入波形不是正弦波，一般不认为它是电源意义上的整流。例如，你可能想要一串对应于方波上升沿的脉冲，最简单的方法是对微分的波形进行检波（见图 1.69）。不要忘记二极管的正向压降有（大约）0.6V，例如在该电路中，对于小于 0.6V 峰-峰值的方波是没有输出的。如果出现了这种问题，我们有各种技巧来规避这一限制，一种可能的方法是采用正向压降约为 0.25V 的热载流子二极管（肖特基二极管）。

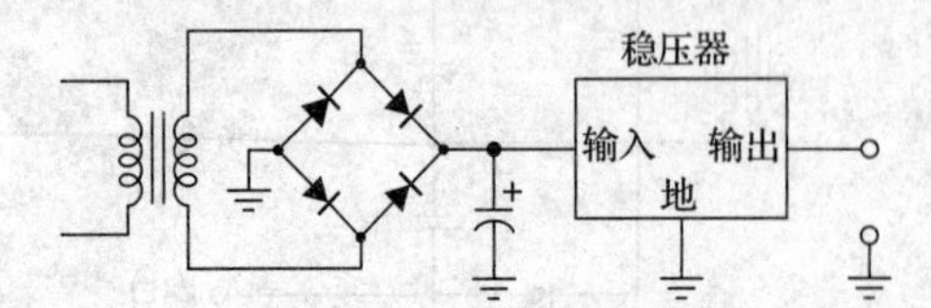

图 1.68　直流稳压电源

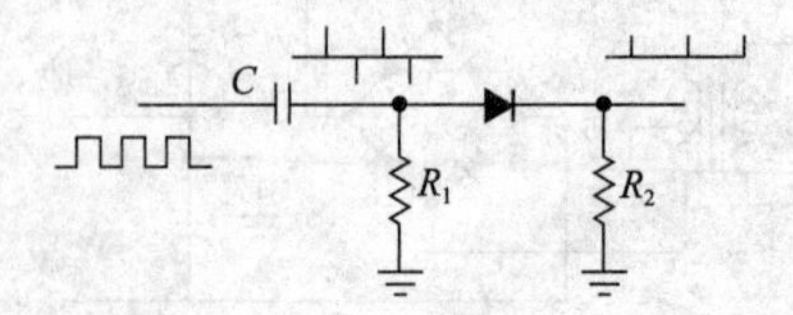

图 1.69　应用于微分器输出的信号整流器

[一] 称为传导角。

[二] 一种常用的变化形式是稳压开关功率变换器。虽然它的工作原理在细节上有很大的不同，但它使用相同的反馈原理来保持恒定的输出电压。有关这两种技术的更多信息，请参见《电子学的艺术》（原书第3版）（下册）中的第9章。

图 1.70 给出了二极管有限压降问题的另一种可能的电路解决方案。其中，D_1 通过提供 0.6V 的偏置来补偿 D_2 的正向压降，以便将 D_2 保持在导通阈值。使用二极管（D_1）来提供偏置（而不是分压器等）有几个优点：①不需要调整；②补偿将近乎完美；③正向压降的变化（例如，随着温度的变化）将得到适当补偿。稍后我们将看到二极管、晶体管和场效应晶体管中正向压降匹配补偿的其他例子。这只是一个简单而有效的补偿技巧。

2. 二极管门电路

二极管的另一个应用是在不影响较低电压的同时传递两个电压中较高的电压，我们稍后将在逻辑部分的内容中学习到这一点。一个很好的例子是*备用电池*，这是一种保持设备继续运行的方法（例如计算机中的实时时钟芯片，它保持日期和时间的持续计数），即使设备关闭，这些东西也必须继续运行。图 1.71 展示了一个实现这种功能的电路，直到 +5V 电源关闭，电池才会开始工作，然后它会不间断地进行供电。

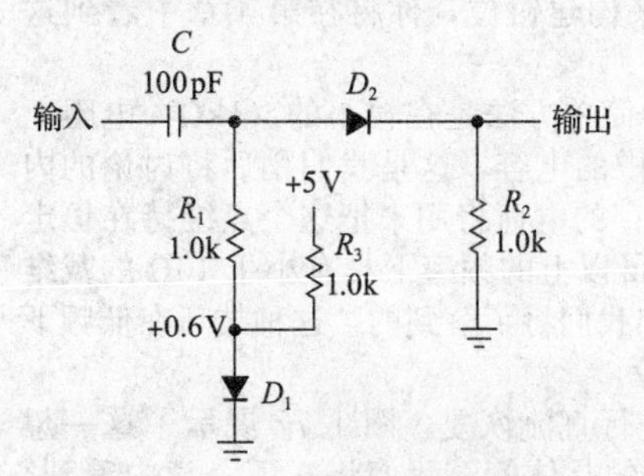

图 1.70　对二极管信号整流器的正向压降进行补偿

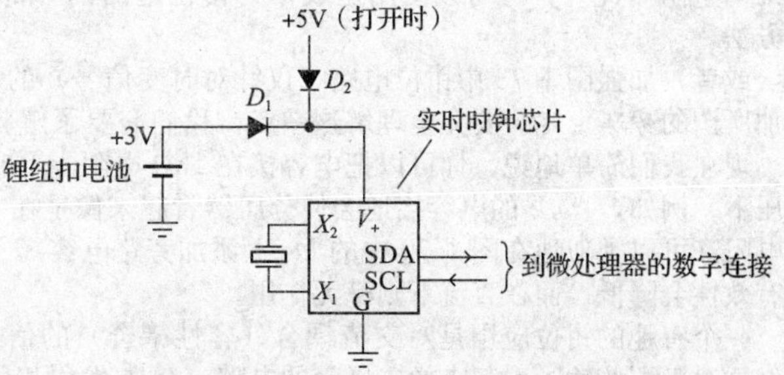

图 1.71　二极管或门：备用电池。实时时钟芯片被设定在 +1.8～+5.5V 的电源电压下正常工作。它们只需要微不足道的 0.25μA，根据标准 CR2032 纽扣电池来计算，它的寿命可达 100 万小时（100 年）

3. 二极管钳位器

有时希望在电路的某个地方能够限制信号的范围（即防止它超过特定的电压极限）。图 1.72 所示的电路能实现这种钳位功能。二极管会防止输出超过约 +5.6V，它对低于该值的电压（包括负电压）没有影响，它唯一的限制是输入不能超过负的太多，以至于超过二极管的反向击穿电压（例如，1N4148 的反向击穿电压为 −75V）。串联电阻在钳位期间限制二极管电流，然而这样做的坏处是它给信号增加了 1kΩ 的串联电阻（在戴维南等效的意义下），因此它的数值是保持所需低源（戴维南）电阻和所需低钳位电流之间的折中。二极管钳位器是当代 CMOS 数字逻辑中所有输入的标准设备。如果没有它们，那么精细脆弱的输入电路很容易在搬运过程中被静电放电损坏。

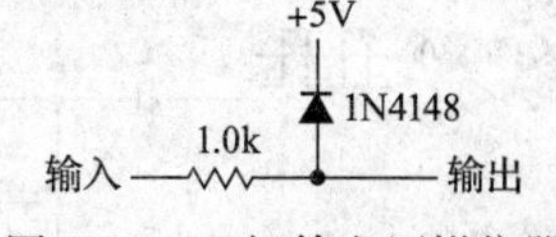

图 1.72　二极管电压钳位器

练习 1.22　设计一个对称的钳位电路，将信号限制在 −5.6～+5.6V 范围内。

分压器可以为钳位电路提供参考电压（见图 1.73）。在这种情况下，必须确保从分压器看进去的电阻（R_{vd}）与电阻 R 相比是较小的，因为当用戴维南等效电路代替分压器时，我们看到的是如图 1.74 所示的电路。当二极管导通（输入电压超过钳位电压）时，输出实际上就是分压器的输出，基准电压的戴维南等效电阻作为下端电阻（见图 1.75）。因此，对于图中所示的值，三角波输入的钳位输出见图 1.76。问题是，在电子学的语境下，分压器并不能提供严格的参考。刚性电压源就是一种不容易跳变的电压源，也就是说，它的内部（戴维南）电阻很小。

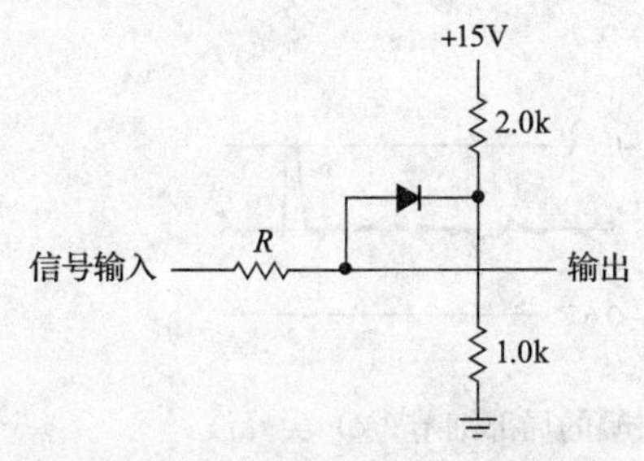

图 1.73　分压器提供钳位电压

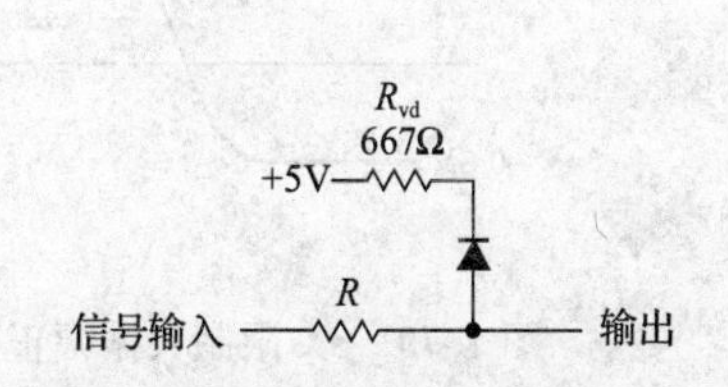

图 1.74　分压器钳位的等效电路

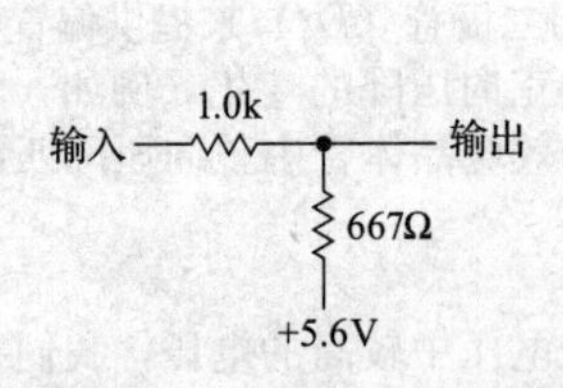

图 1.75　钳位不良：分压器刚性不够

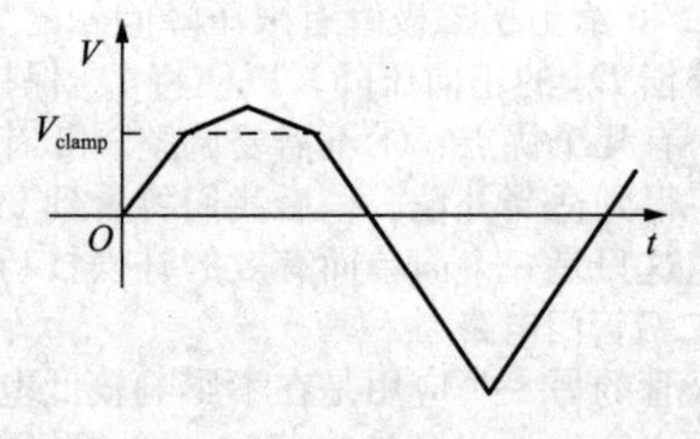

图 1.76　图 1.73 所示电路的钳位电压波形

在实际应用中，晶体管或运放可以轻易地解决分压基准的有限阻抗问题。这通常是一种比使用小电阻更好的解决方案，因为它不会消耗很大的电流，但提供的电压基准具有几欧姆或更小的戴维南电阻。此外，还可以使用运放作为钳位电路的一部分来构建钳位，你将在第 4 章中看到这些方法。

或者，加强图 1.73 中钳位电路（仅针对时变信号）的一种简单方法是在较小的（1kΩ）电阻上添加所谓的*旁路电容*。要完全理解这一点，我们需要了解频域中的电容，这是我们稍后将讨论的内容。现在我们简单地说，你可以把电容接在 1kΩ 电阻上，它储存的电荷将用来把这个点维持在恒定电压下。例如，15μF 的电容接地会使分压器看起来像是在 1kHz 以上的频率下具有小于 10Ω 的戴维南电阻（可以类似地在图 1.70 中的 D_1 上添加旁路电容）。正如我们将了解到的，这种技巧在低频下的有效性会降低，而在直流下则毫无作用。

一个有趣的钳位应用是对交流耦合（容性耦合）的信号进行直流恢复，图 1.77 展示了这一想法。这对于那些输入看起来像二极管的电路（例如发射极接地的晶体管，我们将在下一章中看到）尤其重要。否则，当耦合电容充电到信号的峰值电压时，交流耦合的信号将逐渐消失。

4. 限幅器

图 1.78 展示了最后一个钳位电路。该电路将输出两极的“摆幅”（这也是一个常见的电子术语）限制在二极管压降的范围内，大约为±0.6V。这看起来可能非常小，但如果下一级是具有大电压放大倍数的放大器，其输入将始终接近 0V，否则输出将处于饱和状态（例如，如果下一级增益为 1000，并且使用±15V 的电源工作，则其输入必须保持在±15mV 的范围内才能使其输出不饱和）。图 1.79 展示了限幅器如何限制过大振幅的正弦波和尖峰波。这种钳位电路通常用作高增益放大器的输入保护。

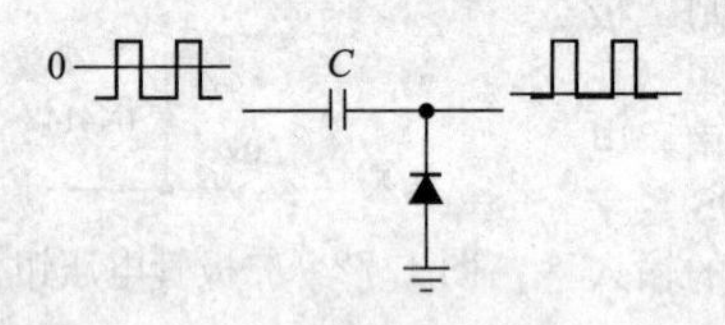

图 1.77　直流恢复

图 1.78　二极管限幅器（二极管应该指向相反的方向）

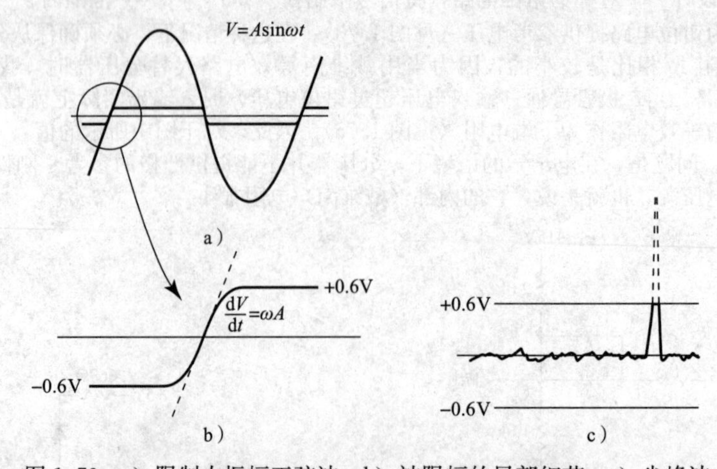

图 1.79　a）限制大振幅正弦波；b）被限幅的局部细节；c）尖峰波

5. 作为非线性器件的二极管

在某一确定温度下，通过二极管的正向电流与二极管两端电压成指数函数的关系，这是一个很好的近似（关于精确定律的讨论，见2.3.1节）。因此，可以使用二极管产生与电流对数呈比例的输出电压（见图1.80）。由于电压V被限制在0.6V的范围内，反映输入电流变化的电压变化是非常微小的，如果输入电压远大于二极管压降，则可以使用电阻产生输入电流（见图1.81）。

在实际中，你可能想要不会被0.6V的二极管压降所抵消的输出电压。此外，电路对温度的变化不敏感（硅二极管的压降降低约2mV/℃）也是很好的，此处的二极管压降补偿方法很有用（见图1.82）。R_1会使D_2导通，将点A保持在-0.6V左右，然后B点就会接地（顺带一提，它使I_{in}与V_{in}精确地成正比）。只要两个（相同的）二极管处于相同的温度下，就可以很好地消除正向压降，当然，要除去由于通过D_1的输入电流所产生的输出本身的差异。在此电路中，为保持D_2导通，应选择R_1以使流经D_2的电流明显大于最大输入电流。

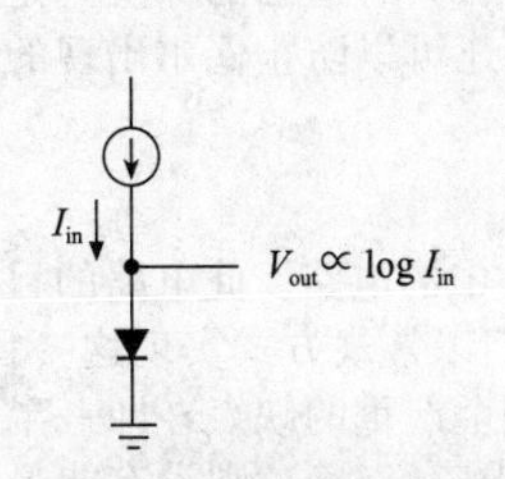

图1.80　二极管非线性V-I曲线应用：对数转换器

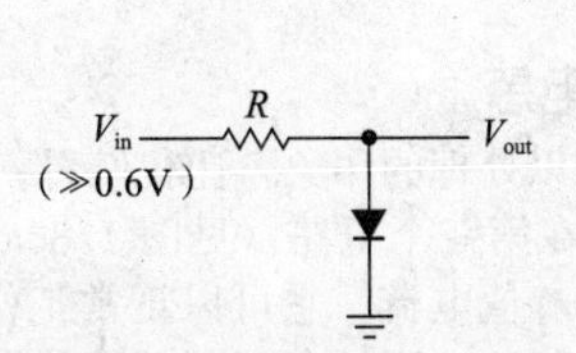

图1.81　对数近似转换电路

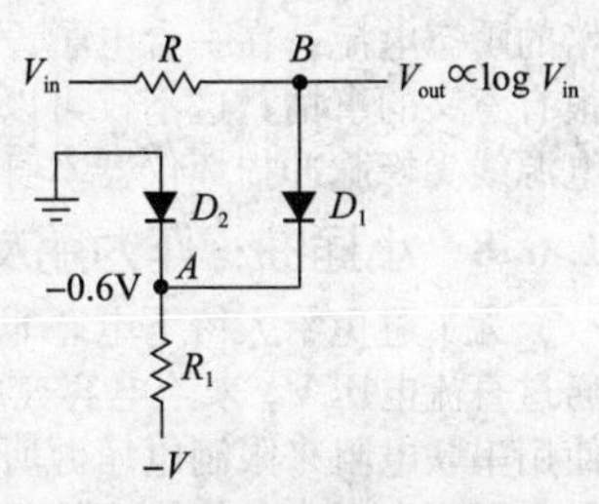

图1.82　对数转换电路中的二极管压降补偿

1.6.7　感性负载与二极管保护

如果我们断开向电感提供电流的开关，会发生什么情况？由于电感具有如下特性：

$$V=L\mathrm{d}I/\mathrm{d}t$$

突然切断电流是不可能的，因为那意味着电感两端的电压会变成无穷大，而接下去实际会发生的是，电感两端的电压会突然并持续地上升，直到它迫使电流开始流动。控制感性负载的电子器件很容易损坏，尤其是为消去电感对电流连续性的需求而击穿的元器件。思考图1.83中的电路，开关一开始是闭合的，电流持续流过电感（如后面所述，也可能是继电器）。当开关断开时，电感会试图维持电流仍然从A流向B。换句话说，它会试图使电流流出B，这意味着B点的电位会变得比A点高。在这种情况下，没有连接的B点可能会在开关触点断开的瞬间变为1000V的正电压。这将缩短开关的使用寿命，还可能会产生影响附近其他电路的脉冲干扰。如果开关碰巧是一个晶体管，那么它的寿命毫无疑问会缩短，也有可能就此损坏。

最好的解决方案通常是在电感上接入一个二极管，见图1.84。当开关接通时，二极管反向偏置（来自电感线圈电阻的直流压降）。当开关断开时，二极管进入导通状态，它使开关端口一侧比正电源电压高一个二极管压降，二极管必须能够处理初始的二极管电流，该电流等于流经电感的稳定电流。类似1N4004的器件就几乎适用于所有情况。

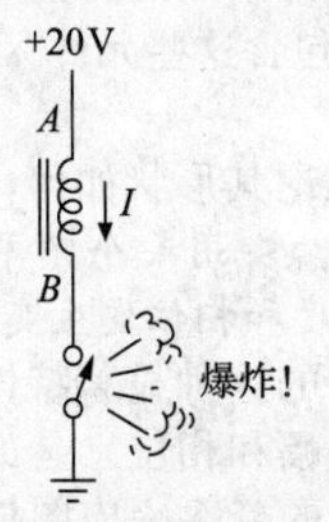

图1.83　感性突变

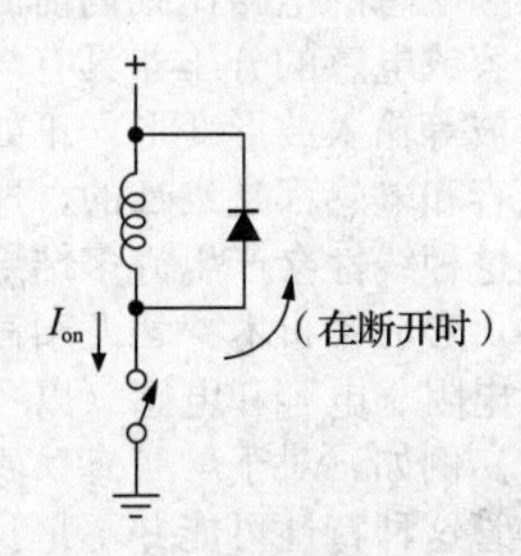

图1.84　阻止感性突变

这种简单保护电路的唯一缺点是，它会增加电感的电流衰减，因为电感电流的变化率与它两端的电压成正比。在电流必须快速衰减的应用场合（如高速执行器或继电器、相机快门、电磁线圈等），最好在电感两端接入一个电阻，它的阻值要使$V_{supply}+IR$小于开关两端所允许的最大电压。为了在给定的最大电压下实现最快的衰减，可以使用齐纳二极管（或其他电压钳位器件）来实现，它给出了几乎线性的斜坡向下电流衰减，而不是指数衰减。

对于由交流驱动的电感（变压器、交流继电器），上述的二极管保护电路不起作用，因为当开关闭合时，二极管将在交替的半周期中导通。在这种情况下，一个很好的解决方案是 *RC* 缓冲器网络（见图 1.85）。图中展示的值是适用于交流电源驱动的小感性负载的典型值。由于交流电源变压器是电感式的，因此可以用在所有使用交流电源驱动的仪器中[⊖]。

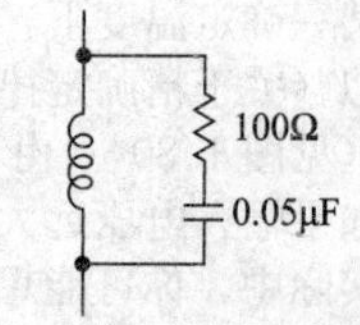

图 1.85　用于抑制感性突变的 *RC* 缓冲器

RC 缓冲器的替代是使用双向齐纳电压钳位器件，其中最常见的是双向 TVS（瞬态电压抑制器）齐纳管和金属氧化物变阻器（MOV）。后者是一种廉价的器件，看起来像碟形陶瓷电容，而电学性能类似于双向齐纳二极管。这两类器件都是为瞬态电压保护而设计的，额定电压范围为 10～1000V，并且可以处理高达数千安培的瞬态电流。在一台电子设备中，交流电源线端口上带有瞬态抑制器（具有适当的保险）是一件很有意义的事情，这不仅可以防止对附近其他仪器产生尖峰干扰，而且还可以防止偶尔出现的较大电源线尖峰脉冲损坏仪器本身。

1.6.8　小插曲：作为朋友的电感

为了避免给人留下电感非常难以处理的印象，让我们看一下图 1.86 中的电路。此电路的目的是通过直流电压 V_{in} 来给电容充电。在第一个电路（见图 1.86a）中，我们以常规方式实现这一目标，使用串联电阻来限制电压源所需的峰值电流。它可以正常工作，但有一个严重的缺点，即一半的能量会因为电阻中的热量而损耗掉。相比之下，在带有电感的电路中（见图 1.86b），则没有能量损失（假设是理想器件），另外，电容还会被充电到输入电压的两倍。输出电压波形是谐振频率 $f=1/2\pi\sqrt{LC}$ 处的正弦波的半周期，这是我们很快就会学习的内容。

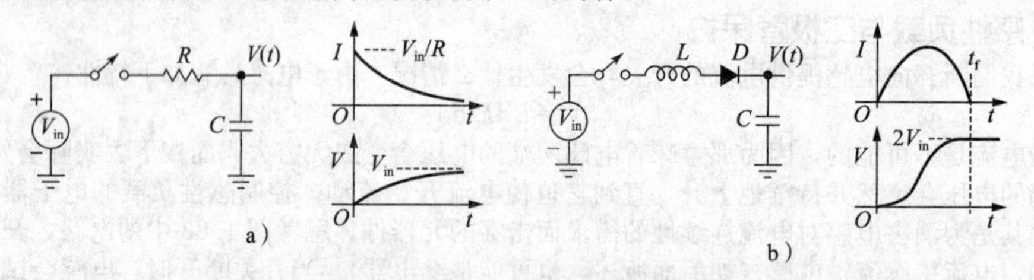

图 1.86　与 50%的电阻充电效率相比，谐振充电是无损的（在理想器件的情况下）。充电在 t_f 的时间之后完成，等于谐振频率的半周期。串联二极管会终结这个周期，否则该周期将继续在 0 和 $2V_{in}$ 之间振荡

1.7　阻抗和电抗

注意：本节内容涉及一些数学知识，你也许想要跳过数学的部分，但还是要注意相应的结果和图表。

包含电容和电感的电路比我们前面讨论的电阻电路更复杂，因为它们的特性与电路的工作频率有关。包含电容或电感的分压器具有与频率有关的分压比。此外，包含这些元件（统称为*无功元件*）的电路会使方波等输入波形变形，正如我们之前看到的那样。

然而，电容和电感都是*线性*的，这意味着输出波形的幅度，无论其形状如何，都与输入波形的幅度成正比。这种线性会产生许多结果，其中最重要的可能是这一点：*用某个频率为 f 的正弦波驱动的线性电路，它的输出本身就是相同频率的正弦波（最多就是幅度和相位发生变化）*。

由于包含电阻、电容和电感（以及之后的线性放大器）的电路的这种显著特性，这类电路的分析就特别简单。例如，对于单频正弦波，通过查看其输出电压（振幅和相位）是如何跟随输入电压变化即可，尽管这种特性可能并不是我们所期望的。通过绘制得到的*频率响应图*描绘了每个频率正弦波的输出与输入之比，这有助于研究更多种类的波形。例如，某个收音机扬声器的频率响应可能如图 1.87 所示，在这种情况下，输出当然是声压，而不是电压。我们希望扬声器具有平坦的响应，就是声压-频率曲线图在可听频带上是恒定的。在这种情况下，扬声器的缺陷可以通过在音频放大器

⊖　如 9.5.1 节所述，应选择额定为“跨线”工作的电容。

中引入具有逆响应（见图1.87）的无源滤波器来进行纠正。

正如我们将看到的，将欧姆定律中的“电阻”用“阻抗”代替就可以对它进行推广，这样就可以描述包含这些线性无源元件（电阻、电容和电感）的任何电路。你可以把阻抗（广义电阻）这个概念想象成包含电容和电感电路的欧姆定律。

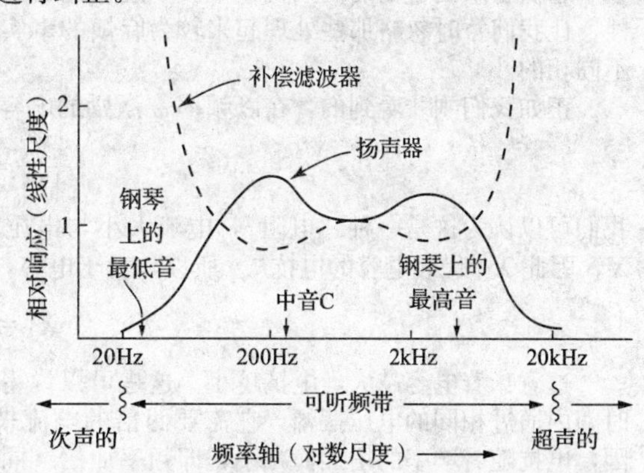

图1.87 频率分析的例子：收音机扬声器均衡模式，最低和最高的钢琴音符被称为A0和C8，分别对应于27.5Hz和4.2kHz，它们分别低于A440四个八度和高于中音C四个八度

阻抗（Z）是广义的电阻。电感电容的电压与电流相位总是相差90°，它们是*无功*的，因此它们是电抗（X）。电压和电流总是同相的电阻是电阻性的，因此它们是电阻（R）。一般来说，在将电阻和电抗元件组合在一起的电路中，某个位置的电压和电流会有一些和这两者都有的关系，我们使用复阻抗来描述：阻抗=电阻+电抗，即$Z=R+jX$（稍后将详细介绍）[⊖]。然而，我们会看到类似“电容在此频率下的阻抗为……”的描述，之所以可以不使用“电抗”是因为阻抗已经将它包含了。事实上，我们经常使用“阻抗”这个词，即便我们知道所说的是电阻。当指的是某个源的等效电阻时，可以说“源阻抗”或“输出阻抗”，对于“输入阻抗”也是如此。

在接下来的内容中，我们将讨论由单一频率激励的正弦波电路。由复杂波形激励的电路分析将更加复杂，这里面涉及我们之前使用的方法（微分方程）或将波形分解为正弦波（傅里叶分析）。幸运的是，很少需要用到这些方法。

1.7.1 无功电路的频率分析

我们先来看一个由正弦波电压源$V(t)=V_0\sin\omega t$驱动的电容（见图1.88）。电流为

$$I(t)=C\frac{dV}{dt}=C\omega V_0\cos\omega t$$

即幅度为ωCV_0的电流，其相位领先输入电压90°。如果我们只考虑振幅，而不考虑相位，那么电流为

$$I=\frac{V}{1/\omega C}$$

（回想$\omega=2\pi f$）。它的特性类似于与频率有关的电阻$R=1/\omega C$，但此外，电流会领先电压90°（见图1.89）。

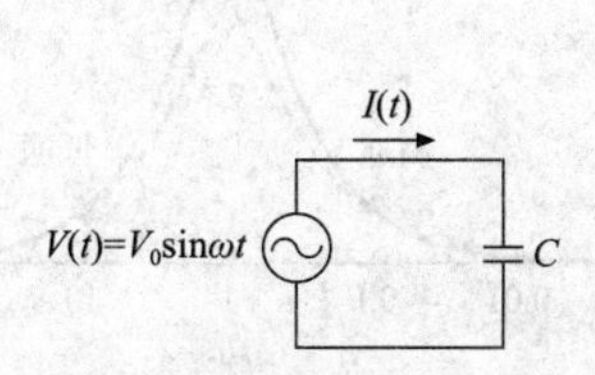

图1.88 由正弦交流电压激励的电容

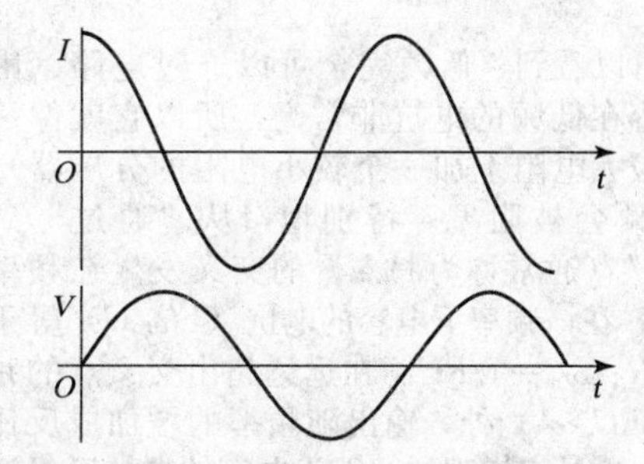

图1.89 电容中的正弦电流领先电压90°

例如，115V（rms）60Hz电线上的1μF电容产生的电流有效值幅度为

$$I=\frac{115}{1/(2\pi\times60\times10^{-6})}\text{mA}=43.4\text{mA(rms)}$$

很快，我们就会发现相移等问题的引入将使问题复杂化，这会让我们进入一些经常让初学者和

⊖ 但是，简而言之，Z的振幅给出了电压和电流的振幅之比，Z的相位给出了电流和电压之间的相位差。

数学恐惧者感到害怕的复杂代数中。不过在此之前，可以直观地了解一些电容电路与频率有关的特性，让我们暂时忽略那些处理起来较为麻烦的事实，即在正弦信号激励下，电容中的电流和电压是不同相的。

正如我们刚才看到的，在以频率 ω 激励的电容中，电压与电流的幅度之比正好为

$$\frac{|V|}{|I|}=\frac{1}{\omega C}$$

我们可以认为这是一种“电阻”，电流大小与电压大小成正比。这个量的正式名称是电抗，符号是 X，因此 X_C 代表电容的电抗⊖。所以，对于电容，

$$X_C=\frac{1}{\omega C} \tag{1.26}$$

这意味着电容越大，电抗越小。这是可以说得通的，例如我们将一个电容的值加倍，在相同的时间内通过相同的电压摆幅，它需要两倍的电流来充电和放电（回想 $I=C\mathrm{d}V/\mathrm{d}t$）。出于同样的原因，电抗随着频率的增加而减小，即频率加倍（同时保持电压恒定）会使电压变化率加倍，因此需要电流加倍，从而使电抗减半。

所以粗略地说，我们可以把电容想象成一个“与频率相关的电阻”。有时这已经足够了，但有时这种理解是不足的。我们将对一些电路进行分析，在这些电路中，这种简化的电路将带给我们清晰直观的理解。稍后，我们将使用正确的复代数来修正它以获得精确的结果。（切记，我们即将得到的结果是近似的，我们之后将做精确的处理。同时，我们会将奇怪的符号“≍”而不是“=”应用到所有这些近似方程中，并标记为“近似”。）

1. *RC* 低通滤波器（近似）

图1.90中的电路称为低通滤波器，因为它允许低频分量通过并限制高频分量通过。如果你认为它是一个与频率相关的分压器，这也是有道理的，分压器（电容）的下支路电抗随着频率的增加而减小，因此 V_{out}/V_{in} 的比率相应地减小：

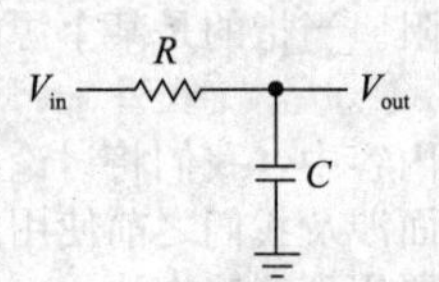

图1.90 低通滤波器

$$\frac{V_{out}}{V_{in}}\asymp\frac{X_C}{R+X_C}=\frac{\frac{1}{\omega C}}{R+\frac{1}{\omega C}}=\frac{1}{1+\omega RC} \quad (近似) \tag{1.27}$$

我们已经在图1.91中画出了这个比率（以及高通滤波器的比率），以及它们的精确结果，我们很快就会在1.7.8节中理解这些结果。

可以看到，低频完全可以通过电路（因为电容在低频的电抗非常高，所以它就像一个在较大电阻上加一个较小电阻的分压器），而高频会被阻塞。特别地，从“通过”到“阻塞”（通常称为拐点）的交叉发生在频率 ω_0 处，在该频率下电容的电抗（$1/\omega_0 C$）等于电阻 R：$\omega_0=1/RC$。在远远超出交叉点的频率（$\omega RC\gg 1$）处，输出随频率的增加成反比下降。这是有道理的，因为电容的电抗已经远远小于 R，继续以 $1/\omega$ 的速度下降。值得注意的是，即使我们忽略了相移，电压比的公式（和曲线）在低频和高频都是相当准确的，并且只在拐点频率附近略有误差，其中正确的

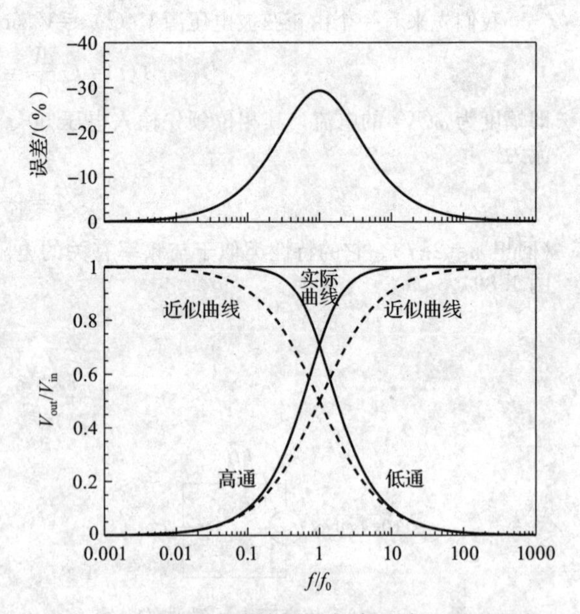

图1.91 一阶 *RC* 滤波器的频率响应，展示了忽略相位的简单近似结果（虚线曲线）和精确结果（实线曲线）。上面的图绘制了微小的误差（即虚线/实线）

⊖ 稍后我们将学习到电感，它也有90°的相移（尽管符号相反），因此同样用电抗 X_L 来表征。

比率是 $V_{out}/V_{in}=1/\sqrt{2}\approx0.7$，而不是我们得到的 0.5[㊀]。

2. *RC* 高通滤波器（近似）

通过互换 R 和 C，你可以获得相反的特性（通高频，阻低频），见图 1.92。把它当作一个与频率有关的分压器，再一次忽略相移，我们得到（见图 1.91）

$$\frac{V_{out}}{V_{in}}\simeq\frac{R}{R+X_C}=\frac{R}{R+\frac{1}{\omega C}}=\frac{\omega RC}{1+\omega RC}\text{（近似）}\tag{1.28}$$

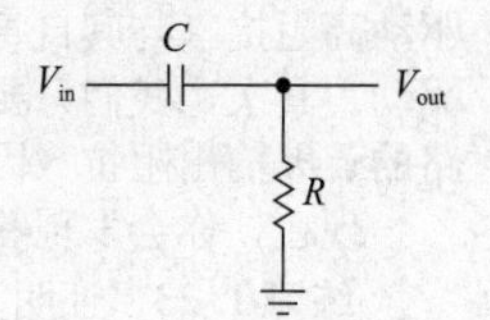

图 1.92　高通滤波器

高频（高于与之前相同的拐点频率，$\omega\gg\omega_0=1/RC$）会通过（因为电容的电抗比 R 小得多），而远低于拐点的频率会被阻隔（电容的电抗比 R 大得多）。像之前一样，方程和曲线在低频和高频处都是准确的，在拐点的误差也很小，正确的比值仍然是 $V_{out}/V_{in}=1/\sqrt{2}$。

3. 隔离电容

有时，我们想让某个频段的信号通过电路，但阻隔任何可能存在的稳定直流电压（我们将在下一章了解放大器时看到这是如何发生的）。如果我们选择正确的拐点频率，可以使用 RC 高通滤波器来完成这项工作。高通滤波器总是阻隔直流，因此你要做的是选择元件值，以便使拐点频率低于所有需要的频率。这是电容更常见的用途之一，称为*隔直电容*。

例如，每个立体声音频放大器的所有输入都是电容耦合的，因为它不知道输入信号可能在什么直流电平上。在这样的耦合应用中，我们选择的 R 和 C 的值应当能让所有需要的频率（在本例中为 20Hz～20kHz）都能无损耗（衰减）地通过电路。这决定了乘积 RC：$RC>1/\omega_{min}$。对于这种情况，我们可以选择 $f_{min}\approx5\text{Hz}$，得到 $RC=1/\omega_{min}=1/2\pi f_{min}\approx30\text{ms}$。

现已得乘积值，但仍然需要为 R 和 C 选择单独的值。要完成这一步，我们要注意到输入信号在信号频率上会看到一个等于 R 的负载（C 的电抗很小，相当于那里只有一根电线），所以 R 要选为一个合理的负载，也就是说 R 不能太小，以至于很难驱动，也不能太大，以至于电路容易从其他电路中拾取信号。在音频业务中，通常会看到 10kΩ 的值，因此我们可以选择该值，其对应的 C 是 3.3μF（见图 1.93）。连接到输出电路的输入电阻应远大于 10kΩ 以避免负载对滤波器输出的影响。驱动电路应该能够在无明显损耗（信号幅度的损失）的情况下驱动 10kΩ 负载，以避免滤波器对信号源电路负载的影响。值得注意的是，我们的近似模型忽略了相移，这对于隔离电容的设计是完全合适的，这是因为信号的频带完全在通带内，相移的影响可以忽略不计。

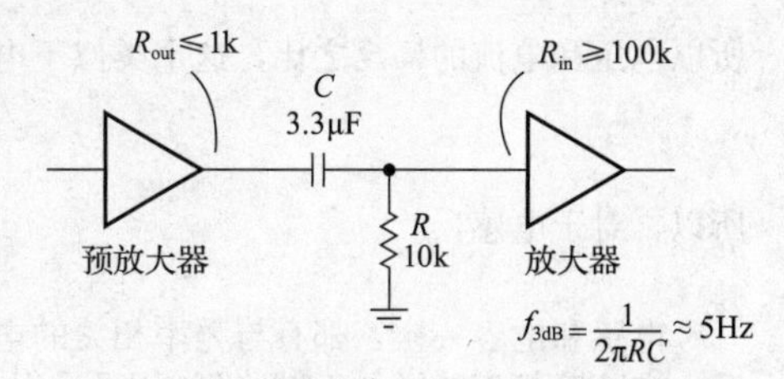

图 1.93　隔离电容：所有相关信号频率都在通带内的高通滤波器

在这一节中，我们考虑的是频域（频率为 f 的正弦波）。但在时域分析有时也是有用的，例如，我们可以使用隔离电容来耦合脉冲或方波。在这样的情况下会遇到波形*失真*，表现为下垂和过冲（而不是像正弦波那样简单的振幅衰减和相移）。回到时域中，我们用于避免持续时间 T 的脉冲中波形失真的标准是时间常数 $\tau=RC\gg T$。由此产生的下垂失真大约为 T/τ（随后在下一个跳变处有类似的过冲）。

我们通常需要了解电容在给定频率下的电抗（例如用于滤波器的设计）。1.7.8 节中的图 1.100 提供了非常有用的一张图，涵盖了大范围的电容和频率，给出了 $X_C=1/2\pi fC$ 的值。

4. 驱动和负载 *RC* 滤波器

上述音频隔离电容的例子提出了驱动和负载 RC 滤波器电路的问题。正如我们在 1.2.5 节中所讨论的，我们通常喜欢像前文所述的分压器那样做，即被驱动的电路不会显著增加信号源的驱动电阻（戴维南等效源电阻）。

同样的逻辑也适用于这里，但是有一种广义的电阻，包括电容（和电感）的电抗，称为*阻抗*。因此，与被驱动电路的阻抗相比，信号源的阻抗通常应该很小[㊁]。我们将很快有一个精确的方法来讨论阻抗，但是可以正确地说，除了相移之外，电容的阻抗等于它的电抗。

㊀ 当然，它无法预测这个电路中的任何相移。正如我们稍后将看到的，输出信号的相位在高频时比输入信号滞后 90°，在低频时从 0°平稳通过，在 ω_0 时滞后 45°（见 1.7.9 节中的图 1.104）。

㊁ 除去两个重要的例外——传输线和电流源。

然后，我们想知道的是两种简单 RC 滤波器（低通和高通）的输入和输出阻抗。这听起来很复杂，因为有四个阻抗，并且它们都随频率而变化。然而，如果你用正确的方式提问，就会发现答案很简单，在所有情况下都一样。

首先，假设在每种情况下滤波器另一端的处理都是正确的：当想要求解输入阻抗时，假设输出驱动高阻抗（与其自身相比）；当想要求解输出阻抗时，假设输入由内部（戴维南）低阻抗的信号源驱动。其次，我们只要求*最坏情况*的值来处理阻抗随频率的变化。也就是说，我们只关心滤波器电路的*最大*输出阻抗（因为这是驱动负载最差的情况），以及*最小*输入阻抗（因为这是最难驱动的）。

现在，你会发现答案其实惊人的简单：在所有情况下，最坏情况的阻抗仅为 R。

练习 1.23 证明上述说法是正确的。

因此，如果要将 RC 低通滤波器接在输出电阻为 100Ω 的放大器输出上，请从 R=1kΩ 开始，根据所需的截止点选择 C。确保任何负载的输出具有至少 10kΩ 的输入阻抗，这样就不可能出错了。

练习 1.24 设计一个两级带通 RC 滤波器，第一级为截止频率 100Hz 的高通，第二级为截止频率 10kHz 的低通。假设输入信号源的阻抗为 100Ω，则这个滤波器最坏情况下的输出阻抗是多少？由此建议的最小负载阻抗又是多少？

1.7.2 电感的电抗

在我们开始正确处理包含复指数运算的阻抗之前，让我们先用近似的技巧来计算电感的电抗。

如前所述，我们设想一个由角频率为 ω 的正弦电压源驱动的电感 L，使得电流为 $I(t)=I_0\sin\omega t$ ㊀。电感两端的电压为

$$V(t)=L\frac{\mathrm{d}I(t)}{\mathrm{d}t}=L\omega I_0\cos\omega t$$

所以电压和电流的幅度之比，这个类似于电阻的被叫作电抗的量为

$$\frac{|V|}{|I|}=\frac{L\omega I_0}{I_0}=\omega L$$

所以，对于电感，

$$X_L=\omega L \tag{1.29}$$

电感和电容一样，都有与频率相关的电抗。然而，这个电抗随着频率的增加而增加（与电容相反，它随着频率的增加而减小）。因此，从最简单的角度来看，串联电感可以用来通过直流和低频（电抗小），同时阻隔高频（电抗大）。你经常会看到电感这种形式的应用，尤其是在射频电路中。在这样的应用中，它们有时被称为*扼流圈*。

1.7.3 复数形式的电压和电流

此时，我们有必要学习一些复代数，你可能希望跳过下面某些部分的数学，但也请关注我们推导出的结果。理解本书剩余的部分并不需要详细的数学知识，在后面的章节中将很少用到数学知识。对于几乎没有为数学做过准备的读者来说，下面的这一节无疑是比较困难的，但是*不要气馁*！

正如我们刚刚看到的，在某个频率的正弦波激励下，交流电路中的电压和电流之间可能会有相移。然而，只要电路仅包含线性元件（电阻、电容或电感），电路中各处的电流幅值仍然与激励电压的幅值成正比，因此我们可能希望找到一些电压、电流和电阻的一般化形式，以使欧姆定律仍然有效。显然，单个数字不足以表示交流电路中的电流，因为我们必须以某种方式获得有关幅度和相移的信息。

虽然我们可以通过明确地写出电路中任何点电压和电流的幅度和相移来表示它们，例如 $V(t)=23.7\sin(377t+0.38)$，但事实证明，使用复代数来*表示*电压和电流可以更简单地满足我们的要求。然后，我们就可以简单地对复数进行加减，而不需要费劲地对与时间有关的正弦函数进行加减。因为实际的电压和电流是随时间变化的实数，所以我们必须制定从实数到其复数表示式的转换规则，反之亦然。再次回顾我们正在讨论的单个正弦波频率 ω，我们可以使用以下规则：

1）电压和电流用复数 V 和 I *表示*。电压表达式 $V_0\cos(\omega t+\phi)$ 用复数 $V_0e^{j\phi}$ 表示，并且 $e^{j\phi}=\cos\phi+j\sin\phi$，其中 $j=\sqrt{-1}$。

2）将复数表示的电压和电流乘以 $e^{j\omega t}$，然后取实部，$V(t)=\mathrm{Re}(Ve^{j\omega t})$，$I(t)=\mathrm{Re}(Ie^{j\omega t})$，得到实际的电压和电流。

㊀ 我们在这里指定的是电流而不是电压，我们得到的只是简单的导数（而不是简单的积分）。

换句话说，

$$\text{电路中随时间变化的电压} \quad\quad\quad \text{复数表示}$$
$$V_0\cos(\omega t+\phi) \quad \rightleftarrows \quad V_0 e^{j\phi}=a+jb$$
$$\text{乘以 } e^{j\omega t} \text{ 并取实部}$$

在电子学中，指数中使用符号 j 而不是 i，以避免与表示小信号的电流符号 i 混淆。因此，在一般情况下，实际电压和电流由下式给出：

$$\begin{aligned} V(t) &= \mathrm{Re}(Ve^{j\omega t}) \\ &= \mathrm{Re}(V)\cos\omega t - \mathrm{Im}(V)\sin\omega t \\ I(t) &= \mathrm{Re}(Ie^{j\omega t}) \\ &= \mathrm{Re}(I)\cos\omega t - \mathrm{Im}(I)\sin\omega t \end{aligned}$$

例如，按照以下复数形式表示的电压

$$V=5j$$

对应于（实际中）电压与时间的关系：

$$\begin{aligned} V(t) &= \mathrm{Re}[5j\cos\omega t + 5j(j)\sin\omega t] \\ &= -5\sin\omega t\,(\mathrm{V}) \end{aligned}$$

1.7.4　电容和电感的电抗

采用上述规定，一旦我们知道了电容或电感的阻抗，如同对电阻使用欧姆定律一样，我们就可以把复欧姆定律正确地应用于含有电容和电感的电路。让我们来看看它是如何使用的。我们从施加在电容上的简单正弦（余弦）电压 $V_0\cos\omega t$ 开始：

$$V(t)=\mathrm{Re}(V_0 e^{j\omega t})$$

然后，利用 $I=C(\mathrm{d}V(t)/\mathrm{d}t)$，我们得到

$$\begin{aligned} I(t) &= -V_0 C\omega\sin\omega t = \mathrm{Re}\left(\frac{V_0 e^{j\omega t}}{-j/\omega C}\right) \\ &= \mathrm{Re}\left(\frac{V_0 e^{j\omega t}}{Z_C}\right) \end{aligned}$$

对于电容，

$$Z_C=-j/\omega C(=-jX_C)$$

Z_C 是在频率 ω 下电容的电抗，它的大小等于我们之前求出的电抗 $X_C=1/\omega C$，但其系数为$-j$，说明电流的相位超前电压 90°。例如，1μF 电容在 60Hz 时的阻抗为$-2653j\Omega$，在 1MHz 时的阻抗为$-0.16j\Omega$，对应的电抗分别为 2653Ω 和 0.16Ω[⊖]。直流处的电抗（也是阻抗）为无穷大。

如果我们对电感做类似的分析，我们会发现：

$$Z_L=j\omega L(=jX_L)$$

只包含电容和电感的电路总是有一个纯虚数的阻抗，这意味着电压和电流总是有 90°的相位差，即它是无功的。当电路含有电阻时，阻抗就有实部。在这种情况下，术语“电抗”就仅指虚部。

1.7.5　广义欧姆定律

基于这些表示电压和电流的约定，欧姆定律就有了一种简单的形式，可写为

$$I=V/Z$$
$$V=IZ$$

式中，以 V 表示的电压施加在阻抗 Z 的电路两端，会产生以 I 表示的电流。串联或并联元件的复阻抗遵循与电阻串并联相同的规则：

$$Z=Z_1+Z_2+Z_3+\cdots \quad \text{（串联）} \tag{1.30}$$

$$Z=\frac{1}{\dfrac{1}{Z_1}+\dfrac{1}{Z_2}+\dfrac{1}{Z_3}+\cdots} \quad \text{（并联）} \tag{1.31}$$

最后，我们完整地总结电阻、电容和电感的阻抗公式：

$$\begin{aligned} Z_R &= R\,\text{（电阻）} \\ Z_C &= -j/\omega C = 1/j\omega C\,\text{（电容）} \\ Z_L &= j\omega L\,\text{（电感）} \end{aligned} \tag{1.32}$$

⊖ 注意，约定电抗 X_C 是实数（90°相移隐含在术语“电抗”中），但对应的阻抗纯粹是虚数的：$Z=R-jX$。

利用这些规则，我们可以采用处理直流电路时所用的通用方法，例如串联和并联公式以及欧姆定律，进而分析许多交流电路。我们从交流分压电路得出的结果与之前几乎相同。对于多重连接的网络，我们可能必须像在直流电路中一样使用基尔霍夫定律，在这种情况下，要使用V和I的复数表示：闭合回路的（复数）压降之和为零，并且流入一个点的（复数）电流之和为零。与直流电路一样，后一个规则意味着串联电路中的（复数）电流在任何地方都是相同的。

练习 1.25　采用上述并联和串联元件的阻抗规则，推导出两个电容并联和串联的式（1.17）和式（1.18）。提示：在每种情况下，让每个电容容量为C_1和C_2，写下并联或串联的阻抗，然后使之等于电容量为C的电容的阻抗，求出C。

让我们想象试着将上述技巧应用于最简单的电路，在前面的1.7.1节中讨论的电容上施加交流电压。然后，在简要介绍无功电路中的功率（完成准备工作）之后，我们将分析简单但极其重要和有用的RC低通和高通滤波电路。

想象一下，在115V（rms）60Hz的电线之间放置一个1μF电容，会产生多大的电流？使用复欧姆定律，我们有

$$Z=-\mathrm{j}/\omega C$$

因此，电流为

$$I=V/Z$$

由于电压的相位是任意的，因此我们选择$V=A$，即$V(t)=A\cos\omega t$，其中振幅$A=115\sqrt{2}\,\mathrm{V}\approx 163\mathrm{V}$。然后有

$$I=\mathrm{j}\omega CA\approx -0.061\sin\omega t$$

产生的电流幅度为61mA（43mA有效值），并且超前电压相位90°，这与我们先前的计算相符。更简单地说，我们可能已经注意到电容的阻抗是一个负的虚数，因此无论V的相位绝对值如何，I_{cap}的相位都领先90°。通常，对于任意的二端口RLC电路，电流和电压之间的相位角等于该电路（复）阻抗的角度。

注意，如果我们只想知道电流的振幅，而不关心相应的相位是多少，就可以避免做复代数运算。如果

$$A=B/C$$

那么

$$a=b/c$$

式中，a、b和c是相应复数的模，这也适用于乘法（参见练习1.26）。因此，在这种情况下，

$$I=V/Z=\omega CV$$

我们以前使用过这个技巧（但我们先前对此并不了解），它通常非常有用。

令人惊讶的是，在此示例中电容没有功耗，我们将在下一节中理解其中的缘由。下面我们将根据复欧姆定律继续研究包含电阻和电容的电路。

练习 1.26　证明如果$A=BC$，则$a=bc$，其中a、b和c是幅值。提示：以极坐标的形式表示每个复数，即$A=a\mathrm{e}^{\mathrm{j}\theta}$。

1.7.6　电抗电路功率

传递到任何电路元件的瞬时功率始终由乘积$P=VI$给出。然而，在V和I并不成简单比例关系的无功电路中，不能仅将它们的幅度相乘。有趣的是，乘积的符号会在交流信号的一个周期内反转。图1.94展示了这样一个示例，在时间间隔A到C之间，功率正在向电容传输（尽管速率是变化的），使得电容充电，它存储的能量不断增加（功率是能量的变化率）。在间隔B到D之间，传输到电容的功率为负，它正在放电。在这个示例中，整个周期的平均功率实际上恰好为零，这对于任何纯电抗性电路元件（电感、电容或其任意组合）总是适用的。如果我们熟悉三角函数的积分，那么以下的练习将展示如何证明这一点。

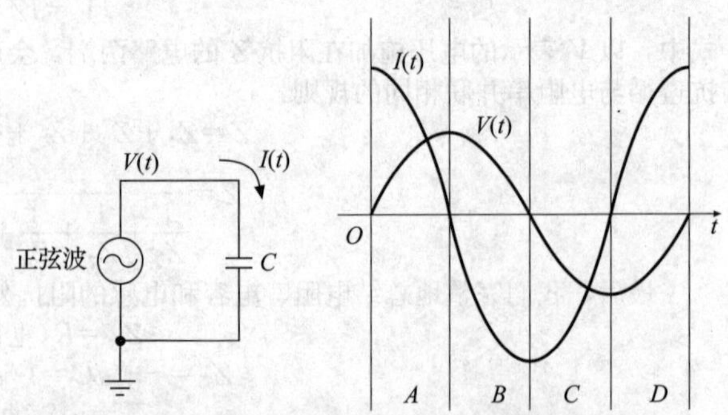

图1.94　由于电压和电流之间的90°相位差，在整个正弦周期内，传递到电容的功率为零

练习 1.27 可选练习：证明若电流与激励电压的相位相差 90°，则整个周期内的平均功率损耗为零。

我们如何求解任意电路消耗的平均功率？通常，我们可以将所有 VI 的乘积相加，然后除以所经过的时间。换一种说法，

$$P=\frac{1}{T}\int_0^T V(t)I(t)\mathrm{d}t \tag{1.33}$$

式中，T 是一个完整周期的时间。幸运的是，并没有采用这种方法的必要，相反，很容易证明平均功率由下式确定：

$$P=\mathrm{Re}(VI^*)=\mathrm{Re}(V^*I) \tag{1.34}$$

式中，V 和 I 是复数的方均根振幅（星号表示复数共轭）。

让我们举个例子，考虑前面的电路，其中一个电容由 1V（rms）的正弦波激励。为简单起见，我们将使用方均根振幅进行所有的计算。我们有

$$V=1$$
$$I=\frac{V}{-\mathrm{j}/\omega C}=\mathrm{j}\omega C$$
$$P=\mathrm{Re}(VI^*)=\mathrm{Re}(-\mathrm{j}\omega C)=0$$

如前所述，平均功率为零。

再举一个例子，考虑如图 1.95 所示的电路。我们的计算如下：

$$Z=R-\frac{\mathrm{j}}{\omega C}$$
$$V=V_0$$
$$I=\frac{V}{Z}=\frac{V_0}{R-(\mathrm{j}/\omega C)}=\frac{V_0[R+(\mathrm{j}/\omega C)]}{R^2+(1/\omega^2C^2)}$$
$$P=\mathrm{Re}(VI^*)=\frac{V_0^2R}{R^2+(1/\omega^2C^2)}$$

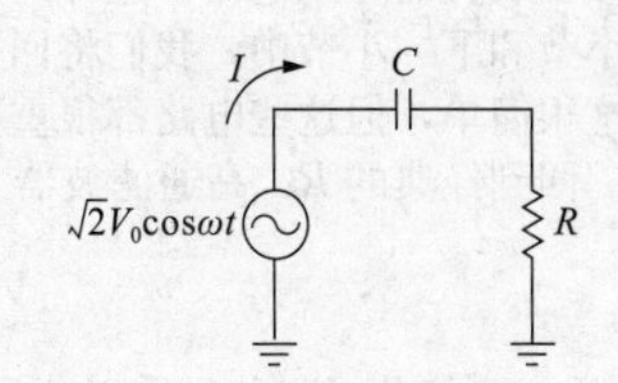

图 1.95 串联 RC 电路中的功率和功率因数

（在上面第三行中，我们将分子和分母乘以分母的复共轭，以使分母成为实数。）计算出的功率[㊀]会小于 V 和 I 的幅值的乘积。实际上，这种情况中它们的比率称为功率因数：

$$|V||I|=\frac{V_0^2}{[R^2+(1/\omega^2C^2)]^{1/2}}$$
$$\text{功率因数}=\frac{\text{功率}}{|V||I|}$$
$$=\frac{R}{[R^2+(1/\omega^2C^2)]^{1/2}}$$

功率因数是电压和电流之间相位角的余弦值，它的取值范围为 0（纯电抗电路）～1（纯电阻电路），功率因数小于 1 表示电路中有一些电抗电流分量[㊁]。值得注意的是，在大电容（或高频）的限制下，功率因数会趋向于 1，耗散功率趋向于 V^2/R，其中电容的电抗远小于 R。

练习 1.28 证明传递到前级电路的所有平均功率完全损耗在电阻上，通过计算 V_R^2/R 的值来验证。在 115V（rms）60Hz 的电线两端放置一个 1μF 电容和一个 1.0kΩ 电阻，该串联电路的功率是多少？

功率因数在大规模配电中是一件很重要的事情，因为电抗电流不会给负载传递有用的功率，但会在 I^2R 发热方面使发电公司的发电机、变压器和输电线的电阻造成很多损失。尽管住户仅按“实”功率 [$\mathrm{Re}(VI^*)$] 计费，但电力公司仍根据功率因数向工业用户收费。这就解释了为什么我们经常会在大型工厂后面看到电容场地，其目的是消除工业机器（即电动机等）的感抗。

练习 1.29 证明在 RL 串联电路中再串联一个值为 $C=1/\omega^2L$ 的电容会使功率因数等于 1.0。然后将串联改为并联，再证明同样的结果。

㊀ 检查极限值是一个好办法，这里我们可以看到，对于较大数值的 C，$P\to V^2/R$；对于较小数值的 C，电流的大小 $|I|\to V_0/X_C$ 或 $V_0\omega C$，因此 $P\to I^2R=V_0^2\omega^2C^2R$，这在两个极限处是一致的。

㊁ 或者，对于非线性电路，它表示电流波形与电压波形的比例失调。有关这方面的更多信息，参阅 9.7.1 节。

1.7.7　广义分压器

最原始的分压器（见图1.6）由一对与地串联的电阻组成，从顶部输入，在中间连接处输出。这种简单电阻分压器的推广是一个类似的电路，用一个电容或电感（或由 R、L 和 C 组成的更复杂的网络）代替原分压电路中一个或两个电阻，见图1.96。通常，这种分压器的分压比 V_{out}/V_{in} 不是恒定的，而是取决于频率（正如我们已经看到的，在1.7.1节中对低通和高通滤波器的近似处理）。对它的分析很简单：

$$I=\frac{V_{in}}{Z_{total}}$$

$$Z_{total}=Z_1+Z_2$$

$$V_{out}=IZ_2=V_{in}\frac{Z_2}{Z_1+Z_2}$$

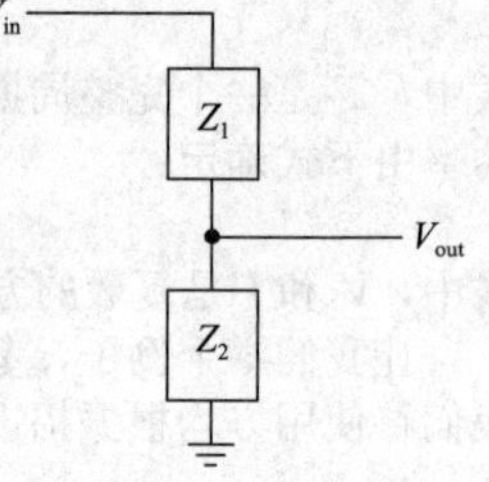

图1.96　广义分压器：一对任意阻抗

无须担心这个表达式的一般形式，我们只需要看一些简单的（但非常重要的）例子，从我们先前近似的 RC 高通和低通滤波器开始。

1.7.8　*RC* 高通滤波器

我们已经看到，由于电容阻抗 $Z_C=-\mathrm{j}/\omega C$ 与频率有关，因此将电阻与电容串联使用，可以做出与频率有关的分压电路。这样的电路具有可以通过所需信号频率而抑制不期望信号频率的特性。在本小节和下一小节中，我们将回顾简单的低通和高通 RC 滤波器，并纠正1.7.1节的近似分析。尽管这很简单，但这些电路都很重要且已被广泛使用。第6章将讲解更高级的滤波器。

回到经典的 RC 高通滤波器（见图1.92），由复欧姆定律（或复分压器方程）得到

$$V_{out}=V_{in}\frac{R}{R-\mathrm{j}/\omega C}=V_{in}\frac{R(R+\mathrm{j}/\omega C)}{R^2+(1/\omega^2C^2)}$$

（最后一步将分子和分母乘以分母的复数共轭。）在大多数情况下，我们不关心 V_{out} 的相位，只关心它的振幅：

$$V_{out}=(V_{out}V_{out}^*)^{1/2}$$

$$=\frac{R}{[R^2+(1/\omega^2C^2)]^{1/2}}V_{in}$$

注意与电阻式分压器类比，其中

$$V_{out}=\frac{R_2}{R_1+R_2}V_{in}$$

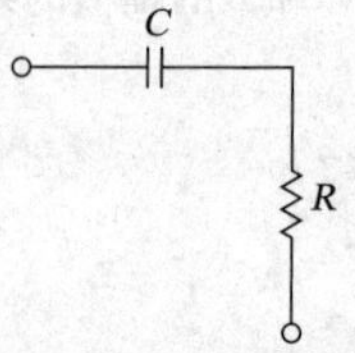

此处串联 RC 组合的阻抗（见图1.97）如图1.98所示。因此，通过取复振幅的模值作为这一电路的响应并忽略输出的相移，如下式：

图1.97　空载高通滤波器的输入阻抗

$$V_{out}=\frac{R}{[R^2+(1/\omega^2C^2)]^{\frac{1}{2}}}V_{in}$$

$$=\frac{2\pi fRC}{[1+(2\pi fRC)^2]^{\frac{1}{2}}}V_{in} \tag{1.35}$$

就如图1.99（以及前面的图1.91）所示。

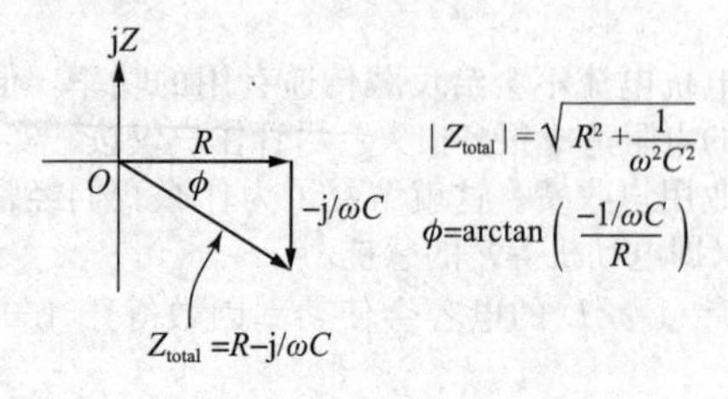

图1.98　串联 RC 电路的阻抗

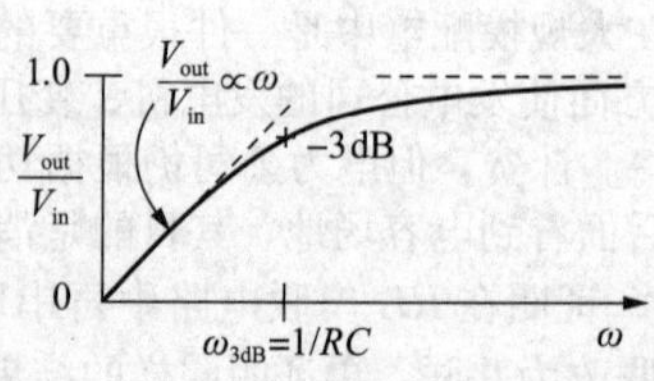

图1.99　高通滤波器的频率响应。相应的相移从+90°（在 $\omega=0$）、+45°（在 ω_{3dB}）到0°（在 $\omega=\infty$）平滑过渡，类似于低通滤波器的相移（见图1.104）

注意，我们可以通过取阻抗幅值的比值很快得到这个结果，如练习 1.26 和前面的例子所示。分子是分压器下支路的阻抗大小（R），分母是 RC 串联组合的阻抗大小。

正如我们前面所提到的，高频（$\omega \geqslant 1/RC$）下的输出近似等于输入，在低频下输出变为零，这种高通滤波器很常见。例如，可以将示波器的输入切换为交流耦合，那正是一个 RC 高通滤波器，会在 10Hz 处出现拐点（如果想观察大直流电压下的小信号，则可以使用交流耦合）。工程师喜欢谈论滤波器（或任何表现类似于滤波器的电路）的 −3dB 截止点。对于简单的 RC 高通滤波器，−3dB 截止点由下式给出：

$$f_{-3\text{dB}} = 1/2\pi RC$$

我们通常需要知道电容在给定频率下的阻抗（例如用在滤波器的设计中）。图 1.100 提供了非常有用的参考，涵盖了大范围的电容和频率，并给出了 $|Z| = 1/2\pi fC$ 的值。

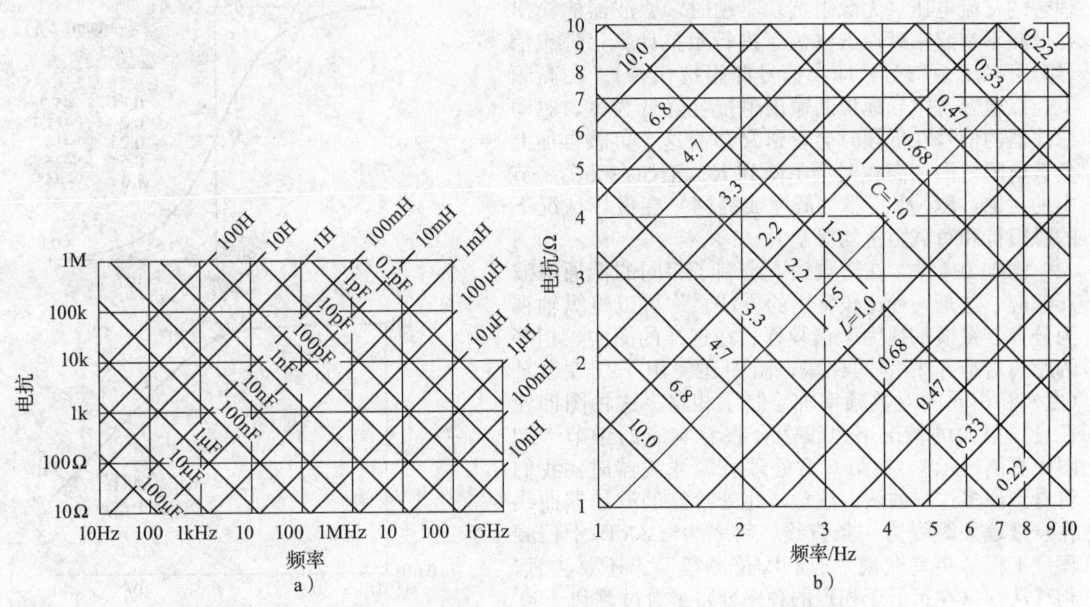

图 1.100　a）电感和电容的电抗与频率的关系，每个十倍是相同的，只是刻度不同；b）图 a 单个十倍放大图，展示了标准的 20%元件值

以图 1.101 所示的滤波器为例，这是一个 3dB 点[㊀]在 15.9kHz 的高通滤波器。由它激励的负载的阻抗应远大于 1.0kΩ，以防止电路负载对滤波器输出的影响，同时激励源应能够驱动 1.0kΩ 的负载而不会有明显衰减（信号幅度损失），以防止滤波器对信号源的电路负载产生影响（回顾 1.7.1 节，了解最坏情况下的源和 RC 滤波器的负载阻抗）。

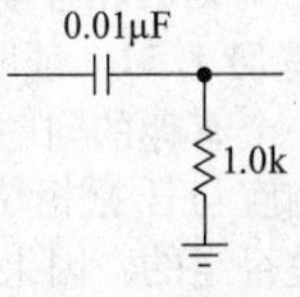

0.01μF
1.0k

图 1.101　高通滤波器示例

1.7.9　*RC* 低通滤波器

回顾低通滤波器，通过互换 R 和 C 就可以得到相反的频率特性（见图 1.90，此处重复见图 1.102），这里给出了准确的结果：

$$V_{\text{out}} = \frac{1}{(1+\omega^2 R^2 C^2)^{1/2}} V_{\text{in}} \tag{1.36}$$

如图 1.103（以及之前的图 1.91）所示，3dB 点再次位于频率[㊁] $f = 1/2\pi RC$ 处。低通滤波器在现实生活中非常常见。例如，它可以用来消除临近频率的广播和电视台（0.5～800MHz）干扰，这个问题困扰着音频放大器和其他敏感的电子设备。

㊀ 当提到 −3dB 时，通常会省略负号“−”。

㊁ 如 1.7.1 节所述，我们通常倾向于将拐点频率定义为 $\omega_0 = 1/RC$，并以 ω/ω_0 的频率比工作。这样式（1.36）中的分母 $\sqrt{1+(\omega/\omega_0)^2}$ 就是一个有用的形式，这对式（1.35）同样适用，只需要让分子变为 ω/ω_0。

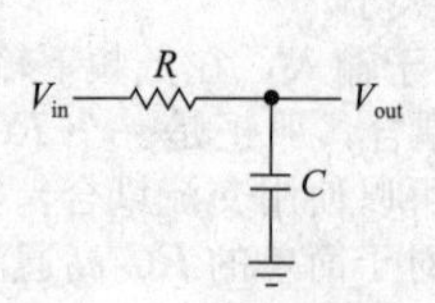

图 1.102 低通滤波器

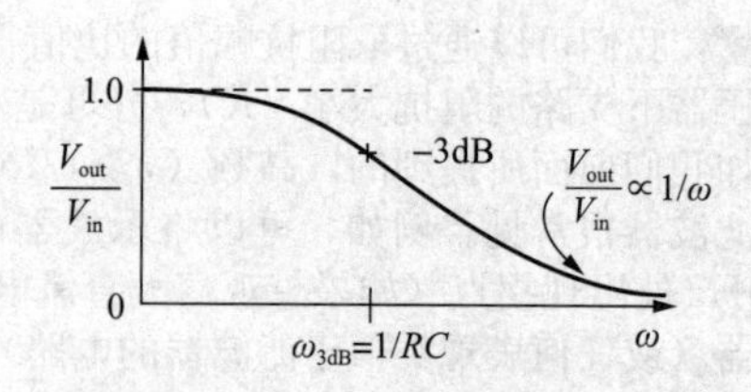

图 1.103 低通滤波器的频率响应

练习 1.30 证明之前 RC 低通滤波器的响应表达式是正确的。

低通滤波器的输出本身可以被视为信号源。当由理想的交流电压（无源阻抗）驱动时，滤波器的输出在低频下看起来就像 R（为了进行阻抗计算，理想信号源可以用短信号，即小信号源阻抗代替）。在高频下，以电容占主导地位的输出阻抗会降低为零。驱动滤波器的信号在低频时会看到 R 本身这个负载再加上负载电阻，而在高频时会下降到 R。正如在 1.7.1 节中的讨论，RC 滤波器（低通或高通）在最坏情况下的源阻抗和负载阻抗均等于 R。

图 1.104 中，在对数轴下绘制了相同的低通滤波器响应，这是一种比较常用的方法。你可以将纵轴视为分贝，将横轴视为十倍频程。在这样的图中，相等的距离对应于相等的比率。图中还使用了线性纵轴（度）和相同的对数频率轴绘制了相移。这种图即使在衰减很大的情况下也很适合查看响应的细节（如图中右侧所示）。在第 6 章处理有源滤波器时，我们将看到许多这样的图。注意，此处绘制的滤波器曲线在衰减较大时变为一条直线，斜率为 −20dB/十倍频程（工程师更喜欢说“−6dB/倍频程”）。还要注意，相移从 0°（在远低于拐点的频率处）平滑过渡到 −90°（在远高于拐点的频率处），在 −3dB 点处的值为 −45°。一阶 RC 滤波器的经验法则是，从 $0.1f_{3dB}$ 处到 $10f_{3dB}$ 处的相移渐近值≈6°。

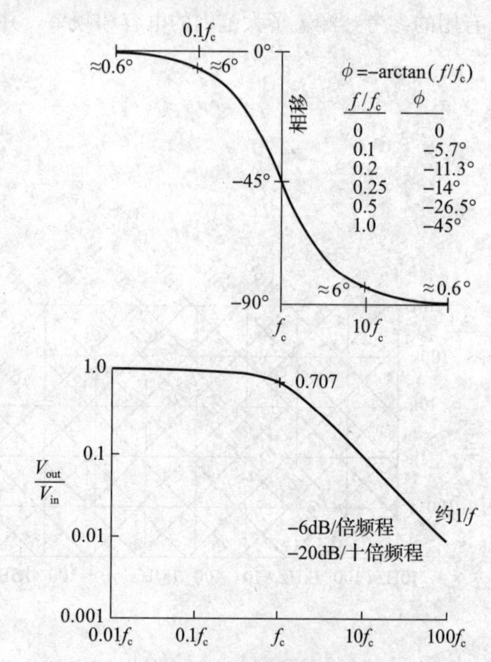

图 1.104 绘制在对数轴上的低通滤波器频率响应（相位和幅度）。注意，相移处在十倍频程的变化中，在−3dB 点处为−45°且在其渐近值的 6°之内

练习 1.31 证明上面的结论。

一个有趣的问题如下：是否有可能做出具有任意幅度响应与任意相位响应的滤波器？令人惊讶的是，答案是否定的：因果关系的要求（即结果必须跟随起因，而不是先于起因）限制了可实现的模拟滤波器中相位和幅度响应之间的关系（正式的名称是 Kramers-Kronig 关系）。

1.7.10 频域中的 *RC* 微分器和积分器

在 1.4.3 节中看到的 RC 微分器与本节中的高通滤波器完全相同。实际上，不管是在时域中分析波形还是在频域中分析响应都是可以的。现在，我们以频域的形式，对之前在正确条件（$dV_{out} \ll dV_{in}$）下的时域情形进行重新阐述：若要使输出比输入小，则信号频率（或频段）必须远低于 3dB 点处的频率。这很容易检验：假设我们有输入信号 $V_{in}=\sin\omega t$，然后使用之前获得的微分器输出方程，得到

$$V_{out}=RC\frac{d}{dt}\sin\omega t=\omega RC\cos\omega t$$

因此，如果 $\omega RC \ll 1$，即 $RC \ll 1/\omega$，则 $dV_{out} \ll dV_{in}$。如果输入信号包含一段频率范围，则它对于输入中存在的最高频率也要满足。

RC 积分器（1.4.4 节）与低通滤波器是相同的电路。通过类似的推理，优秀积分器的标准是最低的信号频率必须远高于 3dB 点。

1.7.11 电感与电容

除了电容，还可以将电感与电阻组合，构成低通（或高通）滤波器。但实际上，你很少看到 RL

低通或高通滤波器。这是因为电感相比于电容往往更笨重，价格昂贵，并且性能较差（即与理想性能偏离更大），如果可以选择，尽量使用电容。这一普遍说法的重要例外是在高频电路中使用铁氧体磁珠和扼流圈，你只需要在电路中相应的地方串一些磁珠即可，它们使导线互连而略微出现感性，从而能够在非常高的频率下提高阻抗并防止振荡，无须使用 RC 滤波器即可获得串联电阻。射频扼流圈是一种在射频电路中为达成以上同样目的而使用的电感，它通常就是绕了几匝导线的铁氧体磁心。但是注意，电感是 LC 调谐电路（1.7.14 节）和开关模式电源转换器（9.6.4 节）中的关键组件。

1.7.12　相量图

有一种可以很好地帮助理解电抗电路的图形方法。举个例子，1.7.8 节中得出了 RC 滤波器在 $f=1/2\pi RC$ 的频率下衰减 3dB，高通和低通滤波器均是如此。这里容易引起混淆，因为在该频率下，电容的电抗等于电阻的阻值，因此一开始你可能会期望得到 6dB 的衰减（电压的 1/2）。假如你用相同阻抗值的电阻替换了电容，就会得到这个结果。由于电容是电抗性的，因此会引起混淆，但是通过相量图可以清楚地看出问题（见图 1.105），图中的坐标轴是阻抗的实部（电阻）分量和虚部（电抗）分量。在这样的串联电路中，坐标轴也代表（复数）电压，因为电流在各处是相同的。因此，对于该电路（将其视为 RC 分压器），输入电压（施加在 RC 串联对两端的）与斜边的长度成正比，而输出电压（仅在 R 上的）与三角形中 R 边的长度成正比。该图展示了电容电抗等于 R 频率下的情况，即 $f=1/2\pi RC$，它也表示输出电压与输入电压之比为 $1/\sqrt{2}$，即 -3dB。

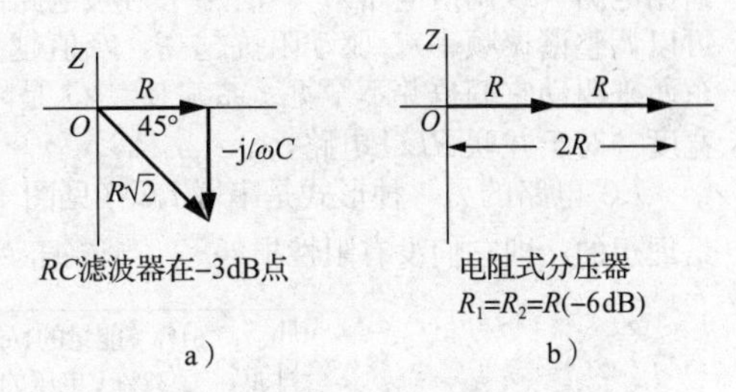

图 1.105　低通滤波器在 3dB 点的相量图

相量之间的角度给出了从输入到输出的相移。例如在 3dB 点，输出幅度等于输入幅度除以 $\sqrt{2}$，并且输出相位与输入相位相差 45°。这种图形化的方法让我们可以轻松读出 RLC 电路中幅度和相位的关系。例如，你可以使用相量图来获取我们之前推导的高通滤波器的响应。

练习 1.32　使用相量图推导 RC 高通滤波器的响应：$V_{out}=V_{in}R/\sqrt{R^2+(1/\omega^2C^2)}$。

练习 1.33　RC 低通滤波器在哪个频率下会衰减 6dB（输出电压等于输入电压的一半）？在该频率下的相移是多少？

练习 1.34　使用相量图得到之前通过代数推导得出的低通滤波器响应。

在下一章（2.2.8 节）中，我们将看到一个与恒定振幅相移电路有关的相量图的示例。

1.7.13　“极点”与分贝/倍频程

再看 RC 低通滤波器的响应（见图 1.103 和图 1.104）。在衰减曲线的最右边，输出幅度正比于 $1/f$ 下降。在一个频程中（像在音乐中一样，一个频程是频率的两倍），输出振幅将下降一半，即 -6dB。因此，简单 RC 滤波器的衰减为 6dB/倍频程，基于此，也可以实现具有多个 RC 单元的滤波器，可以得到 12dB/倍频程（两个 RC 单元）或 18dB/倍频程（三个 RC 单元）的滤波器，以此类推。这是描述滤波器超出截止范围性能的常用方法，还有另一种流行的方式，可以称为“三极点滤波器”，就是指具有三个 RC 单元（或者类似形式）的滤波器。（“极点”源自一种分析方法，该方法超出了本书的范围，涉及在复平面上的复传递函数，被工程师称为“s 平面”。）

对于多级滤波器应当注意的是，不能简单地级联几个相同的滤波器单元来获得由各个响应组成的频率响应。这是因为每个单元都会成为前一个单元的负载（因为它们是一样的），因此会不断改变整体的响应。记住，我们得出的简单 RC 滤波器的响应函数是基于零阻抗驱动源和无穷大阻抗的负载。有一种解决方案是使每个连续的滤波器单元都具有比前一个更大的阻抗，而更好的解决方案涉及有源电路，例如晶体管、运算放大器（运放）级间缓冲器或有源滤波器。这些内容将在第 2～4、6 和《电子学的艺术》（原书第 3 版）（下册）的 13 章中讨论。

1.7.14　谐振电路

当电容与电感组合使用，或用于被称为有源滤波器的特殊电路中时，相比于目前为止所看到的 RC 滤波器的渐近特性，可以使电路具有非常尖锐的频率特性（例如，在特定频率下的响应峰值很大），这些电路可用于各种音频和射频设备。现在让我们快速了解 LC 电路（第 6 章将有更多关于 LC 电路和有源滤波器的内容）。

并联和串联 *LC* 电路

首先，考虑如图 1.106 所示的电路。LC 组合在频率 f 处的阻抗为

$$\frac{1}{Z_{LC}}=\frac{1}{Z_L}+\frac{1}{Z_C}=\frac{1}{j\omega L}-\frac{\omega C}{j}$$
$$=j\left(\omega C-\frac{1}{\omega L}\right)$$

即

$$Z_{LC}=\frac{j}{(1/\omega L)-\omega C}$$

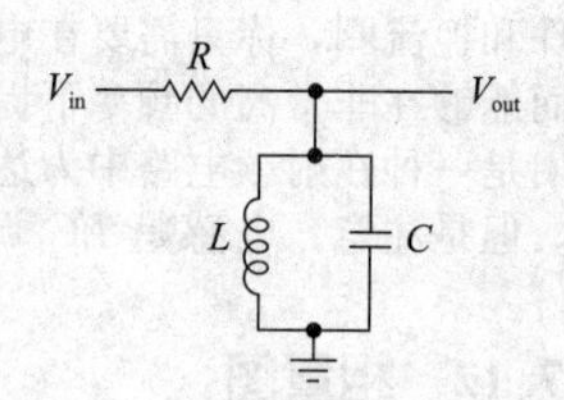

图 1.106　LC 谐振电路：带通滤波器

与 R 组合在一起，可以形成分压器。由于电感和电容的相反性质，并联 LC 的阻抗在谐振频率处变为无穷大：

$$f_0=1/2\pi\sqrt{LC} \tag{1.37}$$

（即 $\omega_0=1/\sqrt{LC}$），从而在该处产生一个峰值。总体响应见图 1.107。

实际上，电感和电容中的损耗限制了峰的尖锐度，但是通过良好的设计，这些损耗可以变得非常小。相反，有时会故意添加调 Q 电阻，以降低谐振峰值的尖锐度。该电路被简单地称为并联 LC 谐振电路（或调谐电路），广泛用于射频电路中以选择特定的频率进行放大（L 或 C 是可变的，因此可以调整谐振频率）。驱动阻抗越高，峰值越尖锐，你将在后面的章节中发现，用一些接近电流源的东西来驱动它们也并不罕见。品质因数 Q 是峰值尖锐度的度量，它等于谐振频率除以 -3dB 点处的宽度。对于并联 RLC 电路，$Q=\omega_0 RC$ ㊀。

LC 电路的另一种形式是串联 LC（见图 1.108）。通过写下相关的阻抗公式并假设电容和电感都是理想的，即它们没有阻性损耗㊁，当谐振（$f_0=1/2\pi\sqrt{LC}$）时，就可以认为 LC 的阻抗变为零。

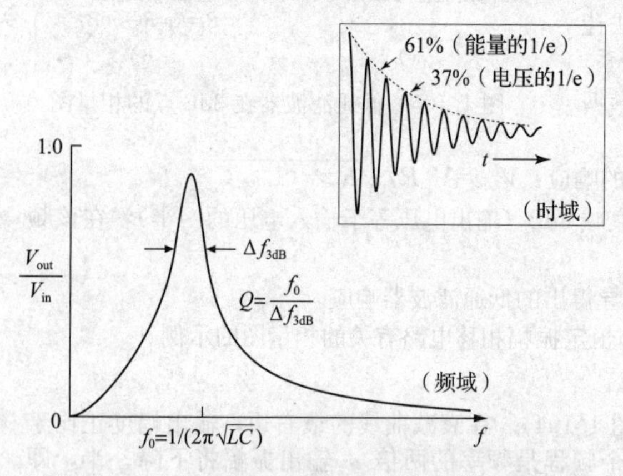

图 1.107　并联 LC 电路的频率响应。嵌入图表明了时域特征：输入阶跃或脉冲电压之后的阻尼振荡（振铃）波形

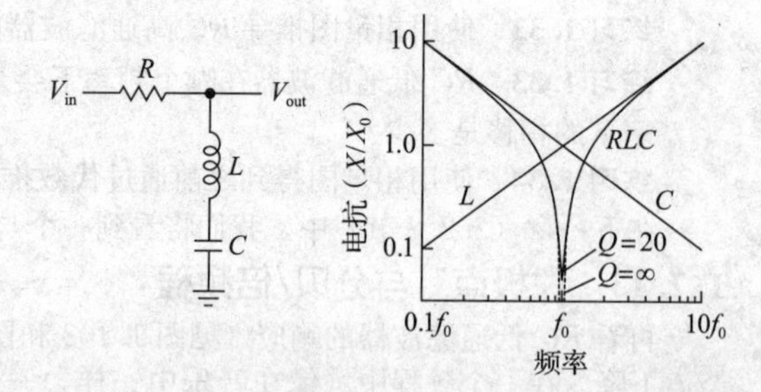

图 1.108　LC 陷波滤波器（陷波器）。电感和电容的电抗性质如图所示，但是其复阻抗的相反符号导致串联阻抗骤然下降。对于理想元件，串联 LC 的电抗在谐振时完全变为零；对于实际元件，最小值为非零值，通常由电感主导

这样的电路对于达到或接近谐振频率的信号来说相当于陷波器，如同被短接到地。同样，该电路主要应用在射频电路中。图 1.109 展示了响应曲线。串联 RLC 电路的 $Q=\omega_0 L/R$ ㊂。若想了解 Q 值上升的影响，查看如图 1.110 所示的曲线。

㊀ 或等效地，$Q=R/X_C=R/X_L$，其中 $X_L=X_C$ 是在 ω_0 频率下的电抗。

㊁ 实际元件偏离理想状态通常可以用等效串联电阻 ESR 表示。

㊂ 或等效地，$Q=X_L/R=X_C/R$，其中 $X_L=X_C$ 是在 ω_0 频率下的电抗。

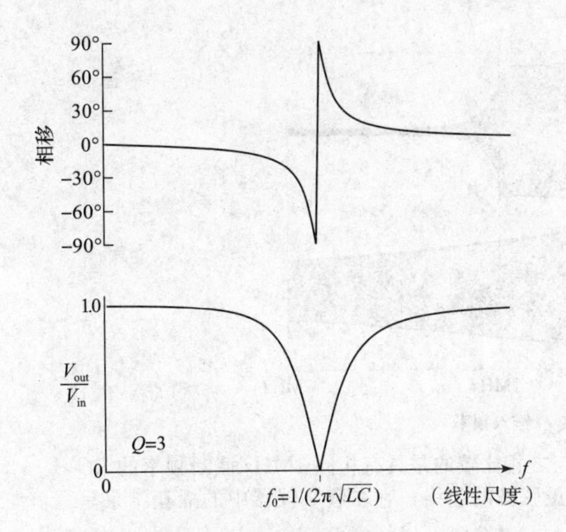

图 1.109　串联 LC 陷波器的频率和相位响应，相位在谐振时突然改变的这种现象在其他类型的谐振器中也可以见到（见图 7.36）

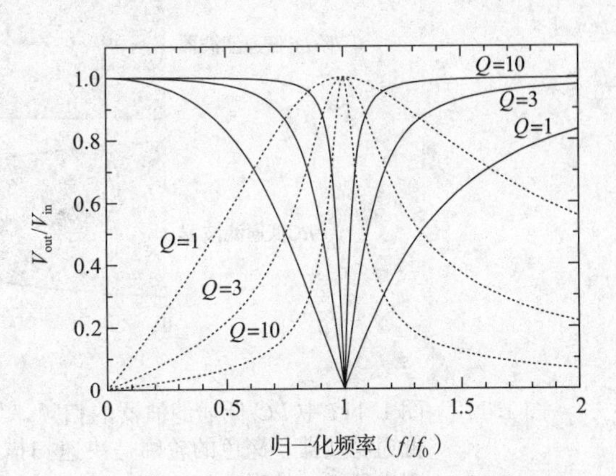

图 1.110　几个不同品质因数 Q 的 LC 谐振（点状线）和陷波（实线）响应

练习 1.35　求出图 1.108 中串联 LC 陷波电路的响应（V_{out}/V_{in} 与频率的关系）。

LC 谐振电路的这些描述都围绕频率响应进行，即在频域中。在时域中，我们一般对电路的冲激响应或阶跃响应感兴趣，就如同你在图 1.107 中看到的，那是一个 $Q=20$ 的 LC 电路。在 Q/π 周期内，信号电压下降至 1/e（37%）；在 $Q/2\pi$ 周期内，存储的能量下降至 1/e（幅度为 61%）。可能你更喜欢以弧度为单位来思考：能量以 Q 弧度下降到 1/e，而电压以 $2Q$ 弧度下降到 1/e。LC 谐振电路并不是提供高频率-选择度这种特性的唯一选择，其他的可选方案包括石英晶体、陶瓷、表面声波（SAW）谐振器、传输线和谐振腔。

1.7.15　*LC* 滤波器

通过将电感与电容相结合可以制作出各种滤波器（低通、高通、带通等），它们的频率响应特性会比使用简单 RC 或任意级联 RC 单元制成的滤波器尖锐得多。我们将在第 6 章中看到更多有关这些和有源滤波器的内容。但是，现在简单介绍它的工作原理，来理解低级电感（经常失调的电路元件）的优点。

如图 1.111 的例子，这是我们在几年前为一个项目制造的“混频器-模数转换器”电路板照片。电路板上有很多东西，它们将变频并将三个射频频段数字化，它的设计可能要占据一整章。目前，我们只需要看椭圆形内的块状滤波器（板上还有另外五个），它包括三个电感（方形金属筒）和四个电容（成对的闪亮长方体）。这是一个低通滤波器，设计为在 1.0MHz 的频率截断，它可以防止数字化输出中的“假名”，这是我们将在第 13 章中介绍的内容。

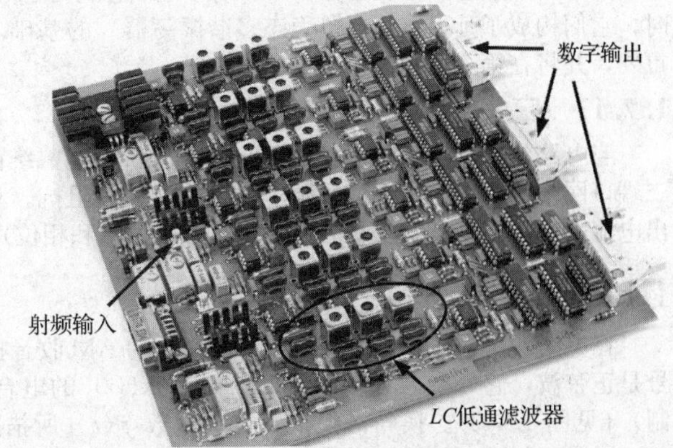

图 1.111　该电路板上有 6 个 LC 低通滤波器，这是频率转换和模数转换过程的一部分，为此设计了“混频器-数字转换器”

那么它的工作效果怎么样呢？图 1.112 展示了“扫频”，当轨迹在屏幕上从左到右移动时，正弦波的输入从 0Hz 变化到 2MHz。图中的香肠形状是正弦波输出的包络，此处将 LC 滤波器与截断频率相同的 1MHz（1kΩ 与 160pF）RC 低通滤波器进行了比较。相比之下，LC 的表现较好，而 RC 较差。其实称 1MHz 为“截断”并不好：它几乎不能截断任何东西。

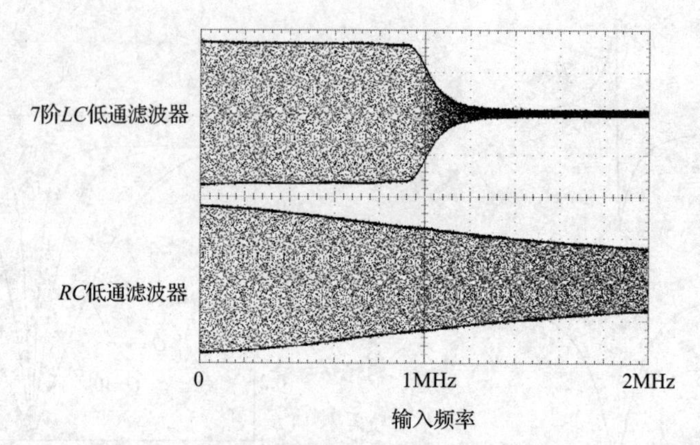

图 1.112　图 1.111 中 LC 低通滤波器的扫频，与之相比较的是具有相同 1MHz 截断频率的 RC 低通滤波器。深色的轮廓是快速扫描正弦波的包络，它在数字仪器中的捕获结果呈现出砂纸的外观

1.7.16　电容的其他应用

除了在滤波器、谐振电路、微分器和积分器中的应用，其他几种重要的应用也需要电容。我们将在本书的后面部分详细地介绍这些内容，此处提及它们仅做简单的了解。

1. 旁路

电容的阻抗随频率增加而减小，这是一个重要应用的基础——*旁路*。电路中有些地方想要允许直流电压通过，但你不希望出现信号。在这种电路区块（通常是电阻）之间放置一个电容将有助于消除那里的任何信号。要选择适合的（非临界）电容值，以使其与旁路相比，它在信号频率下的阻抗很小。你将在后面的章节中看到更多有关内容。

2. 电源滤波

我们在 1.6.3 节中看到过该应用，它用来滤除整流器电路的纹波。尽管电路设计人员经常称其为滤波电容，但这实际上是大容量电容的一种旁路或能量存储形式，我们更喜欢储能电容一词。这些电容实际上确实很大——它们是在大多数电子仪器中的巨大闪亮圆形物体。

3. 定时和波形生成

如我们所见，向电容提供恒定的电流，它就会以斜坡波形充电。这是斜坡波形和锯齿波发生器的基础，用于模拟函数发生器、示波器扫描电路、模数转换器和定时电路。RC 电路也会被用来定时，它们构成了延迟电路（单稳态多谐振荡器）的基础。这些定时和波形应用在许多电子领域都很重要，并将在第 3 章和第 6 章中介绍。

1.7.17　广义戴维南定理

当电路包含电容和电感时，我们必须重新确定戴维南定理：电阻、电容、电感和信号源的任何二端口网络等效于与单个信号源串联的单个复数阻抗。和以前一样，可以从开路输出电压和短路输出电流中求出（复）阻抗和信号源（波形、振幅和相位）。

1.8　综合应用——AM 收音机

在电路课程中，我们通过组装一个简单的 AM 收音机来将本章的内容联系在一起。被发射的信号是正弦波，它处在 AM 频段（520～1720kHz）的电台频率中，其振幅根据音频波形而变化（调制）（见图 1.113）。换句话说，由某个函数 $f(t)$ 所描述的音频波形将作为射频信号 $[A+f(t)]\sin 2\pi f_c t$ 被传输，这里 f_c 是电台的载波频率，然后将常数 A 添加到音频波形，使系数 $[A+f(t)]$ 永远不会为负。

接收器端的任务是（在很多站中）选择该站，然后以某种方式提取被调制的包络，这就是所需的音频信号。图 1.114 展示了最简单的 AM 收音机。它非常简单：并联 LC 谐振电路通过可变电容 C_1（1.7.14 节）调谐到电台的频率。二极管 D 是一个半波整流器（1.6.2 节），（如果理想的话）将仅通过已调制载波的正半周期。R_1 提供轻负载，因此整流后的输出在半个周期后回到零。到此为止，我们几乎已经分析完了。添加的小电容 C_2 是为了防止输出跟随载波的快半周期（这是一个储能电容，1.7.16节)。选择与载波周期（约1μs）相比更长的时间常数R_1C_2，但相比于最高音频频率（约200μs）要更短。

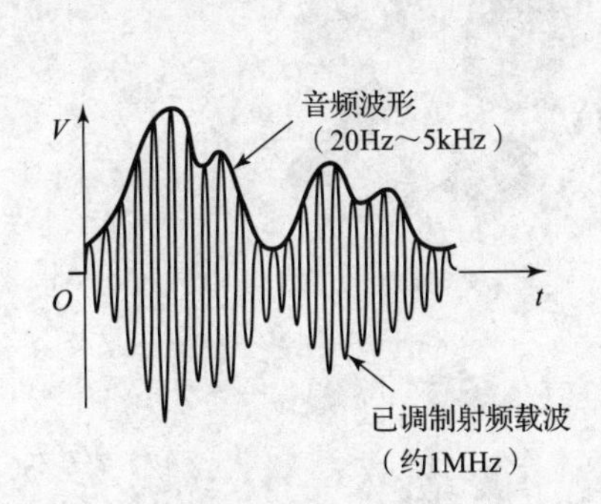

图1.113 AM信号由幅度随着音频信号（语音或音乐，声音信号的频率最大约为5kHz）变化的射频载波（约1MHz）组成。音频波形经过直流补偿，所以它的包络永远也不会越过0

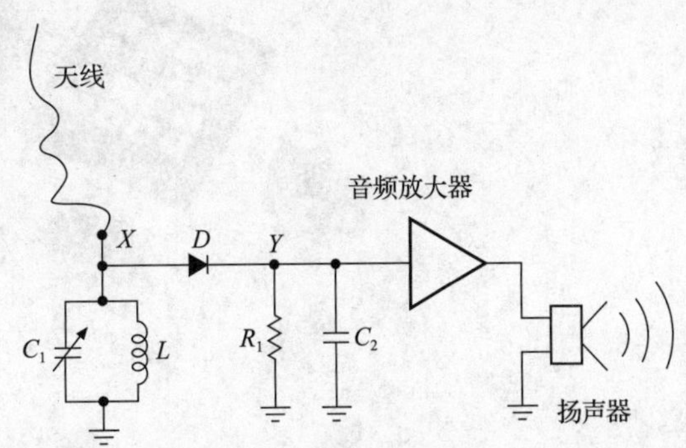

图1.114 最简单的AM收音机。可变电容C_1调整所需的电台，二极管D拾取正包络线（由R_1C_2平滑），然后将得到的弱音频信号放大以驱动扬声器

图1.115和图1.116展示了使用示波器探查时将看到的结果。单一的天线会捕捉到大量的低频(大多数为60Hz交流电线上的)，并且马上显示出来自所有AM电台的一小部分信号。但将其连接到LC谐振电路时，所有低频成分都消失了，并且只能看到所选的AM电台。有趣的是，连接LC时所选电台幅度要比未连接天线时所选电台幅度大得多，这是因为谐振电路的高Q值会存储来自多个信号周期的能量。

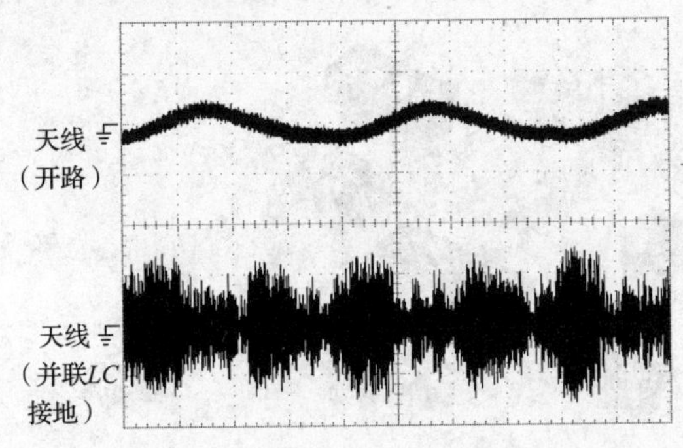

图1.115 分别从单一天线和连接着LC电路的天线（顶部）X点观察到的波形。注意低频分量消失，并且无线电信号变得更大。这些是单脉冲迹线，其中约为1MHz的射频载波显示为实心填充区域。纵轴单位为1V/div，横轴单位为4ms/div

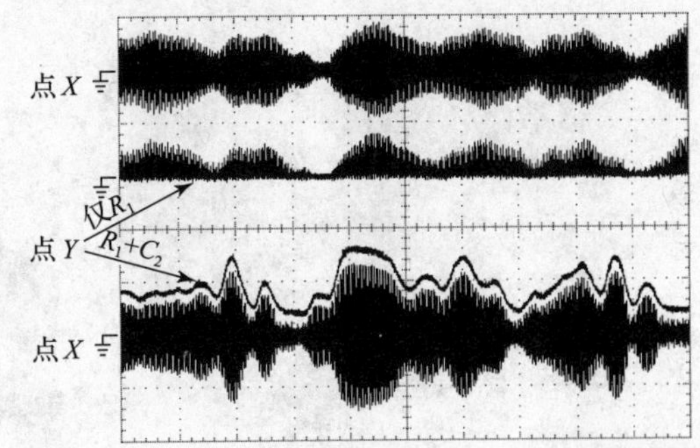

图1.116 仅使用R_1（上方）和加上平滑电容C_2（下方）后在Y点观察到的波形。上面的一对是单一捕获（显示为纯黑色的大约1MHz载波），下面的一对是分离的单一捕获，为了清楚起见，我们已经对整流波进行了补偿。纵轴单位为1V/div，横轴单位为1ms/div

音频放大器也很有趣，但是目前我们还没有做好充分的准备来了解它。之后将在第2章（使用分立晶体管）和第4章（使用运算放大器）中了解如何制作音频放大器。

1.9 其他无源器件

在以下各小节中，我们将简要介绍各种必不可少的器件。如果读者提前有一些电子制作方面的经验，则不妨直接前进到下一章。

1.9.1 机电器件：开关

这些普通但重要的组件似乎在大多数电子设备中都有用到。这些组件值得讲解。图1.117和图1.118展示了一些常见的开关类型。

图1.117　开关汇总。右侧的九个开关是瞬时接触（按钮）开关，包括面板安装和PCB（印刷电路板）安装的类型。它们左侧是其他类型的开关，包括杠杆驱动的和多极样式的。在它们的上方是一对面板安装的二进制编码指轮开关，其左侧是矩阵编码的十六进制键盘。位于中间靠前的开关是拨动开关，也有面板安装和PCB安装两种。图中也展示了几种执行器的样式，包括在切换之前必须将其拉出的锁定品种（从前数第四个）。左侧的旋转开关是二进制编码的类型（前面的三个和较大的方形），以及传统的多极多位可配置薄片开关

图1.118　面板安装DIP开关。左边一组，从前到后和从左到右（都是SPST）：单工侧向拨动、三工侧向、双工摇杆、单工滑动、八工滑动（扁平）、六工摇杆、八工滑动和摇杆。中间一组（都是十六进制编码）：6脚扁平、6脚顶部及侧面调节和带有真码及补码编码的16脚。右边一组：2mm×2mm带可移动跳线（分流器）的表面安装集管盒、2.54mm×2.54mm带分流器的通孔集管盒、18脚SPDT（通用执行器）、8脚双SPDT滑动及摇杆和16脚四路SPDT滑动（两个）

1. 拨动开关

简单的拨动开关有多种配置，并取决于极数。图1.119展示了常用拨动开关（SPST表示单刀单掷，SPDT表示单刀双掷，DPDT表示双刀双掷）。拨动开关的“中心OFF”位置也可以使用，并且最多可同时切换四极。拨动开关始终是先断后通的，例如在SPDT开关中，可拨动的触头不能同时连接到两个端子上。

2. 按钮开关

按钮开关在瞬时接触的场景中很有用，它们的示意图见图1.120（NO和NC表示常开和常闭）。对于SPDT瞬时接触开关，端子必须标记NO和NC，而对于SPST类型，该符号不言自明。瞬时接触开关始终先断后通。在电气行业中，术语形式A、形式B和形式C分别表示SPST（NO）、SPST（NC）和SPDT。

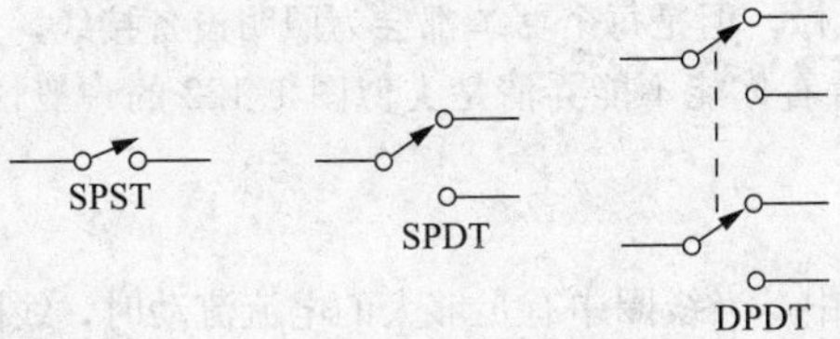

图 1.119　常用拨动开关 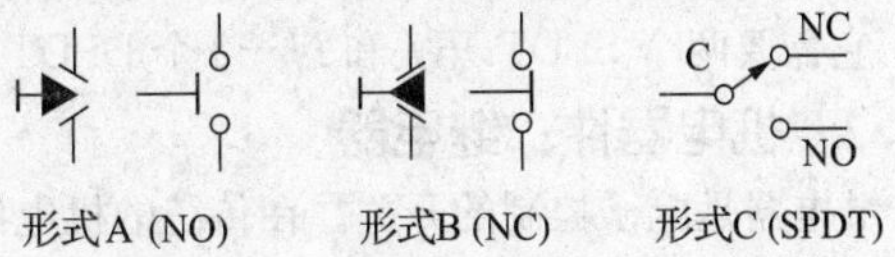　　　图 1.120　瞬时接触（按钮）开关

3. 旋转开关

旋转开关具有多极和多位，通常是带有独立薄片和轴这些硬件的套件。短路（先通后断）和非短路（先断后通）类型均可用，并且它们可以在同一开关上混合使用。在许多应用中，短路类型对于防止开关位之间的开路很有用，因为电路在输入未连接的情况下可能会出故障。如果这些被切换到公共线路的分离线路不能相互连接，则非短路型在这种情况下是必要的。

有时候，并不使用所有的这些极，只想知道轴经过多少次点击（卡位）会被打开。为此，旋转开关的一种常见形式是将其位置编码为 4 位二进制量，从而节省了大量走线（仅需要 5 条线：4 条位线和 1 条公共线）。另外的选择是使用旋转编码器，这是一种面板安装的机电设备，可为旋钮每次完整旋转产生 N 个脉冲对的序列。这有两种形式（内部使用机械接触或电光方法），通常每转提供 16～200 个脉冲对。光学品种的成本更高，但它们可以持续使用很长时间。

4. 电路板安装开关

通常在印刷电路板上会看到小开关阵列，见图 1.118。它们通常称为 DIP 开关，这是指它们使用集成电路双列直插式封装，尽管现代的实践中越来越多地使用更紧凑的表面贴装技术（SMT）封装。你可以直接买到编码旋转开关，并且由于它们是用于设定或清除内部设置的，因此你可以用少量滑动分流器来代替多针集管盒来进行连接。

5. 其他类型开关

除了这些基本的开关类型之外，还有各种奇特的开关，例如霍尔效应开关、簧片开关、接近开关等。所有开关都有所能承载的最大额定电流和额定电压，比较小的拨动开关可能有 150V 的额定电压和 5A 的额定电流。由于感性负载下的运行在关断期间会产生电弧，因此这样会大大缩短开关寿命。开关在低于其最大额定值的状态下工作是没问题的，但有一个值得关注的例外：由于许多开关都依靠大电流来清除接触氧化物，因此在开关低电平信号时使用专为“干切换”设计的开关非常重要[㊀]，否则开关工作起来会使得信号变得嘈杂且具有间歇性。

6. 开关示例

作为简单开关操作的一个示例，让我们来考虑以下问题：假设你想在汽车驾驶员已经坐下，并且其中一个车门打开的情况下发出警告蜂鸣声。车门和驾驶员座椅均具有常开的开关，图 1.121 展示了可以满足这种需求的电路。如果其中一个或另一个门打开（开关关闭）并且座椅开关关闭，则蜂鸣器鸣响。此处使用逻辑意义上的“或”和“与”，将在第 2、3 和《电子学的艺术》（原书第 3 版）（下册）的 10 章讨论晶体管和数字逻辑时介绍。

图 1.122 展示了一个经典的开关电路，该电路用在双入口房间内来打开或关闭吸顶灯。

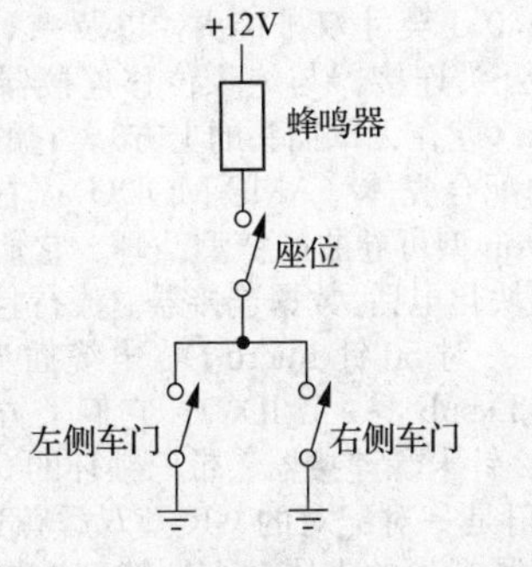

图 1.121　开关电路示例：开门警告

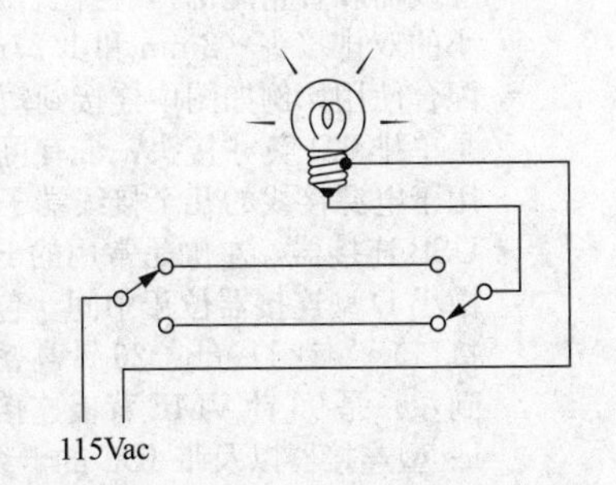

图 1.122　电工的“三向”开关电路

㊀ 这些使用镀金触点。

练习 1.36 尽管很少有电子电路设计师知道怎么做，但是每个电工都会为照明设备接线，这样 N 个开关中的任何一个都可以打开或关闭它。看看你能不能弄清楚类似图 1.122 的一般情况。它需要两个 SPDT 开关和 $N-2$ 个 DPDT 开关。

1.9.2 机电器件：继电器

继电器是电子控制的开关。在传统的机电继电器中，当线圈中有足够大的电流流动时，线圈会吸下电枢（以闭合触点）。它有许多品种可供选择，包括闭锁和步进继电器。继电器可提供直流或交流励磁，线圈电压通常为 3～115V（交流或直流）。湿汞继电器和簧片继电器适用于高速（约 1ms）应用，电力公司一般使用可以切换数千安培的巨型继电器。

固态继电器（SSR）由一个用 LED 点亮的半导体电子开关组成，尽管成本更高，但它比机械继电器具有更好的性能和可靠性。SSR 的运行速度很快，没有触点的“弹跳”，并且通常可以提供交流电源的智能切换（它们在 0V 的时刻打开，并且在零电流的时刻关闭）。《电子学的艺术》（原书第3版）（下册）的第 12 章将详细介绍这些有用的设备。

正如之后将看到的，电路内信号的电控切换可以通过晶体管开关来完成，而不必使用任何类型的继电器（第 2、3 章）。继电器主要用在远程开关和高压（或大电流）开关中，在这些场景里控制信号和需要开关的电路之间的完全电隔离是很重要的。

1.9.3 连接器

将信号引入仪器或从仪器中引出，在仪器的各个部分之间传递信号和直流电源，允许电路板和仪器里的较大模块被拔出（并更换）来提供灵活性——这些是*连接器*的功能，这是任何电子设备的必要组成部分（通常是最不可靠的部分）。连接器具有各种大小和形状。图 1.123、图 1.124 和图 1.125 展示了各种不同类型的连接器。

图 1.123 矩形连接器。可用的多引脚连接器种类繁多，这是一些常见的示例。左下角的五个连接器是多引脚尼龙电源连接器（出于历史原因有时称为 Molex 型）。它们上面是四个双排箱形接头（间距为 0.1 英寸，有的有闩锁弹出器，有的没有，它们还带有绕线器和直角尾部），再往右是开放式（无罩）0.1 英寸双排接头，以及一对间距较小的双排接头（2mm 和 1.27mm）。这些双排公头连接器与绝缘位移连接器（IDC）配合使用，例如图中连接到短带状电缆的那个（就在无罩插头的上方）。它的正下方是单排 0.1 英寸接头，带有可容纳单独导线的配合壳体（AMP MODU）。右下角是用于电源接线的几个接线端子，以及四个 Faston 型可卷曲的铲型凸耳。它们上方是 USB 连接器，左侧是常用的 RJ-45 和 RJ-11 模块化电话/数据连接器。流行且可靠的微小 D 型连接器位于中间，包括（从右到左）一对 50 针 micro-D（电缆插头，PCB 接口）、9 针 D-sub、26 针高密度和一对 25 针 D-sub（一个 IDC）。它们上方（从右到左）是 96 针 VME 背板连接器、带焊尾的 62 针卡缘连接器、带闩锁环的 Centronics 型连接器以及带 IDC 的卡缘连接器。左上角是一对配对的 GR 型双香蕉连接器，一对配对的 Cinch 型连接器，一对配对的带锁紧螺丝的带罩温彻斯特型连接器，以及（它们右侧）螺钉-终端阻挡块。这里没有展示的是用于小型便携式电子设备（智能电话、照相机等）的很小的连接器

图1.124　圆形连接器。多引脚和其他非射频连接器。面板安装插座展示在每个电缆安装插头的左侧。上排（从左到右）：MS型（MIL-C-5015）凹凸连接器（有数百种配置可用）、大电流（50A）"超级图标"和多引脚锁定XLR。中排：全天候（Switchcraft EN3）、12mm视频（Hirose RM）、圆形DIN、圆形mini-DIN和4针麦克风连接器。下排：锁定型6针（Lemo）、微型7针屏蔽（Microtech EP-7S）、微型2针屏蔽（Litton SM）、2.5mm电源、香蕉和引脚插孔

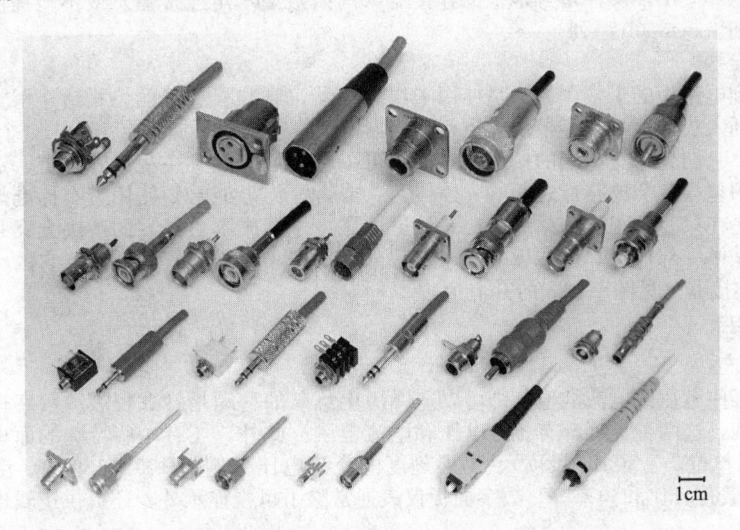

图1.125　射频和屏蔽连接器。面板安装插座展示在每个电缆插头的左侧。第一排（从左到右）：立体声电话插孔、音频XLR类型、N和UHF（射频连接器）。第二排：BNC、TNC、F型、MHV和SHV（高电压）。第三排：2.5mm（3/32英寸）音频、3.5mm立体声、改进的3.5mm立体声、唱机（RCA类型）和LEMO同轴线。第四排：SMA（面板插孔，柔性同轴插头）、SMA（板载插孔，刚性同轴插头）、SMB、SC和ST（光纤）

1. 单线连接器

最简单的连接器是用于万用表、电源等的简单针式插孔或香蕉式插孔。它既方便又便宜，但不如你经常使用的屏蔽电缆或多线连接器有用。不起眼的接线柱是单线连接器的另一种形式，它笨拙的外形会让想要使用它的人注意到它。

2. 屏蔽电缆连接器

为防止容性干扰，同时出于其他原因，通常需要用屏蔽同轴电缆将信号从一台仪器传输到另一台仪器。最流行的连接器是大多数仪器前面板都有的BNC类型接口。它以四分之一圈的扭绞连接，并同时连接屏蔽（接地）电路和内部导体（信号）电路。就像用于将电缆与仪器配对的所有连接器一样，它既有面板安装型也有电缆终端型。

其他与同轴电缆一起使用的连接器包括TNC（与BNC类似，但带有螺纹外壳）、高性能但笨重的N型、微型SMA和SMB、超小型LEMO和SMC，以及高压型MHV和SHV。音频设备中所使用的所谓唱机插孔是糟糕的设计，因为插入时，内部（信号）导体在被屏蔽（接地）之前会先碰到。此外，这个连接器的设计还会使得屏蔽层和中心导体都变得接触不良。值得一提的是，电视行业对

自己不好的标准做出了回应，即F型同轴电缆连接器，该连接器使用了同轴电缆不受支撑的内线作为公插头的插针，并且采用了粗劣的布置来配合屏蔽。

要避免使用的设备见图1.126。

图1.126 要避免使用的设备。如果你可以选择的话，我们强烈建议不要使用此类连接器。上排（从左至右）：低值绕线电位器、UHF型连接器和电工胶。中排：cinch型连接器（两个）、麦克风连接器和六角形连接器。下排：滑动开关、廉价的IC插座（不是螺钉加工的）、F型连接器、开孔微调电位器和唱机连接器

3. 多引脚连接器

电子仪器通常需要多线电缆和连接器，这起码就有数十种。最简单的例子就是三线IEC电源线连接器。最流行的一些产品包括出色的D型超小接口、温彻斯特MRA系列、备受推崇的MS型以及扁平带状电缆多接口连接器。这些和其他更多的连接器见图1.123。

特别要注意那些不能够掉落到地上的连接器（例如微型六角连接器）或不能提供安全锁定机制的连接器（例如Jones 300系列）。

4. 卡缘连接器

用于连接到电路板的最常用方法是使用卡缘连接器，它与板边缘的一排镀金触点相连。常见的例子是可接受插入式计算机内存模块的主板连接器。卡缘连接器可能具有15～100个或更多的连接，基于连接方法，它们会具有不同的接线样式。你可以将它们焊接到主板或背板上，这些其实只是别的电路板，其中包含各个电路板之间的互连线路。或者，你可能希望使用带有标准焊接端子的卡缘连接器，尤其是在只有几张卡的系统中。一种更可靠（尽管成本更高）的解决方案是使用两部分电路板连接器，其中一部分（焊接在板上）与另一部分（位于背板等）相匹配，它的一个示例是广泛使用的VME连接器（见图1.123的右上角）。

1.9.4 指示器

1. 仪表

若要读出某些电压或电流的值，则可以选择历史悠久的移动指针式仪表或数字读数仪表，后者更昂贵但更准确，这两种类型都有各种电压和电流范围。此外，还有一些特殊的面板仪表可以读取诸如VU（音量单位，音频dB尺度）、扩展刻度的交流电压（例如105～130V）、温度（来自热电偶）、电动机负载百分比和频率等。数字面板仪表通常除了可视显示外，还提供逻辑电平输出选项供仪器内部使用。

作为精密仪表（不管是模拟的还是数字的）的替代品，你会越来越多地看到具有类似仪表图案的LCD或LED面板。这种方法是灵活且高效的：借助图形LCD显示模块（12.5.3节），你可以根据所显示的内容给用户提供仪表的选择，所有这些都在嵌入式控制器（内置微处理器）的控制下运行（内置微处理器请参阅《电子学的艺术》（原书第3版）（下册）的第15章）。

2. 灯、LED和显示器

小型白炽灯曾经是前面板指示器的标准配置，但它们已经被LED取代。后者的电学性能类似于普通的二极管，但正向压降为1.5～2V（这是对于红色、橙色和某些绿色LED而言的；蓝色和高亮度绿色为3.6V，见图2.8），它们会在电流正向流动时亮起。通常，2～10mA就可以产生足够的亮度。LED比白炽灯便宜，可以使用很长时间，并且有四种标准颜色以及白色（通常是带有黄色荧光涂层的蓝色LED）。它们被封装为简单的面板安装形式，有些甚至提供内置的电流限制。

LED还可以用于数字显示，例如7段数字显示（用于显示字母和数字）、16段显示或点矩阵显示。然而，如果需要显示多个数字或字符，通常会首选液晶显示器。它们是一行排开的阵列（例如16个字符1行，最多40个字符4行），并具有简单的接口，允许顺序或寻址输入字母数字字符和其他符号。它们价格便宜、功耗低，即使在日光下也可以看清楚。背光的型号即使在光线不足的情况下也能很好地工作，但功耗没那么低。关于这些（和其他）光电设备的更多内容见12.5节。

1.9.5 可变元器件

1. 可变电阻

可变电阻（也称音量控制、电位器或微调电位器）可用于面板控制或电路中的内部调整。典型

的面板类型是2W AB电位器，它使用与定值碳成分电阻相同的基本材料，并带有可旋转的“雨刷”触点。其他陶瓷或塑料的面板安装型电阻元件也具有很好的特性。带计数转盘的多圈类型（3、5或10圈）具有更好的高分辨率和线性度。尽管用途有限，但是轮式电位器（一根轴上有多个独立部分）也可以满足应用的需求。图1.8列举了微调电位器中具有代表性的一部分。

微调电位器可以在仪器内部使用，而不是在前面板上使用，它具有单圈和多圈的形式可供使用，一般都做成面板安装的形式。这些对于“设置-清除”类型的校准调整非常方便。建议不要在电路中使用大量微调电位器，而是改用更好的设计。

可变电阻或电位器的符号见图1.127。有时，CW和CCW用于表示顺时针和逆时针方向的终端。

电位器的全电子版本可以由一系列电子（晶体管）开关组成，这些开关可以在一长串固定电阻中选择抽头。这听起来可能很尴尬，但当它作为集成电路来应用时，这就是一个完美可行的方案。例如，Analog Devices、Maxim/Dallas Semiconductor和Xicor提供了一系列的数字电位器，步进阶数高达1024。它们以单单元或双单元的形式出现，其中一些是非易失性的，这意味着即使电源关闭，它们也能保持最后的设置。它们可用于消费电子产品（电视、立体声音响）中，你可以通过红外线遥控器调节音量，而不是通过旋转旋钮，参见3.4.3节。

不要试图用电位器代替电路内某处的精确电阻。这很诱人，因为你可以将电阻调整为所需的值。问题是电位器的稳定性不如优质电阻（1%），而且分辨率可能也不好（即无法将其设置为精确值）。如果在某个地方必须有一个精确且可调的电阻，就使用1%（或更好）的精密电阻和电位器的组合，其中固定电阻占大部分电阻值。例如，如果你需要23.4kΩ的电阻，使用22.6kΩ的1%固定电阻（标准值）与2kΩ的微调电位器串联。另一种方法是使用几个精密电阻的串联组合，选择最后一个（也是最小的）电阻来给出所需的串联电阻。

如我们稍后将看到的（3.2.7节），在某些应用中可以将场效应晶体管用作压控可变电阻，而另一种可能是光电电阻（12.7节）。晶体管可用作可变增益放大器，同样由电压控制。设计时应当保持发散的思维。

2. 可变电容

可变电容的电容值一般都比较小（最大约1000pF），常用于射频电路中。除了用于给用户调整的面板安装类型之外，可变电容还能用于电路内的调整。图1.128展示了可变电容的符号。

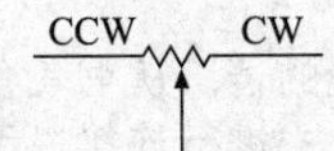

图1.127 可变电阻或电位器（三端可变电阻）的符号

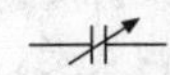

图1.128 可变电容的符号

对二极管施加反向电压可将它看作电压可变电容。在此类应用中，它们被称为*变容二极管*，有时也称为*可变电容*或epi电容。它们在射频应用中非常重要，尤其是锁相环、自动频率控制（AFC）、调制器和参数放大器。

3. 可变电感

可变电感通常是在固定线圈中放置一块铁心材料来制成的。在这种形式下，它们的电感范围大约从μH到H，任何给定的电感通常都具有2∶1的调节范围。此外，还有旋转电感（滚动接触的无心线圈）可用。

4. 可变变压器

可变变压器是一种使用起来很方便的设备，尤其是那些工作在115V交流线路下的设备。它们通常被配置为自耦变压器，这意味着它们只有一个带有滑动触点的绕线。它们通常也被称为Variac（通用无线电公司为其命名），并由Technipower、Superior Electric等制造。图1.129展示了通用无线电公司的经典设备。通常，它们在115V下工作时可提供0～135V的交流输出，额定电流范围为1～20A或更高。它们适用于测试可能被电力线变化干扰的仪器，并且在任何情况下都可以验证最差的性能。*重要警告*：不要忘记输出与电力线并没有电气隔离，它就像变压器一样！

图1.129 可变变压器（Variac）可以将输入的交流电压调整为要测试的电压。这里展示了一个5A的单元（带壳和不带壳）

1.10 本章最后：易混淆的标记和微小元器件

在电子学中，甚至在日常工作台上的电子产品中，我们都会遇到零件标记混乱的情况。尤其是电容，这是反常的，它们很少会花心思指定单位（即便它们会跨越12个数量级，从pF到F），对于陶瓷SMT类型，它们甚至没有任何标记！更糟糕的是，它们仍然陷入了将数值打印为整数（例如，470表示470pF）与指数（例如，470表示47×10^0，即47pF）的转换。图1.130恰好展示了这种情况！对于粗心的人来说（有时对于细心的人也是），另一个陷阱是日期代码的辨识：4位代码（yydd）有时会混淆成零件号，如图中的4个示例。而且，随着元件尺寸越来越小，除了最简短的标记之外，所有零件上几乎都没有任何空间。因此，随着行业的发展，制造商为每个元件发明了一个短字母数字代码，这就是你会看到的。例如，国家半导体公司的LMV981运算放大器采用几种6脚封装，SOT23标记为A78A，较小的SC70标记为A77，而非常小的microSMD则仅使用单个字母A（或H，若它是无铅的）。

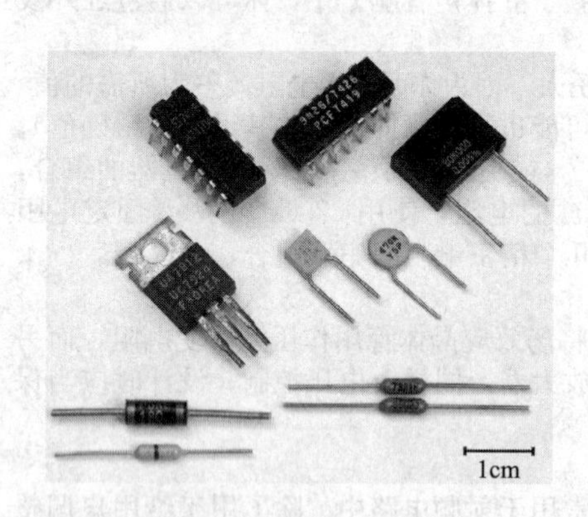

图1.130 产生混乱的核心！三个集成电路分别标有部件号（如UA7812）和日期代码（如UC7924，表示1979年第24周）。不幸的是，这两者都是完全有效的部件号（+12V或−24V的稳压器）。电阻对（实际上是对两个带有相同标记的电阻的理解）面对的是同一个问题：可能是7.32kΩ（±1%），也可能是85.0kΩ（±5%）。这对陶瓷电容都标有470K（是470 000?），但令人惊讶的是，K表示误差为10%，而更令人吃惊的是，方形电容为47pF，圆形电容为470pF。那么，标有80K000的黑盒、带有两个阴极（阳极呢?）的二极管或在中间带有单个黑带的电阻，这些都是什么呢?

表面贴装技术：其中的苦与乐

现在让我们来诉一诉使用小型表面贴装元件制作电路原型的苦。从电气角度来看，它们是出色的：电感小且结构紧凑。但是它们几乎无法以原型面包板的方式进行连接，无法使用通孔组件的简便连接方法，如带有轴向引线的电阻（两端伸出电线）或集成DIP（双列直插式）的连接。图1.131给出了这些小部件的规格，图1.132展示了真的能让你觉得恐怖的大小——01005的芯片组件（公制0402）尺寸为200μm×400μm，几乎与人类头发一般！

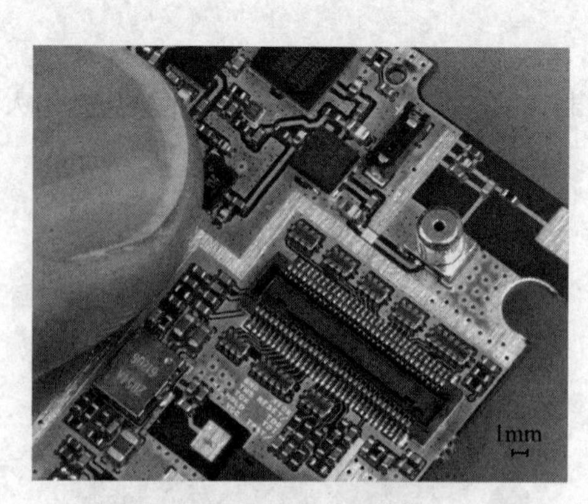

图1.131 当使用表面贴装技术（SMT）时，我们就显得笨手笨脚。这是手机电路板的一角，上面有小型陶瓷电阻和电容、具有球形连接点的集成电路，以及用于天线和显示面板的Lilliputian连接器

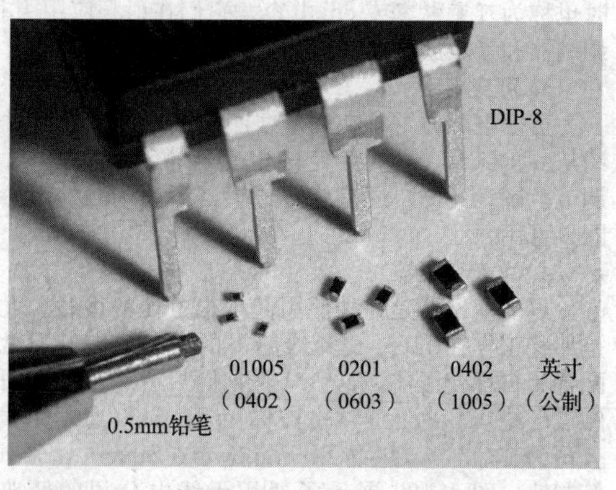

图1.132 这些东西能变成多小？01005的SMT的尺寸为0.4mm×0.2mm

有时，你可以使用很少的适配器载体（来自 Bellin Dynamic Systems、Capital Advanced Technologies 或 Aries 等公司）将 SMT 集成电路转换为假 DIP。但最密集的表面贴装封装根本没有引线，下面只有一连串的凸点（多达几千个!），这些都需要严格的回流焊设备，之后你才能对它进行别的操作。可悲的是，我们不能忽略这种令人不安的趋势，因为大多数新元器件仅以表面贴装封装的形式提供。图 1.133 给出了表面贴装封装的无源元器件。

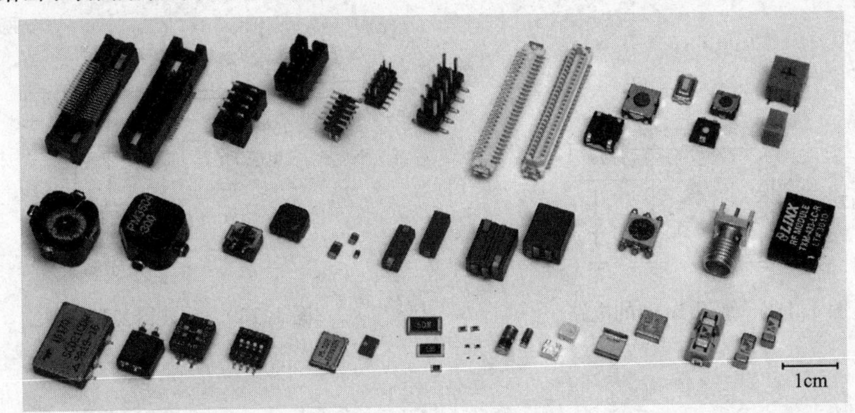

图 1.133 一些表面贴装封装的无源元器件：连接器、开关、微调电位器、电感、电阻、电容、晶振、保险丝……

附加练习

练习 1.37 求出图 1.134 中分压器的诺顿等效电路（与电阻并联的电流源）。证明负载为 5kΩ 电阻时，诺顿等效电路会提供与实际电路相同的输出电压。

练习 1.38 求出图 1.135 所示电路的戴维南等效电路。它与练习 1.37 中的戴维南等效电路相同吗?

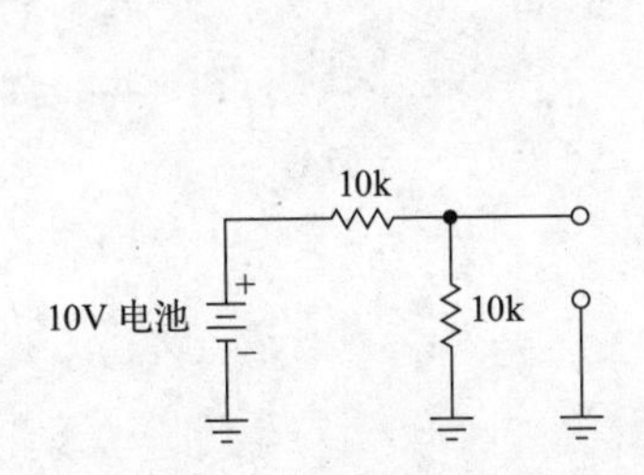

图 1.134 诺顿等效电路示例

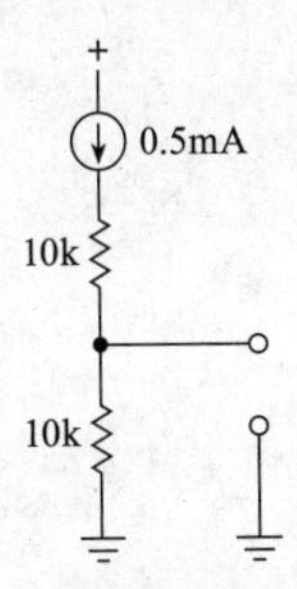

图 1.135 戴维南等效电路示例

练习 1.39 为音频设备设计一个“轰隆声滤波器”。它应通过大于 20Hz 的频率（将 −3dB 点设置为 10Hz）。假设源阻抗为零（理想电压源），负载阻抗为 10kΩ（最小）（这一点很重要，方便你选择合理的 *RC* 值，以使负载不会明显影响滤波器的运行）。

练习 1.40 为音频设备设计一个“唱片刮声滤波器”（3dB 点在 10kHz 以下）。使用与练习 1.39 中相同的源阻抗和负载阻抗。

练习 1.41 如何制作带有 *RC* 的滤波器来给出如图 1.136 所示的响应?

练习 1.42 设计一个带通 *RC* 滤波器（见图 1.137）。

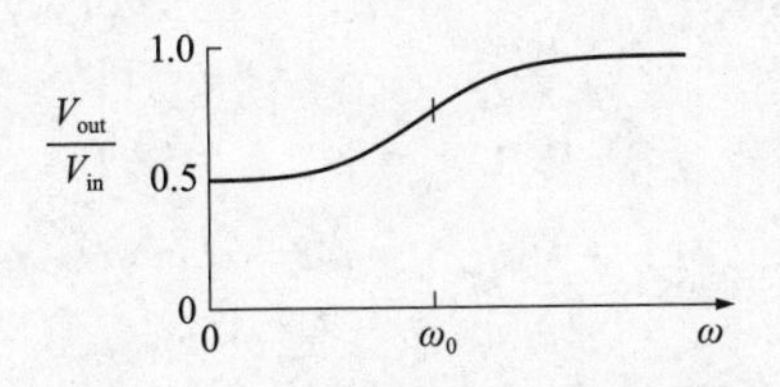

图 1.136 高频凸出 *RC* 滤波器响应

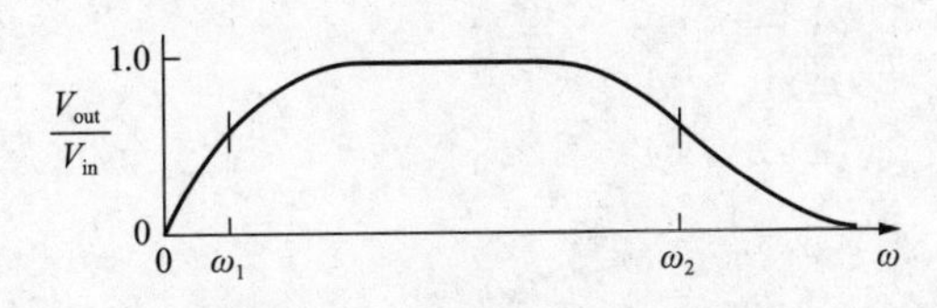

图 1.137 带通 *RC* 滤波器响应

练习 1.43 概述图 1.138 所示电路的输出。

练习 1.44　通过了解清楚图1.139的探头里发生了什么，来设计一个给输入阻抗为1MΩ的示波器使用的×10示波器探头，这个阻抗与20pF的电容并联。假定探头电缆的电容增加了100pF，并且探头组件放置在电缆的尖端（而不是示波器末端）。合成网络在包括直流电的所有频率下都应衰减20dB（×10电压分割比）。使用×10探头的原因是为了增加被测电路看到的负载阻抗从而降低负载影响。使用示波器时，×10探头对被测电路会呈现出怎样的输入阻抗（R与C并联）？

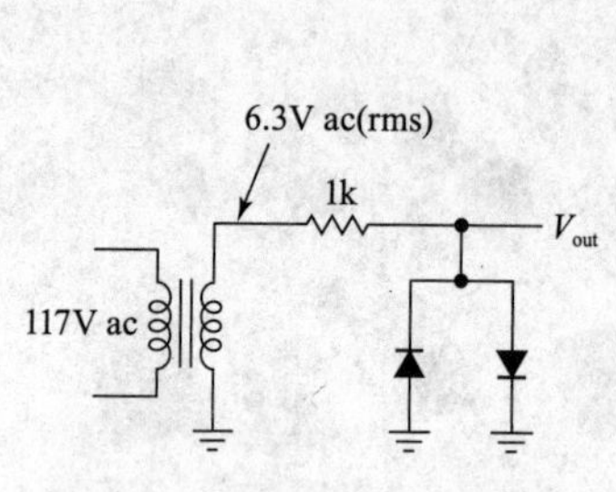

图1.138　练习1.43的电路

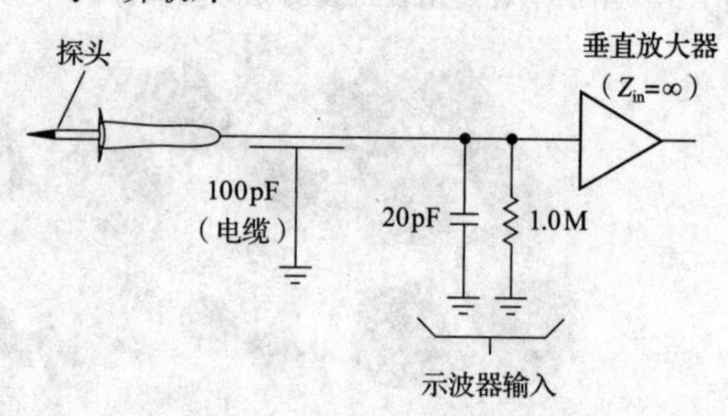

图1.139　示波器×10探头

第 2 章 双极晶体管

2.1 引言

晶体管是最典型的有源器件，这种器件可以放大，即产生比输入信号功率更大的输出信号，增加的功率来自外部电源（即电源供应）。需要强调的是，放大电压并不重要，因为升压变换器就可以完成这个任务。升压变换器是一种像电阻或电容的无源器件，它有电压增益却没有功率增益[1]。具有功率增益的器件最独特的能力是通过将输出信号反馈到输入端而构成振荡器。

有趣的是，对发明者而言，晶体管功率放大的特点是非常重要的。为了确信自己真的发明了有用的东西，他们立即做的事情就是用晶体管驱动扬声器并观察到输出信号比输入信号更响亮。

从最简单的放大器或振荡器到最精密的数字计算机，晶体管是几乎所有电子电路的基本组成部分。即使很大程度上取代分立晶体管的集成电路（IC），其本身也只是由同一芯片上的晶体管阵列和其他部件所构成的。

即使电路的大部分由集成电路所制成，对晶体管的深刻理解也至关重要。为了将集成电路连接到电路中的其他部分或外部，你需要了解集成电路的输入和输出特性。此外，无论是集成电路，还是子模块电路之间连接时，晶体管都是最有用的分立器件。最后，常会遇见没有现成集成电路可用的情况（有些人可能会非常频繁地遭遇这种情况），你必须采用分立晶体管来完成电路设计任务。正如你将看到的，晶体管本身就是一种令人兴奋的器件，学习它们如何工作是非常有趣的。

晶体管有两种主要类型：在本章中，我们将学习双极晶体管（BJT），这种晶体管最早出现于1947年的贝尔实验室，是获得诺贝尔奖的发明；下一章将讨论场效应晶体管（FET），它在目前数字电子学中占主导地位。简单比较而言，双极晶体管在准确性和低噪声方面优于场效应晶体管，而场效应晶体管在低功率、高阻抗和大电流开关应用方面性能更好一些。

本书采用与多数其他书籍不同的方法来讨论双极晶体管。最常用的方法是 h 参数模型和等效电路方法，我们认为，这会带来不必要的复杂度而且不直观。采用这种方法后，对你而言电路的行为就是一堆复杂的方程式，而不是由清晰的电路运作原理推导得出的，从而容易忽视一些影响晶体管的关键参数，以及那些可以在大范围内变化的参数。

本章首先将建立一个非常简单易懂的晶体管模型，并基于它分析一些实际电路。这个简单模型的局限性很快就会显现出来。然后，我们将遵循重要的 Ebers-Moll 公约扩展该模型。有了 Ebers-Moll 公式和简单的三端模型，你将很好地理解晶体管。即使不多做计算，你的设计也将是一流的。特别是，你的设计将与那些不易控制的晶体管参数无关，如电流增益。

重要的工程符号标记如下。晶体管端上的电压（相对于参考地）用下标（C、B 或 E）表示，例如 V_C 是集电极电压。两个端之间的电压用双下标表示，例如 V_{BE} 是基极到发射极的压降。如果下标是重复的相同字母则意味着是一个电源电压，例如 V_{CC} 是与集电极连接的电源电压，而 V_{EE} 是与发射极连接的（负）电源电压[2]。

晶体管电路为什么难

对于初次学习电子学的读者而言，这一章会很困难。上一章中所有的电路都涉及*双端器件*，无论是线性的（电阻、电容、电感）还是非线性的（二极管），所以只有唯一的电压（元器件两端之间的电压）和唯一的电流（流经元器件的电流）需要考虑。相比之下，晶体管为*三端器件*，即有两个电压和两个电流需要同时处理[3]。

第一个晶体管模型：电流放大器

让我们开始吧！双极晶体管是三端器件（见图 2.1），其基极的小电流控制集电极到发射极之间

---

[1] 仅使用电阻、电容也能产生电压增益。

[2] 实践中，电路设计人员使用 V_{CC} 来指正电源，V_{EE} 来指负电源，尽管对 PNP 晶体管而言在逻辑上应该交换它们（因为所有极性都相反）。

[3] 你可能会认为有三个电压和三个电流，但比这稍微简单一些，因为基于基尔霍夫电压和电流定律，只有两个独立的电压和两个独立的电流。

大很多的电流。双极晶体管有两种型号（NPN型和PNP型），其中NPN晶体管的特性满足如下规则（对于PNP型，可通过简单地反转极性而得到）。

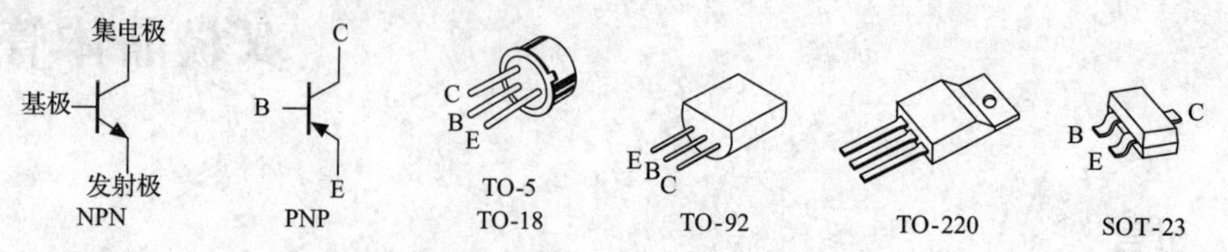

图2.1　晶体管的符号和小晶体管封装图（不按比例）

1）极性：集电极电压必须比发射极高。

2）结：基极-发射极和基极-集电极之间类似于二极管（见图2.2），施加在基极上的小电流控制集电极和发射极之间流动的大电流。正常情况下，基极-发射极之间的二极管是导通的，而基极-集电极之间的二极管是反向偏置的，即所施加的电压与电流流动的方向相反。

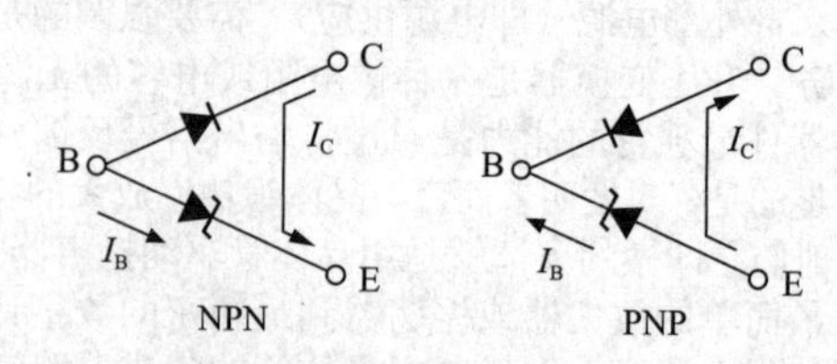

图2.2　晶体管端间的欧姆等效

3）最大额定参数：给定晶体管的 I_C、I_B 和 V_{CE} 有不能超过的最大值，否则就会损坏。当然，还有必须时刻牢记的其他参数限制，如功耗（I_CV_{CE}）、温度和 V_{BE}。

4）电流放大器：若遵循上述规则1～3，则 I_C 与 I_B 大致成正比，可以写为

$$I_C=h_{FE}I_B=\beta I_B \tag{2.1}$$

式中，β 是电流增益（有时称为 h_{FE}㊀），通常为100左右。I_B 和 I_C 都流向发射极。注意，集电极有电流不是因为基极-集电极二极管的正向导通，此二极管是反向偏置的。

常见的晶体管封装见图2.3。

规则4决定了晶体管非常有用：流入基极的小电流控制流入集电极的大得多的电流。

重要的警告：电流增益 β 不是“好的”晶体管参数。例如，对于给定的晶体管类型，β 值可以从50到250变化。它的大小还取决于集电极电流、集电极到发射极的电压和温度。任何依赖于特定 β 值所设计的电路都是失败的电路。

要特别注意规则2。这意味着基极-发射极两端不能保持任意电压，因为当基极比发射极高出约0.6～0.8V（二极管正向压降）后，晶体管中就会产生巨大的电流。这一规则也意味着正常工作的晶体管 $V_B\approx V_E+0.6\text{V}$（$V_B=V_E+V_{BE}$）。再次强调，这是对NPN晶体管所给定的极性，对PNP晶体管需要反转所有电压极性。

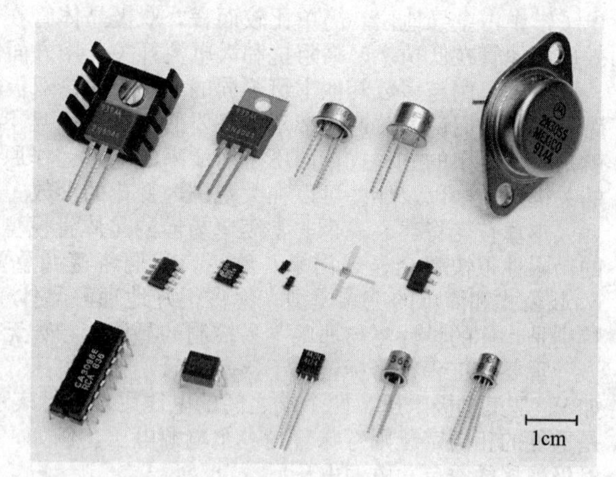

图2.3　常见的晶体管封装。上排（从左到右）：TO-220（两种）、TO-39、TO-5和TO-3。中排：SM-8、SO-8、SOT-23、陶瓷SOE和SOT-223。下排：DIP-16、DIP-4、TO-92、TO-18和TO-18（双）

再次强调，不要试图把集电极电流归因为二极管的正偏导通。这是不对的，因为集电极-基极二极管被施加了相反方向的电压。此外，集电极电流随集电极电压的变化很小（它就像质量较差的电流源），与电流随外加电压快速上升的正向导通的二极管不同。

表2.1列出了一些常用双极晶体管，对应的电流增益㊁曲线见图2.4。

㊀　随着 h 参数晶体管模型不再流行，你经常会看到 β（而不是 h_{FE}）作为电流增益的符号。

㊁　除了列出典型的 $\beta(h_{FE})$ 和最大允许集电极-发射极电压（V_{CEO}），表2.1还包括截止频率（f_T，此时 β 值降至1）和反馈电容（C_{cb}）。这些在处理快速信号或高频率应用时非常重要。

表 2.1 常用双极晶体管

NPN		PNP		V_{CEO}/V	I_C(max)/mA	h_{FE}/mA (典型值)		增益曲线	C_{cb}/pF	f_T/MHz
TO-92	SOT-23	TO-92	SOT-23							
2N3904	MMBT3904	2N3906	MMBT3906	40	150	200	10	6	2.5	300
2N4401	MMBT4401	2N4403	MMBT4403	40	500	150	150	7	7	300
BC337	BC817	BC327	BC807	45	500	350	40	5	10	150
2N5089	MMBT5089	2N5087	MMBT5087	30	50	500	1	3	1.8	350
BC547C	BC847C	BC557C	BC857C	45	100	500	10	4	5	150
MPSA14	MMBTA14	MPSA64	MMBTA64	30	300	10 000	50	—	7	125
ZTX618	FMMT618	ZTX718	FMMT718	20	2500	320	3A	3a	—	120
PN2369	MMBT2369	2N5771	MMBT5771	15	150	100	10	10	3	500
2N5550	MMBT5550	2N5401	MMBT5401	150	100	100	10	5a	2.5	100
MPSA42	MMBTA42	MPSA92	MMBTA92	300	30	75	10	9	1.5	50
MPS5179	BFS17	MPSH81	MMBTH81	15	25	90	20	8	0.9	900
—	BFR93	—	BFT93	12	50	50	15	10	0.5	4000
TIP142	—	TIP147	—	100	10A	>1000	5A	—	高	低

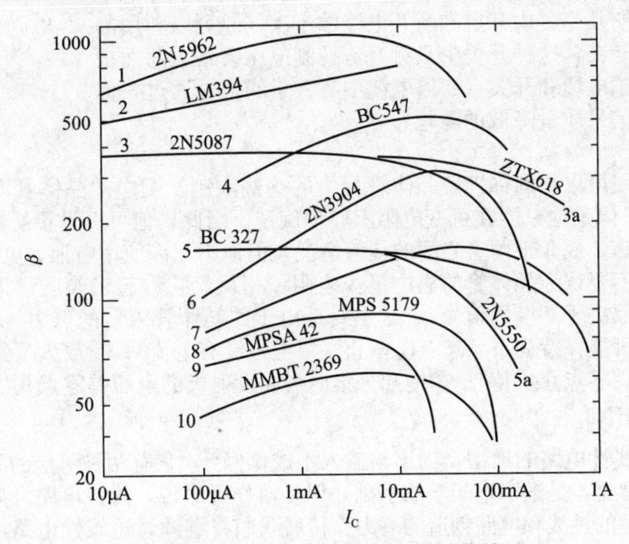

图 2.4 典型晶体管的电流增益曲线

2.2 基本晶体管电路

2.2.1 晶体管开关

参见图 2.5 的电路，这种用小电流控制流入其他电路的大电流的应用，被称为晶体管开关。根据规则 4，当开关打开时，因为基极无电流，集电极也没有电流，灯是熄灭的。

当开关闭合时，基极电压上升到 0.6V（基极-发射极的二极管正向导通）。基极电阻两端的压降是 9.4V，对应的基极电流为 9.4mA。此时，如果盲目地应用规则 4 可得到 I_C=940mA（此处用 β 的典型值 100）。这就错了，为什么呢？因为规则 4 只适用于规则 1 成立时：若集电极电流为 100mA，则灯就有 10V 的压降。此时，集电极必须处于负电压以下才能获得更高的电流，但是晶体管不允许这样，这就出现了所谓的饱和——此时集电极尽可能地接近地电压并保持在那里（典型的饱和电压约为 0.05～0.2V）。在这种情况下，灯持续点亮，并且它两边的压降约为 10V。

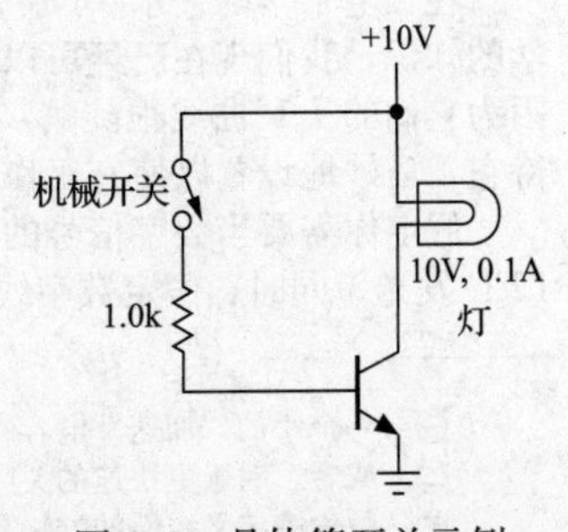

图 2.5 晶体管开关示例

过载基极电流（因为 1.0mA 不够，可使用 9.4mA）使电路不再动作，在此特殊情况下是有好处的，因为灯较冷时吸收更多的电流（灯在冷时的电阻比工作电流下的电阻低 5～10 倍）。此外，随着集电极到基极的电压值下降，晶体管的β值也下降，所以需要额外的基极电流使得晶体管完全饱和。顺便说一下，实际电路中，你可能要增加一个从基极到地的下拉电阻（可能是10kΩ），以确保开关打开时基极电压接地。这个电阻不会影响开启操作，因为它只会从基极吸收0.06mA的电流。

设计晶体管开关时，需要注意以下几点。

1）谨慎选择基极电阻，能够有较大的基极电流裕量，尤其是驱动灯时，因为V_{CE}的降低也降低了β。这也是设计高速开关时的好思路，因为在非常高的频率下电容效应同样降低β值[㊀]。

2）若由于某些原因负载波动到地电压以下（例如由交流驱动或是感性负载），则集电极需要串联二极管（或连接对地反偏的二极管），以防止在负波动时集电极-基极导通。

3）对于感性负载，要在负载两边连接保护二极管[㊁]，见图2.6。否则，开关打开时电感让集电极有很大的正电压，可能会超过集电极-发射极击穿电压，因为电感总试图保持“开”状态下V_{CC}流出的集电极电流。

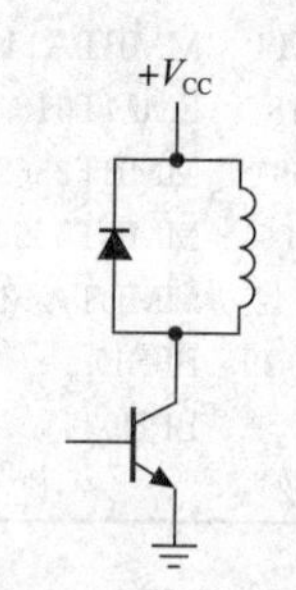

图2.6　驱动感性负载时一定使用续流二极管

你可能会问：既然可以使用机械开关来控制灯或其他负载，为什么还要用晶体管，并因为它的复杂而烦恼呢？理由如下：①晶体管开关可以由其他电路驱动，例如计算机的输出位；②晶体管开关能够非常迅速地切换，通常在几分之一微秒；③你可以用一个控制信号切换多个不同的电路；④机械开关有磨损，而且当开关关闭时，因其触点的“弹跳”，通常会在关闭后的最初几毫秒内开启和断开电路数十次；⑤可以利用晶体管开关制作远程冷开关，这种开关中只有直流控制电压会到达前面板开关，电信号不会穿越电缆和开关（如果电缆中有大量的信号通过，你会遇见电容选择性和信号质量降低的问题）。

“晶体管人”

图2.7中的卡通图可以帮助你理解晶体管行为的一些限制。图中“晶体管人”一生永恒的任务是努力保持$I_C=\beta I_B$，但是他只能在可变电阻上转动旋钮。因此，他可以设置从短路（饱和）到开路（晶体管处于断开状态），或介于两者之间的任何情况，但他不允许使用电池、电流源等。

这里有个警告：不要认为晶体管的集电极像电阻，相反，它看起来像质量很差的恒流源（这个电流源的电流值大小取决于基极的信号），这主要是由于“晶体管人”的努力。另一个要牢记的是，在任何时间，晶体管可能保持如下状态：①截止（集电极没有电流）；②放大（集电极有电流，集电极电压比发射极电压高零点几伏特）；③饱和（集电极和发射极的电压差零点几伏特）。

2.2.2　开关电路示例

晶体管开关是非线性电路的典型，输出与输入不成比例[㊂]，它有两种可能的状态（截止或饱和）。这种双状态电路极为常见，是数字电子学的基础。但是对作者来说，线性电路（如放大器、电流源和积分器等）拥有最有趣的挑战和电路创造的潜力。稍后我们将继续讨论线性电路，现在先来欣赏使用晶体管作为开关的电路示例，希望通过展示真实的示例来尽快让大家感受具体的丰富的电子世界。

1. LED驱动电路

在几乎所有的电子指示和显示输出应用中，发光二极管（LED）已经取代了过去的白炽灯。它们很便宜，有很多颜色，而且经久耐用。它们与在第1章中遇到的普通的硅制信号二极管类似，但有更大的正向压降（一般在1.5～3.5V，而不是大约0.6V[㊃]）。也就是说，当你慢慢增加LED两端的电压到一定值时（如1.5V），你会发现它们开始导通，而当你施加更大的电压时，电流会迅速增加（见图2.8），同时它也会发光！典型的高效指示LED在几毫安时发光就足够亮，在10～20mA时就会亮得让你的眼睛都睁不开。

在《电子学的艺术》（原书第3版）（下册）的第12章将展示多种驱动LED的技术，但根据已学的知识，我们现在已经可以驱动它们了。首先要清楚的是不能如图2.5那样切换晶体管上的电压，因为它们的I-V曲线很陡峭。例如，在LED两端施加5V电压肯定会损坏它。相反，需要温柔地对待它，巧妙地设置以使它工作在正确的电流处。

假定你需要当数字信号的电压上升到+3.3V的高电压值时（从正常的接近地的静置电压开始）LED发光。同时，假定数字线路也可提供高达1mA的电流。设计步骤如下：首先，选择能提供足

㊀　一个小的“加速”电容（通常只有几pF）通常并联在基极电阻上，以提高高速性能。

㊁　或者，对于更快速的关闭，还需要电阻、RC网络或齐纳限压器件。

㊂　数学家定义线性的方法是两个输入总和的响应是两个输入独立响应的总和，这必然意味着比例性。

㊃　较大的压降是由于使用了带隙较大的不同半导体材料，例如GaAsP、GaAlAs或GaN。

够亮度的 LED 工作电流，比如 5mA；其次，使用 NPN 晶体管作为开关（见图 2.9），选择合适的集电极电阻来提供所要求的 LED 电流，实现方法是让电阻的压降等于电源电压减去所要求的 LED 工作电流时的压降；最后，假设晶体管 β 值较低，选择基极电阻以确保饱和（对于典型的小信号晶体管，如流行的 2N3904，$\beta \geqslant 25$ 是相当安全的）。

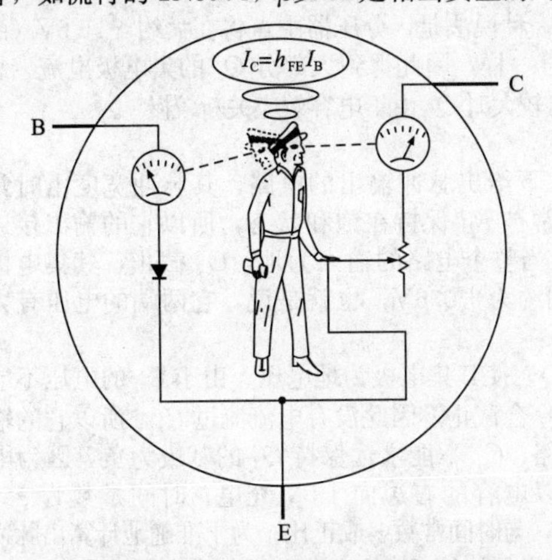

图 2.7　“晶体管人”观察基极电流，并调整输出变阻器，试图保持输出电流 β 倍大，h_{FE} 和 β 可以互换使用

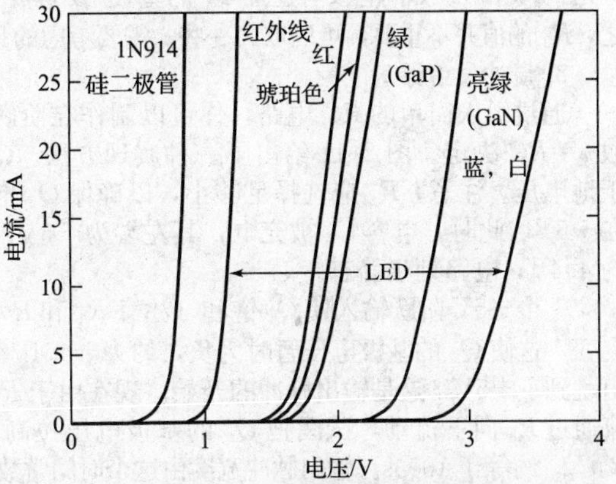

图 2.8　与硅二极管一样，电压增加时 LED 的电流也迅速增加，但正向导通电压也更大

注意，晶体管是饱和开关，要通过集电极电阻设定其工作电流。很快你将可以设计出基本与负载无关且能提供准确输出电流的电路，这种电流源也可以用来驱动 LED。但此处的电路更简洁高效。当然，还有其他可选电路，下一章将看到 MOSFET [⊖] 通常是更好的选择。在《电子学的艺术》（原书第 3 版）（下册）的第 10～12 章中，我们将直接用数字集成电路驱动 LED 和其他光电器件，而不用分立晶体管。

练习 2.1　在图 2.9 的电路中，LED 的电流大约是多少？要求 Q_1 的最小 β 值是多少？

2. 变换应用的场景

在前面所示的开关示例中，负载总连接到正电源上，而另一端通过 NPN 晶体管接地。如果你想让负载接地而将高电压侧通过晶体管开关接到正电源，该如何完成？

这很容易，但你必须使用 PNP 晶体管，让其发射极接正电源，集电极连接负载的高电压侧，见图 2.10a。当基极处于发射极电压（此时为＋15V）时晶体管截止，当基极降低电压到集电极电压时（即向地变小时）切换到饱和状态。当输入接近地电压时，有大约 4mA 基极电流流过 3.3kΩ 的基极电阻，这足以切换负载电流到 200mA（$\beta > 50$）。

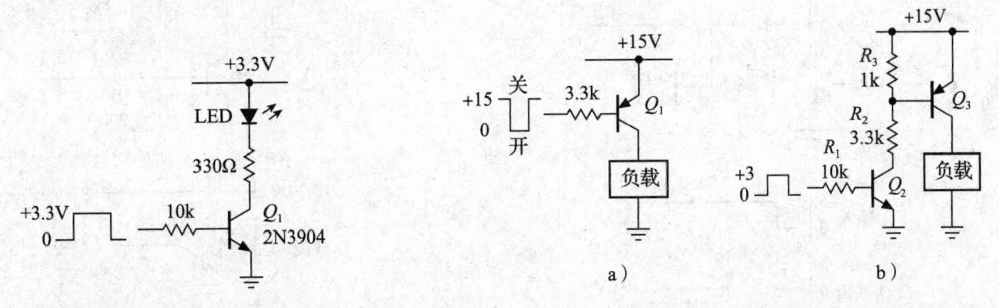

图 2.9　使用逻辑电平，串联限流电阻的 NPN 饱和晶体管开关驱动 LED

图 2.10　将负载的高电压侧切换为接地

这个电路的不足之处是需要保持输入电压在＋15V 才能关闭开关，使用更低的控制电压应该更好，比如将在《电子学的艺术》（原书第 3 版）（下册）的第 10～15 章中看到数字逻辑中使用的＋3V 和地电压。图 2.10b 给出了示例，NPN 开关晶体管 Q_2 接收 0V 或＋3V 的逻辑输入，相应地将其集

⊖　金属-氧化物-半导体场效应晶体管。

电极负载拉到地电压。当 Q_2 截止时，R_3 保持 Q_3 截止；当 Q_2 饱和时（通过输入+3V），R_2 吸收来自 Q_3 的基极电流而使其饱和。

此处由 R_2 和 R_3 所构成的分压器可能会让人困惑：R_3 的作用是当 Q_2 截止时让 Q_3 截止；当 Q_2 的集电极电压拉低时，它的集电极电流大部分来自 Q_3 的基极（因为4.4mA的集电极电流中只有约0.6mA来自 R_3）。也就是说，R_3 对 Q_3 的饱和没有太大的影响。另一种说法是，分压器中点将在大约+11.6V（而不是+14.4V），如同它没有连接 Q_3 的基极-发射极二极管一样，因此得到大部分 Q_2 的集电极电流。总之，R_3 的值并不重要，可以取大一些。需要考虑的是其值较大时 Q_3 由于电容效应关断较慢㊀。

3. 脉冲发生器 I

通过引入简单的 RC 电路，你可以制作在阶跃输入下给出脉冲输出的电路，其脉冲宽度由时常数 $\tau=RC$ 决定。图2.11给出了一种实现方法。Q_2 通常被 R_3 保持在饱和状态，所以它的输出接近于地电压。注意，R_3 应选择足够小，以确保 Q_2 饱和。当整个电路的输入为地，Q_1 截止，其集电极在+5V。此时，电容 C_1 被充电，其左端为+5V，右端约为+0.6V，也就是说，它两端的电压有大约4.4V，电路处于静态。

一个+5V阶跃输入使 Q_1 饱和（注意 R_1 和 R_2 的值），使其集电极为地电压，由于 C_1 的电压不能突变，这使 Q_2 的基极电压暂时为负，约为−4.4V㊁。Q_2 会截止，因此没有电流流过 R_4，所以它的输出跳到了+5V，这是输出脉冲的开始。现在由于 RC 电路，C_1 不能永远保持 Q_2 的基极为负，因为电流通过 R_3 向下流动，试图把 Q_2 的基极电压拉高。所以电容的右边向+5V充电，时间常数为 $\tau=R_3C_1$，约等于100μs。输出脉冲宽度由这个时间常数决定，与时间常数 τ 成正比。为了准确地计算出脉冲宽度，你必须仔细研究电路。容易看出，在这种情况下，当晶体管 Q_2 基极的电压上升到导通所需的约0.6V V_{BE} 压降时，输出晶体管 Q_2 将再次饱和而终止输出的脉冲。试着研究这个问题测试你是否理解了。

练习2.2　证明图2.11电路的输出脉冲宽度约为 $T_{pulse}=0.76R_3C_1=76\mu s$。注意 C_1 从−4.4V向+5V呈指数充电，时间常数如上所示。

4. 脉冲发生器 II

让我们调整一下这个电路，它如所描述的那样工作正常，但注意，它要求在整个输出脉冲持续时间内输入电压为高。最好能够去除这个限制，图2.12中的电路给出了实现。在原电路上，该电路添加第三个开关晶体管 Q_3，其功能是无论输入信号如何，在输出脉冲开始后保持 Q_1 的集电极接地。现在，无论任何正输入脉冲（无论长于还是短于所需的输出脉冲宽度）都会产生相同宽度的输出脉冲，参见图中的波形。注意，图中选择了相对较大的 R_5，以最大限度地减少输出负载，同时仍确保 Q_3 能完全饱和。

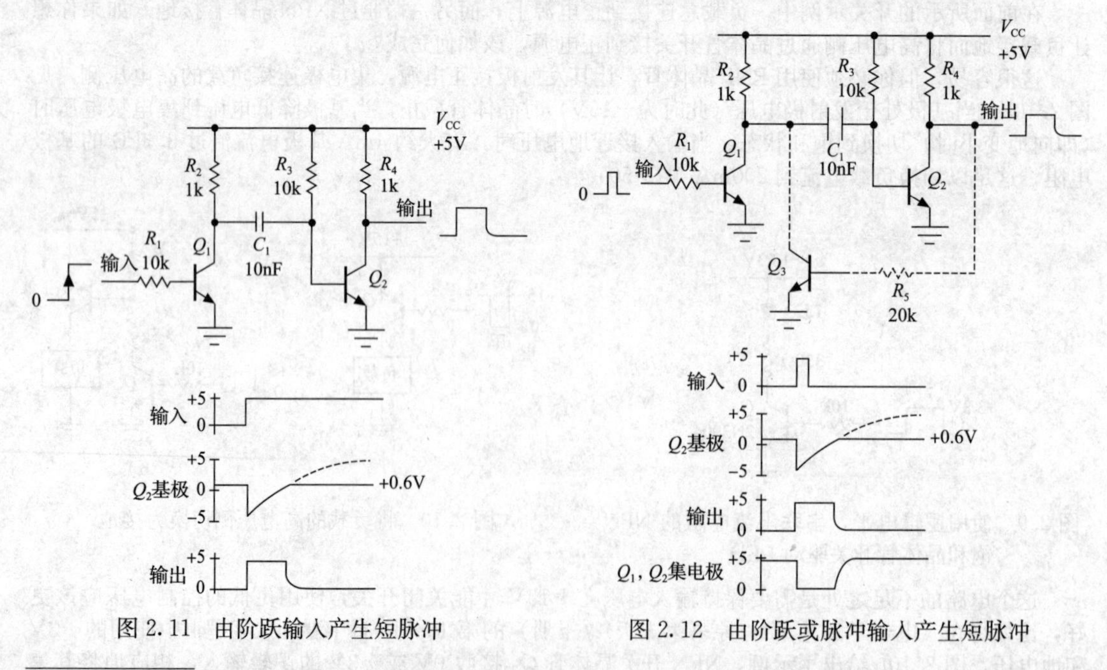

图2.11　由阶跃输入产生短脉冲

图2.12　由阶跃或脉冲输入产生短脉冲

㊀ 但是不要让它太小，如果 R_3 减少到100Ω，Q_3 将不会切换（为什么?）。

㊁ 这里要注意，电源电压大于7V，这个电路不能运行，因为负脉冲可以驱动 Q_2 的基极反向击穿。

练习 2.3 仔细研究上段陈述后回答：脉冲期间的输出电压是多少？由于 R_5 的负载效应会略有降低吗？要求 Q_3 的最小 β 值是多少，以保证其在输出脉冲期间处于饱和？

5. 脉冲发生器 III

最后，让我们修复这些电路的缺陷：输出的脉冲关闭得有点慢。这是因为 Q_2 的基极所对应的 100μs RC 时间常数比较大，其电压只能缓慢地上升到约为 0.6V 的开启电压（相对缓慢）。顺便说一下，在脉冲输出开启时没有此问题，由于输入步进波形很尖锐而且被 Q_1 的开关操作进一步锐化，Q_2 的基极电压迅速下降到大约－4.4V。

此处的解决方法是在输出处增加一个称为施密特触发器的巧妙电路，图 2.13a 给出了其晶体管实现[⊖]。它的工作原理是：假设前置电路输出正脉冲，这个施密特电路的输入是高电平（接近＋5V），这使 Q_4 饱和，而 Q_5 截止，输出为＋5V。Q_4 的发射极电流约为 5mA，发射极电压约为＋100mV，基极电压比发射极高 V_{BE}，大约为＋700mV。

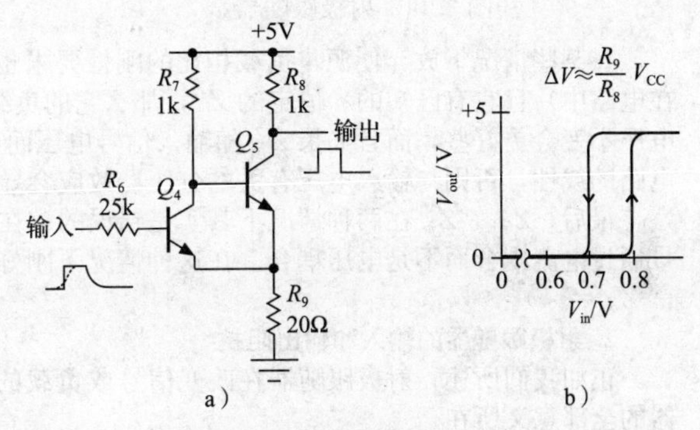

图 2.13 无论输入波形速度快慢，施密特触发器总能产生快速转换波形

现在想象输入脉冲波形的后沿，其电压平缓地降向地电压。当降至 700mV 以下时，Q_4 关闭，其集电极电压升高。如果这是个简单的晶体管开关（即如果 Q_5 不存在），集电极电压将上升到＋5V；然而，这里集电极电阻 R_7 提供 Q_5 电流使其饱和。因此，Q_5 的集电极几乎接近地电压。

在简单的分析后，因为它的输出和输入是一样的，这个电路似乎没什么用！让我们再仔细看看：当输入电压下降到 700mV 的阈值时，Q_5 打开，发射极的总电流上升到约 10mA（Q_5 的集电极电流为 5mA，基极电流为 5mA，两者都流经发射极）。现在发射极电阻上的压降是 200mV，这意味着阈值已经增加到大约＋800mV。因此，刚刚降到 700mV 以下的输入电压，现在低于新的阈值，导致输出更快地切换。这种“再生”的行为是施密特触发器能够将缓慢变化的波形变成突变波形的原因。

当输入增加过高阈值时，电路也会发生类似的行为。图 2.13b 给出了输入电压越过两个阈值时输出电压的变化，这种效应称为迟滞。当输入通过任一阈值时，施密特触发器能产生快速的输出转换。

晶体管开关有许多令人愉悦的应用，包括如上所说的信号应用（可以与更复杂的数字逻辑电路相结合）和功率开关电路，功率电路中晶体管工作在大电流、高电压或两者兼具的情况，被用来控制重负载、执行功率转换等。当处理连续（线性或模拟）波形时，晶体管开关也可以作为机械开关的替代品。我们将在下一章中讨论 FET 时遇见很多例子，FET 非常适合此类开关应用，而且在《电子学的艺术》（原书第 3 版）（下册）的第 12 章中我们在处理使用逻辑信号控制其他信号和外部负载时也会遇见。现在我们先继续讨论一些线性晶体管电路。

2.2.3 射极跟随器

图 2.14 给出了射极跟随器的一个例子。因为输出端是发射极，而且跟随输入端（基极）的电压，仅有一个二极管的压降，即 $V_E \approx V_B - 0.6\text{V}$，所以有此称谓。输出和输入波形一样，仅降低 0.6～0.7V。对这个电路，V_{in} 必须保持在＋0.6V 或更高，否则输出电压为地。通过将发射极电阻接到负电源电压，也可以允许负电压波形输入。需要注意，射极跟随器中没有集电极电阻。

乍看此电路可能毫无用处，直到意识到它的输入阻抗比输出阻抗大得多，这意味着与信号源直接驱动负载比较时，信号源需要更少的功率来驱动相同的负载。或者，有内阻的信号源（在戴维南意义上）可以驱动近似或更低阻抗的负载，而不会损失振幅（基于通常的电压分压效应）。换言之，即使没有电压增益，射极跟随电路也具有电流增益，而且它有功率增益。电压增益并非一切！

1. 源和负载的阻抗

最后一点非常重要，在详细计算射极跟随电路的益处之前值得继续讨论。在电路中，你总是将某个电路的输出连接到另一个电路的输入，见图 2.15。信号源可能是某放大电路的输出（具有戴维

⊖ 第 4 章中我们将用运算放大器和比较器制作施密特触发器。

南等效串联阻抗 Z_{out}），它驱动下一级电路或负载（输入阻抗是 Z_{in}）。一般而言，正如1.2.5节中所讨论的那样，下级电路的负载效应会导致信号的降低。因此最好保持$Z_{out} \ll Z_{in}$（10倍是一个可接受的经验法则）。

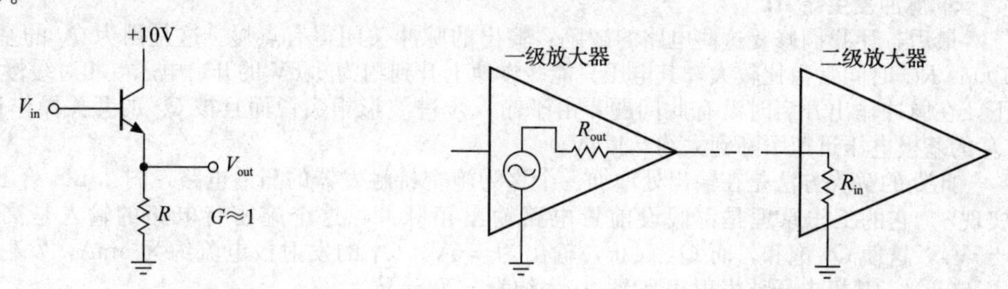

图2.14　射极跟随器　　　　图2.15　电路负载的分压效应

在某些情况下放弃使源与负载相比的刚性要求也是可以的。特别是，如果负载总是连接（例如在电路中）且它有已知的、恒定的 Z_{in}，那么它的负载对源而言并不重。然而，要求连接负载时信号电压不变会更好些，而且如果 Z_{in} 随输入信号电压而变化，有一个严格要求的源（$Z_{out} \ll Z_{in}$）可确保电路的线性，否则与输入电压有关的分压器效应会导致信号失真。

最后，$Z_{out} \ll Z_{in}$ 在两种情况下其实是错误的：在射频电路中我们通常匹配阻抗（$Z_{out}=Z_{in}$）；信号通过电流耦合而不是电压耦合。在这种情况下刚好是相反的，需要尽量使 $Z_{in} \ll Z_{out}$（对电流源而言 $Z_{out}=\infty$）。

2. 射极跟随器的输入和输出阻抗

正如我们所述，射极跟随器在改变信号或负载的阻抗时非常有用。坦白地说，这就是射极跟随器的全部意义所在。

下面我们计算射极跟随器的输入和输出阻抗。在前面的电路中，我们认为 R 是负载（实际上有时它是负载，有时负载与 R 并联，但无论如何 R 支配并联电阻）。若基极电压变化 ΔV_B，相应发射极电压变化 $\Delta V_E=\Delta V_B$，则发射极电流的变化为

$$\Delta I_E=\Delta V_B/R$$

因此，

$$\Delta I_B=1/(\beta+1)\Delta I_E=\Delta V_B/[R(\beta+1)]$$

（鉴于 $I_E=I_C+I_B$），输入电阻 $\Delta V_B/\Delta I_B$，因此

$$r_{in}=(\beta+1)R \tag{2.2}$$

晶体管的小信号（或增量）电流增益（β 或 h_{fe}）通常为100左右，所以低阻抗负载等效为一个大得多的基极阻抗，更容易被驱动。

在前面的计算中，我们用了变化的电压和电流而不是稳定（直流）电压（或电流）来计算得到输入电阻 r_{in}。当变化的信号叠加在稳定的直流偏置上时（如音频放大器中的信号）常使用这种小信号分析方法。虽然已经明确地表示了电压和电流的变化（用 ΔV 等），但通常的做法是使用小写字母表示小变化信号。按此约定，上述方程中的 ΔI_E 表示为 $i_E=v_B/R$。

直流电流增益（h_{FE}）和小信号电流增益（h_{fe}）之间的区别并不总是很清楚，术语 β 值用于两者没问题，因为 $h_{FE} \approx h_{fe}$（除非频率很高）。无论如何，你永远也不要假设你准确地知道它们。

虽然在前面的推导过程中使用了电阻，但我们也可以允许 ΔV_B、ΔI_B 等变成复数推广到复阻抗。我们会发现相同的变换规律也适用于阻抗：

$$Z_{in}=(\beta+1)Z_{load} \tag{2.3}$$

通过类似的计算，我们会发现射极跟随器的输出阻抗 Z_{out}（从发射极看到的阻抗）可用源的内部阻抗 Z_{source} 给出：

$$Z_{out}=Z_{source}/(\beta+1) \tag{2.4}$$

严格地说，电路的输出阻抗也应该包括并联电阻 R，但实际上 Z_{out}（从发射极看到的阻抗）占主导地位。

练习2.4　证明上述关系是正确的。*提示*：保持源电压固定，并找到给定的输出电压变化对应的输出电流变化。注意，源电压是通过串联电阻连接到基极的。

由于这些优良的特性，射极跟随器可以有很多应用。例如，制作低阻抗信号源电路（或在输出处），从高内部阻抗电压参考源制作严格的电压参考源（由分压器形成），以及将信号源与后续的负载隔离开来避免负载效应。

练习 2.5　使用基极由电阻分压器驱动的电压跟随电路，由稳压的＋15V 电源构造一个精确的＋5V 电源，负载电流（最大）为 25mA。选择电阻值，使输出电压在满载时的下降不超过 5%。

3. 射极跟随器驱动开关

图 2.16 给了很好的示例，射极跟随器挽救了一个差劲的电路。我们正在尝试开关一个明亮的白光 LED，它需要约 3.6V 的压降和 500mA 的正向电流，而我们用 0～3V 的数字逻辑信号来控制开关。第一种电路使用单个 NPN 饱和开关，选择基极电阻产生 10mA 的基极电流，采用 2.5Ω 的限流电阻与 LED 串联。

在某种程度上这个电路是不错的。但是它从控制输入端拿走了大的电流，它需要 Q_1 有足够的电流增益才能提供 0.5A 的满载电流。在第二种电路（见图 2.16b）中，射极跟随器起到了补救作用，大大降低了输入电流（因为它的电流增益），同时放松了开关管（Q_3）的最小 β 值要求。公平地说，我们应该指出，低开启电压阈值的 MOSFET 会提供更简单的解决方案，本书将在第 3 章和《电子学的艺术》（原书第 3 版）（下册）的第 12 章中告诉你如何做。

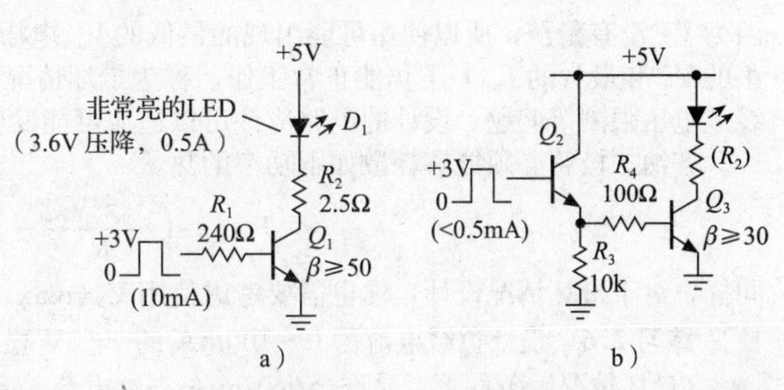

图 2.16　开关电路前放置一个射极跟随器可以让小电流控制信号控制大电流负载的开关

4. 射极跟随器要点

电流只能向一个方向流动　注意，在射极跟随器中，NPN 晶体管只能输出电流（与接收电流相反）。例如，在图 2.17 所示的带负载电路中，输出可以在晶体管饱和压降和 V_{CC}（大约＋9.9V）范围内摆动，但不能超过－5V。这是因为在极端的负摆幅处，晶体管会完全关闭，这时输入在－4.4V（输出是－5V，由负载和发射极电阻组成的分压器决定）。输入端进一步的变负会导致基极-发射极结的反向偏置，但输出端不会发生变化。对于振幅 10V 正弦波输入，输出见图 2.18。

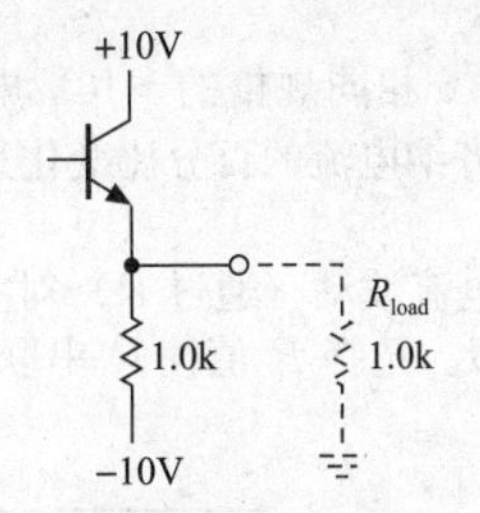

图 2.17　NPN 射极跟随器通过晶体管注入很多电流，但只能通过发射极电阻吸收有限电流

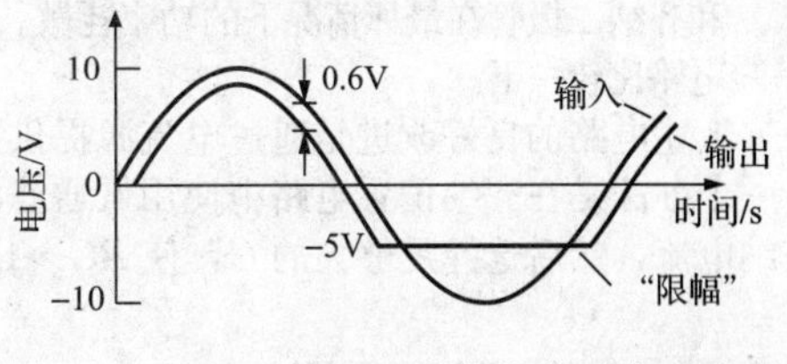

图 2.18　NPN 射极跟随器的非对称电流驱动能力演示

另外的看待这个问题的方法是，射极跟随器有低的小信号输出阻抗，而它的大信号输出阻抗高得多（像 R_E 一样大）。当离开晶体管的放大区（在这种情况下输出电压为－5V）时，输出电阻从其小信号值切换为大信号输出电阻。也可以这样理解，低的小信号输出阻抗并不一定意味着在低的负载电阻上能产生大摆幅输出信号，低的小信号输出阻抗并不意味着大的输出电流驱动能力。

解决该问题的可能方案包括降低发射极电阻值（这会引起发射极电阻和晶体管更大的功耗）、使用 PNP 晶体管（如果信号为全负），或者使用两个互补的晶体管的“推拉”配置（一个 NPN，另一个 PNP）。当射极跟随器所驱动的负载自身包含电压源或电流源时，这个问题也会出现，会迫使电流流向错误的方向。这常发生在稳压电源（输出通常是射极跟随器）驱动含有其他电源的电路时。

基极-发射极击穿　永远记住硅晶体管的基极-发射极反向击穿电压很小，通常只有 6V。除非加保护二极管（见图 2.19），否则大的输入波动信号会让晶体管截止，容易导致晶体管击穿（造成电流增益 β 的永久降低）。

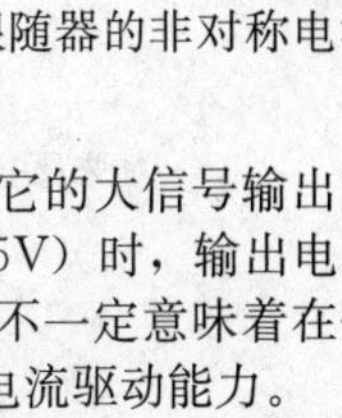

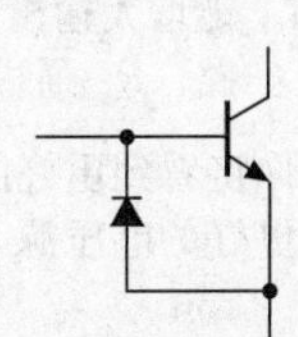

图 2.19　二极管可以防止基极-发射极反向电压击穿

射极跟随器的电压增益实际上略小于1.0　电压增益实际上略小于1.0，因为基极-发射极压降实际上不是恒定的，而是依赖于集电极电流。在本章的后面，当有了Ebers-Moll方程时，你将学会如何处理它。

2.2.4　射极跟随器作为稳压器

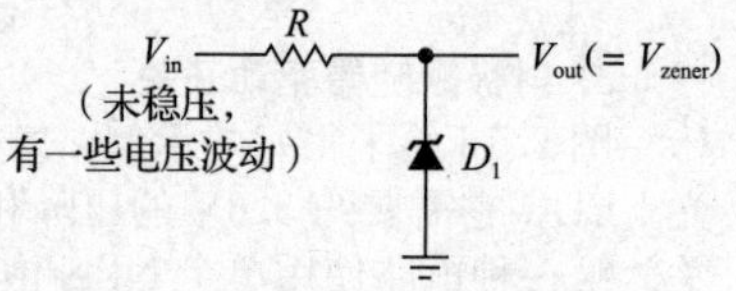

最简单的稳压电源是齐纳稳压器（见图2.20）。部分电流必须流过齐纳二极管，所以要选择

$$\frac{V_{in}(\min)-V_{out}}{R}>I_{out}(\max)$$

V_{in}　R　$V_{out}(=V_{zener})$
（未稳压，
有一些电压波动）
D_1

图2.20　简单齐纳稳压器

因为V_{in}没有稳压，所以使用可能出现的最低的V_{in}电压值。这种设计假设在最糟糕的情况（对应最小的V_{in}和最大的I_{out}）下仍能正常工作，称为最坏情况设计。实际操作中，你还需要考虑器件公差、线上电压限制等问题，设计的电路应该可以适应可能发生的最坏情况。

齐纳二极管必须能够耗散如下功率的热量：

$$P_{zener}=\left(\frac{V_{in}-V_{out}}{R}-I_{out}\right)V_{zener}$$

同样，对于最坏情况设计，你也需要考虑使用$V_{in}(\max)$和$I_{out}(\min)$。

练习2.6　设计负载电流为0～100mA的+10V稳压电源，输入电压为+20～+25V，在所有（最坏情况）条件下，允许至少10mA齐纳电流，齐纳二极管必须有什么样的功率耗散能力？

这种简单的齐纳稳压器用于非关键电路或小电流电路，它的效用有限，原因如下：

- V_{out}不能精确地调整或设置。
- 鉴于有限的动态阻抗，齐纳二极管只能对输入或负载的变化进行适度的纹波抑制和调节。
- 对于动态范围很大的负载电流，需要大功率齐纳二极管来处理低负载电流时的功耗[㊀]。

使用射极跟随器来隔离齐纳电路，你会得到如图2.21所示的改进电路。现在情况会好很多。由于晶体管的基极电流很小，齐纳二极管电流可以相对独立于负载电流，并且极低的齐纳功耗也是可能的（减少了β倍）。尽管图中集电极电阻R_C对射极跟随器而言不是必需的，但它可以限制电流而保护晶体管免受瞬间输出短路的损害。选择R_C，使其上的压降小于最高负载电流时R的压降（即使在最大负载时晶体管也不要饱和）。

练习2.7　使用齐纳二极管和射极跟随器，设计与练习2.6相同规格的+10V电源。计算晶体管和齐纳二极管在最坏情况下的功率耗散。从空载到满载的齐纳电流的百分比变化是多少？与前面的电路比较一下。

上述电路的良好改进是通过电流源提供齐纳电流来消除电流波动（通过R）对齐纳电压的影响。另一个办法是在齐纳偏置电路中使用低通滤波器（见图2.22）。选择R值使R串联对可提供足够的齐纳电流，然后选择足够大的C，使$RC\gg 1/f_{ripple}$[㊁]。

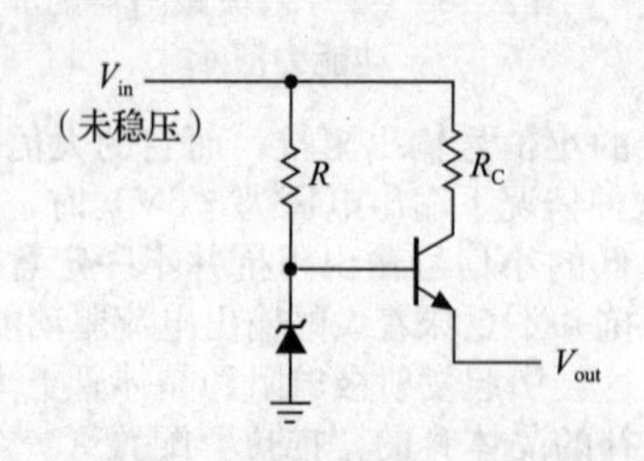

图2.21　能增大输出电流的带射极跟随器的齐纳稳压电路。R_C通过限制输出电流保护晶体管

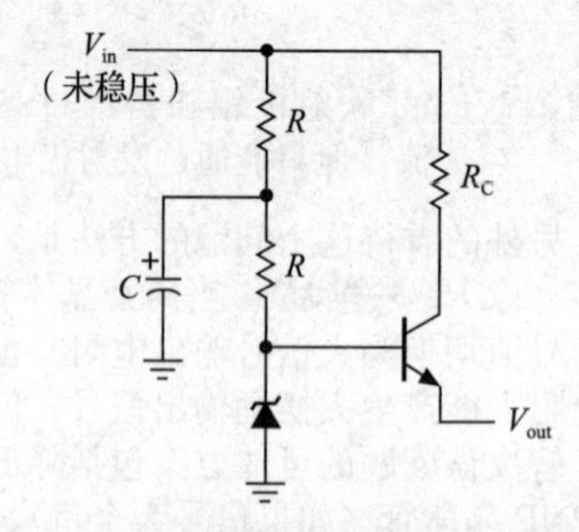

图2.22　使用低通滤波器降低齐纳稳压器的纹波

稍后你将看到更好的稳压器，其中有些可以通过反馈，使你容易地连续改变电压输出值。同时，它们也是更好的电压源，具有输出阻抗以毫欧姆计，温度系数为每摄氏度百万分之几等其他所需要的特性。

㊀　这是所有分流稳压器共有的特性，齐纳二极管就是其中最简单的例子。

㊁　这个电路有个变型，可以将上部电阻替换为二极管。

2.2.5　射极跟随器的偏置

当射极跟随器被前级驱动时，通常将它的基极直接连接到前级的输出，见图2.23。

Q_1 的集电极电压在电源电压范围之内，Q_2 的基极电压将在 V_{CC} 和地之间，因此 Q_2 肯定在放大区（既不截止也不饱和），其基极-发射极二极管导通，且集电极电压至少高出发射极零点几伏特。射极跟随器的输入未必总能够按照电源电压设定。典型情况如电容耦合（或交流耦合）的外部源信号（例如，输入到立体声放大器的音频）。在这种情况下，信号的平均电压为零，直接耦合到射极跟随器并给出类似于图2.24的输出。

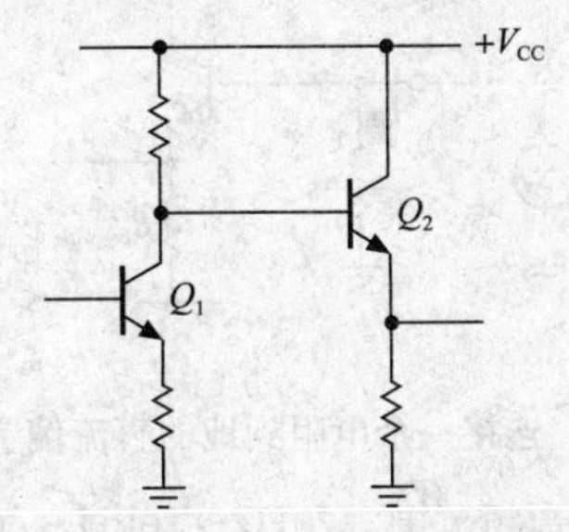

图2.23　前级电路对射极跟随器的偏置

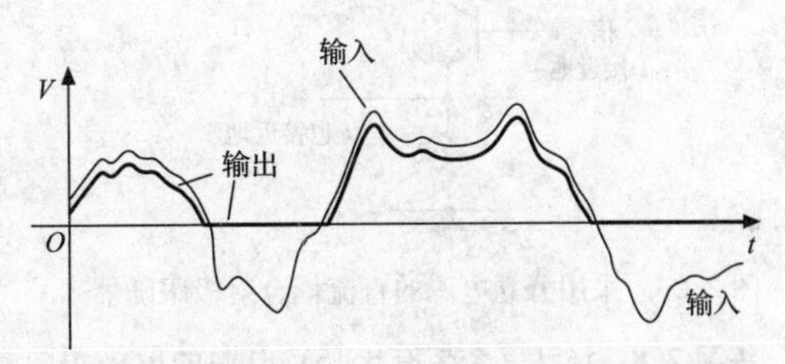

图2.24　正电源供电的晶体管放大器不能在晶体管输出端产生负电压波动

射极跟随器（事实上，任何晶体管放大器）必须偏置，以便集电极电流在整个信号变化期间有流动。分压器是最简单的偏置方法（见图2.25）。当信号输入时，选择 R_1 和 R_2 使基极电压处在地和 V_{CC} 的中间位置，如 R_1 和 R_2 近似相等。在没有外加信号情况下选择电路工作电压的过程称为设定静态点。在大多数情况下，静态点的选择应允许输出波形无消幅（波形的顶部或底部变平）对称最大摆动。那么，R_1 和 R_2 应该是多少呢？应用一般原理使直流偏置源的阻抗（分压器的阻抗）与它驱动的负载（射极跟随器基极的等效直流阻抗）相比较小。在这种情况下，

$$R_1 \parallel R_2 \ll \beta R_E$$

这等效于要求流经分压器的电流应比基极上的电流大很多。

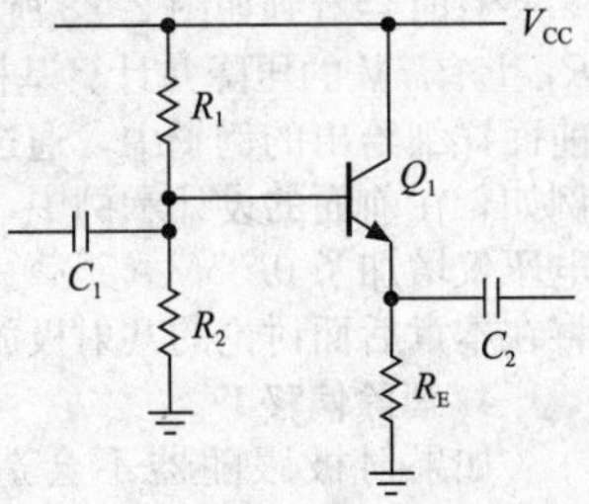

图2.25　交流耦合的射极跟随器，注意基极的分压偏置电路

1. 射极跟随器设计示例

作为设计的实际示例，让我们制作一个音频信号（20Hz～20kHz）的射极跟随器，其 V_{CC} 为+15V且静态电流为1mA。

第1步，选择 V_E。对于最大的可能对称摆动而没有幅值剪切，$V_E=0.5V_{CC}$，或+7.5V。

第2步，选择 R_E。因为静态电流为1mA，选择 $R_E=7.5\text{k}\Omega$。

第3步，选择 R_1 和 R_2。V_B 为 V_E+0.6V，或8.1V。这决定了 R_1 与 R_2 的比值为1∶1.17。前面的负载准则要求 R_1 和 R_2 的并联电阻为75kΩ左右或以下（7.5kΩ×β 的十分之一）。选择合适的值为 $R_1=130\text{k}\Omega$，$R_2=150\text{k}\Omega$。

第4步，选择 C_1。电容 C_1 和它的负载阻抗构成高通滤波器，这个阻抗是由基极等效阻抗和基极分压器阻抗并联得到的阻抗。假设该电路驱动的负载比发射极电阻大，那么基极的阻抗是 βR_E，大约是750kΩ。因为分压器等效阻抗是70kΩ，所以电容等效负载大约是63kΩ，它应至少为0.15μF，高通滤波器的3dB点才会低于20Hz的最低频率。

第5步，选择 C_2。电容 C_2 与负载阻抗结合形成未知的高通滤波器。但是，可以安全地假设负载阻抗不会小于 R_E，选择 C_2 至少为1.0μF以使3dB点低于20Hz。因为现在有两个级联的高通滤波器，电容的值应该有所增加，以防止感兴趣的最低频率部分被过度衰减（信号幅值降低，在这种情况下是6dB）。$C_1=0.47\mu\text{F}$ 且 $C_2=3.3\mu\text{F}$ 可能是较好的选择。

按晶体管的简单模型，发射极的输出阻抗是 $Z_{out}=R_E \parallel [(Z_{in} \parallel R_1 \parallel R_2)/\beta]$，其中，$Z_{in}$ 是驱动这个电路的信号的戴维南输出电阻。所以，设 $\beta \approx 100$，10kΩ信号源的输出电阻会导致输出阻抗（射极跟随器的）约为87Ω。在本章后面将看到，发射极内部阻抗 r_e 加大了与发射极串联的其他电阻，其大小为 $0.025/I_E$，因此输出阻抗（当采用10kΩ源电阻时）大约为110Ω。

2. 采用分立电源的射极跟随器

因为信号通常在地电压附近变化，采用对称的正负电源更方便一些。这样可以简化偏置且可不用耦合电容（见图2.26）。

警告：你必须为基极偏置电流提供直流路径，即使它仅仅是接地。在这个电路中，假设信号源有直流通路到地；否则（例如如果信号是电容耦合的），你必须连接一个电阻到地（见图2.27）。和前面一样，R_B 可以大约是十分之一的 βR_E。

图2.26　采用分立电源的直流耦合射极跟随器　　图2.27　连接一个电阻到地的直流偏置通路

练习2.8　设计一个带有±15V电源的射极跟随器，以在音频范围（20Hz～20kHz）内工作。使用5mA静态电流和电容输入耦合。

3. 偏置失败

有时会看到如图2.28所示的必出问题的电路。设计者选择 R_B 时假设特定的 β 值（100），期望 R_B 上有7V的压降并计算基极电流。这是个糟糕的设计，β 值不是好的参数，会有显著的变化。在前面详细给出的例子中，通过使用准确的分压器进行电压偏置，静态点对晶体管 β 值的变化不敏感。例如，在前面的设计示例中，当替换 $\beta=200$ 的晶体管，而不是常用的 $\beta=100$ 的晶体管时，发射极电压仅增加了0.35V（5%）。而且，像这个射极跟随器的例子一样，其他晶体管电路（特别是我们将在本章后面讨论的共射极放大器）同样容易落入这个陷阱并成为糟糕的晶体管电路。

4. 消除偏移I

如果射极跟随器不会造成输出信号因 $V_{BE}\approx0.6$V 的基极-发射极压降偏移，那就太棒了。图2.29展示了如何抵消直流电压偏移。可以通过级联PNP射极跟随器（它有正的 V_{BE} 压降）和NPN射极跟随器（它有一样但是负的 V_{BE} 压降）来抵消。在这里，为了当输入信号接近0V时，两个晶体管有几乎一样的静态电流，使用了±10V的对称分立电源和等值的发射极电阻。

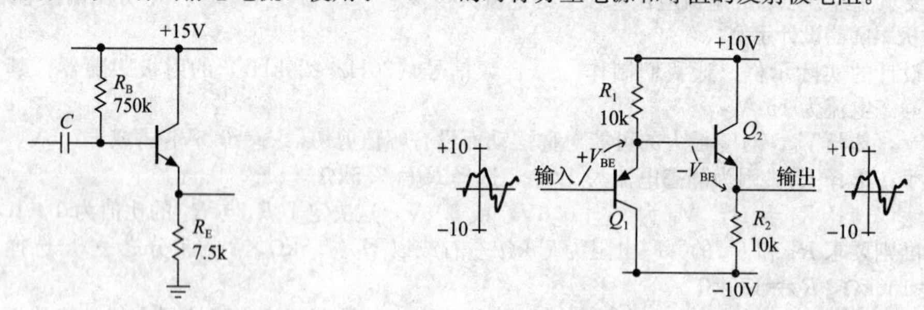

图2.28　必出问题的电路　　图2.29　级联PNP和NPN射极跟随器几乎可以消除 V_{BE} 偏移

这是很好的窍门，了解它很有用。但这种对消并不完美，原因我们将在本章后面看到（V_{BE} 在一定程度上与集电极电流和晶体管尺寸有关），在第5章中也会再次讨论。但是，正如将在第4章看到的，使用运算放大器制作射极跟随器是相当容易的，并且具有几乎完美的零偏移（10μV或更少）。另外，你还可以得到GΩ（或更大）级别的输入阻抗和nA（或更小）级别的输入电流，以及几分之一欧姆的输出阻抗。

2.2.6　电流源

虽然电流源经常被忽视，但它与电压源一样重要和有用。它为偏置晶体管提供了很好的方法。它作为超级增益放大器的有源负载和差分放大器的发射极源是无与伦比的。积分器、锯齿发生器和斜坡发生器均需要电流源。它在放大器和稳压电路中提供宽电压范围的上拉。最后，电路以外的应用也有恒流源需求，例如电泳或电化学。

1. 电阻加电压源

图 2.30 显示了最简单的电流源近似实现。只要 $R_{\text{load}} \ll R$（即 $V_{\text{load}} \ll V$），电流就近似为常数，近似为 $I \approx V/R$。负载不必是电阻性的。如果是电容，将以恒定的速率充电，只要 $V_{\text{cap}} \ll V$，而这个只在 RC 指数充电曲线的开始部分才满足。

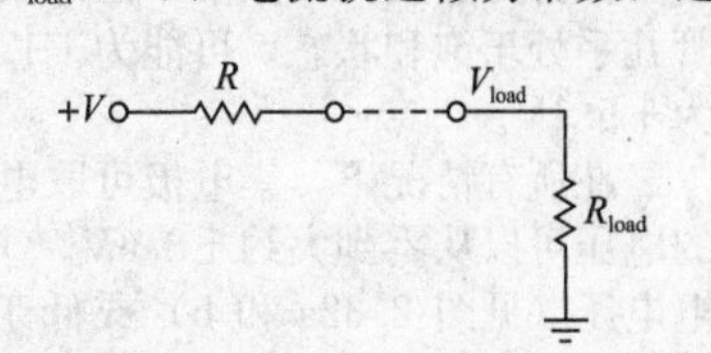

图 2.30 最简单的电流源近似实现

由电阻构成的简单电流源有几个缺点。为了更好地接近电流源，你必须使用大的电压，因此，电阻会有很大的功率耗散。此外，电流不容易按需改变，也就是说，电流不能在较大范围内被其他电压控制而改变。

练习 2.9 如果想在 0～+10V 的负载电压范围内，获得 1%稳定的电流源，那么必须使用多大的电压源与单个电阻串联？

练习 2.10 在前面的问题中，若想得到 10mA 的电流源，则串联电阻会耗散多少功率？有多少功率可以加载到负载上？

2. 晶体管电流源

庆幸的是，利用晶体管可以制造很好的电流源（见图 2.31）。它的工作原理如下：将 V_B 加到基极，$V_B > 0.6\text{V}$，确保发射结导通，$V_E = V_B - 0.6\text{V}$。

所以，

$$I_E = V_E/R_E = (V_B - 0.6\text{V})/R_E$$

但是，由于 β 值很大，$I_E \approx I_C$，所以

$$I_C \approx (V_B - 0.6\text{V})/R_E \tag{2.5}$$

只要晶体管不饱和（$V_C \geqslant V_E + 0.2\text{V}$），式（2.5）就与 V_C 无关。

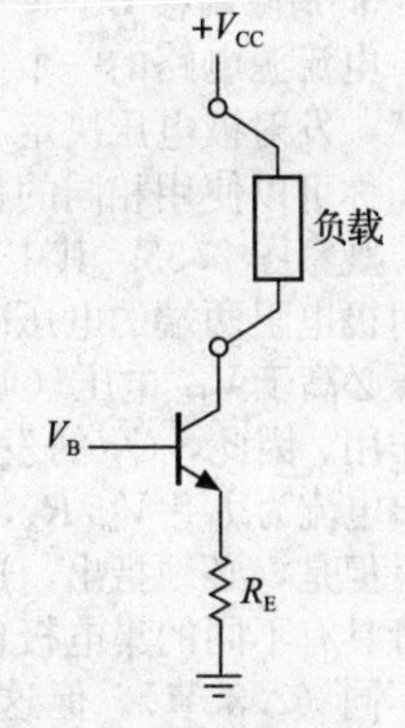

图 2.31 晶体管电流源

3. 电流源的偏置

有多种方法可以提供基极的电压。只要分压器够精准，就可以采用。如前所述，准则就是要求分压器的等效阻抗比从基极看到的电阻（βR_E）小得多。或者也可以使用齐纳稳压二极管（或两端 IC 器件，如 LM385）从 V_{CC} 偏置，甚至可以使用多个正向偏置二极管串联[㊀]，从基极到相应的发射极所连接的电源。图 2.32 给出三种偏置方法。在图 2.32c 所示的方法中，PNP 晶体管将电流注入与地连接的负载。其他的例子（NPN 晶体管）应该更恰当地称为电流吸收器，但通常把它们都笼统地称为电流源[㊁]。在图 2.32a 中分压器的阻抗约为 1.3kΩ，与基极等效阻抗约为 100kΩ（$\beta = 100$）相比可以忽略，所以因集电极电压变化引起的 β 变化不会太多地改变基极电压，进而对输出电流有太大影响。而在图 2.32b 和图 2.32c 中，要选择能提供几毫安电流的偏置电阻以使二极管导通。

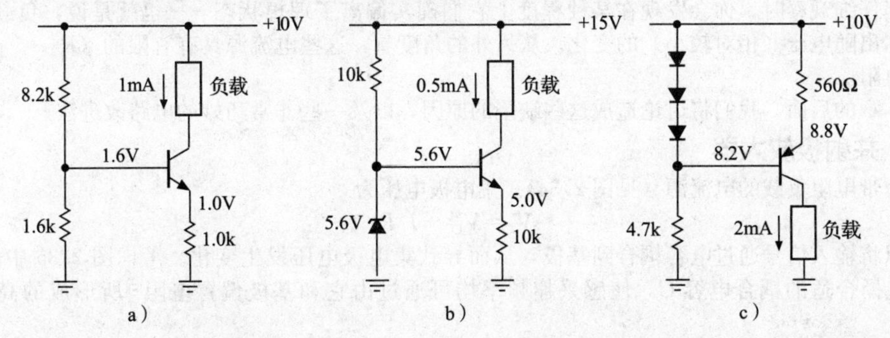

图 2.32 晶体管电流源电路，给出了三种偏置方法，NPN 晶体管吸收电流，而 PNP 晶体管流出电流，第三个电路给出了负载接地的示例

4. 应用限制

电流源只能在有限的负载电压范围内为负载提供恒流，否则，就等于能提供无限的能量。电流

㊀ 一个红 LED 前向导通压降约为 1.6V，可以替代三个串联的二极管。

㊁ 池和源仅仅指电流流向，如果电路提供电流到某点，称为源；反之，称为池。

源表现良好的输出负载电压范围称为输出合规性。对前面的晶体管电流源而言，合规性是由晶体管需要保持处于放大（激活）区的要求来决定的。因此，在图2.32a中，集电极电压可以降到让晶体管几乎处于饱和状态，可能为+1.1V。图2.32b的发射极电压较高，可以将电流降至集电极电压约为+5.1V。

在所有情况下，集电极可取电压范围从接近饱和的值到供电电压值。例如，最后电路在负载上的电压可以从零到大约+8.6V。事实上，负载内部也可能包含电池或电源，这可能使集电极超过供电电压（见图2.32a和b）或低于地电压（见图2.32c）。这是允许的，但必须注意晶体管的击穿（V_{CE}不能超过BV_{CEO}，即集电极-发射极击穿电压）和过多的功耗损失（由I_CV_{CE}决定）。功率晶体管还有额外的安全工作区域限制。

练习2.11 电路中有+5V和+15V稳压电源可用。若使用+5V偏置基极设计5mA的NPN电流接收器，则输出电压的合规范围是多少？

电流源并不一定要在基极上有固定的电压。通过改变V_B，你可以得到电压可编程的电流源。输入信号摆动v_{in}（小写表示变化）必须保持足够小，以使发射极电压不会降至零，如果输出电流平稳地反映输入电压的变化，那么结果将是输出电流正比于输入电压的电流源，$i_{out}=v_{in}/R_E$。这就是接下来的放大器的基础（2.2.7节）。

5. 消除偏移II

电流源电路的一个缺点是必须施加一个基极电压，该基极电压要比发射极电压高$V_{BE}\approx0.6V$。当然，发射极电压决定了输出电流。而且还存在与射极跟随器相同的偏移问题。在出现问题的情况下，你可以使用相同的技巧（2.2.5节）大致消除偏移。

观察图2.33，其中有标准电流源输出级Q_2，其电流由发射极电阻两端的电压决定：$I_L=V_E/R_2$。因此，Q_2的基极电压必高于V_{BE}电压（偏移量），但这里PNP输入跟随器起了作用。因此，Q_2的发射极电压又上升到约为V_{in}。因此，输出电流为$I_L=V_{in}/R_2$，没有什么V_{BE}偏移。

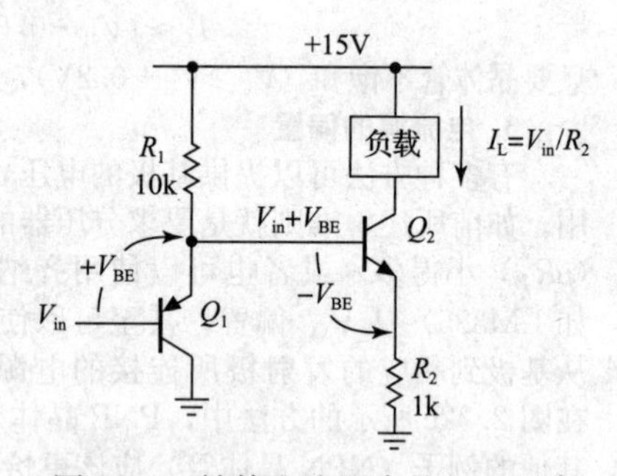

图2.33 补偿电流源中的V_{BE}下降

但是，必须指出，这并非准确的消除方案，因为两个晶体管具有不同的集电极电流，因此基极-发射极的压降也有所不同（2.3节）。但这仅是一阶逼近，总比没有好。如果运用运算放大器（第4章）来制造更好的电流源，则该电流源中输出电流可以被输入电压精确编程，而不会产生令人讨厌的V_{BE}偏移问题。

6. 现有电流源的缺点

这些晶体管电流源电路性能良好，特别是与用固定电压偏置的简单电阻电路相比时（见图2.30）。但是，当仔细观察时，你会发现在某种程度上它们确实偏离了理想状态——也就是说，负载电流确实会显示出随电压（相对较小）的变化。从另外的角度看，这些电流源具有有限的（$R_{Th}<\infty$）戴维南等效电阻。

在本章的后面，我们将讨论造成这些缺陷的原因，以及一些非常巧妙的电路改进法。

2.2.7 共射极放大器

考虑带电阻负载的电流源（见图2.34）。集电极电压为

$$V_C=V_{CC}-I_CR_C$$

我们可以将输入信号通过电容耦合到基极，从而导致集电极电压发生变化。考虑图2.35中的示例，该示例选择合适的耦合电容C，使感兴趣频率均可通过由它和基极偏置电阻[⊖]所形成的高通滤波器，即

$$C\geqslant\frac{1}{2\pi f(R_1\parallel R_2)}$$

由于基极偏置和发射极电阻为1.0kΩ，因此集电极静态电流为1.0mA。该电流使集电极处于+10V（+20V−1.0mA×10kΩ）。现在，假设基极电压施加了变化v_B，发射极电压跟随，$v_E=v_B$，这导致发射极电流的变化为

$$i_E=v_E/R_E=v_B/R_E$$

⊖ 由于选择了基极电阻的方式，进入基极本身的阻抗通常会大得多，通常可以忽略不计。

集电极电流的变化几乎相同（β 很大）。因此，基极电压的初始变化最终导致集电极电压摆动变化为

$$v_C = -i_C R_C = -v_B (R_C / R_E)$$

这正是电压放大器，电压放大能力（或增益）为

$$增益 = v_{out} / v_{in} = -R_C / R_E \tag{2.6}$$

在这种情况下，增益为 $-10\ 000/1000$ 或 -10。减号表示输入的正摆动变为输出的负摆动（大 10 倍）。这被称为具有发射极退化的**共射极放大器**。

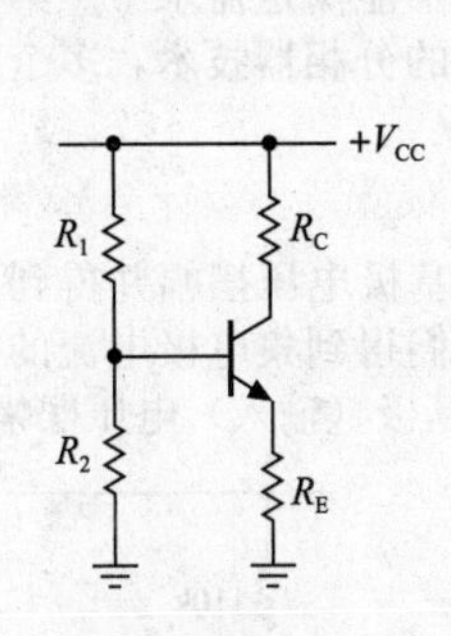

图 2.34　电流源驱动电阻作为负载：放大器！

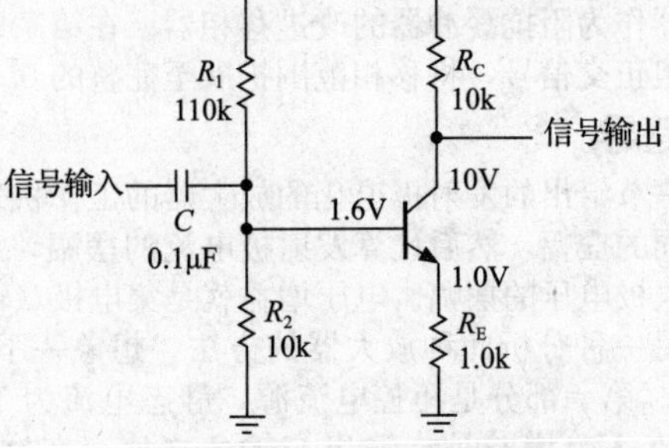

图 2.35　具有发射极退化的交流共射极放大器。注意，输出端子是集电极而不是发射极

共射极放大器的输入和输出阻抗

可以轻松地确定这个放大器的输入和输出阻抗。输入信号并行地看到 110kΩ、10kΩ 和基极的等效阻抗。后者约为 100kΩ（β 乘以 R_E），因此输入阻抗（主要由 10kΩ 决定）约为 8kΩ。输入阻抗和耦合电容形成高通滤波器，它的 3dB 截止点在 200Hz 处。驱动放大器的信号则看到在 8kΩ 电阻串联了 0.1μF 电容，对于常见（远高于 3dB 点）频率的信号仿佛只看见了 8kΩ 的电阻。

输出电阻是 10kΩ 电阻并联集电极的等效阻抗。到底是多少呢？记住，如果剪断集电极电阻，那么会看到电流源。集电极阻抗非常大（以 MΩ 为度量），因此输出阻抗仅为集电极电阻 10kΩ。值得一提的是，晶体管集电极看到的等效阻抗很高，而发射极的等效阻抗则很低（如在射极跟随器中）。尽管共射极放大器的输出阻抗由集电极负载电阻决定，但射极跟随器的输出阻抗不会由发射极负载电阻决定，而是由发射极看到的等效阻抗决定。

2.2.8 单位增益分相器

有时产生信号及其反相信号非常有用，即两个相位相差 180°的信号。这很容易完成，只需要使用增益为 -1 的发射极退化放大器（见图 2.36）。为了获得相同的结果——最大对称输出的摆幅，而使任一输出均不发生限幅，集电极静态电压设置为 $0.75V_{CC}$，而不是通常的 $0.5V_{CC}$。集电极可从 $0.5V_{CC}$ 摆动至 V_{CC}，而发射极可从地摆动至 $0.5V_{CC}$。

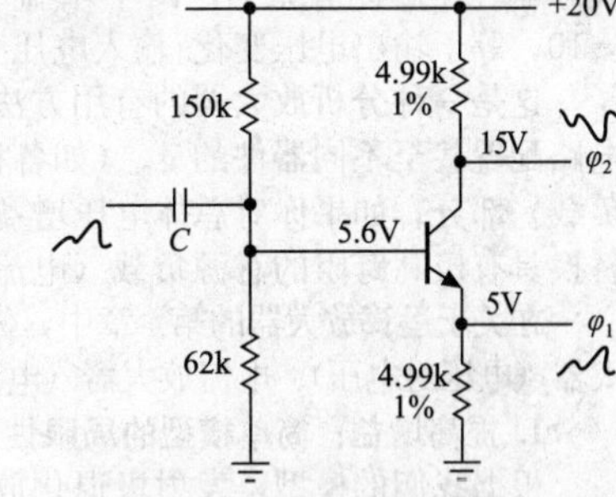

图 2.36　单位增益分相器

注意，分相器必须在两个输出处加相同的负载阻抗（或非常大的电阻）以保持增益对称性。

移相器

图 2.37 给出了移相器很好的用途。该电路（为正弦波输入）提供可调整相位（从 0°到 180°）且幅度恒定的输出正弦波。通过采用电压相量图（1.7.12 节）比较容易理解，输入信号用沿实轴的单位相量来表示，输出信号见图 2.38。

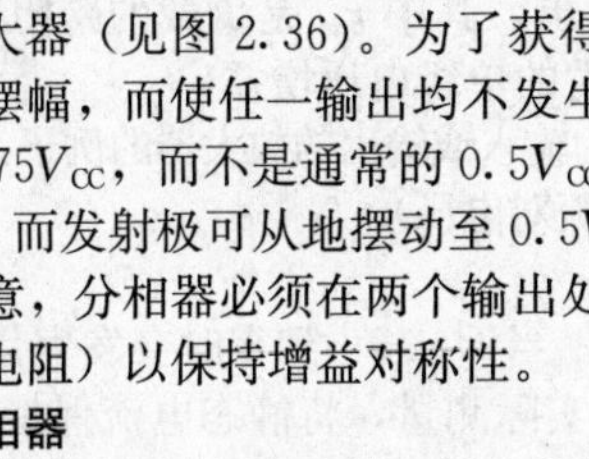

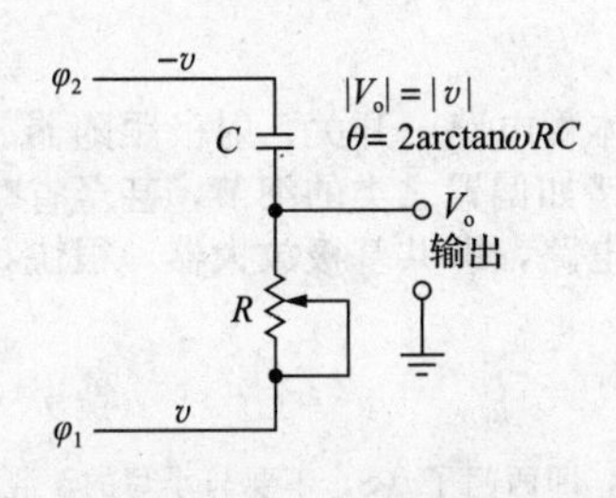

图 2.37　等幅移相器

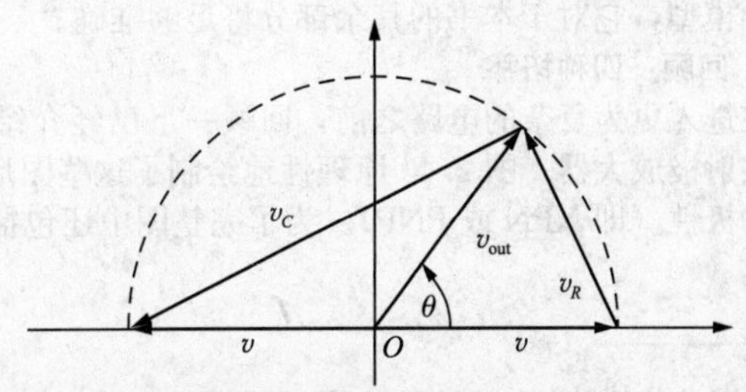

图 2.38　移相器的相量图，其中 $\theta = 2\arctan(\omega RC)$

信号 v_R 和 v_C 必须成直角，它们叠加必须形成沿实轴的等长相量。按照几何定理，这些点的轨迹是圆，所以合成相量（输出电压）总是单位长度，也就是说与输入电压同一幅值。随着 R 从几乎零值到远远大于工作频率处的 X_C，相对于输入的输出相位可以从几乎为 0°～180°。然而，注意电位器 R 给定后相移取决于输入信号的频率。值得一提的是，虽然简单的 RC 高通（或低通）网络也可用作可调移相器，但它输出的振幅会随着相移调整而发生巨大的变化。

另外，还有个问题是分相器电路驱动 RC 移相器负载的能力。在理想情况下，负载的阻抗应比集电极和发射极等效电阻大。在需要大范围相移的情况下，该电路就不能满足需求了。第4章将用运算放大器作为阻抗缓冲器的改进移相器。在第7章中你将看到改进的分相器技术，多个移相器级联组成一组正交信号，将移相范围扩展至完整的 0°～360°。

2.2.9　跨导

在上一节给出的发射极退化的放大器的工作机理中，通过施加的基极电压摆幅并得到发射极电压具有相同的摆幅，然后计算发射极电流的摆幅，忽略基极电流，我们得到集电极电流的摆幅，从而得到集电极电压的摆幅。电压增益就是集电极（输出）电压摆幅与基极（输入）电压摆幅的比值。

还有另一种分析此种放大器的方法。想象一下将其分解，见图 2.39。第一部分是压控电流源，静态电流为 1.0mA，增益为 −1mA/V。增益是指输出与输入之比，在这种情况下，增益的单位是安培/伏特或 1/欧姆。电阻的倒数称为电导[⊖]。增益具有电导单位的放大器称为跨导放大器，变化的比率 $\Delta I_{\text{out}}/\Delta V_{\text{in}}$（通常用小写字母的小信号变化来表示：$i_{\text{out}}/v_{\text{in}}$）称为跨导 g_m：

$$g_m=\frac{\Delta I_{\text{out}}}{\Delta V_{\text{in}}}=\frac{i_{\text{out}}}{v_{\text{in}}}\tag{2.7}$$

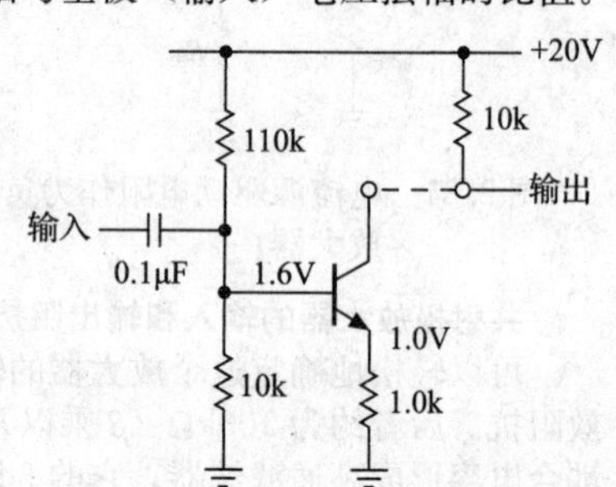

图 2.39　共射极放大器是跨导驱动（电阻）负载

将电路的第一部分视为跨导放大器，即跨导 g_m（增益）为 −1mA/V（1000μS 或 1mS，仅为 $1/R_E$）的电压-电流放大器。电路的第二部分是负载电阻，即将电流转换为电压的放大器。该电阻可以称为跨阻转换器，其增益（r_m）具有电压/电流或电阻的单位。在这种情况下，其静态电压为 V_{CC}，其增益（跨阻）为 10V/mA（10kΩ），仅为 R_C。将两个部分连接在一起，即可得到电压放大器。在这种情况下，两个增益相乘即可得到总体增益，电压增益 $G_V=g_mR_C=-R_C/R_E$，或 −10，等于输出电压变化/输入电压变化之比的无单位数。

这是一种分析放大器的有用方法，因为你可以独立地分析各部分的性能。例如，通过评估不同电路配置甚至不同器件的 g_m（如各种场效应晶体管），考虑增益和电压摆动的权衡来分析跨阻（或负载）部分。如果你对总体电压增益感兴趣，它由 $G_V=g_mr_m$ 给出，其中 r_m 是负载的跨阻。最终，替换具有极高跨阻的有源负载（电流源），可以产生 10 000 或更大的单级电压增益。

在关于运算放大器的第4章中，你将看到更多以电压或电流作为输入或输出的放大器的例子：电压放大器（电压对电压）、电流放大器（电流对电流）和跨阻放大器（电流对电压）。

1. 提高增益：简单模型的局限性

根据我们的模型，发射极退化放大器的电压增益为 $-R_C/R_E$。当 R_E 减小到零时会发生什么？该方程式预测增益将无限制地增加。但是，如果对前面的电路进行实际测量，将静态电流保持在 1mA 不变，那么会发现，当 R_E 为零（即发射极接地）时，增益将稳定在 400 左右。同时还会发现放大器会变成明显的非线性，输入阻抗将变得很小且呈非线性，并且偏置将随温度而变得临界且不稳定。显然，给出的晶体管模型是不完整的，需要修改来应对新的电路情况，以及其他讨论。改进模型称为跨导模型，它对于本书的其余部分将足够准确。

2. 回顾：四种拓扑

在进入更为复杂的电路之前，回顾一下已经介绍的四个晶体管电路：开关、射极跟随器、电流源和共射极放大器。图 2.40 原理性地绘制了这些图形，省略了诸如偏置之类的细节，甚至省略了晶体管的极性（即 NPN 或 PNP）。为了完整图中还包括了第五个电路，即共基极放大器，很快我们将见到它。

⊖ 电抗的倒数是电纳（阻抗的倒数是导纳），它有一个特殊的单位，即西门子（S，不要与小写的 s 混淆，它表示秒）。

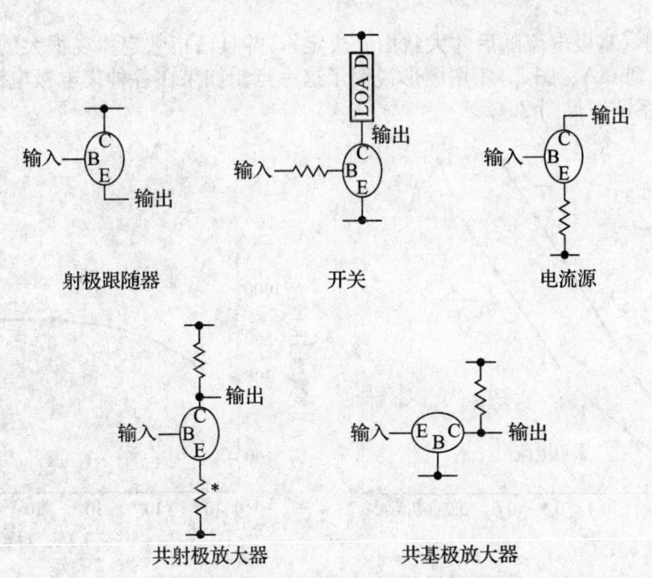

图 2.40　五个基本晶体管电路。固定电压（电源和地）用横线标识。对于开关电路，负载可能为电阻，产生全波形电压输出；对于共射极放大器，发射极电阻可以旁路或省去

2.3　应用于基本晶体管电路的 Ebers-Moll 模型

我们高兴地看到一些功能出色的电路采用简单的双极晶体管模型分析（如开关、跟随器、电流源和放大器），但我们也遇到了一些严重的限制。现在是更深入一些去解决这些限制的时候了。下文将充分体现我们的目标。而且，一个好消息是：对于许多双极晶体管的应用，你已看到的简单模型就够用。

2.3.1　改进的晶体管模型：跨导放大器

此处最重要的是对前面所述的 $I_C=\beta I_B$ 的规则 4 进行修改（2.1.1 节），我们曾将晶体管视为电流放大器。这是近似正确的，且对于某些应用来说这个模型已经足够了。但是，为了理解差分放大器、对数转换器、温度补偿和其他一些重要应用，你必须将晶体管看作跨导器件——集电极电流由基极-发射极电压控制。修改后的规则 4 如下。

当规则 1～3（2.1.1 节）成立时，跨导放大器的 I_C 与 V_{BE} 的关系为[⊖]

$$I_C=I_S(T)(e^{V_{BE}/V_T}-1) \tag{2.8}$$

或者，等效地写为

$$V_{BE}=\frac{kT}{q}\log_e\left[\frac{I_C}{I_S(T)}+1\right] \tag{2.9}$$

式中，

$$V_T=kT/q=25.3\text{mV} \tag{2.10}$$

在室温（20℃）下成立，q 是电子的电荷量（1.60×10^{-19} 库仑），k 是玻耳兹曼常数（1.38×10^{-23}J/K，有时写为 k_B），T 是单位为开尔文的绝对温度（$K=℃+273.16$），$I_S(T)$ 是特定晶体管的饱和电流（将很快看到它的大小决定于温度 T）。然后，由 V_{BE} 决定的基极电流可近似为

$$I_B=I_C/\beta$$

式中，常数 β 通常为 20～1000，其值取决于晶体管类型、I_C、V_{CE} 和温度。$I_S(T)$ 近似于反向泄漏电流（对于 2N3904 这样的小信号晶体管，大约为 10^{-15}A）。在放大区中，$I_C\gg I_S$，因此与指数项相比−1 项可以忽略：

$$I_C\approx I_S(T)e^{V_{BE}/V_T} \tag{2.11}$$

该式称为 Ebers-Moll 公式。如果 V_T 乘以 1～2 之间的校正因子 m，它也大致描述了二极管的电流与电压的关系。重要的是要意识到，晶体管的集电极电流是由基极-发射极电压精确确定的，而不

⊖　我们用 $I_S(T)$ 指出 I_S 对温度的依赖。

是由基极电流确定的（基极电流随后才大致由β决定），并且该指数定律在很大的电流范围内都是准确的，通常是从nA到mA。图2.41用图形说明了这一点。如果在各种集电极电流下测量基极电流，将得到β与I_C的关系图，见图2.42。

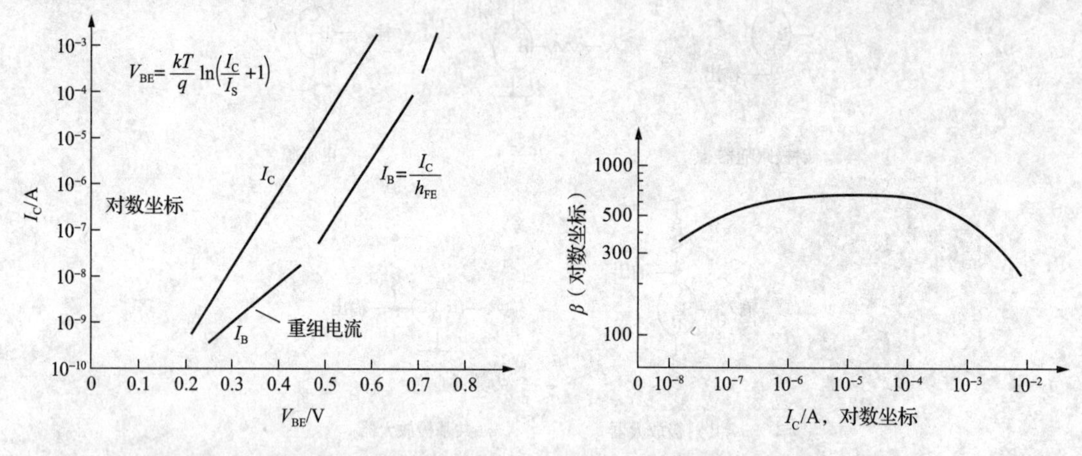

图2.41　晶体管的基极和集电极电流是基极-发射极电压V_{BE}的函数

图2.42　典型的晶体管电流增益（β）与集电极电流的关系

尽管Ebers-Moll公式告诉我们基极-发射极电压控制了集电极电流，但由于基极-发射极电压的温度系数较大，在实践中（通过基极电压对晶体管进行偏置）并不容易使用这个规则。稍后你将看到Ebers-Moll公式如何给出此问题的真相和解决方法。

2.3.2 晶体管设计的经验法则

由式（2.8），我们可以得出简单的（方便应用的）集电极电流的比例规则：$I_{C2}/I_{C1}=\exp(\Delta V_{BE}/V_T)$和$\Delta V_{BE}=V_T\log_e(I_{C2}/I_{C1})$。我们还获得在电路设计中经常使用的经验法则。

1. 二极管曲线的陡度

V_{BE}需要增加多少才能使I_C增加10倍？根据Ebers-Moll方程，室温下仅为$V_T\ \log_e 10$或58.2mV，每十倍的集电极电流增加需要基极-发射极电压增加约60mV（另外两种表述：基极-发射极电压每升高18mV，集电极电流就会增加一倍；基极-发射极电压每升高1mV，集电极电流就会增加4%）。等效地，$I_C=I_{C0}e^{\Delta V/25}$，其中$\Delta V$以毫伏为单位。

2. 发射极的等效小信号阻抗

基极保持固定电压，取V_{BE}关于I_C的导数，可以得到

$$r_e=V_T/I_C=25/I_C \tag{2.12}$$

式中，I_C的单位为mA ⊖。$25/I_C$适用于室温。该固有发射极电阻r_e在所有晶体管电路中的发射极串联。它限制了接地共射极放大器的增益，也使射极跟随器的电压增益略小于1，并使射极跟随器的输出阻抗不为零。注意，接地共射极放大器的跨导仅为

$$g_m=I_C/V_T=1/r_e \tag{2.13}$$

3. V_{BE}的温度依赖性

Ebers-Moll方程表明，由于V_T中的因子T，V_{BE}（I_C不变时）具有正温度系数。但是，由于$I_S(T)$对温度的强烈依赖性远远超过了这个因素，因此，V_{BE}（I_C不变时）按照约2.1mV/℃降低。它大致与$1/T_{abs}$成比例，其中T_{abs}是绝对温度。有时，它转换为I_C的温度依赖性（在恒定的V_{BE}下）：I_C升高约9%/℃，温度上升8℃I_C翻倍。

有时还需要考虑一个额外的量，尽管不是从Ebers-Moll方程中得出的，它被称为Early效应，它对电流源和放大器的性能产生了重要的限制。

4. Early效应

V_{BE}（I_C不变时）随V_{CE}的变化而略有变化。这种影响是由于基极有效宽度随V_{CE}的变化而引起的，大约由下式给出：

⊖ 集电极电流为1mA时，$r_e=25\Omega$，我们可以对其他电流进行反比例缩放，当$I_C=10$mA时，$r_e=2.5\Omega$，以此类推。

$$\Delta V_{BE}=-\eta\Delta V_{CE} \qquad (2.14)$$

式中，$\eta\approx10^{-4}\sim10^{-5}$（例如，NPN 2N5088 的 $\eta=1.3\times10^{-4}$，因此当 V_{CE} 变化 10V 时，V_{BE} 的变化为 1.3mV，以保持恒定的集电极电流）。通常，这被描述为当 V_{BE} 保持恒定时，集电极电流随集电极电压的增加而线性增加，表示为

$$I_C=I_{C0}\left(1+\frac{V_{CE}}{V_A}\right) \qquad (2.15)$$

式中，V_A（通常为 50～500V）被称为 Early 电压㊀。较低的 Early 电压表示较小的集电极输出电阻，PNP 晶体管的 V_A 往往较低。这些是我们需要的关键基本量。有了它们，大多数晶体管电路设计问题将能够被处理，并且几乎不需要引用 Ebers-Moll 方程。

2.3.3 再论射极跟随器

在利用新晶体管模型再次分析共射极放大器之前，让我们快速看一下射极跟随器。Ebers-Moll 模型预测，即使由电压源驱动，由于受 r_e 的限制，射极跟随器也应具有非零输出阻抗。同样的效果会产生略小于 1 的电压增益，因为 r_e 与负载电阻形成分压器。

这些效应很容易计算。在固定的基极电压下，发射极等效的阻抗仅为 $R_{out}=dV_{BE}/dI_E$。由于 $I_E\approx I_C$，因此 $R_{out}\approx r_e$，即固有发射极电阻。例如，在图 2.43a 中，由于 $I_C=1\text{mA}$，驱动负载的源阻抗为 $r_e=25\Omega$（与发射极电阻 R_E 并联，但实际上 R_E 总是比 r_e 大得多）。图 2.43b 显示了更典型的情况，有限源电阻为 R_S（为简单起见，省略了必需的偏置电路部分——基极分压器和隔离电容，见图 2.43c）。在这种情况下，射极跟随器的输出阻抗仅与 $R_S/(\beta+1)$ 串联（再次与不重要的 R_E 并联，如果存在的话）。例如，如果 $R_S=1\text{k}\Omega$ 且 $I_C=1\text{mA}$，则 $R_{out}=35\Omega$（假设 $\beta=100$）。很容易证明，发射极内部电阻 r_e 也可以算作射极跟随器的输入阻抗，就好像它与负载串联（实际上是和负载电阻和发射极电阻的组合并联）。换句话说，对于射极跟随器电路，Ebers-Moll 模型的作用仅仅是在前面的结果中增加了一个串联的发射极等效电阻 r_e ㊁。

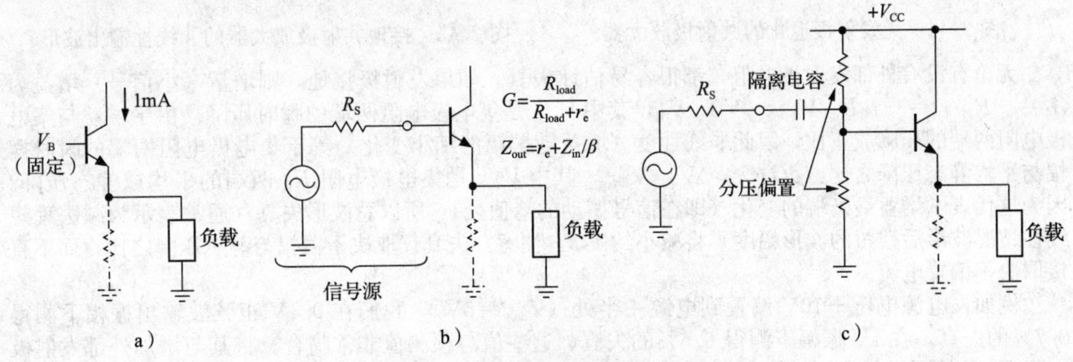

图 2.43 射极跟随器的输出阻抗

由于 r_e 和负载产生的分压器，射极跟随器的电压增益略小于 1。计算很简单，因为输出位于 r_e 和 R_{load} 的交点处，所以 $G_V=v_{out}/v_{in}=R_L/(r_e+R_L)$。例如，以 1mA 静态电流运行，负载为 1kΩ 的跟随器具有 0.976 的电压增益。工程师有时喜欢用跨导来表示增益，在这里（使用 $g_m=1/r_e$），得到 $G_V=R_L g_m/(1+R_L g_m)$。

2.3.4 再论共射极放大器

在前面的论述中，当发射极的内部电阻设为零时，对于发射极有电阻的共射极放大器的电压增益（有时称为发射极退化），我们得出了错误的答案。记得错误的答案为

$$G_V=-R_C/R_E=\infty$$

问题在于该晶体管具有 $25/I_C(\text{mA})$ 欧姆的内置（本征）发射极电阻 r_e，必须将其添加到实际的外部发射极电阻中。仅当使用较小的发射极电阻（或根本不使用）时，此电阻才有意义。例如，当外部发射极电阻为零时，先前考虑的放大器的电压增益为 $-10\text{k}\Omega/r_e$ 或 -400。正如我们之前所预

㊀ Early 电压与 η 之间的关系为 $\eta=V_T/(V_A+V_{CE})\approx V_T/V_A$。

㊁ 如果讨论深入一些，高频处（高于 f_T/β）有效电流增益随频率下降，对于低的源阻抗 R_S 驱动的射极跟随器而言，其输出电阻随频率升高而线性下降。也就是说，看起来像电感一样，容性负载会导致振铃。

测的那样，输入阻抗也不为零[㊀]，大约为βr_e，或者在这种情况下（对于1mA静态电流的情形）约为2.5kΩ[㊁]。

术语“发射极接地”和“共射极”有时可以互换使用，可能会造成混淆。我们将使用“接地共射极放大器”来表示$R_E=0$（或等效旁路）的共射极放大器。共射极放大器级可以有发射极电阻。重要的是，发射极电路对于输入电路和输出电路是一样的。

1. 单级接地共射极放大器的缺点

$R_E=0$获得的额外电压增益是以改变放大器的其他特性为代价的。实际上，除非电路中有全局的负反馈，应避免使用接地共射极放大器。为了说明原因，考虑如图2.44所示的电路。

1）非线性。电压增益为$G=-g_mR_C=-R_C/r_e=-R_CI_C(\text{mA})/25$，因此对于1mA的静态电流，增益为−400。但是，I_C随着输出信号的变化而变化。对此示例，增益将从−800（$V_{out}=0$，$I_C=2\text{mA}$）变化到零（$V_{out}=V_{CC}$，$I_C=0$）。对于三角波输入，输出见图2.45。放大器失真很大或线性度很差。无反馈的接地共射极放大器仅适用于静态点附近的小摆幅信号。相比之下，发射极退化的放大器具有几乎完全独立于集电极电流的增益（只要$R_E \gg r_e$即可），即使在大摆幅信号的情况下，也可用于无失真放大。

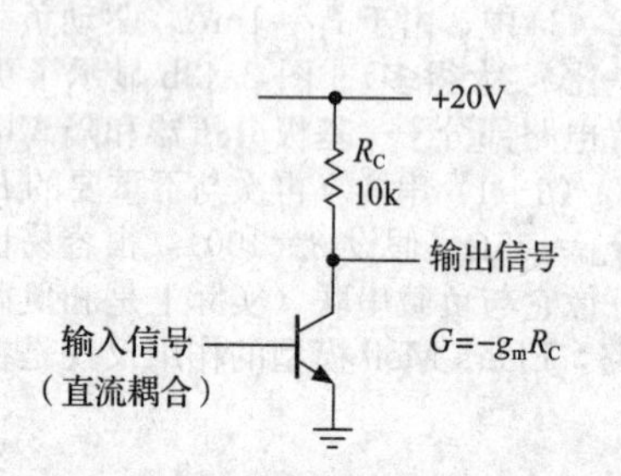

图2.44 无发射极退化的共射极放大器

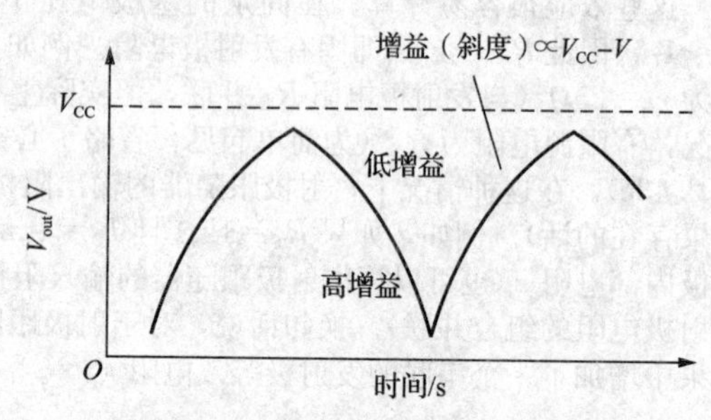

图2.45 接地共射极放大器的非线性输出波形

无论有没有外部发射极电阻，都很容易估计失真。如果发射极接地，则增量（小信号）增益为$G_V=-R_C/r_e=-I_CR_C/V_T=-V_{drop}/V_T$，其中$V_{drop}$是集电极电阻两端的瞬时压降。由于增益与集电极电阻两端的压降成正比，因此非线性度（增益随摆幅的细小变化）等于集电极电阻两端的瞬时摆幅与平均静态压降之比：$\Delta G/G \approx \Delta V_{out}/V_{drop}$，其中$V_{drop}$是集电极电阻$R_C$两端的平均或静态压降。因为这代表了增益最极端的变化（即在信号摆动的峰值处），所以总波形失真（通常表示为减去理想线性情况波形后残留的波形幅度）将减小约1/3。注意，失真仅取决于摆幅与静态压降之比，而不直接取决于偏置电流。

例如，电源电压+10V偏置到电源一半处（$V_{drop}=5\text{V}$），我们在0.1V正弦波输出振幅下测得0.7%的失真，在1V振幅下测得6.6%的失真，这些值与预测值非常吻合。将其与增加外部发射极电阻R_E的情况进行比较，其中电压增益变为$G_V=-R_C/(r_e+R_E)=-I_CR_C/(V_T+I_CR_E)$。分母中只有第一项会造成失真，因此失真会以$r_e$与总有效发射极电阻之比降低，非线性变为$\Delta G/G \approx (\Delta V_{out}/V_{drop})[r_e/(r_e+R_E)]=(\Delta V_{out}/V_{drop})[V_T/(V_T+I_ER_E)]$；第二项是减少失真的因素。当添加发射极电阻时，使其在静态电流压降为0.25V，通过此将非线性度降低10倍，对于输出幅度分别为0.1V和1V，放大器测量到的失真分别降至0.08%和0.74%。这些测量结果再次与我们的预测非常吻合。

练习2.12 计算这两个放大器在测量的两个输出电平下的失真度。

如前所述，当输入三角波信号驱动时，共射极放大器的非线性表现为如图2.45所示的不对称“谷仓顶”失真形式[㊂]。为了进行比较，我们对接地的共射极放大器进行了真实的示波器跟踪（见图2.46）。我们使用通过5kΩ集电极电阻到+10V电源的2N3904，良好偏置到一半电源电压处。如图2.46所示，按照规则我们估计在+5V（V_+的一半）和+7.5V的输出电压下的增量增益，对应的集电极电流分别为1mA和0.5mA。增益值与预测的$G=-200$和$G=-100$非常吻合。相比之下，图2.47显示了添加225Ω发射极电阻后的情况：在静态点增益降低了10倍［$G=R_C/(R_E+r_e)\approx$

㊀ 或者，等效而言，发射极电阻被电容旁路了，电容的容抗在信号频率处应小于或等于r_e。

㊁ 只要不是高频操作，这样对增益和输入阻抗的估计相当不错。电路由集电极负载电阻替换为电流源有源负载（$R_C\to\infty$）的电路构成。在后一种情况下，接地共射极放大器的最终电压增益受到Early效应的限制。

㊂ 由于增益（V_{out}比V_{in}的斜率）与离V_{CC}的距离成正比，实际上曲线的形状呈指数。

$R_C/250\Omega$]，但线性度大大提高（因为 r_e 的变化对分母的总电阻影响很小，而分母的总电阻现在由固定的 225Ω 外部发射极电阻控制）。对于正弦输入，输出包含基波的所有高次谐波。在本章的后面，我们将看到如何用一对晶体管制造差分放大器。这时残余失真是对称的，仅包含奇次谐波。最后，总结而言，我们应该补充一点，使用负反馈可以大大降低任何放大器的残余失真。在你熟悉了常见的晶体管电路之后，本章后面（2.5 节）将介绍反馈。第 4 章讨论运算放大器时反馈将最终成为焦点。

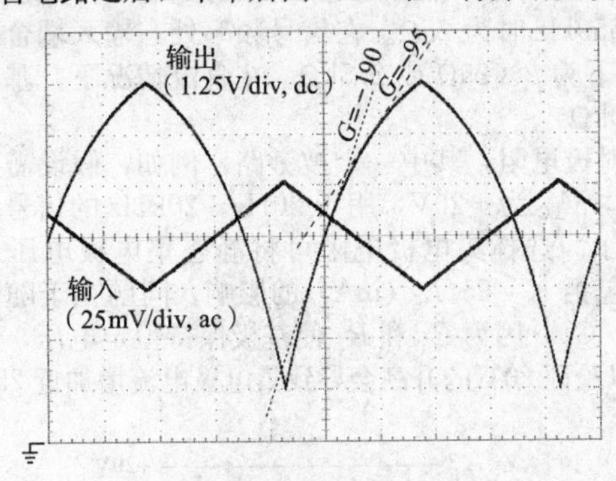

图 2.46　图 2.44 的接地共射极放大器，$R_C=5k\Omega$，$V_+=+10V$，输入为 1kHz 三角波。屏幕的顶部和底部为 +10V 和地的输出迹线（注意交流耦合的输入信号的敏感范围）。增益估计（切线）为 $0.5V_+$ 和 $0.75V_+$ 的 V_{out} 值。水平：0.2ms/div

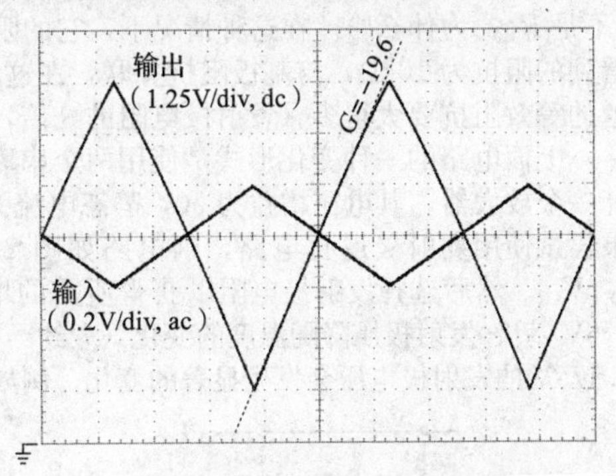

图 2.47　添加 225Ω 发射极电阻会极大地改善线性度，但会牺牲增益（在静态点处下降 10 倍）。水平：0.2ms/div

2）输入阻抗。输入阻抗大约为 $Z_{in}=\beta r_e=25\beta/I_C(\text{mA})$。同样，$I_C$ 在信号摆幅上变化，从而提供变化的输入阻抗。除非驱动基极的信号源具有低阻抗，否则由于信号源和放大器的输入阻抗所形成的非线性（即可变的）分压器，你会被非线性搞得一团糟。相反，发射极退化的放大器的输入阻抗几乎恒定且很高。

3）偏置。偏置接地共射极放大器很困难，仅根据 Ebers-Moll 方程施加电压（使用分压器）以提供正确的静态电流可能会看似简单。由于 V_{BE}（在固定 I_C 上）的温度依赖性大约为 2.1mV/℃，这种方法行不通［由于 $I_S(T)$ 随温度变化，它实际上随着 T 的增加而降低；结果，V_{BE} 大致与 $1/T$（绝对温度）成正比］。这意味着，当温度升高 30℃（相当于 V_{BE} 变化 60mV）时，集电极电流（对于固定的 V_{BE}）将增加 10 倍，即大约 9%/℃。这种不稳定的偏置是没有用的，因为即使温度变化很小也会导致放大器饱和。例如，接地共射极放大器将集电极偏置为电源电压的一半，如果温度上升 8℃，则它将进入饱和状态。

练习 2.13　假设它最初是为 $V_C=0.5V_{CC}$ 偏置的，验证环境温度上升 8℃会导致基极偏置的接地共射极放大器饱和。

以下各节将讨论一些偏置问题的解决方案。对比而言，发射极退化的放大器通过向发射极施加电压来实现稳定的偏置，该电压大部分出现在发射极电阻两端，从而决定了静态电流。

2. 发射极电阻引入反馈

如果在发射极内部电阻 r_e（发射极退化）上串联一个外部电阻，则可以改善共射极放大器的许多性能，但要以增益为代价。你会在第 4 章和第 5 章中看到同样的事情，当我们讨论负反馈时，通过反馈一些输出信号以减少有效输入信号来改善放大器的特性。这里的相似之处并非巧合，发射极退化的放大器本身使用了负反馈形式。将晶体管视为跨导器件，根据基极和发射极之间施加的电压确定集电极电流（因此确定输出电压），但放大器的输入是从基极到地的电压。因此，从基极到发射极的电压就是输入电压减去输出的采样值（即 I_ER_E）。这就是负反馈，这就是为什么发射极退化会改善放大器的多数性能（此处改善了线性度和稳定性，并增加了输入阻抗[⊖]）。在 2.5 节中，当我们第一次学习反馈时，将使上面的陈述变得定量化。

2.3.5　共射极放大器的偏置

如果必须具有尽可能高的增益（或者如果放大器在反馈环路内），则对共射极放大器进行成功的偏

⊖ 如果直接从集电极引入反馈，输出电阻将会下降。

置也是可能的，可以单独或组合使用下面三种方案：旁路发射极电阻、匹配偏置晶体管和直流反馈。

1. 旁路发射极电阻

如图2.48所示，可以使用旁路发射极电阻的方法，对退化的放大器进行偏置。在这种情况下，R_E 的选择约为 $0.1R_C$。如果 R_E 太小，则发射极电压将比基极-发射极的压降小得多，V_{BE} 随温度变化导致静态点的温度不稳定性。发射极旁路电容的选择需要使其阻抗在感兴趣的最低频率下比 r_e 小（不是 R_E，为什么?）。在这种情况下，它的阻抗在650Hz时为25Ω。在信号频率处，输入耦合电容看到的阻抗为10kΩ，与基极阻抗并联，在这种情况下为 $\beta\times25\Omega$ 或2.5kΩ。在直流情况下，基极到地的等效阻抗要大得多（发射极电阻的 β 倍，约100kΩ）。

上面电路的一种变化形式是使用两个串联的发射极电阻，其中一个被旁路。例如，假设需要设计一个放大器，其电压增益为50，静态电流为1mA，V_{CC} 为+20V，用于20Hz～20kHz的信号。如果尝试使用发射极退化电路，则电路如图2.49所示。选择集电极电阻可将静态集电极电压设为 $0.5V_{CC}$。然后选择发射极电阻以获得所需的增益，包括 $r_e=25/I_C$（mA）的影响。问题在于随着约0.6V基极-发射极压降随温度的变化（大约−2.1mV/℃），因为 R_1 和 R_2 使基极保持恒定电压，只有0.175V的发射极电压会发生显著的变化。例如，可以验证20℃的升高会导致集电极电流增加近25%。

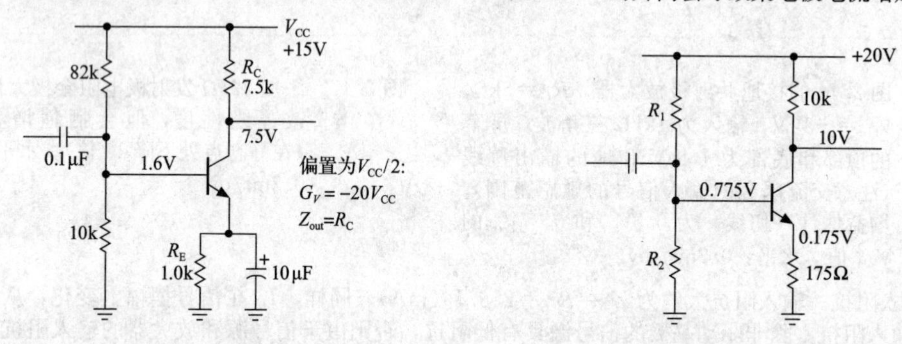

图2.48　旁路发射极电阻可用于改善接地共射极放大器的偏置稳定性

图2.49　存在偏置稳定性问题的50倍增益级

练习2.14　证明上述说法是正确的。

此处的解决方案是增加一些可以旁路的发射极电阻以获得稳定的偏置，而在信号频率范围内的增益保持不变（见图2.50）。和以前一样，选择集电极电阻将集电极置于10V（$0.5V_{CC}$）。然后，按提供的增益为50设定未被旁路的发射极电阻，包括发射极内部电阻 r_e。然后添加足够的可旁路的发射极电阻以实现稳定的偏置（通常集电极电阻的十分之一是一个很好的参考）。选择基极电压以提供1mA的发射极电流，其阻抗约为基极等效直流阻抗的十分之一（约为100kΩ）。参考最低信号频率选择发射极旁路电容，使它具有比（180+25）Ω更低的阻抗。最后，选择输入耦合电容，与放大器对应的输入阻抗等于分压器阻抗与 $\beta(180+25)\Omega$ 的并联（在信号频率处，820Ω的电阻被旁路了，看起来像短路一样），使它在信号频率范围内具有较低的阻抗。

另一种电路将信号路径与直流路径分开（见图2.51），使你无须改变偏置即可改变增益（通过改变180Ω电阻）。

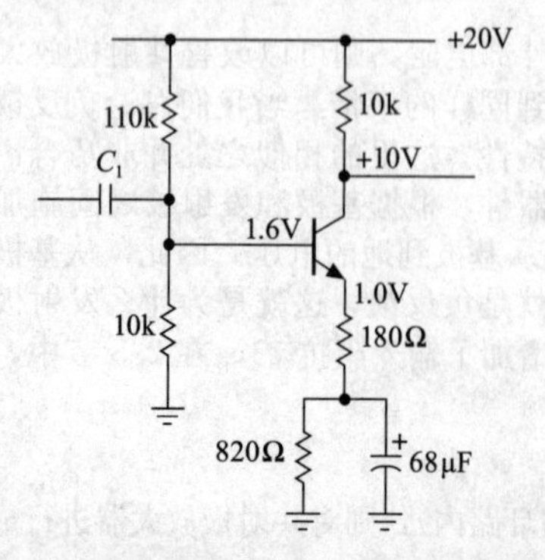

图2.50　拥有偏置稳定性、线性度和大电压增益的共射极放大器

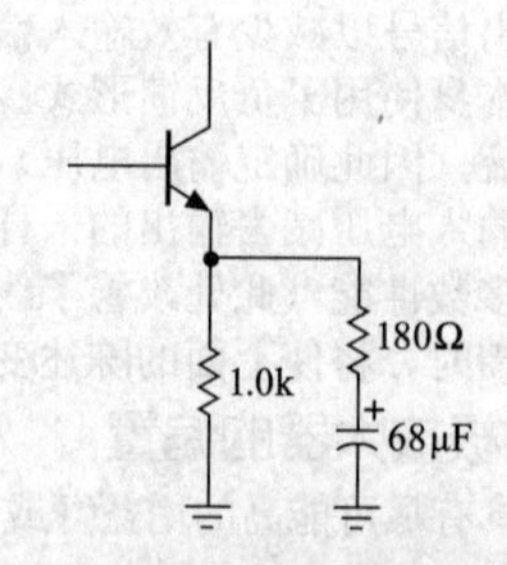

图2.51　图2.50的等效发射极电路

2. 匹配偏置晶体管

你可以使用匹配晶体管为所需的集电极电流生成正确的基极电压。这样也可确保自动温度补偿（见图 2.52）。Q_1 的集电极汲取 1mA 的电流，因为可以保证它靠近地电压（准确地说是比地高出大约一个 V_{BE} 压降）。如果 Q_1 和 Q_2 是匹配的（作为单个器件提供，两个晶体管在一块硅片上），那么 Q_2 也将偏置以汲取 1mA 的电流，使其集电极处于＋10V 并允许±10V 对称摆幅。只要两个晶体管处于相同的温度，温度变化就不重要。这是使用单片双晶体管的一个很好的理由。

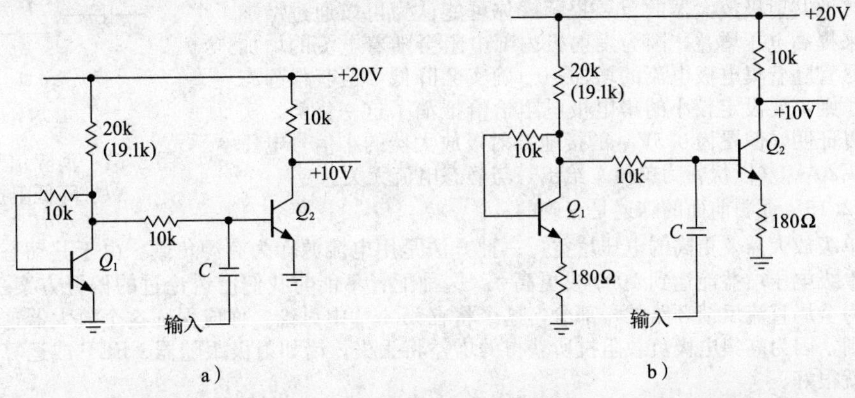

图 2.52 对于 a）接地的发射极和 b）退化的发射极，具有补偿 V_{BE} 压降的偏置方案。根据所示的值，V_C 约为 10.5V。考虑 V_{BE} 和有限 β 的影响，将 20kΩ 电阻减小到 19.1kΩ（标准值），同时将 V_C 设为 10V

3. 直流反馈

你也可以使用直流反馈来稳定静态点。图 2.53a 给出了一种方法。通过从集电极而不是 V_{CC} 获取偏置电压，可以获得一定程度的偏置稳定性。基极电压比参考地高一个二极管压降，并且由于其偏置来自 10∶1 的分压器，因此集电极电压必须比参考地高 11 倍的二极管压降或大约 7V 的状态。晶体管趋于饱和的任何趋势（例如，如果碰巧具有异常高的 β）都可以被稳定，因为集电极电压的下降将同时减小基极偏压。如果不需要非常稳定，该方案是可以接受的。

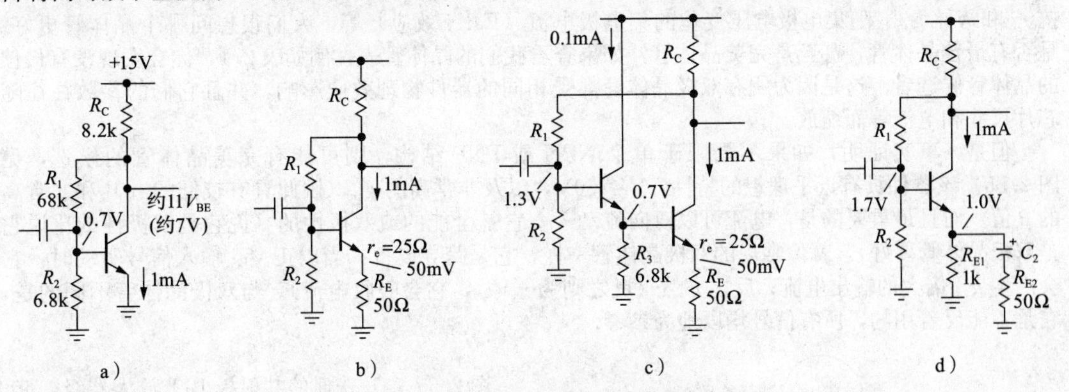

图 2.53 偏置稳定性可通过反馈得到改善

随着环境（周围）温度的变化，因为基极-发射极电压具有显著的温度系数（Ebers-Moll），静态点在环境温度变化时会有伏特级的电压漂移。如果在反馈环路中包括几个放大级，则可能具有更好的稳定性。稍后你将看到有关反馈的示例。

需要更好地了解反馈才能真正理解该电路。例如，反馈可降低输入和输出阻抗。输入信号端看的 R_1 电阻由于该级的电压增益有效地降低了。在这种情况下，它等效于约 200Ω 电阻接地（一点都不好!）。在本章的后面（以及在第 4 章中），我们将对反馈进行详细的介绍，以便计算出该电路的电压增益和端阻抗。

图 2.53b～d 展示了基本的直流反馈偏置方案的一些变化：图 2.53b 增加了一些发射极退化，以改善线性度和增益的可预测性；电路 c 增加了输入跟随器，以增加输入阻抗（通过适当增加 R_1R_2 分压器值和改变比率以适应额外的 V_{BE} 压降）；图 2.53d 将图 2.51 的方法与图 2.53b 相结合，以实现更

大的偏置稳定性。

注意，可以增加这些电路中的基极偏置电阻值，以提高输入阻抗，但应考虑不可忽略的基极电流。合适的值可能是 $R_1=220\text{k}\Omega$ 和 $R_2=33\text{k}\Omega$。一种替代方法是绕过反馈电阻，以消除信号频率处的反馈[1]（因此降低了输入阻抗）（见图 2.54）。

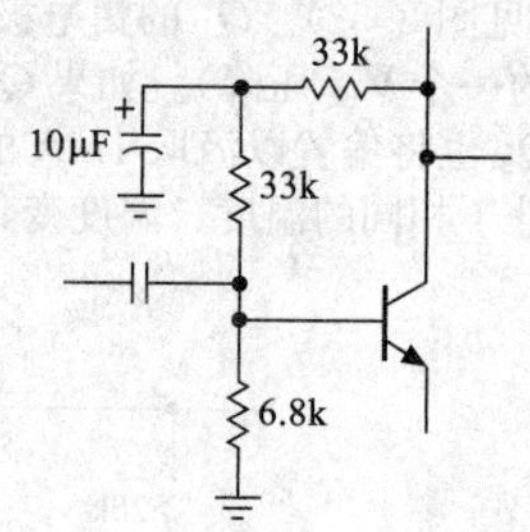

图 2.54 消除信号频率下降低阻抗的反馈

4. 关于偏置和增益的评论

关于接地共射极放大器的重要提示：你可能认为可以通过增加静态电流来提高电压增益，因为发射极内部电阻会随着电流的增加而下降。尽管随着集电极电流的增加，r_e 确实会降低，但获得静态集电极电压则需要设定较小的集电极电阻恰恰抵消了这一优势。实际上，可以证明，偏置为 $0.5V_{CC}$ 的接地共射极放大器的小信号电压增益由 $G=20V_{CC}$（以伏特为单位）给出，与静态电流无关。

练习 2.15 证明前面的陈述是正确的。

如果单级放大需要更高的电压增益，一种方法是用电流源作为有源负载。由于其动态阻抗非常高，因此单级电压增益能达到 1000 或更高[2]。这种配置不能与我们已讨论过的偏置方案一起使用，而必须成为全局直流反馈环路的一部分，这个将在第 4 章中讨论。你应保证这个放大器连接高阻抗负载，否则，因为高集电极负载阻抗所获得的增益将丢失。诸如射极跟随器、FET 或运算放大器之类的负载就很好。

RF 放大器仅在狭窄的频率范围内使用，常使用并联 LC 电路作为集电极负载。在这种情况下，由于 LC 电路在信号频率处具有高阻抗（如电流源一般），而在直流处具有低阻抗，因此可能具有很高的电压增益。因为 LC 是调谐的，外干扰信号（和失真）被有效地抑制。另外的好处是可能出现 $2V_{CC}$ 的峰-峰值输出摆幅，且使用变压器的电感耦合。

练习 2.16 设计一个调谐的共射极放大器，使其工作在 100kHz。使用旁路发射极电阻，并将静态电流设置为 1.0mA。假设 $V_{CC}=+15\text{V}$，$L=1.0\text{mH}$，并在 LC 两端放置一个 $6.2\text{k}\Omega$ 电阻，以设置 $Q=10$（获得 10%的带通，参见 1.7.14 节）。输入使用电容耦合。

2.3.6 完美晶体管

观察双极晶体管的一些特性，例如非零（和温度相关）的 V_{BE}、有限（和电流相关）的发射极阻抗 r_e 和跨导 g_m、随集电极电压变化的集电极电流（Early 效应）等，人们很想问哪个晶体管更好？是否有最佳晶体管，甚至是完美晶体管？如果查看我们的晶体管表，例如表 2.1，你会发现没有最佳的晶体管候选者。这是因为所有双极晶体管都受相同的器件物理效应影响，并且它们的参数往往随芯片尺寸和电流等而缩放。

但是，事实证明，如果不局限于单个 NPN 或 PNP 结构，则可能有完美晶体管的候选，见图 2.55。该器件具有近乎理想的特性：$V_{BE}=0\text{V}$，以及非常高的 g_m（因此具有较低的 r_e）和非常高的 β 值。而且最重要的是，电流可以双向流动——它是全能的或双极性的（说它是双极性的比说它是双极晶体管要好）。就像常规的双极晶体管一样，它是跨导设备：当以正 V_{BE} 输入信号驱动时，它会产生 g_m 倍大的输出电流；反之亦然（反之则为 $-V_{BE}$，它会吸收电流）。与双极晶体管不同的是，它是不能反着用的，所有信号均以地为参考。

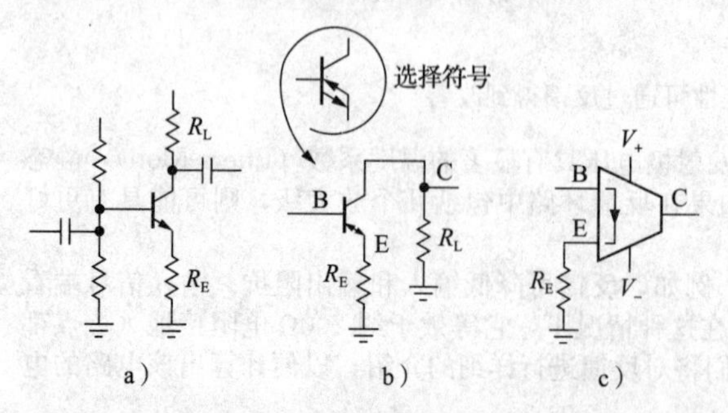

图 2.55 a）普通的共射极 BJT 放大器级，带有发射极退化电阻 R_E 和负载电阻 R_L；b）内置完美晶体管的共射极放大器，所有信号均参考接地，负载 R_L 也接地（未显示电源）；c）完美晶体管的 OTA 符号，实现为跨导运算放大器件，角符号被截断表示该器件具有电流输出

[1] 注意，级联 RC 部分会引入峰值和不稳定，除非注意到这点（避免相似的 RC 积）。

[2] 集电极输出电阻限制 Early 效应的缘故。

德州仪器（TI）称其完美晶体管（OPA860）为运算跨导放大器（OTA）。其他名称是电压控制电流源、跨导器、宏晶体管和正的第二代电流传输器（CCII＋）。我们担心它会带来品牌标识危机，因此，由于特征不足，我们将其称为完美晶体管。这些零件接近完美程度吗？完美的 OPA860 和 OPA861 晶体管具有以下规格：$V_{os}=3\text{mV}$（典型值为 12mV），$g_m=95\text{mS}$，$r_e=10.5\Omega$，$Z_{out}=54\text{k}\Omega\parallel 2\text{pF}$，$Z_{in}=455\text{k}\Omega\parallel 2\text{pF}$，$I_{out}(\max)=\pm 15\text{mA}$。它的最大增益为 5100，不完美但还不错。你可以使用这些器件创建许多不错的电路（例如，有源滤波器、宽带电流求和电路或纳秒级脉冲积分器）完美晶体管示例见图 2.56。

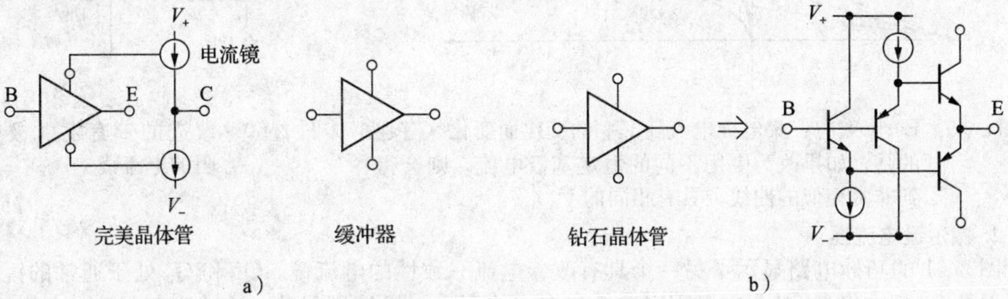

图 2.56 a）OPA860 完美晶体管包括一个钻石晶体管（三角形）和一对电流镜，第二个钻石晶体管用作输出缓冲器；b）钻石晶体管由一对互补的抵消的射极跟随器组成

2.3.7 电流镜

匹配基极-发射极偏置的技术可用于制作所谓的电流镜，这是一种有趣的电流源电路，可以简单地将它视为对编程电流的取反（见图 2.57）。你可以通过控制 Q_1 的集电极吸收电流来对镜像电流进行设定。这会导致在电路温度和晶体管类型下与 Q_1 电流对应的 V_{BE} 值。因此，匹配 Q_1 的 Q_2 被编程为向负载输出相同的电流。这里基极的小电流不重要。

该电路的一个优点是输出晶体管电流源的电压可以在 V_{CC} 的十几伏以内，因为没有发射极电阻压降需要处理。同样，在许多应用中，能够用电流对电流进行编程非常方便。简单的产生控制电流 I_P 的方法是使用电阻（见图 2.58）。由于基极低于 V_{CC} 一个二极管压降，因此 14.4kΩ 电阻会产生 1mA 的控制电流，从而产生 1mA 的输出电流。只要需要电流源，就可以在晶体管电路中使用电流镜。它们在集成电路中非常流行，其中匹配晶体管比比皆是，设计人员试图制造可在较大电源电压范围内工作的电路，甚至还有无电阻集成电路运算放大器，整个放大器的工作电流由外部电阻设置，内部各个放大器级的所有静态电流都由电流镜确定。

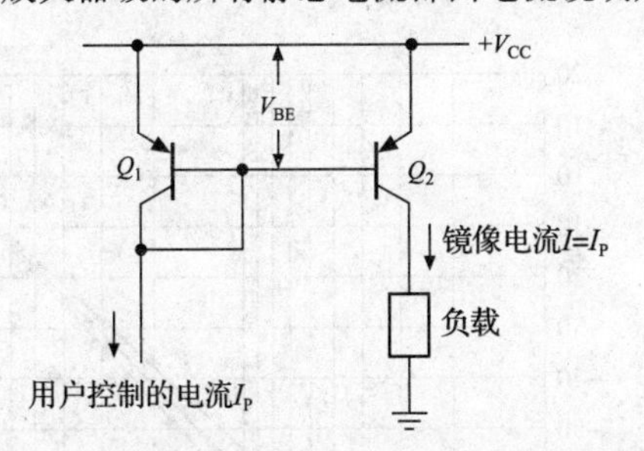

图 2.57 经典双晶体管匹配对电流镜。注意，即使使用了 PNP 晶体管，常规仍将正电源称为 V_{CC}

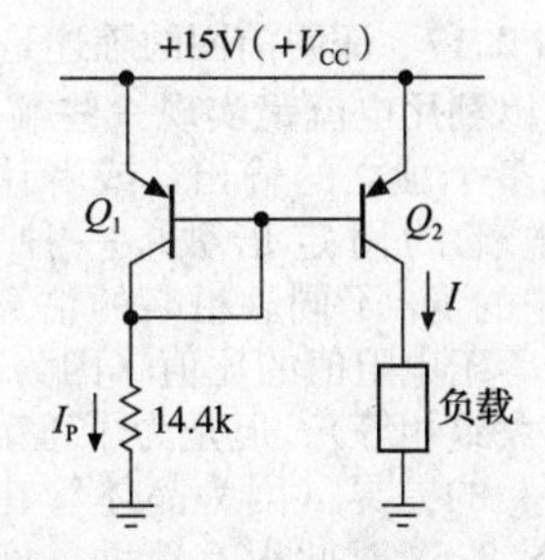

图 2.58 编程电流镜的电流

1. Early 效应导致的电流镜限制

简单电流镜的一个问题是输出电流随输出电压的变化而有小的变化，即输出阻抗不是无限大。这是因为 Q_2 在给定的电流下，V_{BE} 随集电极电压的变化而有小的变化（由于 Early 效应引起的）。换句话说，在固定的基极-发射极电压下，集电极电流与集电极-发射极电压的曲线并不平坦（见图 2.59）。实际上，电流可能会在输出合规范围内变化 25%左右，这要比前面讨论过的带有发射极电阻的电流源的性能差得多。

如果需要更好的电流源（不常用），一种解决方案是如图 2.60 所示的电路。选择发射极电阻的压降至少为零点几伏特，这使得电路成为更好的电流源，因为当输出电流确定时，V_{BE} 随 V_{CE} 的微小变化现在可以忽略不计。同样，应使用匹配的晶体管。注意，如果打算在较大的电流范围内工作，则该电路将失去有效性。

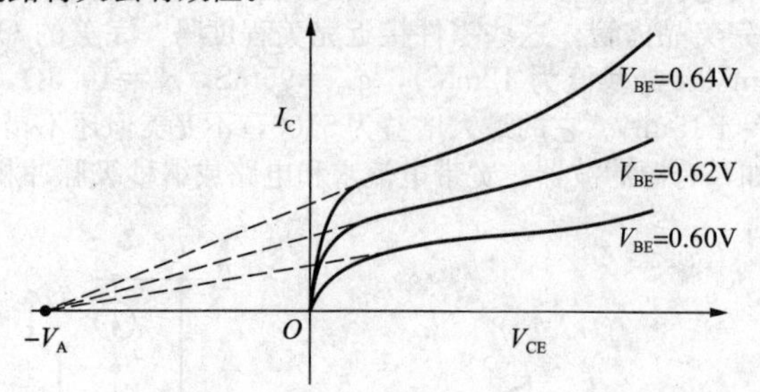

图2.59　Early效应：集电极电流随V_{CE}的变化而变化（有趣的是，如果改为应用不同的恒定基极电流，则会得到非常相似的曲线，具有相同的V_A）

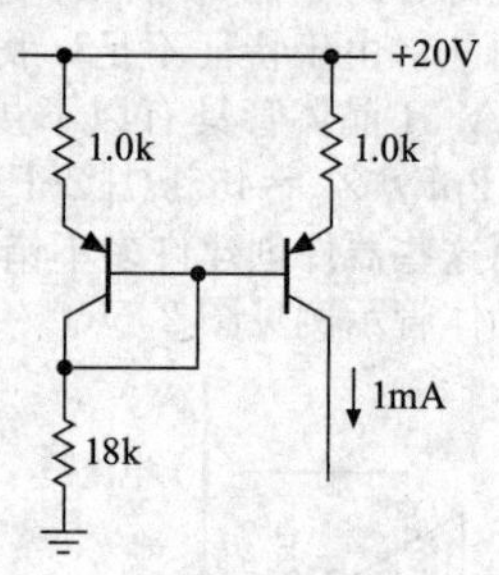

图2.60　改进的带有发射极电阻的电流镜

2. 威尔逊电流镜

图2.61的巧妙电路显示了另一个具有改善电流一致性的电流镜。Q_1和Q_2处于通常的镜像配置，但是Q_3现在将Q_1的集电极固定在低于V_{CC}的两个二极管压降处。这就避免了Q_1的Early效应，Q_1的集电极现在是编程端子，而Q_2则获得了输出电流。结果是两个电流输出的晶体管（Q_1和Q_2）都有固定的集电极-发射极压降。可以认为Q_3只是将输出电流传递到可变电压的负载（共源-共栅连接中使用了类似的技巧，你将在本章的后面看到）。顺便说一句，晶体管Q_3不必与Q_1和Q_2匹配。但是，如果它具有相同的β，则可以完全抵消图2.55的简单镜像带来的（小的）基极电流误差。

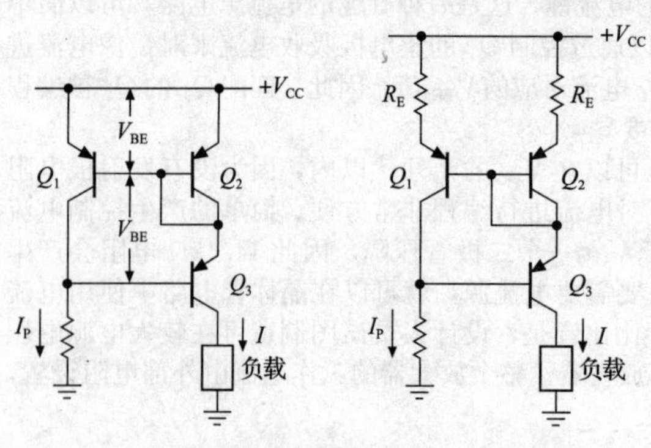

图2.61　威尔逊电流镜。通过共源-共栅晶体管Q_3可实现负载变化的良好稳定性，从而降低Q_1两端的电压变化。如图所示，添加一对发射极电阻R_E可以减少由V_{BE}不匹配引起的输出电流误差，在选择$I_P R_E$时，其误差应为100mV或更高

练习2.17　证明前面的陈述是正确的。

你可以利用电流镜实现一些额外的功能，例如生成多个独立的输出，或者让输出电流是编程电流的固定倍数。一种方法是使图2.61中的R_E不同。粗略的估算，输出电流比大约等于电阻值的比值（因为基极-发射极的压降大致相等）。但是为了正确起见，需要考虑V_{BE}的差异（因为晶体管在不同的电流下），图2.62对此很有帮助。该图对于估计由分立的（即不匹配的）晶体管构成的电流镜中的电流不平衡也是有用的。

2.3.8　差分放大器

差分放大器是一种非常常见的电路配置，用于放大两个输入信号之间的电压差。在理想情况下，输出完全独立于各个信号电平，只有电压的差值起作用。

在微弱信号被拾取和其他杂波污染的应用中差分放大器很重要。典型例子包括通过双绞线电缆传输的数字及RF信号、音频信号（术

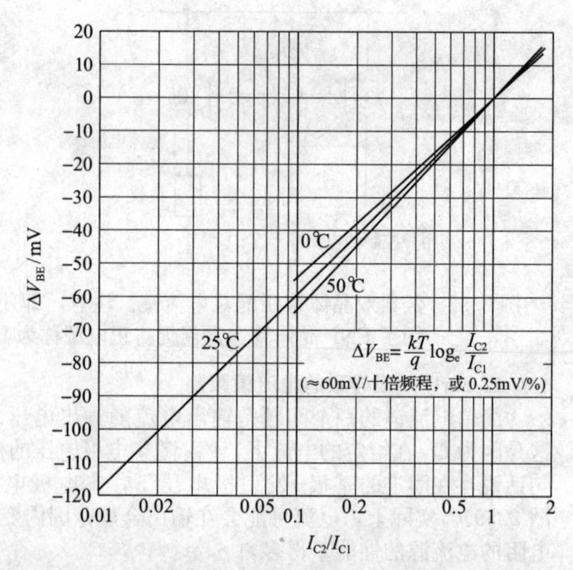

图2.62　匹配晶体管的集电极电流比，由施加的基极-发射极电压之差确定

语“平衡”指差分，在音频业务中通常为 600Ω 阻抗)、局域网信号（例如 100BASE-TX 和 1000BASE-T 以太网)、心电图电压、磁盘磁头放大器，以及许多其他的应用。如果共模的干扰信号不太大，则接收端的差分放大器将恢复原始信号。几乎所有运算放大器都有差分放大器，它是第 4 章所讨论的基本构建模块。它们在直流放大器设计（放大下至直流的放大器，即没有耦合电容）中非常重要，因为它们的对称设计固有地补偿了热漂移。

两个输入电压同时改变，即为共模输入改变。信号差异的变化称为正常模式，有时也称为差模。好的差分放大器具有高共模抑制比（CMRR)，即正常模式信号的响应与相同幅度共模信号的响应之比。CMRR 通常以分贝为单位。共模输入范围是输入可能变化的电压电平范围。差分放大器有时也称为长尾对。

差分放大器基本电路见图 2.63，输出相对于地取自集电极。这是最常见的配置，称为单端输出。你可以将此放大器视为放大差分信号并将其转换为单端信号的设备，这类输出方便普通电路模块（跟随器、电流源等）使用（相反，如果需要差分输出，则在集电极之间获取)。

增益为多大？这很容易计算，想象一个对称的输入信号摆动，其中输入 1 上升 v_{in}（小信号变化)，而输入 2 同时下降相同的量。只要两个晶体管都在放大区，点 A 就会保持固定电压。然后，像确定单个晶体管放大器那样确定增益，记住输入变化实际上是任一基极上摆动电压的两倍，即 $G_{diff}=R_C/2(r_e+R_E)$。典型 R_E 通常很小，等于或小于 100Ω，或者可以完全省略。差分电压增益是几百是可能的。

可以通过在两个输入端输入相同的信号 v_{in} 来确定共模增益。如果考虑正确[㊀]（记住 R_1 承载两个发射极电流)，你会发现 $G_{CM}=-R_C/(2R_1+R_E)$。这里我们忽略了小电阻 r_e，因为 R_1 通常很大，至少几千欧姆，所以也可以忽略 R_E。因此，CMRR 大约为 $R_1/(r_e+R_E)$。让我们看一个典型的例子（见图 2.64）以熟悉差分放大器。

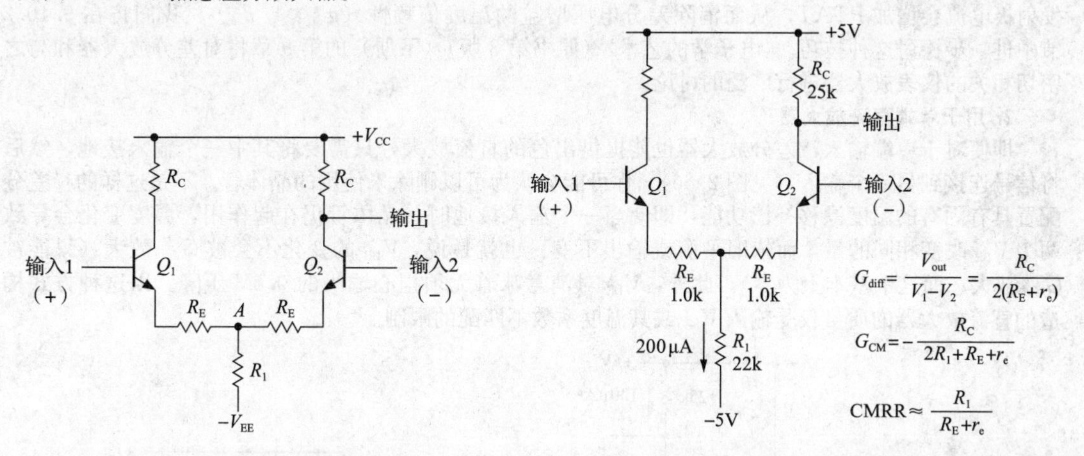

图 2.63　差分放大器基本电路　　　　图 2.64　计算差分放大器的性能

选择集电极电阻 R_C 让静态电流为 100μA。像往常一样，将集电极置于 $0.5V_{CC}$ 以获得较大的动态范围。Q_1 的集电极电阻可以省略，因为那里没有连接输出[㊁]。选择 R_1 以提供 200μA 的总发射极电流，当（差分）输入为零时，该电流在两侧均分。根据刚刚推导的公式，该放大器的差分增益为 10，共模增益为 0.55。省略 1.0kΩ 电阻将差分增益提高到 50，但将（差分）输入阻抗从大约 250kΩ 降低到大约 50kΩ（如果需要，可以在输入级中更换达林顿晶体管[㊂]以将阻抗提高到 MΩ 范围)。

记住，偏置到 $0.5V_{CC}$ 的单端接地共射极放大器的最大增益为 $20V_{CC}$（以伏特为单位)。对于差分放大器，最大差分增益（$R_E=0$）是该值的一半，或者（对于任意静态点）是集电极电阻两端电压的 20 倍。相应的最大 CMRR（再次让 $R_E=0$）等于 R_1 两端电压的 20 倍。与单端共射极放大器一样，发射极电阻 R_E 以增益为代价减少失真。

㊀ 提示：用两个 $2R_1$ 电阻并联替换 R_1 后，你可以切断 A 点连线（因为没有电流)，从这里开始。

㊁ 可以省去，但需要基极和发射极的电压降低，保留集电极电阻可以同时得到（避免 Early 效应)，省去 Q_1 的集电极电阻可以减少输入端的米勒效应（2.4.5 节)。

㊂ 参见 2.4.2 节。

练习 2.18　验证这些表达式的正确性。然后设计一个差分放大器，使其在±5V电源轨上运行，$G_{\mathrm{diff}}=25$，$R_{\mathrm{out}}=10\mathrm{k}\Omega$。像往常一样，将集电极的静态点设置为$V_{\mathrm{CC}}$的一半。

1. 利用电流源偏置

通过用电流源代替R_1，可以大大降低差分放大器的共模增益。然后，实际上等效于R_1变得非常大，共模增益几乎为零。如果愿意，可以想象一下共模输入摆幅。发射极电流源以对称方式保持恒定的总发射极电流，该电流由两个集电极电路平均分配，因此输出不变。图2.65给出了一个示例。该电路的CMRR（对于Q_1和Q_2使用LM394单片晶体管对）在直流时约为100 000∶1（100dB）。该电路的共模输入范围为－3.5～＋3V，在低端受到发射极电流源规约限制，在高端受到集电极静态电压的限制。

注意，该放大器与所有晶体管放大器一样，必须具有通往基极的直流偏置路径。例如，如果输入为电容耦合，则必须将基极用电阻接地。对于差分放大器，尤其是没有发射极间电阻的差分放大器，要特别注意双极晶体管在击穿之前只能承受6V的基极-发射极反向偏置，因此施加大于该值的差分输入电压会损坏输入级（如果没有发射极间电阻）。发射极间电阻可限制击穿电流并防止损坏，但晶体管仍可能被退化（β、噪声等）。无论哪种情况，在反向导通期间，输入阻抗都会急剧下降。

一个有趣的地方是如图2.65所示的晶体管发射极电流吸收器会随温度而变化，这是因为V_{BE}随着温度的升高而降低（大约为－2.1mV/℃），从而导致电流增加。更具体地说，如果将1.24V齐纳基准电压称为V_{ref}，则发射极电阻两端的压降等于$V_{\mathrm{ref}}-V_{\mathrm{BE}}$。电流是成比例的，因此随温度而增加。恰好，这实际上是有益的：从基本晶体管理论可以看出，$V_{g0}-V_{\mathrm{BE}}$大约与绝对温度（PTAT）成正比，其中V_{g0}是硅带隙电压（外推到绝对零），大约为1.23V。因此，选择等于带隙电压的V_{ref}电压，发射极电流会增加PTAT，从而消除差分电压增益的温度依赖性（$g_{\mathrm{m}}\propto 1/T_{\mathrm{abs}}$）。我们将在9.10.2节中进一步探讨这种技巧。《电子学的艺术》（原书第3版）（下册）的第9章将对差分放大器和与之密切相关的仪表放大器进行广泛的讨论。

2. 用于单端直流放大器

即使对于单端输入，差分放大器也能提供出色的直流放大，只需要将其中一个输入接地，然后将信号连接到另一个输入（见图2.66）。你可能会认为可以删除未使用的晶体管。不是这样的！差分配置具有固有的温度漂移补偿功能，即使当一个输入接地时，晶体管仍在起作用，温度变化会导致两个V_{BE}改变相同的量，而依旧平衡或输出不变。也就是说，V_{BE}的变化不会被G_{diff}放大（只能被G_{CM}放大，而这个基本上为零）。此外，V_{BE}对消意味着无须担心输入的0.6V压降。以这种方式构造的直流放大器的质量仅受输入V_{BE}或其温度系数不匹配的限制。

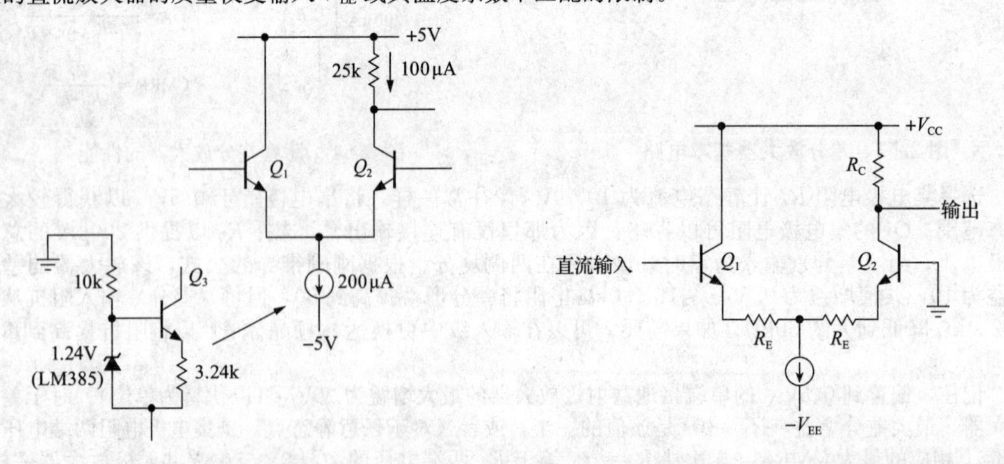

图2.65　利用电流源改善差分放大器的CMRR　　图2.66　差分放大器可用作精密单端直流放大器

商用单片晶体管对和商用差分放大器集成电路具有非常好的匹配度（例如，MAT12 NPN单片匹配对在两个晶体管之间的V_{BE}典型漂移为0.15μV/℃）。

前面的电路示例中任何一个输入都可以接地。该选择取决于放大器是否需要将信号反相（由于米勒效应所示的配置在高频时更受欢迎，参见2.4.5节）。所示的连接是同相的，反相输入已接地。该术语也用于运算放大器，实际也是多种多样的高增益差分放大器。

3. 电流镜有源负载

与简单的接地共射极放大器一样，有时需要具有很高增益的单级差分放大器。一个可行的解决方案是使用电流镜有源负载（见图 2.67）。Q_1 和 Q_2 是有发射极电流源的差分对。电流镜 Q_3 和 Q_4 构成集电极负载。假设放大器输出无负载，则电流镜提供的有效集电极有效负载阻抗可产生 5000 或更高的电压增益[⊖]。这种放大器作为复杂电路中的输入级非常普遍，通常仅在反馈环路内使用，或也可用作比较器（在下一节中讨论）。确保将这种放大器的负载阻抗保持很高，否则增益将大大降低。

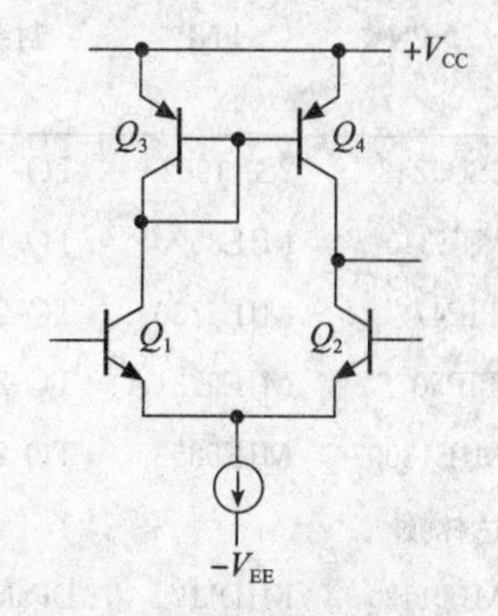

图 2.67　具有电流镜有源负载的差分放大器

4. 差分放大器作为分相器

对称差分放大器的集电极产生反相的相等信号摆幅。通过获取两个集电极的输出，就得到了分相器。当然，也可以同时使用具有差分输入和差分输出的差分放大器。然后，该差分输出信号可用于驱动下一级的差分放大器，从而大大改善整体电路的共模抑制性能。

5. 差分放大器作为比较器

由于具有高增益和稳定的特性，差分放大器是比较器的主要组成部分，该电路可以判断两个输入中哪个较大。它们可用于各种应用，例如开启灯和加热器、由三角波产生方波、检测电路中的电平何时超过某个特定阈值、D 类放大器和脉冲编码调制、开关电源等。基本思想是连接差分放大器，以便根据输入信号的相对电平来打开或关闭晶体管开关，此时放大的线性区域被忽略，两个输入晶体管在任何时候总有一个截至。2.6.2 节中使用电阻温度传感器（热敏电阻）的温度控制电路对典型的连接进行了说明。

2.4　构建放大器的基本电路

现在，我们已经学习大多数基本且重要的晶体管电路：开关、跟随器、电流源（和镜像）以及共射极放大器（单端和差分）。在本章下面的部分，我们将讨论一些精巧的电路：推挽、达林顿、Sziklai 和自举电路，以及米勒效应和共源共栅配置。我们将以出色的（必不可少的）负反馈技术作为结尾。

双极功率晶体管见表 2.2。

表 2.2　双极功率晶体管

NPN	PNP	封装	V_{CEO} (max) /V	I_C (max) /A	P_{diss} (max) /W	$R_{\theta JC}$ /(℃/W)	h_{FE} 最小	h_{FE} 典型	当 I_C/A	f_T (min) /MHz
标准 BJT										
BD139	BD140	TO-126	80	1.5	12.5	10	40	100	0.15	50
2N3055	2N2955	TO-3	60	15	115	1.5	20	—	4	2.5
2N6292	2N6107	TO-220	70	7	40	3.1	30	—	2	4
TIP31C	TIP32C	TO-220	100	3	40	3.1	25	100	1	3
TIP33C	TIP34C	TO-218	100	10	80	1.6	40	100	1	3
TIP35C	TIP36C	TO-218	100	25	125	1.0	25	150	1.5	3
MJ15015	MJ15016	TO-3	120	15	180	1.0	20	35	4	0.8
MJE15030	MJE15031	TO-220	150	8	50	2.5	40	80	3	30
MJE15032	MJE15033	TO-220	250	8	50	2.5	50	100	1	30
2SC5200	2SA1943	TO-264	230	17	150	0.8	55	80	1	30

⊖ 直流增益受到 Early 效应的限制。

（续）

NPN	PNP	封装	V_{CEO} (max) /V	I_C (max) /A	P_{diss} (max) /W	$R_{θJC}$ /(℃/W)	h_{FE} 最小	h_{FE} 典型	当 I_C/A	f_T (min) /MHz
2SC5242	2SA1962	TO-3P	250	同上	同上	同上	同上	同上	同上	同上
MJE340	MJE350	TO-126	300	0.5	20	6	30	—	0.05	—
TIP47	MJE5730	TO-220	250	1	40	3.1	30	—	0.3	10
TIP50	MJE5731A	TO-220	400	同上	同上	同上	同上	—	同上	同上
MJE13007	MJE5852	TO-220	400	8	80	1.6	8	20	2	14
达林顿										
MJD112	MJD117	DPak	100	2	20	6.3	1000	2000	2	25
TIP122	TIP127	TO-220	100	5	65	1.9	1000	—	3	—
TIP142	TIP147	TO-218	100	10	125	1.0	1000	—	5	—
MJ11015	MJ11016	TO-3	120	30	200	0.9	1000	—	20	4
MJ11032	MJ11033	TO-3	120	50	300	0.6	1000	—	25	—
MJH11019	MJH11020	TO-218	200	15	150	0.8	400	—	10	3

2.4.1　推挽输出级

如本章前面所述，NPN射极跟随器不能吸收电流，而PNP射极跟随器则不能提供电流。结果是只有使用大的静态电流，在分立电源之间工作的单端射极跟随器才可以驱动接地负载。静态电流必须至少与波形峰值时最大输出电流一样大，导致高的静态功耗。例如，图2.68显示了用于驱动8Ω扬声器负载射极跟随器电路，驱动高达10W的音频。

对驱动的解释：使用PNP射极跟随器Q_1以减少对信号源的要求并对消Q_2的V_{BE}偏移（0V输入给出大约0V输出）。当然，为了简单可以省略Q_1。Q_1发射极负载中的电流源用于确保在信号摆幅的顶部能够驱动Q_2的基极。使用电阻作为发射极负载会很差，因为它必须是相当低的值（50Ω或更小），以便在输入摆幅的峰值处保证对Q_2的基极驱动至少有50mA，此时，负载电流最大且这个电阻两端的压降最小。因而，Q_1中产生的静态电流将过大。

该示例电路的输出可双向摆动至近±15V（峰值），从而提供所需的输出功率（8Ω时为9V rms）。但是，在没有信号的情况下，输出晶体管耗散55W（因此有散热片符号），而发射极电阻又耗散110W。这种A类输出电路的特点是静态功耗是最大输出功率很多倍（晶体管始终处于导通状态）。显然，在涉及大功率的应用中还有很多需要改进的地方。

图2.69给出了实现相同功能的推挽跟随器。在正向波形时Q_1导通，在负向波形时Q_2导通。当输入电压为零时，没有集电极电流和功耗。当输出功率为10W时，每个晶体管的耗散小于10W㊀。

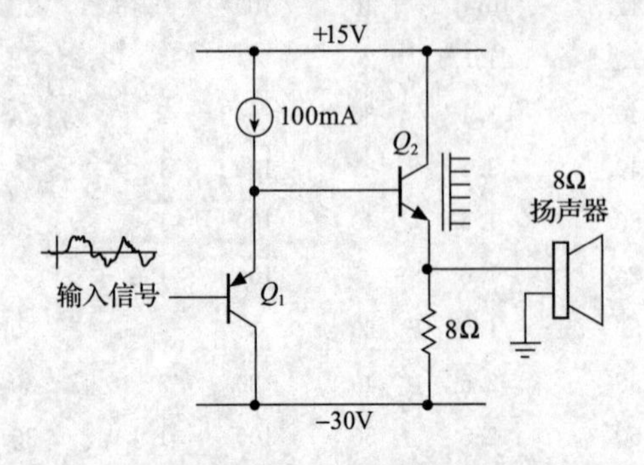

图2.68　内置单端射极跟随器的10W扬声器放大器可消耗165W的静态功率！

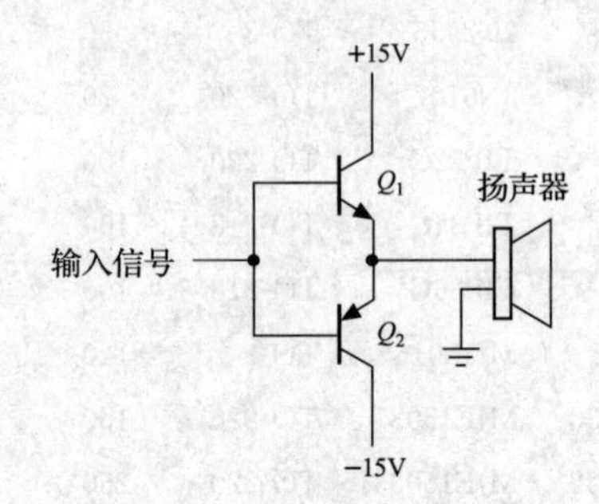

图2.69　推挽射极跟随器

㊀　每个输出晶体管中具有半周期导通的放大器有时被称为B类放大器。

1. 推挽电路的交越失真

前面的电路存在问题。由于输出比输入端下降一个 V_{BE} 电压，在正向波形时，输出约比输入小 0.6V，而在负向波形时则相反。对于正弦波输入，输出见图 2.70。利用音频的术语，这种情况称为交越失真。最佳的解决方法是将推挽级偏置为如图 2.71 所示的轻微导通（反馈提供了另一种方法，尽管并不完全令人满意）。偏置电阻 R 使二极管处于刚刚正向导通的状态，使 Q_1 的基极高于输入电压一个二极管的压降，Q_2 的基极电压低于输入信号一个二极管的压降。现在，当输入信号过零时，Q_2、Q_1 交替导通，两个输出晶体管中总有一个导通。选择基极电阻 R 的值，以在峰值输出处能为输出晶体管提供足够的基极电流。例如，在±20V 电源和 8Ω 负载（正弦波功率高达 10W）下，基极电压峰值约为 13.5V，负载峰值电流约为 1.6A。假设晶体管 β 值为 50（功率晶体管通常比小信号晶体管具有更低的电流增益），则需要 32mA 的基极电流和约 220Ω 的基极电阻（电源电压 V_{CC} 和基极输入峰值电压相差 6.5V）。

在该电路中，可以在输入到输出之间添加电阻（也可以在图 2.69 中完成此操作）。当晶体管交替导通时（特别是在第一个电路中），这起到消除死区的作用，尤其是当该电路包含在更大的反馈电路中时。但是，它无法替代如图 2.71 所示的通过偏置进行线性化的方法，实现在整个输出波形的晶体管导通。

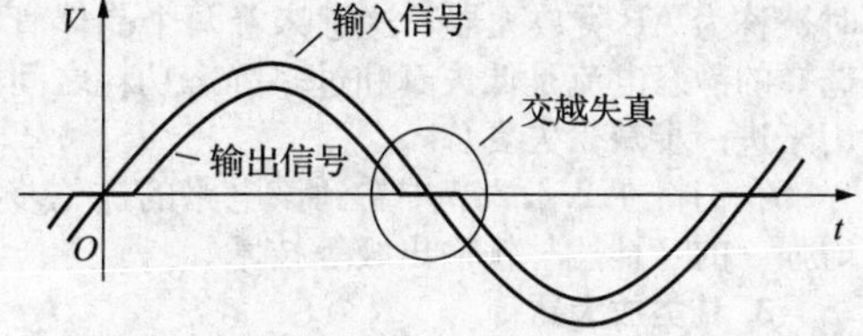

图 2.70 推挽跟随器中的交越失真

2. B 类推挽放大器的热稳定性

前面的放大器有个不好之处：它是热不稳定的。随着输出晶体管的发热（因为在施加信号时会消耗功率而变热），它们的 V_{BE} 下降，导致有静态电流流动，这会产生更多的热量使情况变得更糟，有可能发生所谓的热漂移（是否失控取决于许多因素，包括使用散热器的大小、二极管是否很好地跟随晶体管的温度等）。即使没有漂移，通常也需要采用如图 2.72 所示的电路以便更好地控制。

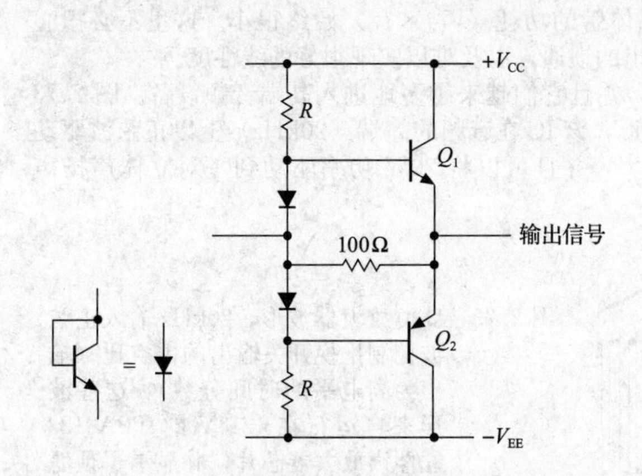

图 2.71 偏置推挽跟随器以消除交越失真

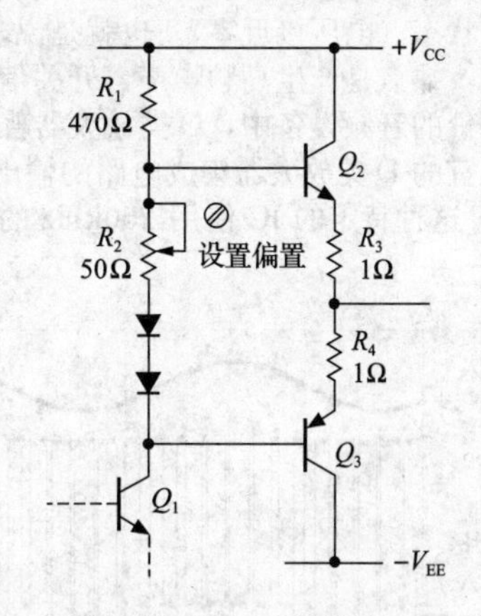

图 2.72 增加（较小的）发射极电阻可以改善推挽跟随器的热稳定性

在多数情况下，输入通常来自上一级放大的集电极。因此，R_1 既是 Q_1 的集电极电阻，又是为二极管提供偏置电流和为推挽级电路设置偏置的电阻。这里的 R_3 和 R_4 通常为几欧姆或更小，为敏感的静态电流偏置提供了缓冲：输出晶体管基极之间的电压必须比两个二极管的压降高一点，采用可调偏置电阻 R_2 提供额外的压降（通常用串联第三个二极管代替，或者最好用图 2.78 的偏置电路代替）。R_3 和 R_4 上只有零点几伏的电压，V_{BE} 的温度变化不会导致电流过度迅速上升（R_3 和 R_4 上的压降越大，灵敏度越低），电路将保持稳定。通过将二极管[⊖]与输出晶体管（或其散热器）物理接触可以提高稳定性。

可以估算这种电路的热稳定性：每升高 1℃，基极-发射极的压降就会降低约 2.1mV；而压降每

⊖ 或者，最好是二极管连接的晶体管，将基极和集电极连接在一起作为阳极，将发射极作为阴极。

增加60mV，集电极电流就会增加10倍。例如，如果将R_2替换为二极管，则Q_2和Q_3的基极之间将有3个二极管压降，允许在R_3和R_4的串联中大约1个二极管压降。热稳定性最差的情况发生在偏置二极管未热耦合至输出晶体管的情况。

假设最坏的情况，并计算输出级静态电流的增加量，该增加量对应于输出晶体管温度升高30℃时的情况。顺便说一下，对于功率放大器来说，这并不是很多。对于该温度升高，每个输出晶体管的V_{BE}在恒定电流下将降低约63mV，从而使R_3和R_4两端的电压升高约50%（即静态电流升高约50%）。前面没有发射极电阻的放大器电路的对应图（见图2.71）将导致静态电流增加10倍（注意，V_{BE}每增加60mV，I_C就会增加10倍），即1000%。显然，该偏置装置的热稳定性得到了改善（即使没有将二极管热耦合至输出晶体管）。当二极管（或二极管连接的晶体管，最重要的是，如图2.78所示的V_{BE}基准偏置）在散热器上时，性能会大大提高。该电路另外的优点是，通过调节静态电流，可以对残留的交越失真量进行控制。以这种方式偏置以在交越处获得大量静态电流的推挽放大器有时被称为AB类放大器，这意味着两个晶体管在整个周期的大部分时间内都同时导通。实际上，所选择的静态电流是低失真和过多静态功耗之间的良好折中方案。在本章后面所介绍的反馈几乎总是用来进一步减少失真。

我们将在2.4.2节中看到该电路的进一步发展，我们将补充阐述V_{BE}基准偏置、集电极自举和增强β的互补达林顿输出级等技术。

3. D类放大器

解决AB类线性功率放大器的整个功耗（和失真）问题的一个有趣方案是完全放弃线性级的想法，而改用开关方案：想象一下图2.72的推挽跟随器晶体管Q_2和Q_3被一对晶体管开关所替代，任何时候一个晶体管导通而另一个截止，因此，任何时刻的输出都是$+V_{CC}$或$-V_{CC}$。还要想象，这些开关在高频率下工作（例如，至少是最高音频频率的10倍），并且它们的相对定时受到控制（通过将在《电子学的艺术》（原书第3版）（下册）的第10～13章中介绍的技术），以使平均输出电压等于所需的模拟输出。最后，添加LC低通滤波器以消除开关信号的高频部分，使所需的（低频）模拟输出保持完整。

这就是D类或开关放大器。它具有高效率的优势，因为开关晶体管处于关闭状态（无电流）或处于饱和状态（电压接近零）。也就是说，开关晶体管的功耗（$V_{CE}\times I_C$）始终很小。这里不必担心热量失控，缺点是产生高频噪声、开关信号到输出的馈通，以及难以实现很好的线性度。

在廉价的音频设备中，D类放大器普遍应用，并且它们越来越多地进入高端音频设备。图2.73显示了便宜的D类放大器集成电路的输出测量波形，该IC在音频的高端（20kHz）上以正弦波驱动5Ω负载。这种特定的IC使用250kHz的开关频率，并且可以将20W功率驱动到一对立体声扬声器中。

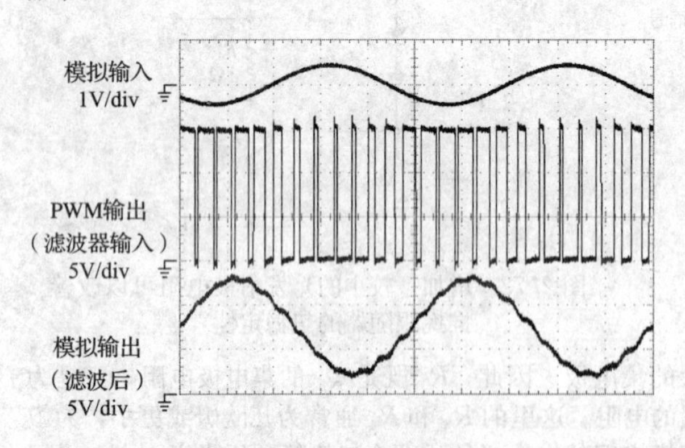

图2.73　D类放大器波形，20kHz输入正弦波控制推挽开关输出的占空比（输出为高电平的时间分数）。这些波形来自运行在+15V的TPA3123立体声放大器芯片，并显示了预滤波的PWM（脉宽调制）输出以及LC低通输出滤波器之后的最终平滑输出。水平：10μs/div

2.4.2　达林顿连接

按图2.74所示将两个晶体管连接在一起，称为达林顿连接（或达林顿对），它的外部行为就像是具有等于两个晶体管β值乘积的β值的单个晶体管。在涉及大电流的地方（例如稳压器或功率放大器的输出级），或者对于需要非常高输入阻抗的放大器的输入级，这可能带来很大的方便。

对于达林顿晶体管，基极-发射极的压降是正常值的两倍，而饱和电压至少是一个二极管的压降（因为Q_1的发射极必须高于Q_2的发射极一个二极管压降）。而且，由于Q_1不能快速关断Q_2，因此该组合像一个相当慢的晶体管。通常可以通过在Q_2的基极到发射极之间加一个电阻来解决此问题

(见图 2.75)。电阻 R 还可以防止流过 Q_1 的泄漏电流将 Q_2 偏置为导通[⊖]。选择它的阻值使 Q_1 的泄漏电流（小信号晶体管为 nA，功率晶体管为数百 μA）在 R 两端产生的电压小于二极管压降，并且即使 R 上有一个二极管压降时也不会吸收 Q_2 基极的大部分电流。通常，功率晶体管的达林顿连接中 R 可能是几百欧姆，而对于小信号晶体管的达林顿连接，R 可能是几千欧姆。

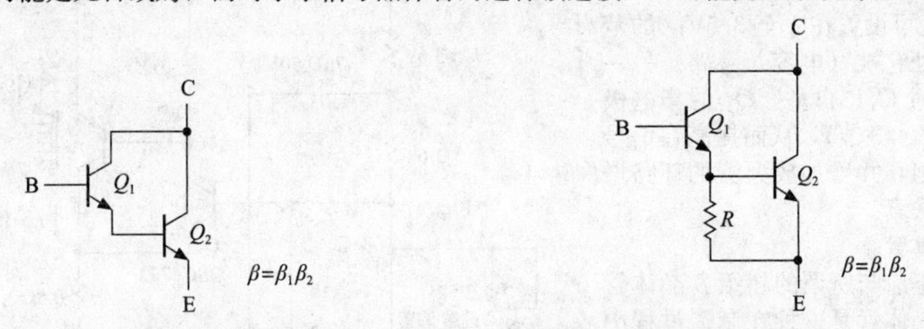

图 2.74　达林顿晶体管配置

图 2.75　提高达林顿对的关断速度（只要 R 不会从 Q_2 夺走显著的基极电流，则 β 公式就是有效的）

达林顿晶体管可作为单个封装提供，通常包括基极-发射极电阻。一个典型的例子是 NPN 功率达林顿 MJH6284（和 PNP MJH6287），在 10A 的集电极电流下的电流增益为 1000（典型值）。另一种流行的功率达林顿晶体管是价格便宜的 NPN TIP142（和 PNP TIP147），当 $I_C=5A$ 时的典型 $\beta=4000$。对于小信号应用，我们喜欢广泛应用的 MPSA14 或 MMBTA14（分别采用 TO-92 和 SOT23 封装），其最小 β 值在 10mA 时为 10 000，在 100mA 时为 20 000。这种 30V 的器件没有内部的基极-发射极电阻（因此可以在非常小的电流下使用它们）。图 2.76 显示了这些器件的 β 与集电极电流之间的关系。注意，高 β 值令人愉悦，但它对温度和集电极电流都有很大的依赖性。

1. Sziklai 连接

Sziklai 连接是一个类似的 β 值增强配置，有时也称为互补达林顿（见图 2.77）。这种组合就像一个具有较大 β 值的 NPN 晶体管，它只有一个基极-发射极压降，但是（像达林顿一样）它的饱和压降不能小于二极管压降。出于与达林顿相同的原因（漏电流、速度、V_{BE} 的稳定性），建议从 Q_2 的基极到发射极之间连接一个电阻。这种连接在推挽功率输出级中很常见，因为在其中设计人员总希望使用大电流输出晶体管。但是，即使用作互补极性对，对于放大器和其他线性应用，它也比达林顿更受欢迎。这是因为它具有一个 V_{BE} 压降（相对于两个）的优点，并且该压降由于输出晶体管的基极-发射极连接电阻而得以稳定。例如，如果选择 R_B 使其电流（其上是标准的 V_{BE} 压降）为峰值输出时输出晶体管基极电流的 25%，则驱动器晶体管的集电极电流仅能变化 5 倍，因此其 V_{BE}（即 Sziklai 的 V_{BE}）在整个输出电流摆幅上的变化仅为 40mV（V_T ln5）。

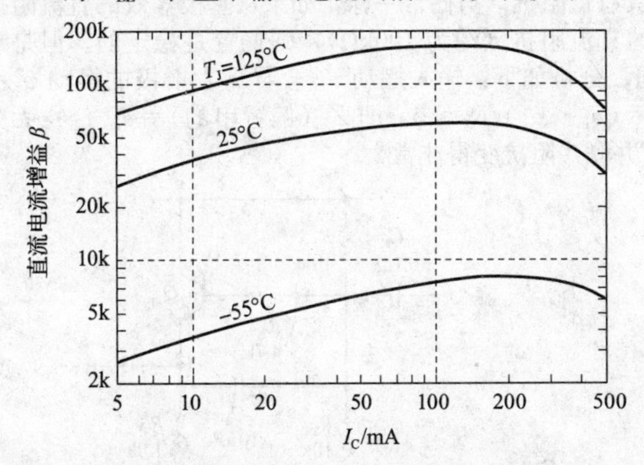

图 2.76　流行的 MPSA14 NPN 达林顿晶体管的典型 β 值与集电极电流的关系

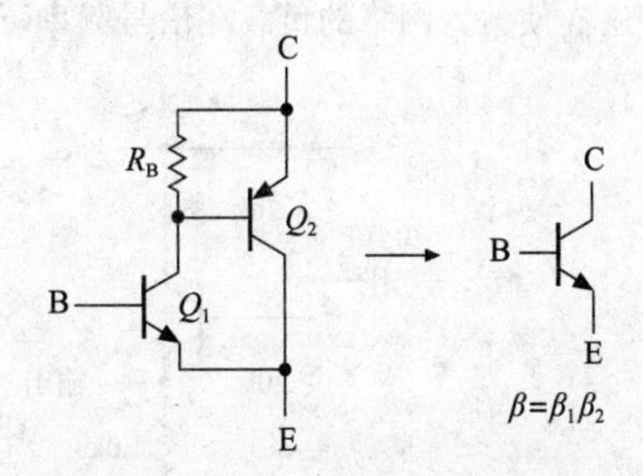

图 2.77　Sziklai 连接（互补达林顿）

图 2.78 给出了推挽 Sziklai 输出级的很好的例子，与达林顿替代方案相比具有重要的优势，即 Q_3Q_5 对偏置为 AB 类导通（以最小化交越失真），只需要两倍基极-发射极压降，而不是四倍。更重

⊖　而且，通过稳定 Q_1 的集电极电流，它提高了达林顿总 V_{BE} 的可预测性。

要的是，与输出晶体管（Q_4 和 Q_6）相比，Q_3 和 Q_5 的运行温度更低，因此可以依靠它们所具有的稳定的基极-发射极压降。与传统的达林顿相比，该示例可以设置更高的静态电流，因为在传统的达林顿中必须留出更大的安全裕度和底线，以降低失真㊀。

在该电路中，Q_2 是用作偏置的可调的 V_{BE} 倍增器，此处可设置在1至3.5V_{BE} 的范围内；信号频率处它被（电容）旁路。另一个电路技巧是通过 C_1"自举"Q_1 的集电极电阻（请参见§2.4.3节），从而提高在信号频率下的有效电阻，并增加放大器的环路增益以产生更低的失真。

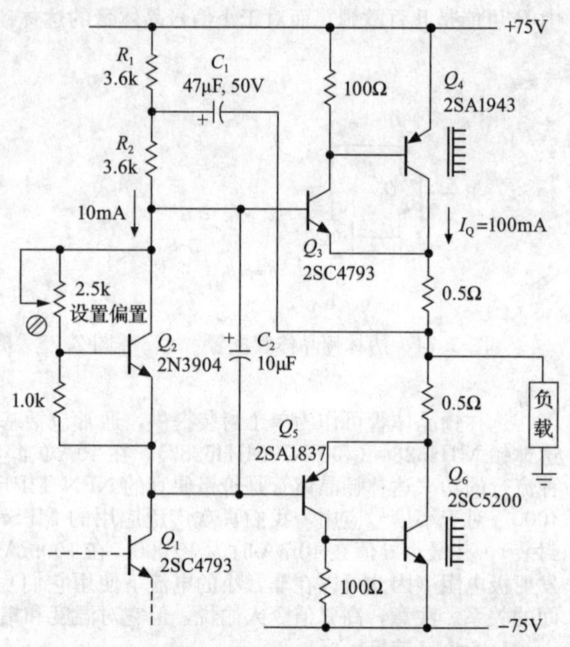

图2.78 具有Sziklai对输出晶体管的推挽功率级，能够输出摆幅为±70V，峰值输出电流为±2A

2. 超级β晶体管

达林顿连接不应与所谓的超级β晶体管相混淆，超级β晶体管是一种在制造过程中具有很高电流增益的器件。典型的超级β晶体管是2N5962，在10μA～10mA的集电极电流时，保证的最小电流增益为450。超级β晶体管匹配对可用于需要匹配特性要求的低电平放大器，例如2.3.8节的差分放大器。最著名的例子是LM394和MAT-01系列，它们提供了高增益NPN晶体管对，其 V_{BE} 匹配到几分之一mV（最好的仅为50μV），且其β值匹配到大约1%。MAT-03是PNP匹配对。一些商用运算放大器使用超级β差分输入级来实现输入（即基极偏置）电流低至50pA，例如LT1008和LT1012。

2.4.3 自举

在对射极跟随器施加偏置时，我们选择了基极分压电阻，为使分压器向基极提供严格的电压源，即它们的并联阻抗远小于从基极看到的等效阻抗。因此，所得电路的输入阻抗由分压器支配——驱动信号的阻抗要比原本的阻抗低得多。图2.79显示了一个示例。大约9.1kΩ的输入电阻主要由10kΩ的分压器阻抗决定。

自举是可以避免该问题的技术（见图2.80）。晶体管由分压器 R_1R_2 通过串联电阻 R_3 偏置。与偏置电阻相比，选择电容 C_2 以在信号频率处具有低阻抗。与往常一样，如果从基极等效的直流阻抗（在这种情况下为9.7kΩ）远小于从基极看入的直流阻抗（约为100kΩ），则偏置是稳定的。但是现在，信号频率处输入阻抗不再与直流阻抗相同。分析如下：输入摆动 v_{in} 会导致发射极的摆动 $v_E \approx v_{in}$。因此，流经偏置电阻 R_3 的电流变化为 $i=(v_{in}-v_E)/R_3\approx 0$，即 Z_{in}(偏置串的)$=v_{in}/i_{in}\approx$无穷大。这样使偏置网络的负载在信号频率下的（并联）阻抗变得非常大。

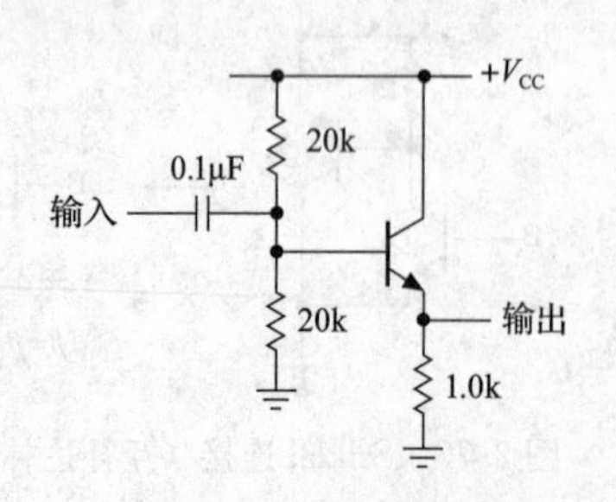

图2.79 偏置网络可以降低输入阻抗

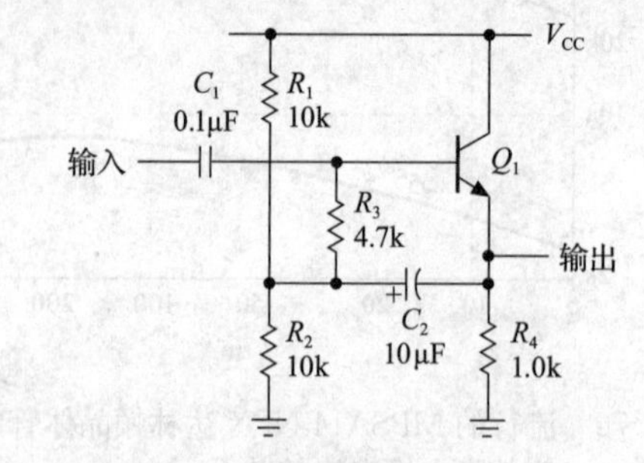

图2.80 通过自举基极偏置分压器，提高信号频率下射极跟随器的输入阻抗

㊀ 为了处理更高的功率，通常的做法是并联连接几个相同的 Q_3Q_4 级（每个级都有其0.5Ω的发射极电阻），并且对于 Q_5Q_6 也是如此。参见2.4.4节。

另一种分析如下：注意到在信号频率处 R_3 始终具有相同的电压（因为电阻的两端具有相同的电压变化），即它是一个电流源。但是电流源具有无限的（交流）阻抗。实际上，有效阻抗小于无限大，因为跟随器的增益略小于一。原因是基极-发射极压降取决于集电极电流，该电流随信号电平而变化。可以通过结合发射极电阻的发射极阻抗的分压效应来预测相同的结果。如果跟随器的电压增益为 A（略小于 1），则 R_3 在信号频率下的有效值为 $R_3/(1-A)$。跟随器的电压增益可以写成 $A=R_2/(R_L+r_e)$ 其中 R_L 是在发射极看到的总负载（这里是 $R_1\|R_2\|R_3$），因此偏置电阻 R_3 在信号频率下的有效值可以写成 $R_3\rightarrow R_3(1+R_L/r_e)$。实际上，$R_3$ 的值增加了 100 倍左右，然后输入阻抗由晶体管的基极阻抗决定。发射极退化的放大器可以用相同的方式自举，因为发射极上的信号跟随基极。偏置分压电路由信号频率下的低阻抗发射极输出驱动，这可以将输入信号与该常规任务隔离开来，并有可能有益地增加输入阻抗。

自举的集电极负载电阻

如果下级驱动的是跟随器，则自举技术可以用来提高晶体管集电极负载电阻的有效值。这样可以显著增加电压的增益，回忆一下 $G_V=-g_mR_C$，$g_m=1/(R_E+r_e)$。图 2.78 中使用了该技术，在该电路中自举提高了 Q_1 的集电极负载电阻（R_2），形成一个近似为电流源的负载。自举具有两个有用的功能：①增大 Q_1 的电压增益；②向 Q_3Q_4 提供基极驱动电流，该电流不会在电压摆幅的顶部下降（阻性负载会出现这个效应）。

2.4.4 并联双极晶体管的电流分配

在电力电子设计中，经常会出现可选择的功率晶体管无法处理所需的功耗，并且需要其他晶体管共同分担工作。分担是个好主意，但需要有一种方法来确保每个晶体管所处理的功耗几乎相等。在 9.13.5 节中，我们将说明晶体管串联使用的方案。因为我们知道晶体管串联都将以相同的电流运行，因此可以简化问题分析。但是，通过并联晶体管来分流通常更具吸引力，见图 2.81a。

这种方法有两个问题。首先，我们知道双极晶体管是跨导器件，其集电极电流由其基极-发射极电压 V_{BE} 精确确定，见式（2.8）和式（2.9）。正如我们在 2.3.2 节中所见，V_{BE}（在恒定的集电极电流下）的温度系数约为 $-2.1\text{mV}/^\circ\text{C}$。或等效地，对于固定的 V_{BE}，I_C 随温度而增加[㊀]。这是不幸的，因为如果其中某个晶体管的结比其余的结更热，则它会消耗更多的总电流，从而被更多地加热，存在可怕的热失控的危险。

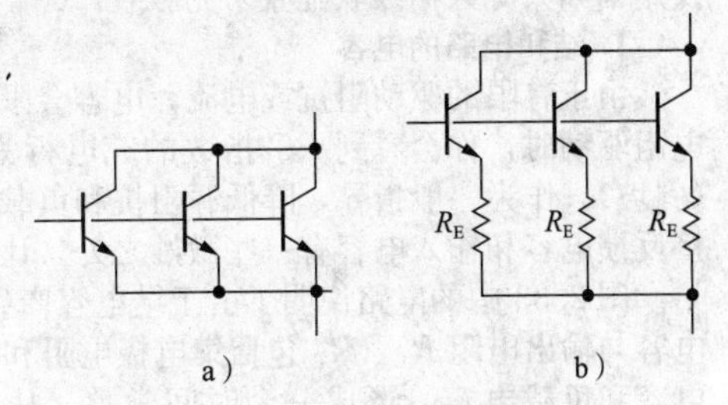

图 2.81 为了使并联晶体管的电流相等，使用发射极镇流电阻 R_E

其次，即使是型号相同的晶体管也会不同。对于给定的 I_C，它们也具有不同的 V_{BE} 值。即使是在同一生产线上、同一硅晶片上、同时制造的器件，也是如此。为了了解可能会产生多大的变化，我们测量了一个卷轴封装上的相邻的 100 个 ZTX851 晶体管，观察到的散布约为 17mV，见图 8.44。这实际代表着最佳情况，因为你不能确定采购的晶体管是从一个批次中获得的，更不用说从单个晶片中获得的了。当构建某个应用时，相同晶体管的 V_{BE} 彼此之间可能存在 20～50mV 的差异，但是当有一天必须更换其中一个时，这种匹配就不存在了。假定基极-发射极电压可能散布的范围大约为 100mV，这是比较安全的。同时记得 $\Delta V_{BE}=60\text{mV}$ 相当于电流比率为十倍，很明显，你无法做到如图 2.81a 所示的直接并联。

解决此问题的常用方法是如图 2.81b 所示在发射极中连接小电阻。这些被称为发射极镇流电阻，选择其值为在预期工作电流的较大值时压降为至少零点几伏。该压降必须远大于各个晶体管 V_{BE} 之间的差异，并且常选择在 300～500mV 之间的某个值。

在大电流下电阻可能会有高的功耗，因此你可能需要使用如图 2.82 所示的电流分配技巧。此处，电流感应晶体管 $Q_4\sim Q_6$ 将调整基极驱动电流，以维持并联功率晶体管 $Q_1\sim Q_3$ 相等的发射极电流（可以将 $Q_4\sim Q_6$ 看作具有三个输入的高增益差分放大器）。这种有源镇流器技术可与功率达林顿 BJT 一起很好地工作，并且由于其输入（栅极）电流可忽略不计，因此特别适用于 MOSFET（见图 3.117）。MOSFET 是大功耗电路的理想选择[㊁]。

㊀ 该结果直接来自 $\partial I_C/\partial T=-g_m\partial V_{BE}/\partial T$，代入 $g_m=I_C/V_T$ 后，可知集电极电流的微分变化仅为 $(\partial I_C/\partial T)/I_C=-(\partial V_{BE}/\partial T)/V_T$。因此，每℃的集电极电流仅小幅增加约 2.1mV/25mV（或 8.4%）！

㊁ MOSFET 另外的优点是没有二次击穿，因此具有较宽的安全工作范围。

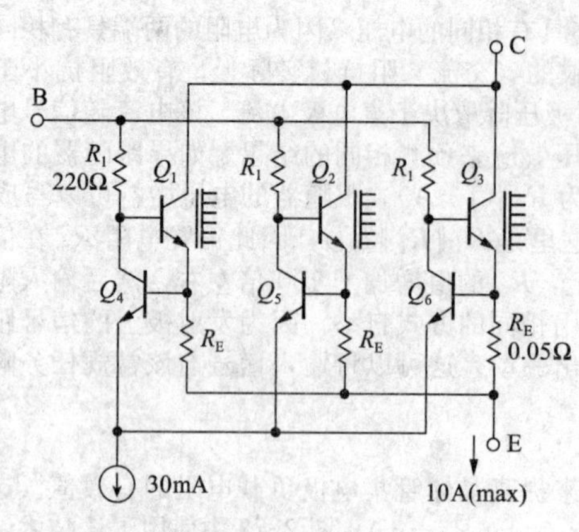

图2.82 通过电流感测晶体管$Q_4 \sim Q_6$的反馈对并联晶体管$Q_1 \sim Q_3$进行有源镇流，可以配置并联功率晶体管，其发射极电阻两端的压降非常低

2.4.5 电容和米勒效应

截至目前，在我们的讨论中，我们已经使用了晶体管的直流模型或低频模型。简单的电流放大器模型和更复杂的Ebers-Moll跨导模型都用来处理各端子上的电压、电流和电阻。我们仅凭这些模型就可以做很多事情。实际上，这些简单的模型几乎包含了设计晶体管电路所需要的一切。但是忽略了对高速和高频电路会产生严重影响的一个重要的方面：外部电路和晶体管结本身所存在的电容。的确，在高频下电容的影响通常支配电路的行为，在100MHz时，5pF结电容的阻抗为320Ω!

在简短的本节中，我们将介绍问题，用一些具体电路来说明，并提出避免其影响的一些方法。没有意识到这个问题的本质就离开本章是错误的。在简短的讨论过程中，我们将介绍米勒效应，以及用诸如共源共栅级联配置来克服它。

1. 结和电路的电容

由于有限的驱动阻抗或电流，电容会限制电路中电压摆动的速度（压摆率）。当电容由有限的源电阻驱动时，你会看到RC指数的充电行为，而由电流源驱动的电容会导致压摆率被限制的波形（斜坡）。作为一般指导，降低源阻抗和负载电容并增加电路内的驱动电流将会加快速度。但是，连接反馈电容和输入电容有一些微妙之处。让我们来简单看一下。

图2.83中的电路说明了由于结电容产生的大多数问题。输出电容与输出电阻R_L（R_L包括集电极电阻和负载电阻，C_L包括结电容和负载电容）形成一个时间常数，从而在某个频率$f=1/2\pi R_L C_L$处开始产生衰减。

输入电容C_{be}与源阻抗R_S相结合的情况也是如此。更重要的是，在高频下，输入电容会掠夺基极电流，从而有效地降低了晶体管的β值。实践中，晶体管数据手册中规定了截止频率f_T，在该频率处β值降至1，不再放大！

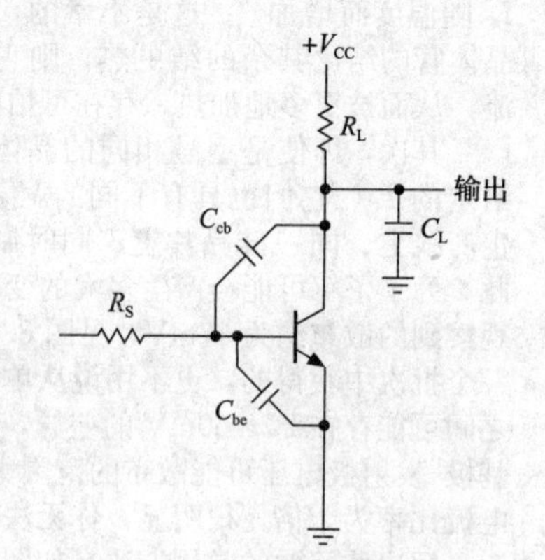

图2.83 晶体管放大器中的结电容和负载电容

2. 米勒效应

反馈阻抗C_{cb}有另一种效应。放大器具有一定的电压增益G_V，因此输入端的小电压摆幅会导致集电极处的摆幅G_V倍增加（且集电极处是倒相）。这意味着信号源通过C_{cb}的电流为C_{cb}从基极接地情况的G_V+1倍，即为了计算输入滚降频率，从输入到地，反馈电容的行为就像值为$C_{cb}(G_V+1)$的电容。C_{cb}的这种显著增加的现象称为米勒效应。它经常支配放大器的频率衰减特性，因为例如4pF的反馈电容对地可能看起来像数百pF。

有几种方法可以消除米勒效应：①使用射极跟随器来降低驱动接地发射极级的源阻抗。图2.84给出了其他三种可行方案。②Q_1没有集电极电阻的差分放大器电路（见图2.84a）没有米勒效应，可以将其视为驱动基极接地的放大器的射极跟随器。③著名的共源共栅级联配置（见图2.84b）可以克服米勒效应。Q_1是接地共射极放大器，R_L作为其集电极电阻，集电极路径中增加Q_2，以防止Q_1的集电极电压摆动（从而消除了米勒效应），同时将集电极电流不变地传递到负载电阻。标记为V_+的输入是固定偏置电压，通常设置为比Q_1的发射极电压高几伏，以固定Q_1的集电极电压，并将其保持在放大区域。因为未显示偏置，该电路不完整。可以包括一个带旁路的发射极电阻和基极分压器来偏置Q_1（如本章前面所述），也可以将其包含在整个直流反馈环路中。V_+可由分压器或齐纳二极管提供，并通过旁路使其在信号频率下保持刚性。④最后，基极接地放大器可单独使用，见图 2.84c。它没有米勒效应，因为基极由零源阻抗（地）驱动，并且放大器从输入到输出是同相的。

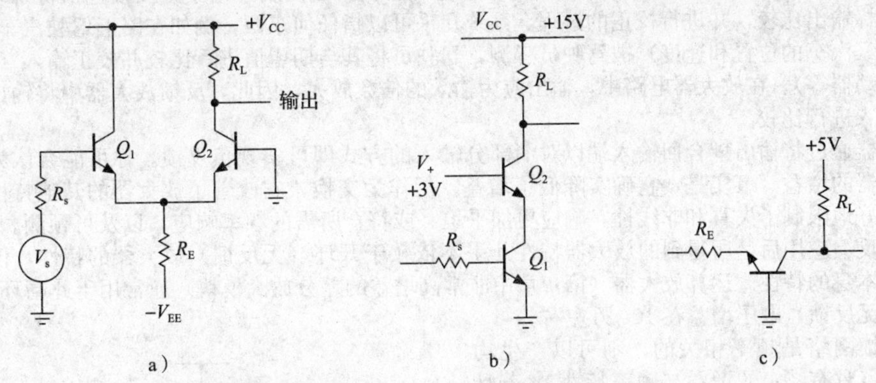

图 2.84　三个避免米勒效应的电路。a）Q_1 没有集电极电阻的差分放大器电路；b）共源共栅级联配置；c）基极接地放大器电路

练习 2.19　仔细解释一下为何前面讨论的差分放大器和共源共栅电路没有米勒效应。

电容效应可能比此简短介绍要复杂很多。特别是：①由于反馈和输出电容而引起的滚降并非完全独立，在行业术语中存在极分问题。②即使输入信号源很“硬”，晶体管的输入电容仍然会产生影响。特别地，流过 C_{be} 的电流不会被晶体管放大。输入电容抢夺基极电流，导致晶体管的小信号电流增益 h_{fe} 在高频时下降，最终在称为 f_T 的频率下达到单位 1。③使事情变得更复杂的是结电容取决于电压，C_{be} 随工作电流成比例地变化，所以只是给定了 f_T。④当晶体管用作开关时，与晶体管饱和时基区中的存储电荷相关的效应会导致开关速度的损失。

在高速和宽带电路中，米勒效应越来越显著，我们将在随后的章节中不断见到它。

2.4.6　场效应晶体管

本章只讨论了以 Ebers-Moll 方程为特征的双极晶体管。双极晶体管是最早的晶体管，它们被广泛用于模拟电路设计。但是，如果不对将在第 3 章中详细介绍的场效应晶体管（FET）进行解释就继续下去，那么这将是不妥当的。

场效应晶体管（FET）在许多方面都表现得像普通的双极晶体管一样。它是一种三端放大器件，具有两种极性，一个端子（栅极）控制其他两个端子（源极和漏极）之间的电流。但是，它具有独特的属性：栅极除了泄漏外不汲取任何直流电流。这意味着可以实现极高的仅受电容和泄漏效应限制的输入阻抗。使用场效应晶体管，你不必担心要提供大的基极电流，这正好是本章双极晶体管电路设计所必需的，场效应晶体管的输入电流只需要以皮安为单位。场效应晶体管是一种坚固耐用的器件，其额定电压和电流可与双极晶体管媲美。

大多数由 BJT 制造的器件（匹配对、差分和运算放大器、比较器、大电流开关和放大器，以及 RF 放大器）也都具有采用场效应晶体管对应的制造，且通常具有更优越的性能。此外，数字逻辑、微处理器、存储器以及各种复杂的大规模数字芯片几乎都是由场效应晶体管构成的。最后，微功耗设计领域是由场效应晶体管电路主导的。毫不夸张地说，从统计学意义上讲，几乎所有晶体管都是场效应晶体管。

场效应晶体管（FET）在电子设计中是如此重要，以至于在第 4 章介绍运算放大器和反馈之前，我们会先专门介绍它们。

2.5　负反馈

本章之前已经提到过反馈能够解决一些棘手的问题，例如对接地的共射极放大器（2.3.4 节和 2.3.5 节）的偏置，对带有电流镜有源负载的差分放大器（2.3.8 节）的偏置，并最大限度地减小推挽跟随器中的交越失真（2.4.1 节）。事实上，负反馈是一种在很多地方使用的出色技术，它可以消除许多问题：失真、非线性、放大器增益的频率依赖性，以及偏离理想的电压源和电流源等。

第 4 章将充分体现出负反馈的好处。该章将介绍一种称为运算放大器的通用模拟器件，它是因负反馈而蓬勃发展的一种器件。这里是引入反馈的合适位置，不仅因为负反馈已广泛应用于晶体管分立电路，还因为它已应用于普通的共射极放大器中以改善其线性度（与接地共射极放大器相比）。

2.5.1　反馈简介

反馈已成为众所周知的概念，该词已进入通用词汇表。在控制理论中，反馈包括将系统的实际输出与目标输出比较，并进行校正的过程。系统几乎可以指任何东西，例如在路上驾驶汽车的过程，此时输出（汽车的位置和速度）被驾驶员感测，驾驶员将其与期望值进行比较并校正输入（方向盘、油门、制动器等）。在放大器电路中，输出应为输入的倍数放大，因此，反馈放大器中将输出的衰减版本与输入进行比较。

放大器通过将输出耦合回输入端以对消部分输入的方式即可实现负反馈。你可能会认为这只会降低放大器的增益。事实是，它确实降低了增益，但作为交换，它改善了放大器的其他特性，最显著的是更好地限制了失真和非线性，响应更加平坦（或符合所需的频率响应）以及可预测。实际上，更多的负反馈应用后，所得到的放大器特性几乎不依赖于开环（无反馈）放大器的特性，仅取决于反馈网络本身的特性。运算放大器（第4章中非常高增益的差分放大模块）通常用于此高环路增益，其开环（无反馈）电压增益在100万左右。

若反馈网络是频率相关的，则可以产生均衡放大器（具有特定的增益与频率特性）；若是幅度依赖的，则可以产生非线性放大器（例如对数放大器，其反馈利用了二极管或晶体管的V_{BE}与I_C的对数关系）。反馈也可以用来产生电流源（接近无限的输出阻抗）或电压源（接近零的输出阻抗），而且可以连接反馈以产生非常高或非常低的输入阻抗。概括而言，被采样以产生反馈的属性就是被改进的属性。例如，若反馈量与输出电流成正比，则会产生更好的电流源[⊖]。

让我们讨论一下反馈的工作原理，以及它如何影响放大器的工作。我们将给出有负反馈的放大器的输入阻抗、输出阻抗和增益的简单表达式。

2.5.2　增益方程

参见图2.85。首先，我们绘制了熟悉的发射极退化的共射极放大器。考虑晶体管时采用Ebers-Moll公式，从基极到发射极的小信号电压（ΔV_{BE}）控制集电极电流。由于R_E的压降，ΔV_{BE}小于输入电压V_{in}。如果输出开路，则容易得到图中的等式。换句话说，如前所给出的，具有发射极退化的共射极放大器是有负反馈的接地共射极放大器。

该电路具有一些目前想避开阐述的微妙之处，图2.85b给出了更直接易懂的电路配置。在这里，差分放大器（具有差分增益A）的电路输入是v_{in}减去输出信号的分数衰减。当然，该分数衰减由分压器公式给出。如图所示，这是一种非常常见的配置，广泛用于运算放大器（第4章），简称为同相放大器。

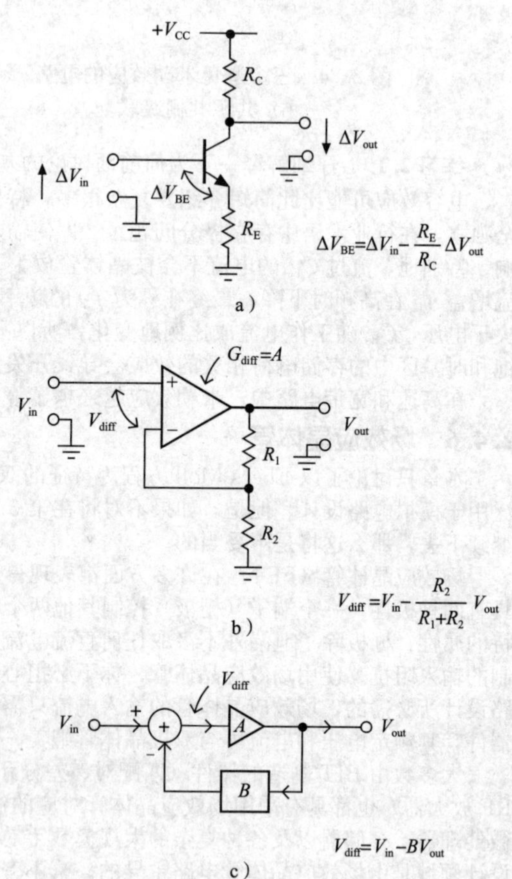

图2.85　负反馈从输入中减去输出的一小部分：a）共射极放大器；b）差分放大器配置为同相放大器；c）常规框图

当谈到负反馈时，通常会绘制一个如图2.85c所示的图，其中反馈系数被简单地标记为B。因为它比分压器具有更大的通用性（反馈可以包括频率相关的元器件，如电容和二极管），这样非常有

⊖　反馈也可以是正面的，反之亦然。例如，这就是制作振荡器的方式。尽管听起来很有趣，但它根本不如负反馈那么重要。通常，这很麻烦，因为负反馈电路在某些高频下可能具有足够大的相移，从而产生正反馈和振荡。发生这种情况非常容易，而且防止不必要的振荡是所谓补偿的目的，我们将在第4章简要讨论这个问题。

用且使公式变得简单。当然，对于分压器，B 将简化为$R_2/(R_1+R_2)$。

下面我们找出增益。放大器具有开环电压增益 A，反馈网络从输入中减去输出电压的 B 倍（稍后将对此推广，使输入和输出可以是电流或电压），则增益模块的输入为 $V_{in}-BV_{out}$，而输出是输入乘以 A：

$$A(V_{in}-BV_{out})=V_{out}$$

换一种写法，

$$V_{out}=\frac{A}{1+AB}V_{in}$$

因此，闭环电压增益 V_{out}/V_{in} 为

$$G=\frac{A}{1+AB} \tag{2.16}$$

式中，G 为闭环增益，A 为开环增益，AB 为环路增益，$1+AB$ 为返回差。反馈网络有时称为 β 网络（与晶体管 β 值无关）[㊀]。

2.5.3　反馈对放大电路的效应

本小节讨论反馈的重要效应，其中最重要的是增益的可预测性（和失真减少）、输入阻抗和输出阻抗。

1. 增益的可预测性

电压增益为 $G=A/(1+AB)$。在开环增益 A 为无限[㊁]的极限情况下，$G=1/B$。对于有限增益 A，反馈的作用是减少造成 A 变动的影响（频率、温度、幅度等）。例如，假设 A 如图 2.86 所示随频率变化。这肯定是大家所说的那种糟糕的放大器（增益随频率的变化是 10 倍）。现在想象我们引入 $B=0.1$ 的反馈（用简单的分压器即可做到）。闭环电压增益现在从 1000/[1+(1000×0.1)] 或 9.90 变化到 10 000/[1+(10 000×0.1)] 或 9.99，在相同频率范围内变化仅为 1%！用音频术语来表示，原始放大器的平坦度为±10dB，而反馈放大器的平坦度为±0.04dB。现在，只需要级联三个这种放大器，就可以以这样的线性度恢复原来 1000 的增益。

由于这个原因（即需要非常平坦的电话中继器），才发明了电子产品中的负反馈。作为发明人，哈罗德·布莱克（Harold Black）在其有关该发明的第一个公开出版物中对此进行了描述，“制造一个比所需的增益高 40dB（以能量计算，超出 10 000 倍）的放大器，然后将输出反馈到输入，并舍弃多余的增益，已经发现有可能极大地提高放大的稳定性并不受非线性的影响。”布莱克的专利令人赞叹，拥有数十张图，在这里为很好地说明这一点重现其中之一（见图 2.87）。

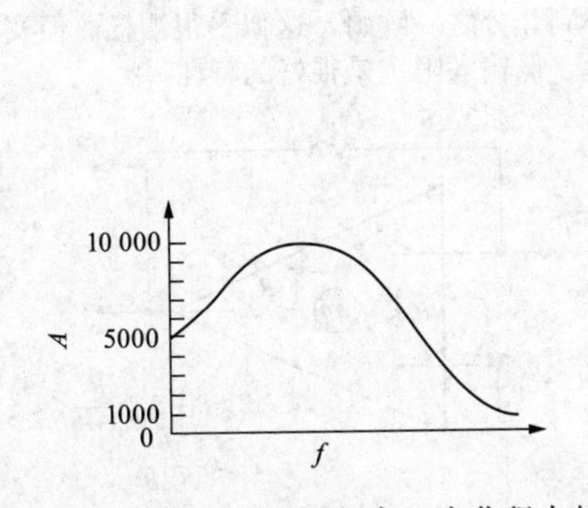

图 2.86　开环增益 A 随频率 f 变化很大的放大器

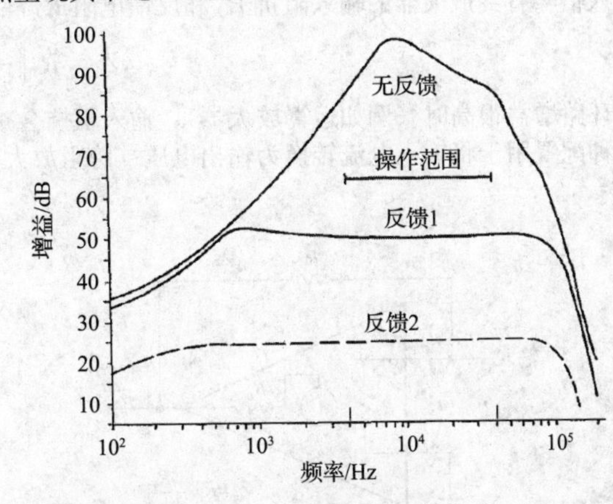

图 2.87　哈罗德·布莱克在其 1937 年的历史性专利中对此进行了解释

通过取 G 相对于 A 的偏导数（即 $\partial G/\partial A$）可以很容易地证明，开环增益的相对变化会因灵敏

㊀ 我们稍后将看到，带反馈的放大器通常从输入到输出有显著的滞后相移，所以开环电压增益 A 应该用复数来表示。我们将在 2.5.4 节讨论这个问题，现在我们将采用简化的方法，即放大器的输出电压与输入电压成正比。

㊁ 对于典型的开环增益 $A_{OL}\approx10^6$ 的运放而言，这是一个不错的近似。

度降低而降低：

$$\frac{\Delta G}{G}=\frac{1}{1+AB}\frac{\Delta A}{A} \tag{2.17}$$

因此，为了获得良好的性能，环路增益 AB 应该远大于1，等效于开环增益远大于闭环增益。这样做的另一个非常重要的结果是，非线性（仅是取决于信号电平的增益变化）将以完全相同的方式减小。

2. 输入阻抗

通过设定反馈以从输入中减去电压或电流（有时分别称为串联反馈和并联反馈）。例如，我们已知的同相放大器配置是从输入端出现的差分电压中减去输出电压的采样值，而图 2.89b 中的反馈方案是从输入端减去电流。这两种情况对输入阻抗的影响是相反的：电压反馈将开环输入阻抗乘以 $1+AB$，而电流反馈则将其降低相同的系数。在环路增益无限的极限情况下，输入阻抗（在放大器的输入端）分别为无穷大或零。这是容易理解的，因为电压反馈趋向于从输入中减去信号，导致放大器输入电阻上的输入电压变化较小（以因子 AB）。这是一种自举的形式，而电流反馈通过以相等的电流补偿来减小输入信号。

串联（电压）反馈　让我们看看有效的输入阻抗如何因反馈而改变。我们仅说明电压反馈的情况，因为两种情况的推导相似。从具有（有限）输入电阻的差分放大器模型开始，见图 2.88。输入 V_{in} 降低 BV_{out}，使电压 $V_{diff}=V_{in}-BV_{out}$ 跨在放大器的输入，因此输入电流为

$$I_{in}=\frac{V_{in}-BV_{out}}{R_i}=\frac{V_{in}\left(1-B\,\dfrac{A}{1+AB}\right)}{R_i}=\frac{V_{in}}{(1+AB)R_i}$$

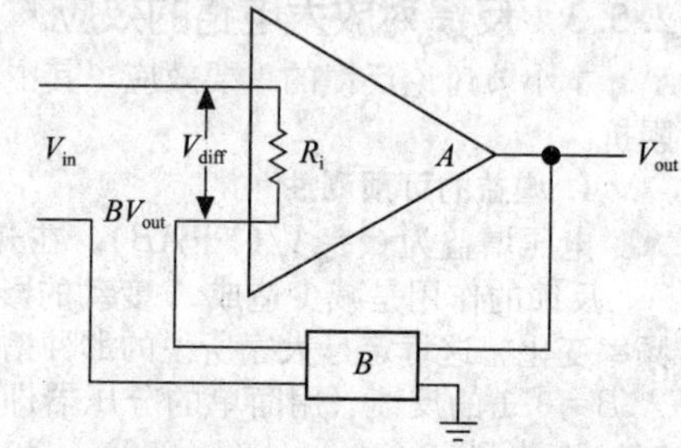

图 2.88　串联反馈输入阻抗

从而，有效输入阻抗为

$$Z_{in}=V_{in}/I_{in}=(1+AB)R_i$$

即输入阻抗会增加环路增益加1倍。如果要使用图 2.85b 的电路来闭合差分放大器的反馈环路，该差分放大器的输入阻抗为 100kΩ，其差分增益为 10^4，则为目标增益 100 选择电阻比（99：1）（无限放大器增益），信号源看到的等效输入阻抗将约为 10MΩ，闭环增益将为 99 ㊀。

并联（电流）反馈　观察图 2.89a，带有电流反馈的电压放大器的输入端所看到的阻抗会因反馈电流而减小，该反馈电流会阻止输入端的电压变化。通过考虑输入端电压变化产生的电流变化，会发现输入信号看到放大器的输入阻抗 R_i 和反馈电阻 R_f 除以 $1+A$ 并联，即

$$Z_{in}=R_i\|\frac{R_f}{1+A}$$

当环路增益很高时（例如运算放大器），输入阻抗会减小到几分之一欧姆，这似乎很糟糕。但实际上这种配置用于将输入电流转换为输出电压（跨阻放大器），低输入阻抗是很好的特性。

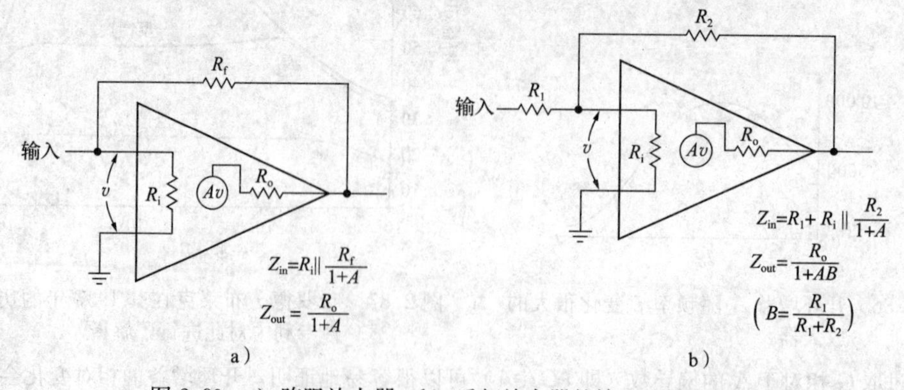

图 2.89　a）跨阻放大器；b）反相放大器的输入和输出阻抗

㊀ 当然，知道开环增益约为 10^4，你可以将电阻比提高到 100：1 来补偿。使用运算放大器就没有必要了：典型的开环增益约为 10^6，闭环增益 $G_{CL}=99.99$。

上面的电路添加一个输入电阻（见图2.89b），成为反相放大器，具有如图所示的输入电阻。你可以将电阻（特别是在高环路增益限制中）视为向电流-电压放大器供电的电阻。在该极限下，R_{in}大约等于R_1（闭环增益大约等于$-R_2/R_1$）。

具有有限环路增益的反相放大器的闭环电压增益表达式的推导可以作为练习。答案为

$$G=-A(1-B)/(1+AB)$$

式中，$B=R_1/(R_1+R_2)$。

练习2.20 对反相放大器的输入阻抗和增益推导如上所述的表达式。

3. 输出阻抗

同样，反馈可以抽取输出电压或输出电流的样本。在第一种情况下，开环输出电阻将减小$1+AB$倍，而在第二种情况下，开环输出电阻将增大相同的倍数。我们在电压采样的情况下说明这种影响，从图2.90所示的模型开始。这次，我们明确显示了输出电阻。通过一个技巧简化计算：将输入短路并在输出上施加电压V，通过计算输出电流I，我们得到输出电阻$R_o'=V/I$。输出端的电压V会在放大器的输入两端等效一个电压$-BV$，在放大器的内部发生器中产生电压$-ABV$。因此，输出电流为

$$I=\frac{V-(-ABV)}{R_o}=\frac{V(1+AB)}{R_o}$$

有效输出阻抗[⊖]为

$$Z_{out}=V/I=R_o/(1+AB)$$

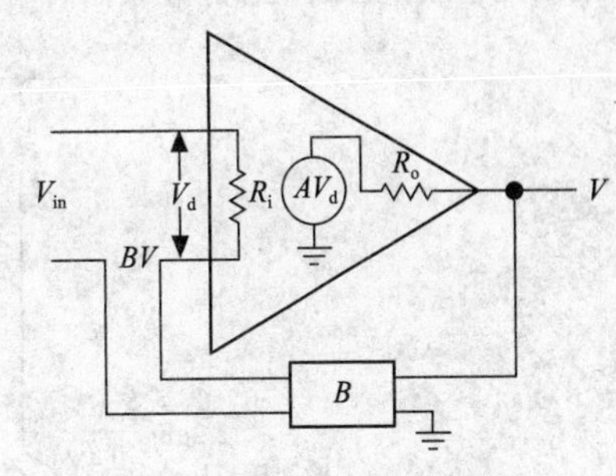

图2.90 输出阻抗

4. 输出电流

反馈也可以连接为采样输出电流，则输出阻抗的表达式变为

$$Z_{out}=R_o(1+AB)$$

事实上，可能有多个同时采样电压和电流的反馈路径。在一般情况下，输出阻抗由布莱克曼阻抗关系式给出：

$$Z_{out}=R_o\frac{1+(AB)_{SC}}{1+(AB)_{OC}}$$

式中，$(AB)_{SC}$是输出短路到地的环路增益，$(AB)_{OC}$是开路的环路增益。因此，反馈可以用来产生希望的输出阻抗。这个方程可以简化为前面的结论，即通常情况下仅从输出电压或输出电流反馈的情况。

2.5.4 两个重要的细节

反馈是内容丰富的主题，在此我们简化了它。然而，即使是在这种较浅的理解水平上，也有两个不应该被忽视的细节。

1. 反馈网络的负载

在反馈计算中，你通常假设β网络不增加开环放大器的输出负载。如果增加了负载，在计算开环增益时你就必须考虑这一点。同样，如果放大器输入端的连接β网络影响开环增益（去掉了反馈，但网络仍然连接），则必须使用新的开环增益。最后，前面的表达式假设β网络是单向的，即它从输入到输出不耦合任何信号。

2. 相移、稳定性和增益

开环放大器增益A是计算闭环增益和相应输入及输出阻抗表达式的核心。默认可以合理假设A是一个实数，即输出与输入是同相的。在现实中，由于电路电容（和米勒效应）的影响，以及有源元件本身的有限带宽（f_T），事情要复杂得多。结果是开环放大器将表现出随频率增加的滞后相移。这对闭环放大器有一些影响。

稳定性 如果开环放大器的滞后相移达到180°，那么负反馈就变成正反馈，就可能引起振荡。这是你不想要的！（振荡的实际判据是在环路增益AB等于1的频率，相移为180°。）这是严重的问题，特别是在增益很大的放大器（如运放）中。如果反馈网络造成额外的滞后相移（通常会这样），问题会恶化。反馈放大器的频率补偿可以解决此问题，你可以在4.9节中读到相关内容。

⊖ 如果开环增益A是实数的（即没有相移），那么输出阻抗Z_{out}也是实数的（即电阻R_{out}）。然而，正如我们将在第4章中看到的，A可以是（而且经常是）复数的，表示延迟相移。对于运算放大器的相移是90°，其结果是闭环输出阻抗呈感性。

增益和相移 闭环增益和输入、输出阻抗的表达式包含开环增益 A。例如，带有串联反馈的电压放大器具有闭环增益 $G_{CL}=A/(1+AB)$，其中 $A=G_{OL}$ 为放大器的开环增益。假设开环增益 A 为 100，选择 $B=0.1$ 使目标闭环增益为 $G_{CL}\approx10$。如果开环放大器没有相移，那么 $G_{CL}=9.09$ 也没有相移。然而，如果放大器有 90°滞后相移，那么 A 是纯虚数（$A=-100j$），闭环增益变成 $G_{CL}=9.90-0.99j$，即 $|G_{CL}|=9.95$ 与滞后相移约 6°。换句话说，相当显著（半振荡）的开环相移的效果实际上是有利的：闭环增益只比目标低 0.5%。相比之下，在没有相移的情况下，同相放大器的增益是 9%。你要付出的代价是多余的相移，当然，这是一种不稳定的方法。

这个例子可能看起来是人为制作的，但它实际上反映了运算放大器的现实，通常，几乎整个带宽都有一个 90°滞后相移（典型为 10Hz～1MHz 或更高）。由于它们的开环增益很高，带反馈的放大器的相移很小，而且反馈网络设定了精确的增益。

练习 2.21 验证上述 G_{CL} 表达式的正确性。

2.5.5 带反馈的晶体管放大器的两个示例

让我们通过两个晶体管放大器的设计，研究负反馈是如何影响其性能的。图 2.91 显示了带负反馈的完整晶体管放大器。让我们看看如何处理。

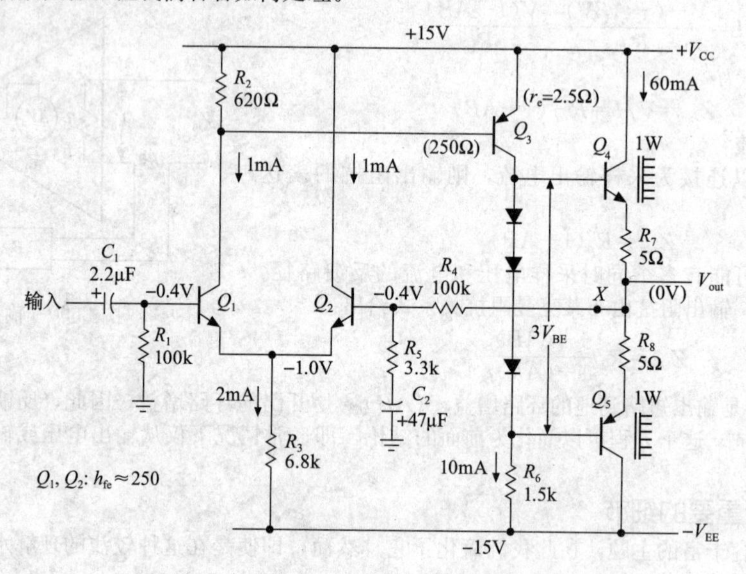

图 2.91 带负反馈的完整晶体管放大器

1. 电路描述

它可能看起来很复杂，但它的设计非常简单也容易分析。Q_1 和 Q_2 构成一个差分对，由共射极放大器 Q_3 放大其输出，R_6 是 Q_3 的集电极负载电阻。推挽对 Q_4 和 Q_5 构成输出射极跟随器。输出电压由 R_4 和 R_5 组成的分压器网络采样，电容 C_2 保证在直流时增益减小到单位 1，以实现稳定偏置。R_3 设置差分对中的静态电流，由于整体反馈保证了静态输出电压为地，Q_3 的静态电流容易计算为 10mA（R_6 上的电压大约为 V_{EE}）。正如之前所讨论的，二极管将推挽对偏置导通，在 R_7 和 R_8 的串联对上产生一个二极管压降，即 60mA 的静态电流。这是 AB 类，以每个输出晶体管 1W 的待机耗散为代价最小化交越失真。

从我们早期电路的观点来看，唯一不寻常的是 Q_1 的集电极静态电压，比 V_{CC} 低一个二极管压降。它必须处于这个位置以保持 Q_3 导通，而反馈路径确保 Q_3 将导通（例如，如果 Q_1 将其集电极拉向地电压，Q_3 将导通从而提高输出电压，迫使 Q_2 导通强度加大，从而降低 Q_1 的集电极电流，从而恢复原状）。选择 R_2 使 Q_1 处于二极管压降，以便在静态点保持差分对中的集电极电流近似相等。在这个晶体管电路中，输入偏置电流不可忽略（4μA），在 100kΩ 的输入电阻上产生 0.4V 的压降。在这种输入电流比运放大得多的晶体管放大器电路中，重要的是确保从输入端等效的直流电阻相等（达林顿输入级可能会更好）。

2. 分析

让我们详细地分析这个电路，确定增益、输入和输出阻抗以及失真。为了说明反馈的效用，将在开环和闭环情况下找到这些参数（不可能找到开环情况下的偏置）。为了展示反馈的线性化效果，还将计算在+10V和−10V输出的增益，以及在静态点（0V）的增益。

（1）开环

输入阻抗　在X点切断反馈并将R_4的右侧接地，输入信号看到100kΩ电阻并联基极输入电阻。基极电阻是h_{fe}乘以两倍的发射极内部电阻，再加上由于Q_2的基极反馈网络等效的有限发射极阻抗。对于$h_{fe}\approx 250$，$Z_{in}\approx 250\times[(2\times 25)+(3.3\text{k}\Omega/250)]$，即$Z_{in}\approx 16\text{k}\Omega$。

输出阻抗　由于Q_3集电极看到的阻抗很高，输出晶体管由1.5kΩ的源（R_6）驱动。输出阻抗约为15Ω（$\beta\approx 100$）加上5Ω的发射极电阻，即20Ω。发射极内部电阻0.4Ω可以忽略不计。

增益　差分输入级看到负载R_2并联Q_3的基极电阻。由于Q_3静态电流为10mA，其发射极内部电阻为2.5Ω，基极阻抗约为250Ω（$\beta\approx 100$）。这样，差分对的增益为

$$\frac{250\parallel 620}{2\times 25}\quad \text{或}\quad 3.5$$

第二级中Q_3，有1.5kΩ/2.5Ω或600的电压增益。静态点的总电压增益为3.5×600或2100。由于Q_3的增益取决于其集电极电流，因此随着信号的摆动，增益有很大的变化，即非线性。

（2）闭环

输入阻抗　本电路采用了串联反馈，因此输入阻抗提高（1+环路增益）倍。反馈网络是在信号频率处$B=1/30$的分压器，因此环路增益AB为70，输入阻抗为70×16kΩ，与100kΩ偏置电阻并联，即92kΩ。偏置电阻基本决定了输入阻抗。

输出阻抗　由于对输出电压进行采样，输出阻抗降低（1+环路增益）倍，因此输出阻抗为0.3Ω。注意，尽管这是一个小阻抗，并不意味着可以几乎全波形地驱动1Ω负载，例如输出级的5Ω发射极电阻限制了大的信号摆幅。例如，4Ω的负载只能被驱动到大约10Vpp。

增益　增益是$A/(1+AB)$。在静态点代入B的精确值30.84，为了说明负反馈所带来的增益稳定性，在本段末尾给出了有反馈和没有反馈电路的总体电压增益。显而易见，负反馈带来了相当大的改善。应该指出，放大器可以通过设计而开环性能更好，例如使用电流源为Q_3的集电极负载和发射极退化，对差分对发射电路应用电流源等。即便如此，反馈仍能带来较大的改进。

	开环			闭环		
V_{out}/V	−10	0	+10	−10	0	+10
Z_{in}/kΩ	16	16	16	92	92	92
Z_{out}/Ω	20	20	20	0.3	0.3	0.3
增益	1360	2100	2400	30.60	30.84	30.90

3. 串联反馈对

图2.92给出了另一种带反馈的晶体管放大器。将Q_1看作其基极-发射极压降的放大器（从Ebers-Moll的意义上考虑），反馈对输出电压进行采样，并从输入信号中减去一部分。这个电路有点棘手，因为Q_2的集电极电阻是反馈网络的两倍，应用我们前面所使用的技术，可以得到$G_{(开环)}\approx 200$，环路增益≈20，$Z_{out(开环)}\approx 10\text{k}\Omega$，$Z_{out(闭环)}\approx 500\Omega$，$G_{(闭环)}\approx 9.5$。

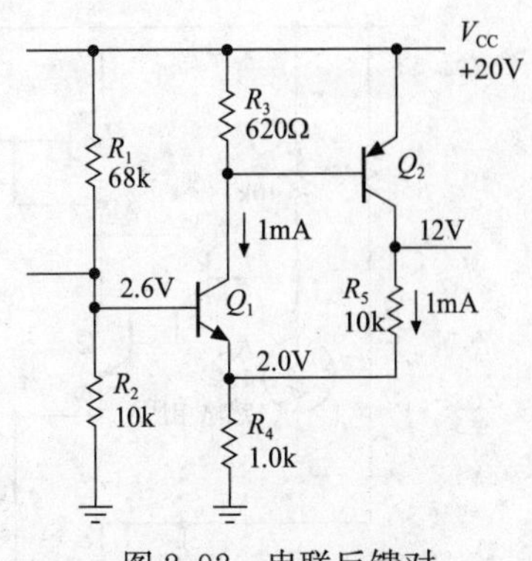

图2.92　串联反馈对

练习2.22　开始应用吧！

2.6 典型的晶体管电路

为了演示本章的一些方法，我们给出带有晶体管的电路的一些例子。此时可以讨论的电路范围是有限的，因为现实中的电路通常包含运放（第4章）和其他有用的IC，但稍后将看到大量与IC一起使用的晶体管电路。

2.6.1 稳压电源

图2.93显示了常用的配置。R_1通常使Q_1保持打开状态，当输出达到10V时，Q_2导通（基极为5V），通过从Q_1的基极分流基极电流来防止输出电压进一步上升。通过电位器来代替R_2和R_3来构成可调电源。在此稳压器（或稳压直流电源）电路中，负反馈起到稳定输出电压的作用：Q_2观察输出，如果输出电压不正确则对其进行一些处理。

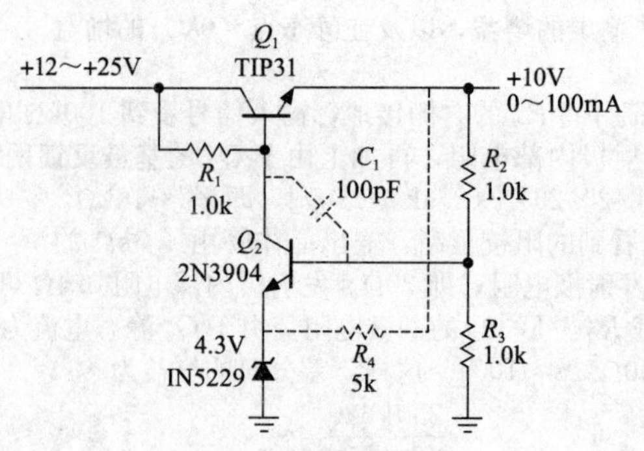

图 2.93　反馈稳压器

一些细节说明。添加偏置电阻 R_4 可确保相对恒定的齐纳电流，从而使齐纳电压不会随负载电流而显著变化。提供来自输入的偏置电流更方便，但是使用稳压输出要好得多。这里需要警告的是，若使用输出电压使电路内发生某些事情，确保电路能够正确启动；但是，这里没有问题（为什么呢?）。该电路可能需要电容 C_1 以确保稳定性（即防止振荡），尤其是在输出有容性旁路（一般应如此）的情况下，原因稍后我们将看到与反馈环路的稳定性有关（4.9节）。

2.6.2　温度控制器

图 2.94 中的示意图显示了基于热敏电阻传感器件的温度控制器，该器件是随温度电阻变化的器件。由 Q_1～Q_4 构成的达林顿差分放大器将可调参考分压器 R_4～R_6 的电压与由热敏电阻 R_3 和 R_2 组成的分压器的电压进行比较。通过比较对同一电源的比率，它对电源变化不敏感；这种特殊的配置称为惠斯登（Wheatstone）电桥。Q_5Q_6 构成的电流镜提供有源负载以提高增益，而 Q_7Q_8 构成的电流镜提供发射极电流。Q_9 将差分放大器输出与固定电压进行比较，如果热敏电阻太冷，则达林顿 $Q_{10}Q_{11}$（为加热器供电）将饱和。R_9 是电流感测电阻，如果输出电流超过约 6A，它会导通以保护晶体管 Q_{12}，从 $Q_{10}Q_{11}$ 基极导出电流，从而防止损坏。R_{12} 会增加少量的正反馈，从而导致加热器开关更快（施密特触发器）。这与图 2.13 中的技巧相同。

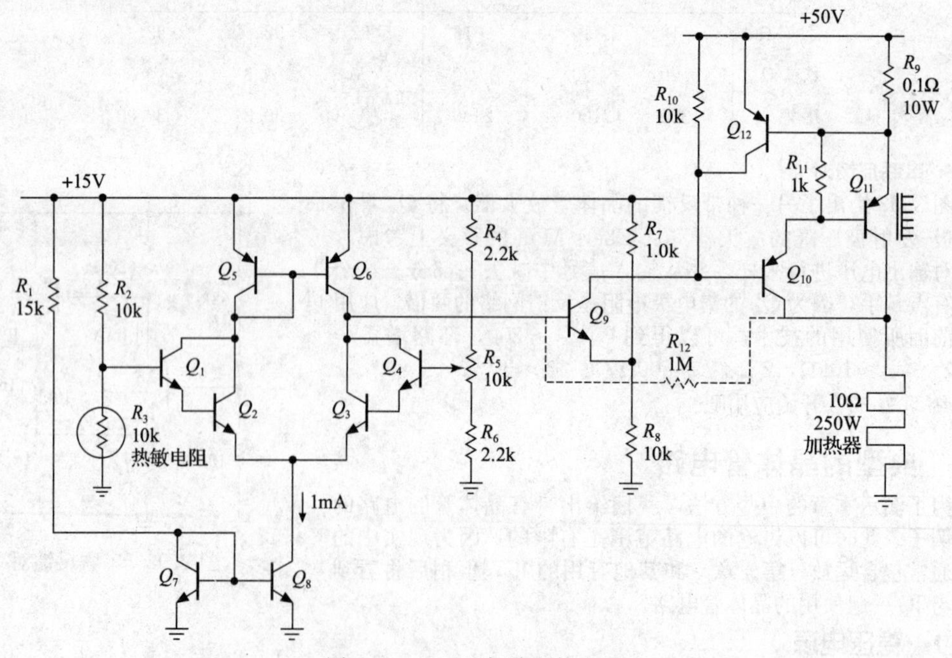

图 2.94　250W 加热温控电路

2.6.3　晶体管和二极管简单逻辑电路

图 2.95 显示了实现 1.9.1 节中功能的电路：如果任一车门打开且驾驶员坐下，蜂鸣器响起。在

该电路中，所有晶体管均作为开关工作（截止或饱和）。二极管 D_1 和 D_2 形成所谓的或门，如果任一门打开（开关关闭），则 Q_1 关闭。但是，Q_1 的集电极保持在靠近地电压的位置，除非开关 S_3 也闭合（驾驶员坐下），否则它会阻止蜂鸣器鸣响。在这种情况下，R_2 接通 Q_3，在蜂鸣器两端施加 12V 电压。D_3 提供一个二极管压降，因此 Q_1 在 S_1 或 S_2 闭合的情况下为关断，而 D_4 保护 Q_3 免受蜂鸣器电感性关断瞬变的影响。在《电子学的艺术》（原书第3版）（下册）的第10～15章中，我们会详细讨论逻辑电路。

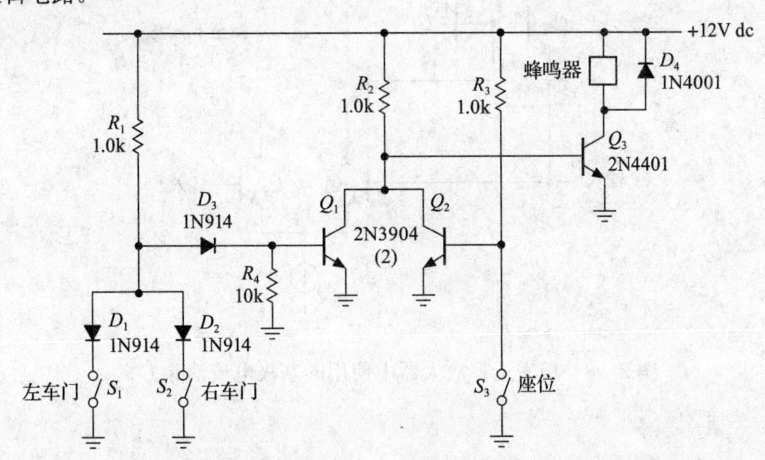

图 2.95　在这个带蜂鸣器的电路中，二极管和晶体管都用于制造数字逻辑门

附加练习

练习 2.23　设计一个晶体管开关电路，可以通过饱和的 NPN 晶体管将两个负载接地。闭合开关 A 应该使两个负载都通电，而闭合开关 B 应该只给一个负载通电。提示：使用二极管。

练习 2.24　考虑图 2.96 中的电流源。(a) 什么是 I_{load}？什么是输出合规性？假设 V_{BE} 为 0.6V。(b) 如果在输出合规范围内，集电极电压的 β 从 50 变到 100，那么输出电流会变化多少？(c) 如果 V_{BE} 根据 $\Delta V_{BE}=-0.0001\Delta V_{CE}$（早期影响）而变化，那么负载电流在顺从范围内会变化多少？(d) 假设 β 不随温度变化，输出电流的温度系数是多少？假设 β 从其标称值 100 增加 0.4%/℃，输出电流的温度系数是多少？

练习 2.25　设计一个具有 15 的电压增益，+15V 的 V_{CC} 和 0.5mA 的 I_C 的共射极 NPN 放大器。在 $0.5V_{CC}$ 处偏置集电极，并在 100Hz 处放置低频 3dB 点。

练习 2.26　在上述练习中自举电路，以提高输入阻抗。适当地选择自举的滚降。

练习 2.27　设计一个直流耦合差分放大器，其电压增益为 50（至单端输出），用于接近地的输入信号，每个晶体管的电源电压为 ±15V，静态电流为 0.1mA。在发射极和射极跟随器输出级中使用电流源。

练习 2.28　设计一个放大器，该放大器的增益由外部施加的电压控制。(a) 首先设计一个长尾对差分放大器，该放大器具有发射极电流源且没有发射极电阻（未生成）。使用 ±15V 电源。将 I_C（每个晶体管）设置为 100μA，并使用 $R_C=10\text{k}\Omega$。计算从单端输入（其他输入接地）到单端输出的电压增益。(b) 现在修改电路，以使外部施加的电压控制发射极电流源。给出增益的近似表达式，作为控制电压的函数。（在实际电路中，可以安排第二组压控电流源以消除该电路中增益变化产生的静态点漂移，或者可以在电路中添加差分输入第二级。）

练习 2.29　一个学生构建了如图 2.97 所示的放大器。他调整 R 直到静态点为 $0.5V_{CC}$。(a) Z_{in}（高频时 $Z_C\approx 0$）为多少？(b) 小信号电压增益为多少？(c) 环境温度（大致）升高多少会导致晶体管饱和？

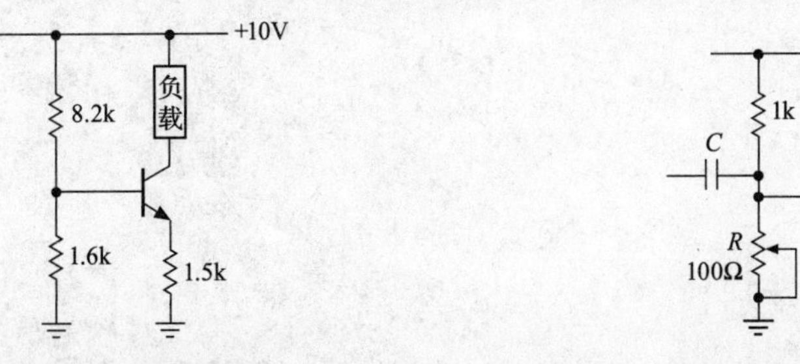

图 2.96　电流源练习

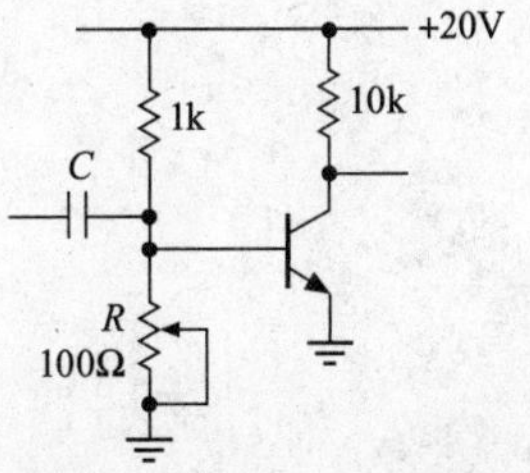

图 2.97　糟糕的偏置

练习2.30　商用的精密运算放大器使用图2.98中的电路来消除输入偏置电流（这里只详细展示了对称输入差分放大器的一半，另一半的工作方式相同）。解释电路的工作原理。注意，Q_1 和 Q_2 是匹配对。提示：这都是通过镜像来完成的。

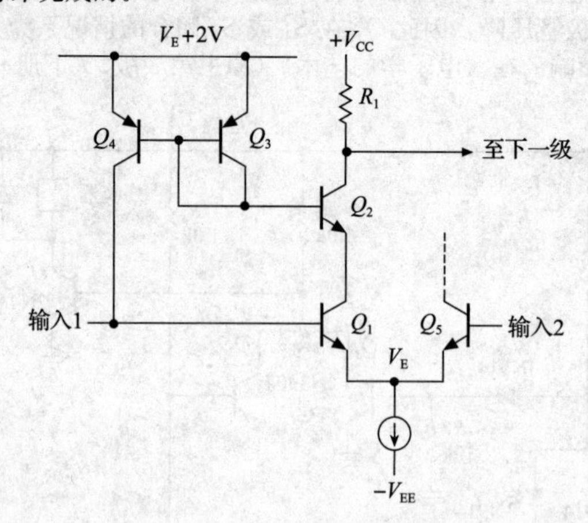

图2.98　精密运算放大器中使用的基极电流消除方案

第 3 章 场效应晶体管

3.1 引言

场效应晶体管（Field-Effect Transistor，FET）不同于上一章讨论的双极晶体管[⊖]。然而，广义上说，它们是类似的器件，我们可以称之为*电荷控制器件*：这两种器件都有三个电极（见图 3.1），其中两个电极之间的导电性取决于载流子的数量，而载流子的数量是由第三个*控制电极*施加的电压决定的。

以下是它们的不同之处。在双极晶体管中，集电极-基极结是反向偏置的，所以通常没有电流流动，而在发射结施加大约 0.6V 的正向偏置来克服二极管的接触势垒，导致电子进入基极，而这些进入基极的电子又被集电极强烈吸引。虽然在电子传输的过程中也形成了基极电流，但这些少数载流子中的大部分都被集电极收集。这导致集电极电流可以由（很小的）基极电流控制。集电极电流与少数载流子注入基区的速率成正比，而后者是 V_{BE} 的指数函数（见 Ebers-Moll 方程）。我们可以把双极晶体管看作电流放大器（具有大致恒定的电流增益 β）或跨导器件（Ebers-Moll 模型，集电极电流由基极-发射极电压控制）。

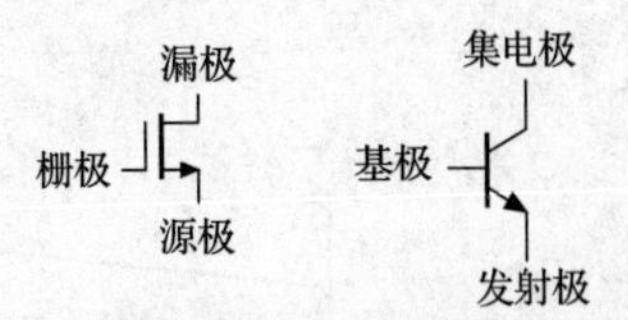

图 3.1 N 沟道 MOSFET 及其 NPN 型双极晶体管

场效应晶体管，顾名思义，就是*沟道*的导电能力是由*栅极*电压形成的*电场*来控制的。FET 工作时没有正向偏置的 PN 结，所以栅极无电流，这是它最大的优点。与双极晶体管一样，FET 可分为 N *沟道*（电子导电）和 P *沟道*（空穴导电）两类，分别与 NPN 型和 PNP 型晶体管对应。此外，FET 还可以按照结构分为 JFET 和 MOSFET 两类，按照掺杂工艺不同分为*增强型*和*耗尽型*，这些分类容易使初学者混淆。下面将简要介绍这些类别。

首先来看研究 FET 的目的和方法：场效应晶体管最重要的特性是栅极无电流。由此产生的高输入阻抗（可以大于 $10^{14}\Omega$）在许多应用中都能发挥巨大的作用，而且能使电路设计变得简单有趣。在模拟开关和超高输入阻抗的放大器中，FET 是必不可少的器件。FET 既可以单独使用，也可以在集成电路中与双极晶体管联合使用。在下一章中，我们将看到 FET 可以非常成功地用于设计性能优越的*运算放大器*。由于在小区域中可以集成许多小电流的 FET，因此它们在超大规模集成电路（VLSI）（如微处理器、内存，以及用于手机、电视等的特定应用芯片）中特别实用。此外，大电流（50A 或更大）MOSFET 已经在许多应用中取代了双极晶体管，使得设计出的电路更简单，性能也更好。

3.1.1 FET 特性

初学者在面对各种类型的 FET 时，有时会感到困惑。FET 可以按照极性（N *沟道*或 P *沟道*）、栅极绝缘形式［*半导体结*（JFET）或*氧化物绝缘体*（MOSFET）］，以及通道掺杂方式（*增强型*或*耗尽型*）的各种可能性进行组合。在 8 种可能的组合中，6 种可以被制作，但实际制作出来的只有 5 种，其中又有 4 种是比较重要的。

为了便于理解，就像学习 NPN 型双极晶体管那样，我们只研究某一种类型的 FET。一旦熟悉了这种类型的 FET，初学者就不会对其他类型感到困惑了。

1. FET 的 *V-I* 特性曲线

首先让我们看看 N 沟道增强型 MOSFET，它类似于 NPN 型双极晶体管（见图 3.2）。在正常工作的情况下，漏极（类似于集电极）电压高于源极（类似于发射极）电压。除非栅极（类似于基极）电压高于源极电压，否则没有电流从漏极流向源极。一旦栅极开始正向偏置，就会产生由漏极流向源极的电流。图 3.2 给出了在不同的栅-源电压 V_{GS} 下，漏极电流 I_D 随漏-源电压 V_{DS} 的变化曲线。为了方便比较，图 3.2 也给出了普通 NPN 型晶体管的 I_C 随 V_{CE} 的变化曲线。显然，N 沟道 MOSFET 与 NPN 型晶体管之间有很多相似之处。

⊖ 通常被称为 BJT，即双极结晶体管，以区别于 FET。

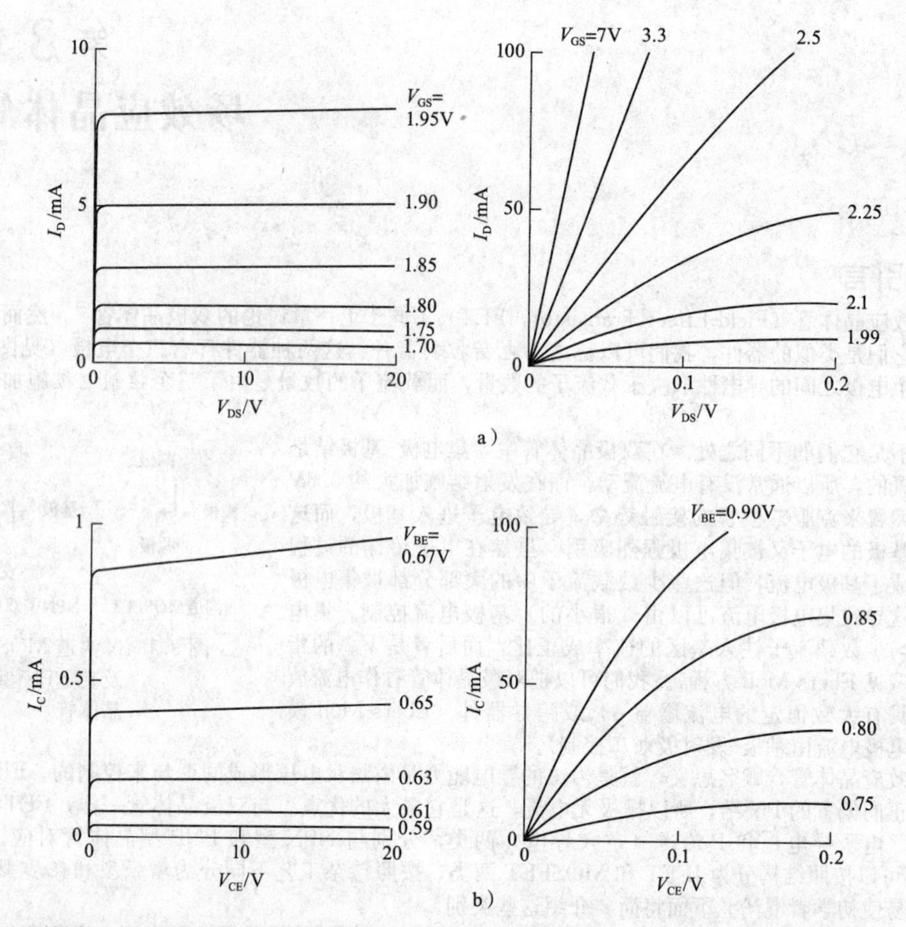

图 3.2 测量的 MOSFET/晶体管特性曲线。a）VN0106 N 沟道 MOSFET，不同 V_{GS} 值下，I_D 与 V_{DS} 之间的关系；b）2N3904 NPN 型双极晶体管，不同 V_{BE} 值下，I_C 与 V_{CE} 之间的关系

与 NPN 型晶体管一样，场效应晶体管的漏极具有高增量阻抗，当 V_{DS} 大于 1～2V 时，漏极电流基本维持恒定。不巧的是，这一恒流工作区在 FET 中被称为饱和区（一个更好的术语是电流饱和），而在晶体管中被称为工作区。与晶体管类似，更大的栅-源偏置产生更大的漏极电流。并且，同样与晶体管类似，FET 不是完美的跨导器件（即恒定的栅-源电压对应恒定的漏极电流）。正如晶体管理想的 Ebers-Moll 跨导特性会受到 Early 效应影响一样，FET 也会产生类似的偏离理想跨导特性的现象，其特征是有限的漏极输出电阻 r_o（通常称为 $1/g_{os}$）。

到目前为止，场效应晶体管看起来就像 NPN 型晶体管。虽然如此，我们还需要深入观察。首先，在正常的电流范围内，饱和漏极电流随着栅-源电压（V_{GS}）的增加而缓慢增加。事实上，它近似与 $(V_{GS}-V_{th})^2$ 成正比，其中 V_{th} 是漏极电流开始出现时的栅极阈值电压（图 3.2 中 FET 的 $V_{th}\approx$ 1.63V），与 Ebers-Moll 给出的指数规律相比，这个二次方式描述的漏极电流增长会缓慢得多。其次，FET 的栅极直流电流为零，所以不能认为它是一个具有电流增益的器件（否则电流增益是无穷大的）。相反，我们将场效应晶体管看作漏极电流由栅-源电压控制的跨导器件，就像用 Ebers-Moll 模型分析双极晶体管那样。回想一下，跨导 g_m 就是 i_d/v_{gs}（约定使用小写字母来表示参数中的小信号变化，即 $i_d/v_{gs}=\delta I_D/\delta V_{GS}$）。再次，MOSFET 的栅极与漏-源沟道之间是真正绝缘的，因此，不像晶体管那样，MOSFET 加正（或负）10V 以上的栅-源电压都不用担心 PN 结导通。最后，FET 和晶体管的不同还在于图中的线性区（低栅-源电压），FET 在线性区中具有明显的电阻特性（即使 V_{DS} 为负）。读者也许会猜到，等效的漏-源电阻是由栅-源电压控制的，这个结果很有用。

2. 两个例子

FET 还有更多令人惊奇的特性。但在讨论更多细节之前，让我们先来看看两个简单的开关电路。图 3.3 的 MOSFET 开关电路等同于图 2.5 的饱和晶体管开关电路。FET 电路更简单，因为我们不用考虑提供足够的基极驱动电流和消耗功率之间的折中问题（考虑最坏的情况，即电流增益 β

最小，而且灯在寒冷条件下呈现低电阻）。相反，我们只需要将一个满幅的直流驱动电压加到高阻抗的栅极。只要 FET 接通时的等效电阻远小于负载电阻，它的漏极就会近似接地。典型的功率 MOSFET 导通电阻 $R_{ON}<0.1\Omega$，这足以满足工作要求。

我们在电子学课程中演示过这个电路，其中我们将一个电阻与栅极串联起来，当发现该电阻阻值为 10MΩ 时，大家感到很惊讶，因为这意味着 β 至少要达到 100 000。当注意到即使栅极开路时，灯仍然亮着，大家会更惊讶。这是因为栅极电容使栅极电压得以保持，并将在后续的数小时内保持不变[一]，这意味着栅极电流远低于 1pA。

图 3.4 是一个模拟开关[二]的应用电路，这个电路不能用晶体管来实现。该电路的设计思想是，通过使 FET 在开路断开（栅极反向偏置）和短路接通（栅极正向偏置）之间切换，从而达到阻止或通过模拟信号的目的。在这个电路中，我们使栅极电位比任何输入信号的电位更低（开关断开），或比任何输入信号的电位高几伏（开关闭合）。晶体管不适合这种应用，这是因为它的基极不仅汲取电流，还会在发射极和集电极之间产生难以处理的二极管钳位效应。相比之下，MOSFET 电路十分简单，只需要将电压加到栅极就可以工作（本质上是开路的）[三]。

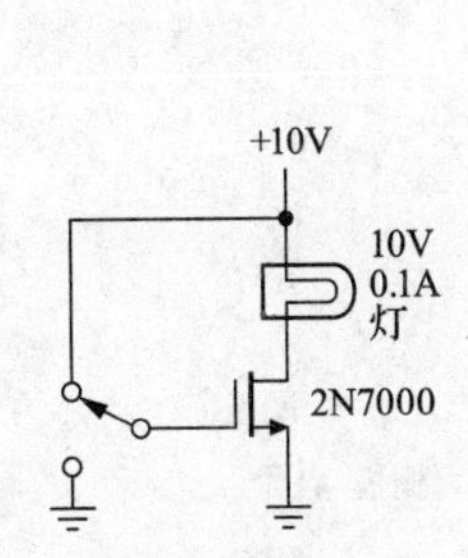

图 3.3 MOSFET 开关电路

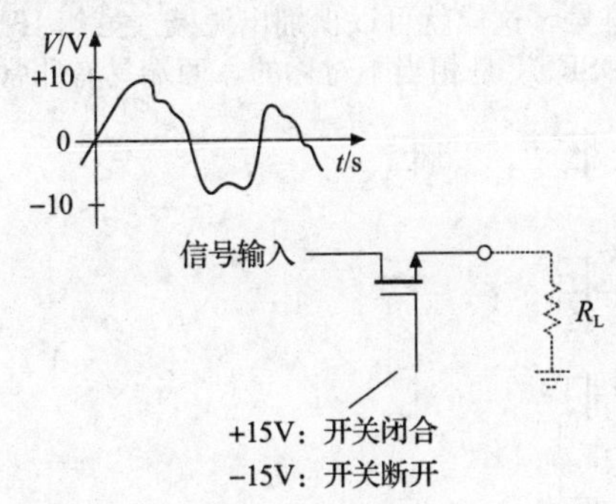

图 3.4 MOSFET 模拟（信号）开关的应用电路

3.1.2 FET 类型

1. N 沟道和 P 沟道

现在我们来考察 FET 的类型。首先，FET（像 BJT 一样）可以被制造为两种极性。与 N 沟道 MOSFET 对称的类型是 P 沟道 MOSFET。P 沟道 MOSFET 与 PNP 型晶体管类似：通常漏极的电位比源极低；当栅极电位比源极电位至少低 1～2V 时，会产生漏极电流。但这两种极性并非完全对称，因为 P 沟道 MOSFET 的载流子是空穴，而不是电子，空穴的活动性较差而且少数载流子寿命较短[四]。需要注意的是，P 沟道 FET 通常性能较差，表现为具有较高的栅极阈值电压、较高的 R_{ON} 和较低的饱和电流[五]。

2. MOSFET 和 JFET

在 MOSFET（金属-氧化物-半导体场效应晶体管）中，栅极区域通过生长在沟道上的薄 SiO_2 层（玻璃）与导电通道分离（见图 3.5）。由金属或掺杂硅制成的栅极，真正实现与漏-源电路绝缘，具有大于 $10^{14}\Omega$ 的特征输入电阻。栅极完全依靠其电场来影响沟道的导电特性。MOSFET 有时被称为绝缘栅型 FET，或 IGFET。栅极绝缘层非常薄，通常小于光的波长，典型的功率 MOSFET 栅极绝缘层可以承受高达 ±20V 的栅极电压

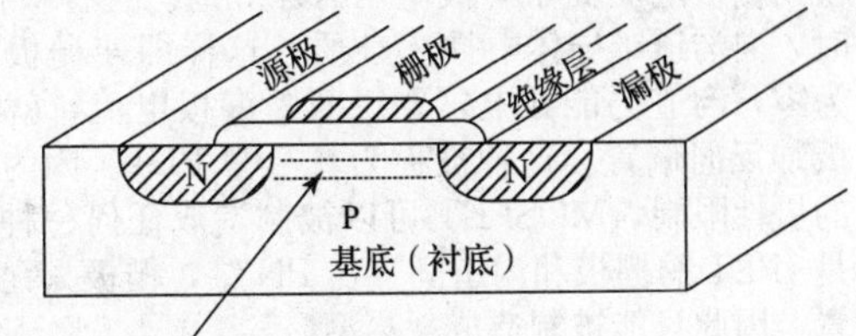

图 3.5 N 沟道横向 MOSFET

㊀ 栅极电容可以“记住”最后一次施加在栅极的电压，所以可以让灯点亮、熄灭，甚至保持半亮，即使栅极浮空也没有明显的变化。

㊁ 也被称为线性开关。

㊂ 值得一提的是，我们对这个电路的处理有些简单，例如忽略了栅极沟道电容的影响和 R_{ON} 随信号摆动的变化。后续我们将介绍更多关于模拟开关的内容。

㊃ 这些都是晶体管性能中很重要的半导体参数。

㊄ 在所谓的互补对（N 沟道与额定电压和电流相似的 P 沟道部分）中，P 沟道部分通常有更大的区域，以匹配 N 沟道部分的性能，可以在数据手册中看见 P 沟道部分有更大的电容。

（低压集成电路中的小型 MOSFET 所能承受的栅极电压更小）。MOSFET 很容易使用，这是因为无论栅极电位比源极高还是低，栅极都没有电流。然而，栅极很容易被静电破坏，有时轻轻一碰，就会完全损坏。

MOSFET 示意符号见图 3.6。图 3.6 中额外的端子被称为基底或衬底，即制造 FET 的硅片。因为衬底与沟道之间形成了 PN 结，所以衬底必须连接到使 PN 结不导通的电压上。对于 N 沟道（P 沟道）MOSFET 而言，它可以与源极或电路中比源极电位更低（高）的点相连。在实际使用中，通常会省略衬底端子记号。此外，工程师们也经常使用一种关于栅极对称的符号。但是这样就不能区分源极和栅极了，更糟糕的是，甚至连 N 沟道和 P 沟道都分不清了。为了避免混淆，本书通常使用图 3.6 底部的一对符号，这对符号虽然不常见，但足够简明㊀。

在 JFET（结型场效应晶体管）中，栅极与其下方的沟道形成半导体结。因此，*为了避免产生栅极电流，JFET 栅极相对沟道不能正向偏置*。例如，在 N 沟道 JFET 中，栅极电位一旦比沟道电位较低的一端（一般是源极）高＋0.6V，PN 结就开始导通。因此，当栅极相对于沟道反向偏置时，栅极没有电流流过（PN 结漏电流除外）。JFET 示意符号如图 3.7 所示。同样，我们倾向于使用栅极位于下侧的符号，这样就可以识别出源极（虽然 JFET 和小型集成 MOSFET 漏-源间的结构是对称的，但功率 MOSFET 是相当不对称的，两端具有非常不同的电容和击穿电压）。

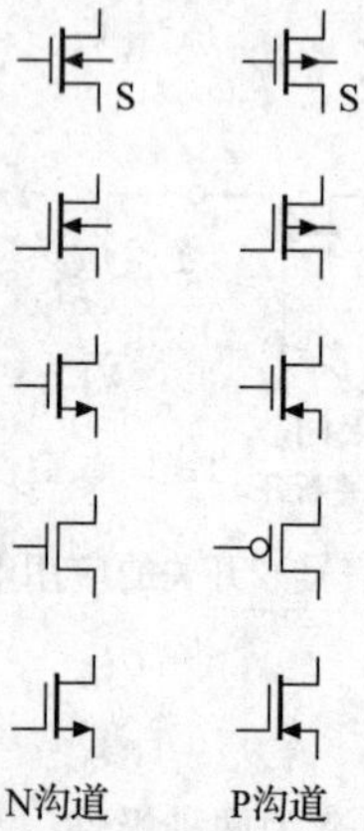

图 3.6 MOSFET 示意符号

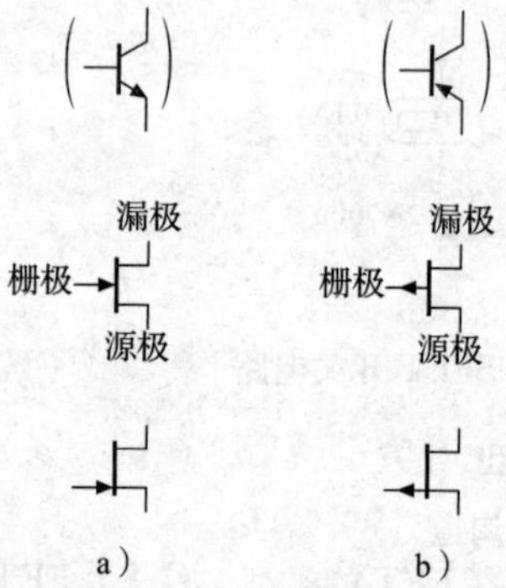

图 3.7 JFET 示意符号。a）N 沟道 JFET；b）P 沟道 JFET

3. 增强型和耗尽型

以本章开始时提到的 N 沟道 MOSFET 为例，它在栅极电压为零（或者为负）时是不导通的，仅当栅极电压高于源极电压时才导通。这种被称为*增强型* FET。另一种是在制造 N 沟道 MOSFET 时，向沟道半导体中掺入杂质，这样即使栅极电压偏置为零，沟道仍能导电，要想截断漏极电流，就必须在栅极加反向偏置。这种被称为*耗尽型* FET。因为没有栅极的极性限制，MOSFET 可以被制造成任何一种类型。但是 JFET 的栅极和沟道间存在 PN 结，栅极只允许反向偏置，因此只能被制造成耗尽型。

当漏极电压恒定时，漏极电流与栅-源电压的关系图有助于解释这一区别（见图 3.8 和图 3.9）。对增强型器件而言，当栅极电位高于源极电位时才出现漏极电流（对于 N 沟道 FET 而言）；而对耗尽型器件而言，当栅极电位与源极电位相等时，漏极电流接近其最大值。在某种意义上，这两种分类是人为的，因为这两条曲线形状大致相同，只是沿 V_{GS} 轴移动。事实上，还有可能制造出中间型 MOSFET。尽管如此，这种区别在电路设计时还是很重要的。

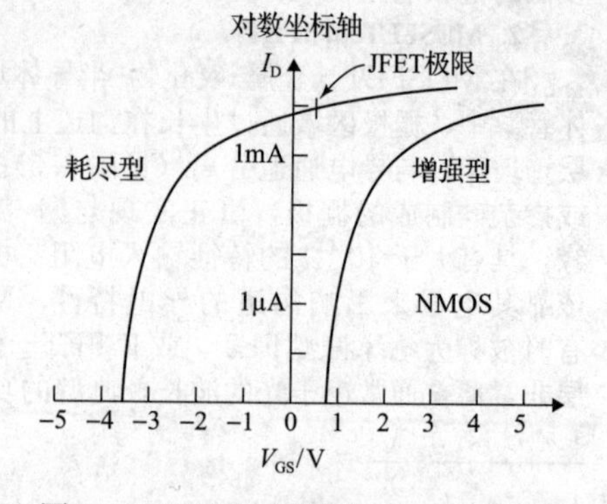

图 3.8 JFET（耗尽型）和 MOSFET（增强型）的传输特性曲线（I_D-V_{GS}）

㊀ 在实际应用中，逻辑电路设计师喜欢使用自底向上数的第二对符号，而使用功率 MOSFET 设计电路的工程师喜欢使用自顶向下数的第二对符号。

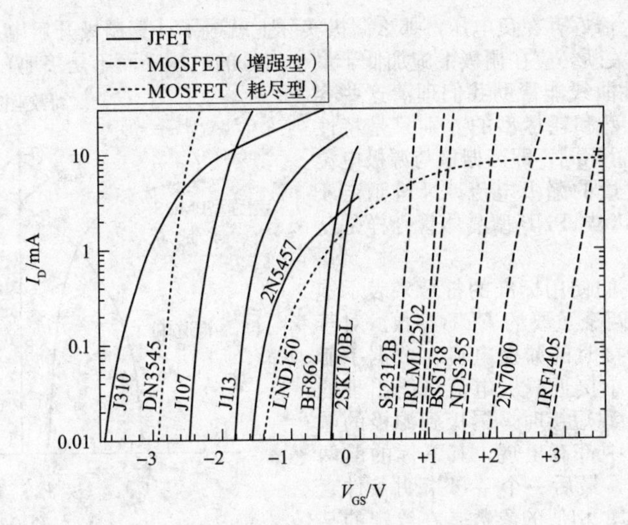

图 3.9　部分 N 沟道 FET 的 I_D-V_{GS} 曲线

注意，JFET 都是耗尽型器件，而且栅极电位不能比源极电位高 0.5V 以上（对于 N 沟道而言），否则栅极和沟道间形成的二极管将导通。虽然 MOSFET 可以制造成增强型或耗尽型，但实际上，大多数的 MOSFET 都是增强型的，很少见到耗尽型 MOSFET ㊀。因此，大多数时候只需要考虑是使用耗尽型 JFET，还是增强型 MOSFET。每种 MOSFET 都有两个极性——N 沟道和 P 沟道。

3.1.3　通用 FET 特性

为了简化问题，我们给出了 FET 的类型图谱（见图 3.10）和输入-输出电压的特性图（源极接地，见图 3.11)。坐标系的各象限中已经标出了不同器件（包括普通的 NPN 型与 PNP 型晶体管）的名称来表示它们在工作区域（源极或发射极接地）中的输入-输出电压特性。不必将五种 FET 的特性全部记住，因为它们的特性基本是相同的。

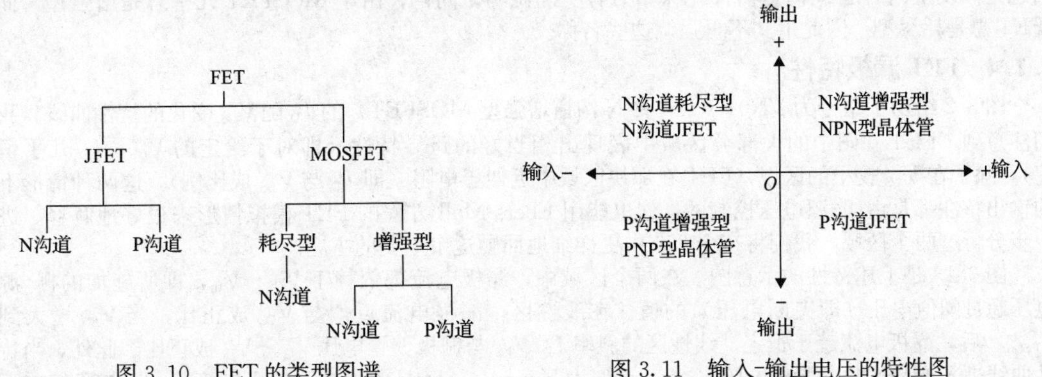

图 3.10　FET 的类型图谱　　　　图 3.11　输入-输出电压的特性图

首先，在源极接地的情况下，FET 的栅极电压朝着漏极供电电压的极性变化，就能使 FET 导通。这一点适用于所有五种类型的 FET，也适用于双极晶体管。例如，与所有的 N 型器件一样，N 沟道 JFET（耗尽型）的漏极供电电压为正。因此，该 JFET 的栅极在接正向变化的电压时才导通。耗尽型器件的微妙之处在于，栅极必须加反向（负）偏置的电压才能使漏极电流为零。然而，对于增强型器件而言，栅极电压为零就足以保证漏极电流为零。

其次，由于源极与漏极几乎对称，两端中任意一端均可作为有效的源极（但功率 MOSFET 除外，因为它的衬底与源极在管内相连）。考虑到 FET 的工作特性，也为了便于计算，有效源极应总是与漏极供电电源相隔最远。例如，假设线路通过 FET 开关接地，并且在线路上存在正电压信号和负电压信号，线路就通常与 FET 的漏极连接。如果使用 N 沟道（增强型）MOSFET 开关，并且在

㊀ 耗尽型 MOSFET 主要有：N 沟道 GaAs FET、用于射频领域的双栅极级联电路，以及高电压耗尽型功率 MOSFET。

（断开的）漏极端子上恰好存在负电压，那么漏极实际上就成了计算栅极开启电压的源极。因此，为了确保开关能够正常关断，应在栅极上施加低于最小信号的电压（而不是接地）。

图3.12中的特性曲线能帮助我们理清这些容易混淆的概念。增强型和耗尽型的差别只是特性曲线在V_{GS}轴上的位置不同，即当栅极与源极电位相等时，是否存在大量的漏极电流。N沟道与P沟道FET就像NPN型与PNP型晶体管一样是互补的。

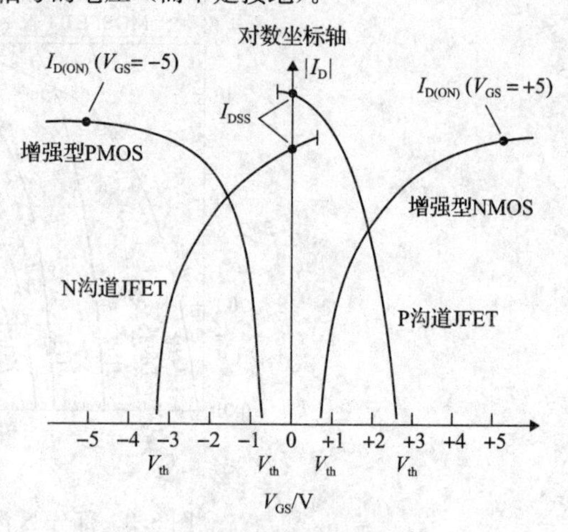

图3.12　特性曲线

在图3.12中，我们使用标准的符号来表示饱和电流和截止电压这两个重要的FET参数。对于JFET来说，栅-源短接时的漏极电流在数据手册上用I_{DSS}表示，其大小接近漏极电流可能出现的最大值（I_{DSS}表示栅-源短接时，漏极到源极的电流。这一符号在本章中都有出现，其下标的前两个字母表明一对端口，最后一个字母指明条件）。对于增强型MOSFET，相似的参数是在给定的某个栅极正偏电压下的$I_{D(ON)}$（I_{DSS}对于任何增强型器件均为零）。

对JFET而言，当漏极电流接近零[㊀]时，对应的栅-源电压称为栅-源截止电压$V_{GS(OFF)}$或（有时称为）夹断电压V_P，其值一般在−1～−5V之间（当然，对P沟道来说电压值是正的）。对增强型MOSFET而言，通常不指定类似的参数[㊁]。但是，数据手册中指定了栅-源阈值电压$V_{GS(th)}$，在这个电压下漏极电流开始达到较小但不确定的阈值，通常为0.25mA。正向的$V_{GS(th)}$通常在0.5～5V的范围内。

FET的极性很容易使人混淆。比如，N沟道器件的漏极电位通常高于源极电位，但栅极电压可正可负，门限电压也可正（增强型）可负（耗尽型）。更麻烦的是，它们可以在漏极电位低于源极电位的情况下工作。当然，所有这些结论对于P沟道器件来说都是相反的。因此，为了减少混淆，我们总是假设谈论的是N沟道器件，除非另有明确说明。同样，由于MOSFET几乎总是增强型，而JFET总是耗尽型，因此下文不再强调这些名称。

3.1.4　FET漏极特性

图3.2给出了型号为VN0106（一种N沟道增强型MOSFET）的I_D随V_{DS}变化的特性曲线。我们注意到，FET在图中的大部分区域中表现出相当好的跨导特性（即对于给定的V_{GS}，I_D几乎恒定），除了在V_{DS}较小的区域，FET在那块区域中近似于电阻（即I_D与V_{DS}成比例）。这两种情形下的输出特性都是由栅-源电压控制的，这也能用Ebers-Moll方程的FET模拟情形来很好地解释。进一步分析这两个区域，我们将在3.3节中更详细地回顾这个重要的主题。

图3.13是上述特性的示意图。在两个区域中，漏极电流都依赖于$V_{GS}-V_{th}$，即所施加的栅-源电压超过阈值电压（即夹断电压）的值。在线性区，漏极电流近似与V_{DS}成正比，当V_{DS}增大到$V_{DS(sat)}$后，漏极电流趋于恒定。线性区的斜率I_D/V_{DS}与栅极偏置电压$V_{GS}-V_{th}$成正比。此外，当特性曲线进入饱和区时，漏极电压$V_{DS(sat)}$近似为$V_{GS}-V_{th}$，于是使得饱和漏极电流$I_{D(sat)}$与我们前面提到的$(V_{GS}-V_{th})^2$成正比。下面给出了FET漏极电流的通用公式：

$$I_D=2\boldsymbol{\kappa}[(V_{GS}-V_{th})V_{DS}-V_{DS}^2/2]\quad（线性区）\tag{3.1}$$

$$I_D=\boldsymbol{\kappa}(V_{GS}-V_{th})^2\quad（饱和区）\tag{3.2}$$

如果称$V_{GS}-V_{th}$（栅-源电压超过阈值电压的值）为栅极驱动电压，这些重要结果就可表述为①线性区的电阻与栅极驱动电压成反比；②线性区延伸到栅-源电压近似等于栅极驱动电压的位置；

㊀　通常选择10nA，4.3.4节介绍了夹断电压测试电路。

㊁　我们将使用符号V_{th}来表示MOSFET的类似理想化的栅-源截止电压，我们将在接下来的讨论中用到这个符号。在文献中，这个量通常用符号V_T表示，称为阈值电压，但我们倾向于避免使用与Ebers-Moll方程中的热电压V_T相同的符号，其中$V_T=kT/q\approx25\text{mV}$。不要将$V_{th}$与$V_{GS(th)}$混淆：$V_{th}$是由$\sqrt{I_D}$和$V_{GS}$的关系图推算得到的，它在数据手册中找不到，但是非常有用；相比之下，$V_{GS(th)}$并不是特别有用，但它是数据手册中的一个参数。

③饱和漏极电流与栅极驱动电压的平方成正比。以上方程都假定衬底与源极连接。注意，由于公式中V_{DS}^2项的关系，线性区并非严格线性，我们会在下面看到一种巧妙解决此问题的电路。

比例因子κ取决于一些细节，例如FET的几何形状、氧化物的电容，以及载流子的迁移率㊀。它也依赖于温度，即$\kappa \propto T^{-3/2}$，这一点导致I_D随着温度的升高而降低。然而，V_{th}也随着温度微小变化（2～5mV/℃）。在这两者的共同作用下，漏极电流随温度变化的特性曲线见图3.14。

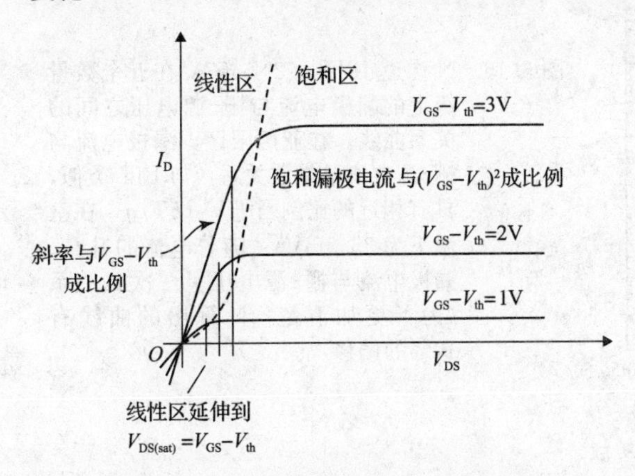

图3.13 FET工作时的线性区和饱和区

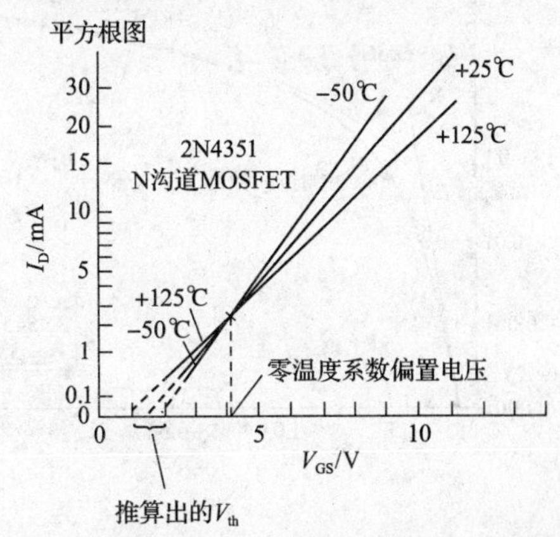

图3.14 阈值电压V_{th}取的是I_D的平方根曲线在漏极电流为零处的值，FET的饱和电流在大电流区域具有负温度系数

在栅极电压较大的情况下，κ具有的负温度系数导致漏极电流随温度的升高而减小。因此，处于高电流工作区的同一类型的FET通常可以并联使用，而不再像晶体管那样必须加外部的电流补偿（发射极偏置）电阻㊁。这种负温度系数也可以防止结区域出现局部热失控现象（即电流弯曲效应），这种现象严重限制了大型双极晶体管的功率放大能力。

当漏极电流很小时（此时V_{th}的温度系数起主要作用），I_D具有正温度系数。在漏极电流的某个中间值处，温度系数为零。我们将在下一章看到，FET运算放大器就是利用此效应来使温度漂移最小的。

亚门限区

上面给出的有关饱和漏极电流的表达式并不适用于漏极电流非常小的情况。当沟道在导通门限值以下时，因为仍有少量电子做热激发运动而产生电流，因此这又被称为亚门限区。如果学过物理或化学，就应该知道漏极电流和电压差$V_{GS}-V_{th}$呈指数关系（有一些比例因子）。

我们测量了一些MOSFET在9个数量级上的漏极电流（1nA～1A），并将结果绘制成了I_D随V_{GS}变化的特性曲线（见图3.15）。由图3.15可知，1nA～1mA区域呈现出相当精确的指数关系；在亚门限区以上，特性曲线进入正常的二次方式关系饱和区。对于N沟道MOSFET，我们选取了20个晶体管样本，画出了它们的极限范围，使读者了解不同制造厂商的不同批次产品在性能上的差异

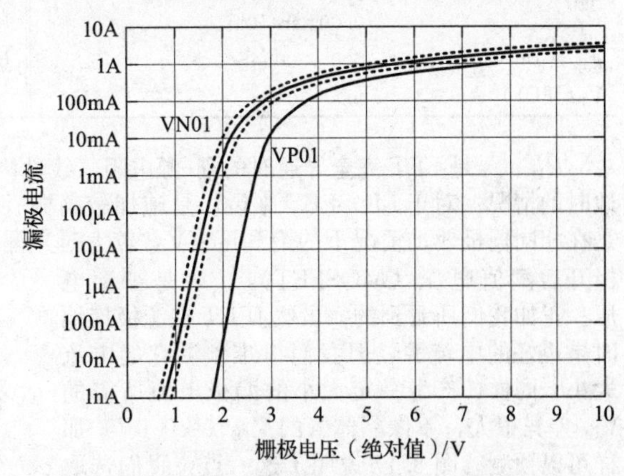

图3.15 测得的MOSFET饱和漏极电流与栅源电压的关系曲线。对于VN01，总共测量了20个样本，其中虚线为极端样本，实线为测量值的中位数

㊀ 在这里通常会看到使用的是符号k。我们更倾向于使用κ，以避免与Ebers-Moll方程中用于描述晶体管行为的玻耳兹曼常数k混淆。对于JFET的SPICE模型，该参数被称为β（而对于V_{th}，使用的是参数VTO）。

㊁ 需要注意的是，特别是应用在线性电路中的普通（垂直导电结构）功率MOSFET，其工作电流远低于负温度系数区域。在这种应用中，横向导电结构的MOSFET由于其稳定的负温度系数，成为广受欢迎的替代品。

（见下一节）。注意，互补的 VP01 在 V_{th} 和 $I_{D(ON)}$ 这两个指标上的性能稍差。

如图 3.16 的测量数据所示，可以看出 JFET 也有类似的特性（尽管 V_{GS} 为反向偏置，或最多仅限于小于二极管压降的正向偏置）。通过绘制漏极电流平方根与栅极电压的特性曲线，可以明显看出满足 $I_D \propto (V_{GS}-V_{th})^2$ 的二次区域位置。

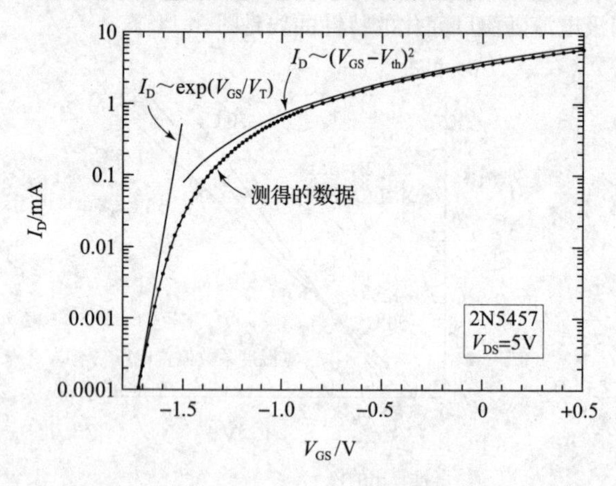

图 3.16　N 沟道 JFET（2N5457）在五个数量级上的漏极电流与栅-源电压之间的关系曲线。在亚门限区，漏极电流与栅-源电压呈指数关系，与 BJT 类似，具有相近的比例因子 V_T（kT/q，在室温下为 25.3mV）；随着电流的升高，漏极电流与栅-源电压呈二次式关系（为了更加清楚，计算出的曲线有 10%的偏移）

3.1.5　FET 特性参数的制造偏差

在分析电路之前，为了更好了解 FET，我们先来看看 FET 特性参数（例如 I_{DSS} 和 $V_{GS(th)}$）的变化范围，以及同一型号器件特性参数在制造过程中产生的偏差。遗憾的是，在制造过程中，FET 许多参数的误差都远大于双极晶体管，电路设计人员必须牢记这一点。例如，2N7000（典型的 N 沟道 MOSFET）的额定 $V_{GS(th)}$ 为 0.8～3V（I_D=1mA），而对应的小型 NPN 型晶体管的 V_{BE} 为 0.63～0.83V（I_C=1mA）。下面的数据可以说明问题。

FET 特性：制造偏差

特性参数	可变范围	偏差	特性参数	可变范围	偏差
I_{DSS} 和 $I_{D(ON)}$	1mA～500A	×5	$V_{GS(th)}$ (MOSFET)	0.5～5V	2V
$R_{DS(ON)}$	0.001Ω～10kΩ	×5	$BV_{DS(OFF)}$	6～1000V	
g_m@ 1mA	500～3000μS	×5	$BV_{GS(OFF)}$	6～125V	
V_P(JFET)	0.5～10V	5V			

$R_{DS(ON)}$ 是 FET 完全导通时的漏-源电阻（线性区，即 V_{DS} 较小时），对于 JFET 来说，是栅极接地时的情况；对于 MOSFET 来说，是施加较高栅-源电压（通常为 10V）时的情况。I_{DSS} 和 $I_{D(ON)}$ 是在相同栅极驱动情况下的饱和区（V_{DS} 较大时）漏极电流。V_P 是夹断电压（JFET），$V_{GS(th)}$ 是栅极开启阈值电压（MOSFET），BV 是击穿电压。正如我们所看到的，虽然 JFET 在源极接地时是很好的电流源，但我们很难预测它的电流大小。同样，产生一定大小的漏极电流所需的 V_{GS} 差异很大，不像晶体管的 V_{BE}（≈0.6V）那样可以预测。图 3.17 说明了这一点：我们选取了三种流行的 JFET 型号（2N5457～59 系列，按照 I_{DSS} 分级），每种 JFET 有 100 个，测试了在漏极电流为 1mA 时的 V_{GS}。每种类型漏-源电压的偏差大约为 1V。为了便于比较，可以对比图 8.44 中的 BJT 特性参数分布图，图中的特性参数偏差只有 10～20mV。

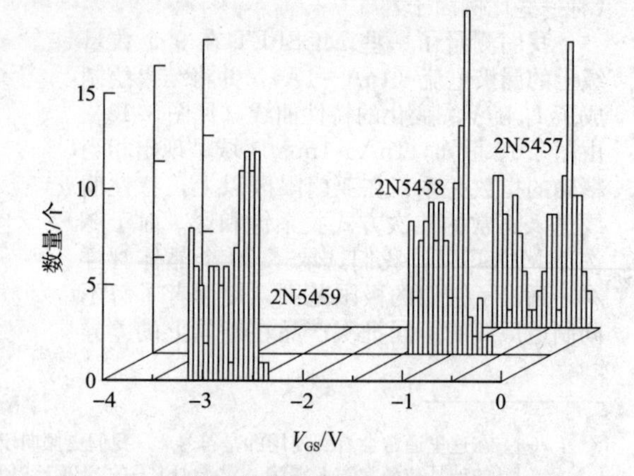

图 3.17　我们对热门型号 2N5457～59 中 300 个 JFET 的 V_{GS} 值进行了测量（V_{DS}=5V，I_D=1mA）

特性匹配

正如大家看到的，FET 在 V_{GS} 的可预测性方面不如晶体管。也就是说，它产生给定的 I_D 所需的 V_{GS} 可以在很大的范围内变化。一般来说，如果器件参数的变化范围很大，它们用作一对差分电路管时的偏差量（电压不平衡量）也就相应较大。例如，在一定集电极电流要求下，选用市场现有的晶体管，一般常用的晶体管的V_{BE}变化范围为25mV左右。然而，MOSFET相应的参数高达1～2V㊀。又由于FET具有其他优异特性，因此大家也愿意专门制造一对匹配的场效应晶体管，以减少这些误差。集成电路设计者也常采用集成数字化技术（使两个器件共用一片IC基底）与温度-梯度抵消法来提高性能（见图3.18）。

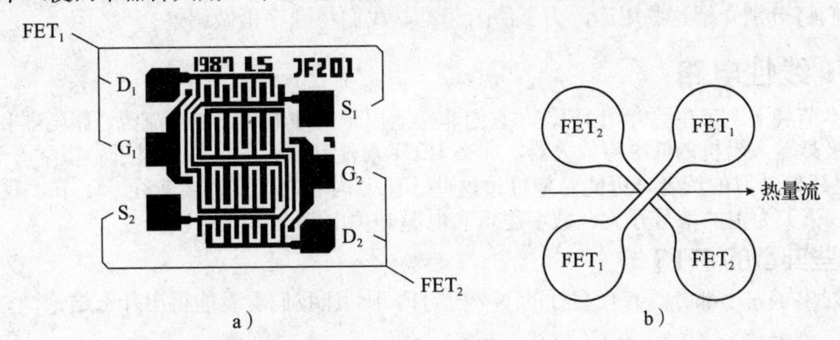

图3.18　晶体管匹配技术：a）交错排列（由线性集成系统提供）；b）温度-梯度抵消法

采用上述技术后，FET的电路性能得到了很大改善。尽管FET器件在V_{GS}的匹配上仍不及晶体管，但它们的特性已经足够胜任大多数电路应用。例如，此前匹配最佳的一对FET㊁的偏移电压能达到0.5mV，温度系数为5μV/℃（最大值）；而最好的晶体管匹配对的偏移电压为25μV，温度系数为0.3μV/℃，大约比FET的性能好20倍。

运算放大器就可分别由这两种器件构成；如果精确度要求较高，一般选择晶体管构成的运算放大器（因为输入晶体管的V_{BE}可以很好地匹配）；如果需要高输入阻抗，FET作为运算放大器的输入级就是很好的选择（因为FET的输入端——栅极无电流）。例如，下一章要讨论的通用运算放大器LF411和LF412就采用JFET输入，典型的输入电流（漏极电流）为50pA。TLC272比较流行，它采用MOSFET输入，价格与前者相同，输入电流的典型值仅为1pA。相比之下，由普通晶体管构成的运算放大器的输入电流就大得多，比如LM324的典型输入电流高达45 000pA（45nA）。

3.1.6　基本FET电路

现在我们介绍FET电路。我们总能想出一种方式将使用BJT的电路转换成使用FET的电路。然而，转换后的新电路不一定在性能上有所改善。本章后面会举例说明一些利用FET特性的电路，即使用FET比用晶体管性能更好的电路，或者一些根本不能用晶体管来构建的电路。为此，我们先将FET的各种应用进行分类。以下是一些最重要的应用场合。

高阻抗/低电流　用在缓冲器中或是被晶体管基极电流与有限的输入阻抗限制性能的放大器中。虽然可用分立FET实现电路，但目前实际情况倾向于使用由FET构成的集成电路。在一些晶体管电路设计中，则可用FET代替晶体管，作为高阻抗的输入前端，而其他电路则全部使用FET。当可用的FET集成电路不能提供足够的性能时，一种使用混合器件的方法（JFET作为前端，由运放器辅助）可以使电路的性能更进一步。

模拟开关　我们在3.1.1节中提到过，MOSFET是极好的压控模拟开关。下文还会简单地提到这种电路。同样，一般使用专用的模拟开关集成电路，而不必用分立器件来搭建电路。

数字逻辑　MOSFET垄断了微处理器、存储器、特殊用途的超大规模集成电路（VLSI），以及高性能数字逻辑电路。它们还专门用在微功率逻辑电路和微功耗便携设备中。同样，MOSFET也以集成电路的形式出现。下文将阐述为何在数字电路中使用FET比BJT更好。

功率转换　我们在本章第一个电路中提到，在负载转换方面，功率MOSFET比普通功率晶体管更好。但应使用分立的功率FET来实现功率转换功能。

㊀ 在实际工程中，我们发现同一批的MOSFET有更好的匹配性，有时参数的差距可以达到50mV左右。另外，同一批器件中更典型的参数偏差范围为几百毫伏。如果参数的匹配性在某些应用中非常重要（例如，当多个晶体管并联使用时），应该对器件进行实际测量。

㊁ 遗憾的是，这些器件已经买不到了。但是，在运算放大器的内部，晶体管匹配技术仍然存在并且发展良好。最好的JFET样品具有0.1mV的偏移电压和1μV/℃的温度系数，而最好的BJT样品则为0.01mV和0.1μV/℃，也就是说，后者的性能是前者的10倍。

可变电阻和电流源 在漏极电流曲线的线性区，FET 的特性类似于压控电阻；而在饱和区，可将它看作压控电流源。在电路设计中要充分利用 FET 的这一特性。

晶体管的常用替代品 FET 可用在振荡器、放大器、稳压器以及射频电路中（仅举几个例子），这些电路也经常使用双极晶体管。FET 并不能确保电路性能变得更好——有时会更好，有时则不行。但应该始终记住 FET 这个备选项。

以下我们将分别介绍这些用途。为了清晰起见，我们将顺序稍做调整。

3.2 FET 线性电路

注意，本节和下一节主要介绍 JFET，它们非常适用于线性电路，如电流源、跟随器和放大器。如果需要具有极高输入阻抗的低噪声放大器，那么 JFET 可能是唯一的选择。对于希望学习 MOSFET 并从 FET 开关开始学习的读者，可能希望跳过这些 JFET 内容[⊖]，并直接前往 3.4 节，我们将在那里介绍以 MOSFET 为主的信号开关、数字逻辑和电源开关电路。

3.2.1 一些典型的 JFET

表 3.1 列出了一小部分具有代表性的 N 沟道 JFET。让我们看看能得出什么结论。

表 3.1 部分具有代表性的 N 沟道 JFET①

器件型号	I_D 曲线	I_{DSS}/mA	$V_{GS(OFF)}$/V		1mA 下测量			C_{rss} 典型值 /pF	R_{ON} 典型值 /Ω
			min	max	V_{GS}/V	g_m/mS	G_{max}②		
2N5484	A	1~5	−0.3	−3	−0.73	2.3	180	1	—
2N5485	B	4~10	−0.4	−4	−1.7	2.1	110	1	—
2N5486	C	8~20	−2	−6	−2.4	2.1	50	1	—
2N5457	D	1~5	−0.5	−6	−0.81	2.0	200	1.5	—
2N5458	E	2~9	−1	−7	−2.3	2.3	170	1.5	—
2N5459	F	4~16	−2	−8	−2.8	2.0	100	1.5	—
BF862	G	10~25	−0.3	−1.2	−0.40	12	250	1.9	—
J309	H	12~30	−1	−4	−1.6	4.2	300	2	50
J310	J	24~60	−2	−6.5	−3.0	4.3	100	2	50
J113	K	2	−0.5	−3	−1.5	5.7	140	3	50
J112	L	5	−1	−5	−3.3	5	100	3	30
PN4393	M	5~30	−0.5	−3	−0.83	6.2	100	3.5	100
PN4392	N	25~75	−2	−5	−2.6	5.4	130	3.5	60
LSK170B	P	6~12	−0.2	−2	−0.09	11	160	5	—
J110	Q	10	−0.5	−4	−1.2	6.1	220	8	18
J107	R	100	−0.5	−4.5	−2.6	8.2	340	35	8
J105	—	500	−4.5	−10	−8.7	6.4	60	35	3
IF3601	S	30	−0.04	−3	−0.24	27	1400	300	—

① 不同种类的器件按照 C_{rss} 排列，同一种类中按照 I_{DSS} 的升序排列。

② $G_{max}=g_m/g_{os}$，它是 JFET 作为源极接地放大器，并且以电流源作为漏极负载时的最大电压增益。G_{max} 与 V_{os} 成比例（表中的数值是 V_{os}=5V 的情况），对于大多数 JFET，G_{max} 在不同的 I_D 下近似不变。

这些 JFET 都是主流的 N 沟道类型。有些 N 沟道 JFET 对应着具有相似特征的 P 沟道 JFET，例如 N 沟道 2N5457~59 对应着 P 沟道 2N5460~62。

许多 JFET 器件有 3~4 个型号，这些型号通过 I_{DSS} 和 $V_{GS(OFF)}$ 进行分级，这在一定程度上减轻了由于这些参数的分布范围太大所引起的电路设计问题。但即使是这些分级后的器件，其参数的差异也可能高达 5∶1（甚至更多）。还要注意，对于开关型 JFET 器件（指定 R_{ON} 的器件），可能只列出了 I_{DSS} 的最小值。例如，J110 的漏极电流会是多少呢？（额定 I_{DSS}=10mA，最小值）答案是：并不多——我们从样品上测量的结果高达 122mA！

在许多应用中（例如放大器、跟随器），我们希望器件具有很大的跨导增益 g_m。JFET 的数据手

⊖ 如果想理解 MOSFET 线性放大器，仍然需要学习这些内容，因为我们会涉及一些诸如 FET 的跨导和输出电导，以及它们随漏极电压和电流的变化等内容。

册通常在器件的 I_{DSS} 处指定 g_m，但是如果不知道 I_{DSS} 的值，那么这个数据就不是特别有用。而且，在 I_{DSS} 处列出的 g_m 会受到规格差异的影响，通常为 5∶1 左右。BJT 的跨导通常可通过 $g_m=1/r_e=I_C/V_T$ 算出（其中 $V_T=kT/q\approx25.3\text{mV}$）。与 BJT 不同，不同型号 JFET 的跨导在相同的漏极电流下可以相差一个数量级。在表 3.1 中，我们列出了在标准电流为 1mA 时测量的 g_m 值㊀。在这些电流下，它们的跨导远小于 BJT 的跨导（其中 1mA 时，BJT 的 $g_m=40\text{mS}$），尽管它们在非常低的电流下（亚门限区）表现得很好。这种特性可以从图 3.19 测量得到的 I_D 与 V_{GS} 曲线的不同斜率中看出。

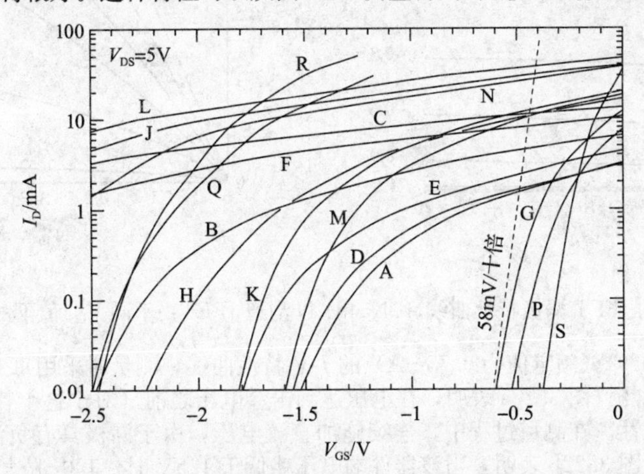

图 3.19 表 3.1 中测得的 JFET 漏极电流与栅-源电压

标有 G_{max} 的列给出了 JFET 在作为源极接地放大器并且连接电流源负载时的电压增益。在这种情况下，有效负载电阻与一个称为 g_{os} 的量相关，g_{os} 表示在栅极电压保持恒定的情况下从漏极向内看到的输出电导（类似于 BJT 中的 Early 效应）。在这方面，不同型号的 JFET 之间也存在较大差异。

在低电平放大中，一个重要的参数是 JFET 的输入噪声电压，在这里没有列出，但在第 8 章中进行了详细介绍。其中最突出的是 IF3601（达到惊人的 $0.3\text{nV}/\sqrt{\text{Hz}}$），但缺点是大面积结会产生大电容，容值高达 300pF。

3.2.2 JFET 电流源

JFET 可以用作集成电路（特别是运算放大器）中的电流源，有时也用于分立设计中。最简单的 JFET 电流源见图 3.20，我们选择了 JFET 而不是 MOSFET，因为它不需要栅极偏置（属于耗尽型）。从 JFET 漏极特性曲线（见图 3.21）中可以看出，当 V_{DS} 大于几伏时，漏极电流基本稳定。然而，由于器件之间 I_{DSS} 的差异性，这一电流大小是不可预测的。例如，MMBF5484（典型的 N 沟道 JFET）的额定 I_{DSS} 为 1～5mA，具有较大的变化范围。尽管如此，由于这种二端恒流装置非常简单，因此该电路仍然具有吸引力。我们可以买到按照电流大小分类的电流调节二极管，实际上就是栅极与源极连接的 JFET，它们是齐纳（电压调节）二极管的电流版本。以下是 1N5283～1N5314 系列的特性参数㊁。

特性	取值
电流/mA	0.22～4.7
误差/(%)	±10
温度系数/(%/℃)	±0.4
电压范围/V	1～2.5 (min)，100 (max)
电流调整/(%)	5（典型值）
电阻/MΩ	1（典型值，电流为 1mA 的器件）

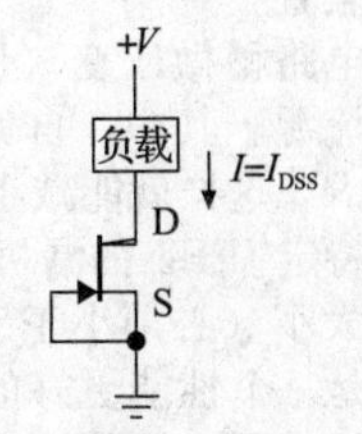

图 3.20 N 沟道 JFET 电流源

㊀ 在漏极电流的“二次式”区域，跨导大致随着 $\sqrt{I_D}$ 变化。

㊁ 几家制造商提供这些器件，其中的替代型号包括 Microsemi 的 MS5283、MV5283 和 MX5283 系列；Vishay 的 SST502～SST511 和 CR160～CR470 系列；InterFET 的 J500～J511、J553～J557 和 U553～U557 系列。另外，还有 Central Semiconductor 和 Linear Integrated Systems 作为替代供应商。

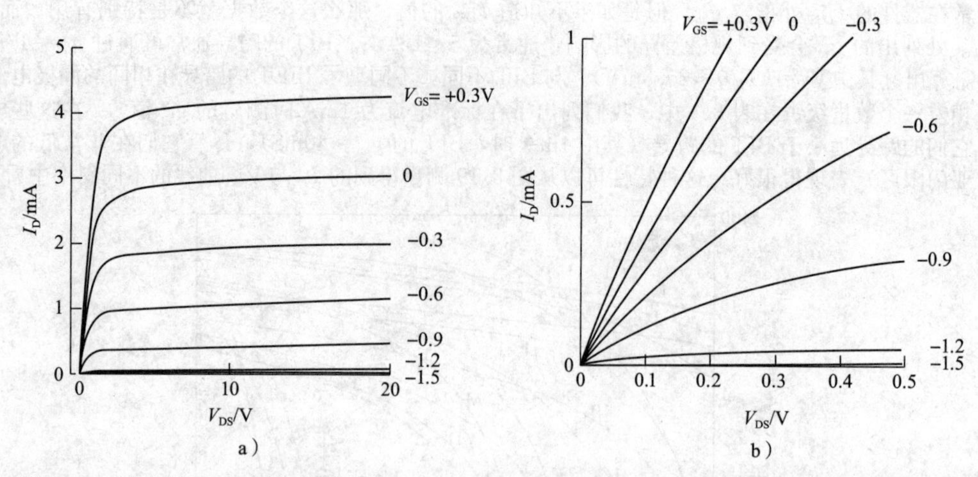

图 3.21　测得的 JFET 漏极特性曲线。2N5484 N 沟道 JFET：不同 V_{GS} 值下的 I_D 与 V_{DS} 曲线

我们测量了 1N5294（额定值为 0.75mA）的 I-V 特性曲线，测量时采用每 100ms 施加 1ms 脉冲电压的方式以防止发热。图 3.22a 表明，在电压达到击穿电压之前（对于这个特定样品约为 145V），电流具有良好的稳定性。在测量过程中，连续施加直流电压，由于漏极具有负温度系数，还可以观察到电流的热效应。图 3.22b 表明，当该器件端电压略低于 1.5V 时，其电流达到最大值（这里同时绘制了施加脉冲电压和施加直流电压时的曲线，可以看出在功耗小于 0.4mW 时，热效应可忽略不计）。在 7.1.3 节中，我们将展示如何使用这些器件制作精巧的三角波发生器。在 4.2.5 节和 9.3.14 节中，我们还将对电流源进行更详细的讨论。

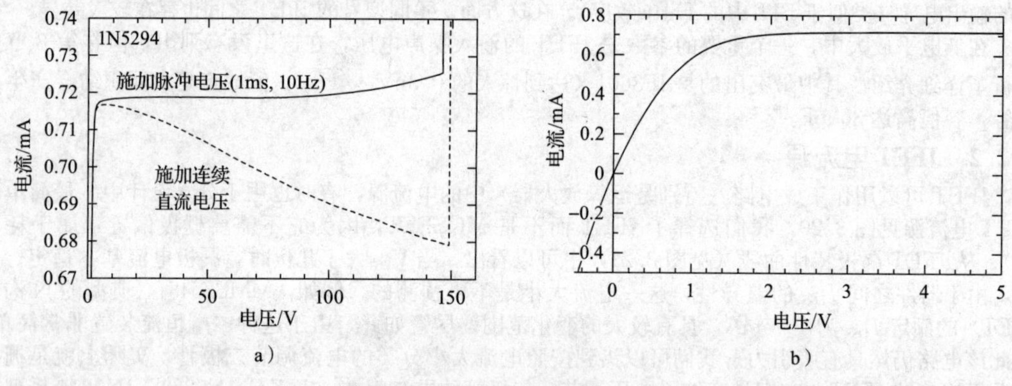

图 3.22　1N5294 电流调节二极管

1. 源极自偏置

将前面的电路稍做改变（见图 3.23），就能得到电流值大小可调的电流源。其中，自偏置电阻 R 使栅极反向偏置，反偏电压为 I_DR，这样就能减小 I_D 并使 JFET 更接近截止状态。可以根据特定 JFET 的漏极曲线估算出 R 的值。该电路能设置电流的大小（必须小于 I_{DSS}），并更容易预测电流值。此外，该电路是一个性能更好的电流源（具有更高的阻抗），因为源极电阻提供了电流检测反馈（将在 4.2.5 节中学习）。不过要记住，由于制造过程中的差异，真实的 FET 在某个 V_{GS} 值下的 I_D 特性曲线，可能与从一组已画好的曲线中读出的值相差甚远（这在图 3.25 和图 3.41 中得到了很好的说明，图中使用了从一批 JFET 中实际测得的漏极特性）。如果需要得到特定的电流值，可以考虑在源极加可调电阻。

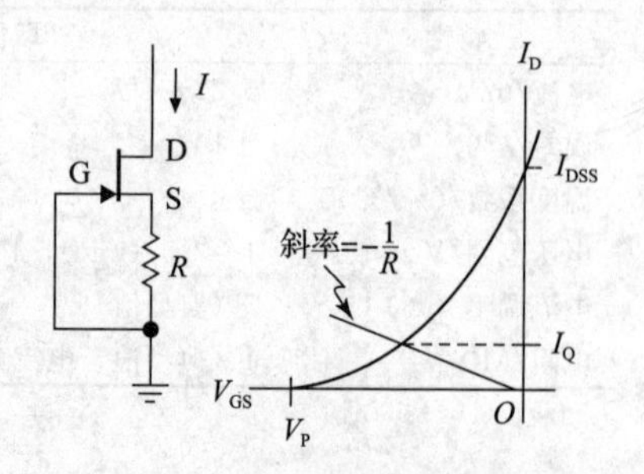

图 3.23　JFET 电流阱（$I=V_{GS}/R$，$I_D<I_{DSS}$）

练习 3.1　使用图 3.21 中实际测得的 2N5484 特性曲线来设计电流源，要求电流源的电流大小

为1mA。需要考虑到2N5484额定I_{DSS}的变化范围为1～5mA。

2. 示例：射极跟随器

让我们看一个例子，进一步探讨JFET的零偏置漏极电流I_{DSS}的不可预测性问题（也就是说，如何预测产生特定漏极电流的栅-源偏置电压）。

图3.24展示了BJT射极跟随器，由±12V的分立电源供电，并且配备了JFET下拉电流阱来接到负电源。我们规定电路必须能够在2kΩ负载上提供±10V的完整摆幅（即±5mA负载电流）。起初，可能会考虑使用简单的下拉电阻R_E连接到−12V电源。但是，输出摆幅的要求使问题变得复杂，因为需要将R_E保持在小于400Ω的范围内（我们可以选择365Ω的标准电阻值，精度为1%）以获得完整的负摆幅，而且这么低的电阻会产生相对较高的静态电流（输出电压为0V时，静态电流为33mA，Q_1和R_E的静态功耗都为400mW左右），相比之下，传递给负载的峰值电流仅为5mA（回顾2.4.1节中的讨论）。更糟糕的是，电阻下拉还会大大降低线性度，因为跟随器的r_e会随着集电极电流的大幅变化而变化（在摆幅的顶部为65mA，底部为0.5mA，相应的r_e分别为0.4Ω和50Ω，与负载电阻合并后约为300Ω）。最后，较小的下拉电阻（与最小负载电阻相比）还会将电路的输入阻抗降低6倍。

因此，使用主动下拉的电流阱才是正确的方法。首先，我们需要选择一个JFET，它的最小额定I_{DSS}至少为5.5mA。只有2N5486系列中的2N5486满足这个要求（8mA≤I_{DSS}≤20mA，见表3.1）。但这些器件的额定电流太大了，而且I_{DSS}=20mA的器件会产生过多的热量：在JFET（当正摆幅峰值时）或BJT（当无负载负摆幅峰值时）中的最大耗散功率都达到440mW，对于没有散热器的TO-92和SOT-23封装的晶体管来说太高了。

因此，让我们添加源极电阻，以便调整JFET的漏极电流。我们的目标是使最小下拉电流达到5.5mA，这样在负摆幅达到峰值时仍然留有0.5mA的裕量。2N5486的最小I_{DSS}为8mA，可以保证源极自偏置电路能下拉所需的5.5mA电流。现在我们只需要选择源极电阻R_S。

问题在于，数据手册上的I_D与V_{GS}曲线（称为转移特性），如果有的话，通常也不会显示出所有可能的范围，而是在允许范围内选择两个或三个具有不同I_{DSS}值的器件，并画出这些器件的典型特性曲线。有时，甚至连曲线图也没有，只能获得填在表格中的I_{DSS}和$V_{GS(OFF)}$数值⊖。但是可以通过测量一些JFET来了解情况。我们做了这项工作，图3.25展示了从不同制造商和不同批次的七个2N5486上测得的I_{DSS}与V_{GS}曲线。假设这包含了完整的参数变化范围（实际上并不是这样，从最小的I_{DSS}为9.2mA可以看出），那么我们可以从原点开始向上绘制一条负载线，直到最低的交点位于I_D=5.5mA以上。对应的R_S=140Ω，其漏极电流的变化范围为5.7～9.5mA。

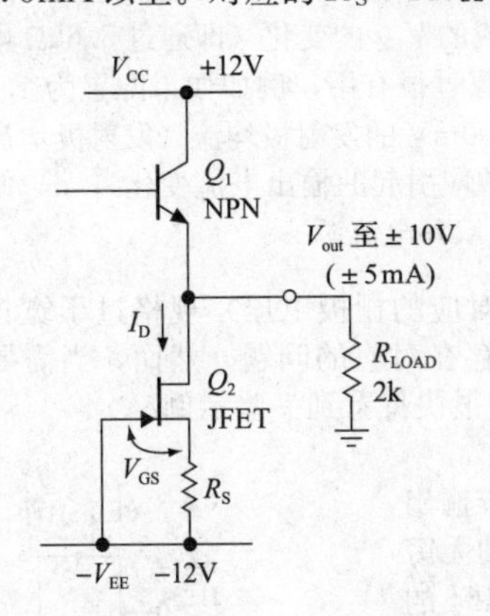

图3.24　设计示例：带有JFET电流阱的NPN射极跟随器

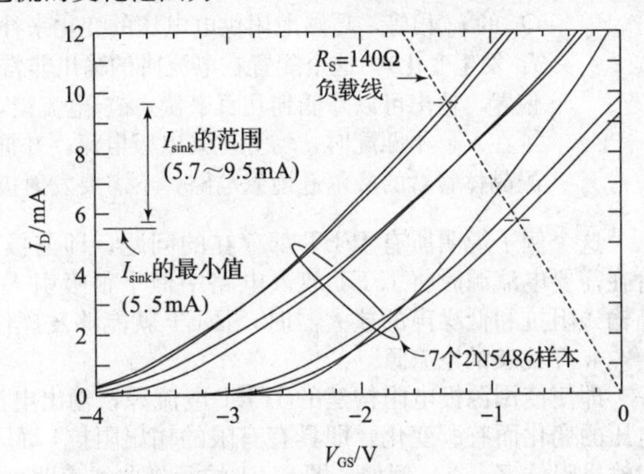

图3.25　选择源极电阻R_S给JFET电流阱加偏置电压，使得产生的I_{sink}≥5.5mA

庆幸的是，电路可以正常工作。但是，下拉电流的最大值和最小值的比值却接近2∶1（考虑到生产出的器件的参数变化范围可能比这七个样本的参数变化范围更大）。但是，好消息是，即使对于处于范围上限处的JFET（I_{sink}≈10mA），跟随器的最大耗散功率仅限于220mW（在负摆幅峰值处，无负载），而JFET的最大耗散功率同样限制在220mW（在正摆幅峰值处）。这在TO-92晶体管允许的功率耗散范围内（在25℃环境下为350mW）。

⊖　通过估计二次式$I_D=k(V_{GS}-V_{th})^2$中的k和V_{th}，可以从已发表的（或测量的）曲线中推断出来。

3. JFET 放大器的下拉电流

回过头来看，大家可能会怀疑，静态电流动态范围为2∶1的JFET电流阱是否是好的选择。确实，它能够工作。但是，可以通过使用简单的BJT电流阱来获得更好的效果，图3.26显示了五种类型的BJT电流阱。这些电流阱使用了更多的器件，但是下拉电流是能够预测的。如果真的很在意器件的数量，那么可以使用另一种方法，选择 I_{DSS} 变化范围较窄的JFET，并且不使用自偏置电阻，即图3.24中的 $R_S=0$（2N5485的额定 I_{DSS} 为4～10mA，可以选择5.5～8mA的器件）。

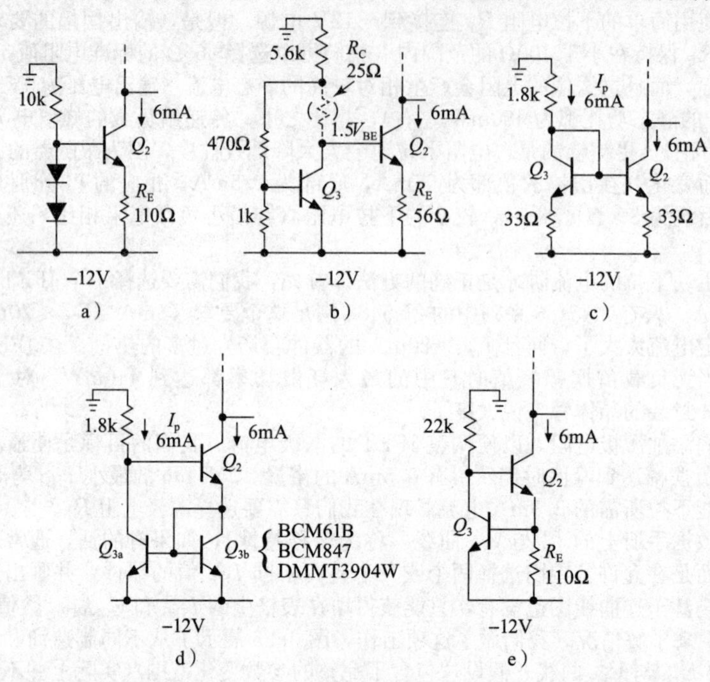

图3.26　图3.24中JFET下拉的替代方案。a）经典的BJT电流阱，基极偏置约为 $2V_{BE}$，可以用红色的LED代替二极管对；b）Q_3 给电流阱 Q_2 施加 $1.5V_{BE}$ 的基极偏置，R_C 为可选的电阻，阻值与 Q_3 的 r_e 相等，巧妙地用供电电压的变化来补偿后者造成的 V_{BE} 的变化（即通过5.6kΩ电阻使 I_C 发生变化），这个配置在电流阱的输出非常接近负电源时很有用，例如如果配置为 $1.25V_{BE}$ 偏置，输出可以降低到几百毫伏；c）电流镜，带有约200mV的发射极均流（发射极均流是为了在 V_{BE} 不匹配时，均等化集电极电流，并抑制Early效应引起的输出电流变化）；d）使用匹配晶体管对的威尔逊镜像电路，不需要发射极电阻；e）双环电流源

这个例子说明所有JFET都存在的问题，即漏极电流（和对应的栅极电压）规格过于宽松。尽管在需要电流源时将JFET放入电路中似乎很吸引人，但它也存在对应的问题。然而，当需要具有高输入阻抗和低噪声的放大器时，JFET就能够发挥作用。我们很快将看到一些示例。

4. 不完美的电流源

即使使用源极电阻构建的JFET电流源，输出电流也会随着输出电压的变化而有所变化，即具有有限的输出阻抗，而不是理想的无穷大输出阻抗 Z_{out} ⊖。例如，图3.21的测量曲线表明，当把2N5484的栅极和源极连接时，在漏极施加变化范围为5～20V的电压，漏极电流（即 I_{DSS}）的变化幅度为5%。如果使用源极电阻，那么这个变化幅度可能会降低到2%左右。一种优异的解决方案是，使用共源共栅晶体管来抑制晶体管的漏极电压波动。这既适用于BJT电流源，也适用于JFET电流源，见图3.27。这个想法（与BJT一样）是使用第二个JFET来保持电流源的漏-源电压恒定。Q_1 是普通的JFET电流源，在本例中是源极电阻。Q_2 是具有较大 I_{DSS} 的JFET，与电流源

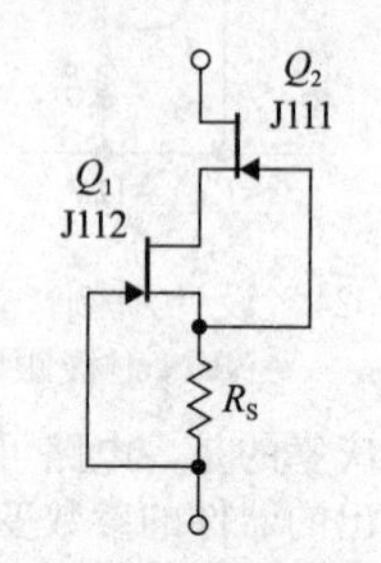

图3.27　共源共栅JFET电流阱

⊖ 这对JFET放大器也很重要。

串联连接。它将 Q_1 的（恒定的）漏极电流传递到负载，同时将 Q_1 的漏极电压固定，即栅-源电压能够确保 Q_2 与 Q_1 具有相同的工作电流。因此，Q_2 保护 Q_1 免受其输出端电压波动的影响，由于 Q_1 不会受到漏极电压变化的影响，它只会保持状态并提供恒定的电流。如果回顾一下威尔逊镜像电路，就会看到它使用了同样的电压限制思想。

读者可能会认出这个 JFET 电路就是共源共栅结构，通常用于避免米勒效应（2.4.5 节）。与 BJT 共源共栅电路相比，JFET 的共源共栅电路更简单，因为不需要为上层的 JFET 栅极提供偏置电压。由于它是耗尽型的，可以简单地将上面的栅极连接到下面的源极（与图 2.84 进行比较）。在工作电流下（由 Q_1 及其源极电阻 R_S 确定），Q_2 的栅-源电压决定了 Q_1 的漏-源电压：$V_{DS1}=-V_{GS2}$。另外的好处是，该电路可以作为一个*两端口*的电流源。

重要的是要认识到，优秀的晶体管电流源将比 JFET 电流源具有更好的可预测性和稳定性。此外，在下一章中我们将看到，运算放大器辅助电流源的性能更加出色。例如，即使在调整源极电阻来设置所需电流的情况下，FET 电流源在典型的温度范围和负载电压变化下，输出电流也有 5%的波动，而晶体管运算放大器（或 FET 运算放大器）电流源可以轻松地将输出电流波动控制在 0.5%以内。

3.2.3　FET 放大器

FET 源极跟随器和共源极放大器分别与上一章讨论的晶体管射极跟随器和共射极放大器类似。但由于 FET 的栅极无直流电流，因此它可构成具有很高输入阻抗的放大器。如果要处理在测量仪器、仪表装置中所遇到的高阻抗信号源，就必须用到这种放大器。在某些特殊应用中，可能需要用到分立 FET 构成的跟随器或放大器，但在大多数情况下，使用以 FET 为输入级的运算放大器更具有优势。当然，不管在哪种情况下，都应当知道它们的工作原理。

对于 JFET 而言，使用与 JFET 电流源（3.2.1 节）一样的自偏置方案比较方便，并将单个栅极偏置电阻下拉至地（见图 3.28）。MOSFET 与 BJT 类似，需要从漏极电源进行分压，或者使用分立电源。由于栅极漏电流是以纳安数量级来衡量的，因此栅极偏置电阻可能会相当大（1MΩ 或更大）。

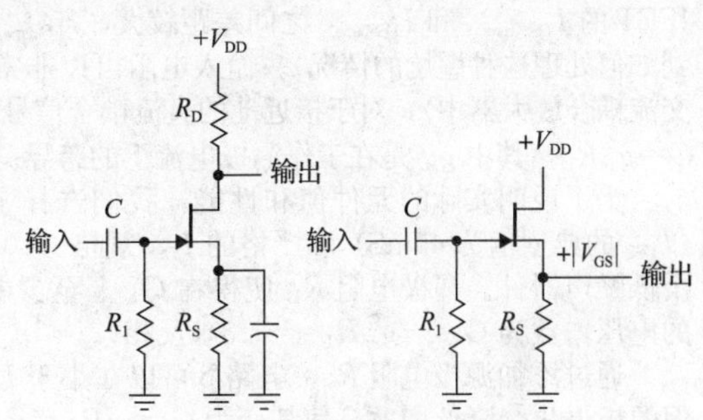

图 3.28　共源极放大器和源极跟随器。在这两种情况下，源极电压都为正，因为源极电流流过 R_S，具有静态工作点 $V_S=V_{GS}=R_SI_D(V_{GS})$

1. 跨导

由于 FET 的栅极无电流，它的跨导（输出电流与输入电压之比：$g_m=i_{out}/v_{in}$）就自然地成为衡量放大器增益的参数。这一点与晶体管不同，在上一章中首先给出了电流增益的概念，即 $\beta(i_{out}/i_{in})$，然后才介绍面向跨导的 Ebers-Moll 模型，对于 BJT 的分析，这两种概念都很有用，具体选哪一种则由实际应用而定。

FET 的跨导可以从特性曲线估算得到，这可以通过观察特性曲线族中相邻栅极电压曲线上 I_D 的增量来计算（见图 3.2 或图 3.21），或采用更简单的方法，即直接计算 I_D 与 V_{GS} 转移特性曲线（见图 3.15 或图 3.51）的斜率。跨导取决于漏极电流（我们很快会知道这一原因），它的定义式为

$$g_m(I_D)=i_d/v_{gs}$$

注意，小写字母用于表示小信号的变化量。由此，我们得到电压增益为

$$G_{voltage}=v_d/v_{gs}=-R_Di_d/v_{gs}$$

即

$$G=-g_mR_D \tag{3.3}$$

这与 2.2.9 节中所得出的有关晶体管的结论一样，只是将负载电阻 R_C 替换为 R_D。一般来说，当 FET 的电流为几毫安[⊖]时，其跨导约为 10mS。由于 g_m 与漏极电流有关，当漏极电流变化时，增益波形会稍有变化（非线性），共射极放大器也有此特性（其跨导 $g_m=1/r_e$ 与 I_C 成正比）。

在接下来的讨论中，我们将使用 FET 栅极驱动电压这个概念，即 $V_{GS}-V_{th}$。回想一下，V_{th} 是栅极阈值电压，我们曾在 3.1.3 节和 3.1.4 节中讨论过。

⊖　这远远低于同样电流下 BJT 的跨导。例如，后者在 1mA 时的跨导为 $g_m=40$mS，在 5mA 时的跨导为 $g_m=200$mS。

对于设计 JFET 跟随器和放大器来说，根据漏极电流的变化计算 g_m 是简单实用的。在超过阈值（$I_D > I_{DSS}/25$）的区域内，漏极电流与栅极驱动电压之间呈二次关系：

$$I_D = \kappa(V_{GS} - V_{th})^2 \tag{3.4}$$

其中，跨导（$g_m = i_d/v_{gs} = \partial I_D/\partial V_{GS}$）为

$$g_m = 2\kappa(V_{GS} - V_{th}) = 2\sqrt{\kappa I_D} \tag{3.5}$$

换句话说，在漏极电流的二次区域中，g_m 与栅极驱动电压成正比，从截止点附近开始近似线性地增加，直到在 I_{DSS} 处达到指定值；或者可以说它与漏极电流的平方根成正比㊀。这是一个有用的规律，因为数据手册只在电流最大值（I_{DSS}）处标出 g_m 的值。

举个例子，如果（通常情况下）所计算的参数位于 JFET 的二次区域内，欲估计某个漏极电流 I_D 下的跨导 g_m，若已知其他漏极电流 I_{D0}（可能是 I_{DSS}）下的 g_m，就可以利用式（3.5）中漏极电流的平方根与跨导之间的关系来计算：

$$g_m/g_{m0} = (I_D/I_{D0})^{\frac{1}{2}} \tag{3.6}$$

总体而言，FET 的跨导比双极晶体管要低得多㊁，这使得它们作为放大器和跟随器时的效果较差。然而，它们的突出特性是具有极低的输入（栅极）电流，通常为皮安级别或更低，因此可以设计其他方案来规避低增益问题（例如，用漏极负载作为电流源）或增强其有效跨导（跨导增强器）。

现在，让我们来看一些 JFET 放大器的实例。

2. JFET 放大器配置

图 3.29 显示了 JFET 共源放大器级的基本配置。在电路 a 中，JFET 以其 I_{DSS} 运行，R_D 被调整到足够小，使得在最大额定 I_{DSS} 时，漏极至少高出地 1～2V（这通常是一个恼人的限制，因为大多数 JFET 的 $I_{DSS(max)}$ 和 $I_{DSS(min)}$ 之间差距较大，$I_{DSS(max)}$ /$I_{DSS(min)}$ 通常为 5∶1，见表 3.1，一会儿我们将看到如何处理这种尴尬的情况）。输入电阻可以非常大——100MΩ 或更大——配合输入阻断电容（用于交流耦合放大器中），对于接近地的直流耦合信号，可以省略该器件。对于该电路，理想的电压增益是 $G = g_m R_D$，其中 g_m 是在工作漏极电流下的跨导。该电路类似于图 2.44 中的晶体管射极接地放大器㊂。

为了说明实际的元件值和性能，我们选择了典型的 BF862 作为示例，因为它具有较高的跨导（I_{DSS} 的典型值为 45mS）和严格的 I_{DSS} 规格（10～25mA）。正如将在第 8 章中看到的那样，它是一个低噪声器件。漏极电阻 R_D 使得在 Q_1 上至少能够维持 2.5V 的电压（对于指定的 $I_{DSS(max)}$），典型的电压增益为 $G = -g_m R_D \approx -13$（反相）。

通过添加源极电阻 R_S，电路 b 可以在小于 I_{DSS} 的漏极电流下运行，就像图 3.23 和图 3.25 一样。但源极退化会降低增益，使其变为 $G = -R_D/(R_S + 1/g_m)$。这类似于图 2.49 中退化的双极晶体管共射极放大器（但由于栅-源结反向偏置，因此具有更简单的自偏置机制），其中 $1/g_m$ 取代了 r_e（可以将 $1/g_m$ 视为 JFET 的固有源阻抗，类似于双极晶体管的固有发射极电阻 r_e）㊃。同样以 BF862 为例，通过选择源极自偏置电阻 $R_S = 200\Omega$，漏极电流为 2mA，栅极大约有 0.4V 的反向偏置。估计在这个漏极电流下 $g_m \approx 20$mS，我们通过上述公式得到估计的电压增益为 $G \approx -8$。

电路 c 在信号频率上旁路了源极电阻，因此可以在与电路 b 相同的直流漏极电流下运行，但增益与电路 a 一样高（其中 g_m 是实际漏极电流下的跨导，比电路 a 中的 I_{DSS} 小），这类似于图 2.48 中的双极晶体管电路。可以通过在电容上串联增益调节电阻 R_S（电路 d）来降低增益，信号频率增益为 $G = R_D/(R_S \| R'_S + 1/g_m)$，这类似于图 2.50 中的晶体管电路。或者可以通过添加第二级电压增益（电路 e），第二级共射极放大器将前面任何单级电路的增益乘以因子 $R_C I_C/V_T$（即 R_C/r_e），其中 $V_T = kT/q \approx 25$mV，这个近似假设 Q_2 由电压源驱动，即 $R_D \ll \beta r_e$，组合电路的大部分增益来自 BJT，具有较高的跨导。类似的电路 f 创建了一个三端混合结构，其中 BJT 的 g_m 有助于实现较高的

㊀ 注意符号：在这些方程中，V_{th} 和 V_{GS} 为负值（对于 N 沟道 JFET），但 V_{th} 比 V_{GS} 小，因此 g_m 为正值。只要能够正确处理符号，这些表达式就适用于 N 型或 P 型 JFET，以及增强型或耗尽型 JFET。注意，数据手册上通常不提供参数 κ 的值，但可以通过实验确定特定型号的值。一般来说，在给定批次或型号的 JFET 中，V_{th} 会有一些变化，而 κ 的值相对恒定。因此，可以通过测量 I_{DSS}（$V_{GS}=0$ 时的漏极电流）和 V_{th}，然后根据式（3.4）计算出 κ，前提是漏极电流的二次区域延伸到 I_{DSS}（通常如此）。

㊁ 在低漏极电流（亚门限）区会有例外。

㊂ 然而，由于 JFET 的输出阻抗有限（称为 r_o 或 $1/g_{os}$），漏极负载电阻实际上与电阻 r_o 并联，因此增益降低到 $G = g_m(R_D \| r_o)$，这对分量值的影响可以忽略不计。这类似于 BJT 中的 Early 效应，对于较大的 R_D 值，或者当 R_D 被电流源取代时，这点就变得很重要。

㊃ 这次我们忽略 JFET 的有限输出阻抗。

有效跨导，在这种构造中，双极晶体管是一个跨导增强器。这种构造与图2.77中的BJT互补达林顿电路非常相似。

3. 添加级联电路

最后的四个电路展示了如何在共源级上实现漏极钳位级联。这种构造通常用于缓解米勒效应（级联的漏极-栅极电容通过级联的电压增益而有效放大），如图2.84所示，这是它首次呈现。在这里，它确实实现了这一点（它是一个米勒效应消除器），这有助于保持较高的输入阻抗。但它的优点不仅如此：①它还能保持较低的漏-源电压（避免了冲击电离栅极电流的急剧上升）；②通过限制漏-源电压，绕过了g_{os}效应（由于I_D对V_{DS}的依赖而引起的有限输出阻抗r_o），这样电压增益不会降低，只是$G=g_mR_D$。后者的好处类似于在威尔逊电流镜（见图2.61）中使用串级晶体管，它是一个Early效应消除器。

在电路g中，BJT的基极偏置设置了JFET的漏极-源极工作电压。使用第二个JFET（电路h中的Q_2）会更简单，但必须选择一个JFET，它在相同漏极电流的情况下，具有比Q_1更大的反向偏置V_{GS}，尽管栅极电压规格使得这个选择有些不确定。电路i是一个倒置的垂直级联，其中Q_1的漏极电流变化会偏移Q_2的电流，当在传统垂直级联中遇到与正电源结合的情况时，这是一个很有用的电路。最后，在电路j中，运算放大器（电流到电压）替代了垂直级联晶体管Q_2，通过R_f的反馈使其反相输入端（“−”输入）保持在偏置电压上，同时产生输出电压$V_o=-I_DR_f+V_{bias}$。可选的电阻R_2可以添加偏移量，根据需要重新定位静态输出电压。

图3.29中的电路在单一正电源下工作，它们很简单，但是由于JFET的I_{DSS}和V_{GS}取值通常比较宽松，它们的工作电流存在显著的不确定性。如果还有一个可用的供电负电源，就有多种电路连接方法可以确保偏压正常。如图3.30a所示，N沟道JFET的工作电流取决于源极下拉电阻，$I_D=-(V_-+V_{GS})/R_S$，或者当供电负电压大于JFET的栅-源电压时，近似为V_-/R_S。与图3.29c类似，旁路电容使信号频率能够充分利用JFET的增益，即$G_V=-g_mR_D$，其中g_m为工作电流下的跨导。一种更好的解决方案是使用电流下拉电阻，见图3.30b。LM334是一种廉价的可编程电阻电流源，在这里配置为1mA（$I\approx0.067/R_{set}$）。使用这个电路，工作电流没有不确定性（它不依赖于V_{GS}）。更好的是，LM334的工作电压范围为1V，因此如果JFET在给定电流下的栅-源电压至少为1V，那么可以使用单个正电源供电[⊖]。

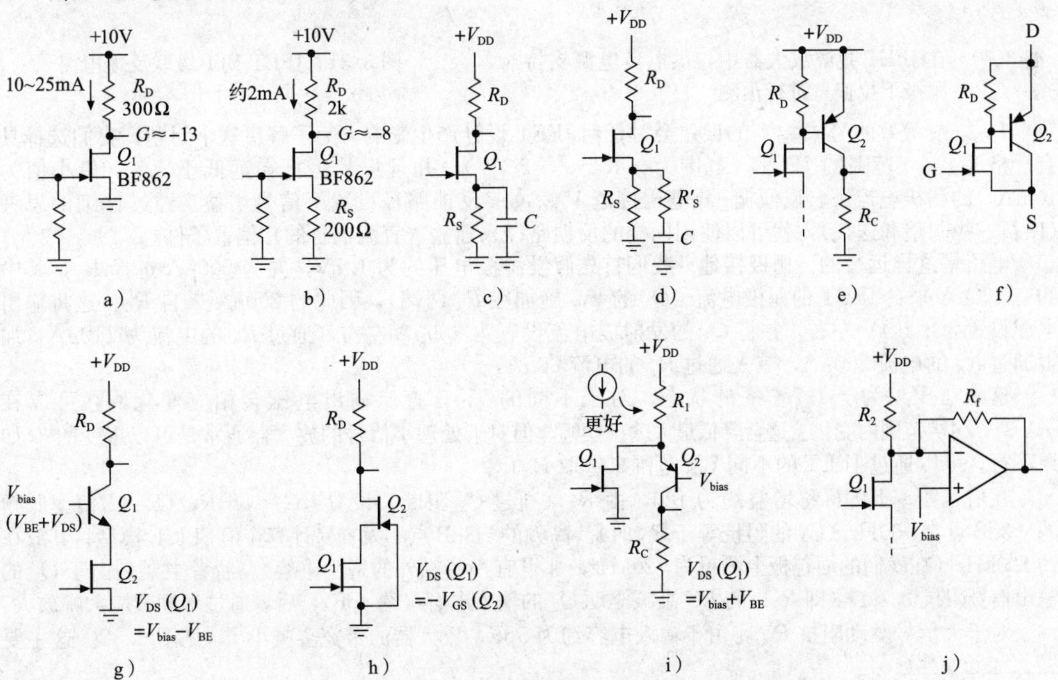

图3.29　简单的单电源JFET共源放大器级的基本配置

⊖ LM334电流源的有效电容为10pF，在大多数情况下可以忽略。我们可以从数据手册的斜率图中计算得出。

4. 级联反馈（电流反馈）对

刚刚介绍的JFET放大器具有非常高的输入阻抗，但它们的增益相对较低（而且不能很准确地预测）。双极晶体管可以提供可预测的高增益，但是存在需要输入电流的缺点。然而，可以通过将JFET前端的中等增益（不能很准确地预测）与一些严格的第二级增益相连来结合两者的优点。这样就可以获得JFET的超低输入电流（高输入阻抗），同时具有足够的整体开环电路增益，以便负反馈可以闭合回路以产生可预测的增益。

下一个电路是低功耗（660μA）的电源供电放大器。我们将更加细致地研究它，并且引入一些新的概念。图3.31为第一个JFET放大器示例，它利用了JFET的超低输入电流，结合附加的增益级（和反馈）以实现可预测和稳定的电压增益。它类似于图2.92所示的双极型放大器级联反馈对：Q_1为共源放大器，BJT Q_2为输出提供第二级电压增益（通过跟随器Q_3，其基极-发射极在R_3上的压降设置了Q_2的集电极电流）。这提供了所需的电压增益（JFET的低g_m无法提供）。负反馈通过分压器R_6和$R_5\|R_1$（在信号频率下）闭合回路，并通过R_6和R_1在直流处进行偏压。这种配置通常被称为级联反馈或电流反馈。

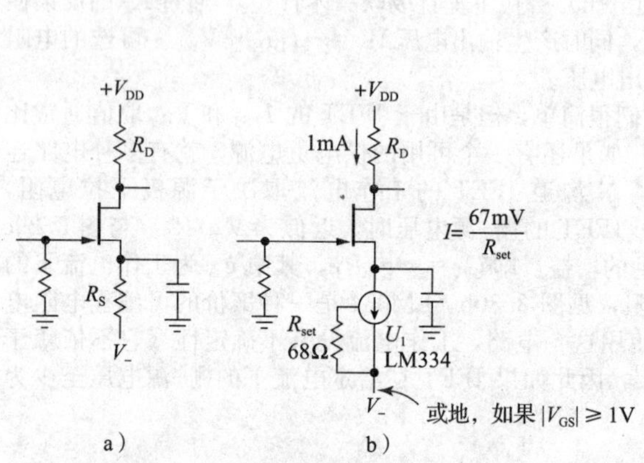

图3.30　在JFET共源放大器中，供电负电源支持对源极下拉偏置进行预测

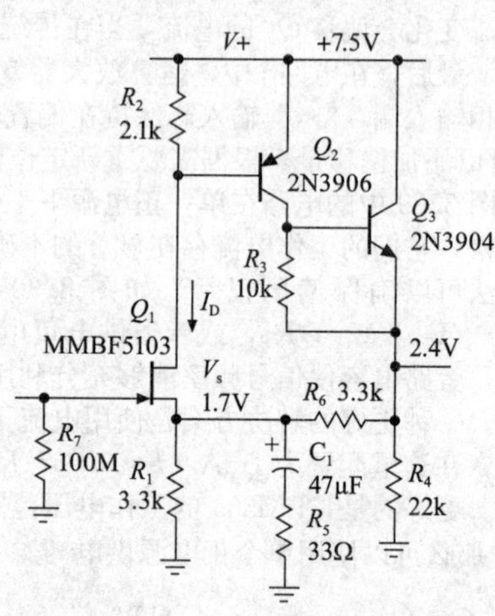

图3.31　JFET-BJT级联反馈电路

I_{DSS}（或等效的$V_{GS(OFF)}$）的误差会对任何JFET设计产生影响。为了解决这个问题，我们选择具有严格$V_{GS(OFF)}$范围的JFET（范围为$-1.2\sim-2.7$V），并且将其运行在远低于I_{DSS}（最小值为10mA）的漏极电流下，以便栅-源电压接近$V_{GS(OFF)}$。反馈路径设置了信号增益。经过仔细的思考（以及一些调整和迭代），就可以使用同样的反馈路径来建立（直流耦合的）偏置条件。

电路是这样运行的。栅极接地；我们首先假设源极电压约为1.7V，并为500μA选择R_1，其中约有300μA来自JFET的漏极电流（Q_2的V_{BE}施加在R_2两端），因此约200μA来自R_6。这将输出电压设置为+2.4V左右，并将Q_3的发射极电流设置为300μA左右（通过R_4的电流为110μA，加上通过R_6的电流200μA，减去通过R_3的电流60μA）。

这是在V_{GS}为-1.7V下的状态。对于不同的V_{GS}，直流输出电压会相应变化，它可以在+1.3～+4V范围内变化。这会降低最大输出摆幅，但对于处理小信号的放大器通常是可以接受的[㊀]（如果不行，可以通过JFET的不同V_{GS}范围来选取R_1）。

在信号频率上的标称增益约为100，由R_5（通过C_1阻断）设置：$G=1+R_6/(R_5\|R_1)$。低频的-3dB点在100Hz（C_1的阻抗等于R_5时）。高频的-3dB点不太容易计算，但SPICE模型将其放在约800kHz（在我们的面包板上测量为720kHz，那里有一些额外的寄生电容）。后者主要是由于Q_1的输出信号阻抗2.1kΩ（即R_2）的RC衰减驱动Q_2的输入电容（约4pF），后者通过米勒效应大幅放大。

对于大信号驱动阻抗R_{sig}，由于输入电容约为5pF，放大器的带宽会减小[㊁]，见图3.32。这主要

㊀ 确保正确偏置的更好方法是用0.5mA电流阱取代R_1。JFET是一个选择，但考虑到它们的直流特性不可预测，更好的选择是图3.26中所示的BJT恒流源。另一种解决这个棘手问题的方法是使用缓慢的反馈回路将I_D稳定到所需的值，该值小于指定的最小I_{DSS}。

㊁ 尽管对于一些kΩ的R_{sig}值存在矛盾，但由于一些响应峰值，它有所扩展。

是由于 JFET 的漏极-栅极电容（加上布线电容）导致的，因为源极端通过反馈进行了自举。有许多技巧可以解决这个问题（如果需要更多带宽），包括在 JFET 的漏极处使用级联（可以通过反馈进一步抑制其输入电容）和在 Q_2 BJT 增益级上使用级联。

设计公式和设计提示　设计公式总结为

$$G=1+\frac{R_6}{R_5\|R_1}\approx1+\frac{R_6}{R_5}\quad(\text{交流增益})$$

$$G_{OL}=g_{m1}R_2g_{m2}R_3g_{m3}(R_4\|R_6)\quad(\text{开环增益})[1]$$

$$I_D=\frac{V_{BE2}}{R_2}\approx\frac{0.7}{R_2}\quad(\text{JFET 偏置})$$

$$I_{C2}=\frac{V_{BE3}}{R_3}\approx\frac{0.65}{R_3}\quad(Q_2\text{ 偏置})$$

$$V_{out}=V_S\left(1-\frac{R_6}{R_1}\right)+\frac{R_6}{R_2}V_{BE2}+\frac{R_6}{R_1}|V_{EE}|\,(\text{输出偏置})$$

对于单电源操作，最后一项是零。基本上，R_2 设置 I_D，而 R_6/R_1 的比率设置 V_{out}。对于单电源操作（$V_{EE}=0$），如果 JFET 在其工作电流下有较大 V_{GS}，则可以使用较小的 R_6；而对于较小 V_{GS}，可以使用较大的 R_6。后一种情况比较棘手，因为 R_6/R_1 的杠杆作用可能会导致 V_{out} 的范围变得很大。在处理 V_{out} 之后，选择 R_4 来帮助设置 I_{C3}。可能需要选择 R_1 来与具有相似 V_{GS} 的器件相匹配。负 V_{EE} 供电可以帮助偏置，也允许输出在地的两侧波动。

处理 V_{out} 的另一种方法是在栅极上施加正偏置，见图 3.33a。这会在源极端添加正偏置 V_B（其电压现在为 $V_S=V_B-V_{GS}$，其中 V_{GS} 对于 N 沟道 JFET 为负值），使 V_{GS} 变得不那么重要，从而导致 V_S 的不确定性较小。在处理这个问题时，还可以很容易地将栅极偏置分压器进行自举[2]，见图 3.33b，以提高输入阻抗。

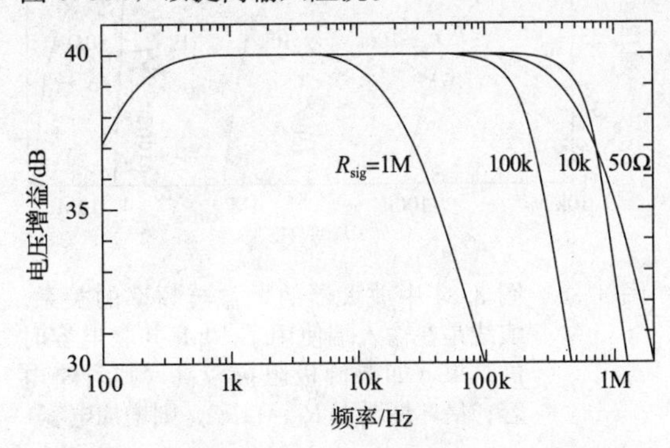

图 3.32　图 3.31 中放大器的测量增益与频率的关系。$R_{sig}=1\text{M}\Omega$ 的 f_{3dB} 处 $C_{in}=7\text{pF}$

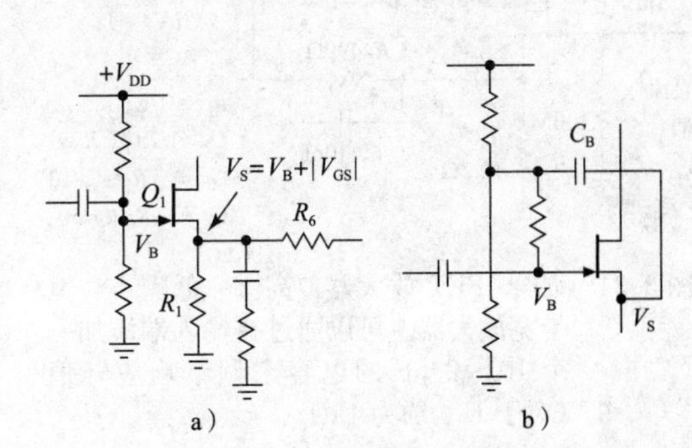

图 3.33　a）图 3.31 中 Q_1 的正偏置提高了 V_{out} 的可预测性；b）添加引导电路来提升 R_{in}

5. 简单的混合 JFET 放大器

运算放大器（第 4 章的重要组成部分）可以“创造奇迹”。简而言之，运算放大器是一个“在瓶中的高增益差分放大器”，旨在成为任何模拟电路的通用反馈核心。运放就像一个纯粹的引擎，它是一辆双进气口涡轮增压哈雷单轮车。这个例子和下一个例子展示了使用运算放大器的特性来支持 JFET 放大器的方法。首先看一下图 3.34。在这里，我们选择了优秀的 2SK170BL（第二来源为 LSK170B）作为前端：它有很高的跨导（在其 I_{DSS} 范围 6～12mA 时约为 25mS），并且噪声电压非常低（约 $1\text{nV}/\sqrt{\text{Hz}}$）。我们使其工作在零栅极电压下，并通过选择足够小的漏极负载电阻 R_D，即使在 I_{DSS}（最大值）时也避免了直流饱和。实际漏极电压并不重要，因为我们通过 C_1 将其与第二级进行了交流耦合。暂时忽略第二级（设置 $R_g=0$），前端的电压增益将是 $G=g_mR_D$，或 $G\approx25$，可能会有±25%的不确定性，这是由于 JFET 制造过程的不同导致的。

---

[1] 这个表达式高估了开环增益，因为忽略了 Q_2 的限制增益 Early 效应，而 Q_2 是电路中大部分整体增益的阶段。2N3906 的 Early 测量电压为 $V_A\approx25\text{V}$，这意味着 Q_2Q_3 级的最大电压增益约为 1000（与理想值 $G\approx2500$ 相比），因此整体的开环增益约为 5000。这对于×100 中档闭环增益来说足够了。

[2] 即使当栅极接地时，也可以通过图 3.31 中的 R_7 来形成栅极电阻。

但是在信号频率下，漏极看到的负载实际上是第二级的低阻抗输入，它是一个运算放大器，用于电流到电压的转换（见4.3.1节），其增益（输出电压与输入电流的比值，因此单位为阻抗）恰好是R_1，使得整体开环增益$G=g_mR_1$（再次假设没有反馈，$R_g=0$）。因此，对于所示的电路数值，开环增益$G_{OL}\approx2500$。

现在我们通过R_f来闭合反馈回路，从输入中减去分数$R_g/(R_g+R_f)$，得到理想的闭环增益$G_{CL}=1+R_f/R_g=50$。回路增益（开环增益与闭环增益的比率）约为50，足够保证增益的良好线性和可预测性。注意，R_g应该足够小，使得开环增益不会大幅度减小（因此$R_g<1/g_m$），同时使得其热噪声很小。对于跨导为25mS的JFET，第一个约束将R_g限制在大约40Ω以下；对于JFET的噪声电压约为$1\text{nV}/\sqrt{\text{Hz}}$，第二个约束将$R_g$限制在大约25Ω以下。因此，我们选择了约为10Ω的阻值。使用所示的数值，开环增益减小了约20%，输入噪声电压增加了约8%，并且反馈网络在全幅摆动时对运放的负载达到±20mA[㊀]。

此处选择的运算放大器具有较宽的带宽（在大约100MHz时下降至单位增益），电路的闭环增益在约20MHz处开始下降[㊁]，见图3.35的测量数据。还有一个优点就是强大的输出驱动能力：最多达到100mA，并且全幅摆动可达到接近10MHz。小的补偿电容C_c增强了稳定性：没有补偿时，我们在16MHz处测到5dB的峰值；添加C_c后，在10MHz处几乎没有0.1dB的峰值，并且在22MHz处有一个−3dB的高频截止[㊂]。

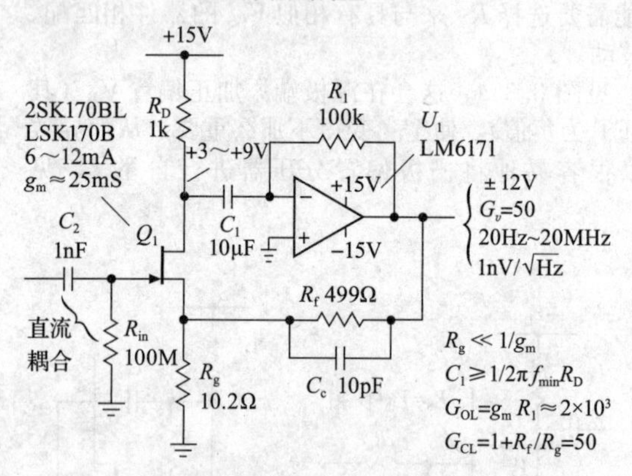

图3.34　混合JFET放大器：高Z、低噪声、宽带宽放大器。可以通过在输入端添加一个10～20pF的电容来调节响应峰值（对于R_{sig}约为1kΩ）

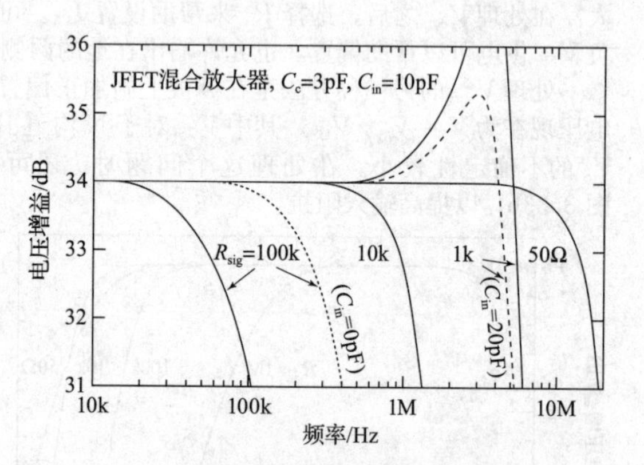

图3.35　图3.34中放大器的增益与频率的关系。实线是在输入端使用了10pF并联电容时的结果（如果源极阻抗较高，则省略电容；最坏情况下$R_{sig}\approx1\text{k}\Omega$，则增加电容）

另一个利用JFET高输入阻抗的电路是JFET源极跟随器（3.2.6节），它能实现某一级电压增益。这个配置非常合适，特别是在使用电流阱来下拉源极电流时。但是，图3.34的电路能够同时实现更低的噪声和更好的线性特性。

3.2.4　差分放大器

到目前为止，我们已经通过限制交流耦合放大器设计确定了JFET的I_D与V_{GS}的关系。但我们可以做得更好：使用匹配的JFET对，可以制作性能可观的直流耦合放大器。它们非常低的输入电流意味着这些电路可以作为高输入阻抗的前端放大器，用于双极差分放大器，以及下一章介绍的运算放大器和比较器。正如我们之前提到的，FET显著的V_{GS}偏移通常会导致使用FET构建的放大器

㊀　如果不满意，可以加二倍或三倍的R_f和R_g，代价是略高的放大器噪声。关于低噪声JFET设计的更多信息，参见8.6节。

㊁　当以低信号阻抗驱动时。对于较高的阻抗信号源，切换由电路的输入电容控制：Q_1的漏-栅电容C_{rss}为6pF，因此观察到的−3dB带宽约为400kHz。令人高兴的是，更大的栅-源电容（$C_{iss}\approx30\text{pF}$）被反馈引导到不重要的位置。米勒效应在这里被抑制了，因为运放通过R_1的反馈保持它的（−）输入固定（虚拟地），见4.3.1节。

㊂　在任何反馈电路中，都有可能在某个频率达到峰值（或者在最坏的情况下，出现全幅振荡）。该电路在几个kΩ的范围内显示出输入阻抗的峰值，见图3.35。可以通过添加约10～20pF的输入分流电容来调节其振幅，从而降低带宽。

比完全使用晶体管构建的放大器具有更大的输入电压偏移和失调偏移，但输入阻抗将大大提高。

图3.36展示了最简单的配置，类似于图2.63和图2.67中的简单BJT差分放大器。图3.36a中经典的长尾对差分放大器的差分增益（定义为$\Delta V_{out}/\Delta V_{in}$，其中$R_1=R_2$，差分输出如图所示）只是$G=g_mR_1$，用电流源替换源电阻$R_S$可以大大提高共模抑制。该电路的缺点是增益的不确定性（由于跨导的不确定性），而且因为JFET的跨导通常有限，因此增益较低。可以通过将漏极负载电阻替换为电流镜来避免增益的限制，见图3.36b。然而，这个电路的偏置不稳定：它必须配合后级，来提供直流反馈。

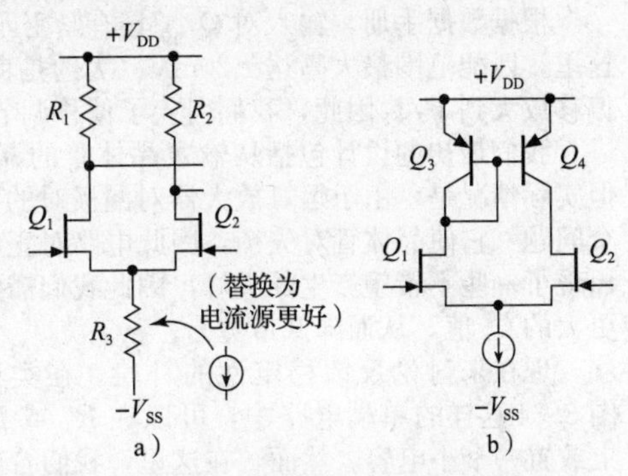

图3.36 最简单的JFET差分放大器

这些电路也会受到米勒效应的影响，米勒效应会将反馈电容C_{rss}进行乘法运算来增加有效输入电容，从而（与信号源阻抗结合）降低带宽。电路b中的电流镜固定了Q_1的漏极，但米勒效应仍然存在于Q_2的输入端㊀。与BJT放大器级一样，消除米勒效应的有效方法是在漏极处使用串联晶体管（无论是JFET还是BJT）。通过固定漏极电压，级联还消除了简单电路（见图3.36a）中的增益降低问题，这是因为JFET的漏极电流在一定程度上取决于漏极电压（漏极电流与漏源电压之间的上升斜率，可以将其视为有限的输出阻抗），这可以将理想的g_mR_1增益降低25%。

由于这个原因和其他原因，当带宽不那么重要时，垂直级联放大电路是我们强烈推荐使用的。对于那些“其他原因”感到好奇吗？考虑一下，JFET的栅极电流通常在皮安级别，但随着漏-源电压的增加而急剧上升（见图3.49），在那里，皮安级别的电流增加到了微安级别。垂直级联放大电路能够将漏极电压限制在较低的工作电压，抑制这种效应。

1. 示例：直流耦合混合JFET放大器

在之前的混合放大器设计示例中（见图3.34），我们采用了交流耦合放大器，从而避免了无法预测JFET漏极电流的问题。这对于音频或射频放大器等应用是可行的，但有时可能希望响应频率范围能够覆盖直流。

在完全直流耦合的结构中，可以利用匹配对JFET的差分输入来达到覆盖直流的目的。如图3.37所示，整体配置是一个共源差分放大器，输入信号连接到其中一侧，其差分输出电压驱动宽带宽运放，其输出（由增益设置电压分压器进行分压）为输入对的另一端提供负反馈。与前面的电路一样，闭环增益为$G_{CL}=1+R_f/R_g=50$，选择小环路补偿电容C_c作为无峰值的最佳响应。

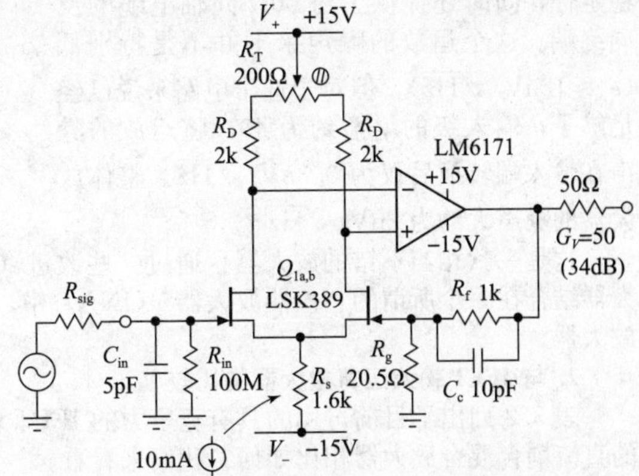

图3.37 运算放大器与匹配对JFET形成闭合回路，形成了具有高输入阻抗的直流耦合宽带宽低噪声放大器，可以用电流阱替换源极偏置电阻R_S以减小电源波动的影响

细节决定成败，如果幸运的话，这些细节可能会和谐地融合在一起。这个电路可以很好地工作，接下来开展一些讨论。

LSK389是一种极低噪声（约$1nV/\sqrt{Hz}$）的单片匹配JFET对，有三种I_{DSS}等级可供选择。我们选择了中等电流——B后缀型号（其I_{DSS}在6～12mA之间），并且从源极抽取10mA电流，使得每个JFET工作电流为5mA。这将把漏极引脚设定为+5V（由运放强制执行），从单端输入到差分输出的开环增益约为$G=g_m(R_D+0.5R_T)\approx40$。此外，运放还贡献了其大幅度的开环增益（90dB，即30 000倍），这使得整个配置看起来似乎会产生严重的稳定性问题。但不要担心，回路中的÷50分压器安全地限制了回路增益㊁，

㊀ 除非该输出驱动一个被钳制电压的跨导，见图3.31或图3.34。

㊁ 将偏移校准电阻R_T调整到与单独连接为稳定单位增益跟随器的运算放大器的输出偏移大致相同的值。

并且可以通过选择合适的 C_c 轻松地控制任何不稳定趋势。

根据数据手册，输入对 $Q_{1a,b}$ 具有紧密匹配。但这是以JFET的尺度为基准的，而不是BJT，在这里，匹配范围最大高达±20mV（大约是良好BJT匹配对的100倍），电路的增益 $G=50$ 将把这个偏移放大到1V！因此，我们引入了偏移调节器 R_T，其范围足够大，以平衡最坏情况下的输入偏移。

我们最初的设计包括从输入晶体管的漏极到地的旁路电容，以抑制米勒效应。这是个好主意，但实际情况是，由于运算放大器对漏极对的夹持效应，米勒效应几乎不存在。而旁路电容引入了两个问题：它使晶体管对失衡，因此电路对正电源轨上的噪声敏感；而且它在环路内引入相移，导致出现了一些不希望产生的尖峰，因此我们需要更大的 C_c 值，从而降低带宽。

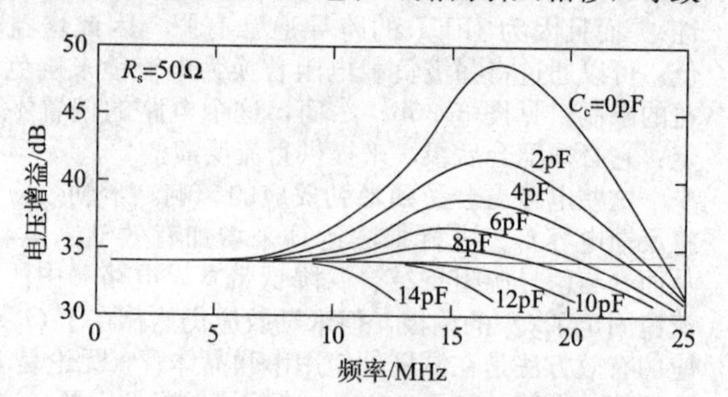

图3.38　为图3.37中的放大器选择补偿电容 C_c，8或10pF的效果很好

现在来讨论反馈稳定性的补偿。在类似图3.34这样的单端电路中，可以在 R_1 或 R_f 上放置一个小电容。然而，在这里，我们希望保持输入级的对称性，所以 C_c 必须放在 R_f 上。在实验中，我们发现，当低电平正弦波输入测试时，需要10pF来消除频率响应的峰值，图3.38显示了测得的数据。

最后，补偿可以通过在输入端并联电容 C_{in}，来抑制约1kΩ信号源阻抗（R_{sig}）产生的一些轻微尖峰。在这里，5pF的电容效果非常好（尽管它将电路的输入电容增加到约20pF）。图3.39显示了电路（使用图3.37中所示的元件值）增益与频率之间的测量结果，共有九个 R_{sig} 值（跨越四个数量级的阻抗值）。

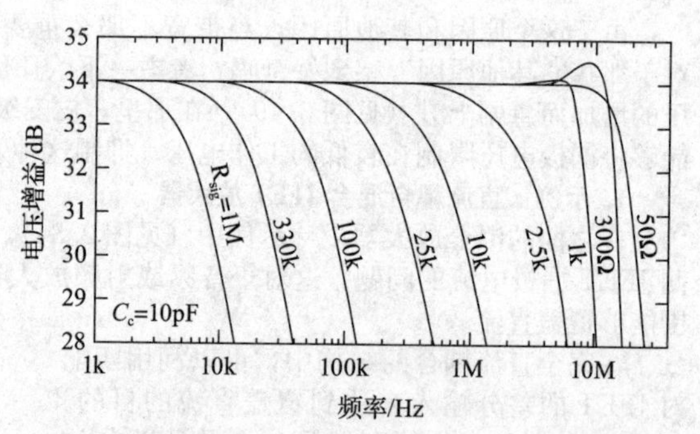

图3.39　对于图3.37所示的放大器，不同信号源阻抗 R_{sig} 范围内的频率特性增益

和之前的电路一样，LM6171运算放大器提供±10V的输出摆幅，几乎可达10MHz。串联在输出上的50Ω电阻确保了电容负载的稳定性，同时还提供了对50Ω同轴电缆的反向终端。这个运放的噪声水平并不是特别低（$e_n \approx 12\text{nV}/\sqrt{\text{Hz}}$），但对于这个电路来说已经足够了，输入级的增益约为40，将运放的噪声在输入端转换后仅为 $0.3\text{nV}/\sqrt{\text{Hz}}$。整体放大器的噪声大约为 $2\text{nV}/\sqrt{\text{Hz}}$㊀。

这是一款相当不错的放大器！通过一些改进（主要是用低噪声电流阱替换 R_S），两个这样的放大器结合在一个所谓的“仪器放大器”（INA）中，在噪声和速度方面会优于任何可用的集成式仪器放大器。

2. 与JFET输入运算放大器的比较

表3.2列出了目前可用的具有竞争力的JFET输入运算放大器。它们的性能与我们在图3.37中的直流耦合混合放大器相比如何？我们来看看。

表3.2　高速JFET输入运算放大器

型号	供电		I_{bias}/pA	$e_n/\text{nV}/\sqrt{\text{Hz}}$	GBW/MHz	压摆率/V/μs
	电压范围/V	I_Q/mA				
OPA604A	9～50	5	50	10	20	25
OPA827A	8～40	5	15	4	22	28
ADA4637	9～36	7	1	6	80	170
OPA656	9～13	14	2	7	230	290
OPA657	9～13	14	2	7	1600	700
ADA4817	5～10.6	19	2	4	1050	870

㊀ 如果需要噪声更低的电路，可以改用大尺寸的IF3602双JFET。这将使输入噪声降低到约 $0.7\text{nV}/\sqrt{\text{Hz}}$，但也会大幅增加输入电容（约300pF）。并且反馈网络的热噪声会导致这一点下降，除非将 R_g 减小到约5Ω。

输出摆动 只有前三个运算放大器可以在±15V 全范围内工作。

带宽 那些高压运算放大器中速度最快的也只有 80MHz 的增益带宽积，因此对于 $G=50$，其带宽不到 2MHz。而那两个能够与我们放大器的带宽相匹配的最快运算放大器，只能摆动±4V 左右。相比之下，我们的放大器的增益带宽积为 4GHz（是运算放大器 $f_T=100\text{MHz}$ 的 40 倍），因此具有更高的过剩增益（例如在 10MHz 处达到 400）和更低的失真。

噪声 我们的放大器的噪声约为 $2\text{nV}/\sqrt{\text{Hz}}$，比表 3.2 中最好的产品要少 6dB。

成本 运放解决方案的成本约为 5～10 美元，与更高性能的混合放大器的成本大致相同（LM6171 约为 2.5 美元，LSK389 双 JFET 约为 3.25 美元）。

到目前为止，从带宽、输出摆幅和噪声电压等综合性能指标来看，混合放大器占据领先地位。

偏移电压 在这里，运放胜出，其中三个最快的型号的 V_{os} 值为 2mV（最大值）；而混合放大器如果需要更好的性能，需要手动调整其最坏情况下的 20mV 未校准偏移。

零件数量 仍然是运放胜出。

输入电容 ADA4817 仅为 1.5pF，而混合放大器为 10pF 或更高（这是我们为了降低噪声付出的代价）。

输入电流 ADA4817 的最大输入电流为 20pA（但这是一种低电压型号），而混合放大器为 200pA（这是在较大的负偏压 $V_{GS}=-30\text{V}$ 下的参数）。

最后的结果是：两种方案各有优劣。JFET 运算放大器方案简单，可以提供足够的速度（或摆幅，但两者不能同时满足），同时具有高精度和低输入电容（因此 e_nC 噪声较低）。混合放大器方案提供了速度、摆幅和最低噪声电压，但它需要手动调整，复杂度较高，并且具有更高的输入电容。还要注意的是，一般情况下，运算放大器是更灵活的器件，提供较大的共模输入电压范围，而混合电路并不需要这个功能，因为输入总是接近地（由于电路的放大倍数为 50）。

3.2.5 振荡器

一般而言，几乎所有的电路都从 FET 的高输入阻抗和低偏置电流中获益，FET 的特性使其成为晶体管的替代品。一个典型的例子是 FET 在高稳定性 LC 电路和晶体振荡器中的应用，我们将在 7.1.5 节中给出实例。

3.2.6 源极跟随器

由于 FET 的跨导相对较低，因此最好用 FET 源极跟随器（与射极跟随器类似）作为常规 BJT 放大器的输入缓冲器，而不是直接制作一个共源极放大器。这样既利用了 FET 高输入阻抗与零输入直流电流的特性，又能利用 BJT 的大跨导来达到很高的单级增益。此外，分立 FET（即不是集成电路）的极间电容往往比晶体管的更大，这在共源极放大器中会导致更为严重的米勒效应，但源极跟随器与射极跟随器都不会产生米勒效应。

由于 FET 跟随器具有输入阻抗高的特点，它们常用作示波器以及其他测量仪器的输入级。许多应用中的信号源内阻都非常高，譬如电容传声器、H 探针、带电粒子探测器或生物和医学中的微电极信号。在这些情况下，使用 FET 输入级（无论是分立的还是集成电路）是很好的解决方案。有些电路要求下一级的灌电流很小或为零，常见的例子就是模拟采样-保持和峰值检测电路。在这类电路中，信号电平由电容保持，如果下一级得到的灌电流太大，这个电平就会下降。在以上所有应用中，FET 可忽略输入电流的特性远比它的低跨导重要，从而使源极跟随器（甚至是共源极放大器）成为除射极跟随器之外具有吸引力的选择。

图 3.40 展示了最简单的源极跟随器，理想情况下应该产生准确的输入波形，同时吸收极小的输入电流。我们来计算它的静态工作点、电压增益、输出阻抗等。

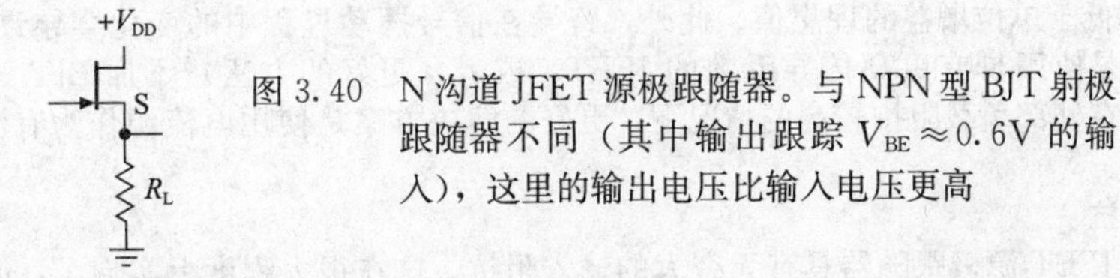

图 3.40 N 沟道 JFET 源极跟随器。与 NPN 型 BJT 射极跟随器不同（其中输出跟踪 $V_{BE}\approx0.6\text{V}$ 的输入），这里的输出电压比输入电压更高

1. 静态工作点

JFET 源极跟随器的分析并不像类似的 BJT 射极跟随器那样简单，在 BJT 射极跟随器中，发射极电压只是相对稳定（且可预测）地低于基极电压约 $V_{BE}\approx0.6\text{V}$。这是因为 FET 的传输特性不够陡峭（且不容易预测），这也是我们刚刚在 JFET 电流源（3.2.2 节）和 JFET 放大器（3.2.3 节）中遇

到的问题。

这里可以使用相同的迭代方法来确定静态源极电压 $V_S(V_{GS}=V_S)$，从而产生对应的源极电流 $I_S(I_D=I_S)$。我们可以通过插值曲线，例如图3.21a中的 I_D 与 V_{DS} 对几个 V_{GS} 的曲线，或者通过上下滑动图3.41中的传输特性曲线（固定 V_{DS}，I_D 关于 V_{GS} 的曲线），直到找到满足条件 $I_DR_L=-V_{GS}$ 的点。

还有一种更简洁的图解方法，称为负载线法，它在真空管时代被广泛使用，可以立即找到工作点。

2. 负载线

要找到图3.40中源极跟随器的工作点，我们只需要注意到负载电阻 R_L 约束了 V_{GS} 与 I_S 之间的关系，即欧姆定律：$I_SR_L=-V_{GS}$。我们可以在图3.41的传输曲线上绘制这个约束条件，作为一条斜率为 $-1/R_L$ 的直线，注意它是反向的，因为 $V_S=-V_{GS}$。工作点必须与这个约束条件以及JFET的传输特性一致。换句话说，工作点是这两条曲线的交点。在这种情况下，如果 $R_L=1k\Omega$，那么静态工作点为 $V_S=+1.6V$（在最低的2N5458曲线上，$I_D=1.6mA$）。

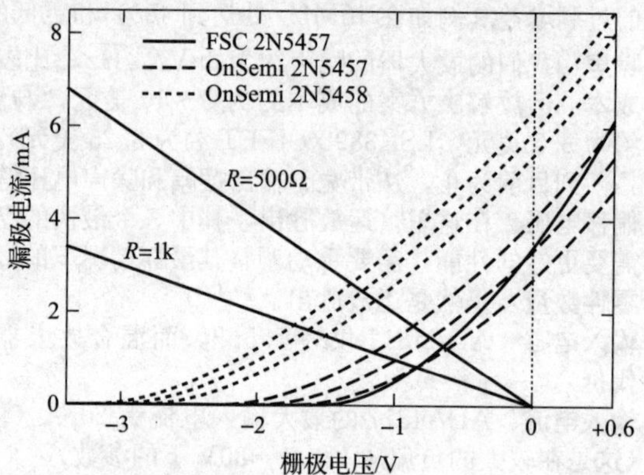

图3.41　测量了一组2N5457和2N5458 N沟道JFET在 $V_{DS}=10V$ 下的传输曲线。这些测量值超出了 I_{DSS}，当 V_{GS} 为0.6V时，进入正值区域。OnSemi曲线显示了每批10个 I_{DSS} 中 I_{DSS} 最低、中间和最高的部分

我们必须指出，特定类型JFET的特性曲线会表现出较大的差异性。例如，在图3.41所示的2N5458中，说明书上允许 I_{DSS} 的范围为2～9mA（而截止电压 $V_{GS(OFF)}$ 的范围为−1.0～−7.0V）。然而实际中，很少有参数处于临界点的器件，并且在单个制造批次中通常具有良好的一致性。例如，通过测量一批10个的2N5458（见图3.41），我们确定了在这个电路中的静态工作点范围为1.52～1.74V。

3. 输出幅度和电压增益

我们可以像在2.3.3节中为射极跟随器所做的那样，利用跨导来计算输出幅度，因为 i_g 是可以忽略不计的，因此可以得到

$$v_s=R_Li_d$$

由于

$$i_d=g_mv_{gs}=g_m(v_g-v_s)$$

因此

$$v_s=\left(\frac{R_Lg_m}{1+R_Lg_m}\right)v_g$$

也就是说增益为

$$G=\frac{1}{1+\dfrac{1}{g_mR_L}} \tag{3.7}$$

当 $R_L\gg1/g_m$ 时，这是一个良好的跟随器（$v_s\approx v_g$），其增益接近但始终小于单位增益。在这个例子中，我们并没有接近这个极限。测得的跨导 $g_m=1.9mS$，意味着在1kΩ负载中的电压增益为 $G_V=0.66$，远低于单位增益的理想值。此外，跨导在信号摆动过程中的变化会导致不良的非线性。一种解决方案是使用具有更高传导系数的JFET，或者（更好的方法）添加BJT跨导增强器（见图3.29f）。但在外部负载阻抗较高的情况下，更好的解决方案是使用电流源作为有源负载，接下来马上就会看到。

4. 输入阻抗

我们期望JFET源极跟随器具有无穷大的输入阻抗，这在很大程度上实现了，但确实存在栅极漏电流和输入电容。在漏-栅电压大于5V的情况下，栅极漏电流可能会带来麻烦，因此务必检查JFET的数据手册，如果必要的话，可以考虑添加垂直级联电路来限制 V_{DG}。

当由高源阻抗信号驱动时，跟随器的频率响应受到输入电容的限制，其截止频率为 $f_{3dB}=1/2\pi R_SC_{in}$，其中 $C_{in}=C_{iss}+C_{rss}+C_{stray}$。栅-源电容 C_{iss} 通常比栅-漏电容 C_{rss} 高2～5倍，但幸运的

是，它通过跟随器的作用进行了提升，有效地降低为（$1-G_V$）C_{iss}。如果遵循我们给出的建议（如下所示），使得 G_V 接近 1.0，那么只有 JFET 的 C_{rss} 会限制带宽。但是，通过引导漏极，可以将 C_{rss} 的影响降低 5 倍。这样，只剩下 C_{stray} 来限制带宽，但还可以通过保护大部分输入布线电容（即使用跟随器的输出信号来驱动电缆屏蔽层，见 5.15.3 节中关于信号保护的讨论）来进一步降低它的影响。

5. 输出阻抗

若源极跟随器的输出阻抗等于 $1/g_m$，则前面给出的公式计算得到的 v_s 与预测值完全相同（可以验算一下，假设源极电压为 v_g，串联一个阻抗为 $1/g_m$ 的电阻来驱动负载 R_L）。这与射极跟随器的情况完全类似，其中输出阻抗为 $r_e=25/I_C$，即 $1/g_m$。计算源极跟随器输出阻抗的方法是：将栅极接地（见图 3.42），给源极跟随器输出端施加一个信号，然后计算源极电流，这样可以明确地得到源极跟随器输出阻抗为 $1/g_m$。那么漏极电流为

$$i_d=g_m v_{gs}=g_m v$$

因此

$$r_{out}=v/i_d=1/g_m \tag{3.8}$$

通常在几毫安的电流下，输出阻抗为几百欧姆[㊀]。

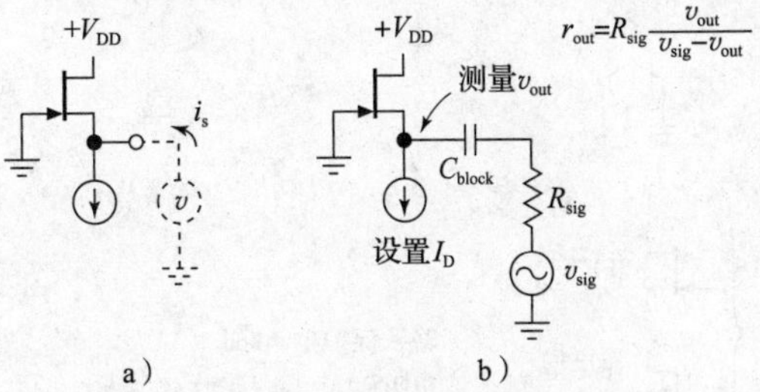

图 3.42　计算源极跟随器的输出阻抗

一般而言，FET 源极跟随器并不像射极跟随器那样稳定。在非常低的电流下，即亚门限区，某些 JFET 的跨导接近以相同电流运行的 BJT。

在这个例子中，由于 $g_m=1.9$mS，从输出端看 JFET 源极阻抗为 $r_{out}=525\Omega$，其与 1kΩ 源极负载电阻并联，产生了 345Ω 的输出阻抗，比在相同电流下（1.6mA）运行的 BJT 的输出阻抗 $r_e=16\Omega$ 要高得多。

在这个例子中，我们能够相对准确地计算电压增益和输出阻抗，是因为我们测量了 I_D 与 V_{GS} 特性曲线。然而，值得指出的是，2N5458 的数据手册没有起到什么作用，它没有提供 2N5458 的特性曲线，只有较低电流型号（2N5457）的特性曲线；对于 2N5458，它仅给出了在 I_{DSS} 处的 g_m，其中 g_m 的范围为 1.5～5.5mS。从这些限制以及上面给出的 I_{DSS} 和 $V_{GS(OFF)}$ 的限制，我们无法准确估计跨导值，因为在固定的源极负载电阻值下 JFET 的工作点是不确定的。我们可以通过假设调整 R_S 使 $I_D=1.6$mA 来得到更好的结果；然后，利用 $g_m\propto\sqrt{I_D}$ 的比例关系，对 I_{DSS} 和 g_m（在 I_{DSS} 处）的约束确保 g_m 处于 0.6～4.9mS 范围内[㊁]。我们测量得到的 g_m 值在这个范围内，而且非常接近这些限制的几何平均值。

这个电路有两个缺点。

1）相对较高的输出阻抗意味着即使在高负载阻抗下，输出摆幅也可能明显小于输入摆幅，因为 R_L 单独与源极输出阻抗形成分压器。此外，由于漏极电流会发生变化，g_m 以及输出阻抗也会有所变化，导致输出端产生一些非线性（失真）。当然，如果使用高传导性能的 FET，情况会有所改善，但是更好的解决方案是采用 FET-BJT 组合跟随器（或 FET-BJT g_m 增强器）。

2）由于在 FET 制造中，产生特定工作电流所需的 V_{GS} 是一个难以控制的参数，源极跟随器具有不可预测的直流偏移，这对于直流耦合电路来说是一个严重的缺点。

另外，FET 的漏极电流在一定程度上取决于漏-源电压，可以将其称为 g_{os} 效应，这也会导致放大倍数小于理想值 $G=1$。关于这一点，我们稍后将在 3.3.2 节中进行讨论。

也许这是一个不错的时机，让我们意识到许多我们考虑过的电路如果能够使用负供电电压实现将会变得更简单，并且工作得更好。但实际情况并非如此。因此，为了符合现实电路设计中的需要（同时也作为有益的练习），我们将继续努力解决单电源 JFET 跟随器设计中的困难。但如果有负供电电压可用，请一定使用它。

6. 有源负载

我们可以通过添加一些元件来极大改善源极跟随器的性能。让我们逐步对其进行改进（见图 3.43）。

㊀ 如图 3.42b 所示，在实际应用中，测量跟随器输出阻抗的一种更简单的方法是注入一个信号电流，然后测量得到源电压。从信号发生器获取电流，使用一个远大于 r_{out} 的串联电阻 R_{sig}，并确保输出电压 v_{out} 较小，例如约为 50mV，然后图中的方程式将给出输出阻抗 r_{out} 的值。

㊁ 事实上，人们可以在一定程度上缩小这个估计范围，因为 g_m 和 I_{DSS} 是相关的：一个具有异常高 g_m 的 JFET 样本也会具有较高的 I_{DSS}。

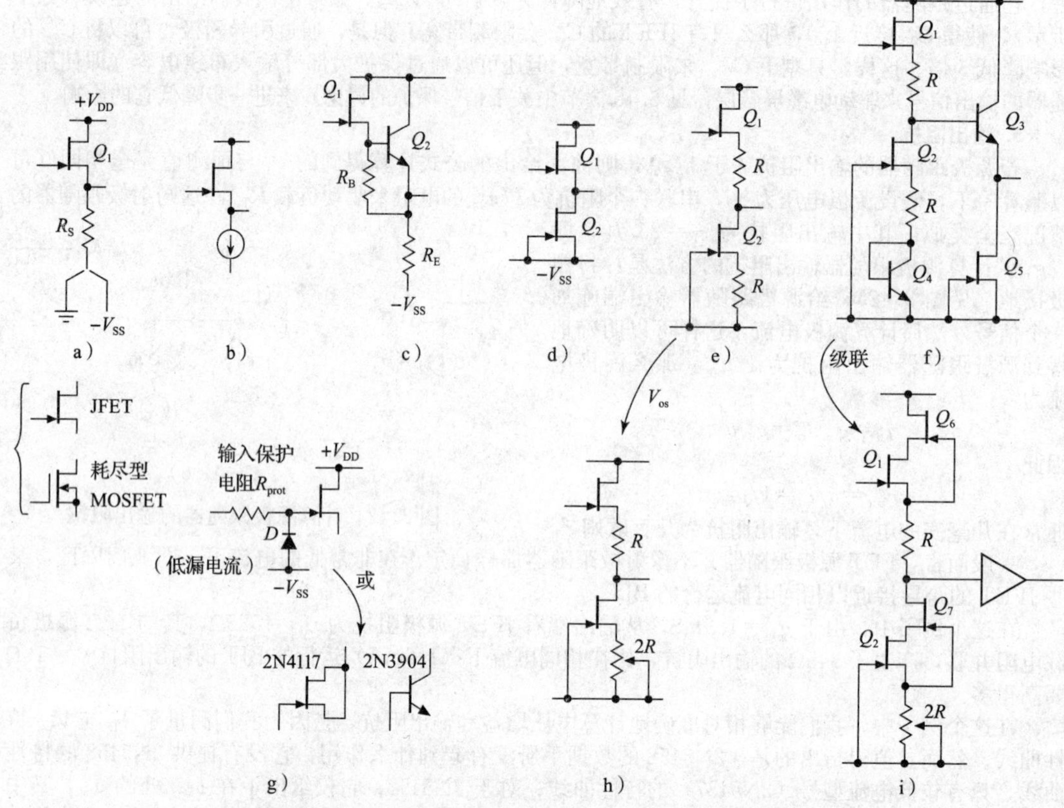

图3.43 JFET统一增益源极跟随器——从最简单电路到最佳电路

首先，我们将负载电阻（在图3.43a中称为R_S）替换为（下拉）电流源（电路b）（可以将这看作之前的情况，其中R_S是无限的）。恒定的源电流使得V_{GS}近似恒定，从而减弱了非线性。一个不错的技巧（电路c）是让BJT跟随器完成双重任务，既提供低输出阻抗，又吸收大约V_{BE}/R_B的恒定电流。

我们仍然面临着V_{GS}（或对于电路c是$V_{GS}+V_{BE}$）的不可预测（因此非零）的电压偏移问题。当然，对于给定的FET，我们可以简单地将I_{sink}调整到一个特定的I_{DSS}值（第一个电路），或调整R_B（第二个电路）。但是这个解决方案有两个问题：①它需要对每个FET进行单独调整；②即使如此，对于给定的V_{GS}，I_D在正常工作温度范围内可能会相差两倍。

更好的电路是使用匹配的FET对来实现零偏移（电路d）。例如，Q_1和Q_2是一对匹配的FET，在同一块硅芯片上，比如优秀的LSK389，其中Q_2的电流为I_{DSS}，也就是当$V_{GS}=0$时的漏极电流。但是，JFET是匹配的，因此两个晶体管的$V_{GS}=0$：Q_1是一个具有零偏移的跟随器。因为Q_2随着Q_1的温度变化而变化，所以偏移接近零，并且与温度无关。

通常情况下，会看到前面的电路加上源极电阻（电路e）。稍加思考就会知道，上面的电阻R是必需的，并且如果Q_1和Q_2匹配，等值电阻会保证$V_{out}=V_{in}$。这个改动提高了I_D的可预测性，使你可以将漏极电流设置为小于I_{DSS}的某个值，并且源极退化提供了更好的线性度。电路h的变化允许我们修正由于Q_1Q_2对的不完全匹配导致的（本来就很小的）剩余偏移电压。例如，LSK389规定了最差情况下（在1mA漏极电流下）的$\Delta V_{GS}=20\text{mV}$ ㊀。

电路f增加了BJT输出跟随器（Q_3），带有JFET电流阱（Q_5）。晶体管Q_4在Q_2的源极中添加

㊀ 一个棘手的“陷阱”：偏移规范假设两个JFET的V_{DS}相等，但在电路e中存在一个V_{DS}不匹配，这取决于相对于电源的输入信号电压。如果要估计跟随器的偏移电压，就需要知道JFET的输出电导g_{os}，这将导致跟随器的输入-输出偏移与V_{DS}的不匹配程度成正比。该参数没有在这个JFET的数据手册上指定，但从我们的测量结果中可以知道$g_{os}\approx 100\mu\text{S}$，它导致$\Delta V=\Delta V_{DS}/G_{max}$的跟随器偏移。在这里，对于$V_{DS}$的10V差异，相当于60mV，比一对JFET的最大偏移20mV（当V_{DS}平衡时）大不少。解决方法？在电路i中，JFET采用垂直级联的方式来保持V_{DS}恒定。

一个补偿 V_{BE}，以保持输入到输出的直流偏移电压近似为零。

电路 a～e 都存在一个问题，即 Q_1 上的漏-源电压随输入信号的变化而变化。这可能引起一些不良效应。例如，想象一下电路 d 在±10V 的电源电压之间工作，输入信号在+5V 和-5V 之间摆动。在正信号峰值处，Q_1 的漏极到源极电压小于 5V，而 Q_2 的漏极到源极电压大于 15V。由于 FET 的漏极电流（在固定的 V_{GS} 下）随着漏极至源极电压的变化而稍有变化，结果会偏离严格的单位增益，而且（更糟糕的是）可能会导致非线性。另外，当漏极至源极电压大于 5V 时，输入栅极电流会显著增加，严重降低了本来就非常低的输入电流。

一个解决这些问题（以及其他问题）的绝佳方案是使用级联电路，如电路 i 所示。在此，我们添加了 Q_6 和 Q_7，它们无须匹配，但必须使其 V_{GS} 大于 Q_1 和 Q_2 所需的最小 V_{DS}。级联的晶体管在通过漏极电流时，将 Q_1 和 Q_2 的 V_{DS} 引导到等于 Q_6 和 Q_7 的 V_{GS} 的电压。因此，在信号摆动时，Q_1 和 Q_2 的栅-源电压 V_{GS} 保持恒定（且较低），而级联放置的晶体管则承担了信号摆动的差额，从而解决了上文所描述的两个问题。我们将在低失真的案例研究中看到其显著效果。

对于这些 JFET 跟随器电路的进一步改进是在 Q_1 的漏极电路中添加 PNP 型跨导增强器（就像图 3.29 所示，其中大幅增加的跨导挽救了本来普通的放大器级）。如果该跟随器驱动相对较低阻抗的负载，这将很有用。

JFET 可以处理大量的正向栅极电流，但它们容易因反向击穿而受损。当可能发生这种情况时，最好像电路 g 中那样添加栅极保护电路。串联电阻 R_{prot} 限制了通过限流二极管 D 的电流（如果低输入电流很重要，D 应该是低漏电流器件，例如 1N3595）。可以使用普通 BJT 的基-集电极结，或者 JFET 的栅极-沟道二极管。但这里存在一个折中方案：较大的 R_{prot} 安全地限制了电流，但它会引入过多的热噪声，这在低噪声应用中会成为一个严重的问题。使用耗尽型 MOSFET 限流器可以很好地解决这个问题；有关详细信息，参见 5.15.4 节。

注意，这些示例中的 JFET 可以替换为耗尽型 MOSFET，耗尽型 MOSFET 的电压等级可达 1000V；在这种情况下，必须保护栅极免受大于±20V 的正向和反向过电压的影响。

在这些电路的进一步变化中，可以使用输出信号驱动内部保护屏蔽层，以有效消除屏蔽电缆的电容效应。否则，对于这种高输入阻抗的输入缓冲放大器，屏蔽电缆的电容效应可能会对电路性能产生严重影响。

7. 案例研究：低失真 JFET 跟随器

为了定量地研究使用下拉电流阱以及级联电路所带来的改进效果，我们使用 LSK389 双 JFET 搭建了图 3.44 中的三种跟随器电路，分别对应于图 3.43 中的 a、e 和 i 电路。为了检验这些电路的线性性能，我们分别以 1kHz 的纯净正弦波信号驱动它们，并将信号幅度推向接近电源电压的临界点。

通过简单的下拉电阻（见图 3.44a），可以获得期望的直流偏置（在静态点约为 0.25V），失真（见图 3.45）从 0.02%（1Vrms 时）上升到约 0.14%（5Vrms 时）。这个性能非常好，主要是考虑到这个电路完全是开环的（没有反馈），这比我们预期的要好。失真几乎完全是由二次谐波造成的（即在 $2f_{in}$ 处）。

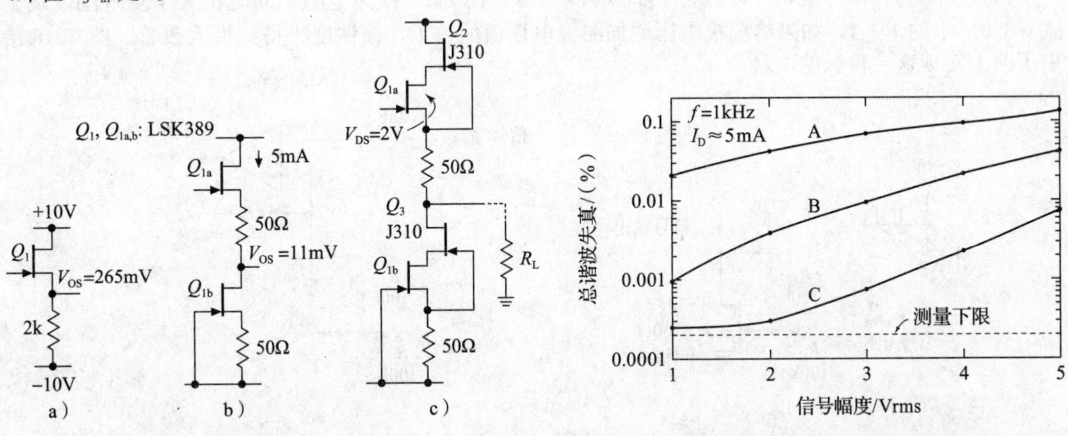

图 3.44　三种 JFET 跟随器

图 3.45　图 3.44 中 JFET 跟随器的失真与信号幅度的关系，其中 R_L=1MΩ

在电路中加入具有源极负反馈的 LSK389 JFET 电流阱（见图 3.44b），可以显著提升电路的性能：直流偏置约为10mV，测得的失真降低了十倍（20dB），现在失真几乎完全是三次谐波（$3f_{in}$）。最后，再加入级联结构（J310的V_{GS}比Q_1大得多，所以后者的$V_{DS}\approx 2V$），使线性度再提高20dB，接近我们的仪器的测量下限。通过级联结构，Q_{1a}的低漏-源电压也确保了低输入栅极电流[⊖]。

3.2.7 FET作为可变电阻

图3.21展示了JFET特性曲线（对于一组小的V_{GS}电压，漏电流与V_{DS}之间的关系），既包括正常区域（饱和），也包括小V_{DS}的线性区域。在本章开始时，我们对MOSFET进行了类似的图形展示（见图3.2）。当V_{DS}小于$V_{GS}-V_{th}$时，I_D与V_{DS}曲线近似为直线，且向原点两端延伸，也就是说，对于任意极性小信号，该器件可用作压控电阻。根据我们在线性区域中得到的I_D与V_{GS}之间的关系式，我们可以很容易地得到比值（I_D/V_{DS}）为

$$\frac{1}{r_{DS}}=2\kappa\left[(V_{GS}-V_{th})-\frac{V_{DS}}{2}\right] \tag{3.9}$$

最后一项代表电路中的非线性，即与电阻特性有所偏离（电阻不应该依赖信号电压）。然而，在栅极电压超过阈值的条件下，当漏极电压远小于该条件对应的量级（$V_{DS}\to 0$），最后一项将变得不重要，此时FET的特性近似为电阻：

$$r_{DS}\approx 1/[2\kappa(V_{GS}-V_{th})] \tag{3.10}$$

因为与器件有关的参数κ可能是未知的，所以将r_{DS}写为

$$r_{DS}\approx r_{G0}(V_{G0}-V_{th})/(V_G-V_{th}) \tag{3.11}$$

式中，任意栅极电压V_G下的电阻r_{DS}用某个栅极电压V_{G0}下的（已知）电阻r_{G0}表示。

练习3.2 推导前面的缩放定律。

从上述任一公式可以看出，电导（$=1/r_{DS}$）与栅极电压超过阈值的量成正比。另一个有用的事实是，$r_{DS}=1/g_m$，即线性区域沟道电阻是饱和区域跨导的倒数。这是一个有用的信息，因为g_m或r_{DS}几乎总是在场效应晶体管数据手册中给出。

练习3.3 根据3.1.4节中给出的饱和漏电流公式计算跨导，推导出如下结果：$r_{DS}=1/g_m$。

通常情况下，使用场效应晶体管可以得到从几十欧姆（功率MOSFET可以低至0.001Ω）到无穷大的电阻值。典型应用是自动增益控制（AGC）电路，在该电路中，通过反馈调节放大器的增益，使输出保持在线性范围内。在这样的AGC电路中，必须小心地将可变电阻FET放在电路中信号摆动较小的地方，最好小于200mV。

FET表现为良好电阻的V_{DS}范围取决于特定的FET类型，并且大致与其栅极电压超过阈值的量成正比。通常情况下，对于$V_{DS}<0.1(V_{GS}-V_{th})$，可能会出现约2%的非线性；对于$V_{DS}\approx 0.25(V_{GS}-V_{th})$，可能会有约10%的非线性。匹配的FET可以轻松设计成联动的可变电阻，用于同时控制多个信号。我们还可以找到一些专门用于作为可变电阻的JFET（例如InterFET的2N4338～41系列和VCR系列），其额定导通电阻在某个V_{GS}（通常为0V）下规定。

线性化技巧

通过简单的补偿方案，可以改善FET的线性度，使FET作为电阻，同时扩大V_{DS}范围。观察式（3.9）中的$1/r_{DS}$，如果给栅极电压增加漏极电压值的一半，线性度将得到极大改善。图3.46给出了两个实现这一目标的电路。

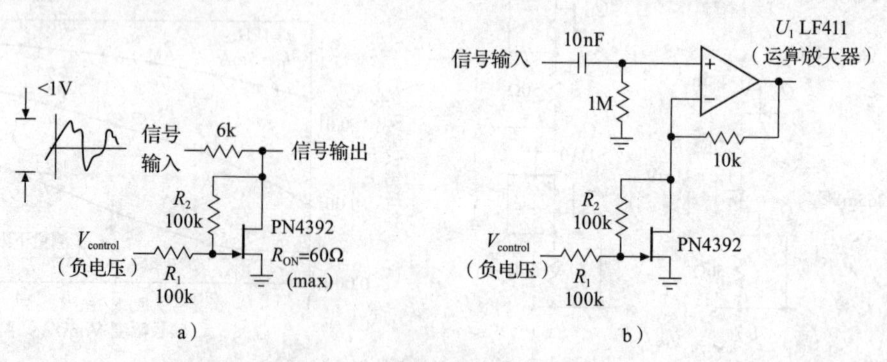

图3.46 线性化JFET可变电阻

⊖ 这些令人印象深刻的低畸变被测量成一个高阻抗。如果想驱动大负载，可能需要向Q_{1a}添加g_m增强器。

在第一种电路中，JFET 形成电阻分压器的下半部分，从而形成电压控制衰减器（或音量控制）。如前所述，R_1 和 R_2 通过给 V_{GS} 增加 0.5V_{DS} 的电压来提高线性度。所示的 JFET 的导通电阻（栅极接地）为 60Ω（最大），使电路的衰减范围为 0～40dB。在第二种电路中，JFET 的可控电阻形成了运放同相电压放大器中设置增益反馈分压器的较低支路，电压增益为 $G=(10\text{k}\Omega/R_{FET})+1$。

用上述电阻分压电路线性化 r_{DS} 的效果非常显著。在图 3.47 中，我们对比了 FET 线性区域内（低 V_{DS}）有无线性化对应的 I_D-V_{DS} 实测曲线。线性化电路对于信号摆动大于几毫伏的低失真应用是必不可少的。我们在图 7.22 的振荡器电路中使用它来进行幅度控制，其中 JFET 与串联电阻结合，形成低失真增益修正器，测得的失真仅为 0.0002%。

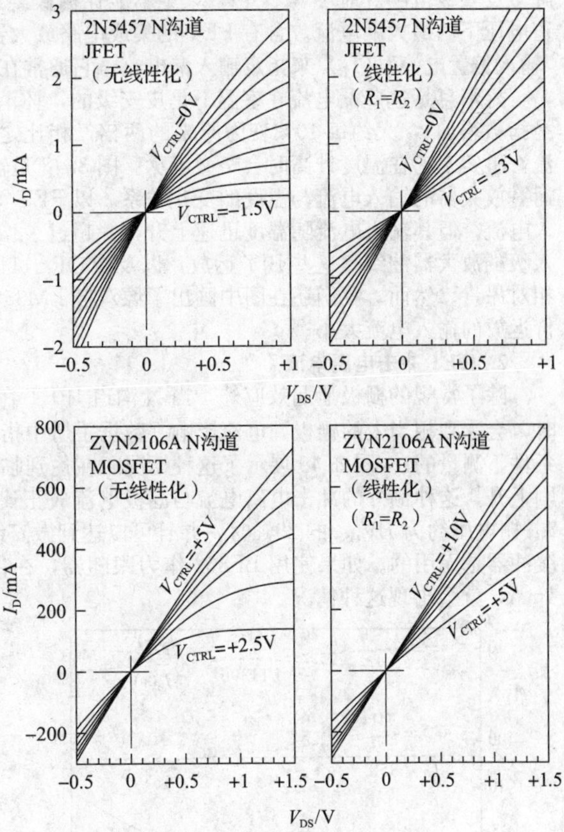

当需要进行增益控制（例如自动增益控制或调制器，其中高频信号的幅度在音频频率下变化）时，值得考虑模拟乘法器集成电路。这些高精度设备具有良好的动态范围，通常输出两个电压的乘积，其中一个电压可以是直流控制信号，用于设置设备对另一个输入信号的乘法因子，即增益。模拟乘法器利用了晶体管的 g_m-I_C 特性，在被称为 Gilbert 电源的装置中使用匹配的阵列来规避偏移和偏置变化的问题。在非常高的频率（100MHz 及以上），无源的平衡混频器通常是实现相同任务的最佳电路。

我们必须记住，低 V_{DS} 导通下的 FET 类似于良好的电阻，没必要考虑二极管压降、饱和电压或类似的问题。我们将看到，利用该特性的运算放大器和 CMOS 数字逻辑电路，可以为电源提供饱和电压输出。

图 3.47　I_D 与 V_{DS} 的测量曲线，上方为 JFET，下方为 MOSFET，显示了电阻对的线性化效应，注意 MOSFET 具有较高的电流

3.2.8 FET 栅极电流

在一开始我们提到，晶体管（特别是 MOSFET）的静态栅极电流基本上为零。这可能是晶体管最重要的特性，这种特性在之前的高阻抗放大器和跟随器中得到了应用。在后续的应用中，这一特性也将是至关重要的，尤其是在模拟开关和数字逻辑方面。

当然，在某种程度上，我们可能会看到一些栅极电流。了解栅极电流非常重要，因为不完善的零电流模型最终肯定会给电路设计带来麻烦。实际上，有限的栅极电流来自以下几种机制。①即使在 MOSFET 中，二氧化硅栅极也不是完美绝缘的，导致存在皮安级别的漏电流；②在 JFET 中，栅极绝缘实际上是一个反向偏置的二极管结，具有与普通二极管相同的杂质和漏电机制；③JFET（尤其是 N 沟道）还会受到称为冲击电离栅极电流的影响，而且大小可能十分惊人；④对于高速电路而言最重要的是，无论是 JFET 还是 MOSFET 都有动态栅极电流，这是由于交流信号驱动栅极电容引起的，这可能导致米勒效应，就像对于双极晶体管一样[⊖]。我们稍后将在 3.5 节和 3.5.4 节中讨论这个重要的主题。

在大多数情况下，与 BJT 的基极电流相比，栅极输入电流可以忽略不计。然而，在某些情况下，FET 的输入电流实际上可能较高。让我们来看一下具体的数据。

⊖ 在极端情况下，例如在高压功率开关中，为了在纳秒级时间尺度内打开大型 MOSFET，可能需要几安的栅极驱动电流。这个效应不能被忽略！

1. 栅极泄漏

FET放大器（或跟随器）的低频输入阻抗受栅极泄漏限制。JFET数据手册通常会给定击穿电压BV_{GSS}，定义为栅极电流达到1μA时的电压。对于较小的栅极-沟道电压，栅极漏电流I_{GSS}（同样是在源极和漏极连接在一起时测量）要小得多，当栅-漏电压远低于击穿电压时，栅极漏电流迅速下降至皮安级范围。对于MOSFET，绝不能让栅极绝缘击穿，栅极泄漏被定义为在某个特定栅极-沟道电压下的最大漏电流。含有FET的集成电路放大器（例如FET运算放大器），使用误导性的术语"输入偏置电流"（I_B）来指定输入漏电流，它通常在皮安级范围内。

好消息是这些漏电流在室温下是皮安级的，坏消息是它们随着温度的升高而迅速增加（事实上是指数增加），大约每10℃变为原来的两倍。相比之下，BJT的基极电流不是漏电流，而是偏置电流，事实上它在温度升高时会略微减少。图3.48是输入电流与温度的对比图，图中展示了几种集成运算放大器的输入电流与温度的变化关系。以FET为输入端的运放在室温（及以下）具有最低的输入电流，但其输入电流随温度迅速上升，并超过了像LM10和LT1012这样具有精心设计的BJT输入级的放大器曲线。这些BJT运放，以及像OPA111和OPA627这样的高级低输入电流JFET运放，相对昂贵。然而，我们还在图中画出了像双极LM358和JFET LF411/2这样的通用运放，展示了廉价运放的输入电流大小。

2. JFET冲击电离电流

除了常规的栅极泄漏效应外，当N沟道JFET在大漏-源电压（V_{DS}）和漏极电流（I_D）下工作时，会受到相当大的栅极漏电流影响（数据手册中指定的栅极漏电流是在$V_{DS}=0$和$I_D=0$的不现实条件下测量的）。图3.49展示了这种情况。在达到临界漏-栅电压时，栅极漏电流接近I_{GSS}，然后急剧上升。这种额外的冲击电离电流与漏极电流成正比，并随电压和温度指数增加。这种电流发生在漏-栅电压约为BV_{GSS}的25%时，并且可以达到微安级或更高。显然，具有微安级输入电流的高阻抗缓冲器是无用的。如果使用BF862作为跟随器，在供电电源为20V的情况下，将漏极电流调节至1mA，就会出现这种情况。

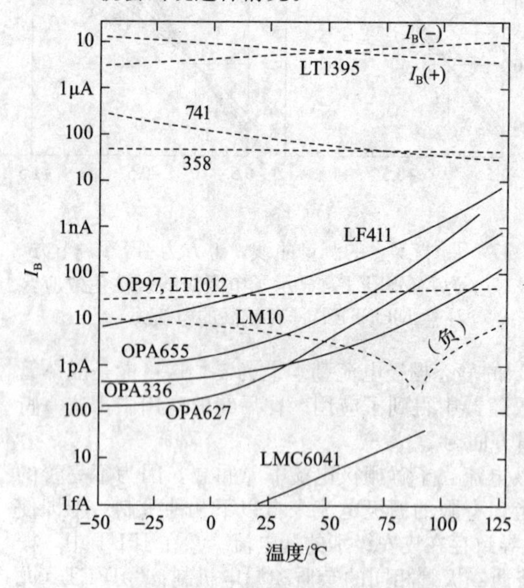

图3.48　FET放大器的输入电流是栅极漏电流，每隔10℃翻倍。在此图中，FET输入放大器（实线）可以通过其特征性的上升斜率轻松识别

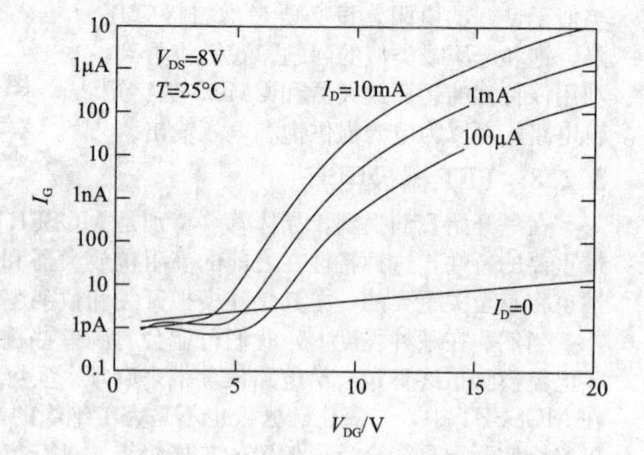

图3.49　JFET的栅极漏电流在较高的漏-栅电压下会急剧增加，并且与漏极电流成正比，这在BF862 N沟道JFET的数据手册中可以看到

这种额外的栅极漏电流主要影响N沟道JFET，并且发生在较高的漏-栅电压下。一些解决方法是：①在低漏-栅电压下运行，可以使用低电压漏极供电或者采用级联方式；②使用P沟道JFET，其效应要小得多；③使用MOSFET。最重要的是要意识到这种效应，以免让它影响电路设计。

3. 动态栅极电流

栅极泄漏是一种直流效应。由于栅极电容的存在，无论是什么驱动栅极，都必须提供一个交流电流。考虑共源极放大器。就像双极晶体管一样，可能会遇到对地的输入电容效应（称为C_{iss}），以

及在反馈电容 C_{rss} 上起作用的电容倍增米勒效应。有两个原因使得在 FET 中的电容效应比在晶体管中的更为严重。首先，使用 FET（而不是 BJT），是因为想要非常低的输入电流，因此，对于相同的电容，其电流相对较大。其次，与等效的双极晶体管相比，FET 通常具有更大的电容。

要理解电容效应的影响，考虑一个用于 100kΩ 信号源阻抗的 FET 放大器。在直流情况下没有问题，因为皮安级的电流仅在信号源内阻上产生微伏级的压降。但是，在 1MHz 的情况下，若输入电容为 5pF，则会形成约 30kΩ 的并联阻抗，使信号严重衰减。实际上，任何放大器在高频下都会受到高阻抗信号的影响，通常的解决方案是以低阻抗运行（50Ω 是典型值），或者使用调谐的 LC 电路来消除寄生电容。需要理解的重点是，在信号频率下，FET 放大器看起来不像 $10^{12}\Omega$ 的负载。

作为另一个例子，想象一下用功率 MOSFET（JFET 没有高功率型号）来控制 5A 的高压负载，使用类似于图 3.50 的电路。有些人可能认为，可以使用数字逻辑输出来驱动栅极，例如 4000 系列 CMOS 逻辑，它可以提供大约 1mA 的输出电流，电压可以在地到 +10V 之间波动。实际上，这样的电路将是一个灾难，因为 1mA 的栅极驱动电流进入 IRF740 的 200pF 平均反馈电容，将使输出开关速度变得非常慢，大约为 50μs ㊀。

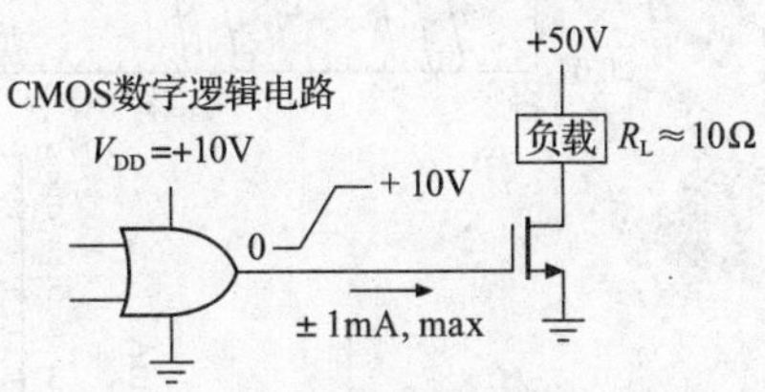

图 3.50　动态栅极电流示例：驱动快速开关的负载

更糟糕的是，动态栅极电流（$I_{gate}=C\ dV_D/dt$）会迫使电流返回逻辑器件的输出端，可能通过一种称为 SCR 门锁的反常效应来破坏它。出于这个原因和其他原因，在驱动器件和 MOSFET 的栅极之间通常要加入串联电阻（图中未画出）。双极功率晶体管具有稍低的电容，因此其动态输入电流略低（但仍在相同范围内）。但当设计一个驱动 5A 的功率 BJT 电路时，我们期望提供几百毫安左右的基极驱动电流（通过达林顿等），而使用 FET 时，往往认为输入电流很低。在这个例子中，为了实现 MOSFET 可能达到的 25ns 的开关速度，将不得不提供几安的栅极驱动电流，这使得这种超高阻抗的 FET 失去了一些吸引力。

练习 3.4　估算图 3.50 电路的开关时间。假设有 1A 的栅极驱动电流，有以下两种情况：(a) 平均反馈电容为 200pF；(b) 需要的栅极电荷为 40nC。

3.3　深入观察 JFET

在 3.1.4 节中，我们介绍了 FET 的工作区域：对于大于 1V 的漏极电压（超出线性电阻区域），有两个常见的工作区域。其中，传统的工作区域中饱和漏极电流㊁ I_D 与 $(V_{GS}-V_{th})^2$ 成正比；（在较低的漏极电流下）在亚门限区，I_D 与栅-源电压 V_{GS} 呈指数关系。

这是简单的概述。由于 JFET 是用于高输入阻抗或低噪声（或两者兼备）电路的首选器件，值得更仔细地研究它们的特性，最好是通过对实际器件的测量来进行。

我们对大部分可用的 JFET 进行了回顾，收集了每种器件来自多个制造商的样品批次。

3.3.1　漏极电流与栅极电压的关系

JFET 电路设计中一直存在的问题就是*参数变化范围过大*。在图 3.51 和图 3.52 中，我们精心绘制了 2N5457 N 沟道 JFET 的六个样本（其中两个制造商各有三个样本），以及与之相关的 2N5458 的三个样本。在每种情况下，选择了 10 个样本中 I_{DSS} 测量值最高、最低和处于中间值的三个器件。在这些测量中，我们大胆地加正向栅极偏置电压（接近二极管压降，即栅极导通的起始点），这远远超出了通常的零电压偏置限制，虽然没有发生什么可怕的事情，但一般情况下应该避免这样的做法。

㊀ 我们的模型太过简略，因为反馈电容会随着漏极电压的变化而迅速变化。对于小信号计算，使用一个恒定的反馈电容 C_{rss} 是可以接受的，但对于像这样的开关应用，需要查阅数据手册来获取栅极电荷的值，这会涉及电容的非线性行为。在这个例子中，数据手册规定了栅极电荷 $Q_G\approx40nC$，产生的开关时间 $t=Q_G/i=40\mu s$，其中动态驱动电流 i 为 1mA。

㊁ 术语“饱和”可能会引起混淆，对于 FET，它用于表示电流饱和，即漏极电压大于 1V 左右的区域，此时漏极电流近似恒定。相比之下，对于 BJT，“饱和”表示电压饱和（处于导通状态），其中集电极电压接近零。

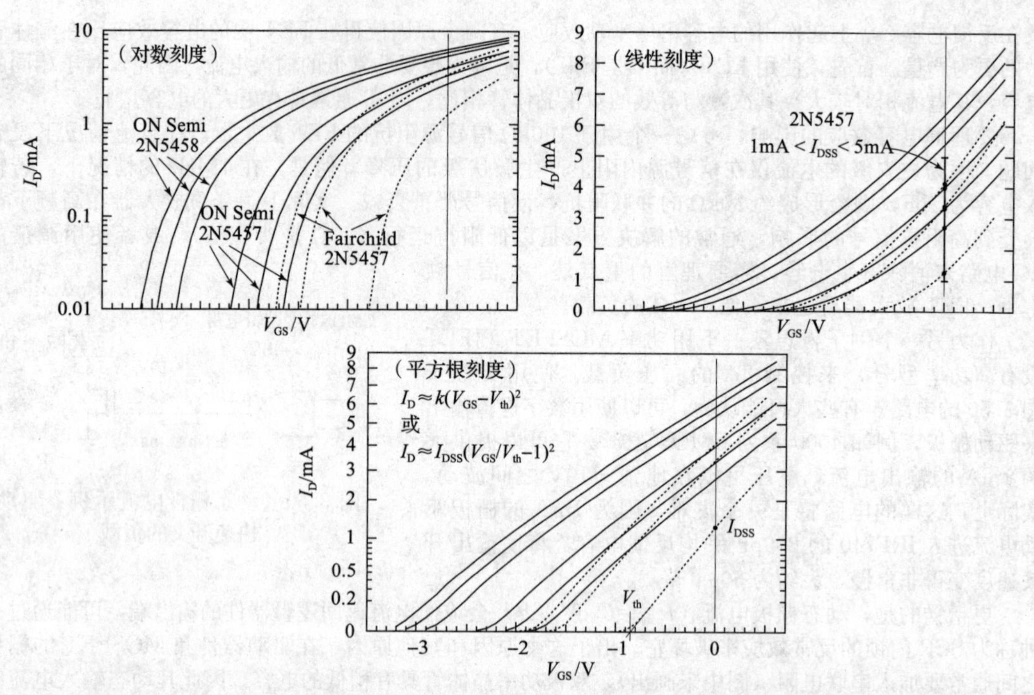

图 3.51　2N5457～9N 沟道 JFET 系列的九个器件，在 $V_{DS}=5V$ 下，漏极电流与栅极电压的关系。相同的数据在线性轴、对数轴和平方根轴上绘制。ON Semi 和 Fairchild 器件的曲线明显不同，但它们都满足了 I_{DSS} 规格（中间的图）。注意，测量范围超过了 I_{DSS}，一直延伸到 $V_{GS}+0.6V$

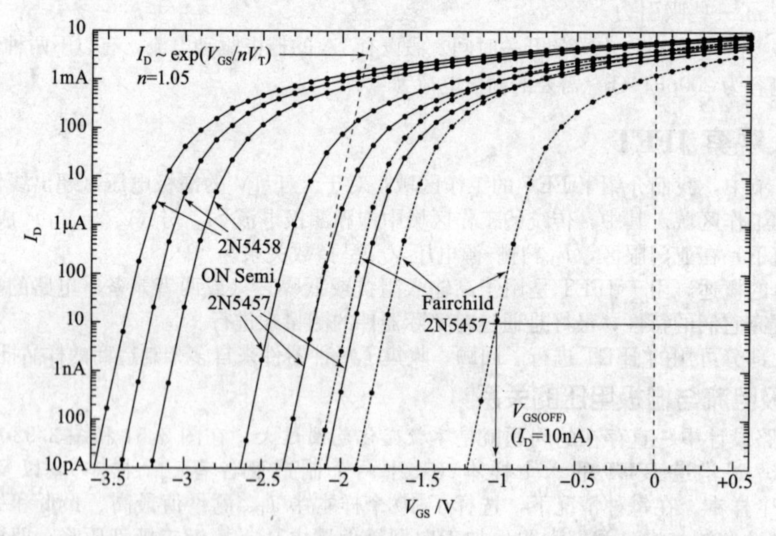

图 3.52　对于与图 3.51 中相同的 JFET，绘制了测量的漏极电流（点）与栅极电压的对数图。JFET 在 10pA 时工作良好，当施加远低于传统意义上定义的栅-源截止电压 $V_{GS(OFF)}$ 时，产生 10nA 的漏极电流

让我们更仔细地看看这九个器件的数据，以了解它们不同方面的性能和对 JFET 电路设计的影响。

1. 二次区

线性图通常可以在数据手册中看到。该图清楚地展示出在靠近零偏置电流（I_{DSS}）的部分，JFET 的漏极电流表现为二次特性。图中还可以看到样本之间 I_{DSS} 的变化（2N5457 样本的范围用垂直线表示），以及 Fairchild 2N5457 样本的较陡斜率。该斜率只是跨导增益（$g_m=dI_D/dV_{GS}$），在漏极电流与 V_{GS}-V_{th} 呈二次方关系的情况下，与 V_{GS} 线性增长。

查找 V_{th}：平方根图　接下来看看平方根图。阈值电压 V_{th} 由零漏极电流定义。在该电压处，电流并不是零——它只是在亚门限区的顶部附近。

2. 亚门限区

最后，对数图展示了较低电流区域的特征。曲线在最低电流处向下弯曲接近直线（因此是指数形式的）——这是亚门限区，在图 3.52 中更详细地展示了其六个数量级的范围。

3. 深亚门限区

从图 3.52 中的扩展曲线可以看出，JFET 在到达皮安级的漏极电流时仍然能够准确地遵循指数漏极电流规律（类似于 BJT 的 Ebers-Moll 方程），它可以写为

$$I_D = I_0 \exp(V_{GS}/nV_T) \tag{3.12}$$

与 Ebers-Moll 中相同，$V_T = kT/q \approx 25\text{mV}$，但是加上修正因子 n。图 3.52 中的测量数据对应于 n 接近 1 的情况（$n=1.05$）。换句话说，在非常低的漏极电流下，JFET 的跨导几乎与以相同集电极电流运行的 BJT 相同[㊀]。注意，Fairchild 的器件在低电流下不再异常——与它们在二次区的特性不同（在那里它们的跨导最高），在低电流下它们表现出与其他器件相同的跨导（斜率）。

3.3.2　漏极电流与漏-源电压的关系：输出电导

在实际情况下，漏极电流（在恒定的栅-源电压下）的确会受到漏-源电压的影响，与通常看到的理想化图像不同（3.1.4 节和图 3.13 也支持了这一观点）。当栅-源电压保持恒定时，我们可以将这个效应类比为 BJT 中的 Early 效应，或者等效地将其视为漏极端口上看到的有限输出阻抗 r_o（或更常见的有限输出导纳 $g_{os}=1/r_o$）。这个效应限制了以漏极电流源作为负载的接地共源极放大器的最大增益（表 3.1 中的 G_{max} 参数），如果增益接近 G_{max}，就需要考虑这个效应。如果 G_{max} 与 $g_m R_L$ 相当或小于 $g_m R_L$，则会进一步降低源极跟随器的性能（已经受到低 $g_m R_L$ 的影响，见 3.2.6 节）。

1. 共源极放大器中的增益和线性度降低

g_{os} 效应限制了共源极放大器的最大增益，实际上是在漏极负载阻抗上放置了一个电阻 $r_o=1/g_{os}$。对于简单的电阻性漏极负载 R_D，这将使增益从理想的 $G=g_m R_D$ 降低为 $G=g_m(R_D \| r_o)$，或者可以表示为

$$G = g_m R_D \frac{1}{1+g_{os}R_D} \tag{3.13}$$

另外的令人不满的结果是一些非线性特性，这是由于 g_{os} 对漏极电压的依赖性造成的。

2. 源极跟随器的增益误差

g_{os} 效应也会降低源极跟随器的增益，使其小于理想值 $G=1$。这在负载较小的情况下最为明显，其中负载电阻 $R_L \gg 1/g_m$（因此理论上预期电压增益应接近 1）。考虑到这种影响，图 3.40 中简单 JFET 跟随器的电压增益变为

$$G = \frac{1}{1+\dfrac{1}{g_m R_L}+\dfrac{1}{G_{max}}} \tag{3.14}$$

式中，G_{max} 是在工作电压和电流下漏极电导与跨导的比值（$G_{max}=g_{os}/g_m$）。我们定义 G_{max} 是因为它在电流变化较小时近似为常数[㊁]，比依赖于电流的 r_o 和 g_{os} 更有用。因此，要使增益误差小于 1%，需要同时使 $g_m R_L$ 和 G_{max} 都大于 100，或者也可以使用一些技巧，比如使用有源负载、串联连接或 g_m 增强器。回顾图 3.43 中源极跟随器的发展历程，这里可以看出电路 i 中使用有源负载和垂直级联的原因。表 3.1 列出了一些常见 JFET 的 G_{max} 测量值。

3.3.3　跨导与漏极电流的关系

回想一下，跨导（$g_m \equiv i_d/v_{gs}$，即漏极电流随栅-源电压变化的量）是衡量 FET 增益的指标。它类似于双极晶体管的 Ebers-Moll 方程，其中 $g_m = qI_C/kT = I_C/V_T$。一般来说，对于给定的漏极电流，场效应晶体管的跨导都比晶体管要低。从最低的漏极电流开始（回想一下 3.3.1 节和图 3.52），在场效应晶体管的亚门限区中，跨导与漏极电流成比例（类似于双极晶体管），但略低于以相同电流运行的晶体管，见图 3.53。如果用 $g_m = I_D/nV_T$ 表示，典型的 JFET 在 1.05～3 之间有 n 个值，如图 3.54 中的测量数据所示。

㊀ 没错，带宽很窄！例如，当 I_D=10pA 时，2N5457 的增益-带宽积 f_T 只有 140Hz。了解 JFET（就像 BJT 一样）在非常低电流下工作得很好是非常有用的特性，适用于微功率和纳米功率应用。但是不要忘记，在低电流下，器件的电容会显著影响性能，因此受限于电流的设计比以正常电流运行的电路慢。

㊁ 更仔细地观察，g_m 和 g_{os} 都与漏极电流（I_D）有关，大约与 $\sqrt{I_D}$ 成比例，它们的比值 G_{max} 在漏极电流范围内相对稳定，但大致与漏-源电压（V_{DS}）成比例。

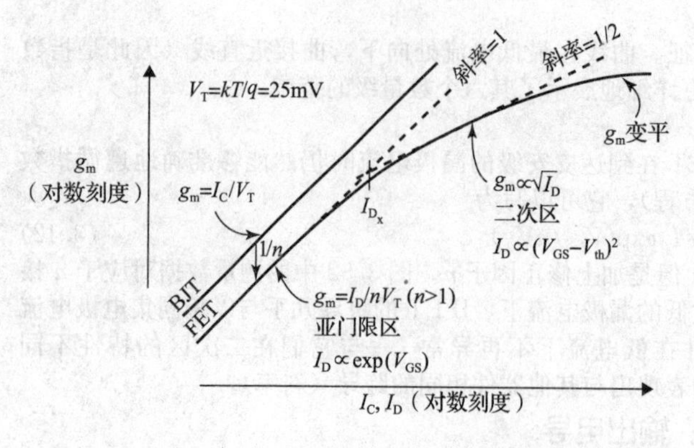

图 3.53　跨导与漏极电流的关系：在亚门限区，场效应晶体管的跨导与电流成比例（类似于晶体管）；在正常电流下，即 $I_D \propto (V_{GS}-V_{th})^2$ 时，跨导与 $\sqrt{I_D}$ 成正比；在较高的电流下，它趋于最大值

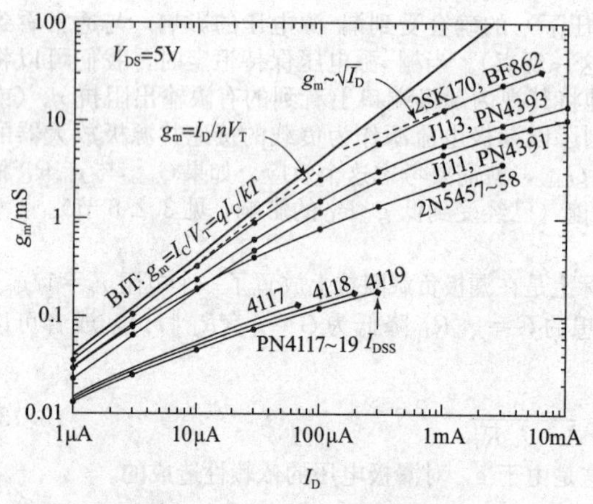

图 3.54　测量了一些具有代表性的 N 沟道 JFET 的低频跨导

在较高电流下，即在 FET 漏极电流的二次区，$I_D \propto (V_{GS}-V_{th})^2$，跨导与漏极电流的平方根成正比，低于双极晶体管的跨导增长速度（$\propto I_C$）。在较高电流下，跨导进一步变得平缓。对于 JFET，这里就是故事的结束；但对于 MOSFET（可以使栅极电压足够高，以达到恒定的最大漏极电流），跨导就会开始下降，例如在图 3.9 中绘制的 LND150 的 I_D 与 V_{GS} 关系曲线。

直接测量跨导并不难，可以使用串联级来夹住漏极电压。我们使用这个电路来测量约 60 个 JFET 的跨导，漏极电流从 1μA 到 30mA，步长为半个数量级。

图 3.54 展示了几个具有代表性的 JFET 跨导与漏极电流之间的测量结果。在较高的电流下，跨导大致与漏极电流的平方根成正比（因此与 $V_{GS}-V_{th}$ 成正比）。尽管这些曲线仅到 1μA，但大多数 JFET（上面的四条曲线）在该电流下已经处于亚门限区（其跨导与漏极电流成正比）。

那么，PN4117～19 出了什么情况？这些是非常小的 JFET（可以从它们非常低的 I_{DSS} 值看出），因此即使在 1μA 的漏极电流下，电流密度也足够高，使它们处于二次区。换句话说，在前面的讨论中，我们应该提到"电流密度"（而不是简单的漏极电流）来衡量给定的 JFET 是处于亚门限区还是二次区。

注意，这对于 MOSFET 也是适用的：如果在线性电路中使用大功率 MOSFET（其漏极电流额定值为数百安培），它将在其亚门限区运行[⊖]。正如我们将在 3.6.3 节中看到的，当多个 MOSFET 并联在功率电路中时，这会对热稳定性有重要影响，因为在亚门限区 MOSFET 的漏极电流具有*正温度系数*。如果电路设计师没有充分理解这一点，可能会引起严重问题。

JFET 家族中的跨导率

从图 3.54 和前面的讨论可以看出，实际上无法准确预测 JFET 在任何给定工作电流下的跨导，该图显示了在给定电流下 g_m 的变化。更糟糕的是，图 3.51 的数据表明，我们甚至不能准确地确定特定的 JFET 型号在给定栅极偏置下的工作电流（反之亦然）。

事实证明，情况并没有那么糟糕。在一组类似的 JFET 中，跨导主要（且可预测地）取决于漏极

⊖　SPICE 爱好者要小心了：功率 MOSFET 的模型在亚门限区几乎毫无用处。

电流，尽管对应的栅极电压可能千差万别。图 3.55 展示了七个不同的 2N5486 JFET 漏极电流曲线㊀，以及一些较低电流的型号（2N5484 和 2N5485）和相似型号（SST4416，也用于射频应用，具有相近的低电容和类似的 I_{DSS} 范围）。

这些测量曲线的参数变化范围很大（$V_{GS(OFF)}$ 为 3∶1 的分布，I_{DSS} 为 5∶1 的分布），暗示着跨导增益也可能具有类似的不可预测性㊁。然而，这种暗示是误导性的。当测量它们的跨导时，会得到如图 3.56 所示的曲线：在这组器件中，跨导在给定漏极电流下峰值变化量最大为±20%。

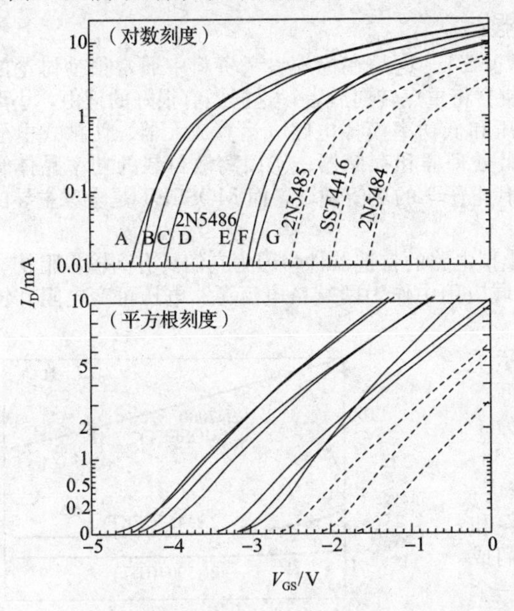

图 3.55　对于一组来自不同年代和制造商的 7 个 2N5486 JFET，绘制了其漏极电流与栅-源电压的关系曲线，使用对数和平方根刻度绘制，突显了阈值电压 V_{th} 的宽广分布范围。与图 3.56 进行对比，同一组 JFET 在任何给定的漏极电流下只有轻微的跨导变化

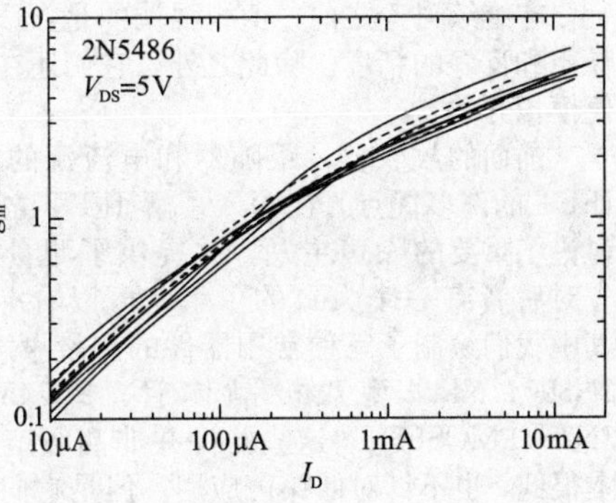

图 3.56　与图 3.55 相同的 JFET 的跨导与漏极电流

结论是，在相似型号的 JFET 器件家族中，根据漏极电流（在获得该电流所需的栅极电压下）可以合理地预测跨导。实际的结果是，如果设置偏置反馈以将漏极电流设置为期望值（该值应选择不大于规定的最小 I_{DSS} 值），那么 JFET 放大电路的增益也将可以预测。

但是，为了在 JFET 放大器中能够更好地预测增益，建议：①使用一些源极退化，与跨导增强器电路结合会更好；②使用具有最小回路增益（考虑最差情况下的 g_m）的整体反馈，以确保所需的增益精度（如图 3.31、图 3.34 和图 3.37）。

3.3.4　跨导与漏极电压的关系

在给定的漏极电流下，FET 的跨导与漏极电压相对独立，除非漏极电压在一两伏以下。这与跨导对漏极电流的强烈依赖性形成对比。

3.3.5　JFET 电容

与双极晶体管一样，JFET 的端间电容取决于（反向）偏置，这通常被称为非线性电容，且随着反向偏置的增加而显著减小。图 3.57 显示了两种常见的 N 沟道 JFET 的反

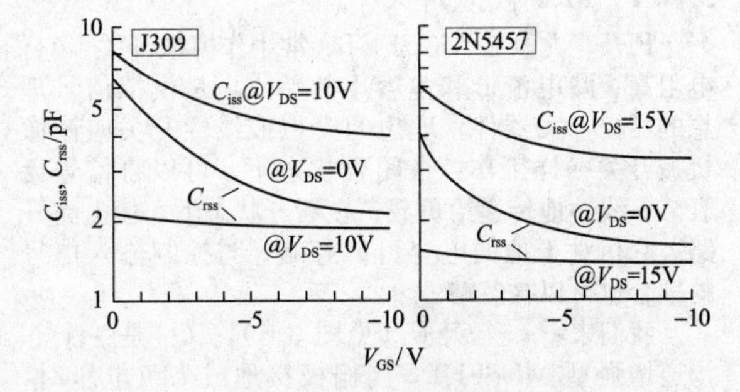

图 3.57　JFET 的输入和反馈电容

㊀ A——Intersil，日期代码 7328；B——Central Semiconductor，同期生产；C 和 E——Fairchild，日期代码 BF44；D——Vishay SST5486，同期生产；F——Vishay，日期代码 0536；G——Motorola，1990 年生产。

㊁ 不过，也有一些有用特性：栅极阈值电压 V_{th} 可以预测零偏置漏极电流 I_{DSS}。

馈电容和输入电容的数据。这些值只有几皮法，是小信号JFET的典型值，比功率MOSFET小得多（与图3.100进行比较）。JFET通常是对称的，但由于较大的反向偏置，栅-漏电容小于栅-源电容㊀。这当然是一件好事，因为在没有串联接线的共源极放大器中，米勒效应会使C_{rss}的影响成倍增加。

制造商通常提供电容与V_{GS}之间的曲线图，有时也会提供与V_{DS}或V_{DG}之间的曲线图。然而，对于同一系列的器件，通常只提供一组曲线图，尽管它们的I_{DSS}规格可能在十倍或更多的范围内变化。这使人不禁思考电容是否与I_{DSS}值相关联，因此电容数据可能只能作为大致的参考。

3.3.6 为什么是JFET（MOSFET）放大器？

在本章中，我们投入了相当大的精力来研究JFET，这是在标准参考资料中通常很少讨论的话题，其中重点一般放在MOSFET上。但我们很快会将重点转向后者，这样做有很好的理由，小型集成MOSFET在以下领域占据主导地位：①低电压和低功率模拟电路（运算放大器、便携式电子产品、射频电路等）；②模拟开关；③逻辑电路、微处理器和存储器；④以离散封装的功率晶体管形式存在的功率开关和线性功率应用。这些都是当代电子学的热门领域，而MOSFET是全球主导的晶体管种类，优势非常明显。

在继续讨论之前，值得强调的是，JFET是模拟电路的首选器件，因为它们具有高输入阻抗、低噪声和良好的精度。除此之外，它们还在特定领域应用中作为两端口电流源、电压可变电阻和恒阻值模拟开关。

前面的放大器、跟随器和电流源的示例展示了JFET的许多优点。在深入了解JFET之后，第8章讨论了重要的噪声主题，并提供了测量数据。为了先对后者有一个大致的了解，可以看一下图3.58，其中我们绘制了三种常用器件的测量噪声电压密度：2N3904 NPN型双极晶体管、2N5457 JFET和2N7000 MOSFET。这些器件并非高级产品，它们成本很低，也不针对低噪声应用。但是它们展示了一个重要的趋势：MOSFET在低频时会存在噪声，相对于BJT和JFET同类器件，噪声高达40dB㊁。不要将它们用于低电平音频电路，但是功率MOSFET可以作为音频放大器强有力的输出级。

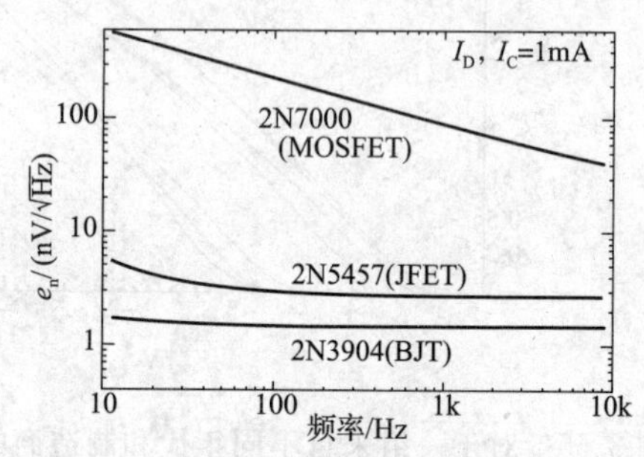

图3.58 三种常用晶体管的噪声电压，展示了MOSFET的低频噪声特性较差

3.4 FET开关

本章开始我们给出的两个FET电路示例都是*开关电路*：逻辑开关和线性信号转换开关。这些都属于FET的重要应用，它们利用了FET的独特性质：高栅极阻抗以及从零电压开始的双极电阻导通特性。在实际应用中，通常用MOSFET集成电路（而不是分立器件㊂）构成所有数字逻辑和线性开关转换电路，只有在功率转换电路应用中才会使用分立FET器件。即便如此，了解这些电路的工作原理至关重要（也很有趣）；否则，我们注定会被某些奇怪的电路问题所难倒。

3.4.1 FET模拟开关

FET，尤其是MOSFET，常用作模拟开关。它们具有导通电阻低（接通电压总为零伏）、关断电阻高、漏电流低和电容小的特点，是模拟信号理想的压控开关器件。理想的模拟或线性开关应该像机械开关一样工作：在闭合状态下，可以将信号无衰减、线性地传递给负载；在断开状态下，使电路开路。它相对于地的电容可以忽略，与控制输入信号的耦合也可以被忽略。

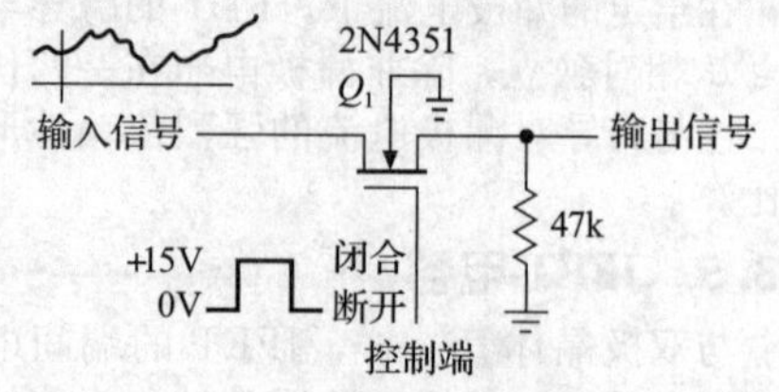

图3.59 NMOS模拟开关，显示有基底端和二极管

我们来看一个例子（见图3.59）。Q_1是一个N沟道增强型MOSFET，当栅极接地或为负电压时，它处于截止状态。在这种状态下，漏极-源极电阻

㊀ 我们所说的“栅”和“源”指的是电路用于这些功能的引脚，而不是引脚上的实际标签。

㊁ 根据约翰·威利森（John Willison）的说法，这种现象可能与绝缘栅极上的间歇性捕获和电荷释放有关。

㊂ 这其实不是我们的本意，但别无选择，因为离散小信号MOSFET已经越来越少见了。

(R_{OFF}) 通常大于10 000MΩ，没有信号通过（尽管在高频时会通过漏极-源极电容耦合一些信号）。将栅极接到+15V可以使漏极-源极沟道导通，对于用作模拟开关的FET来说，导通电阻通常为20～200Ω。栅极信号电平只要高于信号峰值即可（为了保持R_{ON}较小），具体数值并不重要，可由数字逻辑电路提供（可能由FET或BJT来产生满幅变化），或者由+15V供电的运算放大器提供。即使栅极为负电压也无妨（例如来自双极运算放大器输出），事实上这还会带来一个优势，就是可以完成任一种模拟信号的极性转换，这将在下文进行阐述。注意，FET开关是一个双向器件，信号可以双向通过。普通的机械开关也是这样工作的，所以这一点很容易理解。

如图3.59所示的电路适用于最高约10V的正信号，对于较大的信号，栅极驱动电压不足以保持FET导通（R_{ON}开始上升），并且负信号会导致FET在栅极接地时导通（使沟道-衬底结正向偏置）。如果想要转换正负两种极性的信号（例如，电压范围在−10～+10V之间的信号），可以使用相同的电路，但是栅极驱动电压应为−15V（断开）到+15V（闭合），衬底应该连接到−15V电压。

对于任何FET开关，为了减少在断开状态发生的输入信号电容性反馈，提供1～100kΩ范围内的负载电阻是非常重要的。负载电阻的大小需要折中选取：较低的值可以减少反馈，但由于R_{ON}和负载形成了分压电路，它们开始衰减输入信号。由于R_{ON}随着输入信号幅度的变化（由于V_{GS}的变化）而变化，这种衰减也会产生不期望的非线性。开关输入端上呈现过低的负载电阻，同时也会使信号源过载。在3.4.2节和第4章中讨论的轨至轨运算放大器，展示了解决这个问题的几种可能的方案（采用多级开关、R_{ON}抵消等）。一个很好的可选方案是使用第二个FET开关，在串联的FET断开时将输出连接到地，从而有效形成单刀双掷（SPDT）开关（下一节将更详细介绍）。

1. CMOS线性开关

我们经常需要转换接近供电电压的信号。在这种情况下，上文描述的简单N沟道开关电路无法工作，因为当信号幅度最大时，栅极没有正向偏置。解决办法是使用并联的互补型MOSFET（CMOS）模拟开关（见图3.60）。图中三角形符号代表数字反相器，稍后将进行讨论，它将高电平输入转换为低电平输出，反之亦然。当控制输入为高电平时，Q_1对来自地面到接近$+V_{DD}$之间的信号保持导通（这时R_{ON}开始急剧增大）。同样，Q_2由于栅极接地也导通，从而使V_{DD}到高出地几伏之间的信号通过（这时R_{ON}开始急剧增大）。因此，任何介于$+V_{DD}$和零之间的信号都能以较小的并行电阻通过（见图3.61）。当控制信号接地时，两个FET都停止导通，呈现开路状态。这样就得到了一个在地到V_{DD}之间信号的模拟开关，它是典型4066 CMOS传输门电路的基本结构。该模拟开关是双向的，与前面讨论的开关一样，任何一个端口都可以作为输入端。

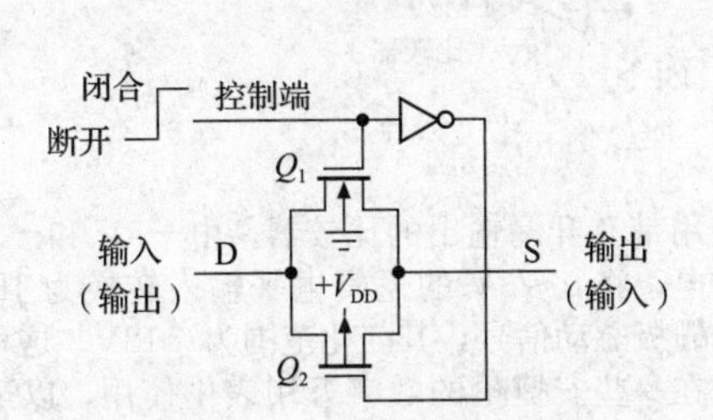

图3.60 CMOS模拟开关

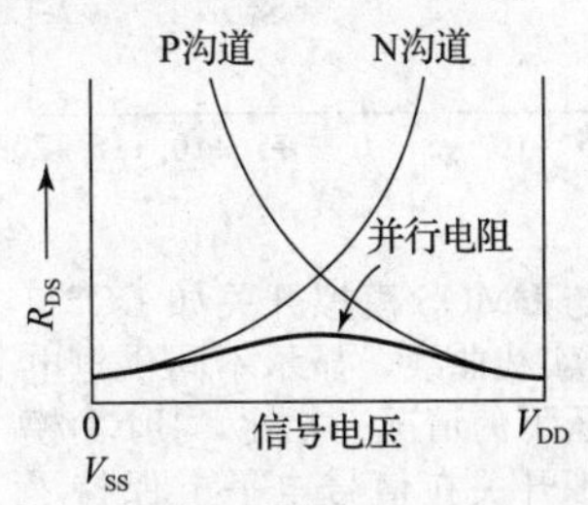

图3.61 CMOS模拟开关的导通电阻

有许多种集成电路CMOS模拟开关，开关结构多种多样（比如分几个独立部分，每个部分又分几级）。CD4066是经典的4000系列CMOS模拟选通门，是关于地与电源正极之间的信号的模拟开关[⊖]。然而，更常见的是选择专用的模拟开关集成电路，例如行业标准DG211系列。这些器件非常方便使用，它们接收逻辑电平（0V为低，大于2.4V为高）的控制信号，能够处理±15V范围的模拟信号（相比之下，4000系列只能处理±7.5V的信号），它们的结构多种多样，并且具有相对较低的导通电阻（这些系列中一些成员的导通电阻为25Ω或更低，对于低电压开关甚至可以达到几分之一欧姆）。Analog Devices、Intersil、Maxim和Vishay-Siliconix等制造商提供了一系列优质的模拟开关产品。

2. JFET模拟开关

尽管大多数模拟开关都是使用两个并联互补型MOSFET构建的（即刚刚描述的CMOS架构），但也可以使用JFET来构建，这样构建还具有一些优势。

⊖ 同样，它能够轻松地切换数字信号，因此被归类为数字开关。

基本电路（见图3.62）使用单个N沟道JFET Q_1 作为模拟开关。它的导通由晶体管开关 Q_2 控制，后者将栅极拉低到较大的负电压（例如－15V），以切断JFET的导通（开关断开）。断开 Q_2 会让栅极电压变化到源电压，将（耗尽型）JFET置于完全导通状态（开关闭合）。栅极电阻 R_1 被设置得很大，以降低断开状态下负载对输出信号的影响，其阻值取适中，因为较大的电阻会导致较长的开启延迟。对于低阻抗的信号源（例如运算放大器的输出），最好将电阻放在输入端（即从右侧输入信号）。

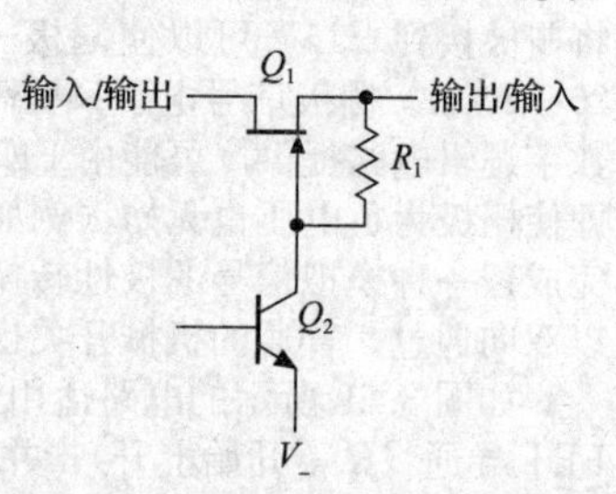

图3.62　N沟道JFET模拟开关

由于只有单个N沟道JFET，该开关不接受接近负电源的输入信号：接近负电源的信号电压将使JFET的 $V_{GS(OFF)}$ 值被超越，从而导致它再次导通[㊀]。正电源端不存在这样的限制。

这种JFET模拟开关的一个很好的特点是 R_{ON}（导通电阻）与信号电平的恒定性：由于栅极保持在源电压上，R_{ON} 不会随信号电压的变化而变化，JFET甚至无法感知信号的变化。这种良好的特性见图3.63，图中比较了JFET模拟开关（SW06）与DG211 CMOS开关的 R_{ON} 随 V_{sig}（信号电压）变化的曲线[㊁]。

实际应用中，使用接近负电源电压的信号来驱动开关控制是不方便的（对于CMOS开关更是如此）。相反，通常会使用电平转换电路，使介于0～＋3V之间的逻辑电平输入能够激活开关。图3.64展示了一种简单的方法，使用带有开漏输出（见12.3节）的比较器来驱动分立JFET开关的栅极。对于集成模拟开关，这种控制信号电路通常是内置的。SW06 JFET模拟开关（以及Vishay-Siliconix的DG180～189系列）包括这样的驱动器，并使用了一些其他技巧[㊂]。

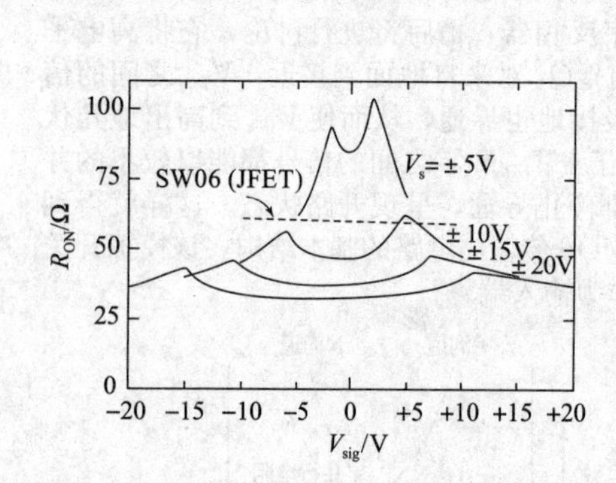

图3.63　与CMOS模拟开关如DG211（实线曲线，显示不同供电电压下的情况）相比，JFET模拟开关在信号电平上保持了良好的 R_{ON} 稳定特性

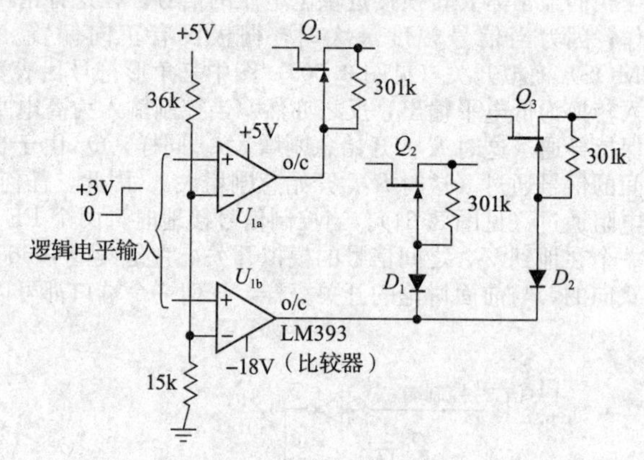

图3.64　使用带有开漏输出的比较器，由＋5V和－18V供电，将0～3V的逻辑电平输入转换为JFET的栅极驱动信号，其变化范围为－18V。这种方法在一些安捷伦的数字万用表中使用，以适应整个±12V范围内的模拟信号。添加的二极管允许一个控制信号驱动多个JFET开关

与需要保护电路以提高对过压故障的鲁棒性的CMOS模拟开关相比，JFET模拟开关本身更加稳定。然而，它们确实会受到高电荷注入的影响（见3.4.2节）。尽管它们具有出色的特点，集成的JFET开关和多路复用器几乎已经绝迹，如Precision Monolithics（现为Analog Devices）的SW-01、SW-7510和MUX-08系列等产品已经永远消失（但令人欣慰的是SW06仍然存在）。

3. 多路复用器

多路复用器（MUX）是FET模拟开关的一个很好应用，它通过指定的数字控制信号来选择若

㊀ 实际上，应将 $V_{GS(OFF)}$ 保持在稍微偏离实际值的大小，参考3.1.3节，它被定义为在较小（但非零）的漏极电流（通常为10nA）的情况下的栅极-源极电压。

㊁ R_{ON} 的轻微变化是由基底效应引起的：SW06是一个集成电路，建立在硅基底上；因此，JFET和相关组件对绝对信号电平有一定的感知。如果这种微小的变化无法接受，可以构建一个离散电路实现这个功能。安捷伦的数字万用表通常会采用这种电路。

㊂ 例如，内部MOSFET开关会在开关断开时断开栅极电阻（图3.62中的 R_1），以消除电路负载。

干输入信号中的任意一个，并将被选中的输入端的模拟信号传送到输出端。图3.65是它的基本示意图。SW0至SW3的每个开关都是CMOS模拟开关。地址译码器对地址译码，仅使能这个地址对应的开关，禁止其他的开关。这种多路复用器通常与产生合适地址的数字电路连接使用。典型的应用包括数据采集装置，在这种电路中，许多模拟输入信号必须被轮流采样，然后转换为数字量，并作为运算电路的输入。

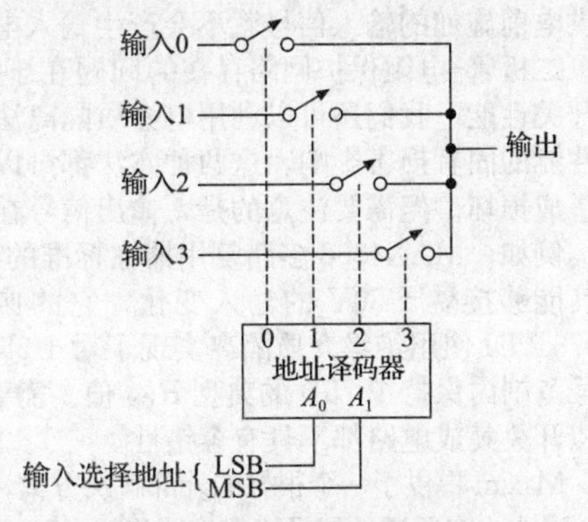

图3.65 模拟多路复用器

由于模拟开关是双向的，这样的模拟多路复用器也可用作多路信号输出选择器，能将信号反接在输出端，并将在选定的输入端出现。当第8章讨论数字电路时，会看到这样的模拟多路器也可用作数字多路复用/分用器，因为逻辑电平实质上就是被解释为二进制1和0的电压。

典型的模拟多路复用器有DG408～09和DG508～09系列（以及它们的许多改进版本）。这些8引脚或16引脚输入的MUX能接收逻辑电平地址输入，并能在高达±15V的模拟电压下工作。CMOS数字系列的4051～4053器件是有8个输入端的模拟多路复用/分用器，但最大信号电平的峰-峰值为15V。它们还有一个V_{EE}引脚（以及内部的电平切换），以便工作在双极模拟信号或单极（逻辑电平）控制信号下。我们倾向于使用低电压的4053系列，它具有三个单刀双掷（SPDT）开关，市场上有大量产品可供选择。

4. 模拟开关的其他应用

在下一章我们将看到，压控模拟开关是运算放大器电路（例如积分电路、采样-保持电路和峰值检测器）的必要组成部分。例如，用运算放大器组成真正的积分器（而不是1.4.4节中的近似积分电路）：恒定的输入会产生线性斜坡（而不是指数型）的输出。对于这样的积分器电路，必须有复位输出的方法，横接在积分电容上的FET开关就能实现这一功能。本章不讨论这些应用，因为运算放大器是这些电路的重要组成部分，将在下一章介绍。

3.4.2 FET开关的局限性

模拟开关并非完美，它们在闭合状态时电阻不为零，在断开状态时具有非零漏电流，在开关状态变化期间存在电容耦合和电荷注入。让我们来看看这些不足。

1. 电压范围和闩锁效应

模拟开关和多路复用器有三种主要的电压范围：①标准型（更准确地称为高电压），可以处理典型运算放大器电压范围±15V内的信号；②降电压型（中电压），可以处理±7.5V（或0～+15V）的信号；③低电压型，适用于信号变化范围不超过±3V（或0～+6V）的应用。在所有情况下，当输入信号达到正负供电电压时（除了像SW06这样的JFET开关，其操作信号电压范围不会达到正电源），模拟开关可以正常工作（并具有固定的R_{ON}值）。

然而，输入信号超出供电电压范围是另外一种情况。所有CMOS集成电路都具有某种形式的输入保护电路，否则栅极绝缘层很容易被破坏（见3.5.4节中的处理注意事项）。常见的保护电路见图3.66。虽然它可能会用到分布式二极管，但这个保护电路与电阻电流限制相结合就等效于将二极管钳位至V_{SS}和V_{DD}。如果输入（或输出）驱动超过电源电压一个二极管压降以上的电压，钳位二极管将开始导通工作，使输入（或输出）相对于各自的电源电压看起来为低阻抗。更坏的情况是，电路可能会进入SCR闩锁效应状态，这是一种危险的状态（且具有破坏性），10.8节将更详细地描述它。当前来讲，只需要知道不希望发生这种情况即可。SCR闩锁效应由大约20mA或更大的输入电流（通过保护电路）触发。因此，必须小心，确保高于二极管压降的模拟输入不超过这个门限[⊖]。这意味着，在大多数情况下，必须确保在任何具

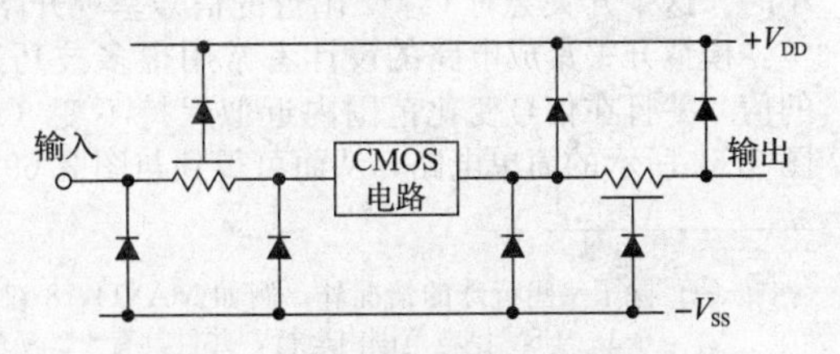

图3.66 CMOS输入-输出保护网络，输出的串联电阻通常被省略

⊖ 这一限制适用于数字CMOS IC以及我们一直在讨论的模拟开关。

有强大驱动电流的信号到来前使用电源供电；或者，在电源线路中使用串联二极管，这样在直流电源供电前施加的输入信号就不会产生输入电流。

二极管-电阻保护网络存在的问题在于它们通过增加 R_{ON}（导通电阻）、分路电容和漏电流来影响开关性能。我们还可以利用电介质隔离法来消除 SCR 闩锁效应，而不会存在传统保护电路中那种对性能的固有损害影响。这两种方法都可以实现受保护的（故障保护）模拟开关，当输入超限时不会造成损坏。但需要注意的是，输出信号在超出设定的范围后不会再跟随输入信号变化[㊀]。

例如，MAX4508 多路复用器在标准的 DG508A 8 输入模拟多路复用器上添加了故障保护功能，使其能够接受±30V 的输入变化，它的典型 R_{ON} 值为 300Ω。Analog Devices 的受保护模拟开关 AD7510DI 使用绝缘介质隔离实现了对±25V 电源范围之外输入信号的故障保护，同时在正常工作信号范围内保持了 75Ω 的典型 R_{ON} 值。需要注意的是，故障保护在模拟开关领域是个例外，大多数模拟开关集成电路都不具有容错性。

Maxim 提供了一个很好的外部解决方案，可以将其放在未受保护的开关（或任何其他模拟组件）之前，形式为多通道的信号线保护器集成电路（3 通道和 8 通道 MAX4506～7）[㊁]。这些集成电路可以接受±36V 的输入信号变化范围（无论供电与否），无论电源顺序如何，都不会发生闩锁效应，并且供电范围内的信号可以通过，当输入超出电源电压范围时将输出钳位到供电电源（可以是±8～±18V 的分立电源或+9～+36V 的单电源）。它们甚至在输入过度驱动时具有断开输入的设计（见图 3.67），付出的代价是需要 50～100Ω 的导通电阻（根据总供电电压而定）和 20pF 的输入电容（因此在约 100MHz 处会有衰减）。

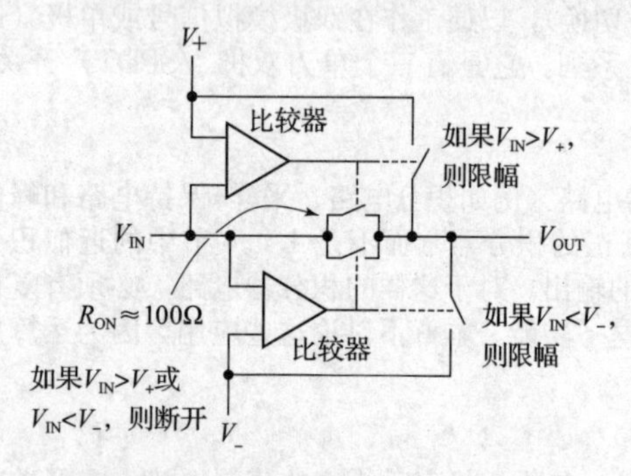

图 3.67 Maxim 的 MAX4506～7 故障保护的信号线保护器可以防止信号变化范围超出电源范围，既通过限制输出又通过断开输入来实现。这些系列的模拟开关通常处于开启状态，但如果输入信号 V_{IN} 超过任一电源电压，两者都将关闭，由更详细的 MAX4508 数据手册中所示的逻辑控制

2. 导通电阻

在相对较高的供电电压下（比如±15V），CMOS 开关在信号摆幅中将保持较低的 R_{ON} 值，这是由于其中一个传输 FET 具有至少电源电压一半的正向栅极偏压。然而，当在较低的电源电压下工作时，开关的 R_{ON} 值将增大；当信号大约为电源对地电压值的一半（或双电源电压供电，在它们的值的中间）时，就会出现最大值。图 3.68 说明了出现这种情况的原因。由于 V_{DD} 减小，FET 的导通电阻会显著增大（特别是在 $V_{GS}=V_{DD}/2$ 附近），由于增强型 FET 的 $V_{GS(th)}$ 至少有几伏，因此若要得到较低的 R_{ON} 值，则需要采用 5～10V 的栅-源电压。不仅这两个 FET 的并联电阻会随着电源电压和地之间的信号电压上升，峰值电阻（在 V_{DD} 的一半处）也会在 V_{DD} 降低时增大。当 V_{DD} 足够小时，这个开关会对 $V_{DD}/2$ 附近的信号呈现开路。

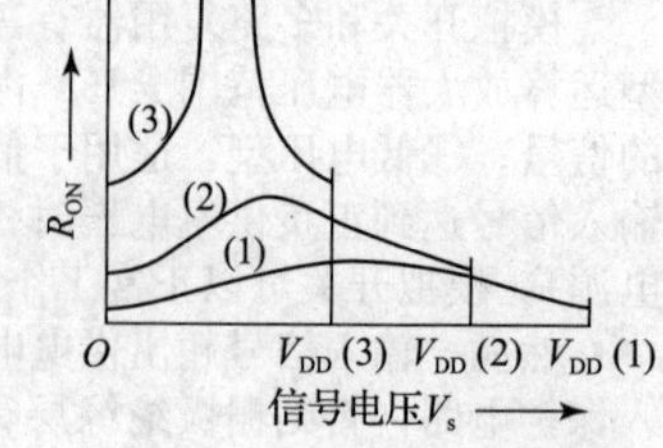

图 3.68 在较低的供电电压下，CMOS 模拟开关的 R_{ON} 值会增加

模拟开关集成电路的设计者常用很多技巧来保持 R_{ON} 为较低的值，并且在信号变化范围内近似保持不变（以降低失真）。例如，传统的 4016 模拟开关采用如图 3.60 所示的简单电路，从而可得到与图 3.69 中类似的 R_{ON} 曲线。在改进型 4066 开关中，设计者

㊀ 除了一些特殊的情况外，例如 MAX14778 双±25V 全范围 4∶1 模拟多路复用器。这款芯片可以在单个+3～+5V 供电范围内运行，并且具有±25V 的故障保护功能。更令人惊讶的是，它可以在整个电压范围内正常工作并处理信号电压超过该范围的情况！它们是如何做到的呢？原来芯片中加入了“电荷泵”（charge-pump）电压转换器，用于为芯片提供电源。更令人瞩目的是，这款器件具有非常低的导通电阻（1.5Ω），并且在整个±25V 范围内，电阻与信号电压的变化非常小（0.003Ω）。此外，它还能处理高达 300mA 的信号电流。这款器件适用于需要使用低电压单一电源的电路来切换外部大幅度信号的应用。然而，对于我们这些实验者来说，它只有非常小的 TQFN（薄四边形扁平无引线）封装选项，需要通过回焊炉来将其焊接到电路板上。

㊁ Analog Devices 提供了类似的单通道器件 ADG465，并采用便捷的 SOT23-6 封装。

又增加了几个额外的FET，以使 N 沟道电压随信号电压而变化，得到如图 3.70 所示的 R_{ON} 曲线。火山形状中心降低的 R_{ON}，替代了 4016 的尖峰形状。改进型开关（如行业标准 DG408～09）旨在用于严格的模拟应用，其 R_{ON} 曲线低且平坦，信号电压范围内的偏差不超过 10%。通常情况下，这是以增加电荷转移（参见后面讨论的误差）为代价实现的。

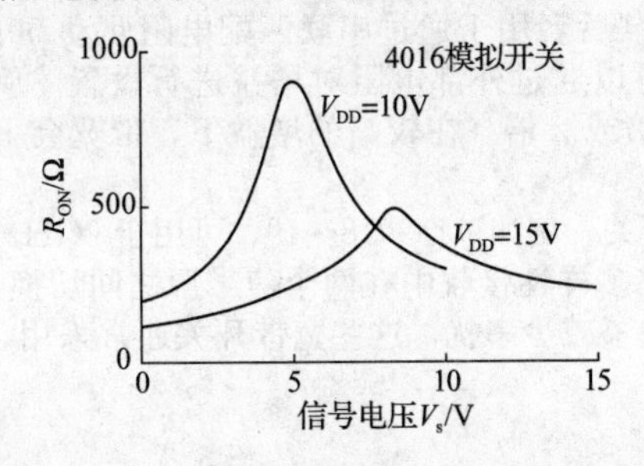

图 3.69　4016 CMOS 模拟开关的导通电阻

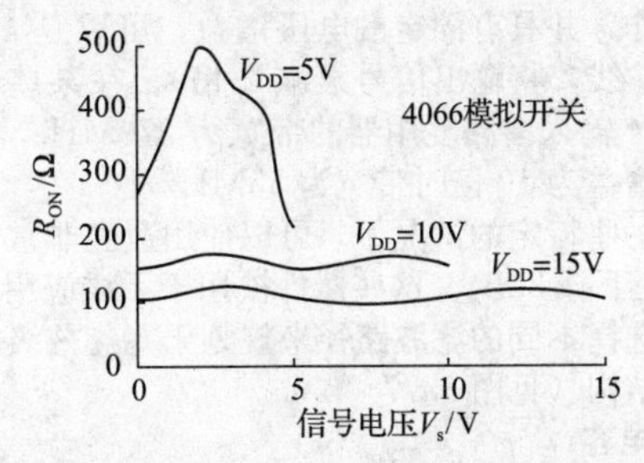

图 3.70　改进的 4066 CMOS 模拟开关的导通电阻，注意与前面的图相比的刻度变化

当浏览模拟开关的制造商选择表时，我们会发现标准电压型号的 R_{ON} 值可以低至几欧姆，平坦度可以达到几分之一欧姆；低压开关的 R_{ON} 值可以低至 0.25Ω，平坦度为 0.03Ω。然而，这种静态性能的提升是以高电容和高电荷注入为代价的。如果应用需要在中等负载阻抗下实现低失真，更好的方法是选择导通电阻平坦的开关，并接受其整体 R_{ON} 值较高但电容较低。

还要记住，在某些情况下，可以通过选择不同的电路配置来完全解决这个问题，就如图 3.71 所示的三种两个输入信号的电路。电路 a 的增益为 $R_2/(R_1+R_{ON})$，因此如果 R_{ON} 随信号幅度变化，将导致增益变化，从而引入非线性。电路 b 效果更好一些，因为通过反馈电路将开关输出保持在地，但是导通电阻仍然会略微降低增益，从而降低电路的精度。电路 c 由于运放具有非常高的输入阻抗，R_{ON} 对其影响近似忽略不计，是三种选择中最线性和精确的电路。

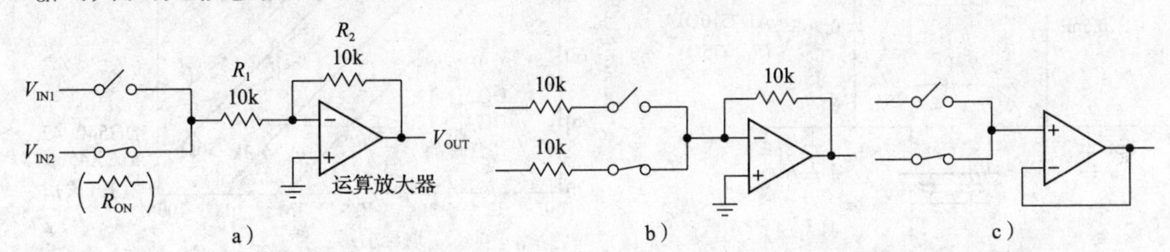

图 3.71　巧妙处理模拟开关 R_{ON} 的变化：有三种方法可以在一对输入信号之间进行选择，并使用运算放大器来缓冲输出

这个经验也可以应用于其他电路配置。例如，图 3.84 的电路使用模拟多路复用器来选择放大器的整体电压增益。在图 3.84a 的电路中，多路复用器的 R_{ON} 与所选择的电阻串联，并代表一个误差项（无论是在增益还是非线性方面）；相比之下，在图 3.84b 的电路中，开关的 R_{ON} 是无关紧要的，因为运放的输入阻抗实际上近似无限大（$>10^{12}\Omega$）。

我们还可以利用两个相同（或非常相似）的 JFET 开关来抵消大部分 R_{ON} 的影响。

3. 速度

FET 开关具有 20～200Ω 的导通电阻 R_{ON} ㊀。这个电阻与基底及杂散电容结合在一起构成低通滤波器，速度限制在 10MHz 以下（见图 3.72）。R_{ON} 值较低的 FET 一般都有较大的电容（在一些 MUX 开关中可以达到 50pF 或更多），所以速度不高。以这个速率滚降的主要原因是由于电路保护元器件（限流串联电阻和并联二极管电容）的存在。

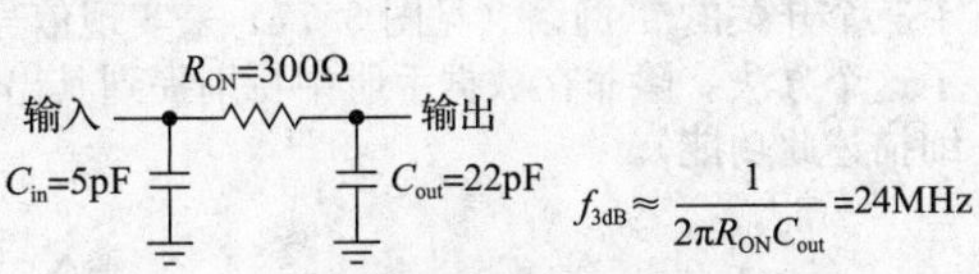

输入　R_{ON}=300Ω　输出

C_{in}=5pF　C_{out}=22pF

$$f_{3dB}\approx\frac{1}{2\pi R_{ON}C_{out}}=24\text{MHz}$$

图 3.72　CMOS 开关的寄生 RC 限制了模拟信号的带宽

㊀ 正如我们所提到的，可以获得 R_{ON} 更低的开关，最低可达 0.25Ω，但代价是增加了一些组合效应，包括增加了电容、电荷注入和减少了工作电压范围。

然而，低电压模拟开关在带宽方面表现更好（通常是因为使用了较小尺寸的半导体器件）。例如，一款现代的±2.5V模拟开关（如广受欢迎的ADG719），其导通阻抗为2.5Ω，电容为27pF，带宽达到400MHz。还有一类专门针对视频和射频应用的模拟开关和多路复用器，包括无源（无缓冲）的MUX/开关以及结合了放大器的MUX/开关（有源或缓冲）。有源MUX/开关在+5V或±5V电源上工作，并具有固定的电压增益，可以是1倍或2倍（后者用于通过串联匹配电阻驱动50Ω或75Ω传输线，将输出信号衰减2倍）。在某些情况下，可以通过外部电阻对增益进行设置。例如，AD81744输入多路复用器的带宽为270MHz，增益为1倍或2倍（在较高的增益下，带宽会下降，例如在增益为10倍时带宽为55MHz）。

在一些特定的情况下，可以使用速度非常快的模拟开关，例如ADG918～19，可用于2GHz（在4GHz处下降3dB）。这些器件被用于无线应用中，例如在多样性接收中在两个信号源之间切换，或者通过选择不同的滤波路径来规划千兆赫兹级的信号。为了减少串扰，这些宽带开关通常采用T开关拓扑结构（见图3.77）。

4. 电容

FET开关会在如下几处存在电容（见图3.73）：从输入端到输出端（C_{DS}）、从沟道到地（C_D和C_S）、从栅极到沟道，以及同一个IC中开关间（C_{DD}和C_{SS}）。下面研究这些电容产生的影响。

C_{DS}：从输入端到输出端的电容　从输入端到输出端的电容在OFF开关中会引起信号耦合，在高频情况下耦合作用会增加。图3.74显示了这种作用对DG211和DG411系列的影响。注意，我们使用了射频电路中常见的50Ω固定负载，但该值比通常用于低频信号的典型负载阻抗10kΩ或更高值低得多。即使是用50Ω的负载，反馈在高频工作时仍会非常显著（当30MHz时，1pF的电容有5kΩ的阻抗，从而产生−40dB的反馈）。并且，由于R_{ON}的典型值分别为45Ω和17Ω，在激励50Ω的负载时会明显衰减（非线性）。当负载为10kΩ时，反馈情形更糟糕。

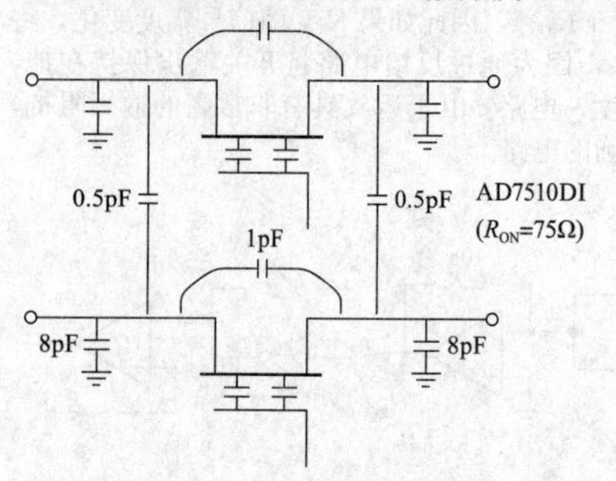

图3.73　AD7510DI 4沟道开关中各个隔离部分之间的电容导致信号串扰

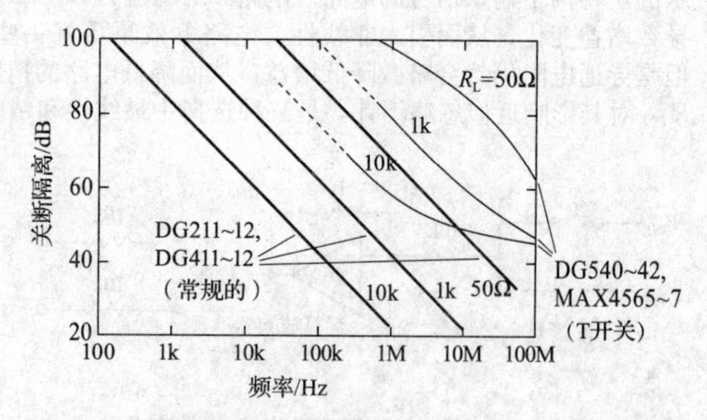

图3.74　模拟开关中的高频反馈。在低负载电阻下，反馈较少，而在T开关配置下，反馈更少

练习3.5　假设C_{DS}=1pF，计算在1MHz处对10kΩ的反馈。

在大多数低频应用中，电容反馈并不是问题。如果是，那么最好的解决方法是采用一对级联开关（见图3.75），或者更好的办法是串联与并联组合，让它们交替使能（见图3.76）。这些串联和级联以增加额外的R_{ON}为代价，使衰减加倍（以分贝为单位）。而当串联开关断开时，串-并联电路（在SPDT设置格局中有效）将有效负载电阻减小到R_{ON}，因此减小了反馈。一些商用模拟开关采用了三个开关的T网络（见图3.77）来实现信号的双向低反馈。从外部看，我们甚至无法察觉到使用了这个方法，除非在数据手册中特别提到其出色的隔离性能（见图3.74）（当然，除非数据手册中详细描述此功能）。

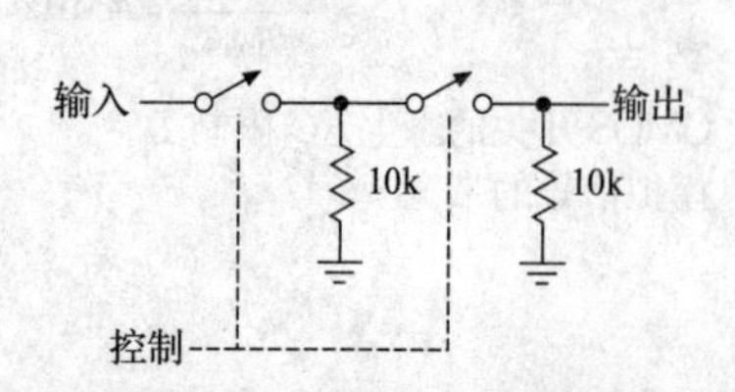

图3.75　用于减少反馈的级联模拟开关

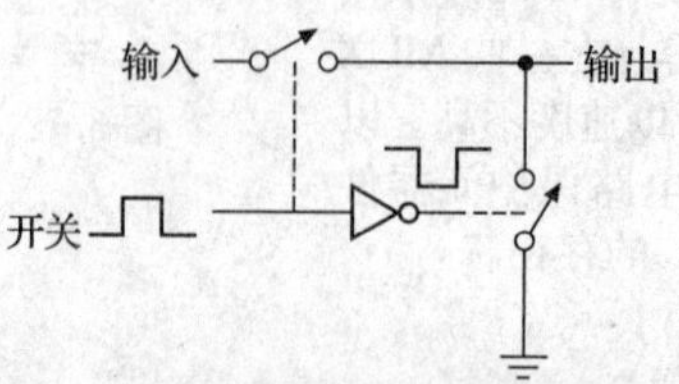

图3.76　用于减少反馈的SPDT模拟开关配置

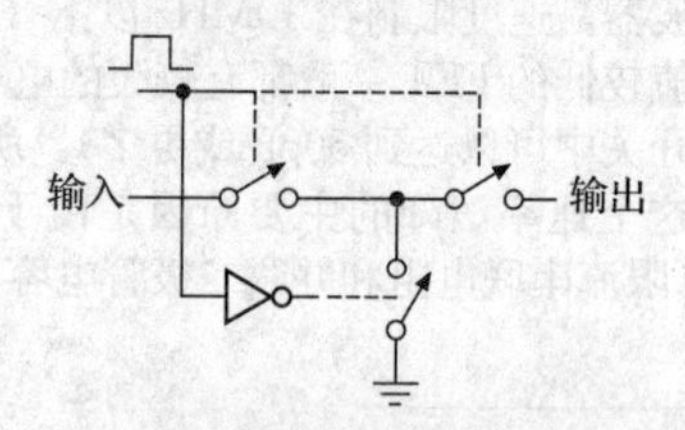

图3.77　进一步降低高频反馈的T开关

练习 3.6 对于图 3.76，假设 $C_{DS}=1pF$，$R_{ON}=50\Omega$，重新计算在 1MHz 时对 10kΩ 电阻的反馈。

大多数 CMOS SPDT 开关具有可控的先断后合（Break Before Make，BBM）特性，因此在切换过程中信号源不会短暂接通。然而，在某些情况下，需要相反的情况，即先合后断（Make Before Break，MBB），例如在类似图 3.84b 中的增益选择反馈电路中。为了处理这种情况，一些 CMOS 开关提供了两种模式，例如 ADG619 和 ADG620。

C_D 和 C_S：从沟道到地的电容 对地分流电容会导致前面所提到的高频衰减。这一衰减现象在有高阻抗信号源时尤为严重。但是，即使是用固定源，开关的 R_{ON} 与输出端的旁路电容一起也构成低通滤波器。下面的练习说明了它是如何工作的。

练习 3.7 AD7510（见图 3.73，选择它是由于它有完整的电容特性参数）被 10kΩ 的单一源驱动，开关的输出端有 100kΩ 的负载阻抗。试求高频－3dB 点。现在重复这个计算，假设有一个理想的固定不变的信号源，开关的 R_{ON} 为 75Ω。

从栅极到沟道的电容 从控制栅极到沟道的电容会产生不同的影响，即当开关断开或闭合时，在信号中产生不需要的瞬时耦合现象。这个主题值得深入讨论，所以我们将在“误差”中对它进行论述。

C_{DD} 和 C_{SS}：开关间的电容 如果在一个像玉米粒大小的硅晶片上封装若干个开关，那么沟道间产生一些耦合（串扰）就不足为奇了。显而易见，出现这种情况的主要原因是沟道交叉电容。这个影响会随着频率和与信号耦合沟道的阻抗的升高而增强。

练习 3.8 考虑与上一练习中完全相同的源和负载阻抗，计算一对沟道之间的耦合，以分贝为单位，且 $C_{DD}=C_{SS}=0.5pF$（见图 3.73）。再假设干扰信号为 1MHz，计算以下情况的耦合：①OFF 开关至 OFF 开关之间；②OFF 开关至 ON 开关之间；③ON 开关至 OFF 开关之间；④ON 开关至 ON 开关之间。

从此练习可以很明显地看出，为什么大多数宽带射频电路使用低信号阻抗，通常为 50Ω。如果串扰现象很严重，就不要在一个芯片上输入多个信号。

5. 误差和电荷注入

在闭合和断开的瞬间，FET 模拟开关会产生干扰信号。加在栅极的控制信号可能会容性耦合至沟道，将无用的干扰瞬时信号加到所需的信号中。如果这个信号有很高的阻抗值，那么这一情况会更加严重。多路复用器在输入地址转换的间隙也会产生类似的情况，同时如果断开时延超过闭合时延，那么多个输入端将被瞬时连接起来。由此带来的相关影响是一些开关（如 4066）在状态转换时总是将输入瞬间短路到地。

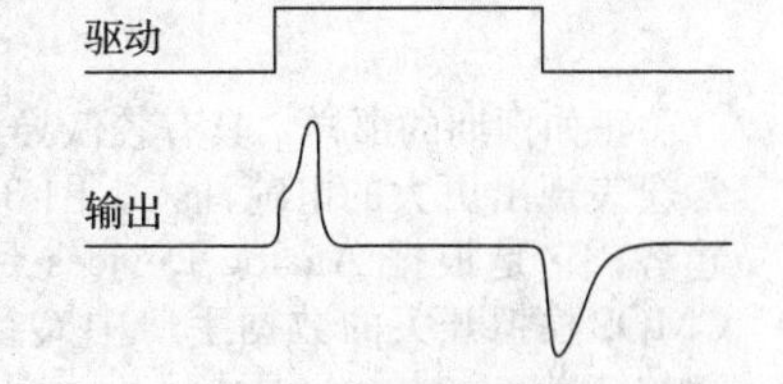

图 3.78 电荷传递干扰，放大后的图形显示

图 3.78 显示的是与图 3.59 类似的 N 沟道 MOSFET 模拟开关电路输出波形。它的输入为一个零伏的信号，输出负载为 10kΩ 与 20pF 的并联，这也是模拟开关电路的实际值。这一瞬态波形是由转移到沟道的电荷在栅极的瞬态变化时穿过栅极-沟道电容造成的。栅极从一个电源电压跳变到另一个电源电压，在这一例子中，它在±15V 的电源电压之间跳变，转移了大量电荷：

$$Q=C_{GC}[V_G(\text{结束})-V_G(\text{开始})]$$

式中，C_{GC} 为栅极-沟道电容，典型值约为 5pF。转移至沟道的电荷量仅仅取决于栅极的整个电压变化，而与电压的上升时间无关。减缓栅极信号变化会引起一个时间更长、幅度更小的误差，但它的图形包围的面积保持不变。对开关输出信号进行低通滤波也有相同的效果。这种措施在误差信号峰值幅度保持较小时才可能有用，但一般它们对减小栅极反馈没有什么作用。在一些情况下，可预知关于栅极-沟道电容的信息，以便通过可调的小电容耦合反向栅极信号来消除噪声尖峰。

这个栅极-沟道电容分布在整个沟道上，这意味着一些电荷被耦合至开关的输入端。因此，输出误差的大小取决于信号源的阻抗。当这个开关被电压源驱动时，该输出误差最小。当然，减少负载阻抗也会相应减小误差，然而它也增加了源负载，并且由于有限的 R_{ON} 而引入失真和非线性。最后，在所有其他条件相同的情况下，一个有较小栅极-沟道电容的开关会有较小的开关转换瞬间，尽管为此付出了 R_{ON} 升高的代价。

图 3.79 展示包括 JFET 在内的 3 种模拟开关栅极引起电荷转移的特性比较。在所有情况下，栅极信号都在满幅范围内变化，例如为 30V 或 MOSFET 已标明的电源电压，也可以在 N 沟道 JFET 从－15V 到信号电平之间变化。JFET 开关显示了误差大小对信号大小的强烈依赖性，原因在于栅极变化与高于－15V 的信号电平成正比。已经平衡的 CMOS 开关有相对较低的反馈，这是因为互补 MOSFET 的电荷贡献有相互抵消的趋势（其中一个栅极在上升，同时另一个在下降）。为了给以上

这些数据一个参考尺度，需要指出，30pF 电容对应 0.01μF 电容有 3mV 的阶跃。那是一个相当大的滤波电容，这是个实际问题，因为当处理低电平模拟信号时，3mV 误差已经非常大了。

在图 3.80 中，我们提高了绘图分辨率，针对具有低电荷注入特性的模拟开关选择问题，描绘了电荷注入场景。制造商的数据手册通常会介绍其低电荷注入特性。例如，Analog Devices 的 ADG1221 系列数据手册中描述这是低电容、低电荷注入、±15V/+12V iCMOS 双 SPST 开关。虽然用词烦琐，但它确实是一款出色的开关！

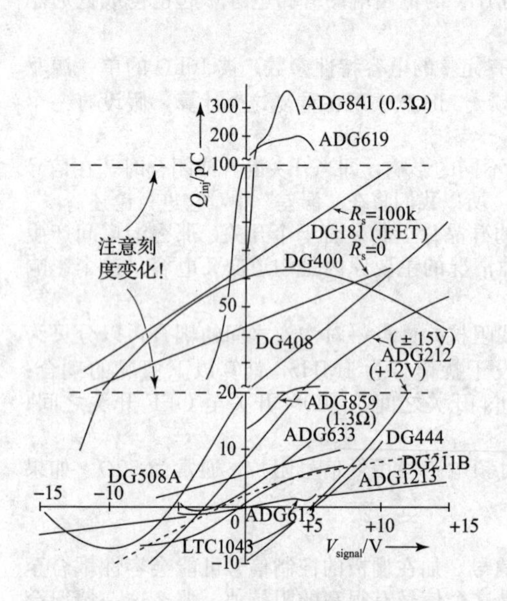

图 3.79 不同 FET 线性开关的电荷转移与信号电压的关系

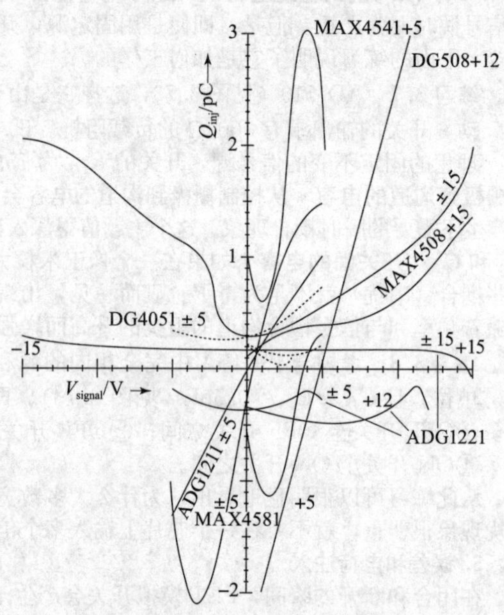

图 3.80 需要低电荷注入的模拟开关吗？图中是一些候选器件，在一个大幅放大的图上绘制出来。三条虚线代表 DG4051 在±5V、+5V 和+3V 电源下的情况。查阅 DG4053 三路 SPDT 开关的数据手册以获取类似的图形

正如预期的那样，具有较低导通电阻的开关通常会表现出更大的电荷注入。图 3.81 显示了这一趋势，它是根据 Analog Devices 目前提供的低压 CMOS 模拟开关的数据手册中 Q_{inj} 与 R_{ON} 数据绘制的结果。

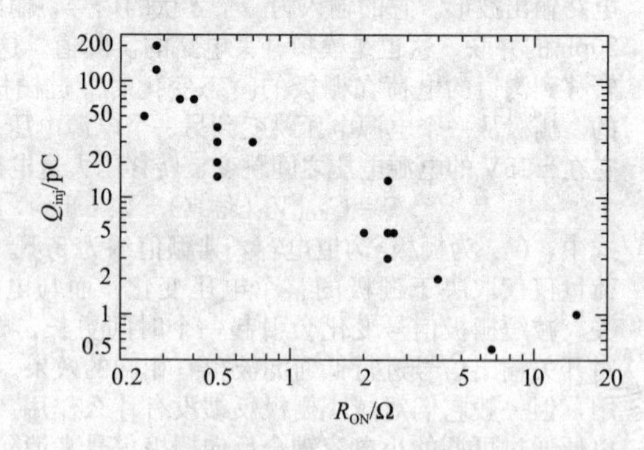

图 3.81 根据 Analog Devices 的低压模拟开关的数据手册绘制的电荷注入和导通电阻之间的散点图，展示了 R_{ON} 与 Q_{inj} 之间的权衡关系

6. 开关的其他局限性

其他一些对于某种给定应用可能会或可能不会有影响的模拟开关特性包括开关时间、处理时间、先开后合时延、沟道漏电流（断开和闭合）、器件静态电流、过电压时的输入电流、多沟道之间的 R_{ON} 匹配以及 R_{ON} 的温度系数。如果读者在实际应用中需要用到它们，可以仔细研究这些特性。

3.4.3 FET 模拟开关示例

正如前面所指出的，很多 FET 模拟开关都用在运算放大器电路中，下一章将详细讨论这些内容。本节将给出几种不需要运算放大器的开关应用，以便了解那些可以应用 FET 开关的电路种类。

1. 可转换的 *RC* 低通滤波器

图 3.82 显示如何构成 3dB 点可选的简单 *RC* 低通滤波器。利用多路复用器，根据 2 位（数字）地址从 4 个预置好的电阻中选择一个。将开关放在输入端，而不放在电阻后面，这是因为在较低的信号阻抗点会有较少的电荷注入。另一种可能性是用 FET 开关来选择电容。为了得到一个很宽范围

的时间常数，通常会这样做，但是开关有限的 R_{ON} 将限制高频时的衰减，使其最大为 R_{ON}/R_{series}。由于输出阻抗很高，因此滤波器后面需要加一个单位增益的缓冲器。在下一章中将看到如何构造完美的跟随器（精确增益、高 Z_{in}、低 Z_{out}，并且没有 V_{BE} 失调等）。当然，如果滤波器后面的放大器有很高的输入阻抗，就不需要缓冲器。

图 3.83 中利用 4 个独立开关构成一个电路，而没有采用 4 输入多路复用器。利用如图所示的电阻值，可以通过接通这些开关的二进制组合而产生 16 个均匀分布的 3dB 频率[⊖]。

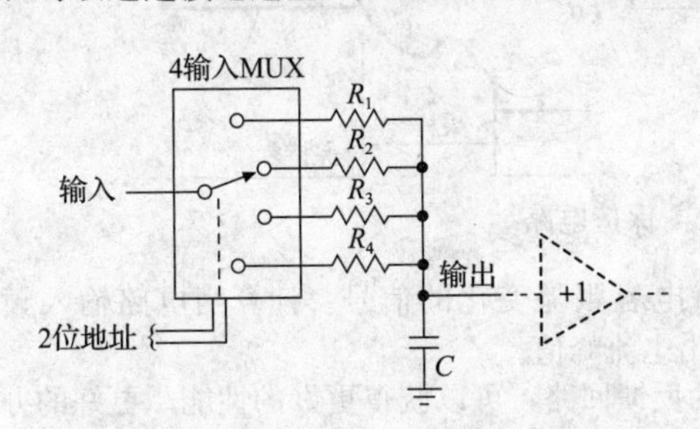

图 3.82　模拟多路选择 RC 低通滤波器

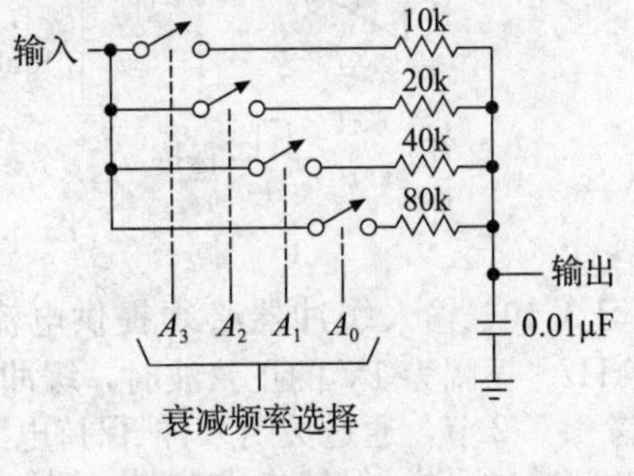

图 3.83　有 15 个间隔相等的时间常数的 RC 低通滤波器

练习 3.9　这个电路的 3dB 点在哪？这个电路的 3dB 频率是多少？假设电荷注入为 20pC，在输入和输出开关端口均匀分布，并且信号源的阻抗较低，试估计增益切换引起的干扰幅度。

2. 增益可选的放大器

图 3.84 显示了如何利用与开关电阻相同的思路来获得增益可选的放大器。虽然这个想法对运算放大电路是很普通的，但可以把它用于射极反馈放大器。我们使用恒流阱作为发射极负载，以允许增益远小于1。接着用多路复用器选择四个发射极电阻中的一个。注意，需要用隔直电容来保持静态电流独立于增益。在电路 a 中，开关的 R_{ON} 值是增益方程的一部分。相比之下，在电路 b 中，开关选择了一个电压分压的节点，并将其提供给高阻抗的运算放大器输入，因此开关的 R_{ON} 不会影响增益的准确性。这种方法的其他（更复杂）示例可在图 5.59、图 5.62 和图 5.80 中找到。

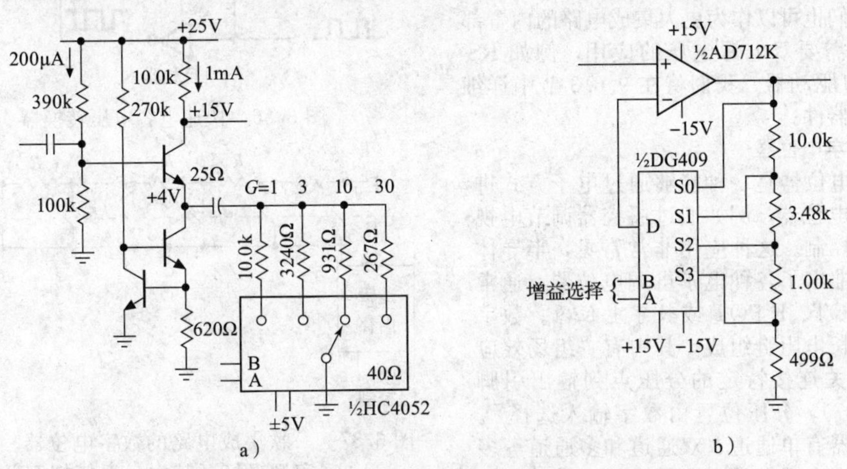

图 3.84　a）模拟复用器选择适当的发射极电阻以实现十进制可选增益；b）类似的技术，但使用了多功能的运算放大器模块

3. 采样-保持

图 3.85 显示了如何设计采样-保持电路。它可用于将模拟信号转换成数字流（模数转换）的场

⊖　通过将 3dB 频率 f_{3dB} 重写为所选并联电阻 R_p 的电导形式，可以轻松地看出这些频率是最低频率设置的整数倍，即 $f_{3dB}=1/2\pi R_pC=G_p/2\pi C$。然后就很容易了，因为并联电阻的电导是各个电阻的电导之和。因此，对于这个电路，$f_{3dB}=nG_{80k\Omega}/2\pi C=199n\text{Hz}$，其中 $G_{80k\Omega}=12.5\mu\text{S}$，$C=10\text{nF}$，$n$ 是由所选开关 A_n 对应的整数（1,…,15）。

合——当计算每个模拟电平的大小时不得不保持每个电平稳定。这个电路很简单：由单位增益的输入缓冲器得到输入信号的低阻抗复制，使它通过一个小电容。为了在任何时刻都保持模拟电平稳定，只需要简单地打开开关。第二个缓冲级的高输入阻抗（应该将FET作为输入，保持输入电流在零附近）阻止加载电容，因此它会保持电压，直到FET开关再次闭合。

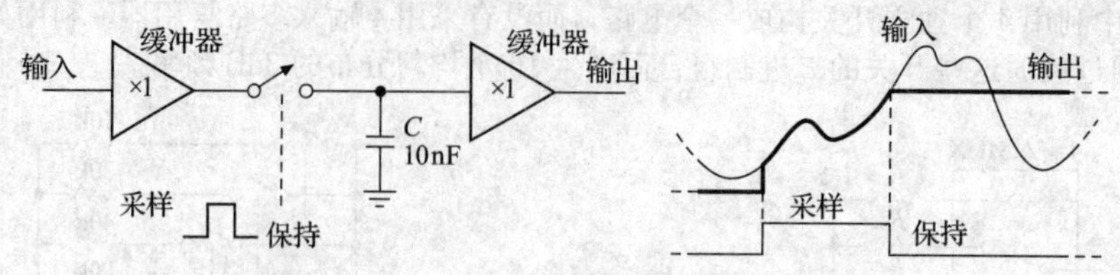

图3.85　采样-保持电路

练习3.10　输入缓冲器必须提供电流以保持电容跟随变化的信号。计算当电路输入频率为10kHz、振幅为1V的正弦波时，缓冲器的输出电流峰值。

参考4.5.2节，通过关闭采样-保持电路周围的反馈回路，可以获得更好的性能。更好的办法是购买一款完整的采样-保持集成电路（例如，AD783具有内部保持电容，在0.25μs内达到0.01%的稳定度，并且下降速率小于0.02μV/μs）。

4. 快速电容电压转换器

图3.86给出了一种较好的方法，它能使单一正电源电压驱动的电路产生我们所需的负电源电压。当右边的开关在断开状态时，图左边的一对FET开关将C_1跨接在正向电压两端，将C_1充电到V_{in}㊀。接着，输入端的开关打开，右边的开关闭合，将已充电的C_1连接到输出端，使部分电荷转移到C_2上。这些开关的巧妙设置使得C_1被反转过来，产生反相输出。这种特殊的电路通常被称为*电荷泵直流-直流反向器*，最早出现在Intersil 7660电压转换芯片中，并在包括倍压版本和稳压版本的改进版本中广泛应用。它们也可以作为更大集成电路的内置部分，用于需要双电源电压的应用，例如RS-232C串口驱动器。我们将在9.6.3节中详细讨论这些器件。

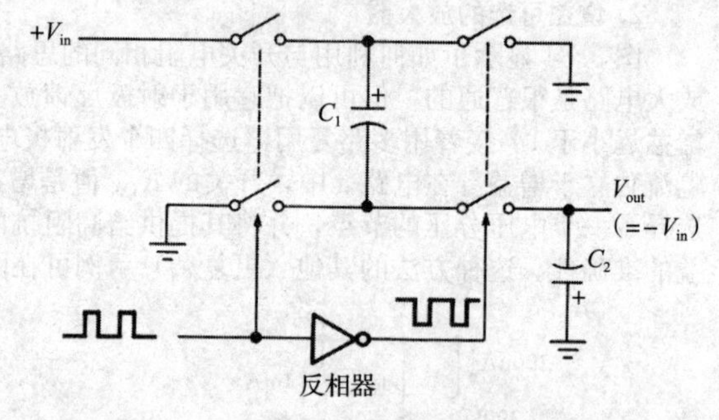

图3.86　快速电容电压转换器

5. 数字电位器

数字电位器是一种能够通过电子方式进行调节的电位器，例如通过遥控器调节电视机的音量控制。这种应用非常常见，半导体行业已经推出了各种电子可调电位器，通常称为EEPOT、E^2POT或*数字电位器*。数字电位器由长电阻链组成，其中有一组场效应晶体管开关连接特定的分压点到输出引脚（见图3.87），分压位置由数字输入选择㊁。数字电位器有单通道、双通道和多通道等多种类型，许多型号具有非易失性存储器，以便在断电后保留电位器的位置。某些型号具有非线性分压，例如用于音频音量控制，最好的情况是具有相等的分贝步进大小（即每一步增加相同的电压分压比）。注意，无论配置如何，开关的R_{ON}都会出现在输出（滑动器）引脚上。

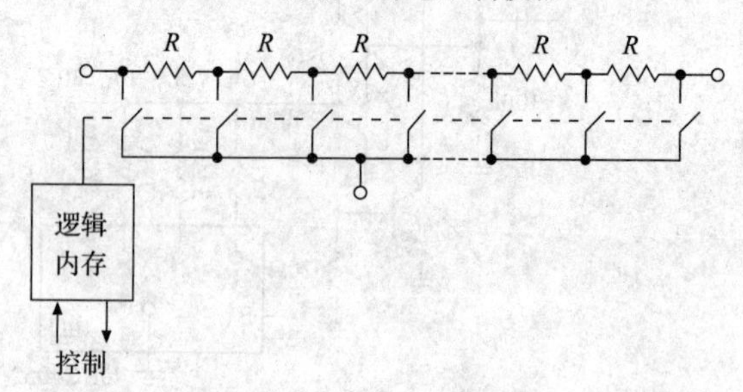

图3.87　一款集成电路的数字电位器。内部的数字逻辑打开其中一个模拟开关，以选择链路上的一个分压点，链路上有$n-1$个固定电阻

例如，Analog Devices的网站列出了大约50种数字电位器，步进数为32～1024不等（256步进

㊀ 标有“反相器”的器件将逻辑高电平转换为逻辑低电平，反之亦然。我们将在下一节中展示如何制作反相器。

㊁ 这里有两种不同的类型：一种使用串行数字数据协议，可以从控制微处理器发送一个数字作为所需的分压位置；另一种类型具有上升和下降引脚，并具有内部存储器来保存当前的分压位置。

最受欢迎），通道数为 1～6 不等（单通道和双通道最受欢迎），它们使用串行数据连接（无论控制数据的长度如何，只需要两个或三个引脚）。Maxim/Dallas 的选择包括线性和对数特性单元（特性一词在数字电位器出现之前使用，指的是电位器的电阻与旋钮转动之间的关系，对数特性适用于音频应用），同样有单通道和多通道单元，每个单元的步进数最高可达 1024。在 Intersil 的选择列表的底部，除了常规的数字电位器，甚至还可以找到数字电容[⊖]！

3.4.4 MOSFET 逻辑开关

FET 开关的其他几种应用是*逻辑开关*和*功率开关*电路。它们的区别很简单。在模拟开关中用 FET 作为串联开关，以通过或阻断某个模拟电压范围内的信号，这个模拟信号通常是低电平信号，功率并不高；而在逻辑开关中，MOSFET 开关通过断开和闭合在电源电压之间产生满幅变化。这些信号实际上是数字的而不是模拟的，它们在电源电压间波动，代表高和低两种状态。高和低状态之间的电压是无意义的，实际上，它们甚至是*非法的*。最后，功率开关指的是断开或者闭合某个负载的电源，如灯、继电器线圈或电动机绕组线圈，在这些应用中，电压和电流可能都很大。下面首先讨论逻辑开关。

图 3.88 给出了 MOSFET 最简单的逻辑开关，两个电路都用电阻作为负载并且实现反相的逻辑功能，即由高电平输入产生低电平输出，反之亦然。当栅极处于高电平时，N 沟道逻辑反相器能将输出降到地；当输入接地（低电平）时，P 沟道逻辑反相器能使输出处于高电平。注意，这些电路的 MOSFET 被用作共源极反相器，而不是源极跟随器。在类似的数字逻辑电路中，通常对某个输入电压产生的输出电压（逻辑电平）比较感兴趣。在电路中，电阻仅作为漏极的无源负载，以使输出在 FET 关闭时变化至漏极电源电压。另外，如果将电阻换成灯泡、继电器、打印锤，或者其他大型负载，就得到了电源开关（见图 3.3）。虽然仍称为反相器，但在电源开关电路中，我们感兴趣的是接通和断开负载。

1. CMOS 反相器

前述电路的 NMOS 和 PMOS 反相器在闭合状态时吸收电流，而在断开状态时具有相对较高的输出阻抗，这是它们的缺陷。只有在增加耗散的代价下通过减少电阻 R 来减小输出阻抗，反之亦然。当然，电流源例外，因为高输出阻抗绝不是好事。虽然预期的负载是高阻抗（例如另一个 MOSFET 的栅极），但是引入了电容噪声检波问题，并且从闭合到断开（下降沿）状态的转换速度降低了（因为负载杂散电容的存在）。在这种情况下，NMOS 反相器漏极电阻的折中值是 10kΩ，得到的波形见图 3.89。

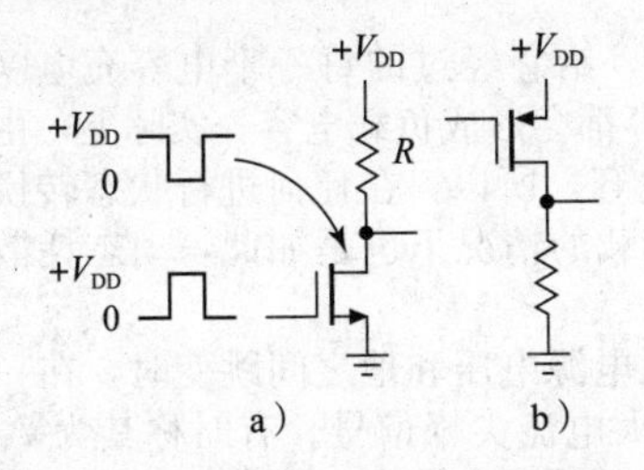

图 3.88　NMOS 和 PMOS 逻辑反相器，带有电阻性的上拉电路

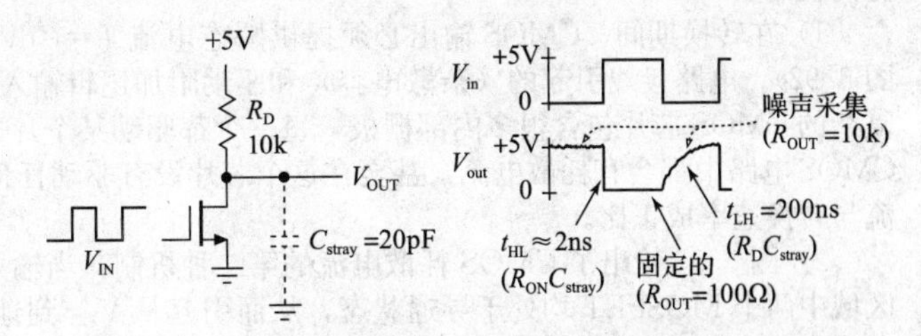

图 3.89　NMOS 反相器中的高关断阻抗会导致上升时间变长，并且容易受到电容耦合噪声的影响

这与 2.4.1 节的单端射极跟随器类似，在那里静态功耗和负载功率都有类似的折中损耗。其解决方法（推挽式配置）也特别适用于这里的 MOSFET 开关电路。观察图 3.90，可以把它看成推挽式开关：输入接地，切断了下面的晶体管并且接通了顶部的晶体管，将输出上拉到高电平；反之，高电平输入（$+V_{DD}$）会将输出下拉至地。这是一个在两种状态下都有低输出阻抗的反相器，并且无论如何都不会有静态电流。它被称为 CMOS（互补金属氧化物半导体）反相器，是所有数字 CMOS 逻辑的基本结构。这个逻辑电路家族占据了大规模集成电路（LSI、VLSI）的主要地位，并且有取代早期双极晶体管逻辑家族（例如 TTL）的趋势。注意，CMOS 反相器是将两个互补的 MOSFET *串联*起来，交替使能；CMOS 模拟开关（本章前面所提的）是将两个互补的 MOSFET *并联*起来，同时使能。

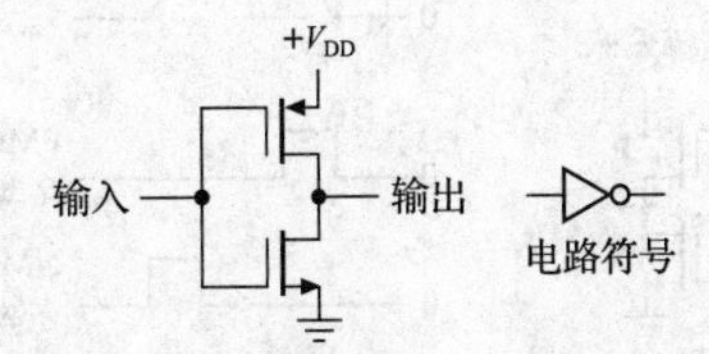

图 3.90　CMOS 逻辑反相器及其电路符号

⊖ 数模转换器（见 13.2.1 节）使用了分压电阻的技巧，而许多 ADC 使用数字电容（见 13.7 节）。

练习 3.11 CMOS反相器中的互补MOS晶体管都是作为共源极反相器工作的，而在2.4.1节中的推挽式电路（见图2.69）的互补双极晶体管为（同相）射极输出器。试着画出与CMOS反相器类似的互补BJT反相器，并说明为什么它无法工作。

2. CMOS门电路

CMOS是一系列低功耗逻辑电路，它们具有高输入阻抗，且输出在满电源电压范围内变化（零静态功耗）。在结束这一主题之前，我们来看另一个CMOS电路（见图3.91）。这是一个逻辑与非门，它只有在输入A与输入B均为高电平时输出才为低电平。这个运算非常易懂：如果A和B均为高，那么串联的NMOS开关Q_1和Q_2均导通，输出陡峭地趋于地，PMOS开关Q_3和Q_4同时为断开状态，因此没有电流流过。然而，如果A或B（或A和B）为低电平，那么相应的PMOS晶体管导通，将输出上拉至高电平。由于串联的Q_1和Q_2至少有一个处于截止状态，因此没有电流流过。

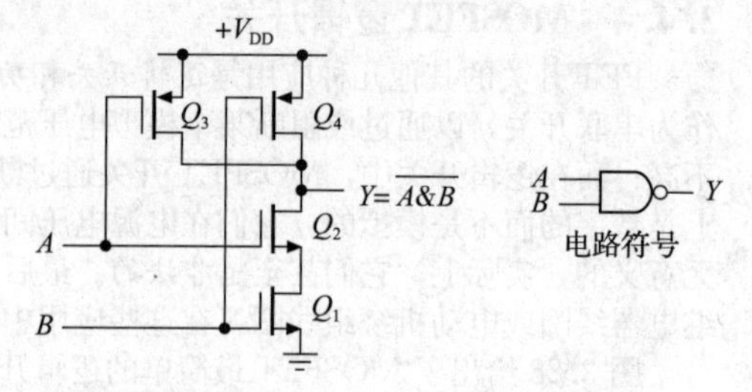

图3.91 CMOS与非门及其电路符号

之所以称为与非门，是因为它实现了逻辑与的功能，但又是反相（“非”）输出，所以为非-与，简称为与非。

练习 3.12 画一个CMOS与门。提示：与门输出=与非门输出取反。

练习 3.13 画一个或非门：当A或B（或全部）为高时，输出为低。

练习 3.14 画一个CMOS或门。

练习 3.15 画一个3输入CMOS与非门。

在稍后章节中可以看到CMOS数字逻辑电路都是由这些基本门电路组合而成的。极低的功耗和陡峭的边沿输出变化使CMOS逻辑家族成为大多数数字电路的首选，这也是它应用非常广泛的原因。此外，对于微功率电路（如手表和小电源驱动的设备）来说，CMOS逻辑是唯一的选择。

然而，为了避免引起误解，需要指出的是，CMOS逻辑并不是零功耗的。目前它有两种耗散电流的机制。

1）在转换期间，CMOS输出必须提供瞬态电流$I=C\mathrm{d}V/\mathrm{d}t$，给它经过的每一个电容充电（见图3.92）。电路接线引起的（杂散电容）和驱动附加逻辑输入电容都会形成负载电容。实际上，由于复杂的CMOS芯片包含很多内部栅极，每一个都驱动某个片内电容，所以，在任何进行状态转换的CMOS电路中都会有耗散电流，甚至在这个芯片没有驱动任何负载的情况下也是如此，动态耗散电流与转换速率成正比。

2）图3.93给出了CMOS耗散电流的第二种机制：当输入在电源电压和地之间跳变时，在一个区域中两个MOSFET均处于导通状态，从而引起从V_{DD}到地的大电流尖峰信号。有时称其为A类电流或者电源消耗电路。既然在讨论CMOS，就应该提到CMOS的另一个缺点（实际上，也是所有MOSFET的缺点），即它们很容易被静电损坏，3.5.4节将进一步讨论这个问题。

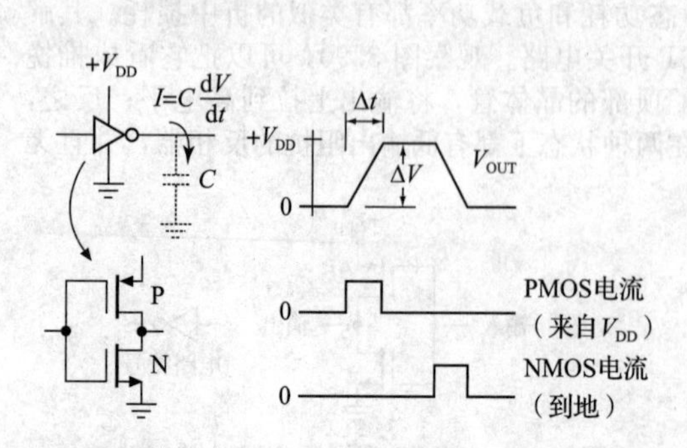

图3.92 电容充电电流。平均供电电流与转换速率成正比，等于CVf

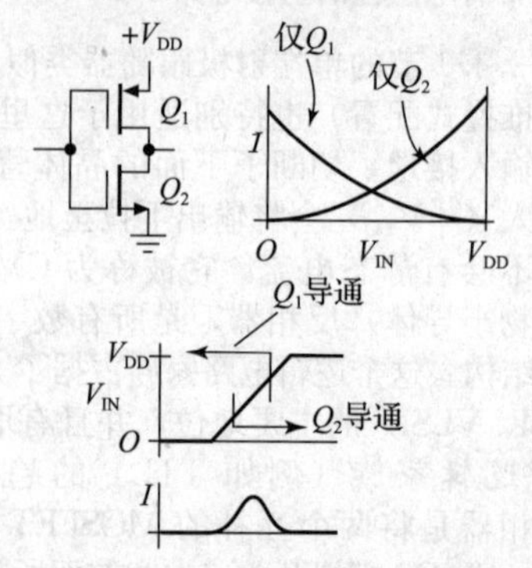

图3.93 当CMOS反相器的输入电压介于V_{DD}和地之间时，两个MOSFET都部分导通，从而产生A类导通，也被称为击穿电流

3.5 功率MOSFET

通过3.1.1节中的简单电路可知，MOSFET是很好的饱和开关。现在的许多制造商都生产功率MOSFET，使得其高输入阻抗、易于并联、无二次击穿的优势得以广泛应用于功率电路。一般地，功率MOSFET比传统的双极功率晶体管更容易使用，但还是要考虑一些微效应，在开关应用中滥用MOSFET可能会导致灾难性的后果。我们已经看过了这些灾难性后果的场景，以后要避免其再次发生。

FET起初只是一种较弱的低电流器件，几乎只能工作在几十毫安的电流下，直到20世纪70年代后期，日本人发明了垂直沟道MOS晶体管。现在，所有分立半导体制造商（如Diodes-Inc、Fairchild、Intersil、IR、安森美、Siliconix、Supertex、TI、Vishay和Zetex）以及欧洲的一些公司（如Amperex、Ferranti、Infineon、NXP和ST）和日本的一些公司（如瑞萨和东芝）都在生产功率MOSFET，不同厂商制造的MOSFET有不同的命名，如VMOS、TMOS、VDMOS和HEXFET等。即使采用传统的晶体管功率封装（例如TO-220、TO-247和D-PAK），功率MOSFET也能承受惊人的高电压（高达1500V或更高）和超过1000A的峰值电流（连续电流可达200A），其导通电阻低至0.001Ω。小功率MOSFET的售价不到一美元，多个晶体管可封装在集成电路中，常见的封装形式是双列直插式，也有SOT-23、SOIC、TSOP等更小的表面贴装式封装。虽然市场上不缺功率MOSFET，但很难找到低集成度的MOSFET分立器件。

3.5.1 高阻抗和热稳定性

与双极功率晶体管相比，功率MOSFET具有两个重要的优势：①高输入阻抗（在直流情况下基本上是无穷大）；②内在的热稳定性。这些优势看起来很简单，但还有一些重要的注意事项需要说明。

1. 输入阻抗

首先，“无穷大”的输入阻抗只在直流情况下成立，这是因为典型功率MOSFET的输入电容相当大，可以达到1000～10 000pF。此外，对于MOSFET的开关应用，还需要关心漏极到栅极的反馈电容（也称反向传输电容，记为C_{rss}），因为米勒效应通过电压增益提高了其有效值。在3.5.4节中，我们将进一步讨论这个问题，并通过一些波形展示米勒效应是如何阻碍MOSFET快速开关的。总的来说，可能需要几安培的栅极驱动电流，在数十纳秒内实现高功率负载的开关，这对于MOSFET来说是可以实现的，但一个有无穷输入阻抗的器件并不具有该特性！

2. 热稳定性

在MOSFET中存在两种影响热稳定性的机制，即随着温度升高R_{ON}增加，以及在晶体管漏极电流较高的情况下，随着温度升高，在恒定V_{GS}下，漏极电流减小，参考图3.14、图3.115和图3.116。MOSFET的热稳定性在功率电路中非常重要，值得重点理解。功率晶体管（无论是BJT还是FET）的大结点区域可以看作大量有相同电压的小结点并联而成（见图3.94）。对于双极功率晶体管，集电极电流在固定V_{BE}条件下的正温度系数（约为+9%/℃）意味着结面处的局部过热点将具有更高的电流密度，从而产生额外的热量。当V_{CE}和I_C足够大时，这种电流错乱会导致局部热损耗。因此，双极功率晶体管仅限于工作在安全工作区（由集电极电流关于电压的变化曲线确定的范围）。这里的重点是，在相对较高的电流下工作时，MOS漏极电流的负温度系数可以防止结面过热点的产生。MOSFET没有二次击穿，并且它们的安全工作区（SOA）仅受功率损耗的限制（见图3.95，在相同I_{max}、V_{max}和P_{diss}的情况下比较了NPN型和NMOS功率晶体管的SOA）。这就是MOSFET在线性功率应用（如音频功率放大器）中受到青睐的原因之一。

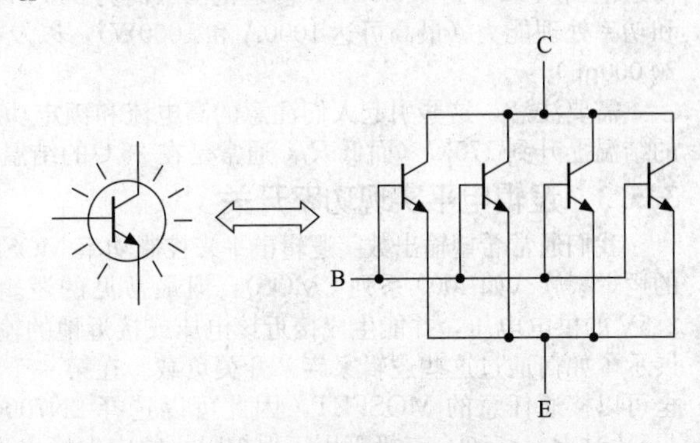

图3.94 一个大结点区域的功率晶体管可以认为由许多并列的小结点区域晶体管组成

关于I_D的负温度系数（在固定的V_{GS}下），在放大器领域中有一些错误的说法，尤其是声称可以随意将一组功率 MOSFET 并联，而不需要像双极晶体管一样[一]，增加用于电流均衡的发射极镇流电阻。这样做的前提是，MOSFET 工作在高电流区，并具有稳定的负温度系数。实际上，由于功耗限制，通常无法在高电流区域进行操作（在 9.4.1 节中将提到）。而在低电流下，温度系数为正且不稳定，一组并联的 MOSFET 中的一个晶体管会通过大电流，从而导致过高的功耗，常常引起早期故障。解决方案是在每个并联的 MOSFET 中使用小源极镇流电阻（这些电阻类型相同并且由同一制造商生产），选择电阻值，使其在工作电流下能降低约 1V 的电压。

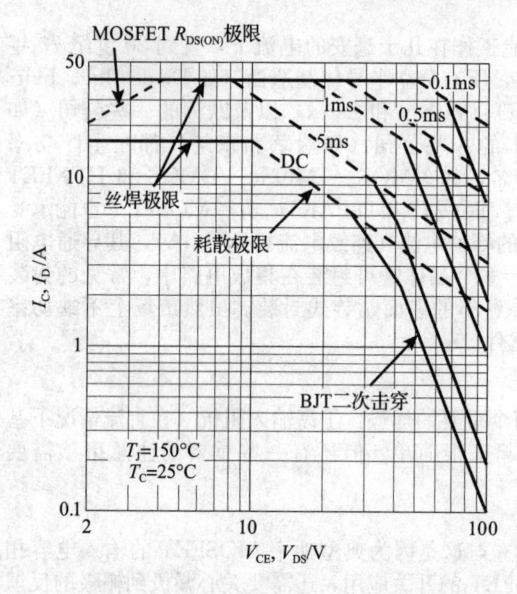

图 3.95　功率 MOSFET 不会发生第二次击穿：比较 160W 双极晶体管（MJH6284）与 MOSFET（RFP40N10）的安全工作区（SOA）

相比之下，在开关应用中，可以将功率 MOSFET 并联使用。这是因为 MOSFET 工作在低 V_{DS} 的欧姆区域（其特点是 R_{ON} 近似恒定，与在较高电压的电流饱和区域截然相反，后者的特点是 I_D 近似恒定），正温度系数的 R_{ON} 稳定了并联功率 MOSFET 中的电流分配。无须或者说不应使用发射极镇流电阻。关于这一点，我们将在 3.6.3 节中进行更详细的说明。

3.5.2　功率 MOSFET 开关参数

大多数功率 MOSFET 是增强型的，有 N 型和 P 型两种类型。相关参数包括击穿电压 V_{DSS}（N 沟道范围从 12V 到 4.5kV，P 沟道范围最高为 500V）、沟道导通电阻 $R_{DS(ON)}$（可低至 0.8mΩ）、电流和功率处理能力（最高可达 1000A 和 1000W），以及栅极电容 C_{rss} 和 C_{iss}（分别最高可达 2000pF 和 20 000pF）。

需要注意，这些引起人们注意的高电流和额定功率通常出现在 25℃的外壳温度下，允许晶体管的结温上升到 175℃（而低 R_{ON} 通常是在 25℃的结温下）。

3.5.3　逻辑电平实现功率开关

我们通常希望输出数字逻辑电平来控制功率 MOSFET。虽然存在能产生 10V 或更高电压变换范围的逻辑家族（如 4000 系列 CMOS），但最常见的逻辑家族（通称 CMOS）适用＋5V、＋3.3V 或＋2.5V 的供电电压，并能生成接近该电压或接近地的输出电平（分别为高电平和低电平）[二]。图 3.96 展示了如何通过这些逻辑家族来开关负载。在第一个电路（图 3.96a）中，＋5V 的栅极驱动电压完全可以接通任意的 MOSFET，因此可以选择 2N7000 这种廉价的晶体管，该晶体管规定在 V_{GS}＝4.5V 时 R_{ON}＜5Ω。二极管用于保护阻止感应尖峰出现（见 1.6.7 节）。串联栅极电阻虽然不是必需的，但有好处，这是由于 MOSFET 的漏极-栅极电容会将负载的感性暂态耦合到精密的 CMOS 逻辑中，我们稍后会详细讨论。

为了多样化，在第二个电路（图 3.96b）中使用了 P 沟道 MTP50P03HDL，将负载接地。在功率开关这一常用技术中，负载可以是根据命令上电的其他电路。50P03 规定当 V_{GS}＝－5V 时最大 R_{ON} 为 0.025Ω，并且可以通过 50A 的负载电流，如果需要更低的 R_{ON}，可以选择 IRF7410（0.007Ω，16A）。

[一] 因为它们在恒定 V_{BE} 下的 I_C 的正温度系数。

[二] 被称为 TTL 的逻辑家族工作电压为＋5V，但其高电平输出可以低至＋2.4V，这是＋5V 器件共有的特性。

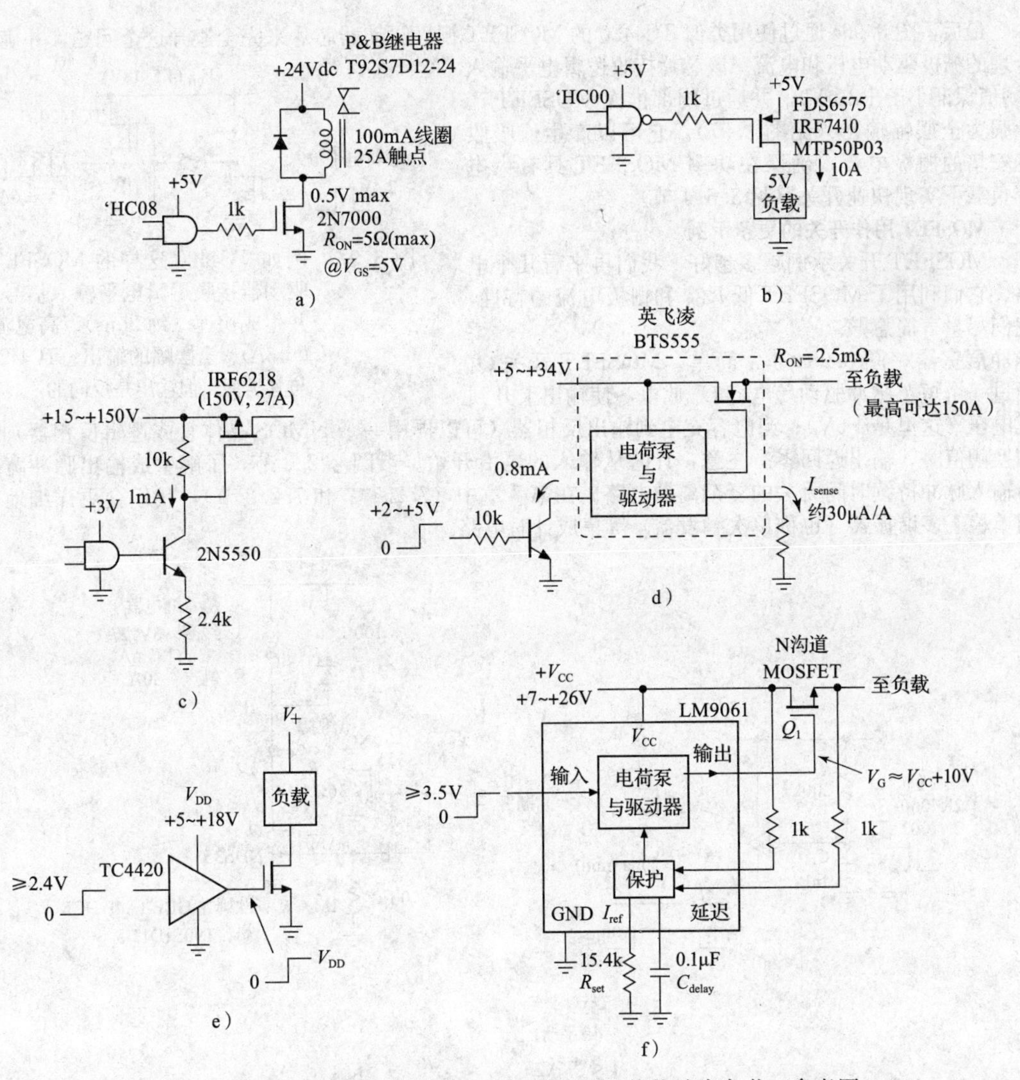

图 3.96 当由数字逻辑电平驱动时，MOSFET可以切换功率负载，参考图 3.106

低逻辑电平在数字电路中越来越受欢迎。图 3.96a 和 b 的开关配置可用于较低电压，但一定要使用指定逻辑阈值的 MOSFET。例如，Fairchild 的 20V 16A N 沟道 FDS6574A 在 V_{GS}=1.8V 处规定了最大 R_{ON} 为 0.009Ω，其兄弟产品 P 沟道 FDS6575 在 V_{GS}=-2.5V 时规定了最大 R_{ON} 为 0.017Ω。选择低阈值 MOSFET 时要注意，有些规格具有误导性。例如，IRF7470 MOSFET 规定了 $V_{GS(th)}$ =2V(max)，这看起来很不错，直到读到细则“在 I_D=0.25mA 下”时才明白事实并非如此。要完全打开 MOSFET，需要比 $V_{GS(th)}$ 更高的栅极电压（见图 3.115）。然而，电路依然可以正常工作，这是因为 IRF7470 进一步规定了“当 V_{GS}=2.8V 时，$R_{ON(max)}$=30mΩ”。

图 3.96c 和 d 两个电路展示了处理低逻辑电平输出的另一种方法。图 3.96c 使用了开关式 NPN 电流阱来产生 P 沟道功率开关 MOSFET 的高端栅极驱动。注意，如果将电流阱替换为双极开关，则电路会立即在大于栅-源击穿电压的开关电压下失效。在图 3.96d 中，使用一款集成的 MOSFET 和高端驱动器（英飞凌的 PROFET 系列智能高端功率开关），用于切换非常大的电流，对于这种特定器件，最高可达 165A。它们通过内部电平转换电路和用于高端栅极驱动的电荷泵（9.6.3 节）来简便地从逻辑电平驱动。我们还可以获得用于与外部 N 沟道 MOSFET 一起使用的高端驱动器 IC，例如图 3.96f 中显示的 LM9061。这款驱动器还具有内部电荷泵，用于产生外部 NMOS 功率开关 Q_1 的栅极电压，由于栅极电流适中，因此开关速度相对较慢。该驱动器还有一个通过测量 $V_{DS(ON)}$ 的 Q_1 保护方案，如果 MOSFET 的正向压降超过由 R_{set} 设置的阈值，则关闭驱动器，延时（以适应更高的涌入电流）由 C_{delay} 设置。

最后，图3.96e通过使用类似TC4420的MOSFET栅极驱动器芯片来完全避开这个问题，并确保合理的栅极驱动电压和电流。该芯片接收逻辑电平输入（阈值保证小于+2.4V），并通过内部推挽MOSFET产生强力全摆幅输出（见图3.97）。它可以产生或吸收几安培的栅极电流，确保在功率MOSFET具有大电容负载下实现快速开关（见3.5.4节）。

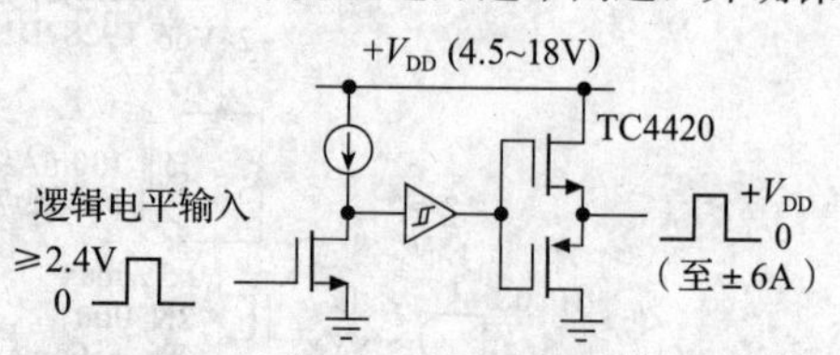

图3.97　例如TC4420这样的MOSFET驱动器接收逻辑电平输入信号，并生成快速（约25ns）、高电流（±6A）、全摆幅的输出。TC4429与其类似，但输出是反向的

MOSFET用作开关的更多示例

MOSFET开关示例越多越好，我们再来看几个电路，它们利用了MOSFET低R_{ON}和栅极电流的特性，我们尽量言简意赅。

脉冲展宽器　图3.98a非常简单，MOSFET开关Q_1通过一个短正脉冲驱动，电容C_1放电，使输出上升到正电压（这里是+5V）；当电容充电到输出反相器（可以再用一个NMOS晶体管或逻辑反相器）的切换阈值时，输出返回零。注意，计时从输入的尾沿开始。参阅2.2.2节，了解生成输出脉冲宽度与输入脉冲持续时间无关的复杂离散电路。在第7章中（7.2.1节和7.2.2节），我们会更详细地介绍单稳态多谐振荡器（也称单次触发器）等集成计时电路。

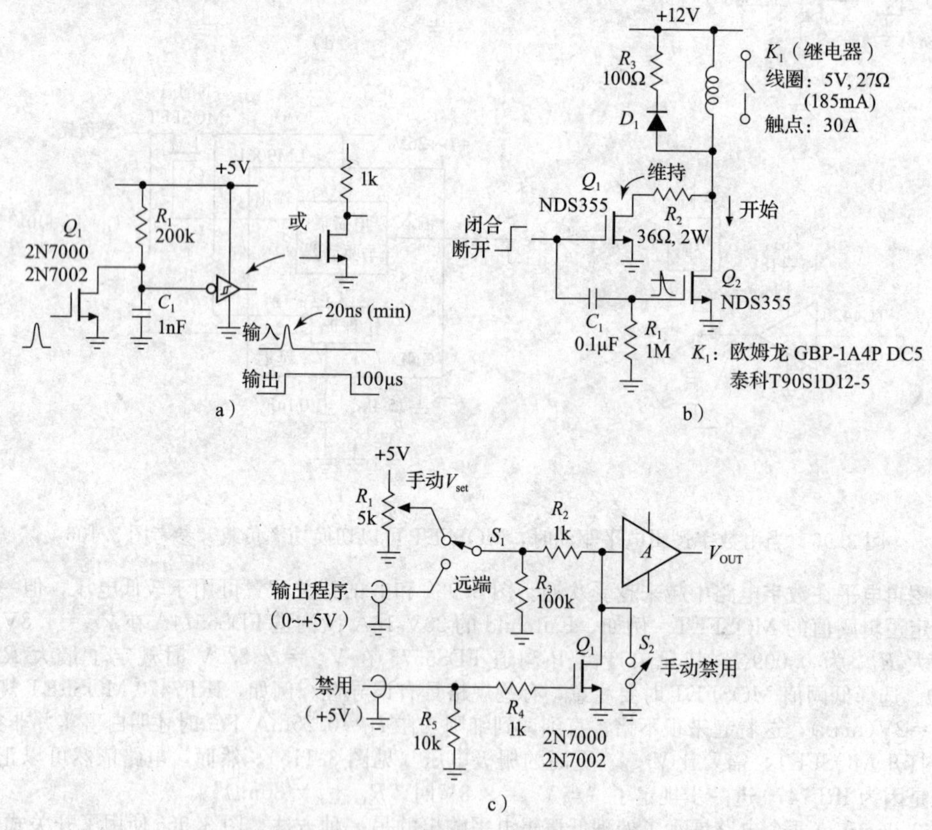

图3.98　简单有用的MOSFET应用：a）脉冲展宽器；b）具有初始脉冲超驱动的继电器驱动器；c）带有禁用控制的可编程电源

继电器驱动器　电磁继电器通过线圈中的激励电流来切换其触点。线圈具有一定的额定电压，保证能够切换触点并将其保持在激励位置。例如，图3.98b中指定的继电器的线圈额定电压为+5V直流，工作时线圈电流为185mA（即线圈电阻为27Ω）[⊖]。从某种意义上说，额定电压是一个折中方案，足够使继电器可靠工作，同时电流也不会过大。但是，可以通过瞬间过驱动线圈来获得更快的

⊖ 此外，它规定了3.75V的“必须操作”线圈电压和0.5V的“必须释放”电压。还有很多关于开关触点的规格，如配置、电压和电流额定值、耐用性等。

闭合，如图所示。这里的 Q_2 在最初的约 0.1s 内施加 12V 电压，之后 Q_1 以额定 5V 维持已经牢固闭合的触点。二极管 D_1 提供了释放时电感电流的通路，串联电阻 R_3 在电流衰减期间允许大约 20V 的电压，以实现更快的释放。

可编程电源的控制　智能计算机可以很方便地实现远程控制。可以组装（或购买）一个接收低电平模拟输入的电压源，如图 3.98c 所示，符号 A 代表的是直流放大器，输出电压为 $V_{OUT}=AV_{IN}$，可能还能提供较大的输出电流。但最好还是提供一种禁用外部控制的方法，这样当计算机崩溃、启动或被恶意攻击时，不会出现问题。图中显示了一种实现手动禁用控制（复制了外部禁用输入）的简单方法，同时也可以添加手动电压模式。

开/关电池控制　我们通常使用 9V 电源给需要电池供电的仪器供电，因为这样的电源很普遍，还能提供足够的电压余量，而且可以分立供电（见 4.6.1 节）。但是电池电量只有 500mAh，所以要节约使用。

图 3.99 展示了一些使用 MOSFET 实现功率开关的方法。电路 a 是经典的 SR 触发器，有两个按钮：SET 和 RESET。Q_2 漏极电压升高，OFF 按钮关闭 Q_2，保持 Q_1 的导通，同时保持传导晶体管 Q_3 关闭。ON 按钮完成相反的操作。这个电路使用两个按钮就可以，但这个电路的缺点是在任一状态下都会吸收电流。可以使用 10MΩ 的电阻 R_1 来减小待机电流，这样当电路断开时，只消耗 1μA 的电流，计算出的电源寿命是 50 年，远远超过它大约 5 年的保质期。

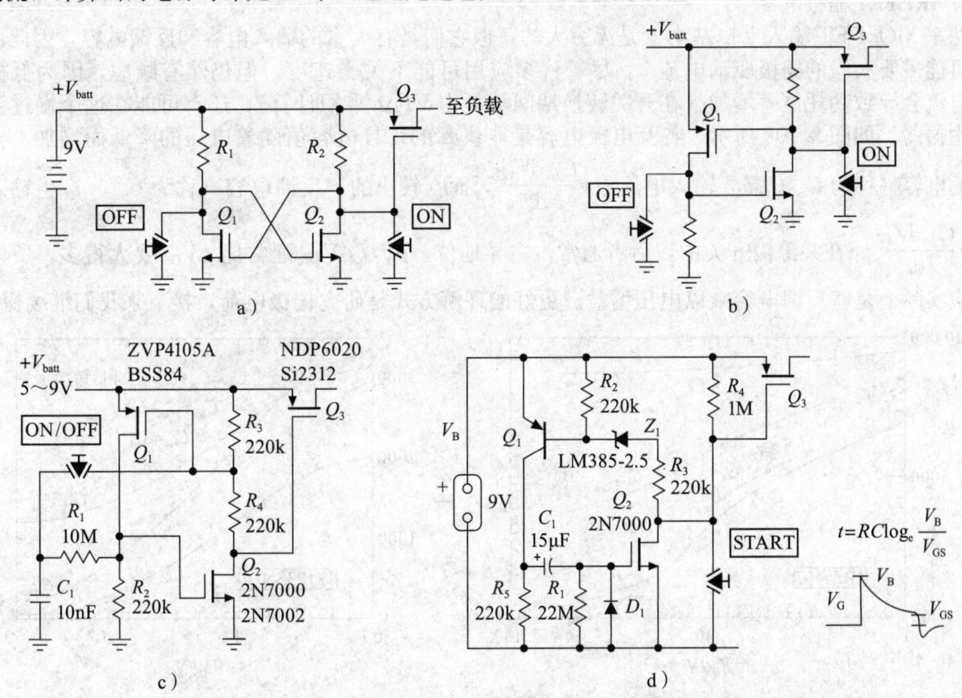

图 3.99　使用 MOSFET 的开关电池控制：a）启用 P 通道串联开关的经典触发器，ON 和 OFF 按钮分开；b）同上，但在断开时零功耗；c）同一按钮切换电源 ON/OFF 状态，在断开时零功耗，每个 MOSFET 列出了两种选择——上面是 TO-92 直插式型号，下面是 SOT23 表面贴装式型号；d）五分钟的电源（大约），在断开时零功耗，P 通道 MOSFET 功率晶体管尺寸可以根据需求变大

有一种更好的方法，请看电路 b，一对互补触发器 Q_1Q_2 在断开状态下不消耗电流（nA 级别的漏电除外）。电路 c（在断开状态下也是零功耗）实现了最少的按钮数，其中一个单独的按钮充当开关。这个电路有点棘手，因为必须恰当地协调多个时间常数[⊖]。但基本原理很简单，从触发器控制输入的反向输出处给电容充电，然后短暂连接充电的电容到控制输入，使其切换状态。

最后，对于健忘的人，建议使用类似电路 d 的设计，它由单按钮控制开关，大约在开启五分钟

⊖ 电容到新状态的充电时间 $\tau_C=R_1C_1$ 约为 100ms，以允许开关弹起，R_3C_1 应该更短，输出晶体管栅极电容 $(R_3+R_4)C_g$ 的放电时间常数应该更快。这里我们分别选择了 100ms、2ms 和 0.4ms。

后会自动断开，断开时功耗为零。在电路 d 中，Q_1、Q_2 形成互补触发器，通过 C_1 进行交流耦合保持在 ON 状态；一旦处于 ON 状态，Q_2 会通过 R_1 放电，时间常数为 330s。这是实际断开时间间隔的近似值，详细值可以通过 Q_2 的栅极开关电压与实际电源电压的比值来确定㊀。这里有一点复杂，即二极管 Z_1，它是我们为了在触发器决定切换 OFF 时保持 Q_3 完全打开而不得不引入的。我们选择了 BJT（而不是 MOSFET）作为 Q_1，因为它具有明确定义的开启电压；即便如此，由于 Q_2 和 Q_3 的栅极阈值电压的不确定性，仍然会有一些常见的问题。

在图 3.99 的这四个电路中，可以根据需要使用尽可能大的 P 沟道晶体管。但大尺寸的 MOSFET 具有高输入电容 C_{iss}，会降低开关速度。举个例子，如果在电路 d 中使用 SUP75P05 P 沟道 MOSFET，将受益于非常低的 8mΩ 导通电阻，但也必须应对其高达 8500pF 的 C_{iss}（栅极关断时间常数 R_4C_{iss} 约为 10ms）。但在这些电路中，这其实也不太重要。注意，类似 SUP75P05 的晶体管可以承载 50A 的电流，并且在通过满足 10V 栅极驱动电压的 10A 电流时会产生约 1W 的功耗（R_{ON} 随温度升高而上升，在 75℃ 约为 10mΩ），因此最多只需要一个 2W 的散热器㊁（见 9.4.1 节）。

3.5.4 功率开关的注意事项

尽管 MOSFET 非常好用，但设计电路时并没有那么简单，有许多细节可能会让人感到困扰。我们在这里简要总结一些重要问题，并将在后续进一步深入探讨这种功率开关。

1. MOSFET 栅极电容

功率 MOSFET 输入电阻基本上是无穷大的，但它们具有大量的输入电容和反馈电容，因此快速开关可能需要大量的栅极驱动电流㊂。尽管许多应用可能不关心速度，但仍然有顾虑，因为低栅极驱动电流会导致功耗显著增加（在开关转换期间功耗由 $VI\Delta t$ 乘积计算），还有可能在这个慢过渡期间产生振荡。如图 3.100 所示，各互电极电容是非线性的，且电容值随着电压的降低而增加。栅极到地的电容（称为 C_{iss}）需要输入电流 $i=\frac{C_{iss}\mathrm{d}V_{GS}}{\mathrm{d}t}$，而（较小的）反馈电容（称为 C_{rss}）产生输入电流 $i=\frac{C_{rss}\mathrm{d}V_{DG}}{\mathrm{d}t}$。在共源极开关中，后者通常占主导地位，因为 ΔV_{DG} 通常比 ΔV_{GS} 要大得多，所以米勒效应实际上是将反馈电容乘以电压增益。更好的理解方式是研究栅极电荷，接下来我们继续探讨。

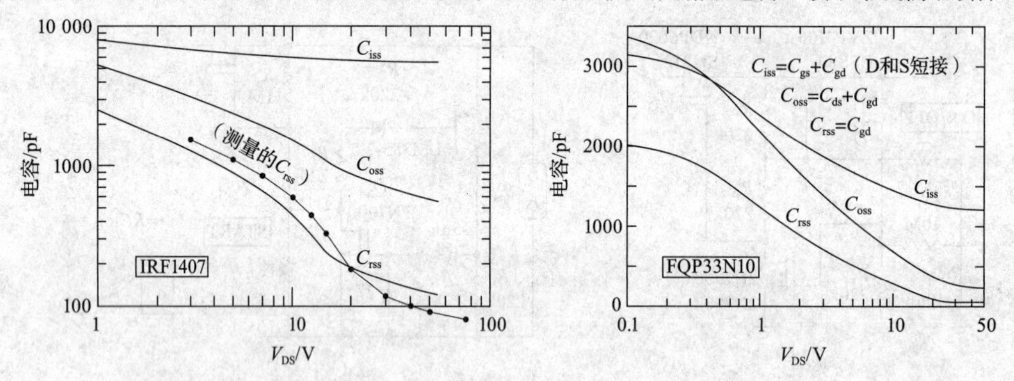

图 3.100 根据数据手册绘制的两个功率 MOSFET 的互电极电容。反馈电容 C_{rss} 虽然比输入电容 C_{iss} 小，但会因为米勒效应明显放大，在开关应用中占主导地位

2. 栅极电荷

在共源极开关中，当栅极电压变化时，需要输入栅极驱动电流来给栅极-源极电容和栅极-漏极电容充电。此外，在漏极电压变化过程中，米勒效应会导致额外的栅极电流。这些效应通常以栅极电荷关于栅极-源极电压的关系曲线图来表示，见图 3.101。

曲线的初始斜线表示 C_{iss} 的充电过程。水平部分从导通电压开始，此时快速下降的漏极电压迫

㊀ 一个 9V 的碱性电池初次使用大约为 9.4V，在 6V（1V/cell）时达到老化，在 5.4V（0.9V/cell）时达到非常老化。

㊁ 从可用的散热能力向后计算工作时所需电流：$I=\sqrt{P/R_{ON}}$。

㊂ 新一代的 MOSFET 通常具有较低的电容值，但由于它们体积更小，功率耗散也会减少。因此，在高功率应用中，可能被迫选择更大尺寸的器件，从而失去电容优势。

使栅极驱动电路提供额外的电荷给 C_{rss}（米勒效应）。如果反馈电容与电压无关，则水平部分的长度将与初始漏极电压成比例，之后曲线将以原来的斜率继续上升。而实际并非如此，由于反馈电容 C_{rss} 的非线性，在低漏极电压下电容值迅速升高（见图 3.100），这意味着大部分米勒效应发生在低漏极电压的情况下㊀。这解释了栅极电荷曲线斜率的变化，以及水平部分的长度几乎与初始漏极电压无关的现象㊁。

我们连接了一个共源极 MOSFET 开关，栅极采用恒定电流驱动，产生了图 3.102 中的曲线。在恒定的栅极驱动电流下，水平（时间）轴与栅极电荷成正比，本例中为每个刻度 3nC。在这里可以清楚地看到栅极活动的三个区域：在区域 1 中，栅极充电直到阈值电压；在区域 2 中，栅极电压被限制在能够产生从 0 到 40mA 的漏极电流的电压上（40V 正电源，1kΩ 负载电阻）；在区域 3 中，在将漏极引至地后，栅极恢复向上的电压斜坡，但斜率较小（因为在零漏极电压下输入电容增加）。

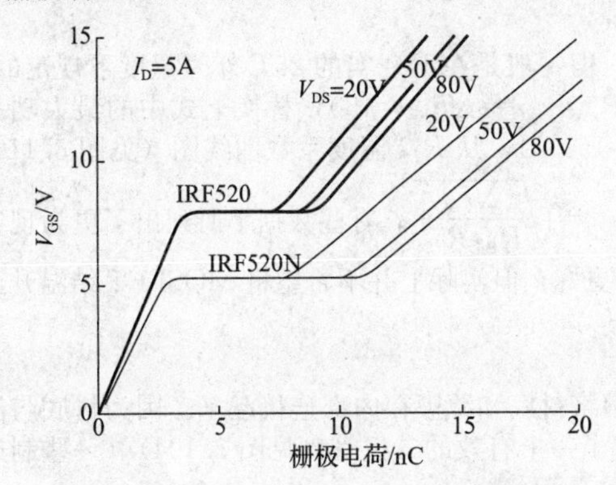

图 3.101 栅极电荷与 V_{GS} 的关系。小封装的 IRF520N 具有较低的阈值电压，但栅极电荷量足够。注意，在所有情况下，米勒平台右侧电容更大（V_{GS} 与 Q_g 之间的斜率减小），这是由于低 V_{DS} 时，极间电容增大引起的（见图 3.100）

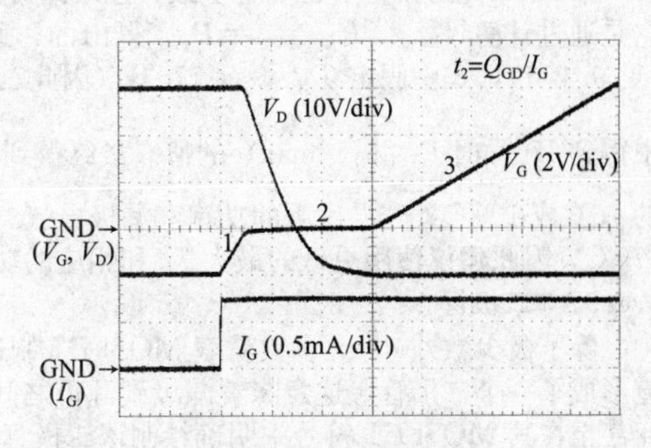

图 3.102 栅极电荷。以 IRLZ34N N 沟道 MOSFET 为例的波形图，连接了共源极开关（1kΩ 负载，+40V 电源），栅极驱动电流为 0.75mA。因此，水平刻度为 4μs/div，对应 3nC/div 的栅极电荷

注意，漏极电压的轨迹是弯曲的，这是由于当它接近地时，漏极-栅极电容会增加，在恒流 I_G 输入的情况下，C_{rss} 的不断增大就要求 $\frac{dV_D}{dt}$ 不断减小（使乘积，即反馈电流等于输入电流）。

MOSFET 开关中的米勒效应和栅极电荷是关键问题，它们严重限制了开关速度，可能需要数百毫安甚至安培级的电流才能实现大功率开关的快速切换。例如，之前提到的强大的 IRF1405 的栅极电荷约为 100nC。因此，要在 10ns 内将其打开，就需要电流达到 $I=Q_g/t=10A$㊂。

在更为简单的情况下，设想用来自某个数字逻辑电路输出的 0～5V 方波信号，驱动普通的 2N7000 开关。图 3.103 展示了如果通过 10kΩ 电阻驱动栅极会发生什么情况。米勒效应在这里起

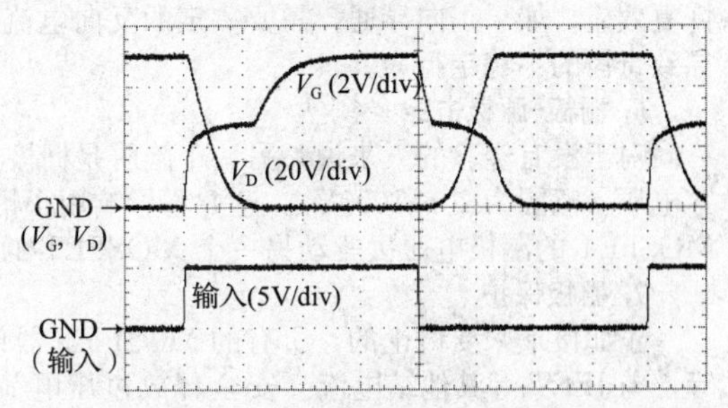

图 3.103 2N7000 MOSFET 开关（1kΩ 负载，+50V 电压），其栅极串联 10kΩ 电阻，通过 5V 逻辑电平激励产生跃变。米勒效应将开关时间延长到约 2μs。水平刻度为 2μs/div

㊀ 这种效应在功率 MOSFET 中可能相当突然，如 IRF1407 的 C_{rss} 与 V_{DS} 图所示（见图 3.100）。事实上，我们的测量数据比数据表图更陡峭。这是由于在 MOSFET 内形成了有效的结构，其中耗尽型 JFET 的作用是钳位有源 MOSFET 的漏极，隔离后者的栅极，从而大大降低反馈电容。

㊁ 水平部分的高度（V_{GS}）一定程度上取决于漏极电流。

㊂ 通常，我们关心的是输出转换时间，即仅在区域 2 所花费的时间（除去区域 1 的延迟时间或区域 3 的栅极过充时间）。出于这个原因，MOSFET 数据手册单独指定栅极-漏极米勒电荷 Q_{gd}。例如，对于 IRF1405，$Q_{gd}=62nC$，因此需要 6.2A 的栅极输入电流才能带来 10ns 的转换时间。

着关键作用，它导致晶体管的转换时间约为2μs，而数据手册中指出该晶体管可以比其快200倍的速度切换（10ns）。当然，数据手册中也指出$R_{GEN}=25\Omega$。

关于MOSFET的栅极电荷还有很多可以讨论的内容，包括对负载电流的依赖性、米勒电场的形状、不同类型MOSFET的区别，以及测量技术等。

3. MOSFET漏极电容

除了栅极到地的电容C_{iss}之外，MOSFET还具有栅极-漏极反馈电容C_{dg}（通常称为C_{rss}）和输出电容C_{oss}（由漏极-栅极电容C_{dg}和漏极-源极电容C_{ds}组合）。如前所见，反馈电容C_{rss}的影响在图3.102中的栅极电荷波形中是明显的。输出电容也很重要，它是在每个开关周期中必须充放电的电容，如果不进行反应式回收，它会消耗功率$P=C_{oss}fV_{DD}^2$，在高频切换下数值十分显著，详细信息见9.7.2节。

4. 电流和功率额定值

MOSFET的数据手册规定了最大连续漏极电流，但一般是在不现实的25℃外壳温度下规定的。它是通过计算$I_{D(max)}^2\ R_{DS(ON)}=P_{max}$得出的，通过$P_{max}R_{\Theta JC}=\Delta T_{JC}=150℃$替换上式中的最大功率（见9.4节），式中假定$T_{J(max)}=175℃$（因此$\Delta T_{JC}=150℃$），从$R_{DS}$温度系数曲线图（见图3.116）中得到175℃时$R_{DS(ON)}$（max）的值。最终得到$I_{D(max)}=\sqrt{\dfrac{\Delta T_{JC}}{R_{\Theta JC}R_{ON}}}$。有些数据手册列出了更为现实的75℃或100℃外壳温度下的功率和漏极电流。这样更好，但实际上并不希望将MOSFET结温升至175℃，因此建议使用更低的最大I_D和相应的功耗。

5. 体二极管

除了极少数外[1]，大多数功率MOSFET制造商都将衬底和源极在内部连接起来。因为衬底与沟道形成了一个二极管，这意味着漏极到源极之间形成了一个有效的二极管（见图3.104）（一些制造商甚至在其MOSFET符号中明确绘制该二极管，以便于记忆）。因此，不能双向使用功率MOSFET，或者反向漏极-源极电压不能高于一个二极管压降。例如，不能用功率MOSFET将输出处于地的积分器清零，也不能将功率MOSFET用作双极信号的模拟开关。这个问题在集成电路MOSFET（例如模拟开关）中不会发生，因为它们的衬底连接在负电源端。

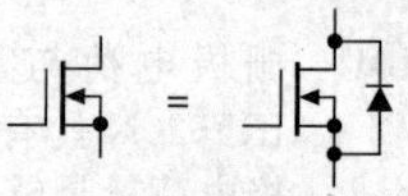

图3.104 功率MOSFET将衬底连接到源极，形成漏极-源极二极管

MOSFET的体二极管表现出与普通离散二极管相同的反向恢复效应。如果正向导通，需要一定的反向电流来消除储存的电荷，最终以突然截止结束，这可能导致奇怪的不稳定行为。

6. 栅极-源极击穿

对于没有经验的人来说，另一个陷阱是栅极-源极击穿电压（常用值为±20V）低于漏极-源极击穿电压（范围为20～1000V）。这并不影响用小幅度变化范围的数字逻辑来驱动栅极，但如果用一个MOSFET的漏极电压去驱动另一个MOSFET的栅极，就会遇到麻烦。

7. 栅极保护

正如接下来要讨论的，所有的MOSFET器件都非常容易产生由静电放电引起的栅极氧化物击穿。与JFET等其他结电流会安全释放过压电荷的结型器件不同，MOSFET器件会被栅极击穿损坏。因此，建议在使用MOSFET时加入约1kΩ的栅极串联电阻（假设速度能满足要求），这样做大大降低了器件损坏的可能性，特别是当栅极信号来自其他电路时；同时，它还能防止栅极损坏时的电路负载，因为损坏的MOSFET最常见的特征是有明显的直流栅极电流[2]。可以通过在栅极电阻的下游使用一对限流二极管（连接到$V+$和地）或将单个限流稳压二极管连接到地来额外增加保护（这样栅极电阻可以使用更低的电阻或者省略）。但注意，稳压二极管会增加一些输入电容[3]。另外，还要确保MOSFET栅极没有处于悬空或未连接状态，因为栅极在悬空状态下特别容易损坏（此时静电放电没有电流路径，否则会提供一定的保护）。如果栅极是由另一个电路驱动的，这种情况可能会出现意外。有一个好方法，就是在由离线信号源驱动的MOSFET的栅极与源极之间连接一个下拉电阻（100kΩ～1MΩ）。这也确保了当断路或无电源时，MOSFET处于关闭状态。

---

[1] 类似2N4351和SD210系列的横向MOSFET。

[2] 当栅极损坏的MOSFET应该处于不导电状态时，它可能会表现出漏极导通：从漏极到（损坏）栅极的漏电流使漏极降低到产生与漏极电流对应的V_{GS}。

[3] 功率MOSFET曾经使用内部齐纳保护，但现在这种情况已经很少见，齐纳二极管本身成为主要的故障来源。

8. MOSFET 操作注意事项

MOSFET 的栅极有一层厚度几百纳米（小于光波长）的 SiO_2 绝缘层。因此，它的电阻非常大，并且没有电阻性或结型通道可以释放静电荷。在普通环境下，当把一个 MOSFET（或 MOSFET 集成电路）拿在手里，然后走到电路旁，把器件插入插座并通电，结果会发现 FET 已经损坏了。其实，它是被静电损坏的，在电路中插入器件之前，应该用另一只手触摸电路板，这样可以释放人体静电，在冬季这个电压可能会达到数千伏。MOS 器件不能很好地承受地毯静电（称为*静电放电*，ESD）。就静电而言，人可以近似看作人体模型（HBM），该模型由 100pF 电容与 1.5kΩ 电阻串联而成[㊀]。在冬季，当人在柔软地毯上移动时，人体电容可能会充电到 10kV 甚至更高，即使只是简单的手臂运动或衣服摩擦也能产生几千伏的静电。以下是一些令人瞠目结舌的数字。

行为	静电电压/V	
	10%～20%湿度	65%～90%湿度
在地毯上走动	35 000	1500
在乙烯基地板上走动	12 000	250
在工作台上工作	6000	100
处理乙烯基信封	7000	600
拿起聚乙烯袋	20 000	1200
在泡沫椅上调整姿势	18 000	1500

虽然任何半导体器件都可能会被正常的瞬间放电击坏，但 MOS 器件尤其脆弱，因为当它被提升到击穿电压时，存储在栅极-沟道电容的能量能够在脆弱的栅极氧化物绝缘层上击穿一个洞（如果瞬间放电来自手指，那么额外的 100pF 电容会加剧损伤）。图 3.105（来自对功率 MOSFET 进行的一系列静电放电测试[㊁]）显示了这种情况可能引起的混乱。将这种破坏称为栅极击穿并不恰当，术语*栅极破裂*更形象且更接近实际情况。

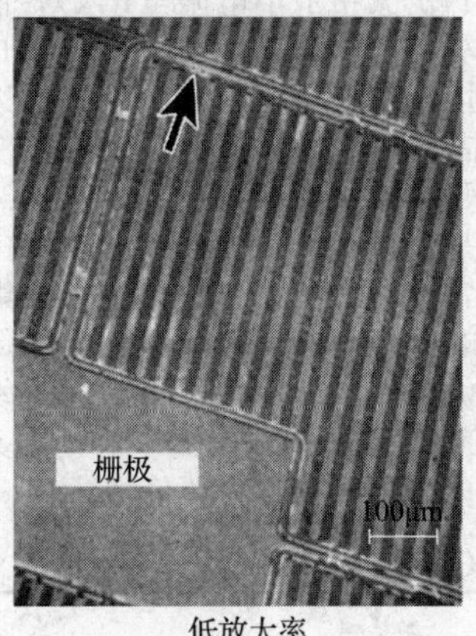

低放大率

高放大率

图 3.105　扫描电子显微镜下的一张照片，在一个 6A 的 MOSFET 器件的栅极上施加了 1kV 人体等效电荷（串联 1.5kΩ 电阻与 100pF 电容），器件被破坏（照片由 Motorola 公司提供）

电子行业非常重视 ESD 问题，它可能是导致刚刚组装完成的仪器中半导体器件无法正常工作的主要原因。有关此问题出版了很多书籍，可以参考学习一下。MOS 器件以及其他脆弱的器件[㊂]可以

㊀ 有点过于简单了。HBM（Human Body Model）是指将电荷充电到 2.5kV，峰值为 1.7A，时间常数为 150ns。还有其他模型，比如机器模型（12kHz 的几个周期，峰值为 6A），或者充电器设备模型（CDM），该模型认为带有较小串联电阻的带电物体的一部分可以直接通过 2ns 宽度的 6A 脉冲电路放电。具体见 12.1.5 节。

㊁ MOSFET 为 MTM6M60，其 C_{iss} 为 1100pF。它与 HBM 的 100pF 形成电容分压器，将 1kV、150ns 的脉冲衰减到约 80V。但这仍远超过该器件的最大 V_{GS} 额定电压 20V。

㊂ 这其中包括几乎所有的元器件：小尺寸的射频双极晶体管非常脆弱。如果击打力度足够大，甚至可以使一个普通的双极晶体管失效。

使用导电泡沫或袋子包装后进行运输，并且在制造过程中必须注意烙铁等工具上的电压。最好将烙铁、工作台接地，并佩戴导电腕带。此外，使用防静电地毯、室内装潢，甚至穿着2%不锈钢纤维的防静电罩衣。一个良好的防静电工作站应该有湿度控制、空气离子发生器（使空气微弱导电，避免电荷积累）和受过培训的员工。但尽管如此，冬季防静电的失败率仍然显著增加。

半导体器件安全焊接到电路后，受损坏的可能性可以大大降低。此外，大多数小尺寸MOS器件（如不包括功率MOSFET的CMOS数字集成电路）在其输入栅极电路中都有保护二极管。尽管电阻和限流二极管（有时是齐纳二极管）等组成的内部保护电路会在一定程度上降低性能，但这些器件能大大降低静电损坏的概率，选择使用它们是值得的。对于没有保护的器件（例如功率MOSFET），小尺寸（低电流）的器件往往最容易出麻烦，因为它们的低输入电容在与带电的100pF人体接触时很容易积累到高电压。我们在使用中发现，针对小尺寸VN13 MOSFET的体验非常糟糕，在生产仪器时不要用它。

MOSFET的击穿引起的栅极损坏问题是非常严重的，芯片设计师意识到了这个问题，并对器件进行了ESD耐受性评定。通常情况下，MOS集成电路可以承受2kV的击穿电压，该电压由1.5kΩ电阻与100pF电容串联组成的人体模型施加，数据手册中会有相关说明。那些可能暴露于外部脉冲的器件（例如接口和线路驱动器）有时被评定为15kV（例如Maxim RS-422/485和RS-232接口芯片带有E后缀的型号，以及其他制造商的许多类似器件）。

9. MOSFET并联

有时，为了获得更大的电流或产生更多的功率（或两者兼有），可能要将多个功率晶体管并联，正如我们之前讨论过的，由于双极晶体管具有+9%/℃的集电极电流温度系数，因此需要发射极平衡电阻来确保电流在参与的晶体管之间均匀分布。对于MOSFET，如我们在3.5.1节中提到的，情况是不同的：有时可以将它们无电阻并联（例如，作为饱和开关），有时则不能（作为线性功率装置[⊖]）。还有相关的热失控问题，都是很重要的问题，这将在3.6.3节中更详细地讨论。

3.5.5　MOSFET与BJT作为大电流开关时的对比

功率MOSFET大多数时候是传统功率BJT的理想替代品。它们价格相当，但MOSFET更容易被驱动，并且不会出现二次击穿现象，从而减少了安全工作区域（SOA）的限制（见图3.95）。

记住，当漏极电压较低时，导通状态的MOSFET就像一个小电阻（R_{ON}），而不像双极晶体管一样呈现出有限的饱和电压（$V_{CE(sat)}$），这是MOSFET的一个优势，因为对于小的漏极电流，饱和电压接近于零。通常的观点是MOSFET在大电流下也不会饱和，但研究表明这在很大程度上是错误的。在下表中，我们选择了可比较的一对NPN双极晶体管与N沟道MOSFET，并查找了其规定的$V_{CE(sat)}$或$R_{DS(ON)}$。低电流下，MOSFET与小信号NPN BJT性能基本相当，但在6～10A和0～100V范围内，MOSFET的表现更佳。特别要注意的是，与MOSFET通常规定的（零电流）10V偏置相比，为了使双极功率晶体管处于良好饱和状态，需要非常大的基极电流——集电极电流的10%或更多（高达1A）。还要注意，高压MOSFET（例如BV_{DS}>200V）与低压MOSFET相比，$R_{DS(ON)}$更大且温度系数更高。在300～400V范围内，IGBT优于MOSFET，我们在表中列出了电容值，可以看出与有相同额定电流的BJT相比，功率MOSFET通常具有更大的电容。在某些应用中（尤其是开关速度很重要的情况下）可能会将电容值与饱和电压的乘积作为评价指标。

BJT-MOSFET-IGBT对比

类别	型号	V_{sat}/V		C_r/pF
		25℃	125℃	
60V，0.5A	2N4401	0.75	0.8	8
	2N7000	0.6	0.95	25
60V，6A	TIP42A	1.5	1.7	50
	IRFZ34E	0.25	0.43	50
100V，10A	TIP142	3.0	3.8	低
	IRF540N	0.44	1.0	40
400V，10A	2N6547	1.5	2.5	125
	FQA30N40	1.4	3.2	60
600V，10A	STGP1ONC60	1.75	1.65	12

⊖　例外：横向功率MOSFET，如2SK1058。

还需要记住，功率 MOSFET 可以在线性功率电路中代替 BJT，例如音频放大器和稳压器。功率 MOSFET 也可作为 P 沟道器件使用，尽管在 N 沟道器件（性能更好）中通常有更多种类可供选择。可用的 P 沟道 MOSFET 只能达到 500V（偶尔为 600V），并且通常在某些参数（例如 $V_{DS(max)}$ 和 $I_{D(max)}$）与 N 沟道相当时更贵，并且在电容、R_{ON} 等参数上表现更差。例如，以下是来自 Fairchild 的一对互补 MOSFET 的规格，其电压和电流额定值相同，并且采用相同的 TO-220 功率封装。

参数	N 沟道 FQP9N25	P 沟道 FQP9P25	参数	N 沟道 FQP9N25	P 沟道 FQP9P25
V_{max}/V	250	250	C_{iss}/pF	540	910
I_{max}/A	9.4	9.4	Q_g/nC	15.5	29
R_{ON}/Ω	0.42	0.62	T_{JC}/(℃/W)	1.39	1.04
C_{rss}/pF	15	27			

注意，为了实现与 N 沟道器件相当的 $I_{D(max)}$，P 沟道器件尺寸要更大，这最终会导致 P 沟道器件在电容、栅极电荷、R_{ON} 和价格等方面较差。根据数据手册，P 沟道器件的速度较慢，跨导较低。有趣的是，P 沟道器件热导性反而更好（见 9.4.1 节），这可能是由于芯片尺寸更大导致的。

3.5.6　功率 MOSFET 电路示例

学习完理论，让我们来看一些功率 MOSFET 的电路示例。

1. 一些基本的功率开关

图 3.106 展示了使用 MOSFET 来控制某些子电路的直流电源的六种方法。如果有一台需要偶尔进行某些测量的电源供电仪器，你可能会使用电路 a 来在不需要进行测量时关闭高功耗的微处理器。此处使用了 PMOS 开关，由 1.5V 逻辑信号控制，使其通电。图中所示的特定器件规格为低栅极电压，特别是当 $V_{GS}=-1.5V$ 时，$R_{ON}=17m\Omega$（最大）。图中“1.5V 逻辑”是微功率 CMOS 数字电路，当微处理器关闭时保持运行（CMOS 逻辑电路的静态功耗为 0）。

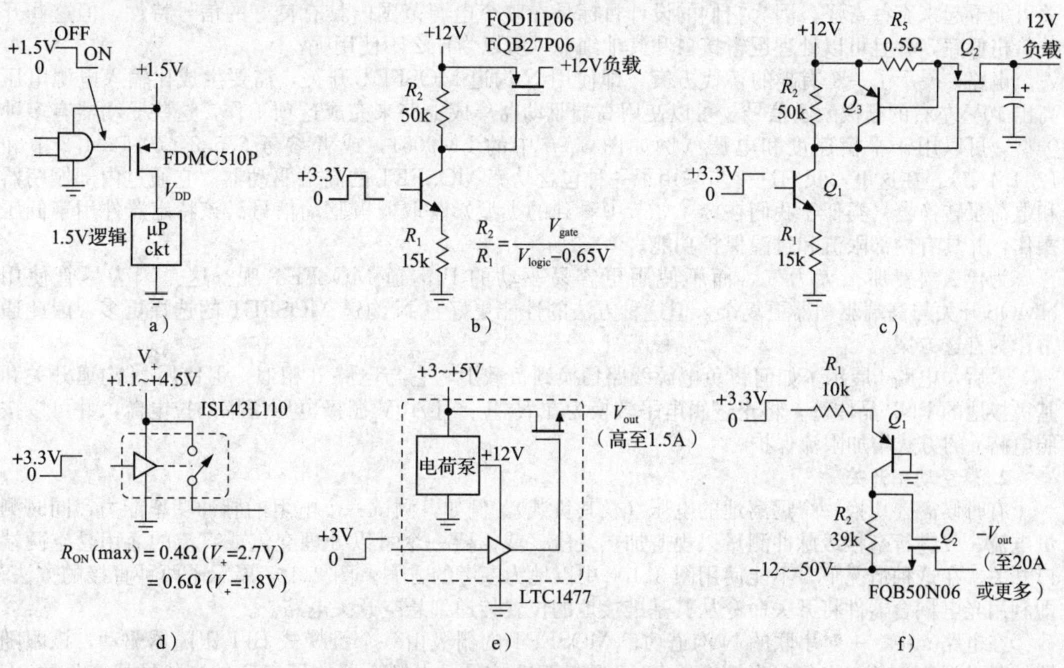

图 3.106　MOSFET 用于直流功率开关

重要的是：如果 1.5V 电源实际上是一节碱性电源，其寿命末期电压约为 1.0V，那么必须考虑在这较低的电压下开关能否正常运行。在这种情况下，PNP 晶体管是更好的开关选择。

电路 b 将直流电源切换至需要大电流的＋12V 负载，负载可能是无线电发射机或者其他设备。由于我们只有 3.3V 逻辑可用，我们使用了小型 NPN 电流源来产生 8V 的负向摆动（相对于＋12V）来驱动 PMOS 的栅极。注意，高阻值的集电极电阻在这里是完全足够的，因为 PMOS 的栅极不通过直流电流（即使是10A的大电流），而且在这种应用中我们不需要高开关速度。

第三个电路c是电路b的改进版本，它通过PNP晶体管限制短路电流。这在电源设计中是一种很好的思想，这样，示波器的探头就可以很方便地滑动了。此外，限流还可以防止由于初始未充电的旁路电容瞬间短路+12V电源，看看是否能够弄清楚限流电路的工作原理。

练习3.16　限流电路是如何工作的？它允许多大的负载电流？

一个有趣的细节是：在电路b和c中，我们可以将驱动晶体管连接为开关（而不是电流源），省略了发射极电阻并需要额外添加一个约100kΩ的基极限流电阻。但是，如果供电电压过高，由于MOSFET的栅极击穿电压有限（±20V或更低），这种电路将出现问题。同样地，电路c也将失去限流作用。可以通过直接串联一个与集电极相连的电阻来解决这些问题，调整电阻值以获得合适的栅极激励，而我们使用的电流源电路能够自动解决这些问题，并且可以在不更改元件的情况下用于24V或48V开关。

练习3.17　现有一120V交流源全波整流后得到的直流源。设计一个155～175V版本的图3.106c电路，向由38个白色LED串联组成的闪光灯提供0.5A的脉冲电流。解释R_1值、R_2值以及R_2/R_1的选择理由。选择Q_1和Q_2并计算它们的功耗，具体数据参考表2.1以及本章中的MOSFET表。附加题：计算Q_2在最长10ms的闪烁时长下的最坏发热情况。（提示：数据手册上的瞬态热阻抗图。）

电路c还存在一个问题，即在故障情况（如输出短路）下通过晶体管Q_2时会有较大的功率损耗。一种粗暴的解决方法（不得不承认，这也是经常采用的方法）是使用一个散热良好的MOSFET来处理$P=V_{IN}I_{lim}$，这在电压和电流适中的情况下是可行的。更好的方法如图12.45c所示，添加反馈电流限制[㊀]。但是理想情况下，我们希望像电路e中的器件一样，有内部热限制的传导晶体管。

另一种受欢迎的替代方法，至少对于低电压开关而言，是像电路d中那样使用低R_{ON}的模拟开关。该电路中所列的开关的工作电压范围为1.1～4.5V，其最差情况下的R_{ON}也足够小，可以驱动约100mA负载。使用设计有互补的N沟道和P沟道MOSFET的模拟开关作为简单的正电压电源开关可能看起来有些奇怪，因为它们的设计目标是在整个电源范围内具有良好的信号特性，但这些开关价格低廉，并且可以处理逻辑接口和其他细节，所以为什么不使用呢？

电路e展示了一个有趣的替代方案，即使用N沟道MOSFET开关，需要生成比输入电源电压高出10V左右的栅极激励信号。可以使用高端驱动器集成电路来完成这项工作，这些驱动器有多种类型，可以用于平衡速度和电压（例如图3.96中的LM9061，或者参考3.5.3节、12.4.2节和12.4.4节）。在这里，我们进一步采用了一种包含功率MOSFET的高端驱动器。它通过内部振荡器和电荷泵转换器（类似于我们在3.4.3节中看到的类型）获取栅极驱动信号。该特定器件用于低压操作，并具有内部限流和过温保护功能。

为什么要费那么大力气，而不使用更容易驱动的P沟道MOSFET呢？这是因为尽管使用NMOS开关与高端驱动器更复杂，但这种方法的性能更好且N沟道MOSFET的选择更多，因此通常作为首选方案。

最后，电路f展示了如何将负电源线路切换到负载上，它与电路d相似，但使用N沟道开关和基极接地的PNP晶体管，将正逻辑电平转换为在R_2上产生10V栅极电压摆幅的拉电流，并可以按照电路c的方式增加限流保护。

2. 悬空功率开关

有时候需要切换一个远离地的电压（及其负载）。例如，测试一个电阻的脉冲功率能力，同时测量电流；或进行毫秒级脉冲测量以规避加热效应；或需要一个可以处理交流或直流的通用悬空两端口开关。在这种情况下，不能使用图3.106中以地为参考的方案。图3.107展示了两种直接的方法，即利用光电耦合器件将开关命令从其基准接地的位置传递到悬空开关电路。

在电路a中，一对串联的N沟道功率MOSFET的栅极由一个推挽式BJT跟随器驱动，该跟随器接收自发产生的（光伏）光耦合器U_2的基极驱动信号。光耦合器使用串联的光伏堆栈产生约8V悬空的信号，以响应10mA的LED输入驱动电流（参考图12.91），并带有一些内部电路来缩短关断时间。栅极驱动器对Q_1Q_2可以省略，但省略后会增加开关时间。这些驱动器将MOSFET的有效负载电容减小了β倍，因此，使用典型的功率MOSFET（Q_3和Q_4）时，开关时间受到光耦合器内在速度的限制，约为200μs。

㊀ 如果使用NMOS作为低侧开关，可以使用具有保护机制的MOSFET。

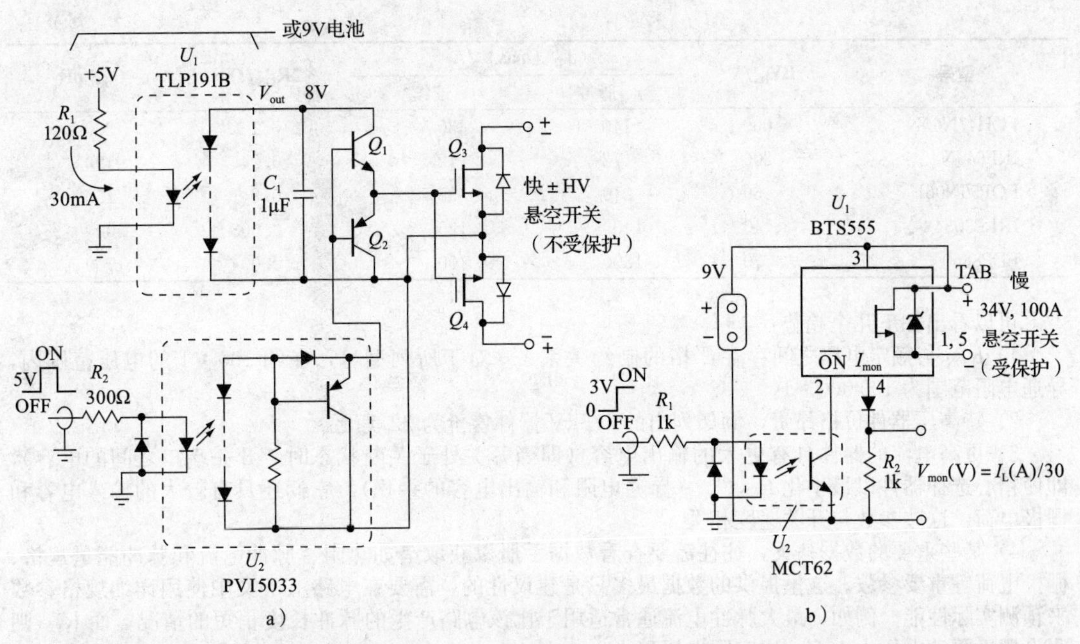

图 3.107　悬空 MOSFET 功率开关：a）双极性，不受保护；b）单极性，电压有限，受保护

当然，栅极驱动器 Q_1 和 Q_2 需要一个悬空电压源，这里由第二个廉价的光电发生器 U_1 提供，它不需要很快（假设电路没有在高开关频率下工作），因为它只用于将 C_1 充电到大约 8V。可以用一个 9V 的电源替代 U_1，U_1 仅输出不到 20μA 的电流，它可以提供比 U_1 更大的输出电流。然而，这需要不时地更换电源（碱性 9V 电池可以提供约 500mAh 的电流，保存期限约为 5 年）。这个电路可以切换任意极性——当 ON 时，串联 MOSFET 总电阻为 $2R_{ON}$（体二极管仅在 ON-OFF 转换或高电流下导通）。注意，该电路是一个不受保护的开关——没有提供输出晶体管的电流或功率限制。

电路 b 解决了这个漏洞，并充分利用了 BTS555 集成保护开关的优势。这里我们采用了一个悬空的 9V 电源来为其内部电路的工作电源供电（关闭时典型值为 15μA，打开时为 1mA）。这个开关对几乎所有可能出现的不良情况都有保护，其开关速度与电路 a 相当（典型值为 300μs 闭合，100μs 断开），适合大电流（100A 或更大），但其开关端口的电压限制为 34V。更多详细信息参见 12.4.4 节。

回到图 3.107 中的电路 a，使用现有的 N 沟道 MOSFET 能获得怎样的性能？这里列出了一些筛选出来的候选器件[⊖]（见表 3.3），涵盖了整个电压范围。

表 3.3　MOSFET 开关选择

型号	BV_{DS}/V	I_D (max) /A 脉冲	连续	$2R_{ON}$/Ω	C_{oss}/pF
IXTT02N450	4500	0.6	0.2	960	19
IXTH02N250	2500	0.6	0.2	770	9
STW4N150	1500	12	2	10	120
IXTP3N120	1200	12	3	6.5	100
IXFH16N120P	1200	35	10	1.7	390
IRFBG20	1000	5.6	1	16	52
IRFBG30	1000	12	2	8	140
IXFH12N100	1000	48	5	2	320
IPP60R520CP	650	17	4	1	32
FCP22N60N	600	66	12	0.28	76

⊖ 对 N 沟道分立 MOSFET 调查发现，Digi-Key 有 20 330 种，Mouser 有 11 662 种，Newark 有 4607 种。这些数据值偏高，因为区分了不同的封装。

（续）

型号	BV_{DS}/V	I_D (max) /A		$2R_{ON}/\Omega$	C_{oss}/pF
		脉冲	连续		
FCH47N60N	600	140	30	0.1	200
IRF640N	200	72	12	0.24	190
FQP50N06L	60	210	25	0.8	450
IRLB3034	40	1400	125	0.003	2000
FDP8860	30	1800	100	0.004	1700

可以看出如下几个趋势：

1）R_{ON} 与额定电压之间存在严格的制约关系——对于所列型号，在约 100：1 的电压范围内，导通电阻范围为 100 000：1。

2）特高压器件价格昂贵，例如列出的 4.5kV 器件售价为 22 美元。

3）更高电流的器件具有更大的输出电容（即当开关处于关断状态时，开关端口之间的电容），即使精心选择器件以最小化 $R_{ON}C_{oss}$（导通电阻和输出电容的乘积），它们还具有较大的输入电容和栅极电荷，这些参数与开关速度相关。

4）某些重要的数据缺失，往往需要查看数据手册以获取诸如热阻、脉冲电流和脉冲能量规格、栅极电荷等重要参数。这里提供的数据最多只是建议性的，需要在电路上下文中使用详细规格参数来预测实际性能。例如，最大脉冲电流通常适用于比该电路产生的脉冲长度稍短的情况；而 R_{ON} 则假设栅极驱动电压为 10V，比实际电压稍大。

最后，我们估计一下图 3.107a 电路的开关速度。假设我们需要 600V 电压，并选择中等性能的 FCP22N60N MOSFET，它以适中的成本提供了良好的 R_{ON} 和电容组合。对于开关速度，这里的相关参数是栅极电荷（$Q_{GS}+Q_{GD}$），根据表格和图形数据，它约为 25nC。这必须由隔离驱动器 U_2 提供，并通过 Q_1 和 Q_2 的电流增益 β 来放大。从 U_2 的数据手册中，我们可以估计输出拉电流（从其典型响应时间图中）大约为 3μA。如果我们暂时假设省略掉 Q_1 和 Q_2，由 U_2 直接驱动 MOSFET 的栅极，那么开启时间 $t \approx Q_{gate}/I_{U2}$，即 8.3ms。现在恢复 BJT 驱动器，估计的开关时间将下降 β 倍，β 典型值约为 200，所以开关时间约 40μs。

然而，事情并不那么简单！再次查看 U_2 的数据手册，会发现其上升时间最小约为 100μs；同样地，即使负载电容很小，其固有的关断时间也约为 350μs。这些数字对于列出的几乎每个 MOSFET 器件以及假设包含 BJT 驱动器 Q_1Q_2 而言，都是性能的决定性因素。当然，如果可以接受较慢的开关速度，那么可以简化问题，省略驱动器及其悬空电源。

如果需要更快的开关速度，有许多集成的高端驱动芯片可以胜任，例如国际整流器公司的高压栅极驱动器 IC 系列。这些芯片使用内部高压晶体管将控制信号发送到高压侧，最大电压额定值通常为 600V。开关时间通常在 100ns～1μs。它们适用于脉冲宽度调制桥驱动器等循环应用，并使用高端电荷泵来产生超过电源电压的栅极驱动电压，也可以通过替换 9V 电池来适应脉冲应用。

还有一种这类应用中常用的集成电路，以 Avago 的 ACPL-300 系列栅极驱动光耦合器为代表，它们结合了光耦合器和隔离推挽输出级。例如，ACPL-W343 的输出级可以产生或汇入最小 3A 的电流，上升和下降时间为 40ns（在串联 10Ω 电阻的 25nF 负载下），并且隔离电压可达 2kV。需要为输出级提供 15～30V 隔离的直流电源㊀，见图 3.107b，其中包含通用的旁路电容（用于峰值输出电流），静态电流为 2mA，使用两个 9V 电源时，可供电工作 200 小时。

3. 不常见的开关示例

夜间照明 图 3.108a 给出了利用栅极高阻抗 MOSFET 开关的简单示例。假如想要在日落时自动打开室外照明设备。光敏电阻在阳光下阻值较低，在黑暗中阻值较高。可以将其作为电阻分压器的一部分，直接驱动栅极（没有直流负载）。当栅极电压达到某一量级时，能够产生足够的漏极电流来关闭继电器，灯就会亮起。细心的读者可能已经注意到，电路并没有精确稳定的阈值，但没关系，因为光敏电阻在天变黑时阻值变化非常大（例如从 10kΩ 变为 10MΩ）。注意，因为工作在线性区，MOSFET 在栅极偏压逐渐上升的过程中可能会有功率损耗，但只是用来开关继电器，而不是功率负载，所以这个问题无关紧要。该电路由于缺乏准确稳定的阈值，可能会导致灯光提前或延迟几分钟

㊀ 对于 MOSFET 的栅极驱动来说，这个电压稍微有点高（这些产品是针对 IGBT 设计的），但可以选择最小输出供应电压更低的器件，例如瑞萨的 HCPL-3180 或 PS9506（两者都可以在最小 10V 供电下工作）。

点亮，这也没什么大不了的。但如果另一个继电器与边际线圈的驱动电压不匹配的话，就需要考虑继电器的性能（以低于额定机械力保持触点闭合，可能缩短继电器的寿命）。

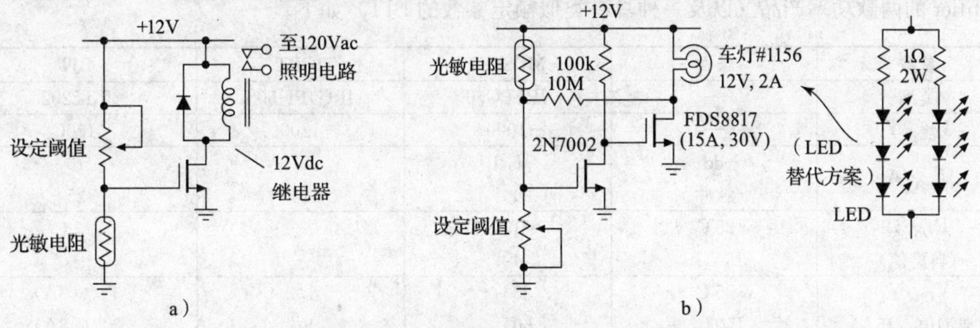

图 3.108　环境光控制的功率开关

图 3.108b 解决了上述问题，电路中一对级联的 MOSFET 提供了更高的增益，增加的增益是通过 10MΩ 电阻的正反馈来实现的，这个反馈使电路在达到门限时再次反馈而迅速闭合。

大功率压电驱动器　图 3.109 给出了一个真正的功率 MOSFET 的工作场景：在 200kHz 时利用 200W 的放大器驱动水下传感器。电路采用一对 NMOS 晶体管，它们交替驱动，以产生在（高频）变压器初级的交流激励。次级串联电感与换能器的电容谐振，将压电器件上的电压升高到数千伏。TC4425A 是 3A 双高速功率 MOSFET 驱动器（类似图 3.97 中的 TC4420），它接收逻辑电平输入（0V 为低电平，大于或等于 2.4V 为高电平），产生一对满量程（0～$+V_{DD}$）输出，其中一个反相，另一个同相。TC4425A 需要克服容性负载，因为 MOSFET 必须在微秒级的时间内完全开启。串联于栅极电阻上的二极管使得开关速度更快，以防止功率晶体管的重叠导通。

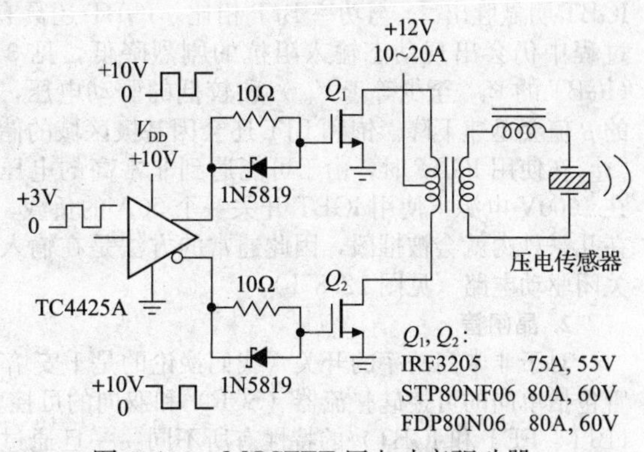

图 3.109　MOSFET 压电功率驱动器

3.5.7　IGBT 和其他功率半导体器件

现代功率 MOSFET 是一种多功能的晶体管，可用于功率开关应用（如直流电源控制或直流-直流开关转换器），以及线性功率应用（如音频放大器）。但是它也存在一些缺点，并有一些有用的替代方案。

1. 绝缘栅双极晶体管（IGBT）

IGBT 是一种有趣的 MOSFET-双极晶体管混合器件，简单来说，它是输入 MOSFET 与功率双极晶体管之间的集成互补达林顿连接（Sziklai 连接）（见图 3.110）。因此，IGBT 具有 MOSFET 的输入特性（零直流栅极电流），并结合了功率双极晶体管的输出特性；但注意，它不能饱和到小于 V_{BE}。与 MOSFET 不同，IGBT 没有内在的反向二极管，因此感应振荡等现象很容易超过其反向电压额定值（例如 20V）。许多 IGBT 包含内部的反向并联二极管来防止这个问题[1]。

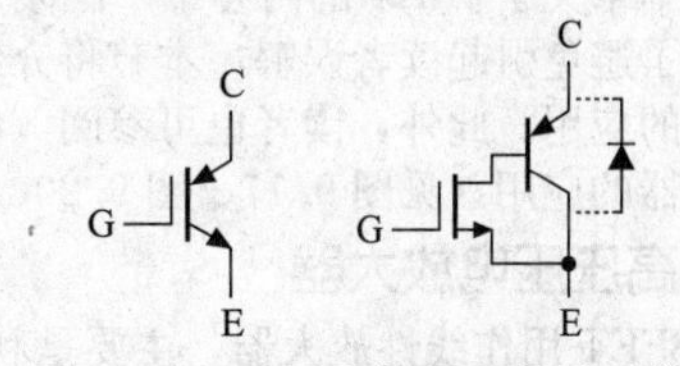

图 3.110　IGBT 符号和显示反并联二极管的简化等效电路

几乎所有可用的 IGBT 都采用 NMOS-PNP 极性，因此它们表现为 N 型器件[2]。IGBT 通常是高压和高功率器件，可用于 TO-220、TO-247 等分立晶体管功率封装，以及类似 D2PAK 和 SMD-220 的表面贴装封装，额定电压可达 1200V，额定电流可达 100A。对于更大电流的应用，可以选择较大尺寸的矩形功率模块，其额定电压更高，额定电流可达 1000A 以上。

---

[1] 有些器件可以选择是否附加二极管，例如在器件编号后面带有-D 后缀表示有二极管，没有-D 后缀表示无二极管。

[2] 目前我们所知道的唯一一种 P 型 IGBT 是东芝的 GT20D200 系列。

IGBT作为高压开关表现出色，因为高压MOSFET的R_{ON}会显著增加：MOSFET的一个近似于经验的法则是，其导通电阻R_{ON}随着电压的增加呈平方关系增加[㊀]。例如，比较来自International Rectifier的两款功率产品（以及一种具有类似额定参数的BJT）如下。

参数	条件	MOSFET	IGBT	BJT
类型	—	IRFPG50	IRG4PH50S	TT2202
V_{max}/V	—	1000	1200	1500
I_{max}/A	dc	6.1	57	10
	脉冲	24	114	25
R_{ON}/Ω	25℃	1.5	—	—
（典型值）	150℃	4	—	—
V_{ON}/V	25℃	23	1.2	1（@8A）
（典型值，15A）	150℃	60	1.2	1（@8A）

这些产品价格相当并且封装相同（TO-247），具有类似的输入特性（2.8nF和3.6nF的输入电容），在输入电压为+15V、开关15A时的饱和电压V_{ON}也近似相同。在高压和大电流状态下，IGBT明显胜出[㊁]。与功率BJT相比，IGBT还具有MOSFET高静态输入阻抗的优点（尽管在开关过程中仍会出现动态输入阻抗的剧烈降低，见3.5.4节）。BJT的优点在于具有较低的饱和电压（IGBT的V_{ON}至少等于V_{BE}）和较低的驱动电压，代价是较高的静态驱动电流，在大电流下，BJT的β值会迅速下降。饱和BJT还会因基极区域的储存电荷而出现恢复速度慢的问题。

在使用IGBT时，由于可能遇到非常高的电压和电流，必须在电路设计中增加故障保护措施：在1000V电源下使用IGBT开关一个50A的负载，如果负载发生短路，由于功耗高达50kW，IGBT在几毫秒内就会被摧毁，因此通常的方法是在输入激励约5μs后，如果V_{CE}没有降至几伏以下，则关闭驱动电路（见图12.87b）。

2. 晶闸管

对于非常高功率的开关（我们谈论的是千安培和千伏特级别），首选的器件是*晶闸管*系列，晶闸管包括单向的可控硅整流器（SCR）和双向的可控整流器。这些三端器件与我们之前见过的晶体管（BJT、FET和IGBT）的特性有所不同：一旦通过小的控制电流（几毫安）注入控制电极（*栅极*）来触发，它们会保持导通状态，直到外部事件将控制电流（从*阳极*到*阴极*）降为零。晶闸管广泛用于家用电灯调光器中，在每个交流电半周期的一小部分时间内打开，从而改变导通角。

晶闸管的额定电流范围从1安培到数千安培，电压范围从50伏特到数千伏特不等，有小外形晶体管封装、常见功率晶体管封装、大模块封装，以及能够实现兆瓦级别功率开关的曲棍球封装。这些器件非常重，不小心被砸到很可能受伤。

3.6　MOSFET线性应用

虽然本章关于JFET的内容中广泛涉及线性应用，但对MOSFET的讨论几乎全部集中在开关应用上。为了避免引起读者误解，本节将介绍一些离散功率MOSFET的线性应用，特别是那些利用其独特性质的应用。此外，读者也可参阅《电子学的艺术》（原书第3版）（下册）的第9章有关线性电压调节器的应用（见图9.17、图9.20、图9.104、图9.110和图9.113）。

3.6.1　高压压电放大器

MOSFET用作线性放大器，主要是利用了它具有高电压等级和不易二次击穿的特性。*压电陶瓷*传感器通常用于光学系统来产生可控的微动。例如，*自适应光学*系统可能会使用压电控制的“橡胶镜”来补偿大气折射率造成的局部变化。压电传感器使用起来很方便，因为它们非常坚固。遗憾的是，它们可能需要高达数千伏的驱动电压才能产生明显的运动，因此需要大量高压驱动放大器，其价格不菲。此外，它们的电容非常大，通常为0.01μF或更高，并且在数千赫兹范围内能够产生机械谐振，因此是一种不理想的负载。

图3.111所示电路能够解决上述问题。IRFBG20是一款廉价（约2美元）的MOSFET，在1kV和1.4A下性能良好，类似的FQD2N100（1kV，1.6A）的价格约为0.85美元。IRFBG20晶体管是

㊀　可以在文献中找到指数从1.6到2.5的数据，这个范围的较低端可能更准确。

㊁　与MOSFET相比，IGBT在保持高跨导方面也表现出色。这是IGBT的优势，起始电压大约在200V。

一个共源极反相放大器，驱动带有有源电流汇负载的源极跟随器。NPN 晶体管是一个限流器，也可以作为低电压单元，因为其输出端悬空。此电路的一个微妙特点是，尽管看起来是单端的，但实际上它是推挽式的：需要在 2V/μs 的速度下用大量的电流（20mA）驱动 10 000pF 的电容；输出晶体管可以产生电流，但下拉电阻不足以消耗电流（回顾 2.4.1 节，为了解决同样的问题，提出了推挽式电路）。在这个电路中，激励晶体管通过栅-源二极管下拉[⊖]，电路的其余部分使用运算放大器进行反馈控制，在接下来的章节中才会涉及。实际上，反馈的效果使整个电路线性化（每 1V 输入产生 100V 输出），如果没有它，输出电压取决于输入晶体管的 I_D-V_{GS} 特性（非线性）。电路一个很好的改进方案是将 3W、660kΩ 上拉电阻（在高输出电压下电流下降，例如 900V 时为 0.15mA）替换为 0.25mA 的衰减型 MOSFET 电流源。

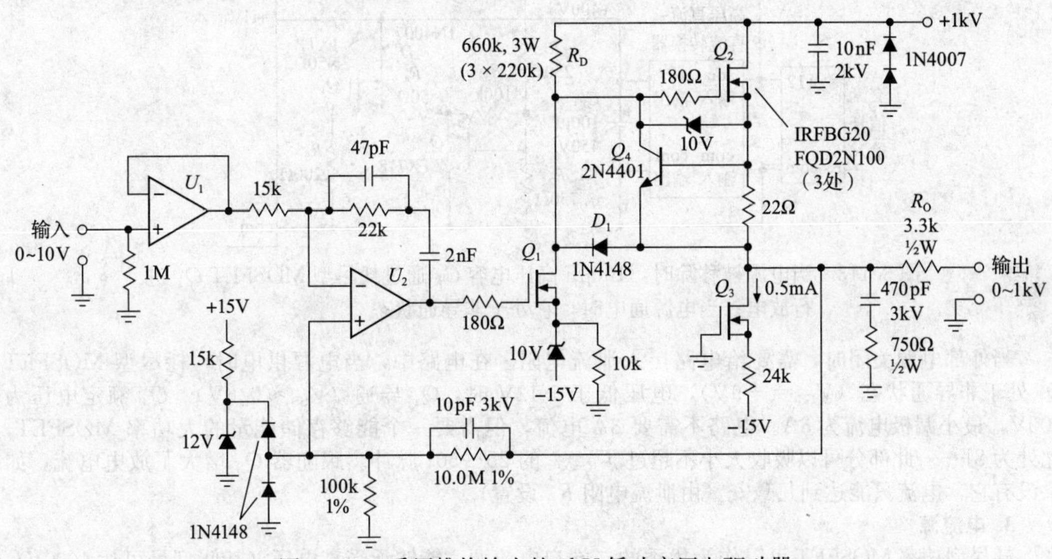

图 3.111　采用推挽输出的 1kV 低功率压电驱动器

练习 3.18　修改这个电路，使得高压输出可以在输入信号的控制下开关（断开时为 0V，闭合时为+3V）。

3.6.2 耗尽型电路

虽然耗尽型 MOSFET 远不及增强型 MOSFET 受欢迎，但耗尽型 MOSFET 也有自身的优势。它们有高电压（可达 1kV）和高电流（可达 6A）的型号可供选择。下面介绍一些应用，它们利用了耗尽型 MOSFET 在零栅极电压下导通的特性。

1. 输入保护

低电平电路（如敏感放大器）不能超过其电源电压范围进行驱动。一种简单的保护方案是在输入端加入串联电阻，并在放大器供电轨上使用一对下游限流二极管，适用于小幅度超载。如果输入达到几百伏特（比如电力线），由于大电阻值（大于 100kΩ，用于限制故障电流和功耗）会影响信号带宽和噪声，这种方法会失效。图 3.112 展示了如何使用一对耗尽型 MOSFET（而不是大电阻）作为串联器件。该电路中所示的耗尽型 MOSFET 为小型封装（SOT-23、SOT-89 或 TO-92），能够承受瞬间输入的±500V 电压。这对 MOSFET 看起来像一个约为 1.7kΩ($R_{DS(ON)}$ 的两倍）的串联电阻，直到输入超出放大器的电源电压范围，此时它限制通过限流二极管的电流约为 2mA。

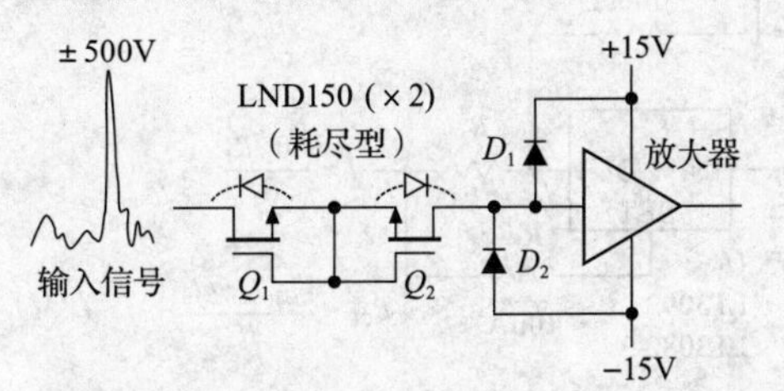

图 3.112　保护低电平输入免受过高压故障。在正常情况下，串联的耗尽型 MOSFET Q_1 和 Q_2（带有其固有体二极管）导通，其等效串联电阻 R_{ON} 约为 1kΩ。超出放大器±15V 电压范围的输入信号由二极管 D_1 或 D_2 进行限流，Q_1 和 Q_2 将电流限制在 I_{DSS}（约为 2mA）

⊖ 这被称为"图腾柱"输出级，从 20 世纪 70 年代早期的双极 TTL 逻辑开始流行，见图 10.25a（下册）。

2. 高压电容的放电

人体接触几百伏的高压很危险，因此断电后要尽快给电容放电。电容有很好的记忆能力，它们的充电状态可能会保持数小时，甚至数年（这也是闪存的存储原理，见14.4.5节）。

电容放电的传统方法是并联一个泄流电阻，电阻大小应使电容大约在10s内放电完毕。但对于用于短时高压脉冲发生器能量存储的大电容，这种方法不能令人满意。图3.113展示了这样一个应用场景，其中100μF的存储电容通过低功率DC-DC转换器（约10W）充电到＋400V，转换器由低压直流供电，该电源同时也为其他脉冲发生器电路供电。

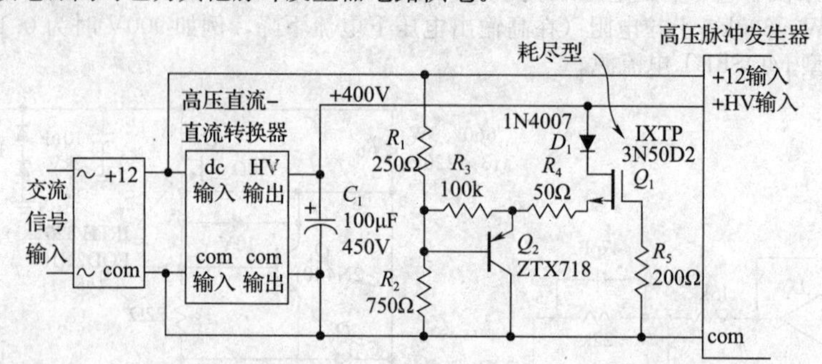

图3.113　当电源被移除时，100μF高压电容C_1通过耗尽型MOSFET Q_1进行放电；当电源通电时，它处于非导通状态

当外部电源关闭时，需要给电路接入泄流电阻。在电路中，当电源供电时，耗尽型MOSFET Q_1处于非导通状态（$V_{GS}=-9V$），电压低于＋12V时，Q_1导通（$V_{GS}\approx0.6V$）。Q_1额定电压为500V，最小漏极电流为3A。电路不需要3A电流，但需要一个能够存储能量的大功率MOSFET，此处为8J——此部分可以吸收大小不超过$T_{J(max)}$的25～50J脉冲。跟随器Q_2增大了放电电流，如果没有它，电流只能达到几毫安（由泄流电阻R_2设置）。

3. 电流源

耗尽型功率MOSFET可以作为优秀的二端口电流源，能够承受高电压（某些型号可达1000V），并且具有很高的功耗。它们延续了早期使用的JFET的设计概念，但适用于更高的电压和功率级别。由于这些应用涉及功率问题，将在《电子学的艺术》（第3版）（下册）的第9章（9.3.14节）探讨。到那时，大家会发现耗尽型功率MOSFET具有与JFET相同的电路结构（见图9.36），可以查看测量的I-V曲线（图9.40和图9.41）。这样的耗尽型MOSFET电流源非常适用于之前的高压压电驱动器，它可以取代传统的660kΩ功率上拉电阻，从而在信号有效范围内提供近似恒定的漏极驱动电流。

4. 扩展调节器V_{IN}

对于一些低电压设备，有时候需要扩大直流输入的电压范围。图3.114a展示了一个例子：一个线性电压调节器，以较高的直流输入输出例如＋3.3V电压。调节器最大输入电压范围有限——可能是＋20～＋30V（如果使用BJT），或者只有＋6V（如果使用CMOS）。此处，N沟道耗尽型MOSFET Q_1被连接为跟随器，在调节器的输入端以提供大于V_{OUT}、等于V_{GS}的电压。对于IXTP08N50来说，V_{GS}为－2～－4V，因此调节器的输入保持在其输出电压以上2～4V的范围内。该电路的输入电压可以达到＋500V（Q_1的额定最大值），不过要考虑散热问题。通过粗略设置限流电阻R_{CL}来保护Q_1，或使用恒流调节器来实现限流保护（见图3.114b）。

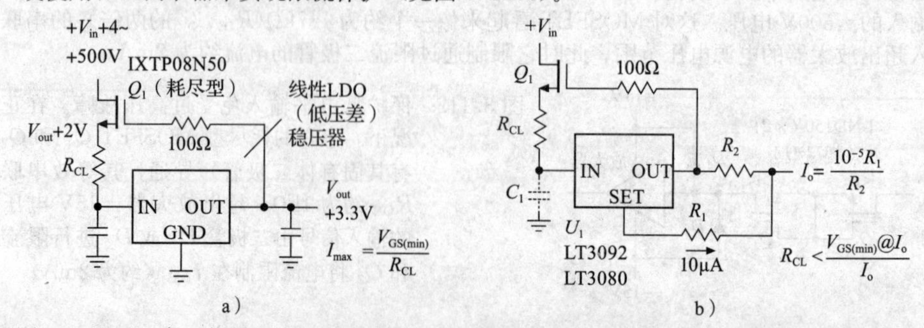

图3.114　a）高压耗尽型MOSFET扩展了串联电压调节器的输入电压范围；b）电流源模拟电路，为了在高频下获得良好性能，C_1应该很小，甚至完全消失

3.6.3　并联 MOSFET

有这样一种说法，功率 MOSFET 可以直接并联（电源引线中无镇流电阻），因为它们的 I_D 在固定的 V_{GS} 下具有负温度系数，这保证了并联器件漏极电流的自动重新分配。此外，这种特性也可以防止热失控。

1. 可以作为开关

功率 MOSFET 在大漏极电流下（更准确来说是在相对较大的 V_{GS} 值下）表现出负的 I_D 温度系数，见图 3.115。对于开关应用，实际上是在零 V_{DS}（受 R_{ON} 限制）下工作，大的栅极激励使器件进入负 I_D 温度系数区域，因此可以简单地将多个 MOSFET 直接并联[1]，而不需要镇流电阻。在这种情况下，R_{ON} 随着温度的升高而增加（见图 3.116），并且并联器件共享漏极电流（和功率）。R_{ON} 的正温度系数对于并联 MOSFET 开关来说是有益的，但同时也带来了一个新问题——有可能出现热失控，见 3.6.4 节。

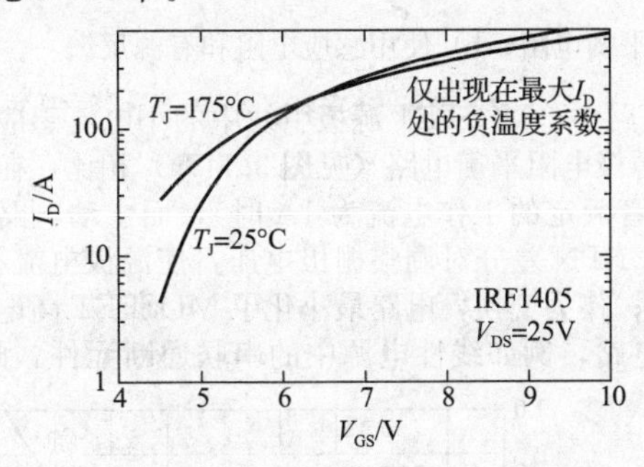

图 3.115　IRF1405 N 沟道功率 MOSFET 的传输特性（I_D-V_{GS} 关系曲线）。注意，除了最高漏极电流（>175A）处，温度系数都是正的；对于线性应用，漏极电流很少超过 10A

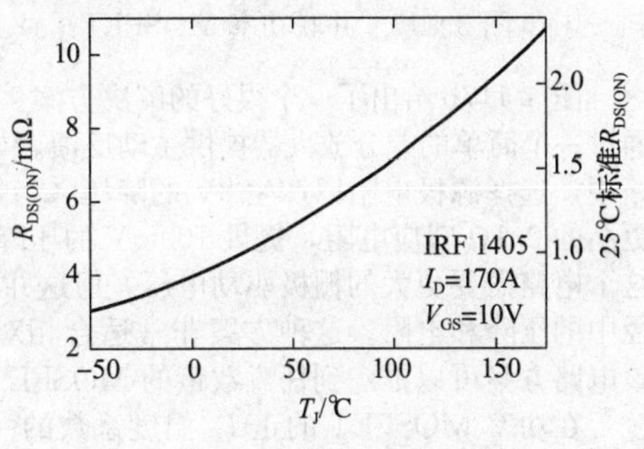

图 3.116　导通电阻随温度的升高而增加：IRF1405 N 沟道功率 MOSFET 的 R_{ON} 与温度之间的关系

2. 不能用于线性功率电路

在这种情况下，情况更加复杂：在大多数线性应用中（例如音频功率放大器，其中的晶体管之间存在较大的漏极电压 V_{DS}），电路是在相对较低的漏极电流的正温度系数区域工作的——若非如此，功耗 I_DV_{DS} 将远远超过热考虑因素所允许的范围（即过高的结温，见 9.4.1 节）。例如，图 3.115 中的晶体管在 75℃的外壳温度下最大功耗为 200W，当晶体管承载 25V 电压时，平均漏极电流限制应为 8A，其中 I_D 具有较大的正温度系数。因此，在实际的线性应用中 V_{DS} 较大，这加剧了并联 MOSFET 电流分配的不均匀。而且因为单个晶体管无法处理这么大的功率，需要使用多个晶体管，这导致电路会出现严重问题；单个晶体管很可能会独占过多的电流，导致其损耗远远超过由热阻和散热器确定的阈值。

源极镇流电阻　上述问题的解决方法是在各个源极引线中添加小镇流电阻，大致选择这些电阻使得其压降至少与栅-源工作电压的散布相当（见图 3.117a）。对于给定类型的 MOSFET，从单个制造批次或选择匹配 V_{GS} 的晶体管来说，零点几伏的压降通常是足够的[2]；然而，数据手册会保守地建议较大的压降——在满电流下达到 1V 或 2V。除非在初始设计或后续更改过程中愿意匹配晶体管，否则就需要采用保守的方法来设计稳定的电路，使源极镇流电阻的大小能够在全额工作电流下产生 1V 或 2V 的压降。

这个例子阐明了设计者常常面临的两难选择，即在一个保守的电路设计和一个性能更好的电路设计之间进行选择。保守的设计能够满足最严格及最坏情况下的设计标准，因此能够保证电路正常工作，而性能更好的设计可能无法满足最坏情况下的要求，但极有可能在实际使用中并不会出现故障。有时候，可能会选择后者，而忽略了那些极端情况。

主动反馈　电流匹配问题是典型的电路设计中鲁棒性与性能之间的权衡问题。保守地选择较大的镇流电阻会导致 R_{ON} 和功耗的增加。但通常情况下，巧妙的电路设计可以补偿这些损失。

---

[1] 每个 FET 都应该有自己的串联栅极电阻，以防止在开关转换过程中发生振荡，这些电阻通常在几欧姆到几十欧姆，并常用于单个开关 MOSFET。在栅极或漏极引线上使用磁珠也可以帮助抑制振荡。

[2] 在 3.6.3 节的例子中，可以将四个 IRF1405 并联使用，每个源极引线上配备 0.1Ω、10W 电阻，以处理 25A 的总电流。

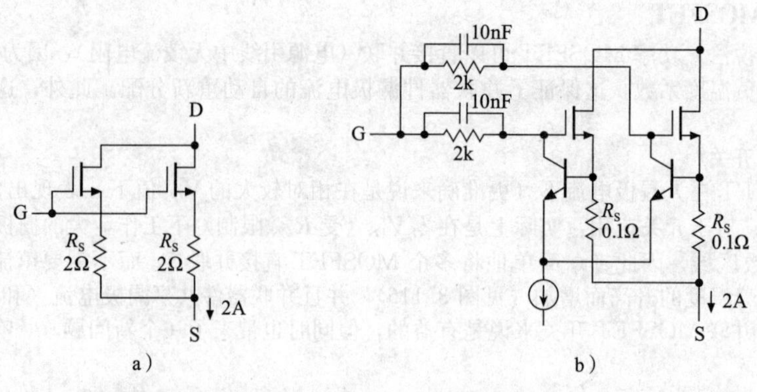

图 3.117 并联功率 MOSFET：a）使用源极平衡电阻；b）使用感应电阻和有源反馈

图 3.117b 给出了一个很好的解决方案。在这个电路中，MOSFET 源极引线中的小电流感应电阻通过一个简单的差分放大器提供主动反馈。与保守的源极电阻平衡电路（见图 3.117a）相比，在该电路中，选择源极电阻以产生 2V 的降压（当每个晶体管额定的工作电流为 1A 时），而主动电路使用更小的 0.1Ω 感应电阻，提供 100mV 的压降，并通过 NPN 差分对调整栅极电压，使源极电流相等。这个电路需要更大的栅极驱动电压，但这并不是问题；作为交换，电路最小化了 MOSFET 高电流路径中的压降和电阻。这种方案非常适合相对较慢的电路，例如线性电源中的串联通断元件。此外，该电路方案可以推广到任意数量的 MOSFET ㊀。

在功率 MOSFET 的正 I_D 温度系数的一般特性中，有一个很好的特例：横向器件（与几乎所有功率 MOSFET 的垂直结构相对）在非常低的栅极电压（和非常低的 I_D）下表现出负温度系数（见图 3.118）。横向功率 MOSFET 无法达到垂直功率 MOSFET 的高击穿电压和低 R_{ON} 值，但它们在线性功率应用中更受青睐，例如音频放大器，因为它们具有良好的线性度和热稳定性。Renesas（瑞萨）的 2SK1058（N 沟道型）和 2SJ162（P 沟道型）互补对是一个受欢迎的选择，限制在 160V 和 7A；它们的 R_{ON} 较小，约为 1Ω。这在线性放大器的情况中并不是特别关注的问题，因为它们不在电压饱和区工作；但它足够高，通常会看到多个晶体管并联使用。

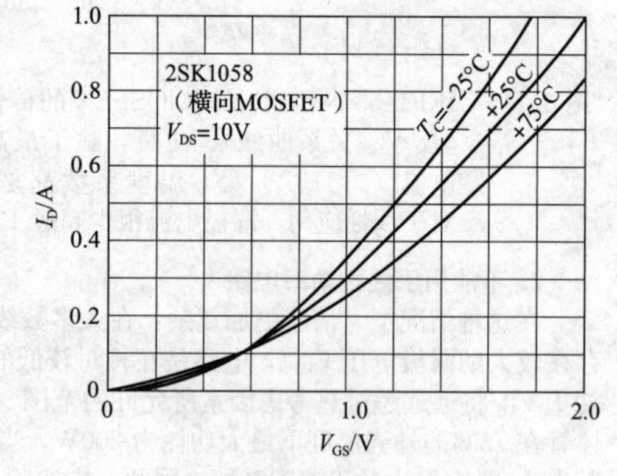

图 3.118 2SK1058 横向 N 沟道功率 MOSFET 的传输特性曲线（I_D 与 V_{GS} 的关系），在高保真音频功率放大器中广泛使用。在大部分工作区域，温度系数是负值

功率 MOSFET 中 I_D 的正温度系数还会引发另一个问题，即可能发生热失控。

3.6.4 热失控

到目前为止，我们一直避免提及 R 这个字母，因为热失控与晶体管是否并联使用无关。热失控特指电路配置中因功耗过大导致温度升高，从而需要考虑散热的问题，其中两个典型的例子是推挽线性放大器和饱和功率开关。

1. 推挽功率放大器

在常用于音频输出级的 AB 类推挽功率放大器中，推挽对以较大的静态电流（通常约 100mA）偏置，以保持波形交叉时的线性度。静态电流会随温度变化而变化，因为 MOSFET 的 I_D（对于双极晶体管则是 I_C）在恒定驱动电压下具有正温度系数。根据电路配置和散热情况，输出晶体管可能达到或未达到稳定的温度，如果没有达到，就会出现热失控（与是否并联多个晶体管无关）。

我们之前在 2.4.1 节介绍由互补双极晶体管构建的推挽音频功率放大器时见过这种情况。由于

㊀ 我们在一些惠普（后来的安捷伦，现在的凯西特）E3610 系列线性电源中发现了这个巧妙的电路技巧。相比一些 MOSFET 制造商建议使用单独的运算放大器来偏置每个晶体管，这种方法要简单得多。利用多个晶体管的更高功率耗散能力的另一种方式是将它们串联起来，见图 9.111。串联可以保证电流均匀分配。

双极晶体管在固定 V_{BE} 下的集电极电流具有正温度系数[一]，通常的方法是用一个电压源将两个基极偏置分开，电压源跟踪输出级 V_{BE} 的温度系数，通常使用二极管或晶体管的基极-发射极结，与输出级散热器热耦合——常与输出级的发射极小电阻一起使用（见图 3.119b）。

在线性推挽放大器中使用的功率 MOSFET 也存在相同的问题，因为它们工作在 I_D 的正温度系数区域（见 3.6.3 节）。可以使用跟踪负温度系数的偏置发生器，或与输出级源极小电阻结合使用。然而，使用横向功率 MOSFET 可以很好地解决这个问题，它们在 $I_D \approx 100\text{mA}$ 开始具有负温度系数（见图 3.118），确保了不会出现热失控。一般的做法是使用（可调节的）恒定直流电压将输出级栅极偏置相隔开，见图 3.119，在信号频率处进行旁路处理[二]。偏置通常设置为接近零温度系数交叉点的静态电流 I_Q（例如，对于 2SK1058/2SJ162 互补对，I_Q 约为 100mA），以确保随着放大器的升温，I_Q 保持相对恒定[三]。

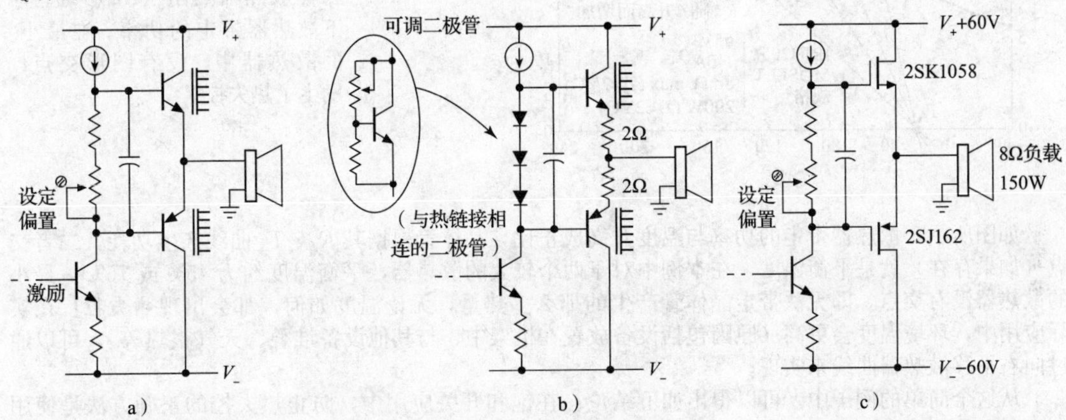

图 3.119 推挽功率放大器中的热稳定性——简化输出级配置。a）固定 V_{BE} 偏置导致双极晶体管输出级的正温度系数失控；b）跟踪热耦合偏置发生器控制失控；c）使用固定 V_{GS} 偏置的横向 MOSFET 具有稳定的静态电流，不需要热补偿

2. 饱和开关

主流观点认为，当 MOSFET 用于功率开关时，不会发生热失控。原因是这些器件在完全导通时 R_{ON} 很低，几乎不需要散热；此外，如果在承载有限的电流情况下进行散热，会稳定在某个升高的温度点，这是因为散热器带走的功率与温度升高幅度大致成正比，最终会赶上功耗；此外，这些器件相当耐用。

这是一种很好的想法，但实际情况可能不同。R_{ON} 并不是恒定的，而是随温度的增加而增加（见图 3.116）。所以，开关在温度升高时会消耗更多的功率，如果散热器太小，带走的热量可能永远无法赶上功耗——在这种情况下，会出现热失控。

换个角度来看：不必通过真正的热失控达到过热和损坏，一个不大的散热器[四]就足够了，它使得结温飙升超过极限温度 $T_{J(max)}$ 来完成这项工作。而且，接下来会看到，相比使用更大的散热器，解决热失控更好的方法是降低 R_{ON} 来减少功耗。接下来，我们来看一个不好的设计是如何导致热失控的。

图 3.120 以简明的方式说明了需要多大的散热器来防止热失控。注意，要保持结温 T_J 低于规定的 $T_{J(max)}$。首先，选取一款廉价的功率 MOSFET，根据其数据手册绘制 R_{ON} 与温度的关系曲线（图的最高温度点为 175℃，为最大额定结温，并额外添加了 75℃温度点）。然后，利用这个曲线评

[一] 或者，在电流 I_C 恒定的情况下，V_{BE} 具有负温度系数。

[二] 该图是简化电路。实际上，双极晶体管可以配置为达林顿或 Sziklai 对，并且单端驱动级可以被对称的一对驱动器取代，这些驱动器由差分输入级供电。对于一个 150W 的放大器，为了保持在允许的结温范围内，可能会使用并联的晶体管对；对于 MOSFET 版本，不需要平衡电阻。

[三] 横向 MOSFET 可能很难获取，可以使用常规功率 MOSFET 代替 BJT 的“V_{BE} 二极管”（见图 3.119b），来偏置一对普通功率 MOSFET。这种方法可以防止热失控，因为 MOSFET 的温度系数在低电流下比在高电流下要高，参考图 3.115。

[四] 甚至不需要使用散热器。数据手册中的 I_D(max) 额定值可能使你完全省略散热器，即使在工作电流较大的开关电路中也是如此。

估功耗 $P_{diss}=I^2R_{ON}$；漏极电流选择50A，可以得到右轴的功耗数值。最后，假设环境温度为 $T_A=25℃$，分别绘制散热器的4个不同热阻 $R_{\Theta JA}$ 对应的功率，即 $P_{diss}=(T_J-T_A)/R_{\Theta JA}$。

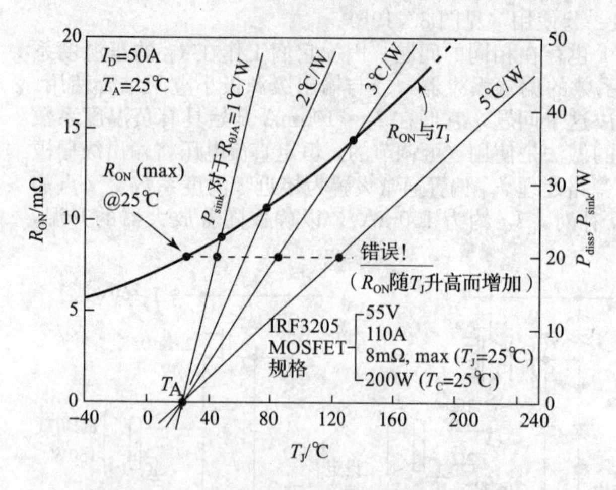

图3.120　MOSFET开关中的热失控。曲线表示IRF3205 N沟道功率MOSFET在50A下的最大导通电阻和相应的功耗。直线表示三种散热器热阻（$R_{\Theta JA}$）选择下散热器带走的功率。在最小的散热器中，没有图形交点，发生了热失控

如图所示，散热器带走的功率与温度升高成正比，晶体管根据其 R_{ON}-T_J 曲线产生功耗，二者交点（如果存在）就是平衡温度，在本例中对于两个较大的散热器，平衡温度约为45℃或75℃。最小的散热器没有交点，即无法带走晶体管产生的那么多热量，无论温度如何，都会出现热失控！在实际应用中，环境温度会更高（原因包括设备放置在机架中、与其他设备堆叠、天气很热等），可以通过向右平移散热器曲线来实现。

从这个简单的例子中，可以得出如下结论：在饱和开关应用中，防止热失控的正确方法是使用更大的散热器。但是再观察一下数据：使用的是 R_{ON} 约为10～15mΩ、压降为0.5～0.75V、功耗为25～40W的器件来开关50A电流。在这种电流下，应该使用一个更大的晶体管，或者并联使用几个晶体管来减小 R_{ON}（从而减小功耗）。数据手册上的最大 I_D 规格（这里为110A）看起来很好，但不能指导器件的直流操作。在这个例子中，更好的选择是使用 R_{ON} 较低的器件，例如FDB8832120，其 $R_{ON}=2.3mΩ$（在25℃下最大），50A时的典型导通电压为115mV，功耗为5.8W[㊀]。在30V情况下（高压MOSFET的 R_{ON} 较高），如果想要用低 R_{ON} 和 P_D 来开关更高电压，则可以选择高功率MOSFET模块或将几个传统MOSFET并联使用（更便宜）。对于超过400V左右的电压，首选晶体管是IGBT，它具有MOSFET的输入特性和BJT的输出特性。例如，三菱CM1200HC-50H的额定电压为2500V，额定电流为1200A，在满电流下，它饱和时的电压仅为3V（相当于 R_{ON} 为2.5mΩ），但会产生3.6kW的功耗（用于电动机车等功率开关中）。

为了避免误解，必须指出的是，热计算和散热器选择并不需要像上文那样绘制图形（这里主要关注热失控的概率）。更简单地，可以将安全系数 m 乘以数据手册中25℃的 R_{ON} 值，以得到在最大结温（150℃）下的合理 R_{ON}，从而得到

$$T_J\approx T_A+I_D^2\cdot mR_{ON(25℃)}\cdot R_{\Theta JA} \tag{3.15}$$

乘数 m 在MOSFET的电压额定值上略有变化，基于许多数据手册中的数据，对于低压MOSFET，$m\approx1.5$；对于高压MOSFET，$m\approx2.5$。一个实用的经验法则是，如果使用额定电压为100V的MOSFET，那么设定 $m=2$；对于至少1kV的高压MOSFET，则设定 $m=2.5$。

3. 二次击穿和安全工作区

值得强调的是，之前在3.5.1节中讨论过的一个相关热效应——二次击穿，即功率晶体管在超出其最大电压、最大电流或最大结温（后者取决于功耗、脉冲持续时间、散热器热阻和环境温度）时发生故障[㊁]。这些边界定义了安全工作区（SOA），见图3.95。双极晶体管还有另一种称为二次击穿的故障模式，这是一种未知的不稳定性，其特征是局部加热、击穿电压降低，并且通常会破坏晶体管。二次击穿在图3.95中给双极SOA施加了额外的限制。值得庆幸的是，MOSFET不太容易遭受二次击穿，这也是它们在功率电路中广受欢迎的原因之一。注意，对于这两种类型的晶体管，短脉冲下的最大电流和功率限制更高。

㊀ 当 $T_J=150℃$ 时，阻值上升至3.6mΩ，电压为180mV，功率为9W（最大）。

㊁ 更准确地说，它们不能保证不会失败。

第4章 运算放大器

4.1 运算放大器简介

在前三章中，我们学习了包括有源和无源的分立元器件的电路设计。基本元器件包括双极晶体管（BJT）和场效应晶体管（FET），以及电阻、电容和其他用于设置偏置、耦合和阻断信号、产生负载阻抗等所需要的元件。

我们还学习了如何应用这些元器件设计简单的电源、信号放大器和跟随器、电流源、直流和差分放大器、模拟开关、电源驱动器和稳压器，甚至一些基本的数字逻辑。

同时，我们也学会了与不完美作斗争。电压放大器存在非线性（输入信号为 1mV 的发射极接地的共射极放大器输出信号会有约 1%的失真），可以通过增加发射极负反馈在减小非线性失真与降低电压增益间进行折中处理；差分放大器具有输入不平衡的特点，典型的输入不平衡是几十毫伏（双极晶体管），而分立的 JFET 的输入不平衡是晶体管的十倍以上；在双极晶体管设计中，必须考虑输入电流（通常很大）和永远存在的 V_{BE} 及其随温度的变化；而在 FET 电路设计中应注意没有输入电流以及不可预测的栅-源电压 V_{GS} 等。

我们已经看到一些迹象表明事情可以变得更好，特别是引入负反馈后，电路的线性化效果显著，并能使电路整体性能更少依赖于元器件。发射极引入负反馈的共射极放大器比发射极接地的共射极放大器具有更好的线性度（以减小电压增益为代价）。在高环路增益限制下，负反馈的引入可以使电路性能在很大程度上不受晶体管缺陷的影响。

有希望但尚未实现的是在反馈中要获得高环路增益的高增益放大器仍需要投入大量的设计工作，这是用分立（而不是集成）元器件实现复杂电路的特点。

运算放大器从本质上讲是“完美的器件”：一个完整的集成放大器增益模块，最好被看作是一个具有非常高增益的单端输出的直流耦合差分放大器。它具有精确的输入对称性和几乎为零的输入电流。运算放大器被设计成负反馈的“增益引擎”，其增益非常高，所以电路的性能几乎完全由反馈电路决定。运算放大器体积小巧，价格便宜，几乎所有的模拟电路设计都应该从运算放大器开始。在大多数运算放大器电路设计中，集成运算放大器都被视为理想器件。通过集成运算放大器电路，我们将学会构建近乎完美的放大器、电流源、积分器、滤波器、稳压器、I/V 转换器（电流-电压转换器）和许多其他功能电路。

运算放大器是我们学习的第一个集成电路的例子——许多分立的电路元器件（如晶体管和电阻）在一块硅“芯片”上制造并相互连接[㊀]。图 4.1 中显示了一些集成运算放大器封装形式。

图 4.1 集成运算放大器（和其他线性集成电路）有各种各样的封装，图中列出了其中的大多数。上排（从左到右）：14 引脚塑料双列直插式封装（简称塑封双列直插式）(DIP）和 8 引脚塑封双列直插式封装（又称迷你 DIP）。中排：14 引脚小薄型封装（TSSOP）、8 引脚小型封装（SO8）和 8 引脚小薄型封装（μMAX）。下排：5 引脚小型晶体管封装（SOT23）、6 球芯片级封装（CSP，顶视图和底视图），5 引脚 SC-70。14 引脚封装内置四个运算放大器（即四个独立运算放大器），8 引脚封装内置双运算放大器，其余为单运算放大器

㊀ 最早的运算放大器是用电子管搭建的，随后是用分立的晶体管实现的。

4.1.1 反馈和运算放大器

我们在第2章首次遇到负反馈，在该章中我们看到了将输出耦合到输入的过程，通过这种方式来抵消一些输入信号，改善了诸如线性度、（输出）响应的平坦性和可预测性等特性。正如我们定量分析得到的那样，引入的负反馈越多，所得到的放大器特性对开环（无反馈）放大器特性的依赖就越少，最终只取决于反馈网络自身的特性。运算放大器通常用于开环电压增益（无反馈）约为一百万的高环路增益的电路设计中。

反馈网络可以设计为与频率相关，用于实现均衡放大器（例如在大多数音频系统中看到的高音和低音音调控制器）；也可以设计为与振幅相关，实现非线性放大器（一个流行的例子是利用二极管或晶体管的V_{BE}与I_C间的对数关系引入反馈，从而实现对数放大器）；也可将其设计为电流源（接近无限输出阻抗）或电压源（接近零输出阻抗）；也可将其连接用于产生非常高或非常低的输入阻抗。一般来说，反馈中取样的特性就是改进的特性。因此，如果反馈信号与输出电流成正比，那么将生成良好的电流源。

正如2.5.1节中所述，可以将反馈特意设计为正的，如用来制造振荡器，或者如稍后将看到的，用来实现施密特触发器。这些是好的正反馈。当负反馈电路在某些频率上有足够的相移累积并产生整体的正反馈和振荡时，不好的现象就会不请自来（是不受欢迎的）。发生这种情况的原因有很多。本章最后的4.9节将讨论这个重要的主题，并了解如何通过频率补偿防止不必要的振荡。

有了这些一般性的说明，现在来看一些关于运算放大器的反馈示例。

4.1.2 运算放大器分析

运算放大器是单端输出的高增益直接耦合差分放大器。虽然实际的运算放大器具有更高的增益（通常为10^5～10^6）和更低的输出阻抗，并且允许输出在大部分或全电源范围内变化（经常使用对称双电源，例如±5V），我们依然可以把经典的双端输入单端输出的长尾差分对电路作为运算放大器的原型。运算放大器有数千种类型，其通用符号如图4.2所示，其中＋输入端和－输入端符合预期：当同相输入端信号大于反相输入端时，输出为正；反之亦然。＋和－符号并不意味着必须一个对另一个保持正极性或类似的意思，它们只是输出（和输入）的相对相位（这对于保持负反馈是很重要的）。使用“同相”和“反相”这两个词而不是“正”和“负”有助于避免混淆。电源连接经常不显示，并且没有接地端子。运算放大器具有非常高的电压增益，绝不会（或者几乎不会）在没有反馈（开环）的情况下使用运算放大器。将运算放大器视为反馈的要素，开环增益非常高，所以对于任何合理的闭环增益，其电路特性仅取决于反馈网络。当然，在某种程度上，这种概括是不适用的。下面首先对运算放大器的特性进行初步研究并在需要的时候补充一些细节。

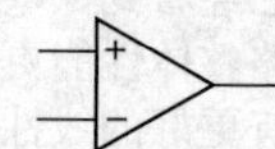

图4.2 运算放大器通用符号

成千上万种不同的运算放大器提供了各种性能，我们将在后面介绍，其中最初由National Semiconductor推出的LF411（简称411）是一款非常出色的通用运算放大器。如图4.3所示，像许多运算放大器一样，它采用迷你DIP或SOIC（小型IC）封装，价格便宜且易于使用。它有一款改进型号（LF411A）和一款包含两个独立运算放大器的型号（LF412）。在本章中，我们将采用LF411/LF412作为标准运算放大器，并推荐其（或者多功能的LMC6482）作为电路设计的良好起点。

411内部是一块包含24个晶体管（21个双极晶体管和3个FET）、11个电阻和1个电容的硅片，引脚连接见图4.4。左上角的圆点或包装末端的凹口用来标识引脚编号的起点。与大多数电子封装一样，从顶部沿逆时针数引脚。零点偏移引脚（也称平衡或微调端）用于从外部校正那些在制作运算放大器时产生的不可避免的微小不对称。本章稍后将详细介绍这一点。

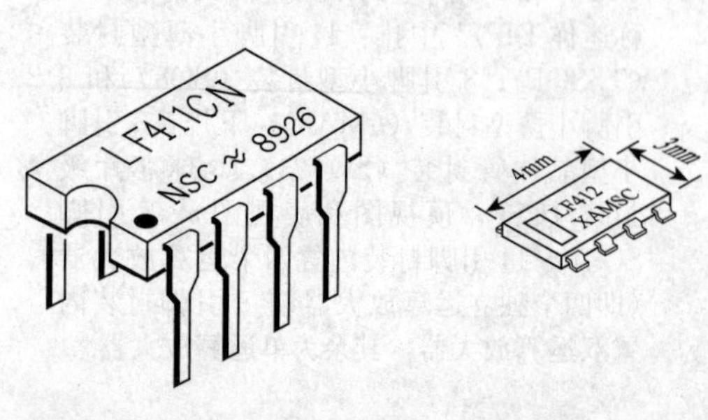

图4.3 迷你DIP和SOIC（小型IC）封装

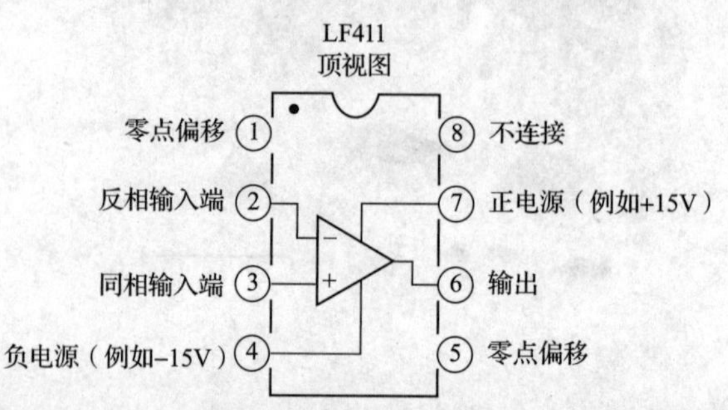

图4.4 8引脚双列直插封装LF411的引脚连接

4.1.3 黄金法则

下面是分析带外部负反馈的运算放大器的简单规则。它们几乎可以满足要分析的所有电路。

首先，运算放大器的电压增益非常高，即使在输入端之间的几分之一毫伏的电压都会使输出在其整个范围内变化，因此我们忽略这个小电压，并提出黄金法则Ⅰ。

黄金法则Ⅰ　输出尝试执行任何必要的操作，以使输入之间的电压差为零。

其次，运算放大器的输入电流非常小（对于输入级是 JFET 的 LF411 约为 50pA，输入级是 MOSFET 的通常小于 1pA），将此小电流舍去，提出黄金法则Ⅱ。

黄金法则Ⅱ　无输入电流。

重要的解释：黄金法则Ⅰ并不意味着运算放大器改变了它的输入电压。它不能那样做（这怎么可能，并符合黄金法则Ⅱ?）。它所做的是根据输入端信号，调整输出端信号大小，以便外部反馈网络将差模输入信号降至零（如果可能的话）。

这两个法则可能令人困惑。下面以一些基本且重要的运算放大器电路为例进行说明。

4.2 运算放大器基本应用电路

4.2.1 反相放大器

让我们从图 4.5 所示电路开始。

1) B 点接地，根据法则Ⅰ，A 点也接地。

2) 这意味着 R_2 两端电压为 V_{out}，R_1 两端电压为 V_{in}。

3) 根据法则Ⅱ，有 $V_{out}/R_2=-V_{in}/R_1$。换句话说，电压增益（$G_V \equiv V_{out}/V_{in}$）为

$$G_V=-R_2/R_1 \tag{4.1}$$

稍后会看到，有时 B 点不直接接地，而是通过一个电阻接地会更好，但现在不必考虑。

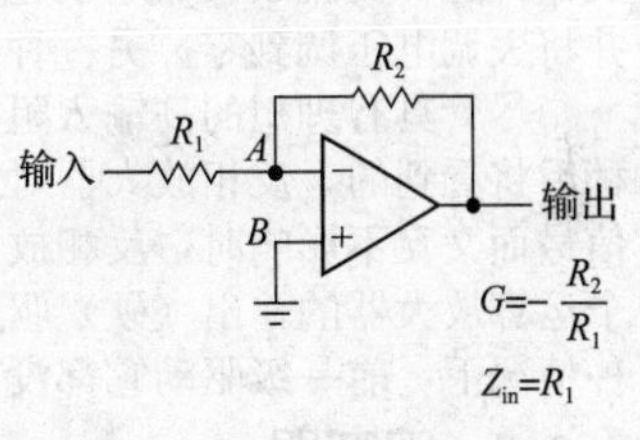

图 4.5　反相放大器

我们的分析似乎太简单了！在某些方面掩盖了实际情况。要了解反馈是如何工作的，设想某个输入电压，比如+1V。为具体起见，假设 R_1 为 10kΩ，R_2 为 100kΩ。现在，假设输出与输入信号无关，输出为零，会发生什么？R_1 和 R_2 形成分压器，将反相输入端电压保持在+0.91V。运算放大器输入端信号呈现出明显的不平衡，使输出变为负值。此过程持续进行，直到输出达到所需的−10.0V，此时运算放大器两个输入端电压相同，即等于地电位。类似地，当输出电压低于−10.0V时，反馈会将反相输入端电压拉到低于 0V，从而使输出电压升高。

输入阻抗是多少？很简单，A 点电压始终为 0V（称为虚地），所以 $Z_{in}=R_1$。此时，还不知道如何计算输出阻抗，对于这个电路，输出阻抗小于 1Ω。

注意，这种分析对直流也是正确的，它是一个直流放大器。因此，如果有一个信号源，对地有直流偏移（例如，来自前一级的集电极），此时可能需要耦合电容（有时称为隔直电容，因为它隔断直流，耦合交流信号）。由于稍后将看到的原因（与运算放大器性能非理想有关），如果只对交流信号感兴趣，使用隔直电容通常是一个好主意。

此电路称为反相放大器，它的一个明显缺点是输入阻抗较低，特别是对于具有大（闭环）电压增益的放大器，R_1 往往很小。如图 4.6 所示的电路弥补了这一缺陷。

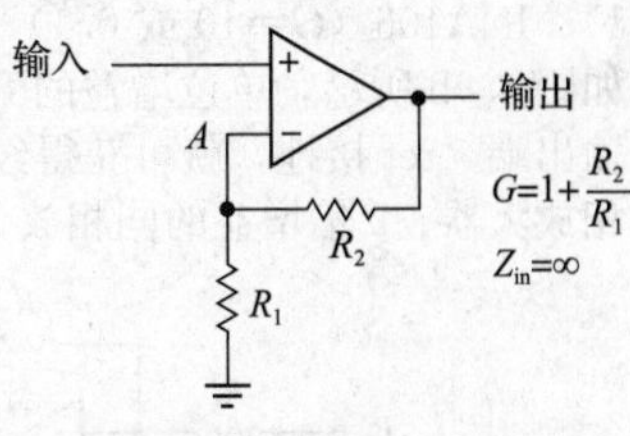

图 4.6　同相放大器

4.2.2 同相放大器

考虑图 4.6。同理，分析也很简单：

$$V_A=V_{in}$$

但 V_A 来自分压器：$V_A=V_{out}R_1/(R_1+R_2)$。设 $V_A=V_{in}$，可得电压增益为

$$G_V=1+R_2/R_1 \tag{4.2}$$

这就是同相放大器。按理想模型分析，输入阻抗无穷大（对于输入级是 JFET 的 411，可以达到 $10^{12}\Omega$ 或更大；对于输入级是 BJT 的运算放大器通常会超过 $10^8\Omega$）。输出阻抗仍然小于 1Ω。

交流放大器

与之前的反相放大器一样，基本的同相放大器也是直流放大器。如果信号源是交流耦合的，必须为（非常小的）输入电流提供接地回路，见图 4.7a，根据元件数值可知电压增益为 10，低频 3dB 点为 16Hz。

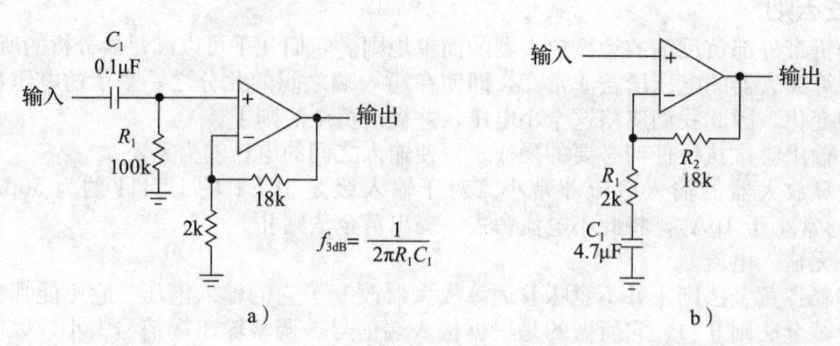

图4.7　交流放大器：a）交流耦合同相放大器；b）隔直电容使直流增益降到1

如果只放大交流信号，尤其是在放大器具有大电压增益时，为了减小有限的输入失调电压的影响（见4.4.1节），通常最好将直流增益降低到1。图4.7b中电路的低频3dB点为17Hz，在该频率处，电容C_1的容抗等于R_1或2.0kΩ。注意，此时需要一个大的电容值。对于具有高增益的同相放大器，这种交流放大器中的电容值可能会非常大。后面将会讨论，对于这种情况，最好省略电容，并将失调电压调到零。另一种方法是增大R_1和R_2，也许可以用T网络（见图4.66）。

尽管具有理想的高输入阻抗，但并不是在所有情况下同相放大器都比反相放大器更合适。正如稍后将看到的，反相放大器对运算放大器的要求更低，因此性能更好。此外，当需要组合多个输入信号而又互不影响时，反相放大器的虚地可以提供一种便捷方式。最后，当所讨论的电路是由另一个运算放大器的输出（硬）驱动时，输入阻抗是10kΩ（例如）还是无穷大都没有区别，因为在这两种情况下，前一级驱动它都没有问题。

4.2.3　跟随器

图4.8所示是用运算放大器实现的跟随器。它只是一个R_1无穷大和R_2为零（增益=1）的简化同相放大器。由于单位增益（增益为1）放大器的隔离特性（高输入阻抗，低输出阻抗），有时又称为缓冲器。

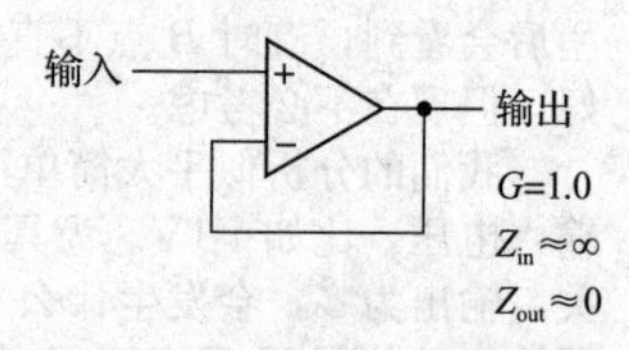

图4.8　运算放大器跟随器

4.2.4　差分放大器

图4.9a中电路是一个增益为R_2/R_1的差分放大器（有时称为差动放大器）。为了实现高共模抑制比（CMRR），该电路需要精确的电阻匹配。所有的差分放大器的增益都是1，但这很容易用后级的（单端）增益来弥补。如果找不到好的电阻，也应该知道，可以购买这种带有匹配良好的电阻的电路作为一种便捷封装的差分放大器。例如TI/Burr Brown和AD公司的INA105或AMP03（$G=1$）、INA106（$G=10$或0.1）和INA117或AD629（$G=1$带输入分压器，输入信号可达±200V）。如图4.9b所示，单位增益的INA105具有独立的sense（检测）和ref（参考）引脚。将sense引脚接输出端，ref接地，就可获得经典差分放大器，其可用于制作各种精巧的电路，如精密的单位增益反相放大器、2倍增益的同相放大器和0.5倍增益的同相放大器。5.14节将更详细地讨论差分放大器。

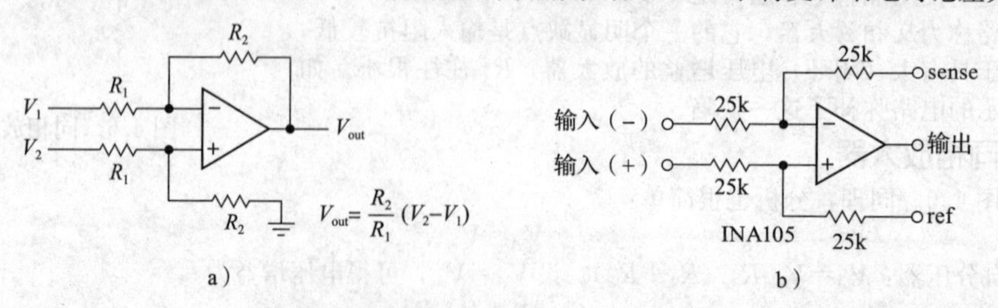

图4.9　经典差分放大器：a）具有匹配电阻比的运算放大器；b）具有独立sense和ref引脚的集成版本

练习4.1　演示如何用INA105实现这三个电路。

此外，还有更复杂的差分放大器电路，称为仪表（用）放大器，5.15节和5.16节将详细讨论。

4.2.5　电流源

图4.10所示电路近似是一个理想电流源，没有晶体管电流源的V_{BE}偏压。负反馈使反相输入端

为 V_{in}，从而产生流经负载的电流 $I=V_{in}/R$。该电路的主要缺点是负载悬浮（双端均未接地）。例如，无法用这个电流源产生相对于地的可用锯齿波。一种解决方法是使整个电路（电源和所有电路）悬浮，以便可以将负载的一端接地（见图 4.11）。虚线框中的电路是原来的电流源，已明确显示其电源。R_1 和 R_2 组成分压器来设置电流。如果此电路令人感到困惑，记住“地”只是一个相对概念，可能会有助于提示作用，电路中的任何一点都可以称为地。该电路对于流回地的负载电流很有用，但是它的缺点是输入端现在处于悬浮状态，因此不能用相对于地的输入电压来计算输出电流。此外，必须确保悬浮电源真正悬浮。例如，如果尝试使用标准的墙壁插头供电的直流电源，则很难用这种方式制作微安级直流电流源，因为其变压器绕组之间的电容会在 60Hz 线路频率下引入无功电流，该无功电流可能会大大超过所需的微安级输出电流；另一种可能的解决方案是使用电池。关于此问题的其他解决方法将在《电子学的艺术》（原书第 3 版）（下册）的第 9 章关于恒流源的讨论中介绍[⊖]。

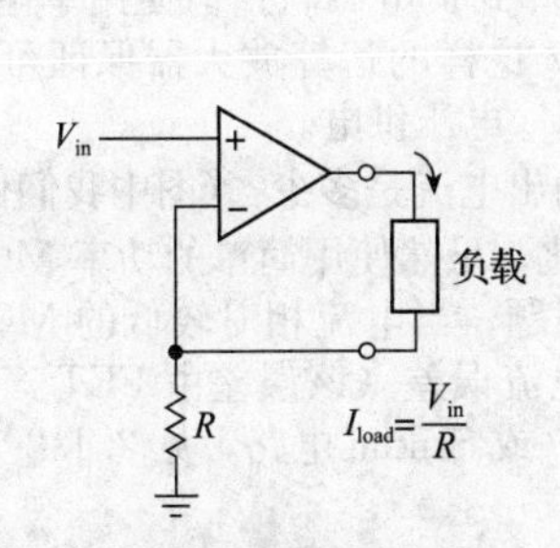

图 4.10　基本运算放大器电流源（负载悬浮）。V_{in} 可能来自分压器或者可能是随时间变化的信号

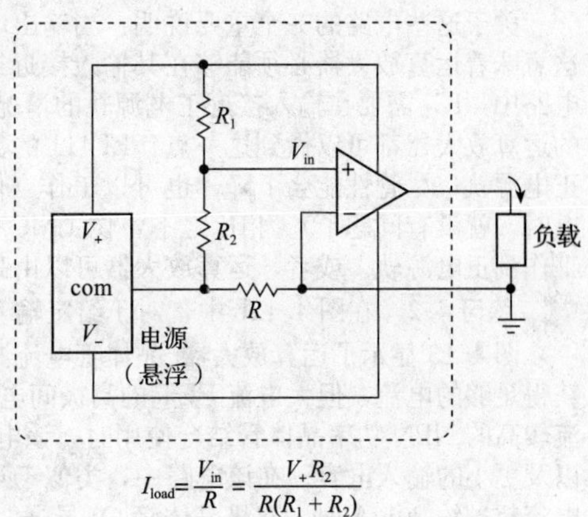

图 4.11　带接地负载和悬浮电源的电流源

1. 负载接地的电流源

使用运算放大器和外部晶体管，就可以为接地负载提供简单的高质量电流源。稍加一些电路，就可以使用相对于地的可编程输入信号（见图 4.12）。在第一个电路中，反馈使 R 两端电压为 $V_{CC}-V_{in}$，从而产生发射极电流（也就是输出电流）$I_E=(V_{CC}-V_{in})/R$。这里没有偏压 V_{BE} 或无须担

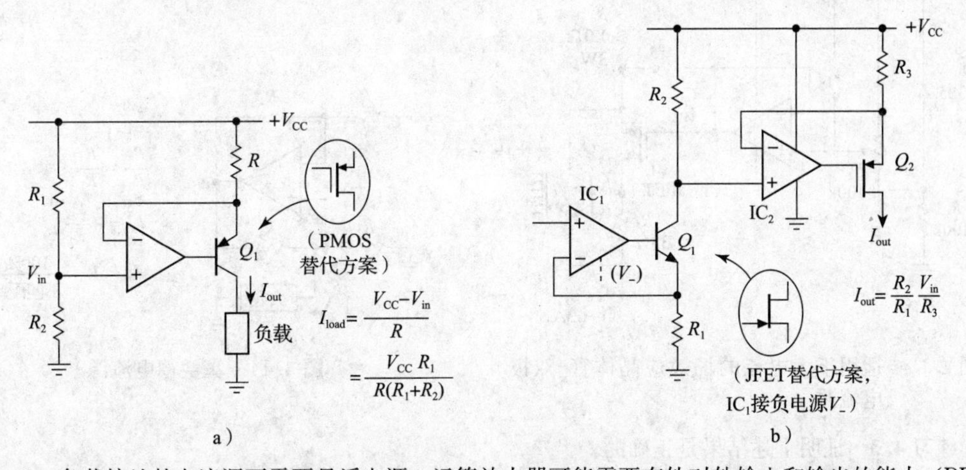

图 4.12　负载接地的电流源不需要悬浮电源，运算放大器可能需要有轨对轨输入和输出的能力（RRIO）

⊖　运算放大器电流源电路的另一个限制是在较高工作频率时的性能下降：运算放大器内部输出端是低阻抗的（通常为推挽跟随器，输出电阻 R_{out} 约为 100Ω），因此电流源电路必须依靠反馈（随着频率的增加而下降）来提高运算放大器的输出阻抗。

心 I_C、V_{CE} 等随温度变化。该电流源是不完美的（忽略了运算放大器误差：I_B 和 V_{OS}），因为小的基极电流会随 V_{CE} 有所变化（假设运算放大器无输入电流），为了方便负载接地，付出的代价并不太高；Q_1 选用达林顿管将大大减少此误差。该误差是因为运算放大器稳定了发射极电流，而流过负载的是集电极电流。可在此电路的基础上用 MOSFET 代替 BJT，来避免此问题，因为 FET 无直流栅极电流（但大功率 MOSFET 有足够大的输入电容，这可能会引起问题）。

图 4.12 的输出电流与加到运算放大器同相输入端的低于 V_{CC} 的压降成正比；换句话说，编程电压以 V_{CC} 为参考，如果 V_{in} 是由分压器产生的固定电压，则该电压没问题，但如果使用外部输入，情况就会很尴尬。这在图 4.12b 中得到了补救，使用了包含 NPN 晶体管的一个类似电流源将输入电压（以地为参考）变换为以 V_{CC} 为参考的输入并转换为最终的电流源。后者利用 P 沟道 MOSFET 来实现多种变化（并消除了双极晶体管很小的基极电流带来的误差）。当需要使用一些额外的元器件来提高电路设计的性能或便利性时，不要犹豫，因为运算放大器和晶体管价格便宜。

关于这些电路的一个重要说明：当输出电流较低时，发射极（或源极）电阻上的电压可能很小，这意味着运算放大器必须能够在其输入接近或等于正电源电压的情况下工作。例如，在图 4.12b 的电路中，IC_2 需要在输入接近正电源轨的情况下工作。如果数据手册中没有明确说明，不要以为给定的运算放大器都可以做到这一点！LF411 的数据手册在这一点上有点模糊，勉强承认即使输入达到正电源轨，尽管性能会下降，也可以工作（但无论如何不能降到负电源轨；但使用单电源为 IC_1 供电时，就没有问题了）。相比之下，像 LMC7101 或 LMC6482 这样的运算放大器保证可以一直正常工作到正电源轨。或者，运算放大器可以由高于 V_{CC} 的单独 V_+ 电压供电。

练习 4.2　在图 4.12b 中，对于给定输入电压 V_{in} 时的输出电流是多少？（图中我们做对了吗？）

图 4.13 显示了运算放大器-晶体管电流源的一个有趣变化。虽然使用简单的功率 MOSFET 可以获得足够的电流，但大电流 FET 的高极间电容可能会引起问题。当电流相对较低的 MOSFET 与电流较高的 NPN 功率晶体管结合使用时，该电路具有零基极电流误差（该误差由 FET 产生）的优点以及更小的输入电容。在该电路中，类似于互补型达林顿管（或 Sziklai 电路，见 2.4.2 节），当输出电流超过约 20mA 时，双极晶体管 Q_2 导通。

为了避免留下错误的印象，我们需要强调，考虑到功率 BJT 的主要缺点，即它们易受二次击穿的影响以及由此产生的对安全工作区域的限制，更简单的只有 MOSFET 的电路（见图 4.12b）更可取（如在 3.5.1 节中看到的，特别参见图 3.95）。大功率 MOSFET 有很大的输入电容，所以在这样的电路中，应使用如图 4.13 中 R_3C_1 那样的网络来防止振荡。

2. 霍兰德（Howland）电流源

图 4.14 显示了一个很好的电流源。如果选择电阻使 $R_3/R_2=R_4/R_1$，可以得到 $I_{out}=-V_{in}/R_2$。

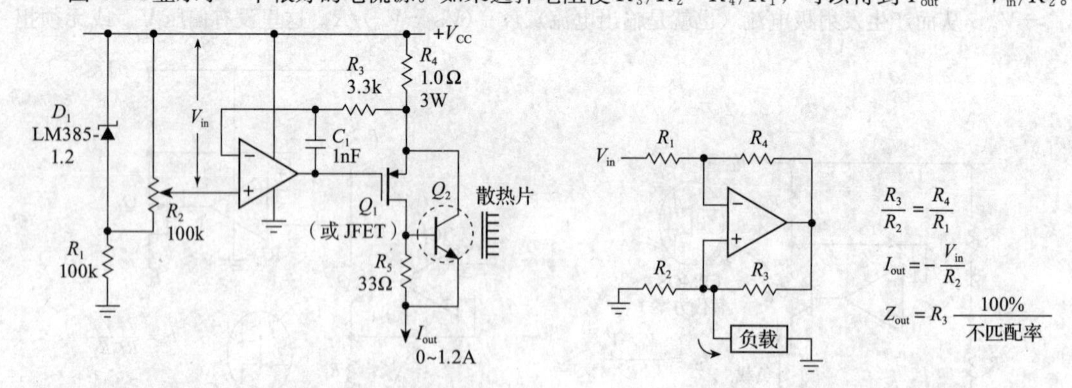

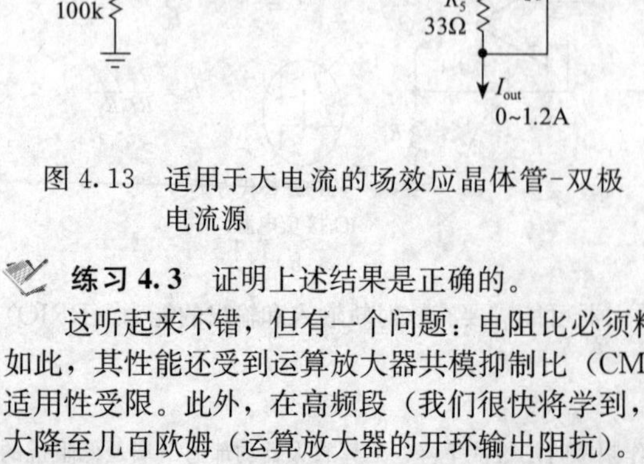

图 4.13　适用于大电流的场效应晶体管-双极电流源

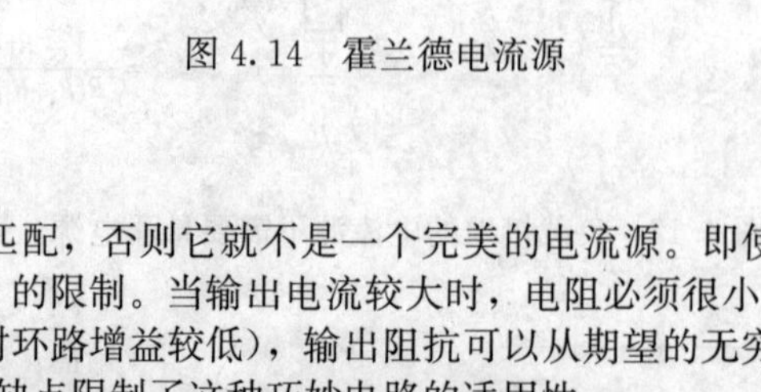

图 4.14　霍兰德电流源

练习 4.3　证明上述结果是正确的。

这听起来不错，但有一个问题：电阻比必须精确匹配，否则它就不是一个完美的电流源。即使如此，其性能还受到运算放大器共模抑制比（CMRR）的限制。当输出电流较大时，电阻必须很小，适用性受限。此外，在高频段（我们很快将学到，此时环路增益较低），输出阻抗可以从期望的无穷大降至几百欧姆（运算放大器的开环输出阻抗）。这些缺点限制了这种巧妙电路的适用性。

可以通过将 R_1 接地（V_{in} 接入端）并将输入电压 V_{in} 加到 R_2 左端，将该电路转换为同相电流源。

图4.15是对霍兰德电路的一个很好的改进，因为输出电流流经检测电阻R_s，R_s的值可独立于匹配的电阻阵列（包含电阻对R_1和R_2）来选择。理解此电路的最佳方法是将IC_1视为差分放大器，其输出sense（检测）和ref（参考）连接采样电阻R_s两端的压降（即电流）；后者由跟随器IC_2缓冲，因此不存在电流误差。

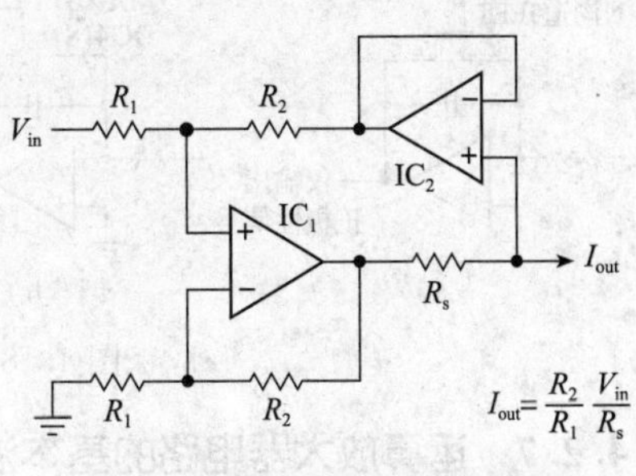

图4.15　双极电流源——灌电流

关于这个电路，可以利用集成差分放大器中的内部精密匹配电阻，对R_1、R_2和IC_1，使用类似INA106这样的器件，反向连接（$G=0.1$）以减小检测电阻两端的压降。

4.2.6　积分器

用运算放大器可实现不受$V_{out}\ll V_{in}$限制的近乎完美的积分器。图4.16显示了它的工作原理。输入电流V_{in}/R流过C。因为反相输入端虚地，输出电压由输入确定：

$$V_{in}/R=-C(dV_{out}/dt)$$

或

$$V_{out}(t)=-\frac{1}{RC}\int V_{in}(t)dt+\text{常数} \tag{4.3}$$

当然，输入可以是电流，此时可以省略R。

作为示例，该电路如果选择$R=1M\Omega$且$C=0.1\mu F$，则恒定的直流输入$+1V$会产生$1\mu A$的电流流入节点，因此输出电压以$dV_{out}/dt=-V_{in}/RC=-10V/s$的速率斜坡下降。从代数角度来说，对于恒定的$V_{in}$或恒定的$I_{in}$，有

$$\Delta V_{out}=-\frac{V_{in}}{RC}\Delta t=-\frac{I_{in}}{C}\Delta t$$

连接图4.16的积分器，取$R=1M\Omega$，$C=1nF$，输入信号为如图4.17所示的简单测试波形。

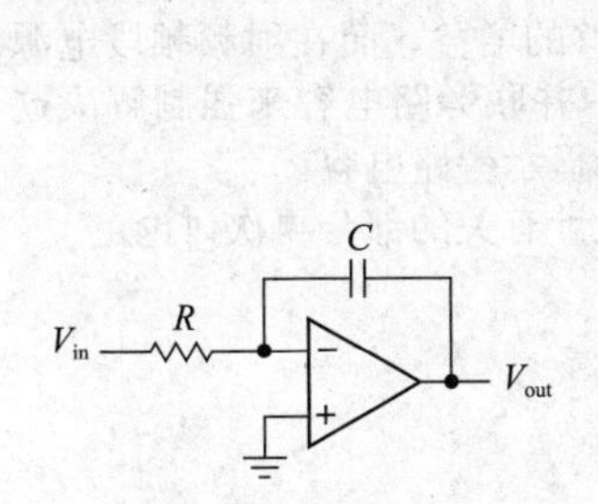

图4.16　积分器

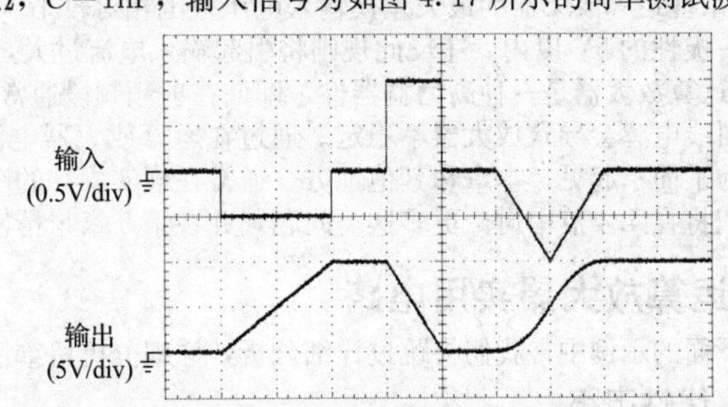

图4.17　积分器波形。与1.4.4节中的简单RC积分器不同，该输出可以达到任意需要的数值。横轴：10ms/div

读者可能已经注意到这个电路没有任何直流反馈，所以它不可能有稳定的静态工作点：对于任何非零的输入电压V_{in}，输出去了某个地方！我们很快就会看到，即使V_{in}刚好为0V，由于运算放大器的缺陷（输入电流和失调电压非零），输出也会出现漂移。后一种问题可以通过精心选择运算放大器和电路参数来最小化；但即使这样，通常也要提供一些方法来复位积分器。图4.18显示了通常是如何实现的，可以使用复位开关（显示了使用分立JFET和集成CMOS模拟开关的例子），也可以在积分电容两端并联数值较大的反馈电阻。闭合复位开关（见图4.18a和b）通过对电容快速放电使积分器归零，开关断开则实现完美的积分。反馈电阻（见图4.18d）通过恢复直流反馈产生稳定偏置（此时电路表现为高增益反相放大器），但在很低的频率$f<1/R_fC$下会降低积分器的作用。在输入端增加串联模拟开关（见图4.18c），可以控制积分器工作的时间间隔。当开关断开时，积分器输出将保持在其最后一个数值上。

当然，如果积分器是正确工作的较大电路的一部分，不必担心积分器归零。

首先来看运算放大器构成的积分器，假设运算放大器是完美的，特别是输入端无电流，放大器在两个输入端电压完全相同的情况下是平衡的。但其实，真正的运算放大器有一些输入电流（称为偏置电流I_B），并且输入端存在不平衡电压（称为失调电压V_{OS}）。这些缺陷并不大——通常偏置电流是皮安级的，失调电压也小于1mV，但小误差随着时间累积增大可能会导致积分器之类的电路出现问题。在熟悉了基本知识之后，我们将在4.4节讨论这些基本主题。

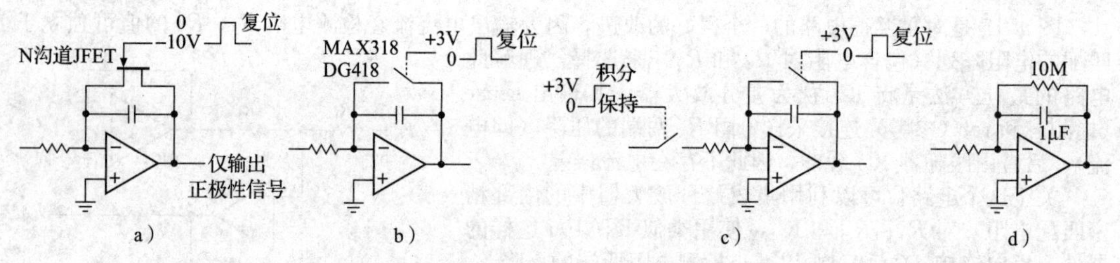

图 4.18 带复位开关的运算放大器积分器

4.2.7 运算放大器电路的基本注意事项

1）在所有运算放大器电路中，只有当运算放大器处于有效区域，即输入和输出没有在其中一个电源电压下饱和时，才遵守黄金法则Ⅰ和Ⅱ。例如，过度驱动放大器将导致输出在 V_{CC} 或 V_{EE} 附近限幅。当限幅时，输入端将不再保持相同的电压。运算放大器的输出不能超过电源电压（通常只能变化到距离电源电压 2V 以内，尽管有些运算放大器设计为输出可以变化到一个电源或另一个电源电压，或两个电源电压；后者被称为轨对轨输出运算放大器）。同样，运算放大器电流源的输出遵守相同的限制。例如，带有悬浮负载的电流源（见图 4.10）可以在负载上以正常方向（电流与所加电压方向一致）施加最大 $V_{CC}-V_{in}$ 的电压，在相反方向上施加最大 $V_{in}-V_{EE}$ 的电压㊀。

2）反馈必须是负的。这意味着（除其他事项外）不能混淆反相和同相输入端。稍后将了解到，如果连接的反馈网络在某些频率处有大的相移，可能会陷入类似的问题。

3）运算放大器电路中必须有直流反馈，否则运算放大器就会进入饱和状态。例如，可以在同相放大器中设置从反馈网络到地的电容（将直流增益降至 1，见图 4.7b），但我们不能类似地在输出和反相端之间串联电容。同样，没有诸如复位开关之类的额外电路，积分器最终也将饱和。

4）某些运算放大器的最大差模输入电压范围相对较小。反相和同相输入端之间的最大电压差限制为任一极性的 5V 以内。违反此规则将引起输入电流过大，从而导致运算放大器性能下降或损坏。

5）运算放大器是一种高增益器件，即使在射频频段通常也有足够的增益，而在射频频段电源布线中的引线电感会导致放大器不稳定。通过在运算放大器电源线路中并联旁路电容来强制解决这个问题。为了简单起见，本章和其他地方（通常在现实中）的图中不会显示旁路电容。

我们将在 4.4 节中讨论更多这类问题，并在第 5 章与精密电路设计有关的部分再次讨论。

4.3 运算放大器实用电路

在下面的示例中，我们将跳过详细分析，详细分析留给读者。

4.3.1 线性电路

1. 可选反相器

图 4.19 中的电路可以通过拨动开关来选择反相或同相放大器。根据开关位置的不同，电压增益为+1 或−1。开关可以是 CMOS 模拟开关㊁，允许通过（数字）信号控制信号反转。图 4.20 的巧妙变化可实现增益从跟随器到反相器的连续变化。当电位器 R_1 处于中间位置时，电路什么都不做。

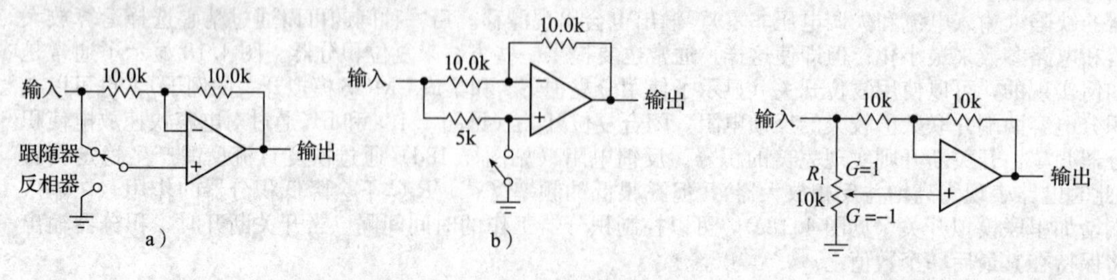

图 4.19 可选反相器（$G=\pm1.0$）

图 4.20 从跟随器到反相器：增益从 $G=+1$ 到 $G=-1$ 连续可调

㊀ 负载可能很奇怪，例如它可能包含电池，需要反向感应电压来获得正向电流；同样的事情也可能发生在由变化的电流驱动的感性负载上。

㊁ 例如，采用方便的 8 引脚封装 ADG419 或 MAX319±20V SPDT 开关。

练习 4.4　证明图 4.19 中的电路按所述的那样工作。

2. 带自举的跟随器

与晶体管放大器一样，因为必须使用接地电阻，尤其是当交流耦合输入时，偏置电路会影响运算放大器的高输入阻抗。如果这是一个问题，图 4.21 所示的自举电路是一种可能的解决方案。与晶体管自举电路一样，0.1μF 电容使上面 1MΩ 的电阻看起来像输入信号的高阻抗电流源。此电路的低频下限频率约为 10Hz，在低于此值的频率段，以每二倍频（程）12dB 的速率下降[⊖]。类似 4.3.6 节中的 Sallen 和 Key 电路，此电路可能会出现一些频率峰值（过冲），可以通过增加一个与反馈电容相串联的 1～10kΩ 电阻来抑制过冲。

因为输入级为 FET 的运算放大器的输入电流极低（因此输入阻抗很高），所以通常不需要自举电路。在交流耦合放大器中，输入偏置电阻可以用 10MΩ 或更大的电阻。

3. 理想电流-电压（*I*/*V*）转换器

记住：电阻是最简单的 *I*/*V* 转换器。但它的缺点是对输入电流源呈现的阻抗不为零；如果提供输入电流的器件几乎没有适应性或当输出电压变化时不能产生恒定电流，这可能是致命的。光电池是一个很好的例子，它是一种经过优化的光电（光探测器）二极管，即使是电路中使用的普通二极管也有很小的光电效应。图 4.22 是在严格保持对地输入的情况下将电流转换为电压的好方法。反相输入端虚地，幸运的是一个光电二极管只能产生零点几伏的电压。这个特殊的电路对每微安的输入电流会输出 1V 电压（对于输入级是 BJT 的运算放大器，有时在同相输入端会连一个接地电阻，它的作用稍后将结合运算放大器的缺点进行说明）。

0.1μF
1M
0.1μF
1M

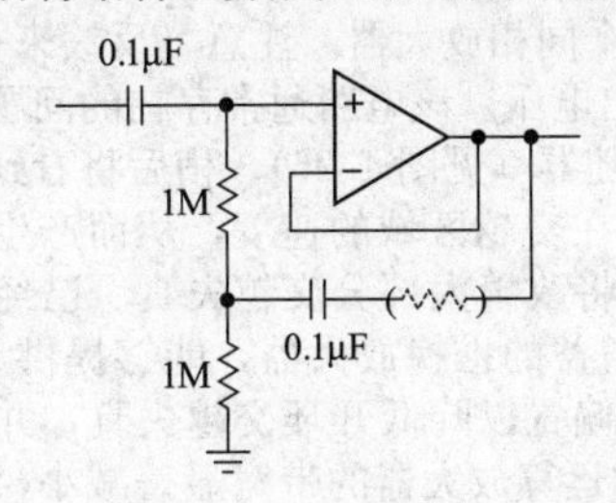

图 4.21　带自举的运算放大器跟随器

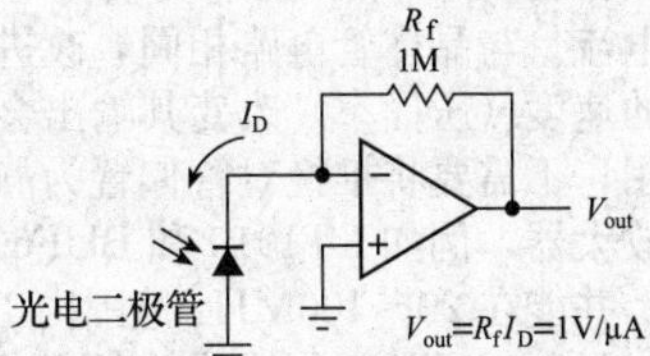

R_f
1M
I_D
V_{out}
光电二极管
$V_{out}=R_fI_D=1V/\mu A$

图 4.22　光电二极管放大器

当然，这种跨阻结构同样适用于从某些正激励电压（如 V_{CC}）处获取电流的器件。光电二极管和光电晶体管（这两种器件都是当暴露在光照下时从正电源获取电流）通常用这种方法（见图 4.23）。光电二极管具有较低的光电流，但其线性度和速度都很出色，非常快的光电二极管可以以千兆赫兹的速度工作。相比之下，光电晶体管具有更高的光电流（由于晶体管 β 增大了集电极到基极的光电流），但其线性度和速度较差。

+15V
NC
Q_1
BPW77
R_f
100k
$-V_{out}$
a）
V_+
R_f
$-V_{out}$
b）
R_f
$+V_{out}$
NC
V_-
c）
V_+
NC
R_L
$+V_{out}$
d）

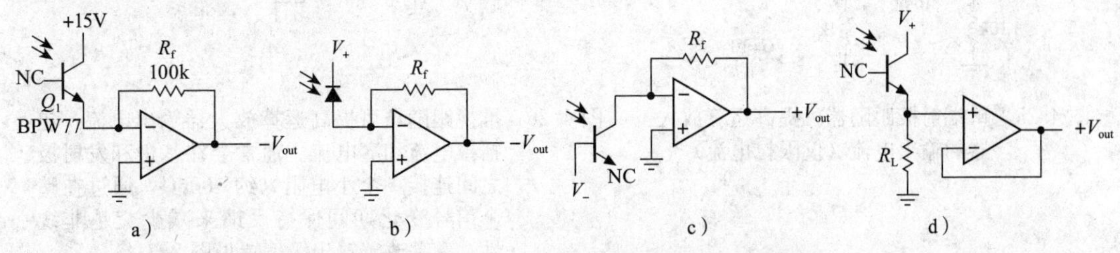

图 4.23　带反相偏置的光电二极管放大器：a）光电晶体管，不使用基极；b）光电二极管；c）用作光电二极管的光电晶体管，由于种类繁多，我们把它显示为灌电流；d）带负载电阻驱动电压跟随器的光电晶体管

实际应用中，通常需要在反馈电阻上并联一个小电容，以确保稳定性（即防止振荡或振铃）。这是因为检测器的电容与反馈电阻结合，形成了低通滤波器，在高频时会产生滞后相移，再加上运算放大器自身的滞后相移，相加会产生 180°的滞后相移，从而形成整体的正反馈，并导致振荡。

练习 4.5　用 1 个 411 和 1 个 1mA（满量程）的电流表构建满量程为 5mA 的完美电流表（即输

⊖　因为输入耦合电容的负载已经自举到高阻抗，可能想减小该电容值，但这样输出会以有源滤波器的方式产生频率响应峰值（见 6.3 节）。

入阻抗为零的电流表）。设计电路，使仪表的输入量不超过满量程的±150%。假设411的输出可以在±13V（电源±15V）的范围内变化，原电流表的内阻为500Ω。

4. 加法器

图4.24所示的电路是反相放大器的一种变形电路。X点虚地，所以输入电流是$V_1/R_1+V_2/R_2+V_3/R_3$，可得输出电压$V_{out}=-(V_1+V_2+V_3)$。注意，输入是可正可负的。此外，输入电阻不必相等；如果不相等，可得加权和。例如，可能有四个输入，每个输入都是+1V或0，表示二进制值1、2、4和8。通过使用10kΩ、5kΩ、2.5kΩ和1.25kΩ的输入电阻，可以得到等于二进制计数输入的负输出电压。这种方案可以很容易地扩展到多位数字。虽然数模转换器通常使用与此不同的输入电路，但它是数模转换的基础。

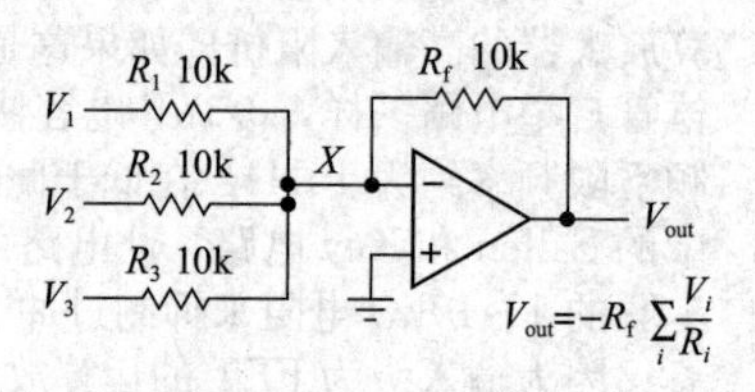

图4.24　加法器

练习4.6　验证如何通过适当缩放加法器的输入电阻来制作一个两位数的数/模转换器（DAC）。数字输入代表两位数字，每位数字分别由代表1、2、4和8的4条输入组成，每条输入线是+1V或接地，即8条输入线分别代表1、2、4、8、10、20、40和80。使用±15V电源时，运算放大器的输出通常不能超过±13V，所以必须满足以伏特为单位的输出电压等于输入数字的十分之一。

5. 功率放大器

为了获得高输出电流，可在运算放大器输出端接一个功率晶体管跟随器（见图4.25）。虽然可以在任何运算放大器中增加一个跟随器，但此处仍然设计了一个同相放大器。注意，反馈来自发射极。因此，虽然存在压降V_{BE}，通过反馈仍可强制实现所需的输出电压。该电路通常存在的问题是跟随器只能输出电流。与晶体管电路相同，改进方法是使用推挽跟随器（见图4.26）。稍后将看到运算放大器以有限的速度（压摆率）改变其输出会严重限制此放大器在交越区域的速度，从而产生失真。对于低速应用，不需要将推挽对管偏置为静态导通，因为反馈将改善大部分交越失真。已经有完整的集成功率放大器，例如LT1010和BUF633/4。它们是单位增益的推挽放大器，能够提供200mA的输出电流，并能在20～100MHz范围内工作。它们经过精心偏置以降低开环交越失真，并包括片上保护（电流限制，通常还包括热关断）。只要确保驱动它们的运算放大器的带宽显著减小，就可以将它们包含在反馈环路中而无任何后顾之忧[⊖]。

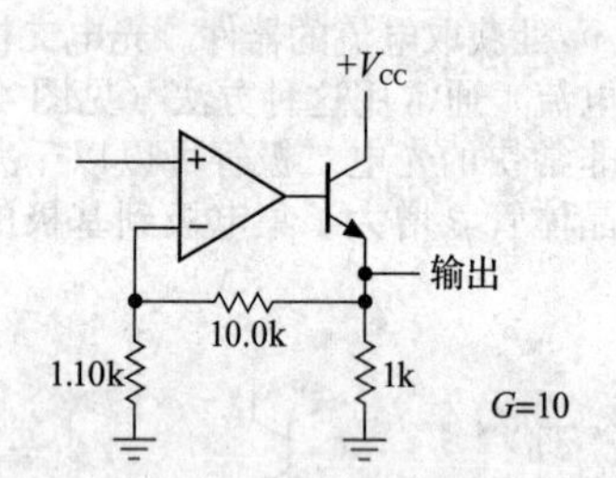

图4.25　单端射极跟随器可提高运算放大器的输出电流（仅限拉电流）

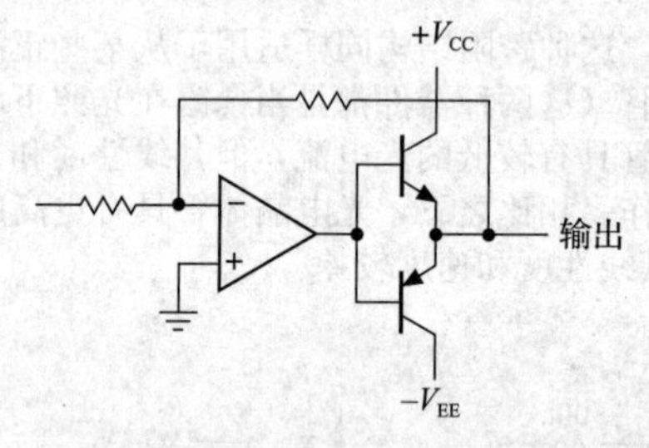

图4.26　推挽跟随器可提高运算放大器输出电流，包括拉电流和灌电流。通常会在基极和发射极之间连接一个小电阻（约100Ω），通过在整个信号变化期间保持反馈来减少交越非线性。有关改善输出级偏置见图2.71

反馈和推挽（功率）放大器　推挽放大电路很好地说明了负反馈的线性化效果。将运算放大器LF411连接为同相单位增益跟随器，驱动BJT推挽输出级，并在输出端对地接10Ω电阻。图4.27显示了输入振幅为1V和频率为125Hz正弦波时，运算放大器和负载端的输出信号，图4.27中上方的一对波形是从运算放大器的输出端取样引入反馈，从而产生了输入信号的精细复制，但负载出现严重的交越失真（来自$2V_{BE}$截止区）。如图4.27下方的一对波形所示，从推挽输出端（连接负载的地方）引入反馈，就可以得到所需的信号。运算放大器巧妙地产生放大的波形来驱动推挽跟随器，以恰到好处的形式补偿了交越失真。

图4.28显示了当尝试驱动实际扬声器时，这些波形是什么样子的，这个负载比电阻更复杂（因

⊖　但要当心一个常见的错误：当通过替换一个更快的运算放大器升级电路后，改进的电路振荡了！

为它既是“电动机”又是“发电机”，它会表现出谐振和其他令人讨厌的特性；它还有一个电抗网络和一个电感线圈)。反馈再次发挥了作用，这次运算放大器的输出不对称[㊀]。

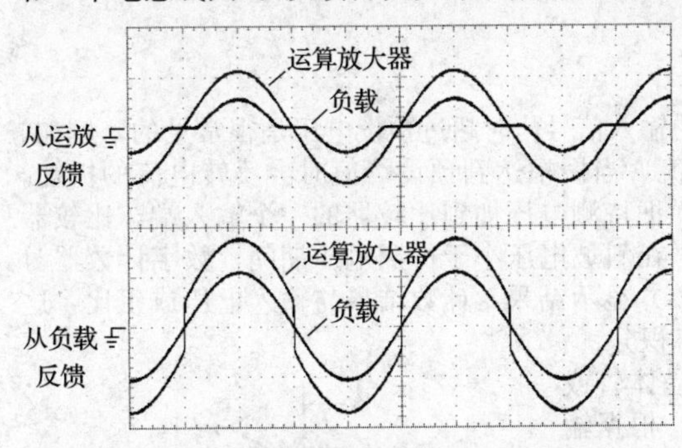

图 4.27 反馈可消除推挽跟随器中的交越失真。垂直——1V/div；水平——2ms/div

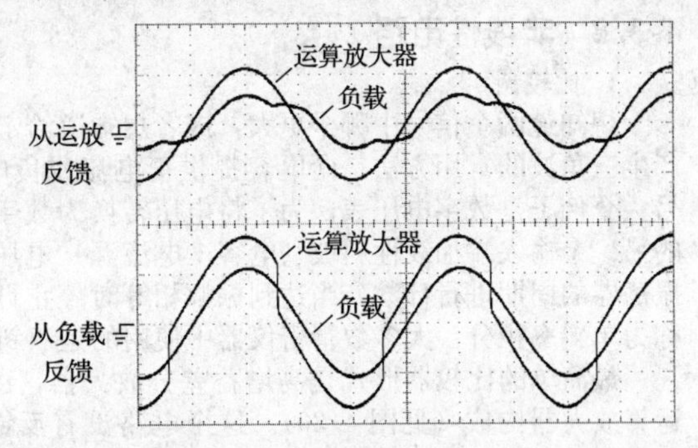

图 4.28 与图 4.27 相同，但负载是标称阻抗为 6Ω 的扬声器

6. 电源

运算放大器可以为反馈型稳压器提供增益(见图 4.29)。运算放大器将输出采样信号与齐纳二极管（稳压管）的基准电压进行比较，并根据需要将驱动器更改为达林顿调整晶体管。该电路可在高达 1A 的负载电流下提供稳定的 10V 输出(稳压)。关于此电路的一些注意事项如下。

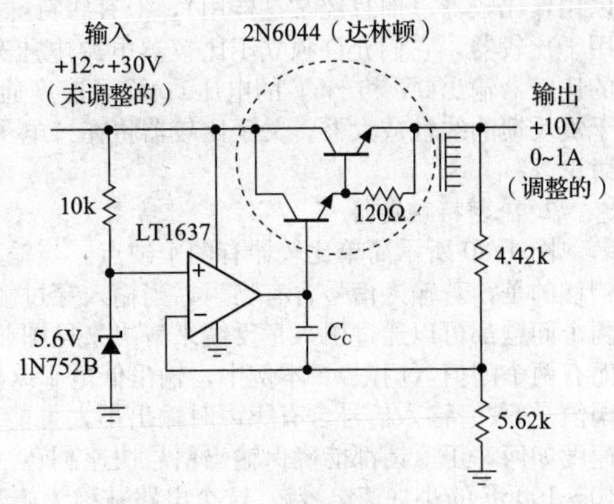

图 4.29 反馈型稳压器

- 对输出进行采样并用于调节输出电压的分压器可以是电位器。
- 为了减小齐纳二极管（稳压管）上的纹波，应用电流源替换 10kΩ 电阻。另一种方法是用输出偏置齐纳二极管（稳压管），这样就可以利用已搭建的稳压器。注意，使用此技巧时，必须仔细分析电路，以确保在首次上电时电路能启动。
- 使用轨对轨运算放大器可以将输出变化到正电源轨[㊁]，这样输入电压可以低至+12V，而不会使达林顿调整晶体管饱和。相比之下，使用 411 时必须预留额外的 1.5～2V 的裕度，因为运算放大器的输出不能更接近正电源轨。
- 由于运算放大器会试图将达林顿对管驱动为深导通状态，因此如图 4.29 所示的电路可能会因输出端的临时短路而损坏。所以，稳压电源应具有限制故障电流的电路（更多详细信息见 9.1.1 节)。
- 如果没有补偿电容 C_C，当直流输出被旁路时（就像给电路供电时)，由于额外的滞后相移，电路可能会振荡。电容 C_C 确保了容性负载的稳定性，这一主题将在 4.6.1 节、4.6.2 节和 9.1.1 节中讨论。
- 集成稳压器种类繁多，从历史悠久的 723 到具有内部电流限制和热关断功能的 3 端可调稳压器（参见 9.3 节)。这些器件具有内部温度补偿电压基准和调整晶体管，易于使用，因此几乎不用通用运算放大器作为稳压器。例外可能是在一个已经具有稳定电源电压的电路内再产生一个稳定电压。

㊀ 应该注意到，公平地说，这里看到的良好表现是在一个相当低的频率（为了证明反馈是多么巧妙，选择接近扬声器的低音共振频率)。但在高频，由于有限的压摆率和环路增益的下降，情况会变差。通过设置适当的 AB 类偏置或使用外部单位增益缓冲器，可消除推挽电路自身大部分的交越失真，然后利用反馈来抑制残余失真。

㊁ 我们推荐的 LT1637 是一款 44V 的过输入（即输入可以高于正电源电压）运算放大器，当其输入接近正电源轨时，其输入偏置电流会明显较高（I_B=20μA，约为正常偏置电流的 100 倍)。I_B=0.2μA 的 LT1677 可能是更好的选择。

《电子学的艺术》（第3版）（下册）的第9章将详细讨论稳压器和电源，包括用作稳压器的特殊集成电路。

4.3.2 非线性电路

1. 比较器

想知道两个信号中哪个更大，或者想知道给定的输入信号何时超过预设电压是很常见的。例如，产生三角波的常用方法是向电容提供正电流或负电流，当振幅达到预设峰值时会反转电流的极性。另一个例子是数字电压表，为了将电压转换为数字，把待测电压加到比较器的一个输入端，比较器的另一个输入端加线性斜坡（电容+电流源）电压。在斜坡电压小于待测电压期间，数字计数器对振荡器的周期进行计数，当达到振幅相等时停止计数并显示结果，计数结果与输入电压成正比，这称为单斜率积分。大多数精密仪器中使用的是双斜率积分。

最简单的比较器形式是高增益差分放大器，由晶体管或运算放大器构成（见图4.30）。这个电路没有反馈，根据输入电压的不同，运算放大器进入正或负饱和状态。由于运算放大器的电压增益（通常为10^5～10^6）非常大，为了使输出不饱和，输入必须在1mV以下。虽然普通的运算放大器可以用作比较器（而且经常这样用），但有些特殊的集成电路专用于比较器，它们允许独立于比较器电源电压来设置输出电压值（例如，可以从电源电压为±15V的比较器输出0V和+5V的电压）；而且速度通常要快得多，因为它们不用作为运算放大器，即不用于负反馈的线性放大器。关于比较器将在《电子学的艺术》（原书第3版）（下册）的第12章中详细讨论。

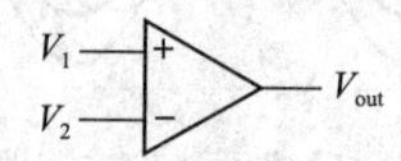

图4.30 比较器：没有反馈的运算放大器

2. 施密特触发器

图4.30所示简单比较器有两个缺点。当输入信号变化非常缓慢时，输出变化也可能很缓慢。更糟糕的是，若输入信号含有噪声，当输入穿过触发点时，输出可能会进行多次翻转（见图4.31）。这两个问题都可以通过引入正反馈来解决（见图4.32）。R_3的引入会使电路根据输出信号状态的不同而有两个阈值（门限）。本例中，输出低电平（输入高电平）时的阈值是4.76V，而输出+5V时的阈值是5V。输入信号含有噪声时输出不太可能产生多次触发（见图4.33）。此外，无论输入波形的速度如何，正反馈都能确保输出信号快速翻转（为了进一步提高翻转速度，通常在R_3两端并联一个10～100pF的小加速电容）。这个电路被称为施密特触发器，在前文用分立晶体管实现的电路中见过这个电路（参见图2.13）。

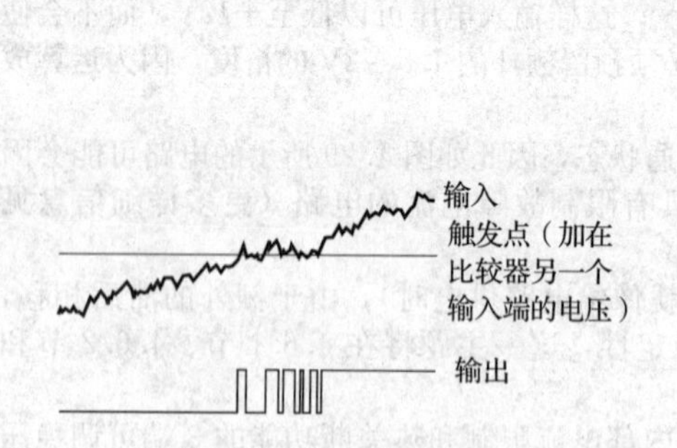

图4.31 输入信号中含有噪声的无迟滞比较器将产生多次翻转

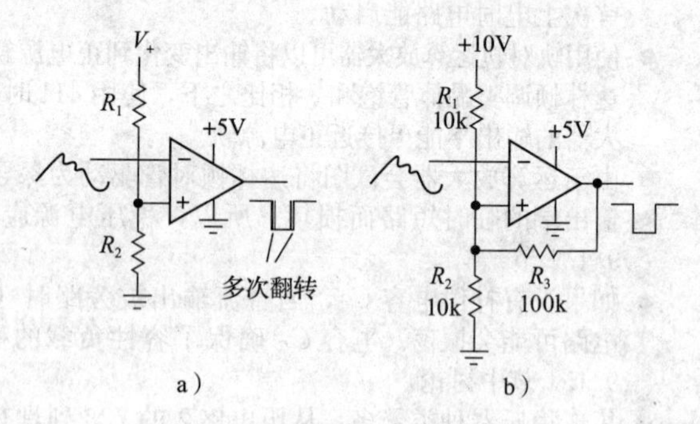

图4.32 正反馈可避免比较器的多次翻转。a）没有反馈的比较器；b）引入正反馈的施密特触发器可避免输出信号的多次翻转

输出既取决于输入电压也取决于其最近的状态，这种现象称为迟滞。如图4.34所示，可以用输出与输入的关系图来说明。有少量迟滞的施密特触发器的设计过程很简单。应用图4.32b所示电路，首先，选择电阻分压器（R_1,R_2）将阈值设置在大约正确的电压上；如果需要阈值接近地，只需要在同相输入端经过一个电阻接地即可。其次，选择（正）反馈电阻R_3以产生所需的迟滞，注意迟滞阈值等于输出电压的变化范围经R_3和$R_1 \| R_2$电阻的分压值。最后，如果使用的是集电极开路输出的比较器，为了确保接近全电源电压变化范围，同时考虑R_3的负载效应，需要增加一个足够小的输出上拉电阻。对于希望阈值相对于参考地对称的情况，可在同相输入端和负电源之间连接适当的偏置电阻，为了将输出电流和阻抗保持在合理范围内，可以缩放所有电阻的值。

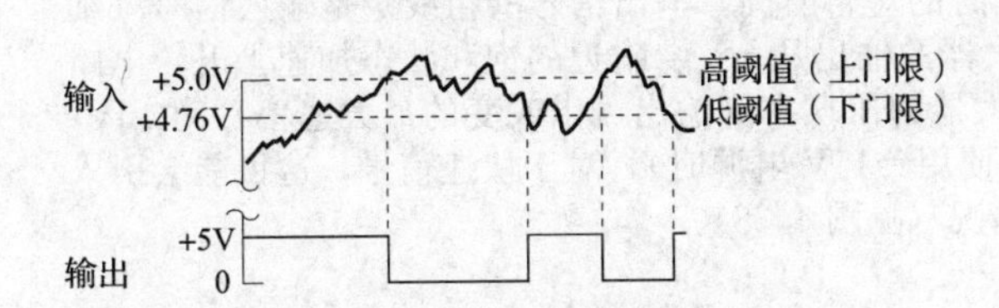

图 4.33　迟滞抑制了噪声对比较器的影响

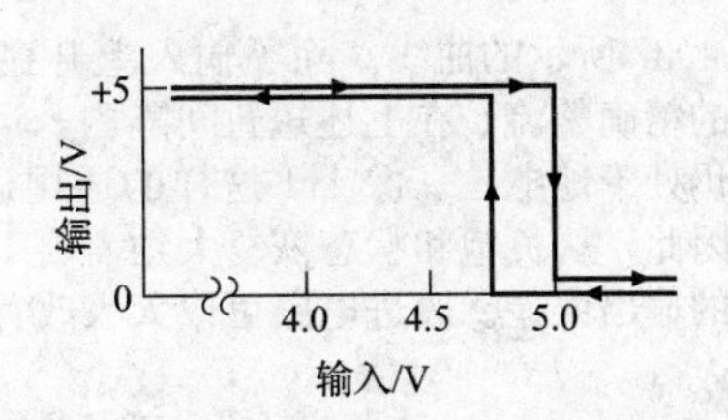

图 4.34　施密特触发器输出与输入的关系（传输函数）

3. 功率开关驱动器

比较器或施密特触发器的输出在高、低电平之间突然切换，这不是连续（或线性）信号。读者可能希望使用其输出来断开或闭合一个实际的负载，例如继电器、激光器或电动机。

图 4.35a 显示了如何用比较器或运算放大器驱动开关晶体管以实现对负载的开或关。注意，图中二极管用于防止基极-发射极反向击穿（由双电源供电的运算放大器的输出很容易超过基极-发射极的击穿电压－6V）；如果运算放大器的负电源不超过－5V，可忽略二极管。尽管有许多具有改进的最大电压、电流、功耗和速度的可用类型，TIP3055 依然是一款用于高电流的经典功率晶体管。如果需要驱动大于 1A 的电流，可以使用达林顿管。

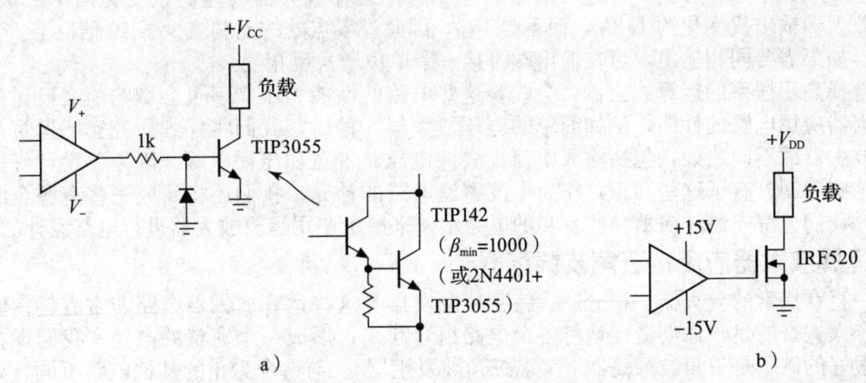

图 4.35　带运算放大器的功率开关。a）带双极 NPN 晶体管，注意基极电流限制和反向保护；b）带功率 MOSFET，注意简化了驱动电路

但一般而言，最好使用 N 沟道功率 MOSFET，这种情况下，可以省去电阻和二极管（见图 4.35b）。IRF520 ⊖是一款近乎经典的产品，但现成的功率 MOSFET 种类繁多，令人难以选择。通常需要在高击穿电压和低导通电阻之间进行权衡。

切换外部负载时，如果负载是感性的，不要忘记反向二极管（见 1.6.7 节）。

4. 有源整流器

简单的二极管-电阻电路无法对小于二极管压降的信号进行整流。像往常一样，可以用运算放大器来改进，在这种情况下，在反馈回路接入一个二极管（见图 4.36）。在 V_{in} 正半周期，二极管导通，引入负反馈，电路输出跟随输入变化，由二极管耦合输出，但没有二极管压降 V_{BE}；在 V_{in} 负半周期，二极管截止，运算放大器进入负饱和状态，V_{out} 等于地电压。为了降低输出阻抗，可选较小阻值的 R，但会增加运算放大器的输出电流。更好的解决方案是如图所示在输出端接运算放大器跟随器，这样无论电阻值是多少，输出阻抗都很低。

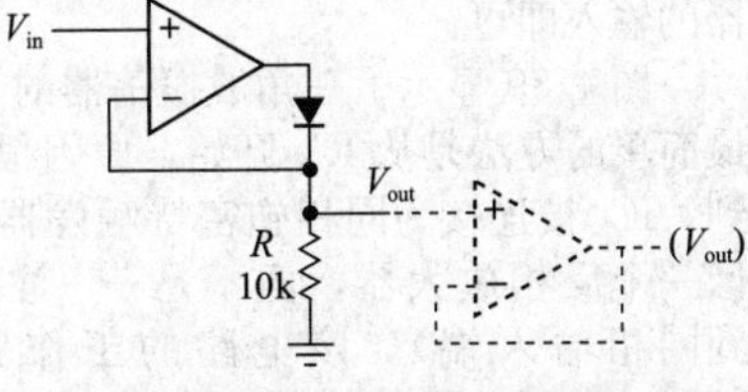

图 4.36　简单的有源半波整流器

这个电路有一个问题，该问题在高速信号下会很严重。由于运算放大器的输出不能无限快变化，因此从负饱和状态恢复（输入波形从负穿过零）需要花费一些时间，在此期间输出不正确。波形就

⊖ 连同它的高电流同类型号（IRF530 和 IRF540）以及高电压同类型号（IRF620～640 和 IRF720～740）一起构成了有序的系列产品。

像图4.37所示的曲线。除了输入上升穿过零伏时的短暂时间，输出信号（粗线）是输入信号（细线）的精确整流。在上述短暂间隔内，运算放大器的输出从$-V_{EE}$附近的饱和状态加速上升，电路输出仍处于地电位。像411这样的通用运算放大器的压摆率（输出可以改变的最大速率）为15V/μs。因此，从负饱和状态恢复大约需要1μs（当使用±15V电源时），对于快速信号，这可能会引入显著的输出误差。改进电路可以大大改善这种情况（见图4.38）。

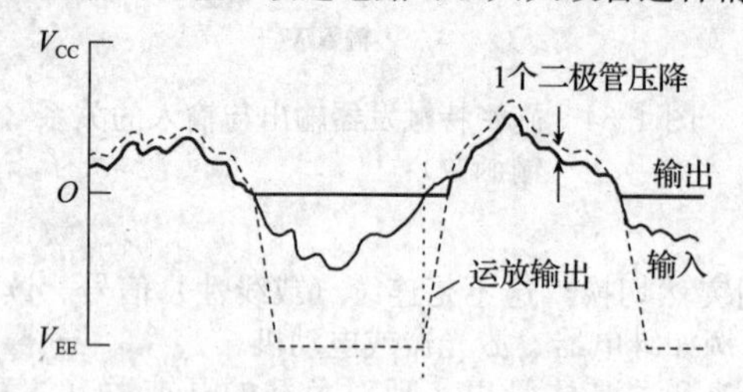

图4.37 有限压摆率对简单有源整流器的影响

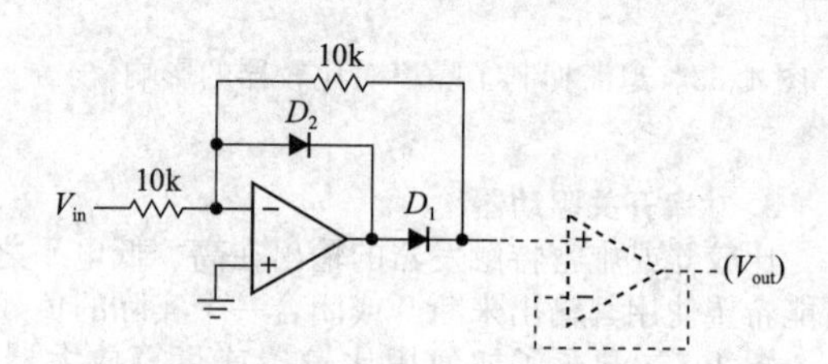

图4.38 改进的有源半波整流器

在输入信号负半周期，D_1导通，D_2截止，该电路为单位增益反相器；在输入信号正半周期，D_2导通，D_2将运算放大器输出钳位到比参考地低一个二极管压降，D_1被反向偏置，截止，因此V_{out}为地电位。改进之处在于，当输入信号通过零时，运算放大器的输出仅变化两个二极管压降。由于运算放大器输出只变化约1.2V，而不是V_{EE}，因此过零点处的毛刺减少了10倍以上，该整流器是反相的。如果需要同相输出，可在输出端再接一个单位增益反相器。

如果选择高压摆率的运算放大器，会改善这些电路的性能。压摆率也会影响前文已讨论过的其他运算放大器应用电路的性能，例如简单的电压放大器。稍后，我们将仔细研究实际运算放大器与理想运算放大器的不同之处，包括输入电流、失调电压、带宽和压摆率等，因为要设计好的电路就需要了解这些限制。有了这些知识，作为半波整流电路的补充，我们还将研究一些有源全波整流电路。不过，我们想首先通过演示一些真实的电路示例来展示使用运算放大器进行电路设计的乐趣。

4.3.3 运算放大器应用：三角波振荡器

我们一直在探索的放大器、积分器、施密特触发器等这些运算放大器电路非常有趣；但电路设计中真正令人兴奋的是，你创造性地将各个电路组合起来，形成一个完整的电路。我们现在可以处理的一个很好的例子是三角波振荡器（又名三角波发生器）。与迄今为止的其他电路不同，该电路没有输入信号；相反，它产生了输出信号，在本例中是振幅为1V的对称三角波，顺便还得到了方波。

这个想法是首先使用积分器（具有恒定的直流输入电压）来产生斜坡信号。当斜坡信号达到±1V时将其翻转，因此让积分器输出（该斜坡）驱动施密特触发器，阈值设在±1V。这样，施密特触发器的输出将决定斜坡的方向，只需要将其输出（在电源轨电压之间切换）用作积分器的输入即可。

图4.39显示了三角波振荡器的实现电路。最简单的方法是从IC_2开始，原因很快就会看到，IC_2被连接为同相施密特触发器（看起来像一个反相放大器，但不是——注意反馈接到同相输入端）。该电路的工作频率低于图4.32b所示的传统反相电路，因为它的输入阻抗较低（在阈值翻转时有很大的输入电流）。重要的是，LMC6482具有轨对轨的输出变化范围，因此当使用±5V电源时，其阈值为±1V，R_3与R_2的比例设置为5∶1。

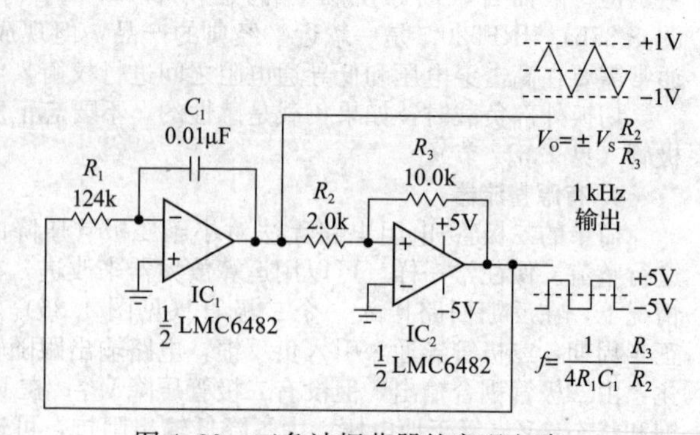

图4.39 三角波振荡器的实现电路

施密特触发器的±5V输出接积分器IC_1的输入。选择C_1为0.01μF，根据斜坡信号在半周期(0.5ms)内变化2V，利用$5V/R_1 = I_{in} = C_1[dV/dt]_{ramp}$计算$R_1$的阻值。考虑到实际运算放大器特性，计算得到的125kΩ电阻值是合理的，我们将在本章的稍后部分进行学习。如果没有合适阻值，可更改C_1。通常，这就是获得最终电路元件值的方法。

练习4.7 确认R_1阻值是正确的，而且施密特触发器阈值为±1V。

现在，将IC_2接成同相施密特触发器的原因变得很清楚了：例如，如果IC_2输出−5V，则三角波朝着施密特触发器的$+1V$阈值上升，在阈值处，施密特输出将切换为$+5V$，从而翻转循环。如果改用更传统的施密特反相输入电路，振荡器将不会振荡。在这种情况下，它将锁定在一个极限上，可以通过遍历一个运行周期来验证。

输出频率和振幅的表达式如图 4.39 所示。有趣的是，频率与电源电压无关；但是如果改变电阻比 R_2/R_3 来改变输出振幅，那么频率也会改变。有时，推导电路工作的代数表达式以了解这种依赖关系是很好的。此处是这样的：

$$\frac{dV}{dt}=\frac{I}{C}=\frac{V_S/R_1}{C_1}$$

所以

$$\Delta t=C_1\frac{R_1}{V_S}\Delta V$$

但是

$$\Delta V=2\frac{R_2}{R_3}V_S$$

所以

$$\Delta t=2C_1R_1\frac{R_2}{R_3}$$

所以，最后

$$f=\frac{1}{2\Delta t}=\frac{1}{4R_1C_1}\frac{R_3}{R_2} \tag{4.4}$$

注意 V_S 在第四步是如何抵消的，导致输出频率与电源电压无关。

人们很容易被显而易见的数学威力所迷惑，并很快爱上“代数电路设计”。对此，我们郑重建议：

抵制诱惑，不要试图用方程式来代替理解电路的实际工作原理。

4.3.4 运算放大器应用：夹断电压测试仪

夹断电压测试仪是运算放大器的一个很好的应用：假设想测量一批 JFET，以便根据夹断电压 $V_{GS(off)}$（有时称为 V_P，见 3.1.3 节）对其进行分类。这很有用，因为指定 V_P 值的晶体管范围很广，有时很难设计出一个好的放大器[⊖]。假设想找到当漏极为$+10V$，源极接地，产生 $1\mu A$ 漏极电流时的栅极-源极反向偏置电压。

如果不了解运算放大器，可以想象：①将源极接地；②将灵敏的电流表从漏极连接到$+10V$电源；③用一个可变的负电源将栅极电压调整到当漏极电流为 $1\mu A$ 时对应的值。

图 4.40 显示了一种更好的方法。被测器件（经常会看到首字母缩写 DUT）的漏极连接到$+10V$；但源极没有接地，而是连接到运算放大器的反相输入端（虚地），该运算放大器的同相输入端接地。运算放大器控制栅极电压，从而保持源极接地。由于源极通过一个 $10M\Omega$ 电阻下拉至$-10V$，源极电流（因此漏极电流）为 $1\mu A$。运算放大器的输出电压与栅极电压相同，因此该电路的输出就是想知道的夹断电压。

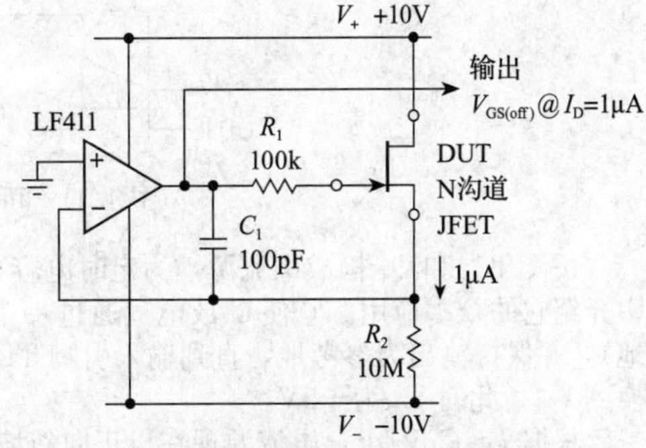

图 4.40 简单的夹断电压测试仪

一些细节：

- 因为想要测量漏极接$+10V$时的 V_P，选择运算放大器的电源电压为$\pm10V$，以简化电路的其余部分。这没问题，因为大多数运算放大器都能在一定的电源电压范围内正常工作（事实上，在电池供电的消费类产品市场的推动下，工作电压趋于降低）。但是，如果只有$\pm15V$的电源可用，则必须使用分压器、稳压管（齐纳二极管）或三端稳压器在电路中产生$+10V$电压。
- 在栅极串联 $100k\Omega$ 电阻（R_1）作为保护，以防止在晶体管插入瞬间等过程中，有任何明显的栅极电流流过。在高频时这可能会在环路周围引入滞后相移（较大的下拉电阻 R_2 也是如

⊖ 也可以使用相同的电路来匹配一组增强型 MOSFET 的阈值（开启）电压 V_{GSth}。

此)，因此添加了一个小的反馈电容 C_1 以保持稳定性。

- 为了使这个电路正常工作，运算放大器的反相输入端不对源极加载是很重要的，例如任何接近微安级的拉电流。正如稍后将要学习的，情况并非总是如此。在这个例子中，输入级为JFET的通用运算放大器411是很好的（输入电流为皮安级）；因为双极晶体管作为输入级的运算放大器通常会有10～100nA的输入电流，所以在这种低电流应用中应避免使用。
- 确定夹断电压的漏极电流并不总是 1μA。根据 JFET 的尺寸和制造商的不同，夹断电压 $V_{GS(off)}$ 的额定漏极电流值会在1nA到几十微安之间（在对数据手册的调查中，我们发现最受欢迎的是1nA，其次是1μA、10nA和0.5nA，偶尔还会使用其他5个值）。很容易修改电路以适应更高的测试电流，但要达到10nA，则 R_2 应为1GΩ的电阻！此时，更好的解决方案是将下拉电阻恢复至较低的电压，例如－0.1V，该电压可以用分压器从－10V的负电源产生。在测试电流这么小的情况下，不得不再次担心运算放大器的输入电流。

练习4.8 在电源电压为±15V，$V_D=+10V$ 且假设最大可用电阻为10MΩ的条件下，演示如何操作夹断电压测试仪工作。

练习4.9 修改图4.40中夹断电压测试仪电路，通过设置3位开关，测量漏极电流分别为1μA、10μA和100μA时栅-源电压 V_{GS} 的值。假设可以方便得到的最大电阻为10MΩ。

练习4.10 现在改变电路，以测量 $I_D=1nA$ 时夹断电压 $V_{GS(off)}$ 的值。假设有精度为5%的100MΩ电阻。

4.3.5 可编程脉冲宽度发生器

图4.41所示电路当输入窄脉冲触发时，产生输出脉冲，其脉宽由10匝电位器 R_1 设置。工作原理如下。

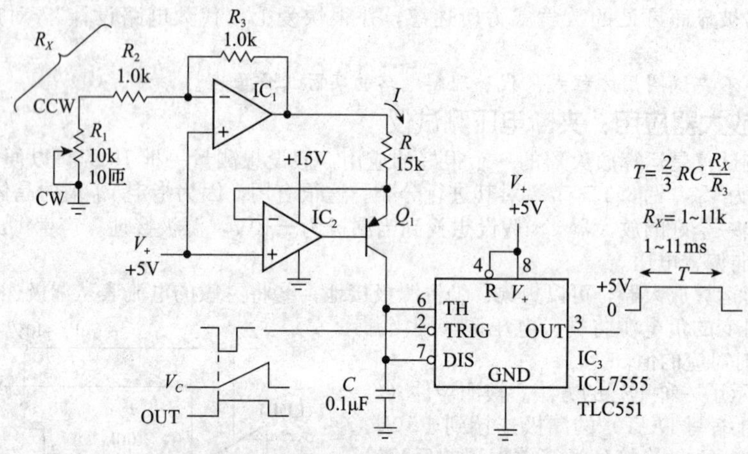

图4.41 可编程脉冲宽度发生器

IC_1、IC_2 和 Q_1 构成电流源，为定时电容 C 充电。IC_3 是一款通用定时器芯片，我们将在第7章中介绍它的众多应用。它使 C 放电（通过一个饱和的MOSFET开关，其漏极驱动DIS引脚到参考地），并保持输出为参考地，直到输入引脚TRIG接收到负触发脉冲，立即释放DIS，并将其输出切换到 V_+，此时 V_+ 为+5V。

根据 $I=CdV/dt$，电流源现在以正向斜坡向 C 充电。一直持续到电容电压达到电源电压的2/3，电容电压也加到 IC_3 的TH输入端，$V_{TH}=\frac{2}{3}V_+$。IC_3 突然将DIS拉到参考地，同时将输出切换到地。完成循环。

电流源是一个精致的电路。我们希望向电容提供电流，从参考地到至少+3.3V（+5V的2/3），通过接地电位器进行线性控制。由于种种原因，目前我们希望看到的是，编程电流与电源电压 V_+ 成正比。在这个电路中，Q_1 是电流源，IC_2 控制其基极使其发射极保持在+5V。IC_1 构成以+5V为参考的反相放大器，其输出电压大小与流经 R_1 和 R_2 的电流成正比，会超过+5V。超过的电压加在 R 两端，从而产生输出电流。通过以下练习，将了解其工作原理。

练习4.11 通过 R_X（R_1 与 R_2 之和）、R_3 和 V_+ 的函数关系计算 IC_1 的输出电压，并据此计算电流源 Q_1 的电流。现在用它来计算输出脉冲宽度，已知 IC_3 在TH电压达到 V_+ 的2/3时翻转。

该电路是使用比率技术的一个例子：对于给定设置的 R_1，电容充电电流 I 和定时器IC阈值电压 V_{TH} 分别取决于电源电压 V_+；但是它们的变化使得最终脉冲宽度 T 不取决于 V_+。这就是为什么电流源设计为 $I \propto V_+$。比率技术是一种设计具有优异性能电路的精致方法，通常不需要精确控制电源电压。

4.3.6 有源低通滤波器

在第1章中曾提到简单 RC 滤波器有一个缓慢滚降，也就是说它的频率响应从通带到阻带不会突变。也许令人惊讶的是，不能通过简单地多级级联来弥补这种不足，正如我们将在第6章中详细介绍的那样。如果同时包括电感和电容，或者等效地通过使用运算放大器引入有源滤波器设计，可以实现更好的滤波器性能。

图4.42显示了一个简单且比较直观的滤波器示例。这种电路以其发明者的名字命名为Sallen-Key滤波器。单位增益放大器可以是运算放大器构成的跟随器，或者是单位增益的缓冲器，或者只是射极跟随器。这种特殊的滤波器是一种二阶低通滤波器。注意，除了第一个电容的底部由输出自举外，它只是一对级联的无源 RC 低通滤波器。很容易看出，在高频（远超过 $f=1/2\pi RC$）段，因为输出基本为零（因此第一个电容的低端实际上接地），其频率响应像级联 RC 一样衰减，即以 -12dB/二倍频（程）速率下降。但是，当降低频率并接近通带时，自举作用往往会减小衰减，从而使响应随频率的变化曲线呈现更陡的下降。我们绘制了响应与频率的关系图，其中对 R 和 C 值进行了三次调谐[⊖]。

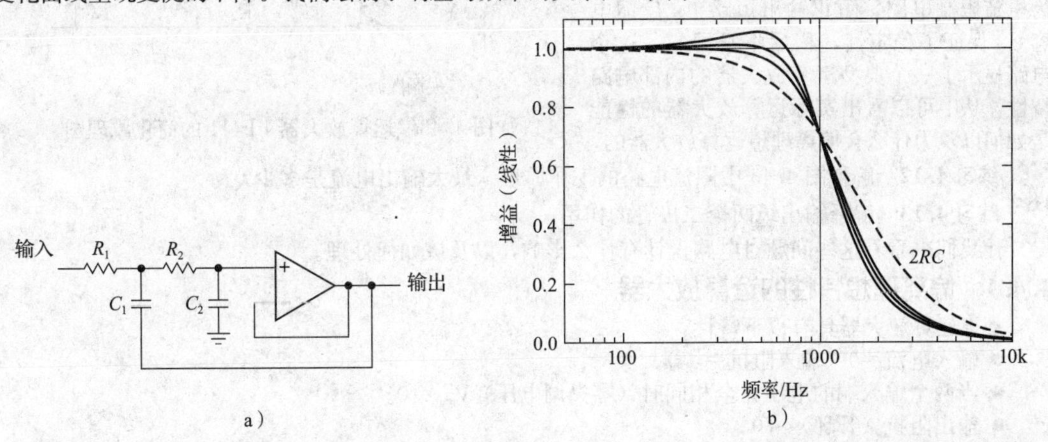

图4.42 Sallen-Key有源低通滤波器：a）原理图；b）频率响应，与一对无源 RC 的级联相比较

当然，这种图示不能代替精确分析，幸运的是，精确分析已经应用于各种出色的滤波器。而且，基于现代通用SPICE模拟仿真工具或专用滤波器分析软件的应用，设计和查看滤波器响应曲线变得相对容易。

4.4 运算放大器性能详细介绍

我们已经暗示过运算放大器并不完美，例如有源整流器和施密特触发器等电路的性能受运算放大器速度或压摆率限制。对于这些应用电路，通常需要高速运算放大器。但压摆率只是运算放大器的重要参数之一，运算放大器的重要参数包括输入失调电压、输入偏置电流、输入共模范围、噪声、带宽、输出范围，以及电源电压和电流。公平地说，运算放大器性能是非常优异的，对于可能遇到的大多数应用电路，其性能都接近理想。定量地说，想想用分立晶体管和其他元器件设计高增益直流差分放大器的难度，其输入电流小于1pA，与理想平衡条件偏差小于1mV，带宽为几兆赫兹，并且其输入可以是两个电源电压之间的任意值。我们可以花一美元买到消耗电流不到1mA，尺寸为1.5mm×3mm小型封装的运算放大器。

但是，运算放大器确实有性能限制——这就是为什么实际上有成千上万种可用类型。通常会面临一个权衡，例如可以牺牲失调电压而得到更低的偏置电流。充分了解运算放大器的局限性及其对电路设计和性能的影响，将有助于明智地选择运算放大器并有效地进行设计。

为了解释这个主题，想象一下现在要求设计一个直流放大器，以便可以在美观的模拟仪表刻度上看到较小的电压（0～10mV），其输入电阻不小于10MΩ且精度应为1%左右。你说，没问题，我将只

⊖ 巴特沃思和两个切比雪夫（通带纹波分别为0.1dB和0.5dB），从最平坦到最高峰响应。例如，对于巴特沃思，元件值分别是 $C_1=10$nF，$C_2=2$nF，$R_1=12.7$kΩ 和 $R_2=100$kΩ。有源滤波器将在第6章中详细讨论。

使用同相放大器（以获得高输入电阻），并获得大的增益（例如×1000，因此10mV被放大到10V）。速度不是问题，因此不担心压摆率。带着满满的自信，你设计了电路（用运算放大器LF411），技术人员搭建了电路，然后……老板解雇了你！真是一场灾难：在没有接输入的情况下输出显示满量程的20%，当被带到室外时，输出信号会像疯了一样漂移。

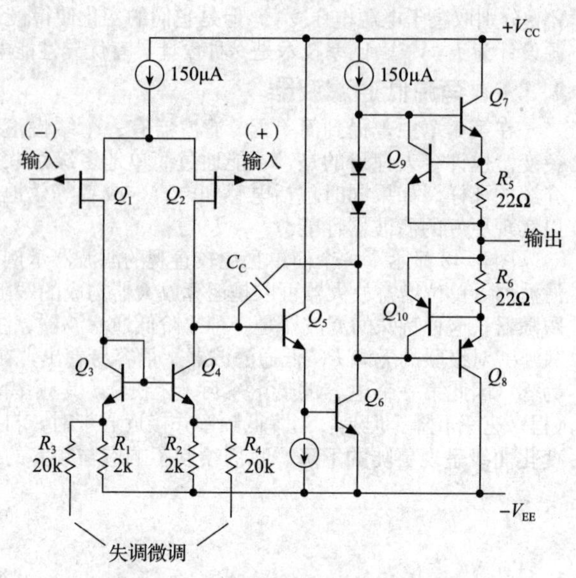

图 4.43　运算放大器LF411的简化原理图

首先，请看图4.43。就像我们在前两章讨论晶体管电路时所说的，LF411的电路相对比较简单。输入级为JFET差分放大器，镜像电流源作为有源负载，用NPN跟随器实现缓冲（防止负载为高增益的输入级电路），驱动发射极接地的NPN放大器（电流源作为有源负载）。然后驱动由推挽式射极跟随器组成的输出级（Q_7Q_8）电路，R_5Q_9 和 R_6Q_{10} 为电流限制电路，防止输出短路[⊖]。反馈电容 C_C 保证了稳定性，稍后将学习它。这个电路显示了一个典型运算放大器的内部电路特性，从中可以看出实际运算放大器的性能是如何以及为什么会偏离理想运算放大器的。

练习 4.12　解释图4.43中限流电路的工作原理。最大输出电流是多少？

练习 4.13　解释输出级两个二极管的作用。

让我们来看看这些问题对电路设计有什么影响，以及该如何处理。

4.4.1　偏离理想特性的运算放大器

理想运算放大器具有以下特性：

- 输入电流=0（输入阻抗=∞）。
- 当两个输入端的电压完全相同时（零失调电压）$V_{out}=0$。
- 输出阻抗（开环）=0。
- 电压增益=∞。
- 共模电压增益=0。
- 输出可以瞬时变化（压摆率无限大）。
- 没有额外的噪声。

所有这些特性均与温度和电源电压变化无关。

在下文中，我们将描述实际的运算放大器是如何偏离这些理想特性的。运算放大器参数见表4.1。

表 4.1　运算放大器参数

参数	BJT		JFET		CMOS		单位
	典型	最佳	典型	最佳	典型	最佳	
V_{os} (max)	3	0.025	2	0.1	2	0.1	mV
TCV_{os}(max)	5	0.1	20	1	10	3	μV/℃
I_B(typ)	50nA	25pA	50pA	40fA	1pA	2fA	@25℃
e_n(typ)	10	1	20	3	30	7	nV/$\sqrt{Hz}$@1kHz
f_T(typ)	2	2000	5	400	2	10	MHz
SR(typ)	2	4000	15	300	5	10	V/μs
V_s(min)	5	1.5	10	5	2	1	V
V_s(max)	36	44	36	36	15	15	V

⊖ LF411的详细原理图揭示了更精细的负电流限制电路。查看数据手册，看看能否理解它是如何工作的。

运算放大器重要性能参数的典型值和最佳值。在此表中，我们列出了普通器件的值，以及可以得到的每个单独参数最佳的运算放大器。也就是说，无法得到具有任何“最佳”列中显示的各种优异性能组合的单个运算放大器。从该表中，可以清楚地看到双极运算放大器在精度、稳定性、速度、宽电源电压范围和噪声方面表现出色，代价是偏置电流较大；JFET 输入型中等，CMOS 运算放大器显示偏置电流最低。

1. 输入失调电压

由于制造工艺的不同，运算放大器的输入级不会完全平衡。因为输入阈值匹配性较差，FET 的问题更严重。如果将运算放大器的两个输入端连接在一起以产生精确的零差分输入信号，则输出通常会饱和为 V_+ 或 V_-（无法预测到底是哪个）。使输出为零所需的输入电压差称为输入失调电压 V_{OS}（就好像有一个电压等于 V_{OS} 的电池与某个输入串联）。典型的输入失调电压约为 1mV，但精密运算放大器的输入失调电压可低至 10μV。有些运算放大器的输入失调电压可微调为零。对于 411，在引脚 1 和 5 之间连接一个 10kΩ 电位器（见图 4.43 中的失调微调），将中间抽头连接到 V_{EE}，并调整为零失调，其效果是故意使镜像电流源不平衡以补偿失调。

2. 失调电压漂移

对于精密应用而言，因为任何初始失调都可以手动调整为零，所以更重要的是输入失调电压随温度和时间的漂移。411 的典型输入失调电压为 0.8mV（最大为 2mV），温度系数为 $\Delta V_{OS}/\Delta T=7\mu V/℃$，失调漂移随时间的变化是不确定的。OP177A 是一款精密运算放大器，经过激光微调，最大失调为 10μV，温度系数为 0.1μV/℃(max)，长期漂移为 0.2μV/月（典型值），失调和温漂系数都比普通放大器好上百倍。

3. 输入电流

输入端的小拉电流（或灌电流，取决于运算放大器的类型）称为输入偏置电流 I_B，该电流定义为输入端连接在一起时，输入电流之和的一半（两个输入电流大致相等，是输入晶体管的基极或栅极电流）。对于输入级是 JFET 的 411，室温下偏置电流的典型值为 50pA（最大 200pA）（但在 70℃ 时高达 4nA），而像 OP27 这样典型的输入级是 BJT 的运算放大器的偏置电流的典型值为 15nA，几乎不随温度变化。粗略估计，输入级是 BJT 的运算放大器的偏置电流为数十纳安，而输入级是 JFET 的运算放大器的输入电流为数十皮安（即低 1000 倍），而输入级是 MOSFET 的运算放大器的输入电流通常小于或等于 1pA。一般而言，FET 运算放大器的输入电流可以忽略，但双极运算放大器的输入电流不能忽略[⊖]。

输入偏置电流的重要性在于，它会在反馈网络和偏置网络中的电阻或信号源内阻两端引起压降。限制电阻取值的大小取决于电路的直流增益和能承受多大的输出变化。例如，LF412 的最大输入电流为 200pA，这意味着在达到令人担忧的 1mV 电压之前，可以承受高达约 5MΩ 的电阻（从输入端看）。

稍后将看到更多有关其工作原理的信息。如果电路是积分器，即使没有外部输入电流到积分器，偏置电流也会产生缓慢的斜坡电压。

对于输入级是双极晶体管的运算放大器，其输入偏置电流可低至纳安或更小，输入级是 MOSFET 的输入偏置电流可低至零点几皮安（$10^{-6}\mu A$）。具有超低偏置电流的输入级是 BJT 的 LT1012 的典型输入偏置电流为 25pA，输入级是 JFET 的 OPA129 的典型输入偏置电流为 0.03pA，输入级是 MOSFET 的 LMC6041 的典型输入偏置电流为 0.002pA。另外，像 THS4011/21（约 300MHz）这样的高速 BJT 型运算放大器的输入偏置电流为 3μA，通常，高速 BJT 型运算放大器的输入偏置电流更高。

4. 输入失调电流

输入失调电流是两个输入端之间输入电流差的名字。与输入偏置电流不同，输入失调电流 I_{OS} 是器件制造偏差的结果，因为运算放大器的对称输入电路会在两个输入端产生相同的偏置电流。重要的是，即使由相同内阻的信号源驱动，运算放大器输入端也会呈现出不同的压降，从而导致其输入端存在电压差。很快就会看到这将如何影响电路设计。

通常，输入失调电流介于输入偏置电流的一半到十分之一之间。对于 411，典型值为 $I_{offset}=25pA$。但对于具有偏置补偿的运算放大器（如 OPA177），指定的输入失调电流和输入偏置电流是可比拟的，原因将在第 5 章中看到。

⊖ 在某些 BJT 运算放大器中有一个很好的技巧，称为偏置电流抵消，可用来实现低至 10pA 的输入偏置电流，见图 2.98。

5. 输入阻抗

输入阻抗是指小信号㊀差分输入电阻（一个输入端接地，从另一个输入端看进去的阻抗），通常比共模电阻小得多（典型的输入级看起来像带电流源的长尾差分对）。对于输入级是FET的411，输入阻抗约为$10^{12}\Omega$，对于像LT1013这样输入级是BJT的运算放大器，输入阻抗约为300MΩ。由于负反馈的输入自举效应（它试图将两个输入端保持在相同的电压，从而消除了大部分差分输入信号），Z_{in}实际上会上升到非常高的值，并且通常不是像输入偏置电流那样重要的参数。

6. 共模输入范围

运算放大器的输入必须保持在一定的电压范围内，为了确保正常工作，通常应小于全电源电压范围。如果输入超出此范围，运算放大器的增益可能会发生剧烈变化，甚至相位反转！对于电源电压为±15V的411，应保证共模输入范围最小为±11V。但制造商声称411可在共模输入下一直工作到正电源电压，尽管性能可能会降低。将任意一个输入电压降低到负电源电压都会使放大器异常，出现诸如相位反转㊁和输出饱和到正电源等现象。从图4.43所示电路可以看出为什么LF411不能在输入电压达到负电源轨的情况下工作，因为这将使输入级JFET对晶体管的源极电压低于负电源轨，从而使晶体管脱离导通，进入截止区。

许多运算放大器的共模输入范围可低至负电源，例如双极型的LT1013、CMOS型的TLC2272和LMC6082，这些运算放大器通常被称为单电源运算放大器或地感应运算放大器（即输入电压范围可扩展到地）（见4.6.3节）。也有一些运算放大器的共模输入范围包括正电源，例如JFET型的LF356。随着电池供电设备的电源电压逐渐降低，运算放大器的设计人员已经开发出了各种输入信号可以扩展到电源电压全范围的产品，因为电源电压通常被称为电源轨，所以这些被称为轨对轨。例如，CMOS型运算放大器LMC6482和TLV2400系列，双极型运算放大器LM6132、LT1630和LT6220系列。它们还有一个很好的特性，就是输出能够一直变化到电源轨。这些似乎是理想的运算放大器，但正如我们在5.7节、5.9节和5.10节中所讨论的，轨对轨运算放大器通常会做出影响其他特性的妥协，特别是失调电压、输出阻抗和电源电流。此外，还有极少数运算放大器能够在高于正电源轨的输入电压下正常工作（例如LT1637）。

除了共模电压工作范围，还有最大允许输入电压范围，超过该范围会造成器件损坏。411的最大允许输入电压范围为±15V（如果负电源电压更低，不得超过负电源电压）。

7. 差模输入范围

某些双极型运算放大器只允许输入有限的电压，有时小到±0.5V，但大多数有更宽的输入范围，允许差模输入电压接近电源电压。超过规定的最大值可能会降低运算放大器性能，甚至损坏运算放大器。

8. 输出变化范围与负载电阻的关系

LF411作为众多运算放大器中的典型代表，即使在轻负载（比如$R_L > 5k\Omega$），其输出电压也不能变化到距离电源轨1～2V的范围内，因为输出级是推挽式射极跟随器，所以即使对其基极进行全轨对轨的驱动，输出与两个电源轨之间也相差一个二极管导通压降。驱动电路的输出在接近电源轨电压时也有自身的困难之处，限流电阻R_5和R_6两端有额外的压降，这就造成输出电压不足。

对于较低的负载电阻值，内部限流电路将设置最大变化范围。例如，当外接大于1kΩ的负载电阻时，411的输出电压可以变化到距离V_{CC}和V_{EE}约2V的范围以内。当负载电阻明显小于该值时，输出电压将只能有很小的变化范围。这通常在数据手册上显示为输出电压的峰-峰值V_{om}与负载电阻的关系图，或者有时仅为典型负载电阻对应的几个值。图4.44显示了LF411的数据手册图。许多运算放大器具有不对称的输出驱动能力，灌电流可能超过拉电流（反之亦然）。因此，我们经常会看到在最大输出变化范围与负载电流的关系曲线图中，输出拉电流和灌电流是相互独立的曲线。图4.45显示了LF411的图形。

某些运算放大器的输出可以一直变化到负电源（例如双极型的LT1013和CMOS型的TLC2272），对于由单正电源供电的电路来说，这是一个特别有用的特性，因为这使得输出一直变化到地成为可能。最后，以CMOS晶体管组成的共源极放大器为输出级的运算放大器㊂（例如LMC6xxx系列）的输出电压可以一直变化到两个电源轨。对于这样的运算放大器，一个更有用的图表

㊀ 不是V_{in}/I_{bias}。

㊁ 流行且廉价的单电源运算放大器LM358和LM324当输入电压低于负电源轨400mV时，其输入信号相位会反转。诸如LT1013和LT1014之类的改进替代品解决了此问题（以及输出交越失真问题）。

㊂ 或双极晶体管共射极电路输出。

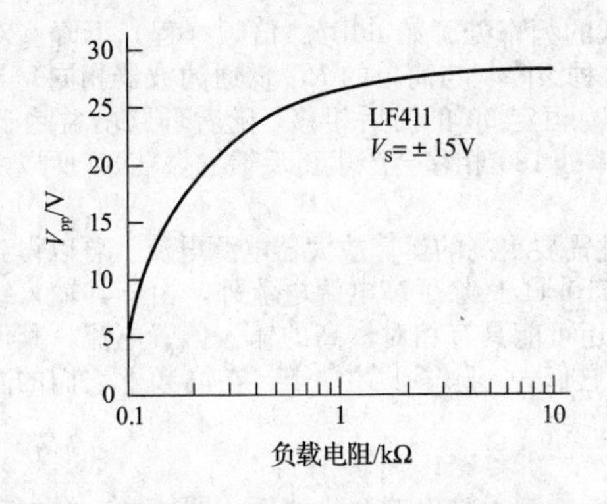

图 4.44　输出变化的最大峰-峰值与负载的关系（LF411）

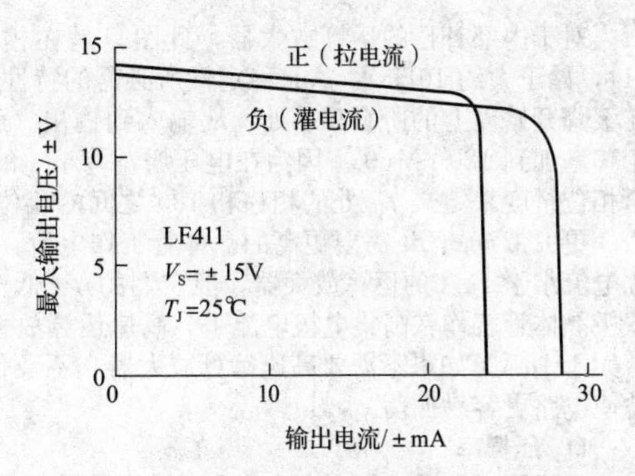

图 4.45　最大输出电压（拉电流和灌电流）与负载电流（LF411）的关系。当 $T_J = 125℃$ 时，最大输出电流能力降低了约 25%

绘制了输出接近每个电源轨的程度与负载电流（拉电流和灌电流）的函数关系。图 4.46 中的示例是 CMOS 轨对轨运算放大器 LMC6041。注意对数-对数轴的有效使用，因此可以准确地得到以下事实：该运算放大器在提供 10μA 输出电流时，输出电压可以变化到距离电源轨电压 1mV 以内的范围，其输出电阻约为 80Ω（灌电流）和 100Ω（拉电流）。我们可以找到具有此特性而没有 CMOS 型运算放大器电源电压范围限制（通常最大为±8V）的双极型运算放大器，例如 LM6132/42/52 系列和 LT1636/7。

9. 输出阻抗

输出阻抗 R_o 指运算放大器无反馈时的固有输出阻抗（见图 2.90）。411 输出阻抗的典型值大约是 40Ω，但对于某些低功率运算放大器，可以高达几千欧姆，这是某些具有轨对轨输出运算放大器所共有的特性。反馈将输出阻抗降低了环路增益 AB（见 2.5.3 节）倍，使其变得微不足道（或对于电流源，将其升高）。因此，通常更重要的是最大输出电流，其典型值为±20mA 左右（但对于稀有的大电流运算放大器，其值要高得多）。

10. 电压增益、带宽和相移

通常，直流电压增益 A_{VO}（有时称为 A_{VOL}、A_V、G_V 或 G_{VOL}）为 $10^5 \sim 10^6$（通常以分贝表示，因此为 100～120dB），在某个频率（称为 f_T，有时称为增益带宽积 GBW）处下降到单位增益 1，该频率大多在 0.1～10MHz 范围内，通常在开环电压增益随频率变化的曲线中给出，在该曲线上可以清楚地看到 f_T 的值。图 4.47 中显示了 LF411 的曲线。

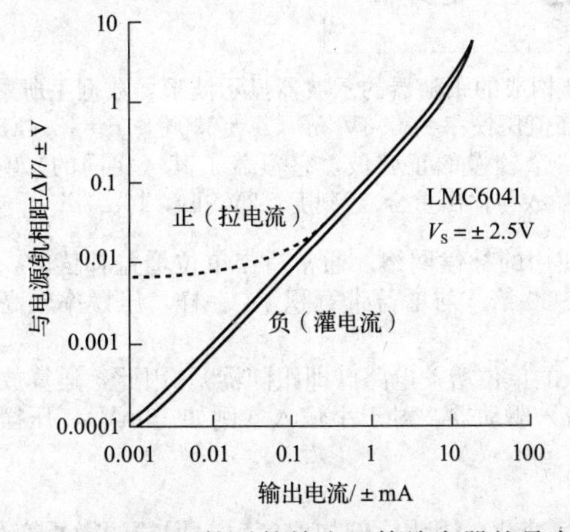

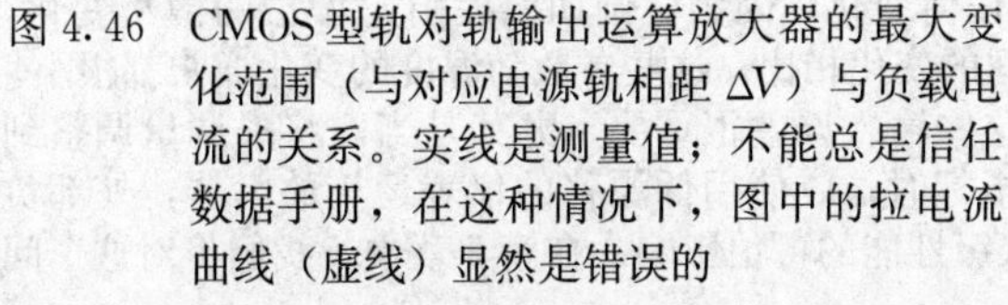

图 4.46　CMOS 型轨对轨输出运算放大器的最大变化范围（与对应电源轨相距 ΔV）与负载电流的关系。实线是测量值；不能总是信任数据手册，在这种情况下，图中的拉电流曲线（虚线）显然是错误的

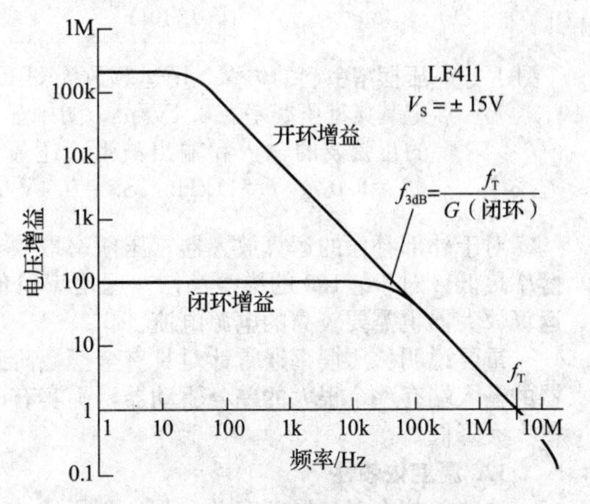

图 4.47　LF411 的幅频特性（伯德图）

对于内部补偿的运算放大器，此图只是在相当低的频率处开始 6dB/二倍频（程）下降（对于 411，始于大约 10Hz），这是稳定性所必需的特性。这种滚降（与简单的 RC 低通滤波器相同）导致在滚降开始以上的所有频率处，从输入到输出（开环）恒定 90°的滞后相移，随着环路增益趋于 1，相移增加到 120°～160°。因为在电压增益等于 1 的频率处 180°相移会产生正反馈（振荡），所以用术语相位裕度来定义 f_T 处的相移和 180°之间的相位差。

更大带宽的 f_T 需要更高的晶体管工作电流，因此需要更高的运算放大器电源电流。可以得到电源电流小于 1μA 的运算放大器，但它们的 f_T 低至约 10kHz！除了高电源电流外，由于其输入级的双极晶体管工作在高集电极电流下，高速运算放大器还可能具有相对较高的输入偏置电流，其值通常大于 1μA。如果不需要高速运算放大器，不要使用它们——除了上述缺点，在高频下它们的高增益使电路更容易振荡。

11. 压摆率

运算放大器的补偿电容和内部较小的驱动电流共同限制了输出的变化速率，即使输入发生较大的不平衡也是如此。通常将这种极限速度定义为*压摆率*或*转换速率*（SR）。411 的压摆率为 15V/μs，低功率运算放大器的压摆率通常低于 1V/μs，而高速运算放大器的压摆率可达数百伏/μs。压摆率将不失真正弦波输出电压的振幅变化范围限制在某个临界频率以上（在该临界频率处全电源范围变化需要运算放大器的最大压摆率），因此有了输出电压变化范围与频率的关系图（见数据手册，示例见图 4.54）。频率为 f，振幅为 A 的正弦波要求压摆率最小为 $2\pi Af$（V/s），压摆率的峰值在正弦波的过零点处（见图 4.48）。图 4.49 中示波器所示波形显示了现实世界中的压摆率失真。

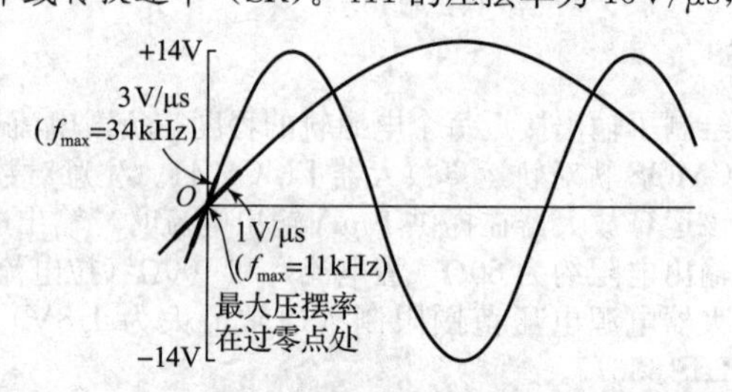

图 4.48　正弦波的最大压摆率 SR＝$2\pi Af$ 出现在过零点处

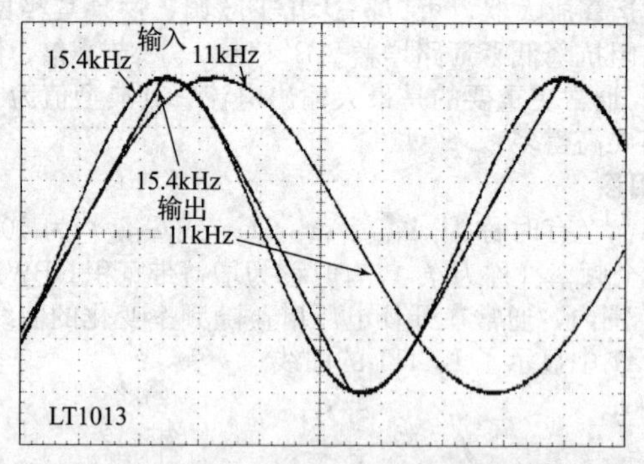

图 4.49　压摆率引起的失真。用运算放大器 LT1013 构成的跟随器的示波器显示波形，数据手册中指定其典型压摆率为 0.4V/μs，图中显示了峰值压摆率为 0.6V/μs（A＝6.0V，f＝15.4kHz）的正弦波的输入和输出波形；还显示了一个较慢的正弦波，它覆盖了其（相同的）输出（A＝6.0V，f＝11kHz，SR＝0.4V/μs）（输入与输出重合）。刻度：2V/div，10μs/div

对于外部补偿的运算放大器，压摆率取决于所使用的补偿网络。通常，当单位增益补偿时，压摆率最低；对于×100 的增益补偿，压摆率可能会快 30 倍。与增益带宽积 f_T 一样，压摆率较高的运算放大器也需要较高的电源电流。

重要说明：压摆率通常针对具有全摆幅阶跃输入的单位增益电路（即跟随器）。因此，运算放大器的输入端有一个很大的差分驱动器，确实有电流流入驱动器。对于小输入（例如 10mV），压摆率将大大降低。

12. 温度依赖性

这些参数大多与温度有关。但一般不会产生任何变化，因为，例如温度引起增益的微小变化，几乎完全由反馈补偿，而且与不同运算放大器之间的变化相比，这些参数随温度的变化通常都很小。

例外情况是输入失调电压和输入失调电流，这些输入误差很重要，尤其是当已将失调量调整到近似为零时，会出现输出漂移。当高精度是重要指标时，应使用低漂移的仪表运算放大器，外部负载保持在 10kΩ 以上，以尽量减少温度梯度对输入级性能的可怕影响。在第 5 章中，我们将对这个问题有更多的讨论。

13. 电源电压和电流

传统上，大多数运算放大器都是为±15V电源设计的，只有少量的单电源运算放大器在单电源（即$+V$和地）下工作，通常为+5～+15V。传统的双电源运算放大器比较灵活，例如第三代LF411的电源电压从±5V到±18V。大多数早期运算放大器的电源电流只有几毫安。

为了适应电池供电的设备，降低电流，特别是降低电压已经成为一个重要的趋势。例如，现在常见的运算放大器的总电源电压（从V_+到V_-的范围）为5V，甚至3V，工作电流为10～100μA。这些运算放大器通常采用100%的CMOS电路，但也有一些采用双极型设计，这些运算放大器的输出级通常是轨对轨型。

考虑这些运算放大器时，注意异常低的最大电源电压限制。许多这类运算放大器的总电源电压被限制在10V（即±5V）以内，并且越来越多的运算放大器被限制在5V或更低。另外，如果要求一个静态电流为微安级的运算放大器向连接的负载提供足够的电流，那么它必然会消耗大量的电流，因为输出电流不能凭空产生。

14. 共模抑制比、电源抑制比、电压噪声（e_n）和电流噪声（i_n）

为了完整起见，在此应当指出运算放大器也受到共模抑制比（CMRR）和电源抑制比（PSRR）的限制，即对共模输入信号的变化和电源波动的抑制不完全。当高频时，这显得尤为重要，高频时环路增益降低，并且补偿电容C_C会将负轨波动耦合到信号链中。

此外，运算放大器也不是无噪声的——输入端会同时引入电压噪声（e_n）和电流噪声（i_n）。这些限制主要与精密电路和低噪声放大器有关，将在第5章和第8章中讨论。

4.4.2 运算放大器限制对电路性能的影响

记住这些限制，再来看看反相放大器。我们将了解到它们是如何影响电路性能的，并学习如何在它们的影响下有效地进行电路设计。通过对本示例的理解，读者应该能够处理其他运算放大器电路。图4.50再次显示了这个电路。

1. 开环增益

有限的开环增益会影响带宽、输入和输出阻抗以及线性度。之前在第2章（2.5.3节）中介绍负反馈时，已经在分立晶体管放大器的上下文中看到了这一点。这些内容构成了后续知识的基本背景。如果对这些知识有疑惑，一定要复习一下。

带宽 由于开环增益有限，带反馈的放大器的电压增益（闭环增益）将在开环增益接近R_2/R_1的频率处开始下降（见图4.47）。对于像411这样的通用运算放大器，这意味着要处理的是一个相对低频的放大器，开环增益在40kHz处降到100，f_T为4MHz。注意，闭环增益总是小于开环增益，因此在f_T的几分之一处，整个放大器的增益将呈现明显下降。回想第2章，图4.51中同相放大器的闭环增益由

$$G=\frac{A}{1+AB}$$

给出，B是输出端的反馈系数，本例中$B=R_1/(R_1+R_2)$。因此，在环路增益AB的幅度为单位增益（即开环增益A等于期望的闭环增益$1/B$）的频率处，输出将下降3dB，对于LF411而言约为40kHz[⊖]。

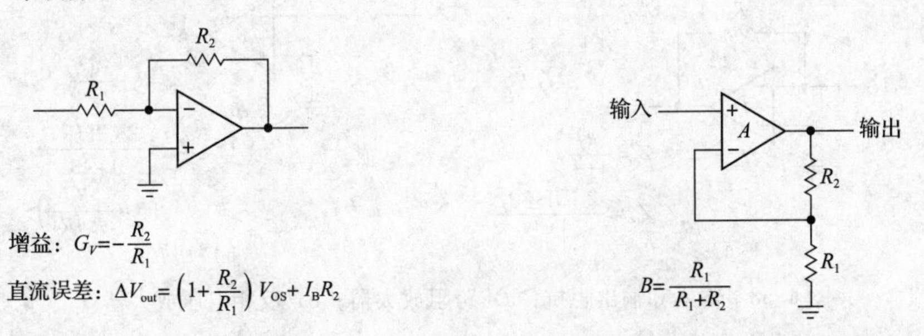

图4.50 反相放大器

图4.51 开环增益有限的同相放大器

回想4.2.5节，我们注意到运算放大器电流源依赖运算放大器的电压增益（即环路增益）来提高其内在的低输出电阻R_o（约100Ω，见图5.20），并且随着频率的增加，开环增益的减小会降低电

⊖ 开环增益A在运算放大器的大部分带宽上都有90°的滞后相移，从图4.47所示的伯德图中可以看出来，也就是说，可以用$A(f)=j\cdot f_T/f$来近似得到开环增益。这也就是为什么当环路增益AB为单位增益时，闭环增益降低3dB，而不是6dB。

流源的输出阻抗。这可以量化，当频率增加时，Z_{out} 的形式为 $R_o \cdot f_T/f$。

输出阻抗　有限环路增益也会影响闭环运算放大器电路的输入和输出阻抗。反馈可以对输出电压（例如我们一直在考虑的同相电压放大器）或输出电流（例如运算放大器电流源）进行取样。对于电压反馈，运算放大器的开环输出阻抗降低了 $1+AB$ 倍，使典型的几十到几百欧姆的开环输出阻抗降低到毫欧级（对于大的环路增益），但是在更高频率，随着环路增益降到1，又会上升到开环值。

图4.52很好地说明了闭环输出阻抗的线性上升，该图来自LT1055的数据手册。我们可以看到更大的环路增益（反馈设置为较低的闭环增益）如何产生相应的低输出阻抗，还会看到线性上升到运算放大器原输出阻抗 R_{out}（有时称为 r_o），此处约为60Ω。还要注意，随频率线性增加的阻抗就像电感。而且，实际上，这就是该频率范围内信号的输出结果。这可能会产生重要的后果，例如当运算放大器的负载为容性时，会形成 LC 串联谐振电路。

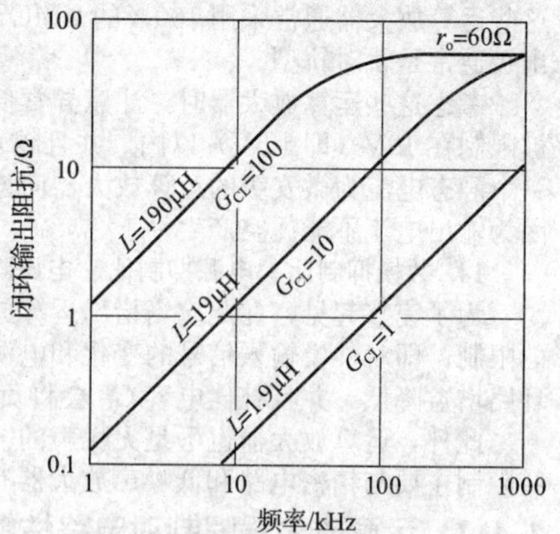

图4.52　运算放大器的闭环输出阻抗在其带宽的很大一部分上随频率近似线性上升，因此表现为电感 $L_{out} \approx r_o G_{CL}/2\pi f_T$。环路增益降至1之后，$Z_{out}$ 看起来就像运算放大器的开环输出电阻 r_o。该曲线来自LT1055的数据手册

较低的环路增益（在高频段）会降低负反馈对电路的改善效果。因此，如前所见，电压放大器的输出阻抗增加。对于电流反馈放大器而言，情况恰恰相反：电流反馈通常会通过一个包含环路增益的因子来提高原有输出阻抗（这很好，本来就希望电流源的输出阻抗很高），然后随着回路增益的下降，输出阻抗会下降到开环值。某些运算放大器（特别是那些轨对轨输出型运算放大器）的输出级本来就具有很高的输出阻抗，对于这些运算放大器，高环路增益对于实现低输出阻抗至关重要。

输入阻抗　同相放大器的输入阻抗比其开环值提高了 $1+AB$ 倍，由于运算放大器开环输入阻抗本来就很高，这一点对电路通常没有什么影响。

反相与同相放大器不同，必须单独进行分析。最好将其视为输入电阻及其驱动的并联反馈的组合（见图4.53）。单独的并联反馈在"求和点"（放大器的反相输入端）有输入，在此将来自反馈和输入信号的电流组合在一起（这个放大器的连接实际上是跨阻结构，它将输入电流转换为输出电压）。反馈将连接在求和点上的 R_2 的阻值减小了 $1+A$ 倍（看看能否证明这一点）。在环路增益很高的情况下，输入阻抗减小到零点几欧姆，这对电流输入放大器来说是一个很好的特性。

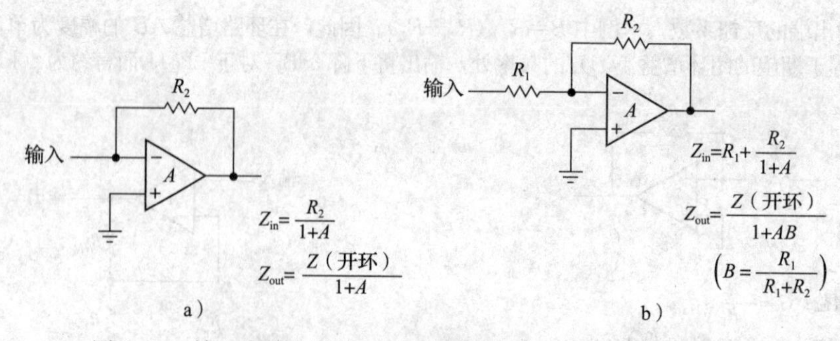

图4.53　输入和输出阻抗：a）跨阻放大器；b）反相电压放大器

如图所示，经典的运算放大器反相放大器连接是并联反馈跨阻放大器和串联输入电阻的组合。结果，输入阻抗等于 R_1 与求和点的阻抗之和。对于高环路增益电路，R_{in} 约等于 R_1。

推导具有有限环路增益的反相放大器的闭环电压增益的表达式是一项简单的练习，答案为

$$G=-A(1-B)/(1+AB) \tag{4.5}$$

如前所述，B 的定义是 $B=R_1/(R_1+R_2)$。在大的开环增益 A 的极限值下，$G=-1/B+1$（即 $G=-R_2/R_1$）。

练习4.14　推导上述反相放大器输入阻抗和增益的表达式。

线性度　在无限环路增益的条件下，反馈电路的特性仅取决于反馈网络，运算放大器的固有非线性(例如增益与电压的关系、交越失真等）可以通过反馈进行补偿。随着环路增益的降低（例如在较高频率下），这些缺陷会再次出现。因此，必须谨慎选择运算放大器，例如如果要设计低失真的音频放大器电路，用于此类应用的运算放大器的输出级需要经过精心设计，并且通常将失真指定为频率和增益的函数。例如，优秀的 AD797 在频率 20kHz 和输出电压 3V（rms）时的最大失真仅为 0.0003%。

2. 压摆率

由于压摆率有限，高于一定的频率，最大不失真正弦波输出幅度会下降。图 4.54 显示了 411 的输出电压幅度随频率的变化曲线，其压摆率为 15V/μs。对于压摆率为 S，频率为 f 的正弦波，其输出幅度被限制在 $A(\mathrm{pp}) \leqslant S/\pi f$ 的范围内，从而解释了曲线按 $1/f$ 下降。曲线的平坦部分反映了电源电压对输出电压变化范围的限制。一个容易记住的公式为

$$S_{\min} = \omega A = 2\pi f A \tag{4.6}$$

式中，$S_{\min}$ 是振幅为 A（即峰-峰值的一半 $A_{\mathrm{PP}} = 2A$）和角频率为 ω 的正弦波所需的最小压摆率。另外，我们可以利用运算放大器的压摆率限制，从所需信号中过滤尖锐的噪声毛刺，这种技术称为非线性低通滤波：如果有意限制压摆率，可以显著降低快速毛刺，而基本信号几乎没有失真。

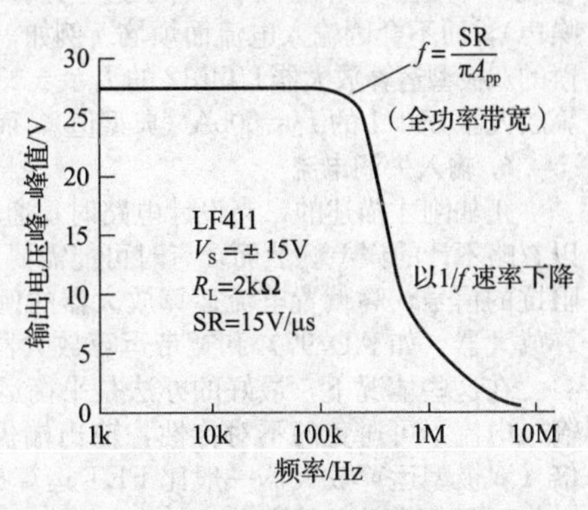

图 4.54　输出电压峰-峰值与频率的关系

3. 输出电流

由于输出电流能力有限，当负载电阻较小时，运算放大器输出电压变化范围减小，见图 4.44。对于精密应用电路，最好避免较大的输出电流，以防止输出级功耗过大而产生片上热梯度。

4. 失调电压

由于存在输入失调电压，零输入时会产生 $V_{\mathrm{out}} = G_{\mathrm{dc}} V_{\mathrm{OS}} = (1 + R_2/R_1) V_{\mathrm{OS}}$ 的输出[⊖]。对于用 411 构成的电压增益为 100 的反相放大器，当输入接地时（最大 $V_{\mathrm{OS}} = 2\mathrm{mV}$），输出可能高达 ±0.2V。解决方案：①如果不需要直流增益，可用电容将直流增益降到 1，见图 4.7b，在这种情况下，可以通过电容来耦合输入信号；②用制造商推荐的微调网络将失调电压调整为零；③使用具有较小 V_{OS} 的运算放大器；④用外部微调网络将失调电压调整为零（见图 4.91）。

5. 输入偏置电流

即使使用经过完美调整的运算放大器（即 $V_{\mathrm{OS}} = 0$），当其输入端接地时，反相放大器电路也会产生非零输出电压。这是因为有限的输入偏置电流 I_{B} 会在电阻两端产生压降，该电压会被电路放大。在这个电路中，反相输入端的驱动阻抗为 $R_1 \| R_2$，因此偏置电流产生电压 $V_{\mathrm{in}} = I_{\mathrm{B}}(R_1 \| R_2)$，然后该电压被直流增益放大 $1 + R_2/R_1$ 倍，结果是输出误差电压 $V_{\mathrm{out}} = I_{\mathrm{B}} R_2$。

对于输入级是 FET 的运算放大器，偏置电流的影响通常可以忽略不计，但双极型运算放大器较大的输入电流（以及电流反馈运算放大器）会引起一些实际问题。例如，考虑一个反相放大器，$R_1 = 10\mathrm{k\Omega}$，$R_2 = 1\mathrm{M\Omega}$，对于音频反相放大器，我们可能希望 Z_{in} 至少保持 10kΩ，所以这些值是合理的。如果选择低噪声双极型运算放大器 NE5534（最大值 $I_{\mathrm{B}} = 2\mu\mathrm{A}$），则输出（对于输入接地）可能高达 100×2μA×9.9kΩ 或 1.98V（$G_{\mathrm{dc}} I_{\mathrm{B}} R_{\mathrm{unbalance}}$），这是不可接受的。相比之下，运算放大器 LF411（输入级为 JFET）的最坏输出（输入接地）为 0.2mV。对于大多数应用而言，这是可以忽略的，而且在任何情况下，与 Vos 产生的输出误差（对于 LF411 未经调整的最差情况是 200mV）相比都显得微不足道。

关于偏置电流误差问题有几种解决方法。如果必须使用偏置电流较大的运算放大器，最好确保两个输入端连接的直流驱动电阻相等，见图 4.55。此处，选择 91kΩ 作为 100kΩ 和 1MΩ 的并联电阻。此外，最好保持反馈网

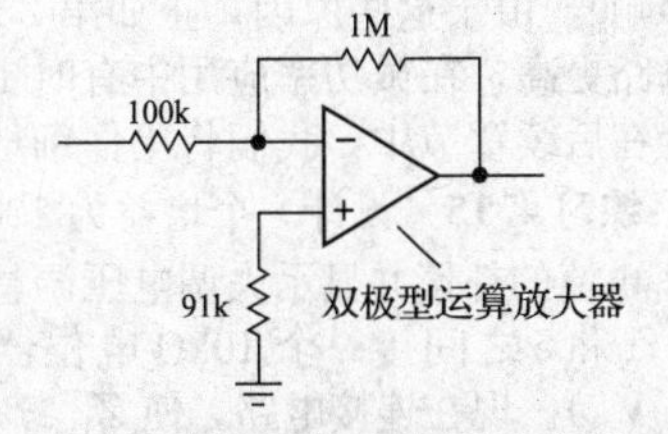

图 4.55　对于双极型运算放大器，使用补偿电阻来减少由输入偏置电流引起的误差

⊖ 注意，相关的增益是同相增益，这是因为误差 V_{OS} 不是作用在电路的输入端，而是作用在运算放大器的输入端。因此，效果就像将误差 V_{OS} 加到放大器的同相端一样。

络的电阻足够小，以确保偏置电流不会产生较大的偏移电压，从运算放大器输入端看进去的典型输入电阻值为1～100kΩ。如图4.7b所示，第三种解决方法将直流增益降到1。

不过，在大多数情况下，最简单的解决方案是选用输入电流可以忽略不计的运算放大器。输入级为JFET或MOSFET的运算放大器的输入电流通常在皮安级（注意，它随温度快速上升，大约每10℃翻一倍），许多现代双极型运算放大器设计中使用超β晶体管或偏置抵消方法来实现几乎同样低的偏置电流，并随温度略微下降。有了这些运算放大器，就可以拥有双极型运算放大器的优点（高精度、低噪声），而不会因输入电流而烦恼。例如，精密低噪声双极型运算放大器OP177的$I_B<2nA$，带有偏置补偿的双极型运算放大器LT1012的$I_B=\pm25pA$（典型值）。在廉价的场效应晶体管运算放大器中，JFET运算放大器LF411的$I_B=50pA$（典型值），而MOSFET运算放大器TLC270系列的$I_B=1pA$（典型值）。

6. 输入失调电流

正如刚才描述的，当设计电路时，通常最好使电路阻抗与运算放大器偏置电流相结合，来产生可以忽略不计的误差。然而，有时可能需要使用高偏置电流的运算放大器，或处理具有极高戴维南等效阻抗的信号。高偏置电流运算放大器的例子有电流反馈型运算放大器（如AD844）、低噪声（e_n）运算放大器（如AD797）和宽带运算放大器（如LM7171），每个运算放大器的输入电流为几微安。

在这些情况下，最好的办法是平衡运算放大器输入端看进去的直流驱动电阻。由于运算放大器输入电流不可避免的不对称性，输出端仍有一些误差（$G_{dc}I_{offset}R_{source}$）。通常，$I_{offset}$比$I_{bias}$小2～20倍（双极型运算放大器一般比FET运算放大器的匹配性更好）。

7. 限制意味着折中

上文以简单的反相电压放大器为例，讨论了运算放大器限制对电路性能的影响。因此，运算放大器的输入电流会在输出端引起电压误差，在不同的运算放大器应用电路中，可能会得到不同的效果。例如，在运算放大器积分器电路中，当输入为零时，有限的输入电流会产生斜坡输出电压（而不是常数）。随着对运算放大器电路的熟悉，你将能够预判给定电路中运算放大器限制的影响，因此可以在给定应用中选择使用哪款运算放大器。通常，没有最佳运算放大器（即使价格不是问题），例如具有最低输入电流（MOSFET型）的运算放大器通常具有较大的失调电压和噪声，反之亦然。优秀的电路设计人员会选择适当的折中方案来优化电路性能，而不会过度使用不必要的昂贵器件。

为了有助于对运算放大器的现实情况进行深入的讨论，需要再次查看表4.1，表中总结了运算放大器的性能类型，这些运算放大器可以被描述为通用型，或者普通型（例如，LF412是一款JFET通用型运算放大器），以及那些来自每个给定参数的最合适的运算放大器。遗憾的是，无法得到一个结合所有优质特性的运算放大器——工程是妥协的艺术。

已经讨论过的运算放大器性能的局限性将对几乎所有电路中的元件值产生影响。例如，反馈电阻必须足够大，以免明显加重负载，但又不能太大，以免输入偏置电流产生较大的偏移。反馈网络中的高阻抗会引起负载效应和杂散电容的不稳定相移，还增加了对干扰信号容性拾取的敏感性。这些折中决定了通用运算放大器的电阻值通常为2～100kΩ。

几乎所有的电子设计都涉及类似的折中，包括用晶体管构成的最简单的电路。例如，晶体管放大器中静态电流的上限受到器件功耗、输入电流增大、电源电流过大和电流增益降低的限制，而工作电流的下限受到漏电流、电流增益降低和工作速度降低的限制（由于杂散电容和高阻值电阻的共同影响）。由于这些原因，正如第2章所述，集电极电流通常在几十微安到几十毫安的范围内（在电源电路更高，在微功率应用中有时更低）。

在后续章节中，我们将更仔细地研究其中的一些问题，以便更好地理解其中所涉及的折中问题。

练习4.15　设计一个增益为100，输入阻抗$Z_{in}=10k\Omega$的直流耦合反相放大器，包括对输入偏置电流的补偿并显示失调电压调整网络（在引脚1和5之间接一个10kΩ电位器，可调端接至V_-）。现在连接电路，使$Z_{in}\geqslant10^8\Omega$。

4.4.3　示例：灵敏的毫伏表

为了使这些内容更加真实，来看一个非常简单的设计示例：一个具有高增益、高输入阻抗和模拟零中心面板仪表读数的直流放大器。我们的目标是达到±10mV的满量程灵敏度和10MΩ的输入阻抗。

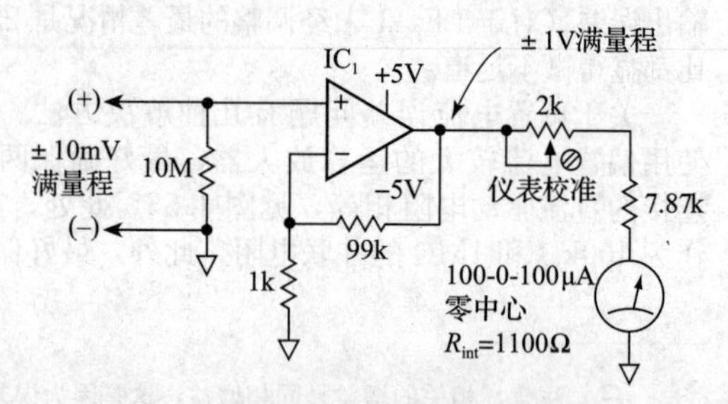

图4.56　带有模拟读数的灵敏毫伏表

图4.56显示了初始设计，假定电源电压±5V（稍后将详细介绍），用增益为100的同相放大器产

生满量程为±1V 的运算放大器输出，驱动 100-0-100μA 的零中心仪表运动，重新标记仪表刻度，刻度为−10mV…0…10mV。

它看起来很简单，的确如此，但如果不小心的话，它就不会很好地工作了。假设 IC_1 选择默认的 LF411，我们需要 JFET 输入运算放大器的低输入偏置电流。用导线将输入短接，我们会发现仪表指针偏离中心，读数高达±2mV。这是因为 411 的 $V_{OS}=2mV$（最大值）。理想情况下，我们希望在输入端短路或开路的情况下读数为零，"零"实际上可能意味着不超过满量程读数的 1%。

现在增加失调微调电路并对其进行调整，直到输入短路时输出读数为零。我们把它放在工作台上，去吃午饭，回来却发现输入短路时仪表读数为−0.2mV。那是因为在阳光照射下温度升高了 10℃，输出电压漂移了 200μV（LF411 的失调电压温度系数 $TCV_{OS}=20\mu V/℃$）。

现在用分压器测试它，当去除短路（测试引线开路）后，仪表读数为+2mV！这次的问题是偏置电流，在室温下指定为 200pA（最大值）。电流虽然不大，但它在 10MΩ 的输入电阻上产生了 2000μV 的电压。

我们可以用精密的双极型运算放大器解决 V_{OS} 问题，但使用 I_B 时会遇到更大的麻烦。我们需要一个 $V_{OS}<100\mu V$ 和 $I_B<10pA$ 的运算放大器。解决方案是精密 FET 输入型运算放大器，例如 OPA336（未调整的 V_{OS} 为 125μV，I_B 为 10pA），无须调整即可满足要求，如果愿意调整初始失调电压，当然很好。

更好的解决方案是用斩波运算放大器，如 LTC1050C 或 AD8638。这些放大器有时被称为零漂移或自动调零放大器。稍后很快将了解它们，并在下一章中进行更详细的介绍。目前需要知道的是，它们提供的规格包括 $V_{OS}<5\mu V$、$TCV_{OS}<0.05\mu V/℃$和 $I_B<50pA$。

最后的想法：如果只是小批量制造一些，可以进行校准调节。但在生产中最好避免手动校准步骤。规避校准的一种好的电路解决方案是在仪表的低端使用电流检测电阻。当我们在第 5 章中以更严格的精确设计方法重温这个示例时，便包含了这个特性。

4.4.4 带宽和运算放大器电流源

回想 4.2.5 节，我们注意到运算放大器电流源依赖运算放大器的电压增益（环路增益）来提高其固有的低输出电阻 R_o（约 100Ω，见图 5.20），并且随着频率的增加，开环增益的降低会减小电流源的输出阻抗。换句话说，运算放大器电流源是一种特殊的电路，因为运算放大器的优点（固有的低输出阻抗，即电压源）变成了缺点，必须用大的环路增益来弥补。这可以量化：由于有限的带宽 f_T，运算放大器电流源在频率增加时的输出阻抗为 $R_o \cdot f_T/f$，最终在单位增益频率 f_T 处，下降到运算放大器固有的输出电阻 R_o。

同样，有限的压摆率也会影响电流源的输出阻抗，使其看起来像是并联电容。可以这样想：具有实际容性负载的理想电流源以 $S=dV/dt=I/C$ 的速率变化，因此受最大压摆率 S 限制的电流源看起来像是一个负载了有效并联电容 $C_{eff}=I_{out}/S$ 的理想电流源。例如，使用压摆率为 1V/μs 的运算放大器实现的 10mA 电流源的有效电容负载为 10nF，即使与大的 MOSFET 相比，这也相当大。

4.5 运算放大器电路详细介绍

运算放大器的局限性对接下来的几个电路的性能有很大的影响，我们将对它们进行更详细的描述。

4.5.1 有源峰值检波器

许多应用需要确定某些输入波形的峰值。简单的方法是用二极管和电容（见图 4.57），在输入波形的最高点向 C 充电，当二极管反向偏置时，C 保持该值。

这种方法有一些严重的问题。在输入波形的峰值期间，输入阻抗是可变的且非常低。此外，二极管压降使电路对小于 0.6V 的峰值不敏感，对较大的峰值电压不准确（少一个二极管压降）。由于二极管压降取决于温度和电流，因此电路的不精确度取决于环境温度和输出变化率；回想一下，$I=C(dV/dt)$。输入级用射极跟随器只能改善第一个问题。

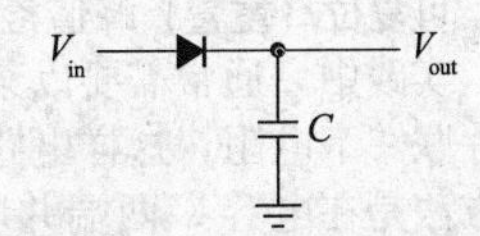

图 4.57 无源峰值检波器

图 4.58a 显示了更好的电路，它展示了反馈的好处。通过从电容两端取样引入电压反馈，二极管压降不会引起任何问题。图 4.59 显示了输出波形。

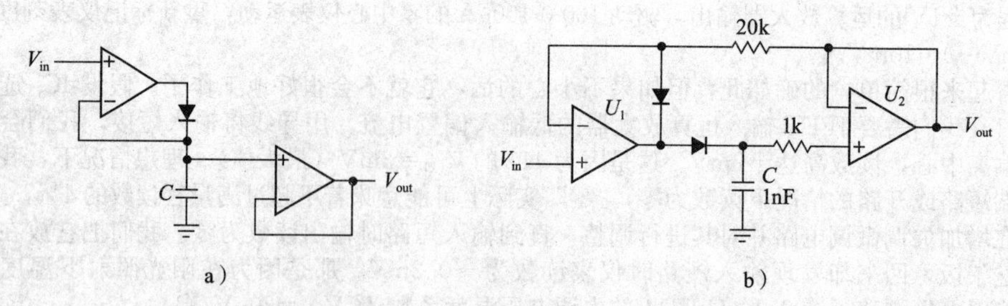

图 4.58　a）运算放大器峰值检波器（更准确地说，是峰值跟踪器）；b）改进的峰值跟踪器可响应短峰值，因为输入运算放大器不必从负饱和变化

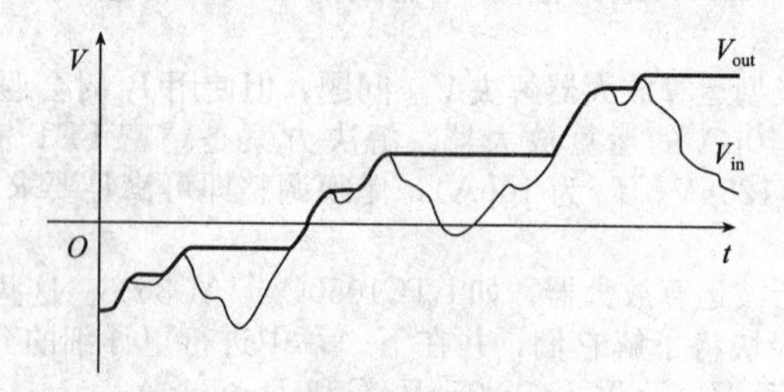

图 4.59　峰值检波器输出波形

运算放大器的限制从三个方面影响这个电路。

1）即使输入波形相对较慢，有限的运算放大器压摆率也会引起问题。要了解这一点，注意当输入的正值小于输出的正值时，运算放大器的输出将进入负饱和（试着在图上画出运算放大器的电压，不要忘记二极管的正向管压降）。因此，当输入波形下一次超过输出时，运算放大器的输出必须回升至输出电压（加上一个二极管压降）。当压摆率为 S 时，这大约需要 $(V_{out}-V_-)/S$，其中 V_- 是负电源电压。图 4.58b 中的改进电路解决了这个问题。

2）输入偏置电流会导致电容缓慢放电（或充电，具体取决于偏置电流的极性）。有时将其称为下降，最好使用偏置电流非常低的运算放大器来避免这种现象。出于同样的原因，二极管必须是低漏电型的（例如 FJH1100 在 20V 时反向电流小于 1pA），而且下一级电路也必须呈现高阻抗（理想情况下也应该是 FET 输入型运算放大器）。

3）运算放大器的最大输出电流值限制了电容两端电压的变化速率，即输出跟随输入上升的速率。因此，电容值的选择是低下降和高输出转换率之间的折中。

例如，该电路中使用 1μF 电容与普通 LM358（因为它的高偏置电流，这将是一个糟糕的选择）将以 $dV/dt=I_B/C=0.04V/s$ 的速率下降（使用典型值 $I_B=40nA$，最坏情况下 $I_B=500nA$ 产生 0.5V/s 的下降速率），并且只会到 $dV/dt=I_{output}/C=0.02V/\mu s$ 时才能跟随输入变化。因为受到驱动 1μF 电容的最大输出电流 20mA 的限制，这个最大跟随率远小于运算放大器的压摆率 0.5V/μs。通过降低 C 值，可以获得更大的输出转换率，代价是更大的降速。一个更现实的器件选择是用流行的 MOSFET 输入型运算放大器 TLC2272 作为驱动器和输出跟随器（偏置电流的典型值为 1pA），C 值选 0.01μF。这种组合可获得仅仅 0.0001V/s 的降速和 2V/μs 的总电路压摆率。为了获得更好的性能，我们可以使用类似 LMC660 或 LMC6041 这样的 MOSFET 运算放大器，典型输入电流为 2fA。即使用非常好的电容，例如聚苯乙烯或聚丙烯电容，电容漏电（或二极管漏电或两者兼有）还是可能会限制电路性能[⊖]。

可复位（重置）峰值检波器

实践中，通常需要以某种方式复位（重置）峰值检测器的输出。一种方法是在峰值保持电容两端并联一个电阻，这样电路的输出就会随着时间常数 RC 衰减。这样，它只保持最近的峰值。更好的方法是在电容 C 两端并联一个晶体管开关，基极输入一个短脉冲，然后输出将归零。通常使用 FET 开关。例如，在图 4.58 中，可以在电容 C 两端并联一个 N 沟道 MOSFET（比如 2N7000）使

⊖ 电容泄漏的原因远不止一开始人们所怀疑的：一种被称为介质吸收（DA）的效应会在依赖于理想电容性能的电路中造成严重危害。在下面的简单实验中表现得相当清楚：给钽电容充电到 10V 左右，静置一会儿，然后通过在电容两端瞬时并联一个 100Ω 的电阻来快速放电。去掉电阻，用高阻抗电压表观察电容两端电压，会惊讶地看到电容又充电了，几秒钟后可能达到 1V 左右！

栅极瞬间为正，然后将电容电压归零。集成CMOS模拟开关（如MAX318，它带有一个小的串联电阻来限制电流）可以用来代替分立NMOS晶体管。

4.5.2　采样-保持

与峰值检波器密切相关的是采样-保持（S/H）电路（有时称为跟随-保持）。这些方法在数字系统中特别流行，数字系统需要将一个或多个模拟电压转换为数字信号，以便计算机能够接收处理，最常用的方法是获取并保持电压，然后在空闲时进行数字转换。S/H电路的基本组成单元是一个运算放大器和一个FET开关，见图4.60a。IC_1是跟随器，用于提供输入信号的低阻抗复制。CMOS模拟开关S_1在采样期间传递信号，在保持期间断开信号。当S_1断开时，电路提供的任何信号都会保持在电容C上。IC_2是一个高输入阻抗跟随器（FET输入），因此保持期间的电容电流最小。C值的选择是一个折中方案：根据$dV/dt=I_{leakage}/C$，在保持期间，S_1和跟随器的漏电流会导致C的电压下降。因此，C应该很大，以尽量减小下降。但是S_1的导通电阻与C构成了低通滤波器，因此如果要精确跟踪高速信号，C值应很小。IC_1必须能够提供C的充电电流（$I=CdV/dt$），并且必须有足够的压摆率来跟随输入信号。实际应用中，整个电路的压摆率通常会受到IC_1的输出电流和S_1的导通电阻的限制。

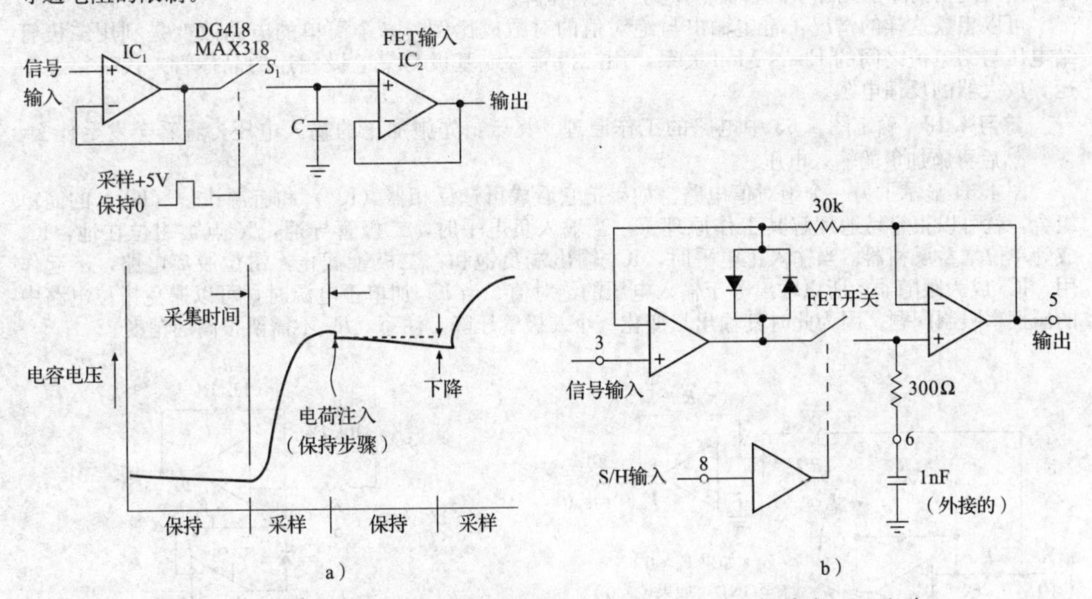

图4.60　采样-保持：a）标准电路及放大波形；b）LF398单片S/H电路

练习4.16　假设IC_1可以提供10mA的输出电流且$C=0.01\mu F$，电路可以准确跟踪的最大输入压摆率是多少？如果S_1的导通电阻为50Ω，当输入信号以0.1V/μs的速率变化时，输出误差是多少？如果S_1和IC_2的总漏电流为1nA，则输出在保持期间的下降率是多少？

对于S/H电路和峰值检波器，运算放大器都是驱动容性负载。当设计此类电路时，确保在加载电容C时，所选运算放大器能稳定保持单位增益。某些运算放大器（例如LT1457）专用于直接驱动较大（0.01μF）的容性负载。

你不必从头开始设计S/H电路，因为有很好的单片集成电路，其中包含需要的所有部件。美国国家半导体公司出品的LF398是一款流行的器件，包含FET开关和两个运算放大器，采用廉价的8引脚封装。图4.60b显示了如何使用它。注意如何用反馈闭合两个运算放大器的环路。如果需要比LF398性能更好的S/H芯片，有很多S/H芯片可供选择。例如，来自ADI（Analog Devices）公司的AD783包括一个内部电容，并保证在5V阶跃后0.01%精度的最大采样时间为0.4μs。

4.5.3　有源钳位

图4.61所示电路是第1章中讨论过的钳位功能的有源形式。对于所示值，当$V_{in}<+10V$时，运算放大器处于正饱和状态，输出正的最大值，此时二极管截止，$V_{out}=V_{in}$；当$V_{in}>+10V$时，二极管导通，闭合反馈环路，将输出钳位在10V。在该电路中，由于运算放大器压摆率的限制，当输入从下方达到钳位电压时，输出会产生较小的毛刺（见图4.62）。

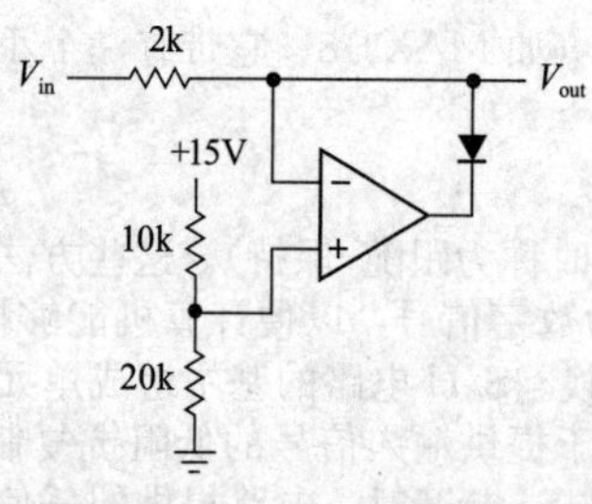

图 4.61　有源钳位

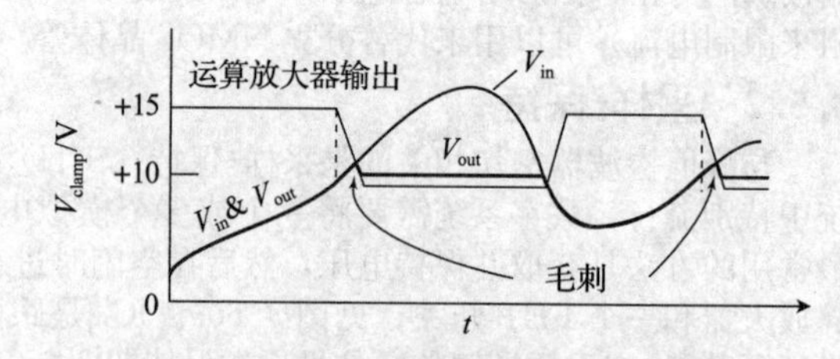

图 4.62　有限压摆率导致钳位输出毛刺

练习 4.17　图 4.61 中的有源钳位存在类似于图 4.58a 中峰值检波器压摆率的限制。参照图 4.58b 中使用的技巧，对钳位电路进行改进。

4.5.4　绝对值电路

图 4.63 所示电路的正输出等于输入信号的幅度——它是全波整流器。与往常一样，运算放大器和反馈的使用消除了无源全波整流器中的二极管压降。

可以想象这样的情况：希望输出与绝对值的对数成比例。一个简单的电路改变是利用二极管结电压与结电流之间的 Ebers-Moll 关系，用二极管（或基极与集电极相连的晶体管）代替第二个运算放大器的反馈电阻。

练习 4.18　确定图 4.63 中电路的工作原理。*提示*：先施加正的输入电压，看看会发生什么，然后再施加负的输入电压。

图 4.64 显示了另一个绝对值电路。如果把它看成可选反相器（IC_1）和有源钳位（IC_2）的简单组合，就可以很容易地理解其工作原理了。当输入负电平时，二极管导通，X 点被钳位在地，IC_1 成为单位增益反相器；当输入正电平时，IC_2 输出端负饱和，二极管截止，钳位脱离电路，不起作用，IC_1 成为跟随器，所以输出等于输入电压的绝对值。当 IC_2 加单正电源时，可以避免钳位电路中的压摆率限制问题，因为此时其输出只变化一个二极管压降。注意，R_3 不需要很高的精度。

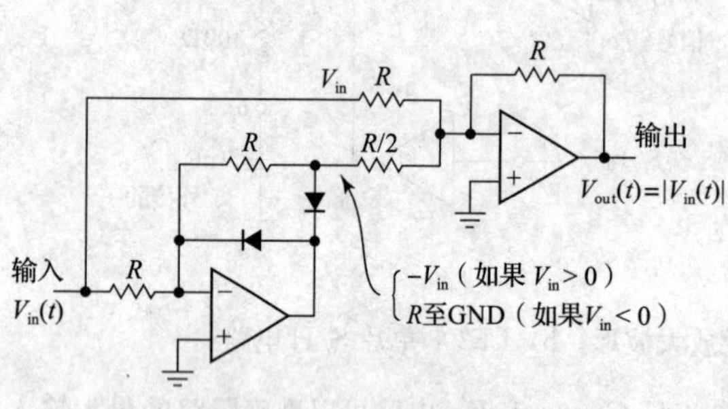

图 4.63　有源全波整流器

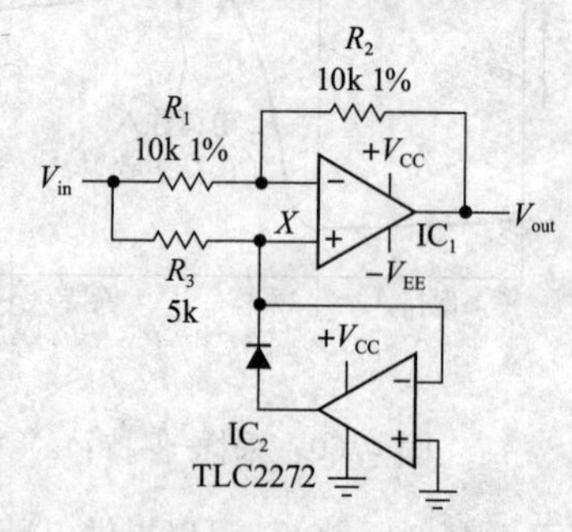

图 4.64　另一个全波整流器。注意，IC_2 的负电源端接地

4.5.5　积分器的详细分析

在讨论输入偏置电流和失调电压之前，4.2.6 节介绍了运算放大器积分器。该电路（见图 4.16）的一个问题是，由于运算放大器的失调和偏置电流（直流无反馈，这违反了 4.2.7 节的第三项），即使输入接地，输出也趋于漂移。通过使用低输入电流和失调的 FET 型运算放大器，调整运算放大器的输入失调电压以及使用较大值的 R 和 C，可以将这个问题最小化。此外，在通过闭合并联在电容两端的开关使积分器定期归零的应用中（见图 4.18a～c），只有在短时间范围内的漂移才很重要。

这值得更详细地研究一下。观察图 4.65 中的积分器，可以选择电压输入 V_{in}（在不考虑运算放大器误差的情况下，该输入会产生流入求和点的电流 $I=V_{in}/R$），也可以选择电流输入 I_{in}（在这种情况下，可以忽略输入电阻 R）。理想积分器产生输出

$$V_{out}(t)=-\frac{1}{C}\int I_{in}(t)\,dt=-\frac{1}{RC}\int V_{in}(t)\,dt$$

找出运算放大器输入误差 I_B 和 V_{OS} 的影响很容易。首先，来看一个电流输入的积分器[⊖]。运算放大

⊖　电流形式的信号包括来自光电二极管、PMT、离子探测器、电介质、半导体或纳米材料测量的信号。

器的偏置电流 I_B 与实际输入电流 I_{in} 相加（或相减）。在没有任何外部输入电流的情况下，积分器的输出将以 $dV_{out}/dt=I_B/C$ 的速率上升或下降。另外，运算放大器输入失调电压的作用仅仅是通过 V_{OS} 偏移输出电压，而没有斜坡[⊖]；因此，当通过对反馈电容 C 短路而使积分器复位时，输出电压将等于 V_{OS} 而不是零。

让我们看看一些实际值。在图 4.65 中，我们非常随意地选择 C 值为 0.1μF 和（电压输入）1MΩ 的 R。因此，1μA 的正输入电流产生 -10V/s 的斜坡输出电压。如果选择精密双极型运算放大器 OP27E，其相对较高的输入电流 $\pm$40nA（最大值）将产生高达 $dV_{out}/dt=I_B/C=\pm0.4$V/s 的斜坡输出电压。

这并不好，尤其是要积分几秒钟或更长时间时。因此，通过选择在低偏置电流方面出类拔萃的运算放大器来解决问题，例如 CMOS 型运算放大器 LMC6041A（后缀表示特定等级，我们在所有情况下均选择了最好的等级）。在其温度范围内，它具有规定的最大偏置电流 4pA（但其令人震惊的典型值为 2fA 或 2×10^{-15}A）。现在，在没有任何输入电流的情况下，最坏情况的输出斜坡将低至 $dV_{out}/dt=I_B/C=\pm40\mu$V/s。如果参数可信，则典型的斜坡速率小了 2000 倍，仅为 0.02μV/s。

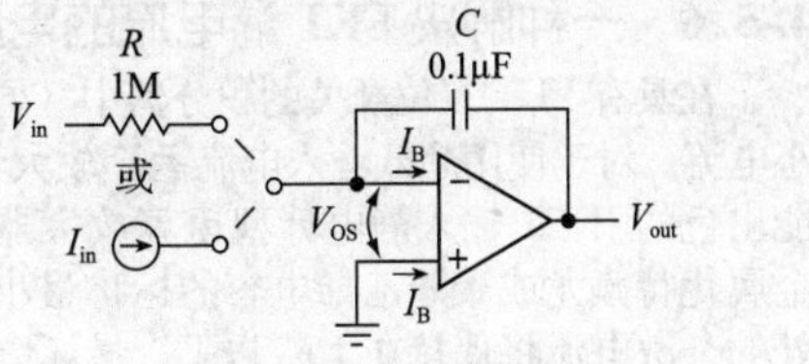

$$V_{out}=-\frac{1}{C}\int I_{in}\,dt=-\frac{1}{RC}\int V_{in}\,dt$$

电流误差

	通常 $I_e=I_B$	如果输入电压 $[+V_{OS}/R]$	总电流误差 I_{input}	总电流误差 V_{input}
OP27E	40nA	[+25pA] (25μV/1M)	40nA	40nA
LMC6042A	4pA	[+3nA] (3mV/1M)	0.004nA	3nA
OP97E	100pA	[+25pA] (25μV/1M)	0.1nA	0.13nA

图 4.65　积分器误差：偏置电流和失调电压

在这一点上，教训似乎是，对于任何积分器而言，最佳运算放大器是偏置电流 I_B 最小的运算放大器。但是，现实很骨感。尤其是，如果积分器是通过串联输入电阻 R 连接输入电压，则当电路的输入端保持接地时，运算放大器的失调电压 V_{OS} 会产生斜坡。想象一下输入端接地（$V_{in}=0$），然后这样思考：运算放大器努力使其输入与它们之间的电压 V_{OS} 相同，那么小的电压会通过输入电阻产生电流 $I=V_{OS}/R$。该电流必须流经反馈电容，也就是说，输出必须是斜坡以产生所需的电流，以满足运算放大器的输入，即其输入会因 V_{OS} 而不同。换句话说，电流的作用就像输入电流 $I=-V_{OS}/R$。

现在，运算放大器的选择还不太清楚！再看图 4.65。偏置电流非常低的 CMOS 运算放大器具有相当大的失调电压 $V_{OS}=3$mV（最大值）。因此，在这个电路中，会产生等效 3nA 的输入电流（1MΩ 电阻两端 3mV），这比其偏置电流最坏情况大了近千倍，这与我们最先考虑的双极型运算放大器 OP27E 的输入电流处于同一水平。

如果这些特定电路参数需要最小的漂移，解决方案是选择一款兼顾低偏置电流和低失调电压的运算放大器。确切地说，它应该在最坏情况下具有最小的总误差电流 $I_E=I_B+V_{OS}/R$。双极型运算放大器 OP97E 是一款不错的选择，这是一款具有内部偏置消除电路的精密（低失调）运算放大器，其最大值为 $I_B=0.1$nA 和 $V_{OS}=25\mu$V。相应的最坏情况下的电流误差为 $I_E=0.125$nA，这比 LMC6041A 好 25 倍，比 OP27 好 320 倍。

注意，V_{OS} 和 I_B 对积分器误差的相对贡献由 R 值决定。因此，如果运算放大器的 I_B 很出色，而 V_{OS} 适中，就可以简单地选择一个较大的电阻值。

如果积分器的残余漂移对于给定的应用来说仍然太大，或者如果长期精度不重要，一种解决方案是在电容 C 两端并联一个大电阻 R_2，以提供稳定偏置的直流反馈，见图 4.18d。其效果是在非常低的频率 $f<1/R_2C$ 下降低了积分器的作用，在这类应用中，反馈电阻可能很大。图 4.66 显示了在任何运算放大器电路中用小阻值电阻实现大反馈效果的技巧。在这种情况下，反相放大器反馈网络的作用就像一个 10MΩ 电阻，从而产生 -100 的电压增益。这种技术的优点是选用方便的电阻值，而不存在当电阻值非常大时会出现杂散电容等问题。注意，如果在跨阻电路中使用此 T 网络技

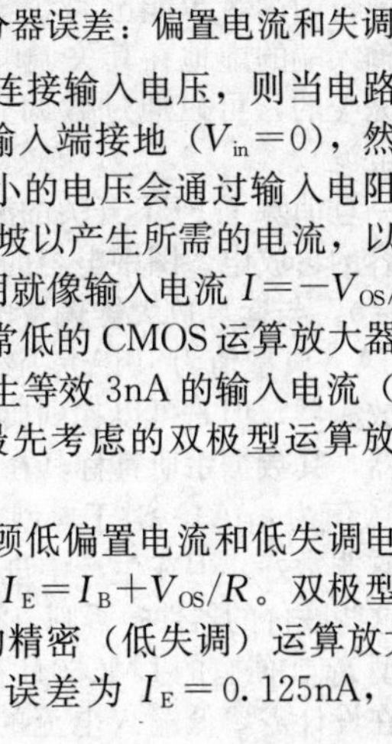

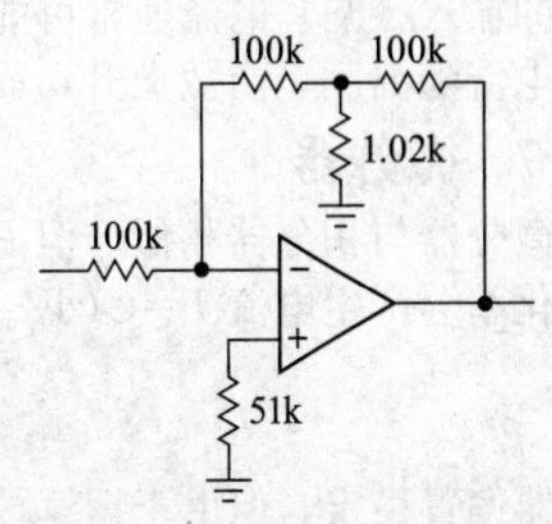

图 4.66　用 T 网络模拟大阻值电阻（此处为 10MΩ）

⊖ 如果输入信号不是真正的电流源，而是来自与电阻 R_{in} 串联的电压 V_{in}，则运算放大器的 V_{OS} 会产生一个额外的小误差电流 V_{OS}/R_{in}。

巧，可能会增加有效输入失调电压。例如，当图4.66所示电路由高阻抗信号源（例如，来自省略了输入电阻的光电二极管的电流）驱动时，其输出失调电压为V_{OS}的100倍，而反馈电阻为10MΩ的同一电路的输出量等于V_{OS}（假设由输入电流引起的失调可以忽略不计）。

4.5.6　一种解决FET漏电流的电路

在具有FET复位开关的积分器中（见图4.18），即使FET截止，漏-源极间漏电流也会向求和点注入小电流。对于使用超低输入电流运算放大器和低漏电容的积分器而言，这可能是其主要误差。例如，性能出色的JFET输入静电计型运算放大器LMC6001A的最大输入电流为0.025pA，而高质量的0.1μF金属化特氟龙或聚苯乙烯电容的标称最小漏电阻达10^7MΩ。因此，除了复位电路以外，积分器求和点处的杂散电流将保持在1pA以下（最坏情况下的10V满量程输出），相当于输出dV/dt小于0.01mV/s。与诸如SD210（增强型）这样的MOSFET的漏电流相比，SD210在$V_{DS}=10V$和$V_{GS}=-5V$时的最大漏电流为10nA！换句话说，FET复位开关的漏电流高达其他所有漏电流总和的10 000倍。

图4.67显示了一个巧妙的电路解决方案。虽然两个N沟道MOSFET是一起切换的，但Q_1是在0和+15V的栅极电压下开、关，因此在关断状态（栅极电压为零）时完全消除了栅极漏电流（以及漏-源漏电流）。在导通状态下，电容像以前一样放电，但有两倍的（导通电阻）R_{ON}。在关断状态下，Q_2的小漏电流经R_2到地，压降可以忽略不计。由于Q_1的源极、漏极和衬底电压都相同，所以求和点处没有漏电流（敏锐的读者可能已经注意到，运算放大器反相输入端的虚地在其失调电压V_{OS}的范围内是不完美的，可以通过微调完全消除Q_1的任何漏电流）。

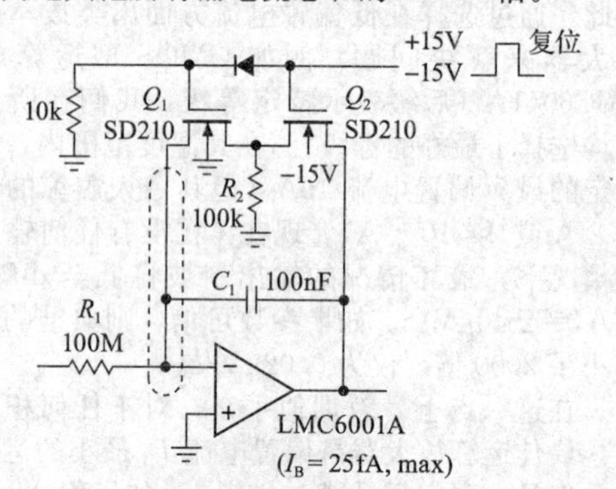

图4.67　用巧妙的电路消除MOSFET漏电流

一旦消除了FET开关的漏电流，该电路中电容电压下降的极限就取决于运算放大器的输入电流和电容的自放电。图中电容的额定漏电阻为10^7MΩ，即10^{13}Ω。由此产生约10^{-16}A的漏电流（在复位之后），与运算放大器偏置电流相比可以忽略不计。25℃时，所示运算放大器指定的最大偏置电流为25fA（典型值为10fA）。该偏置电流产生的最大压降为0.25μV/s。当前没有最大偏置电流更低的运算放大器，但是可以找到典型偏置电流更低的运算放大器，例如LMC6041，它是一款廉价的运算放大器，其数据手册宣称其在25℃时$I_B=2fA$（典型值）（没有给出室温下的最大值，全温度范围内I_B最大值为4pA）。对于典型输入电流比保证的最大值小2000倍的运算放大器，该怎么办？制造商知道它非常好，但在生产中进行测试太痛苦了。如果愿意自己选择运算放大器，最好在这样的电路中使用这些廉价的器件；否则，将为有保证限制的器件支付更多（但请注意，像LMC6001A这样的器件的典型I_B比便宜的LMC6041高五倍）。

在设计需要低输入电流的电路时，请注意温度效应：所有FET运算放大器（JFET和CMOS型）的输入电流都会随着温度的升高而显著增加，通常温度每升高10℃，输入电流翻一倍；LMC6001A指定的最大偏置电流从25℃时的25fA跃升到85℃时的2000fA。在高温下，FET运算放大器的输入（漏）电流通常可能会高于低I_B的双极晶体管运算放大器的输入（偏置）电流，这是因为漏电流随温度呈指数上升，而晶体管偏置电流大致保持不变（或略有降低）。

4.5.7　微分器

微分器与积分器相似，但R和C位置互换（见图4.68）。由于反相输入端接地，因此输入电压的变化率会产生电流$I=C(dV_{in}/dt)$，从而有输出电压

$$V_{out}=-RC\frac{dV_{in}}{dt} \tag{4.7}$$

微分器偏置稳定，但由于运算放大器的高增益和内部相移，通常在高频时会有噪声和不稳定的问题。因此，有必要在某个最大频率下降低微分器的作用。常用方法见图4.69。滚降元件R_1和C_2的选择取决于信号的噪声电平和运算放大器的带宽，其值较大会有更高的稳定性和更低的噪声，但会牺牲微分器的带宽。R_1的最小推荐值由$R_1=0.5R_2/C_1f_T$给出；可以添加C_2以进一步降低噪声，起始值为$C_2\approx C_1R_1/R_2$。在高频（$f\gg 1/2\pi R_1C_1$）段，由于R_1和C_2，该电路成为积分器。我们将在4.9.3节中详细解释发生的情况。

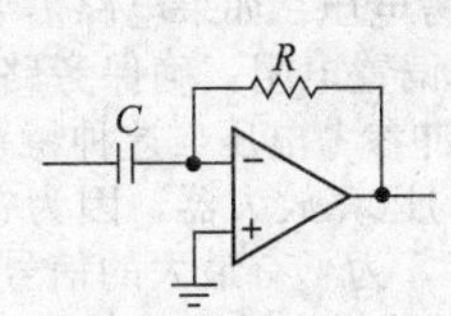

图 4.68　运算放大器微分器（有噪声，可能不稳定）

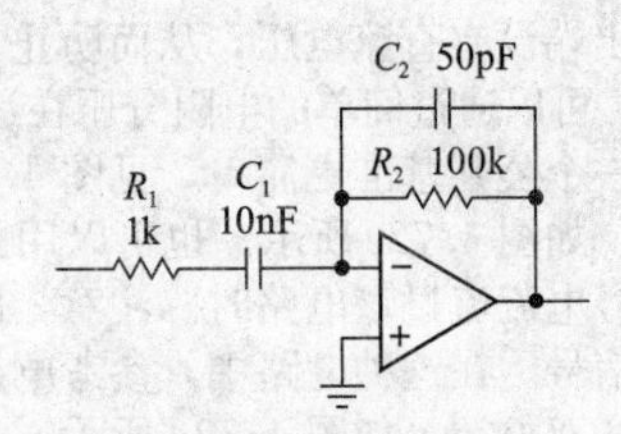

图 4.69　添加 R_1 和 C_2 可以稳定基本运算放大器微分器（由 C_1、R_2 和运算放大器组成），还可以降低高频噪声

4.6　单电源供电运算放大器

运算放大器并不总是需要±15V 稳压电源，只要总电源电压（V_+-V_-）在规定范围内，就可以使用电压较低的双电源[⊖]或不对称电源电压（如+12V 和−3V）进行供电。因为通过负反馈可以实现高电源抑制比（411 的典型值为 90dB），所以未稳压的电源往往也是足够的。但在很多情况下，单电源运算放大器是很好的，比如+9V。如果对最小电源电压、输出变化范围和最大共模输入范围很在意的话，可以通过普通运算放大器产生一个高于地的参考电压来实现。

然而，在许多情况下，可以通过选择适用于单电源工作的运算放大器来简化这些电路。工程师们据此特性称其为单电源运算放大器，它们的共同特点是共模输入范围和输出变化范围都延伸到了负电源轨（即接地，当单正电源供电时），其中一个子类的输出变化范围可以到两个电源轨（轨对轨输出），某些甚至允许输入变化到两个电源轨（轨对轨 I/O）。不过，请记住，对于大多数应用，对称式双电源供电应该被认为是正常的运算放大器技术。

4.6.1　单电源偏置交流放大器

对于像 411 这样的通用运算放大器，输入和输出的变化范围通常可以到距任一电源约 1.5V 的范围内。当 V_- 接地时，输入或输出都不能接地；也就是说，如果将输入接地，它将无法正常工作，并且它也不能将输出变化到地。

因此，图 4.70 中的电路无法工作的原因之一是来自麦克风的交流耦合低电平信号以地为中心，运算放大器无法正常工作。即使运算放大器的共模输入范围包括负轨（此处为地），仍然会遇到麻烦，因为在该电路中，放大后的输出也将以地为中心（因此必须围绕地上下变化）。重要的是要明白，这种输出问题不能用这种方式解决——运算放大器的变化根本无法超出其电源轨，即使是具有轨对轨输入和输出的运算放大器也不能工作。

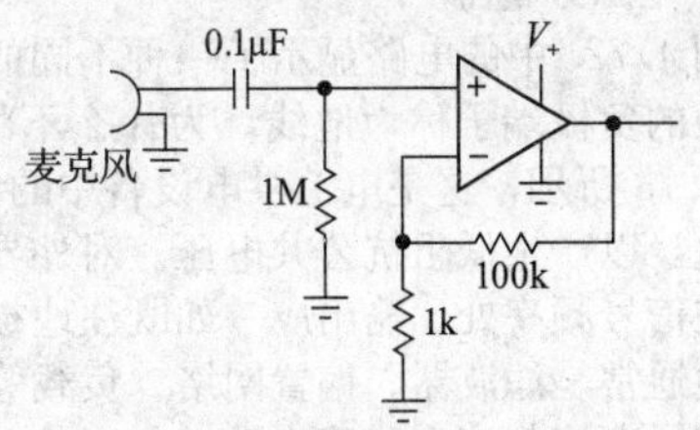

图 4.70　有缺陷的单电源麦克风音频放大器

练习 4.19　假设运算放大器是具有轨对轨输入和输出的特殊类型，当输入 10mV 正弦波时，绘制图 4.70 电路的输出波形示意图。

1. 参考电压

一种解决方案是在地和正电源之间的某个位置（例如 V_+ 的一半）产生参考电压，用其对运算放大器进行偏置以使其成功运行（见图 4.71）。该电路是具有 40dB 增益的音频放大器。选择 $V_+=12\text{V}$ 且 $V_{ref}=0.5V_+$ 会在限幅开始之前产生大约 9V 的输出峰-峰值变化范围。在输入和输出端使用耦合电容来阻隔等于 V_{ref} 的直流电压。如果该电路与外界相连，应使用可选电阻，它们可

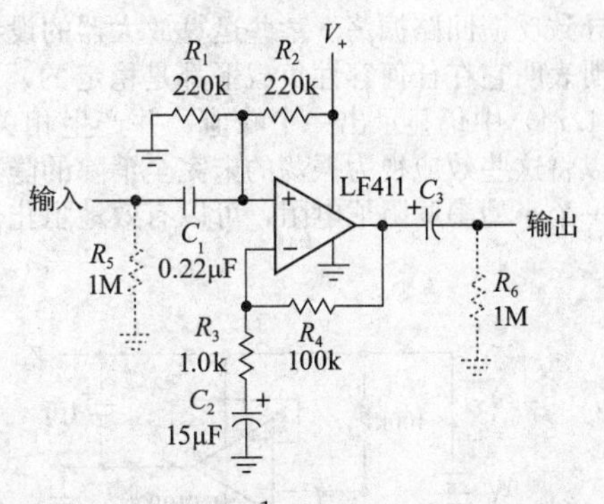

图 4.71　基准电压 $\frac{1}{2}V_+$（由 R_1R_2 分压产生）允许使用单电源供电的普通运算放大器

⊖ 在工作电压越来越低的世界里，可以工作在±15V 的运算放大器现在被称为高压运算放大器。

确保输入和输出端没有直流电压，从而防止在连接外部设备时发出咔哒声和爆裂声。

如图所示，可以通过简单的电阻分压在运算放大器输入端产生参考电压。如果电路需要多级运算放大器，生成一个公共基准更简单，见图4.72a，每级单独都有一个偏置电阻，确保旁路参考电压，防止信号耦合。如图4.72c所示，也可以用跟随器（见图4.72b）缓冲参考电压，这种特别适用于有较大直流或信号电流流过该电路时。注意，跟随器可以是任何普通的运算放大器，因为它用的是电源电压中点的信号。在这种电路中，参考电压不必是电源电压的一半，为了有最大的信号变化范围，最好用不对称的双电源。如图4.72d所示，在某些情况下，最好使用类似齐纳二极管（稳压管）的集成固定电压基准将其置于某条电源轨之上的固定电压处，该电源轨是相对于公共基准的稳压电源。

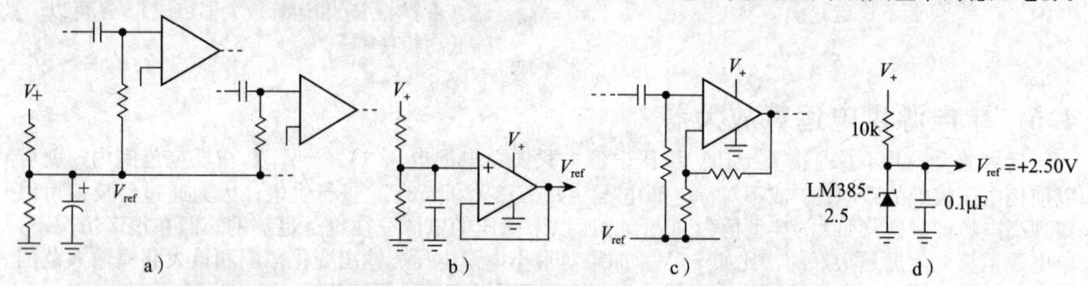

图4.72　单电源供电的偏置电路。a）多级公共参考电压（也称虚地，容易混淆），注意旁路电容；b）用跟随器产生低阻抗参考电压；c）参考电压可以作为反馈的返回路径，并具有较大的信号电流；d）齐纳二极管（稳压管）固定参考电压

现代电路设计正向着降低电源电压的方向发展，通常采用单正电源形式。例如，当采用+5V单电源供电时，像411这样的常规运算放大器根本无法工作：不仅其输出通常不能变化到接近电源轨1.5V的范围内；事实上，它甚至不适合工作在总电源电压低于10V下。因此，对于此类电路，应使用专为低压工作而设计的运算放大器。这些通常被称为单电源运算放大器，有多种形式，其中包括一些输入和输出可低至负电源轨的特定型号。另一些的输出可以变化到两条电源轨，其中一类允许输入和输出变化同时达到两条电源轨。

2. 电源分轨器

图4.72c中的电路显示了一种不同的电池供电方法。与其将一条称为V_{ref}的线作为信号公共端，将电池的负极端子称为地线，为什么不将参考输出接地，从而将单个电源有效地分成正负电源对？如图4.73所示，这是电池供电设备中的常用技术。电池电压由电阻分压器分压，电阻分压器为跟随器供电，以产生低阻抗公共电压。对外界来说，公共电压接地，电池两端电压悬浮。

在信号频率处，输出应一如既往地被旁路，以保持相对于地的低阻抗电源轨。这是必要的，因为接地通常是滤波器、偏置网络、负载等的公共回路。看看几乎所有正常的双电源电路，会发现直流和信号电流都流入和流出地。

这引出了一个有趣的问题，即运算放大器的输出电阻结合旁路电容在高频下产生滞后相移，从而导致反馈回路振荡。某些运算放大器的设计旨在规避这个问题，例如图中所示的LT1097（其数据手册表明它在任何容性负载下都是稳定的）。即便如此，该电路在其输出阻抗与频率的关系图（见图4.74）中仍显示出一个峰值，并产生相关影响，即具有相同特征频率的瞬态振铃（见图4.75），可以将这些效应视为振荡的未完全消除的隐患。如图所示，在运算放大器的输出端（见图4.76a）连接一个小型串联阻尼电阻，可以有效地阻止这种谐振，代价是会增加直流输出阻抗。

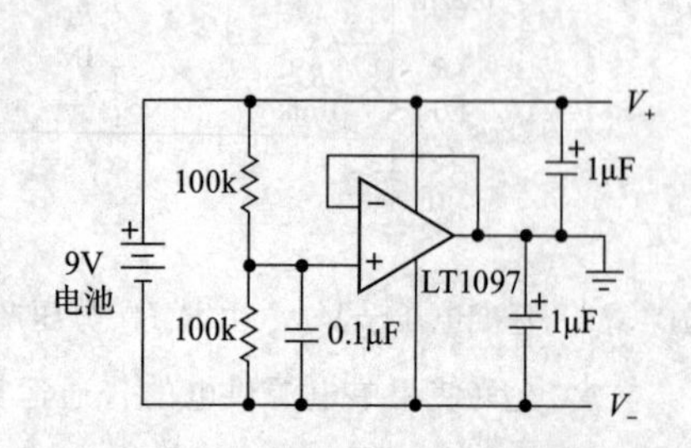

图4.73　运算放大器双电源发生器，跟随器产生一个低阻抗的电池中点输出电压，该电压成为电路的地

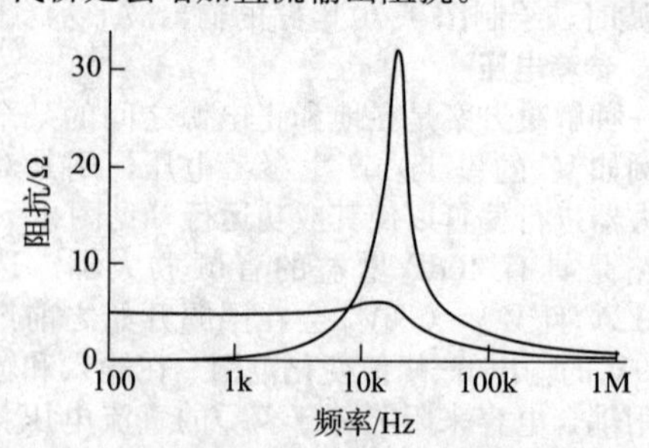

图4.74　容性负载的一个影响是输出阻抗的起伏，使用5Ω阻尼电阻可大大降低这种影响

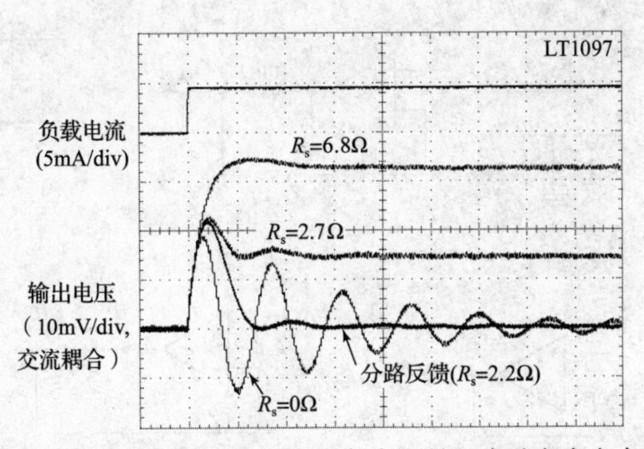

图 4.75 由 4.5mA 阶跃负载电流引起的图 4.76a 中分压器电路对应多个串联阻尼电阻值时的输出电压瞬态测量。后者以牺牲直流输出阻抗为代价消除了振铃。另一种选择是图 4.76b 中的分路反馈方案。刻度：5mA/div 和 10mV/div；40μs/div

如果不希望增加输出阻抗（通常不是这样），另一种方法是在阻尼电阻的后端进行慢速反馈（保持准确的直流性能，即低直流输出阻抗），在阻尼电阻的前端并联快速反馈路径（见图 4.76b）以防振铃。可以在图 4.75 中看到结果，其中 $R_1=2.7\Omega$，$R_2=10k\Omega$，$C=2.7nF$。因为直流反馈取自负载，初始瞬态看起来就像使用一个 2.7Ω 阻尼电阻，但随后返回到正确的直流电平。第三种可能性是对运算放大器进行过补偿，为此，LT1097 提供了方便的过补偿引脚，从该引脚到地接一个电容，通过在频域向下移动主极点来增加相位裕度。

德州仪器（TI）的电源分轨器集成电路 TLE2425 和 TLE2426 提供了一种很好的集成解决方案。它们采用方便的 3 端 TO-92（小晶体管）封装形式，静态电流小于 0.2mA，当连接大于 0.33μF 的任何容性负载时都是稳定的，并且可以提供拉或灌 20mA 的不平衡电流（见图 4.77）。TLE2426 使用内部电阻分压器对电源轨分压 50%，而 TLE2425 使用内部电压基准将输出公共端置于负电源轨之上 2.50V 处。

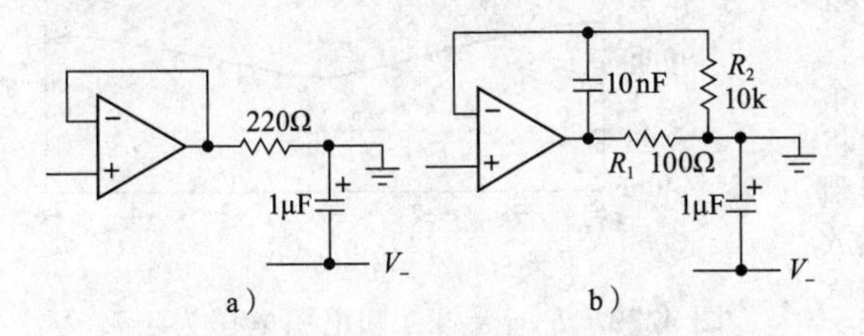

图 4.76 稳定的双电源发生器：a）去耦电阻；b）具有快速和慢速反馈回路的去耦电阻

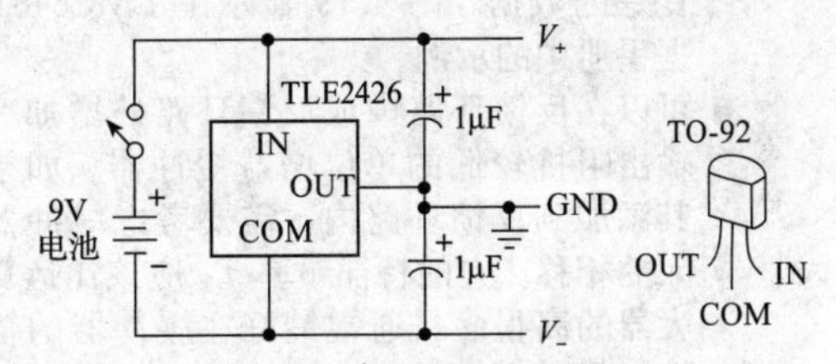

图 4.77 集成 3 端电源分轨器

4.6.2 容性负载

电源分轨器的这个特殊例子说明了一个更普遍的问题，即容性负载对任何运算放大器电路输出的影响。因为即使在最简单的运算放大器电路中它也可能会带来麻烦，所以了解其原因和解决方法是很重要的。

假设搭建了一个小盒子，里面有一些运算放大器，通过颇受欢迎的 BNC 面板连接器输出。例如，一段从输出连接器到其他仪器的长 2m 的 BNC 屏蔽电缆具有足够的电容：标准 RG-58 屏蔽电缆每米会等效 100pF 电容。因此，仅仅一根无害的连接电缆单独就可以为运算放大器输出增加 200pF 的容性负载。有时，这足以使运算放大器跟随器振荡。即使不振荡，也可能会在高频下出现响应峰值，表现为过冲和振铃。

原因与电源分轨器相同：容性负载产生滞后相移，并且位于反馈环路内[⊖]，并且可能的解决方法是相同的（见图 4.78）。

⊖ 也可以将其视为运算放大器感性输出阻抗（见图 4.53）与电容一起形成谐振的效果，其所有相移都在反馈环路内。

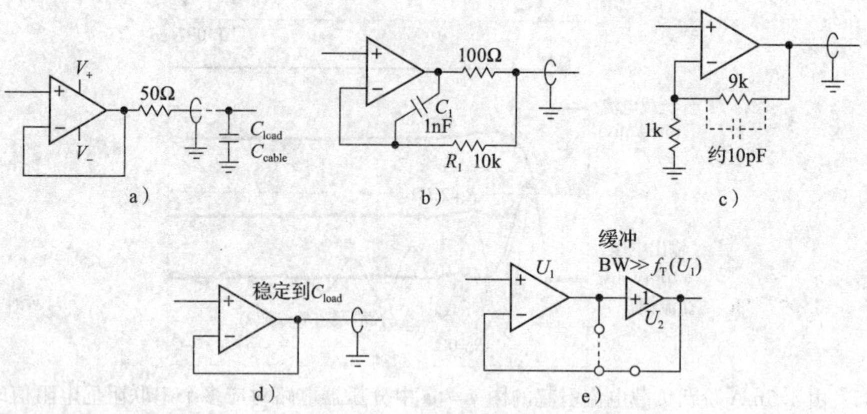

图 4.78　驱动容性负载

- 可以在反馈环路之外的运算放大器输出端加一个小的串联电阻（大约 25～100Ω），50Ω 的输出电阻是很常见的，它与 50Ω 电缆形成匹配电源。这很好，也很简单；但这意味着反馈不会作用于实际输出信号，这在负载不太好或高频等情况下可能很重要。
- 如图所示，可以拆分反馈回路，这样反馈就直接来自运算放大器的高频输出，而高频时隐藏着不稳定性。频率较低时，反馈精确地控制着负载上的信号。这并不是真正的折中方案，因为如果允许反馈取自负载的话，这些高频正是电路振荡之处。
- 可以降低环路增益，例如通过增加闭环增益来恢复稳定性。
- 可以寻求一种运算放大器，以确保在期望负载电容范围内的稳定性。许多运算放大器以稳定性与容性负载关系图的形式提供良好的数据。图 4.79 显示了 LMC6482 数据手册中的示例。
- 可以在反馈环路内或反馈环路外增加一个输出阻抗较低的单位增益缓冲器。如果将其添加到反馈环路内，需要考虑缓冲器引入的相移。它的特征频率 f_T 应该比运算放大器的高得多，通常最好在缓冲器的输入端串联一个 50～100Ω 的电阻（未显示）。如图 4.87 所示，可能需要用一个小电容来降低运算放大器的响应。

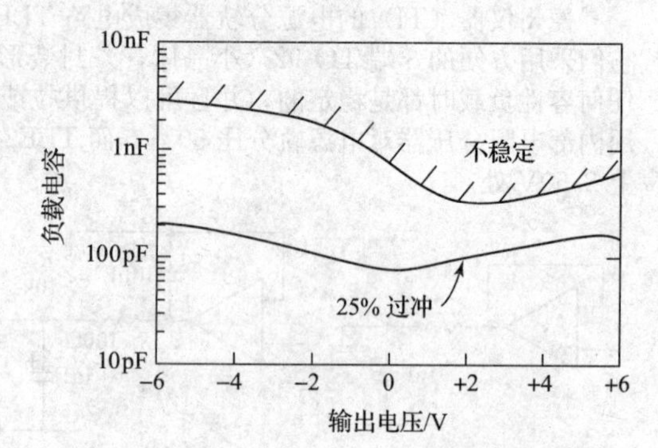

图 4.79　$R_{load}=2k\Omega$ 和电源电压为 ±7.5V 时的 LMC6482 运放跟随器的稳定性与容性负载关系图

4.6.3　单电源运算放大器

正如上文提到的，某些运算放大器专门用于允许输入和输出进入负电源轨。这些被称为单电源（或地感应）运算放大器，其想法是负电源实际上是接地的。输入范围实际上延伸到略低于地的范围，通常为−0.3V。在某些情况下，输出也可以变化到正电源轨（轨对轨输出），其中一部分允许输入变化到（略超出）两个电源轨（轨对轨输入）。

因为不需要用电源中点作为参考和电源分轨器等，所以这些放大器可以简化单电源电路。但必须记住，输出不能低于地电位，因此无法构建如图 4.70 所示的音频放大器，其输出需要在地的两侧变化。在更详细地研究这些运算放大器特性之前，来看一个设计示例。

1. 示例：单电源光度计

图 4.80 给出了一个操作方便的单电源供电的典型电路示例，之前在电流-电压转换器部分讨论过类似电路。因为光电池电路用于便携式测光仪器时性能很好，并且因为已知输出都是正值，所以这是电池供电的单电源电路的理想选择。对于 0.5μA 的输入光电流，R_1 将满量程输出设置为 5V。如将在 4.9.3 节中所述，添加一个小的反馈电容以确保稳定性。该电路不需要调整失调电压，因为最坏情况下未调整的失调电压为 10mV，对应满量程仪表指示的 0.2%。TLC27L1 是一款廉价的微功耗（10μA 电源电流）CMOS 型运算放大器，其输入和输出可以变化到负电源轨。它的低输入电流（室温下的典型值为 0.6pA）使其非常适合此类低电流应用。如果选择双极型运算放大器用于这种低

信号电流电路，并按照如图 4.81 所示电路连接光电二极管，则在低照度下性能会更好。

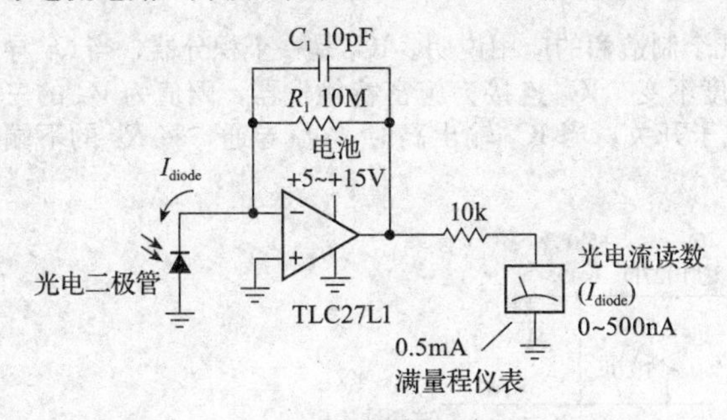

图 4.80　单电源光度计

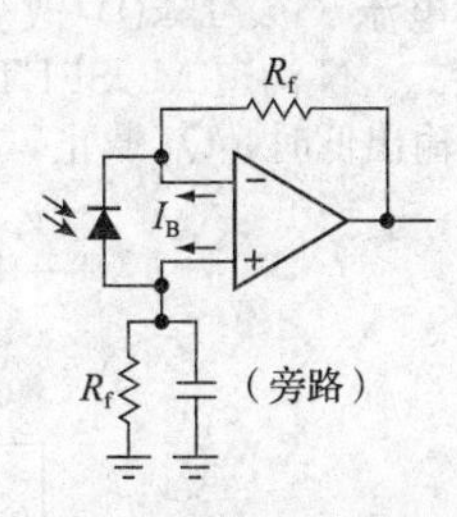

图 4.81　具有简单偏置电流抵消功能的光电二极管放大器

值得注意的是，这个电路的总电流主要取决于驱动电表的输出电流，该电流可高达 500μA。很容易忽略这一点，而轻率地假设电池只需要提供运算放大器 10μA 的静态电流。在 10μA，标准 9V 电池的续航时间为 40 000 小时（5 年）；而在 500μA，电池续航时间为一个月。

2. 单电源运算放大器内部结构

看看典型的单电源运算放大器的电路是很有帮助的，既可以理解这些类型如何实现对一个或两个电源轨的输出，也可以欣赏将它们设计到电路中的一些微妙之处和陷阱。图 4.82 是非常流行的 TLC270 系列 CMOS 单电源运算放大器的简单示意图。输入级是以镜像电流源为有源负载的 P 沟道 MOSFET 差分放大器。输入级的增强型 P 沟道场效应晶体管允许输入信号进入负电源轨（略超出，直到输入保护二极管开始导通），但输入信号不能到正电源轨（因为没有正向栅-源电压）。

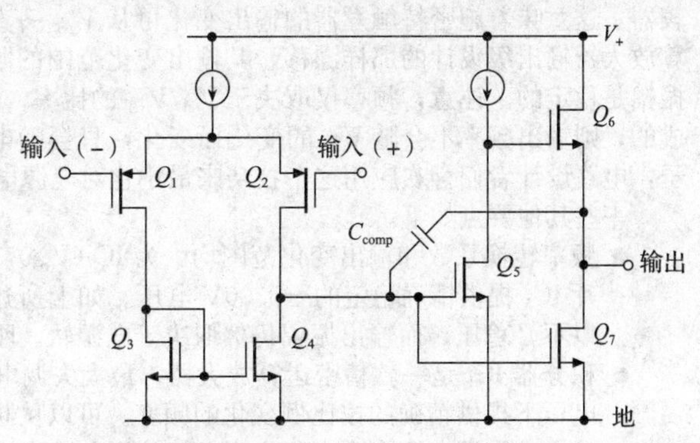

图 4.82　TLC270 系列 CMOS 单电源运算放大器简化原理图

与经典的传统运算放大器具有推挽跟随器输出级（见图 4.43）不同，该输出级是不对称的：一个 N 沟道跟随器 Q_6 用于上拉和另一个 N 沟道共源极放大器 Q_7 用于下拉。这样做是因为跟随器 Q_7（必须是 P 沟道）无法一直下拉，因为其最低栅极驱动电压是地。这种非对称输出需要共源极的 Q_5 驱动 Q_6 的栅极，以及 Q_5 和 Q_7 的匹配阈值电压来设置输出级静态电流。反馈电容 C_{comp} 用于频率补偿。该输出级可以对地饱和，对地阻抗是 Q_7 的 R_{ON}。但输出无法达到 V_+，因为 Q_6 是 N 沟道 MOSFET 跟随器。

练习 4.20　当输入近似接地时，如何设置 Q_1 和 Q_2 的源极电压？什么决定了输入范围的高端数值？为什么后者总是低于 V_+？

练习 4.21　假设运算放大器带轻负载，什么决定了 Q_6 可以将输出拉至的最大正电压？

我们可以用双极晶体管来构建同样的输出级结构，即跟随器上拉和放大器下拉。一个例子是流行的 LT1013/LT1014 单电源双-四运算放大器，它们是经典 LM358/LM324 运算放大器的改进型号。注意，不要误以为只需要提供一个外部灌电流，就可以使任何运算放大器的输出工作到负电压轨。在大多数情况下，驱动输出级的电路不允许这样做。在数据手册中查找明确的许可！

实现轨对轨输出的一种方法（即输出达到两个电源轨）——用 P 沟道共源极放大器代替图 4.82 中的 N 沟道跟随器上拉场效应晶体管 Q_6，这样每个场效应晶体管都可以饱和到各自的电源轨。当然，需要改变一些驱动电路。可以用双极晶体管建立一个类似的电路——共射极 PNP 上拉和 NPN 下拉。现代的器件例子包括 CMOS 型的 TLC2270、LMC6000 和 MAX406 系列，以及双极型的 LM6132、LT1881 和 MAX4120 系列。

这些输出级非常简单，不足为奇。但它们并没有推广到输入级。实际上，如何才能实现轨对轨输入功能呢？为了在不涉及任何细节的情况下完成电路，诀窍是设计一个具有两个独立输入级的放大器，一个为 P 沟道（或 PNP），另一个为 N 沟道（或 NPN）。单电源运算放大器在电池供电设备中是不可或缺的。

4.6.4 示例：压控振荡器

图4.83显示了一个巧妙的电路，借用了几个制造商的应用说明。IC_1是一个积分器，当Q_1导通时，会使电容电流（$V_{in}/15k\Omega$）改变符号，幅度不变。IC_2连接为施密特触发器，阈值为V_+的三分之一和三分之二。N沟道MOSFET Q_1作为电子开关，当IC_2输出高时，Q_1导通，将R_4的下端拉到地，当IC_2输出低时，Q_1截止，使其开路。

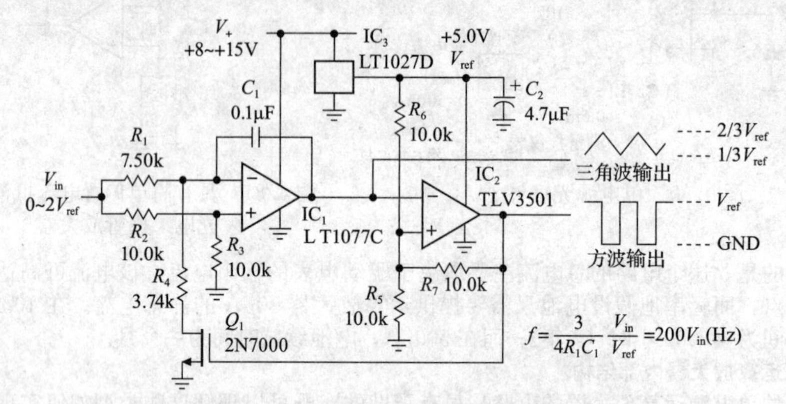

图4.83 精密电压控制波形发生器

这种电路的一个很好的特点是它由单正电源供电。TLV3501是一款具有轨对轨输出的CMOS比较器，这意味着施密特触发器的输出变化可从V_{ref}一直到地。这确保了施密特的阈值不会像传统运算放大器输出级设计的那样漂移，其输出变化范围的限制不明确。在这种情况下，三角波的频率和振幅是稳定的。注意，频率仅取决于V_{in}/V_{ref}的比率。这意味着，如果V_{in}是用电阻分压器从V_{ref}生成的，则输出频率不会随V_{ref}的变化而变化，只会随电阻的变化而变化。这是另一个比率技术的例子，电路设计者们喜欢应用这个技巧来最小化对电源电压的依赖。

一些其他要点如下。

- 频率转换系数和输出变化范围均由为IC_2(V_{ref})供电的基准电压设置，此时，三端基准电压芯片IC_3提供精确稳定的+5.00V电压。如上所述，如果控制电压与之成正比，则控制电压可以不必稳压，而输出振幅仍然取决于电源轨。刚才给出的解决方案更可取。
- 积分器IC_1是一款精密运算放大器，最大失调电压为60μV。选择它是为了在接近零伏的输入电压下提供精确的按比例变化的频率。可以从频率控制的动态范围来考虑这个问题：积分器的输入失调电压会产生频率误差，该误差相当于失调电压两倍的V_{in}（由于分压器R_2R_3）所产生的误差；换句话说，当输入电压$V_{in}\approx 2V_{OS}$时，输出频率将有100%的误差（它可能大到编程频率的两倍，小到零）。因此，最大频率与最小频率之比大致等于V_{ref}/V_{OS}。图中的LT1077C提供了近100 000∶1的动态范围（比率$V_{ref}/V_{OS}=5V/60\mu V$）。
- 积分器必须在低至零伏的输入下工作，即它必须是一个单电源（或接地）的运算放大器，其中LT1077C就是一个例子。
- 积分器的输入电流I_B也会导致误差，当控制电压V_{in}接近零伏时，这种误差最严重。LT1077C具有匹配良好的输入电流I_B(max)=11nA，当它流过不相等的输入电阻网络时，会导致最坏情况下约30μV的不平衡误差。这比最坏情况下V_{OS}引起的误差要小。这种组合会产生最坏情况下约90μV的等效误差，或50 000∶1的动态范围（未调整）。失调电压效应胜过偏置电流效应的事实并非偶然，这就是为什么要选择电阻值R_1～R_4尽可能小的原因（然后选择C_1的电容值以满足所需的频率范围）。
- 可以对LT1077C进行微调以扩展动态范围；最终，V_{OS}和I_B的漂移（随时间和温度的变化）使电路的整体稳定性接近零频率。
- TLV3501是一款具有轨对轨输出变化范围的高速（4.5ns）比较器，其电源电压最大限制为+5.5V。如果想在更高的电压下运行电路的这部分，可以用CA3130等快速轨对轨运算放大器代替。由于没有补偿，它作为低功率运算放大器，其速度也很出色，但不适合作为输入运算放大器，因为它作为积分器不稳定，原因稍后将看到，其输入失调电压也很大。
- 另一种可能性是用CMOS型555定时器（例如ICL7555）代替施密特触发器。555在电源轨的三分之一和三分之二处具有稳定的输入阈值，并具有轨对轨的快速输出变化。

- 开关替代品：可以用 SD210 或 74HC4066（后者属于 74HC 数字逻辑系列）这样的集成电子开关来替代分立的 MOSFET Q_1，其较低的电容将改善电路的高频性能。
- 如果功耗比最大频率或动态范围更重要，另一种可能性是两个 IC 使用低功耗的 CMOS 轨对轨运算放大器，例如 TLC2252 双运算放大器（每通道 35μA）。在这种情况下，由于在此应用中 CMOS 型运算放大器的输入电流可以忽略不计，因此尤其是在输入级，应按比例增大电阻值。
- 如果使用单个封装的双运算放大器似乎特别吸引人，那么一个好的总体选择是双极型运算放大器 LM6132，它具有轨对轨输入和输出，压摆率为 14V/μs。在同一个系列中，可以获得更快的运算放大器（LM6142、LM6152），代价是更高的输入电流和电源电流。
- 单片集成电路解决方案是使用运算放大器-比较器-电压基准的组合芯片，如 MAX951。

练习 4.22　推导图 4.83 中输出频率的表达式。在此过程中，验证施密特阈值和积分器电流是否如所述那样。

4.6.5　VCO 的实现：通孔与表面贴装

传统上，电子元器件采用从两端伸出引线（例如，电阻和电容的轴向引线）或成排向下插针（例如，DIP 封装的集成电路）制成的。现代实践已大力转向了表面贴装器件，即在这些器件中，直接连接到陶瓷或塑料封装上的接触点。

好消息是，表面贴装技术（SMT）可以制造更小的元器件，由于小型封装的电感减小，电气性能也更好。

坏消息是，SMT 使人们很难在面包板（焊接式或插入式）上立即连接电路，面包板是一种使用通孔元器件快速简便的实验方法。问题是，许多新的高性能器件（如运算放大器）仅提供表贴封装。

简而言之，选择归结为：①坚持使用通孔器件（如果能得到所需的器件），并享受简单的原型设计和快速构建一次性产品的能力；②主要使用表贴器件，为想要构建的每个电路设计一块印刷电路板；③尝试通过在可用的情况下使用通孔器件进行原型设计，并为无法获得通孔封装的表贴器件使用表贴器件适配器（或转换板）以保持两全其美。表贴器件转换板是用于焊接 SMT 器件的微型电路板，其引线连接到一排引脚上，从而产生人造通孔器件。我们一直在努力解决这个问题，最后得出的结论是，虽然最后一种选择原则上很有吸引力，但由于通孔器件的可用性越来越低，这种选择正在迅速消失。

为了一目了然，我们在印刷电路板上布置了图 4.83 的压控振荡器电路，探讨了选项通孔元器件、相对较大的 SMT 表贴器件以及小型 SMT 表贴器件。图 4.84 显示了它们的实际大小，图中仅显示了器件轮廓和焊盘（用于连接器件的金属箔图案）。对于通孔板，我们使用标准的 DIP 运算放大器和比较器以及轴向引线的 1/4W 电阻；对于大型 SMT 器件，我们使用 SOIC-8 封装的运算放大器和比较器以及 0805 封装的 SMT（表贴）电阻；对于小型 SMT 器件，我们使用 SOT-23 封装的运算放大器和比较器以及较小的 0603 封装的电阻。后者比通孔板小 4.5 倍，而且在性能上没有任何损失；实际上，由于寄生电感更小，封装更小的器件通常会提供更好的性能。

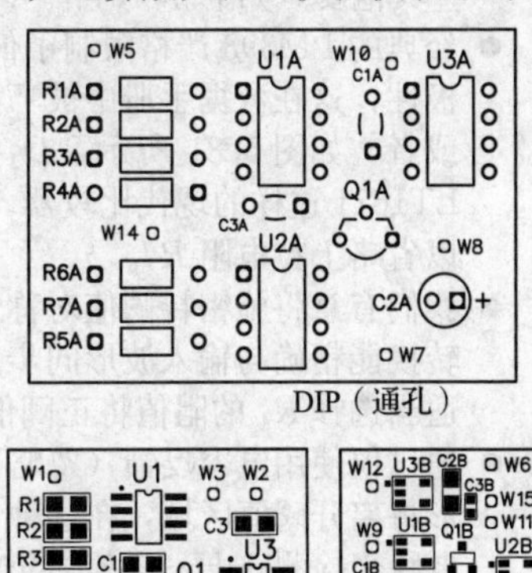

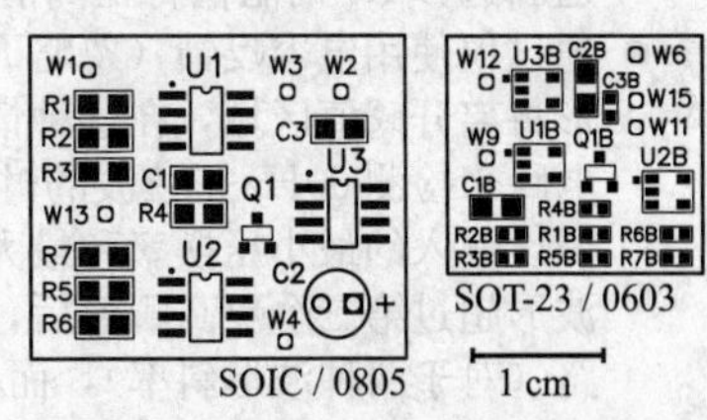

图 4.84　图 4.83 中压控振荡器的印刷电路布局。小型表面贴装元器件的使用将电路板面积减少到使用通孔元器件的类似电路板的 22%。额外的好处是有更多可供选择的元器件，以及更好的电气性能

4.6.6　过零检测器

本示例演示了单电源比较器的使用，与单电源运算放大器非常相似。与后者一样，它将在输入信号的作用下一直运行到通常是接地的下电源轨。电路见图 4.85，从任意幅度到 rms（有效值）高达 150V 的输入波形中生成输出方波，用于 5V TTL 逻辑电平（0～＋5V 范围）。LM393 是比较器（就像上一个示例中使用的 TLV3501），专用于此类应用。它不能像运算放大器那样用作放大器，因为它的内部相移不是量身定制的（没有相位补偿），不能实现无振荡的反馈。如图所示，它还具有集电极开路输出，必须从外部上拉至电源轨，其内部电路见图 4.86。注意，它与运算放大器总体上很相似（见图 4.43），主要是省略了补偿电容 C_C，并且输出端没有上拉晶体管。我们将在下册的 12.3 节中更详细地介绍比较器。

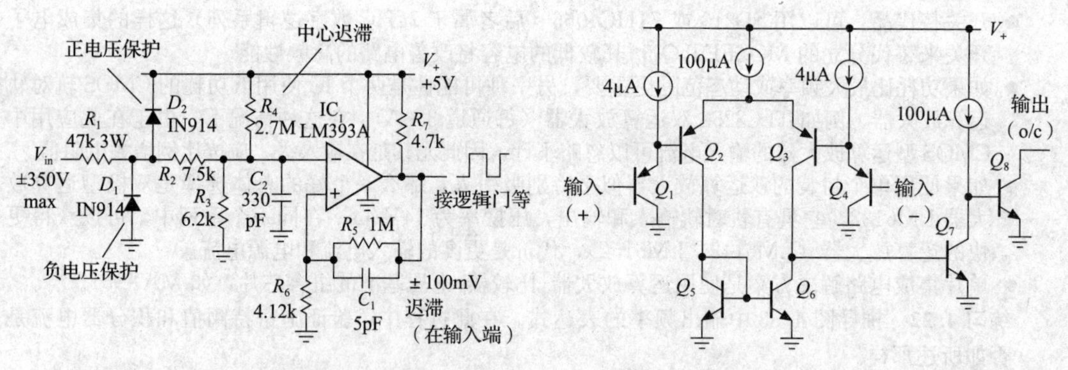

图 4.85　带输入保护的过零检测器

图 4.86　单电源比较器 LM393 的原理图

电阻 R_1 与 D_1 和 D_2 相结合，将输入变化范围限制在大约−0.6～+5.6V，其额定功率由最大输入电压的有效值设置。电阻分压器 R_2R_3 用于将负的波动范围限制在小于 0.3V，这是比较器 393 的限制。R_5 和 R_6 实现施密特触发器的迟滞作用，R_4 用于设置触发点关于地对称。由于相对于输入衰减器中的其他电阻而言，R_1 阻值很大，因此输入阻抗近似恒定。使用 393 是因为其输入可以一直到地，从而使单电源工作变得简单。

练习 4.23　验证输入信号的触发点在±100mV。

一些其他要点如下。

- 经典的 LM393 严格限制了低于地的变化范围，因为如果输入电压低于−0.3V，输出将改变极性，这在数据手册中被巧妙地称为相位反转。这是由二极管 D_1 和分压器 R_2R_3 来阻止的；或者，如图 5.81 所示，D_1 的负端可以被偏置为比地高一个二极管压降。如果使用诸如 LT1671 这样的现代比较器，则可以省略电阻 R_3，它还可以内部有源上拉至+5V，因此也可以省略上拉电阻 R_7。
- 我们有意将施密特阈值对称地设置在地周围，但这可能不是最佳选择。例如，可能希望输出转换能精确与输入波形同步过零。省略 R_4 会将负输入阈值精确设置为 0V；或者，可以通过适当选择 R_4 的阻值将正阈值设置为 0V。
- 通过仅使用电容反馈（忽略 R_5），可以将两个阈值都设为 0V，并具有一些迟滞。假设输入波形将离开阈值区域，在这种情况下，迟滞是瞬态的，时间常数 $\tau = C_1R_6$。因此，如果在用该电路来检测 60Hz 正弦波的过零点，对于时间常数为 0.5ms，可以选择 $C_1 = 0.1\mu$F。缺点是要假设输入的最小压摆率和最大过零频率。可以想象一个带有比较器的更精致的方案，在输入波形超过第二个更高阈值后，将输入阈值恢复到 0V。这个设计挑战将产生一个精确的过零电路（对于两种波形斜率），而不受输入速度等的限制。
- 如果决定增大加速电容 C_1 的值，请务必小心，该电容在比较器的反相输入端会引起负向瞬变，如果电容的容值远大于几皮法，则可能会在比较器的输出端引起相位反转（这是包括 LM393 在内的许多比较器的缺陷）。在这种情况下，最好使用现代比较器，例如 MAX989，这类比较器的数据手册里特别声明没有相位反转。

练习 4.24　当将图 4.85 中正向输入阈值设置为 0V 时，R_4 的阻值是多少？

练习 4.25　试着设计一个带有多个比较器的迟滞电路，使两个阈值都精确到 0V，前提是假设输入波形在返回之前总是超出地电位至少 50mV。

4.7　其他放大器和运算放大器类型

我们已经学习了用双极晶体管、JFET 和 MOSFET 实现的各种不同功能的标准双电源运算放大器。我们还看到了单电源运算放大器的例子，有些具有轨对轨输出（甚至轨对轨输入）。

还有其他选择，将在第 4 章和第 5 章中介绍其中一些。这里有必要列出它们，因为它们中的一个或多个可能是某个最初看起来需要运算放大器的设计问题的最佳解决方案。

电流反馈运算放大器　这些看起来很像普通的（电压反馈）运算放大器，区别在于有一个低阻抗的反相输入端，该端子是一个电流求和点，它们在中高电压增益的宽带电路中表现出色。

零漂（移）运算放大器　这些不寻常的运算放大器包括自调零和斩波稳零放大器，是专为精密（低 V_{OS}）应用量身定制的。它们使用内部 MOS 开关来测量和校正输入失调误差。这些是唯一的未调整

V_{OS} 值小于或等于 $5\mu V$ 的放大器。

高电压、大功率运算放大器　你可以得到最大输出电流为 25A 或更高，或者电源电压高达 1kV 或更高的运算放大器！这些是专用（且昂贵）的器件，对于压电驱动器、伺服驱动器等应用非常有用。

微功率运算放大器　另外，你可以得到静态电流低至微安或更低的运算放大器。这些器件的速度并不惊人，例如 LMC6442，静态电流 $I_Q=10\mu A$，特征频率 f_T 为 10KHz，压摆率为 $0.004V/\mu s$，但它们确实可以让你用一块电池就能永远运行一台便携式仪器。

仪表（用）放大器　这些是电压增益可调的集成差分放大器。它们内部包含多个运算放大器，在稳定性和共模抑制方面表现卓越。

视频和射频放大器　用于视频信号或频率为 10MHz～10GHz 通信信号的专用放大器，可广泛用于固定增益放大器模块。在这些频率下，一般不使用通用运算放大器。

专用放大器　麦克风前置放大器、扬声器放大器、步进电机驱动器等可作为定制芯片，具有卓越的性能和易用性。

4.8　典型的运算放大器电路

4.8.1　通用实验室放大器

图 4.87 显示了一个具有可调增益、带宽和宽范围直流输出偏移的直流耦合十进制放大器。IC_1 是一款低噪声 JFET 输入型运算放大器，其同相增益以精确校准的 10dB 步进从单位增益（0dB）到×100（40dB）；电位器 R_7 提供可变增益微调。IC_2 是反相放大器，允许在±10V 的范围内偏移输出，通过将经过 10 圈电位器 R_{16} 精确校准后的电流注入求和点而实现该偏移量。C_3～C_5 设置高频滚降，因为过多的带宽（和噪声）通常很麻烦。IC_5 是用于驱动低阻抗负载或电缆的功率增强器，它可以提供±150mA 的输出电流。

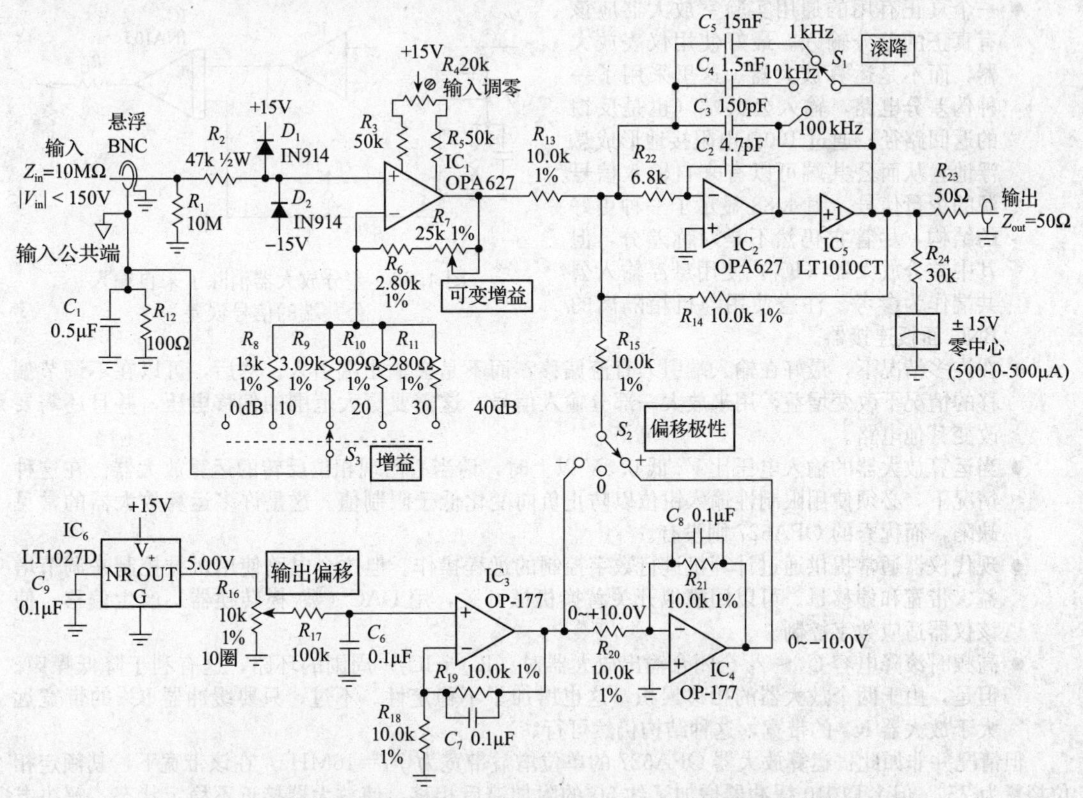

图 4.87　带输出偏移的实验室直流放大器。运算放大器电源连接和旁路电容没有明确显示，这是电路示意图中的常见画法

一些有趣的细节：10MΩ 的输入电阻足够小，因为 OPA627 的偏置电流为 10pA（室温下的最大值），因此在输入断开时会产生 0.1mV 的误差。R_2 结合钳位二极管 D_1 和 D_2，将运算放大器的输入

电压限制在V_-－0.6V至V_+＋0.6V的范围内。使用如图所示的保护器件，输入电压可以达到±150V而不损坏器件。选择JFET输入型运算放大器OPA627是因为它具有低输入电流（典型值I_B＝1pA）、合适的精度（最大值V_{OS}＝100μV）、低噪声（典型值e_n＝5nV/$\sqrt{Hz}$）和宽带（典型值f_T＝16MHz）；当以全增益（40dB）运行时，需要后者在仪器高频端（100kHz）保持一定的环路增益。

输出级是一个反相器，在其反馈环路中有一个单位增益功率缓冲器。性能优异的LT1010有足够的压摆率、带宽和强度，其开环输出阻抗小于10Ω（当然引入反馈会降低输出阻抗）。它和OPA627都有足够的压摆率（分别为75V/μs和55V/μs），可在仪器的整个100kHz带宽内产生±15V的完整输出变化。这样的功率缓冲器有利于对电容负载与运算放大器进行隔离；此外，当驱动重负载时，需要散热以保持IC_2凉爽，这是精密（低V_{OS}）运算放大器的一个重要考虑因素。与运算放大器相比，它需要大的驱动电流——高达0.5mA，但当用运算放大器驱动它时，这不是问题。

偏移电路由3端精密集成电压基准LT1027组成。当用一个电压至少比其指定输出电压高2V的直流电源供电时，它们会产生高稳定的输出电压。该专用器件有多个等级，其中最好的LT1027A的最大误差为1mV，并保证漂移低于2ppm/℃。对于这个应用，可以选择便宜的D级（5.0V±2.5mV，5ppm/℃）来节约成本。OP177是一款高稳定度的精密运算放大器（最佳等级V_{OS}＜10μV，T_CV_{OS}＜0.1μV/℃），可提供稳定的偏移电压。电容C_6滤除基准电压上的噪声，C_7和C_8通过限制放大器的带宽来降低放大器噪声。对于这样的直流应用，不需要也不想要大的带宽。

一些其他要点如下。

- 在这样的电路中，输入保护网络可能会限制最终的带宽，因为R_2与IC_1的输入电容、二极管电容和相关引线电容的组合电容一起形成低通滤波器。在这种情况下，总电容约为12pF，这使3dB点在300kHz处，远高于仪器的100kHz高频限制。当宽带放大器中使用类似保护电路时，可以降低R_2的值，也可以在R_2两端并联一个小电容（例如47pF），或者两者兼用；也可以使用电容更小的钳位二极管，例如1N3595或PAD5。
- 一个真正有用的通用实验室放大器应该有真正的差分输入。最好使用仪表放大器，而不是运算放大器。这里采用了一种伪差分电路，输入公共端（也是反馈的返回路径）通过100Ω电阻接地形成悬浮地，从而公共端可以有来自输入信号源的少量信号。图4.88显示了一种更好的结构，尽管它仍然不是对称差分，但其中差分放大器（IC_7）使用悬浮输入公共端作为参考。注意使用与机箱隔离的BNC面板连接器。

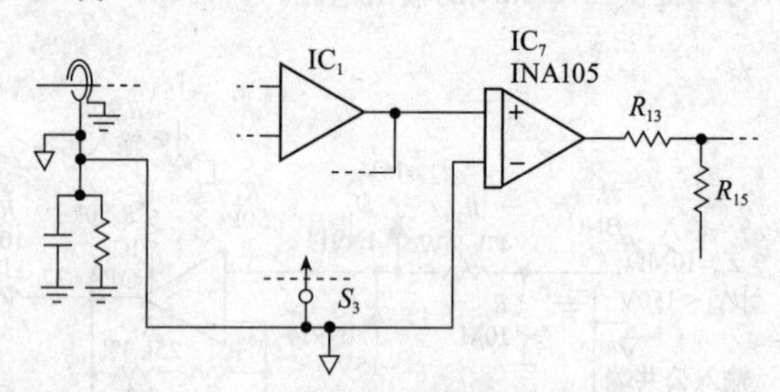

图4.88　差分放大器消除了来自输入公共端的信号误差

- 在许多情况下，最好在输入端引入直流偏移，而不是在输出端引入。然后，可以在不调节偏移的情况下改变增益，用来放大一部分输入信号。这需要更大范围的偏移电压，并且还需要改变其他电路。
- 当运算放大器的输入电压比V_-低0.3V以上时，请当心出现相位反转的运算放大器。在这种情况下，必须使用限制性输入钳位以防止负向变化低于限制值。这是许多运算放大器的常见缺陷，而优秀的OPA627则没有。
- 现代仪器通常提供通过计算机进行数字控制的远程操作。但这个电路使用机械控制来调节增益、带宽和偏移量。可以用模拟开关替换机械开关，用DAC（数/模转换器）产生偏移，使该仪器适应数字控制。
- 高频时滚降电容C_3～C_5会闭合输出放大器对（IC_2＋IC_5）周围的环路，这有利于降低噪声。但是，由于两个放大器的相移累积，这也增加了不稳定性。不过，只要缓冲器IC_5的带宽远大于放大器IC_2的带宽，这种结构仍然可行。

但情况并非如此：运算放大器OPA627的单位增益带宽为f_T＝16MHz，在该带宽下，其额定相位裕量为75°。但LT1010缓冲器增加了约50°的附加滞后相移，使放大器接近不稳定状态。解决方法是在运算放大器周围使用一个小的反馈电容（C_2，4.7pF），该电容直接关闭高频反馈回路，使增益在大约1MHz处下降至单位增益，在该频率下，缓冲器的附加滞后相移小于5°。

练习4.26　验证增益是否如所述的那样。可变偏移电路是如何工作的？在什么频率下，压摆率受限的输出变化范围会降到±15V以下？

4.8.2 故障点跟踪器

这是一个带有非线性反馈运算放大器电路的好例子。一个棘手的故障排除问题是所谓的故障点，即电路板上某处有短路。可能是布线本身的实际短路，也可能是某些设备的输出保持在固定状态。这很难找到，因为在这条线上的任何地方，都会测量到对地为零的电压。

一种有效的技术是用一块灵敏的电压表沿故障点走线测量压降。印刷电路板上的典型信号线可能为 0.010 英寸宽和 0.0013 英寸厚，沿走线电阻为 53mΩ/英寸。因此，如果设备的某条线接地，可在其他地方输入 10mA 的直流诊断电流，则在沿故障点的方向上每英寸会产生 530μV 的压降。

让我们来设计一个故障点跟踪器。它应该用电池供电，以使其可以悬浮在被测电路上的任意位置。它应该足够灵敏，指示仪表中心零位的压降仅为±100μV，压降越大仪表偏转越大。理想情况下，它应采用非线性标度，这样即使有几十毫伏的压降，电表也不会超出量程。而且，应设计消耗尽可能少的电流，这样可以省去电源开关：9V 电池或 AA 电池在连续漏电流小于 20μA 的情况下，可连续工作数年。

使用电池提供悬浮电源的最简单的电路是驱动零中心仪表的高增益同相放大器（见图 4.89）。由于输入和输出本质上是双极性的，因此最好使用一对 AA 电池，用±1.5V 的未稳压电源给运算放大器供电。背靠背的肖特基二极管在输出幅度较大时会适当降低增益，以防止过载。图 4.90 绘制了仪表随 V_{in} 变化的偏转曲线图。

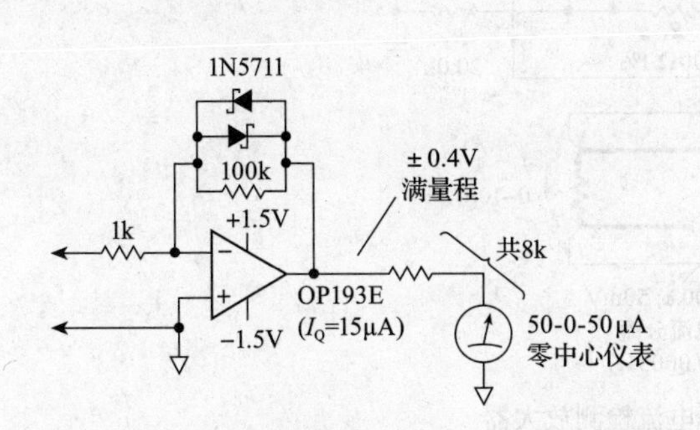

图 4.89 故障点跟踪器：带非线性反馈的高增益同相放大器

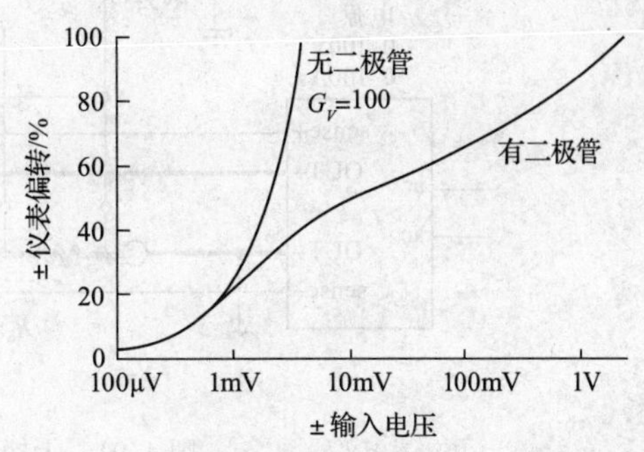

图 4.90 故障点跟踪器通过非线性反馈实现较大的动态范围

该设计的主要难点在于，当电源电压仅为±1.5V 且需要保持微功耗电流消耗时，实现小于 100μV 的输入失调电压。OP193 可在总电源电压低至 2V 时工作，其输出级可变化到距离负电源轨和正电源轨 1V 的范围内。最佳等级（E 后缀）的最大失调电压为 75μV。静态电流仅为 15μA，该电流可在 2500mAh 电池供电下连续运行超过 150 000 小时，因此可确保电池将持续工作完整的保质期。

一些其他要点如下。

- 该电路的一个微妙问题是，碱性电池在其使用寿命结束时，终端电压会降至 1.0V 左右；因此，考虑到全 NPN 输出级，将没有足够的空间来提供全量程正输出电压（+0.5V）。解决方法是使用更高的电池电压（例如，3V 的锂电池或多个碱性 1.5V 的 AA 电池）。但仅用一对 AA 电池供电是值得保留的巧妙方案。在这种情况下，最好使用具有真正轨对轨输出的运算放大器，例如 CMOS 型运算放大器 OPA336。后者的静态电流为 20μA，总电源电压可低至 2.3V，未调整的失调电压为 125μV，其输入电压范围从负电源轨到距离正电源轨 1V 以内；后者用在这里很好，因为我们选择了两个输入端均为 0V 的反相放大器电路。
- 我们宁愿人为地限制电路设计，选择一个零中心模拟仪表，并坚持只使用一对 AA 碱性电池。在现实生活中，可能会更喜欢音频输出，并且音高会随着输入电压下降而增加。为此，可能会使用一个简单的电流控制振荡器，该振荡器由运算放大器张弛振荡器或 555 定时器 IC 构成。对于非关键应用，不需要我们在图 4.83 中设计的 VCO 的线性度和稳定性。
- 别忘了我们在 4.6.1 节中讨论的分轨器技术，可以随时使用这些技巧来创建正负双轨，例如用一节 9V 电池，有了±4.5V 的电源轨，就可以更大范围地选择运算放大器。当要求运行在总电源 2V，仅几十微安的电源电流，并有精密低输入失调电压时，可选择的范围就相当小了。但如果有 5V 的总电源可用（9V 电池在其寿命结束时降至 6V），就会有数百个可用的运算放大器，其中几十个可在微功耗电流消耗和精密低失调下工作。

4.8.3 负载电流检测电路

图 4.91 显示了一个驱动 100A 负载的大功率（10kW）电源，图中电路提供与负载电流成正比的

输出电压，用于电流调节器、仪表电路或其他用途。通过分流器感应输出电流，该分流器是一个经过校准的阻值为0.0005Ω的锰金属四端功率电阻R_S，其采用开尔文（Kelvin）连接的四根引线确保检测电压不依赖于连接到检测端子的低电阻（如果尝试用传统的2端子电阻做同样的检测，就会出现这种情况）。压降为0～50mV，可能是由于地线中的电阻效应导致的共模失调（注意，输出端电源连接到外壳地）。因此，运算放大器连接为差分放大器，增益为200。因为早期的LM358A没有内部微调电路，因此可以用R_8在外部调整失调电压。稳定度有百分之几的齐纳基准电压适用于微调，因为微调本身就是一个小的校正。电源电压V_+可以是不稳压的，因为运算放大器的电源电压抑制比足够大，此处为85dB（典型值）。

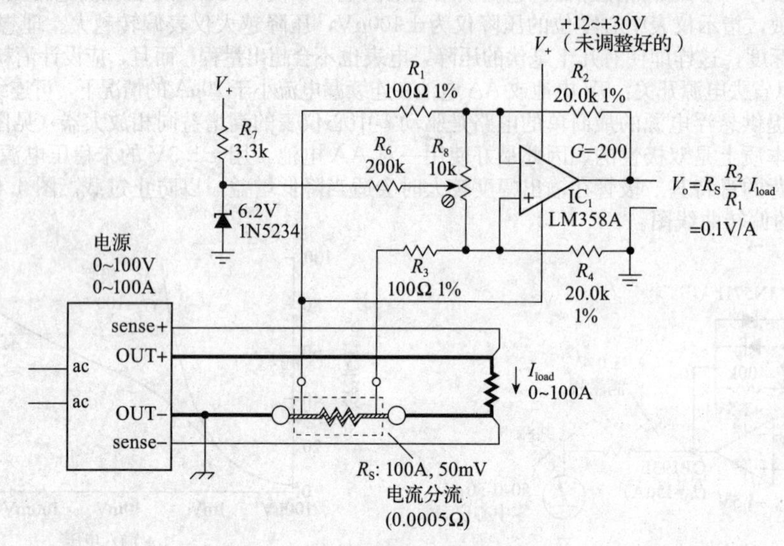

图4.91　大功率电流检测放大器

一些其他要点如下。

- 机箱接地和电路接地将在某处连接在一起。但由于流过的电流很大，沿着高电流回路在电路接地点与测试点之间很容易有1V左右的压降。因此，我们将运算放大器的负电源线连接到更负的分流器输出的负端。这样可以确保运算放大器输入端出现的共模电压不会低于其负电源轨。它是一个单电源运算放大器，其共模工作电压可达到负电源轨。
- 在这个应用中，低失调电压很重要。例如，要在满量程负载电流的10%下进行电流测量时达到1%的精度（即10A负载电流，产生5mV的检测电压），就需要不大于50μV的失调电压！我们选择早期产品LM358A作为初始设计，但其较差的未调整失调电压（最大3mV）需要外部手动调整。而且它缺少外部调整端，迫使我们不得不使用许多器件。如果只是为实验室搭建其中一个，那么需要手动调整似乎并不重要。但在生产过程中，这是一个额外的工序，需要测试设置和步骤，以及其他器件清单等。
- 因此，可能会选择LT1006，一款单运算放大器，可用一个10kΩ的电位器进行外部微调。它以最便宜的价格提供改进的性能（未调整最大值$V_{OS}=80\mu V$）——比LM358A好40倍，这意味着几乎不需要调整。进一步贯彻这个想法，可以选择LT1077A，这是一款最大未调整失调电压为40μV的单电源运算放大器，它也可以从外部调整。
- 为了获得最高精度，应该使用斩波稳零（零漂移）运算放大器，例如LTC1050C。它以最便宜的价格提供最大5μV的失调电压（结合亚纳安级输入偏置电流，此处无关紧要）。该运算放大器包括用于斩波器的片上电容，并且与LM358一样，采用单电源供电（输入共模电压范围可到负电源轨）。失调电压5μV相当于在满量程1%时精度1%，动态范围10 000∶1，这对于简单电路而言已经不错了。
- 最后，一个有趣的设计替代方案是进行高端电流检测，即分流器连接到OUT+端。这样做的优点是将所有电路接地（电源和负载）连接在一起。

4.8.4 集成防晒监测器

在这里，我们将展示如何用运算放大器来构建防晒监测电路。这个想法是要对来自传感器的光电流积分（积累），传感器的输出与日照强度成正比。假设有一个光电二极管，该管经过光学滤波仅通过感兴趣的紫外线，阳光充足时的输出短路电流约为 1nA（标称值）。假设在朦胧的阳光下，光电流可能降至该值的十分之一左右。

1. 首先尝试：直接积分

首先尝试图 4.92 中的电路。它使用由 9V 电池供电的单电源 CMOS 微功耗运算放大器（每个放大器 10μA）对（负的）光电流进行积分。1nA 的电流会在运算放大器的输出端产生 0.5mV/s 的正斜坡电压，并将其连接到可设置正阈值的施密特触发比较器上。LM385-2.5Z 微功率双端（齐纳型）电压基准提供了 0～1.5h（约 5000s）的全光照当量范围（我们称之为 FSE），当达到积分值，即 IC_1 输出达到阈值后，比较器输出接地，驱动压电报警器。报警器消耗 15mA 的电流，这是一个相当大的电池负载，但它非常响亮，即使是一个正在打盹的人也会迅速关闭（通过复位按钮）报警器。积分时该电路消耗约 50μA 电流，可工作约 8000h（9V 电池在低功耗下的容量为 500mAh）。8000h 大约是一年的时间，因此有大量的日晒时间，届时电池将首先老化。

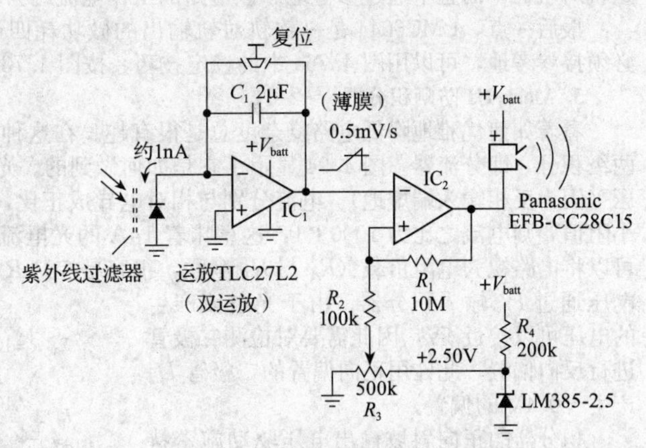

图 4.92　首次尝试集成防晒监测器

练习 4.27　LM385 需要至少 10μA 的电流才能正常工作，在电池寿命结束（6V）时，电路输出什么？

练习 4.28　施密特触发器 IC_2 迟滞了多少？这将如何影响操作？

2. 第二次尝试：两步转换

上一个电路有个问题是在阳光直射下，未经滤波的光电二极管电流至少有几微安。尝试将光线减少一千倍是有风险的，因为会有光泄漏等情况，从而产生较大的误差。

图 4.93 所示电路解决了这个问题，首先将光电流（无论其大小）转换为电压，然后在第二级进行积分，我们可以选择输入电阻来产生纳安级的电流。但是，现在必须使用双电源。这是因为无论选择跨阻（电流至电压）放大器的输出为哪种极性（通过适当地连接光电二极管），后续积分器的输出都是相反的极性，即反相积分器。在电路中，我们用 2.5V 参考电压来分轨 9V 电池。电路中的大多数电流都在正负电源轨之间流动，因此参考电压只需要小于 20μA 的偏置[⊖]。在这个电路中，显示了一个双联电源开关，开关连线使积分电容保持复位状态，直到接通电源。

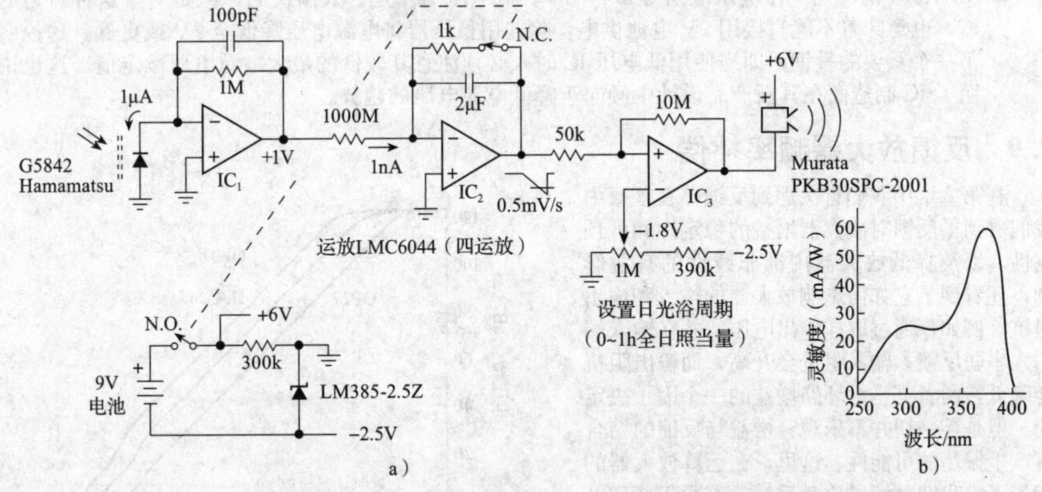

图 4.93　集成防晒监测器，第二次尝试。a）原理图；b）Hamamatsu G5842 光电二极管的光谱响应图，在阳光下其短路光电流约为 1μA

⊖ 或者，可以使用 TLE2425 三端电源轨分离器，但它会消耗 170μA 的电流。

积分器输出触发施密特比较器，像以前一样，驱动强大的压电蜂鸣器。注意，这个大驱动电流是轨对轨的，而且不通过参考地。该电路的工作电流约为 60μA，可连续运行近一年。

最后一点，LMC6044 是一款轨对轨输出的微功耗四运算放大器（10μA/放大器）。因此，如果必须接参考地，可以用图 4.76a 中的稳定技巧，按图 4.73 所示连接未使用的运算放大器。

3. Mark-III 防晒积分器

看着如何优雅地降低电路复杂度总是很有趣。在这种情况下，可以使用一个不错的技巧来消除两级积分，即分流器。图 4.94 显示了它是如何做到的。光电流驱动一对电阻，电阻两端接相同的电压（因为反相输入端虚地）。电流分别与相对电导成正比，在这种情况下，如果将电位器 R_2 设为最小阻值，则电流之比为 1000∶1，这意味着 1μA 的光电流将向积分器注入 1nA 的电流。如果愿意，可以将电路视为电阻负载（R_1 与 R_2 串联，很容易控制 R_3），从而产生电压 $V_{in}=I_{diode}(R_1+R_2)$，该电压通过 R_3 输入积分器。由于光电流产生的电压可以接近 1V，因此需要对检测二极管进行反向偏置，此处用正向偏置的二极管 D_2 产生−0.4V 的偏置。

积分器的正向斜坡输出电压驱动施密特比较器 IC_2，电压基准 D_1 提供固定的比较电压。比较器输出驱动目前常见的压电报警器。

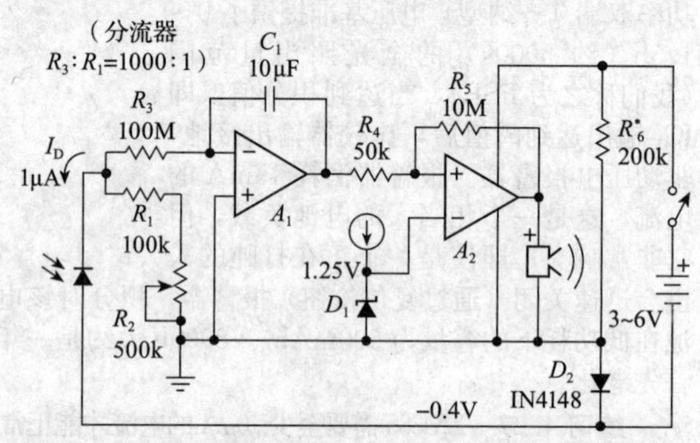

图 4.94　集成防晒监测器，第三次尝试。A_1、A_2 和 D_1 都在多功能芯片 MAX951 内部。A_2 是比较器

现在来看一下这个电路的巧妙之处：事实证明，可以将运算放大器、比较器和参考电压组合在一起，封装在一个单一的小型集成电路中。这里展示的 MAX951 只是其中一款，它完全满足这里的需求。因为 D_1 和 IC_2 的反相输入端已在内部连接，只能把防晒控制放在输入端，而不是比较器。

一些其他要点如下。

- 分流器的精度取决于虚地的精度。图中运算放大器的最大失调电压为 3mV，因此在 10%全光照下，当控制设置为最小电阻（最大日光浴周期）时，误差约为 30%（10mV 信号，3mV 失调）。换言之，相对于图 4.93 中更直接的方法而言，该电路的优雅性涉及性能上的妥协，在最小阳光下，误差约为 3%。
- 只要光电流小于此值，二极管 D_2 会被 IC 的 7μA 静态电流正向偏置。因此，只要预期最大光电流不超过约 5μA，就可以省略偏置电阻 R_6。
- MAX951 的额定工作电压范围为 2.7～7V。低电压工作是令人愉快的，但是对于这种特定的 IC，也意味着不能直接用 9V 电池供电，除非用稳压器将电源电压降低至 7V 或更低。这说明了一个重要的教训，即当使用低电压 IC 时，必须注意其较低的最大电源电压额定值。这也说明了 IC 制造商在其新产品设计中倾向于降低电源电压的趋势。

4.9　反馈放大器频率补偿

在第 2 章中我们首次遇到反馈，在该章中我们看到了反馈对放大器增益的稳定性和可预测性，以及降低放大器内部非线性的有益影响，还看到了它如何影响放大器的输入和输出阻抗。例如，通过取样输出电压，并在输入端引入串联反馈，输入阻抗会升高，而输出阻抗会降低，两者都是由环路增益的一个因子决定的。但是，一切并不乐观：增益与反馈的结合有产生振荡的可能性。这里，在运算放大器的背景下，我们继续讨论负反馈，着眼于频率补偿的重要主题——用负反馈防止放大器振荡。

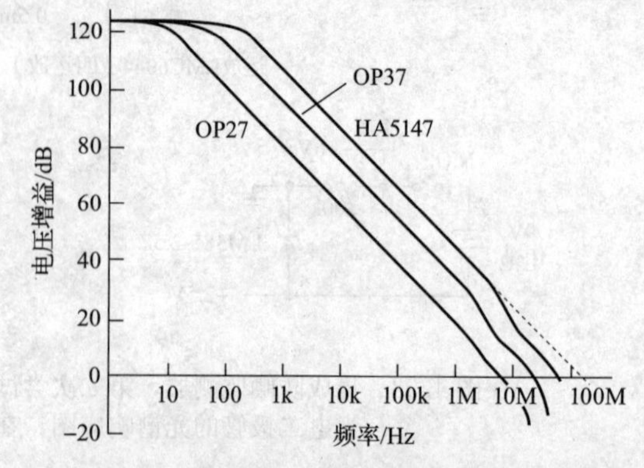

图 4.95　三个类似运算放大器的开环电压增益与频率的关系

首先，来看几个运算放大器的开环电压增益与频率的关系图，通常会看到如图 4.95 所示的曲线。从表面看这种伯德图（开环增

益和相位与频率的对数-对数图)，可能会得出结论，OP27 是一款较差的运算放大器，因为其开环增益会随频率的增加而迅速下降。事实上，该滚降是有意内置到运算放大器中的，并且具有与 RC 低通滤波器相同的－6dB/二倍频（程）的曲线特性。相比之下，OP37 与 OP27 相同，它是欠补偿的（已停产的 HA5147 也是如此）。运算放大器通常是内部补偿的，有时还会提供欠补偿和无补偿。让我们来看看频率补偿。

4.9.1　增益和相移与频率的关系

运算放大器（或者一般来说，任何多级放大器）将在某个频率处开始滚降，这是因为在放大器级内，由有限源阻抗的信号驱动容性负载而形成了低通滤波器。例如，通常由差分放大器组成的输入级，可能带有镜像电流源组成的有源负载（见图 4.43 中的 LF411 原理图），驱动第二级的共射极放大器。现在，假设已删除该电路中标为 C_C 的电容。输入级 Q_2 的高输出阻抗与在其输出端看到的组合电容一起构成了低通滤波器，其 3dB 点可能落在 100Hz～10kHz 范围内的任意频率点处。

随着频率的增加，该电容的电抗减小，产生了 6dB/二倍频（程）的滚降特性，在足够高的频率（可能低于 1kHz）下，集电极负载阻抗以容性负载为主，导致电压增益 $G_V=g_m X_C$，即增益下降为 $1/f$。相对于输入信号，输出还产生了 90°的滞后相移（可以将其视为 RC 低通滤波器特性的尾部，其中 R 表示驱动容性负载的等效源阻抗，但是电路中不必有任何实际电阻）。

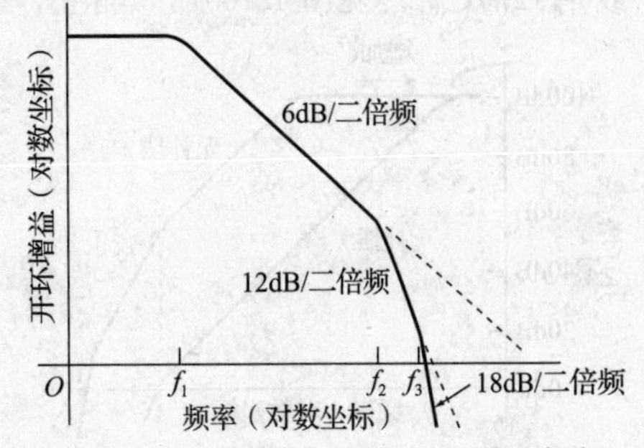

图 4.96　多级放大器：开环增益与频率的关系（幅频特性）

在多级放大器中，由于其他放大器的低通滤波器特性，在更高的频率下会出现附加的滚降，总体开环增益见图 4.96。由于第一级输出端的容性负载，开环增益从某低频 f_1 处开始以 6dB/二倍频（程）的速率下降。它继续以这个斜率下降，直到另一级内部 RC 决定的上限频率 f_2 处，超过频率 f_2，衰减速率达 12dB/二倍频（程），以此类推。

这一切的意义何在？请记住 RC 低通滤波器的相移如图 4.97 所示。放大器中的每个低通滤波器具有类似的相移特性，因此假设放大器的整体相移如图 4.98 所示。

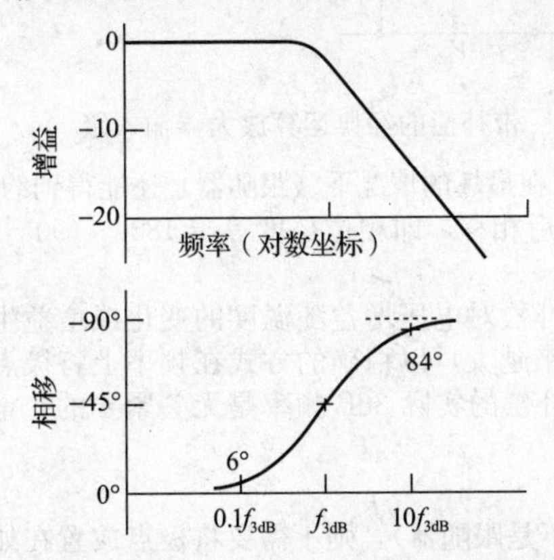

图 4.97　伯德图：增益和相移与频率的关系（幅频特性和相频特性）

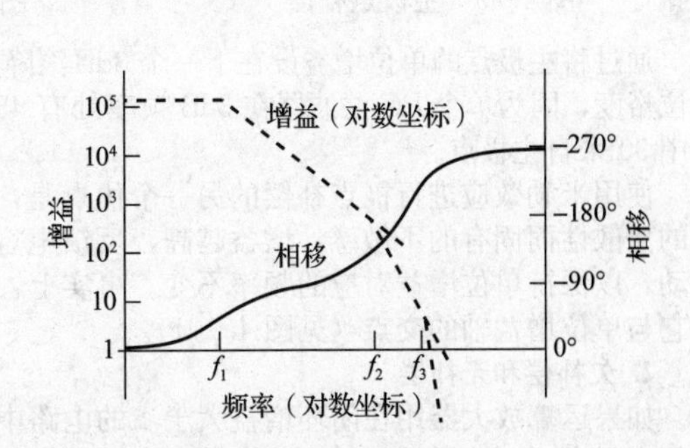

图 4.98　多级放大器中的增益和相移（幅频特性和相频特性）

现在问题来了：如果把这个放大器连接成运算放大器跟随器，则它将振荡。这是因为在增益大于 1 的某些频率处，开环相移达到 180°（在该频率处，负反馈变为正反馈）。这是产生振荡所需的一切，因为在这个频率上的任何信号每次都会在反馈回路中累积。

稳定性标准

反馈放大器防止振荡的稳定性标准是在环路增益为 1 的频率处，其开环相移必须小于 180°。当放大器连接为跟随器时，这个标准最难满足，因为此时环路增益等于开环增益，可以达到最高值。内部补偿的设计使得运算放大器即使连接为跟随器也满足稳定性标准；因此，当用简单的电阻反馈网络连接成任意闭环增益时，放大器都是稳定的。正如前文所暗示的，这是通过特意修改现有的内部滚降以便将 3dB 点设置在某个低频（典型值为 1～20Hz）处来实现的，来看看它是如何工作的。

4.9.2 放大器补偿方式

1. 主极点补偿

主极点补偿的目标是在环路增益大于1的所有频率下，保持开环相移远小于180°。假设运算放大器可以用作跟随器，上一句话中的“环路增益”一词可以替换为“开环增益”。最简单的方法是在电路产生初始6dB/二倍频（程）滚降点处添加足够的附加电容，以便在下一个 *RC* 滤波器的3dB频率处开环增益降到1。这样，开环相移在大部分通带内保持恒定的90°相移，只有当增益接近1时才向着180°增加。图4.99显示了这种思想。没有补偿时，开环增益朝着1下降，先以6dB/二倍频（程）速率下降，然后以12dB/二倍频（程）速率下降，以此类推，导致在增益达到1之前相移达到180°或更多。通过在频率上向下移动第一个滚降点（形成一个主极点）控制滚降，使得只有当开环增益接近1时，相移才开始上升到90°以上。因此，通过牺牲开环增益，换取稳定性。由于最低频率的自然滚降通常是由输入差分放大器驱动的级内米勒效应引起的，因此通常的主极点补偿方法是在第二级晶体管周围添加额外的反馈电容，因此两级放大器在频率响应补偿区的总电压增益为 $g_m X_C$ 或 $g_m/2\pi f C_{comp}$（见图4.100）。实际上，这两级放大器都可以用达林顿晶体管。

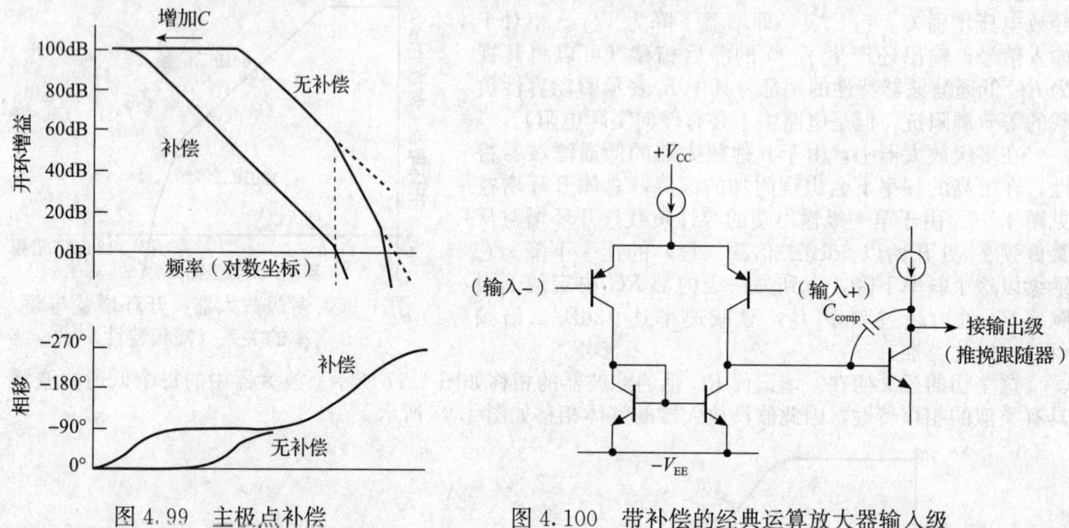

图4.99　主极点补偿　　　　图4.100　带补偿的经典运算放大器输入级

通过将主极点的单位增益设在下一个3dB滚降点处，在最坏的情况下（跟随器）还能得到约45°的相位裕度，因为单个 *RC* 滤波器在3dB频率处有45°的滞后相移，即相位裕度等于180°−(90°+45°)，其中90°来自主极点。

使用米勒效应进行极点补偿的另一个优点是，这种补偿对电压增益随温度的变化或增益生产范围的离散性而固有的不敏感：增益越高，反馈电容看起来越大，以精确的方式在频率上将极点向下移动，以保持单位增益对应的频率不变。事实上，极点补偿的实际3dB频率是无关紧要的，重要的是它与单位增益轴的交点（见图4.101）。

2. 欠补偿和无补偿

如果运算放大器用在闭环增益大于1的电路中（即不是跟随器），则不需要将极点放置在如此低的频率，由于环路增益较低，稳定性标准被放宽。图4.102显示了这种情况。

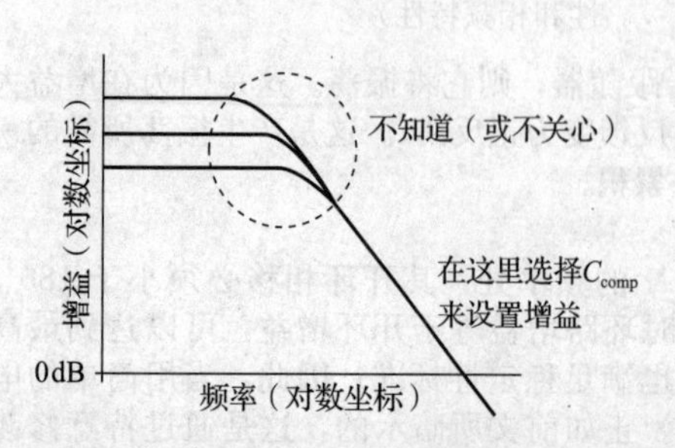

图4.101　选择补偿电容来设置开环单位增益频率，低频增益不重要

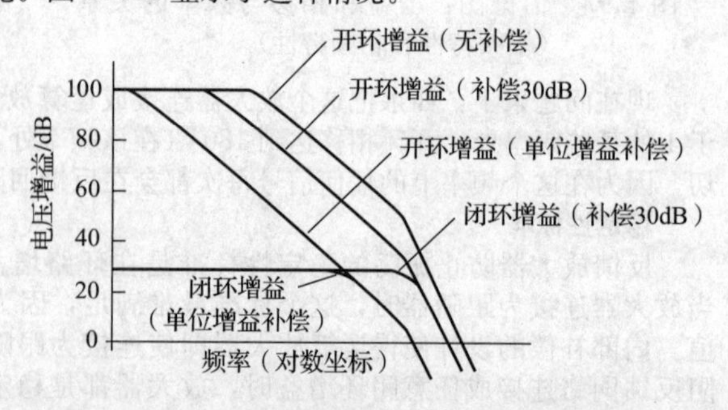

图4.102　闭环增益越大，稳定性越容易实现

对于闭环增益 30dB，其环路增益（即开环增益与闭环增益之比）小于跟随器的环路增益，因此可以将主极点设置在更高的频率。选择主极点使开环增益在运算放大器的下一个自然极点的频率处达到 30dB（而不是 0dB）。如图所示，这意味着在大多数频率范围内，开环增益较高，最终放大器也将工作在较高的频率下。有些可用的运算放大器有不完全补偿（更好的说法可能是欠补偿）型号，对于大于某些最小值的闭环增益（对于 OP37，$A_V > 5$），它们在内部进行了补偿；这些指定了最小闭环增益，不需要外部电容。另一个例子是 THS4021/2，单位增益稳定的 THS4011/2 的欠补偿型号（$G_V \geqslant 10$）。这些运算放大器速度非常快，f_T 为 300MHz（对于慢速的 THS4011/2），而对于 THS4021/2 则大于 1GHz。对于欠补偿型号，根据所选的最小闭环增益，制造商（TI）提供了推荐使用的外部电容值[⊖]（有时与电阻结合使用）。如果需要增大带宽，并且电路工作在高增益下，欠补偿或无补偿运算放大器是值得使用的。

一些直觉：用于低增益电路中的运算放大器比用于高增益电路中的运算放大器更容易发生振荡，乍一看，似乎自相矛盾，但这是有道理的。例如，闭环增益 $G_{CL}=100$（40dB）的运算放大器稳定性更好，因为反馈网络（电阻分压器）将信号衰减了 100 倍。所以与跟随器（其反馈为单位增益）相比，它更难维持环路振荡。

3. 极点-零点补偿

通过使用补偿网络，在某个低频点处开始下降（一个极点，6dB/二倍频），然后在运算放大器的第二个自然极点频率处再使增益变平坦（它有一个零点），这可能比用主极点补偿更好。这样，放大器的第二个极点被抵消，所以平滑的 6dB/二倍频（程）滚降一直延续到放大器的第三个极点。图 4.103 显示了频率响应图。实际中，选择零点来抵消放大器的第二个极点，然后调整第一个极点的位置，使整体响应在放大器的第三个极点频率处达到单位增益。对于带外部补偿的运算放大器，一套好的数据手册通常会给出进行零极点补偿时建议的元件数值（R 和 C），以及主极点补偿的常用电容值。实际上，在频率上向下移动主极点会导致放大器的第二个极点在频率上稍微向上移动，这种效应称为极点分离。然后，相应地选择抵消零点的频率。

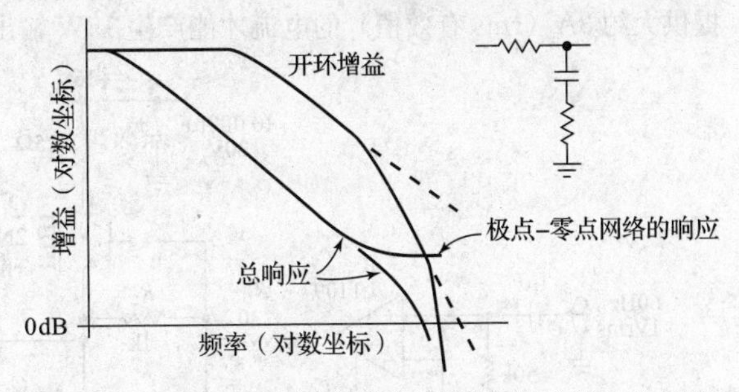

图 4.103 用极点-零点补偿抵消放大器的第二个极点

4.9.3 反馈网络的频率响应

迄今为止，在所有讨论中，我们都假定反馈网络具有平坦的频率响应。当使用标准电阻分压器作为反馈网络时，通常就是这样。但是，有时也需要某种均衡放大器（积分器和微分器属于此类），或者需要修改反馈网络的频率响应以提高放大器的稳定性。在这种情况下，要记住，重要的是环路增益与频率的伯德图，而不是开环增益曲线。长话短说，理想的闭环增益随频率的变化曲线应与开环增益曲线相交，斜率差为 6dB/二倍频（程）。例如，在反相或同相放大器中，通常在反馈电阻两端并联一个小电容（几皮法）。图 4.104 显示了这种电路及其伯德图。

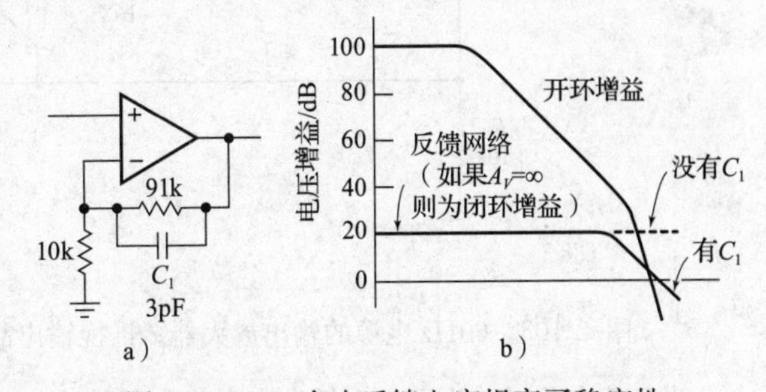

图 4.104 一个小反馈电容提高了稳定性

由于在曲线相交处环路增益将以近 12dB/二倍频（程）的速率下降，因此平坦的反馈网络会使放大器接近不稳定。电容使环路增益在交叉点附近以 6dB/二倍频（程）的速率下降，确保了稳定性。在设计微分器时，这种考虑非常重要，因为理想微分器的闭环增益以 6dB/二倍频（程）的速率上升，所以有必要在适当的频率处降低微分器的作用，最好在高频下降低到 6dB/二倍频（程）的滚降速率。相比之下，由于积分器的 6dB/二倍频（程）闭环滚降，因此在这方面积分器非常友好。

⊖ 在某些情况下，任何貌似合理的闭环增益都需要外部补偿元件，这些被恰当地称为无补偿运算放大器。

练习 4.29　在伯德图上显示图4.69中的稳定电阻 R_1 的值，该值在开环和闭环增益的交点之前停止了微分器的作用（即使闭环增益曲线变平）。解释电阻 R_1 的推荐最小值。

1. 怎么办

总之，通常会面临选择内部补偿或无补偿运算放大器的问题。最简单的方法是使用补偿型，这也是通常的选择。可以先考虑传统的LF411（JFET型，电源电压±5～±15V）或改进型LT1057，或轨对轨输入和输出型LMC6482（CMOS型，电源电压＋3～＋15V），或者精密低噪声的LT1012，所有这些都针对单位增益进行了内部补偿。如果需要更大的带宽或压摆率，请寻找更快的补偿型运算放大器。如果结果证明没有合适的且闭环增益大于单位增益（通常如此），可以使用欠补偿（或无补偿）运算放大器，针对当前所用的增益，也许可以用制造商指定的外部电容进行补偿。也可以用之前的示例，如常用的低噪声精密运算放大器（单位增益补偿）OP27的 f_T＝8MHz，压摆率为2.8V/μs；欠补偿的OP37也是可用的（最小增益为5），其 f_T＝63MHz，压摆率为17V/μs。

2. 示例：精密60Hz电源

无补偿运算放大器或带有补偿引脚的运算放大器也可以提供灵活的过补偿，这是针对反馈环路中其他器件引入附加相移问题的一种简单解决方案。图4.105显示了一个示例。这是一种低频放大器，旨在从60Hz可变频低压正弦波输入产生精确稳定的115V交流电源输出。运算放大器作为交流耦合的同相放大器，其输出驱动由达林顿管 Q_1Q_2 组成的推挽式射极跟随器输出级，进而驱动小功率电源变压器 T_1 的低压绕组，T_1 绕组的匝数比为6.3V∶115V，这样不需要高压运算放大器或晶体管就能产生115V的交流输出。当然，付出的代价是按比例相应更高的驱动电流，这里晶体管需要提供大约3A（rms有效值）的电流才能产生15W输出。

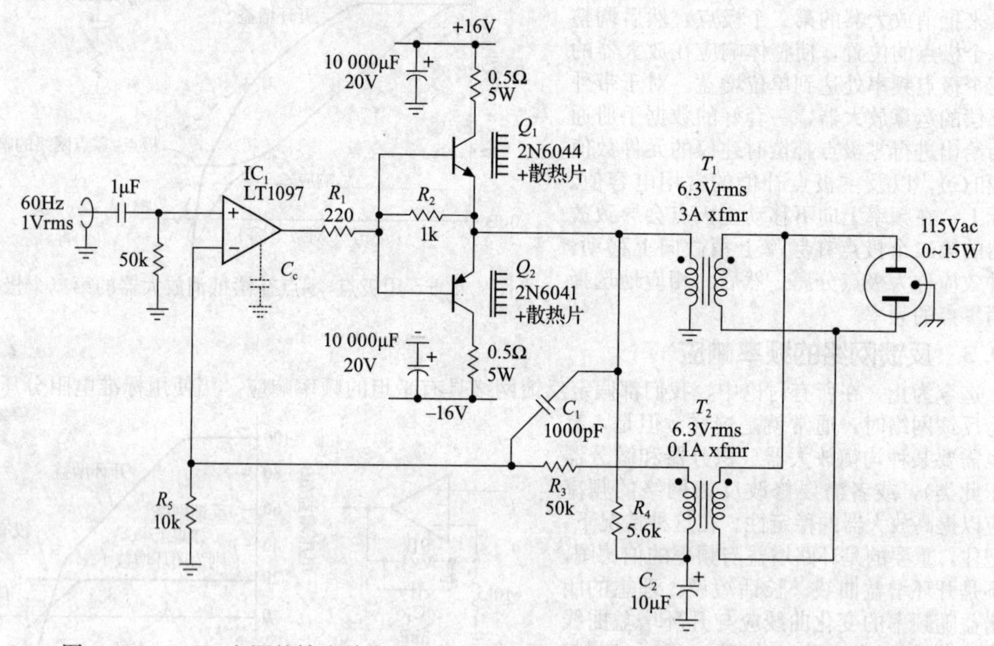

图4.105　60Hz电源的输出放大器。推挽输出晶体管 Q_1 和 Q_2 是塑封的功率达林顿管

当负载变化时，为了产生低失真和稳定的输出电压，希望从实际的115V输出正弦波上取得反馈。当然，保持输出与电路地完全隔离是非常可取的。因此，用第二个变压器 T_2 来产生115V输出波形的低压复制信号，然后通过 R_3 引入反馈，得到需要的电压增益6。由于变压器在高频下的相移大得令人无法接受，因此在更高频率（高于约3kHz）时，电路反馈来自变压器的低压输入（通过 C_1）。即使高频反馈直接取自推挽输出，晶体管上仍有与电抗负载（变压器初级、连接到输出端的电机等）相关的相移。为了确保良好的稳定性，即使115V输出接电抗负载，运算放大器也可以用一个小电容进行过补偿（LT1097提供了一个引脚用于过补偿）。在这样的低频应用中，由此产生的带宽损失并不重要。

R_4 和 C_2 的作用可能令人费解：这个电路为运算放大器提供直流反馈，通过对加到 T_1 的直流电平进行平均（低通滤波），然后通过 T_2 的浮动绕组进行反馈。选择 C_2 足够大，使其在60Hz时的阻抗比50kΩ反馈电阻小；然后选择 R_4，以获得与稳定性一致的足够平滑的特性。

该放大器的性能非常令人满意。图 4.106 显示了输出调节特性，即有效值（rms）输出幅度随负载的变化。为了便于比较，仅显示了从 T_1 驱动绕组取反馈时的可比较曲线。从中可以看到，在从零到全功率的负载变化下，反馈改善了输出振幅调节作用，输出变化从中等的 10%到只有 0.2%。输出正弦波非常干净，在所有负载条件下，包括驱动同步电动机（代表电抗负载），测得的失真都远低于 1%。

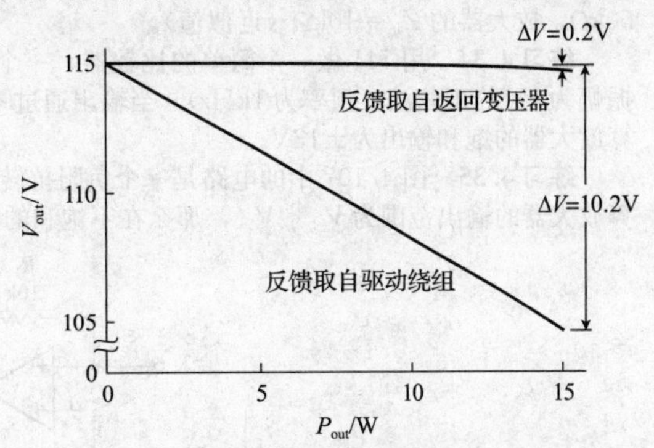

图 4.106　实测 60Hz 电源供电时输出电压与负载的关系

诸如此类的应用代表了一种折中方案，因为理想情况下，希望有足够大的环路增益来稳定输出电压随负载电流的变化，但较大的环路增益会增加放大器振荡的可能性，尤其是当接电抗负载时。这是因为电抗负载与变压器的有限输出阻抗相结合，会在低频反馈环路内引起附加相移。由于这个电路是用来给望远镜的同步驱动电机（高感性负载）供电的，因此有意将环路增益保持在较低水平。

一些其他要点如下。

- 对于电力电子设备，应谨慎设计，以免发生故障（例如负载过重，甚至发生短路）而损坏设备。这里，我们使用了最简单的限流方法——在驱动级的集电极中使用一对小电阻。不过，还有更好的方法，例如，当输出电流（用串联电阻检测）超过预设限定值时，通过增加一对晶体管来旁路基极电流。这种方法通常用于集成运算放大器内部电路中，见图 4.43。正如将在 9.13.3 节中说明的那样，还有更好的保护电路。简单的限流保护的问题在于，负载短路会导致晶体管在全电源电压下承受极限电流。由此产生的功耗远远大于正常工作条件下的最大值，这需要谨慎的散热和元器件选择。虽然有点复杂，但反馈电流限制会更好一些。
- 基极连接在一起的推挽跟随器有一个交越区域，在该交越区域中反馈环路被断开（参见 2.4.1 节）。使用达林顿晶体管时，交越区域为四个 V_{BE}，约为 2.5V。图 4.105 中的电阻 R_2 可确保从运算放大器到 T_1 始终存在一些线性耦合，以防止反馈回路在轻负载下发出声响。更好的是用二极管偏置，见图 2.71 或图 2.72。
- 一种巧妙的方法：用具有适度同相增益（例如 5 倍）的伪达林顿管（也称为串联反馈对）代替图 4.105 中的射极跟随器，从而用普通的±15V 运算放大器来产生更大的电压变化范围。然后，可以用±75V 电源供电来运行功率输出级，同时用常规的±15V 为运算放大器供电。

3. 摩托艇声

在交流耦合反馈放大器中，在非常低的频率下，由几个耦合电容产生的累积超前相移也会引起稳定性问题。每个隔直电容与输入电阻（来自偏置电路等）一起，会产生超前相移，该相移在低频 3dB 点处等于 45°，在更低频处接近 90°。如果环路增益足够大，系统可能进入低频振荡，人们形象地称之为摩托艇声。随着直流耦合放大器的广泛使用，摩托艇声已几乎绝迹。

附加练习

练习 4.30　设计一个灵敏的电压表，要求 $Z_{in}=1\text{M}\Omega$ 和在四个量程范围内满量程灵敏度为 10mV～10V。使用一个 1mA 的电流表和一个运算放大器。如有必要，微调电压偏移，假设：(a) $I_B=25\text{pA}$（411 的典型值）；(b) $I_B=80\text{nA}$（741 的典型值）。计算输入开路时仪表的读数。使用某种形式的仪表保护（例如，保证电流小于满量程的 200%），并确保放大器输入不会超过电源电压。关于 741 适用于低电平高阻抗测量，有何结论？

练习 4.31　用运算放大器 OP27（低噪声，适合音频）设计一个音频放大器，并具有以下特性：增益=20dB，$Z_{in}=10\text{k}\Omega$，−3dB 点在 20Hz 处。使用同相电路，并降低低频增益，以减少输入失调电压的影响。假设信号源是电容耦合。用适当的设计使输入偏置电流对输出偏移的影响最小。

练习 4.32　用 411 设计一个单位增益的分相器。尽量实现高输入阻抗和低输出阻抗。该电路应为直流耦合。由于压摆率的限制，可以实现全变化范围（$27V_{pp}$，±15V 电源）的最高频率大约是多少？

练习 4.33　事实证明，El Cheapo 品牌的扬声器具有高音增强功能，从 2kHz（+3dB 点）开始，以 6dB/二倍频（程）速率上升。设计一个简单的 RC 滤波器，必要时用运算放大器 AD611（另一款优质的音频芯片）作为缓冲级，放置在前置放大器和放大器之间，来补偿这种上升。假设前置放大器的 $Z_{out}=50k\Omega$，放大器的 $Z_{in}=10k\Omega$（近似值）。

练习 4.34　用741做一个简单的比较器，一个输入端接地（即一个过零检测器），另一个输入端接振幅为1V的正弦波（频率为1kHz）。当输出通过零伏时，输入电压是多少？假设压摆率为 $0.5V/\mu s$，运算放大器的饱和输出为 $\pm 13V$。

练习 4.35　图4.107中的电路是一个负阻抗转换器的示例。(a) 它的输入阻抗是多少？(b) 如果运算放大器的输出范围为 $V_+ \sim V_-$，那么在不饱和的情况下，该电路能承受的输入电压范围是多少？

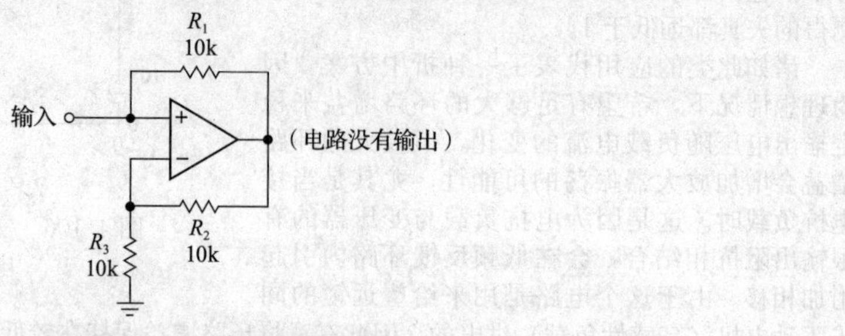

图 4.107　负阻抗转换器

练习 4.36　将上一个练习中的电路视为二端子黑匣子（见图4.108）。演示如何制作增益为−10的直流放大器。为什么不能制作增益为+10的直流放大器？（提示：对于一定范围的源电阻，电路很容易受闩锁条件的影响。该范围是多少？能想到改进办法吗？）

图 4.108　作为二端子器件的负阻抗连接器

第5章
精密电路

在前几章中，我们讨论了有关模拟电路设计的许多方面，包括无源元器件、晶体管、场效应晶体管和运算放大器的电路特性、反馈以及许多有关这些器件和电路的应用方法。但在所有讨论中，尚未涉及如何做到最优化的问题，例如最小化放大器误差（非线性和漂移等）以及在放大微弱信号时尽量减小放大器噪声的影响。在许多应用中，这些都是最重要的问题，它们是电子学领域重要的组成部分。因此，本章将研究精密电路的设计方法。

本章概述

这是一大章，也是重要的一章，涉及一系列主题，无须按顺序阅读。作为指导，我们提供以下概述：本章从仔细检查运算放大器电路错误开始，并讨论误差预算的使用；然后探讨了未指定参数和典型值与最坏情况器件误差的问题，并讨论了解决这些问题的方法。在此过程中，我们讨论了一些被忽略的话题，例如亚皮安级的二极管漏电、电容的存储效应、失真和增益的非线性，以及修正放大器相位误差的方法。本章将通过对图和测试电路的比较来详细讨论运算放大器失真。

接下来，我们将讨论轨对轨运算放大器的缺点——它们的开环输出阻抗和输入共模交越误差。我们为精密电路、斩波器和高速运算放大器绘制了噪声、偏置电流和失真的比较图，解释了多种运算放大器参数，并讨论了不得不做的折中。

对于工作在低微伏和纳伏范围的电路，我们展示了 $1/f$ 噪声的破坏性影响，以及自动调零（AZ）运算放大器如何解决这个问题；但需要折中考虑——这些器件的电流噪声往往被忽视。作为插曲，我们详细介绍了一种典型的精密数字万用表前端的巧妙设计。

然后，我们讨论了差分放大器和仪表放大器——这两种放大器在有共模输入信号的情况下提取差模信号，它们在增益精度和稳定性方面都达到了同类产品的领先水平。我们通过对流行器件的大量图表的比较，展示了其内部设计和使用方法。最后，我们介绍全差分放大器，这些放大器具有差分输入和输出，以及一个可以对输出进行共模控制的输入引脚。

对于探寻基础知识的读者，在第一次阅读时可以跳过本章，其内容对于理解后续章节不是必需的。

5.1 精密运算放大器设计技术

测量和控制领域通常需要高精度电路。控制电路应精确，随时间和温度的变化应稳定，并具有可预测性。测量仪器的有效性同样取决于它的精确性和稳定性。在几乎所有的电子领域中，人们总是希望把事情做得更精确，即使实际上并非总是需要最高的精度，人们仍然会因为充分了解了电路的工作过程而欣喜。

5.1.1 精度与动态范围

精度和动态范围这两个概念很容易混淆，特别是有时可以使用某些相同技术来实现这两者。也许通过一些例子可以很好地澄清二者的差异：5 位数字万用表具有很高的精度，电压测量精度可达 0.01%或更高，具有很大的动态范围，可以在同一量程上测量毫伏和伏。精密十进制放大器（例如，可选增益分别为 1、10 和 100 的放大器）和精密电压基准可能只需要足够的精度即可，不一定要有很大的动态范围。有些设备具有宽动态范围但仅具有中等精度，例如六-十进制对数放大器，该放大器选用器件精度仅有 5%但经过精心校准的运算放大器搭建。即使选用精确的元器件，因为用于转换的晶体管 PN 结的对数特性缺乏一致性（在电流极端情况下）或由于温度引起的漂移，对数放大器也可能仅有有限的精度。

另一个只有中等精度要求（1%）而宽动态范围仪器（输入电流范围大于 10 000：1）的示例是本书上一版中描述的库仑计。它最初设计用于跟踪通过电化学电池的总电荷量，该量只需要知道大约 5%，但这可能是电流在很大范围内变化的累积结果。宽动态范围设计的一个普遍特点是，必须仔细调整输入失调，以便在信号电平接近零时保持良好的比例，这在精密设计中也是必需的。除此之外，必须使用精密的元器件、稳定的参考并注意每一个可能的误差源，以保持所有误差的总和在误差预算之内。

5.1.2 误差预算

关于误差预算，对于初学者而言，容易陷入这样一种误区，即片面地认为通过在一些关键位置采用精密器件就能实现具有精密性能的设备。在极少数情况下，这是正确的。但是，如果电路的输入失调电流乘以源电阻产生了10mV的电压误差，那么即使在电路中使用0.01%精度的电阻和昂贵的运算放大器，也将无法达到预期的效果。几乎任何电路到处都有可能产生误差，如果只想确定问题所在并找到可能需要更换更好的器件或电路，而没有其他原因，那么对这些误差进行统计就很重要。这样的误差预算会引导合理的设计，在许多情况下揭示了廉价器件就足够了，并最终允许对电路性能进行仔细评估。

5.2 示例：重温毫伏表

为了激发对精密电路的讨论，让我们来重温一下上一章的电路。我们曾对4.4.3节中的精度问题进行了简短调侃，主要为了说明在低电平直流应用（输入电阻为10MΩ的0～10mV毫伏表[一]）中，运算放大器输入失调电压V_{OS}和输入偏置电流I_B的影响。当时，我们天真地睁大眼睛，惊讶地发现值得信赖的运算放大器LF411完全不能胜任这项任务。它有太大的失调，也有太大的输入电流。我们找到了一种解决方案，即采用精密低偏置运算放大器（OPA336）或斩波（也称为自动调零）放大器（LTC1050）。

正如即将看到的，庆祝这个解决方案还为时尚早：我们宣布了运算放大器的胜利，但仅仅运算放大器的I_B就造成了1%的最大允许零输入误差。精心设计必须考虑多个误差源的累积效应。

5.2.1 挑战：10mV、1%、10MΩ、1.8V单电源

为了使问题更有趣，让我们进一步限制规范。这次将要求0～10mV表由单个+3V电池（一个锂电池或一对碱性AAA电池）供电；这迫使我们担心单电源工作，即运算放大器的输入和输出必须都能工作至零伏。此外，还必须能够工作至碱性电池的使用寿命结束时的电压，可以看到其标称值为1.0V/电池或0.9V/电池。这意味着可以在低至+1.8V的总电源电压下工作。并且，与以前一样，要求输入电阻为10MΩ，并在输入短路或断开时指示0mV（满量程的±1%）。注意，这个零误差规范与满量程精度（刻度误差）规范不同：我们可能对满量程精度为±5%感到满意，但最不满意的是在没有任何连接时，读数误差为满量程的5%（此处为0.5mV）。

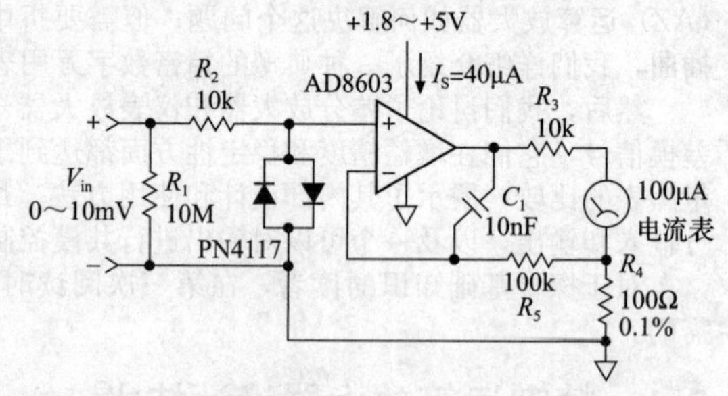

图5.1 使用单个锂电池供电的精密毫伏表，输入保护钳位采用低漏电二极管连接的PN4117 JFET

根据上一章的设计建议，我们采用电流检测反馈，因此设计与模拟仪表内阻无关。电路见图5.1。

5.2.2 解决方案：精密RRIO电流源

我们选用精密的电流检测电阻R_4，本例中选用精度为0.1%的100Ω电阻。听起来很奇特，但实际上这些事情已司空见惯：一直都很有用的DigiKey网站显示，有来自五个不同供应商的100 000多的库存元器件，价格低至0.20美元（数量10个）。注意，将输入公共端（“−”端）直接连接到检测电阻低压端，对于阻值较小的检测电阻，这种预防措施变得越来越重要，其中地回路的布线电阻可能会显著增加误差[二]。由于仪表可能存在感性负载（磁场中的动圈本身具有感性，并通过类似电机的机电特性而具有电抗性），因此我们采取了预防措施，用常规方式划分反馈路径（低频分量通过R_5，高频分量通过C_1，见图4.76）。10kΩ的输出电阻R_3限制了超量程输入的仪表电流。

此设计中更具挑战性的部分是输入保护网络（第4章的示例将其忽略了），而且最关键的是运算放大器的选择。首先，保护电路要求似乎很简单——钳位到对运算放大器没有损害的输入电压（在输入过压期间），在满量程输入电压（10mV）下正向和反向漏电流均小于10pA（二极管电流会使输

[一] 注意，它可用作灵敏的电流表：输入电阻为10MΩ，精度为1%，可测量低至10pA的电流（1%×10mV/10MΩ=10pA）。

[二] 用于精确测量大电流的小阻值检测电阻可用4线电阻。这种设计称为Kelvin（开尔文）连接，检测电阻有时也称为分流器。

入电阻降低1%）。事实证明，数据手册通常不会告诉读者二极管在非常低的电压下有多大的电流。但如果去测量，实测结果会令人惊讶（见图5.2）。人们喜欢的普通信号二极管（1N914、1N4148）的漏电较大，在低电压时看起来像一个10MΩ的电阻[⊖]。有一些专门的低漏电二极管，如PAD-1或PAD-5做得更好；也可以使用连接成二极管的低漏电JFET，如N沟道PN4117（即将源极和漏极连接在一起形成负极，用栅极作为正极），或者也可以只用普通NPN晶体管连接成的二极管对。在该电路中，前端的10kΩ电阻R_2限制了钳位电流，对电路精度没有影响。

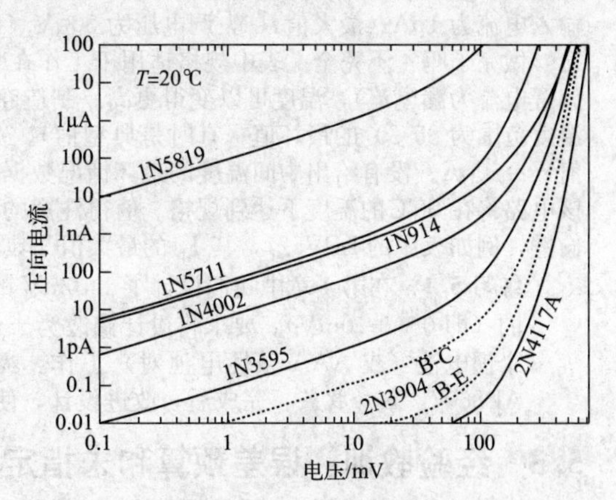

图5.2 二极管数据手册通常缺乏这样显示电流的低端与正偏电压关系的数据

现在轮到运算放大器。这是第4章的绊脚石，此时，由于仅使用低压单电源就变得更加困难。可以将误差分为零误差和全量程误差比例因子。后者比较简单，电路增益是精确确定的，只需精确的仪表运动即可（如果不希望进行任何微调，或者可以减少检测电阻并增加一个电阻用于产生大于1的可微调增益）。因为高灵敏度和高输入电阻，这是零误差要求的难点。要求输入失调和偏置电流的最坏情况组合效应分别为100μV和10pA。也就是说，每一个都会单独导致0.1mV的零误差（$V_{\text{err}}=V_{\text{OS}}+I_{\text{B}}R_1$），因此每个都必须更小，以使最坏情况组合满足规范。

我们研究了一些有前途的当代运算放大器产品，见表5.1。前三行中廉价的通用型运算放大器对于这项工作是无用的，失调电压和偏置电流都比要求差很多，它们都无法在+1.8V下工作；前两个不符合单电源要求。廉价运算放大器就这么多了。

表5.1 毫伏表备选运算放大器

器件	输入	V_{os}/μV typ	V_{os}/μV max	I_{bias}/pA typ	I_{bias}/pA max	V_{cm}/V	V_s/V min	V_s/V max	I_s/μA typ
uA741	BJT	2000	6000	80k	500k	2	10	40	1500
LF411	JFET	800	2000	50	200	3	10	40	1800
LM358A	BJT	2000	3000	45k	100k	0	3	32	500
LPV521	CMOS	100	1000	0.01	1	−0.1	1.8	5.5	0.5
OPA336	CMOS	60	125	1	10	−0.2	2.3	5.5	20
ADA4051	CMOS	2	17	5	50	0	1.8	5	15
LTC6078	CMOS	7	25	0.2	1	0	2.7	5.5	110
AD8603	CMOS	12	50	0.2	1	−0.3	1.8	5	40

LPV521是新型低压、低偏置、低功耗运算放大器的代表，性能很好，但与许多CMOS运算放大器一样，它的V_{OS}参数一般。有可能做得更好，例如CMOS型精密运算放大器OPA336曾是我们的英雄，但它更糟的I_{B}会耗尽全部误差预算，并且无论如何都需要调整V_{OS}，这在单电源电路中可不容易做到（与LF411不同，这款运算放大器没有调整引脚）。我们先前对这些细微之处不屑一顾，但这次要生产符合规格的产品，这意味着要采取一些严厉的最坏情况约束。

还有什么选择？对于带宽没有要求且可以容忍噪声的精密应用，大多数设计人员会使用自动调零（斩波）放大器。我们发现最好的可选器件是ADA4051，它有出色的V_{OS}，但如果读者相信最大规范，则I_{B}的五倍太多了（具有竞争性的自动调零放大器有更大的偏置电流，更大的最小电源电压，或两者兼有）。由于精心设计和在生产线上进行失调调整，最后两款运算放大器作为当代CMOS运算放大器可称为精密。两者均满足误差预算目标。我们之所以选择AD8603，是因为它满足1.8V

⊖ 对于所有这些二极管，低压时的直线部分表示与非导通二极管并联的电阻；因此低漏电二极管1N3595在$V\leqslant 10\text{mV}$时，看起来像10 000MΩ的电阻。可以根据二极管的其他参数估算出这些电流，即在低反向电压时的反向偏置漏电流或在指定正向电压时的正向电流。

的电源规格且它的工作电流为LTC6078电源电流的35%。在25℃，AD8603的静态电流为40μA，输入电流为1pA（最大值），失调电压为50μV（最大值）。

做完了吗？不完全。表中规格适用于工作在25℃时。随着CMOS器件偏置电流的显著增加（其偏置电流为漏电流），温度可以变得更高。制造商通常会提供工作温度范围高端（例如，工业级器件温度范围为85℃）的最坏值（有时是典型值）。对于我们选择的AD8603，在85℃时指定I_B（最大值）＝50pA。没有给出中间温度的最坏情况数据，但该值随温度每升高10℃翻一番，因此可以确信该电路将在50℃的温度下达到规格。值得注意的是，制造商有时在制定最坏情况下的漏电规格时会偷懒，例如表中的LPV521，其I_B的最大值与典型值之比为100∶1。

练习5.1 在第4章中我们设计了±10mV的电压表（见图4.56），但图5.1中的设计是单极性的（即0～+10mV）。要求将设计修改为±10mV电压表，使用±100μA的零中心表并保留单个锂电池（或AAA碱性电池对）工作。*提示*：不妨考虑一下AD8603系列的双运算放大器AD8607。*额外收获*：完成后，改进设计，使它可以用0～100μA的仪表工作。

5.3 经验教训：误差预算和未指定的参数

从第一个简单示例中，我们学到了一些重要的基本原则：①必须识别并量化电路中的误差源，以建立误差预算；②严格的最坏情况设计要求所有器件（无源和有源）必须工作在其数据手册规范内且必须添加其保证的最坏情况误差的影响（以无符号量表示），以确定整个电路的性能。

此例中，即使在I_B和V_{OS}的最坏情况下，运算放大器的选择使我们能够达到（并超过）我们的目标零误差规范（输入开路或短路时满量程的1%）。

未指定的参数：一种实用方法

但仔细看看，在本设计示例中也看到，有一个未指定的参数（在0～10mV低电压下的二极管正向电流）计入了总误差[㊀]。在这种情况下，应该怎么做？

在这个问题上，作者属于实用主义者阵营：首先，可能必须阅读数据手册（就像我们在运算放大器输入电流的情况下所做的那样），特别是当制造商的最坏情况数字表明“我不想测试此参数，因此会在数据手册中进行保守的猜测”。这与诸如漏电流等参数特别相关，其中自动测试设备（ATE）的限制和测试时间的限制助长了保守的最坏情况数据手册规范。其次，可能必须对一些指定不当（或未指定）的参数进行测试（就像我们对二极管正向电流所做的那样）。这足以确定未指定参数的电路影响是微不足道的（例如，当流过钳位二极管的电流小于0.01pA或比预算低三个数量级时）；或者，更接近的说法是，可能必须设置入库器件测试机制，以确保符合规范。最后，可能必须处理很多器件影响总误差预算的情况，只需要在最终测试时简单地验证整个电路、子模块或完整仪器的性能即可。

这种方法可能显得很武断。但事实是，在许多情况下，如果设计遵循已发布的最坏情况规范（或缺乏规范），则根本无法满足具有挑战性的规范。有两个例子有助于说明这一点。作者设计并制造了一系列电池供电的海洋仪器，用于长期的水下观测和数据记录。典型器件是4000B系列CMOS集成电路。数据手册中列出25℃时静态电流[㊁]为0.04μA（典型值）和10μA（最大值）。因此，其中200个这类芯片的总电流可能为8μA，但它们（在极不可能的情况下）可能消耗2mA的电流。运行一年需要7mAh（使用典型值），但在严格的最坏情况下，必须允许17.5Ah。问题是这些体积受限的深潜式耐压舱的电池组仅有5Ah的容量（有一定的降额安全裕度）。80%的电池容量将用于传感器和记录仪。因此，严格的最坏情况设计需要将电池组翻两番（并扩大压力箱），或者移除仪器仪表的大量有效负载。解决方案显而易见：构建子电路，并测试它们的静态电流是否符合要求。它们总是工作得很好，测试主要用于确定模块中有缺陷的器件，这通常是由于对敏感的CMOS器件处理不当造成的。

第二个例子是一个商业仪器，即来自Keithley的灵敏静电计。这些仪器可测量低至飞安（10^{-15}A）的电流，这要求输入级电路具有极低的偏置电流。可采用JFET跟随器匹配对作为传统精密运算放大器的输入级，用电流-电压转换器（运放反相输入端为0V）来实现。为了保持较低的栅极电流，JFET工作在只有+0.55V的极低漏极电压下，而源极仅比漏极低零点几伏。现在，在JFET数据手册的任何地方都找不到相关内容可以告诉读者在如此低的电压下会发生什么。它们不会告诉读者栅极漏电可能是什么。

㊀ 在适度升高的温度下，运算放大器的输入电流也是如此。

㊁ 有趣的是，对于诸如门电路这样的简单器件或者计数器或算术逻辑单元之类的复杂器件，其规格都是相同的。

这两个示例都说明，在某些情况下，遵循制造商发布的最差情况规格，根本无法满足设计要求。尽管如此，我们注意到有些工程师在电路设计中不会偏离严格的最坏情况下指定的器件参数。他们不想使用特殊的器件，也会远离这些器件。

5.4 另一个示例：零失调精密放大器

在用毫伏表热身之后，让我们来处理一个更复杂的设计，其中存在多项误差挑战。通常我们会在精密设计的框架内描述这种特定电路的设计选择和误差，从而使原本可能很乏味的工作变得轻松。

我们设计了一个精密放大器（见图5.3），它可以保持输入信号的值，然后以精确的1、10或100的增益对该电平的任何后续变化进行放大。这可能在某个实验中，当一些实验条件发生变化而希望测量某些量的微小变化（例如光传输或射频吸收）时特别有用。由于放大器的漂移和不稳定性，通常很难精确测量一个大直流信号的微小变化。在这种情况下，需要极高精度和稳定的电路。

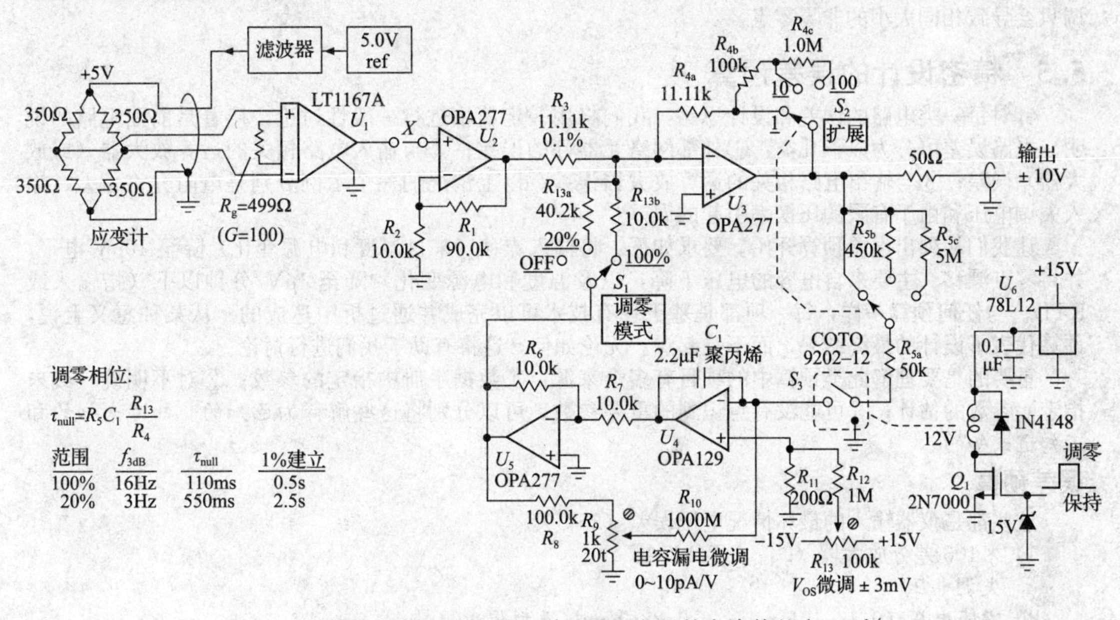

图5.3 零失调精密放大器，增益设置电阻的允许偏差为0.1%

这里演示了一个应变式传感器的例子，该传感器由一个灵敏的应变电阻桥组成，桥臂元器件的电阻值会随机械应变而微小改变。通常电阻值为350Ω；灵敏度为当偏置为+5V，在额定满量程机械应变时，电桥两中点的差分输出电压响应是±10mV ㊀。这个小的差分电压叠加在+2.5V的直流电平上，所以必须从一个好的差分放大器开始。

首先有个重要的说明：相比此处使用的纯模拟电路，数字技术提供了一种有吸引力的选择方案。熟练的设计人员可能会使用精密的模拟/数字转换技术，也许是在混合电路中实现（在像我们这样的模拟电路中，使用稳定的DAC创建调零信号），或者可能是在全数字设计中仅依靠高分辨率ADC的内在精度即可。无论如何，我们的全模拟示例提供了许多关于精密设计的经验教训。

电路描述

前端从仪表放大器U_1开始，这是一种三运算放大器电路，是差分输入放大器，在实现高共模抑制比方面表现出色，并允许用单个电阻进行增益选择（内部通常提供一个或多个电阻）。此处选择了一种低输入电流、低失调漂移和低噪声的优良组合，原因稍后解释。其×100增益后跟随同相×10增益（U_2），总增益为×1000，从而产生±10V的满量程输出，并作为调零电路（U_3+U_5）的输入。如果输入信号是单端的（例如来自热电偶、光电传感器、微波吸收探测器等），则省略U_1，在点X处接入信号，并相应地调整U_2的增益。

调零电路的工作原理如下：放大器U_3为反相电路，可以根据加到反相输入端的电流进行直流偏

㊀ 应变式传感器灵敏度为2mV/V，这太低了。有些半导体应变传感器具有更高的灵敏度，但它们可能不那么稳定。

移。当Q_1的栅极加高电平时，Q_1导通，Q_1漏极电流驱动继电器线圈使开关S_3闭合，进行调零。然后，U_4根据需要对模拟存储电容C_1充电，以保持零输出。没有尝试跟随快速变化的信号，因为在这类应用中，信号基本上是直流的，取平均值就是理想的结果。当开关断开后，电容上的电压保持不变，从而使U_3的输出信号与之后的输入漂移成正比。输入零电平的增益可以按十进制步进增加（开关S_2）来扩展变化。相应地切换调零积分器的增益，以保持反馈带宽恒定。开关S_1选择全量程调零范围（100%、20%或无）。

在继续详细说明这里应用的精密设计原理之前，应描述一些其他功能：①U_5除了提供所需的调零电平的反相之外，还参与一阶漏电流补偿，C_1自身漏电引起的缓慢放电（≥100 000MΩ，对应≥3天的时间常数）被流过R_{10}的小充电电流补偿，该充电电流与C_1两端的电压成正比；②选择具有极低输入电流I_B的积分器U_4（以使保持期间的电压下降最小），为此付出的代价是相对较差的失调电压V_{OS}，因此添加了一个外部失调调整R_{11}～R_{13}。无论如何，这都不是至关重要的，因为这里的失调只会导致相同大小的非零零点。

5.5　精密设计的误差预算

针对每一类电路的误差和设计思路，我们将用一定篇幅进行一般性讨论，接着是前面电路的说明。电路误差可分为以下几类：①外部网络元器件的误差；②与输入电路相关的运算放大器（或放大器）误差；③与输出电路相关的运算放大器误差。以上情况的三个示例分别是电阻允许偏差、输入失调电压和由于有限的压摆率引起的误差。

让我们从列出误差预算开始。要求如下：将输入漂移（来自温度和电源变化）降至10μV电平，并将零点漂移（主要来自电容的电压下降，以及温度和电源变化）降至1μV/分钟以下（指输入或RTI）。与任何预算一样，每一项都是基于现有技术可以完成并通过折中达成的。从某种意义上说，预算代表了设计的最终结果，而不是起点。无论如何，这将有助于我们进行讨论。

重要的是要理解此类预算中的项目有多个来源：①数据手册中指定的参数；②对不明确（或未指定）参数的估计；③可能没有意识到的重要参数。可以分别将这些解释为*已知的*、*知道未知的*和*不知道未知的*。

误差预算

这些都是仪器输入的最坏情况电压误差（25℃）。

1）×100差分放大器（U_1：LT1167A）

失调电压	40μV
噪声电压（0.1～10Hz）	0.28μVpp（典型值）
温度	0.3μV/℃
电源变化	28nV/100mV
输入失调电流×R_S	0.11μV/350Ω（R_S）

2）×10增益放大器（U_2：OPA277）

失调电压	0.5μV
温度	10nV/℃
时间	2nV/月（典型值）
电源变化	1nV/100mV
偏置电流	0.3μV
满量程负载电流发热	5nV（5mW，0.1℃/mW）

3）输出放大器（U_3：OPA277）

失调电压	50nV
温度	1nV/℃
时间	0.2nV/月（典型值）
电源变化	0.1nV/100mV
偏置电流	30nV
满量程负载电流发热	5nV（1kΩ负载）

4）保持放大器（U_4：OPA129）

U_4失调温度系数	10nV/℃
电源变化	10nV/100mV
电容电压下降	0.4μV/分钟（参见电流误差预算）

电荷转移　　1.1nV

流过 C_1 的电流误差（计算前面的电压误差预算时需要）如下：

电容漏电

最大值（无补偿）　　100pA

典型值（已补偿）　　10pA

U_4 输入电流　　0.25pA

U_4 的已调零 V_{OS}/R_{10}　　0.1pA

继电器 S_3 断开时的漏电流　　10pA（典型值1pA）

印刷电路板漏电流　　5.0pA

不错，虽然读者可能会抱怨 40μV 的输入失调，但我们会说，对于调零仪器而言，几十微伏的静态失调是无关紧要的，重要的是漂移（随时间和温度）。当讨论这个特定设计中所面临的选择时，预算中的各种项目都将很有意义。我们把前面列出的各种电路误差整理为网络元器件误差、放大器输入误差和放大器输出误差。

5.6　元器件误差

参考电压、电流源和放大器增益等的精度都取决于外部网络所使用的电阻的精度和稳定度。即使在不直接涉及精度的情况下，元器件精度也会对整个电路有显著影响。例如，在用运算放大器构成的差分放大器的共模抑制中，两对电阻之比必须精确匹配。积分器和斜坡电压发生器的精度和线性度取决于所用电容的特性，滤波器和调谐电路等的性能也是如此。正如我们现在将要看到的，在某些地方元器件精度至关重要，而在其他一些地方，特定元器件的具体数值无关紧要。

通常，以初始精度以及随时间（稳定性）和温度的变化值来指定元器件。此外，还有电压系数（非线性）和一些特殊效应，例如存储和介电吸收（用于电容）。完整的规范还包括温度循环和焊接的影响，冲击和振动、短期过载和湿度的影响，并有明确的测量条件。通常，初始精度越高的元器件的其他规格也相应越好，以便提供与初始精度相媲美的整体稳定性。但是，由所有其他影响综合而成的总误差可能会超过初始精度。请小心！

例如，允许偏差为1%的金属膜电阻 RN55C 有以下规格：温度系数在－55～＋175℃范围内为 50ppm/℃；焊接、温度和负载周期为0.25%；冲击和振动为0.1%；湿度为0.5%。相比之下，普通的允许偏差为5%的碳基电阻（Allen-Bradley CB 型）有以下规格：温度系数在25～85℃范围内为3.3%；焊接和负载周期为＋4%和－6%；冲击和振动为±2%；湿度为＋6%。从这些规格中可以明显看出，为什么在一个必须使用1%电阻（或更好）以实现长期稳定和初始精度的精密电路中，不能选（使用精确的数字欧姆表测量）阻值恰好在标称值1%以内的碳基电阻。为了达到最高精度，有必要使用超精密电阻或电阻阵列，例如 Susumu 的 RG 系列的 SMT 电阻（允许偏差为0.02%，温度系数为 5ppm/℃），Vishay 的 MPM 系列金属膜网络电阻（绝对允许偏差为0.05%，匹配到0.01%；绝对温度系数为 25ppm/℃，匹配温度系数为 2ppm/℃），或更好的散装金属箔型电阻（绝对允许偏差为0.005%，匹配到0.001%；绝对温度系数为0.2ppm/℃，匹配温度系数为0.1ppm/℃）。

5.6.1　增益设置电阻

在上述电路中（见图5.3），增益设置网络 R_1～R_4 使用0.1%的电阻，以获得精确可预测的增益。正如即将看到的，R_3 的阻值是一个折中值，R_3 阻值较小可以减少 U_3 中的失调电流误差，但会增加 U_2 的发热和热失调。注意，失调衰减网络 R_5～R_{13} 使用1%的电阻，此处电阻的绝对精度无关紧要，1%的金属膜电阻的稳定性足矣。

5.6.2　保持电容

1. 漏电流

如误差预算所示，此电路中最大的误差项是保持电容 C_1 的漏电流。用于低漏电应用的电容有漏电规范，有时以漏电阻形式给出，有时以时间常数形式给出。该电路中，C_1 必须至少有几微法，以保证充电速率受其他电流误差项的影响较小（参见预算）。在此范围内，薄膜电容（聚苯乙烯、聚丙烯和聚酯电容）的漏电流最少。聚丙烯电容额定电压一般为200～600V）通常具有以兆欧-微法为单位的直流漏电规格，其值在10 000～100 000MΩμF 之间。因此，对于2.2μF 的电容相当于等效并联漏电阻至少为22～220GΩ。

即便如此，如果采用一个貌似合理的值，例如100GΩ，这相当于在满量程输出（10V）下漏电流为100pA，对应输出下降率大约为3mV/min，这是迄今为止最大的误差项。因此，我们增加了前文描述过的漏电消除电路。假设有效漏电可以降低到电容最坏漏电规范的10%，这样的假设是合理的（实际上，可能会做得更好）。鉴于对消除电路的要求不高，因此消除电路不需要很高的稳定性。正如稍后讨论电压失调时将看到的，R_{10} 会保持较大阻值，以确保 U_4 的输入失调电压不会转换为大的电流误差。

2. 介电吸收

除漏电阻外，电容的一个重要效应是“记忆”，正式名称是介电吸收㊀。这是电容在某种程度上要恢复到以前的充电状态的趋势，见图5.4中的测量数据（每个电容在＋10V下保持一天或更长时间，然后放电至0V并持续10s，然后断开电路并观察其工作情况）。

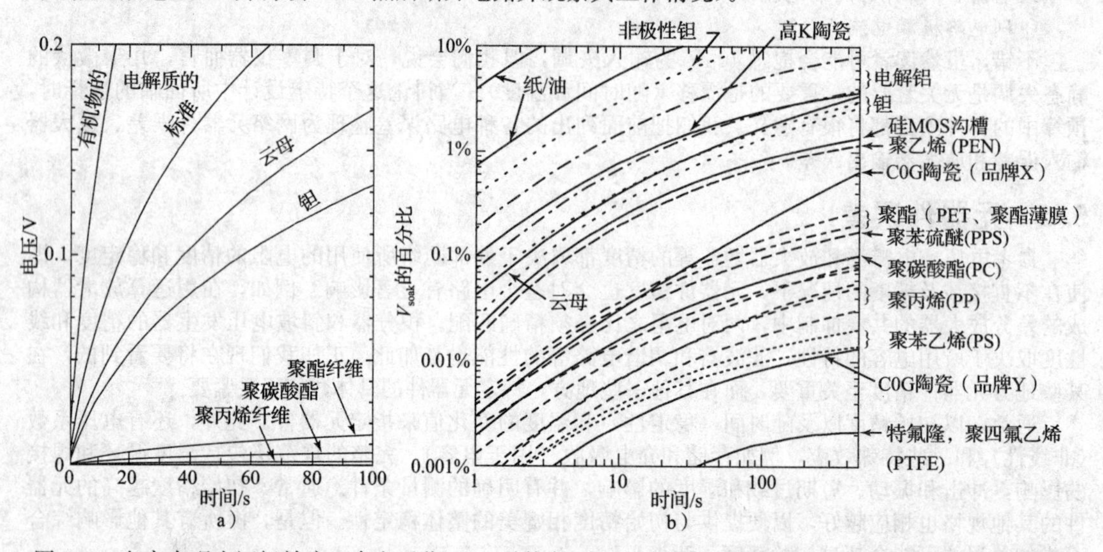

图5.4　电容表现出记忆效应（介电吸收），一种恢复到之前电荷状态的趋势。这在使用电容来保持模拟电压的应用（例如模拟采样-保持）中无济于事。a）线性图，显示基本效果；b）对数-对数图，显示了近四十年来各种材料的效果。特氟隆是无可争议的赢家，但很难找到，因此最佳选择通常是PS和PP。C0G陶瓷可以很好，但要注意品牌差异

5.6.3　调零开关

在本书的上一版中，模拟电路使用MOSFET（而不是继电器 S_3）来激活调零电路。这种选择提供了很多教训，因为不得不担心：①MOSFET的沟道漏电流大到约1nA；②该电路中的栅极电荷注入约为100pC。解决方案是：①使用一对串联的MOSFET，这样后面MOSFET的所有四个端子（源极、漏极、栅极和衬底）通常都为零伏；②保持电容足够大。这样，误差就可以忽略不计，并且观察到电荷转移并不重要，因为电荷转移引起的自动零点偏移很小。

这次，我们采用了更实用的方法，改用小信号继电器。Coto 9202-12是一款小型（4mm×6mm×18mm）带屏蔽的继电器，在12V直流供电时电流为18mA，其指定的最小关断电阻为 $10^{12}\Omega$（典型值为 $10^{13}\Omega$）。最坏情况下的 R_{off} 值对应0.3mV/min的下降速率，但 R_{off} 典型值对应的下降速率要低10倍。继电器的隔离度优于晶体管开关（较高的 R_{off} 和较低的 C_{off}，此处 $C_{off}<1pF$），其导通性能也更好（比低电容模拟开关更低的 R_{on}，此处 $R_{on}<0.15\Omega$）。

当然，线圈和触点之间有电容，因此会有与MOSFET开关相同的电荷转移（其中，栅极的全范围变化以容性方式耦合到漏极和源极）。正如第3章所述，电荷转移的总数与转移时间无关，只取决于总的控制电压变化和耦合电容：$\Delta Q=C_{coup}\Delta V_{control}$。在这个电路中，电荷转移会引起自动调零电压误差，因为那些电荷会在保持电容 C_1 上转换为电压。可以很容易地估算出该误差：Coto继电器指定线圈与触点间的电容为0.2pF（相对于接地屏蔽电路），因此当12V线圈通电时㊁，相应的电荷转移为 $\Delta Q=2.4pC$。这将在2.2μF的电容 C_1 两端产生 $\Delta V_C=\Delta Q/C_1=1.1\mu V$ 的电压阶跃，这完全在我们的误差预算之内。实际上，我们可能高估了该影响，因为计算时假设整个线圈的阶跃为12V，而平均阶跃为该值的一半。

㊀　高品质电容中所谓的漏电流实际上与介电吸收不同，这一点目前尚不完全清楚。

㊁　假定小心谨慎的布线布局，以确保保持信号的电容低至0.2pF。

对于那些不喜欢机械继电器的读者，我们在图 5.5 中显示了采用串联 JFET 的开关实现方案。在保持期间，通过电平转换电路 Q_1～Q_4，JFET 的栅极被反偏至－5V。请读者估算该电路的下降幅度（使用数据手册中的 $I_{D(off)}$＝0.1pA）和电荷注入（使用数据手册中的 C_{rss}＝0.3pF）。

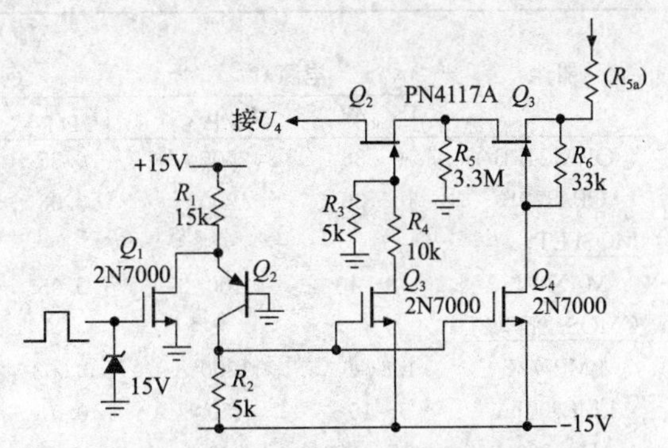

图 5.5　用电子开关替换图 5.3 中的机械继电器 S_3，工作量很多，但性能没有提高

5.7　放大器输入误差

通常，在第 4 章中已讨论过的运算放大器输入特性与理想模型的偏差（有限的输入阻抗和输入电流、失调电压、共模抑制比和电源抑制比，以及它们随时间和温度的漂移）会成为精密电路设计的严重障碍，并迫使在电路结构、元器件和特定运算放大器的选择方面进行折中。正如稍后将做的那样，最好通过示例来说明。注意，在用分立元器件设计的放大器中也存在这些误差或类似误差。

当阅读以下讨论时，读者可能会发现表 5.2 和表 5.3 很有帮助，其中列出了十款最受欢迎的精密运算放大器（加上两款廉价的非精密比较器）。

表 5.2　具有代表性的精密运算放大器

器件	每个封装	电源		输入电流 @25℃		失调电压			CMRR	e_n	GBW	压摆率
		范围/V	I_Q/mA	typ/pA	max/pA	V_{OS} typ/μV	V_{OS} max/μV	ΔV_{OS} typ/(μV/℃)	min/dB	@1kHz typ/(nV/$\sqrt{Hz}$)	typ/MHz	typ/(V/μs)
双极型												
LT1077A	1	2.2～44	0.05	7nA	9nA	9	40	0.4	97	27	0.23	0.08
LT1013	2，4	3.4～44	0.35	12nA	20nA	40	150	0.4	100	22	0.7	0.4
OPA277P	1，2，4	4～36	0.79	0.5nA	1nA	10	20	0.1	130	8	1	0.8
LT1012AC	1	8～40	0.37	25pA	0.1nA	8	25	0.2	114	14	0.5	0.2
LT1677	1	3～44	2.8	2nA	20nA	20	60	0.4	109	3.2	7.2	2.5
LT1468	1	7～36	3.9	3nA	10nA	30	75	0.7	96	5	90	23
JFET												
LF412A	1，2	12～44	1.8	50	200	500	1000	—	80	25	4	15
OPA827	1	8～40	4.8	15	50	75	150	1.5	104	3.8	22	28
CMOS												
LMC6482A	2，4	3～16	0.5	0.02	4	110	750	1	70	37	1.5	1.3
MAX4236A	1	2.4～6	0.35	1	500	5	20	0.6	84	14	1.7	0.3
OPA376	1，2，4	2.2～7	0.76	0.2	10	5	25	0.26	76	7.5	5.5	2
自动调零												
AD8628	1，2，4	2.7～6	0.85	30	100	1	5	0.002	120	22	2.5	1

表 5.3　九款低输入电流运算放大器

器件	电源		输入电流 @25℃		V_{OS}	TCV_{OS}	
	V_{total}/V	I_Q/μA	typ/pA	max/pA	max/μV	typ/(μV/℃)	max/(μV/℃)
双极型							
OPA277P	10～36	790	500	1000	20	0.1	0.15
超β							
LT1012AC	8～40	370	25	100	25	0.2	0.6
AD706	4～36	750	50	200	100	0.2	1.5
JFET							

（续）

器件	电源		输入电流 @25℃		V_{OS} max/μV	TCV_{OS}	
	V_{total}/V	I_Q/μA	typ/pA	max/pA		typ/(μV/℃)	max/(μV/℃)
OPA124PB	10～36	2500	0.35	1	250	1	2
OPA129B	10～36	1200	0.03	0.1	2000	3	10
MOSFET							
MAX9945	4.8～40	400	0.05	—	5000	2	—
CMOS，低电压							
LMP7721	1.8～6	1300	0.003	0.02	150	1.5	4
LMC6001A	5～16	450	0.01	0.025	350	2.5	10
ADA4530-1	4.5～16	900	<0.001	0.02	50	0.13	0.5

5.7.1 输入阻抗

让我们简要讨论一下刚才列出的误差项。有限的输入阻抗的影响是与驱动放大器的源阻抗一起形成分压器，从而使增益低于计算值。通常这不是问题，因为通过反馈自举可极大地提高输入阻抗。例如，精密运算放大器OPA277P（输入级为BJT，而非FET）的典型差模输入阻抗为100MΩ。在环路增益足够的电路中，反馈可将输入阻抗提高到数据手册中的共模输入阻抗250 000MΩ。如果这还不够高，那么FET输入型运算放大器的输入电阻R_{in}可达天文数字，例如本电路中使用的OPA129的$10^{13}\Omega$（差模）和$10^{15}\Omega$（共模）。

5.7.2 输入偏置电流

更严重的是输入偏置电流。这里谈论的是以nA为单位测量的电流，当源阻抗低至1kΩ时，就能产生μV级的电压误差。同样，可以用FET运算放大器来解决，代价是失调电压通常会增加。例如像LT1012这样的双极型超β运算放大器也可以具有令人惊讶的低输入电流。例如，对精密双极型运算放大器OPA277与LT1012（双极型，针对低偏置电流进行了优化）、OPA124（JFET，精密和低偏置）、OPA129（JFET，超低偏置）和LMC6001（CMOS，最低偏置）进行比较。这些都是截至撰写本书时能得到的最佳器件，我们选择了每一款的最好等级。

与精密运放OPA277相比，精心设计的FET放大器具有极低的偏置电流，但失调电压要大得多。由于失调电压是可以调整的，因此更重要的是温度漂移。在这种情况下，FET放大器性能要差4～20倍。输入电流最低的运算放大器的输入级使用MOSFET。MOSFET运算放大器之所以广受欢迎，是因为像TI的TLC270系列这类廉价器件以及诸如National的LMC6000系列这类超低偏置电流器件的大量使用。但是，与JFET或双极晶体管相比，MOSFET的失调电压随时间会有很大的漂移，后面将讨论这种影响。因此，使用FET运算放大器所带来的电流误差改善可能会被更大的电压误差所抵消。对于偏置电流可能造成显著误差的电路，通常的做法是确保运算放大器的两个输入端具有相同的直流内阻（例如图4.55）。这样，运算放大器的偏置电流就应标明。但请注意，许多精密运算放大器使用偏置补偿来抵消输入电流，以减小误差。对于这类运算放大器，通常无法通过匹配两个输入端的直流电阻来获得任何好处，因为在偏置补偿运算放大器中残余偏置电流和失调电流具有可比性。

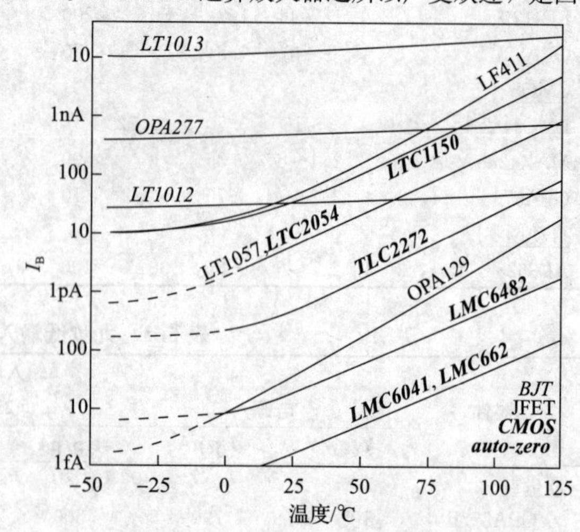

图5.6 运算放大器输入电流与温度的关系，根据数据手册中的值绘制。JFET输入运算放大器用普通字体表示，BJT运算放大器用斜体表示，CMOS运算放大器用粗体表示，自动调零运算放大器用粗斜体表示

1. 随温度的变化

当使用FET输入运算放大器时还要记住的另一点是：输入偏置电流实际上是栅极漏电流，它会随着温度的升高而快速上升——温度每升高10℃，其电流大约翻一番，见图5.6。

由于 FET 运算放大器工作时通常会发热（例如，当使用±15V 电源供电时，通用型运算放大器 LF412 的功耗为 100mW），因此实际输入电流可能会比数据手册上 25℃时的值高得多[⊖]。相比之下，BJT 输入运算放大器的输入电流实际上是基极电流，它随温度的变化相对恒定。因此，FET 输入运算放大器数据手册上的输入电流值或许令人印象深刻，但实际上不一定会比好的双极型超 β 运算放大器好多少。如图所示，例如 JFET 输入运算放大器 LT1057 的输入电流约为 3pA（25℃时），当温度为 75℃时，输入电流将达到约 100pA，该电流高于相同温度下超 β 型 LT1012 的输入电流。通用型 JFET 运算放大器 LF412 在 25℃时的输入电流与 LT1012 相当，但随着温度的升高，其输入电流要高很多倍。

2. 随共模输入电压的变化

最后，一个非常重要的警告：当比较运算放大器输入电流时，注意在某些运算放大器设计中，其 I_B 取决于输入电压。这种现象在设计用于轨对轨输入（RRI）的运算放大器中很常见，包括 FET 输入和 BJT 输入运算放大器。规格表中通常只列出 0V（或电源中值）时的 I_B，一个好的数据手册也会提供曲线。图 5.7 中是一些典型的 I_B 与 V_{in} 的关系曲线。OPA129 和 OPA627 在这方面的良好性能部分归功于它们使用了级联输入级。LMP7721 不仅因其 20fA 的最大输入电流，而且因为它在这张图中的优秀关系曲线而引人注目。

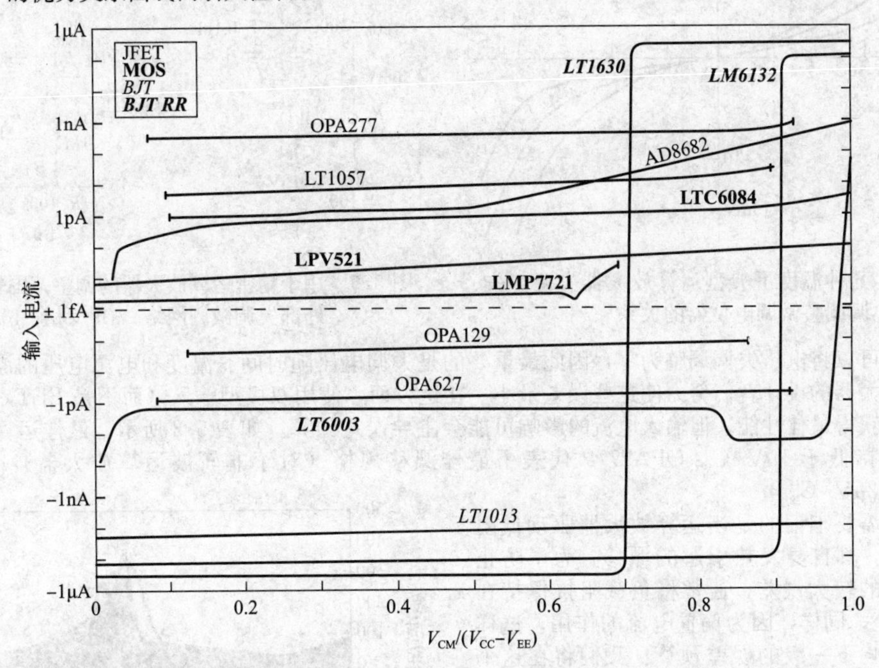

图 5.7　运算放大器输入电流（25℃时）与共模输入电压的关系，根据数据手册中的值在其工作范围内绘制。具有轨对轨输入级的 BJT 运算放大器会突然反转输入电流极性

5.7.3　电压失调

放大器输入端的电压失调是明显的误差源。关于此参数，各种运算放大器差异很大，范围从精密运算放大器最差情况下的 V_{OS} 通常为 10μV，到像 LF412 这样的普通通用运算放大器的 V_{OS} 为 2～5mV。迄今为止，低失调领域（非斩波器）的冠军（以微弱优势）是双极型运算放大器 OPA277P（最大失调电压为±20μV），令人惊讶的是，它与 CMOS MAX4236A 相当（尽管如人们所料，后者的漂移要差 12 倍）。

尽管许多好的单运算放大器都有失调调整端，但出于某些原因，选择初始最大失调 V_{OS} 低的放大器仍然是明智之举。首先，初始失调低的运算放大器往往随温度和时间的漂移也比较低。其次，足够精密的运算放大器省去了对外部微调器件的需求（微调电路占用空间，需要初始设置且可能随

⊖ 定量分析，LF412 的最大静态电流为 6.5mA，采用±15V 电源供电时的功耗为 195mW。在 DIP-8 封装中，会有 22℃的温度上升（热阻 $R_{\Theta JA}$=115℃/W），从而使指定的 I_B=200pA（最大值）翻两番。如果运算放大器驱动负载，功耗会更大。不过，要正确看待这一点。注意，运算放大器输入端的驱动阻抗必须大于 1MΩ，才能使该电流引起的误差超过 1mV（典型值）的输入失调电压误差。

时间变化）。最后，失调调整电路引起的不平衡会使失调电压漂移和共模抑制变差。

图5.8显示了经过调整的失调如何随温度发生较大的漂移，还显示了如何通过旋转微调电位器进行失调调整，在电位器中心附近具有最佳分辨率，特别是当微调电阻的阻值较大时。最后，通常会发现推荐的外部微调网络提供的调整范围太宽，因此几乎不可能将 V_{OS} 调整到几微伏。即使成功了，状态也不稳定，无法长时间保持。另一种思路是认识到，精密运算放大器的制造商已经在定制的测试工具中使用激光切割技术调整了失调电压。读者可能无法做得更好。建议是：①对精密电路使用精密运算放大器；②如果必须进一步进行微调，设计一个类似于图5.3所示的范围较窄的微调电路，其满量程调整范围为 $\pm50\mu V$，微调旋转时为线性（例如，$R_{11}=33\Omega$，$R_{12}=10M\Omega$）关系。图5.9显示了如何为反相和同相放大器配置范围较窄的外部失调微调电路。

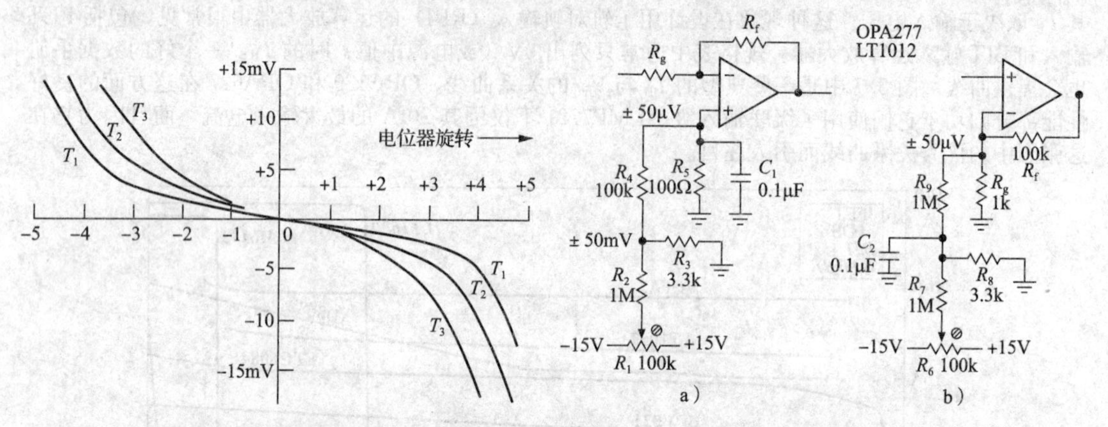

图5.8 几种温度下典型运算放大器失调与失调调整微调电位器的关系

图5.9 用于精密运算放大器的调整范围较窄的外部失调微调网络。a）反相；b）同相

由于可以将电压失调调整为零，因此最重要的是失调电压随时间、温度和电源电压的漂移。精密运算放大器的设计者们努力使这些误差最小。在这方面，使用双极型输入（而不是FET）运算放大器可以获得最佳性能，但输入电流的影响可能会主导误差预算。如表5.2所示，最佳运算放大器的漂移保持低于 1μV/℃。OPA277P代表了最佳漂移规格（对于非斩波运算放大器）：最大值 $\Delta V_{OS}=0.2\mu V/℃$。

另外需要牢记的是当运算放大器驱动低阻抗负载时，其自身发热引起的漂移。为了防止由此引起的较大误差，通常将负载阻抗保持在10kΩ以上。同样，因为偏置电流的作用，这样可能会影响下一级的误差预算！我们将在这个设计案例中看到这样的问题。对于那些几微伏的漂移都很重要的应用，热梯度（来自附近发热元器件）和热电动势（来自不同金属连接处的电压）产生的影响就变得很重要。

一个重要警告：当数据手册中为诸如 V_{OS} 这样的参数指定特定的测量条件时，它们是认真的！图5.10显示了一个示例，运算放大器AD8615的 V_{OS} 与 V_{CM} 的关系图，其数据手册宣称“低失调电压：最大 65μV”，其表格数据显示测量条件为“$V_{CM}=0.5V$ 和 3.0V”。

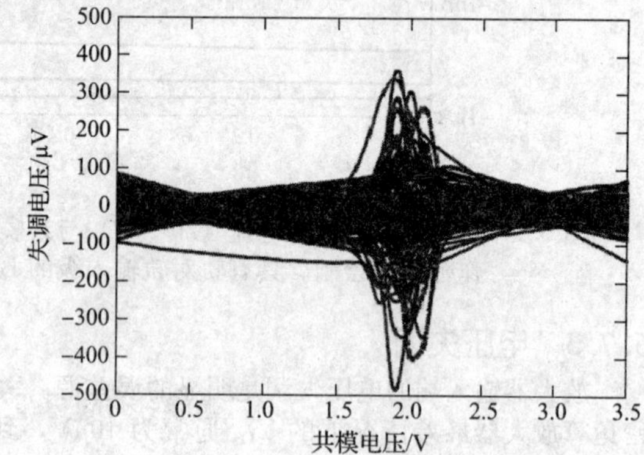

图5.10 这个运算放大器指定最大失调电压为±60μV，但它也指定了以下条件：$V_S=3.5V$ 和 $V_{CM}=0.5V$ 或 3.0V。准则：不要忽略注释！

5.7.4 共模抑制

共模抑制比（CMRR）不足会通过在输入端引入作为直流电平函数的电压失调，从而降低电路精度。这种影响通常可以忽略不计，因为它只相当于一个很小的增益变化，并且在任何情况下都可以通过选择合适的电路来克服。相比同相放大器，反相放大器对运算放大器的CMRR不敏感。但在仪表放大器应用中，经常会遇到小的差分信号叠加在较大的直流失调上，因此高CMRR是必不可少的。此时，必须注意电路结构，此外，必须选择高CMRR的运算放大器。再者，与通用型运算放大器 LF411 仅有 70dB 的低规格相比，像 OPA277 这样的高级运算放大器可以解决读者的问题，直流时其 CMRR（最小值）为 130dB。

5.7.5 电源抑制

电源电压的变化会引起较小的运算放大器误差。与大多数运算放大器规格一样，电源抑制比（PSRR）是指输入端的信号。例如，OPA277 直流时的 PSRR 为 126dB，这意味着电源电压变化 1V 时导致输出信号的变化等效于 0.5μV 的差分输入信号引起的变化。

PSRR 随频率的增加而下降，近似与开环增益的变化同步，数据手册中通常会提供记录这种变化的图表。例如，OPA277 的 PSRR（相对于负电源电压）从 1Hz 处开始下降，在 60Hz 降到 95dB（典型值），在 10kHz 降到 50dB。这很少会有问题，因为如果用了好的旁路滤波，在较高频率下，电源噪声也会降低，但如果使用未稳压的电源，则 120Hz 纹波可能会带来问题。

值得注意的是，对于正电源和负电源，PSRR 通常不相同。因此，使用双路稳压器不一定会带来好处。还要注意，PSRR 通常指定 $G=1$，在高增益可能会变得更差。实际上，已经发现在中等增益设置下，运算放大器从电源到输出间会呈现出增益。

5.7.6 调零放大器：输入误差

现在，开始详细讨论图 5.3 中放大器最严重的误差问题。该电路从前端可选的精密仪表放大器 U_1 开始，此处选择它的原因是其稳定且精确的×100 差分增益、低输入电流和足够低的噪声（10Hz 时的典型值为 9nV $\sqrt{\mathrm{Hz}}$）。其最坏情况下的失调电压和温度系数（±40μV，0.3μV/℃）要比诸如 OPA277（最佳级别）这样的精密运算放大器差两倍，但作为差分放大器，其 120dB（最小值）的 CMRR 加上最坏情况下 0.08%的增益精度，以及 50ppm/℃（最大值）的增益温度系数和低电压噪声，使其成为此类低电平桥式应用的前端电路。尽管在本例中低源阻抗并不重要，但对于 BJT 输入放大器而言，其输入电流很低，最大仅为 0.35nA ㊀。

对于单端输入，省略 U_1，在 X 点接入信号（如图 5.2 所示，增加一个 470Ω 串联电阻和一对低漏电钳位二极管，用于过载保护）。OPA277 的精度和稳定性虽然很容易让人考虑替换为 FET 输入器件，但是除非使用内阻非常高的信号源，否则 V_{OS} 的温度系数将变差 10 倍，这足以抵消低输入电流的优势。OPA277 的 1nA（最大值）偏置电流会产生 1μV/1kΩ 的源阻抗误差，而同类最好的 JFET OPA627B 虽然其 5pA（最大值）输入电流产生的电流误差可忽略不计，但会出现高达 3μV/4℃ 的失调电压漂移（4℃被认为是典型的实验室环境温度变化范围）。在这个电路中，最好以图 5.9 的方式为 U_2 增加一个失调微调。如前所述，反馈自举能将输入阻抗提高至 250GΩ，并消除最高可达 25MΩ 的有限源阻抗引起的任何增益误差（增益误差小于 0.01%）。

U_2 驱动反相放大器（U_3），折中考虑 U_2 中产生的热失调与 U_3 中偏置电流失调误差，适当选择 R_3。所选值可使发热降至 5mW（输出为 7.5V 时的最坏情况），这会导致温度升高 0.8℃（运算放大器热阻 $R_{\theta JA}$ 约为 0.15℃/mW），因此最大失调电压为 $\Delta V_{\mathrm{OS}}=TCV_{\mathrm{OS}}\Delta T=0.12\mu\mathrm{V}$。由于存在偏置电流失调，$U_3$ 的 11kΩ 源阻抗会产生误差，但是，当 U_3 处于反馈环内且 U_4 和 U_5 将总失调微调为零时，重要的是电流误差项的漂移。OPA277 提供了典型偏置电流随温度变化的曲线图（制造商通常不标明），由此可计算出误差预算中 0.2μV/4℃的误差结果。降低 R_3 的值将改善此项，代价是 U_2 的发热。

U_3 的直流输入阻抗更容易出现问题。为了估算误差，将 U_3 的 100MΩ 差分输入阻抗与驱动输入最坏情况（即增益设置为×100）的阻抗进行比较。后者只是反馈电阻（1MΩ）除以环路增益 $G_{\mathrm{OL}}/G_{\mathrm{CL}}$，即 10Ω。因此，最坏情况下的负载影响是 10^5 分之一，误差小于 0.01%。这是可以想到的最困难的示例之一，即使如此，运算放大器的输入阻抗也没问题，因此，通常可以忽略运算放大器输入阻抗的影响。

U_2 和 U_3 的失调电压随时间、温度和电源变化的漂移同样会影响最终误差，并列入误差预算。值得指出的是，在每个调零周期它们都会自动抵消，无论如何，只有短期漂移才很重要。由于选择了好的运算放大器，这些误差都在微伏级。U_4 的漂移较大，必须选用 FET 型，以保持较小的电容电流。注意，U_3 的增益设置会放大 U_4 的输出误差，因此它们被指定为预算中的输入误差。

注意这个示例中体现出的一般设计理念：在处理问题时，要根据需要选择合适的电路结构和元器件以便将误差减小到可接受的值。有些涉及折中和妥协的选择取决于外部因素（例如，对于源阻抗大于约 10kΩ 的情况，U_2 最好选用 FET 输入运算放大器）。

㊀ 事实上，如果噪声是主要问题，则可以在前端更换 4 个低噪声的仪表放大器 INA103，代价是高达 1μA 的输入失调电流。因此，这里 350Ω 的差分源电阻产生的静态失调电压为±350μV。

5.8 放大器输出误差

正如第4章中讨论的，运算放大器输出级有一些严重限制。有限的压摆率、输出交越失真和有限的开环输出阻抗都可能带来问题，如果不仔细考虑这些因素，可能会导致精密电路出现惊人的误差。

5.8.1 压摆率：一般注意事项

运算放大器只能以某个最大速率转换其输出电压。这源于运算放大器的频率补偿电路，稍后将对此进行更详细的说明。有限压摆率的一个后果是将高频时的输出幅度限制在最大 $V_{pp}=S/\pi f$，见图5.11。

借助压摆率与差模输入信号的关系图（见图5.12），可以最好地解释第二个结果。这里要说明的是，要求较大压摆率的电路一定是工作在运算放大器输入端存在较大电压误差的情况下。对于那些貌似高精度的电路而言，这可能是灾难性的：反馈环路存在误差，随着输出变化的加快，环路误差也会越来越大，从而导致输出波形产生失真。

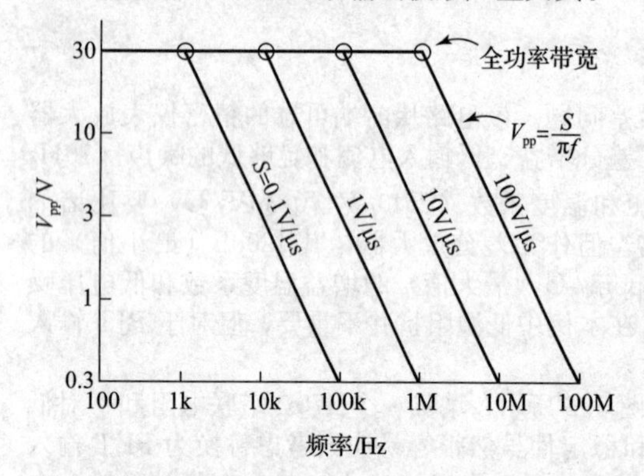

图5.11　最大输出电压变化范围与频率的关系

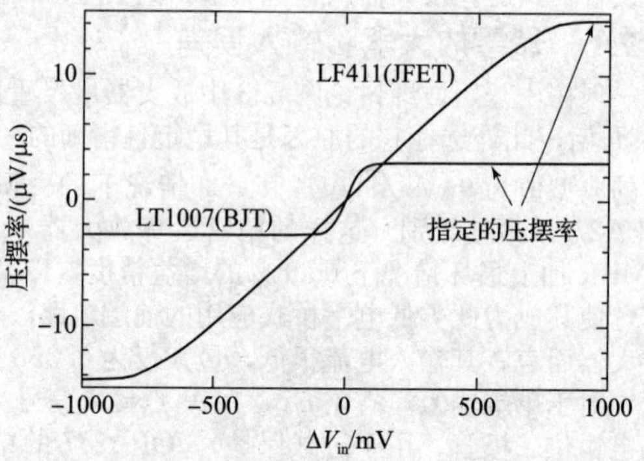

图5.12　如这些测量数据所示，需要大的差模输入电压才能达到运算放大器的全压摆率。对于BJT输入运算放大器，需要约60mV的电压才能达到全压摆率；对于JFET和MOSFET，需要约1V

让我们看看运算放大器的内部结构，以便对压摆率的起源有一些了解。绝大多数运算放大器可以用图5.13所示的Widlar电路来概括。一个以镜像电流源为负载的差分输入级⊖驱动一个大的电压增益级，在其输出到输入之间接有补偿电容。输出级是单位增益的推挽式跟随器。选择补偿电容 C 以便在其他放大级引起的相移变得明显之前，将放大器的开环增益降到1。也就是说，C 用来将单位增益带宽 f_T 设置在下一个放大器滚降极点频率附近。输入级有非常高的输出阻抗，相对下一级而言，看起来就像是电流源。

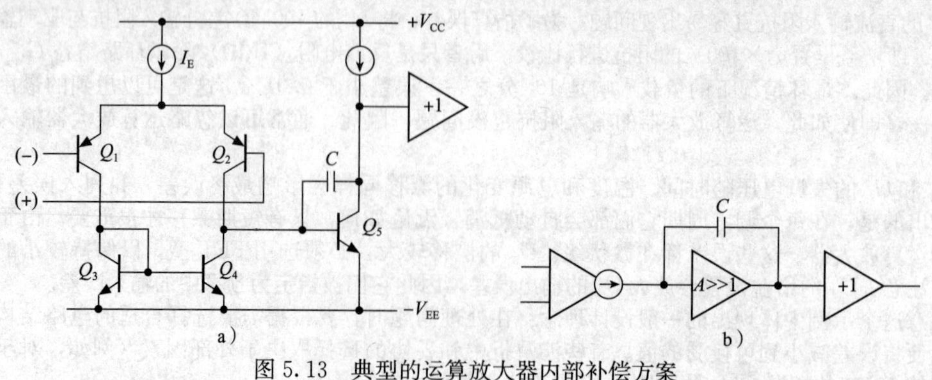

图5.13　典型的运算放大器内部补偿方案

⊖ 对其稍做简化：Widlar最初的LM101的输入级使用的是PNP管组成的差分对，将其改为由NPN管跟随器对驱动的共基极放大器。

当输入信号驱动差分级晶体管对中的一个接近截止，以差分对管的总发射极电流 I_E 驱动第二级时，运算放大器的压摆率是受限的。对于BJT输入级，这发生在差分输入电压约为60mV处，此时差分对中的电流比为10∶1。此时，Q_5 的集电极信号尽可能快地变化，所有 I_E 都对 C 进行充电。晶体管 Q_5 和 C 构成积分器，输出为压摆率受限的斜坡信号。知道双极晶体管的工作原理，就不难得出压摆率的表达式。重要的是，图5.13中经典的BJT输入运算放大器电路的压摆率 S 由 $S\approx 0.3f_T$ 给出。

为了获得更高的压摆率，可以选择带宽 f_T 更大的运算放大器。如果闭环增益大于1，可以使用欠补偿的运算放大器（具有更高的 f_T）。但有办法可以克服 $S\approx 0.3f_T$（假设具有单位增益补偿的运算放大器的BJT差分输入级设置为最大增益，即 $R_E=0$）的限制：①使用已经降低了输入级跨导的运算放大器（FET输入运算放大器或发射极有负反馈的BJT输入运算放大器）；②使用具有不同输入级电路的运算放大器，即专门用于提高压摆率的运算放大器，例如交叉耦合跨导降低技术（用于TLE2142系列器件）和Butler宽动态范围跨导级（用于OP275和OP285）；③使用CFB（电流反馈）运算放大器或模拟普通VFB（电压反馈）运算放大器的CFB变型（带缓冲反相输入）。

如果定义增强因子 m（即 $S=mf_T$），则与双极型运算放大器LT1007（$m=1.0$）相比，图5.12中绘制的运算放大器LF411（JFET输入）的 $m=12$，TLE2141（带交叉耦合BJT输入）的 $m=25$，OP275/285（带Butler输入）的 $m=8$，LT1210（CFB运算放大器）连接推荐的反馈电阻时的 $m=55$，LT1351（模拟VFB的CFB）的 $m=220$。

5.8.2 带宽和建立时间

压摆率用来表征输出电压可以变化得有多快。运算放大器的压摆率通常假设有较大的差模输入电压（60mV或更高），这（尽管可能产生输出失真）并非不合理，假定环路增益设置合理，因为运算放大器的输出没有达到预期的数值，则运算放大器的反馈很难驱动输入。在高速精密应用中，同样重要的是输出随输入变化达到预期值所需的时间。对于诸如数模转换器等器件，建立时间（达到指定精度的最终值并保持该值所需的时间，见图5.14）总是给出的，但通常运算放大器不必标明建立时间。

可以先通过考虑另一个不同的问题来估算运算放大器的建立时间，即如果电路中某处输出理想阶跃电压，其后连接一个简单的 RC 低通滤波器，会发生什么情况（见图5.15）。这是一个简单的练习，以显示滤波后的波形具有所示的建立时间。这是一个有用的结果，因为我们经常使用滤波器来限制带宽以减少噪声。把这个简单的结果扩展到运算放大器，只需要记住，带有补偿的运算放大器就像低通滤波器一样，在其大部分频率范围内都有6dB/二倍频的滚降。当连接为闭环增益为 G_{CL} 的放大器时，其带宽（环路增益降至1时的频率）大约为

$$f_{3dB}=f_T/G_{CL}$$

一般来说，带宽为 B 的系统的响应时间 $\tau\approx 1/(2\pi B)$，因此运算放大器的等效时间常数为

$$\tau\approx G_{CL}/2\pi f_T$$

建立时间大约为 $(5\sim 10)\tau$。

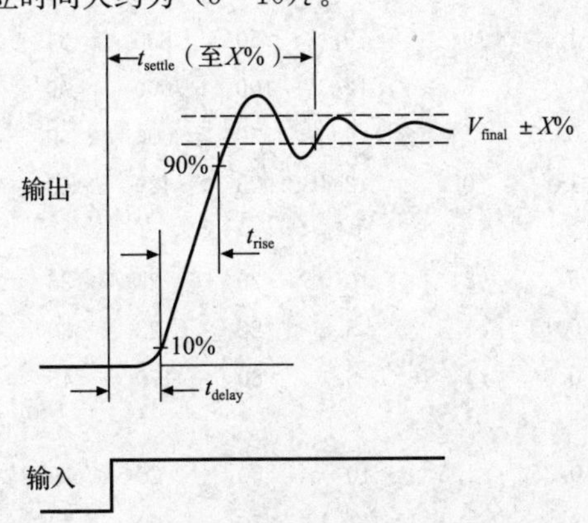

图5.14 建立时间的定义

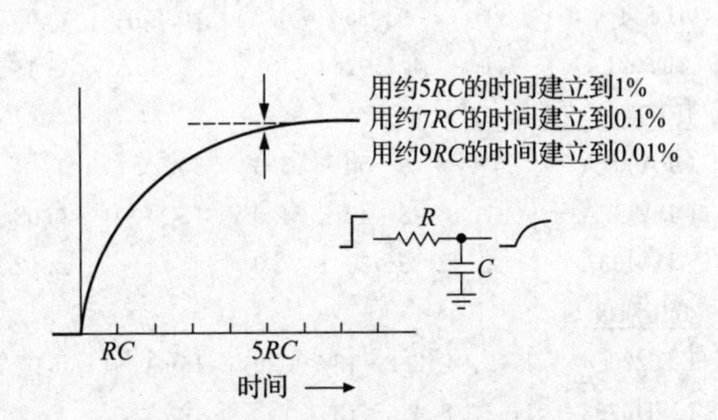

图5.15 RC 低通滤波器的建立时间

让我们用一个真实的例子来试试我们的预测。TI的TLE2414是一款精密的高速运算放大器，其 f_T 为5.9MHz。我们用简单公式估算出反相放大器（即 $G=2$）的响应时间为54ns，因此达到0.1%的建立时间为378ns（7τ）。这与数据手册中340ns的值非常吻合。

有几点值得注意：①我们的简单模型只给出了真实电路中实际建立时间的下限，通常应检查压摆率受限的上升时间，这可能占主导地位；②即使压摆率不是问题，建立时间也可能比理想化的单极点模型长得多，具体取决于运算放大器的补偿和相位裕度；③如果所使用的频率补偿方案给出的开环相移与频率的关系在对数-对数坐标图上是一条直线（见图5.16），则运算放大器的建立时间将更快，如图5.14中所示的上面波形，相移图中有起伏的运算放大器更可能出现过冲和振铃；④1%的快速建立时间并不一定能保证0.01%的快速建立时间，因为可能存在长尾（见图5.17）；⑤制造商提供的实际建立时间规格无可替代。

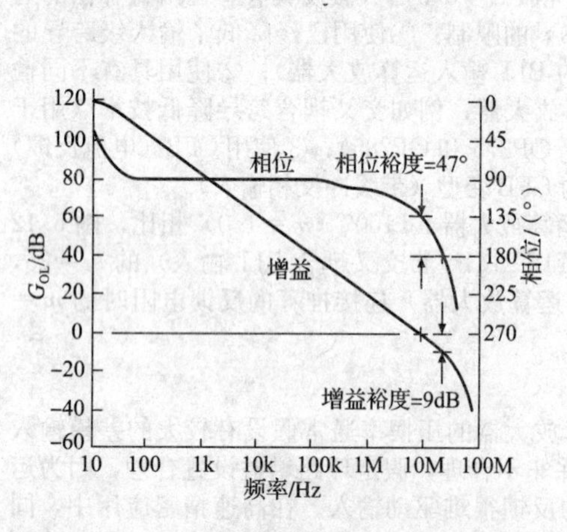

图5.16 OP-42增益和相位与频率的关系

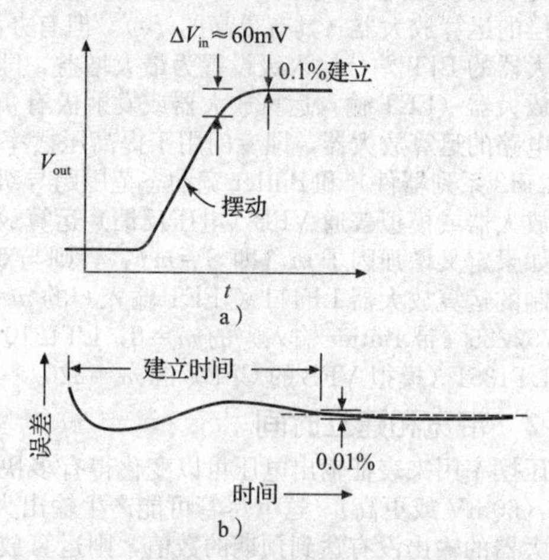

图5.17 a）当输入误差接近60mV时，转换速率会降低；b）要达到高精度可能需要惊人的长时间

表5.4给出了一系列适用于要求高 f_T、高压摆率、快速建立时间和低失调电压应用的高速运算放大器。

表5.4 典型的高速运算放大器

器件	每个封装	电源		I_{in} @25℃ typ/pA	失调电压			e_n typ/ $\left(\frac{nV}{\sqrt{Hz}}\right)$	GBW typ/MHz	压摆率 typ/(V/μs)	I_{out} typ/mA	C_{in}/pF
		范围/V	I_Q/mA		V_{OS} typ/mV	V_{OS} max/mV	ΔV_{OS} typ/(μV/°C)					
双极												
LT1468	1	7～36	3.9	3nA	0.03	0.08	0.7	5	90	23	22	4
LT1360	1，2，4	5～36	4	0.3μA	0.3	1	9	9	50	800	34	3
LM6171	1，2	5～36	2.5	1μA	1.5	3	6	12	100	3600	90	—
AD844	1	9～36	6.5	0.2μA	0.05	0.3	1	9	330	2000	60	2
AD8021	1	4.5～26	7	7.5μA	0.4	1	0.5	2.1	925	420	60	1
JFET												
OPA604A	1，2	9～50	5.3	50	1	5	8	10	20	25	36	10
OPA827A	1	8～40	4.8	15	0.08	0.15	1.5	3.8	22	28	30	9
ADA4637	1	9～36	7.0	1	0.12	0.3	1	6.1	80	170	45	8
低压双极												
LT6220	1，2，4	2.2～13	0.9	15nA	0.07	0.35	1.5	10	60	20	35	2
LMH6723	1，2，4	4.5～13	1	2μA	1	3	—	4.3	370	600	110	1.5
ADA4851	1，2，4	3～12.6	2.5	2.2μA	0.6	3.4	4	10	125	200	85	1.2
LT1818	1，2	4～12.6	9	2μA	0.2	1.5	10	6	400	2500	70	2
LT6200	1，2	3～12.6	16.5	10μA	0.2	1.2	8	0.95	165	50	70	4

（续）

器件	每个封装	电源		I_{in} @25℃ typ/pA	失调电压			e_n typ/ $\left(\frac{nV}{\sqrt{Hz}}\right)$	GBW typ/MHz	压摆率 typ/(V/μs)	I_{out} typ/mA	C_{in}/pF
		范围/V	I_Q/mA		V_{OS} typ/mV	V_{OS} max/mV	ΔV_{OS} typ/(μV/°C)					
LT6200-10	1	3～12.6	16.5	10μA	0.2	1.2	8	0.95	1600	450	70	4
OPA698	1	5～13	16	3μA	2	5	15	5.6	450	1100	55	1
低压 JFET												
OPA656	1	9～13	14	2	0.25	1.8	2	7	230	290	50	2.8
OPA657	1	9～13	14	2	0.25	1.8	2	7	1600	700	50	4.5
ADA4817	1，2	5～10.6	19	2	0.4	2	7	4	1050	870	70	1.5
CMOS												
AD8616	2	2.7～6	1.7	0.2	0.02	0.06	1.5	7	24	12	150	7
LMP7717	1，2	1.8～6	1.15	0.05	0.01	0.15	1	6.2	88	28	15	15
OPA350	1，2，4	2.5～7	5.2	0.5	0.15	0.5	4	7	38	22	40	6.5

5.8.3 交越失真和输出阻抗

某些运算放大器（例如经典的单电源 LM324/358）使用简单的推挽跟随器输出级，没有设置基极两个二极管的偏置电压。这会导致输出在零附近产生 B 类失真，因为当输出电流过零时，驱动级必须使基极电压幅度变化 $2V_{BE}$（见图 5.18）。这种交越失真可能会很大，尤其是在高频下，环路增益降低时，见图 5.19 中的测量数据。在运算放大器设计中，将输出推挽对管偏置为微导通（AB 类）状态将大大减少交越失真，例如 LT1013，它是 LM324 的改进型。正确选择运算放大器可能会对低失真音频放大器的性能产生巨大影响。也许正是这个问题导致了音响发烧友所谓的晶体管声音。一些现代运算放大器，尤其是那些用于音频应用旨在产生极低交越失真的运算放大器，例如 LT1028、AD797 和 LME49710，后者在 20Hz～20kHz 的全音频频段内失真小于 0.0001%。这些放大器的电压噪声也都非常低，例如 LT1028 可以竞争世界电压噪声冠军头衔，在 10Hz，$e_n = 1.7\text{nV}/\sqrt{\text{Hz}}$（最大值）。

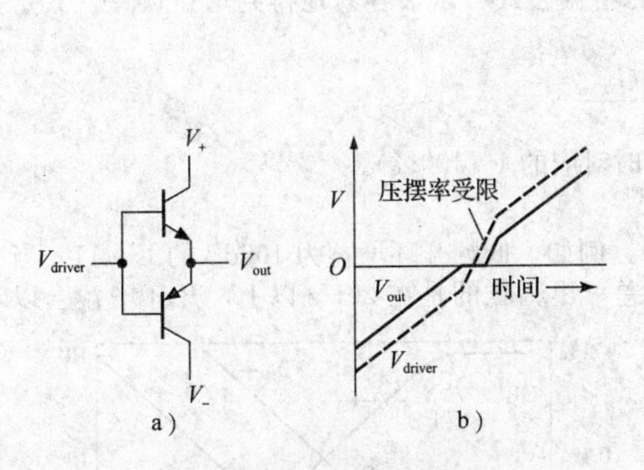

图 5.18 B 类推挽输出级中的交越失真

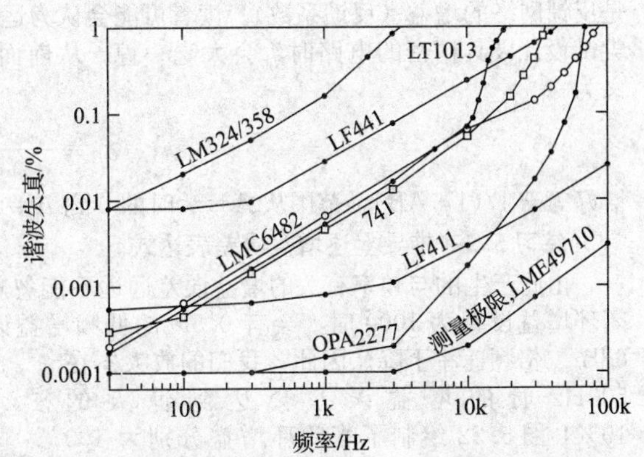

图 5.19 测量了几种流行运算放大器的谐波失真与频率的关系（空载输出 1Vrms）

当输出接近地时，典型的双电源运算放大器的开环输出阻抗最高，这是因为输出晶体管以最小电流输出到（返回到地）负载。在高频段，随着晶体管增益下降，输出阻抗也会上升，在非常低的频率下，由于芯片的热反馈，输出阻抗可能会略有上升。

人们很容易忽视有限开环输出阻抗的影响，而认为反馈可以解决一切问题。但是，当考虑开环输出阻抗为几百欧姆的运算放大器时，很明显，其影响可能不可忽略，尤其是当低至中等环路增益时。图 5.20 和图 5.21 给出了有反馈和无反馈时，一些典型运算放大器的输出阻抗。当驱动容性负载时，由于 R_{out} 和 C_{load} 在反馈环路内会产生额外滞后相移，有限的输出阻抗也会导致不稳定性。图4.78给出了几种常见的解决方案，包括拆分反馈路径或在反馈环路内包含一个单位增益缓冲器，这里后者值得一提。

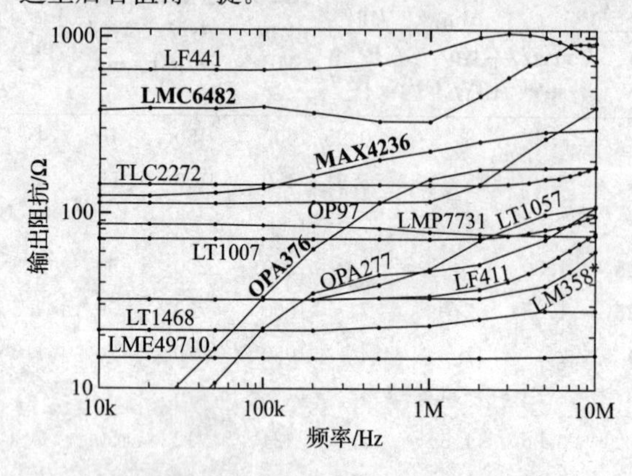

图5.20　所选运算放大器实测的开环输出阻抗与频率的关系。粗体显示的器件为CMOS输出电路，标*的是带输出下拉电阻的器件

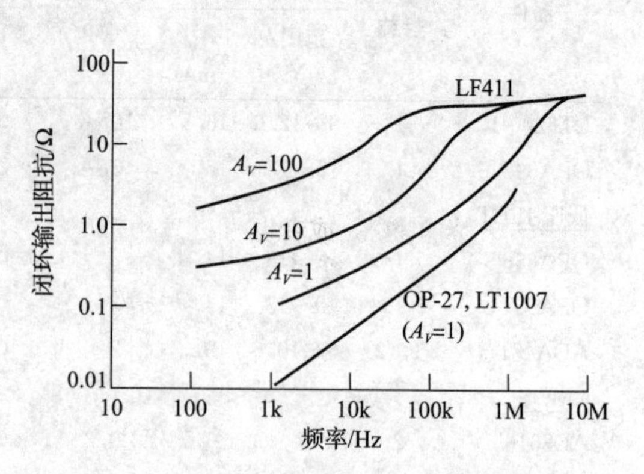

图5.21　来自制造商数据手册的运算放大器LF411和LT1007的闭环输出阻抗与频率的关系

5.8.4　单位增益功率缓冲器

如果拆分反馈路径的技术不可接受，一种解决方法是在反馈环内增加单位增益大电流缓冲器，例如图4.87所示的通用实验室放大器。该电路中的LT1010具有足够的带宽（>10MHz），在带宽内几乎没有附加相移，因此可以在反馈环内进行少量外部补偿。

当然，这些功率放大器可用于需要大电流负载（例如，驱动端接同轴电缆）的电路，而不必考虑是否存在电容问题。在精密电路设计中，即使只是中等电流的负载，单位增益缓冲器也很有用，因为它们可以通过阻止热量进入低失调放大器来防止热漂移。

5.8.5　增益误差

有限的开环增益会引起另一个误差，即由有限的环路增益引起的闭环增益误差。

我们在第2章中计算了反馈放大器闭环增益的表达式 $G=A/(1+AB)$，其中 A 是开环增益，B 是反馈网络的增益（反馈系数）。读者可能会认为运算放大器开环增益 $A\geqslant 100\text{dB}$ 已经足够了，但当尝试设计极其精密的电路时，会大吃一惊。从前面的增益公式可以很容易地得到增益误差，其定义为

$$\delta_G \equiv \frac{G_{ideal}-G_{actual}}{G_{ideal}}$$

恰好等于 $1/(1+AB)$，范围从 $A=\infty$ 时的0到 $A=0$ 时对应的1（100%）。

练习5.2　推导上述增益误差表达式。

由此产生的与频率有关的增益误差远远不能忽略。例如，低频开环增益为106dB的LF411，当闭环增益设置为1000时，会有0.5%的低频增益误差。更糟糕的是在20Hz以上，开环增益会以6dB/二倍频速率下降。因此，我们的放大器在500Hz时的增益误差会达到惊人的10%！图5.22绘制了当闭环增益分别为100和1000时，OPA277的增益误差与频率的关系图，OPA277的低频开环增益达到超常的140dB。很明显，即使在中等频率下要保持精度也需要足够的增益和高的 f_T。

根据数据手册中给出的开环增益与频率的关系绘制了这些曲线。即使运算放大器数据手册已经提供了曲线，也最好用指定的 f_T 和直流开环增益来计算所关注频率下的开环增益，从而得到增益误差，增益误差是频率的函数。

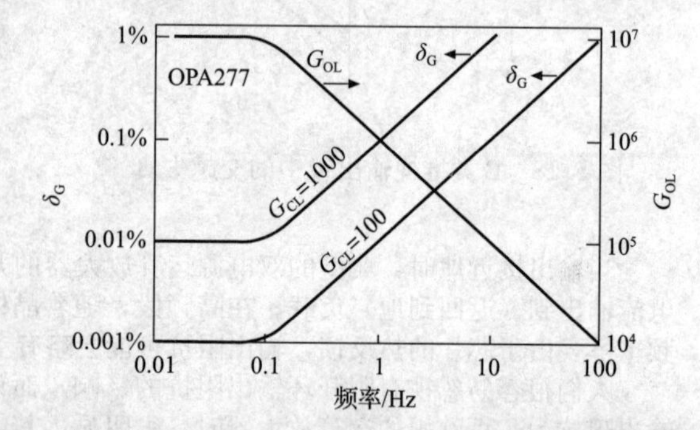

图5.22　OPA277的增益误差与频率的关系图

此过程得到

$$\delta_G = \frac{1}{1 - jBf_T/f} \approx \frac{f}{Bf_T}$$

与以往一样，式中 B 是反馈网络的增益（反馈系数）。当然，在某些应用中，例如在滤波器中，B 也可能取决于频率。

练习 5.3 推导上述 $\delta_G(f)$ 的表达式。

5.8.6 增益非线性

运算放大器的低频开环增益很大，超额部分（G_{OL}/G_{CL}）是有助于提高运算放大器精度和减少固有非线性的环路增益反馈机制。因此，在理想情况下，我们希望精密电路中有很大的开环增益。这就是为什么自动调零放大器和精密运算放大器具有高开环增益的原因。例如，自动调零运算放大器LMP2021 的开环增益约为 160dB，精密运算放大器 LT1007 的开环增益约为 150dB。

因此，为精确起见，我们需要大的环路增益。但是，出于线性的目的，较小的环路增益也可以——更重要的是运算放大器的固有线性度，以及随着输出变化而线性变化（如果有的话）的开环增益特性。输出级的设计对固有线性度影响很大，尤其是当放大器驱动负载时，交越失真始终很差，因为输出级的拉/灌电流能力不对称（例如 LM358 带有达林顿的上拉 NPN 晶体管和单下拉 PNP 晶体管）。如果芯片内部布局不好，当驱动负载时，由局部发热产生的热偏移会导致非线性。

通过一系列测量，Bob Pease（鲍勃·皮斯）选择并研究了一些类型运算放大器低频增益的非线性（遗憾的是没有其他制造商的产品），这些运算放大器用作具有全输出变化范围的单位增益反相器。他对运算放大器空载和驱动 1kΩ 负载都进行了测量。基本方案见图 5.23a，其中示波器用于观察放大器输入误差与输出摆幅的关系。在 Pease 的实测中，他使用了图 5.23b 中的细微变化，其中运算放大器将误差放大了 1000 倍，直接传递了误差。

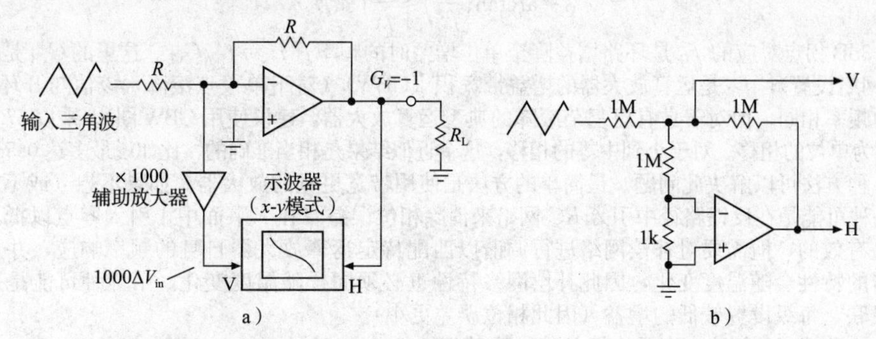

图 5.23 低频增益非线性测试电路。a）辅助放大器使 μV 级差分输入电压与输出摆幅之间的关系可见；b）Pease 在 AN-1485 中用于测量的电路

图 5.24 显示了读者看到的各种情况（带有负载的运算放大器），其中，我们勾勒出了上述LM358（受非对称拉/灌电流困扰）和 LM8262（快速但受到一些交越失真影响）的 Pease 轨迹。像LM4562 这样极低失真的运算放大器呈现出理想的近乎水平的直线特性。通用型 JFET 运算放大器LF411（单运放）和 LF412（双运放）显示了有趣的对比：根据 Pease 的说法，LF411 布局欠佳（在增益和热效应方面），在付出了巨大的努力后，双运放 LF412 具有更好的性能。

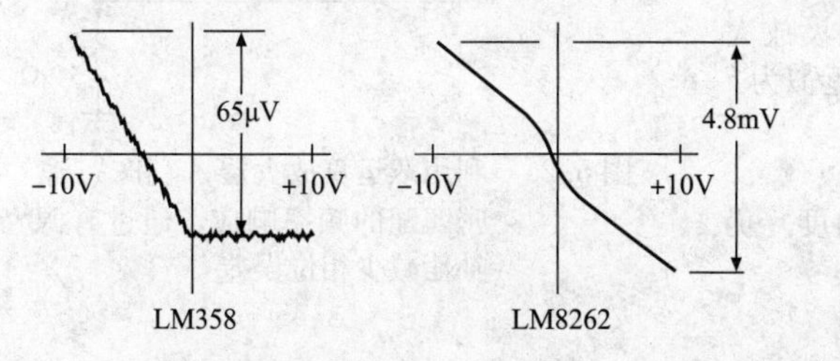

图 5.24 两个输出级有缺陷的运算放大器的增益非线性曲线。在这些 x-y 显示图中，纵轴显示产生横轴上指示的（全摆幅变化范围）输出信号所需的（小）差分输入信号。若要估算增益误差，则需要使用最佳拟合直线对应的垂直偏差除以全摆幅变化范围输出

这是他对运算放大器驱动较轻负载（4kΩ）的一些汇总结果。通常，空载时测得的增益非线性度远小于所列数值。记住，这些测量是在非常低的频率（通常只有几赫兹）下进行的，此时环路增益最大。

HV BJT(V_{sig}=±10V)	
LM8262	12ppm
LM358	1ppm
LF411	1.4ppm
LF412	0.3ppm
LM4562	0.025ppm

CMOS RRO(V_{sig}=±4V)	
LMC6482	1.1ppm
LMC6062	0.2ppm

CMOS 自动调零(V_{sig}=±2V)	
LMP2012	0.2ppm

5.8.7 相位误差和有源补偿

我们主要讨论的是由运算放大器有限的带宽（从而导致环路增益随频率升高而降低）引起的增益误差。但有限的环路增益也会产生相位误差，这在视频、干涉测量等应用中很重要，而且其影响不容忽视。回想一下，一个单级类似 RC 的滚降会在 $f_C/10$ 的频率处产生约6°的相移，而在 $f_C/100$ 的频率处产生约0.6°的相移。后者比−3dB 拐点低了整整2个数量级。如果以类似的方式对运算放大器的开环增益滚降（单极点滚降）建模，可以预期得到类似的相移。

在这种近似中，运算放大器组成的电压放大器产生的相移由下式给出：

$$\phi=\arctan\left(\frac{f}{f_C}\right)\approx\frac{f}{f_C}\text{（弧度）}$$

式中，−3dB 拐点对应的 f_C 是环路增益降至单位增益时的频率：$f_C=f_T/G_{CL}$。这里的 G_{CL} 是闭环增益（由反馈网络设置），f_T 是运算放大器的增益带宽积（GBW）（对于单极点滚降，该值与开环增益为1时对应的频率相同，但对于具有更复杂滚降的典型运算放大器，建议使用GBW图）。乘以57.3(180/π)得到以度为单位的相移。对于小到中等的相移，这个近似结果是相当准确的，比如说最多达0.5rad。

有几种方法可以解决此问题。最简单的方法是使用带宽更宽的放大器。如果不想（或不能）这样做，另一种可能是在反馈路径中引入 RC 网络来消除相位误差（在 s 平面中，引入零点以抵消极点）。这可能是有效的，但需要对补偿网络进行调谐以匹配特定运算放大器自身的频率响应，并且由于运算放大器的特性会随温度变化，因此补偿网络特性也必须同样随温度变化。第三种可能是采用两级放大器级联，每级设置较低的增益（因此相位误差更小）。

另外一种精巧的解决方案是有源补偿，这种巧妙的技术是使用第二个匹配运算放大器建立误差副本，然后从主放大器中减去该误差。图5.25显示了实现过程。如图5.26中SPICE仿真和测量数据所示，主放大器的带宽保持不变，但其相位误差却显著降低了。频率响应中有一些峰值——在相位误差为45°的频率处约为+3dB，通常在相位误差较小的频率范围内是微不足道的（例如，在 $f=0.1f_T/G_{CL}$ 处为+0.1dB）。闭环增益低的电路通常会表现出更大的峰值[⊖]。在假设放大器匹配的情况下，可以证明该技术产生的相移近似为

$$\phi\approx\left(\frac{f}{f_C}\right)^3\text{（弧度）}$$

该式对于小到中等的相移（≤30°，即近似小角度）仍然是准确的。

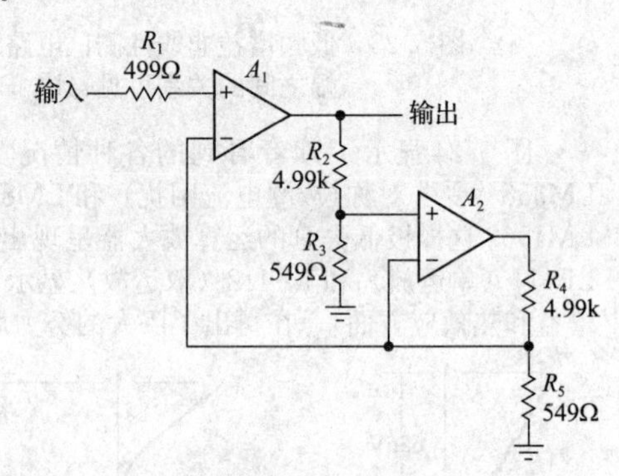

图5.25 利用双运算放大器 A_1 和 A_2 紧密匹配的频率响应，通过有源补偿减少相位误差

⊖ 在SPICE仿真中，我们发现当LF412的增益设置为 $G=2$ 时，其峰值会增加到约7dB。这可以通过在反馈电阻 R_2 两端并联补偿电容 Cc 来解决。选择 Cc 与运算放大器的 f_T 相匹配（即 $Cc=1/2\pi f_T R_2$）可将峰值降低到4dB，代价是相位误差要增加三倍（相当小的）。James Wong在其文章中警告说，该技术可能会导致低增益（例如低于 $G=5$）时放大器不稳定。他还展示了如果 A_2 由两级放大器组成，如何进一步改进该技术。

实际的运算放大器并非完美匹配。为了了解 f_T 的不匹配对相位补偿的影响，我们对 f_T 不匹配度为±10%（见图 5.27）进行了 SPICE 仿真。显然，我们的测试器件是随机选择的，其 f_T 匹配要好得多，正如 Wong 所建议的，单片匹配的双运算或四运算放大器可以为成功的有源反馈方法提供频率匹配特性（在 1%～2%之内）。

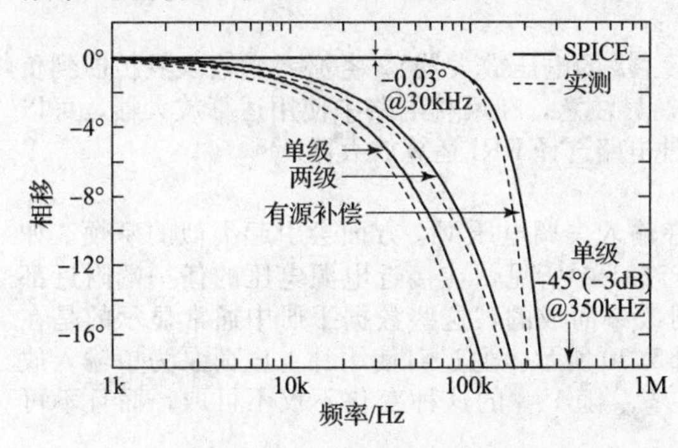

图 5.26 用 JFET 型双运算放大器 LF412 实现的图 5.25 中电路的相移与频率关系的 SPICE 仿真和测量数据。为了进行比较，绘制了增益 $G=10$ 的单级放大器和每级增益 $G=\sqrt{10}$ 的两级级联放大器的数据。被测器件的 f_C 为 295kHz，略低于 SPICE 模型中的 350kHz

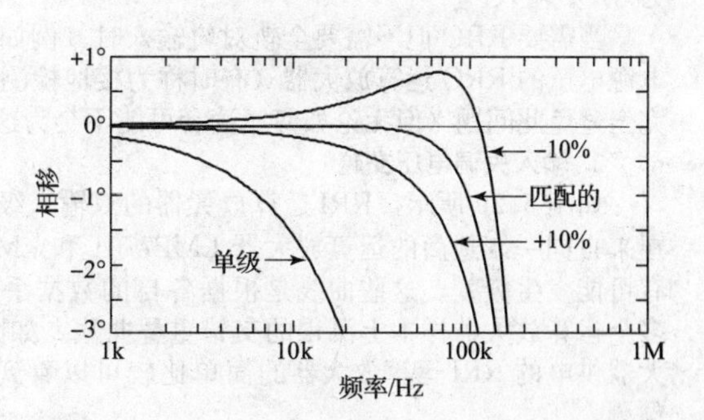

图 5.27 如 SPICE 仿真所示，相位误差的有源补偿需要匹配的运算放大器带宽，为此，补偿运算放大器 A_2 的 f_T 相对于信号路径上的运算放大器 A_1 的 f_T 变化了±10%

比较开头提到的几种情况下的预测相移是很有趣的：①闭环增益 $G=10$，带宽给定（称为 f_{T0}，LF412 为 3MHz）的单级放大器；②每级增益 $G=\sqrt{10}$ 的两级级联放大器；③图 5.25 中的有源补偿方法；④带宽更大的单级放大器（例如 $10f_{T0}$）。计算结果如下。

	单级，$G=10$	**两级，每级 $G=\sqrt{10}$**	**有源补偿**	**单级，$f_T=10f_{T0}$**
$0.001f_{T0}$	−0.57°	−0.36°	−0.000 06°	−0.006°
$0.003f_{T0}$	−1.7°	−1.1°	−0.0015°	−0.17°
$0.01f_{T0}$	−5.7°	−3.6°	−0.06°	−0.57°
$0.03f_{T0}$	−17.2°	−10.9°	−1.5°	−1.7°
$0.1f_{T0}$	−45°	−36°	−45°	−5.7°

显然，效果显著的有源补偿技术代表了资源的有效利用。增益 $G=2$ 的同相放大器看起来特别有用，例如，用于驱动终端接 75Ω 的视频电缆。

5.9 RRIO 运算放大器：优点、缺点和不足

在第 4 章中，我们介绍了轨对轨运算放大器，包括：①在全电源电压范围内都能以共模输入方式正常工作的运算放大器（RRI）；②输出可以在全电源范围内变化的运算放大器（RRO）；③可以同时实现这两者的运算放大器（RRIO）。随着更低电源电压器件的日益流行，我们将看到许多具有这些理想功能的新型运算放大器。

在追求精度的电路中，这些运算放大器的设计存在一些潜在的弊端，以下是一些重要问题。

5.9.1 输入问题

1. 输入电流交越

大多数 RRI 运算放大器使用一对互补的差分输入级，其输入并联驱动，以适应全电源电压范围（见图 5.28）。如图 5.7 所示，这会导致输入电流发生偏移，因为当信号路径从一对

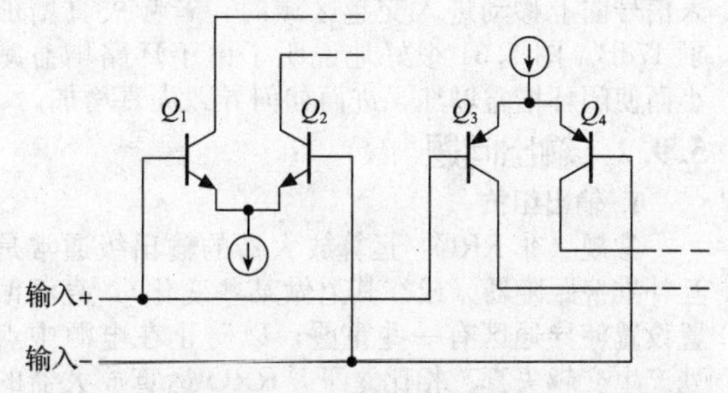

图 5.28 典型的轨对轨输入电路由一对互补差分放大器组成，后级电路选择有源对输出

改变为另一对（特别是BJT输入的RRI运算放大器，如LT1630、LM6132）时，由于驱动阻抗有限，输入电流的突变会引起输入误差。一些RRI运算放大器通过使用片上电荷泵来产生超出电源轨的电源电压，从而避免了这个问题，因此单输入放大器允许轨对轨输入。例如，OPA360系列、AD8505和ADA4505、MAX4162系列和MAX4126系列。除了MAX4126为BJT输入外，这些均为MOS输入。

当需要RRO但不需要全轨对轨输入时（例如$G>2$的电压放大器），务必考虑输入只扩展到负电源电压的RRO运算放大器（有时称为接地检测）。另注意，在反相电路中使用运算放大器，可以完全避免此问题（但无论如何，读者可能不会为这种电路选择RRI运算放大器）。

2. 输入失调电压交越

如图5.29所示，RRI运算放大器的双输入级在输入失调电压V_{OS}方面会引起类似的麻烦。如在来自同一制造商的运算放大器LMP7701和LMP7731中所见，在接近电源电压的任一端附近都有可能发生突变。这些曲线是根据各自的数据手册改编而成的，这些数据手册中通常显示的是在多个运算放大器样本上测得的交错重叠曲线。如图5.30所示，通过对使用片上电荷泵为单输入放大器供电的RRI运算放大器的简单比较可以看到，V_{OS}随V_{CM}的这种变化不仅不可取，而且不可预测。

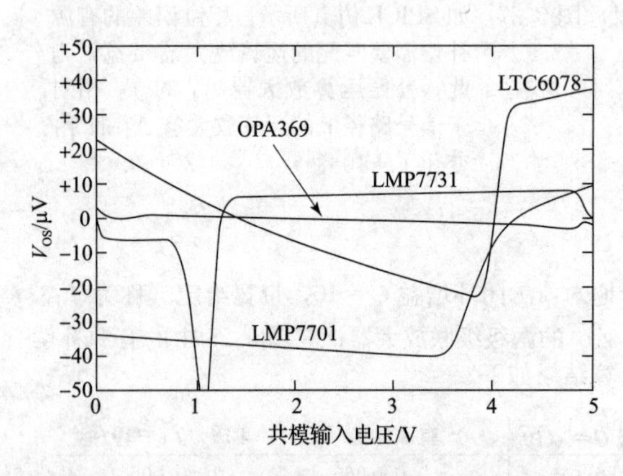

图5.29　当输入电压从一个输入对传递到另一个输入对时，具有轨对轨输入的运算放大器通常会出现V_{OS}偏移。OPA369通过使用单输入对来规避这种情况，该输入对由片上电荷泵驱动超越电源电压

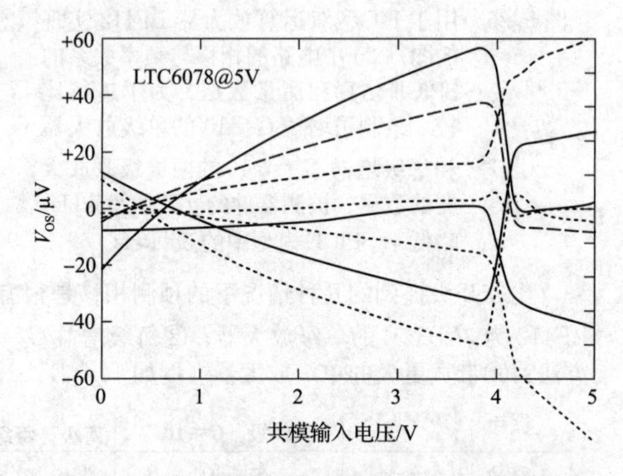

图5.30　从这些数据中可以看出，RRI运算放大器中失调电压的偏移可能是无法预测的

通过使用共模输入电压恒定的反相电路，可以很好地规避此问题。更一般而言，为了防止因运算放大器对V_{CM}的依赖而导致的电路异常，总是考虑使用反相电路。

OPA350的数据手册显示了RRI运算放大器中输入交越效应的一个很好的示例（见图5.31），即在增益$G=1$的跟随器中，当$3V_{pp}$的正弦波输入信号向上移动进入交越区域时，音频失真增加了17dB。图5.31很好地说明了由于环路增益减小而使闭环增益增加，进而如何导致失真增加。

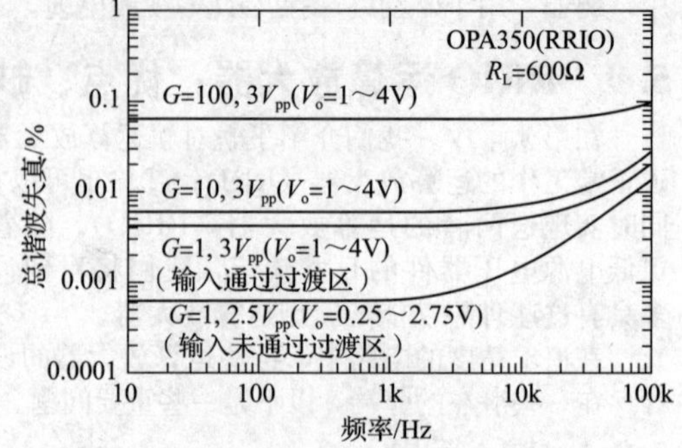

图5.31　RRIO运算放大器OPA350的总谐波失真与频率的关系。最低的两条曲线显示了当输入信号进入输入交越区域时失真急剧增加，因环路增益降低而使闭环增益增加会导致进一步失真

5.9.2　输出问题

1. 输出阻抗

常规（非RRO）运算放大器的输出级通常是互补推挽跟随器（或在其上做某些变化），直流偏置设置使导通区有一些重叠，以防止在电源中点处产生交越失真。相比之下，RRO运算放大器的输出互补对设计为推挽共源极放大器，如图5.32所示。这对于输出达到电源电压是必须的。但其固有的高输出阻抗会产生一些问题。高输出阻抗

意味着输出级增益（环路增益也如此）取决于负载电阻的值。容性负载会产生较大的相移，从而影响环路稳定性。通过输出级周围的内部反馈（图5.32b中的电容）可以部分解决这些问题，因此，除低频段外，增益和输出阻抗都得到了很好的控制见图5.33和图5.34。

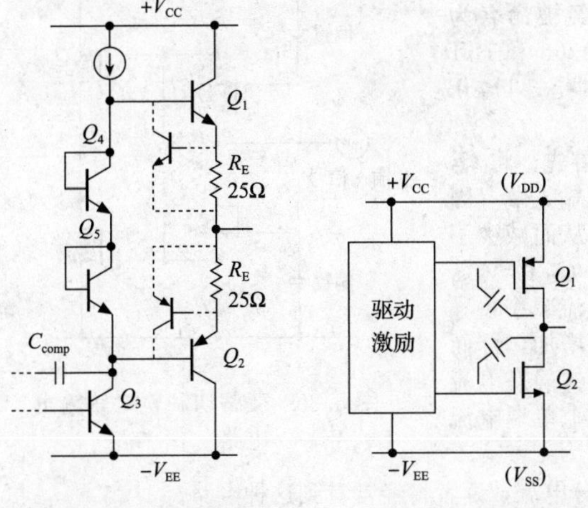

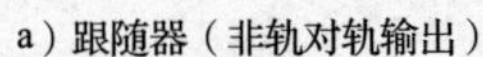

a）跟随器（非轨对轨输出） b）放大器（轨对轨输出）

图5.32 经典（非轨对轨）运算放大器的输出级是具有低输出阻抗的单位增益推挽跟随器，直流偏置（通过Q_4Q_5）可抑制交越失真，具有偏置和限流作用。相比之下，轨对轨输出级（通常用CMOS实现）是具有高输出阻抗的推挽共源极放大器（$G>1$），其在偏置和限流方面需要相当大的技巧。a）跟随器（非轨对轨输出）；b）放大器（轨对轨输出）

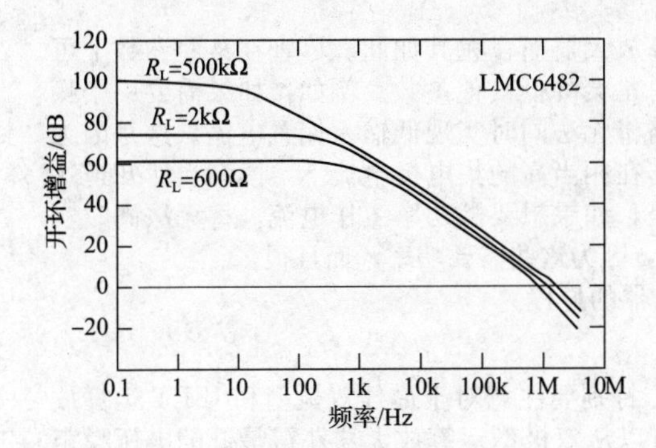

图5.33 轨对轨输出运算放大器的低频增益可能在很大程度上取决于负载电阻

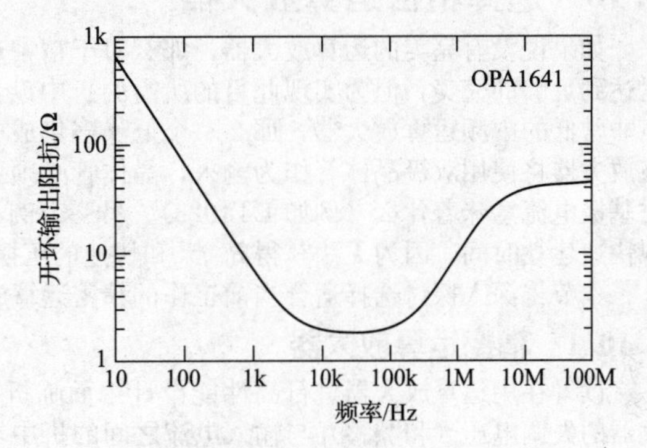

图5.34 对于某些RRO运算放大器，由于输出级周围的内部容性负反馈在低频时失效，因此在低频，开环输出阻抗会显著增加。但不用担心，在典型的运算放大器应用中，低频段的环路增益很大

2. 电源电压的饱和度

某些轨对轨输出运算放大器（尤其输出级是BJT的运算放大器）并不能完全达到最后的几毫伏，因为输出级晶体管的饱和电压不为零（对于输出级是MOSFET的运算放大器，这通常不是问题，当满量程驱动时，其输出级看起来像是通过导通电阻R_{on}连到一个或另一个电源电压）。通常这并不重要，因为人们最关心的是充分利用有限的电源电压（当使用低压电源工作时）。但这确实很重要，例如在用运算放大器驱动ADC的电路中，如果用单电源供电，ADC的转换范围直达地。

在这种情况下，务必检查规格。某些RRO运算放大器会警告，输出将不会达到负电源电压（例如，双极型运算放大器LT6003为10mV），其他将指示读者增加外接下拉电阻或灌电流（例如，双极型运算放大器LT1077没有下拉电阻时饱和到3mV，连接5kΩ下拉电阻时饱和到0.1mV）。具有低饱和压降的MOSFET运算放大器会告诉读者不必担心，其空载输出将一直到参考地（例如，CMOS型运算放大器AD8616或AD8691的饱和压降小于或等于0.1mV）。

3. 失真

在静态偏置和降低交越失真方面，轨对轨输出级（见图5.32b）给芯片设计人员带来了巨大的挑战。尽管做出了不懈的努力，但这些放大器在失真方面通常比传统放大器（非RRO）差约20～40dB，见图5.43（非RRO）和图5.44（主要是RRO）。

4. 蒙蒂切利输出电路

Monticelli（蒙蒂切利）设计了一种精巧的RRO电路解决方案，其简化形式如图5.35所示。对推挽对Q_1、Q_2进行偏置使其在交越点上有电流重叠，更好的是，在整个输出转换过程中，两个晶体管中都有持续的电流流过，可以将其称为A类推挽模式（尽管它似乎已经被命名为AA类）。例如，它被用于CMOS运算放大器OPA365和BJT运算放大器OPA1641中，这些器件的谐波失真分别是－114dB和－126dB。

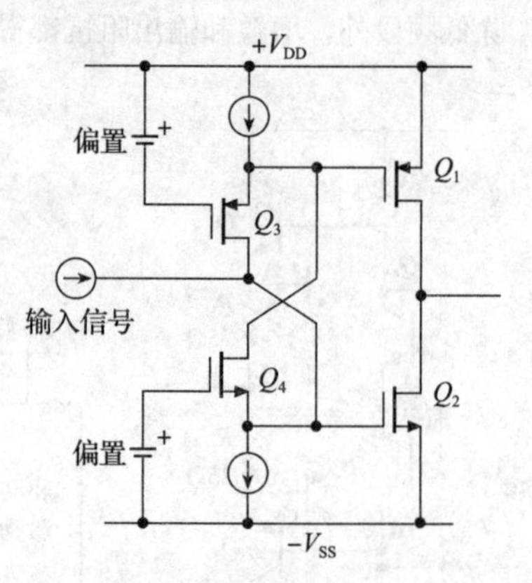

图5.35　蒙蒂切利轨对轨输出电路

下面简要介绍一下蒙蒂切利电路的工作原理。首先，将Q_3和Q_4视为单位增益电流放大器，其源极相当于反相输入端（因为栅极电压固定）。现在，假设输入信号电流增加，从而减少了Q_4的源极电流。这样就降低了其V_{GS}，从而增加了Q_2的V_{GS}，因此增加了输出下拉电流。同时，由于Q_4的漏极电流减小，导致Q_3的源极电流被分流得更少，从而使Q_3的V_{GS}增加，继而引起Q_1的V_{GS}降低，因而降低了输出上拉电流。总体静态电流由加在Q_3和Q_4上的直流偏置决定。因此，这是一个单端电流输入和推挽电流输出的平衡电路。

这种对称电路也适用于驱动Q_3和Q_4漏极的差分电流，读者将经常看到这种电路。

5.10　选择精密运算放大器

如果说没有完美的运算放大器，那么对于精密运算放大器而言尤其如此。尽管在某些参数上可以达到足够的完美，但为实现此目的所需的折中设计总是会降低其他参数。例如，如果需要一个噪声非常低的中频运算放大器，那么一个低噪声集成电路将无法同时实现低输入偏置电流。这是因为该放大器将使用双极晶体管作为输入，晶体管必须工作在相当高的集电极电流下，读者当然知道这对基极电流意味着什么（例如LT1028）。另一个例子是，如果想要微功率工作电流，将无法同时实现快速建立时间，因为无法获得高f_T和快速的压摆率，因为这些需要功率，而且很多。

本节将深入探讨选择适合当前工作的精密运算放大器的过程。

5.10.1　精密运算放大器

读者在用运算放大器进行高性能设计中面临折中，特别要注意对于最佳双极型和JFET运算放大器的失调电压（和漂移）与输入电流之间的折中，可以从双极型运算放大器获得最低的电压噪声且其随偏置电流的增加而下降，稍后将在第8章讨论噪声时看到为什么会这样。然而，低输入电流的优势总是属于FET运算放大器，原因稍后澄清。通常，需要低输入电流和低电流噪声时选择FET运算放大器，需要低输入失调电压、低漂移和低电压噪声时选择双极型运算放大器。

在FET输入的运算放大器中，JFET放大器占主导地位，尤其是在需要精度与低噪声相结合时（但并非所有JFET运算放大器，注意，我们钟爱的通用型运算放大器LF411/412精度不够）。不过，这种优势正受到一些低压CMOS器件的挑战，例如出厂已调整过的MAX4236A和OPA376，以及像TLC4501A这样在上电时会使用自动调零等技术的器件[⊖]。

所谓斩波稳零放大器是FET特别是MOSFET运放最重要的例外，与双极晶体管运放相比，FET运放的初始失调量和V_{OS}随温度和时间的漂移都更大。实际上，斩波稳零器件（也称自动调零或零漂移放大器）是失调电压和漂移最小的放大器，典型值在$\pm1\mu V$和$\pm0.05\mu V/℃$范围内。它们使用MOSFET模拟开关和放大器来检测并校正普通运算放大器（通常，运算放大器本身在同一芯片上用MOSFET制成）的残余失调误差。但这并非没有妥协：斩波稳零放大器有一些不太好的特性，

⊖　传统上，MOSFET存在一个特有的问题，该问题已通过工艺改进在很大程度上得到了解决。MOS晶体管容易受到FET和双极晶体管都没有的独特的衰弱（衰竭）效应（debilitating effect）的影响。事实证明，在闭环条件下，栅极绝缘层中的钠离子杂质迁移和/或磷极化效应会导致失调电压漂移，在极端情况下，几年内可达0.5mV。当温度升高和输入较大差分信号时，这种影响会增加，一些数据手册显示，在125℃，输入2V电压，工作3000h后，V_{OS}的典型变化值会有5mV。通过将磷注入栅极区可以缓解这种钠离子缺陷。例如，德州仪器在其LinCMOS系列运算放大器（TLC270系列）和比较器（TLC339和TLC370系列）中使用了掺磷的多晶硅栅极。这些流行的廉价器件有多种封装形式和速度/功率选择，并能随时间推移保持较低的失调电压（每1V差模输入电压最终会有50μV失调漂移）。

使其不适合许多应用。

5.10.2 每种封装内运算放大器的数量

每种封装可选择运算放大器的数量，通常会列出单运算放大器器件，尽管实际上双运算放大器更有用和更受欢迎。有的具有特殊功能引脚，例如用于外部失调调零、补偿和关断的引脚仅适用于单运算放大器封装类型。通常，不同封装数量的规格相同。

5.10.3 电源电压和信号范围

读者可能首先考虑的是电源电压范围和信号电平。电池供电的应用受益于低电源电流，但某些低漂移的应用也能受益，因为运算放大器的自发热对温度的影响会更小。某些器件提供带有电源关断（SHDN）引脚的型号。例如，LT6010 待机时的电流从 135μA 下降至 12μA（但有个问题，待机引脚本身还需要 15μA），并且需要 25μs 的时间才能开启或关断。

使用高压电源工作的电路受益于高信号电平，例如满量程±10V 时，$V_{OS}=40\mu V$ 的失调电压在峰-峰值 20V 中的比例小于在 0～4V 信号中的比例。除了斩波稳零运算放大器，低压器件的失调电压没有任何改善。

低压器件大多数最大电源总电压为 5.5V，但有些允许 11V 或更高，适用于±5V 工作，重要的是要认识到许多高压器件是设计并指定可在低电压下正常工作的，甚至低于 3V。有些也能在±3～±5V 电源下正常工作，不应仅仅因为它们也能在较高电压下工作而被拒绝。注意，读者需要检查共模输入范围和输出变化范围。例如，尽管像 LT1490 这样的 44V 运算放大器可以工作在 3V 电源下，并允许轨对轨输入和输出，但另一款精巧的 44V LTC 低噪声运算放大器 LT1007（工作电压低至 4V）的输入和输出电压仅限于距离电源电压不小于 2V 的范围内——在±2V 电源下运行时几乎没有用。显然，它不是低压器件。

5.10.4 单电源工作

如果读者正在使用低电源电压供电，可能想要用单电源供电。能够单电源供电的运算放大器至少具有输入和输出可工作到负电源电压（即到地）的能力。许多运算放大器也允许输出达到正电源电压，并在数据手册的首页声明具有轨对轨输出。但请注意，当输出接近电源电压时，性能通常会下降。如果增加下拉电阻，某些运算放大器可输出零伏或低于电源的电压[⊖]。

有些精密运算放大器的电源电流低至 10～60μA，尽管这会严重限制读者对其他参数的选择。甚至还有可低至 0.85μA（和 1.8V）的运算放大器，例如 LT6003。某些类型的运算放大器（例如 JFET）不提供任何低功耗器件。尽管如此，因其低噪声和低偏置电流仍可以选用。

5.10.5 失调电压

也许最常与精密放大器联系在一起的参数是输入电压误差。如图 5.36 所示，要测量较小的失调电压，请使用运算放大器对其进行放大。有很多器件的典型失调电压小于 10μV，但当读者从事精密仪器制造业务时，典型值并不是可靠的规格。双极型输入运算放大器比 JFET 和 CMOS 有优势，但它们的输入偏置电流更高。超β器件是一个令人满意的例外，尤其是在高温下，但这些器件的输入都不能达到任一电源电压。

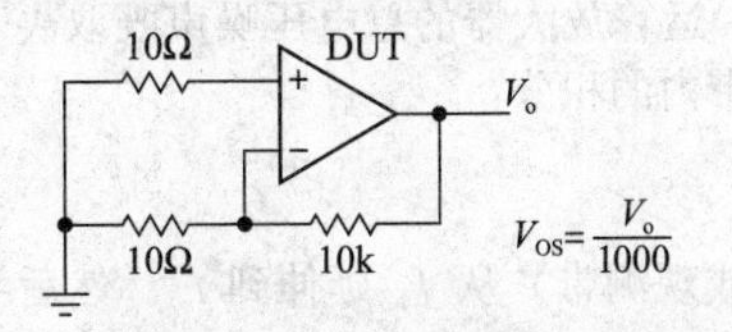

图 5.36 失调电压测试电路。电压增益×1000 可使被测器件（DUT）中的亚毫伏级失调易于测量。由于运算放大器输入端连接的电阻很小（10Ω），因此输入电流的影响可以忽略不计。如果要驱动电缆，请在输出端接一个 200Ω 的电阻

对于某些器件，失调电压随着共模输入电压变化是一个严重的问题，特别是对于 RRIO 运算放大器。通过仔细检查数据手册来跟进初始选择总是很重要的。例如，OPA364 和 MAX9617 使用内部电荷泵为其输入级供电，从而完全消除了这个问题。

当测量的稳定性很重要时，失调电压的温度漂移是一个重要参数。此参数未经生产测试。最大漂移规格可能不是很可靠，并且一些制造商已停止提供这项规格。

失调电压随时间的漂移是精密运算放大器数据手册中经常出现的参数，其值约为 300～400nV/月，诸如 LT1007 之类一些高性能器件的漂移电压为 200nV/月，而斩波稳零运算放大器的漂移电压通常

⊖ 许多运算放大器都可以做到这一点，但没有这么说。这是因为它们的上拉晶体管和驱动器都可以一直工作到负电源电压，而不需要输出拉电流。有些需要最小下拉电流，例如 OPA364 需要 0.5mA。

为 50nV/月。这是一个未知的领域，有人认为漂移会随着时间的流逝而变慢，或许它更像是随机的，无论哪种情况都表明漂移规范可能应该以 nV/月为单位。

5.10.6 电压噪声

电压噪声是运算放大器输入失调电压的带内变化，与信号无法区分，将其视为噪声谱密度函数 $e_n(f)$ 很有用，它可以告诉读者以频率 f 为中心的 1Hz 带宽中的方均根（rms）电压噪声。图 5.37 显示了一些运算放大器的输入电压噪声密度与频率之间函数关系的理想化曲线。对于大多数运算放大器，当高于其 $1/f$ 转折频率时，$e_n(f)$ 基本上是平坦的；低于转折频率，e_n 增大，大约为 $1/\sqrt{f}$（图中没有显示自动调零或斩波稳零运算放大器。它们特性不同，因为低频噪声被自动调零过程消除了，因此在低频区它们的 e_n 保持平坦）。

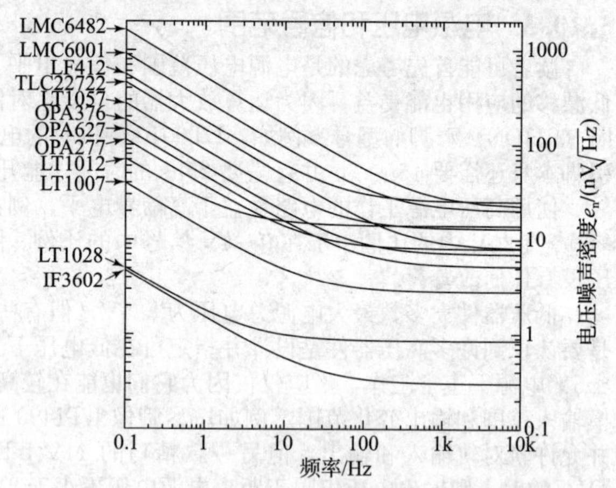

图 5.37 一些具有代表性的运算放大器的电压噪声密度 e_n 显示噪声功率在 $1/f$ 转折频率以下是增加的。某些运算放大器在 1kHz 有好的规格，但在 0.1Hz 处看起来并不好。图 5.54 显示了在整个频率上对这种电压噪声密度进行积分所产生的电压噪声 v_n

e_n 通常指定在 1kHz 频率处，位于大多数运算放大器的 $1/f$ 转折频率以上的平坦区域。e_n 的变化范围从高电流运算放大器 LT1028 的 0.85nV/$\sqrt{\text{Hz}}$到超低电流运算放大器 LT6003 的 325nV/$\sqrt{\text{Hz}}$。

我们将在下文和第 8 章中更详细地讨论噪声，让我们先从电压噪声密度 e_n（以 nV/$\sqrt{\text{Hz}}$为单位）与在某个通带上积分后的总电压噪声 v_n（以 nV 或 μV 为单位，采用方均根值或峰-峰值）之间的简单关系开始。在频率高于 $1/f$ 的 e_n 平坦（例如白噪声）区中，累积电压噪声就是 $v_n=e_n\sqrt{\text{BW}}$。

正如我们将看到的，对于带宽为 1～10kHz 或更高的电路，电压噪声 v_n 主要由高频下的噪声密度决定。大多数运算放大器数据手册中给出的 e_n 值是在 1kHz 处，但有些数据手册也将其指定在 10kHz、100kHz 甚至 1MHz 处，并通常提供 e_n 与频率的关系图。由于累积电压噪声主要由工作范围内高频端的 e_n 决定，因此务必在上面的简单公式中使用该值（或频率加权的均值）。对于跨阻放大器而言，使用高频 e_n 值尤为重要，因其在高频会受到 $e_n\omega C$ 的电流噪声（$i_n=e_n 2\pi f C_{in}$）的影响。

$1/f$ 噪声

我们将在第 8 章中更详细地讨论 $1/f$ 噪声，8.13.4 节将展示如何确定 $1/f$ 噪声拐点等，但在这里，我们要解决一个实际问题：图 5.37 中看起来上升的噪声密度曲线对电路噪声有什么影响？低频时的 e_n 确实更高，但与该密度相乘的频率范围较小。换句话说，运算放大器的总电压噪声既取决于 e_n 也取决于电路的带宽，更确切地说，均方电压噪声是 e_n^2 在通带内的积分：

$$v_n^2=\int_{f_a}^{f_b}e_n^2(f)\mathrm{d}f$$

式中，$e_n(f)$ 是噪声谱密度（通常绘制在数据手册中），通带（或观测带）从 f_a 延伸到 f_b。然后我们通过对 v_n^2 取平方根得到方均根（rms）电压噪声。

如图 5.54 所示（在关于自动调零运算放大器的上下文中），我们做了积分，并在稍后的累积噪声图中显示了 $1/f$ 噪声的破坏性影响。更大的带宽意味着更多的噪声，所有曲线在高频端都以$\sqrt{f}$的速率上升。运算放大器按其高频 e_n 值进行排序。将它们在图 5.37 中的位置与图 5.54 中的排序进行比较很有趣。在低频端，传统运算放大器的电压噪声趋于平稳，因为它们的 $1/f$ 噪声密度上升弥补了带宽的降低[⊖]，而自动调零放大器的电压噪声继续呈下降趋势。

让我们用图 5.54 来探究一个启发性的示例。LT1012 的 e_n（在 1kHz）为 14nV/$\sqrt{\text{Hz}}$，转折频率为

⊖ 不完全是这样：如果噪声功率密度真的继续以 $1/f$ 上升，则积分将在零频率（直流）处发散。对于图 5.54，我们将低频限制为 0.01Hz。

2.5Hz。例如，如果将其用于高频截止频率超过1Hz的精密放大器中，它的噪声会比OPA277更小，尽管OPA277在1kHz的噪声密度更低，为8nV/$\sqrt{\text{Hz}}$，因为OPA277的噪声转折频率为20Hz。但是，当我们看到OPA277比噪声密度为9nV/$\sqrt{\text{Hz}}$的TLC2272的噪声低得多时，OPA277会赢得一些尊重，TLA2277的噪声转折频率更高，为330Hz[⊖]。

累积噪声图很能说明问题，但有一个参数有助于评估我们的运算放大器——V_{npp}参数是0.1～10Hz频段内电压噪声峰-峰值。它显示了运算放大器的直流噪声，如图5.54中曲线的平坦部分所示。该值范围高达11μV$_{pp}$。LT10281以35nV$_{pp}$成为赢家，而杰出器件LMP7731为80nV$_{pp}$，它具有RRIO功能和SOT-23封装。失调电压为1mV的ADA4075的60nV$_{pp}$噪声电平很有吸引力。

受$1/f$噪声（即除自动调零类型外的所有运算放大器）影响的精密运算放大器有V_{npp}规格，其频率下限通常为0.1Hz。如果需要更低的起始频率（例如0.01Hz），可用低频电压噪声值乘以想要的额外低十倍频数的平方根（这是一个有趣的$1/f$噪声系数）。只要$1/f$转折点高出几十倍，就可以忽略白噪声对频谱的影响。

参数V_{npp}是有关运算放大器长期漂移性能的主要体现。

5.10.7 偏置电流

输入偏置电流的有效范围从飞安到微安（9个数量级）。在某些应用中，这个参数会排除所有类型的运放。具有极低典型输入电流的器件通常具有平庸的最大规格。这是由于在电流低于10pA进行自动测试的难度和费用很高。例如，低成本CMOS运算放大器LMC6482A的典型值是20fA，但数据手册显示的最大值为4pA——差了200倍。

正如之前所说，JFET和CMOS运算放大器的偏置电流是漏电流，并会随温度呈指数增长，见图5.38。这是个坏消息。好消息是有些运算放大器（如LT1012和AD706）具有类似JFET的低输入电流，但具有BJT输入，因此有更好的高温性能和改善的失调电压和漂移（见图5.6）。

低输入电流的运算放大器通常具有较高的失调电压和失调电压漂移，并且通常噪声较大。JFET运算放大器OPA627和ADA4627是例外，它们提供了很好的性能，但价格昂贵。可喜的是新型JFET运算放大器OPA827噪声较低且价格优惠。AD743的失调电压为1mV，其噪声规格为2.9nV/$\sqrt{\text{Hz}}$。看看CMOS器件（低电压），我们发现LMP7715是最好的低噪声器件，为5.8nV/$\sqrt{\text{Hz}}$，但像AD8616这样具有1pA的偏置电流和7nV/$\sqrt{\text{Hz}}$噪声的低成本器件可能会提供很好的折中方案。

高速运算放大器通常具有高输入偏置电流，典型值为200nA～20μA，它们具有高于0.5mV的高失调电压。TI的高速运算放大器OPA656和JFET型低压运算放大器657的典型偏置电流为2pA，压摆率为290V/μs，建立时间为20ns。OPA380是一款90MHz运算放大器，具有50pA和25μV的最大失调，适用于高速跨阻应用。该器件使用自动调零电路实现了25μV的失调电压，通过隔离滤波器避免了过大的电流噪声（见图5.39）。

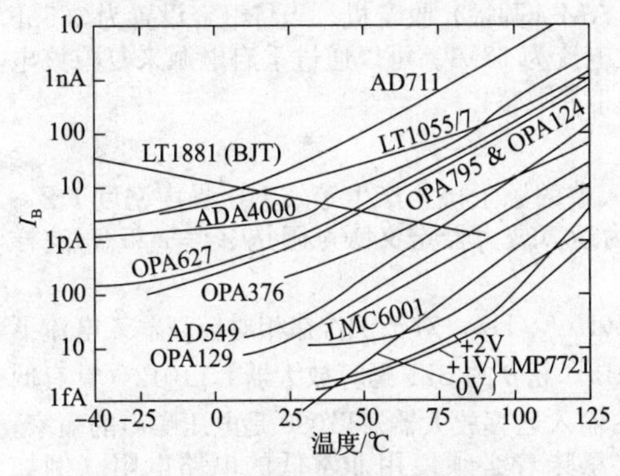

图5.38 典型运算放大器的输入电流与温度的关系

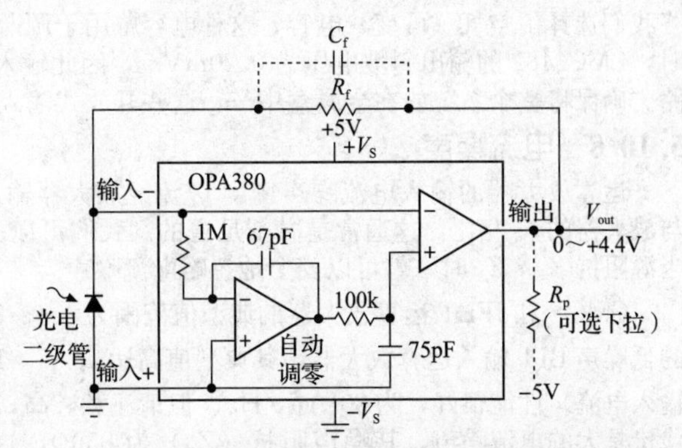

图5.39 运算放大器OPA380使用自动调零功能实现了4μV的典型失调电压，在10kHz电流噪声仅为10fA/$\sqrt{\text{Hz}}$，它是理想的跨阻放大器应用，例如此处所示的光电二极管前置放大器

⊖ LT1012和OPA277是BJT器件，TLC2272是CMOS运算放大器。2272有低至60pA的最大偏置电流，远远优于277的1nA，但比1012的100pA好不了多少。

测量偏置电流

要测量低至纳安级左右的输入电流（或失调电流），可以使用图5.40中的简单电路。不过，对于很小的电流，需要应用一些技巧：低至飞安（10^{-15}A）的电流只会在吉欧电阻上产生微伏的电压（而且，读者永远不会看到，因为失调电压要大得多）。但在积分器（由超低输入电流的运算放大器构成）中会累积微小的输入电流，见图5.41a。这里，较短的屏蔽电缆（具有特氟龙电介质）用作积分器的反馈电容 C_1（标准50Ω同轴电缆的电容几乎恰好为1pF/cm）。读者可以直接观察斜坡电压，或者加一个微分器。

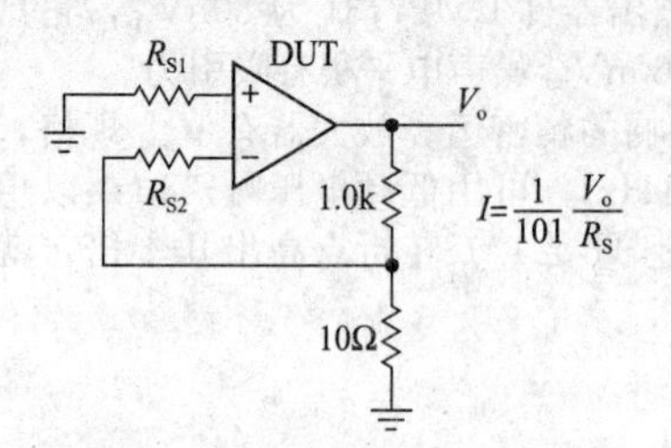

图5.40　输入电流（将其中一个 R_S 设为零）和输入失调电流（$R_{S1}=R_{S2}$）测试电路。使用阻值足够大的 R_S 使它们两端的电压至少约为10mV，以便忽略由失调电压引起的误差。如果要驱动电缆，在输出端增加一个200Ω电阻

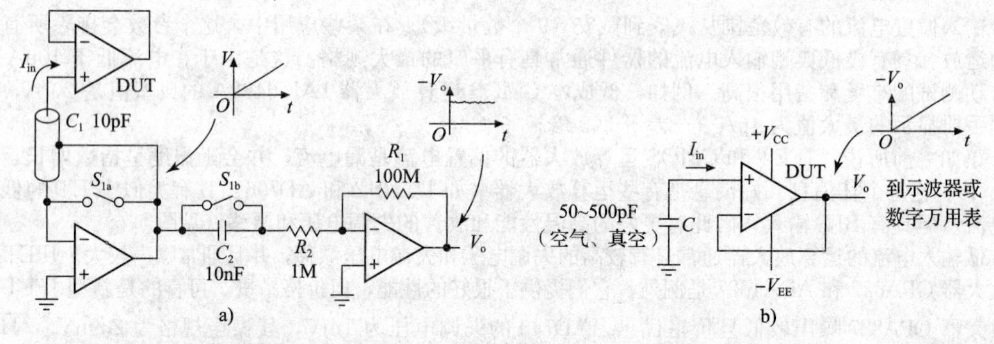

图5.41　对输入电流进行积分以测量皮安级（及以下）电流。a）用单独的MOS输入型运算放大器作为积分器，其输入电流低至飞安（例如LMP7721的典型值为 $I_B=3$fA，最大值为20fA），S_1 使用机电式继电器（而非MOS开关），例如图5.3中所示的COTO 9202系列；b）更简单，让器件的输入电流对一个小电容充电，并观察 $G=1$ 时的输出斜坡电压

对我们来说，一种很好的简单方法就是把运算放大器接成跟随器，并在同相输入端（+）和参考地之间接一个小电容（见图5.41b）。运算放大器的输入电流就会产生一个输入斜坡电压，并在输出端如实再现。起初，我们在使用云母和薄膜电容时会遇到电容存储效应问题，经过多次努力，最终我们选择了空气（可变）电容，这种电容曾用于调谐AM（调幅）收音机。当将电容设置为365pF时，LMC6482的输出斜坡电压为0.20mV/s，因此输入电流为73fA。可以通过重启电源来复位该电路。确保将整个系统放在金属盒中——这些开放式输入非常敏感！

5.10.8　电流噪声

运算放大器的输入电流噪声密度 i_n 流经放大器输入端的源阻抗，产生等效电压噪声密度 i_nZ_S；与放大器的 e_n 相比，这通常是微不足道的。我们可以为运算放大器定义噪声阻抗 $Z_n\equiv e_n/i_n$，这样当源阻抗 $Z_S\ll Z_n$ 时，就可以安全地忽略电流噪声。

CMOS和JFET运算放大器的典型值范围为0.1～50fA/$\sqrt{\text{Hz}}$，对于工作在相对较高输入电流下的低噪声BJT输入运算放大器，其典型值高达5pA/$\sqrt{\text{Hz}}$。超 β 的BJT运算放大器LT1012（具有低输入电流）性能很好，为20fA/$\sqrt{\text{Hz}}$。但请注意，高 i_n 输入运算放大器LT1028是电压噪声的赢家，代价是大的电流噪声，其噪声阻抗（Z_n）为850Ω，这意味着必须使用非常低的电路电阻（例如300Ω或更小），才能从其低电压噪声中获得全部好处。相比之下，BJT单电源运算放大器LT1013的 $Z_n=315$kΩ，这是一个令人舒适的高阻值。

制造商给出了在1kHz或10kHz等高频下的电流噪声密度，该频率远高于电流噪声的 $1/f$ 转折频率。电流噪声的 $1/f$ 转折频率通常比电压噪声的 $1/f$ 转折频率高得多。例如，OPA277的电压噪声转折频率为20Hz，而电流噪声转折频率为200Hz；对于LT1007，分别是2Hz和120Hz。不同的 $1/f$ 转折频率意味着在低频段将得到不同的 Z_n 值。例如，回到LT1028，它在低频时相对较高的电流噪声将10Hz处的 Z_n 降低至212Ω。为了获得最佳性能，要求我们进一步降低电路电阻至100Ω或更小。

在高频下，电流噪声可能主要由散粒噪声、电子流的统计波动等组成。对于输入偏置（或漏）电流I_B，其下限为$i_n=\sqrt{2qI_B}$；对于10pA的偏置电流，其估算值为$i_n=1.8fA/\sqrt{Hz}$（据此可以方便地用I_B的平方根按比例进行缩放）。正如我们所见，典型值和最大偏置电流变化很大。显然，许多厂家只是列出了按典型偏置电流对应计算出的散粒噪声值。例如，LT1013的偏置电流典型值为$I_B=12nA$，由此可以计算出电流噪声密度为$62fA/\sqrt{Hz}$，厂家的规格是$70fA/\sqrt{Hz}$。

具有偏置电流抵消电路的BJT输入运算放大器是一个重要的例外，它大大降低了直流输入电流，而没有降低电流噪声。例如，$e_n=2.5nV/\sqrt{Hz}$的低噪声运放LT1007的偏置电流是10nA，据此可以计算出散粒噪声电流为$56fA/\sqrt{Hz}$，但厂家的规格为$i_n=400fA/\sqrt{Hz}$，高达七倍！这是怎么回事？为了实现低电压噪声，输入晶体管工作在高集电极电流下。如果运算放大器未使用成熟的基极电流抵消技术，就会产生较高的基极电流，该基极电流将成为运算放大器的输入电流。因此，直流偏置电流很小，但电流噪声很大。超低电流的LT1028也使用偏置电流抵消技术，将其偏置电流保持在25nA以下，但电流噪声是计算出的散粒噪声的10倍。对于LT6010，它的输入电流降至仅仅20pA（读者在FET输入运算放大器中看到的低电流），其电流噪声比计算出的散粒噪声大40倍。

换句话说，重要的是要意识到，如果计算由净（即已抵消的）输入偏置电流产生的散粒噪声，则具有偏置抵消的运算放大器的输入噪声电流将比预期大得多。相反，要根据未抵消的基极电流计算散粒噪声（然后用系数$\sqrt{2}$来计算抵消电流中的其他噪声）。例如，使用LT6010的$I_B=\pm 20pA$（典型值），会错误地估算出散粒噪声电流$i_n\approx 2.5fA/\sqrt{Hz}$，而数据手册列出的典型值（在1kHz，远高于$1/f$转折频率）为$100fA/\sqrt{Hz}$；这同样适用于LT1028（指定为$1000fA/\sqrt{Hz}$，而根据净$I_B$值会错误地估算出$90fA/\sqrt{Hz}$）。具有偏置电流抵消的运算放大器通常没有轨对轨输入级[㊀]。

注意，某些数据手册列出了非常乐观的i_n值，很明显会出现错误。例如，具有偏置抵消的运算放大器LT1012的数据手册显示典型值达到$6fA/\sqrt{Hz}$（超出$1/f$转折频率），这是根据指定的最大$\pm 100pA$的净输入电流计算得出的。而读者的预期值大约是它的10倍（假设未抵消的基极电流约为100倍）。我们对手册中宣称的数据表示怀疑，因此对其进行了测量，结果发现$i_n\approx 55fA/\sqrt{Hz}$[㊁]。这种错误就像流行病一样，也影响了自动调零运算放大器的数据手册。例如，运算放大器AD8628A指定的输入电流噪声密度为$5fA/\sqrt{Hz}$。想象一下，当测量值是它的30倍时，我们有多么惊讶。同样令人惊讶的是，自动调零运算放大器MCP6V06的规格为$0.6fA/\sqrt{Hz}$，与测量值$170fA/\sqrt{Hz}$很不一致。

需要注意的是，对于斩波和自动调零运算放大器，输入电流噪声规范通常是在较低的10Hz频率下给出的，因为该频率低于开关电荷注入的电流噪声区域。如果读者测量自动调零运算放大器的输入噪声，则会看到类似图5.52所示的曲线图。这种情况很不幸，制造商没有提供足够的指导。

5.10.9 共模抑制比和电源抑制比

共模抑制比CMRR可以反映输入失调电压V_{OS}随共模输入电压变化的程度。当然，问题是V_{OS}的这种变化会伪装成输入电压的变化。CMRR的值从LMC6482的70dB（最小值）到精密运算放大器OPA277的130dB不等。高频下CMRR的下降很重要，通常在运算放大器的数据手册中有图。例如，LMC6482的典型CMRR在1kHz处开始下降，在10kHz处下降到80dB。有趣的是，OPA277和AD8622（另一款昂贵的直流性能很好的运算放大器）在10kHz下降到80dB左右，列入了通用CMOS型。其他器件性能更好，例如LT1007（在10kHz的典型值为114dB)。CMRR规范通常仅适用于有限的共模范围，请仔细阅读数据手册。

请注意这个通用的解决方法：一个久负盛名的避免CMRR问题的方法是使用反相电路。

电源抑制比PSRR可以反映V_{OS}随电源电压变化的程度。LMC6482的典型直流值为60～80dB，OPA277高达130dB，但AD8622只有100dB。请研究数据手册！

通常，因为运算放大器的补偿电容（参见图4.43，其中Q_5和Q_6均以负电源为参考），一个电源的PSRR会比另一个电源的差很多，尤其是对于交流PSRR。例如，OPA277的负电源会额外承受

㊀ LT1677是一个例外，其数据手册上有一张共模范围内的输入偏置电流曲线图，表明共模范围的底部1.4V和顶部0.7V受到高偏置电流的影响。在这些区域中，运算放大器的失调电压也变差了。

㊁ 非常相似的OP-97和LT1097的数据手册也犯了相同的错误，显然后来的LT6010已经纠正了这个错误。

25dB。交流PSRR在两个区域都很重要：100～120Hz（和谐波）的电源纹波和高频时来自其他电路的串扰。

在诸如低电平输入级等灵敏应用中，针对PSRR问题的常见解决方法是在电源上增加RC滤波器。

5.10.10　GBW、f_T、压摆率和m以及建立时间

很容易想到一个电路永远不能拥有太大的GBW（增益带宽积或f_T，我们喜欢它最初的名称，见图5.42）。毕竟，更大的GBW意味着更大的环路增益，而更大的环路增益意味着更低的误差（增益、相位和失真）。更重要的是，f_T越高，通过公式$S=0.32mf_T$可以实现更快的压摆率。

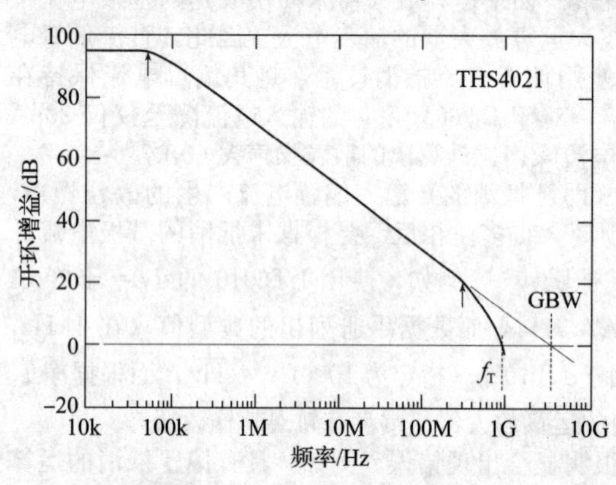

图5.42　运算放大器的增益带宽积（GBW）是开环增益曲线穿过单位增益轴处的频率，通常被随意地称为f_T，尽管后者是闭环增益为1时的频率。箭头指示主极点和第二极点。这里的数据来自THS4021的数据手册，该数据手册还显示在频率400MHz处相移达到180°

此外，更快的压摆率意味着更大的全功率带宽（FPBW），正弦波$V(t)=A\sin\omega t$具有峰值压摆率$S=\omega A$，因此$\mathrm{FPBW}=S/\pi V_{pp}$。最后，由于波形建立的第一步是转换延迟时间$t=\Delta V/S$，因此更高的$f_T$是迈向更快建立时间的重要一步（通常是主要决定因素）。

1. 题外话：GBW和f_T

首先是关于GBW和f_T的简短表述。图5.42显示了宽带运算放大器THS4021的开环增益与频率的关系图。这是一款欠补偿运算放大器，按照伯德图的介绍可知，当闭环增益≥10时是稳定的。术语GBW恰当地描述了在增益以6dB/二倍频（即$G_{OL}\propto 1/f$）下降的区域内开环增益与频率的乘积。曲线扩展在频率等于GBW处穿过$G_{OL}=0$dB轴。但由于放大器中附加的更高频极点的影响，在该频率处增益小于1。严格来说，符号f_T用于$G_{OL}=1$时对应的（较低）频率。

但我们喜欢更简单的参数f_T，很多人也喜欢，因此它被用来代替GBW。也许这是情有可原的，因为对于在单位增益下稳定性得到补偿的运算放大器（这描述了大多数运算放大器），f_T的值与GBW非常接近。在任何情况下，除非另有说明，否则我们将用f_T表示GBW。

2. 挤奶凳和高脚凳

如果失调电压是精密运算放大器的一条腿，那么带宽和速度肯定是另一条腿。许多我们想要包含在精密运算放大器中的快速运算放大器都被排除在外了，因为它们的失调电压太大。例如，LT6200有165MHz的GBW、0.95nV/$\sqrt{\mathrm{Hz}}$和1.0mV的失调电压。这是一款传统的电压反馈（VFB）运算放大器，提供50V/μs的压摆率和140ns的建立时间，那它有什么问题呢？是$m=1$时只有50V/μs吗？有限的10V(±5V)电源而电流高达16.5mA？还是高达40μA的最大偏置电流？这里的重点是，为了高f_T需要付出代价，也许这款器件并没有那么吸引人，但至少LT6200的噪声小于1nV/$\sqrt{\mathrm{Hz}}$，50MHz时失真为1%，甚至可以RRIO工作，而且LT6200-10改进型有1.6GHz的GBW。

高速运算放大器OPA656是TI公司的运算放大器，它有230MHz的GBW，290V/μs的压摆率和20ns的建立时间。凭借其2pA的JFET输入电流和小于3pF的输入电容，我们欣然接受其1.8mV的失调电压，并且对其7nV/$\sqrt{\mathrm{Hz}}$的输入电压噪声也很满意。它非常适合于与光电二极管一起使用的互阻放大器。OPA656甚至在图5.44中有一个失真图，可以看到它在10MHz及以上频率的失真小于0.1%。它有一个1.6GHz的同类产品，即OPA657。当需要更高的工作电压和更低的e_n时，我们转向具有4.5nV/$\sqrt{\mathrm{Hz}}$的OPA637，它具有稍大一些的电容（7pF）和较小的带宽（80MHz）。

关于低失真问题，Linear Technology的LT1468（90MHz，75μV，±15V电源）在10V信号下

失真为0.7ppm，而且其0.8μs的建立时间非常适合ADC。National Semiconductor的LMP7717是一款f_T为88MHz的CMOS运算放大器，仅消耗1mA电流，工作总电源可低至1.8V，并提供1pA的输入电流I_B，6nV/$\sqrt{\text{Hz}}$的e_n和150μV的V_{OS}，以及轨对轨输出。此类器件表明，也许可以同时拥有高速+精密的运算放大器。

5.10.11 失真

尽管许多精密模拟设计领域都涉及直流和低频，但有些应用需要更高速度下的精度，例如音频、视频、通信、科学测量等。随着运算放大器环路增益下降，输入误差上升，输出阻抗上升，压摆率限制可能会发挥作用。我们需要一种方法来评估运算放大器在中到高频段的性能。一些制造商通过其数据手册中的谐波失真曲线来提供帮助。

图5.43适用于高压运算放大器，图5.44适用于低压和轨对轨输出的运算放大器（包括一些高压类型）。

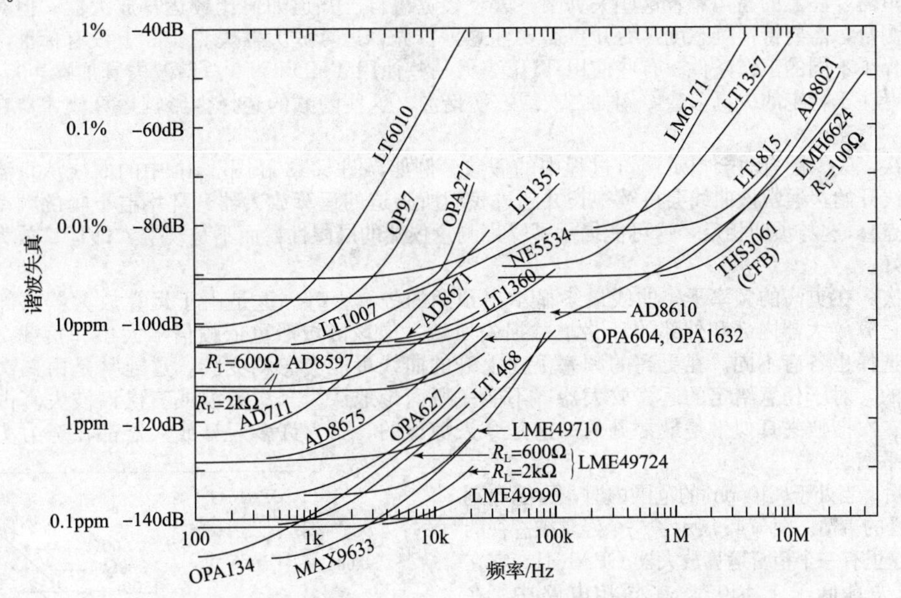

图5.43 选自制造商数据手册的高压（总电源≥30V）运算放大器的谐波失真与频率的关系

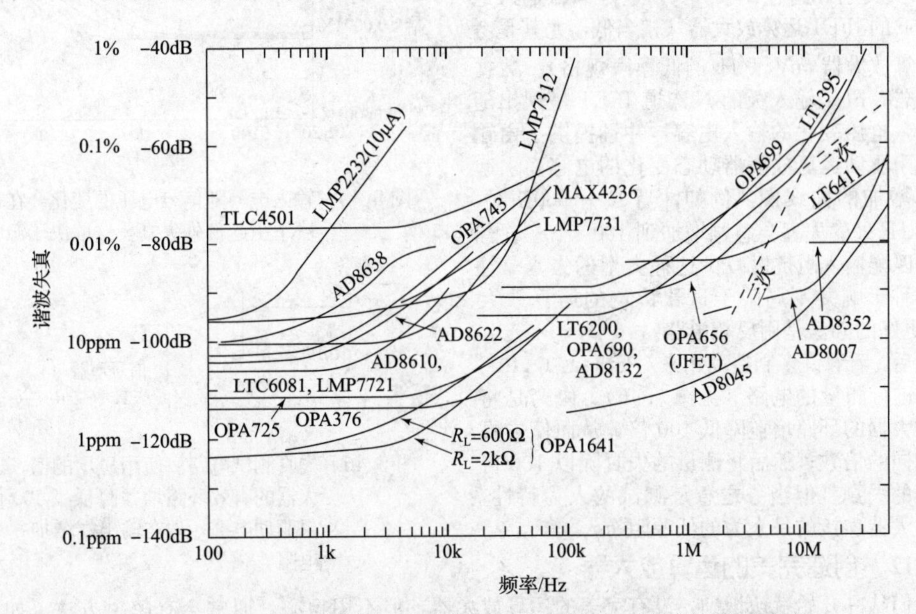

图5.44 选自制造商数据手册的低压（总电源≤18V）运算放大器的谐波失真与频率的关系，其中大多数具有轨对轨输出级

OPA134、OPA627、LME49990和其他LME49700系列运算放大器是高压类的优胜者。LTC的LT1468也很突出。ADI公司的AD8021在高频段表现突出，经常被推荐用于驱动ADC。TI的THS3061的压摆率高达7000V/μs，在100kHz以上看起来很好，它还可以向50Ω负载提供145mA的输出电流。OPA1632和LME49724是全差分放大器。

低压和轨对轨运算放大器主要由±5V或更低电源供电的器件组成，其中大多数具有轨对轨输出，这表明RRO运算放大器在精密运算放大器领域具有竞争性。某些低压运算放大器相对于它们的高压同类型号而言处于劣势，因为它们必须使用极低的信号电平。图中JFET运算放大器的优胜者OPA1641是0.5×10^{-6}级别中具有RR输出的高压器件，通过了8.5Vpp的信号测试，这是低压RRO器件所不具备的。OPA376是3×10^{-6}级别产品中低压器件的赢家，通过了2.8Vpp的测试。有趣的是，这两个运算放大器都使用蒙蒂切利输出级。

失真：一些注意事项

这里需要注意的是，看着这些失真图，读者会觉得自己知道如何比较运算放大器。但对于某些失真的测量，需要持怀疑态度，有几点需要注意。首先，运算放大器失真实际上没有标准，而且制造商选择了不同的工作条件。有些使用THD，另一些使用THD+N（总谐波失真加噪声），还有一些可能专注于特定的失真参数，例如二次或三次谐波。这些隐藏的选择会影响运算放大器在图中的位置。

其次，失真图有时会揭示测量过程中的假象。例如，图5.43和图5.44中的曲线从直流的平坦失真曲线开始，通常该曲线会持续很长并超过我们所知道的运算放大器开环增益下降的频率（即超过主极点）。这与预期相反，这可能揭示了噪声测量仪器的局限性，而不是现实，即运算放大器比宣传的要好。

再次，在更高的频率下，曲线最终显示出预期的失真上升。这是由于运算放大器内部的非线性以及运算放大器内部和外部的环路增益损失所致。但该区域严重依赖信号大小和负载，不同制造商的选择也各有不同。在更高的频率下，上升的曲线可能会急剧变陡，这通常是由三次谐波失真引起的。对于任意给定的运算放大器，不能一概而论地认为二次谐波或三次谐波失真占主导地位，但二次谐波失真似乎是最常见的。这是令人惊讶的，因为许多运算放大器都在努力实现设计的完全平衡。

然后，当处于<10ppm的范围内时，可能遇到各种奇怪的事情。图5.45展示了一个经常被忽视的问题。这里有一个精密运算放大器OPA1641，它在1kHz的失真低于1×10^{-6}，在同相电路中，在100kHz失真刚好超过20×10^{-6}。这是一款输入电容为8pF的JFET运算放大器（相当低，尤其是考虑到运算放大器$5\text{nV}/\sqrt{\text{Hz}}$的低噪声规格）。数据手册警告，FET输入级的N沟道JFET呈现出随共模输入电压变化的输入电容，并且提供了由输入源电阻驱动运算放大器动态变化的电容而引起的失真增加的曲线图。例如，当$R_S=600\Omega$时，在100kHz处的失真会急剧增加到100×10^{-6}。建议仔细匹配输入阻抗以减少这种类型的失真（注意，这种影响并不局限于这款特定的运算放大器）。更好的办法是用反相电路。

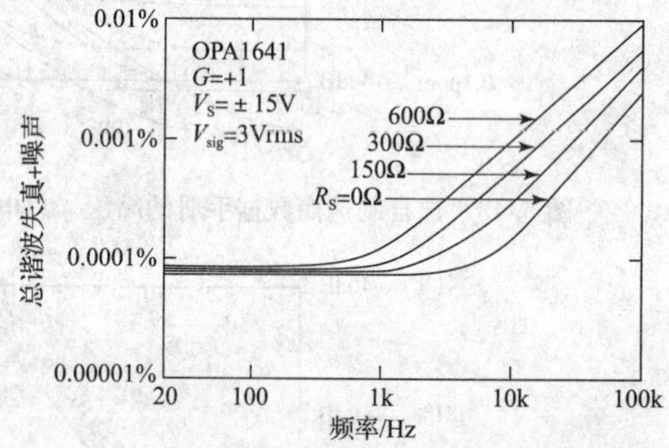

图5.45　输入电容随信号电压的变化会在较高频率下引起额外失真，这取决于源电阻

最后，看看许多制造商用来对低于100×10^{-6}的失真进行测量的电路（见图5.46）。诀窍是将运算放大器的环路增益降低100倍，从而使失真增加相同的倍数；然后将测量的失真除以100得到报告的失真。但当务之急是测试的人为特性，运算放大器连接的是人为的低源阻抗。

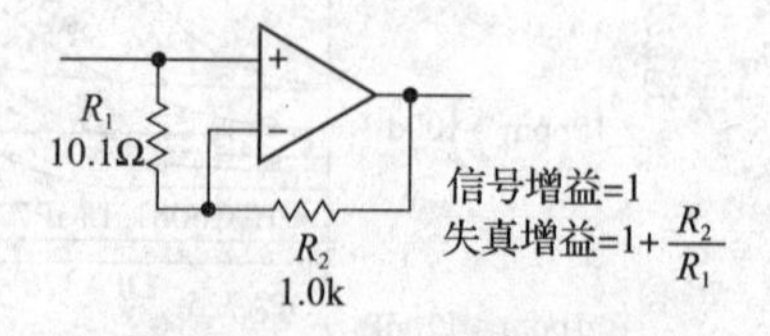

图5.46　失真测试电路。使用显示的值，运算放大器的有效环路增益降低了100倍。如果驱动电缆，请在输出端增加一个串联电阻

5.10.12　创造完美的运算放大器

我们从一开始就认识到，没有完美的运算放大器，但不用担心，通常会有解决方法。如果在一个运算放大器中找到了需要的输入性能指标，而在另一个运算放大器中找到了输出性能指标，可以

将它们组合成复合放大器，在反馈回路中当作单个运算放大器（结合了每个运算放大器的最佳性能）来用。或者，可以通过向选择的运算放大器添加用分立元器件组成的输入或输出级电路来创建复合运算放大器。如果总的反馈电路增益很高，例如$G=10\,000$的放大器，读者可能无须担心补偿问题。无论如何，处理$G=1$电路的高环路增益并不难。

在关于复合放大器的讨论中，我们展示了一种稳健的放大器电路，其中，第二级运算放大器的增益在远高于第一级运算放大器f_T的频率处减小至1，从而实现了环路增益的灵活性。此外，这种方法对共模电压或放大器输入连接没有限制。这是一个值得考虑的好电路，尽管在实际的复合放大器实现中，经常会发现很多变化。

设计示例：精密大电流压电定位器

精密显微镜工作台定位器是复合放大器一个很好的应用，它用一对多层压电器件实现。这些设备既快速又坚固，例如，我们选择的器件可以承受几十千赫兹和几十公斤的重量——它们可以在有限的运动（此处为6μm）下提供稳定且精确的定位（纳米级）。不利的是，它们是一个困难的负载，高容性（此处为0.75μF）且需要较高的驱动电压（此处满量程为100V）。

图5.47显示了一个合适的电路。我们想要一个适度快速的响应，例如1V/μs的转换速度，这需要向压电对的1.5μF电容提供$I=CdV/dt=1.5A$的驱动电流。我们的信号源是16位的DAC8831，具有+5V满量程输出（R-$2R$梯形结构，$R_{out}=6.25k\Omega$），具有快速SPI接口。使用5V基准电压源运行DAC时，最低有效位（LSB）为76μV。当R_{out}为6.25kΩ时，需要一个输入电流小于12nA的运算放大器，以免增加的误差大于LSB。当驱动1.5μF电容时，运算放大器的输出必须变化到+100V。

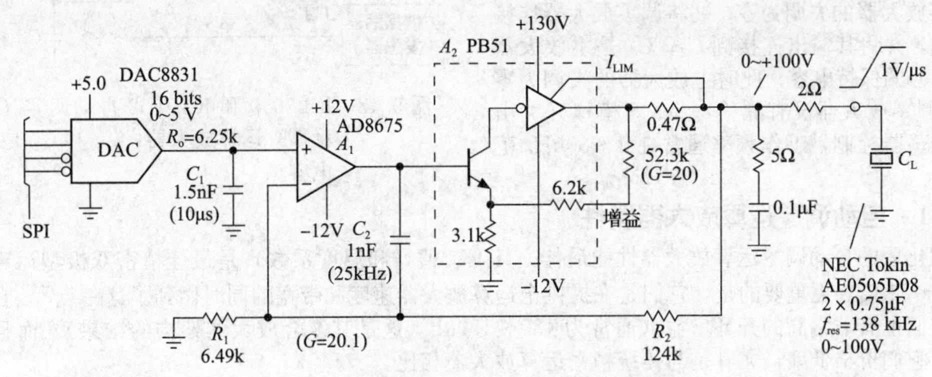

图5.47　用于驱动1.5μF压电定位器的精密复合放大器。输出达100V和1.5A，最大失调电压为75μV，最大输入电流为2nA，频率响应为25kHz，指定的压电执行器每100V移动6μm

因此，显然我们正在寻找一个150V，1.5A的强大运算放大器，其输入失调电压小于75μV，偏置电流小于10nA。没有这样的器件，因此我们将通过搭建一个增益为20的复合放大器来解决这个问题。我们将指定频率响应为25kHz（约为压电器件机械自谐振频率的20%）。

对于输入运算放大器，我们选择AD8675。它具有低输入误差（最大75μV和2nA）和足够的输出变化范围来驱动增益$G=20$的高压级。对于输出放大器，选择Apex PB51，这是一款能够提供300V电压和1.5A电流的功率驱动器（但受到安全工作区的限制，例如，当驱动电流2A持续时间100ms时，压降限制为130V），其最大输入误差为1.75V和70μA——这就是为什么称其为驱动器而不是运算放大器。它的增益由一个外部电阻设置，此处为52.3kΩ（对应$G=20$），以匹配所需的总增益。

反馈路径R_1R_2设置复合放大器的增益$G=20$。在25kHz以上频段，C_2将输入运算放大器A_1与输出放大器A_2隔离开。这样，就不必担心A_2在高频段的响应，在高频段A_2全力应对容性负载。这实际上是一种定制电路，是由极具挑战性的负载强加给我们的。与其他复合放大器电路相同的是，单个总反馈支路决定了大多数工作状态下的增益。

为了理解电路工作原理，设想有一个来自DAC的2V阶跃输入。这会在A_1的输出端产生2V的阶跃电压（由于C_2的作用，在高速时A_1就像个跟随器），这大约是让A_2的驱动电流流入C_L并使其输出电压提高40V的正确信号（这就是为什么选择输出级增益$G=20$）。随着放大器A_2接近这一目标，运算放大器A_1负责并提供校正信号，以便输出稳定在精确值上。

其他一些电路细节：数/模转换器（DAC）的响应被C_1减慢到时间常数为10μs，考虑到放大器的带宽有限，没有对放大器造成什么影响。输出端串联的RC通过减小A_2的高频开环增益并提供有损阻尼来提高稳定性。它广泛用于音频功率放大器。注意，如此大的信号电流需要大的旁路电容

（高达 100μF，未显示）。

其他增加外部放大器模块的技术包括：①BJT 运算放大器的分立 JFET 前端（见图 5.58）；②输出单位增益缓冲器（见 5.8.4 节）；③用于扩展电压范围或改善 CMRR 的自举式电源（见图 5.79）[㊀]。

5.11 自动调零（斩波稳零）运算放大器

即使最好的低失调精密运算放大器也无法与所谓的斩波稳零或自动调零（也称为零漂移）运算放大器惊人的 V_{OS} 性能相媲美。具有讽刺意味的是，这些有趣的放大器是 CMOS 的，在失调电压或漂移方面，CMOS 以平庸著称。这里的诀窍是在芯片上集成第二个调零运算放大器，以及一些 MOS 模拟开关和失调误差存储电容。图 5.48 显示了几种可能的电路之一。主运算放大器为传统放大器。调零运算放大器用于监测主放大器的输入失调，根据需要调整缓慢的校正信号，以使输入失调准确地归零。由于调零放大器自身也有失调误差，因此存在一个交替的工作周期，在这个周期内，调零放大器校正自身的失调电压。这两个放大器都有第三个调零输入端子，类似于某些运算放大器失调的调整端。

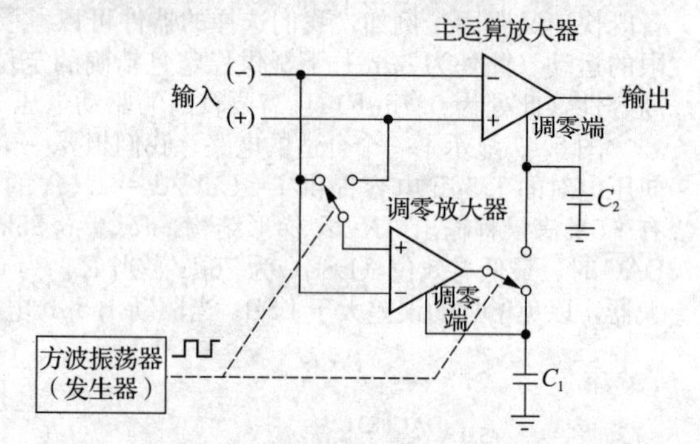

图 5.48 ICL7650 和 ICL7652 自动调零（斩波稳零）运算放大器，C_1 和 C_2 是外接电容

自动调零周期是这样工作的：①断开调零放大器与输入的连接，将其输入短路，并将其输出连接至 C_1，C_1 是校正信号的保持电容，此时调零放大器的失调为零；②将调零放大器连接到输入，并将其输出连接到 C_2，C_2 是主放大器校正信号的保持电容，此时主放大器的失调为零（假设调零放大器没有漂移）。MOS 模拟开关由板载振荡器控制，工作频率通常在 1～50kHz 范围内。

5.11.1 自动调零运算放大器属性

优化后的自动调零运算放大器性能最佳，其 V_{OS} 值（和温度系数）是最佳精密双极型运算放大器的 5～50 倍。更重要的是，它们是在提供全运算放大器速度和带宽的同时做到了这一点[㊁]。在低频段，它们也有非常高的开环增益（通常为 130～150dB，这是其复合放大器架构的结果）。而且可喜的是，它们价格低廉，尤其是与传统精密运算放大器相比。

以上是好消息。坏消息是自动调零放大器有许多必须注意的不足之处。作为 CMOS 器件，它们中大多数的电源电压都非常有限——通常总电压为 6V，少数可工作到 15V，且只有 LTC1150 可在 ±15V 电源电压下工作。

更重要的是时钟引起的噪声问题。这是由 MOS 开关的电荷耦合引起的，并可能在输出端产生严重毛刺。这些规范在这里常常会引起误解，因为通常只给出 $R_S=100\Omega$ 且频率非常低的输入参考噪声。例如，一个典型的输入参考电压噪声可能为 0.3μVpp（直流至 1Hz，$R_S=100\Omega$）。但当输入信号为零时，输出波形可能由一系列宽 5μs，10mV 的交流毛刺组成！

内部切换也会引起输入电流毛刺，这意味着高源阻抗 R_S 的输入信号会表现出更大的输入参考毛刺。图 5.49 和图 5.50 显示了多款自动调零运算放大器在电压增益为 100[㊂]，R_S 分别为 100Ω 和 1MΩ 时测得的。这些器件之间存在相当大的差异，与旨在减少这些不良影响的改进设计（如 AD8628A 和 LMP2021）相比，传统的自动调零电路（如 LTC1150 和 MCP6V06）显示出更大的时钟馈通[㊃]。

㊀ 如果读者正在考虑用于精密应用的压电定位器，注意当用电压源驱动时，压电定位器会表现出一些非线性和滞后性。当驱动信号用电荷而不是用电压来量化时，据说这些问题可以得到改善。精密电流驱动电路规避了这个问题，并实现了快速线性压电步进。

㊁ 与前一代同步放大器不同，后者也被称为斩波放大器，其带宽仅有斩波时钟频率的一小部分。

㊂ 后者的波形显示 LTC1150 有 8nA 的电流毛刺，MCP6V06 有 1nA 的噪声（尽管其令人印象深刻的规格是 10Hz 时为 0.6fA/$\sqrt{\text{Hz}}$），而 LMP2021 的噪声为 0.2nA（其电流噪声为 0.35pA/$\sqrt{\text{Hz}}$）。

㊃ AD8628/AD8629/AD8630 系列在获得专利的 ping-pong（乒乓）电路中使用了自动调零和斩波功能，以便在斩波和自动调零频率处获得更低的低频噪声和能量，从而在无须额外滤波的情况下，最大限度地提高大多数应用中的信噪比。相对较高的 15kHz 时钟频率简化了对宽且有用的无噪声带宽滤波器的要求。

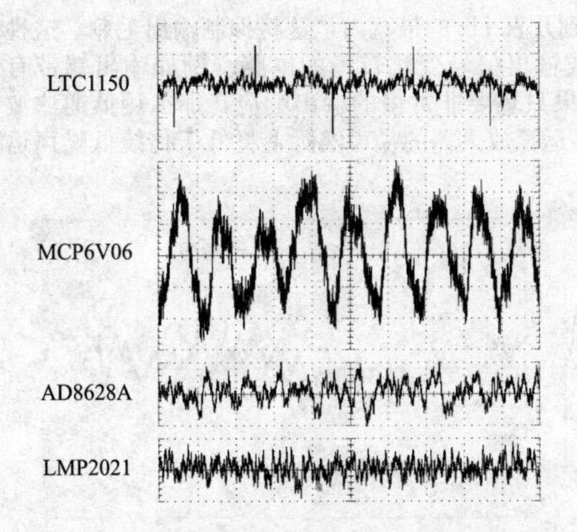

图5.49 四款自动调零运算放大器的输出波形，设置为 $G=100$，输入端通过 100Ω 电阻接地。纵轴为 2mV/div，横轴为 100μs/div

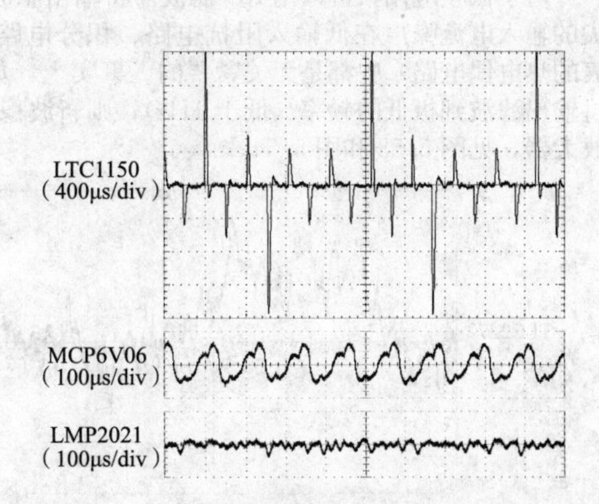

图5.50 三款自动调零运算放大器的输出波形，设置为 $G=100$，输入端通过 1MΩ 电阻接地。纵轴为 100mV/div

数据手册确实间接揭示了电压噪声与频率关系图中这种不合时宜的现象[⊖]。图5.51给出了ADI公司两款自动调零产品的一对这种关系图：AD8551有一个约4kHz的固定频率振荡器，而AD8571有一个可变的（扩频）振荡器，用于消除尖锐的频谱线（这些频谱可能会与附近的信号频率产生不良的互调)。注意，这些图指定为零源阻抗的输入信号。

如果没有其他原因，仅仅是对制造商进行事实核查，自己进行一些实际测量总是有启发性的。我们为六款自动调零放大器绘制了噪声频谱图，特别关注斩波放大器在时钟频率及其谐波处引起的窄带噪声。对于这些测量，我们采用 $R_S=0$ 的数据（以揭示输入电压噪声 e_n)，然后采用 $R_S=1M\Omega$ 的数据（以揭示输入电流噪声 i_n)。图5.52显示了我们收集的自动调零放大器中的样本结果。测得的低频 e_n 与数据手册中的值 $82nV/\sqrt{Hz}$ 非常吻合，但如上所述，测得的电流噪声密度 i_n 远大于指定值 $0.6fA/\sqrt{Hz}$——在这个例子中为400倍。

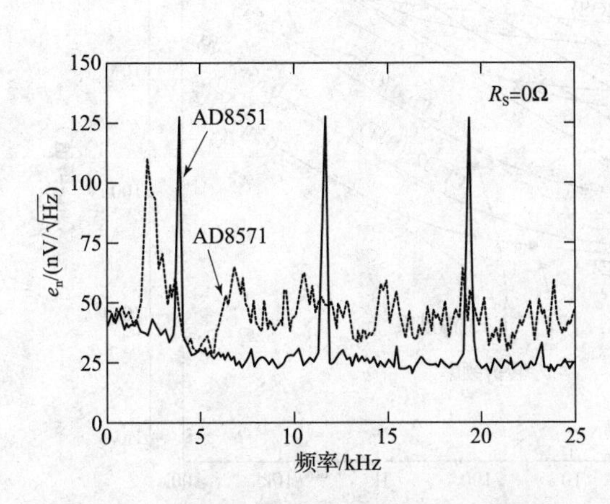

图5.51 改编自数据手册的一对自动调零运算放大器的电压噪声频谱。AD8571改变它的振荡器频率，以抑制尖锐的频谱特性

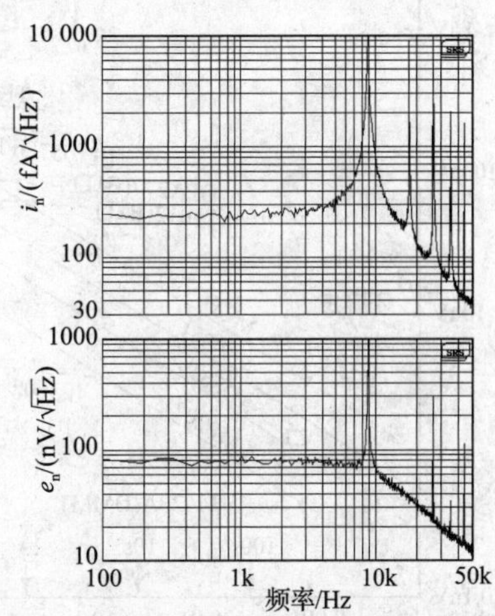

图5.52 自动调零放大器MCP6V06的电压噪声密度（下）和电流噪声密度（上）测量值。开关引起的时钟噪声在9kHz（和谐波）处非常明显

⊖ 但请注意噪声电流的声称值，许多数据手册中列出的低值是完全不正确的，有时要×(10～100)，显然已经先验地计算出了与直流输入电流相对应的散粒噪声。

对于低频应用，可以用 RC 滤波器将输出滤波到几百 Hz 的带宽内，这将抑制输出毛刺。这种尖尖的输入电流噪声在低输入阻抗电路、积分电路或输出信号变化较慢的电路（例如输出端带有仪表的热电偶电路）中都是无关紧要的。事实上，如果只想要非常慢的输出响应，那么用低通滤波器将输出滤波到极低的频率（低于 1Hz），则斩波稳零运算放大器的噪声实际上将低于传统低噪声运算放大器，见图 5.53 和图 5.54。

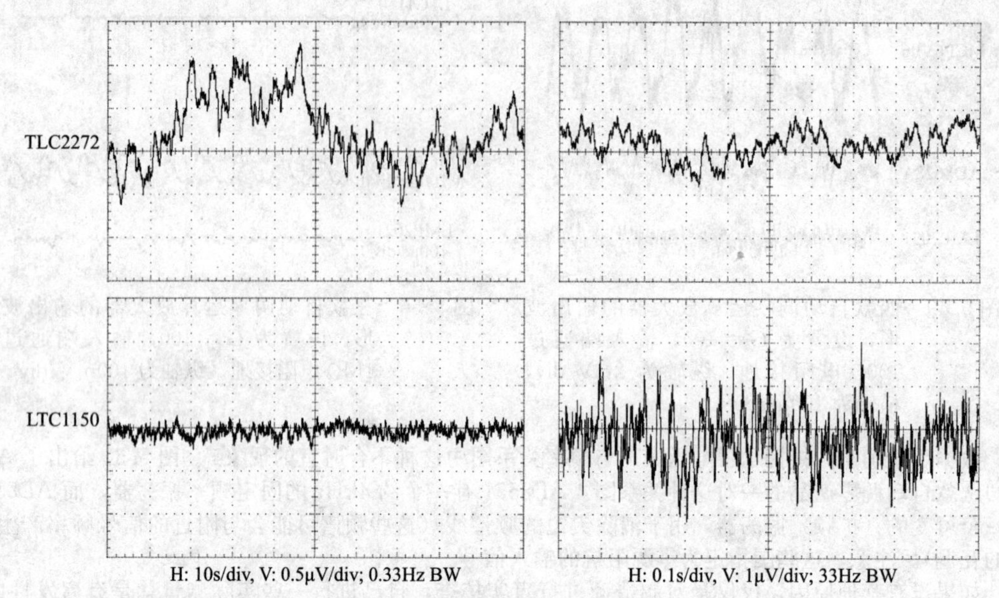

图 5.53　在极低频率下，斩波稳零运算放大器比传统低噪声运算放大器噪声更低，但是当带宽提高 100 倍时，通过这些实测曲线可见，其噪声更大

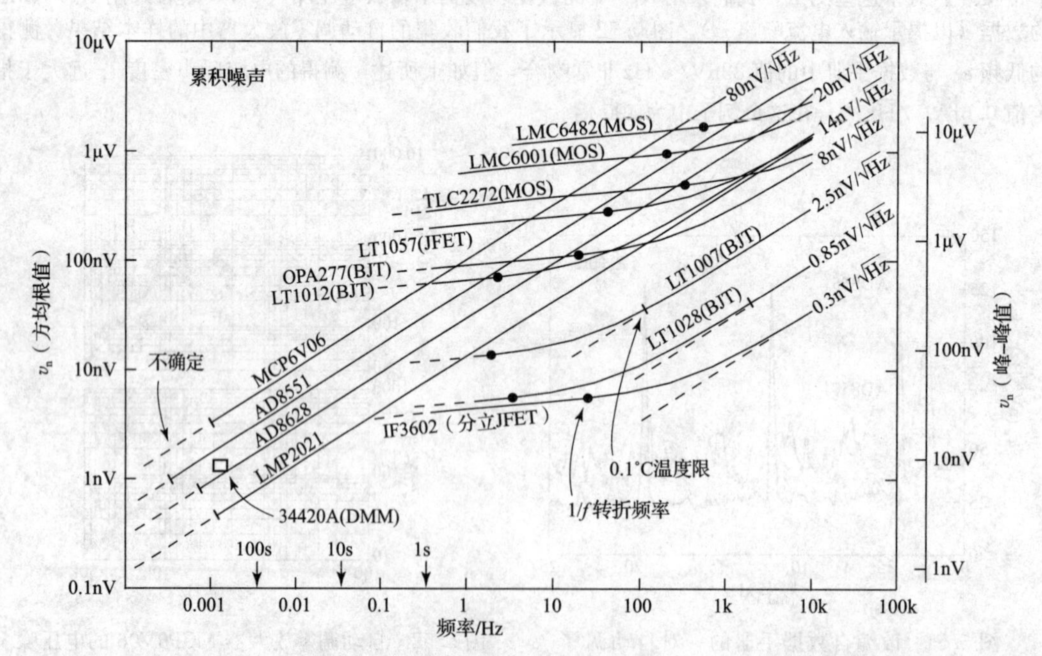

图 5.54　累积电压噪声方均根值与放大器带宽的关系。自动调零放大器的零漂移特性使其低频累积电压噪声 v_n 在低频段下降，与低通带宽的平方根成正比。相比之下，正如这些计算曲线所示，传统运算放大器不断上升的噪声密度 $e_n \propto 1/\sqrt{f}$，导致累积电压噪声 v_n 在 $1/f$ 转折频率以下出现平坦区（当对后者进行积分时，因为不定积分是发散的，我们选择下限为 0.01Hz。在此图中可以看到自动调零运算放大器与读者所选运算放大器相比的输赢区域。如果知道 e_n 和 $1/f$ 转折频率，就可以绘制其他器件的估算图）

另一种说法是，自动调零放大器有很多宽带电压噪声（1kHz 时约为 50nV/$\sqrt{\text{Hz}}$，而一个好的低噪声运算放大器只有几 nV/$\sqrt{\text{Hz}}$），但其噪声密度在非常低的频率下保持恒定，这与传统运算放大器的近似 $1/f$（闪烁噪声）形成鲜明对比。例如，像 LT1007 这样的传统低噪声 BJT 运算放大器在 1kHz 的 e_n=2.5nV/$\sqrt{\text{Hz}}$（典型值），但其噪声功率密度却在低于其转折频率 2Hz 后以 $1/f$ 上升，因此在 0.001Hz 的 e_n 约为 100nV/$\sqrt{\text{Hz}}$。与 AD8551 这样的自动调零运算放大器相比，其 e_n=42nV/$\sqrt{\text{Hz}}$大致平坦——后者在几分钟的时间尺度上的波动要小得多。实际上，AD8551 的数据手册甚至指定了从 0Hz 至 1Hz 的电压噪声峰-峰值为 0.32μV（典型值）。没有任何传统运算放大器敢将其漂移投射到无限的时间里！

自动调零放大器的最后一个问题是过载恢复。当自动调零电路试图将输入差模电压调为零时，隐含假设总的反馈在工作。如果放大器的输出饱和（或者如果没有外部电路提供反馈），就会有很大的差模输入电压，这将被调零放大器视为输入失调误差。因此，调零放大器会盲目地产生很大的校正电压，该电压将校正电容充电至很高的电压，直到调零放大器自身饱和。这个过程的恢复速度很慢——t_r 可能会延长到几毫秒。一种解决方法是检测输出何时接近饱和，并对输入进行钳位以防止饱和。可以用双向齐纳二极管（稳压管）（两个齐纳二极管串联）并联在反馈网络上防止斩波放大器（以及普通运算放大器）饱和，齐纳二极管将输出钳位在齐纳（击穿）电压处，而不是将其限制在电源电压处。这在反相电路中效果最佳。

或者，可以通过选择恢复时间快的器件来解决这个问题，例如 OPA378 或 OPA734（分别为 4μs 和 8μs）。

5.11.2　何时使用自动调零运算放大器

- 应用传感器进行缓慢但精确的测量：称重秤、热电偶、电流分流器等。
- 精确的电路内部直流稳压，例如根据电压基准创建精确的电压组。
- 需要低电压和低 I_B 的 CMOS 普通带宽应用，这类应用可以承受宽带噪声，需要低失调电压（≪1mV），并且不想支付精密 CMOS 运算放大器的高价。

5.11.3　选择自动调零运算放大器

当需要自动调零放大器时，了解这些放大器的一些常见特性和一些特殊性能是必要的。

电源电压　最大电压 5.5～6V，许多器件的工作电压可低至 2V 或更低。电源电流范围为 15μA～1.1mA。

输入电流　自动调零放大器用 CMOS 制造，因此输入电流通常为皮安级。与其他 CMOS 运算放大器一样，我们可能期望输入电流在 1pA 范围内。尽管确实有一些器件是这样的（例如 MAX4238、MCP6V06 和 LTC2054），但无疑大多数都因为输入开关电荷耦合而具有更高的电流，最大电流达 0.5nA。除了在高温下，即使大多数传统的 JFET 运算放大器也有更好的表现，而在高温下，自动调零运算放大器通常更好。例如，与（传统）JFET 运算放大器 OPA124(0.5nA) 和 LF412(10nA) 相比，自动调零运算放大器 LMP2021 的 I_B 在 125℃（对于任何共模电压）通常保持在 75pA 以下。自动调零运算放大器的输入电流没有最好的传统 CMOS 器件（具有飞安电流）那么低，但比 LT1028 或 LT1007 等传统精密 BJT 输入器件要好得多[⊖]。

失调电压　这是自动调零放大器真正的亮点，最大失调电压的典型范围为 0.1～5μV（最大范围为 2～25μV）。一些传统（非自动调零）器件可以接近该值（CMOS 运算放大器 MAX4236A 为 20μV，BJT 运算放大器 LT1012A 和 LT1007 为 25μV），但它们无法与自动调零器件出色的温度系数相媲美（通常在 5～20nV/℃范围内）。当然，这是通过连续失调校正获得的。传统运算放大器还受到 $1/f$ 噪声的严重影响，这使得性能下限设置在 10～100nV 范围内。

自动调零放大器的典型失调电压温度漂移为 4～100nV/℃，最大值高达 250nV/℃。AD8628 和 LMP2021 是这类产品的佼佼者，但这些器件的工作电流约为 1mA，因此，可以预期，其与消耗电流为 60μA 温漂为 5nV/℃的 MAX9617 相比，具有更多的器件自发热。没有制造商能够承受对所生产器件进行温度测试，因此这些规格应该谨慎看待。

⊖ 某些器件警告说，对于高源阻抗，偏置电流可能会随输入电容的变化而急剧变化！例如，对于 R_S=1GΩ，当输入并联电容 C_s 在 2～500pF 变化时，LMP2021 的输入电流在−25～+25pA 之间变化。注意，这样的输入电流会在如此高的源电阻上产生较大的失调：25pA 流过 1GΩ 电阻就是 25mV。数据手册中的图显示，当 C_s=22pF 时，输入电流 I_B 为零。其他制造商的器件也表现出类似的效果。在 R_f 较高的跨阻放大器中，采用较大的反馈电容 C_f 可以显著降低偏置电流误差。

在nV/℃等级上，必须认真考虑外部连接甚至芯片引线框架内的热电偶效应，典型的热EMF约为5～40μV/℃——这是自动调零运算放大器指定温度系数的1000倍（或更高）！

电压噪声 由于自动调零放大器具有CMOS输入和相关的开关元器件，因此比常规运算放大器具有更高的宽带噪声。在1kHz（常规基准）处的电压噪声密度e_n约为50～100nV/$\sqrt{Hz}$，优于许多传统CMOS器件和所有BJT器件。与传统运算放大器不同，噪声密度在低频段不会上升，因此低频累积电压噪声（可以将其视为波动或漂移）甚至优于最好的低噪声运算放大器（见图5.53和图5.54）。大致来讲，累积电压噪声以$1/\sqrt{t}$速率下降（或与低通频率的平方根成正比）。

除e_n外，还有一个有用参数是0.1～10Hz电压噪声峰-峰值（v_n）。AD8628、MAX9617和OPA378具有0.5μV到0.4μVpp的出色的噪声指标，但LMP2021是明显的赢家，其e_n值为11nV/$\sqrt{Hz}$，v_n为0.26μVpp，该器件提供方便的SOT23封装。

这里需要注意的是，极低频扩展（即长期漂移）最终必定会由其他漂移源（例如杂质扩散）所主导。

电流噪声 电流噪声密度i_n必须至少是与输入电流I_B相对应的散粒噪声值（由$i_n=\sqrt{2qI_B}$给出，其中$q=1.6\times10^{-19}$C，当偏置电流I_B=10pA时为1.8fA/$\sqrt{Hz}$），通常为几fA/$\sqrt{Hz}$。实际上，对于这些器件中的大多数，它要大得多——高达10～100倍。

作为电压噪声的获胜者，LMP2021的电流噪声比散粒噪声高125倍。宣称在这方面做得很好的器件（即输入电流噪声近似等于计算出的散粒噪声）包括AD8572、AD8551和LTC1050。MCP6V06以0.6fA/$\sqrt{Hz}$成为电流噪声的获胜者。该规范预测在10Hz带宽内，电流噪声流过1GΩ电阻会产生2μV的电压噪声，约等于该器件1.7μV的电压噪声v_n。TLC4501A的性能同样出色，因为它只在上电时执行一次自动调零。但我们知道，与MCP6V06不同，TLC4501A没有繁忙的自动调零振荡器和开关，因此在较高的频率和更宽的带宽下都很好。但由于$1/f$噪声和多种漂移源的影响，长期工作的性能较差。

压摆率和建立时间 器件的压摆率范围为0.04～2.5V/μs，增益带宽积范围为0.13～4.7MHz。速度更快的器件在与普通运算放大器竞争使用。对于这些器件，建立时间t_s由压摆率决定。但也存在异类，例如MCP6V06和MAX4238的建立时间比竞争产品长一到两个数量级。这可能与恢复时间有关——恢复时间以毫秒为单位的器件具有很长的建立时间（例如MAX4238）。

输入电压范围 大多数自动调零运算放大器都不支持输入电压达到正电源电压（尽管它们都是轨对轨输出）。MCP6V06、OPA333、ISL28133、MAX9617和大多数ADI公司的器件都以不降低V_{OS}或CMRR而具有全轨对轨输入而著称。MAX9617用高于电源电压的内部电荷泵电源来实现这一点。另请注意，V_{OS}规范可能仅限于有限的输入电压范围内——一些器件可以达到V_+的大部分，而另一些只能达到一部分。务必阅读说明书规范中的细则！例如，OPA335的数据手册在其130dB的CMRR旁边标注"$(V_-)-0.1V<V_{cm}<(V_+)-1.5V$"，在其1μV的失调电压旁边标注"$V_{cm}=V_s/2$"。

封装 Linear Technology公司提供了几种DIP-8封装类型，可以方便地在面包板上做试验；否则，可以使用SOIC转DIP或SOT23转DIP适配器（查看Aries或Bellin Dynamic Systems提供的适配器）。

5.11.4 自动调零运算放大器的其他注意事项

1. 交流耦合斩波放大器

当考虑自动调零斩波放大器时，不要将此技术与另一种斩波技术相混淆，即传统的低带宽斩波放大器，后者将小的直流信号转换为频率已知的交流信号（斩波）。经交流耦合放大器放大，最后乘以最初用于斩波的相同波形的信号来进行解调（见图5.55）。这种方案与我们一直在考虑的全带宽自动调零技术大不相同，当信号频率接近时钟频率（通常只有几百赫兹）时它会滚降。有时会看到它应用于图形记录器和其他低频仪器中。

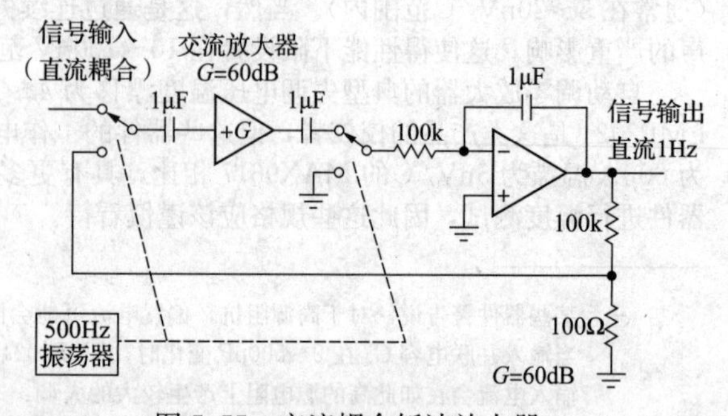

图5.55 交流耦合斩波放大器

2. 热失调

当构建具有亚微伏级失调电压的直流放大器时，应注意热失调，它是不同金属连接处产生的小的热驱动电池。当在不同温度下有一对这样的连接时，就会产生 Seebeck（塞贝克）效应热电动势。实践中，不同镀层的导线之间通常有接头。热梯度，甚至是一股小的热气流，都可以很容易地产生几微伏的热电压，甚至来自不同厂家的相似导线也能产生 0.2μV/℃的热电动势，该值是自动调零放大器典型漂移值的 10～100 倍！最好的解决方法是尽量对称布线和布局器件，以避免热气流和热梯度。

在此，当担心寄生热电偶、Peltier（珀尔帖）漂移等问题时，提供一些热电偶电压（来自安捷伦 AN1389-1）作为近似指导：

铜与	μV/℃
铜	<0.3
镉-锡焊盘	0.2
锡-铅焊盘	5
金	0.5
银	0.5
黄铜	3
铍-铜	5
铝	5
铁镍钴合金	42
硅	500
氧化铜	1000

3. 上电自校准运算放大器

德州仪器（TI）有一种有趣的方法可以避免自动调零放大器中的时钟噪声，而且只需要执行一次！TLC4501 系列自校准精密 CMOS 轨对轨输出运算放大器在上电时开始工作，执行一次自动调零并将校正失调保持在片上 DAC 中。好消息是，至少与典型的 CMOS 运算放大器相比，它没有斩波噪声并具有很好的失调（典型值为 10μV，最大值为 40μV）。不太好的是，失调随温度的漂移不太好，典型值为±1000nV/℃，相比之下，真正自动调零运算放大器约为 20nV/℃。

4. 非斩波放大器竞赛

读者无法击败这些自动调零和斩波放大器约 1μV（典型值）的失调，但可以使用出厂已校准的最好的精密运算放大器来出色地完成工作。像 LT1007 或 LT1012 这样的双极型运算放大器表现出色，典型值为 10μV，而卓越的 CMOS 运算放大器 MAX4236A 的失调典型值为 5μV（最大值为 20μV）。但注意，这些出厂已校准的运算放大器不能接近真正自动调零运算放大器的漂移值：双极型运算放大器为±200nV/℃（典型值），CMOS 运算放大器为±600nV/℃（典型值），而真正自动调零运算放大器约为 20nV/℃。

5. 外部自动调零

可以将自动调零运算放大器用作常规运算放大器的外部失调微调。当需要高压、大功率或高速运算放大器，而可选运算放大器的输入失调又太大时，这种方法很方便。图 5.56 显示了该方案，如图所示，该方案适用于反相电路。

（低压）自动调零运算放大器 U_2 构成积分器，着眼于普通运算放大器（U_1）反相输入端的误差电压。积分器输出衰减了 100 倍，以相应地调整同相输入端电压。利用显示值，积分器根据 $dV/dt=-\Delta V/R_iC_i$ 输出响应。因此，10μV 的误差会在积分器上产

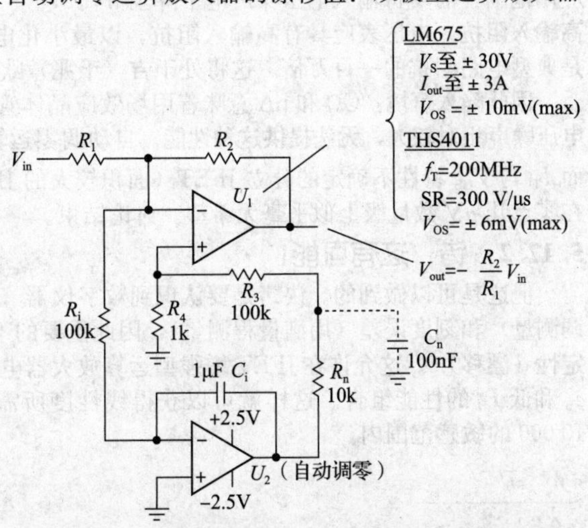

图 5.56 外部自动调零，注意 U_1 的高偏置电流

生$-100\mu V/s$的输出，并在U_1的同相端产生$-1\mu V/s$的校正信号。长的时间常数既是可取的（运算放大器失调漂移很慢），又是必需的（防止环路振荡）。这里，校正范围由分压器R_3R_4设置，因此±1V的积分器输出产生±10mV的校正信号。LM675是一款出色的大功率运算放大器（输出电流可达±3A，电源电压到±30V，具有精密的片上安全工作区和热保护），但其最大失调电压为±10mV，自动调零可将其降低1000倍。类似地，THS4011是一款高速运算放大器（$f_T=200MHz$，SR=300V/μs），最大失调电压为±6mV。当该技术用于小信号和低噪声器件，如THS4011(7.5nV/$\sqrt{Hz}$)时，可能需要在自动调零运算放大器输出端增加R_nC_n噪声滤波器来抑制（慢）校正环路中的开关噪声。

6. 自动调零仪表放大器

在5.13节中，我们讨论了仪表放大器，它们是差分输入放大器，具有非常高的输入阻抗(10MΩ～10GΩ)，宽的增益范围（$G_V=1\sim1000$，由内部或外接增益调节电阻设置），以及高增益时的高CMRR($G_V=100$时为110～140dB)。它们主要采用常规（非自动调零）电路，但有些具有CMOS自动调零，并具有非常低的失调电压和漂移（最大值为10μV和20nV/℃）。自动调零仪表放大器包括AD8553、AD8230、AD8293、INA333、LTC2053和MAX4209等。在低漂移领域具有竞争力的一些传统仪表放大器有LTC1167/8（最大值为40μV，50nV/℃）和AD8221（最大值为25μV，300nV/℃）。

7. 自己动手做

如果想深入了解电路内部的工作原理，可以查看LTC1043精密仪表开关电容构建模块，它可以让读者制作自己的高共模抑制比差分放大器。这只是它的众多技巧之一，其中包括开关电容滤波器、振荡器、调制器、锁相（定）放大器、采样-保持电路、频率-电压转换器以及快速电容电压反相器、乘法器和除法器。

5.12 大师级设计：安捷伦精密数字万用表

这是大师级设计系列中的另一个示例，在这个系列中，我们将仔细研究一些示例性电路设计。通过破解精心设计的仪器，可以学到很多东西。安捷伦出色的数字万用表，尤其是34401A(6.5位）和34420A(7.5位）台式表就是很好的例子。《电子学的艺术》（原书第3版）（下册）的第13章将讨论它们使用的精密多斜率ADC（模数转换器）技术。这里，在精密模拟电路设计的背景下，我们通过其服务手册中提供的原理图，详细研究精妙的前端。让我们来看看真正的高手是怎么做的！

5.12.1 这不可能！

乍一看，这项任务是不可能的。

精度 在一个满量程范围低至零点几伏（34401A为100mV，34420A为1mV）的仪表中，我们需要百万分之一级的精度和线性度，这远低于nV范围。

低噪声 如果仪器噪声使连续测量值在多个LSB间跳动，那么精度是无用的。因此，对于最敏感的应用范围，需要将输入电压噪声电平降至nV。

高输入阻抗 电压表应具有高输入阻抗，以最小化电路负载。因此，对于ppm级的测量，希望R_{in}是典型电路阻抗的一百万倍。这将处于吉（千兆）欧范围内，而输入电流会降至pA级。

因此陷入窘境：GΩ和pA意味着用场效应晶体管。但传统FET运算放大器的失调电压、漂移和电压噪声相对较大，无法提供这种性能。自动调零运算放大器更精确，但会受到大电流噪声的影响；而I_D与V_{GS}特性不确定的分立JFET（面积较大的JFET的电压噪声可能非常低，小于1nV/$\sqrt{Hz}$）在零点几μV数量级上似乎毫无希望。讨论结束。

5.12.2 错，这有可能！

但这是可以做到的。诀窍是要认识到数字仪器（具有板载微处理器）可以校准失调量（用零失调测量）和刻度误差（用满量程测量），因此重要的不是失调本身的存在，而是它们在测量期间的稳定性（漂移）[⊖]。这允许在JFET增强型运算放大器电路中使用分立的双JFET，其具有无与伦比的低e_n和低I_B的性能组合。这样就可以获得线性度所需的高环路增益，尤其是在前端增益为1000或10 000的敏感范围内。

⊖ 另一个技巧是对多个这样的校准测量周期（在34420A中，长达2分钟）进行平均以抵消漂移。

这还不是故事的结局，还需要低电压系数的精密电阻网络，这种可在较大的共模输入范围（到±10V）内保持精度的电路，当然还要有一个电压基准，其稳定性决定了仪器的整体精度。

5.12.3 框图：一个简单计划

这些仪器利用嵌入式控制（板载微控制器）的强大功能，通过简单易用的架构提供出色的性能。基本方案（见图5.57）本身很简单：它由单个放大器构成，电路为熟悉的同相放大器，反相输入端悬浮接地。这里，微控制器是核心，它的代码实现了高精度ADC，并通过一系列廉价器件实现了百万分之一（或更好）性能所需的多个实时校准。让我们来深入了解这两款数字万用表的原理，看看它们是如何工作的。

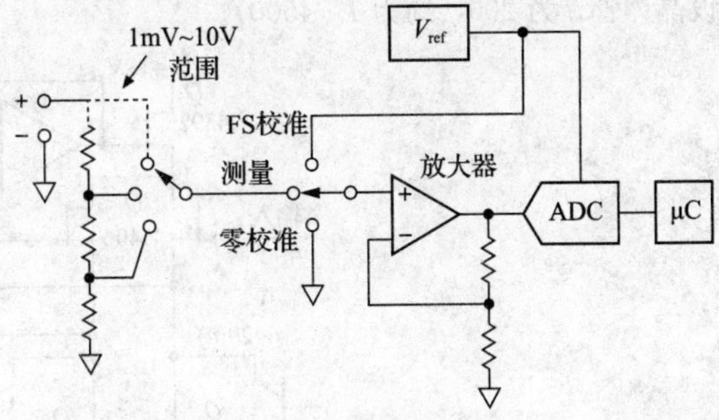

图5.57 安捷伦数字万用表框图

5.12.4 34401A 6.5位数字万用表的前端

34401A于1991年首次亮相，以实惠的价格和出色的性能（分辨率达6.5位，测量速率达1000/s，精度达20ppm）令测试和测量界叹为观止。输入放大器（前面有保护电路和衰减器，衰减器用于100V和1000V范围[㊀]）提供×100(100mV范围)、×10(1V范围）和×1(10V范围）的增益，$R_{in}>10G\Omega$。在100V和1000V范围，输入衰减器起作用，此时$R_{in}=10M\Omega$。

基本结构是一个由JFET源极跟随器对驱动的低噪声精密运算放大器（OP-27)，见图5.58a（电路见图5.58b，其中JFET共源极差分放大器取代了跟随器，用于34420A中，为其更灵敏的1mV和10mV满量程范围提供所需的附加环路增益和更低的电压噪声)。BJT输入运算放大器提供稳定(0.2μV/℃)、低噪声（3nV/$\sqrt{Hz}$）的高增益（120dB)，代价是不可接受的±15nA输入电流及相应的高输入电流噪声（1.7pA/$\sqrt{Hz}$）。JFET跟随器解决了输入电流和噪声问题，代价是失调稳定性(40μV/℃）和显著增加的电压噪声（10nV/$\sqrt{Hz}$）。这种折中听起来很糟糕，但对这款仪器来说已足够好了。

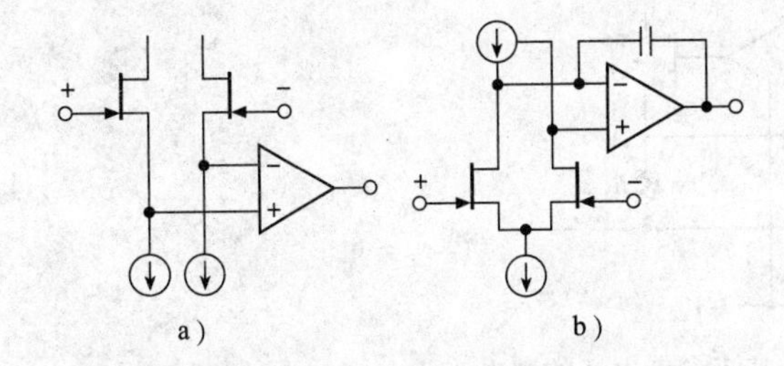

图5.58 用于安捷伦DMM（数字电压表）的基本JFET增强型运算放大器电路：a）源极跟随器，用于34401A；b）共源极差分放大器，用于34420A

完整电路见图5.59。首先注意JFET对管的自举漏极电源：Q_2使Q_1两端保持恒定漏-源电压（等于Q_2在工作电流下的V_{GS}，后者通过Q_1源极端子上看起来复杂的电流吸收器保持恒定）。这一点至关重要，因为JFET对管Q_1绝非精确，因此随着输入信号的变化（从而V_{DS}变化)，这种中等失调电压的变化肯定会破坏精度。但是，通过对源极跟随器的漏极自举，晶体管甚至都不知道输入信号有任何变化。此外，低工作电压（1～2V）使栅极漏电流很小，并且在整个±15V输入信号范围内，栅极漏电流不随输入电压的变化而变化[㊁]。

该电路的电压增益由模拟开关和匹配电阻网络精确设置，在自定义增益切换集成电路中实现。

源极下拉电路是一个基于稳定的+10V基准电压源的灌电流对，该基准电压源也用于后级ADC。图5.60中重画的电路更容易理解，图中只画了灌电流对中的一个，而达林顿晶体管被单个NPN晶体管代替。左侧运算放大器在R_2两端产生$V_{REF}R_2/R_1$的电压，因此灌电流如图所示。在其数字万用表中，安捷伦对R_2和一对R_3（每个源极下拉一个）使用了匹配网络。额外的电阻R_4将发射极电压下移至$V_E=-V_{REF}R_4/R_1$，以适应超过±15V的输入信号（±12V的工作范围，外加3V电压以容纳纹波和噪声)。如果使用图5.59中的电阻值，会发现适应范围降低到－14V（发射极为

㊀ 所有产品具有20%的超量程，例如在10V量程时为±12V。

㊁ Q_1在0.7mA的V_{GS}必须小于Q_2在1.4mA的V_{GS}，因为两者之差是Q_1的V_{DS}工作电压。

$-14.6V$)，单个源极下拉电流为$680\mu A$。设计人员使用达林顿晶体管以保持基极电流误差很小（假设晶体管β为200，约为$I_C/4500$)。

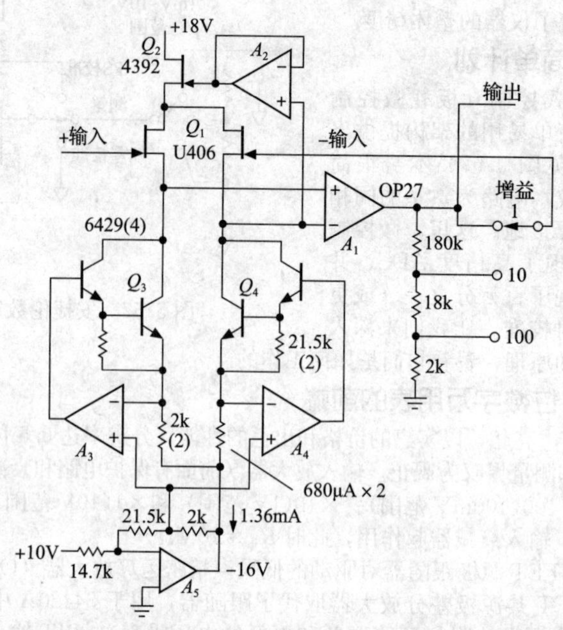

图5.59　安捷伦34401A前端放大器，能够以$0.1\mu V$的分辨率进行测量。输入是单端的，相对于仪器的输入公共端进行放大和测量

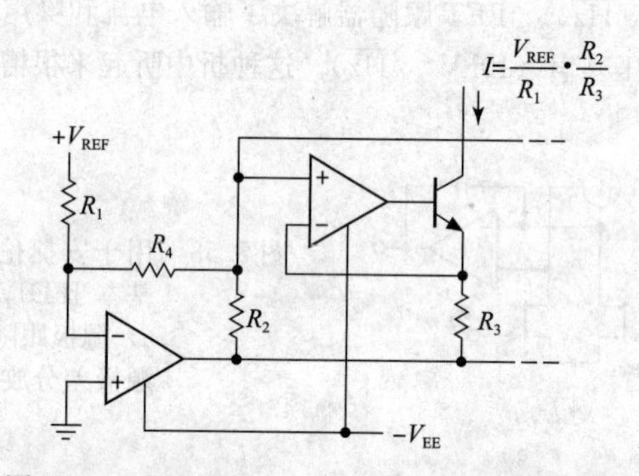

图5.60　安捷伦34401A基于参考电压的灌电流

5.12.5　34420A 7.5位数字万用表的前端

有了6.5位的34401A作为热身，让我们来看看更精密的同类产品34420A 7.5位DMM。它具有改进的分辨率和更高的灵敏度（满量程为1mV），对前端的精度、稳定性和噪声提出了更高的要求。在其最灵敏的范围内，前端放大器增益为10 000（将±1mV输入放大到±10V ADC范围），需要很大的开环增益以保持精度和线性度。随着灵敏度和分辨率的提高，对低噪声的要求也越来越高。例如，规格中列出的在10mV范围内的直流电压噪声（平均2分钟）为1.5nV（rms），即0.15ppm。

为了满足这些要求，设计人员使用了图5.58b的电路，为了获得更大的环路增益和更低的噪声，将JFET对设置为共源极差分放大器。完整电路见图5.61。JFET再次以恒流（2mA）方式工作，并具有自举漏极（保持比源极电压高$V_Z-2V_{BE}-1V$，即$V_{DS}\approx2.5V$)。为了大幅降低电压噪声（在10Hz低至$e_n=0.4nV/\sqrt{Hz}$)，选择了更大尺寸的JFET。这些是巨型JFET：$I_{DSS}=50mA$（最小值）或1000mA（最大值)，输入电容为500pF，失调电压为±100mV（未指定温度系数)。对于nV测量来说，后一个参数似乎不是好事（正如我们将看到的，可以连续调整测得的失调量)。这些器件虽然很粗糙，但它们的噪声确实很低。很快，我们将再回到这个电路来处理增益、带宽和噪声问题。不过，首先来看一下整体增益设置环路。

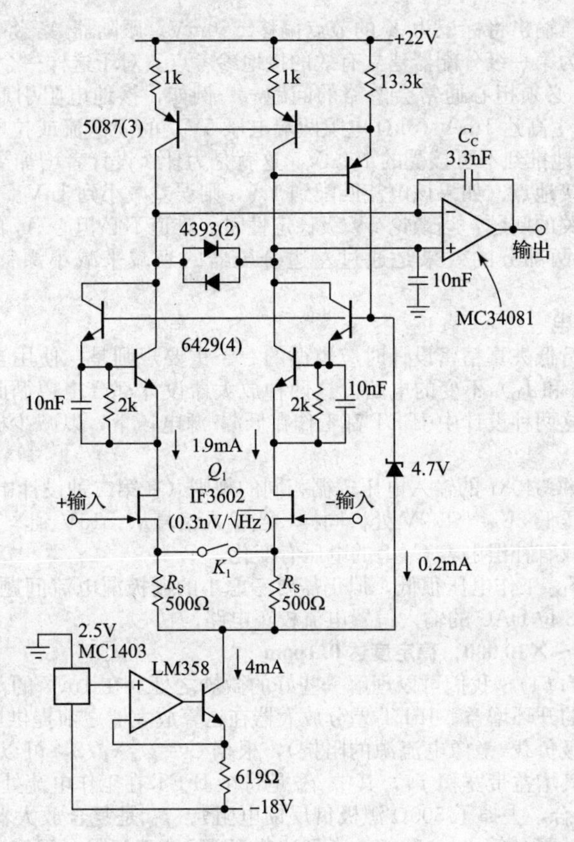

图 5.61 安捷伦 34420A 的前端增益模块，用于 $G=10\,000$，分辨率为 0.1nV 时的测量

1. 两级增益设置环路

图 5.61 所示为裸放大器，它位于图 5.62 的反馈和微调电路中。增益选择由两级高稳定性的精密衰减器（这些是定制模块）组成，精密运算放大器 A_1 用于隔离衰减器，作为测量周期的一部分，放大器 A_1 的失调被读取并消除（通过对放大器输出和两个增益 $G=1$ 的放大器的输出进行比较）。当 DAC 的偏移设为零且增益为×100 时，也可以从放大器的输出测量 A_2 的失调。

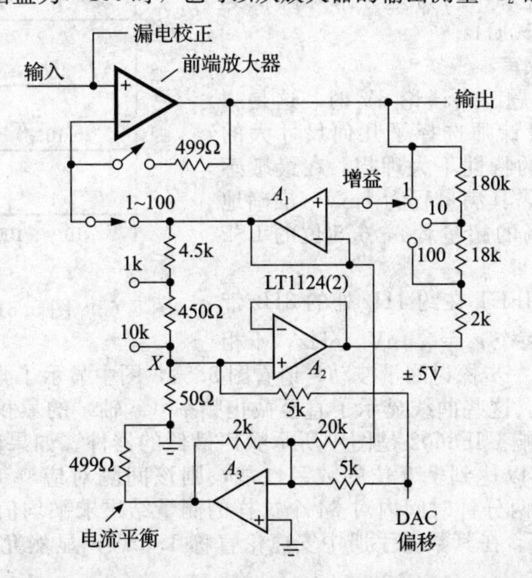

图 5.62 安捷伦 34420A 量程切换反馈电路，环绕在图 5.61 中放大器的周围

DAC 偏移用来消除失调量（JFET 对的失调范围可达约 50mV）。这是通过产生电压输出（±5V

范围）来实现的，该电压输出将标记为 X 的节点偏移±50mV。跟随器 A_2 将该偏移量复制到右侧增益设置分配器的底部，为第一级分配器建立有效的接地参考点。对于这样一个精密电路（在1mV范围内，LSB只有1nV），必须担心通常会忽略的问题——例如，接地电阻引起电压下降的影响。此处，DAC偏移可能会产生高达1mA（5kΩ电阻两端电压5V）的灌电流或拉电流，如果接地回路有0.1mΩ的电阻，则会将地推到不可接受的100nV。这就是为什么设计者增加了 A_3，其输出将相反符号的平衡电流引入同一接地点。如果该电流匹配到1%，则误差减小到1nV。

这就提出了一个相关的问题：当谈论nV级稳定性时，难道不必担心 A_1 的漂移？确实如此，但将增益设置衰减器分为两部分的效果是通过左边分压器的衰减来减小漂移的，即在最敏感范围内×100。

2. JFET的维护和供电

使用分立晶体管进行低失真精密设计时应遵循的一条重要规则是：使用当输入信号变化时能保持晶体管工作条件（V_{DS} 和 I_D）不变的电路。这两种放大器设计都严格遵循此规则，但以不同的方式来实现良好的性能。这两种设计中JFET都工作在低漏-源电压下，以减少栅极漏电流并最大限度地降低自发热。

JFET运算放大器MC34081的输入电压遵循相同的规则（在第二种设计中），它们的输入电压都固定在比+22V电源电压低 $2V_{BE}$+1.9V处。同样，当输入信号从−15V到+15V变化时，镜像晶体管的电压也没有变化，只有补偿电容 C_c 上的电压有变化。

最后，尽管 Q_1 的 V_{DG} 工作电压很低，但仍需要考虑小的栅极漏电流问题。为了解决这个问题，安捷伦增加了一个带有8位DAC的输入偏置电流校正电路。

3. 放大器增益：×1～×10 000，稳定度达0.1ppm

回到放大器（见图5.61），我们可以理解一些好的微妙之处。在1mV的范围内需要×10 000的闭环增益，这需要很大的开环增益。JFET差分放大器在运算放大器之前提供增益。虽然直流增益不容易计算（它取决于漏极负载-镜像电流源的阻抗），根据 $G=g_mX_C/2$，可以通过观察补偿电容 C_c 使差分增益下降来估算其增益带宽积 f_T，其中 g_m 是每个JFET在工作电流处的跨导（继电器 K_1 在1mV和10mV范围时闭合，去掉了500Ω源极负反馈电阻）。f_T 是复合放大器增益下降到1时的频率，即 $f_T=g_m/4\pi C_c$。为了估算 g_m，我们注意到这些JFET在亚门限（阈值）区（其 I_{DSS} 的典型值为300mA）运行良好，其中FET的表现更像BJT（I_D 随 V_{GS} 呈指数特性），其跨导与漏极电流成正比，而 g_m 仅略小于在相同电流下工作的BJT。当IF3602工作在 I_D=2mA时，可以估算 $g_m\approx$ 60mS，因此 f_T=1.5MHz。

回头看，我们发现开环增益在1Hz约为 10^6，见图5.63。为了保持稳定性，在低增益范围内引入了源极负反馈。滚降很容易计算，因为差分跨导降低到 $1/2R_S$（1mS），所以 f_T=50kHz。

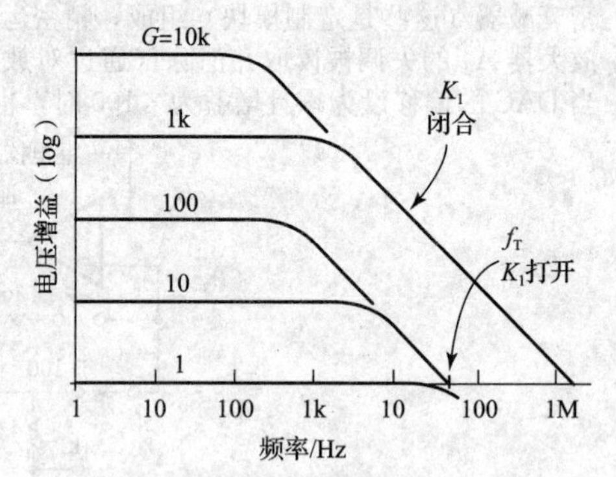

图5.63 图5.61所示放大器的差分增益

4. 亚纳伏级的放大器噪声

最后是重要的噪声问题。当谈论nV时，这是一件大事，这就是为什么设计师选择了几何尺寸大的JFET的原因，尽管它们的特性不太理想。在最敏感的范围内，噪声影响最大，其满量程为1mV（准确地说是1.2mV，因为有20%的超量程），6.5位的LSB为1nV。

这里有几个噪声源。JFET在约1Hz处的3Hz带宽内贡献了约1nV rms（每个 $e_n=0.4\text{nV}/\sqrt{\text{Hz}}$，不相关噪声乘以1.4）。为了进一步探讨测量波动，请看图5.54，图中显示了常规运算放大器和斩波稳零运算放大器的电压噪声。这些曲线显示了直至截止频率（x 轴）的累积电压噪声方均根值，包括元器件的 $1/f$ 噪声的影响。IF3602是图中所示噪声最低的器件。如果假设积分时间为100PLC（电力线周期）或1.67s，以达到7.5位的数字性能，则该间隔对应0.6Hz的截止频率和大约3nV rms的噪声。如果在两分钟时间内对64个这样的测量结果求平均值，我们期望方均根波动能减小8倍，降至0.4nV。在其数据手册中安捷伦宣称1.3nV，显然允许一些非随机变化和其他误差。

灌电流中的噪声不太重要，因为差分级会在很大程度上消除噪声。这是一件好事，因为这种设计使用了有噪声的电压基准（MC1403是早期的带隙设计，未指定电压噪声）⊖。当运行速度超过20PLC或1.5rd/s（读数/秒）时，34420A的数字化能力从7.5位下降到6.5位，在25rd/s以上进一步下降到5.5位，在高于250rd/s下降到4.5位，因此不会注意到高频放大器噪声的升高。

5. 超越规范

当突破可能的极限时，通常会发现当遵守最坏情况下的器件规格时，工作无法完成。例如，此处关键的JFET对在最坏情况下的指定栅极漏电流为500pA（25℃），而仪器指定的最大输入电流为50pA，怎么办？

如果读者是主要制造商，通常可以说服供应商对器件进行更严格的筛选。无论如何，读者都可以自己完成这项工作。但请注意，这样通常不能保证过程的持续性，也不能保证有比指定器件更好的器件。更糟的是，读者需要的特殊器件可能会完全停产！

5.13 差分放大器和仪表放大器

这些术语描述了一类直流耦合放大器，它们允许一对差分信号输入（称为V_{in+}和V_{in-}），输出是与差分输入精确成比例的单端信号或差分输出对：$V_{out}=G_V\Delta V_{in}=G_V(V_{in+}-V_{in-})$。它们具有高共模抑制比，以及高精度和稳定性的电压增益。这是它们的独特功能，也是电路设计人员众所周知的。

差分放大器 差分输入，单端输出；运算放大器加上两个匹配的电阻对；CMRR为90～100dB；精确但增益低（$G_V=0.1$～10）；输入阻抗为25～100kΩ，用于低阻抗驱动；输入通常可以超过电源电压。

仪表放大器 差分输入，单端输出；非常高的输入阻抗（10MΩ～10GΩ），宽增益范围（$G_V=1$～1000）和更高增益时极高的CMRR($G_V=100$时为110～140dB)。

差分（输出）放大器 差分或单端输入，差分输出；大多数是低压、高速和宽带；是双绞线电缆驱动器和高速差分输入ADC的理想选择。

一个明显的应用是恢复原本是差分的信号，该差分信号叠加在某个共模电平之上或受到共模干扰的影响，图5.64显示了每种示例。

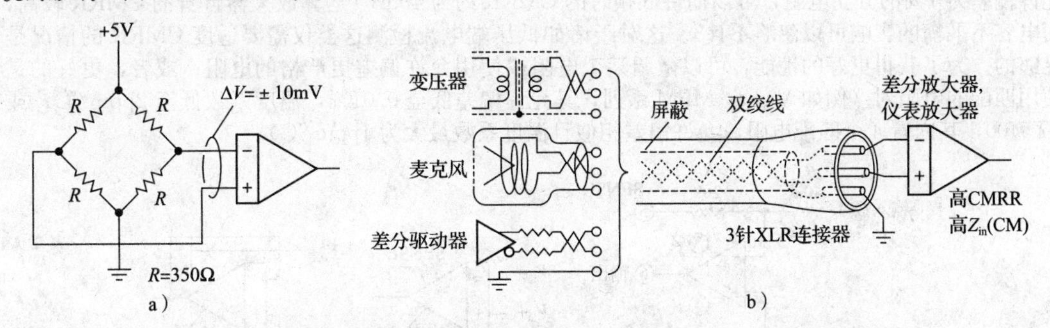

图5.64 需要好的共模抑制的差分信号。a）应变片；b）音频平衡线对

第一个示例是应变片，它是由电阻构成的平衡电桥，可将其所附着材料的应变（延伸）转换为电阻变化。当采用固定的直流偏置电压供电时，最终结果是一个变化很小的差分输出电压。所有电阻的阻值大致相同，典型值为350Ω，但它们承受不同的应变。满量程灵敏度的典型值为±2mV/V，因此在5V直流激励下的满量程输出为±10mV。这个小的差分输出电压（与应变成正比）叠加在+2.5V的直流电平之上。差分输入放大器必须有非常好的CMRR，以便放大毫伏级的差分信号，同时抑制约2.5V的共模信号及其变化。例如，假设希望最大误差为满量程的0.1%，也就是±0.02mV叠加在2500mV之上，这相当于62 500∶1或96dB的CMRR。这高估了所需的CMRR：实践中，将执行零校准，因此CMRR只需要能够抑制+5V的电桥偏置变化即可，这里大约60dB就足够了。

第二个示例（见图5.64b）来自专业音频领域，在这里读者会遇到一些令人印象深刻的挑战。例如，当音乐会录音时，可能将麦克风悬挂在高高的天花板上，连接电缆长度有100m或更长。信号

⊖ 对于单端放大器，我们希望电流源噪声i_n小于$e_n(\mathrm{amp})g_m$，我们可以用表达式$e_n(\mathrm{ref})/e_n(\mathrm{amp})=g_mR_S$来确定电流源参考中允许的电压噪声。对于这个电路，该比率为37，因此与JFET的$0.3\mathrm{nV}/\sqrt{\mathrm{Hz}}$相对应的噪声仅为$11\mathrm{nV}/\sqrt{\mathrm{Hz}}$。MC1403基准比这个差了大约20倍。显然，安捷伦的工程师们正依靠两个JFET中的匹配噪声电流，通过1%的镜像电流源电阻来抵消到优于5%。然而，当频率高于约10Hz时，10nF的电容会使这种抵消失效。

峰值电平可能在1V左右，而在音乐安静时会下降到1mV，但必须将电源线拾音器和其他噪声（例如来自调光器的开关噪声）再降低40dB——人耳对外来声音非常敏感。合计需要100 000：1的拾音抑制（<10μV）！这似乎不可能，但几十年来，录音工程师通过用平衡差分对（标准信号阻抗为150Ω或600Ω）传输音频信号的简便权宜之计，已经成功做到了这一点。为此，他们使用屏蔽良好的双绞线电缆，端接3针XLR连接器（这种连接器有坚韧的金属壳、良好的应变消除功能等）。为了保持信号的完全平衡，他们使用了高质量的音频变压器或差分驱动器（在发送端），以及另一个变压器或差分放大器（在接收端）。

注意，在信号本身不是差分的情况下，差分输入放大器也很有用。两个常见示例是精密低压端电流检测和在仪器之间发送信号时使用差分输入放大器。在后者中，差分放大器的输出REF引脚提供的灵活性使我们能够避免在一对接地不同的仪器之间传输信号时出现接地环路。

一般来说，制造优质仪表放大器和高增益差分放大器所涉及的技术与前面讨论的精密技术很相似。偏置电流、失调和CMRR误差都很重要。让我们从用于一般应用的差分放大器的设计开始，逐步达到最严刻仪器的要求。

5.14 差分放大器

让我们先来看看差分放大器的工作原理和应用，并仔细看看它的性能参数以及一些巧妙的电路变化。

5.14.1 电路基本原理

经典差分放大器（见图5.65）由带有匹配电阻对 R_f 和 R_i 的运算放大器组成，差分增益为

$$G_{diff} \equiv \frac{V_{out}}{V_{in+} - V_{in-}} = R_f/R_i$$

假设有一个理想运算放大器，其共模抑制受两条通路中 R_f/R_i 比值匹配度的限制。例如，如果使用允许偏差为1%的分立电阻，可以期待低频时的CMRR约为40dB（运算放大器自身的CMRR较高，而电容不平衡的影响可以忽略不计）。这对于诸如低压端电流检测这类仅需要适度CMRR的情况是足够的。为了获得更好的性能，可以微调某个电阻或使用允许偏差更严格的电阻；或者，更好的是使用匹配的电阻对（例如Vishay MPM系列，其允许偏差低至0.01%，温度系数低至2ppm/℃；或LT5400，其内置4个匹配电阻，允许偏差相似且温度系数最大为1ppm/℃）。

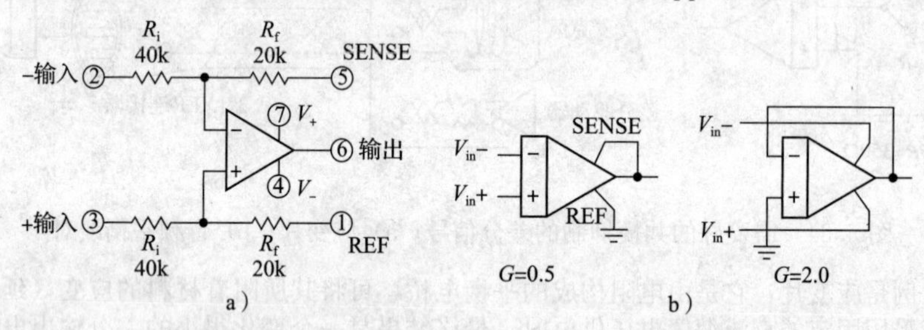

图5.65 经典差分放大器，使用AD8278/9中的电阻值（G=0.5或2）

图中AD8278的最坏情况规格是增益精度为±0.02%（对于G=0.5或G=2），增益温度系数为1ppm/℃，失调电压和温度系数为100μV和1μV/℃，CMRR为80dB。

5.14.2 一些应用

1. 单端输入

例如，完全可以用带有单端输入的差分放大器来获得精确稳定的增益。图5.66显示了一些简单的电路。注意，当差分放大器如电路d和e中所示使用时，其输入端的差分特性并没有浪费，因为其独立的REF引脚允许输入和输出端接地电位有微小差异。换句话说，输出电压相对于它的地，精确地是输入电压相对于它的地的±1.0倍（在这种情况下）。

2. 接地环路隔离

这个属性正是如图5.67所示的接地环路隔离应用所需的。在第1个电路中，驱动端允许其输出参考浮动到（非浮动）接收端电位。当接收端强制时，小数值的电阻和旁路电容允许较小的电压差，两端都很好。在第2个电路中，当（非浮动）驱动端强制时，允许接收端的输入公共端悬浮。这些电路解决了单端电缆连接中较小的接地环路问题。但它们不能替代诸如专业音频或视频等高要求应用中所需的全隔离与/或平衡方法。

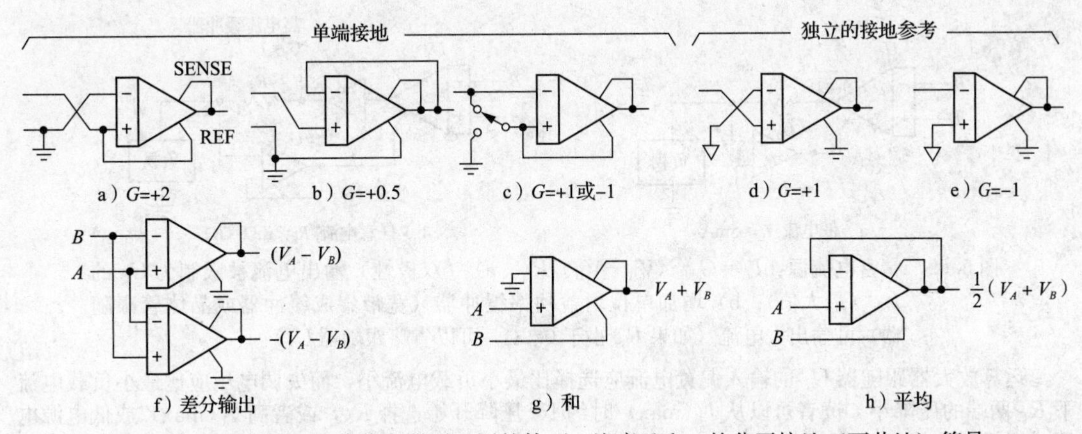

图 5.66 单位增益差分放大器可以用的技巧。注意 d 和 e 的分开接地（不共地）符号

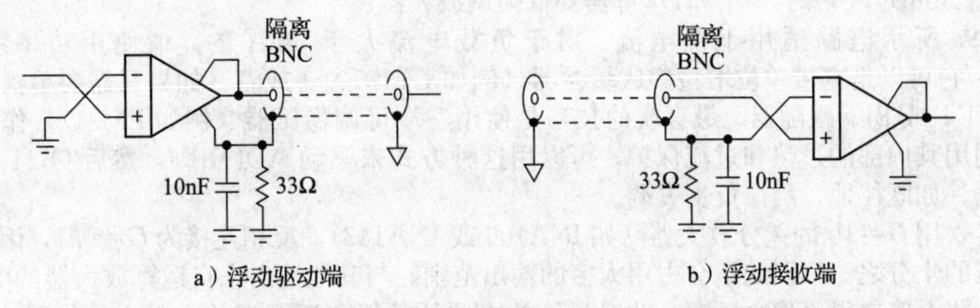

图 5.67 利用 REF 引脚可防止连接仪器时的电源线频率接地环路

3. 电流检测

图 5.68 显示了用于低压端和高压端电流检测的差分放大器，它可能是恒流控制的一部分，或者只是用于精密负载电流监测。乍一看，由于检测电阻返回电路地，似乎没必要在低压端检测中使用差分放大器。但想象一下，我们正在处理大功率，例如高达 10A 的负载电流。我们用了 0.01Ω 的低阻值精密检测电阻，以保持其功耗低于 1W。即使它的一端接地，使用单端放大器也是不明智的，因为仅仅 1mΩ 的引线电阻也会导致 10%的误差！解决方案是采用差分输入放大器，如图所示，连接到一个 4 线 Kelvin（开尔文）连接的检测电阻上。注意，因为低压端的电压不会远离地，所以差分放大器不需要特别高的 CMRR。

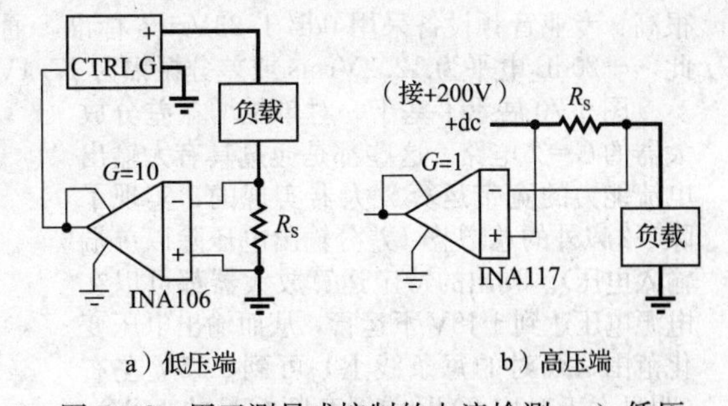

图 5.68 用于测量或控制的电流检测。a）低压端检测允许较低的 CMRR，不像高压端检测；b）差分放大器会在高压端和大电流源检测中引入明显的误差（这种情况下，只能 R_S 两端是小压降）

对于高压端检测电路（见图 5.68b），情况并非如此，因为共模电压远大于差模电压。这里为高压应用指定了一个单位增益差分放大器，该放大器允许共模输入电压达到±200V（其内部电路在前端使用 20：1 的电阻分压器）。直流电压范围为 0～200V。因此，指定最小 CMRR 为 86dB（1：20 000），这等效 100mV 的差分输入变化。为了保持 1%的检测电流精度，我们需要调整 R_S 的大小以使其在满载电流下降低 10V。如果这是另一个示例中强大的 10A 直流电源电流，那么这将带来很大的电压负担，并且功耗将达到惊人的 100W。因此，该方案对于低电流 200V 电源已经足够了。但对于高压端检测有更好的方法，例如通过使放大器悬浮并将输出作为电流或（通过光电耦合器）作为数字量中继到地。

4. 电流源

图 5.69 显示了如何连接差分放大器，以使（差分）输入信号控制串联检测电阻 R_S 两端的压降。换句话说，这是一个电流源。如果愿意，欢迎使用单端控制输入。输出电流可以是任意极性的，并且这些电路不知道或不在乎负载是返回到地还是返回到其他电位。

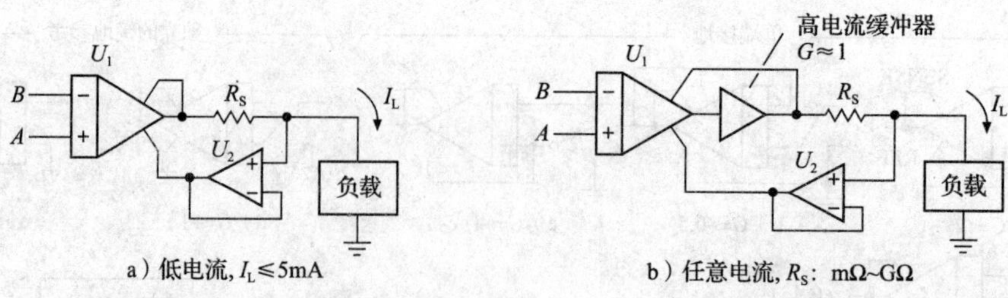

a）低电流，$I_L \leq 5mA$　　b）任意电流，R_S：mΩ~GΩ

图 5.69　精密电流源：$I_L = G_{diff}(V_A - V_B)/R_S$。a）（双极性）输出电流被限制为 U_1 的 I_{out}（最大值）；b）增加单位增益功率缓冲器（宽带集成缓冲器或晶体管跟随器）可输出大电流（如果 R_S 小于 0.2Ω，可以省略跟随器 U_2）

运算放大器跟随器 U_2 的输入偏置电流应选择比最小负载电流小，而失调电压应比最小负载电流下 R_S 两端的压降小。读者可以从 I_L(max) 时约 1V 压降开始选择 R_S，或者高 I_L(max) 或低电源电压时选择较小的 R_S，然后查看 $R_S I_L$（最小值）是否至少为 100μV 左右。对于大的动态范围，例如 $I_L(\max)/I_L(\min) \geqslant 10^4$ 时，U_1 和 U_2 都需要低失调放大器。

图 5.69a 所示电路适用于低电流。对于负载电流大于 5mA 的，请使用功率缓冲器（见图 5.69b），它可以是宽带单位增益集成缓冲器（例如 LT1010），或者（如果只需要单极性的输出电流）MOSFET 或 BJT 跟随器。最喜欢的技巧是使用三端可调稳压器（例如 LM317）作为功率缓冲器，从而利用其内部的过热和过流保护。可以用这种方式来驱动 ADJ 引脚，然后 OUT 引脚跟随并高 1.25V。一如既往地，反馈负责失调。

我们喜欢用 $G=10$ 的差分放大器（如 INA106 或 INA143），反相连接为 $G=0.1$，因为检测电压是编程电压的十分之一，因此不会占用太多的输出范围。与其他输出来自运算放大器的电流源一样，高频时，这些电路变得更像电压源，此时运算放大器的补偿和压摆率效应起主导作用[⊖]。使用基于仪表放大器的有源电流源可以在高频段获得更好的性能。

5. 高电平线路驱动器

专业音频设备使用差分模拟信号，采用端接（通常）标称 600Ω 桥式电阻的平衡线路方式且级别很高：专业音频设备采用 0dB 1.23Vrms 标准，通常会有 16～20dB 无须调整的额外指定裕量。因此，+20dB 电平为 12.3Vrms 或差分振幅为 17.4V。

图 5.70 展示了基于一对单位增益差分放大器的 $G=2$ 电路。这些都是通过具有大输出电流能力的宽带运算放大器实现的，实现了除×2 以外的总增益（差分输出电压除以单端输入电压）。列出的特定运算放大器都可以在电源电压达到±18V 下运行，从而输出电压变化范围（线对的每条线上）可到±15V 左右（明显大于对应 20dB 前置音频裕量的±9V）。所示的三款运算放大器针对不同的应用，并具有较宽的带宽（约 100MHz）。LM7372 明确指定为 10MHz，适用于视频和广播应用，而 LME49xxx 器件针对音频带宽进行了优化，达到令人印象深刻的 20kHz。

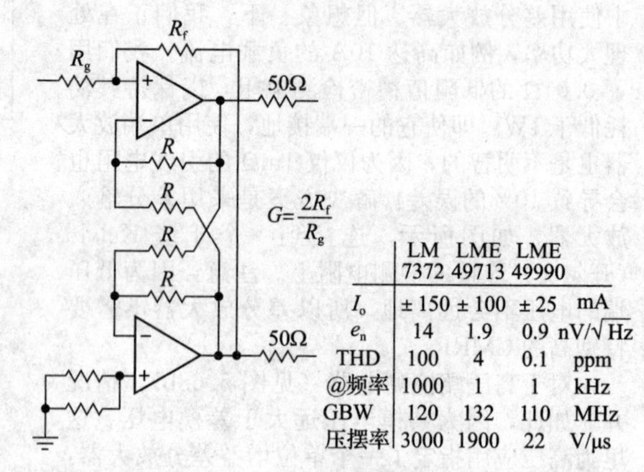

	LM 7372	LME 49713	LME 49990	
I_o	±150	±100	±25	mA
e_n	14	1.9	0.9	nV/√Hz
THD	100	4	0.1	ppm
@频率	1000	1	1	kHz
GBW	120	132	110	MHz
压摆率	3000	1900	22	V/μs

图 5.70　用于专业音频的高电平差分线路驱动器

一些有趣的替代产品如 DRV134 和 LME49724，它们将一个性能相当的全差分输出电路集成到一个芯片中。后者也是具有差分输入的全差分放大器，一个输入端可以接地，用于单端信号源。

6. 宽带模拟双绞线

双绞线网络电缆（Cat-5e 等）通常用于局域网（LAN）的数据传输，也可以用于模拟信号传输。无处不在的 Cat-5e 和 Cat-6 电缆包含四对非屏蔽线（因此称为 UTP），有趣的是，它们以不同（不相称）的间距绞合以最小化正常模式耦合。

然而，线对之间以及线与外界之间都会存在很多共模耦合。因此，需要差分驱动器与远端的差

⊖ 可以定义一个有效的电流源输出电容 $C_{eff} = I_{out}/S$（其中 S 是输出压摆率）来描述这个缺点。

分放大器结合使用，而且对于超过几英寸的宽带传输，线对终端都要接100Ω的特性阻抗。

图5.71显示了如何将差分放大器用作此类信号的模拟线路接收器。这个电路来自AD8130的数据手册，说明当用较长电缆（300m）传输时，可用某些峰值来补偿高频段的信号衰减。该放大器在低频$G=3$，R_4C_1在频率约为1.6MHz（此处C_1的电抗等于R_3）处启动，以提高下降的响应。这个简单均衡器的结果是使从DC到9MHz总响应的平坦度达到±1dB。需要×3的低频增益来补偿由于电阻分压器（由R_1和电缆对的50.5Ω往返电阻组成）而损失的信号，以及将输出信号翻倍，以便驱动后端视频电缆。

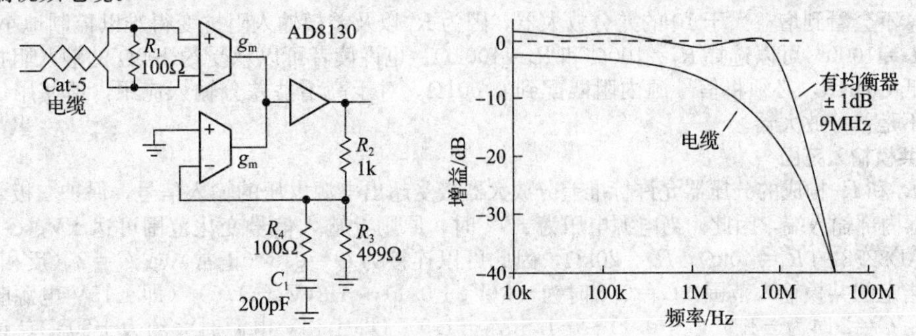

图5.71 用于宽带模拟信号的双绞线差分线路接收器。C_1R_4提供的高音增强补偿了300m长Cat-5电缆的高频滚降

5.14.3 性能参数

1. 输入阻抗

从图5.65可以看出，差分放大器的输入阻抗似乎是R_i（或者可能是R_i的倍数），如果驱动它的信号的源（戴维南等效）阻抗R_S很小，则一切都很好。

不是这样！这些放大器陶醉于其精确的增益，并且除非R_S比放大器的R_I至少小一定的倍数，否则增益精度会受影响。这是因为信号的源阻抗实际上与R_I串联，通过$R_I/(R_I+R_S)$降低了增益。

增益降低实际上是两个问题中较小的一个。如果仔细阅读数据手册上的细则，会发现这些放大器优秀的CMRR总是指定为$R_S=0\Omega$时！如果以相等的源阻抗驱动两个输入，这样可以保持电阻比匹配，可以合理地预期CMRR将保持不变。读者可以期待这样，但读者会失望：即使精确匹配，CMRR也会随着源阻抗的上升而迅速下降。

为什么会这样？制造过程对内部电阻经过激光微调，使上面电阻对R_F/R_I的比率精确匹配下面电阻对的比率。比率是匹配的，但以牺牲绝对值为代价，两个输入电阻R_I可能略有不同[⊖]。因此，如果用一对具有匹配源阻抗R_S的信号源驱动，则反馈比不匹配，从而引起CMRR降低。*重点*：用运算放大器输出或具有非常低R_S的信号源（例如，一个低阻值电流检测电阻）来驱动这些电路。

当然，并不总是这样。如何提高输入阻抗？第一个想法可能是简单地将所有电阻值提高较大的倍数。这有几个缺点，其中最严重的是：①约翰逊噪声（$e_n=0.13R^{\frac{1}{2}}\ \mathrm{nV}/\sqrt{\mathrm{Hz}}$，因此对于约1MΩ的电阻为$130\mathrm{nV}/\sqrt{\mathrm{Hz}}$）；②由分布式杂散电容引起的带宽损失。第二个想法是在输入端引入一对精密运算放大器跟随器。但还有更好的方法，例如三运算放大器仪表放大器电路，其中高CMRR和高阻抗的前端差分级驱动差分放大器输出级。

回到最初的问题，输入阻抗到底是多少？有几个答案，请看图5.72。共模输入阻抗是指当两个输入端一起驱动时，在任一输入端看到的增量阻抗。对于共模驱动，由于输出是固

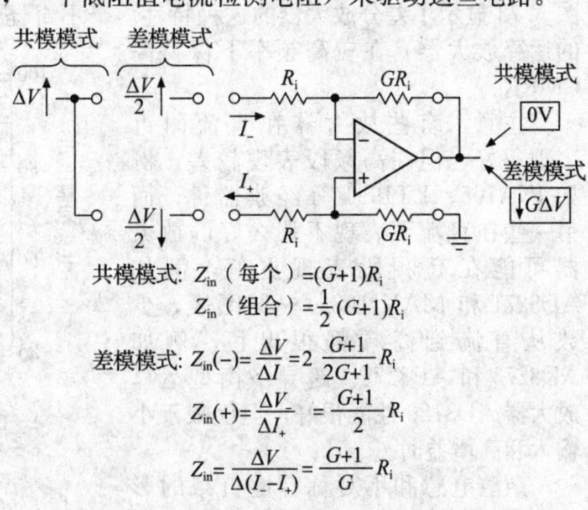

图5.72 差分放大器的几种输入阻抗

⊖ 所有电阻的缩放比例通常仅为数据手册上标称值的±20%，为了匹配电阻比而牺牲了绝对电阻值。

定的，所以两个阻抗相等（除了如上所述的轻微不匹配）。

差模输入阻抗说来话长。单独考虑（通过将另一个输入端接地），两个输入端呈现不同的 R_{in}：反相输入端通过 R_i 连接到虚地，因此其 $R_{in}=R_i$；而同相输入端 $R_{in}=R_i+R_f$。例如，对于 $G=10$ 的差分放大器，它们相差 11 倍。这是一个有用的结果，尤其是如果读者打算在像图 5.66d 和 e 这样的单端输入电路中使用差分放大器。我们基于纯（对称）差分输入计算了图 5.72 中的表达式。即使这样定义，两个输入端的输入阻抗也不同。这引导我们最终确定了基于净输入电流变化的差模输入阻抗，如图所示。数据手册通常会列出此值，但没有解释。

通常不会看到增益大于 10 的差分放大器，因为 R_i 以及差模输入阻抗变得难以控制地小。例如，要获得 $G=1000$，可以选择 $R_i=100\Omega$ 和 $R_f=100\text{k}\Omega$。也许读者可以承受约 100Ω 的输入阻抗，但为了不降低 CMRR，必须将信号源内阻匹配到 0.001Ω。对于高增益差分输入应用，请使用仪表放大器，而不是差分放大器。

2. 共模输入范围

由 R_i 和 R_f 构成的分压器允许标准差分放大器接受超出电源电压的输入信号，保护二极管位于运算放大器内部输入端，因此，当电源电压为 $\pm V_S$ 时，原则上输入信号变化范围可达 $\pm V_S(G+1)/G$。例如，AD8278 的 $R_i=40\text{k}\Omega$，$R_f=20\text{k}\Omega$，因此可以连接为 $G=0.5$（正常）或 $G=2$（反相）。对两种增益指定的共模输入范围：$G=0.5$ 时为 $-3(V_S+0.1)\sim+3(V_S-1.5)$（即±15V 电源时大约为±40V）；$G=2$ 时为 $-1.5(V_S+0.1)\sim+1.5(V_S-1.5)$（即±15V 电源时大约为±20V）。请检查规格，并非所有差分放大器都允许这么大的共模输入。

一些差分放大器性能更好。例如，当 INA117 保持差模增益为 1 时，共模范围达±200V。这是通过输入端的一对 200：1 分压器实现的，分压器使±200V 的输入信号满足运算放大器±10V 的共模输入范围。付出的代价是失调和噪声变差：典型值为 120μV 和 $550\text{nV}/\sqrt{\text{Hz}}$，而传统运算放大器 AMP03 为 25μV 和 $20\text{nV}/\sqrt{\text{Hz}}$[⊖]。

当使用输入电压范围较大的差分放大器时，注意由于不完美的共模抑制造成的较大的等效输入误差。例如，AD629B 的典型直流 CMRR 为 96dB，但必须考虑最差情况（最小）为 86dB。对于该 CMRR，200V 共模输入会产生 10mV 的输入参考差分误差，这完全淹没了 0.5mV 的指定最大失调电压。换言之，有限的 CMRR 导致的误差大于输入 $|V_{CM}|>10\text{V}$ 时指定的 V_{OS}。在信号频率下，情况更糟：读者可以想象使用这种差分放大器进行电力线电流监测。在 60Hz，INA117 的 CMRR（类似于 AD629B 直流时的 CMRR）会下降到 66dB（最小值）。因此峰值 160V 的电力线信号会产生 80mV 的巨大输入误差。理想情况下，读者仍希望在更高的电压（可能高达 400V）下监测电力线上的电流。

3. 带宽

用运算放大器构成差分放大器，并通过众所周知的 $1/f$ 开环增益滚降对频率进行补偿，以实现稳定性。与任何运算放大器电路一样，环路增益是良好性能的保证，高频段环路增益的损失不仅限制了差分放大器的带宽（以及线性度、增益恒定性、低输出阻抗等），还会降低重要的 CMRR。图 5.73 显示了差分放大器的这种特性。毫不奇怪，具有更大闭环带宽的放大器（因此具有更大 f_T 的运算放大器）在较高频率下保持高 CMRR。

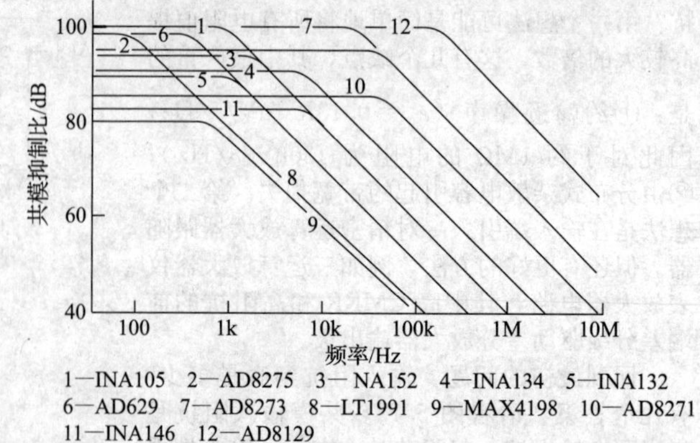

图 5.73 差分放大器的共模抑制比与频率的关系

注意，有些放大器在直流附近表现很好，但在高频段表现较差，例如 INA105、LT1991 等经典器件，而另一些在直流下表现不那么好的放大器可能在高频段表现更好，例如 AD8271 和 MAX4198。根据图表，少数从直流到高频都很出色，例如 AD8273 和 AD8275。跨导平衡型运算放大器 AD8129 性能很好，但仅限于小输入和高增益时。

杂散电感和不对称容性负载的影响也会降低高频下的共模抑制。为了

⊖ 还有另一种方法可以提高 V_{CM}，而无须这种折中，方法是用第二个运算放大器来消除共模信号。

在高频下获得好的共模抑制比，平衡电路中的电容是必要的。这可能需要仔细地镜像放置元器件。即使如此对称，在较高频率下不断减小的输入电容并联电抗也会增加对信号源内阻不平衡的敏感度。

5.14.4 电路变化

1. 滤波器节点

差分放大器 INA146 的一个节点通过电容接地（见图 5.75b）对差分级（$G=0.1$）进行噪声（低通）滤波。它包括第二个单端级，其增益由一对外部电阻设置，因此总增益范围为 0.1～100。增益较低的第一级提供高达±100V 的共模范围，尽管这是以噪声和失调为代价。

2. 失调调整

集成差分放大器在出厂时已调整到非常好的精度，典型值在 25～100μV 范围内（但最坏情况下的失调幅度要大一个数量级）。与任何运算放大器电路一样，可以连接外部微调，见图 5.74a。此处，R_2R_3 将微调器的±15V 范围分压为±1mV 并接到 REF 引脚上。R_1 用于平衡 10Ω 接地电阻，以保持 CMRR。放大器的增益因比值 $R_f/(R_f+R_2)$ 而略有降低，对于 R_f 的典型值 25kΩ，增益降低了 0.04%，处于放大器指定的增益精度范围内。如果这对读者有影响，可使用更小的 R_2。

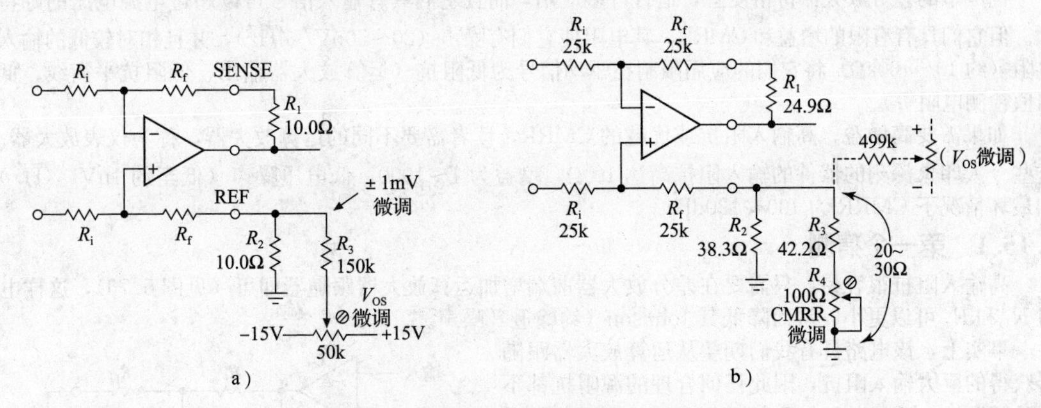

图 5.74 微调差分放大器的失调和 CMRR

3. CMRR 微调

同样，可以用图 5.74b 中电路来调整残留 CMRR（由于两条路径中的电阻比 R_f/R_i 略有不匹配而引起）。重要的是限制调整范围，以使精确稳定的调整效果远优于现成的 80dB（最坏情况）的 CMRR 规范。读者无法获得调整器的任何过去值，如果关心稳定性，最好不要使用小于 100Ω 的电阻。这里，我们选择了标准电阻值和一个 100Ω 的电位器，以使 REF 端到地之间的电阻范围为 20～30Ω，从而以 R_1 为基准提供±5Ω 的对称变化。对于该单位增益差分放大器中的 25kΩ 电阻值（典型值），这对应于一个足以使 75dB 的初始 CMRR 为零的调整范围。当然，如图所示，读者可以在该电路中增加失调调零。

4. 单电源偏移

差分放大器有助于将参考反馈电阻拆分成 2 个并联电阻（见图 5.75d），因此很容易偏移输出电压范围。例如，可以使用+5V 单电源运行放大器，而 REF2 由相同电压的稳定基准驱动。无差分信号时，输出为+2.5V。该放大器可适应±10V 范围内的输入信号，其 0.2 的增益将±10V 差分输入转换为 0～5V 输出。当然，可以使用更低的参考电压。驱动 ADC 时通常使用 $V_{ref}=4.096V$，这样步长将为整数形式，例如 12 位转换的步长为 1mV/步。

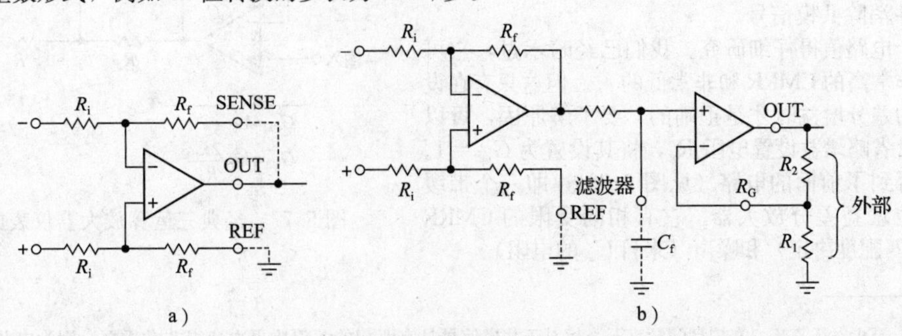

图 5.75 差分放大器的电路配置

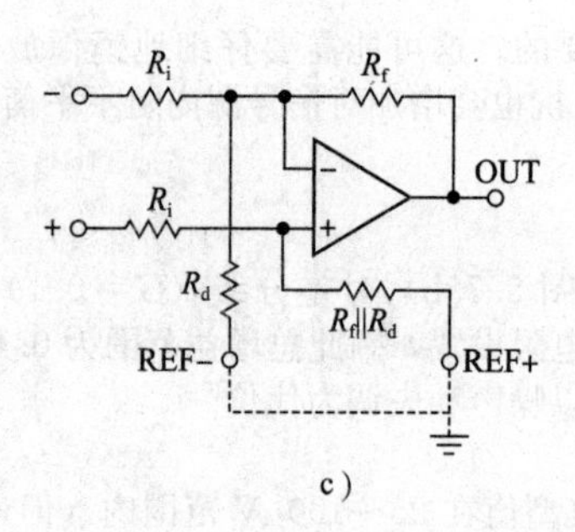

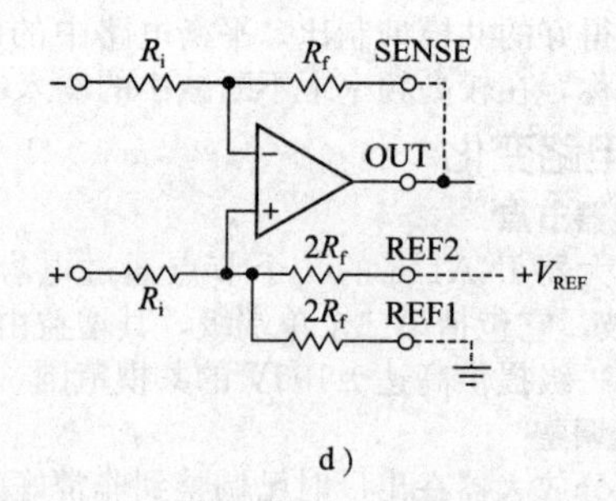

图 5.75　（续）

5.15　仪表放大器

前一节的差分放大器价格便宜，适合许多应用，而且它们具有输入信号可以超过电源电压的好特性。但它们具有有限的增益和CMRR，其电阻使它们有噪声（20～50nV/$\sqrt{\text{Hz}}$），并且相对较低的输入电阻（约10～100kΩ）将它们的应用限制在驱动信号为低阻抗（运算放大器输出、低阻抗平衡线、低阻值检测电阻等）。

如果需要高增益、高输入阻抗或优越的CMRR，读者需要不同的运算放大器，称为仪表放大器。这些令人印象深刻的器件的输入阻抗高达$10^9\Omega$，增益为1～1000，低电压噪声（低至约1nV/$\sqrt{\text{Hz}}$）和最坏情况下CMRR为100～120dB。

5.15.1　第一个猜测

高输入阻抗很容易，只需要在差分放大器前端增加运算放大器跟随器即可（见图5.76），这样电阻R_i和R_f可以更小，从而降低其Johnson（约翰逊）噪声。

事实上，该电路具有我们期望从运算放大器跟随器获得的巨大输入阻抗，因此任何合理的源阻抗都不再是问题[⊖]。但它并没有提高CMRR，CMRR仍然受R_f/R_i电阻比匹配的限制。用片上激光微调确实很难做到超过100 000∶1（初始微调以及随时间和温度变化的稳定性）。实际上，由于该电路在信号通路中增加了两个放大器，从而在一定程度上降低了CMRR。

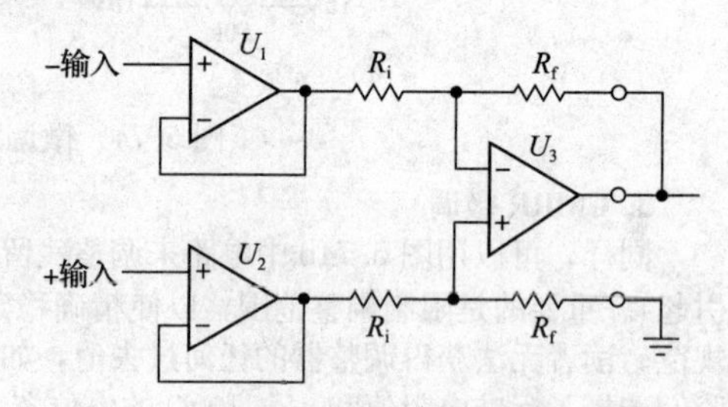

图 5.76　改善差分放大器的第一步尝试

5.15.2　经典三运算放大器仪表放大器

图5.77中的电路要好得多。它是标准的三运算放大器仪表放大器，是可以在需要时提供高CMRR、高R_{in}、低e_n和大增益的理想组合的几种电路之一。输入级是两个运算放大器组成的巧妙电路，可提供高差模增益和单位共模增益，而无须严格的电阻匹配。其差分输出表示一个相对而言共模分量（当配置为$G_{diff} \gg 1$时）显著降低了的信号，用于驱动常规差分放大电路。后者通常为单位增益，用于生成单端输出并消除共模信号。

这个电路值得仔细研究。我们已经暗示过，它可以提供非常高的CMRR和非常低的e_n。但这只有在设置了大的差分增益时才是正确的。要了解原因，可以设想通过省略增益设置电阻R_g，将其设置为$G_{diff}=1$。然后，得到了前面的电路（见图5.76），即一个带缓冲的单位增益差分放大器。它有相同受限的CMRR（由电阻匹配度决定）和噪声（来自U_3的电阻）。

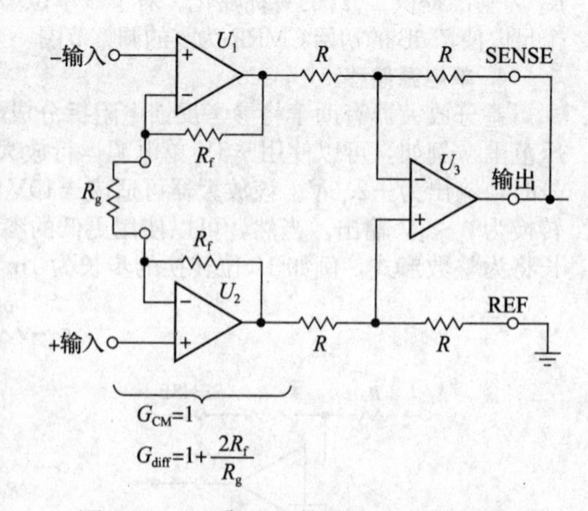

图 5.77　经典三运算放大器仪表放大器

⊖　至少对于直流。在较高的频率下，相对于共模信号具有匹配的源阻抗再次变得非常重要，因为电路的输入电容与源内阻形成了分压器。高频甚至可能意味着60Hz及其谐波，因为共模交流电力线耦合是常见的干扰。

现在设置 $G_{diff}=100$。可以通过选择 R_g 来做到这一点，这样 $1+2R_f/R_g=100$，即 $R_g=2R_f/(G-1)$。例如，对于 INA103，$R_f=3k\Omega$，因此我们将使用 $R_g=60.6\Omega$。INA103 方便地内置了一个该值的电阻[㊀]，因此对于 $G_{diff}=100$，只需要将一对引脚连在一起即可。让我们再来看看 CMRR 和噪声。

前端差模增益为 100，共模增益为 1。换言之，传到差分放大级的信号已经有 40dB 的 CMRR 了，输出级还有 80dB 的 CMRR，我们已经得到了 120dB 的 CMRR。这些数字是仪表放大器提供的典型值。例如，对于 INA103，数据手册列出了 $G=1$ 时 CMRR＝86dB/72dB（典型值/最小值），$G=100$ 时为 125dB/100dB（典型值/最小值）。

输出级仍会有来自电阻阵列的 Johnson（约翰逊）噪声，以及放大器自身的噪声。那是没有办法的。但是，这些噪声与已经放大的输入信号相结合了，因此，相对于输入信号（RTI）而言，其影响要小 100 倍。例如，对于 INA103，数据手册列出的噪声密度（频率为 1kHz 时的典型值）在 $G=1$ 为 $e_n=65nV/\sqrt{Hz}$，在 $G=100$ 为 $1.6nV/\sqrt{Hz}$。

5.15.3　输入级注意事项

1. 电阻匹配

这个电路的对称匹配电阻 R_f 看起来很好，但上面的讨论中并未涉及这一点。第一级的反馈电阻不匹配会有什么影响？共模增益保持为 1（如果将两个输入连在一起，则两个输出都跟随）；差模增益表达式与之前相同，但 $2R_f$ 替换为 $R_{f1}+R_{f2}$。变化是纯差模输入会导致差模输出（如前所述，放大 G_{diff} 倍）与一些共模输出相结合。

想象一下用短路线代替 U_2 的反馈电阻，用 $2R_f$ 代替 U_1 的电阻，并在输入端加对称的直流输入信号 $\pm\Delta V$，则 U_2 的输出下降 ΔV，而 U_1 的输出上升 $(1+4R_f/R_g)\Delta V$。这是正确的差分输出，但有 $(2R_f/R_g)\Delta V$ 的共模偏移。只要 R_f 合理匹配，这不是什么大问题。它们不需要输出级所需的精确匹配。

2. 输入放大器

U_1 和 U_2 必须有出色的 CMRR，这点很重要，这样才能保证不会把纯共模输入信号转换为差模信号（然后再传到输出）。更准确地说，它们必须有匹配的 CMRR，以便 R_g 两端的电压能准确跟踪差模输入电压。从这个角度更一般地观察电路工作，输入放大器不需要有极低的单独失调电压——重要的是它们的失调电压要精确匹配，并随共模电压的变化而保持不变。这样产生了几种电路变型，其中运算放大器 U_1 和 U_2 的每个输入端和对应的 R_g 引脚之间设置了匹配良好的基极-发射极压降。

3. 输入级过载

如果输入级放大器 U_1 和 U_2 的输出被迫接近电源电压，即使预期整个电路的输出（U_3 的输出）将保持在安全范围内，U_1 和 U_2 也将被限幅。换句话说，$V_{CM}\pm0.5V_{diff}(1+2R_f/R_g)$ 不能触及任一电源电压。

4. 信号保护

仪表放大器用于低电平信号，通常用屏蔽电缆传输，以尽量减少噪声。这会增加输入电容，从而限制带宽（特别是对于中、高源阻抗的信号）。也许更重要的是，在信号频率下它会降低 CMRR：电缆的寄生电容与每个输入信号的源阻抗形成分压器。因此，如果一对信号的源阻抗不平衡（常见情况），则共模信号的变化将产生一些差模信号输入[㊁]。最后，对于源阻抗非常高（MΩ 至 GΩ）的信号，漏电流会变得很重要。为了显著降低电缆的有效电容和任何漏电流，一种很好的技术是用保护电压主动驱动屏蔽层（见图 5.78）。

如果信号对周围有公共屏蔽层，想法是用经缓冲后的共模信号来驱动它，如电路 a 所示。为稳定起见，串联一个小电阻通常是个好主意。如有必要，接地的外部屏蔽层可用来消除任何耦合到防护层的噪声。该电路需要用到第一级输出，这在集成仪表放大器中很少见。某些放大器内部包括此电路并提供“数据保护”输出引脚，如电路 b 所示。如果没有，可以如电路 c 所示自己引出共模信号。

共模保护大大降低了信号对的容性负载，因此提高了 CMRR（通过最小化共模信号到正常模式信号的转换）。但这并不能减少电缆电容（和漏电）对正常模式（差分）信号本身的影响。为此，需要分别屏蔽信号，如电路 d 所示，用被屏蔽信号的副本来驱动每个屏蔽层。这就是熟悉的自举，

㊀ 更确切地说，它包括一个片上电阻，与 R_f 的比率匹配，以确保总增益为 100.0×（1±0.25%）。

㊁ 换句话说，由于两个信号的源阻抗不平衡，电缆的电容会在两个信号之间产生差分相移，从而降低 CMRR。

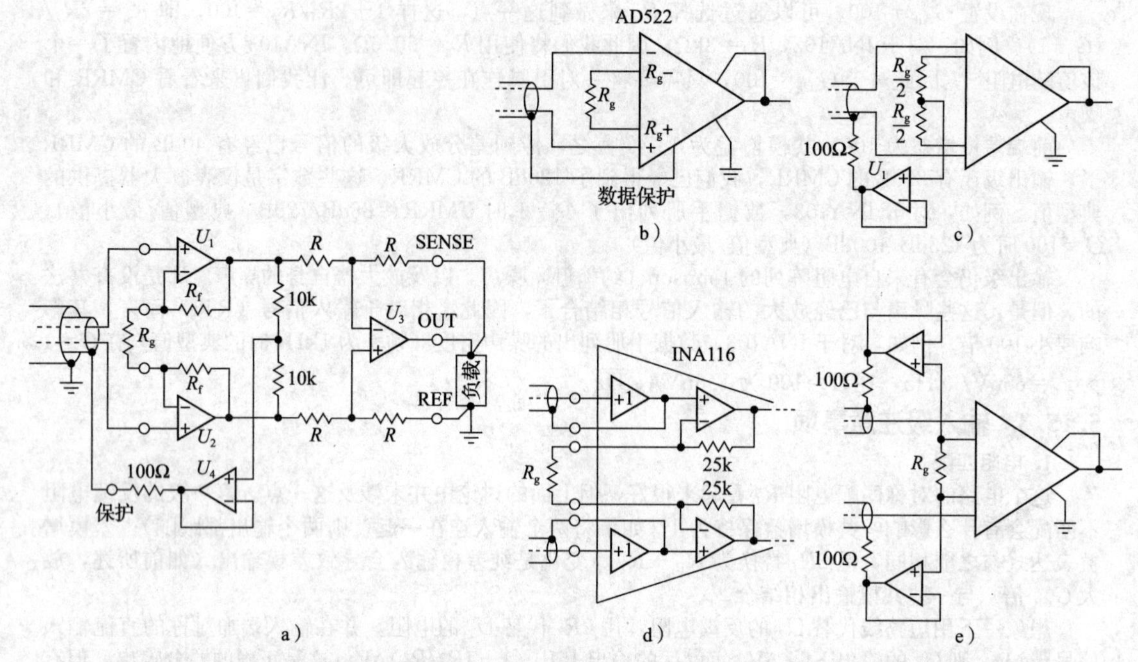

图 5.78 可大幅降低电缆电容的信号保护电路。a～c是共模保护；d和e是单独的信号保护

这里的作用是减少每个信号对应的电容和漏电流。因此，可以最大限度地减少高频滚降和高源内阻信号中的直流误差。并且，与共模保护一样，它还可以通过有效消除电缆的电容来最大限度地减小CMRR的下降。

某些仪表放大器提供这些单独的保护输出，例如INA116，显然适用于非常低的电流测量（其典型输入电流为3fA）。如果没有，可以像电路e那样利用R_g节点跟随输入这一特性，自己引出共模信号。但请注意，不能保证R_g引脚上的信号不会偏离输入信号。对于这样的偏移量，自举可有效地使电容最小化，但对漏电流的影响要小得多。

5. 自举电源

图5.79显示了一个类似于信号保护的技术（可以称其为电源保护），如果需要进一步增强仪表放大器的CMRR，偶尔会有用。共模信号经U_3缓冲后，驱动用于U_1和U_2的小型浮动双电源的公共端。这种自举方案有效地消除了来自U_1和U_2的输入共模信号，因为它们的输入相对于电源没有波动（由于共模信号）。如果这是一个分立电路，则U_3和U_4无须自举。至少对于直流而言，这种方案可以为CMRR带来好处。当频率增加时，通常会遇到与输入电容阻抗匹配的问题。

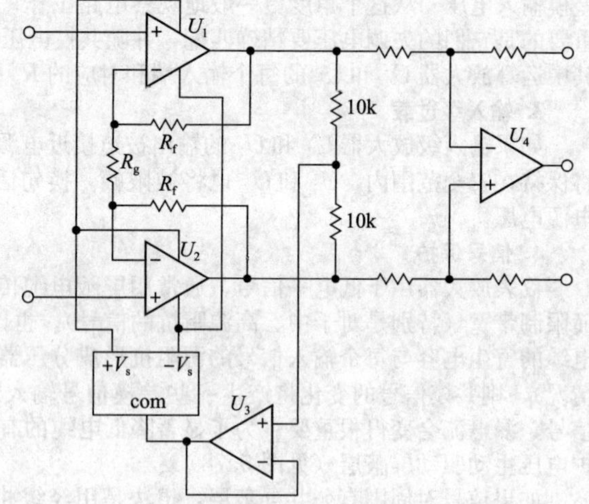

图 5.79 用于高CMRR具有自举输入电源的仪表放大器

5.15.4 一个自主开发的仪表放大器

集成仪表放大器性能优异，通常可以利用广泛的可选器件来节省大量工作。但有时需要额外的功能，例如更大范围的增益，或者精确微调的失调和CMRR，或者防止输入端出现过大的信号。

图5.80是一个示例，它基于John Larkin的商业化设计，我们对它添加了一些电路。它需要一个灵活的前端，该前端应结合：①过压保护至±250V；②用四位实现从1/16到256的可选程控增益；③精密低失调；④共模输入范围当$G \geqslant 1$时，为±10V，当$G<1$时，为±140V；⑤高增益时共模抑制为120dB。

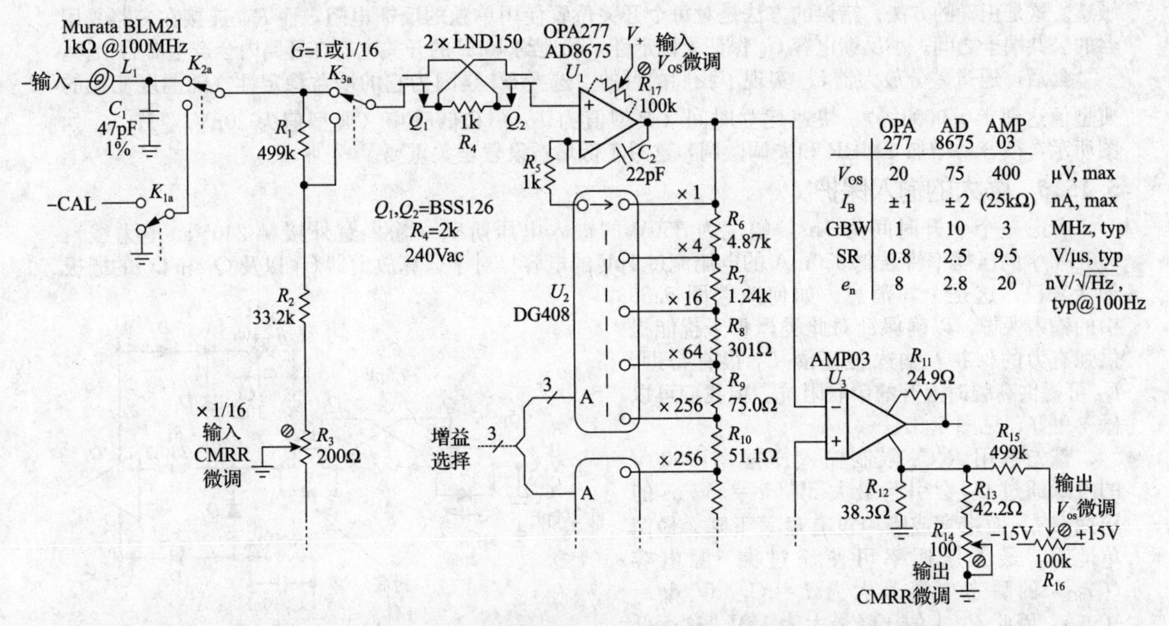

图 5.80 一种分立仪表放大器设计，结合了精度、高 CMRR、大共模电压范围、数字增益选择和对±250V 输入的保护

总体结构是熟悉的三运算放大器电路，其中 U_1 及其对称运算放大器（未显示）作为差分前端，驱动单位增益差分放大器输出级 U_3。增益由模拟开关 U_2 及其对称开关设置，选择电阻串 R_6～R_{10} 上的抽头。例如，当选择×64 时，$R_g=201.1\Omega$，$R_f=6.411\text{k}\Omega$，因此增益 $G_{diff}=1+2R_f/R_g=64.8$。

这里还有很多事情要做。让我们从左向右开始。有损耗的片状电感 L_1（这些通常是额定阻抗，大多为 100MHz 时的电阻）与电容 C_1 相结合，可抑制放大器带宽之外的高频干扰，但会在运算放大器输入级引起非线性。C_1 的值并不严格，但其严格的允许偏差可保持输入阻抗平衡，以免损害高频 CMRR。继电器 K_1 和 K_2 用于频繁的系统内失调和增益校准，对建立并保持优于 0.1%的增益精度和 10μV 或更好的零失调至关重要。对于超过±10V 的输入信号，继电器 K_3 切换其增益衰减为×16。输入阻抗由 R_1+R_2 设置，通过 R_3 平衡微调可获得好的 CMRR。R_1 的阻值是高输入电阻 R_{in} 和带宽之间的折中，此处为 33.2kΩ，后级约 10pF 的电容负载，使 3dB 滚降点在 500kHz 处，大致符合产品指定的带宽 200kHz。但更高的输入阻抗会更好，例如 1MΩ（最好将 R_1 作为一对 464kΩ 的串联电阻来用，以便允许输入过压而不会造成损坏）。

Q_1Q_2 对是耗尽型高压 MOSFET，这里作为约 0.5mA 双向限流器，用来保护运算放大器（其内部钳位二极管不受几毫安输入电流的影响，例如 AD8675 指定最大 I_{in} 为±5mA）[㊀]。这里，R_4 用来降低漏极饱和电流，使其最大 I_{DSS} 为 3mA（因此在输入 250V 时的功耗为 750mW，这对于一个小型 SOT23 封装的晶体管而言太大了），折中方案是额外添加一个 1kΩ 的输入电阻，该电阻会增加噪声，并与零偏置的 MOSFET 串联对管的约 1.7kΩ 的导通电阻串联。该电路提供了合适的过驱动保护。但是，当输入突然阶跃到+500V，可能会耦合足够大的瞬态电流（通过 Q_1 和 Q_2 的电容），从而损坏放大器或造成 MOSFET 自身栅极击穿。

运算放大器是具有输入电流抵消功能的精密双极型。注意，要在精度与速度和偏置电流这两种选择之间进行折中。这些都经过激光微调，以实现低失调电压，并且在没有人为干预的情况下，已经足够好——它们包括失调微调端子，如图所示可以连接微调电位器。这听起来是个好主意，但要小心，因为当你这样做时，得到的外部微调范围通常太大了！例如，对于 AD8675，微调器可调节±3500μV（几乎是最大未调整失调电压的 50 倍）。因此，对已经微调过的 V_{OS} 进行改进可能是一项棘手（且不稳定）的调整。

模拟多路复用器在增益设置时选择一个抽头，这会使增益对开关的导通电阻（此处约为 100Ω）不

㊀ 如果读者关注输入过载时的输出，请务必检查运算放大器没有发生相位反转。一种可靠的解决方法是使用一对输入钳位二极管，见图 5.81。

敏感。这是正确的方法；错误的方法是对每个开关位置使用单独的反馈电阻，而 R_{10} 连接在多路复用器的公共端子之间。小反馈电容 C_2 保证了稳定性，到地约 40pF 的开关电容在环路内会产生滞后相移。

最后，通过差分放大器 U_3 实现了我们的目的，选择 U_3 是因为它的增益稳定性（随温度变化的典型值达到±0.0008%）、快速建立时间（典型值为 1μs）和低噪声（典型值为 20nV/$\sqrt{\text{Hz}}$）。如图所示，很容易增加 CMRR 和失调微调，这对于低增益设置至关重要。

5.15.5　强大的输入保护

考虑一个上升时间为 1ns，幅度为 350V 的输入电压阶跃（输入意外接触 240Vac 电力线）：350GV/s 的压摆率将强制 350mA 的电流流过 1pF 的电容！对于运算放大器 U_1 以及 Q_1 和 Q_2 的栅极绝缘来说，这是个坏消息。如何改善图 5.80 中的输入保护，以确保针对此类严重干扰能提供强有力的保护？输入扼流圈 L_1 很有帮助，L_1 可提供高频时上升的串联阻抗。但我们可以做得更好，见图 5.81。

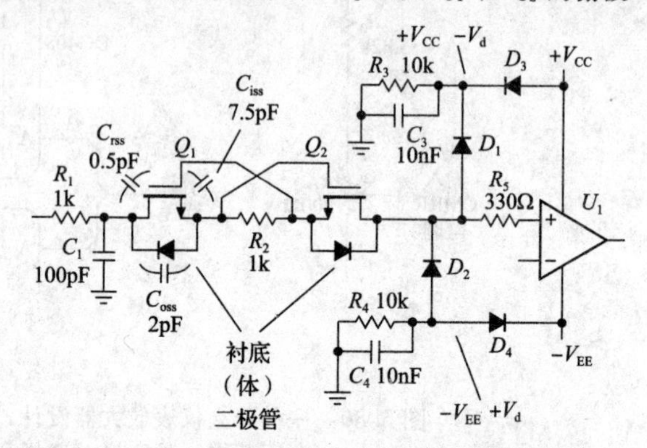

图 5.81　通过压摆率控制、二极管钳位和输入电流限制对放大器前端进行防护

首先是用 R_1C_1 限制输入压摆率：500V 的阶跃通过 C_1 会引起最大 $dV/dt=5V/ns$ 的压摆率[⊖]，而带宽或噪声没有显著下降。最简单地看，最大压摆率可使流过漏-源电容（C_{OSS}）的瞬态电流最大为 $I=C_{OSS}dV/dt=10mA$，因此 R_2 上的压降最大为 10V。这远低于±20V 的栅-源额定电压，并且这是一个保守估计，因为相对较大的栅-源电容（C_{ISS}）会进一步降低实际的栅-源电压。

因此，Q_1 和 Q_2 是安全的。放大器也是安全的，因为最坏情况下 10mA 的瞬态电流会被二极管 D_1 和 D_2 钳位，以严格保持在放大器的电源电压范围内。这些二极管钳位到旁路电压，该旁路电压由二极管 D_3 和 D_4 设置，比电源电压低一个二极管压降。注意，后者约为 1.5mA 的直流正向偏置电流（假设电源电压为±15V）即使在连续的直流输入过载驱动下（由于 Q_1Q_2，相应的电流被限制为小于 1mA），二极管的压降也保持不变。

最后，增加小的输入电阻 R_5 以提供额外保险，当钳位电压超过电源电压时，R_5 可限制运算放大器的任何输入电流。这对于通常设置的外部钳位二极管（即对电源电压本身）而言更为重要，这允许运算放大器输入超过电源电压一个二极管压降。如果没有增加串联电阻，那么外部和内部二极管之间会发生分流竞争。

对我们来说，这个电路看起来很好。但是，在将这些产品交付客户之前，建议读者先把它放在实验台上严苛地测试一下。这个电路会让读者大吃一惊。

5.16　仪表放大器其他事项

5.16.1　输入电流和噪声

仪表放大器（INA）必须在不干扰输入的情况下调节输入信号，因此需要高输入阻抗 Z_{in}、低输入电流 I_{in} 和低电流噪声 i_n。通常，这些参数需要折中取舍——BJT 型较低的电压失调和电压噪声与 FET 型较低的输入电流和电流噪声。一些双极型输入的仪表放大器（例如 LT1167/8）使用偏置电流抵消技术来实现亚纳安级输入电流。相反，在失调电压方面，自动调零仪表放大器效果最好，但代价是电流噪声和斩波伪影。

对于某些放大器，输入电流噪声接近散粒噪声极限，但对于自动调零放大器和使用偏置电流抵消的 BJT 输入放大器，此噪声已远远超过了该限制。

5.16.2　共模抑制

仪表放大器通常必须处理叠加在较大共模电压上的小差模信号，所以需要较高的 CMRR。

要了解问题所在，请考虑应用于 5V 供电的应变片电桥的 INA（仪表放大器）：INA 的共模输入

⊖ R_1 上有 500V、250W 的瞬时浪涌，它应该是多个电阻的组合，或者是几个 SMT 电阻串联，用于同时处理电压和能量瞬变。

信号为 2.5V，典型的满量程输出为 10mV（即 2mV/V）。因此，满量程的 0.1%的信号仅为 10μV，相对于 2.5V 的共模信号，这是－108dB!

1. CMRR 与频率的关系

对 INA 的 CMRR 进行的更严格的测试是其在高频段抑制共模信号的能力。图 5.82 中的曲线显示从 100Hz 到 5kHz 的某处开始，抑制能力下降。相比（直流）应变片应用，想象一下监测三相电动机绕组的低电流检测电阻两端的电压。如果交流驱动频率足够低（例如 50～60Hz），则 INA 可以胜任此任务。但是，如果电动机绕组由脉宽调制（PWM）控制器驱动（例如由 40kHz 的脉冲驱动），则高频段 CMRR 的下降可能会使 INA 无法用于该任务。因此，图 5.82 中的曲线不仅可以用于选择适合工作的最佳 INA，而且实际上可用于确定是否可以使用 INA。

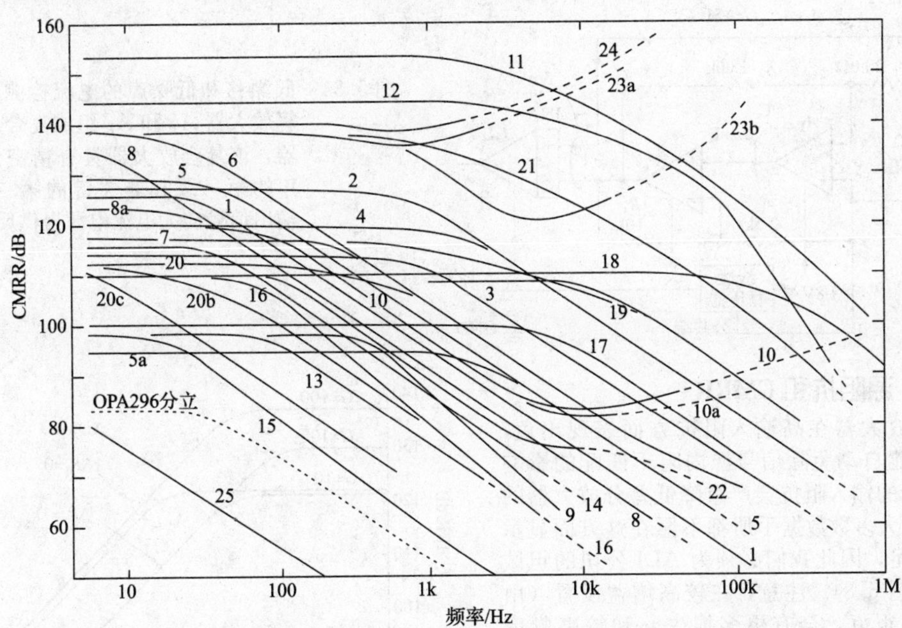

1—INA128 2—INA103 3—INA163/INA217 4—INA166 5—LT1167/AD620 5a—INA116 6—AD8227
7—INA110 8—LT1168/AD8220 9—INA321 10—INA337 10a—MAX4194 11—THAT1510 12—ISL28270
13—AD623/ISL28272 14—LT1789 15—INA126 16—AD627 17—AD8221 18—AD8129 19—AD8230
20—AD8223/LTC2053 21—MAX4209 22—INA333 23—AD8553 24—AD8293 25—AD8236

图 5.82 仪表放大器的共模抑制比与频率的关系。OP296 分立曲线是仪表放大器 AD627（曲线 16）的双运算放大器分立实现（见图 5.88b）的测量数据，证明了集成仪表放大器的优越性。曲线 23a 和 23b 显示了滤波器选择（分别为 1kHz 和 10kHz）对同一放大器（AD8553）的影响。虚线延伸部分表示远超放大器截止频率的区域

有些 CMRR 与频率的关系曲线会在以 6dB/二倍频下降后，趋于平缓，这是因为 INA 在内部节点（使用外部电容）处进行带宽滤波，对共模反馈通道进行相同的 6dB/二倍频衰减，从而抵消了输入级 CMRR 的下降。例如，对于具有 1kHz 滤波的 AD8293 和 AD8553（曲线 24 和 23a），以及对于具有 10kHz 滤波的后者和 INA337（曲线 23b 和 10），我们看到了这一点。对于某些带宽非常有限的微功耗器件，也可以看到这一点，例如 MAX4194（曲线 10a），其工作电流为 90μA，带宽为 1.5kHz。这就是 $G=100$ 时其响应下降的地方。在不需要快速响应的应用（例如三相电动机电流监控器）中，可以通过增加后置滤波器来充分利用这个原理。

2. 案例研究：利用前端增益提高 CMRR

这是一个来自我们研究室的很好的例子，我们需要高稳定度控制流过电磁线圈的电流，以产生冷原子的 Bose（玻色）-Einstein（爱因斯坦）-冷凝物，并且（在第一个此类实验中）将光速减慢到自行车的速度。电流范围高达 875A，我们希望受控电流能保持接近约 10ppm 的稳定度，这是通过 100μΩ 电阻（因此满量程信号为 87.5mV）的低压端 4 线电流分流器检测到的。在如此高电流的情况下，不得不处理大约 1V 的共模信号，差模信号（最大为 87.5mV，但通常要小得多）叠加在该共模信号上。为了将电流控制在 10ppm，需要大约 140dB 的 CMRR，当然也需要非常低的输入失调漂移；还需要低输入电压噪声，理想情况下，为实现 10ppm，低频累积噪声应小于 0.1μVpp。

对于任何仪表放大器来说，非常高的CMRR和非常低的噪声与失调的结合都是一个很高的要求。解决方案见图5.83，是在INA（仪表放大器）前端放置低噪声和低漂移增益的运算放大器。像LT1028A（漂移和低频噪声的典型值分别为0.1μV/℃和35nVpp）这样的精密低噪声运算放大器连线为$G=-50$的复合放大器，其中传统运算放大器A_2设置为$G=5$。补偿电容C_C将带宽（因此也将噪声）限制在大约10kHz。为了减小热效应（失调电压漂移和热梯度误差），精密运算放大器工作在较低的电源电压下，其±8V稳压电源（通过浮动三端线性稳压器）来自对地参考为±15V的电源，该电源为A_2和A_3供电。

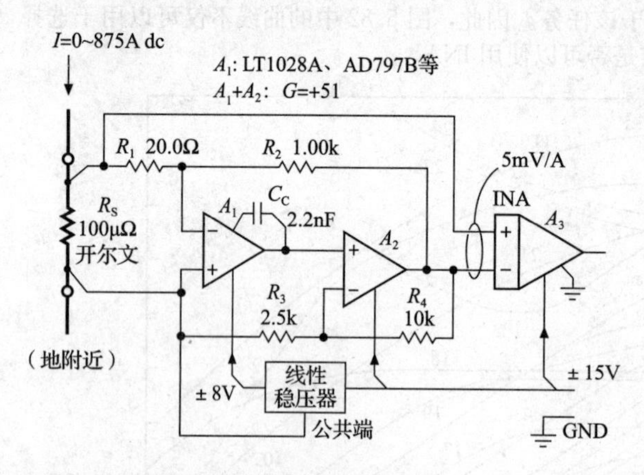

图5.83　低漂移和低噪声的电流检测。运算放大器A_1和A_2组成复合放大器，该复合放大器具有精密低噪声的第一级和非关键的第二级，输出信号向大电流电源提供反馈

5.16.3　源阻抗和CMRR

仪表放大器在高输入阻抗方面表现出色，但这并不能自动免除信号源内阻不匹配的影响（相对较低的输入阻抗会严重降低差分放大器的CMRR）。大多数数据手册都不愿在这方面显示它们的不足，因此我们必须为ADI公司的坦诚鼓掌，见图5.84。注意，在较高增益设置（由于CMRR很好，会有更多损失）和较高频率（由于电容导致放大器的输入阻抗下降），影响更大。

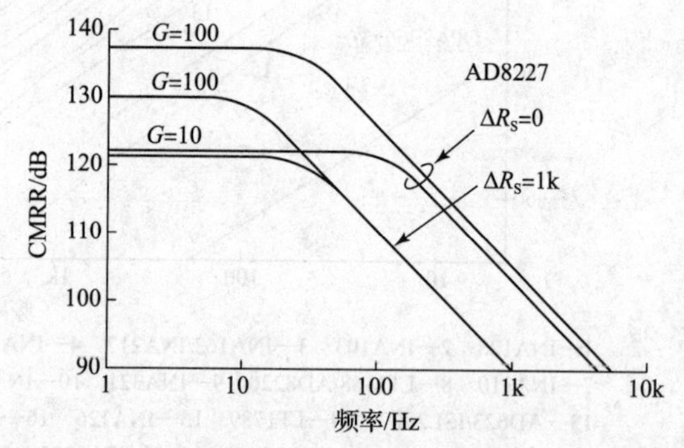

图5.84　仪表放大器的CMRR在高增益设置下最好，CMRR会因源阻抗不匹配而降低

5.16.4　电磁干扰和输入保护

无论读者是自己动手还是使用集成仪表放大器，都必须考虑防止过载和电磁干扰（EMI）的保护电路。现实生活中的一个例子：一位同事在实验室中使用温度监测热电偶，用普通的非屏蔽线对将该热电偶连接到高增益的INA（仪表放大器）前端。一切正常，直到用特定的开关电源供电，然后事情就失控了。

当然，问题出在共模EMI耦合到长的非屏蔽电缆上。在这种不需要带宽很宽的情况下，解决方案是主动对输入信号滤波，见图5.85。二极管钳位是可选的，如果希望放大器在异常输入信号都不

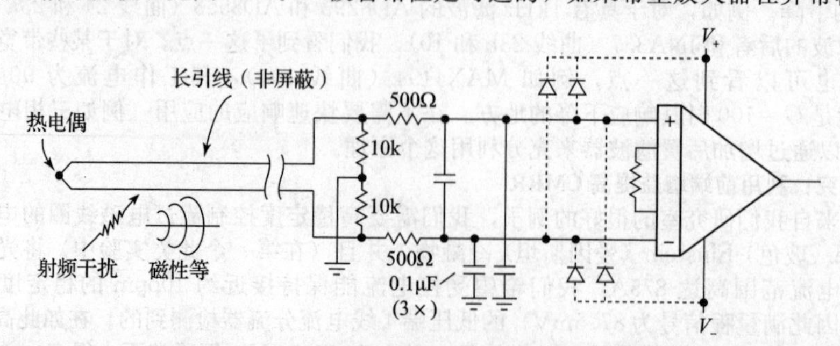

图5.85　电磁干扰会很好地耦合到较长的非屏蔽电缆上，可将其视为天线。在高增益输入端使用低通滤波，并用可选二极管钳位至电源电压。注意用10kΩ电阻对设置悬浮差分输入的直流电平

被损坏，则二极管钳位可能是个好主意。当确实需要包含干扰信号在内的较宽带宽时，使用非屏蔽电缆不太可能没有麻烦。请使用屏蔽线，并注意接地路径。

很难夸大 EMI/RFI 的严重性：RF 信号泄漏到输入端会引起 BJT 运算放大器内部整流，从而导致直流偏移。电缆或 PCB 走线可能会呈现窄带（高 Q）谐振，从而增强这些影响。如果当读者握住电缆或用铅笔触碰电路节点或只是挥动双手时，发现偏移电压发生变化，则可能是射频耦合（另一种可能是电路振荡）。有损耗的铁氧体磁珠非常适合衰减射频耦合和降低不必要的布线引起的谐振回路的 Q 值。但它们不是万能的，通常需要额外的滤波。

5.16.5 失调和 CMRR 微调

对于同时提供 SENSE 和 REF 引脚的仪表放大器（例如 INA103），可根据需要对失调电压和 CMRR 进行外部微调，如之前所示的差分放大器（见图 5.74）。不过，更常见的是只有 REF 引脚。这足以微调失调电压，但请注意，任何加到 REF 引脚的失调电压必须具有不超过约 $10^{-6}R_f$（即几毫欧）的源阻抗，以免影响放大器 100dB+的 CMRR。如图 5.86 所示，最好使用精密运算放大器。某些 INA 包括输出级失调微调端，用外接电位器进行微调，其中一些（例如 INA110 等）甚至为前端和输出级分别提供了单独的微调对。

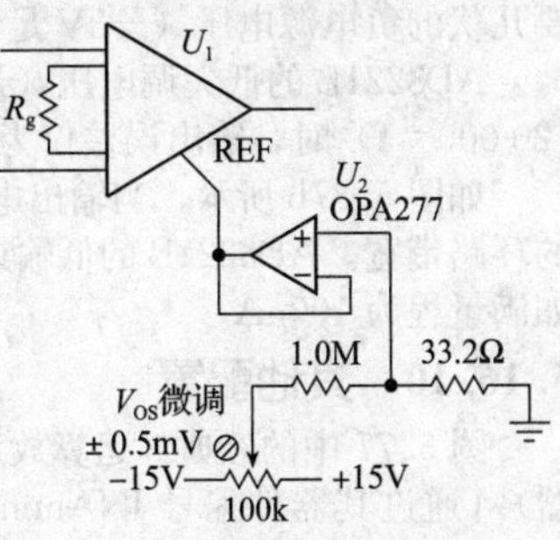

图 5.86 对不提供 SENSE 引脚、失调引脚或缓冲 REF 引脚的 INA 的失调进行微调

5.16.6 负载检测

如图 5.78a 所示，与差分放大器一样，REF 和 SENSE 引脚可以直接连接到负载，以消除引线电阻和无关的接地电流引起的误差。

5.16.7 输入偏置通路

仪表放大器与运算放大器一样，必须提供直流回路，否则放大器将饱和。这在如图 5.64a 所示的应变片这样的电路中会很自然地发生，但在像热电偶（见图 5.85）这样的电路中则不然。对于后者，可以在其中一个输入端到地之间接入电阻（对于单电源放大器，可以接到电源中点），或者可以在每个输入端到地之间接入偏置电阻来保持对称性。

5.16.8 输出电压范围

如果仪表放大器工作在低增益，并且其共模输入接近电源电压（但在指定的工作范围内），则内部放大器可能会饱和，从而导致仪表放大器输出不正确的电压。例如，请看 AD623（该放大器类似于图 5.88a，除了 PNP 输入射极跟随器）数据手册中的最大输出电压与共模输入的关系图。如果 $G=10$ 共模输入 0V（这是合法的），则最大输出电压仅有 1.0V！

5.16.9 应用示例：电流源

仪表放大器卓越的 CMRR 结合极低的输入电容（典型值约为 2pF），允许读者设计一个有源电流源，其中电流检测电阻位于输出的高压端，而快速型仪表放大器将其压降转换为对地参考输出。图 5.87a 给出了此类电路，利用 CMRR＞80dB 的 AD8221B 输出到 50kHz 处，稳定补偿网络 R_1C_C

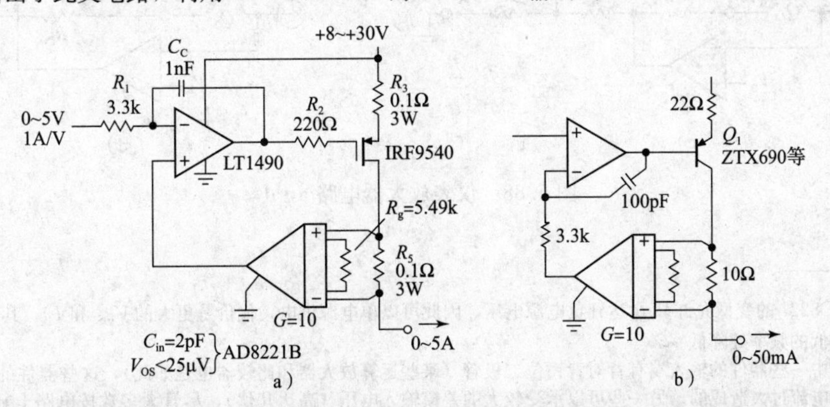

图 5.87 选用快速型仪表放大器的精密电流源。a）适用于满量程电流 5A 的功率 MOSFET；b）小型高增益（0.1～50mA 时 β 约为 500）BJT 提供更大的带宽

开始滚降。设置为共源跨导级的MOSFET固有的高输出阻抗，使得在较高频率下保持良好的电流源性能成为可能。这改进了图5.69中的电流源电路，由于运算放大器的补偿和有限的压摆率，图5.69中电路的性能随频率升高而降低。在这个电路中，源极负反馈电阻R_3起到降低MOSFET跨导和增强稳定性的作用（某些连接预期负载阻抗进行的面包板测试是可行的）。

对于该电路，运算放大器输出必须能够变化至正电源电压（LT1490为RRIO），AD8221B只需要几伏的负电源电压（−3V足够），因为其共模输入电压不会扩展到负电源电压㊀。

AD8221B的低失调电压（最大值为25μV）可提供较大的动态范围，对应于满量程范围为5A（20 000：1）时，输出误差仅为0.25mA。

如图5.87b所示，当输出电流较低时，可以用较小的双极晶体管替代，其较低的电容允许更大的环路带宽。AD8221B的低输入电流（最大值为0.4nA）意味着可以缩小满量程输出电流范围，例如满量程为100μA。

5.16.10　其他配置

图5.77中的经典3运算放大器电路被广泛应用，特别是Burr-Brown/TI提供的INA（仪表放大器）（通过其器件编号INAnnn可识别）。但也会看到其他电路结构（如果对数据手册了解足够深入），它们代表了各种性能参数和成本之间的不同折中。尽管无须深入了解也可以很好地应用（大部分需要了解的信息来自数据手册），但其中一些具有非同寻常特点的电路，会让人措手不及。例如，按电路f配置的放大器（见图5.88和图5.89）会因差模输入电压大于±0.5V而损坏㊁，而按电路g配置的放大器当REF引脚接地（即使用于低压单电源供电）时不能工作。

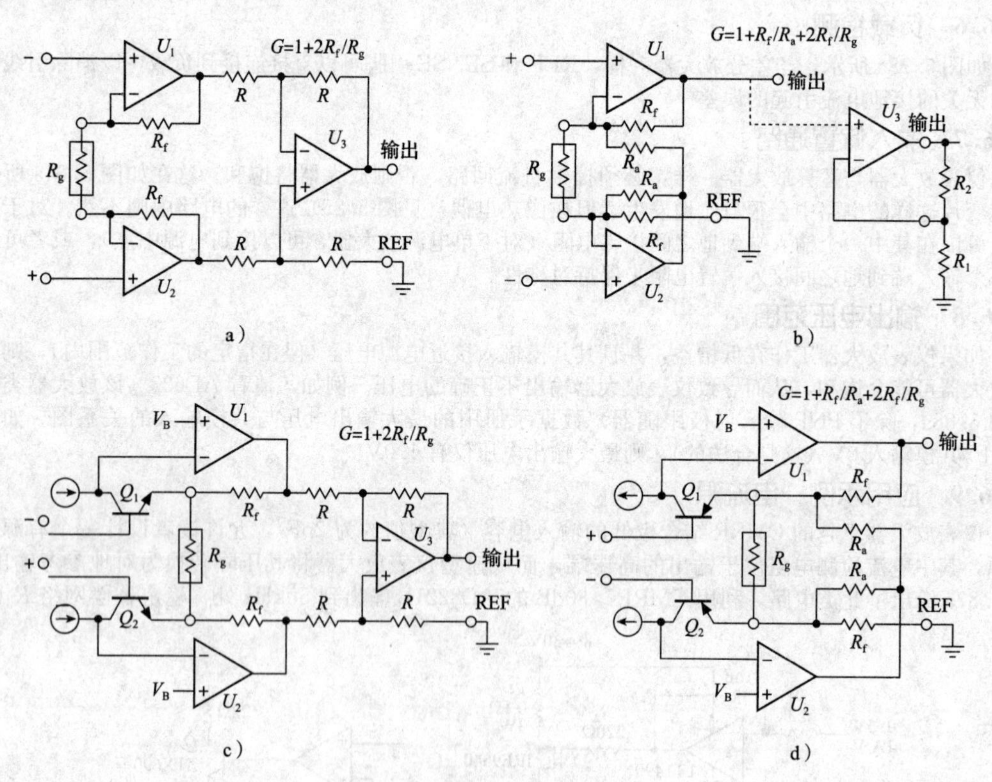

图5.88　仪表放大器电路a～d

㊀ AD8227的变型允许V_{CM}达到负电源电压，因此可以单电源供电，代价是更大的V_{OS}和I_B，其CMRR会在较低的频率处降低。

㊁ 其中一些器件的输入端有背对背钳位二极管（某些运算放大器和比较器也是如此），这些器件的损坏是由输入电流过大造成的。另一些可以承受较大的差模输入电压（高达几伏），尽管大多数按电路f配置的器件的限制比其他拓扑结构电路对器件的限制要严得多。更重要的是，从用户的角度来看，是在不降低性能的前提下的最大差模输入。

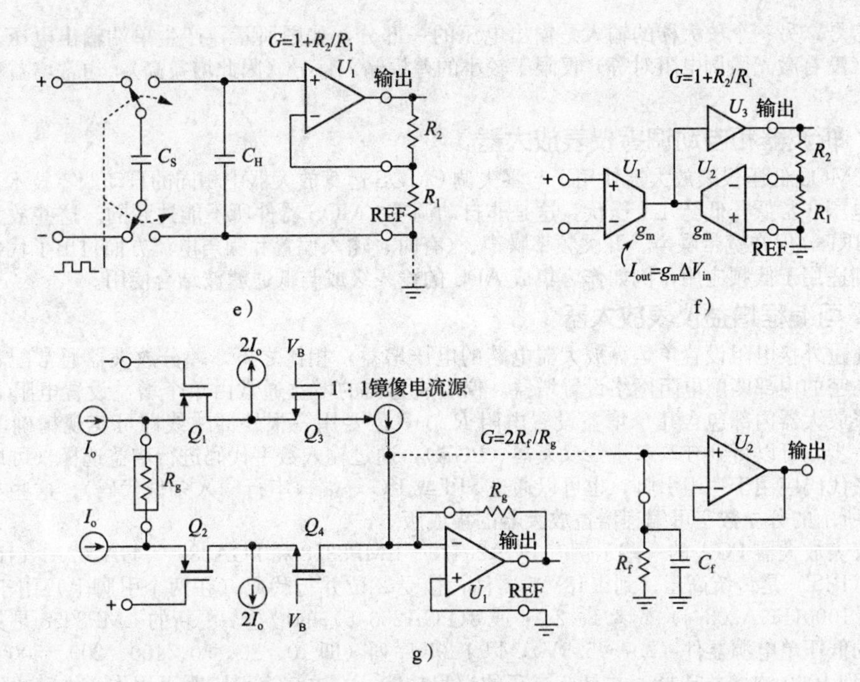

图 5.89 仪表放大器电路 e～g

在几乎所有这些电路（e 和 f 除外）中都有通用原理：①增益设置电阻 R_g 两端的电压与输入差模电压完全相同，从而产生电流 $I_g=\Delta V_{in}/R_g$；②该电流产生精确成正比的输出电压 $V_{out}\propto I_g$。从经典电路 a 可以清楚地看到：输入运算放大器（或等效运算放大器——它们不必是全功能运算放大器）会在 R_g 两端施加匹配电压 ΔV_{in}，由此产生的电流流过两个 R_f，从而产生差模输出 $\Delta V_{out}=(\Delta V_{in}/R_g)(R_g+2R_f)$。单位增益差分放大器将其转换为单端输出，增益为 $G=1+2R_f/R_g$。

电路 c 的工作原理类似，此处，匹配的射极跟随器 Q_1Q_2 在 R_g 上复制了 ΔV_{in}，运算放大器用于确保发射极电流相等（因此对差模输出无贡献）[一]。在这个及后续电路中，V_B 为参考偏置电压。

电路 c 和 d 的一个优点是：因为输入晶体管的基极-发射极是裸露引脚，所以可在它们之间并联一个小的射频干扰抑制电容，应保持这些电容较小（100pF 或更小），这样放大器的带宽和稳定性不会降低[二]。

巧妙的电路 b 是不同的：它更经济，只需要两个运算放大器和更少的微调电阻，但性能会下降，CMRR 较差（尤其是在较高频率下）。电路 d 是 b 的分立差分对模拟，具有类似的不尽如人意的指标。

电路 g 延续了在 R_g 两端复制输入电压 ΔV_{in}，在 U_1 反相输入端产生的不平衡电流被转换为单端输出。在此电路中，Q_3 和 Q_4 形成共源共栅级联，当 Q_1 和 Q_2 有电流流过时（偏移两倍的静态电流，所以是灌电流），保持 Q_1 和 Q_2 的漏极电流固定。这个电路需要电流源及其镜像电流的精确匹配（更准确地说，需要电流源及其镜像电流在共模变化时保持恒定）。显然，这可以通过良好的设计（以及像共源共栅这样的电路技巧的帮助）来完成，实现了令人印象深刻的 140dB（典型值）的 CMRR。

电路 e 和 f 中所用器件与其他电路所用器件不同。在电路 e 中，快速电容 C_S 周期性对差模输入电压进行采样并传递到保持电容 C_H，从而转换为单端信号（以地为参考）。这从原理上听起来不错，但由此产生的噪声很高，并且较慢的转换速率（3～6kHz）限制了带宽并延长了建立时间。该技术在斩波频率的一半处容易出现混叠。但这些器件价格低廉，并且可能非常适合某些直流应用。

最后，在电路 f 中，来自一对差分输入跨导放大器的输出电流被合并且强制相等：一个放大器

[一] 为了在电路 c 中实现低输入电流，LTC 公司在某些器件中使用了具有基极电流抵消功能的超 β BJT（$I_B\approx$ 50pA）。ADI 公司用 JFET 做得更好，但失调和噪声更大。

[二] BJT 输入放大器容易受到 RFI（射频干扰），因为它们的输入是正向偏置的基极-发射极（二极管）PN 结。在输入来自远程传感器的这些低电平电路中，RFI 是一个真正的问题。如果读者受到 RFI 的困扰，最好使用 JFET 输入放大器。

输入一对信号，另一个放大器的输入是输出电压的一部分，如图所示，产生单端输出电压。这种低成本电路（没有激光微调电阻对等）仅限于较小的差模输入信号（因此增益高），通常增益精度表现相对较差㊀。

5.16.11　斩波器和自动调零仪表放大器

某些CMOS低压仪表放大器使用了与零失调CMOS运算放大器中相同的自动调零技术。这些器件的失调电压非常低，低至几十微伏，这是非自动调零CMOS器件所不能达到的。这些放大器也有出色的CMRR，但在宽带噪声、开关频率噪声、（有时）输入偏置和噪声电流方面付出了代价。这类放大器特别适用于低频应用，例如作为集成ADC的输入级或与低通滤波结合使用。

5.16.12　可编程增益仪表放大器

可以通过外接电阻设置单运算放大器电路的电压增益。相比之下，差分放大器通常配置为固定增益，由精密的内部匹配电阻网络设置增益。仪表放大器的增益通常由单个增益设置电阻R_g设置。注意，某些放大器内部包含几个增益设置电阻R_g，只需要用一根外部跳线即可实现精确的增益选择。更进一步，可以得到*可编程增益放大器*（PGA），通过输入数字代码进行增益选择（可以并行输入逻辑电平代码应用于一组引脚，也可以通过SPI或I^2C等端口串行输入多位代码）。这些本质上就是图5.80所示的分立数字可编程增益放大器的集成版本。

独立仪表放大器PGA的一些示例有PGA204/5、LMP8358和PGA280。PGA202/3（JFET）和PGA204/5(BJT）是传统高压（到±18V）器件，接受2位并行代码（在两个引脚上）用于选择1、10、100或1000(PGA202/4）或者1、2、4或8(PGA203/5）的增益。更新的LMP8358是具有自动调零功能的低压单电源器件（2.7～5.5V），以1-2-5序列（即10、20、50、100、200、500和1000）实现从10到1000的增益选择，并具有灵巧的编程功能——这三个引脚既可用作3位增益设置的并行端口，也可以用作3线SPI串行端口，该端口可用于对增益和一些其他参数（例如输入极性反转、故障检测和带宽）进行程控设置。它是高速（8MHz）精密（最大值$V_{OS}=10\mu V$）运算放大器。

最后，PGA280满足了对输入信号范围超过±10V或更高PGA的需求，具有可以与现代低压单电源ADC和微处理器相匹配的独立供电的输出级。输入电压范围可超过±15.5V（采用±18V电源），输出采用的是与ADC或μC㊁相同的+2.7～+5V电源。这解决了以较高电压运行的IC驱动低压器件时，低压器件输入保护的麻烦问题。有一个类似REF的引脚，用于设置输出中点电压；输出实际上是一对互补差分输出，但可以忽略其中一个并将其视为单端输出（精度略有损失）。

该放大器有卓越的性能：通过数字串行端口进行编程，可选增益为1/8～128，按2的幂次设置。它结合了低失调电压（自动调零，$G=128$时最大为±15μV）、高输入阻抗（典型值>1GΩ）、低增益漂移（最大为±3ppm/℃）和出色的CMRR（取决于增益，典型值为130～140dB）。其他技巧还包括片上二输入多路复用器（两个差分输入对），一个未指定用途的单字节宽双向数字端口以及各种信号调节和故障检测选项。

图5.90显示了这种器件最适合的应用场景：我们的同事开发了一种实验机械抓手，该抓手由单扭矩电机通过一组被动连杆和联轴器驱动。为了进行控制，需要知道施加的扭矩（来自电机电流），以及关于被抓物体接触压力（如果有）的一些信息。PGA280的宽输入兼容性和增益范围，结合双通道差分输入，使这项工作变得简单。想象有一对热敏电阻，可自加热温度高于环境几度，用于检测抓点温度和电机回路中的低压端检测电阻。低压输出级连接到微控制器的片上ADC，微处理器控制PGA的通道切换和增益。我们已安装好热敏电阻，这样第一次接触就会使差分电压升高，然后在另一个手指接触时会向同一方向迈出第二步（步长可提供有关物体材料的更多信息）。注意，电机电流检测电阻采用4线差分连接，可消除来自接地电阻的误差。我们已对该信号进行了滤波，因为使用脉宽调制往往会产生高频噪声。

当寻找好的仪表放大器时，务必考虑专用于低电平传感器等前端的PGA，例如PGA309或PGA2310。

PGA作为更复杂集成电路的一部分，非常流行，例如在ADC和微控制器中。

㊀ 某些e型（例如AD8130），仅对$G=1$指定和描述。这些器件特别适合于差分线路接收器等，但它们的变化范围经常是受限的，通常在3～4Vpp范围内（具有快速开关电容的D8237除外）。

㊁ 或者，可以用一个保持在总电源范围内的独立电源为输出供电。

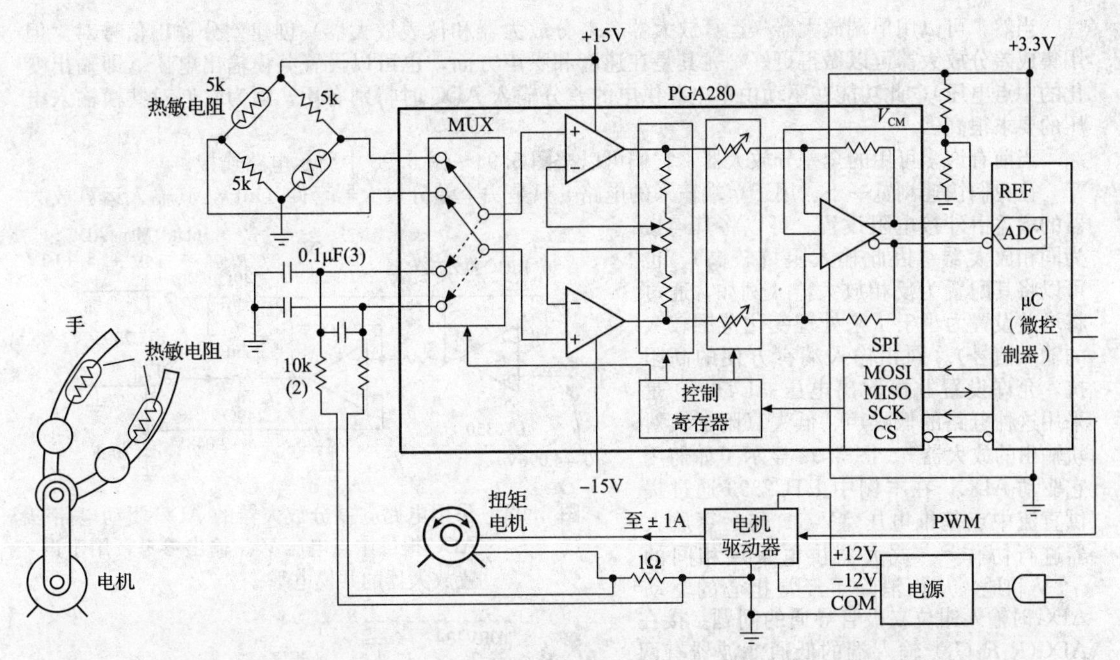

图 5.90　双通道电平移动 PGA 应用：读出抓取机械手施加的扭矩和热响应。这款斩波稳零（250kHz）PGA 可在±15V 电源电压下工作，但其输出可接 3.3V ADC——这很有用！推荐

5.16.13　产生差分输出

仪表放大器和差分放大器均可用于将差分输入信号转换为单端输出。如果这正是读者想要的（通常是这样）那很好。但在某些情况下，需要差分输出信号，例如当驱动某些模-数转换器时。最简单的方法是在单端输出后增加一个单位增益反相器，见图 5.91a。这当然可以，但是除非电阻对至少与驱动放大器的精度和稳定性相匹配，否则增益精度会降低。电路 b 规避了这个缺陷，在电路 b 中，单位增益反相器将 SENSE 输出引脚强制为相对于地（或其他参考电压）的对称电压。使用此电路，可以保持增益精度，任何电阻不匹配的影响只是抵消了输出相对于地（或参考电压）的对称性，由于被驱动器件的差分输入特性，这种对称性通常不太重要。然而，由于反相器带宽有限，两个电路都有引入时延（或相移）的缺点。一种解决方案是使用一对匹配放大器。但是，更好的方法是使用差分放大器（或全差分放大器，以强调区别），尤其当需要大带宽和快速建立时间（如快速 ADC）时，这里的差分放大器意味着具有差分输入和输出特性的放大器，前文中的 PGA280 就是这样的放大器（尽管设计人员称其为仪表放大器）。

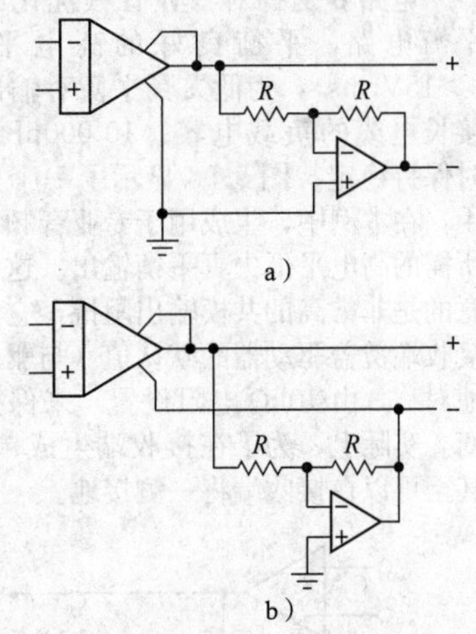

图 5.91　由仪表放大器或差分放大器产生差分输出

5.17　全差分放大器

术语"全差分放大器"（或有时称为差分输入/输出放大器，或仅称为差分放大器）用于描述具有差分输入和差分输出的放大器，它有一个用于设置输出对的共模电压的额外输入引脚（V_{OCM}）。我们赞成使用"全"，以清晰区别于单端输出的差分放大器和仪表放大器。

对于某些重要应用，需要根据差分或单端输入信号创建平衡的差分输出。互补输入型 ADC 往往如此。对于这类应用，重要的性能参数可能是建立时间、增益精度、稳定性、设置共模输出电压的能力以及用轨对轨变化的输出驱动低压 ADC 的能力。

广泛使用差分信号的其他应用包括用双绞线传输模拟信号（例如通过现有的 Cat-5 型网络电缆）、电信应用（例如 ADSL 和 HDSL 链路）、示波器输入级、射频通信子电路（例如中频和基带模块）等。

当然，可以用单端放大器（运算放大器、差分放大器和仪表放大器）创建差分输出信号对。但用集成差分放大器可以做得更好，尤其是在速度和噪声方面，也可以设置共模输出电压（即输出变化的中点电压），此功能在驱动由单电源供电的差分输入 ADC 时特别有用，因为它们对共模输入电压的要求很高。

当前有许多可用的全差分放大器，它们可以按图 5.94～图 5.98 中所示电路连接。

让我们快速浏览一下。用于单端输入的电路 a 只是一个差分放大器套件（kit），其输入运算放大器的增益由外接电阻设置。可以将其连接为同相放大器（因此输入阻抗较高），也可以将其配置为反相放大器（例如，通过将增益设置为小于 1 来处理变化范围较大的输入信号）。同相输入端有方便的高阻抗，允许设置共模输出电压。LT6350 是采用这种电路的低噪声、低失真附加轨对轨输出的放大器[一]。图 5.92 显示了如何用它驱动 ADC，在本例中 LTC2393 通过提供直流中点基准电压（V_{CM}）与运算放大器进行协作[二]。放大器供电采用相同的 +5V 和地，从而消除了经常担心的驱动 ADC 时输入钳位二极管导通的问题。接在 ADC($R_1R_2C_1$) 输入端的低通滤波器有两个功能：①它是一个抗混叠滤波器，将输入带宽限制在约 150kHz；②提供推荐的并联输入电容，以抑制 ADC 内部开关瞬变的影响。

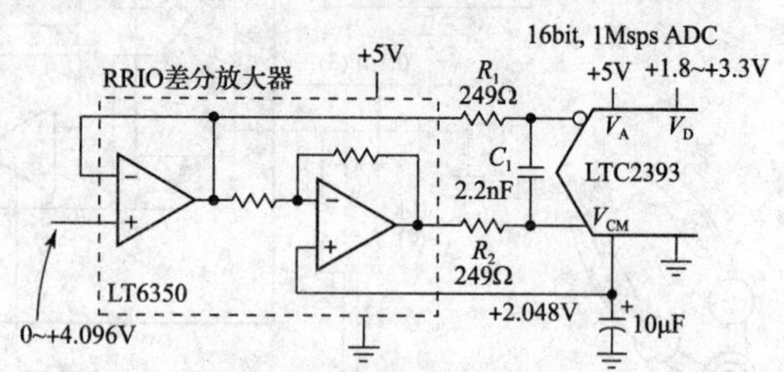

图 5.92 采用电路 a 差分放大器的 ADC 驱动电路。ADC 提供中点电压 V_{CM} 输出参考，用于设置放大器的共模电平

电路 b 是针对专业音频优化了的对称平衡电路，平衡良好的高电平驱动器（>15Vrms），为低失真平衡对输出且当连接长电缆的负载电容（10 000pF 或更多）时保持稳定。图 5.93 显示了一个典型的应用，在本例中，生成用于专业音频电缆驱动所需的高电平低失真平衡输出。这里需要注意的是非常高的共模输出阻抗，它通过允许接收端覆盖驱动器的默认值（与驱动端的接地对称，由 10kΩ 电阻设置）来保持信号平衡。实际上，为了在接收端生成单端信号，甚至可以在接收端将一侧接地。

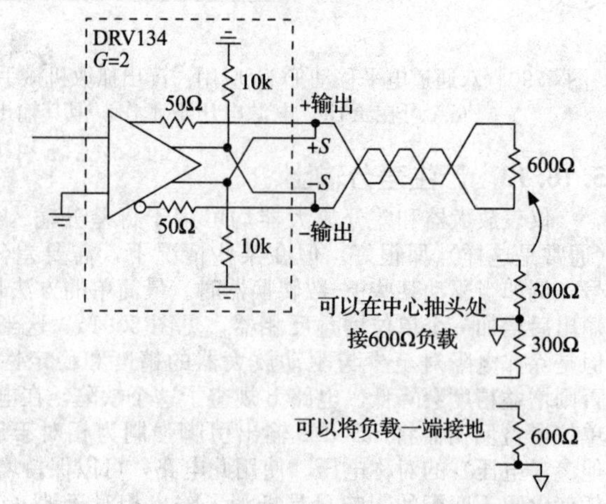

图 5.93 具有高共模输出阻抗的平衡音频驱动器，因此接收端（负载端）可设置共模电压。如果负载悬浮，则 $V_{CM(out)}$ 默认为 0V

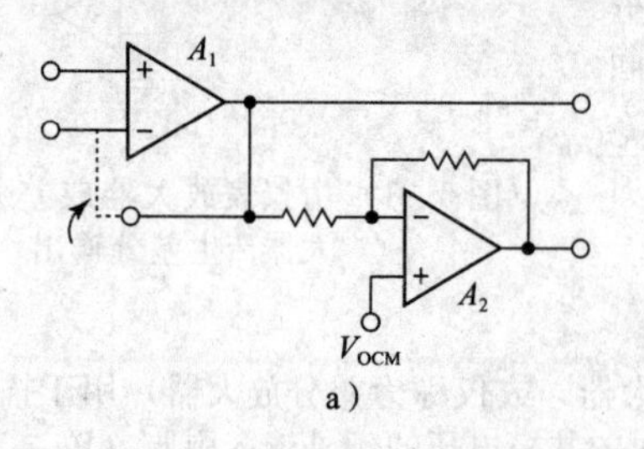

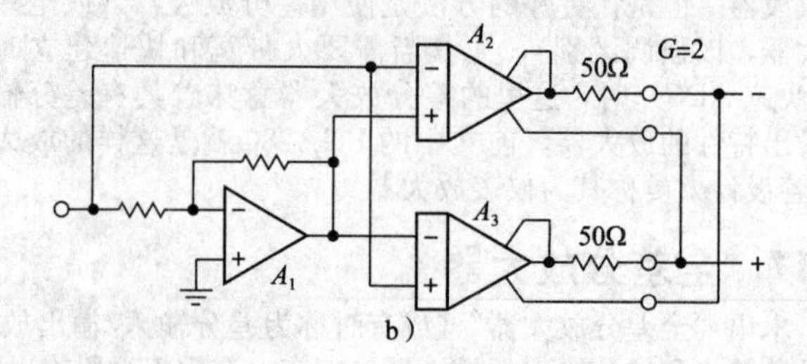

图 5.94 全差分放大器电路 a 和 b

[一] ADA4922-1 速度更快，并具有固定的单位增益输入级。

[二] ADC 内部具有精度（0.5%）合理的基准电压，也可以连接性能更好的外部基准电压（例如 LT1790，其精度和漂移的最大值为±0.05%和 10ppm/℃）。这听起来很好，但在这里不会有太大作用，因为系统的增益精度受放大器 LT6350 增益精度的限制（最大值为±0.6%）。可以改用 ADA4922-1。

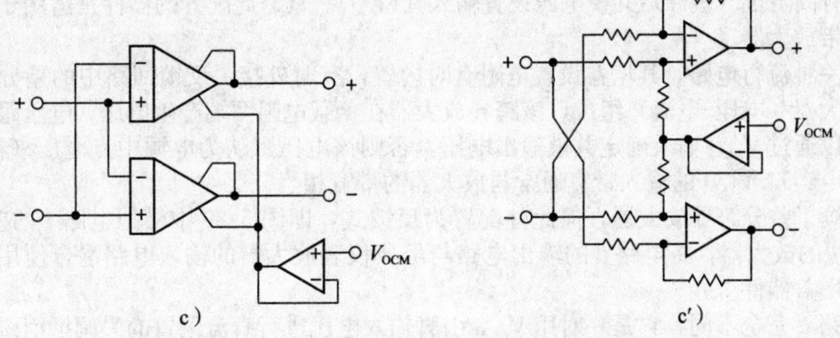

图5.95 全差分放大器电路c，重画的电路c′对称性显而易见，其增益为$G=2R_f/R_g$

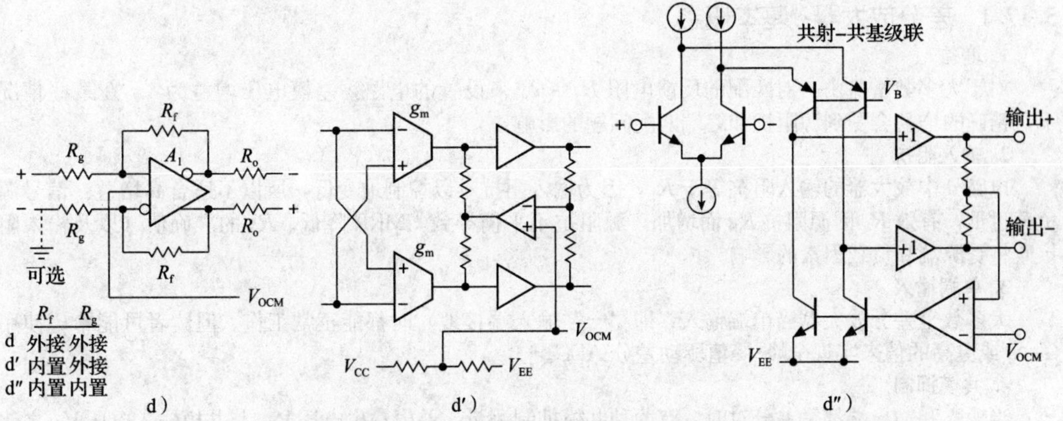

图5.96 全差分放大器电路d，增益为$G=R_f/R_g$。输出放大器A_1的典型电路见d′，TI版的THS45xx系列是电路d″；例如，THS4508/11/21使用极性互补（PNP输入对等），允许工作电压低至$V_{in}=V_{EE}-0.2V$

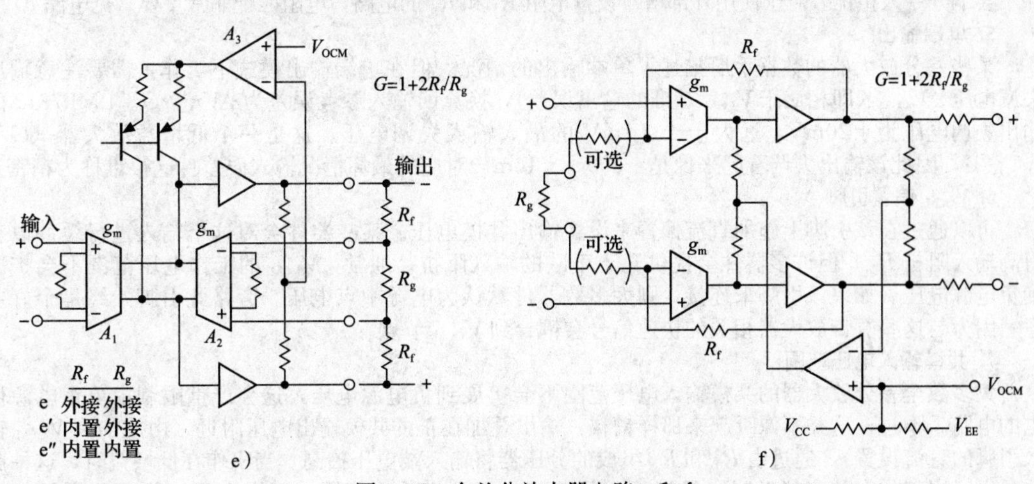

图5.97 全差分放大器电路e和f

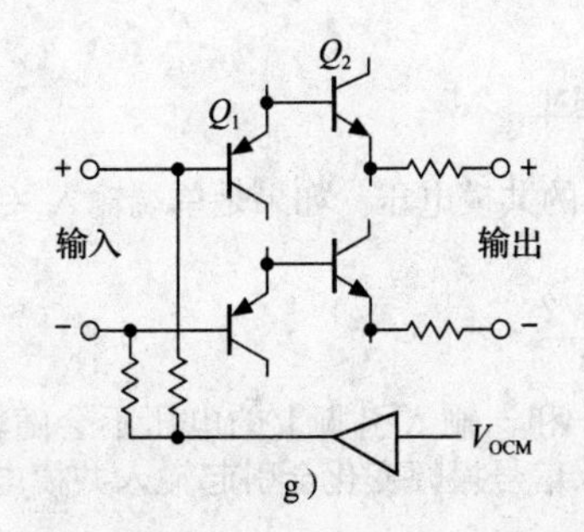

图5.98 全差分放大器电路g，此类型适用于交流或变压器耦合输入

电路c具有高阻抗（缓冲）共模电压设置输入（V_{OCM}）。具有此配置的器件是适用于视频和通信应用的低噪声宽带放大器。

电路d是一种流行电路，其增益设置电阻有时内置，有时外接。反馈回路中的差分放大器由一对对称的跨导放大器（电压-电流）组成，该跨导放大器在负载电阻两端产生电压，电压跟随器生成低阻抗输出对。可以通过V_{OCM}输入确定共模输出电压，否则该电压默认为电源中点电压（在这种情况下，最好连接旁路电容）。V_{OCM}的输入带宽通常与放大器的带宽相当。

电路e延续了差分跨导放大器，但此处配置为反馈式，即图5.89中模拟电路f的差分输出版本。电路f用于最快的放大器，将电路d的输出电路与经典仪表放大器的输入电路混合使用，并将差分跨导放大器用作增益器件。

最后，电路g完全不同，它是一对用V_{OCM}引脚输入电压进行直流偏置的失调抵消跟随器。此电路适用于交流耦合（或变压器耦合）输入电路。

5.17.1 差分放大器：基本概念

1. 增益

对于大多数增益由一对匹配的反馈电阻$R_f=R_g$来设置的电路，差模电压增益为1。在某些情况下，精确的增益会受到源阻抗和终端匹配问题的影响。

2. 输入阻抗

电路d中放大器的输入阻抗等于R_g，因为输入阻抗难以控制地变低，所以不适合高增益：信号源负载过重，有效R_g因源阻抗R_S而增加，源阻抗不平衡导致CMRR降低。R_g的准确值（以及输入阻抗）将受源端和负载因素的影响。

3. 单端输入

大多数全差分放大器当单端输入（即"－"输入端接地）时都能正常工作。但读者可能希望使用$G=2$或更高的值来实现全峰-峰值驱动差分ADC。

4. 共模抑制

当输入和输出端都是差分对时，有两种共模抑制测量：差模输出电压V_{out}与共模输入电压V_{in}之比通常很好（例如，在1MHz为80dB）。共模输出电压V_{out}与共模输入电压V_{in}之比要差得多（例如，在1MHz为50dB，高于此频率则降低）。但如果接收设备（例如ADC）自身有好的共模抑制比，则后者并不会十分令人担忧。对于使用外部增益设置电阻R_f和R_g的电路，电阻匹配非常重要（见电路d）。

5. 单端输出

某些差分放大器的数据手册描述了单端输出的情况。但在单端输出模式下工作，需要注意输出失调电压ΔV_{OCM}（即相对于V_{OCM}基准的输出误差），换算回输入参考误差为$\Delta V_{OCM}/G$。LMP7312的输出失调电压为±20mV，远大于±0.1mV的最大输入失调电压。这是一个低增益放大器（$G=0.1\sim2$），因此该输出失调看起来像是±200～±10mV对应的最坏情况输入误差！这很难称为精密。

6. V_{OCM}偏置引脚

可以通过在该引脚上施加直流偏置来设置输出共模电压。某些器件会对这个输入进行缓冲以获得高输入阻抗R_{in}，但许多器件会提供几十千欧的输入阻抗。通常，V_{OCM}的工作电压范围不会扩展到负电源电压。如果该引脚未连接，则大多数器件默认为电源中点电压。旁路此引脚始终是个好主意，因为与这些宽带放大器相关的快速信号会耦合到V_{OCM}节点。

7. 共模输入电压范围

大多数全差分放大器的共模输入电压范围不会扩展到负电源电压，这会严重限制由单正电源供电的电路。不过，这并不像听起来那样糟糕：输出叠加在正的共模输出电压附近（由施加到V_{OCM}输入引脚的直流设置），通过由R_f和R_g组成的分压器将输入端电压抬高。当工作在低增益时，这种影响最大；当工作在较高增益时，最好检查是否超出了共模输入范围。假设有足够的环路增益（即$G_{OL}\gg G$），则放大器反相和同相输入端的（相等）电压为

$$V_{(+,-)}=\frac{V_{OCM}+GV_{in(CM)}}{G+1}$$

式中，差模增益$G=R_f/R_g$，$V_{in(CM)}$是（差分）输入信号源的共模电压。如果是单端输入（另一个差分输入端接地），那么（用$V_{in}/2$替代$V_{in(CM)}$）将得到

$$V_{(+,-)}=\frac{V_{OCM}+GV_{in}/2}{G+1}$$

对于平衡的输入信号源（即固定的$V_{in(CM)}$），放大器＋和－输入引脚上的电压不会随输入差分信号的变化而变化。这与单端输入不同，单端输入时，输入信号振幅变化会引起输入共模电压变化。

对于单端输入，请确保在输入信号极端情况下，输入共模电压是否超出范围。

当然，可以通过选择共模输入电压范围包括负电源电压的放大器来解决该问题，例如THS4521。

8. 电压反馈与电流反馈

除了LMH6552/3使用CFB（电流反馈），所有R_f/R_g放大器均使用常规的电压反馈。由于是VFB（电压反馈）放大器，因此当高增益工作时，在反馈电阻两端并联用于限制带宽的电容，放大器可以很好地工作（有助于降低累积电压噪声$v_n=e_n\sqrt{GBW}$，由于其中许多放大器的带宽较大，因此该值可能很大）。大致而言，电流反馈放大器的f_{3dB}带宽与增益无关，而电压反馈放大器的带宽与闭环增益成反比（$f_{3dB}=GBW/G_{CL}$）。

9. 增益设置电阻

R_f和R_g阻值偏大时，可能会由于电路板寄生电容而引起问题。例如，145MHz的运算放大器THS4521当R_f高于1kΩ时，会产生过冲（见图5.99）。双运算放大器和四运算放大器封装也可能会因引线框架问题而不可避免地出现过冲，因此在多运算放大器封装中，通常选择固定增益型更好。阻值较大的R_f和R_g还会造成：①速度损失；②由于双极型高速放大器相对较大的偏置电流特性而导致输入失调误差增加；③由电阻的Johnson（约翰逊）噪声和放大器输入噪声电流在R_f两端产生的电压噪声引起的输入参考电压噪声增大。

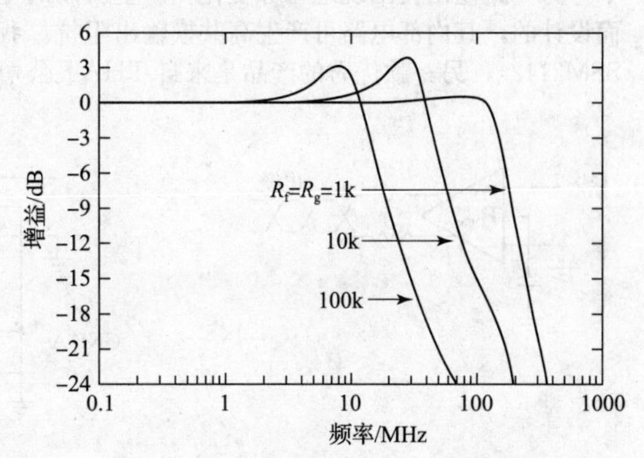

图5.99 大的增益设置电阻值会在频率响应中产生过冲，如配置为单位增益（$R_f=R_g$）的THS4521的数据手册图所示

为了进一步详细说明，再次考虑THS4521，我们来看$R_f=R_g=100k\Omega$。从图5.99中可以看到减小了10倍的带宽和峰值。可以通过在每个反馈电阻两端并联一个小电容来抑制这种过冲（这发生在VFB型放大器上而不是CFB型放大器），但在此过程中会损失更多的带宽㊀。我们注意到，读者可能希望增加反馈电容以有意减小带宽，从而把这个缺点变成优点。

至于失调电压，该器件的输入偏置电流为650nA（典型值），这将在100kΩ电阻两端产生65mV的压降。但偏置电流可以很好地匹配，失调电流指标为$\Delta I_B=\pm50nA$（典型值），从而产生5mV的输入失调电压。这样更好，但会严重恶化放大器的典型失调电压$V_{OS}=\pm0.2mV$（最大±2mV）。所以，需要R_f和R_g小于10kΩ，以保持放大器的精度。

最后，噪声有两个来源，电阻的Johnson（约翰逊）噪声（$e_n=\sqrt{4kTR}=0.13\sqrt{R}\,nV/\sqrt{Hz}$）和放大器电流噪声产生的电压噪声（$e_n=i_nR_f$）。当$R_f=100k\Omega$时，约翰逊电压噪声为$40nV/\sqrt{Hz}$，放大器的$i_n=0.6pA/\sqrt{Hz}$产生的噪声为$65nV/\sqrt{Hz}$。这些严重恶化了放大器的典型值$4.6nV/\sqrt{Hz}$（取通常的平方根和，总的附加电压噪声为$76nV/\sqrt{Hz}$）。下表总结了这些数据，对应$R_fR_g=10k\Omega$和$R_f=R_g=1k\Omega$㊁。

R_f,R_g/Ω	−3dB带宽/MHz	失调电压/mV	输入参考噪声		
			$\sqrt{4kTR}$/（$nV/\sqrt{Hz}$）	i_nR_f/（$nV/\sqrt{Hz}$）	总量①/（$nV/\sqrt{Hz}$）
1k	150	±0.2	4	0.7	4.6
10k	45	±0.5	13	6.5	15
100k	15	±5	40	65	76

① 包括放大器的V_{OS}和e_n。

㊀ 可以从另一个角度来看这个问题：选择制造商推荐的增益设置电阻值，以便利用少量的过冲来扩展放大器的自然带宽。

㊁ 许多器件允许增加反馈电容以减小带宽。对于某些器件，当低增益时这可能会导致不稳定，而对于其他器件，可能会提高稳定性，尤其是当使用较大电阻值时。

总结：与标称值 1kΩ 相比，用 100kΩ 增益设置电阻会使带宽降低 10 倍，失调电压的典型值增大 25 倍，输入参考噪声的典型值增大 16 倍。读者不想这样。读者可以合理地使用诸如 2.49kΩ、4.99kΩ 或 10kΩ，以带宽、噪声和精度的适度降低为代价来增加输入阻抗。

10. 共模输出阻抗

加到 V_{OCM} 引脚上的电压设置共模输出电压。换句话说，差分放大器具有低共模输出阻抗。通常这就是读者想要的；毕竟，这就是有 V_{OCM} 引脚的原因。但是，当将输出发送到需要建立其自身共模电压的远程负载时，这可能会造成困难。在平衡音频（或视频）系统中，通过平衡双绞线长距离传输就是这种情况。

请看图 5.100b。通过用输出电压的平均值驱动 V_{OCM} 引脚，可以创建放大器，它通过让负载引导电压变化来协同输出。实际上，负载甚至可能有意使信号不平衡（通过将一侧接地），在这种情况下，另一路输出会围绕地对称变化，产生所需的全差分输出电压。有些差分放大器是专为这种应用而设计的，其内部电路可产生高共模输出阻抗。我们在图 5.93 中见过一个示例（DRV134，类似于 SSM2142），另一款优秀的产品是来自 THAT 公司的 THAT1606。

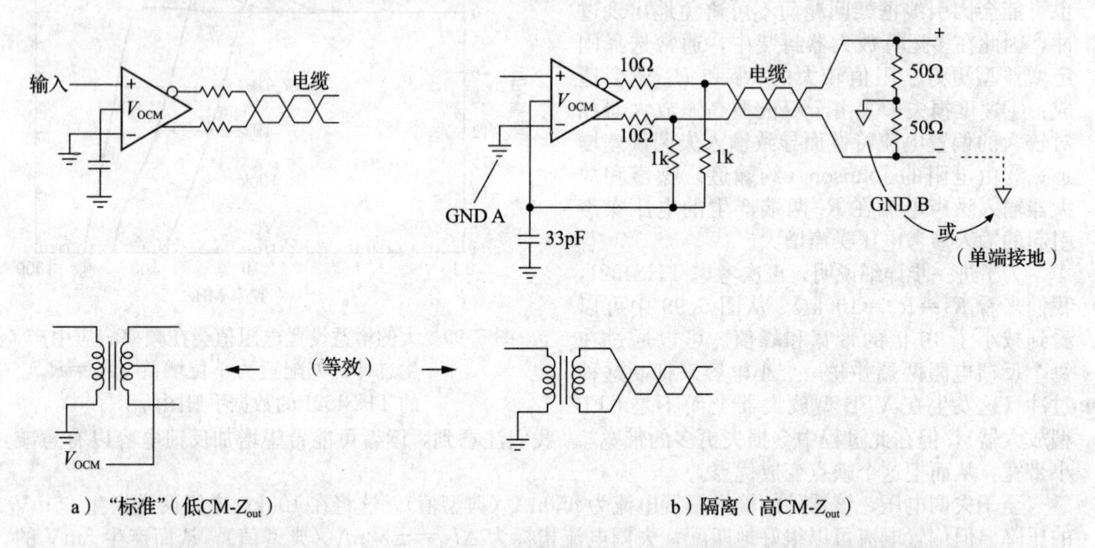

图 5.100　差分放大器的共模输出电压由 V_{OCM} 引脚设置（如果未驱动，通常默认为电源电压的中点），产生低共模输出阻抗，如图 a 所示。但对于平衡音频或视频应用，读者希望以（远程）负载为主，读者可以欺骗差分放大器，如图 b 所示，模拟隔离变压器或巴伦极高的 CM-Z_{out}

传统的解决方案是使用隔离变压器，如图所示，它也可以实现单端信号和平衡信号之间的转换(称为巴伦（不平衡变压器），用于平衡-不平衡转换）。但变压器体积庞大，带宽和线性度有限，而且价格不便宜。高 CM-Z_{out} 的差分放大器可以是一个有吸引力的替代方案。

5.17.2　差分放大器应用示例：宽带模拟链路

我们以几个应用示例来总结关于差分放大器的讨论：基于双绞线的宽带模拟链路和关于驱动差分输入 ADC 的小技巧。

在 5.14.2 节中，我们说明了差分放大器作为用差分双绞线传输的模拟链路接收端的应用。在那个电路中，R_4C_1 在高频下产生上升的响应（均衡），以补偿增加的电缆衰减。当然，为了完成链接，需要差分驱动器。

图 5.101 显示了整个电路，此处用 Intersil 的 EL5170/72 差分线路驱动器/接收器对实现。它们还生产了三合一单元（EL5370/72），用于彩色视频。在几十米的 Cat-5 电缆上，带宽很容易达到几十兆赫兹，接收器端有适度均衡。同轴电缆更好，两条 50Ω 的同轴电缆可以代替 100Ω 的差分对。一如既往，平衡信号结合接收机出色的 CMRR（此处典型值为 95dB），可提供较高的抗干扰能力。

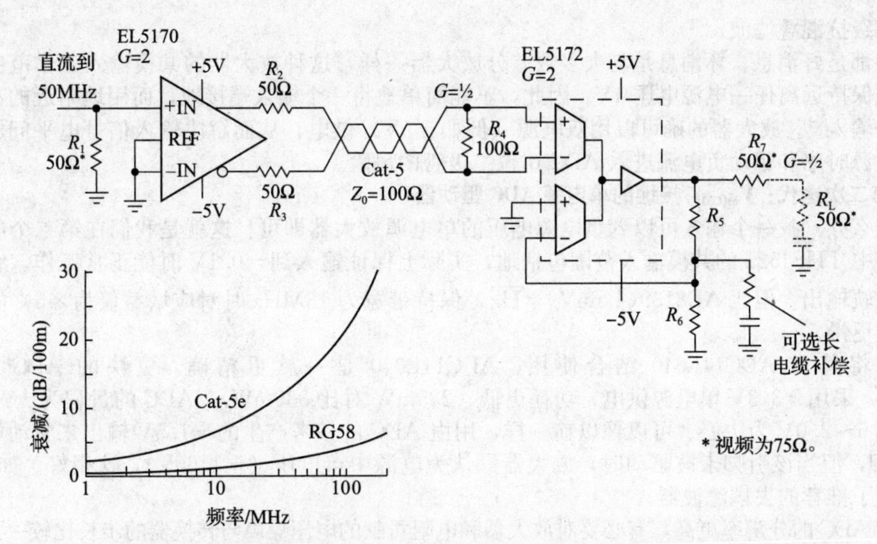

图 5.101　通过 Cat-5 网络电缆进行宽带模拟链接。EL5370/72 在单个芯片中封装了三个性能相似的驱动器-接收器，可方便地通过单根电缆（有四对双绞线）发送模拟视频（RGB、S-Video 或 YPbPr 分量视频）

5.17.3 差分输入 ADC

许多模-数转换器需要输入差分信号。对于高速转换器（例如流水线闪存转换器）以及被称为电荷再分配 SAR 和 delta-sigma(Δ-Σ) 的各种类型 ADC 几乎普遍如此。而且在许多情况下，输入很难是良性的；内部开关电容会在输入端引起电荷瞬变，因此需要外接一些并联电容。另一个麻烦是驱动器必须能够在全转换范围内变化输入（可能包括地），但又不能驱动输入超过 ADC 的电源电压(存在输入钳位导通和 SCR 可能闩锁而造成损坏的风险)。

1. 第一次迭代：带 V_{OCM} 偏移的单电源 ADC 驱动器

图 5.102 显示了差分输入高速单电源 ADC 输入级的两次迭代。第一个设计是基于 AD9225 12 位 25Msps 流水线闪存转换器，该转换器采用＋5V 模拟单电源供电，并有单独的数字电源引脚，可用于＋3～＋5V 供电的微控制器接口。其输入范围是可编程的，为 0～2V 或 0～4V，并提供直流中点电压输出（＋1V 或＋2V），可用于设置差分放大器的共模输出（通过 V_{OCM} 引脚）。

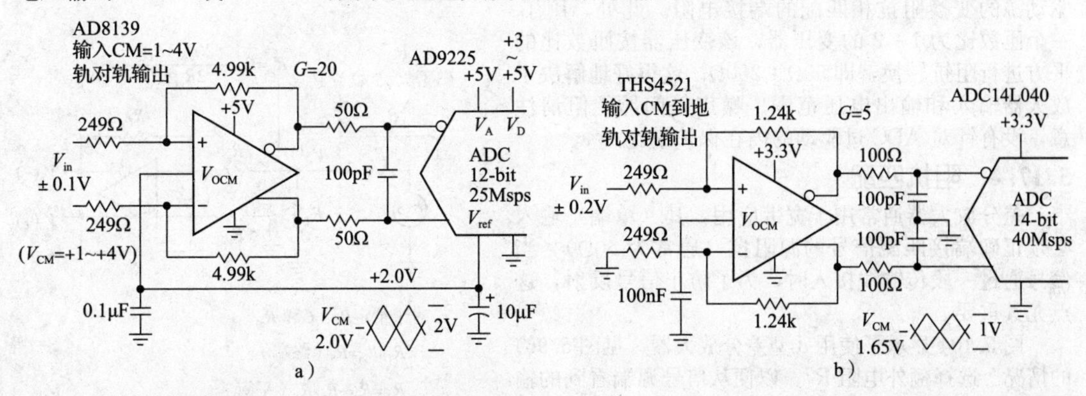

图 5.102　高速单电源差分输入 ADC 的维护和供电。a) AD9225 提供一个中点电压 V_{ref} 输出，用于设置放大器的共模输出，但 AD8139 的输入距离任一电源电压不能少于 1V；b) THS4521 允许输入电压达到负电源电压（此处为地），这一点非常罕见

通过工作在相同的＋5V 和地的差分放大器，我们确信 ADC 的输入驱动不能超过电源电压。我们选择差分放大器 AD8139，因为它具有低噪声（2.2nV/$\sqrt{Hz}$）、足够的带宽（$G=20$ 时约为 15MHz）以及输出能够轨对轨变化（能够在其全输入量程内驱动 ADC）。我们使用推荐的一对串联电阻来抑制因 ADC 输入端电荷瞬变而引起的放大器振铃，还增加了一个并联电容以减少这些瞬变并

提供第二级抗混叠滤波。

这些都是好消息。坏消息是与大多数差分放大器一样，这种放大器的共模输入工作范围不包括地：必须保持远离任一电源电压1V。因此，不能简单地将一个输入端接地，而用地附近的小信号驱动另一个输入[⊖]。放大器的确可以用双电源（例如±5V）供电，从而解决输入信号电平问题，但必须注意电源时序和驱动负电流进入ADC钳位二极管的风险。

2. 第二次迭代：$V_{in(CM)}$ 接地的单电源ADC驱动器

该怎么办？找一个输入可以到负电源电压的单电源放大器即可！这就是我们在第二个电路中所做的，其中THS4521的共模输入范围包括地，实际上保证输入到－0.1V时能正常工作。它也有需要的轨对轨输出，但比AD8139（4.6nV/$\sqrt{\text{Hz}}$，保持带宽为18MHz时对应增益仅为×5）的噪声更大，速度更慢。

我们将其与ADC14L040结合使用，ADC14L040是一款更精确、更快的ADC（14位，40Msps），采用+3.3V单电源供电，功耗更低（235mW对比335mW）。ADC的量程为±0.5V，以允许的0.5～2.0V为中心。可以像以前一样，用由ADC的参考产生的+1.5V输出来驱动放大器的V_{OCM}引脚，但当该引脚未被驱动时，放大器默认为电源中点电压（+1.65V），这很好。如前所述，我们增加了推荐的去耦滤波器。

鉴于ADC的分辨率更高，有必要对放大器和电阻贡献的电压噪声与转换器的步长比较一下。考虑到输入增益，步长为400mV/214或25μV。放大器的噪声密度（4.6nV/$\sqrt{\text{Hz}}$）加上（不相关的）电阻噪声（2.7nV/$\sqrt{\text{Hz}}$）约为5.3nV/$\sqrt{\text{Hz}}$，或在放大器和RC滤波器的有效带宽约12MHz内约为18μVrms。换句话说，电压噪声与转换器的LSB步长相当。这是可以的，不过如果能稍微再低一点就好了。也许可以这样想：这是因为电路的速度和分辨率的优点使相对较小的噪声影响看起来很差。读者可以随时放弃带宽（如果不需要），或者如果能让读者感觉更好，也可以只看前12位。

3. 第三次迭代：变压器耦合

如果不需要直流耦合，驱动差动输入转换器的一个简单方法是采用宽带变压器，可以得到小型表面贴装的宽带变压器并广泛应用于射频电路中。图5.103显示了如何做到这一点。使用ADC的中点参考输出（适当旁路）来设置共模电压，并使用与驱动源的变换阻抗相匹配的端接电阻。此处，用了一个匝数比为1∶2的变压器，该变压器按匝数比的平方进行阻抗转换，即50Ω∶200Ω。这很好地解决了放大器输入和输出电压范围、噪声等问题。但请注意，没有针对ADC过驱动的内在保护措施。

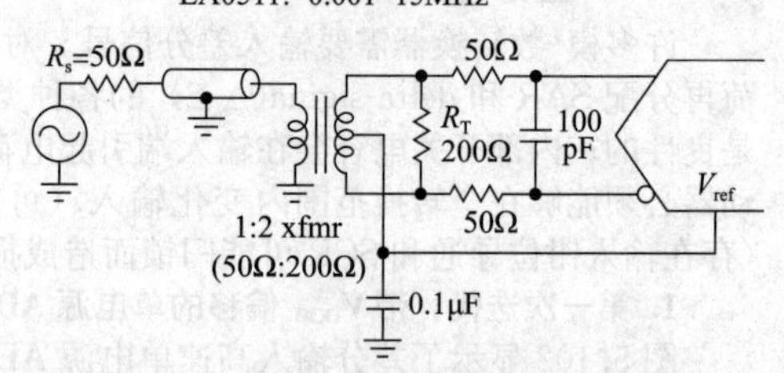

图5.103 宽带变压器可以驱动差分输入ADC，它们有出色的CMRR，频率范围为10 000∶1

5.17.4 阻抗匹配

差分放大器通常用于宽带应用，其（单端）输入必须正确端接匹配信号的源阻抗（通常为50Ω）。当信号通过一段传输线接入时，为了防止信号反射，这点尤其重要。

图5.104显示了使用d型差分放大器（见图5.96）的情况。选择额外电阻R_T，以便从信号源端看到的输入阻抗等于R_S（即$R_T \| R_{in}=R_S$）。特别要注意的是，放大器的同相输入端不是虚地，因此，根据图中的公式，R_{in}比单独的R_{G1}要大一些。通常，差分放大器具有等值的反馈电阻R_f，但考虑到驱动点（标为V_{in}）的有限阻抗，增益设置电阻R_g不相等，即R_{g2}必须比并联电阻$R_S \| R_T$大。最后，必须将反馈电阻R_f向上调

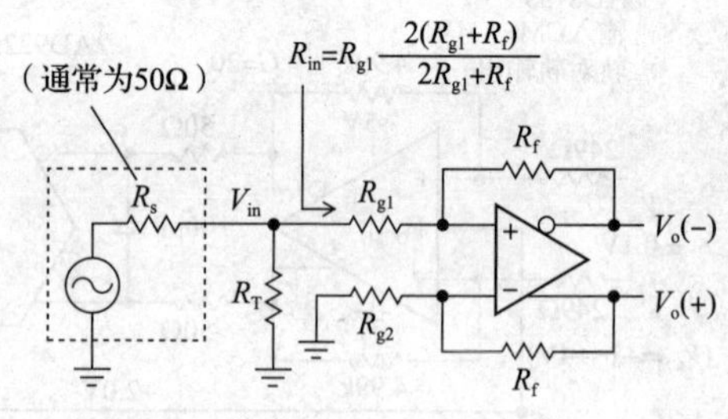

对于给定R_S、G和R_{g1}

$R_T \| R_{in}=R_S$（终端）

$R_{g2}=R_{g1}+R_S \| R_T$（平衡）

$R_f=G\dfrac{R_{g2}(R_S+R_T)}{2R_T}$（增益）

$$\left(G\equiv\frac{V_o(+)-V_o(-)}{V_{in}}=\frac{2R_T}{R_T+R_S}\,\frac{R_f}{R_{g2}}\right)$$

图5.104 端接单端到差分放大器：设计方程

⊖ 除非工作在低增益：这需要$G \leqslant 1$，以便通过R_fR_g分压器将AD8139的输入端信号提高到1V或更高。

节，以使增益回到期望值。

注意，增益是用V_{in}来定义的，即相对于负载的输入信号幅度（而不是信号源开路幅度）。这是有道理的，因为信号幅度（来自信号发生器等）通常指正确端接时的振幅。

例如，对于一个50Ω信号源，$G=2$且$R_{g1}=200\Omega$，读者会发现（选择最接近的1%标准电阻值）$R_T=60.4\Omega$、$R_{g2}=226\Omega$和$R_f=412\Omega$。

与高频时的情况不同，在低频（例如音频），不必端接信号源。在这种情况下，省略R_T，R_{g2}简化为$R_{g1}+R_S$，现在根据信号源开路幅度定义的增益仅为$G=R_f/R_{g2}$。

5.17.5 差分放大器选择标准

并非所有差分放大器都相同。在与带宽、精度、输出驱动能力、电源电压等的折中取舍方面隐藏着许多微妙之处。

1. 电源电压和轨对轨输出能力

高压差分放大器的电源电压为±12～±15V（尽管有些电源可以工作至±5V），通常采用双电源供电，但大多数有V_{OCM}共模输出功能，可用于驱动单电源ADC。此共模功能将器件与其他类型的器件区分开来。大多数器件内部都有电源分压电阻（需要旁路电容）来建立共模输出电压，但这可以被ADC提供的直流中点输出电压所覆盖。

记住，V_{out}最大值（Vpp）表示$(V_{a+}-V_{b-})+(V_{b+}-V_{a-})$，即任何一个输出电压峰-峰值变化范围的两倍。

这些器件具有高差分输出能力，大于50Vpp（每个输出达±12.5V），在±18V电源时，会更高，因此非常适合线路驱动应用。差分输入器件THAT1606、OP1632和LME49724以及单端输入器件DRV134均适用于专业音频。如前所述，差分类型也可用于单端输入。为了失真最小，这四款器件都应使用低阻抗信号源驱动，例如运算放大器输出。

大多数高频、低电源电压差分放大器的最大电源电压限制为±5V，甚至更低。许多总电源电压不能高于5V，在某些情况下甚至不能超过3.3V。某些可以使用低至+2.7V或+3.3V的单电源供电，而另一些至少需要+5V。

许多中低频低压器件具有轨对轨输出（RRO），适用于单电源ADC，此类ADC不允许信号超出其电源电压，只需要用与ADC相同的电源电压为放大器供电即可。但要特别注意，当在其电源电压附近使用时，高频轨对轨输出型器件的高频性能可能会下降。例如，带宽为600MHz的LTC6404即使在10MHz，当输出在距离电源电压400mV以内时，失真会急剧上升。

用低压轨对轨输出来保护ADC输入的另一种方法是使用带输出电压钳位的放大器。这是LMH6553的一个好特性。这款器件也是CFB（电流反馈）型放大器，适用于高增益下宽带宽，但其噪声特性不好。

2. 共模输入范围和负电源电压

大多数器件都有反相输入端，该点电压必须比负电源电压至少高1V或更高（低功率器件THS4521例外）。但这并不一定能防止输入信号下降到地，尤其是当放大器工作在全差分低增益时（例如$G=1$或$G=2$）。

在这种情况下，大多数器件的性能不会降低，相比之下，当RRO型放大器工作在输出变化范围的极限时性能会下降[㊀]。如图5.102b所示，当全差分放大器用作单端至差分转换器，（－）输入端接地时，这一点尤其有用。但要小心，如果任一反相端的输入电压超过规定的比$-V_{EE}$低-0.2V的范围，则输出端可能会发生极性反转，这与LM324/358单电源运算放大器的情况类似[㊁]。

3. 低Z_{in}

这些放大器中的大多数对信号源呈现相当低的输入阻抗，尤其是高增益时，因为指定的增益设置电阻R_f的阻值较低且Z_{in}约为R_f/G（LTC6416和EL5170系列例外）。大多数输入阻抗较高的器件噪声都较大，这主要是因为电阻的Johnson（约翰逊）噪声。

信号阻抗匹配通常是一个问题，尤其在高频（例如30～100MHz及以上），即使PCB走线较短。放大器的低Z_{in}会使信号源阻抗匹配问题复杂化，也会影响放大器增益。

4. 失调电压和CMRR

许多放大器的失调电压和其他直流参数都较差，其中大多数是带内部电阻的固定增益器件。它

㊀ 某些器件（例如THS4008和THS4511）甚至指定$V_{S-}=0$和输入参考接地为其规范的工作条件。

㊁ 对于后者，可以用改进的LT1013/1014替代，来规避这种令人讨厌的习惯且整体性能更好。但对于差分放大器没有这样的解决方案。

们似乎受到由差分放大器固有的高共模输出电压 V_{OCM} 和一定的内部电阻不匹配而引起的失调的影响。例如，当 V_{OCM} 为1.5V时，1%的电阻不匹配将产生15mV的等效输入失调。相比之下，大多数裸器件都有吸引人的低失调电压。但如果用1%精度的增益设置电阻来搭建放大器，肯定会产生高失调。

裸器件ADA4932的典型CMRR为100dB，而类似的固定增益器件ADA4950为64dB。同样，裸器件LTC1992为90dB，而固定增益LTC1992-10为60dB。

在许多全差分应用中，CMRR并不重要。但如果对读者的设计很重要，请使用0.1%精度的电阻或匹配的电阻阵列。务必留意电路板布线电容，这在高频确实很重要。例如，要在1MHz增益设置电阻为500Ω，实现－80dB的匹配，必须将电容匹配到困难的0.03pF！频率每增加十倍，CMRR将降低20dB。

Intersil的EL5170系列器件有好的CMRR，例如1MHz时为80dB（但失调电压较差，为25mV），而Analog Device的AD8352宣称在100MHz处的CMRR为60dB，而失调电压为6mV。

5. 固定增益和外接电阻设置增益

选择固定增益放大器的一个很好的理由是，其中一些放大器比使用分立电阻更容易和更廉价地实现更高精度的增益。例如，具有吸引力的NSC的LMP3712的最坏增益误差为±0.04%，TI的PGA280（可编程增益器件）的最坏增益误差为±0.15%，而Analog Devices的引脚可编程运算放大器AD8270为±0.08%。

固定增益运算放大器的简单性似乎很吸引人，但某些外接电阻型有其吸引人的方面。例如，TI的THS4520和Analog的ADA4932所消耗的电源电流要比竞争对手低得多。THS4520可用于搭建带宽120MHz增益 $G=10$ 的放大器。

固定增益运算放大器更容易用于高频，因为它们规避了令人痛苦的布线和引脚电容问题。但大多数的绝对增益精度都较差。大多数都不允许增加限制带宽的滤波电容，并且大多数都限制使用低增益值。

6. VFB、CFB、f_{3dB}、GBW和滤波器

很少有固定增益放大器提供特殊的滤波功能。除了（LMH6552和LMH6553）两个例外，所有可调增益型均采用电压反馈运算放大器。对于增益 $G\geqslant4$，它们遵循GBW规则，即 $f_{-3dB}=GBW/G$。但请注意，带宽值通常比器件的GBW高得多（1.5倍或更高），因为它是在单位增益下确定的，单位增益时放大器受益于响应峰值，从而扩展了－3dB滚降频率。读者可能必须研究数据手册中的响应图等，以确定实际的GBW值。由于这些是VFB型运算放大器，因此在反馈电阻两端并联限制带宽的滤波电容后，这些运算放大器工作很稳定。可以增大 R_f 值（这会增加输入阻抗），并增加一个小的并联电容 C_f 来控制峰值，或者增加一个较大的电容为信号提供带宽滤波器[⊖]。

7. 响应峰值、GBW和0.1dB带宽

增益峰值是好的0.1dB带宽额定值的主要影响因素。对于更高增益，因为消除了低增益峰值，其0.1dB带宽可能会得到很大改善。以ALD5561为例，宣称最小增益（$G=2$）时的－3dB带宽为2900MHz，但其－0.1dB带宽却只有令人失望的200MHz（即只有其－3dB带宽的7%）。但在其最大增益（$G=6$）时，－3dB带宽有所降低（降至1800MHz），其－0.1dB带宽提高到600MHz（是其－3dB带宽的33%）。数据手册中的图很好地显示了此现象（见图5.105）。虽然没有具体说明，但建立时间可能也会改善（由于没有振铃）。

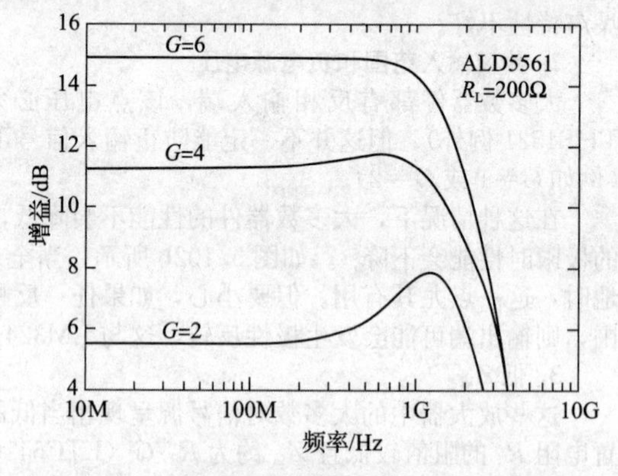

图5.105　放大器在低增益的增益峰值会扩展－3dB带宽，但以牺牲响应的平坦度为代价

⊖ 以CFB放大器LMH6553和LMH6552为例，指定 $R_f=274\Omega$ 和 357Ω，对应带宽分别为900和1500MHz，压摆率为2300和3800V/μs。这些参数对应 $G=1$，但使用CFB运算放大器时，可以在损失太多带宽的情况下大幅提高增益。例如，带宽1500MHz的运放LMH6552声称在增益 $G=4$ 带宽仍有800MHz。为了获得更高的增益，读者可能不希望过多地降低 R_i，而是希望增加 R_f。对于CFB放大器，增加 R_f 的主要影响是按比例降低了压摆率。增加CFB放大器的 R_f 会引起噪声增大。

注意，某些器件提供双运放封装，这有助于提供匹配的延时响应，这在许多应用中很重要。

8. 压摆率、建立时间和大信号带宽

就像某些高速运算放大器一样，数据手册显示小信号（约 100mV）时的带宽要比大信号（约 2V）时的带宽大得多。这是压摆率问题：随着接近压摆率极限，放大器输出幅度变化的能力会降低。例如，ADI 公司的低功耗运算放大器 ADA4932 指定的压摆率为 2800V/μs，这意味着幅度 1V 的正弦波输出可以达到 $f=S/2\pi A=445\text{MHz}$。的确，该器件的数据手册显示 100mV 输出时的 −3dB 响应带宽为 560MHz（或 R_f 更小时甚至达 1GHz），但对于 2Vpp 的输出仅有 360MHz 的响应带宽。有压摆率更高的器件，甚至高达 10kV/μs（ALD5561），这意味着输出 2Vpp 时带宽可达 1.5GHz。

9. 失真

通常用于专业音乐应用的两款高压器件（OP1632 和 LME49724）的失真性能见图 5.43。我们希望输入差分信号的全差分电路的失真（至少对于对称的二次谐波而言）比单端电路低。实际上，在 −140dB 范围内，差分运算放大器 LME49724 表现非常出色，但单端运算放大器 LME49990 和 OPA134 在图形方面表现更好。

图 5.106 绘制了一些差分放大器频率到 100MHz 的失真。正如之前所警告的，失真数据的条件尚未标准化，从而使直接比较复杂化。因此，这些器件中许多都提供多个曲线图，这些图采用增益、负载电阻、信号幅度和电源电压的不同组合来绘制，其中分别显示了二次和三次谐波失真曲线。

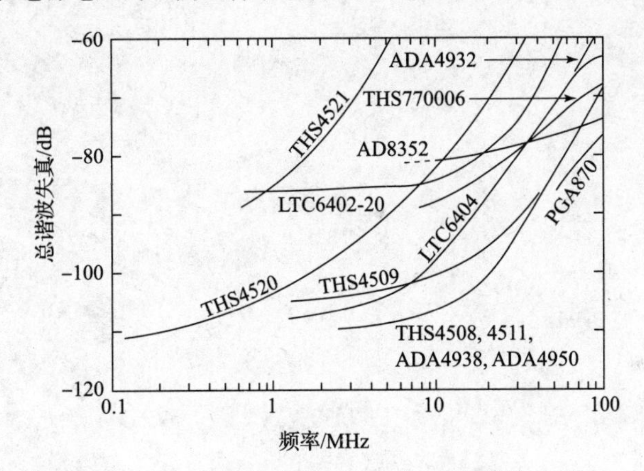

图 5.106 总谐波失真（THD）与频率的关系

评估失真时请务必小心。例如，如前所述，ADA4932 的带宽为 560MHz（或 360MHz），但当发现它在 50MHz 处失真变差了 10 倍，远低于其 360MHz 的带宽时，其宣称的低失真放大器（20MHz 时为 −90dB）的光彩会黯然失色。

从图 5.43 和图 5.44 中的运算放大器失真图可以看出，在高频下，速度（高 GBW，快压摆率）与低失真之间存在很强的相关性。这在图 5.106 中频率高于 1MHz 时尤为明显。例如，我们经常提到的带宽 145MHz 的运算放大器 THS4521 即使在低于 5MHz 的区域，也比对应 TI 公司的同类器件带宽 1.6GHz 的 THS4511 表现差[⊖]（注意，两者均有 NRI 前端，即共模输入电压范围可到负电源电压）。在 20MHz 频率范围内，该类型中最好的 4 款器件均保持优于 −100dB 的失真，而图 5.44 中的同类最佳运算放大器 AD8045 仅为 7MHz。换句话说，在高频段（例如 10MHz 以上）全差分放大器比单端运算放大器的失真低。

16 位 ADC 的采样率可达 250Msps（例如 AD9467），这证明当频率接近 100MHz 时需要优于 0.01%的线性度（−80dB 失真）。

10. 噪声和高 1/*f* 噪声拐点

我们以一些关于噪声的评论作为结束。输入偏置电流 I_B 可以大致预测电流噪声，电流噪声一定是等于或超过 $i_n=\sqrt{2qI_B}$ 的散粒噪声。注意，具有超高输入电流的 CFB 放大器具有更大的输入电流噪声，通常比 VFB 放大器大 10 倍。

⊖ 公平地讲，THS4521 的电源电流仅有 1.1mA 且为轨对轨输出，而 THS4511 的电源电流为 39mA 且不是轨对轨输出。

许多放大器的噪声密度在25～45nV/$\sqrt{Hz}$的范围内。假设在10MHz以上对应$V_n=e_n\sqrt{BW}$的宽带输入电压噪声没有增加，对应50～250MHz的带宽，该噪声的估值为175～700μVrms。这比满量程差分输入为2Vpp的16位ADC的LSB步长30μV大得多。虽然有些抖动是件好事，但很明显，即使在$G=1$，对于某些应用而言，这些放大器的噪声也太大了。

还有许多其他放大器的e_n规格低至1.1～5nV/$\sqrt{Hz}$范围，但这些都是裸放大器反相输入端的噪声指标，没有考虑必要的反馈电阻。通常假定放大器增益为5或10，至少要克服放大器自身的输出级噪声。许多放大器指定R_f值为350～500Ω。当$G=1$时，输入电阻R_g的阻值相同，其2.4～2.8nV/$\sqrt{Hz}$的Johnson（约翰逊）噪声将是低噪声放大器的主要固有噪声。但对于$G=10$而言，35～50Ω电阻噪声低于1nV/$\sqrt{Hz}$，这不会使整个放大器的噪声明显变差。

最后，许多放大器有好看的噪声规格，但我们必须警告读者检查数据手册中的噪声与频率曲线。许多放大器都有非常高的$1/f$噪声转折频率。某些器件的$1/f$转折频率可达1MHz或更高，对于电流噪声尤其如此。THS4508的PNP输入晶体管（用于工作到GND）和1MHz时4.7pA/$\sqrt{Hz}$的电流噪声，使其可能是一款规格有些麻烦的示例。其电流噪声会在349Ω电阻两端产生1.6nV/$\sqrt{Hz}$的电压噪声，与该器件的$e_n=2.3$nV/$\sqrt{Hz}$相比是可以的。但如果使用1kΩ电阻，相应的电流感应电压噪声将为4.7nV/$\sqrt{Hz}$，从而成为放大器e_n的主要分量。根据不同应用，这可能会令人担忧，也可能不会。

第6章 滤波器

6.1 引言

基于晶体管和集成运算放大器技术，就可以深入研究线性电路（相对数字电路而言）的许多有趣领域。我们认为，在引入更多新器件和新技术之前，现在花一些时间来加深对一些重点基本概念（晶体管工作原理、反馈、运算放大器限制等）的理解非常重要。因此，本章将讨论滤波器，尤其是有源滤波器这一主题。使用电阻和电容再结合放大器（通常是集成运算放大器），有源滤波器可实现频率响应良好的滤波器。我们将看到，这些滤波器（以及可以仿真的经典 *LC* 无源滤波器）比在第1章中看到的简单 *RC* 滤波器性能要好得多。

6.2 无源滤波器

在第1章中，我们讨论了由电阻和电容组成的滤波器。这些简单的 *RC* 滤波器可产生平缓的高通或低通增益特性，在远远超过－3dB 点处以 6dB/二倍频下降。通过高通和低通滤波器级联，展示了如何获得带通滤波器，同样具有平缓的 6dB/二倍频的过渡带。对于许多应用而言，这种滤波器足够了，尤其是当被滤除信号在频率上与所需信号通带相去甚远时。一些例子是在音频电路中旁路射频信号，耦合电容用来去除直流电平，以及从通信载波中分离调制。

6.2.1 *RC* 滤波器的频率响应

然而，通常需要滤波器具有更平坦的通带和更陡峭的过渡带。每当需要滤除信号频率附近的其他干扰时，就需要滤波器。下一个显而易见的问题是，能否（通过多个相同低通滤波器的级联）生成如图 6.1 所示的理想矩形低通频率响应的近似值。

我们已经知道简单的级联是行不通的，因为每一级的输入阻抗都会严重影响前一级的负载，使响应变差。但如果每级之间都有缓冲（或者设置每一级的输入阻抗都比前级的输出阻抗高得多），这似乎是可行的。尽管如此，答案还是否定的。*RC* 滤波器级联的确会产生陡峭的下降，但频率响应曲线的“拐点”并未变陡。我们可以重申这一点为“许多平缓的拐点不会使拐点变陡。”为了用图形说明这一点，我们绘制了分别由 1、2、4、8、16 和 32 个相同 *RC* 滤波器级联构成的低通滤波器的幅频特性（即 V_{out}/V_{in}）曲线图（见图 6.2）。

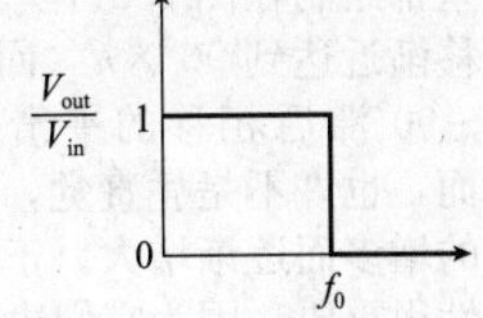

图 6.1 理想矩形低通滤波器

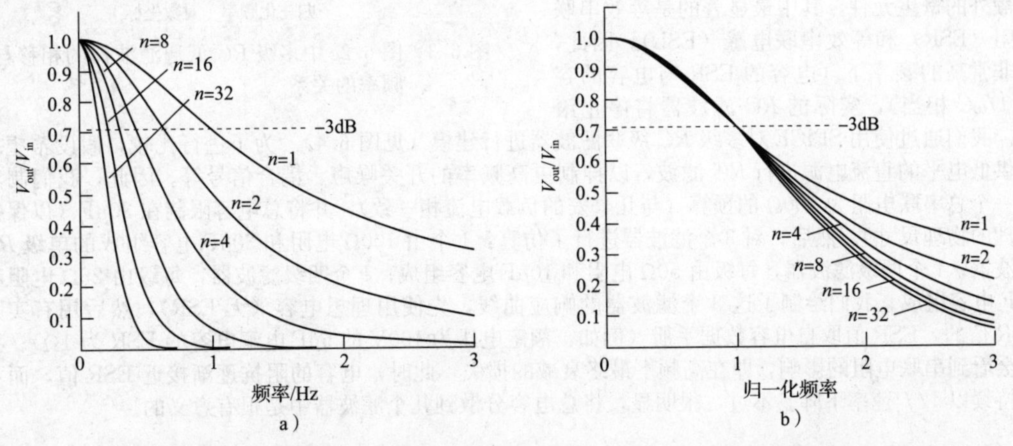

图 6.2 多级 *RC* 滤波器的频率响应。图 a 和图 b 是线性坐标图，图 c 是对数坐标图。图 b 和图 c 中的滤波器响应已针对单位频率下的 3dB 滚降进行了归一化（或定标缩放）处理

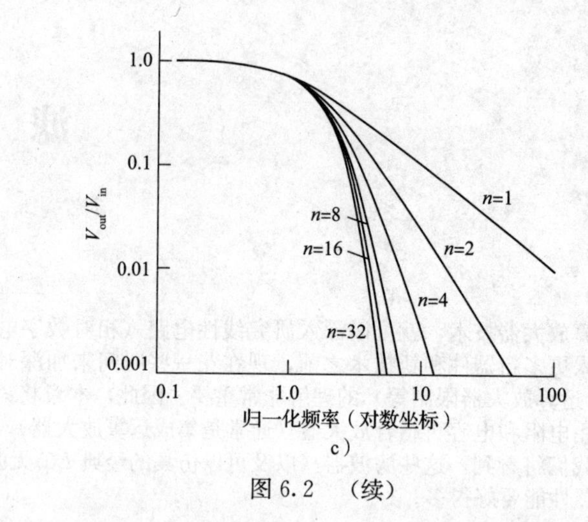

c)

图 6.2 （续）

图 6.2a 显示了多个 RC 滤波器级联的效果，每个滤波器的 3dB 点在单位频率处。正如预测的那样，随着增加更多的级联，总的 3dB 点的频率会降低[⊖]。为了公平地比较滤波器特性，应调整各级的下降频率，使总的 3dB 点始终处于相同的频率。因此，图 6.2 中的图形均在频率上做了归一化，这意味着 −3dB 点（或断点，无论定义如何）的频率为 1rad/s（或 1Hz）。要确定断点设置为其他频率的滤波器的响应，只需要将频率轴上的值乘以实际的断点频率 f_c 即可。通常，当讨论滤波器时，还会坚持使用对数-对数坐标的频率响应图，因为它能最大限度地反映频率响应，可以看到达到最大下降斜率的过程，并可以读取下降的准确值。在这种情况下（RC 滤波器级联），图 6.2b 和图 6.2c 中的归一化图显示了无源 RC 滤波器的过渡带较平缓的特性。

同样有趣的是 RC 低通滤波器级联的相移，再次调整以将整体 3dB 点置于单位频率，这些都绘制在图 6.3 中。对于 n 级级联，滞后相移渐近达到 $90°\times n$（回忆一下，单级 RC 从 0°～90°滞后相移的平滑过渡，见图 1.104）。然而，也许不是凭直觉，3dB 点的相移随着级联的增多而逐渐增大。正如即将看到的，相移特性很重要，因为它们决定了滤波器的带内波形失真。

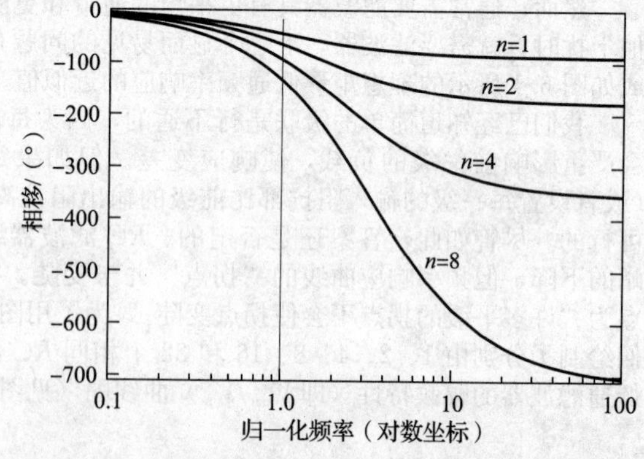

图 6.3 图 6.2c 中多级 RC 低通滤波器的相移与频率的关系

最终衰减的降低：非理想电容

与理想电容不同，实际电容往往表现出一些额外的寄生元件，其中最显著的是等效串联电阻（ESR）和等效串联电感（ESL）。因此，在非常高的频率下（电容的 ESR 与电容的容抗 $1/\omega C$ 相当），实际的 RC 滤波器将停止滚降。我们通过使用 SPICE 对多级 RC 级联滤波器进行建模（见图 6.4）。为了进行比较，假设希望对提供低电平的直流电源进行 RC 滤波，以抑制更高频率的开关噪声、耦合信号等。因此，我们制定了一个总串联电阻为 100Ω 的预算（与几毫安的负载电流相一致），并将总电容限制在 20μF（以保持合理的物理尺寸）。然后，对 3 个滤波器进行了仿真：1 个由 100Ω 电阻和 20μF 电容组成的单级 RC 滤波器；1 个两级滤波器，每级由 50Ω 电阻和 10μF 电容组成；1 个四级滤波器，每级由 25Ω 电阻和 5μF 电容组成。我们绘制了这 3 个滤波器的响应曲线，先使用理想电容（无 ESR），然后用有实际 ESR 值的，ESR 值取自电容数据手册（例如，额定电压为 100V 的 5μF 电解电容的 ESR 为 1Ω）。我们会看到串联电阻的影响，即在高频下最终衰减的损失，此时，电容的阻抗逐渐接近 ESR 值，而不是持续以 $1/f$ 速率下降。不过，很明显，将总电容分散到几个滤波器中是很有意义的。

⊖ 滚降频率的这种下移有时被称为收缩因子。对于 n 个相同且带缓冲的 RC 低通滤波器的级联，其 3dB 频率可由 $f_{3dB}(n)/f_{3dB}(1)=\sqrt{2^{1/n}-1}$ 给出。

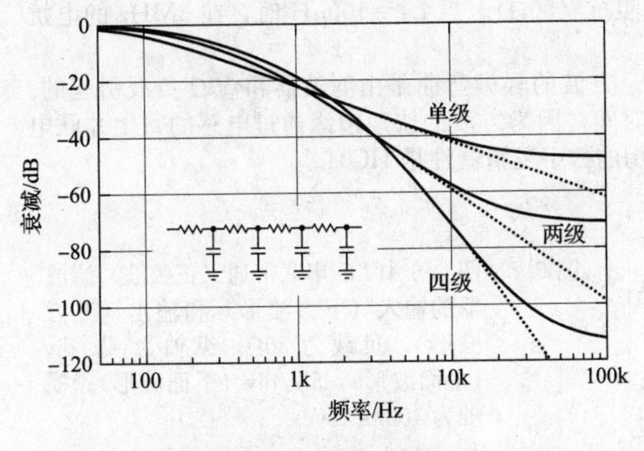

图 6.4 实际电容包括一些不可减少的串联电阻，这限制了 RC 滤波器的最终衰减。这个 SPICE 仿真比较了理想电容（虚线）与实际电容（实线）级联的 RC 低通滤波器的特性

6.2.2 LC 滤波器的理想特性

正如第1章指出的，用电感和电容组成的滤波器可以具有非常陡的响应，以并联 LC 谐振电路为例，并讨论了串联 LC 陷波电路。我们对 RC 和 LC 低通滤波器进行了比较，两种滤波器的截止频率相同，都是 1MHz（见图 1.112）。通过在设计中使用电感，可以实现满足任何所需平坦度的通带、陡峭的过渡带和带外快速下降的滤波器。图 6.5 所示为电话滤波器及其非常好的带通特性的示例。

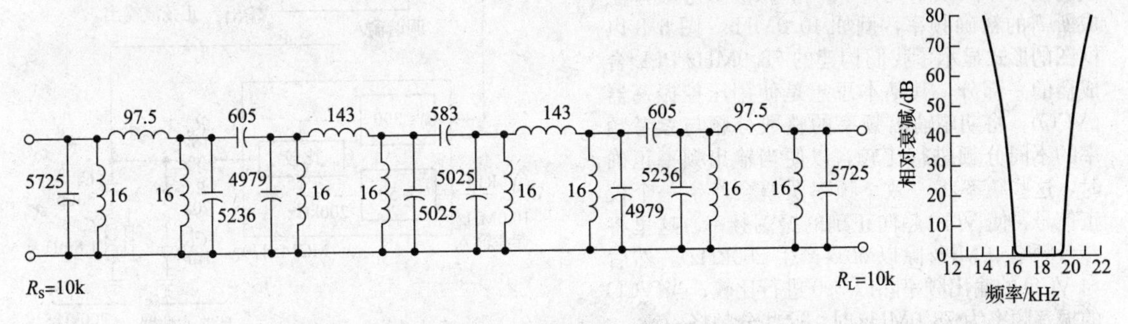

图 6.5 左图：一个非常好的 LC 带通滤波器（电感单位为 mH，电容单位为 pF）。右图：滤波器电路的实测响应。尖锐的频率响应是以降低相位响应为代价的。假设源阻抗和负载阻抗为 10kΩ，响应曲线中的 0dB 值对应的损耗约为 9dB

显然，在设计中纳入电感会带来一些不可思议的魔力。在网络分析术语中，这种魔力包括使用轴外极点。即便这样，滤波器的复杂度也会随着所需的通带平坦度和带外下降陡峭度的增加而增加，这导致前面的滤波器使用了大量的元件。随着振幅响应的改善以逼近理想的矩形特性，瞬态响应和相移特性通常也会变差。

6.2.3 几个简单的示例

图 6.5 中令人印象深刻的电话滤波器是一个极其复杂的设计，展示了使用复杂的经典 LC 滤波器合成可以得到的性能。下面展示了 4 款简单的滤波器，它们已用于我们最新设计的射电望远镜观测台中。

1. 来自数字方波的正弦波

利用数字电子技术很容易生成和操作精确频率的脉冲或方波。但天文台需要的是正弦波，而不是方波。图 6.6 显示了一种从固定频率方波生成正弦波输出的简单方法，即使用 LC 串联谐振网络。该网络在谐振频率（$f_0=1/2\pi\sqrt{LC}$）处阻抗非常低[⊖]，在两侧阻抗均上升（在低频渐近为 $1/f$，在高频渐近为 f）。

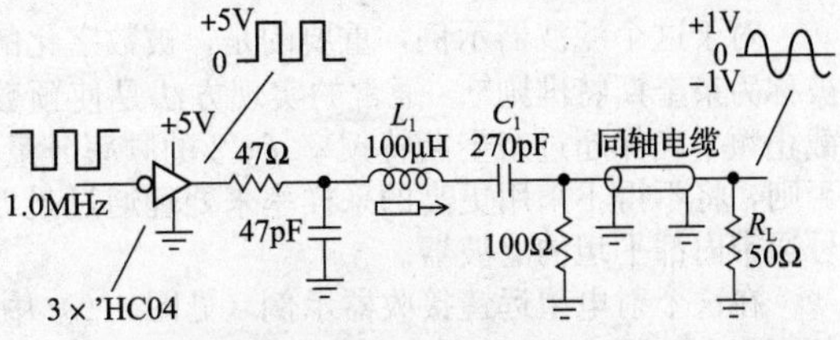

图 6.6 LC 串联带通滤波器将方波转换为适合驱动 50Ω 负载的正弦波

这里选择谐振频率为 1.0MHz 的 LC，并选择 L 的值，使其在 3MHz 处的阻抗（1MHz 方波的

⊖ 如果没有电感和电容的损耗，它的阻抗将为零。

下一个频率分量，方波只有奇次谐波）大于负载阻抗（50Ω）。当 $L_1=100\mu H$ 时，在 3MHz 的电抗为 $X_L=2\pi fL\approx 2k\Omega$。

图 6.7 显示了对图 6.6 进行实测得到的性能。方波的轻微弯曲是由滤波器和 50Ω 负载引起的。我们引入了一个简单的 RC 预滤波器来减缓上升时间，因为方波的快速边缘通过电感的寄生并联电容耦合，会在正弦波输出上产生小凹陷。我们使用的数字逻辑器件是 HC04。

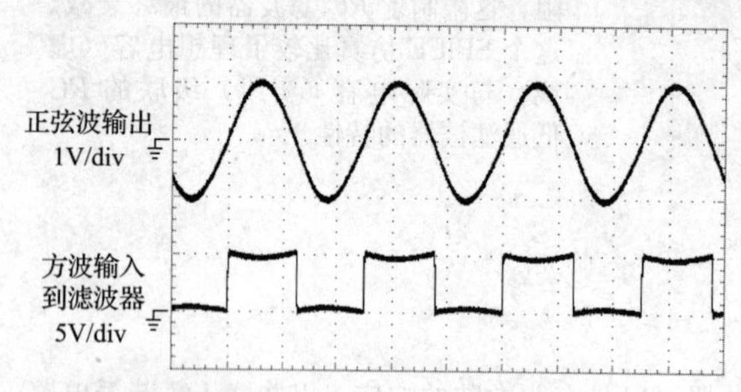

图 6.7　图 6.6 中 LC 串联带通（正弦波）滤波器的输入（下方波形）和输出（上方波形），负载为 50Ω。纵轴为 1V/div（上面波形），5V/div（下面波形）；横轴为 400ns/div

2. 去除毛刺

《电子学的艺术》（原书第 3 版）（下册）的第 13 章将讨论一种称为锁相环（PLL）频率合成的技术，该技术允许从一个标准参考频率生成所需的精确频率，例如 10.0MHz。图 6.8 以框图的形式显示了我们构建的 78.0MHz PLL 合成器的一部分，其基本思想是使用压控振荡器（VCO），将期望输出频率的整数分频与参考频率的不同分频进行比较，以便当输出频率正确时，这些频率将一致。频率误差会产生一个校正信号，使 VCO 趋向正确的振荡频率。这里将参考频率 10MHz 除以 50（产生 200kHz），然后与 VCO 的输出频率除以 390 进行比较；当 VCO 的振荡频率为 78.0MHz 时，这些分频将一致。

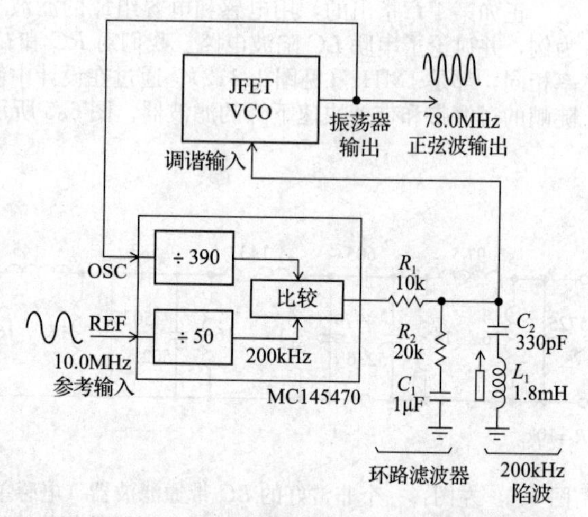

图 6.8　在这个锁相环（PLL）振荡器中，串联 LC 陷波器可抑制 200kHz 参考频率处的毛刺

我们设计了一个简单但性能很好的 JFET 振荡器，其输出能量几乎全部处于中心频率。它非常干净，输出的主要有害成分是由 200kHz 内部比较频率所引起的（78.0±0.2）MHz 处的一点残余能量。如图 6.8 所示，简单的解决方法是在模拟调谐电压两端并联一个调谐在 200kHz 的串联 LC 陷波器。其他 3 个元件（$R_1R_2C_1$）构成经典的 PLL 环路滤波器。

3. 抗混叠低通滤波器

通过周期性地对模拟信号的振幅进行采样，并将采样值转换为数字量，就可以将模拟信号数字化。该过程可能会人为引入失真，既有来自有限的振幅量化精度，也有来自有限的采样频率造成的失真。通过选择适当的量化深度（振幅精度）和速率（采样频率），这些失真可以被抑制到任何需要的程度。

对于这个滤波器示例，重要的是，被数字化的信号不能包含超过采样率 f_S 一半的频率分量，这被称为奈奎斯特准则[⊖]。通常的实现方法是使预数字化的信号通过抗混叠低通滤波器，该滤波器的截止频率确保超过奈奎斯特频率 $f_S/2$ 的频率分量被完全衰减。这通常需要滤波器的过渡带很陡峭，否则，将不得不采用更高的采样率来处理通过过渡带平缓的滤波器的信号。此外，还需要在整个信号通带内都平坦的滤波器。

在这个射电望远镜接收器示例（见图 6.9）中，用混频器（一种将两个信号相乘以产生输出的设备）将中心频率为 78MHz 带宽 2MHz 的信号（中频带宽）转换为以直流为中心的频带（称为基带）信号。混频器可以进行这种频率移动是因为两个正弦波的乘积是一对和频与差频信号，即 $\cos(\omega_1 t)\cos(\omega_2 t)=\frac{1}{2}[\cos(\omega_1-\omega_2)t+\cos(\omega_1+\omega_2)t]$。这里，信号驱动混频器的一个输入，频率固定为

⊖　违反此准则会产生频率混叠，即在数字化输出中产生不存在的带内频率分量。

78MHz 的振荡器（本地振荡器或 LO）驱动另一个输入。混频器输出的差频为基带信号[一]，从直流到 1MHz 的带宽中包含本例中想要数字化的信号[二]。

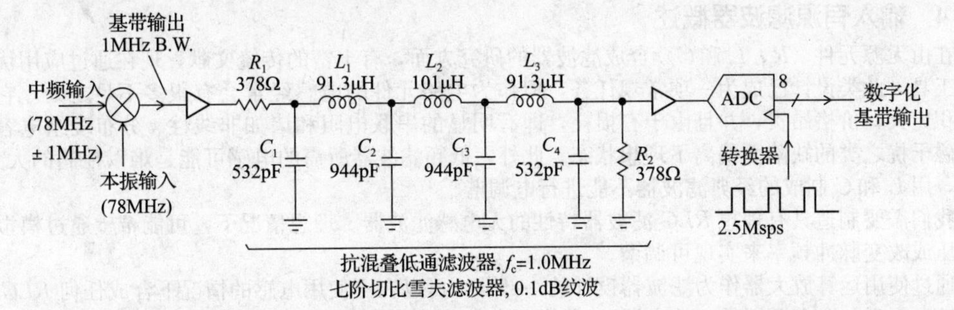

图 6.9 尖锐的七阶 LC 低通滤波器通过消除任何超过奈奎斯特频率（1.25MHz 或采样频率的一半）的信号频率，防止了该射电天文接收机中的频率混叠

这里对基带信号进行放大，然后让它通过一个严格的抗混叠滤波器，具体来说是一个截止频率 1.0MHz 和峰-峰纹波 0.1dB 的七阶 LC 切比雪夫低通滤波器[三]。为了利用标准可调电感，我们设计了一个具有奇特输入和输出阻抗（378Ω）的滤波器。滤波器滤除高于 1MHz 的信号分量，滤波后的基带信号再经放大后以 2.5Msps（兆采样/秒）的采样频率对其进行数字化（通过标记为模/数转换器的器件）。相应的奈奎斯特频率 1.25MHz 恰好进入低通滤波器非常陡峭的阻带。实际上，计算和测量的性能非常接近，表明输入信号在该频率处衰减了 20dB 和最坏情况下混叠信号（在 1.5MHz 处）额外降低了 16dB。对于一个易于设计和构造的滤波器而言，这是惊人的性能，尤其是与元件数量相当的 RC 滤波器相比，RC 滤波器在 $1.25f_c$ 处的衰减相对于在 f_c 处的衰减仅为 1.6dB。图 6.10 和图 6.11 以图形方式进行了比较。

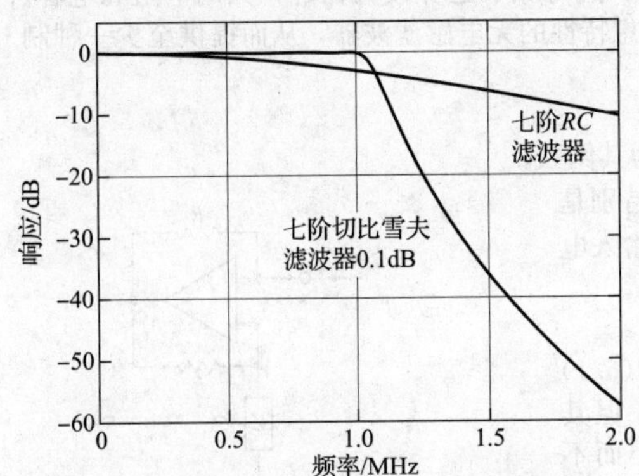

图 6.10 图 6.9 中七阶 LC 滤波器的陡峭截止与具有相同 1MHz 截止频率的七阶 RC 滤波器的缓慢下降的对比

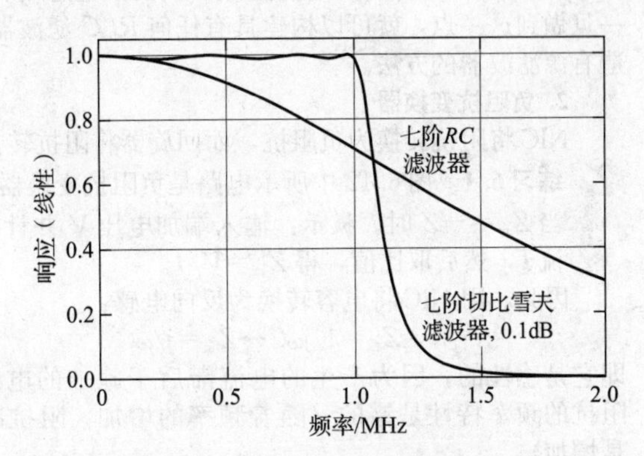

图 6.11 图 6.10 中的同一对滤波器，这里以线性坐标绘制。切比雪夫的通带纹波（+0dB/−0.1dB，或振幅的±0.6%）更容易看到，但阻带衰减的细节丢失了

4. 无源差分滤波器

大多数高频 ADC 有差分输入，许多模/数转换器要求低输入信号源阻抗，在许多情况下都端接差分电容。5.17 节讨论了低阻抗高频差分输出放大器，例如，图 5.102 显示了一个专用于 AD9225 25Msps ADC 的由两个 50Ω 电阻和一个 100pF 电容组成的差分低通滤波器。通常，在放大器和 ADC 输入之间需要使用抗混叠滤波器。例如，如果采样频率为 25MHz，可能需要一个从 10MHz 开始陡

[一] 以 156MHz 为中心的和频分量在后续滤波中被滤除。

[二] 因此，可以对它们进行傅里叶变换得到无线电频谱。更准确地说，基带信号包含 −1～+1MHz 的频率分量，单个混频器将其折叠成单个直流−1MHz 带宽。但可以通过使用一对由正弦和余弦 LO 信号驱动的混频器来恢复未折叠的基带信号。这对滤波后的基带信号，通常称为 I 和 Q（同相和正交）分量，被分别进行数字化，用来生成（复杂）离散傅里叶变换的复杂输入时间序列。

[三] 这是我们用于图 1.112 线性扫描响应的滤波器。

峭下降的输入滤波器。TI（德州仪器）有一个很好的应用说明，描述了如何将单端滤波器转换为差分形式（SLWA053B：*Design of differential filters for high-speed signal chains*）。

6.2.4 输入有源滤波器概述

在由无源元件（R、L 和 C）合成滤波器的研究方面，有丰富的传统文献，现在通过应用优秀的软件工具，此类设计已成为一项常规任务，但作为电路元件的电感经常会有很多不足之处。它们通常体积庞大，价格昂贵，并且由于有损耗，即有明显的串联电阻和诸如非线性、分布绕组电容和易受电磁干扰之类的缺陷而偏离了理想状态。此外，低频滤波器所需的电感可能是难以控制的大元件。最后，用 L 和 C 制成的经典滤波器不能进行电调谐。

我们需要制造具有理想 *RLC* 滤波器特性的无电感滤波器。理想情况下，可能希望通过模拟的调谐电压或改变脉冲频率来实现可调谐。

通过使用运算放大器作为滤波器设计的一部分，可以在不使用电感的情况下合成任何 *RLC* 滤波器特性。由于包含有源器件（放大器），此类无电感滤波器被称为有源滤波器。我们还将看到另一类有源滤波器——开关电容滤波器，它增加了 MOSFET 开关，实际上产生了频率可调电阻。这些滤波器与标准有源滤波器（有时称为连续时间滤波器）性能相似，但增加了可在宽范围内精确调谐其特征频率断点（具有外部应用时钟频率）的功能（不过，这种可调性是要付出代价的，即会引入一些开关噪声并降低动态范围）。

有源滤波器可用于实现低通、高通、带通和带阻滤波器，可根据响应的重要特征选择滤波器类型，例如带通的最平坦度、过渡带的陡峭度或时延与频率的均匀度（稍后将详细介绍）。此外，可以实现振幅响应平坦但具有量身定制的相位与频率关系的全通滤波器（也称为延迟均衡器）；反之亦然，即具有恒定相移但振幅响应可量身定制的滤波器。

1. 负阻抗变换器、回旋器和通用阻抗变换器

在任何概述中都应提及的三个有趣的电路器件是负阻抗变换器（NIC）、回旋器（gyrator）和通用阻抗变换器[㊀]（GIC）。这些器件可以模拟电感的特性，同时除了运算放大器外，只用电阻和电容。一旦做到这一点，就可以构建具有任何 *RLC* 滤波器理想特性的无电感滤波器，从而提供至少一种制造有源滤波器的方法。

2. 负阻抗变换器

NIC 将阻抗转换为负阻抗，而回旋器将阻抗转换为其倒数。

练习 6.1 图 6.12 中所示电路是负阻抗变换器，特别是当 $Z_{in}=-Z$ 时。提示：输入端加电压 V 并计算输入电流 I，然后取比值，得 $Z_{in}=V/I$。

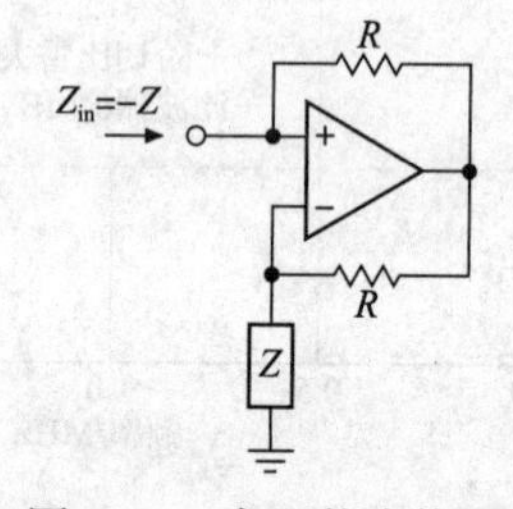

图 6.12 负阻抗变换器

因此，用 NIC 将电容转换为反向电感：

$$Z_C=1/j\omega C\rightarrow Z_{in}=j/\omega C \tag{6.1}$$

即它是感性的，因为产生的电流滞后于施加的电压，但其阻抗的频率特性是错的（随着频率的增加，阻抗减小而不是增加）。

3. 回旋器

另外，回旋器将电容转换为真正的电感：

$$Z_C=1/j\omega C\rightarrow Z_{in}=j\omega CR^2 \tag{6.2}$$

即电感值 $L=CR^2$ 的电感。

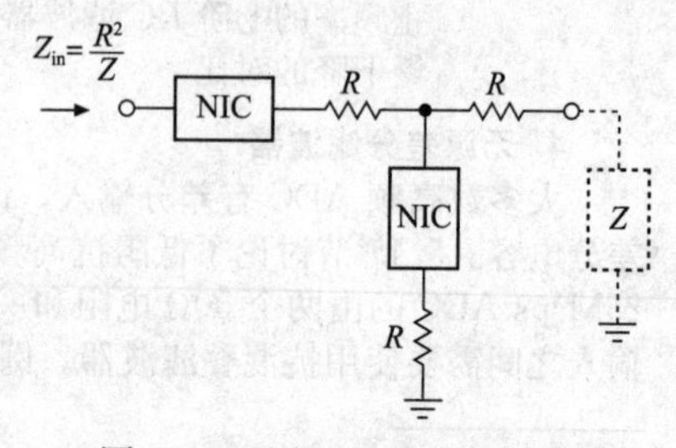

图 6.13 用 NIC 实现回旋器

回旋器的存在使得通过简单地用回转转换电容替换每个电感来构建无电感滤波器，用于模拟任何使用电感的滤波器在直觉上是合理的[㊁]。以这种方式使用回旋器是完全可以的。实际上，虽然前面介绍的电话滤波器是一款经典的 *LC* 滤波器，还是可以用回旋器（使用称为 Riordan 回旋器的电路，它看起来与图 6.13 不同）来实现的。除了简单地将回旋器替换到已有的 *RLC* 设计中，还可以合成许多其他滤波器电路。

㊀ 也称为通用电抗变换器。

㊁ 大多数回旋器实现的都是接地参考的；它们可以替换接地的电感，但不能替换悬浮电感。

练习 6.2 说明图 6.13 所示电路是一个回旋器，特别是 $Z_{in}=R^2/Z$。提示：可以从右边开始，将其作为一组分压器进行分析。

4. 通用阻抗变换器

图 6.14 所示电路称为通用阻抗变换器（GIC），对 Z_5 处的阻抗乘以系数 Z_1Z_3/Z_2Z_4。因此，如果在 Z_4 处放置一个电容，在其他地方放置电阻，将获得一个电感，其值为 $L=(R_1R_3R_5/R_2)C$；也就是说，它变成了回旋器。但用 GIC 可以做更多有趣的事情。例如，如果在 Z_3 和 Z_5 处放置电容，最终会得到一个与频率相关的负电阻（FDNR）。用 GIC 实现 FDNR 滤波器在音频设计领域很流行，据称与 Sallen-Key 滤波器相比，它们具有更好的噪声和失真特性。

性能限制 与任何运算放大器电路一样，回旋器和 GIC 在高频下的性能取决于运算放大器的带宽（和其他特性）。因此，等效为电感（Z_4 为电容，其他为电阻）的 GIC 当频率大于运算放大器带宽 f_T 百分之几时，看起来将不再像电感，如图 6.15 所示。大致说来，近乎完美的电感（在低频下）在高频近似变成了电容，谐振频率介于两者之间[⊖]。在这张扩展图上，这看起来可能很丑；但请注意，如果假设图中底部的 4.6mΩ 阻抗正确地代表了电感的损耗（即等效串联电阻 ESR），则该电感在 1kHz 的品质因数 Q 将达到惊人的 2×10^5（实际上还有其他损耗，因此可实现的 Q 值约在 1000 以内，对于一个只有很小亨利值的电感来说这是相当不错的）。而且，对于最高带宽的运算放大器（$f_T=50\text{MHz}$），电容仅为 2.3pF；永远都不可能制造出具有如此小的绕组电容或具有如此高的自谐振频率的 160mH 电感。

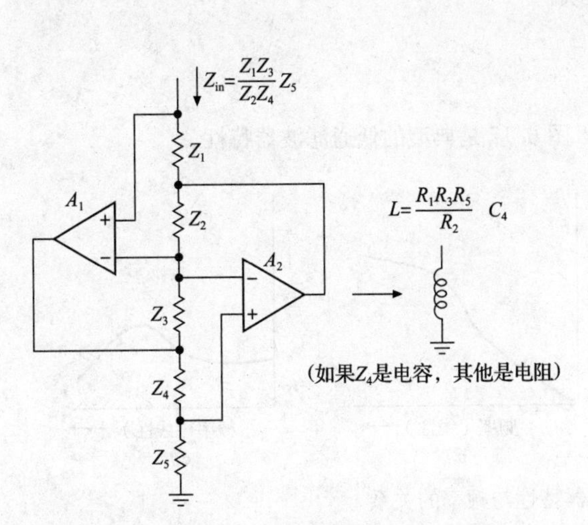

图 6.14 通用阻抗变换器。如果 Z_4 是电容，电路就像一个电感，其值如图所示

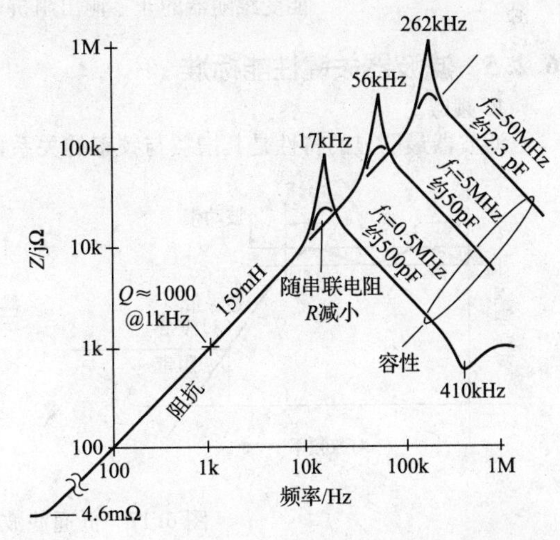

图 6.15 有限的运算放大器带宽会降低理想 GIC 电感的性能，理想 GIC 电感从比 f_T 小很多的频率处开始就变成容性的，如这些 SPICE 仿真图中所示。与物理电感的绕组电容和自谐振频率相比，GIC 电感的模拟电容和自谐振频率（取决于运算放大器的带宽）要好得多，如图中所示（但这基于使用理想电容）

回旋器用于实际滤波器，在应用说明中，TI（德州仪器）建议使用多级 GIC 来制作抗混叠滤波器。并且，斯坦福研究系统公司使用四级 GIC 作为 $R+LC$ 梯形结构为其基于 SR830 DSP 的锁相放大器制作具有 8 个零点、9 个极点的椭圆低通滤波器，这样所有大于采样频率一半的频率分量都会至少衰减 96dB。A/D 采样频率为 256kHz，从直流到 102kHz 的信号通过滤波器，允许有 25% 的频率

⊖ 可以通过增加一个与回旋器的电容串联的电阻来消除峰值，该电阻大约等于其在峰值频率时的电抗。

裕量，以使衰减降至96dB[⊖]。滤波器的完整原理图包含在仪器信息丰富的手册中——这是所有SRS产品的标志。

5. Sallen-Key滤波器

图6.16显示了一个简单的滤波器拓扑示例（参见4.3.6节）它是以发明人之名命名的Sallen-Key滤波器。单位增益放大器可以是用运算放大器连接的跟随器，或者仅仅是射极跟随器或源极跟随器。图6.16中的特定滤波器是有2个极点的低通和高通滤波器。以低通滤波器为例（见图6.16a），请注意，除了第一个电容的底部由输出自举，它只是一个简单的两级RC低通滤波器。不难看出，在非常高的频率下，它像级联RC一样下降，因为输出基本为零。但随频率的减小输出上升时，自举作用逐渐减弱，从而使拐点更加尖锐。当然，这样的简单说明不能替代定量分析，幸运的是，对于各种好滤波器已经做了许多分析。在简要介绍滤波器性能参数和滤波器类型之后，我们将回归有源滤波器电路。

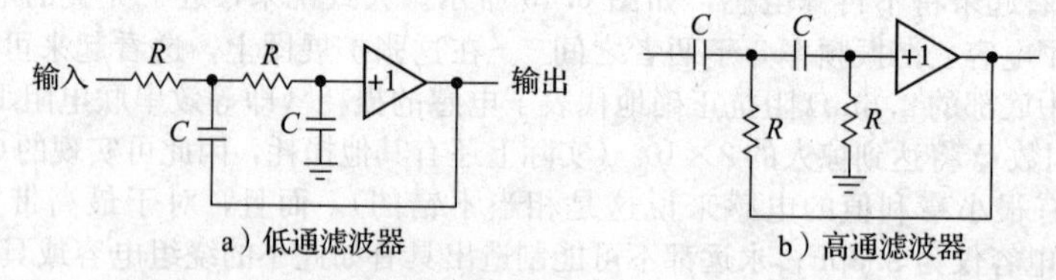

图6.16　Sallen-Key低通和高通有源滤波器。这些外观简洁的滤波器的最终性能受跟随器的非零输出阻抗影响

6.2.5　滤波器关键性能标准

1. 频域

滤波器最明显的特性是其增益与频率的关系，图6.17是典型的低通滤波器特性。

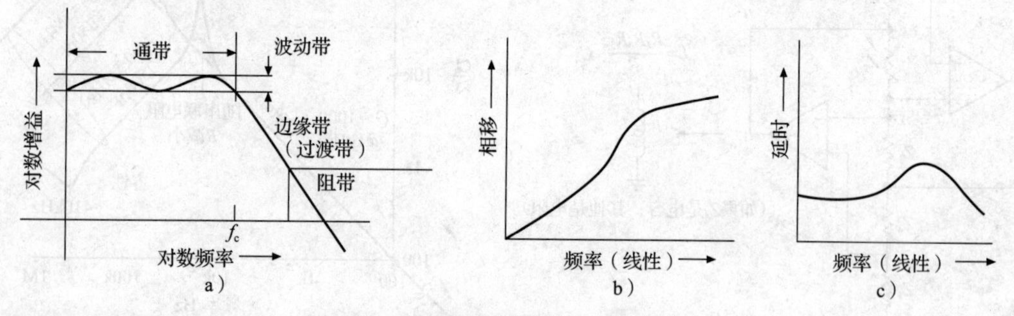

图6.17　低通滤波器特性与频率的关系

通带是滤波器相对不衰减的频率区域。通常认为通带延伸到－3dB点，但对于某些滤波器（最明显的是等波纹型），通带的末端可能会有所不同。如图6.17所示，在通带内，响应可能会显示变化或波纹，定义为波动带。截止频率f_c是通带的末端。然后滤波器的响应通过过渡带（也称为滤波器响应的边缘带）下降到阻带，即显著衰减的区域。阻带可以通过一些最小衰减来定义，例如40dB。

除了增益响应，频域中另一个重要参数是输出信号相对于输入信号的相移。换句话说，我们感兴趣的是滤波器的复响应，通常用$H(s)$表示，其中$s=j\omega$，而H、s和ω都是复数。相位很重要，因为如果不同频率分量通过滤波器的延迟时间不恒定，则完全在滤波器通带内的信号的波形将会失真。恒定时延对应于随频率线性增加的相移$\left(\Delta t=-d\phi/d\omega=-\frac{1}{2\pi}d\phi/df\right)$；因此，在这方面线性相

⊖ 根据SRS的说法，该滤波器的架构基于单端无源LC梯形滤波器。用运放对构成的有源回旋器模拟电感。无源LC梯形滤波器对元件值的变化有很强的容忍度。由于梯形滤波器的任何部分都没有彼此完全隔离，因此任何单个元件值的变化都会影响整个梯形滤波器。然而，LC梯形滤波器的设计使得梯形其余部分的特性将随之发生变化，以尽量减少对梯形滤波器整体的影响。这样不仅放宽了对高精度电阻和电容的要求，而且使滤波器当温度变化很大时依然非常稳定。因此，SR830中使用的抗混叠滤波器不需要校准即可满足其规格要求。

位滤波器一词适用于理想滤波器。图 6.18 显示了非线性相位的低通滤波器的振幅响应和相移的典型曲线。最好将相移与频率的关系图绘制在线性频率轴上。

2. 时域

与任何交流电路一样，滤波器可以用其时域特性来描述：上升时间、过冲、振铃和建立时间。当可能存在阶跃或脉冲时，这一点尤为重要。图 6.19 显示了典型的低通滤波器的阶跃响应。这里上升时间通常是指从最终值的 10% 到 90% 所需的时间。更有趣的是建立时间，即到达最终值的某一指定数量并保持在该值所需的时间。延迟时间是指从输入阶跃到输出达到其最终值的 50% 的持续时间[㊀]。过冲和振铃是用来描述滤波器某些不良特性的术语。滤波器的相移特性意味着相应的时间延迟，有时会以群延迟与频率的关系来绘图（或列表）[㊁]。

1.0
0.8
0.6
0.4
0.2
0
振幅
相位
振幅响应（线性坐标）
0.5
1
1.5
2
4π
3π
2π
π
0
相移（弧度）
归一化频率（线性坐标）

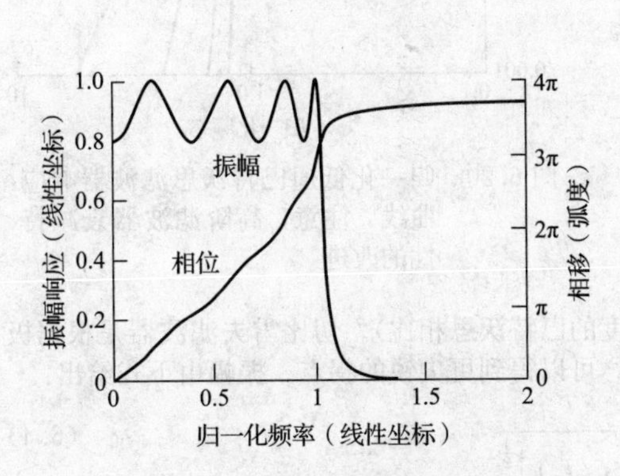

图 6.18 八阶切比雪夫低通滤波器（通带纹波 2dB）的相移（滞后）和振幅响应。所示的归一化是常规的：对应于波动带的顶部为 0dB，截止频率是响应离开波动带的频率。滤波器的实际直流增益为单位增益（0dB）。对于偶数阶滤波器（如本滤波器），纹波从直流上升；而对于奇数阶滤波器，纹波从直流下降

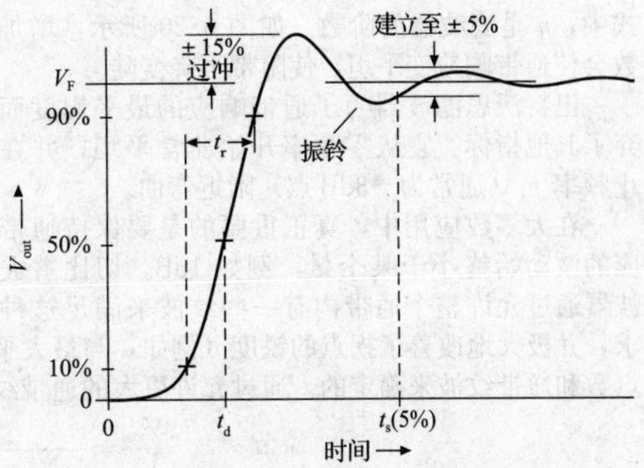

±15%
过冲
建立至 ± 5%
V_F
90%
t_r
振铃
V_{out}
50%
10%
0
0
t_d
t_s(5%)
时间

图 6.19 低通滤波器的阶跃响应。例如，简单的 RC 低通滤波器不会有过冲或振铃，其特点是上升时间 $t_r=2.2RC(\approx 0.35/f_{3dB})$，延迟时间 $t_d=0.69RC$，建立时间（到 1%）$t_s=4.6RC$

6.2.6 滤波器类型

假设需要一个低通滤波器，具有平坦的通带，陡峭过渡到阻带。进入阻带的最终下降速率始终为 $6n$ dB/二倍频，其中 n 为阶数。每个极点需要一个电容（或电感），所以滤波器响应所需的最终衰减速率大致决定了滤波器的复杂度。

现在，假设已决定使用六阶低通滤波器。可以保证在高频下的最终下降速率为 36dB/二倍频。事实证明，现在可以优化滤波器设计，尽量提高通带响应的平坦度，但要以从通带到阻带的缓慢过渡为代价。或者，允许通带内有一些纹波，可以使通带到阻带的过渡变得很陡峭。第三个重要的标准是滤波器在通带内传递信号而不会因相移而导致波形失真的能力。我们还会关心上升时间、过冲和建立时间。一般而言，必须在这些特性之间做出折中——具有尖锐截止的滤波器将表现出较差的时域特性，例如振铃和相移。

有些滤波器设计可用于优化这些特性或它们的组合。实际上，合理的滤波器选择不会像刚才描述的那样进行。相反，通常是从一组要求开始的，即通带平坦度、在通带外某个频率处的衰减以及其他重要条件。然后，用满足要求所需的阶数来选择最佳设计。接下来将介绍 3 种流行的经典滤波器——巴特沃思滤波器（最平坦通带）、切比雪夫滤波器（从通带到阻带过渡最陡）和贝塞尔滤波器

㊀ 有时 t_d（被）定义为输出的 10%（而不是 50%）。

㊁ 该术语来自色散材料中的波分析，在这种分析中，可以区分相速度和群速度。后者是指共同构成某个特征波形的一组频率在介质中移动的速度。群延迟是信号通过滤波器的类似的量，用时延 T_g 表示。相移和群延迟之间的关系为 $T_g=-d\phi/d\omega=-\frac{1}{2\pi}d\phi/df$。

（最平坦时延）。这些滤波器响应中的每一个都可以用各种不同的滤波器电路实现，它们都有低通、高通、带通和带阻（陷波）类型[⊖]。

1. 巴特沃思和切比雪夫滤波器

巴特沃思滤波器有最平坦的通带响应，但会损失从通带到阻带的过渡区的陡峭度。正如稍后将看到的，它的相位和瞬态特性一般。振幅响应由下式给出：

$$\frac{V_{out}}{V_{in}}=\frac{1}{[1+(f/f_c)^{2n}]^{\frac{1}{2}}} \tag{6.3}$$

式中，n 是滤波器的阶数。如图 6.20 所示，增加阶数会使通带响应变平坦，使阻带下降变陡。

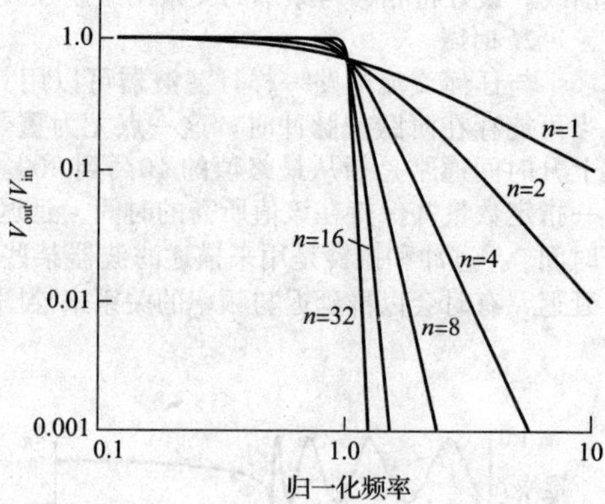

图 6.20　归一化低通巴特沃思滤波器响应曲线。注意，高阶滤波器衰减特性的改进

巴特沃思滤波器为了通带响应的最平坦度而放弃了其他指标。它从零频率开始非常平坦，并在截止频率 f_c（通常为 -3dB 点）附近弯曲。

在大多数应用中，真正重要的是要保持通带响应的波动始终小于某个量，例如 1dB。切比雪夫滤波器通过允许整个通带内有一些纹波来满足这种需求，并极大地改善了拐点的锐度（例如，与最大平坦度的巴特沃思相比）。切比雪夫滤波器是根据极点数和通带纹波来确定的。通过允许更大的通带纹波，可以得到更尖锐的拐点。振幅由下式给出：

$$\frac{V_{out}}{V_{in}}=\frac{1}{[1+\varepsilon^2 C_n^2(f/f_c)]^{\frac{1}{2}}} \tag{6.4}$$

式中，C_n 是第一类 n 次切比雪夫多项式，ε 是设置通带纹波的常数。与巴特沃思一样（但程度更高），切比雪夫的相位和瞬态特性也远非理想。

图 6.21 中显示了切比雪夫和巴特沃思六阶低通滤波器响应的比较图，它们都比六阶 RC 滤波器有了巨大改进。

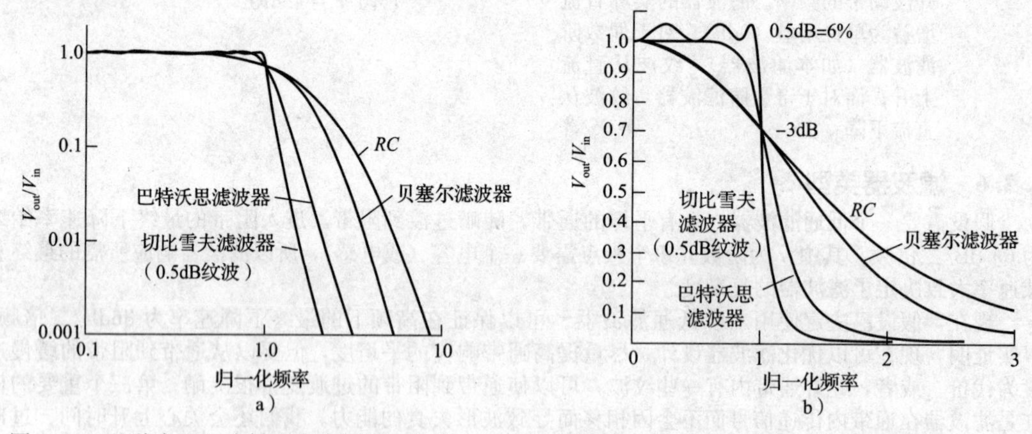

图 6.21　几种常见六阶低通滤波器特性比较。分别在线性和对数坐标系绘制了同样的滤波器，显示了滤波器的实际增益，而不是顶部调整的 0dB 惯例

实际上，具有最平坦通带的巴特沃思滤波器可能并不像它看起来的那么吸引人，因为无论如何总是会接受通带内响应的一些变化（对于巴特沃思，它是在 f_c 附近逐渐下降的，而切比雪夫是在整个通带上分布的一组等振幅纹波）。此外，由有限允许偏差元件组成的有源滤波器将偏离预期的响应，这意味着实际的巴特沃思滤波器无论如何都会表现出一些通带纹波。图 6.22 中的图形显示了电阻和电容值的最坏情况变化对滤波器响应的影响。

从这个角度来看，切比雪夫滤波器是一种非常合理的滤波器设计。它通过在整个通带内分布大

⊖ 滤波器也可以用来实现均衡（特定的振幅和/或相位与频率的关系，不是这些简单的滤波器类型）。其中，相位均衡器（或延迟均衡器）值得注意，它具有特定的相位响应和平坦的频率响应，也被称为全通滤波器。

小相等的纹波㊀来改善过渡区的情况，纹波的数量随滤波器阶数的增加而增加。与巴特沃思滤波器相比，即使是很小的纹波（低至0.1dB），切比雪夫滤波器也能显著改善拐点的锐度。为了定量描述这种改进，假设需要一个滤波器，其通带内平坦度为0.1dB，在超过通带25%的频率处衰减20dB。根据实际计算可知，这需要十九阶巴特沃思滤波器，但仅需要八阶切比雪夫滤波器。

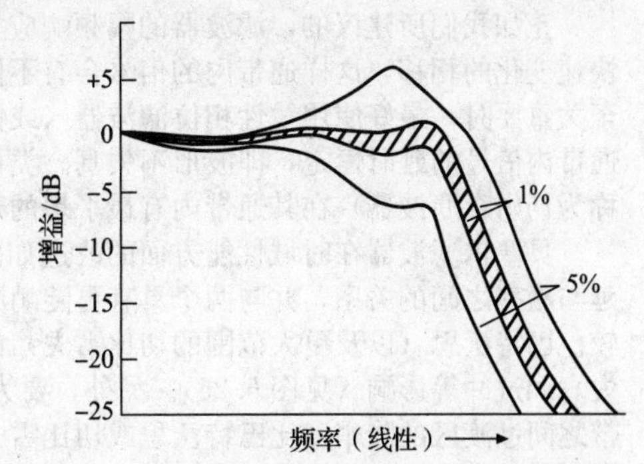

图6.22 元件允许偏差对有源滤波器性能的影响

像在等纹波切比雪夫滤波器中那样，通过接受一些通带纹波以换取改善过渡区锐度的思想在所谓的椭圆（或柯尔）滤波器设计中被运用到极致，通过接受通带和阻带的纹波来换取比切比雪夫滤波器更陡峭的过渡区㊁。如果对在整个阻带内达到并保持一定的最小衰减（而不是继续以 $6n$ dB/二倍频斜率下降）的振幅特性感到满意，那么该滤波器就可以完成工作。这样做的好处是滤波器更简单，相位和幅度特性更好。借助计算机辅助设计，椭圆滤波器的设计与经典的巴特沃思和切比雪夫滤波器设计一样简单。

图6.23显示了如何指定滤波器的频率响应。在这种情况下（低通滤波器），将指明通带内滤波器增益（即纹波）的允许范围、响应离开通带的最小频率、响应进入阻带的最大频率以及阻带中的最小衰减。例如，图6.24比较了切比雪夫和椭圆低通滤波器实现满足指定性能的响应，这里需要十一阶切比雪夫或六阶椭圆滤波器。较简单的椭圆滤波器具有更好的相位特性，但是一旦达到指定的阻带衰减，其响应就不会继续随着频率单调下降。

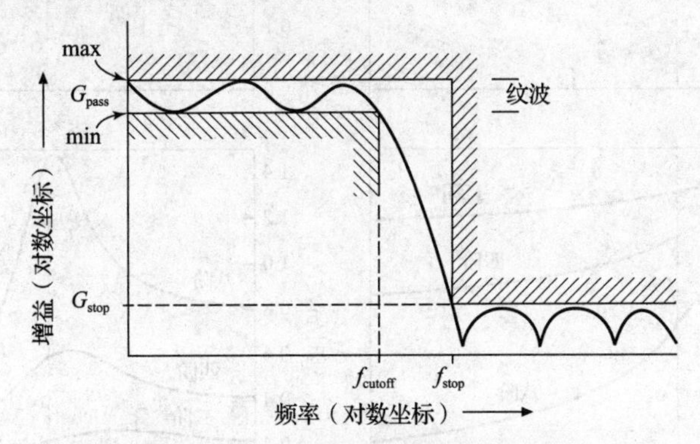

图6.23 指定滤波器的频率响应参数

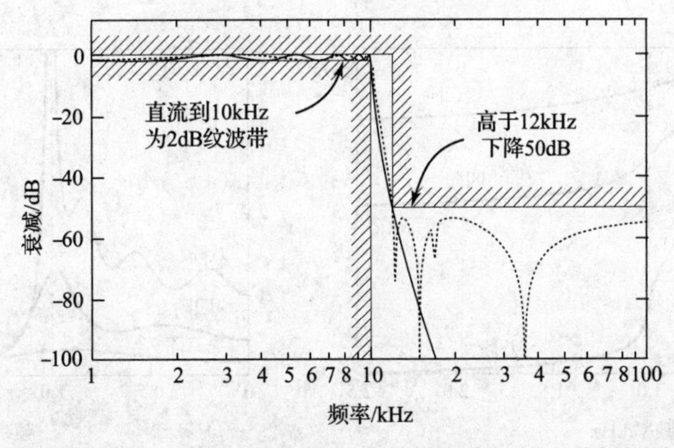

图6.24 低通滤波器示例：通带和阻带都有纹波（虚线）的六阶椭圆滤波器满足此处所示的性能规格，十一阶切比雪夫（仅在其通带内有纹波）也可以做到

㊀ 有时称为等纹波滤波器。
㊁ 或更少的滤波器阶数可达到给定的陡峭度。

2. 贝塞尔滤波器

正如我们所建议的，滤波器的幅频响应并不能说明一切。幅频响应平坦的滤波器可能会表现出快速变化的相移，这样通带内的信号会有不同的延时。结果是通带内信号的波形会有失真。当波形至关重要时，最好使用线性相位滤波器（或恒定延时滤波器）。相移随频率线性变化的滤波器等效于通带内信号的延时恒定，即波形不失真。类似于巴特沃思有最平坦的振幅响应，贝塞尔滤波器（也称为汤姆森滤波器）在其通带内有最平坦的延时。

贝塞尔滤波器在时域性能方面的改进如图 6.25 所示，图 6.25 比较了贝塞尔滤波器的相移和时延与频率之间的关系，并与两个具有更陡峭频率特性的经典滤波器（巴特沃思和切比雪夫）进行比较。巴特沃思（以及更大范围的切比雪夫）的延时性能较差，当脉冲信号驱动时，会产生诸如波形失真和过冲等影响（见图 6.26）。另外，要为贝塞尔的恒定延时付出的代价是振幅响应，其通带和阻带之间过渡区的陡峭度比巴特沃思或切比雪夫都要小。*重点*：增加贝塞尔滤波器的阶数（即使其具有更高的阶数）并不会显著增加过渡带到阻带的陡峭度；但它确实改善了相位线性度（恒定延时），并提高了最终的下降速率，达到通常的 $6n$ dB/二倍频的渐近极限。

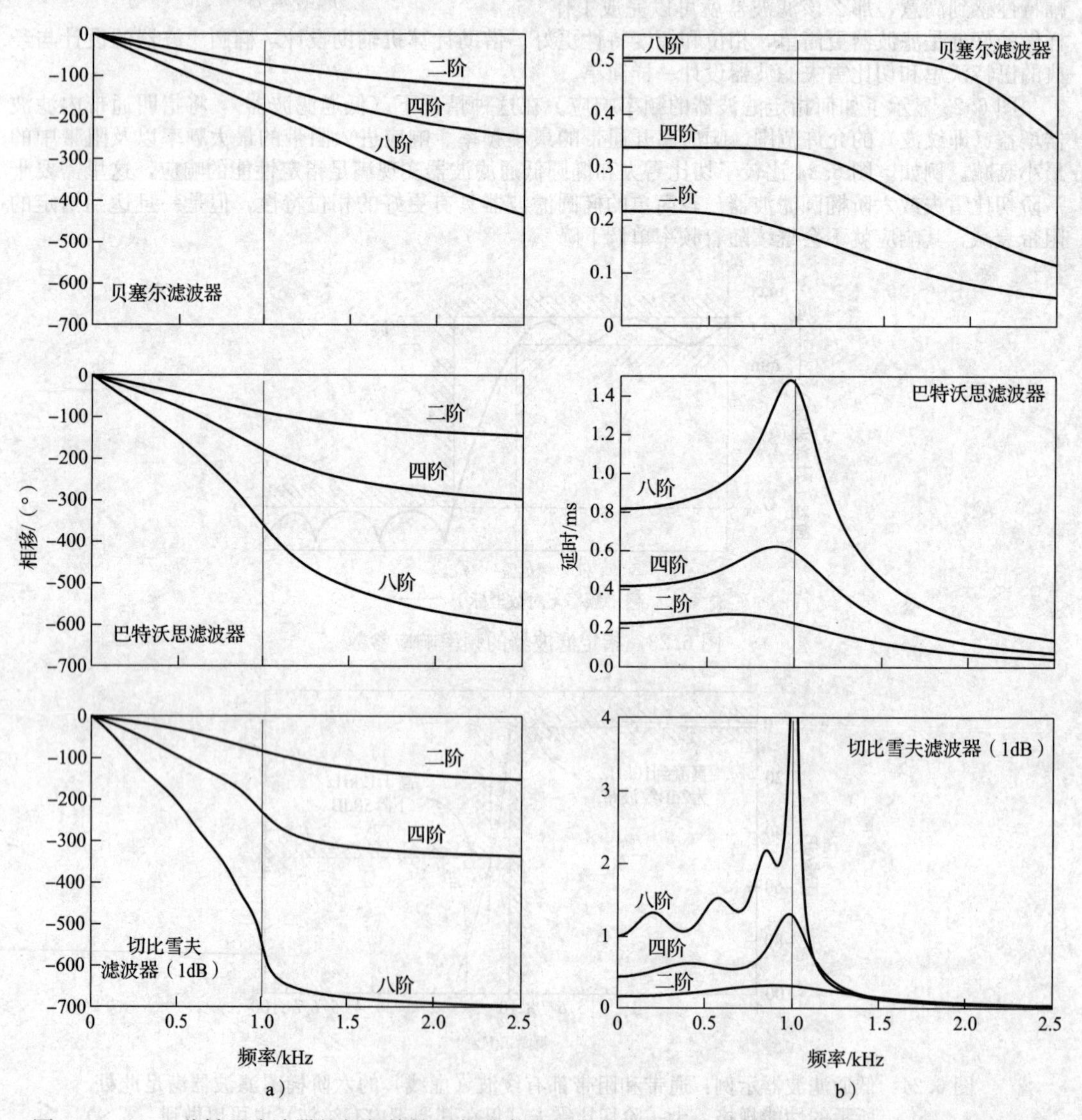

图 6.25　a）3 种低通滤波器的相频特性，每种类型的截止频率均为 1kHz（垂线）；b）相邻滤波器的延时与频率的关系；注意纵轴刻度单位和线性频率轴的变化。如果喜欢归一化单位，可用 f/f_c 作水平轴，用 t_d/T 作延时

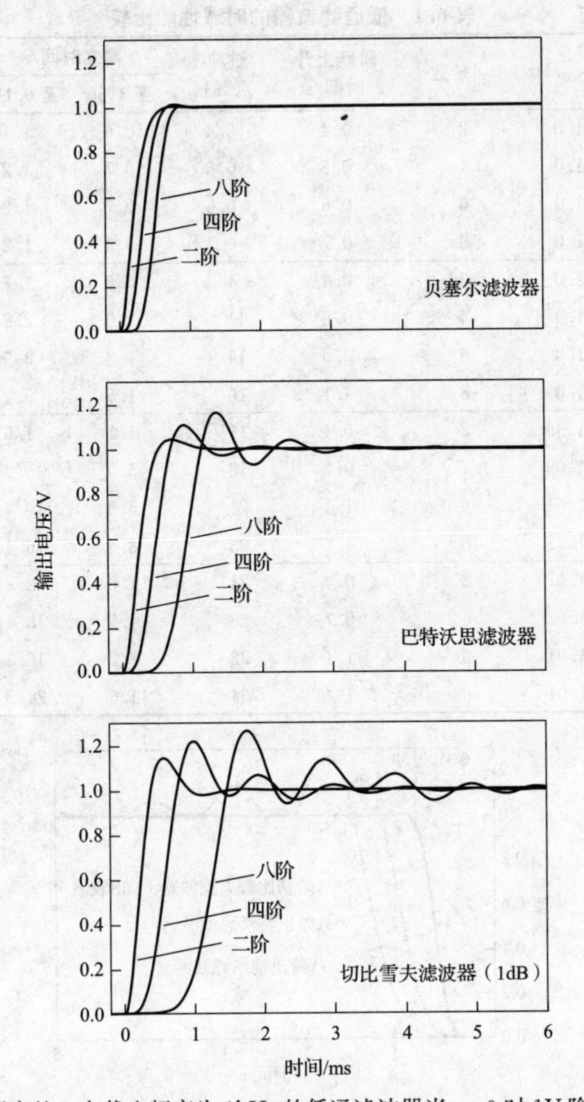

图 6.26　前图中的 3 个截止频率为 1kHz 的低通滤波器当 $t=0$ 时 1V 阶跃输入的响应

有许多滤波器设计试图通过牺牲一些延时的恒定性来改善贝塞尔滤波器的良好时域性能、上升时间和幅频特性。高斯滤波器的相位特性几乎与贝塞尔滤波器的相位特性一样好，其阶跃响应得到改善。在另一类中，某些有趣的滤波器允许通带延时均匀波动（类似于切比雪夫振幅响应中的纹波），甚至对于进入阻带的信号也有近似恒定的延时。这些有时被简称为线性相位滤波器，其特点是具有可以用来设置通带内相位纹波（例如 0.5°）的参数。另一种实现均匀延时滤波器的方法是用全通滤波器（也称为延迟均衡器）。它们的幅频响应恒定，相移可根据需求量身定制。因此，它们可用于改善任何滤波器的延时恒定性，包括巴特沃思和切比雪夫滤波器。

3. 滤波器比较

尽管前面介绍的是贝塞尔滤波器频率响应，但与巴特沃思和切比雪夫滤波器相比，它在时域方面仍有非常优越的性能。切比雪夫滤波器有非常理想的幅频响应，但实际上它在时域方面的性能是这 3 种滤波器中最差的。巴特沃思的频域和时域特性都介于其他 2 种之间。表 6.1、图 6.26 和图 6.27 给出了关于这 3 种滤波器时域性能的更多信息，以补充前面介绍的频域图。它们清楚地表明，当时域性能很重要时，贝塞尔滤波器是一种理想的滤波器。

表 6.1　低通滤波器的时域性能比较

类型	f_{3dB}/Hz	阶数	阶跃上升时间/s	过冲/(%)	建立时间/s		阻带衰减/dB	
					至1%	至0.1%	$f=2f_c$	$f=10f_c$
贝塞尔滤波器（$-3dB@f_c=1Hz$）	1.0	2	0.4	0.4	0.6	1.1	10	36
	1.0	4	0.5	0.8	0.7	1.2	13	66
	1.0	6	0.6	0.6	0.7	1.2	14	92
	1.0	8	0.7	0.3	0.8	1.2	14	114
巴特沃思滤波器（$-3dB@f_c=1Hz$）	1.0	2	0.4	4	0.8	1.7	12	40
	1.0	4	0.6	11	1.0	2.8	24	80
	1.0	6	0.9	14	1.3	3.9	36	120
	1.0	8	1.1	16	1.6	5.1	48	160
切比雪夫滤波器 0.5dB纹波（$-0.5dB@f_c=1Hz$）	1.39	2	0.4	11	1.1	1.6	8	37
	1.09	4	0.7	18	3.0	5.4	31	89
	1.04	6	1.1	21	5.9	10.4	54	141
	1.02	8	1.4	23	8.4	16.4	76	193
切比雪夫滤波器 2dB纹波（$-2dB@f_c=1Hz$）	1.07	2	0.4	21	1.6	2.7	15	44
	1.02	4	0.7	28	4.8	8.4	37	96
	1.01	6	1.1	32	8.2	16.3	60	148
	1.01	8	1.4	34	11.6	24.8	83	200

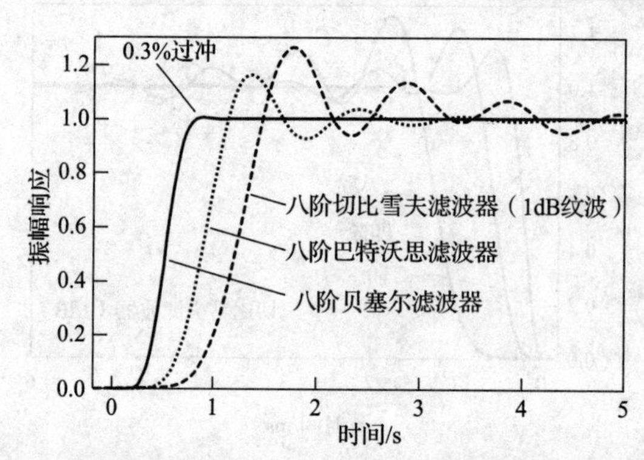

图 6.27　归一化到截止频率为1Hz的八阶低通滤波器阶跃响应的比较

6.2.7　滤波器实现

在下一节中，我们将看到如何用 R、C 和运算放大器来实现这些经典滤波器。这些被称为有源滤波器，具有不需要电感的优点。这很好，因为电感往往体积大、不完美且不便宜。

但当用于大约100kHz以上频率时，通常最好自己制作（或购买）无源滤波器，如图6.9所示的抗混叠低通滤波器。自己制作无源滤波器时，可以使用众多设计表中的任何一个或滤波器设计软件来计算所需特定滤波器的 L 和 C 值。如果只做少数几个，可能希望使用分段调谐电感（通过电感计或电桥调整），以及1%允许偏差的电容或手动调整的并联电容对，以获得所需的精度。

或者，也可以花钱解决这个问题：有几十家标准和定制滤波器的制造商，他们很乐意生产任何想要的产品。在频谱的低端（例如低于100MHz），将使用集总元件（L 和 C）；此外，会得到同轴或空腔滤波器。如果想要的滤波器是标准单元，则价格便宜且通常有现货供应。

6.3　有源滤波器

每种有源电路都可以用来产生诸如巴特沃思、切比雪夫等滤波器的响应函数。读者可能想知道为什么需要多种有源滤波器电路。原因是各种电路实现都有各自的优点，所以没有一个全面、最佳的电路。

我们可以使用分立的运算放大器作为有源器件来构建有源滤波器[㊀]。在这种情况下，必须提供用于设置滤波器特性的电阻和电容。这些无源元件通常必须准确且稳定，尤其是在具有尖锐频率特性的滤波器中。一个有吸引力的替代方案是利用丰富多样的集成有源滤波器，其中大部分工作已经完成，包括匹配无源元件的片上集成。

有源滤波器有两种基本类型：连续时间滤波器和开关电容滤波器。连续时间滤波器是由运算放大器、电阻和电容组成的模拟电路，它的特性由元件值和电路结构决定。开关电容滤波器使用电容与 MOSFET 开关的组合来替代经典运放积分器中的输入电阻，通过外加的时钟信号控制 MOSFET 的开和关。有效电阻值由时钟频率设置。典型的开关电容滤波器用多个这样的积分器并结合其他运放来实现所需的滤波器功能[㊁]。开关电容滤波器的优点是可以在很宽的范围内简单地调谐（通过施加的时钟频率），并保持稳定的特性，而且特别容易制作成集成电路。但它们通常噪声较大（即动态范围较小），失真较高，并且会引入诸如混叠和时钟馈通之类的开关伪影。

有源滤波器的一些特性：①有源和无源器件数量少；②易于调节；③元器件数值范围小，尤其是电容值；④对所用运算放大器的性能要求不高，特别是对压摆率、带宽和输出阻抗的要求；⑤制造高 Q 滤波器的能力；⑥电可调谐性；⑦滤波器特性对元件值和运算放大器增益（特别是增益带宽积 f_T）的灵敏度。在许多方面，最后一个是最重要的特性之一。要求高精度元件的滤波器很难调整，并且会随着元件老化而漂移。此外，还有一个麻烦，就是要求元器件有良好的初始精度。VCVS 电路的普及可能主要归功于它的简单和元件数量少，但它对元器件变化的敏感度很高。

本节将介绍几种低通、高通和带通有源滤波器电路。从流行的 VCVS 或受控源型开始，然后展示一些制造商提供的用作状态变量设计的集成电路，最后介绍双 T 型尖锐带阻滤波器。

大多数新型集成有源滤波器都是开关电容型的，因其使用方便、体积小、价格低、稳定性好，并且（在某些情况下）完全不需要外接元件。我们将在本章结束时讨论它们。

6.3.1 VCVS 电路

电压控制电压源（VCVS）型滤波器，也称为受控源滤波器，由 Sallen 和 Key 设计。它是前面（见图 6.16）所示的简单单位增益电路的变型电路，其中单位增益跟随器被增益大于 1 的同相放大器替代。图 6.28 给出了低通、高通和带通的实现电路。运算放大器输出端的电阻构成一个电压增益为 K 的同相电压放大器，其余的 R 和 C 决定了滤波器的频率响应特性。这些都是二阶滤波器，如稍后所示，通过选择适当的元件值，它们可以是巴特沃思滤波器、贝塞尔滤波器等。我们可以将任意数量的 VCVS 二阶滤波器级联组成高阶滤波器。这样级联后，各级滤波器通常并不相同。实际上，每级代表了描述整个滤波器的 n 阶多项式的一个二次多项式因子。

大多数标准滤波器手册中都有关于所有标准滤波器响应的设计公式和表格，通常包括针对切比雪夫滤波器的多个纹波振幅的独立表格。稍后将介绍用 VCVS 滤波器实现巴特沃思、贝塞尔和切比雪夫响应（切比雪夫滤波器的通带纹波为 0.5dB 和 2dB）的简单易用的设计表，用于低通或高通滤波器。带通滤波器和带阻滤波器可以由这些滤波器组合而成。

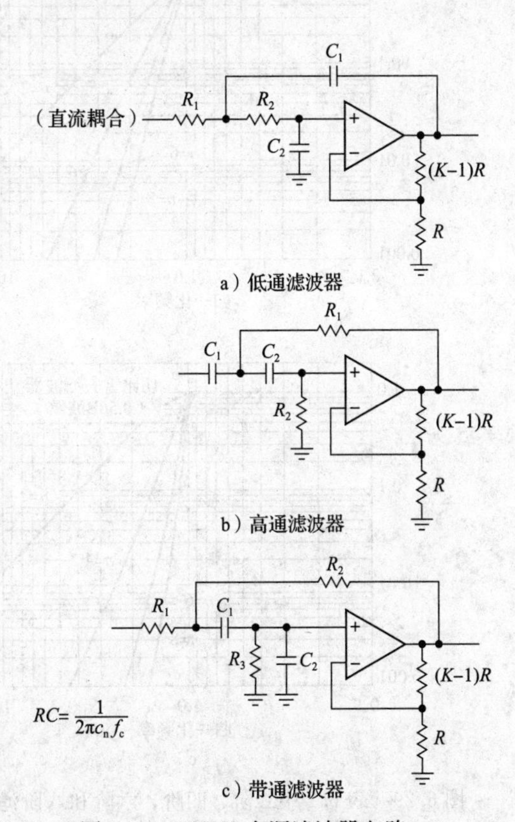

图 6.28 VCVS 有源滤波器电路

6.3.2 使用简化表设计 VCVS 滤波器

若要用表 6.2 设计低通或高通滤波器，首先要确定所需的滤波器响应。如前所述，如果需要最平

㊀ 或者甚至是分立晶体管跟随器，就像在简单的 Sallen-Key 滤波器中一样。

㊁ 生成的电路通常与某些连续时间有源滤波器电路相同，例如被称为状态变量或双二阶型。

坦的通带，巴特沃思滤波器可能会很有吸引力；切比雪夫滤波器提供从通带到阻带的最快下降（以通带中的一些纹波为代价）；而贝塞尔滤波器提供最佳相位特性，即在通带中具有恒定信号延时，并具有良好的阶跃响应。所有类型的频率响应见图6.29。

表6.2　VCVS低通滤波器

阶数	巴特沃思滤波器 K	贝塞尔滤波器		切比雪夫滤波器（0.5dB）		切比雪夫滤波器（2dB）	
		c_n	K	c_n	K	c_n	K
2	1.586	1.272	1.268	1.231	1.842	0.907	2.114
4	1.152	1.432	1.084	0.597	1.582	0.471	1.924
	2.235	1.606	1.759	1.031	2.660	0.964	2.782
6	1.068	1.607	1.040	0.396	1.537	0.316	1.891
	1.586	1.692	1.364	0.768	2.448	0.730	2.648
	2.483	1.908	2.023	1.011	2.846	0.983	2.904
8	1.038	1.781	1.024	0.297	1.522	0.238	1.879
	1.337	1.835	1.213	0.599	2.379	0.572	2.605
	1.889	1.956	1.593	0.861	2.711	0.842	2.821
	2.610	2.192	2.184	1.006	2.913	0.990	2.946

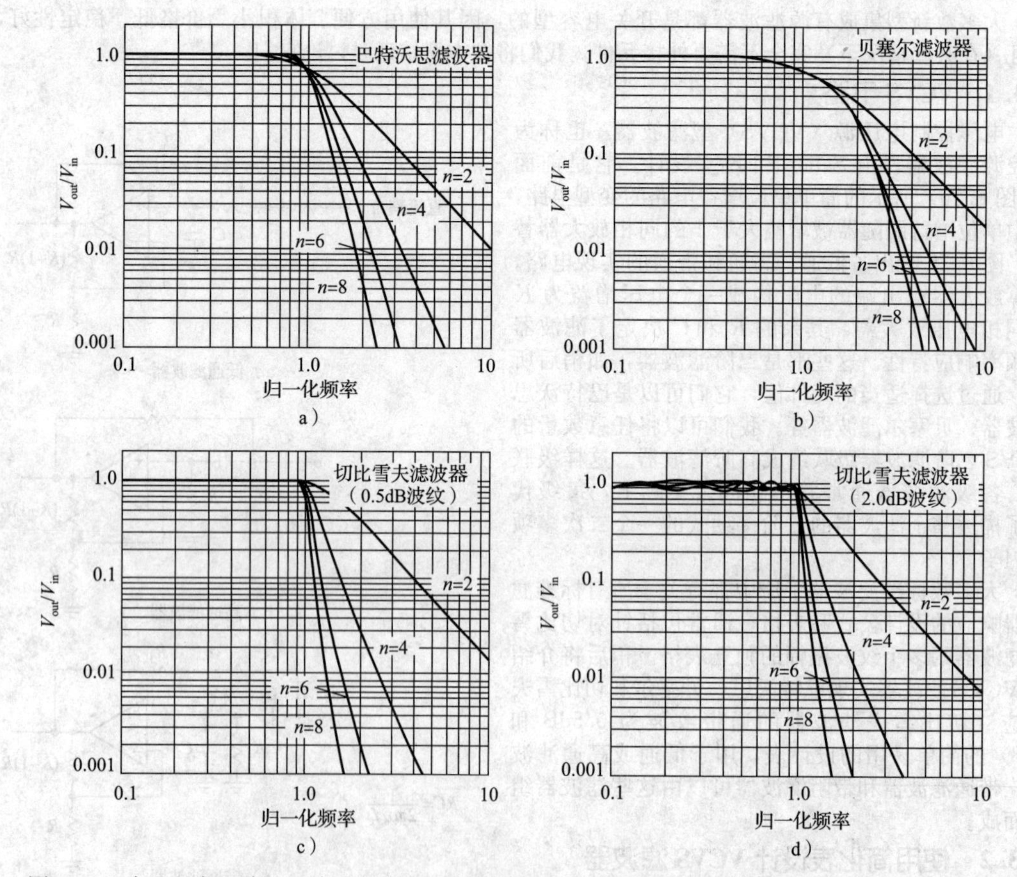

图6.29　表6.2中二阶、四阶、六阶和八阶滤波器的归一化频率响应图。巴特沃思滤波器和贝塞尔滤波器在单位频率下归一化为衰减3dB，而切比雪夫滤波器归一化为衰减0.5dB和2dB。如前所述，切比雪夫频率响应图中的纹波带顶部设置为1

若要构建一个n阶滤波器（n为偶数），需要级联$n/2$级VCVS。每级内，$R_1=R_2=R$，$C_1=C_2=C$。和运放电路一样，R通常选10～100kΩ（最好避免使用较小的阻值，因为在高频下运算放大器开环输出阻抗的增加会使电阻值增加，影响计算）。然后，需要做的就是根据表中条目设置每级的增益 K。对于 n 阶滤波器，有 $n/2$ 个条目，每部分对应一个条目。

1. 巴特沃思低通滤波器

如果是巴特沃思滤波器，各级的 R 和 C 值相同，由 $RC=1/2\pi f_c$ 简单给出，其中 f_c 是整个滤波器的 -3dB 频率。例如，若要制作六阶低通巴特沃思滤波器，则需要级联前文所示的三级低通滤波器，增益分别为 1.07、1.59 和 2.48（最好按此顺序，以避免动态范围问题），并使用相同的 R 和 C 来设置 3dB 点。

2. 贝塞尔滤波器和切比雪夫低通滤波器

采用 VCVS 设计贝塞尔滤波器或切比雪夫滤波器，情况略微复杂一些。同样，级联几个二阶 VCVS 滤波器，指定每级的增益。在每级中，再次使用 $R_1=R_2=R$ 和 $C_1=C_2=C$。但与巴特沃思不同的是，各级 RC 的乘积是不同的，必须根据 $RC=1/2\pi c_n f_c$，用归一化因子 c_n 进行缩放。这里的 f_c，对于贝塞尔滤波器还是 -3dB 点的频率，而对于切比雪夫滤波器，它定义了通带的末端，即它是幅度响应从纹波带开始下降进入阻带的频率。例如，纹波为 0.5dB 和 $f_c=100$Hz 的切比雪夫低通滤波器的响应在直流至 100Hz 范围内为 $+0\sim-0.5$dB 的平坦区，在 100Hz 处衰减 0.5dB，频率大于 100Hz 后将迅速下降。表中给出了通带纹波为 0.5dB 和 2.0dB 的切比雪夫滤波器的值，后者向阻带的过渡更陡峭（见图 6.29）。

示例　图 6.30 所示是一个 $f_c=100$Hz 的四阶低通滤波器的 VCVS 实现示例，列出了 3 种滤波器特性的电阻值，如前所述进行计算。我们用了一个类似的滤波器（六阶巴特沃思，$f_c=90$Hz），从一个以晶体振荡器为参考的数字方波中产生精确的 50～70Hz 正弦波。输出被放大并用于驱动天文望远镜。

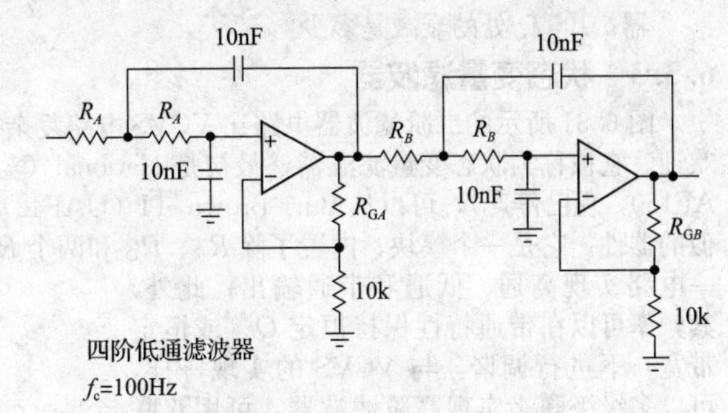

滤波器类型	R_A	R_{GA}	R_B	R_{GB}	增益
贝塞尔滤波器	110k	845Ω	100k	7.68k	1.91
巴特沃思滤波器	158k	1.54k	158k	12.4k	2.57
切比雪夫滤波器（0.5dB）	267k	5.76k	154k	16.5k	4.21

图 6.30　VCVS 低通滤波器示例。显示的电阻值是最接近的标准 1%值（称为“E96”）

3. 高通滤波器

若要设计高通滤波器，则使用前文所示的高通结构，即 R 和 C 互换。对于巴特沃思滤波器，其他均保持不变（R、C 和 K 均使用相同数值）。对于贝塞尔滤波器和切比雪夫滤波器，K 值保持不变，但归一化因子 c_n 必须取倒数。

带通滤波器可通过重叠的低通和高通滤波器的级联来实现。带阻滤波器可通过将不重叠的低通和高通滤波器的输出相加来实现。但这种级联滤波器不适合用于高 Q 滤波器（极尖锐的带通滤波器），因为它对各单级（未耦合）滤波器中的元件值非常敏感。在这种情况下，应改用高 Q 单级带通电路（如前所述的 VCVS 带通电路，或下一节中的状态变量和双二阶滤波器）。即使是单级二阶滤波器也能产生峰值非常尖锐的响应。

4. Sallen-Key 滤波器概述

这些 Sallen-Key（或 VCVS）滤波器电路的一种简化设计是在每级的二阶滤波器中使用相同的电阻和电容值。但伴随这种简化设计，出现了一系列奇怪的放大器增益，见图 6.30 中的增益列。

通常想设置滤波器的增益，例如为了防止饱和，或者可以在不改变增益的情况下改变滤波器特性（通过更改元件值）。但在增益受限时，必须放宽元件值比率的约束。可以在 TI 的 James Karki 撰写的两本不错的应用说明中了解所有这些信息。最重要的是（就像前文的 VCVS 电路），只要愿意调整电阻和电容的数值比，就可以使用选择的增益的放大器来设计任何滤波器特性。

根据 Karki 的分析，可以写出二阶 Sallen-Key 滤波器的转折频率 f_c 和 Q 的总结公式，其中元件数值比可以取任意值。遵循图 6.28a 中的命名约定，定义参数 m、n 和 τ：

$$m=R_1/R_2,\quad n=C_1/C_2,\quad \tau=R_2C_2$$

根据这些定义，二阶滤波器的转折频率为

$$f_c=\frac{1}{2\pi\tau\sqrt{mn}} \tag{6.5}$$

Q（尖锐的过渡或峰值）为

$$Q=\frac{\sqrt{mn}}{1+m+mn(1-K)} \tag{6.6}$$

仅凭这些结果还不足以设计具有标准滤波器规范的高阶级联滤波器（切比雪夫等）。为此，可以查阅 Karki 的应用说明 SLOA049B 中的表格，或者使用滤波器设计程序。但这些表达式说明了可以折中处理一些限制来换取另一些指标优化的观点。特别注意单位增益（$K=1$）情况，其增益元件可以是宽带单位增益集成缓冲器或简单的分立晶体管跟随器㊀。

回顾一下我们在 VCVS 表中所用条件（即 $R_1=R_2=R$，$C_1=C_2=C$），这些公式可简化为简单形式：

$$f_c=\frac{1}{2\pi RC},\quad Q=\frac{1}{3-K} \tag{6.7}$$

当 $K=3$ 时，电路变得不稳定（$Q\to\infty$）。注意，这种电路中增益 K 被进一步限制为 1（即跟随器，见图 6.16，引入了有源滤波器概念），实现了性能很一般的滤波器，其 Q 仅为 0.5。

5. 总结

VCVS 滤波器将所需元件数量减至最少（每个运算放大器实现二阶），并具有以下优点：同相放大、低输出阻抗、元件值分布范围小、增益易调节以及在高增益或高 Q 下工作的能力。但它对元件值和放大器增益敏感，因此不适合需要稳定特性的可调滤波器的应用，而且要求运算放大器的带宽（f_T 或 GBW）远高于滤波器的 f_c。状态变量和双二阶滤波器很好地弥补了其中一些缺点。

练习 6.3 设计一个通带纹波为 0.5dB 和截止频率 f_c 为 100Hz 的六阶切比雪夫低通 VCVS 滤波器。$1.5f_c$ 处的衰减是多少？

6.3.3 状态变量滤波器

图 6.31 所示的二阶滤波器电路比 VCVS 电路复杂得多，但因其更高的稳定性和易调节性而广受欢迎。它被称为状态变量滤波器，最初是 National（美国国家半导体）出品的集成电路（AF100 和 AF150，现已停产），可以从 Burr-Brown/TI（UAF42）获得，Maxim（MAX274+5）是一款非常相似的器件。它是一个模块，内置了除 R_G、R_Q 和两个 R_F 之外的所有其他元件。优点之一是可以用同一电路实现高通、低通和带通输出；此外，其频率可以在带通特性保持恒定 Q（或恒定带宽）下进行调谐。与 VCVS 的实现一样，可以多级级联来实现高阶滤波器，可用双联电位器组成一对 R_F 进行频率调节。但考虑到反向（$1/R$）频率调谐，我们可能更喜欢图 6.34 所示的线性方案，其中可以使用双联电位器或双 DAC。

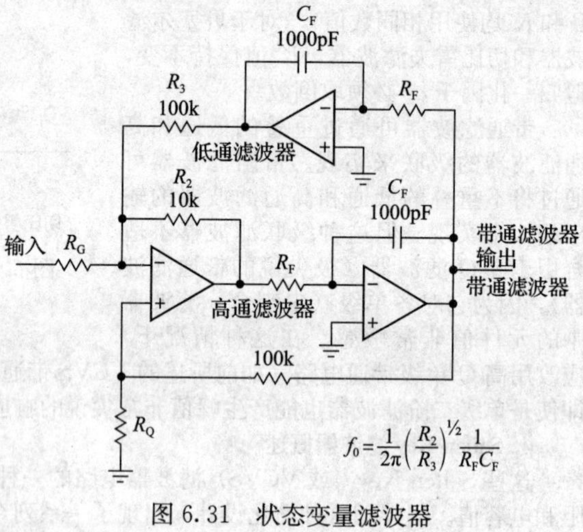

为了使用这些方便的集成电路，制造商提供了许多设计公式和表格，展示了如何选择外接电阻值来制作适用于各阶的巴特沃思、贝塞尔和切比雪夫滤波器，实现低通、高通、带通或带阻响应。这些混合集成电路的优点之一是将电容集成到模块中㊁，因此只需要增加外接电阻。

$$f_0=\frac{1}{2\pi}\left(\frac{R_2}{R_3}\right)^{1/2}\frac{1}{R_F C_F}$$

图 6.31 状态变量滤波器

1. 带通滤波器

虽然状态变量滤波器的元件数量多，但它是尖锐（高 Q）带通滤波器的一个不错的选择，其对元件敏感度低，对运算放大器带宽要求不高，易于调谐。例如，图 6.31 中电路用作带通滤波器，两个电阻 R_F 设置中心频率，R_Q 和 R_G 共同确定 Q 值和通带中心频率处的增益：

$$R_F=5.03\times10^7/f_0(\Omega) \tag{6.8}$$

$$R_Q=10^5/(3.48Q+G-1)(\Omega) \tag{6.9}$$

$$R_G=3.16\times10^4 Q/G(\Omega) \tag{6.10}$$

㊀ 当给定 Q 的目标值时，可以根据这些方程推出用 n 表示的 m：定义 $\alpha=(n/2Q^2)-1$，那么 $m=\alpha+\sqrt{\alpha^2-1}$。

㊁ 当然，这类（或任何其他）有源滤波器实现中不需要电感。

因此，可以通过使用一个双联可变电阻（电位器）R_F 来实现频率可调谐、Q 值恒定的滤波器；或者可以使 R_Q 可调，从而产生频率固定、Q 值可变（不幸的是增益可变）的滤波器。

练习 6.4 计算图 6.32 中的电阻值，用来实现 $f_0=1\text{kHz}$、$Q=50$ 和 $G=10$ 的带通滤波器。

图 6.32 显示了状态变量带通滤波器的一种有用变型。坏消息是它用了 4 个运算放大器。好消息是它可以调整带宽（即 Q 值）而不影响通带中心频率处的增益。实际上，Q 值和增益均由单个电阻设置。Q 值、增益和中心频率完全独立，由以下简单公式给出：

$$f_0=1/2\pi R_F C \quad (6.11)$$

$$Q=R_1/R_Q \quad (6.12)$$

$$G=R_1/R_G \quad (6.13)$$

$$R\approx 10\text{k}\Omega \text{（非关键，匹配的）} \quad (6.14)$$

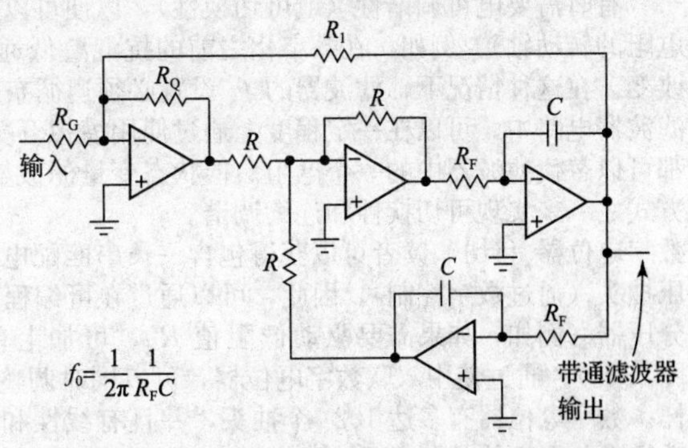

图 6.32 一种可独立设置增益和 Q 值的滤波器

双二阶滤波器 与状态变量滤波器密切相关的是所谓的双二阶滤波器，见图 6.33。该电路也用了 3 个运算放大器，可以用前面提到的状态变量集成电路构成。它有一个有趣的特性，即可以在保持恒定带宽（而不是恒定 Q 值）的同时（通过 R_F）调谐其频率。以下是设计公式：

$$f_0=1/2\pi R_F C \quad (6.15)$$

$$\text{BW}=1/2\pi R_B C \quad (6.16)$$

$$G=R_B/R_G \quad (6.17)$$

Q 值由 f_0/BW 给出，等于 R_B/R_F。随着中心频率的变化（通过改变电阻 R_F），Q 值会成比例变化，保持带宽 f_0/Q 恒定。

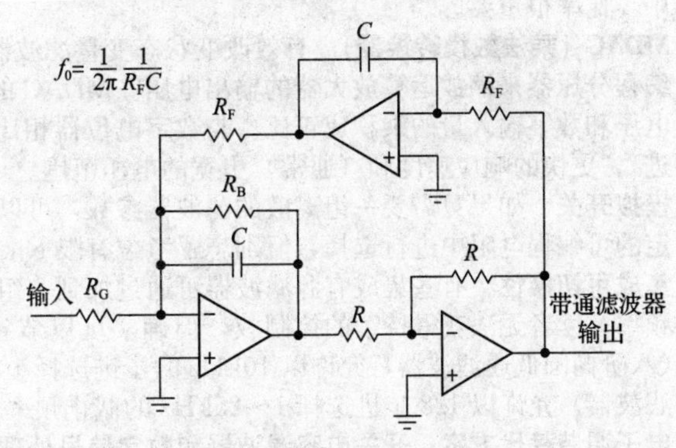

图 6.33 双二阶滤波器

当从头开始设计双二阶滤波器（而不是用已包含大部分元器件的集成有源滤波器）时，通常的过程是这样的：

1）选择带宽 f_T 至少为 Gf_0 的 10～20 倍的运算放大器。

2）在 $C=10/f_0$ 附近选取一个有标称值的电容，f_0 以 Hz 为单位。

3）根据式（6.15），用所需的中心频率计算对应的 R_F 值。

4）根据式（6.16），用所需的带宽计算 R_B 值。

5）根据式（6.17），用所需的通带中心频率处的增益计算 R_G 值。

如果电阻值变得太大或太小，可能需要调整电容值。例如，在高 Q 滤波器中，可能需要稍微提高 C 值以防止 R_B 变得过大。注意，R_F、R_B 和 R_G 均为运算放大器负载，因此它们不应小于 5kΩ。当调整元件值时，可能会发现通过降低积分器增益（增加 R_F）同时增加反相放大器增益（增加 10kΩ 反馈电阻）更容易满足要求 1。

例如，假设要制作一个与练习 6.4 特性相同的滤波器，先暂且选择 $C=0.01\mu\text{F}$，然后得到 $R_F=15.9\text{k}\Omega$（$f_0=1\text{kHz}$）和 $R_B=796\text{k}\Omega$（$Q=50$，$\text{BW}=20\text{Hz}$），最后 $R_G=79.6\text{k}\Omega$（$G=10$）。

练习 6.5 设计一个 $f_0=60\text{Hz}$、$\text{BW}=1\text{Hz}$ 和 $G=100$ 的双二阶带通滤波器。

2. 高阶带通滤波器

与之前的低通和高通滤波器一样，我们可以构建具有近似平坦的通带和陡峭过渡到阻带的高阶带通滤波器。

这可以通过级联几个低阶带通滤波器来实现，这些低阶滤波器是为实现所需滤波器类型（巴特沃思、切比雪夫或其他类型）而量身定制的。与以前一样，巴特沃思具有最平坦度，而切比雪夫牺牲了通带平坦度以实现陡峭的过渡带。VCVS 和状态变量/双二阶带通滤波器都是二阶的。当通过增加阶数来增加滤波器过渡带的锐度时，通常会使瞬态响应和相位特性变差。带通滤波器的带宽定义为−3dB 点之间的宽度，除了等波纹滤波器，它的带宽是响应落在通带波纹通道之外的频率之间的宽度。

读者可以在关于有源滤波器的标准手册或有源滤波器集成电路的数据手册中找到用于构建复杂

滤波器的表格和设计过程。也有一些非常好的滤波器设计程序，包括在标准个人计算机和工作站上运行的共享软件和免费软件。

3. 电可调谐性

有时需要电可调谐性（或可切换性），以便可以在信号控制下改变滤波器特性（而不必旋转可变电阻的转动轴）。例如，在数字化之前的抗混叠低通滤波器，其数字化采样率 f_{samp} 可在一定范围内改变。在这种情况下，滤波器的 f_c 设置必须遵循奈奎斯特频率 $f_c \approx f_{samp}/2$。在像VCVS这样的有源滤波器电路中，可以在一定程度上通过使用模拟开关在一小组固定电阻中进行选择，每个固定电阻都可以替代滤波器中的一个电阻。但状态变量滤波器提供了一种特别便捷的方法，可通过以下几种方式之一来实现可切换性和连续调谐。

数字电位器（计） 读者可以获得包含一长串匹配电阻的便捷集成电路，通过MOSFET开关选择分压抽头（通过数字控制）。因此，可以通过在可编程电阻（例如图6.31中的 R_F）的前面用这类数字分压器（例如，如果需要驱动低阻值 R_F，可加上单位增益的跟随器）来有效地改变电阻值（见图6.34）。通过使用双联数字电位器，可以同时调整一对 R_F，就像在带通电路中调谐 f_0 所需要的那样。数字电位器有多达1024个抽头，并且有线性和对数步进，因此可以实现相当精确的电子控制。数字电位器不能提供特别精确的总电阻值（通常为±20%），但可以确保精确稳定的控制分压比（1%或更高），即构成系列的电阻匹配良好。这就是它们在此类应用中表现良好的原因，在这类应用中，比率很重要。

MDAC（乘法数模转换器） 有效改变状态变量滤波器中 R_F 的另一种方法是使用MDAC而不是用可编程分压器来缩放运算放大器的输出电压。MDAC的输出电压（在某些型号中为电流）与模拟输入电压和数字输入量的乘积成正比。与数字电位器相比，MDAC方法具有更高的分辨率（更精细的步进）、更快的响应速度和（通常）更宽的电压范围。

模拟开关 如果只需要一组离散的滤波器参数，可以用一组MOSFET模拟多路复用器在一组预先选定的可编程电阻中进行选择，但别忘了考虑有限 R_{ON} 的影响。

集成可切换性 有些集成有源滤波器可通过加到一组可编程引脚上的数字代码来实现可编程的截止频率。读者无法获得持续的控制权，但确实可以节省很多工作（和很多元件）。此类中的LTC1564（八阶椭圆低通滤波器）允许以10kHz的步进选择10～150kHz的截止频率，MAX270（双二阶低通滤波器）允许以128步进选择1～25kHz的截止频率。

电子调谐替代方案：开关电容滤波器和数字信号处理器 上述技术通过使用一组有效可变的可编程电阻来实现连续时间滤波器的电子可调谐性。当考虑电子调谐时，明智的做法是考虑开关电容滤波器和数字信号处理器（DSP），电子可调谐性是这两类所固有的。本章稍后将讨论这些内容。

4. 多重反馈有源滤波器

除了VCVS（Sallen-Key）和状态变量（或双二阶）有源滤波器外，还有另一种常用的有源滤波器，称为多重反馈（MFB）有源滤波器（也称为无限增益多重反馈滤波器），见图6.35。这里的运算放大器用作积分器，而不是电压放大器（或跟随器）。设计MFB滤波器并不比设计VCVS滤波器更难，可以在例如Uwe Beis这样非常好的网站上找到支持这两种电路的优秀滤波器设计软件。我们还可以获得不错的MFB集成滤波器，例如LTC1563是一款使用MFB电路的廉价线性集成滤波器，便于制作抗混叠滤波器等。1563-2版本可制作截止频率256Hz～360kHz的四阶和五阶巴特沃思滤波器，以及三阶贝塞尔滤波器。这些集成电路使用内部已微调到精度3%的27～54pF的电容，结合外接的精度1%的7kΩ～10MΩ电阻。数据手册特别有指导意义。

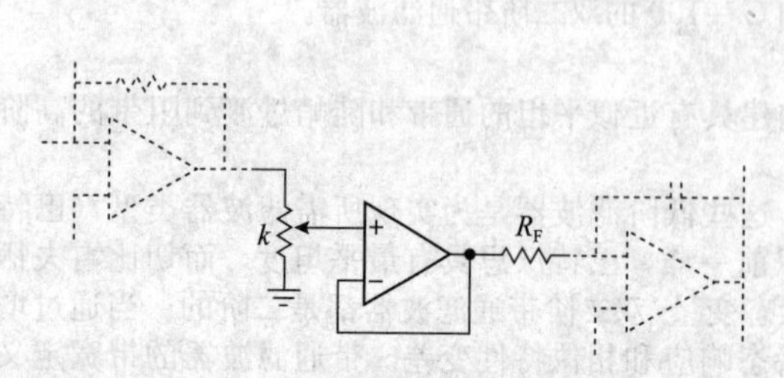

图6.34 调谐状态变量有源滤波器的频率。如果不需要与电位器的旋转呈严格线性关系，可以省略运算放大器缓冲器

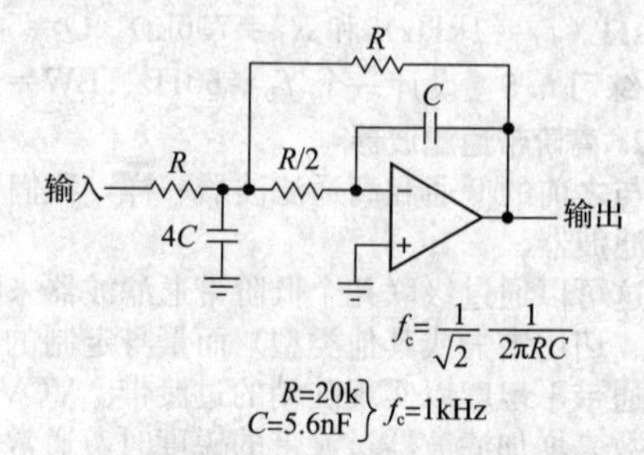

图6.35 多重反馈（MFB）有源滤波器，图中为二阶低通滤波器

与 VCVS 相比，这种电路有一个有趣的优点：当进入高频，接近运算放大器的带宽 f_T 时，运算放大器输出阻抗上升的不良影响就不那么严重了。对 VCVS 和 MFB 二阶巴特沃思低通滤波器进行的 SPICE 仿真（见图 6.36 和图 6.37）很好地显示了这种效果。我们将截止频率设为 4kHz，远低于 LF411 的单位增益频率（f_T）4MHz。在 VCVS 电路中，运算放大器上升的输出阻抗 Z_{out} 允许输入信号通过第一个电容耦合到输出，而 MFB 电路中没有该路径。然而，在许多应用中，这并不是一个严重的问题。如图 6.36 所示，随着滤波器电阻值的增加，这种影响会降低。VCVS 电路生动有趣且效果良好，仍然很受欢迎。

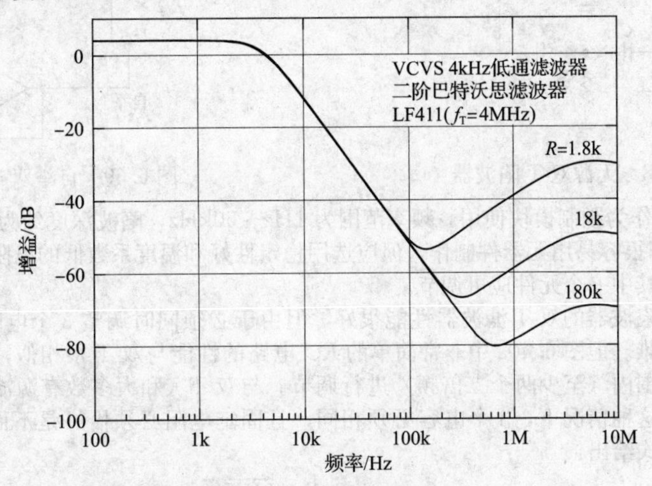

图 6.36　通过允许一些输入信号经输入电阻和反馈电容（图 6.28 中的 R_1 和 C_1）耦合到输出端，运放闭环输出阻抗的上升使 VCVS（Sallen-Key）电路的高频衰减变差，电阻值越大，影响越小

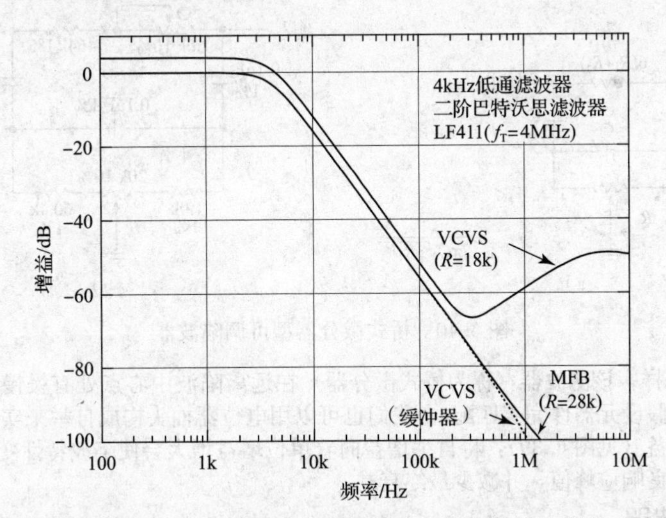

图 6.37　与 VCVS 相比，MFB 电路的阻带衰减不太受运算放大器输出阻抗上升的影响，但可以通过第二个运算放大器对运算放大器同相输入端的信号进行输出缓冲来减少 VCVS 的影响

6.3.4　双 T 陷波器

图 6.38 所示的无源 RC 网络在频率 $f_c=1/2\pi RC$ 处有无限衰减。无限衰减通常不是 RC 滤波器的特征。这种电路通过在截止频率处加两个移相 180°的信号来实现陷波。它需要元件良好匹配才能在 f_c 处获得好的陷波特性。它称为双 T 网络，可用于消除干扰信号，例如 60Hz 电力线干扰。问题是它具有与所有无源 RC 网络相同的平缓截止特性，当然，在 f_c 附近，其响应像石头下落一样陡峭。例如，由理想电压源驱动的双 T 网络在陷波频率的 2 倍（或一半）处衰减 10dB，在陷波频率的 4 倍（或四分之一）处衰减 3dB。改善陷波特性的一个技巧是采用 Sallen-Key 滤波器（见

图6.39）方式的有源滤波器。该技术原理上看起来不错，但由于无法保持良好的陷波特性，因此在实践中经常令人失望。随着滤波器陷波特性变得更尖锐（自举电路中增益更大），其凹陷变得不那么深。

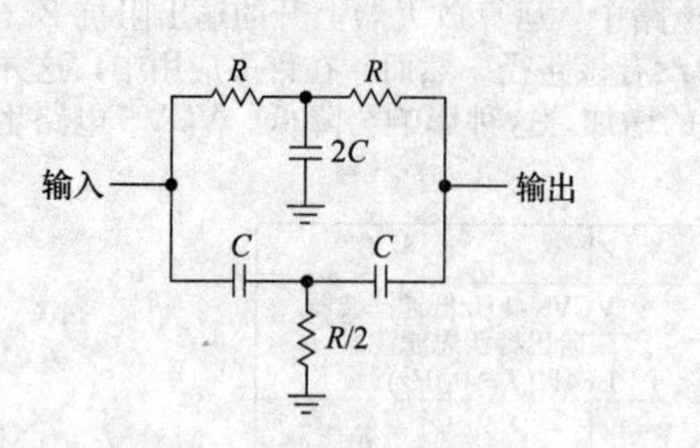

图6.38　无源双T陷波器

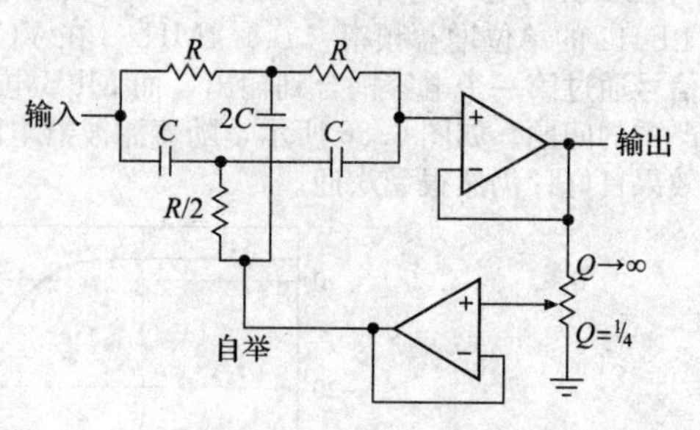

图6.39　自举双T网络

双T陷波器可作为预制模块使用，频率范围为1Hz～50kHz，陷波深度约为60dB（在高温和低温下会变差）。它们很容易用元器件制作，但应选用稳定性好和温度系数低的电阻和电容，以获得较深且稳定的陷波，其中一个元件应可调节。

用作固定频率陷波器的双T滤波器性能很好，但由于必须同时调整3个电阻并保持恒定比率，使其调谐变得很困难。但图6.40a中非常简单的*RC*电路的性能与双T很相似，可以通过单个电位器在很大的频率范围内（至少两个二倍频）进行调节。与双T（和大多数有源滤波器）一样，它需要元器件匹配。在这种情况下，3个电容必须相同，且固定电阻必须恰好是下面（可调）电阻的6倍。陷波频率由下式给出：

$$f_{\text{notch}}=1/2\pi C\sqrt{3R_1R_2}$$

图6.40b显示了一个频率在25～100Hz范围内可调的电路。调整（一次）50kΩ微调电位器以达到最大陷波深度。

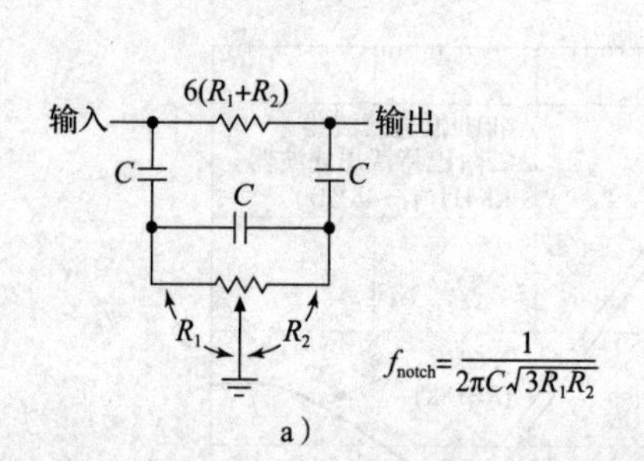

a）

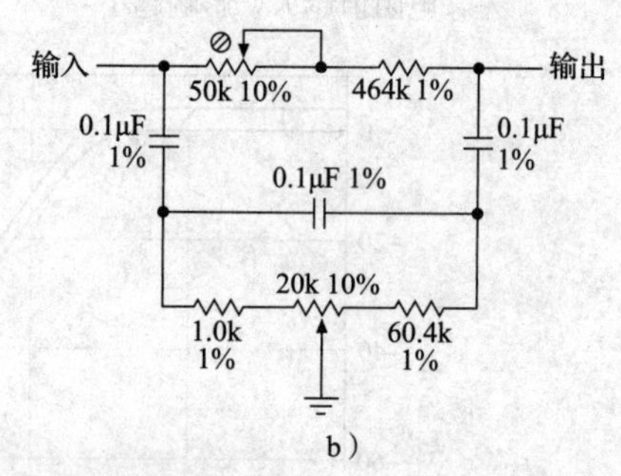

b）

图6.40　桥式微分器型可调陷波器

与无源双T一样，该滤波器（称为桥式微分器）在远离陷波中心点处有缓慢的衰减，在陷波频率处有无限衰减（假设元器件完美匹配）。我们也可以用电位器抽头构成自举来实现有源滤波，电压增益略低于单位增益（见图6.39），将自举增益向着单位增益增大会使陷波特性变窄，但也会导致陷波器高频侧出现不良响应峰值，并减少最终衰减。

6.3.5　全通滤波器

全通滤波器也称延迟均衡器或相位均衡器，是具有平坦振幅响应但相移随频率变化的滤波器，用于补偿某些信号路径中的相移（或延时）。

基本电路见图6.41。直观上，很容易看出该电路在低频像反相器（没有信号耦合到同相输入端），而在高频像跟随器。通过推导一些公式，可以确信该电路的特性符合图中所述。互换*R*和*C*会产生相似的特性，但在反相器和跟随器这两种极端之间存在滞后（而不是超前）相移，可以通过改变*R*来调整相移。但请注意，当*R*值很小时，电路的输入阻抗在高频（此时*C*的电抗趋于零）会变小。

图6.42显示了一种可将相移范围扩展到完整360°的电路，其缺点是调谐时必须同时调节2个元件（例如，一对等值电阻）。但通过使用数字双联电位器可以很好地实现。

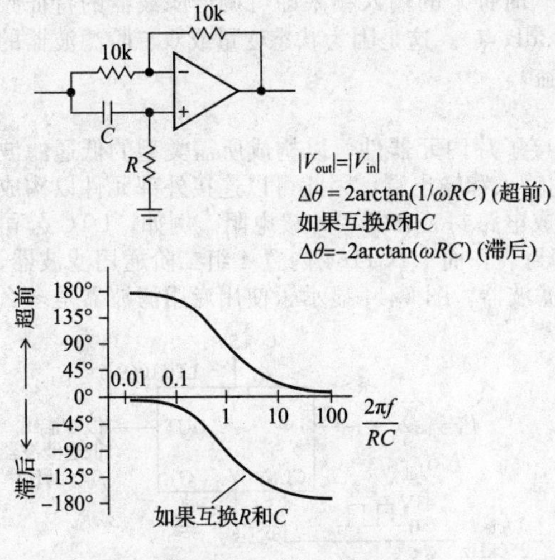

图 6.41　全通滤波器

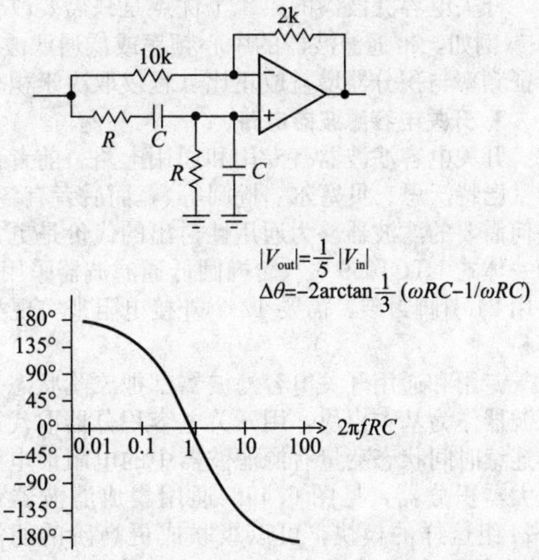

图 6.42　具有完整的 360°相移范围的全通滤波器

6.3.6 开关电容滤波器

这些状态变量或双二阶滤波器的缺点是需要精确匹配的电容。如果用运算放大器搭建电路，必须有一对稳定的电容（不是电解电容、钽电容或高 κ 陶瓷电容），也许匹配度超过 1%，才能获得最佳性能；还必须有大量连线，因为每个二阶滤波器至少使用 3 个运算放大器和 6 个电阻。或者，可以购买集成滤波器，让制造商确定如何将匹配的 1000pF（±0.5%）电容集成到芯片中。

1. 开关电容积分器

还有其他方法来实现状态变量或双二阶滤波器中所需的积分器。基本思想是用 MOSFET 模拟开关，用外加的高频方波（通常比感兴趣的模拟信号快 100 倍）来提供时钟，见图 6.43。图中，有趣的三角形是一个数字反相器，它将方波倒相，使两个 MOS 开关在方波的两个相反的半周闭合。

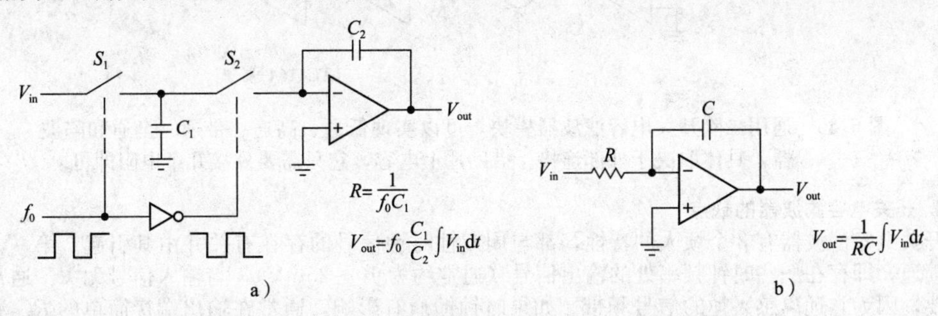

图 6.43　a）开关电容积分器；b）传统（常规）积分器

该电路易于分析：当 S_1 闭合时，C_1 充电到 V_{in}，即保持电荷 C_1V_{in}；在另一半周期，C_1 向虚地放电，将电荷转移到 C_2。因此，C_2 两端电压的变化量为 $\Delta V=\Delta Q/C_2=V_{in}C_1/C_2$。注意，在高速方波的每个周期内输出电压的变化量与 V_{in} 成正比（假设在方波的一个周期内 V_{in} 变化很小），即电路是积分器！很容易证明该积分器遵循图中的方程。

练习 6.6　推导图 6.43 中的公式。

练习 6.7　这是另一种理解开关电容积分器的方法：计算流过 S_2 到虚地的平均电流。读者应该发现它与 V_{in} 成正比。因此，S_1、C_1 和 S_2 的组合就像电阻，构成经典的积分器。用 f_0 和 C_1 表示的等效电阻值是多少？用它得出图中的等式 $V_{out}=f_0(C_1/C_2)\int V_{in}dt$。

2. 开关电容滤波器的优点

用开关电容代替传统积分器有两个重要优点。首先，如前所述，在硅片上实现的成本可能更低：积分器增益只取决于两个电容的比值，而不取决于它们各自的电容值。通常，在硅片上制造匹配的元器件很容易，但很难制造具有精确值和高稳定性的相似元件（电阻或电容）。因此，单片开关电容集成滤波器价格低廉。

开关电容滤波器的第二个优点是只需要改变方波（时钟）的输入频率即可调谐滤波器的特征频率[⊖]（例如，带通滤波器的中心频率或低通滤波器的－3dB点）。这是因为状态变量或双二阶滤波器的特征频率与积分器增益成正比（且仅取决于积分器增益）。

3. 开关电容滤波器电路

开关电容滤波器有专用和通用电路。前者预先连接了片内元器件，以构成所需类型的低通滤波器（巴特沃思、贝塞尔、椭圆等），而后者有各种中间输入和输出端，因此可以连接外部元件以构成任何需要的滤波器。为通用性付出的代价是更大的集成电路封装和需要外接电阻。例如，LTC公司的一体式LTC1069-6八阶椭圆低通滤波器采用8引脚封装，而LTC1164内置4组二阶通用滤波器，采用24引脚封装，需要12个外接电阻来实现类似的滤波器。图6.44显示了使用专用滤波器是多么容易。

专用和通用开关电容滤波器都把二阶状态变量滤波器作为基本模块，用开关电容积分器取代了经典连续时间状态变量有源滤波器中的电阻馈电运算放大器积分器，见图6.45。通用集成滤波器带有1～4组这样的模块，可以级联成更高阶的滤波器（每个部分实现滤波器传递函数中的一个二次项式），或者也可以同时用于多个独立通道（但必须共享公共时钟输入）。制造商的数据手册（或软件或两者兼有）使利用这些通用集成滤波器进行滤波器设计变得容易，而且专用滤波器不需要任何设计，只需要将其连接起来就可以使用。

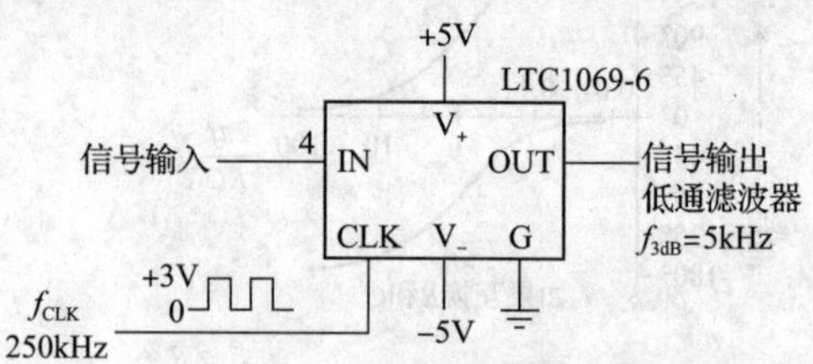

图6.44 开关电容专用低通滤波器，无须外接元件。八阶椭圆滤波器通带响应的纹波为±0.1dB，在$1.3f_{3dB}$处下降超过40dB

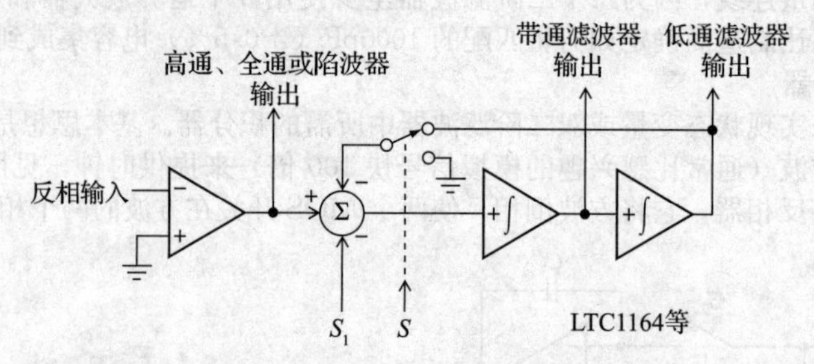

图6.45 通用二阶开关电容滤波器模块，可以实现低通、高通、带通、全通和陷波器，具体取决于外部连接。借助片上电容，它只需要外接几个电阻即可

4. 开关电容滤波器的缺点

开关电容滤波器有3个烦人的特性，都与周期性时钟信号的存在有关并由其引起。第一，存在时钟馈通，即存在一些时钟频率处的输出信号（通常约为10～25mV），与输入信号无关。通常这无关紧要，因为它远离感兴趣的信号频带。如果时钟馈通有影响，通常在输出端接简单的*RC*滤波器就能滤除它。

第二，如果输入信号在时钟频率附近有任何频率分量，它们将被混叠到通带中。准确地说，任何输入信号只要其频率与时钟频率相差一定数量，就会出现在通带中（未衰减）。例如，如果使用MAX7400（专用八阶椭圆低通滤波器）构成1kHz低通滤波器（即设置f_{clock}＝100kHz），则任何在99～101kHz范围内的输入信号能量都会出现在直流至1kHz的输出频带内。没有滤波器可以在输出端将其滤除！必须确保输入信号在时钟频率附近没有能量。如果不是这样，通常可以用简单的*RC*滤波器，因为时钟频率通常远离通带。使用具有高时钟-转折频率比的集成滤波器可以简化输入抗混叠滤波器设计。高时钟比还能减少这些滤波器的阶梯输出波形。

开关电容滤波器的第三个不良影响是由于MOSFET开关电荷注入未完全消除而导致信号动态范围普遍减小（噪声底增大）。表现为通带内噪声的增加。典型的集成滤波器宣称其动态范围为80～90dB。除了减小动态范围（与连续时间滤波器相比），开关电容滤波器的失真也往往比预期的要大，尤其是当输出信号接近电源电压时。

与任何线性电路一样，开关电容滤波器（及其运算放大器模拟器）也会受到诸如输入失调电压

⊖ 大多数开关电容滤波器的特征频率等于时钟频率的1/50或1/100。

和 $1/f$ 低频噪声等放大器误差的影响。例如，如果希望对某些低电平信号进行低通滤波而不引入直流均值误差或波动，这可能会有问题。Linear Technology（凌力尔特公司）的设计人员提供了一个很好的解决方案，他们发明了精密直流低通滤波器 LTC1062（或具有改进失调电压的 MAX280）。图 6.46 显示了如何使用它。基本思想是将滤波器置于直流通路之外，使低频信号分量直接耦合至输出端。滤波器仅在较高频率下捕捉信号线，通过将信号分流到地来降低响应。结果是直流误差为零且开关电容型噪声仅出现在滚降附近（见图 6.47）。我们可以级联一对这样的滤波器来组成更高阶滤波器或可调谐的尖锐带通滤波器。数据手册还显示了如何实现可调谐的陷波器。

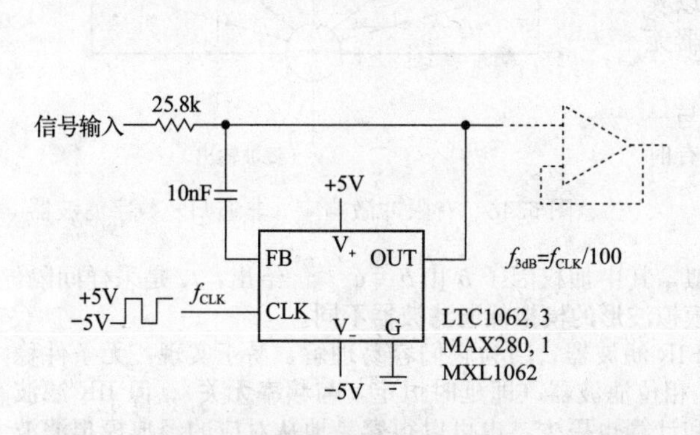

图 6.46　直流精密低通滤波器 LTC1062。外部时钟输入必须在轨对轨之间摆动（增加一个小的串联电阻用于保护输入），或者可以通过在 CLK 引脚到地之间接一个电容来启用内部振荡器

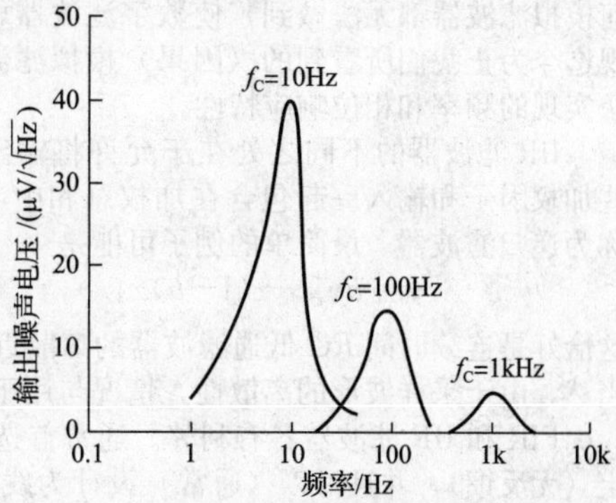

图 6.47　LTC1062 的输出噪声频谱

Linear Technology（凌力尔特）、TI 和 Maxim 等制造商广泛提供集成开关电容滤波器。通常，可以将截止频率（或频带中心）设在直流到几十千赫兹范围内的任何位置，这由时钟频率设置。特征频率是时钟的固定倍数，通常为 $50f_{\text{clk}}$ 或 $100f_{\text{clk}}$。尽管可以将通用型配置为高通滤波器，但大多数集成开关电容滤波器适用于低通、带通或陷波（带阻）器。请注意，在后一种情况下，时钟馈通和离散（时钟频率）输出波形量化效应特别麻烦，因为它们都在通带内。

6.3.7　数字信号处理

数字滤波法因其灵活性和性能而受到包括微处理器在内的现代系统的青睐。数字信号处理是在数字域中对信号进行处理，信号（例如语音波形）已被转换为表示等间隔时间的采样振幅值的一串数字序列。处理可以是我们在纯模拟领域看到的任何方式——滤波、组合、衰减或放大、非线性压缩和限幅等，还可以包括通过运算实现的其他复杂操作，例如编码、纠错、加密、频谱分析、语音合成和分析、图像处理、自适应滤波以及无损压缩和存储。

1. 采样

前文提过，连续波形的数字化表示一组离散（几乎总是）等间隔时间采样，并采用一组离散的（通常）等间隔量化振幅。这些决定了量化的保真（精确）度——频率（根据采样率，遵循奈奎斯特采样准则），以及动态范围和噪声（根据量化精度）。关于这些有很多话要说，但最基本的是采样频率必须至少是输入信号中最高频率分量的两倍，且必须在 n 位振幅量化时有足够的精度来保持需要的动态范围，简化为

$$f_{\text{samp}} \geqslant 2f_{\text{sig}}(\max)$$

$$\text{动态范围} = 6n\ \text{dB}$$

假设从模拟波形开始，用 ADC 进行采样，如果需要，前端可以使用抗混叠低通滤波器（LPF），以确保被数字化的波形不包含任何高于奈奎斯特频率 $f_{\text{samp}}/2$ 的频率分量。

2. 滤波

采样的振幅序列（第 n 个采样值称为 x_n）代表输入信号。我们想对序列进行滤波，例如低通滤波器。DSP 滤波器有两大类：有限冲激响应（FIR）和无限冲激响应（IIR）。FIR 最容易理解，每个输出样本只是一些输入样本的加权和（见图 6.48）：

$$y_i = \sum_{k=-\infty}^{\infty} a_k x_{i-k}$$

式中，x_i 是输入信号振幅，a_k 是权重，y_i 是滤波器输出。现实生活中，权重数量有限，因此总和只是一组有限输入值的运算。简单地说，权重集是所需滤波器函数的傅里叶逆变换的近似值。

注意这种滤波器的一个有趣且重要的特征：其输出由过去和将来的样本组成。也就是说，它可以产生看起来违反因果关系的输出（结果必须遵循原因），但此处是允许的，因为输出信号相对于输入有总体延迟。这种预见未来的能力（任何模拟滤波器都无法做到）使数字滤波器可以实现迄今为止我们所看到的（因果）模拟滤波器无法实现的频率和相位响应特性。

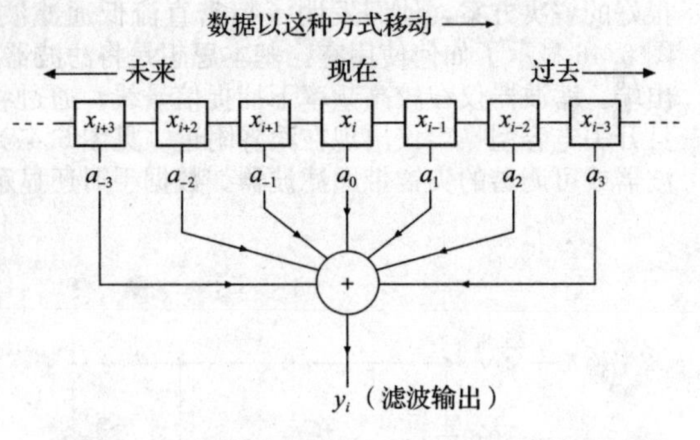

图 6.48　有限冲激响应（非递归）数字滤波器

IIR 滤波器的不同之处在于允许将输出与一些加权因子和输入一起包含在加权总和中，有时称为递归滤波器。最简单的例子可能是

$$y_i=by_{i-1}+(1-b)x_i$$

这恰好是连续时间 RC 低通滤波器的离散近似，其中加权因子 b 由 $b=e^{-t_s/RC}$ 给出，t_s 是采样间隔。当然，由于采样波形的离散性，情况与用于模拟波形的模拟低通滤波器不同。

FIR 和 IIR 滤波器各有利弊。通常首选 FIR 滤波器，因为它们容易理解，易于实现，无条件稳定（无反馈），并且可以（通常）设计为线性相位滤波器（即延时恒定，与频率无关）。但 IIR 滤波器更经济，所需权重更少，因此所需的内存和计算也更少，也可以很容易地从对应的经典模拟滤波器中推导出来，特别适合需要高选择性的应用，例如陷波器，但需要更多位（比特）的算术精度以防止不稳定和空闲音，并且它们更难编码。

3. 示例：IIR 低通滤波器

作为简单的数字滤波器示例，假设要滤波一组代表信号的数字，3dB 低通点设在 $f_{3dB}=1/20t_s$ 处，等效于相同断点的单级 RC 低通滤波器。这里的时常数等于 20 次连续采样的时间，那么 $A=0.951\,23$，因此输出为

$$y_i=0.951\,23y_{i-1}+0.048\,77x_i$$

与采样间隔时间 t_s 相比，时常数越长，对真实低通滤波器的逼近效果越好。

读者可能会使用这样的滤波器来处理已经以离散样本形式存在的数据，例如计算机中的数组。在这种情况下，递归滤波器就变成了只需要数据通过一次的简单算术过程。

4. 示例：FIR 低通滤波器

理想低通滤波器在截止频率 f_c 之前具有单位响应，而在高于 f_c 频率为零响应。也就是说，响应曲线是矩形的砖墙（brick-wall）滤波器。对于一阶滤波器，FIR 权重 a_k 是矩形的傅里叶变换，即 $(\sin x)/x$ 函数（或 sinc 函数），其中参数的缩放取决于截止频率与采样频率的比值，即

$$a_k \propto \frac{\sin(2\pi k f_n)}{2\pi k f_n} \tag{6.18}$$

式中，整数 k 从 $-\infty$ 到 ∞；f_n 是归一化截止频率，定义为 $f_n=f_c/f_s$。

当然，在实际实现中，只能得到有限的 k，例如 N 个。那么问题是哪一组截短的滤波器权重 a_k（其中 k 仅从 $-N/2$ 到 $N/2$）最接近理想的低通滤波器？事实证明，这比最初想象的要复杂得多。

如果简单地截断 a_k 序列，丢弃超出 FIR 样本字符串长度的权重，则所得滤波器的频率响应将在阻带衰减中表现出较大的波动；也就是说，这些频率附近的抑制性能会下降。这完全类似于数字频谱分析中的频谱泄漏或光学中的衍射旁瓣问题，解决方法是相同的：这里可以通过与一个窗函数相乘来逐渐减小 a_k，最终平滑地减小到零（在频谱分析中，用输入的数字化信号振幅乘以一个类似的窗函数；在光学中，可以用一个不透明度向边缘逐渐增加的遮罩对齐光圈）。效果是大大降低了阻带纹波，代价是从通带到阻带的过渡逐渐增加。典型的窗函数有 Hamming（汉明）、Hanning（汉宁）和 Blackman-Harris（布莱克曼·哈里斯）。没有最佳窗函数，总是在过渡带到阻带的陡峭度与阻带中最坏情况下的衰减之间进行折中。但大多数情况下，使用哪种标准窗并不重要。

"最佳"的第二个方面是选择截止频率 f_n 时，至少其中一些权重恰好为零。这样就可以省略与那些点相对应的乘法和加法运算。例如，当选择 $f_n=0.25$（采样频率是截止频率的 4 倍）时，就会出现这种情况，此时式（6.18）变成

$$a_k \propto \frac{\sin(\pi k/2)}{\pi k/2} \tag{6.19}$$

因此，所有 k 为偶数（a_0 除外）的系数均为零。通过使用长度为 4 的倍数的滤波器长度 N 可获得少量便捷。这样最后的权重（$k=\pm N/2$ 时）消失，因为它们的序号 k 为偶数。

因为采样频率的一半的截止频率（即 $f_n=0.5$）是奈奎斯特采样定理允许的最大值，所以将截止频率为 $f_n=0.25$ 的滤波器称为半带滤波器。图 6.49 和图 6.50 显示了 $N=8$、16、32 和 64 的半带滤波器的响应，其中的权重已根据式（6.19）计算出，并用汉明窗加权。后者是上升的余弦，大约为

$$w(k)=0.54+0.46\cos(2\pi k/N) \tag{6.20}$$

最后一步是对权重进行归一化（通过对每个权重乘以相同的因子），使其总和为 1，从而给出直流处的滤波器单位增益。然后，方法是选择一个 N（最好是 4 的倍数）；然后，对每个不超过 $N/2$ 的正奇数 k，计算式（6.19）中的 sinc 函数，再乘以式（6.20）中的汉明权重得到（尚未归一化的）a_k。注意，权重是对称的（$a_{-k}=a_k$），并且 a_0 项将为 1.0［因为 sinc(0) 和 $w(0)$ 的值均为 1］。最后通过对每个权重除以它们的总和来归一化这些权重。

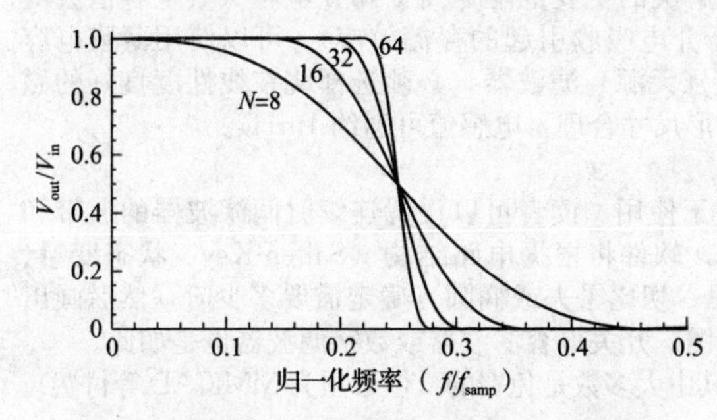

图 6.49 半带 FIR 数字滤波器响应，以线性坐标绘制。N 阶滤波器需要 $N/2+1$ 个权重

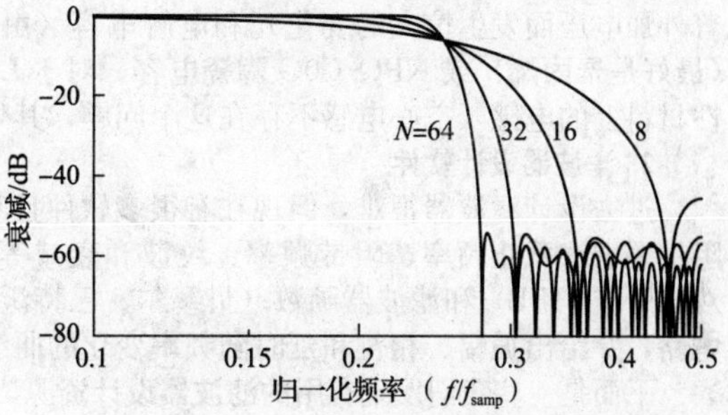

图 6.50 图 6.49 中半带滤波器响应，用对数-对数坐标绘制以揭示阻带响应

由于偶数权重为零，因此，尽管需要 N 级存储器，但所得的滤波器只需要大约一半数量的权重（奇数下标的权重加上 a_0），即分别为 5、9、17 和 33。可以通过计算图中最低阶滤波器的权重来检验我们的方法（$N=8$），应该得到

$$a_0=+0.497\,374$$
$$a_1=a_{-1}=+0.273\,977$$
$$a_2=a_{-2}=0$$
$$a_3=a_{-3}=-0.022\,664$$
$$a_4=a_{-4}=0$$

窗选择 我们使用汉明窗作为图 6.49 和图 6.50 中滤波器的权重乘积因子，部分原因是出于容易计算，部分是因为在阻带衰减方面，它是一个相当好的窗函数。但如上所述，以过渡带的陡峭度为代价，可以得到更好的阻带衰减。图 6.51 很好地说明了这一点，图中使用 3 种不同的窗函数重构了 $N=32$ 半带低通 FIR 滤波器。布莱克曼·哈里斯窗是两个或三个正弦项的和，加权以产生最小旁瓣电平。准确的形式为

$$w(k)=a_0+a_1\cos(2\pi k/N)+a_2\cos(4\pi k/N)+a_3\cos(6\pi k/N)$$

式中，a 由 $[a_0,a_1,a_2,a_3]=[0.423\,23,0.497\,55,0.079\,22,0]$（3 项）和 $[0.358\,75,0.488\,29,0.141\,28,0.011\,68]$（4 项）给出。与汉明窗的约 55dB 衰减相比，这些窗函数会产生令人印象深刻的阻带衰减（约 85dB 和约 105dB），但过渡带相对较缓。值得注意的是，这些是计算得出的响应，只有当 FIR 乘法和加法运算具有足够的算术精度并且前级的 ADC 具有相应精确的线性度时，这些响应才能在实践中实现。

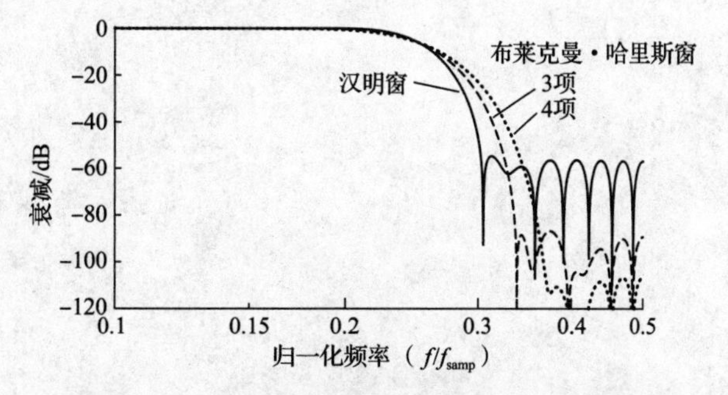

图 6.51 $N=32$ 的半带 FIR 低通滤波器，窗函数权重有 3 种选择。注意与图 6.49 和图 6.50 相比，纵坐标的变化

5. 实现

我们可以用分立硬件——移位寄存器、乘法器、累加器等来实现 DSP 滤波器。但

按照目前的标准，任何此类尝试似乎都有些古怪，因为用通用处理器（微处理器和微控制器）能够以更大的灵活性完成相同的任务。更好的是，还有一类数字信号处理器芯片，针对需要执行的乘法-累加运算进行了优化，并且通常可安排大量数据高效地流入和流出。例如TI的TMS320系列，包括诸如TMS320C64xx之类的芯片，它们可以在大约1μs内完成1k点的快速傅里叶变换（FFT），或在108μs内对10 000点的数据进行32位权重的FIR滤波。

6.3.8 滤波器的其他事项

1. 线性度

在某些滤波应用中，即使滤波器对某些频率的衰减比对其他频率的衰减更大，也必须保持高度的振幅线性度。例如，在高保真音频录制中，这是必需的。对于此类应用，应使用专为低失真设计的运放，并具有足够的带宽、压摆率和环路增益，例如LT1115、OPA627和AD8599等。也许不太明显，选择线性度好的无源元件很重要。这里等待解决的主要危险是高κ陶瓷电容（其电容值会随着外加电压而发生惊人的变化）和电解电容（由于介电吸收引起的存储效应）。可以使用薄膜电容（最好是聚丙烯）或NPO/C0G陶瓷电容。对于*LC*（无源）滤波器，必须选择绕在线性度良好的磁性材料上的电感（空心电感不存在这个问题，其外形尺寸合理，电感值可达约1mH）。

2. 滤波器设计软件

过去设计滤波器很难，但现在有很多软件且易于使用。读者可以设置连续时间滤波器的通带和阻带要求（截止频率、阻带频率、纹波和衰减等），软件将根据电路结构（Sallen-Key、状态变量、双二阶或MFB）和滤波器函数（贝塞尔、巴特沃思、切比雪夫或椭圆）确定需要多少阶，然后画出电路，并给出振幅、相位和延时随频率变化的曲线图。开关电容滤波器或数字滤波器也是如此。

下面是一些我们发现有用的滤波器设计资源，其中大多数是免费的（但必须为MMICAD等付费）。

- *LC*滤波器
  - MMICAD（Optotek）
- 模拟有源滤波器
  - FilterPro（TI）
  - FilterCAD（LTC）
  - ADI Analog Filter Wizard
- 所有类型
  - Filter Solutions、Filter Light和Filter Free

附加练习

练习6.8　设计一个截止频率为1kHz的VCVS六阶高通贝塞尔滤波器。

练习6.9　设计一个带有运算放大器输入和输出缓冲器的60Hz双T陷波器。

第7章 振荡器和定时器

本章将讨论振荡器和定时器，这些电路提供电子设备的基本“心跳”和定时。正如将看到的，许多重要的设备和技术都涉及模拟和数字电子技术的融合。

7.1 振荡器

7.1.1 振荡器简介

几乎每个电子仪器中都必须有某种振荡器或波形发生器。除了信号发生器、函数发生器和脉冲发生器，任何周期性测量仪器、触发测量或处理仪器以及功能涉及周期性状态或周期性波形的仪器中都必须包含有规律的振荡源。这几乎包括了一切。例如，振荡器或波形发生器用于数字万用表、示波器、射频接收器、计算机、计算机外围设备（磁带、磁盘、打印机和终端）、数字仪器（计数器、定时器、计算器以及任何带有多路显示的仪器）、消费电子设备（手机、相机、音乐或视频播放器等）以及许多其他设备，不胜枚举。一个没有振荡器的设备要么什么都不做，要么期望由其他设备（它可能包含振荡器）驱动。毫不夸张地说，振荡器与直流稳压电源一样，都是电子学中必不可少的。

根据不同的应用，振荡器可以简单地用作规律间隔的脉冲源（例如数字系统的时钟），或者可以对振荡器的稳定性和准确性（例如频率计的时基）、可调性（例如发射机或接收机中的本地振荡器）或产生精确波形（例如双斜率模-数转换器中的斜坡发生器）的能力提出要求。

以下各节将简要介绍最流行的振荡器，从简单的 RC 张弛振荡器到稳定的石英晶体振荡器。我们的目的不是详尽地研究所有内容，而是让读者熟悉可用的振荡器，以及在各种情况下适合使用哪种类型的振荡器。

7.1.2 张弛振荡器

我们可以这样来实现一种非常简单的振荡器：通过电阻（或电流源）对电容充电，然后在电压达到某个阈值（门限）时迅速放电，再重新开始循环。或者，当达到阈值（门限）时，可设置外部电路使充电电流极性反转，从而产生三角波而不是锯齿波。基于此原理的振荡器称为张弛振荡器。它们价格低廉、简单易用，经过精心设计，输出频率可以相当稳定（优于1%）。

1. 基本运算放大器——比较器张弛振荡器

过去，人们用单结晶体管和氖灯等负阻器件来实现张弛振荡器，但现在更青睐于运算放大器、比较器或专用定时器芯片。图 7.1a 显示了一个经典的 RC 张弛振荡器。原理很简单：假设第一次上电时，比较器输出达到正饱和（实际上难以确定是正还是负，但没关系），电容以时常数 RC 开始向着＋5V 充电。当达到电源电压的一半时，运算放大器切换为负饱和（这是施密特触发器），电容以相同的时常数开始向着－5V 放电。循环无限重复，周期为 2.2RC，与电源电压无关。

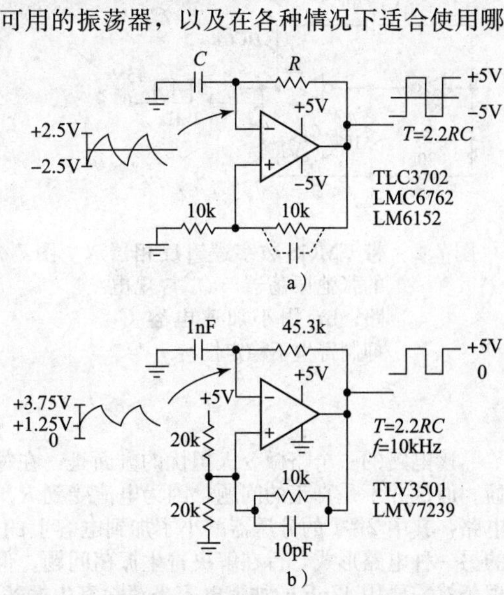

图 7.1 经典的运算放大器（或比较器）张弛振荡器，使用具有轨对轨输出级的比较器。a）双电源对称双极性方波输出；b）单电源型，标注器件值（适用于 10kHz），包括加速电容

练习 7.1 证明周期如上所述。

选择轨对轨 CMOS 输出级比较器[⊖]，因为在电源电压下，它们的输出会完全饱和。像 TLC3702

⊖ 在这种情况下，可选 TLC3702 或 LMC6762。

这样的比较器比类似技术的运算放大器要快得多（其延迟时间约为5ns），因为它们不需要为了稳定运行而进行负反馈补偿，所以如果想要在超过几千赫兹下工作，它们是不错的选择。LM6132-54系列双极型运算放大器也可以实现轨对轨摆幅，与类似的CMOS型不同，它可以在±15V的全电压下工作。但如果使用运算放大器（而不是比较器），由于这种电路输出的方波是轨对轨的，因此对运算放大器的速度有很高的要求；即使是像LM6152这样的运算放大器，其f_T为75MHz，大信号压摆率为45V/μs，也只能在约100kHz以下的频率运行时有足够的速度。注意，该电路不会引入常规的负反馈而使运算放大器工作在线性区[㊀]；因此，可以使用无补偿运算放大器来提高速度。

如图7.1b所示，如果增加一个电阻，就可以在单电源电压下运行这种电路。这里，我们用了速度更快的比较器，这些比较器仅适用于电源电压较低时。TLV3501（电源电压范围仅为2.7～5.5V）在该电路中的传输时间仅为3ns，工作频率可达几十MHz。这里，它仅以10kHz的频率工作[㊁]。

利用电流源（而不是电阻）给电容充电，可以产生好的三角波。

2. CMOS逻辑张弛振荡器

我们可以用CMOS数字逻辑反相器代替运算放大器或比较器来搭建更简单的RC张弛振荡器。图7.2a显示了一个在文献中经常看到的电路。好消息是它很简单；坏消息是它不能工作！具体来说，其输出波形边缘参差不齐，每次翻转时都受到快速（约为100MHz）寄生振荡的困扰；这是由于第一级反相器输入端的上升时间相对较慢（由容性负载引起）。有一个简单的解决方法，即引入一个小的加速电容（见图7.2b中的C_2）。图7.3显示了常规电路（图7.2a）和改进电路的测量波形。

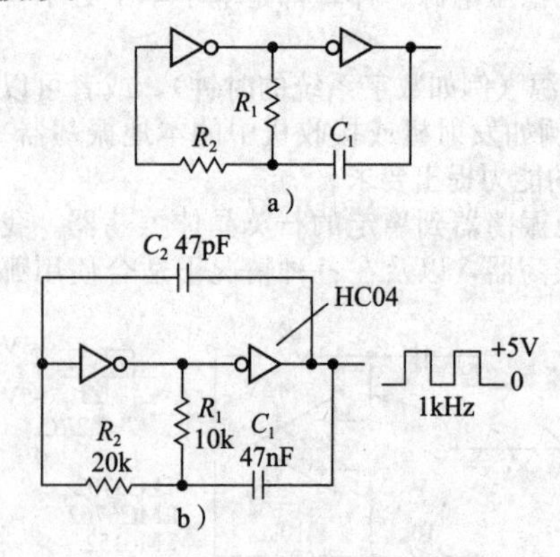

图7.2 带CMOS数字逻辑反相器的张弛振荡器。a）常规电路；b）用小加速电容C_2抑制寄生不稳定性

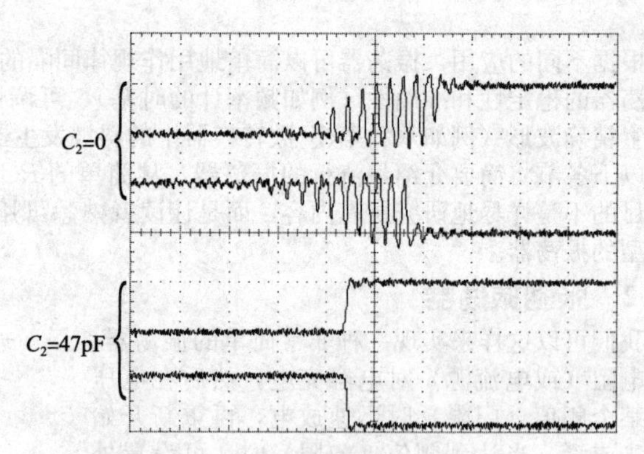

图7.3 困扰图7.2a中简单振荡器的寄生振荡。上面一对波形显示在1kHz振荡器（用普通74HC04逻辑电路工作在5V电源下实现）的上升沿和下降沿有约90MHz的不稳定性。添加一个47pF的加速电容可以很好地对其进行清理。水平为40ns/div；垂直为5V/div

该电路的一个略微令人担忧的方面是，在每个周期，输入保护二极管都被充电的电容C_1强制导通。但这并不是真正的问题，因为电流受到R_2的安全限制。但如果不满意，读者会喜欢图7.4a的电路，其中2∶1的分压器减小了加到电容上的电压摆幅，防止了输入钳位。图7.4b是逻辑振荡器的另一种电路形式，旨在解决寄生振荡问题。但当在试验台上对这两个振荡器进行测试时，我们发现仍然需要用47pF的加速电容来消除寄生振荡。

我们只要把RC反馈连在具有施密特触发输入的CMOS反相器上（见图7.5），就可以实现更简单的CMOS振荡器。它肯定可以振荡，输出波形翻转清晰且具有全逻辑电平摆幅。但它的频率不是很好确定，因为在逻辑器件中，迟滞不是一个好控制的参数——它用于清除缓慢输入，而不做任何

㊀ 快速反馈为正反馈，输出在正和负饱和之间交替摆动。

㊁ 相反，如果对非常低的工作电流感兴趣，可以使用令人印象深刻的比较器LPV7215，它的工作电流小于1μA，传输时间约10μs。当然，为了利用其极低的功率，必须使用较高的电阻值，例如约10MΩ，鉴于比较器的输入电流非常低（<1pA），这是可以的。

精确操作。例如，74HC14 仅指定迟滞幅度（即上门限和下门限之间的差值）在 0.5～1.5V[⊖]！这意味着在 R 和 C 值相同的振荡器中，可以期望 50%或更高的频率扩展。频率也会随电源电压而变化。我们发现图 7.5 中振荡器的频率近似与电源电压成正比。最后，该振荡器产生了一个有点不太稳定的输出，在连续时序的边沿处有高达几个百分点的抖动（足以在示波器上看到），并且对电源上的数字噪声很敏感。

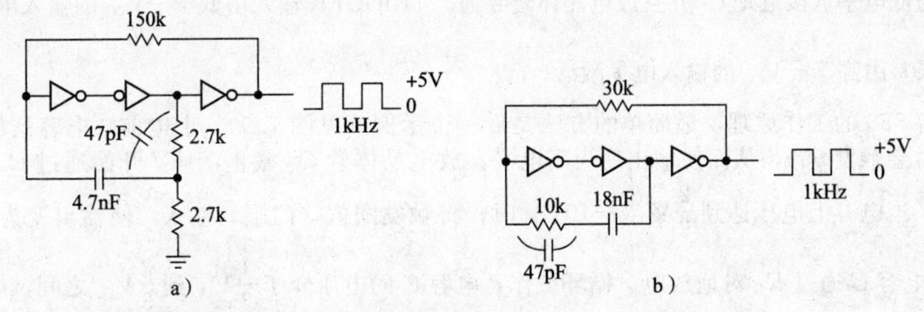

图 7.4　CMOS 张弛振荡器变型。a）半量程摆幅可防止输入二极管钳位（J. Thompson 的设计）；b）用反相器和缓冲器提高了稳定性（E. Wielandt 的设计）

3. 单结晶体管张弛振荡器

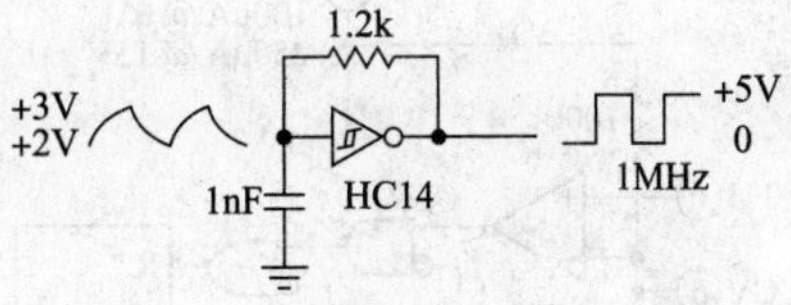

利用诸如隧道二极管、充气放电管、双向二极晶闸管和单结晶体管等器件的负阻特性，可以有几种实现张弛振荡器的方法。例如，在图 7.6 的电路中，可编程单结晶体管（PUJT）是一个三端子 4 层（PNPN）器件。PUJT 看起来像是对 RC 充电开路，直到电容电压达到比栅极（G）电压（由 R_2R_3 分压器设置）高 1 个二极管压降，此时 PUJT 从阳极（A）到阴极（K）深导通。电容放电并开始新的循环。放电电流使输出晶体管导通，从而产生对地饱和的输出脉冲。根据示值，振荡器以 10Hz 的频率产生 10μs 的负向输出脉冲，总电源电流只有 1μA。

图 7.5　最简单的 CMOS 振荡器

图 7.7 展示了几个让我们忍不住想要连接起来的振荡器，只是为了让我们想起曾经的电子时代。它们也利用快恢复负阻，电压略高于 PUJT，例如氖灯和 4 层双向可控硅，后者被广泛用作相位控制交流电调光器中的双向可控硅触发器（在家用墙壁开关中很常见）。

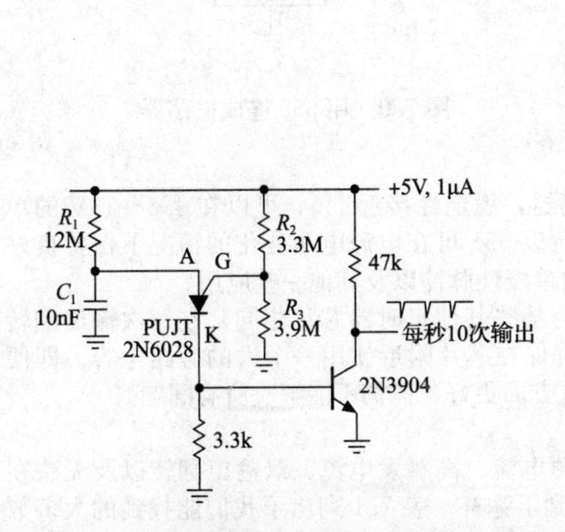

图 7.6　可编程单结晶体管（PUJT）张弛振荡器

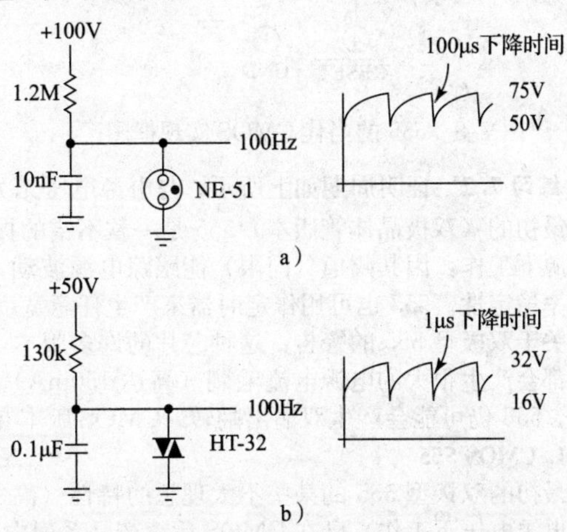

图 7.7　两个不寻常的张弛振荡器，它们利用具有快恢复负阻 VI（伏安）特性的器件

7.1.3　经典振荡器——定时器芯片 555

下一个复杂方案涉及用定时器或波形发生器芯片实现张弛振荡器。最受欢迎的芯片是传奇的 555

⊖　它还指定了不同的门限，但并不精确：上门限在 1.8～3.5V，下门限在 1.0～2.5V。

（及其许多后续产品），该芯片最初由 Signetics（西格尼蒂克公司）的 Hans Camenzind（汉斯·卡门津德）于1970年设计。这也是一个被误解的芯片，我们打算直接用图7.8所示的等效电路来解释。有些符号属于数字世界，因此读者暂时还不能成为555专家，但操作非常简单：当555接收到 $\overline{\text{TRIGGER}}$ 输入时，输出变为高电平（接近 V_{CC}），并一直保持，直到阈值（门限）输入被激活，这时输出变为低电平（接近地），并且放电晶体管导通。$\overline{\text{TRIGGER}}$ 输入由低于 $\frac{1}{3}V_{CC}$ 的输入电平激活，阈值（门限）由高于 $\frac{2}{3}V_{CC}$ 的输入电平激活。

要理解555的工作原理，最简单的方法是看一个示例（见图7.9）。上电前，电容已放电；因此，上电时会触发555，从而使输出变为高电平，放电晶体管 Q_1 截止，15V开始通过 R_A+R_B 向电容充电。当电容上电压达到 $\frac{2}{3}V_{CC}$(+10V) 时，将触发阈值（门限）输入，使输出变为低电平，Q_1 导通，电容 C 通过 R_B 对地放电。循环工作，电容 C 的电压介于 $\frac{1}{3}V_{CC}$ 到 $\frac{2}{3}V_{CC}$ 之间，周期 $T=0.693(R_A+2R_B)C$。通常使用的是输出端的方波[⊖]。

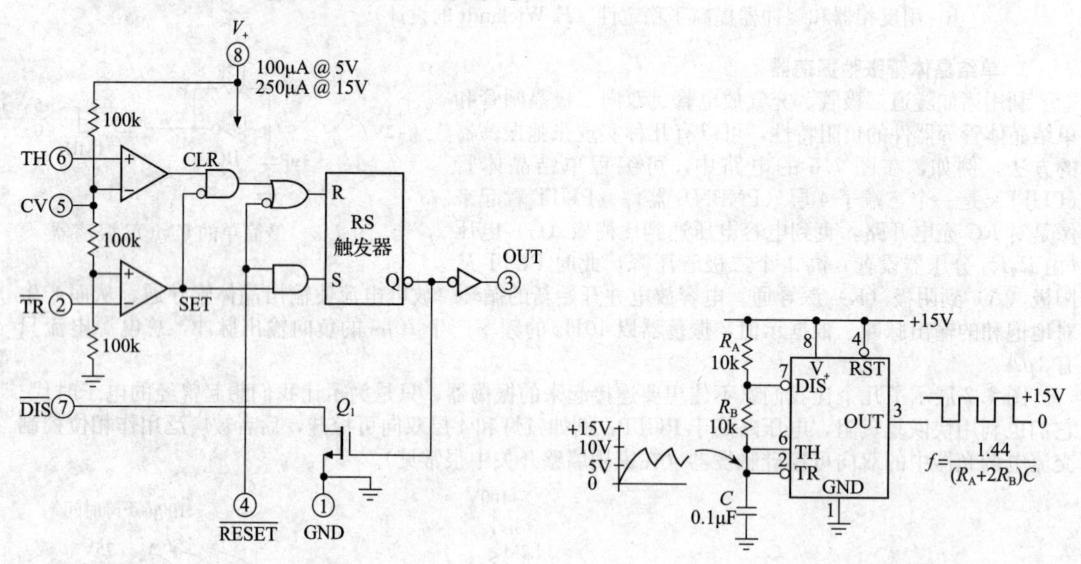

图7.8　555的当代CMOS实现框图　　　图7.9　用555连成振荡器

练习7.2　证明周期如上所示，与电源电压无关。

最初的（双极晶体管版本）555是一款不错的振荡器，稳定性接近1%，可以在4.5～16V的单正电源下工作，因其阈值（门限）能跟踪电源波动，所以555可在电源电压变化的情况下保持良好的频率稳定性。555也可用作定时器来产生任意宽度的单极性脉冲以及其他一些应用。

关于双极型555的警告：这种芯片的许多版本（与某些其他定时器芯片相同）在每次输出翻转期间都会产生很大的电源电流毛刺（高达150mA），确保在芯片附近使用一个大的旁路电容。即便这样，555仍可能会产生双输出翻转。CMOS版本在这方面更好，但仍不能解决所有问题。

1. CMOS 555

最初的双极型555的某些不太理想的特性（高电源电流、高触发电流、双输出翻转以及无法在极低电源电压下工作）已在CMOS后续产品系列中得到了弥补。表7.1列出了我们能找到的大多数型号，以及它们的重要参数。特别注意，可在极低的电源电压（低至1V）和通常较低的电源电流下工作的能力。这些芯片还可以在比最初的555更高的频率下运行。至少在低负载电流下，CMOS输出级可以实现轨对轨摆幅（但请注意，这些芯片不具备标准555的输出电流能力）。除了最初的555和ZSCT1555，所有列出的芯片均为CMOS型。

⊖ 准确地说，是矩形波，因为它有2/3时间为高电平和1/3时间为低电平。但按照惯例，通常使用术语“方波”来区分一个2级电平的波形（无论其对称性如何）与电容上的指数等连续波形。

表 7.1　555 型振荡器

器件	制造商	电源电压/V		电源电流/μA	触发和阈值（门限）电流/nA	最高频率/MHz	R_{out}/Ω	
							typ @ 5V	
		min	max	typ @ 5V	max	typ @ 5V	灌电流	拉电流
555		4.5	18	3000	2000	0.5	12	100
ZSCT1555	ZT	0.9	6	150	100	0.3	35	0.15
ICM7555	IL	2	18	60	10	1	50	400
TLC551	TI	1	18	15	0.01	1.8	25	200
TLC555	TI	2	18	170	0.01	2.1	25	200
LMC555	NS	1.5	15	100	0.01	3	40	150
ALD555	AL	2	12	100	0.2	2	20	250
ALD1502	AL	2	12	50	0.4	2.5	20	200
MIC1555	MI	2.7	18	240	50	5	25	100

2. 占空比 50%

图 7.9 中 555 振荡器产生一个矩形波输出，其占空比（输出高电平时间与周期的比例）始终大于 50%。这是因为定时电容通过串联电阻对 R_A+R_B 充电，但只通过 R_B 放电（更快）。但可以用图 7.10a 中的电路使 CMOS 555（具有轨对轨输出摆幅）输出精确的 50%占空比（真正的方波）。诀窍是使用连接到输出端的单个充放电电阻。这样，电容要么向着 $+V_{CC}$ 充电$\left(\text{阈值为}\frac{2}{3}V_{CC}\right)$，要么对地放电$\left(\text{阈值为}\frac{1}{3}V_{CC}\right)$。读者应该能够证明 $f=0.72/RC$。

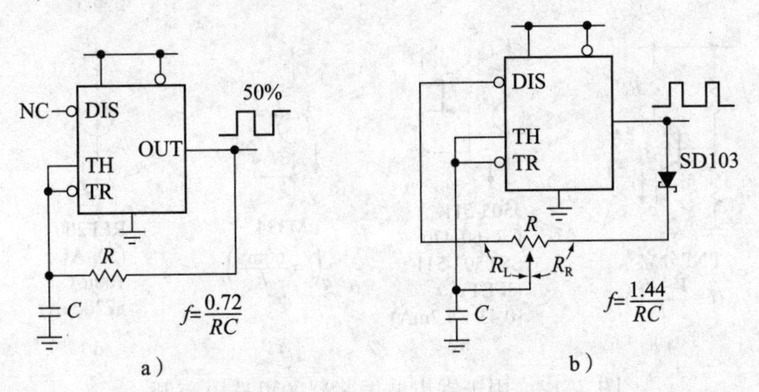

图 7.10　更多的 CMOS 555 振荡器电路。a）占空比 50%（方波）；b）恒定频率，全占空比可变

练习 7.3　证明这个结果是正确的。

3. 全占空比控制

图 7.10b 演示了如何实现一个输出频率固定，而占空比可以从接近 0%到接近 100%的范围内变化的振荡器，其频率将完全恒定，除了受充电过程中二极管压降的影响外，与占空比设置无关。这正是选用低管压降（电流为 10mA 时 $V_F=0.3V$）的肖特基二极管 SD103C 的原因所在。

练习 7.4　证明 $f_{osc}=1.44/RC$。

4. 锯齿波振荡器

通过用电流源对定时电容充电，可以实现斜坡（或锯齿波）发生器。图 7.11a 显示了如何使用简单的 PNP 管电流源。斜坡充电到$\frac{2}{3}V_{CC}$，然后快速放电（通过 555 的 NPN 放电晶体管，引脚 7）到$\frac{1}{3}V_{CC}$，然后重新开始斜坡周期。注意，斜坡波形出现在电容两端，由于是高阻抗状态，因此必须用运算放大器进行缓冲。实际上，该电路存在一个细微的缺陷：当使用小电容时，放电很快，以至于在放电晶体管截止之前，锯齿波的底部已下降到低于$\frac{1}{3}V_{CC}$。如图所示，可以通过在DIS引脚上串联一个小电阻来补救，选择放电时常数约为5μs[一]。

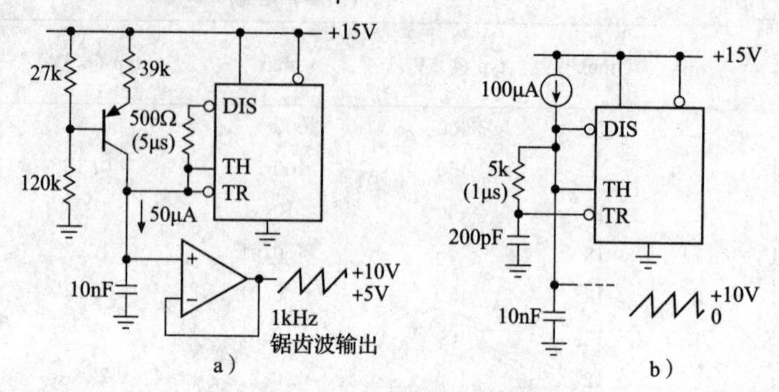

图7.11　用CMOS 555实现锯齿波振荡器。a）用分立PNP管电流源对C充电，其放电速度减慢以防止$V_+/3$下冲；b）在下降沿延迟TR′会导致完全放电至0V

图7.11b显示了另一种替代方案，即将下降沿信号延迟后送TR′，从而使放电间隔延长足够长的时间，以确保完全放电；对于图示的电路值，1μs足矣。

图7.11b中画了一个电流源符号，因为分立PNP管电流源有多种替代方案。图7.12显示了一些受欢迎的简单二端子电流源，即JFET稳流二极管和两个集成电流源。当偏置为1V时，栅极与源极相连的JFET以恒定电流运行。它们提供二端子器件封装形式，电流范围有限（0.43～4.7mA），工作电压最高达100V。LM334也是二端子（浮动）电流源，如图所示，其第3个引脚可通过连接电阻对电流进行编程；电流约[二]为60mV/R，与JFET一样，工作电压低至约1V（最大为40V）。REF200是有温度补偿的二端子（浮动）100μA电流源（有多个可选倍数），工作电压范围为2～40V。

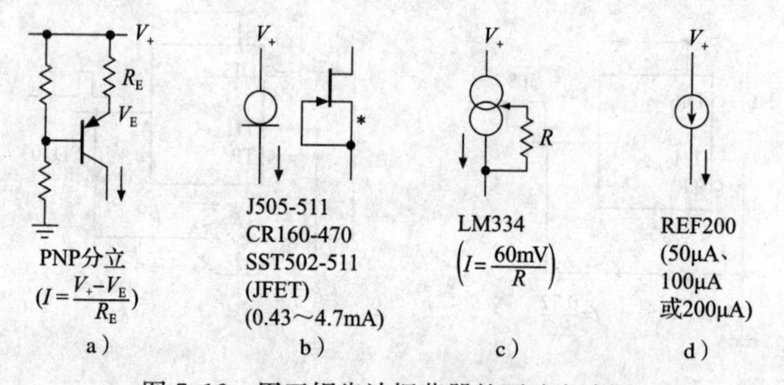

图7.12　用于锯齿波振荡器的可选电流源

比例锯齿波振荡器　现在来看一个有趣的变化。在许多情况下，需要一个像REF200这样稳定的电流源，旨在提供不依赖于其两端电压的电流（在这方面，REF200的性能非常好，当电压在2～30V之间变化时，其电流变化小于0.1%）。这很好了，图7.11b中电路提供恒定频率的锯齿波——当然，前提是555的阈值（门限）保持恒定。但如果电源电压（此处$V_+=+15V$）发生变化，阈值（门限）将按比例跟随（$V_+/3$和$2V_+/3$）变化，振荡频率也会发生变化。如果电源V_+使用9V等电池供电，就会发生这种情况。

解决此问题的一种巧妙的方法是使电流源的输出与电源电压成比例，这恰好补偿了可能会发生的频率变化。这就是比例设计技术。图7.12a所示的简单PNP管电流源几乎就是想要的：除了约0.6V的基极-发射极压降，它是完全正确的。可以通过搭建带有V_{BE}抵消的晶体管电流源来解决这个问题。

请看图7.13，在第一个电路中，基极分压电路中的二极管增加了一个电压降，该电压降与晶体

[一] 通过测量发现，对于LMC555、ICL7555和双极型555样品，防止下冲所需的最小放电时间分别约为1μs、5μs和10μs。

[二] 实际上是PTAT——与绝对温度成正比。

管的基极-发射极压降近似匹配。这很好，但并不理想，因为①V_{BE}匹配并不完美；②二极管的压降意味着R_1两端的电压降与V_+不完全成正比。

这在第二个电路中是固定的（见图7.13b），其中Q_1的基极电压精确跟随V_+，其V_{BE}的下降抵消了Q_2的下降。只有当V_{BE}不相等时，它才是不完美的，这既是由于晶体管不匹配，也是因为I_C不匹配。第三个电路解决了V_{BE}不匹配（通过使用工作在相同电流下的匹配晶体管）问题，但存在图7.12a中的不完全成正比的电流问题，即流过编程电阻R_p的电流与V_+-V_{BE}成正比。

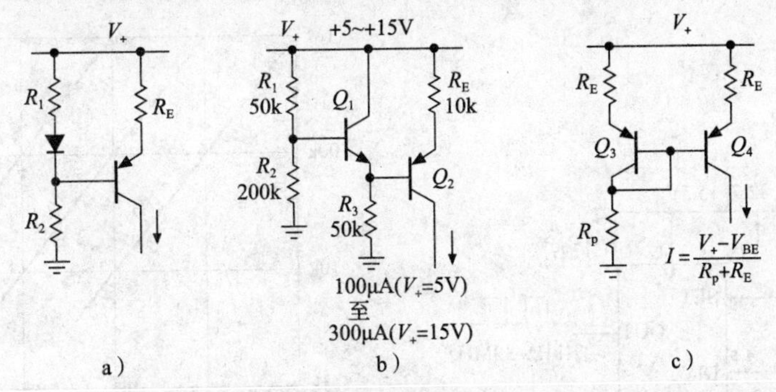

图7.13　输出与电源电压近似成正比的电流源（$I_{out}\propto V_+$），它们可使图7.11中的f_{out}与电源电压无关

5. 三角波振荡器

图7.14显示了一种用CMOS 555产生三角波的简单方法。轨对轨输出方波用于产生电流源-灌电流（交流极性），在电容上产生三角波$\left(\text{通常在}\ \frac{1}{3}V_{CC}\ \text{到}\ \frac{2}{3}V_{CC}\ \text{之间}\right)$。二极管电路是桥式整流器，这里用来欺骗单极性的二端子电流源器件，使其认为电流总是沿相同（正常）方向流动，而对外界来说，它是双向电流源（可以把电桥视为向电流源提供外部交流电流的整流器）。这里使用了肖特基二极管，以便电桥中2个二极管的正向压降最小。与锯齿波振荡器一样，必须用运算放大器来缓冲高阻抗波形。该电路很简单（利用了555面向振荡器的内部特性），但其性能不如图4.39或图4.83中更精细的基于运算放大器的电路。

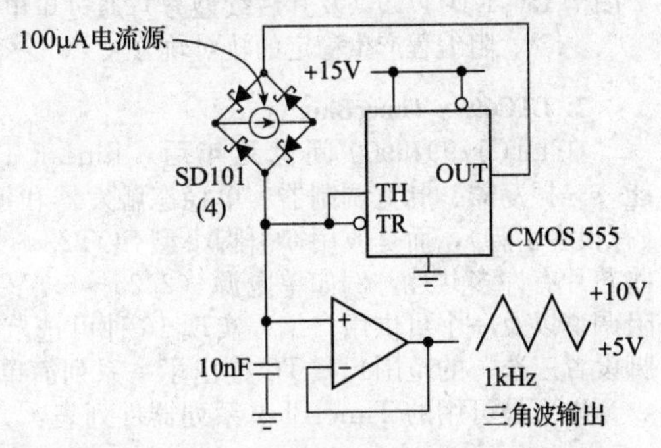

图7.14　555三角波振荡器，此电路需要浮动（二端子）电流源

练习7.5　通过计算图7.11和图7.14中电路的振荡频率，证明已理解了这两种电路。

7.1.4　其他张弛振荡器芯片

经典的555衍生了兼容和改进的CMOS后续产品，它们很灵活，可以完成许多出色的任务，包括定时和生成脉冲，将在本章的后面部分进行讨论。但自1971年555问世以来，半导体电子学已经取得了很大进步，读者可以获得一些非常好的现代振荡器，它们也许是更好的选择。

1. LTC1799和LTC6900系列

这些精美的集成电路来自Linear Technology（凌力尔特公司），他们称之为硅振荡器。LTC1799可在2.7~5.5V的单正电源供电（工作电流约1mA）下，产生50%占空比的轨对轨方波输出，其输出频率由一个外接电阻（或电流源）设置。工作频率从1kHz至33MHz（它的内部有÷1、÷10或÷100的分频器，通过将DIV端连接到低电平、开路或高电平来选择N，可产生33 000：1的输出频率范围）。它有非常好的精度（典型值为±0.5%）、温度稳定性（典型值为±0.004%/℃）和电压系数（±0.05%/V），图7.15显示了如何使用它。类似的LTC6900系列包括LTC6900（功耗稍低一些）、LTC6905（17~170MHz）和LTC6903/4（1kHz~68MHz，通过3线串行数字接口实现编程）。后者特别适合包含微控制器的系统，微控制器可以毫不费力地发送数字命令。

图7.16显示了输出频率与电阻值的关系，方程如下：

$$f_{OSC}=\frac{1}{N}\cdot\frac{100}{R(\text{k}\Omega)}(\text{MHz})$$

由于频率是由加在SET端的输入电流设置，因此可以使用外部产生的电流来调整频率（称为ICO，即电流控制振荡器），记住，SET端输入电压比正电源电压低约1.13V。关于电流编程，数据手册建议的电流范围为5～200μA，×10范围开关和以前一样（可通过电子方式操作，例如使用三态逻辑或一对晶体管开关）。SET输入端的V_+一参考电压电平使电压编程有点尴尬：数据手册建议一种方法，即通过第二个电阻将控制电压加到SET输入端，从R_{set}端提供的电流中加上或减去可变电流；但这种方法有它的问题，最好只从外部产生电流来驱动SET端。

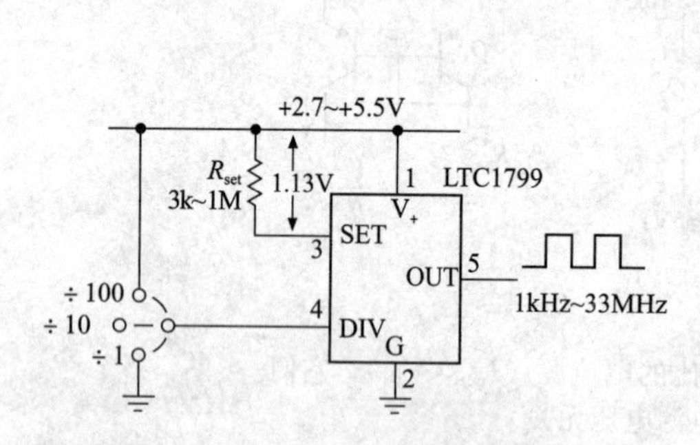

图7.15　LTC1799（及其后续型号）通过单电阻编程产生稳定的轨对轨方波

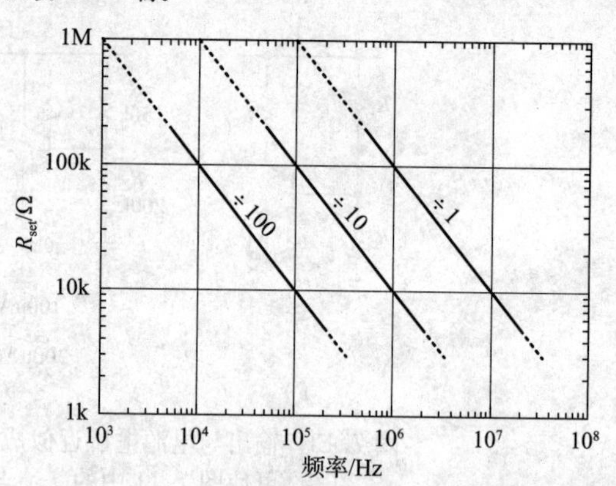

图7.16　LTC1799输出频率编程。制造商建议为了获得最佳精度应保持在实线上

2. LTC699x TimerBlox

在LTC1799/6900问世几年后，Linear Technology推出了TimerBlox系列，它具有定时功能——振荡器、脉宽调制器、单稳态触发器和延迟/去抖动。他们没有尝试制造"一芯通用"的芯片(有很多引脚)，而是改用6引脚小型SOT23-6封装或更小的2mm×3mm DFN封装的专用芯片。这些芯片有许多共性，例如单电源（2.25～5.5V）、好的开箱即用精度（最坏情况下约为2%）、单电阻调谐以及一个可供用户编程实现16种可选范围和模式的模拟引脚（相比LTC1799/6900，一个引脚设置三选一的范围）。LTC推出了一系列简单的专用小器件来解决振荡器和定时问题。

以下是可用的TimerBlox系列器件列表：

器件	功能	全量程	注释
LTC6990	压控振荡器	488Hz～2MHz	调谐范围16：1，8个二倍频（×2）范围
LTC6991	低频振荡器：定时器	29μHz～977Hz	1ms～9.5h，8个×8量程
LTC6992-X	脉宽调制器	3.8Hz～1MHz	0%～100%，5%～100%，5%～95%，0%～95%
LTC6993-X	单稳态触发器	1μs～34s	正常或再触发，上升或下降沿
LTC6994-X	延迟/去抖动	1μs～34s	延迟单个或所有边沿，抑制窄脉冲

LTC6991旨在解决超低频方波振荡器的问题，振荡器总的输出频率范围约为30μHz～1kHz，将它视为定时器，周期范围从1ms到9h。频率范围可八选一，中心频率（对应R_{set}=200kΩ）间隔为8倍，分别为0.000 12Hz、0.001Hz、0.008Hz、0.064Hz、0.5Hz、4Hz、32Hz和250Hz。在选定范围内，外部电阻R_{set}(50～800kΩ）在16∶1范围内调谐振荡频率。例如，在4Hz范围内，可以从1Hz（R_{set}=800kΩ）连续调谐到16Hz(R_{set}=50kΩ)。

在不需要进行任何串行编程的情况下，如何通过单个引脚从16种工作模式（8个范围，2种极性）中选择一种？这些芯片内部包含一个16级（4位）ADC，以电源电压V_+作为全量程基准来确定DIVCODE（分频模式）值（从0到15的整数）。因此，我们只需要在DIV编程引脚上施加范围从0到V_+的直流电压，最简单的方法是通过一对从V_+到地的电阻来实现[⊖]。该分压器的输出（称为V_k）应指向从0V到V_+的16个细分区间中某一个的中点。准确地说，可使用一对1%精度的电阻分压产生输出电压$V_k=V_+(2k+1)/32$来选择DIVCODE=k。然后，该DIVCODE确定频率范围以

⊖　如果想用数字控制，可改用DAC的输出电压。

及（此时）输出和复位的极性。

例如，图7.17显示了如何产生3.3V逻辑电平输出的1Hz方波（即0V和+3.3V）。选择0.5Hz范围（$k=3$），其分压比为$R_2/(R_1+R_2)=7/32$；然后根据数据手册中振荡器周期的精确公式，为f_{out}等于1.0Hz选择$R_{set}=95.3\text{k}\Omega$：

$$T=\frac{1}{f_{out}}=\frac{R_{set}}{50\text{k}\Omega}\cdot n_{div}\cdot 1.024\times10^{-3}(\text{s})$$

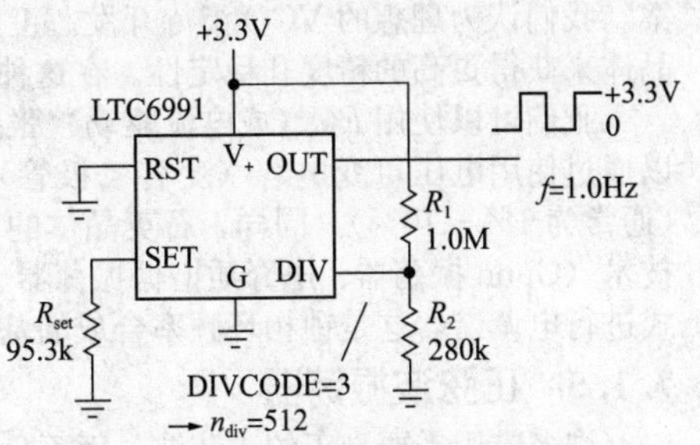

图7.17 电阻编程的1Hz振荡器

式中，芯片的内部分频比n_{div}是根据$n_{div}=2^{3k}$由DIVCODE确定的[㊀]，因此这里$n_{div}=512$。这些芯片的功耗很低，该电路空载电流约0.1mA。

3. 振荡器十分频器

另一类振荡器-定时器使用振荡器（张弛振荡器或其他类型）后接数字计数器，不需要大的电阻和电容，就可以产生较长时间的延时。例如74HC4060和Maxim公司的ICM7240/50/60。这些CMOS器件会对应一定数量的N个振荡器周期产生一个输出脉冲[㊁]，并且工作电流仅为几分之一mA。这些定时器（及其类似器件）非常适合产生从几秒钟到几分钟的延时。

此类振荡器的一些最新器件包括LTC6903/4（如前所述）和Maxim公司的DS1070/80系列。LTC芯片的电源电压与LTC1799/6900的相同，并可在1kHz～68MHz的更大范围内产生轨对轨方波输出；但它们不需要任何外接器件！诀窍是通过一根串行数字输入线发送一对数字（4位缩放因子和10位频率系数）来设置频率。听起来可能很复杂；但实际上，在任何有嵌入式微控制器（小型单片计算机）的系统中，这都是很容易做到的，在现代电子产品中，嵌入式微控制器几乎包括任何电子电路。

DS1070/80系列的EconOscillators与之类似，通过串行编程来设置频率。也就是说，设置参数被保存在内部非易失存储器中，因此只需要对其进行一次编程，或者在需要更改时对其编程即可。DS1085目前是该系列中最出色的一款，它有4个可编程设置用于选择精度优于千分之一的输出频率（范围从8.1kHz到133MHz）。但要注意，这种硅振荡器的初始精度和稳定性仅为±1%。也就是说，其分辨率（步长）大大超过了精度和稳定度，可以将其视为1%振荡器，可以在现场设置频率[㊂]。

这些N分频方法有一个很好的概括，即《电子学的艺术》（原书第3版）（下册）的第13章的锁相环。

4. 压控振荡器

其他集成振荡器也可用作压控振荡器（Voltage Controlled Oscillator，VCO），其输出速率可根据输入控制电压在一定范围内变化。当用电流源给555的电容充电时，我们看到了这种想法的萌芽。无须额外付出，就可以使电流与控制输入电压成正比。VCO有许多用途，因此芯片制造商提供了许多产品，其中一些的频率范围超过1000∶1。例如，最初的NE566和后来的设计，ICL8038、MAX038、XR2206/7和74LS624-9系列。

例如，74LS624系列可产生高达20MHz的数字逻辑电平输出，并使用外部RC设置标称频率。像1648这样更快的VCO的输出可达200MHz，还有很多更高频率的VCO技术（例如Gunn-二极管振荡器和YIG振荡器）可以工作在数GHz范围内。

当线性度很重要时，像AD537、LM331或AD650这样的精密电压-频率（V/F）转换器确实能够胜任工作，最坏情况下的线性度分别为0.15%、0.01%或0.005%。大多数VCO使用内部电流源对电容充放电，因此许多VCO提供三角波输出。经典的Exar XR2206更进一步，包括一组软钳位，用于将三角波转换为不太大的正弦波，称其为正弦波整形器，可产生失真度<1%的正弦波。根据外部定时器件的不同，可从零点几Hz（低端）到1MHz（高端），扫频范围为1000∶1，频率的

㊀ k值在0到7之间有效，更多详细信息参见数据手册。

㊁ 具体来说，对于74HC4060，有10个$N=2^k(k=4\sim14)$的选择；对于ICM7240，可选$N=1\sim255$中的任意值；对于ICM7242，$N=128$；对于ICM7250，可选$N=1\sim99$中的任意值；对于ICM7260，$N=60$。

㊂ 为了获得更高的精度，可以在分频器的前端使用晶体振荡器。一个很好的例子是EPSON（爱普生）SPG系列的可选输出晶体振荡器，可惜这个系列已经停产了，在该系列中，可通过6个编程引脚选择输出频率，这些编程引脚接地或连接到+5V电源。

温度稳定性为0.002%/℃。也可以将其用作三角波发生器，在这种模式下，其占空比可从1%调整到99%。

VCO芯片有时会为控制电压（例如正电源）提供一个不太好的参考和复杂对称的正弦波输出方案。我们认为理想的VCO尚待开发。正如我们即将讨论的那样，许多这类芯片都可以使用外部石英晶体来获得更高的精度和稳定性。在这种情况下，晶体只是简单地取代了电容。

我们可以使用*RC*（或电流驱动）张弛振荡器以外的技术实现VCO。例如*LC*振荡器的频率可以通过使用电压可变电容（变容二极管）进行电调谐，尽管调谐范围比可调谐张弛振荡器小得多（通常为1%～10%）。同样，石英晶体的频率也可以在大约0.01%的狭窄范围内微调。其他振荡器技术（Gunn振荡器、电介质谐振振荡器、YIG调谐振荡器、电流匮乏逆变器链等）允许通过各种方式进行电调谐，这是锁相环频率合成的基本要素。

7.1.5　正弦波振荡器

许多应用需要真正的正弦波，而不是从张弛振荡器获得的方波、三角波或其他波形。例如在音频测试和测量、射频和视频通信以及医学和科学研究与应用中，在这些应用中，通常会讨论频谱纯度或谐波失真，这是偏离理想正弦波的度量。

我们一直讨论的*RC*张弛振荡器不会产生正弦波，它们的基本波形是斜坡（线性或*RC*指数）和方波。7.1.4节中的XR2206说明了一种产生近似正弦波的方法，即通过对三角波进行一系列软钳位来实现，这种方法用在某些模拟函数发生器中[㊀]。但有些振荡器电路可以直接产生正弦波，还有其他技术可从方波中产生正弦波。

最初的正弦波振荡器的例子有文氏桥（使用普通的电阻*R*和电容*C*）、谐振振荡器（使用的谐振器有*LC*电路、石英晶体、同轴谐振器或谐振腔，甚至原子-分子谐振器等），以及直接数字频率合成（Direct Digital Synthesis，DDS）的方法。

本节将介绍产生正弦波的方法，首先介绍一些从方波（或其他非正弦波）生成正弦波的技术，然后介绍直接产生正弦波的技术。后续章节将讨论正交振荡器，它产生一对相差90°的信号。

1. 用方波生成正弦波

这里的简单技术是对方波（或任何波）进行低通滤波，滤除基波以外的所有频率。一种简单的思考方法是记住任何周期波形都可以分解为一组正弦分量（该波形的傅里叶级数），每个分量都有固定的振幅和相位，将这些分量叠加起来就可以重建原始波形。最低频率分量（对应原始波形的周期）是基波，所有更高的分量（谐波）都是基波频率的整数倍（即$2f_0$、$3f_0$、$4f_0$…）。因此，可以通过截止频率高于基波但低于二次谐波频率的低通滤波[㊁]提取基波正弦分量，从任意周期波中产生正弦波。

只要滤波器不让谐波分量显著通过，就会得到好的正弦波。正如第6章中讨论的，可以用多种方式实现低通滤波器作为连续时间模拟滤波器（使用分立电感*L*和电容*C*的网络，或在较低频率下使用有源滤波器，或采用离散时间开关-电容滤波器，或用数字信号处理的数值方法）。

为了演示这项技术，我们把555连接成一个1kHz振荡器（见图7.10a，$R=75\text{k}\Omega$，$C=10\text{nF}$），并将方波输出通过低通有源滤波器（连续时间八阶巴特沃思滤波器），截止频率为1.5kHz。输出看起来是很好的正弦波，实际测量的失真度仅为0.6%[㊂]。该技术需要一个稍微复杂的模拟电路并缺乏频率灵活性（即一旦选择了滤波器的截止频率，振荡器的频率就只能小范围改变了，例如±25%）。

开关电容滤波器更易于使用，可用于廉价的时钟芯片，无须调整*R*和*C*来设置通频带，而是用时钟频率调节滤波器，确定其截止频率。图7.18显示了一个简单电路，用MAX294开关电容低通滤波器将输入方波转换为正弦波输出。MAX294的截止频率为$f_{clk}/100$，因此将时钟定为输入方波频率的128倍。截止频率设置为$1.28f_{in}$，产生如图7.19所示的正弦波，测得非常干净的0.03%的失真。

㊀ 这种用二极管钳位破坏三角波的技术不会产生高质量的正弦波，所产生的失真很少能降到低于1%。相比之下，大多数发烧友坚持认为其放大器的失真远低于0.1%。为了测试这种低失真音频器件，需要残余失真小于0.01%左右的纯正弦波信号源。

㊁ 根据波形的对称性，傅里叶级数可能只包含奇次谐波，在这种情况下，第一个高次谐波是$3f_0$。占空比50%的对称方波就是这种情况。

㊂ 将截止频率设在1.2kHz，可将失真降低到仅为0.1%或−60dBc（相对于载波的dB）。

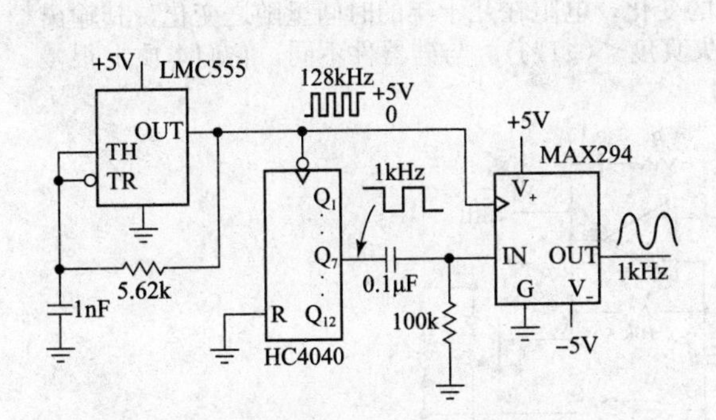

图 7.18 用跟踪低通滤波器产生正弦波。MAX294（或类似的 MAX293 或 LTC1069-1）是一种不需要外接元件的八阶椭圆低通开关电容滤波器

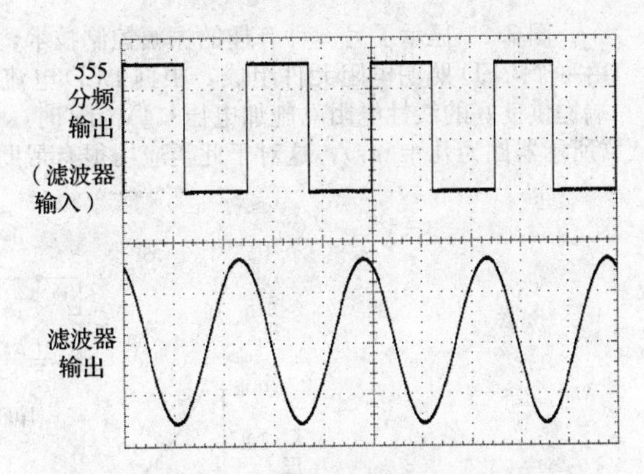

图 7.19 图 7.18 中电路的波形：输入 1kHz 方波（$f_{osc}/128$）和经过低通滤波后得到的正弦波。输出信号的振幅等于输入方波的基波分量的振幅，是输入方波振幅的 $4/\pi$ 倍。水平为 400μs/div；垂直为 2V/div

这种电路不仅比模拟低通方案简单，还提供了可预测的输出振幅[㊀]，并具有可调性，这是因为滤波器跟踪输入频率，当输入频率变化时，低通截止频率保持在 $1.28f_{in}$[㊁]。将该电路中 555 的频率改变 10 倍，在 100Hz～10kHz 范围内，测得输出正弦波频率的最大失真为 0.1%。

2. 文氏桥振荡器

在中低频段，文氏桥振荡器（见图 7.20）是很好的低失真正弦信号源。想法是设计一个对所需输出频率相移 0°的反馈放大器，然后调节环路增益，使自激振荡恰好发生。对于如图所示的等值 R 和 C，从同相输入到运算放大器输出的电压增益应恰好为 +3.00。随着增益减少，振荡将停止，而增益增大，输出将饱和。如果振荡幅度保持在放大器的线性区，即不允许进入全摆幅振荡，失真就会很低。如果没有一些控制增益的技巧，就会发生放大器的输出逐渐增大的情况，直到由于饱和而使有效增益减小到 3.0。正如即将看到的，这些技巧涉及某种长期恒定的增益设置反馈。

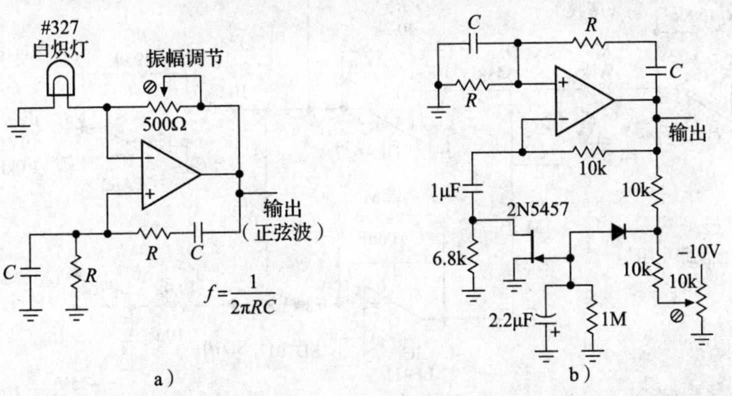

图 7.20 文氏桥低失真振荡器。a）用白炽灯控制振幅；b）用 JFET 的可变电阻控制振幅

在第一个电路中，白炽灯用作可变电阻反馈器件。随着输出电平升高，灯会稍微发热，其电阻增大，从而降低同相增益。对于高于 1kHz 的音频频率，所示电路的谐波失真小于 0.003%。

在第二个电路中，由偏置分压器和二极管组成的振幅鉴别器对一个长时常数的 RC 充电。该电压通过改变 FET 的电阻来调节交流增益，当施加较小的电压时，FET 就像是压控可变电阻。注意，所用的长时常数（2s），这对避免失真至关重要，因为快速反馈会尝试在一个周期内控制振幅而使波形失真。

㊀ 由方波傅里叶级数的第一项给出，$A_{pp}=(4/\pi)V_{CC}$，因此为 2.25Vrms。

㊁ LTC1799 数据手册显示了一种精致的变化，其中跟踪开关电容低通滤波器在输入信号的 $3f_0$ 处进一步配置了阻带陷波，从而对方波最强的谐波进行了额外衰减。

图7.21显示了另一种有趣的振幅控制技术，其中光电阻型光电耦合器用于增益反馈。这些器件由一个LED照明电阻元件组成，根据LED电流的变化，电阻在几十年的时间里随之变化，其输出端提供良好的线性电阻（施加电压<1Vrms时，失真度<0.1%）。与硅器件不同，它们本质上很慢（所示器件为几十ms），这对于此类应用很有帮助。

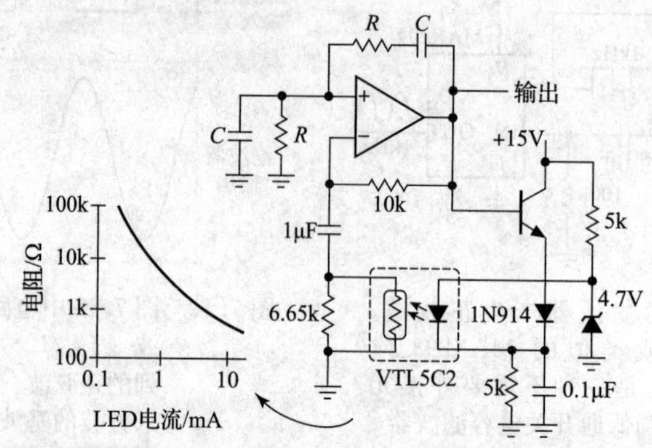

图7.21　光电耦合器为文氏桥振荡器提供了另一种振幅控制方法（由Steve Cerwin提供）

超低失真设计　我们使用非常传统的器件和技术，可以将失真降低到百万分之一（0.0001%）。图7.22显示了这样一个电路，我们设计并测试了这个电路，来看看这到底有多难。我们从一种双运算放大器电路开始，它有反相电路的优点。通过消除简单的同相放大器中存在的共模信号来减少失真。OPA627是一款高速（$f_T=16MHz$）、低噪声（$e_n=4.5nV/\sqrt{Hz}$）、低输入电流（$I_B\approx 1pA$）的运算放大器，本身具有低失真的特殊优势（当用作单位增益跟随器，输入10V 1kHz信号时，失真仅有0.000 03%），并可在±15V电源下工作（我们希望工作在较大的信号摆幅下，以尽量减小噪声对正弦波纯度的影响）。

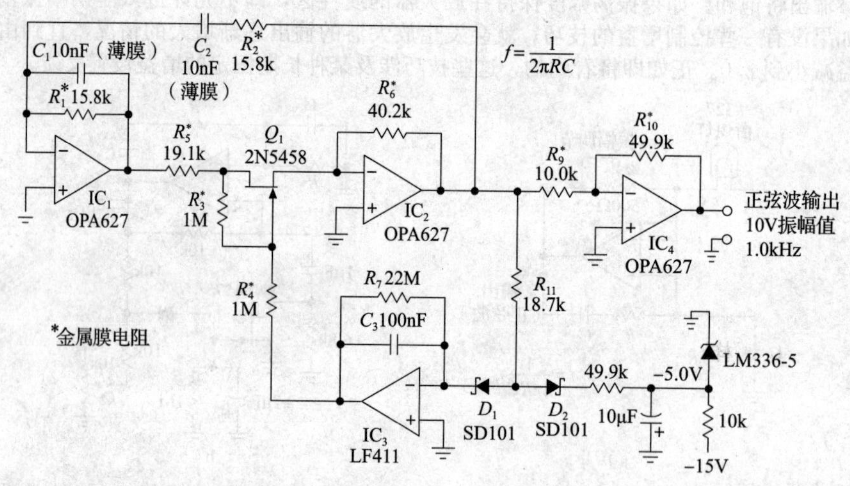

图7.22　超低失真（<0.001%）的文氏桥（1kHz）振荡器。为了获得最佳性能，R_5包括了一个微调器，调整该微调器以优化JFET电阻的控制值

对于这个电路，当IC_2的电压增益为−2.00时，会持续振荡。选择R_5的值比临界值小5%，串联的JFET提供可调的1kΩ（标称）附加电阻。这会在JFET上产生100mV（峰-峰值）正弦波，我们认为该正弦波足够小，可以实现良好的线性度，尤其是有线性分压器R_3R_4时。积分器IC_3实现振幅控制，当IC_2的正弦波输出振幅达到2V时，积分器IC_3输入电流脉冲（通过分压器接到稳定的−5V基准），相对于虚地的源极，IC_3的负向输出反向偏置JFET的栅极，增加JFET的电阻，从而降低IC_2的增益以保持输出振幅㊀。对于所示值，JFET的最小R_{ON}（即当$V_{GS}=0$时）必须小于

㊀　我们选择积分器增益，使控制环路的单位增益频率约为50Hz。

1kΩ，这要求跨导 g_m 最小为 1mS；2N5458 规定最小 g_m 为 1.5mS，因此可以保证电路启动。我们增加了一个增益为−5 的反相放大器，以产生振幅为 10V 的正常输出。

该电路开箱即用具有正确的频率和幅度（1kHz，10V）和漂亮的正弦波。测得总谐波失真（THD）为令人钦佩的 0.002%[一]。在庆祝之前，我们尝试了一些变化：①用陶瓷电容代替薄膜电容（X7R 型），失真[二]会增加 100 倍，达到 0.22%！②将 JFET 上的电压幅度降至 50mVpp（通过将 R_5 增大到 19.6kΩ），失真将减半至 0.001%，因此在 JFET 上就加上了这个较小的振幅；③微调 R_3/R_4 的比例，以减小失真（主要是二次谐波），最终实现了 THD 为 0.0002%，这比信号下降了−114dB，仅百万分之二！④为了观察栅极分压器线性化的效果，我们省略了 R_4，失真提高了 50 倍，达到 0.01%。

从中得到的一些重要的经验教训是：如果要使失真最小，①避免使用廉价的陶瓷电容；②使用栅极线性化技巧（从 V_{GS} 中减去 $V_{DS}/2$）；③在用作电阻的 JFET 上保持较小的电压振幅，最好小于 100mV（但这会导致相当长的振幅建立时间）。由于 JFET 的非线性主导了失真，因此即使已经微调，也可以通过降低振荡器振幅（比如 0.5V）来进一步降低失真，代价是运算放大器的固有噪声所产生的附加宽带噪声[三]。

3. *RC* 相移振荡器

与张弛振荡器（*RC* 时常数与电压阈值相结合产生振荡）不同，前文的文氏桥振荡器是在有正反馈的电路中，利用 *RC* 网络的相移特性来选择工作频率。移相振荡器使用了相同的思路：增益和反馈用在由几个 *R* 和 *C* 组成的网络上，其排列方式使得最终的环路以网络设定的频率振荡。图 7.23 显示了一个经典示例。

三级 *RC* 产生随频率增加的滞后相移，在大约 $\omega=2.4/RC$ 相移达到 180°，其中通过网络的损耗是 26 倍[四]。反相放大器提供剩下的 180°相移和所需的电压增益（这里是保守的 $G_V=-36$）。电路的振荡频率为 1kHz，并产生了一个轨对轨摆幅（即±5V）的限幅正弦波（失真明显）。但最后一级 *RC* 的波形是很好的正弦波，经过×5 放大后，输出振幅 1V，失真仅为 0.9%的正弦波。

对于相移振荡器的爱好者而言，存在许多可能的变化：分立晶体管电路、限幅反馈方案等。尽管我们竭尽全力，但还是无法抗拒展示另一个相移振荡器的诱惑（见图 7.24）。这里，（反相）积分器提供 270°滞后相移，因此只需要两级 *RC* 网络即可实现同相闭合回路。该电路还演示了用背对背二极管钳位限幅。与图 7.23 一样，最后一级 *RC* 网络输出的失真最小。电路输出振幅 1V、失真 1%的 1kHz 正弦波。如果将二极管限幅器并联在第一级的相移电容 39nF 两端，积分器将输出另一个低失真的正弦波，实际上，它将是一个 90°滞后波形（余弦，反相），从而产生了正交对。

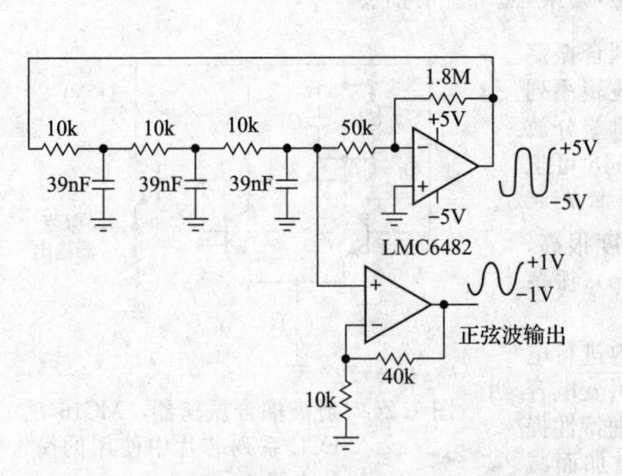

图 7.23　相移振荡器。三级 *RC* 网络产生 180°相移，通过反相放大器转换为正反馈

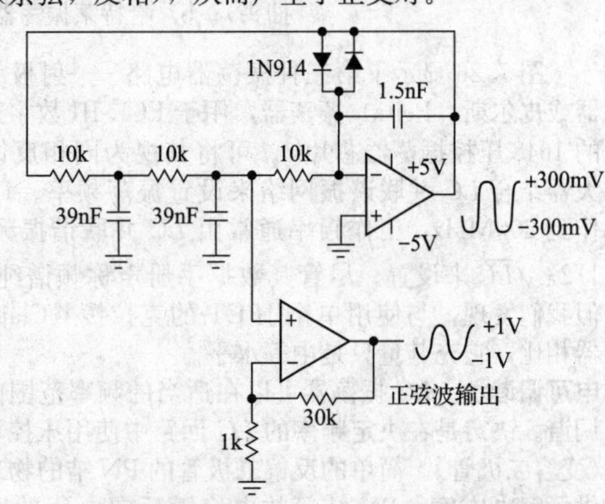

图 7.24　相移振荡器的一种变化，积分器增加 90°滞后相移（和反相）到二级 *RC* 中（由 Tony Williams 提供）

[一] 几乎全是二次谐波。

[二] 现在以三次谐波为主。

[三] 更好的是如图 7.21 所示，用光敏电阻控制增益。Jim Williams 做到了，他还在 IC_3 和 R_4 之间增加了低通滤波器，以衰减积分器的逐周期小误差校正波形，从而实现了实测失真低于 3ppm。

[四] 负载的影响导致这些值偏离理想值（完全隔离级）$\omega=\sqrt{3}/RC$ 和损耗因子 8。

4. *LC* 振荡器

在高频段（例如MHz以上），最受欢迎的正弦波产生方法是使用某种谐振器来确定振荡频率。谐振器本身可以是电的（例如*LC*电路）或机电的（例如压电石英晶体），甚至是原子或分子的（例如氢原子钟）。有些谐振器很容易调谐（例如*LC*），而另一些则是非常稳定的固定频率（例如石英晶体）。基于谐振器的振荡器与之前基于*RC*的振荡器有着根本的不同，因为与*RC*电路的非谐振时常数（或相移）相比，它们使用的系统有固有谐振频率（如晶体谐振器）。由于这些谐振频率既窄又随时间很稳定，因此非常适合振荡器。

我们从*LC*控制的振荡器开始，它在通信中起着重要的作用，*LC*谐振回路连接在类似放大器的电路中，该电路在谐振频率处提供增益。然后，总的正反馈在*LC*的谐振频率处引起持续的振荡。这种电路是自启动的。

图7.25显示了两种流行的电路。第一个电路是值得信赖的考毕兹（Colpitts）振荡器，其输入端有*LC*并联谐振回路和来自输出端的正反馈（反相，因为JFET反相）。这个电路工作在20MHz，失真通常小于－60dB。第二个电路是用NPN晶体管构成的哈特莱（Hartley）振荡器，可变电容用于调节频率。因为共基放大器是同相的，所以反馈信号不反相。两种电路都使用输出链接耦合，只需要几匝线圈用作降压变压器。

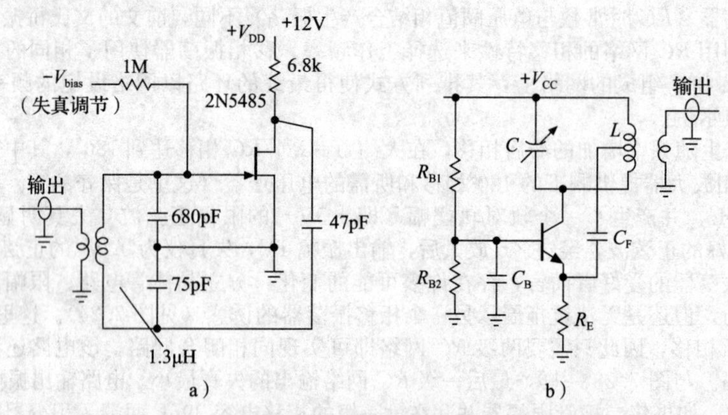

图7.25　流行的*LC*振荡器电路。a）考毕兹振荡器（谐振电容带中心抽头）；b）哈特莱振荡器（谐振电感带中心抽头）

图7.26显示了第三种振荡器电路——射极耦合振荡器或皮尔斯（Peltz）振荡器，用于ECL III数字逻辑系列的1648压控振荡器芯片[⊖]。可将其视为同相反馈差分放大器结合*LC*并联谐振网络来设置振荡频率。1648可工作到200MHz，工作频率通常由*LC*并联谐振频率$f_0=1/2\pi\sqrt{LC}$来设置。尽管其数据手册声称频谱纯度很高，但我们发现，与使用单个JFET的克拉拨（Clapp）振荡器相比，它充其量只是中等水平。

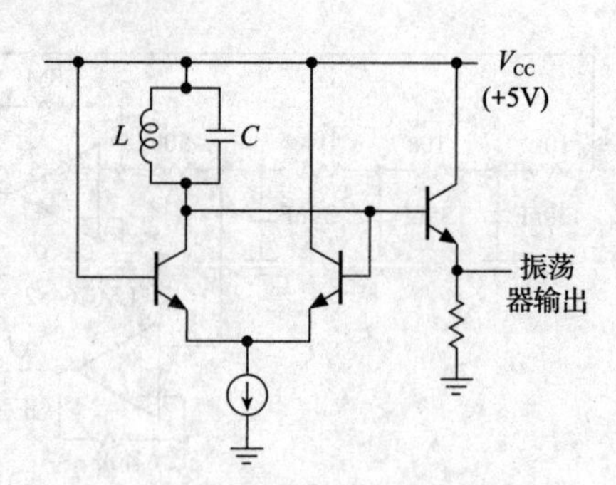

图7.26　射极耦合振荡器，MC1648 ECL系列芯片中使用的简化电路

电可调谐性　*LC*振荡器可以在适当的频率范围内进行电调谐。诀窍是在决定频率的*LC*回路中使用压控可变电容（变容二极管）。简单的反偏二极管的PN结的物理特性提供了解决方案：PN结等效电容随反向电压的增加而减小。虽然任何二极管都可以用作变容二极管，但可以得到专为此目的设计的变容二极管。图7.27显示了一些有代表性的调谐特性。图7.28显示了如何用变容二极管实现±1%的电可调谐性，这里使用简单的阿姆斯特朗（Armstrong）型JFET振荡器（有来自源极的变压器耦合反馈）。这个电路通过一个相对较大的固定电容（100pF）和一个小的可调电容（最大值为15pF）并联，故意减小调谐范围以达到良好的稳定性。注意大的偏置电阻（因此二极管偏置电路不会加重振荡器负载）和隔直流电容。

⊖　它是一个振荡器，如下所述，必须使用变容二极管调谐才能实现电压控制。

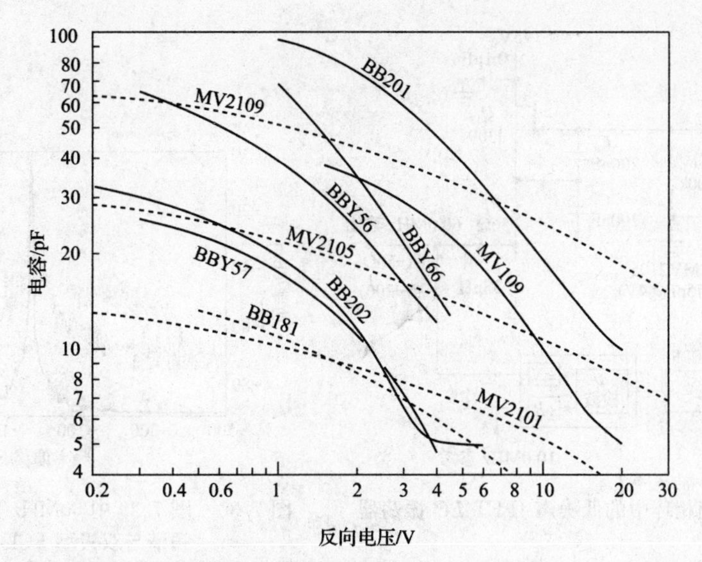

图 7.27　反向偏置二极管的电容随外加电压而变化，这里显示了几个典型的变容二极管，那些具有更陡峭实线的为超突变结变容二极管

变容二极管通常提供几 pF 至几百 pF 的最大电容，调谐范围约为 3∶1（尽管存在高达 15∶1 的宽调谐范围变容二极管）。由于 LC 电路的谐振频率与电容的平方根成反比，因此可以实现高达 4∶1 的频率调谐范围，不过更典型的调谐范围为±25%左右。

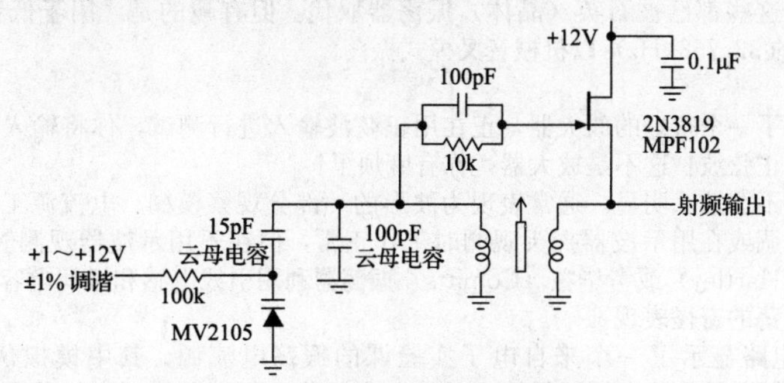

图 7.28　变容二极管调谐的 LC 振荡器

在变容二极管调谐电路中，振荡本身（以及外加的直流调谐偏置）加在变容二极管上会导致其电容随信号频率变化。这会使振荡器波形失真，更重要的是，会导致振荡频率在一定程度上依赖于振荡幅度。为了尽量减小这些影响，应限制振荡幅度（如果需要更大的输出，可在后级进行放大）。此外，最好将变容二极管的直流偏置电压保持在 1V 以上，以使振荡电压相对较小。

另外有助于减轻这种信号偏置效应的技术是使用一对串联的背对背变容二极管，这样两个变容二极管上的振荡电压就会以相反方向改变其电容。图 7.29 中的低噪声振荡器说明了这一点（另见图 6.8），该振荡器用于锁相环中，为射电天文接收机产生干净的 60MHz 本地振荡器。这种特殊电路称为克拉拨（Clapp）振荡器，其频率通常由 L_1C_1 串联谐振设置。这里，在 C_1 两端增加了一个并联电容，该电容由两个串联的变容二极管组成。调谐电压通过 R_2 施加，这样两个变容二极管具有相等的反向偏置（相对于它们 0V 的阳极）。两个变容二极管电容相等，各自两端有一半的振荡电压，从而产生符号相反、幅度近似相等的电容变化（如果信号不太大）。最终大大减少了两个串联电容的变化，因此降低了失真和频率牵引。测得的信号纯度比好的商用频率合成器（HP3325A）高约 10dB。图 7.30 显示了其输出信号的频谱，并对其信号纯度与使用类似 LC 元件工作频率大致相同的 MC1648 射极耦合振荡器的信号纯度进行比较[⊖]。

⊖ 为了当嵌入 PLL 时保持振荡器的自由运行频谱纯度，我们加了一个 LC 陷波器来抑制鉴相器在 200kHz 参考频率处的杂散，见图 6.8。

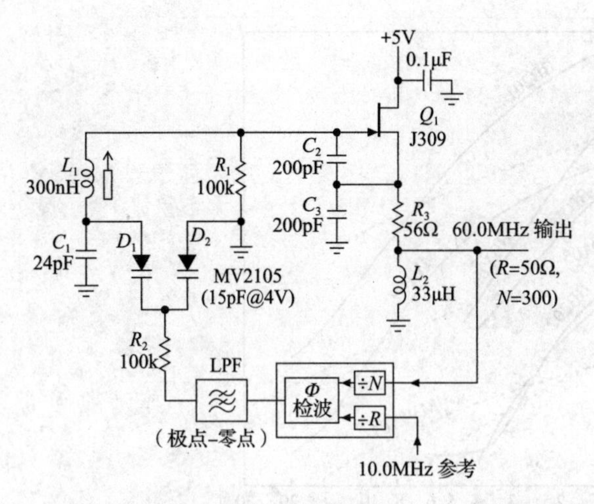

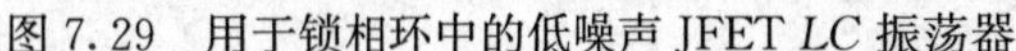

图 7.29　用于锁相环中的低噪声 JFET *LC* 振荡器

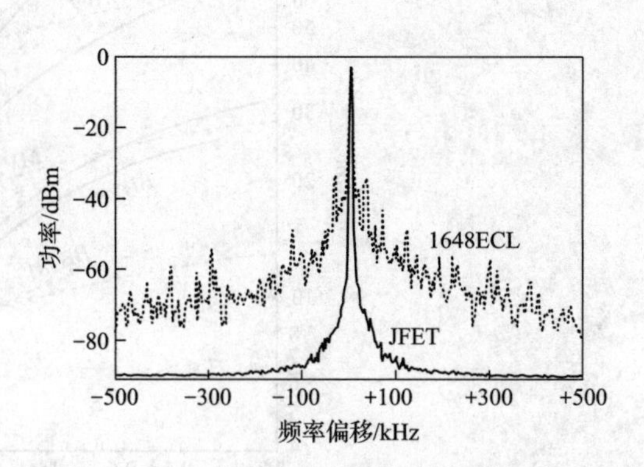

图 7.30　图 7.29 中 60MHz JFET *LC* 振荡器的频谱与双极型 ECL 振荡器（MC1648）的频谱对比。垂直为 10dB/div；水平为 200kHz/div

电可调谐振荡器被广泛用于频率调制，以及这样的射频锁相环中。

出于历史原因，我们应该提到 *LC* 振荡器的近亲，即音叉振荡器。它使用具有高 *Q* 振荡特性的金属音叉作为决定振荡器频率的器件，并被用于低频标准（如果在恒温箱中运行，稳定度为百万分之几）和手表中。这些都已被石英（晶体）振荡器取代。但有趣的是，用于低频工作的石英晶体（例如手表中使用的 32.768kHz）以机械音叉模式振荡。

5. 寄生振荡

假设你刚刚做了一个很好的放大器，正在用正弦波输入进行测试，你将输入函数发生器切换为方波，但输出仍为正弦波！这不是放大器，你有麻烦了！

寄生振荡一般不会这么明显。通常表现为波形的一部分观察模糊、电流源工作不稳定、无法解释的运算放大器失调或在用示波器探头观测时工作正常，但在不用示波器观测时就会失控的电路。这些是由哈特莱（Hartley）或考毕兹（Colpitts）振荡器利用引线电感和极间电容无意中引起的不受控制的高频寄生振荡的奇怪表现。

图 7.31 中的电路显示了一个来自电子实验课的振荡电流源，其中模拟伏特-欧姆-毫安表（VOM）用于测量标准晶体管电流源的输出特性。当负载电压在预期的合规范围内变化时，电流似乎变化过大（5%～10%），将手指放在集电极引线上可以消除这种现象！在经典的哈特莱（Hartley）振荡器电路中，仪表电容和晶体管集电极-基极电容的组合与仪表电感谐振，集电极-发射极电容提供反馈。在基极串联一个小电阻，这样可以通过降低高频共基极增益来抑制振荡。这个技巧经常有用。

在任何有增益的有源电路中都存在寄生振荡的可能。只要保持警惕，注意任何意外或奇怪的电路现象。有时只会在波形的一部分上看到模糊的迹象。凭借经验，读者会逐渐认识到运算放大器（通常在 f_T 附近，例如 MHz）或分立小信号晶体管（通常在 10～100MHz）中的振荡现象。

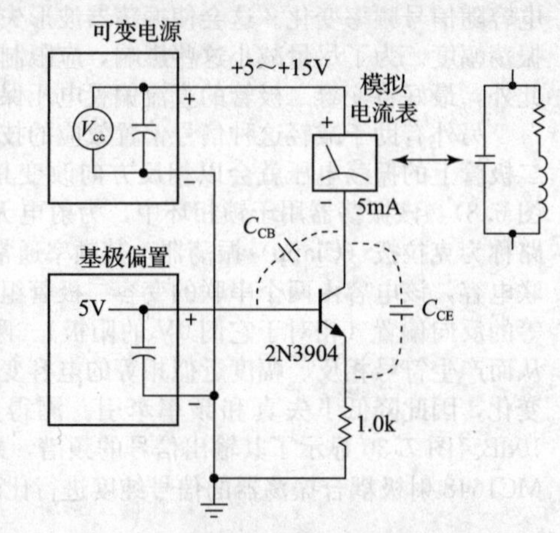

图 7.31　哈特莱振荡器无意间引起电流源异常

干扰　人们很容易将各种形式的信号干扰误认为是振荡，因为它们也会引起显示信号模糊。如果怀疑有信号干扰，请检查是否有 50Hz（或 100Hz）的信号，这是电源线耦合的明确标识。这可能源自电容耦合到电路中某个高阻抗点。或者可能通过感应耦合到电路的某个部分，这部分的某些几何区域由交变磁场连接。第三种可能性是通过接地环路（部分电路参考的本地接地电位不相同）。即使在布局合理的电路中，后一种问题也可能很严重。例如，当连接到某个外部仪器，而该仪器插在不同的交流电源插座上。更高频率的干扰也很常见，开关电源耦合通常在 20kHz～1MHz 的范围内。还有来自广播电台的射频已调波干扰（美国分配 AM 为 0.5～1.7MHz，FM 为 88～108MHz，TV 为 55～700MHz）。

7.1.6　石英晶体振荡器

RC（或电容加电流源）张弛振荡器可以轻松实现接近 0.1%的稳定性，初始可预测为 5%～10%。对于许多应用来说，这已经够好了，例如真空荧光显示器（VFD），其中，多字符显示器的各个字符被快速连续地顺序扫描（典型的总刷新频率为 100Hz），这称为多路显示器。任何时候只点亮一个字符，但如果整个显示器被刷新得足够快，眼睛就会看到整个显示器而没有明显的闪烁。在这样的应用中，精确的速率是无关紧要的，只需要大概数字即可。作为稳定的频率源，*LC* 振荡器的性能会更好一些，在合理的时间内稳定度为 0.01%。对于像廉价的收音机等要求不高的应用来说已经足够了。这两种振荡器都易于调谐——带有可变电阻 *R* 或电流源（用于张弛振荡器）以及机械或电可调谐的电容或者可调谐的电感（用于 *LC* 振荡器）。

但对于真正的稳定性，晶体振荡器是无可替代的。它使用一片石英（二氧化硅，玻璃的主要成分），经过切割和抛光后会以一定频率机械振动。石英具有压电效应（压力会产生电压，反之亦然），因此晶体的声波可以由外加电场来驱动，反之又可以在晶体表面产生电压。通过在表面镀一些触点，就可以得到一个可靠的电路元件，该元件可以用一个尖锐谐振的 *RLC* 电路来模拟，并预先谐振到某个频率（即单晶石英薄片的机械谐振频率）。石英晶体封装成裸元件或完整的振荡器模块。图 7.32 显示了一些示例。

图 7.32　石英晶体封装。顶排是 DIP-8 和 DIP-14 封装的完整振荡器模块；一个小得多的选择是下面中间的 7mm×5mm 小型表面贴装振荡器模块。中间奇怪的物体是一块裸晶体，显示着装有弹簧的电极板。再也看不到这些了，取而代之的是晶体采用流行的密封封装，称为（底排，从左到右）HC49/U、HC49/US 和 3mm 管状。我们很幸运地发现了右边那个奇怪的玻璃盒，可以看到里面带有电镀层电极的石英盘

石英晶体的高 *Q* 值（通常约为 10^4～10^5）和好的稳定性使其成为振荡器控制和高性能滤波器的天然选择。与 *LC* 振荡器一样，晶体的等效电路在谐振频率处提供正反馈和增益，从而产生持续振荡。

1. 串联和并联模式

晶体的谐振如其等效电路所模拟的，值得进一步解释。等效电路包含两个电容，从而提供一对紧密间隔（在 0.1%之内）的串联和并联谐振频率（见图 7.33）。效果是产生了一个随频率快速变化的电抗（见图 7.34）。

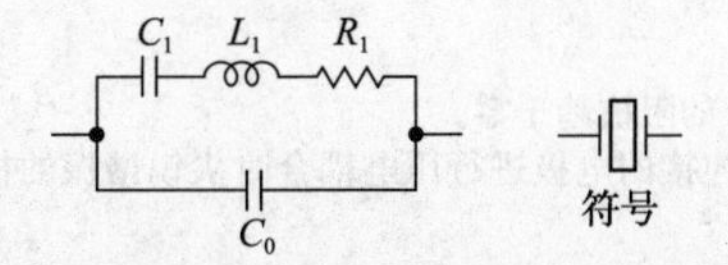

图 7.33　石英晶体等效电路。C_0 是实际的电极和引线电容，而串联 *RLC* 模拟电耦合机械谐振。1MHz 晶体的典型值可能为 $C_0=4$pF，串联 *RLC* 的典型值为 1H、0.02pF 和 75Ω（*Q* 约为 10^5）

L_1 和 C_1 的串联谐振频率（f_S）被标记为谐振频率 f_R，因此净串联电抗从容性（低于 f_R）变为感性（高于 f_R）。在 f_R 处，串联对（L_1 和 C_1）的净电抗为零，阻抗模值最小（等于 R_1）㊀。反谐振频率 f_a 比串联谐振频率略高（通常高约 0.1%），其中 C_0 和 C_1 的串联组合（略小于 C_1）与 L_1 谐振（或者也可以将其视为 C_0 与 L_1 和 C_1 的净串联电抗的并联谐振，L_1 和 C_1 的串联电抗在 f_R 以上变得越来越感性）。这也称为并联谐振频率 f_P，尽管这个名称应保留给实际电路，实际电路中有意增加了一个并联的外接负载电容 C_L（稍后将对此进行详细介绍）。在此频率（f_a 或 f_P）处，净电抗再次变为零，但这次阻抗模值达到峰值。当晶体工作在并联谐振模式时，外部电路增加的并联电容会加到晶体的 C_0 而使谐振频率略微降低。用于并联谐振模式的晶体将指定一个外接并联电容值（通常在 10～35pF 范围内），以便在晶体外壳上标记的标称频率下振荡。

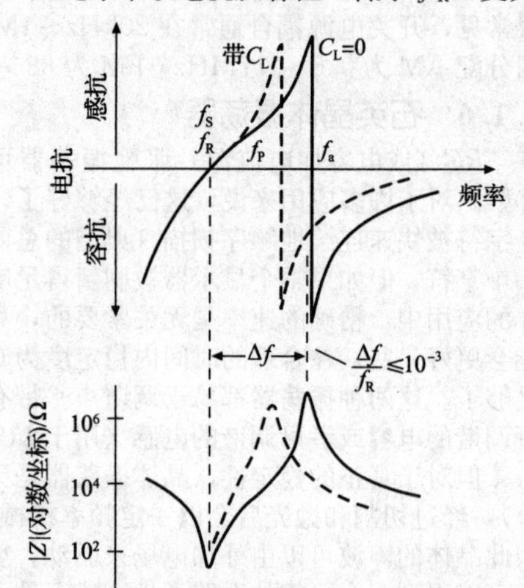

图 7.34　在大大扩展的频率范围内，石英晶体在谐振附近的电抗和阻抗模值。f_S 和 f_a 分别是串联和并联谐振频率，更准确地说，分别是谐振（f_R）和反谐振（f_a）频率。在并联模式下工作，附加的外接电容 C_L 会使并联谐振频率降至 f_P

并联和串联谐振都很重要，任何使用外部晶振的设备都会指定其使用的模式，以及有关晶体参数（最大允许 R_S、并联电容值等）的一些指导。

2. 探索石英晶体

你可以找到许多像图 7.34 那样的草图，但你相信它们准确地代表了真正的晶体吗？我们不确定，因此为了找到答案，我们选取了一个样本晶体（CTS 型 MP100，在串联谐振模式下指定为 10.0MHz），并用高分辨率的矢量阻抗测试仪（HP4192A）对其阻抗进行测量。该仪器的测量范围为 0.01Ω～200kΩ，分辨率为 1Hz，频率可到 13MHz，非常适合此工作。测得所选晶体的串联谐振频率为 f_S=10.000 086MHz（频率误差为+8.6ppm），谐振时的阻抗（电阻）为 R_1=4.736Ω，并联电容 C_0=5.5pF。我们知道 L_1C_1 乘积（根据谐振频率），但不知道它们各自的值㊁。通过测量（未指定）并联（反）谐振频率及其随外接并联电容 C_L 的变化，可以间接得到它们。测量值分别为 f_a=10.022 45MHz（无 C_L，仅 C_0）和 f_P=10.003 55MHz（外部并联电容 C_L=30pF）。

从中可以得出 L_1 和 C_1 的值，即 10.3324mH 和 0.024 515pF㊂。有了这些值，在运行 SPICE 仿真的过程中，我们可以享受许多欢乐时光，了解晶体阻抗、相移和 Q 值曲线的真实图形。图 7.35、图 7.36 和图 7.37 显示了这些结果。

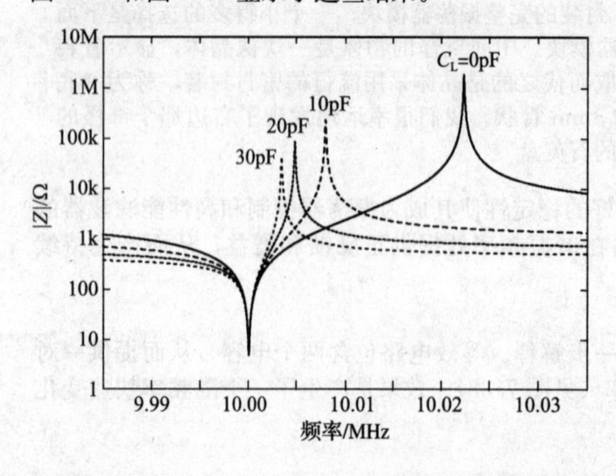

图 7.35　根据其 RLC 电路模型的测量值，用 SPICE 建模得到的 10.0MHz 串联谐振晶体样品的阻抗与频率的关系，绘制了外接并联电容 C_L 的 4 个值对应的曲线

㊀ 回想一下，理想并联 LC 的阻抗在谐振时趋于无穷大，而串联 LC 的阻抗趋于零。

㊁ 回想一下，晶体里面没有实际的电感或电容。这些代表了通过所连接的电极进行压电耦合时尖锐谐振的机械晶体的电路等效。它们有时被称为动态电感和电容。

㊂ $C_1=2(1-f_B/f_A)/(1/C_A-1/C_B), L_1=1/C_1(2\pi f_S)^2$。

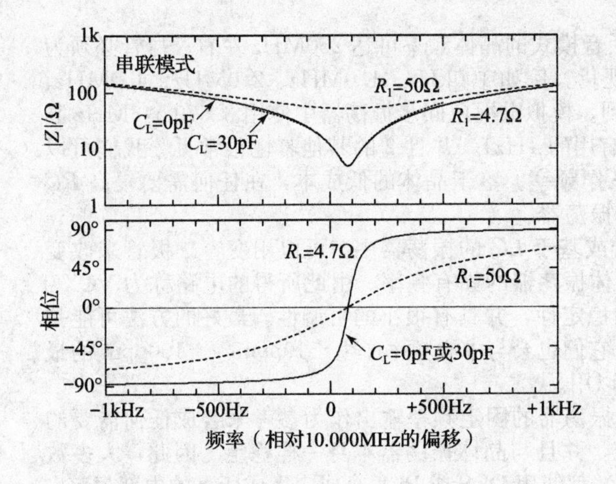

图7.36 图7.35中10.0MHz晶体串联谐振附近的阻抗和相位。注意，阻抗和相位图不受外接电容影响。对于最坏情况下$R_1=50\Omega$的晶体，我们的样品的高Q谐振（$R_1=4.7\Omega$）会显著降低

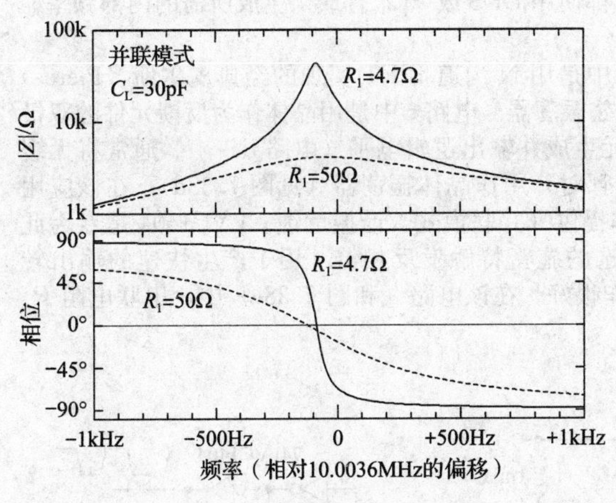

图7.37 图7.35中10.0MHz晶体并联谐振附近的阻抗和相位。此处仅显示了一个负载电容值（$C_L=30\text{pF}$），因为其他值完全不符合比例标准。再次，对于最坏情况下$R_1=50\Omega$的晶体，我们样品的高Q谐振会显著降低

这些显示了在串联谐振频率f_R（$|Z|=4.7\Omega$）处的预期最小值，并且它随外接电容的变化很小（实际上，即使在图7.36的放大图中也看不到；也就是说，从$C_L=0\text{pF}$到30pF的变化远小于1ppm）。相反，并联谐振频率（阻抗最大）很大程度上依赖于外接电容，当外接30pF电容时，会有效地将谐振向下拉约2000ppm。

并联谐振频率高于外壳上标注的10.0MHz，这一事实并不意味着该晶体有什么错误。标称频率只是简单指定了串联谐振电路的工作频率。如果改为指定并联谐振的工作频率，则该样本将标注为10.003 55MHz，并指定$C_L=30\text{pF}$。

从负载电容可引起相对较大的频移来看，很明显，当晶体工作在并联谐振模式下时，必须小心使用指定的负载电容（考虑到布线和芯片电容）。从正面看，这意味着可以用外接可变电容来微调工作频率（或使用电可调的变容二极管在狭窄范围内锁定它）。从负面看，这意味着即使外部电路电容的微小漂移也会引起频率偏移。例如，要实现0.1ppm的频率稳定度（假设晶体在整个温度或时间范围内很好），外部电容的变化不能超过0.002pF，这对于闭合振荡环路的外部放大器来说可能是一个困难的限制条件。

与制造商最坏情况下的最大值50Ω相比，我们的晶体测量值$R_1=4.7\Omega$非常低。为了知道这会有哪些影响，我们在扩展的串联和并联谐振图中包括了最坏情况的值（见图7.36和图7.37）。对于串联谐振，阻抗最小值越浅，相移随频率的变化越平缓。较浅的相位变化（约1.3°/ppm与约13°/ppm）意味着外部振荡器电路为了保持相同的稳定性（此处为0.13°与1.3°，稳定性为0.1ppm），必须将其相移变化保持在较小的数量级。在振荡器电路中，这样的晶体随电路参数的其他变化（放大器输入阻抗、增益等）也会不太稳定，实际上，它可能完全拒绝振荡。更糟糕的是，电路可能会以一个不相关的频率振荡，这种不愉快的情况我们已经遇到过不止一次了。

最后，对于单个负载电容值（$C_L=30\text{pF}$，其他值不符合比例），围绕并联谐振的展开图显示指定的最大（最坏情况）R_1对应的Q值同样降低。有趣的是，相位变化的锐度（和阻抗最大值的宽度）与串联谐振情况相似。

3. 标准晶体频率

石英晶体的频率范围约10kHz～30MHz，泛音模式的晶体频率可达250MHz左右。尽管必须为给定的频率订购晶体，但大多数常用频率都有现货。例如100kHz、1.0MHz、2.0MHz、4.0MHz、5.0MHz和10.0MHz这样的频率总是很容易买到。模拟电视色同步振荡器中使用3.579 545MHz晶体；数字手表使用32.768kHz（除以2^{15}可获得有用的1Hz），并且2的其他幂也很常见。我们可以通过改变串联或并联电容来微调晶体振荡器的工作频率。鉴于晶体的低成本，在任何需要提高*RC*张弛振荡器性能的应用中，都值得考虑使用晶体振荡器。

虽然晶体振荡器不可调谐，但在张弛振荡器或基于*LC*的振荡器中，可以用变容二极管来改变一些附加的外接电容，从而拉动并联模式石英晶体振荡器的固有频率。由此所得的电路称为VCXO（压控晶体振荡器），它增强了晶体振荡器卓越的稳定性，并具有很小的可调性。最好的方法可能是购买商业VCXO，而不是尝试自己设计。通常，它们也会与中心频率产生±10ppm～±100ppm的最大偏差，但宽偏差晶体（高达±1000ppm）也可以用。

另一种方法，也是最流行的一种，是用晶体振荡器的固定频率输出作为参考来合成任何需要的输出频率。在数字控制下，合成频率很容易改变，并且与晶体振荡器本身一样稳定。因此，大多数现代通信设备（收音机、电视、发射机、手机等）都使用DDS或PLL合成来生成所需的内部频率。

4. 晶体振荡器电路

图7.38显示了一些晶体振荡器电路。电路a中是用N沟道JFET实现的经典皮尔斯（Pierce）振荡器。电路b中显示的是用晶体替代*LC*的考毕兹振荡器。电路c中是用晶体作为反馈元件的双极NPN晶体管电路。其余电路通过使用数字逻辑单元生成并输出逻辑电平（电路d～g）。通常将无缓冲逻辑反相器（即图3.90所示的单个CMOS晶体管对）用作晶体振荡器（见图7.38d）；在该应用中，反相器由高阻值反馈电阻偏置到线性区，晶体提供（并联模式）谐振反馈。LVC1404是专为此类应用设计的，它有一对无缓冲反相器和一个可选的施密特触发反相器（用于产生快速的输出转换）。在低电压（低至0.8V）下，AUP1GU04工作很好。在该电路（和图7.38e）中，串联电阻R_2的选择应与C_2在振荡器频率下的电抗相当[⊖]。

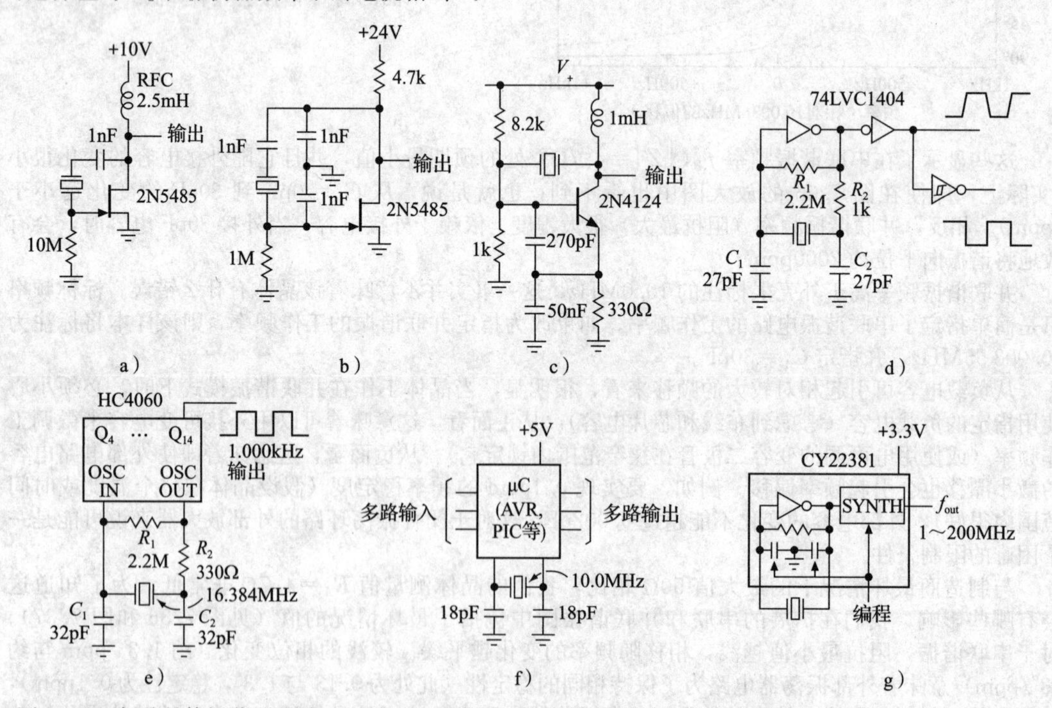

图7.38　各种晶体振荡器电路。电路d～g利用了部分数字逻辑电路，分别是反相器、14级二进制计数器、微控制器和频率合成器

鉴于晶体谐振时相移为0°（无论是串联模式还是并联模式，见图7.36和图7.37），让我们暂停

⊖　例如，对于32kHz振荡器，约为330kΩ；对于5MHz振荡器，约为1kΩ。

片刻，同一下后一种并联模式电路是如何振荡的。实际情况是，负载电容 C_L 是一对中点接地的串联电容（C_1 和 C_2）。所以当晶体两端有振荡电压时，两端的相位差为 180°。就像一个中间抽头的变压器绕组，反相放大器完成持续振荡所需的 360°相移。

回到图 7.38 中的其余电路，在更复杂的数字芯片（微处理器、波形合成器、串行通信芯片等）上经常可以看到一对 XTAL 端子，可以使用芯片内部振荡器电路（通常是预偏置的无缓冲反相器）。图 7.38e～g 中显示了 3 个这样的示例——一个可产生精确的 1.000kHz 方波输出的 14 级二进制计数器，一种用外接 10.0MHz 晶体设置串行端口时序的微控制器和一款频率合成芯片，该芯片可生成多媒体、通信和数据转换等应用所需的准确频率（通过可编程锁相环实现输出频率 f_{out} 从 1MHz 到 200MHz）。

图 7.39 展示了一款应用晶体振荡器的有趣的产品，即石英手表。这里需要石英的稳定性（一天有 86 400s，因此 10^4 分之一的稳定性将导致每周漂移 1min），而且需要非常低的功耗。这些廉价的批量生产的产品运行着振荡器、分频电子器件等，驱动微型步进电机的功率预算约为 1μW。

图 7.39 石英手表使用 1.5V 28mAh（毫安时）电池运行了 3 年——仅需 1μA

微功耗设计 面对高度定制的石英振荡器手表电路惊人的低功耗挑战，我们进一步研究了仅使用标准器件即可完成的电路。我们选择低压 74AUP 逻辑系列（指定工作电压为 0.8～3.3V），并测试了标准并联谐振皮尔斯（Pierce）振荡器，该振荡器使用无缓冲的反相器，随后第二级是施密特反相器用来产生干净的开关波形（见图 7.40a）。

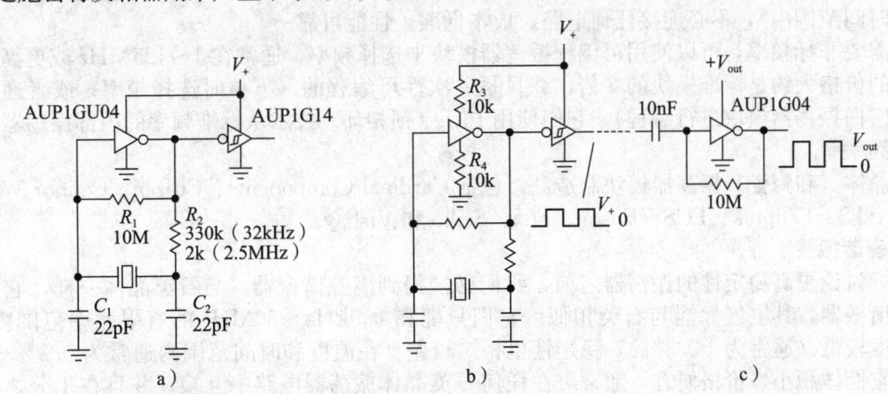

图 7.40 微功耗晶体振荡器。a）第二级为施密特触发器的无缓冲反相器振荡器；b）减少线性直通电流；c）低压振荡器驱动全电压输出反相器

图 7.41 中是 32.768kHz（手表）晶体和 2.5MHz 晶体的实测总电源电流与电源电压的关系曲线。这些曲线（标记为 $R_3=R_4=0$）显示，在输入波形转换期间，由于 A 类振荡器电流（NMOS 和 PMOS 反相器对在等于电源中点的输入电压处重叠导通）引起电源电流随电源电压的增加而迅速增加。

大幅降低这种影响的一个好方法是在连接电源的引线中增加一对电阻（见图 7.40b）。这样就有了标有 $R_3=R_4=10\text{k}$ 的电源电流曲线，对于 32.768kHz 振荡器，降低了 20～50 倍。因此，我们有了一个亚微安的 32kHz 振荡器，但只用于输出电压小于 1V，这比你可能希望振荡器驱动的任何逻辑器件的电压都要低。最后一

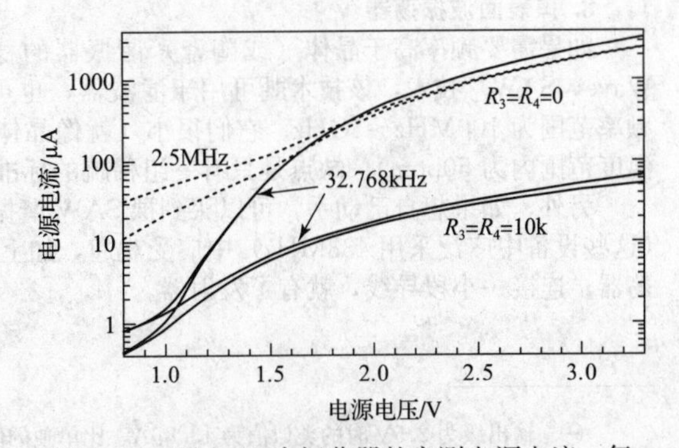

图 7.41 图 7.40 中振荡器的实测电源电流。每对曲线都绘制了第一级（下）和第二级（上）的电源电流

招是用该低压振荡器驱动一个全电压输出级（见图7.40c），用一个耦合电容和大反馈电阻将输出级偏置在线性区。振荡器和第二级工作在1.0V，有偏置的第三级输出反相器工作在1.8V时，测得总电源电流为2.4μA，相比于仅两级振荡器（见图7.40b）工作在1.8V时的总电流12.8μA，这改进了5倍[一]。

这些不起眼的实验引出了一个显而易见的问题：手表制造商是如何做到的？如果稍做研究，会发现一些非常有趣的数据手册。例如，一家名为EM Microelectronic的公司提供了一款微型芯片EM7604，将其描述为32.768kHz低功耗晶体振荡器电路。这款芯片的工作电压范围为1.2～5.5V，当电源电压为3～5V时，典型工作电流为0.3μA或更小。

5. 注意事项

正确设计晶体振荡器绝非易事，必须确保电路增益A与晶体损耗B的乘积（即环路增益AB）大于1，并且在期望的振荡频率下，环路总相移为360°的整数倍[二]。晶体损耗（由等效电路中的R_S引起）可能会阻止正常的振荡，而并联电容C_P可以单独为与晶体标称频率无关的其他频率分量提供合适的振荡路径。此外，还必须根据外部振荡器电路的要求，小心地选择以串联或并联谐振方式工作的晶体。振荡器芯片和其他接受外部晶体作为其内部时钟的芯片（例如微控制器）会在数据手册中清楚地说明。

6. 晶体振荡器模块

由于这些原因，我们倾向于使用完整的振荡器模块，以获得稳定的可靠性。这些产品比裸晶体的价格要高，但它们包含了能保证工作的振荡器电路，并且提供逻辑电平的方波输出，可以将它们用于任何可连接裸晶体的芯片的振荡器，因为所有此类芯片也都接受时钟方波输入。

振荡器模块采用芯片样式封装，例如标准DIP（双列直插）和较小的4引脚表面贴装样式，提供多款标准频率（例如1、2、4、5、6、8、10、16和20MHz，最高100MHz左右）以及在微处理器系统中使用的一些奇怪频率（例如，用于视频板的14.318 18MHz，8051单片机中很受欢迎的用于串口时序的22.118MHz）。这些晶体时钟模块通常可提供0.01%（100ppm）的精度（在温度、电源电压和时间范围内），不必连接任何电路，成本低廉、性能可靠。

如果需要非标频率，可以使用可编程振荡器模块来选择频率，通常在1～125MHz或更高的范围内。这些的价格大约是标准模块的2倍，并且是一次性可编程的（下单时选择频率；或者通过编程器现场对空白振荡器模块进行编程）。它们使用PLL（锁相环）技术从标准频率的内部振荡器合成所需的输出频率[三]。

一些晶体（和陶瓷）振荡器模块制造商，包括Cardinal Components、Citizen、Connor Winfield、Crystek、CTS、Ecliptek、ECS、Epson、Fox、Seiko和Vishay。

7. 陶瓷谐振器

在继续讨论更高稳定性的振荡器之前，我们必须提到陶瓷谐振器。与石英晶体一样，它们也是压电机械谐振器，其电气性能与石英相似。它们只能在200kHz～50MHz的有限频率范围内选择。它们的精度较低（通常为±0.3%），稳定性也相对较差（在温度和时间范围内通常为0.2%～1%）。好消息是它们体积小、价格便宜，通常可在任何石英晶体振荡器电路中互换，并且在千分之几的频率范围内可调（由于较低的Q值）。它们在LC谐振器和石英晶体之间占据了有用的位置。Abracon、AVX、ECS、Murata、Panasonic和TDK等公司都有这类产品。

8. 声表面波振荡器

如果需要频率高于晶体（或陶瓷）谐振器的稳定振荡器，可使用声表面波（Surface Acoustic Wave，SAW）技术，该技术既可用于滤波器，也可用于振荡器。声表面波（SAW）振荡器模块的频率范围为100MHz～1GHz。它们很小（就像晶体振荡器模块一样），并且具有相当的稳定性（在温度范围内为50ppm）。缺点是只有一组稀疏的标准频率可用，而且它们的价格往往有些贵。

另外，如果想自己动手，可以买到裸SAW谐振器，其频率在车库开门器、遥控钥匙等类似设备（这些设备中广泛采用433MHz）中广受欢迎，加上便宜的双极晶体管和一些无源元件，就能得到振荡器；连接一小段导线，就有了发射器。

[一] 输出级为2.5V时的类似值为13.8μA，比单独的两级电路好2.4倍。

[二] 这些就是所谓的巴克豪森（Barkhausen）振荡标准。

[三] 一些制造商提供的模块可以通过引脚选择多个频率。例如ECS公司的ECS-300C系列采用8引脚封装，其中3个引脚用于设置二进制分频比（从基频的1/2到1/256）。

7.1.7 更高稳定性：TCXO、OCXO和其他

我们无须特别小心就可以用晶体振荡在正常温度范围内实现百万分之几的频率稳定性。通过使用温度补偿方案，可以制造性能更好的温度补偿晶体振荡器（Temperature Compensated Crystal Oscillator，TCXO）。许多制造商提供可作为完整模块来使用的TCXO和无补偿振荡器，例如Bliley、Cardinal Components、CTS Knights、Motorola、Reeves Hoffman、Statek和Vectron。它们有从模块到SMT（表面贴装）和DIP（双列直插）封装的各种不同尺寸。在0℃～50℃范围内TCXO的稳定性从1ppm（廉价）到在相同温度范围内低至0.1ppm（昂贵）。

1. 温度稳定的振荡器

为了获得最高稳定性，可能需要恒温晶体振荡器（Oven Controlled Crystal Oscillator，OCXO）。使用在某些高温（80℃～90℃）下温度系数为零的晶体，并设置恒温箱保持该温度。这样的振荡器既可以作为小型模块安装在仪器中，也可以作为完整的频率标准安装在机架上。Symmetricom公司的1000B是典型的高性能模块化振荡器，提供10MHz频率，在几秒到几小时的时间内，其稳定性可达10^{11}分之几。

当热不稳定性降低到这个水平时，主要影响变成晶体老化（频率会随着时间不断增加）、电源变化以及诸如冲击和振动等环境影响（后者是石英手表设计中最严重的问题）。为了弄清楚老化问题，1000B振荡器规定老化速率（经过一个月的磨合）每天最多10^{10}分之一。老化效应在一定程度上是由于应力逐渐缓解，往往会在几个月后趋于稳定，尤其是在制造精良的晶体中。

对于要求出色的振荡器稳定性的便携式应用，如果需要，可将OCXO小型化。例如，Valpey Fisher直接在石英晶体上镀上电阻镀层，做出了仅需0.15W加热功率的小型OCXO（约1.3cm^3）。

2. 原子标准

当恒温晶体标准的稳定性不够时，可使用原子频率标准。利用Rb（铷）气室中的微波吸收线或Cs（铯）原子束中的原子跃迁作为稳定石英晶体的基准。商用Rb和Cs频率标准实现的精度和稳定度分别为10^{11}和10^{13}分之几。铯束标准是美国官方的计时器，由美国国家标准与技术研究院（NIST）和海军天文台定时发送。

氢原子激射器是另一种高稳定度的标准。与Rb和Cs标准不同，氢原子激射器是真正的振荡器（而不是被动基准），稳定性接近10^{14}分之几。关于稳定时钟的最新研究集中于利用冷却捕获的离子或原子，或原子喷泉来实现更好的稳定性的技术上。这些方案用于创建精确的光学标准，然后通过光学梳桥接到射频参考。许多物理学家认为，10^{17}至10^{18}分之几的最终稳定性是可以实现的。

最后，不必花费大量资金就可获得准确的频率标准。可以通过接收来自全球定位系统（GPS）的导航信号来获得精确的10MHz时钟信号以及1pps脉冲。这是由分布在运行周期约为12小时的轨道上的24颗卫星组成的星座，涵盖除北极以外的所有地区，旨在实现精确导航和定时。这些卫星携带稳定的原子钟，它们使用先进的双频扩频方式在1.575GHz和1.228GHz频率上发送导航信息。地面上的GPS接收器收集来自4颗卫星的信号，可以通过三角测量确定位置和时间。也可以购买廉价的手持GPS接收器用于导航，它们不会恢复或再生参考频率。

表7.2汇集了各种振荡器类型及其特性。

表7.2 振荡器类型及其特性

种类	类型	稳定性	可调性	灵敏度	频率范围
张弛振荡器	*RC*张弛	10^{-2}～10^{-3}	大（>10∶1）	高	Hz～10MHz
	时延	10^{-2}～10^{-3}	中等（5∶1）	高	10MHz～100MHz
	文氏桥	10^{-3}	中等（<10∶1）	低压摆率	Hz～MHz
谐振器	*LC*	10^{-3}～10^{-5}	中等	高	kHz～100MHz
	陶瓷	10^{-2}～10^{-3}	小（<10^{-3}）	高	100kHz～10MHz
	石英晶体	10^{-5}	很小（<10^{-4}）	高	10kHz～100MHz
	TCXO	10^{-6}～10^{-7}	很小（<10^{-4}）	高	10kHz～100MHz
	OCXO	10^{-8}～10^{-9}	很小（<10^{-4}）	高	10kHz～100MHz
	SAW	10^{-4}	很小（<10^{-4}）	高	100MHz
	腔	10^{-5}	中等	从低到高	10MHz～10GHz

（续）

种类	类型	稳定性	可调性	灵敏度	频率范围
原子的	铷蒸汽	10^{-10}	N. A.	N. A.	10MHz 衍生参考
	铯束	10^{-13}	N. A.	N. A.	10MHz 衍生参考
	氢原子钟	10^{-14}	N. A.	N. A.	10MHz 衍生参考
	GPS	10^{-13}	N. A.	N. A.	10MHz 衍生参考
参考派生	从低到中	等于参考	大	$t_S=0\sim100$ms	Hz～GHz
	直接合成	等于参考	大	$t_S=5\sim10$ms	Hz～GHz
	DDS	等于参考	大	立即	Hz～GHz

7.1.8 频率合成：DDS和PLL

稳定的基准是稳定的，但不可调。正如之前暗示的，有两种很好的技术来创建自己选择的输出频率，并具有基准的稳定性：直接数字频率合成（DDS）和锁相环（PLL）。这些是数字混合信号技术，将在《电子学的艺术》（原书第3版）（下册）的第12章和第13章中详细介绍。但它们与振荡器和频率生成密切相关，因此我们将在这里对它们进行基本的描述。

1. 直接数字频率合成

这里的想法是用大量等间隔的角度参数（例如每1°）的正弦和余弦值编程一个数字存储器。然后，通过快速生成顺序地址，读取每个地址（即每个顺序角度）的内存值，并将数字值应用于DAC来生成正弦波。

图7.42展示了该方案，以最简单的概念形式（计数器将地址递增指向正弦查找ROM）和实际使用的方法。后者中有n位地址空间（因此在一个360°周期内有$2n$个相位的正弦值）的ROM由相位寄存器驱动，该寄存器根据频率调谐字（FTW）的值对相位步长进行累加。在每个时钟处，相位前进$\Delta\phi=(360°/2^n)\cdot \mathrm{FTW}$，产生输出频率$f_{out}=\mathrm{FTW}\cdot f_{clk}/2^n$，任何额外的相位都从一个周期转到另一个周期。

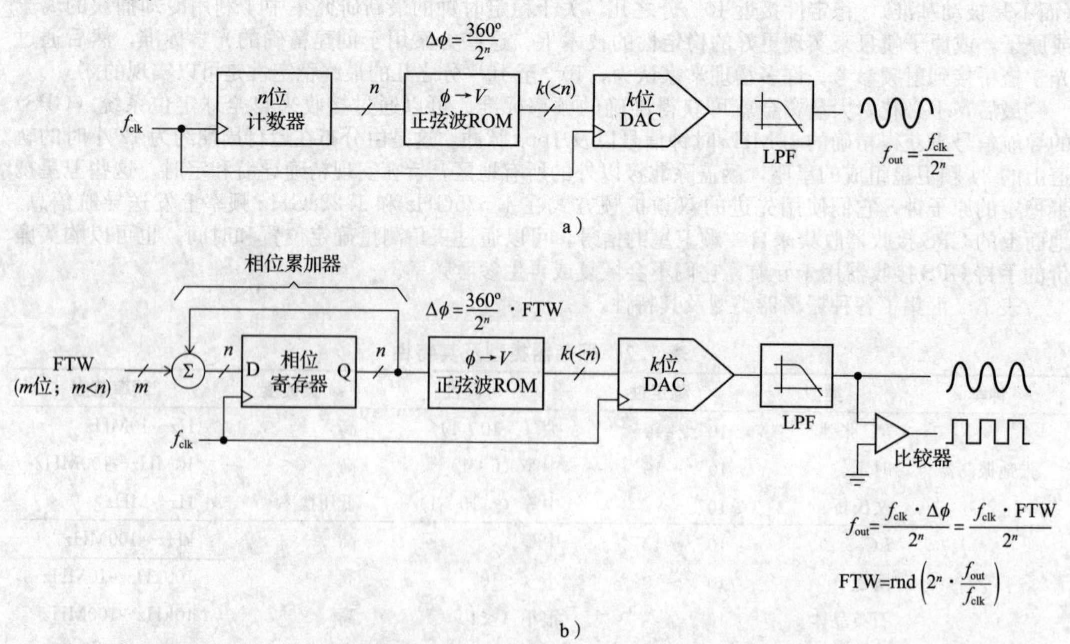

图7.42 直接数字频率合成根据存储在ROM中的正弦波的预先计算值实现正弦波输出。a）最简单的方案是计数器递增，以寻址ROM中的连续值；b）更好的方案是带有相位累加器，该方案提供n位的输出频率分辨率

这种方法有些缺点。输出实际上是阶梯波，因为它是由每个表中对应的一组离散电压构成的。当然，可以用低通滤波器来平滑输出。但这样就不能跨越很宽的频率范围，因为必须选择低通滤波

器通过正弦波本身，同时阻止（较高）角度步长的频率（开关电容谐振器存在同样的问题）。减小角度步长会有所帮助，但会降低最大输出频率。

现代的DDS芯片包括正弦查询表、DAC和除稳定的固定频率时钟输入（通常由简单的晶体振荡器提供）之外的其他所有需要的。它们非常快且便宜，例如AD9850系列包括AD9852，其输出频率高达150MHz，频率分辨率为48位。如果这还不够快，也许AD9912的1GHz时钟速度（$f_{out(max)}$=400MHz）和14位DAC将可以胜任。DDS芯片可以对频率扫描（随时间变化的斜坡频率）进行编程，以及对振幅、频率和相位调制（随时间周期性变化），可以以非常高的速率发送频率改变指令（对于AD9852，每秒1亿个新频率），从而构成一个灵活的振荡器。

该系列的各种产品都可以进行相位同步和精确的相位偏移，因此只需要几个芯片，就可以实现性能惊人的精密可编程正交振荡器（即同时输出正弦和余弦）。

2. 锁相环

这种混合信号技术以有理分数合成与基准振荡器频率 f_{osc} 相关的输出频率 f_{out}，即 $f_{out}=(n/r)\times f_{osc}$，其中 n 和 r 是整数，可以将其视为简单的 N 分频器（其中 $f_{out}=f_{osc}/N$）。由于PLL融合了模拟和数字技术，因此将在第13章中详细讨论。

现在，重要的是要知道，这提供了灵活的振荡器频率产生方法。例如，如果用16MHz固定频率晶体振荡器来驱动PLL芯片并设置 $r=16$，则输出频率将恰好为 nMHz，从而创建了一个单片高频振荡器，其输出频率可设置为1MHz步进（典型的输出频率范围为25～500MHz）。在电信设备（例如广播、电视和移动电话）中，PLL合成用于设置每个信道的工作频率。

如本例所示，在一些易于使用的芯片中使用了稍微复杂的PLL时钟合成技术，其他人已经完成了所有艰苦的工作（具体来说，制作鉴相器和压控振荡器，以及稳定的闭环回路）。此外，还有前文提到的廉价的可编程振荡器模块，它包含晶体振荡器和PLL，因此可以储存这类单个模块，并在准备使用时对其频率进行编程。可以从生产固定频率模块的公司购买这些产品，例如Epson（SG8002系列）、ECS（ECSP系列）、Citizen（CSX-750P系列）、CTS（CP7系列）和Cardinal（CPP系列）。它们采用与传统工厂制造的振荡器相同的DIP和SMT封装。

7.1.9　正交振荡器

有时需要振荡器同时产生一对相位差90°的等幅正弦波，可以将其视为正弦和余弦［或同相（I）和正交（Q）分量］。这称为正交对（信号相互正交）。一个重要的应用是在射频通信电路中（正交混频器和单边带产生）。正如下文所述，正交对非常有用，只要一个正交对即可生成任意相位。

读者冒出的第一个想法可能是将正弦波信号加到积分器（或微分器）上，从而产生90°相移的余弦波。相移是正确的，但振幅是错的（找出原因）。以下是一些有效的方法。

1. 成对的积分器

图7.43是一种已经用了几十年的电路的变化形式。它的反馈环路内用了一对级联积分器（每个积分器相移−90°），经一个单位增益反相放大器（180°相移）后形成闭环。振荡发生在每个积分器的电压增益为1的频率处，即容抗 $1/2\pi fC$ 等于 R 的频率处。二极管将振幅限制在约300mV。我们选择运算放大器LMC6482，电源电压为±5V，R=15.8kΩ，C=10nF（f_{osc}=1kHz），对该电路进行测试，产生了图7.44所示的波形。测得频率为997Hz，正弦和余弦输出的失真分别为0.006%和0.02%。

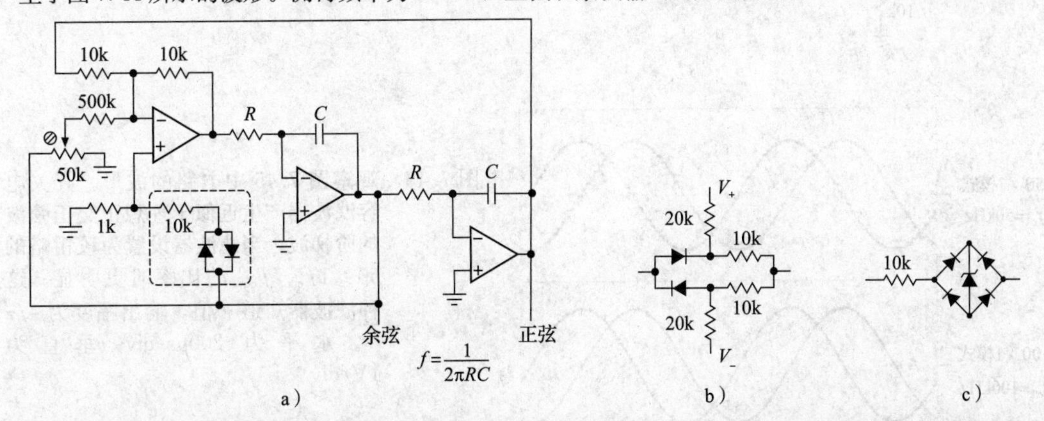

图7.43　正交正弦波振荡器（改编自Tony Williams的电路）。a）带二极管限幅器（虚线框）的基本电路；b）偏置电压限幅器；c）稳压管限幅器

简单的二极管限幅不能提供特别好的振幅控制，它也限幅到大约300mV。图7.43b中是一种改进的限幅器，图中通过一对分压器将输出偏置向电源电压，因此仅在幅度较大时，二极管导通（由分压比设置）。根据所示元件值，测得振幅为3.3V。图7.43c中显示了受一些设计人员青睐的限幅器，它用连接在二极管电桥（因此是双向的）中的齐纳（稳压）管来限幅。当振幅较大（5V及以上）时，可以用普通的齐纳稳压管，但低压齐纳稳压管的性能较差，它们的转折较缓，但可以改用二端子的低压基准，其性能就像一个近乎理想的齐纳稳压管，例如LM385-1.2及-2.5（1.24V 和 2.50V）、AD1580（1.22V）和 ADR510（1.0V）。无论采用哪种方案，最好在齐纳稳压管（或电压基准）两端并联一个电容，以便在波形过零时保持其电压。

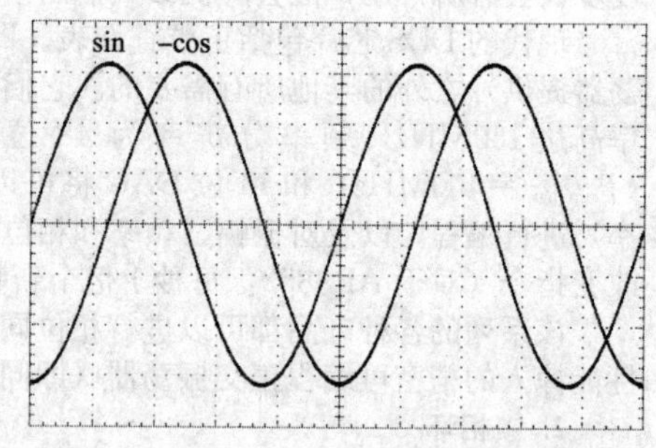

图7.44　图7.43a电路的实测输出波形。水平为200μs/div；垂直为100mV/div

2. 开关电容谐振器

这是一个聪明的方法。图7.45显示了如何用集成开关电容滤波器作为自激带通滤波器来产生正交正弦波对。最简单的理解方法是：假设已经存在正弦波输出端，连接为比较器的运算放大器U_{2a}将其转换为±5V方波，经反馈后成为滤波器的输入。该滤波器为窄带通（$Q=10$），因此将输入方波转换为正弦波输出，从而维持振荡。方波时钟输入决定带通中心频率，从而确定了振荡频率，此处为$f_{clk}/100$。该电路可在几Hz到10kHz以上的频率范围内，产生一对正交等幅的正弦波。注意，由于开关滤波器的量化输出步长，输出实际上是所需正弦波的阶梯近似值（见图7.46）。

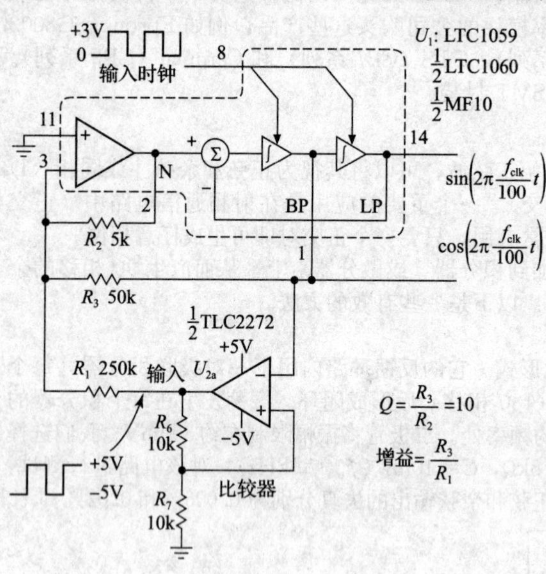

图7.45　用集成开关电容滤波器实现正交正弦波对，通过将窄带通滤波器的输出转换为方波并进行反馈来生成一对正交正弦波

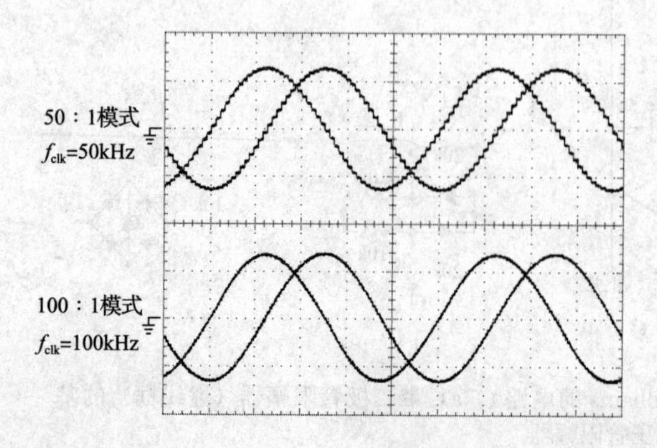

图7.46　观察图7.45中电路的波形。开关电容滤波器产生近似于理想正交正弦波的阶梯波，当滤波器设置为较粗略的50：1f_{clk}/f_{out}的比率时更明显。这种滤波器知道π值，输出幅度为4/π V。水平为200μs/div；垂直为1V/div

该电路的一个有趣的特点是能计算 π：该滤波器具有 $R_3/R_1=0.2$ 的精确增益，其输入是精确的 ±5V 方波，因此可能期望输出振幅为 ±1V。但不是，滤波器只保留方波的基波分量，其振幅等于方波振幅的 4/π 倍。因此，我们在示波器上看到的输出信号振幅为 4/π V（约 1.27V）。

3. 直接数字频率合成

我们之前将这种流行的方法看作是相对于准确的基准频率输入来合成精确频率的正弦波（或需要的任何任意波）的一种通用方法。在其众多优点中，这种方法非常适合产生一对正交信号（或需要的任意其他相位关系）。图 7.47 显示了 ADI 公司的一款用于产生正交正弦波的优质芯片。它允许以 μHz 的步长调整频率，并具有一整套技术，包括数字混频器（用于正交振幅调制）、定时器和累加器（用于频率或相位调制、非线性调频等）。

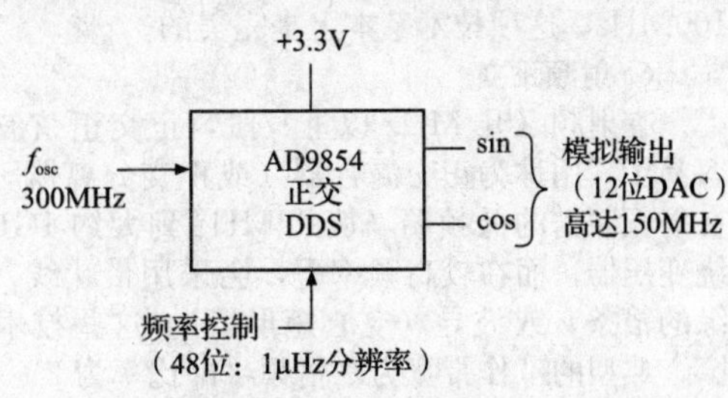

图 7.47　用 DDS 产生正交信号。AD9854 还有许多其他技巧（参见文本）

4. 相位序列滤波器

有些精巧的 *RC* 滤波器电路具有输入正弦波输出一对相位差约为 90°的正弦波的特性。无线电爱好者们称其为产生单边带的相位法（由 Weaver 提出），其中输入信号由想要传输的语音波形组成。不幸的是，该方法仅在相当有限的频率范围内才能有令人满意的效果，并且需要精密的电阻和电容。

一种更好的生成宽带正交信号的方法是使用相位序列网络（见图 7.48），该网络由相等的电阻和等比递减的电容的循环重复结构组成，可以用信号及其相移 180°的反相信号（这很容易，只需一个单位增益的反相器即可）来驱动网络。输出是一个四重正交信号集，六级网络在 40∶1 频率范围内的误差为 ±0.7°，八级网络将范围扩展到 150∶1。图 7.49 是一个八级相位序列网络的 SPICE 仿真，显示了一对 400Hz～50kHz 性能良好的正交输出。

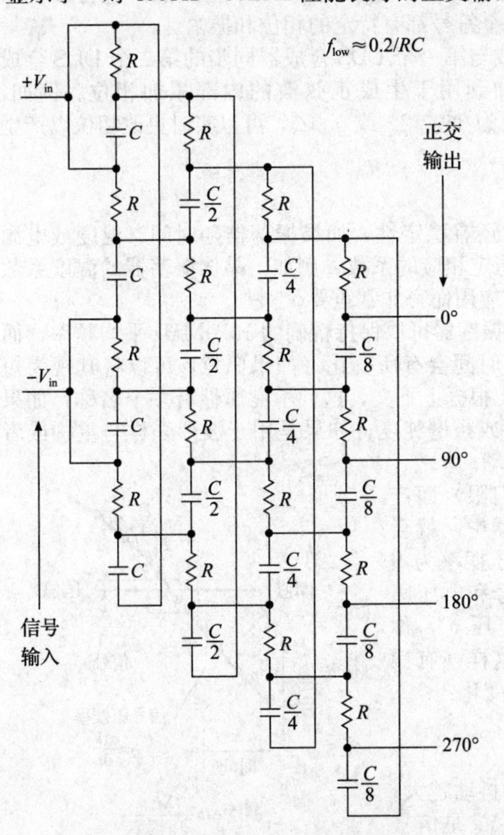

图 7.48　四级相位序列网络。该网络适用于从低频 $f_{low}\approx 0.2/RC$ 到高频的频率范围，其高频取决于第一级和最后一级的电容比，即 $f_{high}/f_{low}\approx C_{first}/C_{last}$

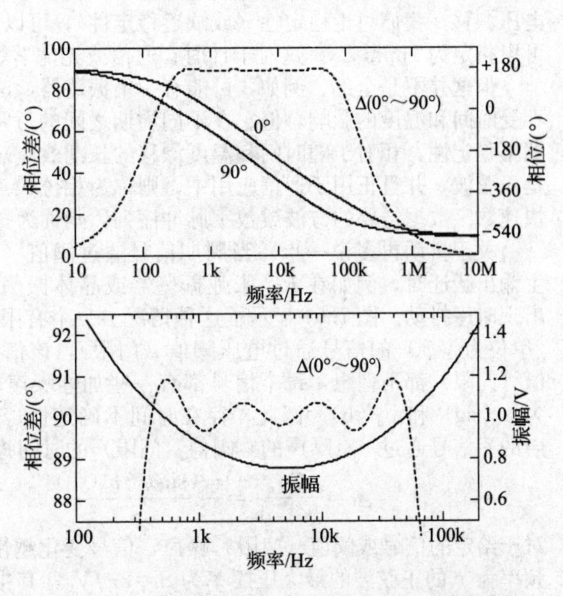

图 7.49　用 SPICE 建模的八级相位序列网络（$R=10\text{k}\Omega$，$C=40\text{nF}$）的相位和幅度特性。下图扩展了精确正交的区域。注意，正交的是相位差（虚线）

5. 正交方波

对于方波这种特殊情况，产生正交信号是轻而易举的事。基本思想是产生所需频率两倍的信号，然后用数字触发器二分频即可。图7.50显示了一个用D触发器实现的简单电路，从直流到至少100MHz，这项技术基本上是完美的。

6. 射频正交

在射频（几MHz以上）段，正交正弦波对的产生又变得容易了，用称为正交混合器（或正交分离器-合成器）的设备。在射频频谱的低频端（从几MHz到大约1GHz），采用小型线绕变压器；而在较高频率下，会采用带状线（与底层接地面绝缘的箔条）或波导（空心矩形管）。这些技术的频带往往相当窄，典型的工作带宽为二倍频（即比率为2∶1）。

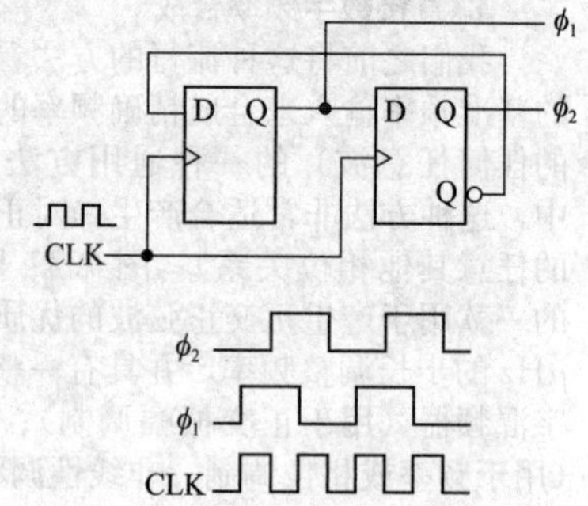

图7.50　用D触发器实现的正交方波

7. 产生任意相位的正弦波

一旦有了正交对，就很容易产生任意相位的正弦波，只需要将同相（I）和正交（Q）分量在一个电阻合成器中进行合成即可，用一个电位器在I和Q分量之间滑动是最容易实现的方法。旋转电位器时，将按不同比例合成I和Q分量，从0°到90°平稳过渡。如果用相量来考虑，会发现生成的相位与频率完全无关。但幅度会随着相位调整而有所变化，在45°时下降3dB。可以用增益$G_V=-1$的反相放大器简单地生成反相（180°相移）信号的I′和Q′分量，从而将这种简单方法扩展到整个360°。

在数字通信中，产生预定相位（和振幅）的正弦脉冲是非常重要的，尤其是在正交振幅调制（Quadrature Amplitude Modulation，QAM）方法中，其中在每个QAM符号中都有多个比特被编码。例如，大多数数字有线电视被编码为256-QAM，每个符号（来自256个星座点）包含8位信息，可以将各个符号视为几个正弦周期的小脉冲，每个符号都有特定的相位和振幅。

用DDS更容易设置输出相位（相对于同步脉冲或与第一个DDS合成器同步的第二个DDS合成器），因为DDS芯片可以将用户指定的偏移量添加到用于生成正弦波的内部累加相位。例如，AD9951有一个14位的相位偏移字，相位可设置步长为$360°/2^{14}$或0.02°，可以实时更改相位以产生相位调制。

7.1.10　振荡器抖动

除了主要的频率、振幅和波形之外，振荡器参数还有稳定性，如果振荡器随时间、温度或电源电压漂移，我们讨论稳定性（或缺乏稳定性），可以指定相应的系数。例如，晶体振荡器的温度系数可以指定为1ppm/℃。这对于计时、通信或光谱学等应用而言非常重要。

但这并不是全部。例如，可能有一个振荡器，该振荡器可以保持精确的10.0MHz平均频率，而不受时间和温度的影响，但它在不同周期之间的过零时间会有所变化（如果愿意，可以将其视为短期不稳定性，相对于随时间和温度漂移的长期效应）。根据上下文，这种不良属性有多个名称：如果是正弦波，并且正用于通信应用中，则称为相位噪声或频谱纯度；如果是用于波形采样与重构或者快速数字数据链路的方波或数字脉冲序列，则称为抖动。

关于抖动再多说一点。当周期信号通过阈值（门限）而产生输出跃迁时，例如在RC张弛振荡器或晶体振荡器中，就会出现时序抖动。图7.51显示了这种情况。一个有限压摆率为S（单位为V/s）的信号通过电压阈值（门限），该信号和电压阈值（门限）都不理想，每个信号都有一些加性噪声电压v_n，称为$v_n(\text{sig})$和$v_n(\text{th})$。因此，存在时间不确定性，这样（有噪声的）信号通过（有噪声的）阈值（门限）的时间将变化：

$$\Delta t=\frac{\Sigma v_n}{\text{压摆率}}=\frac{v_n(\text{sig})+v_n(\text{th})}{S}$$

对于给定的信号或阈值（门限）噪声，信号变化越慢抖动越大。频率为f的正弦波的最大压摆率为$S=2\pi fV_0$，其中V_0是信号幅度的峰值（但如果阈值不在振幅中点，则较小）；脉冲或阶跃信号的压摆率可以近似为$S=V_{\text{step}}/t_r$，其中t_r是上升时间（或更普遍的是过渡时间）。

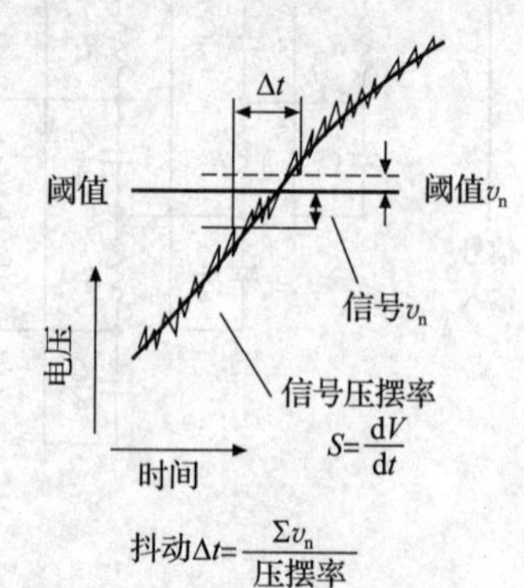

图7.51　抖动基础：压摆率有限的信号通过判定阈值（门限）

振荡器的稳定性和抖动是重要的话题，我们将在《电子学的艺术》（原书第3版）（下册）的第13章中就数/模转换、串行数字通信和锁相环等内容对其进行更多的介绍。

7.2　定时器

振荡器产生周期信号，其特征包括信号波形（正弦波、方波和脉冲）、频率和振幅。与振荡器密切相关的是定时器，它是在触发后产生延迟脉冲或给定宽度脉冲的电路。这里谈论的是延迟时间和脉冲宽度，而不是频率。但这些技术非常相似，主要由 *RC* 型模拟波形（驱动比较器-触发电路）或振荡器驱动的数字计数器或分频器组成。根据涉及的时间范围和所需的精度，有很多相关技术。我们将研究大多数常用技术。

7.2.1　阶跃触发脉冲

有时需要用输入触发器产生有一定持续时间的输出脉冲。输入可能是短脉冲，希望从中产生较长的输出脉冲；或者，输入可能是阶跃（通常是逻辑电平转换，比所需的输出脉冲长）信号，希望从中产生短脉冲。

1. 来自阶跃信号的短脉冲：*RC*＋分立晶体管

RC 微分器将电压阶跃转换为随时常数 *RC* 衰减的阶跃（见图7.52a），可以直接使用输出，也可以通过晶体管开关电路产生更像矩形脉冲的输出。图7.52b显示了用无处不在的小型MOSFET管2N7000产生任意极性的输出脉冲（在正电源和地之间摆动）。脉冲宽度约为 $\tau=RC$，但取决于栅极阈值（门限）电压与输入阶跃信号之比。图7.52c显示了用快速双极开关晶体管（PN2369使用掺金工艺将基极电荷存储时间缩短至最大13ns，而像2N3904 ㊀这样的普通型的存储时间为200ns）的模拟电路。注意，需要一个串联电阻（R_1）来限制基极电流的峰值。由于正向基极电压钳位，BJT的精确时序比MOSFET更复杂：对带有上升沿输入的电路，输出脉冲宽度主要取决于 R_1C（设置正向基极驱动电流的衰减）；另外，对于带下降沿输入的电路，输出脉冲宽度主要取决于 R_2C（假设 $R_2\gg R_1$，它们决定了从基极反向偏置到正向偏置的恢复时间）。对于后一种电路，输入阶跃振幅 V_{step} 应不大于6V，以防止基极-发射极反向击穿。

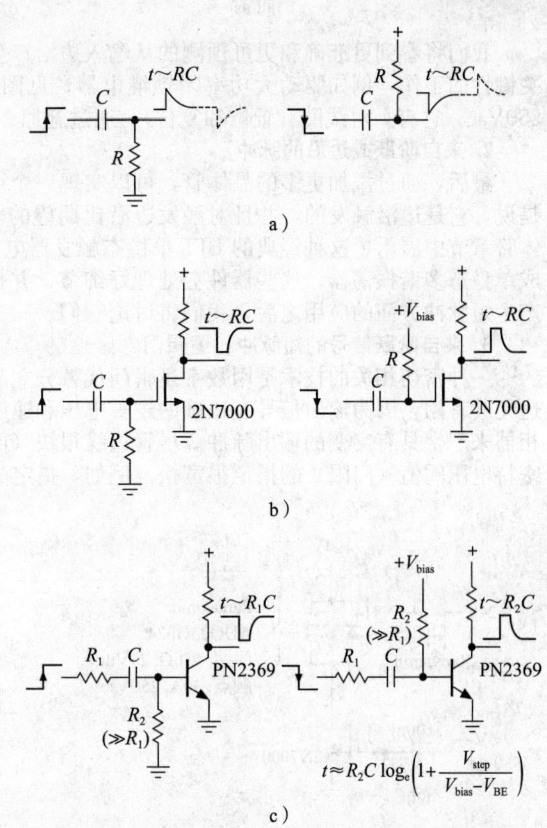

图7.52　用 *RC* 和晶体管从阶跃信号产生脉冲。a）只有 *RC* 的微分器；b）*RC* 驱动MOSFET开关；c）*RC* 驱动BJT开关

警告：除了图7.52c中的下降沿BJT电路外，这些电路产生的脉冲宽度有些不可预测，因此在需要精确时序的地方不宜使用。我们很快会看到更好的方法。

在这种情况下，SPICE仿真为探索详细的电路现象提供了有用的工具。图7.53显示了图7.52c中的下降沿电路在＋5V电源下，由下降时间为5ns的5V下降阶跃信号驱动时的实际测试和仿真的对比。较好的一致性验证了仿真模型和工具的有效性。请特别注意延迟时间（输入阶跃从20ns开始）、晶体管饱和电压、基极电压和输出波形的精确仿真（尽管在印刷图中看不到，但由于上升的基极电压的电容耦合，输出波形会超过＋5V电源电压约40mV）。

㊀ 对于SOT-23表贴封装，有MMBT2369。2N5771（MMBT5771）和PN3640（MMBT3640）是具有20ns存储时间规格的类似PNP型晶体管。这些掺金晶体管均为低压型，额定电压为12～20V。掺金会导致低 β 和更高的漏电流。这些晶体管非常适合快速开关，但仅此而已。

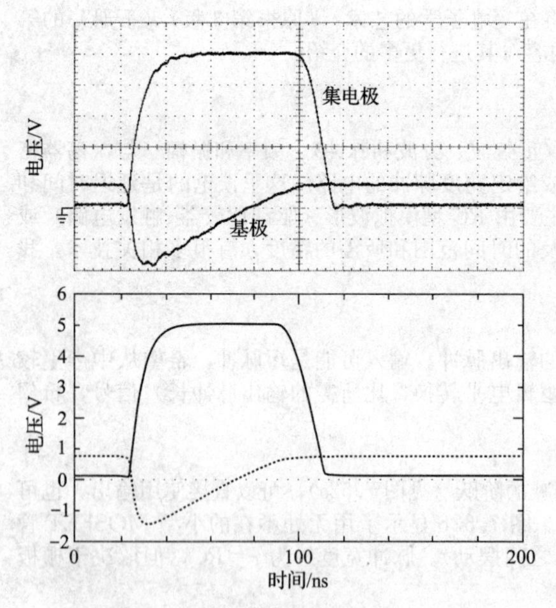

图 7.53　图 7.52c 右侧电路的仿真波形（下）和测量波形（上），其中 $R_1=220\Omega$，$C_1=47\text{pF}$，$R_2=2.2\text{k}\Omega$，$R_C=470\Omega$，基极和集电极处的示波器探头对地电容为 8pF。SPICE 仿真图和示波器测量波形的缩放比例相同，均为 20ns/div 和 1V/div

我们将看到更准确和更可预测的从输入边沿产生输出脉冲的方法，但这种简单的方法适用于非关键性的工作，例如驱动大功率闭锁继电器，见图 7.54。这种特殊继电器触点的额定值为 30A 和 250Vac。它有一对线圈（置位和复位），通过施加 24Vdc 至少 20ms 来驱动。

2. 来自阶跃或边沿的脉冲

最后，通过添加更多的晶体管，可以实现一个可以用阶跃或短脉冲触发的脉冲输出电路。也就是说，它是边沿触发的，并且对触发边沿比期望的输出脉冲长度短，还是长不敏感。我们之前在晶体管章节中展示了这种经典的 BJT 单稳态触发器电路。如果愿意，可以连接该电路。但最好使用集成单稳态多谐振荡器，这些器件会处理好细节，并提供灵活的触发选项。在简要介绍数字逻辑门在产生短脉冲方面的应用之后，我们将讨论它们。

3. 来自阶跃信号的短脉冲：逻辑门

一种密切相关的技术是用数字逻辑门代替分立晶体管。如果希望用输出信号驱动其他逻辑电路，这尤其有用，因为输出信号有正确的逻辑电压和速度。图 7.55 使用带有内置施密特触发器的逻辑反相器来产生具有突变的输出脉冲。尽管边缘很快（由于施密特触发器），但时序只是近似的，因为施密特电压阈值（门限）的指定很宽松（例如，指定的滞后振幅范围为 3∶1）。

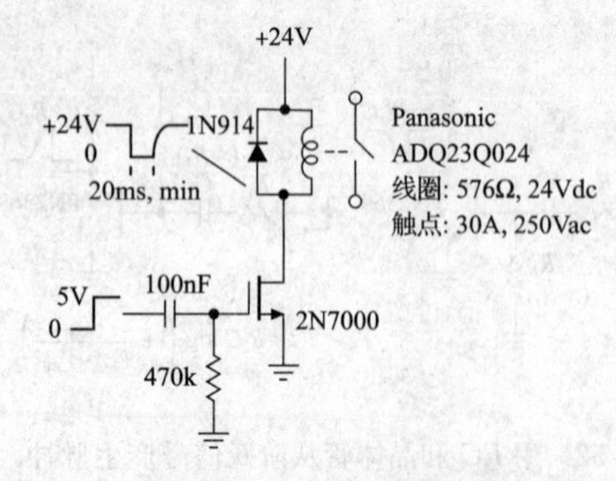

图 7.54　20ms 的脉冲驱动闭锁功率继电器。这是一个 2 线圈闭锁继电器（用于置位和复位），仅显示其中之一

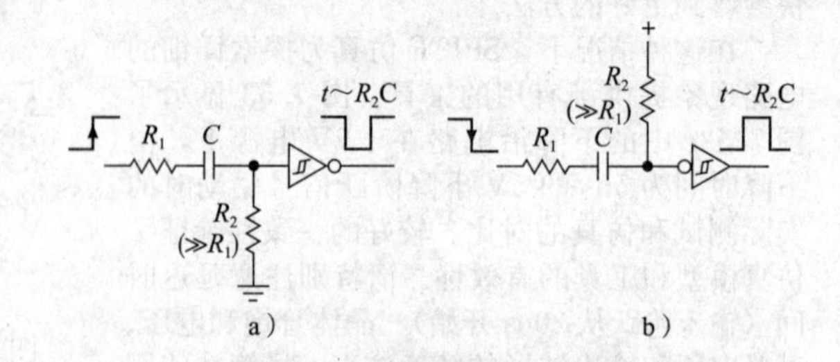

图 7.55　具有施密特触发输入的逻辑反相器会产生干净的输出脉冲。当输入信号返回其初始电平时，R_1 会限制门电路的输入电流，在此期间，门电路的输入分别被驱动到低于地或高于 V_+

在图 7.56a 中，逻辑反相器的短传输延迟（大约几 ns）结合逻辑门，替代了 RC 延迟，用于产生输出脉冲宽度。所示 3 个电路分别对上升、下降或两个边沿响应。图 7.56b 中的电路通过使用 RC

延迟并利用施密特反相器提高了信号锐度，从而将这种门电路思想扩展到更长的输出脉冲宽度，为门电路提供延迟输入。

4. 来自边沿的短脉冲：单稳态多谐振荡器

如果对最后这些电路感兴趣，那么很幸运，半导体行业已经创造了这样一类集成电路，以单稳态多谐振荡器（也称为单稳态触发器）的形式将数字逻辑与 *RC* 定时电路相结合。它们都是边沿触发，时序由外部 *RC* 以很高的精度设置，并输出干净的逻辑电平。与输入信号持续时间相比，输出脉冲可能很短（与上述电路一样），也可能比输入脉冲长（就像接下来讨论的电路一样）。

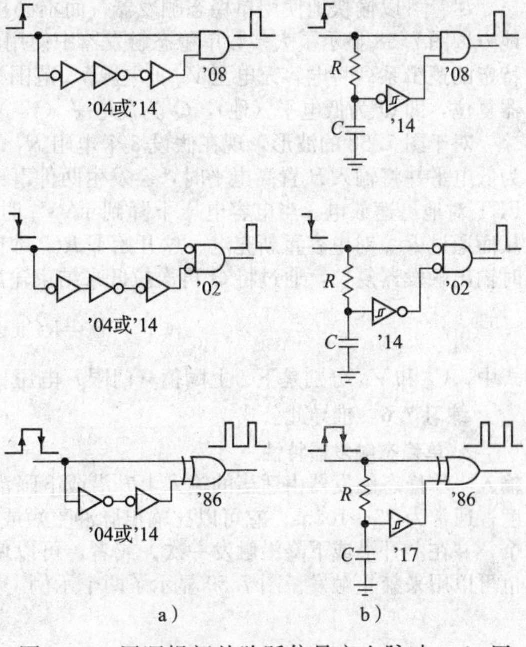

图7.56　用逻辑门从阶跃信号产生脉冲。a) 用2-输入门和级联的反相器延迟产生短脉冲；b) 用2-输入门和 *RC* 延迟产生较长脉冲

5. 来自触发器的长脉冲：555

上述电路产生的输出脉冲比输入脉冲短。没关系，只要是想要的就行。但你可能需要相反的结果，即短暂的输入脉冲触发较长的输出，例如想想微波炉面板上的一分钟定时按键。这里的方法大致可分为两类：①由 *RC* 调节的模拟定时电路；②振荡器，其后是专用数字分频器或微处理器（片上计算机）的全部计算功能。第一类是像经典的 555（我们之前用它来实现 *RC* 张弛振荡器）和单稳态多谐振荡器（专用脉冲产生芯片）这样的器件。

回顾本章，我们利用 555 通过用电容上的电压驱动 TH 和 TR′输入端来实现振荡器。这些输入翻转输出状态（和放电晶体管），从而引起电容的周期性充放电。若要改为产生单脉冲，只需要将电容连接到 TH 输入端，并用 TR′端作触发输入（见图7.57）。下降沿启动循环，令放电晶体管截止并使输出变为高电平。当电容电压达到 V_+ 的 2/3 时，循环结束，输出返回低电平，DIS 端使电容对地快速放电。脉冲宽度的计算很容易，即 $t=1.1RC$。注意，必须在输出脉冲结束之前结束输入触发脉冲，即触发脉冲必须比期望的输出脉冲短。

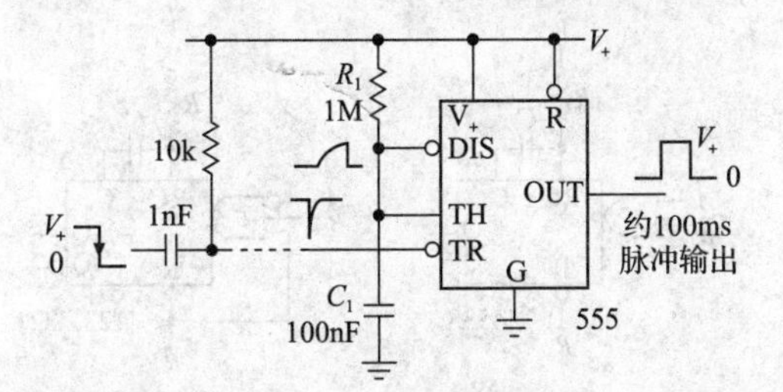

图7.57　当以单稳态模式连接时，555 会产生一个正输出脉冲。输入 *RC* 微分器将下降的阶跃信号转换为触发脉冲。如果用短触发脉冲来驱动 TR′输入，可以省略微分器

粗略地说，CMOS 555 可产生约 1μs～100s 的脉冲宽度。在长脉冲宽度，受小于 10nA 的残余 TH 输入电流限制，因此 *R* 值可高达 10～100MΩ；在短脉冲宽度，最小电阻值受最大 DIS（放电）电流（在 5V 电源下约为 15mA）和 555 固有速度的限制。555 的另一个局限是输入触发条件，即下降沿触发脉冲必须在输出结束之前返回其正的静态电压。该问题在被称为单稳态多谐振荡器的定时器类芯片中得到了很好的解决。

7.2.2　单稳态多谐振荡器

在各种数字逻辑系列中，可以得到单稳态多谐振荡器（单稳态触发器），可以将其视为图7.57中所用 555 的逻辑友好版本。它们是边沿触发（由标准逻辑电平触发），并产生逻辑电平输出脉冲 *Q*（及其补码 *Q*′），其宽度由外接 *R* 和 *C* 决定。对于产生宽度和极性可选的脉冲，单稳态触发器很有用。用 *RC* 结合分立的晶体管或门电路来实现单稳态触发器是很棘手的，例如，这取决于逻辑门的具体输入电路，因为电压波动会超过电源电压。我们鼓励读者将单稳态触发器作为可用的功能单元，而不是通过演示更多这类电路来鼓励不良习惯。在实际电路中，最好使用已封装好的单稳态触发器。

1. 内部电路

尽管可以愉快地使用单稳态触发器，而不必担心其内部发生了什么，但这是个值得一看的有趣地方。图7.58显示了大多数单稳态触发器中使用的内部电路，有用于外接C和R的引脚。后者根据特定的逻辑系列将电容充电至V_+，电源V_+范围为$+2\sim+15\text{V}$[⊖]。在静态，电容充满电，输出触发器复位，即Q为低电平（地），Q'为高电平（V_+）。

对于图7.58的波形，现在假设3个电阻$R_1\sim R_3$阻值相等。当满足触发条件时，例如当输入A为低电平并将输入B置高电平时，会发生两件事：①输出Q变为高电平；②电容通过下面的MOSFET对地迅速放电。当电容电压下降到$1/3V_+$时，控制电路从下面的MOSFET移除门电路驱动，从而通过R_{ext}对电容重新充电。这开始了RC调节的时序间隔，当电容电压达到$2/3V_+$时结束，此时输出触发器复位，通过将Q再次拉低来结束输出脉冲。RC时常数为

$$t=RC\log_e\frac{V_+-V_L}{V_+-V_H} \tag{7.1}$$

式中，V_L和V_H分别是下、上阈值（门限）电压。

练习7.6　推导此公式。

2. 单稳态触发器特性

输入　单稳态触发器由适当的输入上升沿或下降沿触发。对触发信号的唯一要求是有一定的最小宽度，通常为25～100ns。它可以比输出脉冲更短或更长。通常提供两个输入，信号可以连接到其中一个，并在上升沿或下降沿触发一次。或者，可以使用两个输入，接一对单独的触发源。额外的输入也可以用来禁止触发。图7.59显示了两个示例。

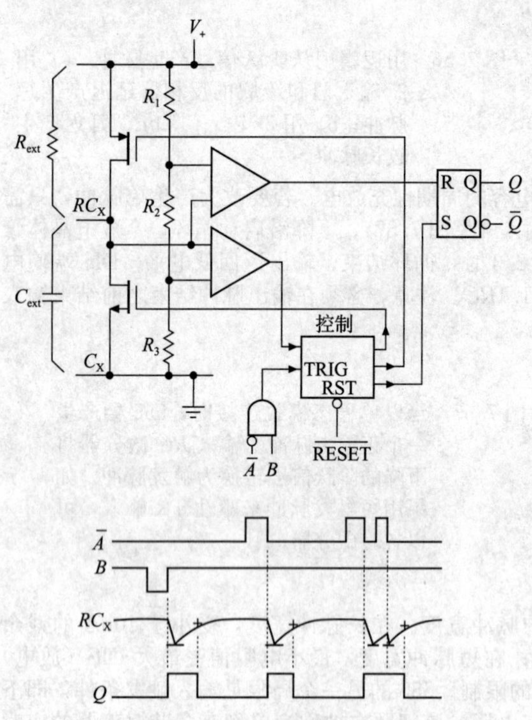

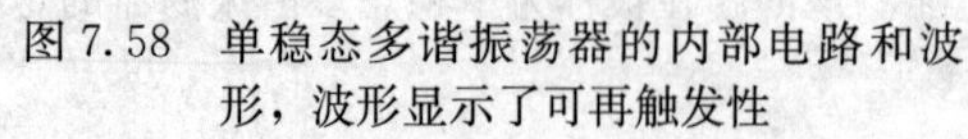

图7.58　单稳态多谐振荡器的内部电路和波形，波形显示了可再触发性

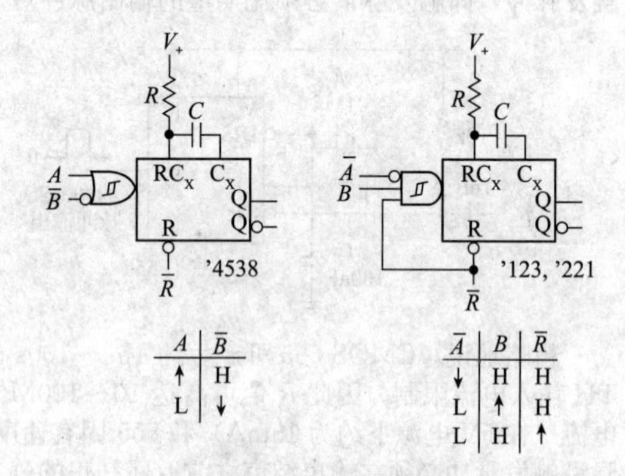

A	$\overline{B}$
↑	H
L	↓

$\overline{A}$	B	$\overline{R}$
↓	H	H
L	↑	H
L	H	↑

图7.59　两种流行的单稳态触发器电路及其真值表。在输入转换时触发单稳态，通常利用内部的"与""或"门选通可适应任一极性。大多数单稳态包括施密特触发器输入

真值表的每一行代表一组有效的输入触发转换。例如，'4538是一个输入端带或门的双单稳态触发器，如果只使用一个输入，则如图所示，必须禁用另一个输入。流行的'123是输入端带与门的双

⊖　常用的逻辑电源电压有+5V、+3.3V和+2.5V。

单稳态触发器，未使用的输入必须使能。特别注意，如果两个触发输入均已置为有效，当RESET被禁用时，'123会触发。这不是单稳态触发器的普遍特性，在给定的应用中可能需要也可能不需要(通常不需要)。

通常电路图中的单稳态触发器会省略输入选通门，这样虽然节省了空间但造成了一些混乱。

可再触发性　如果在输出脉冲持续时间内，输入再次触发，则大多数单稳态触发器将开始一个新的时序周期（见图7.58)。它们被称为可再触发单稳态触发器。如果在输出脉冲期间重新触发，输出脉冲将比平时更长，最终在最后一次触发后持续一个脉冲宽度结束。相比之下，'221是不可再触发的，在输出脉冲有效期间，它会忽略输入跳变。

可复位性　大多数单稳态器件都有一个可覆盖所有其他功能的RESET（复位）输入端。RESET（复位）端的瞬时输入会终止输出脉冲。RESET（复位）输入可用于防止逻辑系统上电期间出现的脉冲。

脉冲宽度　标准的单稳态触发器可以通过外接电容和电阻的组合来设置脉冲宽度从40ns到几毫秒(甚至几秒）不等。像555这样的器件可用来产生较长的脉冲，但它的输入特性有时不太方便，最好用数字方式产生很长的延迟。

表7.3列出了常用的单稳态器件。除了这些传统的逻辑系列单稳态器件，请务必看看LTC6993 TimerBlox单稳态触发器。它只有一个触发输入端，但是有4种型号可供选择：上升沿或下降沿触发，以及可再触发或不可再触发。可以使用范围选择引脚（通过一个接到V_+的分压器）和另一个外接电阻来设置脉冲宽度，该外部电阻允许在选定范围内以16∶1的跨度连续调谐。8个数字划分的范围以8为连续因子跳跃，因此总范围为2^{21}∶1。输出脉冲宽度范围为1μs～34s，最坏情况下的时序精度为百分之几。

表7.3　单稳态多谐振荡器

型号	再触发	触发	系列
'123	●	!A&B&!R	AHC(T), HC(T), LS, LV, LVC, VHC
'221	—	!A&B	74C, HC(T), LS, LV, VHC
'423	●	!A&B	HC(T), LS
'4538	●	A 或 B	4000, HC(T)

3. 单稳态触发器的注意事项

单稳态触发器存在一些在其他数字电路中没有的问题。此外，它们的使用涉及一些通用原则。

时序　单稳态触发器涉及线性和数字技术的组合。由于线性电路通常存在V_{GS}（或V_{BE}和β）随温度变化等问题，因此单稳态触发器的输出脉冲宽度往往会对温度和电源电压波动比较敏感。像'4538这样的典型器件在0～50℃的温度范围内和±5%的电源电压变化范围内都会有几个百分点的脉冲宽度变化。此外，对于任何给定的电路，单元电路之间的变化都会带来±10%的预测精度变化。在研究温度和电压灵敏度时，请务必注意芯片可能会表现出自发热效应，并且脉冲持续期间的电源电压变化（例如V_+线路上的小毛刺）可能会严重影响脉冲宽度。

品牌差异　具有相同通用器件编号，但由不同制造商生产的单稳态器件产品可能会有一些不同的规格，特别是定时器件。通常用K值来指定，其输出脉冲宽度（对于除了小电容以外的所有电路）大致由$t_w=KRC$给出（如果数据手册中未提及K值，则查找$R=10\text{k}\Omega$，$C=100\text{nF}$的脉冲宽度）。几乎所有单稳态器件都可归为三组K值，要么$K=0.7$（所有'4538单稳态触发器），要么$K\approx0.45$或1.0（大多数其他单稳态器件）。

'4538单稳态器件很无聊，都是$K=0.7$，但其他器件编号也有一些令人兴奋的地方，因为给定器件编号的K值可能是1.0或0.45，具体取决于制造者。例如，至少有五家制造商提供74HC123。FSC和Toshiba器件保证在10kΩ和100nF时的输出脉冲宽度为0.9～1.1ms（典型值为1.0ms)，但NXP器件指定为0.45ms（典型值，没有最小值或最大值）。另外两个品牌选择了不同的RC组合，它们仅指定典型值：ST使用100nF/100kΩ（典型值为4.4ms)，TI使用10nF/10kΩ（典型值为45μs)。显然，这些器件不能完全互换！

为了说明这一点，我们在表7.4中收集了所有可用的'123型单稳态器件。数据包括根据式$t_w=KRC+t_{min}$可用于预测脉冲宽度的定时变量K[㊀]。K的有效值随电源电压而变化，因此我们在图7.60中绘制的图形显示了表7.4中列出的单稳态器件对电源电压的依赖性。

㊀ 数据手册通常会忽略t_{min}项，但在设计短脉冲宽度时，为确保合理的精度，应考虑该参数。

表 7.4　'123 型单稳态定时器

制造商	器件编号	V_{supply}/V		K	t_{min}/ns	序号
		min	max			
Toshiba	TC74HC123	2	6	1.00	150	1
Renesas	HD74HC123	2	6	1.00	390	2
Fairchild	MM74HC123	2	6	1.00	390	6
TI	CD74HC123	2	6	0.45	230	8
ST	M74HC123	2	6	0.44	230	9
NXP	74HC123	2	6	0.45	105	8
TI	SN74AHC123	2	5.5	1.00	110	4
NXP	74AHC123	2	5.5	1.00	45	—
Fairchild	74VHC123	2	5.5	1.00	75	4
Toshiba	TC74VHC123	2	5.5	1.00	75	5
TI	SN74LV123	2	5.5	1.00	110	4
NXP	74LV123	1.2	5.5	0.43	70	7
TI	SN74LVC1G123	1.65	5.5	0.95	95	3
Toshiba	TC7WH123	2	5.5	1.00	75	—

阈值（门限）电压的特定选择是随制造商不同而变化的，即图 7.58 中内部电阻 $R_1 \sim R_3$ 的比值，该值通常在数据手册中没有明确指定。不过，这确实很重要，因为小容量定时电容（例如约 1000pF 或更小）的快速放电会超过下阈值（门限）（类似现象也困扰着经典的 555 锯齿波振荡器电路，在该电路中，DIS 引脚会将定时电容快速拉向地），结果增大了脉冲宽度（且不太稳定）。至少有一个制造商（TI 在其 SN74HC4538 中）通过设置下阈值（门限）接近地（大约为 V_+ 的 4.3%，或当电源为 +5V 时为 +0.2V），从而解决了这个问题，因此放电过冲几乎没有影响——无论过冲与否，电容都从大约相同的电压开始充电。

长脉冲　为了产生长脉冲，可以采用阻值较大的定时电阻（虽然数据手册中显示的阻值仅为 200kΩ，但 10MΩ 的电阻也是安全的，因为这是用低漏电流的 CMOS 器件设计的）。即便如此，电容值也可能有几微法或更大；此时，通常需要用电解电容。必须注意漏电流（对于较小的电容来说是微不足道的），并且应在 R 两端并联一个二极管（见图 7.61a）。如果电源 V_+ 被突然关闭（掉电），需要二极管来防止已充电的定时电容在 RC_X 端引起反向导通。

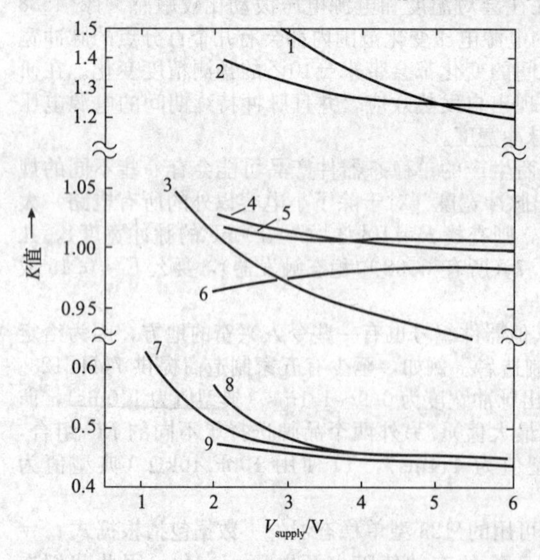

图 7.60　数据手册中绘制的表 7.4 中单稳态器件的有效定时系数 K 与电源电压的关系图。注意比例的变化，尤其是 $K=1.0$ 附近的扩展集

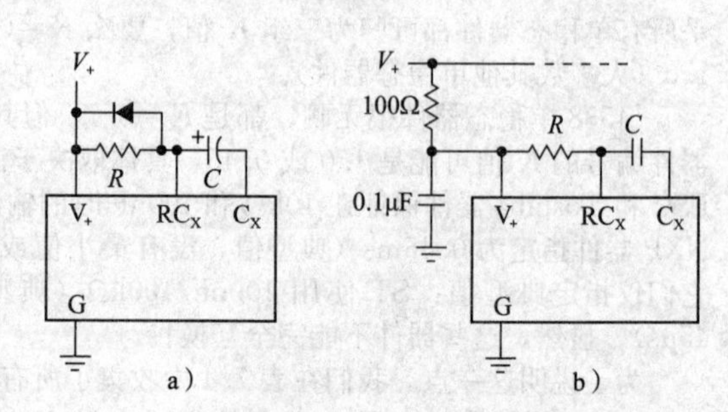

图 7.61　单稳态电路。a）电源关闭（掉电）时二极管可防止反向导通；b）滤波后的专用电源 V_+ 降低了电源噪声的不稳定性

占空比 高占空比时，一些单稳态触发器会缩短脉冲宽度。例如，NXP的74LV123在+3.3V电源电压下且$R=10\text{k}\Omega$和$C=100\text{nF}$时，具有高达95%占空比的恒定脉冲宽度，在占空比接近100%时，脉冲宽度减小约1.5%。在这方面，不可再触发的'221单稳态触发器的性能要差得多，在高占空比时工作不稳定。相比之下，在我们的测试中，Fairchild的MM74HC123A在占空比高达99.98%时依然保持完美的时序，无抖动的输出脉冲。

另外需要注意的是电容大小对再触发恢复时间的影响。例如，TI的74LVC1G123数据手册中绘制了各种电容的最小再触发时间图。当用10nF定时电容时，显示的最小等待时间为$1\mu\text{s}$，这是用$10\text{k}\Omega$电阻时脉冲宽度$100\mu\text{s}$的1%。

触发 当输入触发脉冲过短时，单稳态触发器可能会产生不合标准或抖动的输出脉冲，需要指定最小触发脉冲宽度，例如当4538使用+5V电源时为140ns，使用+15V电源时为60ns（4000系列高压CMOS器件更快，并且在较高电源电压下工作时具有更大的输出驱动能力），在指定的+5V电源下，'HCT423为25ns，快速器件'LVC123在+3.3V电源下为3ns。

抗噪性 由于单稳态触发器电路中有线性电路，其抗噪性通常比其他数字电路差。单稳态触发器特别容易受到用于设置脉冲宽度的外接R和C附近的容性耦合的影响。此外，某些单稳态触发器电路很容易因V_+线路或地线上的毛刺而引起误触发。避免这些问题的一种方法是使用经过RC滤波的专用V_+电源供电，见图7.61b。或者，如果有更高的电源电压，可以通过小型线性稳压器，用单独稳压的V_+向单稳态触发器供电。

技术规格 注意，单稳态触发器电路的性能（脉冲宽度的可预测性、温度和电压系数等）在其脉冲宽度范围的极端情况下可能会显著降低。器件规格通常是在性能良好的脉冲宽度范围内给出的，这可能会引起误解。此外，不同制造商生产的相同编号的单稳态器件的性能可能存在很大差异。请仔细阅读数据手册！

输出隔离 与任何包含触发器的数字设备一样，在通过电缆或连接到仪器的外部设备之前，应对输出进行缓冲（通过门、反相器或者是像线路驱动器这样的接口器件）。如果试图用像单稳态触发器这样的设备直接驱动电缆，则负载电容和电缆反射可能会导致工作不稳定。

使用单稳态触发器的一般注意事项 使用单稳态触发器产生脉冲串时，注意不要在末端产生多余的脉冲。也就是说，确保单稳态触发器输入端的使能信号本身不会触发脉冲。

不要过度使用单稳态触发器。人们很容易把它们放在任何地方，到处都是脉冲。包含大量单稳态触发器的电路是新手设计师的标志。除了刚刚提到的问题之外，还有一个额外的复杂问题是，充满单稳态触发器的电路不允许对时钟频率进行太多调整，因为所有的时间延迟都经过调整以使电路以正确的时序工作。在许多情况下，首选是在没有单稳态触发器的条件下，完成相同的工作。图7.62显示了一个示例。

图7.62的原理是产生一个脉冲，然后在输入信号的上升沿之后产生第二个延迟脉冲。这些可用于设置和启动需要完成某些先前操作的操作，如由输入上升沿发出的信号。在第一个电路中，输入触发第一个单稳态触发器，然后在其脉冲结束时触发第二个单稳态触发器。

第二个电路使用D触发器进行类似操作，产生宽度等于一个时钟周期的输出脉冲。与使用级联单稳态触发器的异步电路相反，这是一个同步电路。从包括抗干扰性在内的多个角度来看，使用同步方法通常更可取。如果想产生更短的脉冲，可以用同一种电路，从更高频率的主时钟中分频出系统时钟（通过几个可切换的触发器）。然后，主时钟将用于电路中的D触发器。在同步电路中，常用多个细分的系统时钟。注意，与级联单稳态触发器的瞬时响应不同，数字延迟电路中最多有一个时钟周期的抖动。

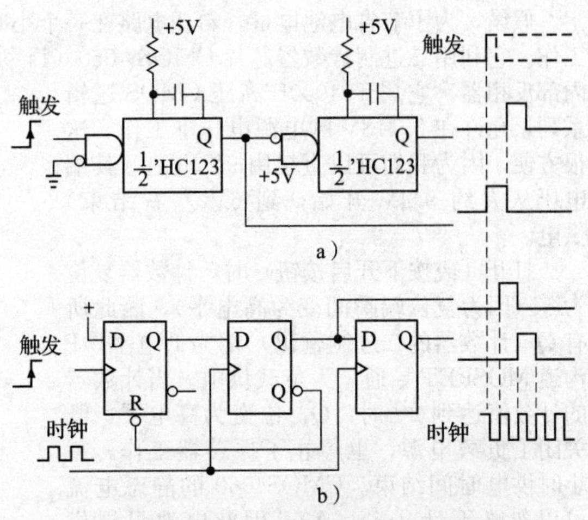

图7.62 数字延迟可以代替单稳态触发器延迟。注意（与电路a中的触发器启动输出不同），在电路b中，其数字输出与输入触发器之后的CLK的下一个上升沿同步

7.2.3　单稳态触发器应用：限制脉冲宽度和占空比

这是一个很好的单稳态触发器应用，简单有效。当用高电流短脉冲（例如电磁阀或LED）驱动设备时，尤其是在这些脉冲是由软件产生的情况下（用微控制器或FPGA），它非常有用。当然，危险在于软件缺陷或微控制器崩溃会导致破坏性的长脉冲。

举个具体的例子，我们实验室的一个研究人员在用装有60个发光二极管（LED）照明环的显微镜拍摄斑马鱼。相机快门以120帧/秒的速度工作，每8ms产生80μs宽的LED驱动脉冲。由于占空比（t_{ON}/T）只有1%，因此可以用非常高的电流（1A或其额定连续电流100mA的10倍）驱动LED且无须散热。这很好，但摄像程序中的某个错误产生了一个长脉冲，损毁了LED阵列。

解决方案是如图7.63所示的电路。触发后，第一个单稳态触发器产生脉冲T_1，并在时间T_1后关闭与门，以限制最大输出脉冲宽度T_{OUT}。第二个单稳态触发器禁止再触发，直到超时为止，即直到最后一次触发后的总时间T_2为止，以防止进一步的LED驱动脉冲。这里，我们选择定时元件RC来设置T_1=100μs和T_2=5ms。

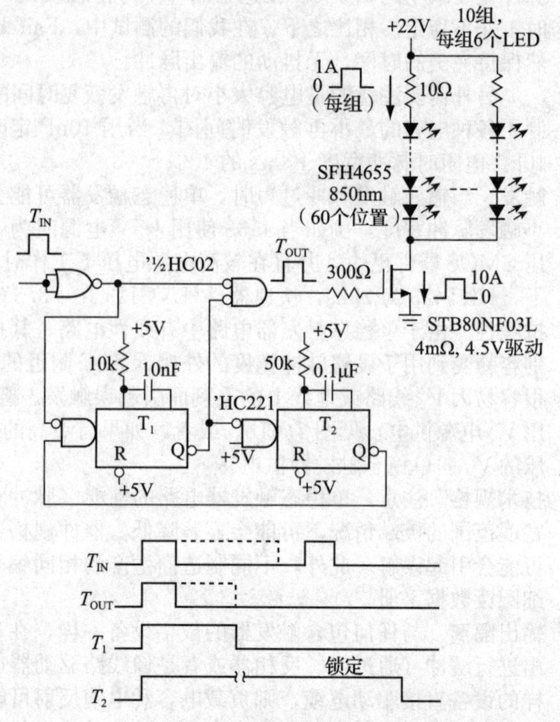

图7.63　一种用于大电流脉冲器件的简单保护电路：用一对单稳态触发器限制脉冲宽度和占空比

7.2.4　数字计数器定时

对于需要长延时（几分钟到几小时，甚至几天）或需要实际精度、稳定性或可预测性的定时工作，这些模拟定时方法是不够的，要做的是将数字计数器与固定频率振荡器（可能具有很高的稳定性）结合使用。数字技术将在《电子学的艺术》（原书第3版）（下册）第10～13章中详细介绍，它们是定时器的重要组成部分，因此在这里我们必须把它们包括在内。

1. 示例：供电一小时

假设，为了节省电池电量，希望电路在一个小时后关闭便携式仪器。图7.64的电路可完成这项工作。它利用二进制计数器芯片CMOS 4060（14级级联），该芯片包括一对用于实现RC振荡器的内部反相器。它属于4000B高压CMOS逻辑系列，允许在3～18V的电源电压下工作。这很方便，因为我们可以直接用9V电池（其端电压从大约9.4V开始，到6V左右结束）供电。

打开（或按下开启按钮）时，计数器复位为零（因为复位端瞬间变为高电平），因此所有Q（计数器的二进制输出）都为低电平。P沟道MOSFET导通，为负载供电。当计数器的计数值达到2^{13}时，Q_{14}位变为高电平，既关闭了负载电源，也停止了振荡器工作，一小时供电时间结束。CMOS4060的静态电流可以忽略不计（≪1μA），因此电池只提供MOSFET的漏电流，也可以忽略不计。

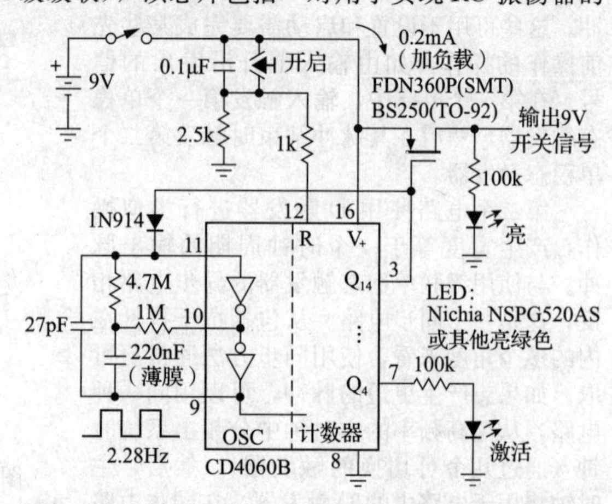

图7.64　供电一小时。1MΩ（标称）的频率设定电阻可以用750kΩ固定电阻与500kΩ电位器串联组成

一些评论。①像我们在这里所做的，对振荡器钳位以结束周期是一个技巧，通常会用触发器的两个状态分别对应电源打开和关

闭，流行的可编程定时器芯片 14541 内部提供这类功能，是一个更好的选择；②第 4 个计数器位（Q_4）用于发送工作信号，因此知道计时器正在运行，我们使用工作电流为 50μA 的高效 LED，以使电流消耗最小；③用可编程的微处理器可以很容易地完成这样的任务，微处理器可以灵活地重新编程，并可以同时完成其他任务。

还可以用 TimerBlox 芯片制作一小时电源电路。显而易见的选择是 LTC6993 单触发定时器，但该器件的最高脉冲持续时间为 34s。取而代之的是，可以按图 7.65 所示搭建 LTC6991 低频振荡器（最长振荡周期为 9.5h），其在前半个周期结束后保持复位状态。该电路运行在这些芯片设计的低电压下（+2.5～+5.5V 的单电源），这要求 Q_1 使用低阈值（门限）的 PMOS 开关。该系列定时器的一个很好的特点是其精度（最坏情况下为±1.5%）：一小时供电将在到达指定时间后的一分钟内停止。

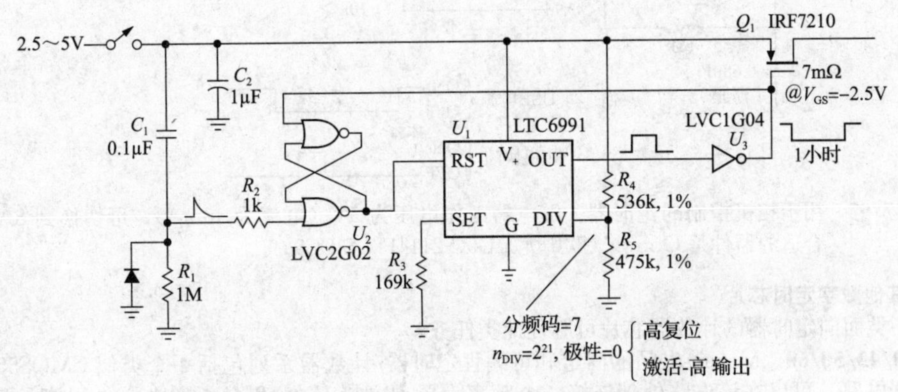

图 7.65 TimerBlox（定时器）型一小时电源

2. 示例：每小时一秒

给定 1Hz 输入时钟，用最少数量的芯片实现每小时产生一次 1s 的脉冲。图 7.66 显示了一种再次用集成二进制计数器完成此操作的方法。这次，我们用 12 级计数器 4040，它没有振荡器，但提供每一级的输出。当指示的 Q 值全部为高电平，即计数 $n=2048+1024+512+8+4+2+1=3599$ 时，与门输出高电平；并设置输出触发器，输出触发器既产生一个时钟周期的高电平输出，又复位了计数器。由于计数器复位为零，因此整个周期为 3600s。

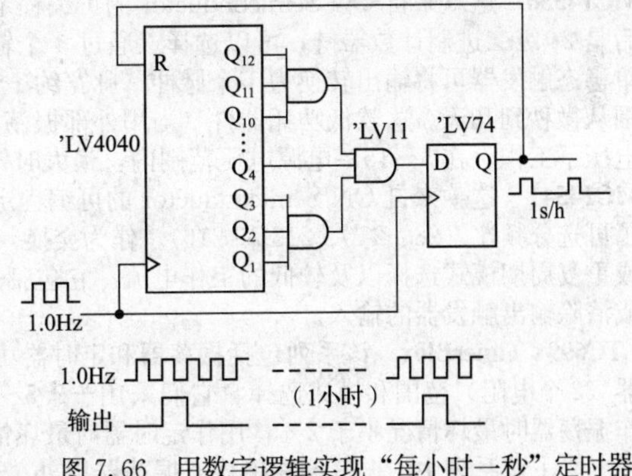

图 7.66 用数字逻辑实现“每小时一秒”定时器

3. 示例：远程摄像机控制

我们想用松下 DMC-LC1 数码相机来捕捉恒星图像通过光电倍增管阵列时的微弱光线。这款相机有 USB 端口，可用于读取和删除其存储卡中的图片，但没有提供触发快门的方法。但它确实有一个单独的电子快门释放连接器，可以通过开关或继电器触发该连接器。因此，想法是用继电器拍照，然后通过 USB 连接进行读取。

这听起来很简单，但有一个陷阱：当 USB 端口处于活动状态时，无法拍照。事实证明，在拍照之前必须至少关闭 USB 连接 3s，然后再等待一两秒才能重新启动以获取图像。图 7.67 显示了针对此时序问题的解决方案，再次依赖数字计数方法。该电路由工作频率为 0.6Hz 的 CMOS 555 定时。它为十进制计数器 4017 提供时钟，该计数器有个有趣的功能，可以为 10 种状态（0～9）的每一种提供单独的输出；上电后，它将在状态 0 下启动（由于 *RC* 复位），然后按顺序向上计数。由于 M^2L（Mickey Mouse Logic，米老鼠逻辑）二极管阵列，状态 0～4 都会使 USB 电源继电器启动[㊀]，这将断开通过继电器常闭触点连接的 USB 电源。在 USB 停用期间，状态 3 出现，启动继电器和快门（此处为继电器常开触点），然后关闭快门，再过 1.5s 后恢复 USB 电源。

㊀ 用数字逻辑语言：这是一个 5 输入或门。

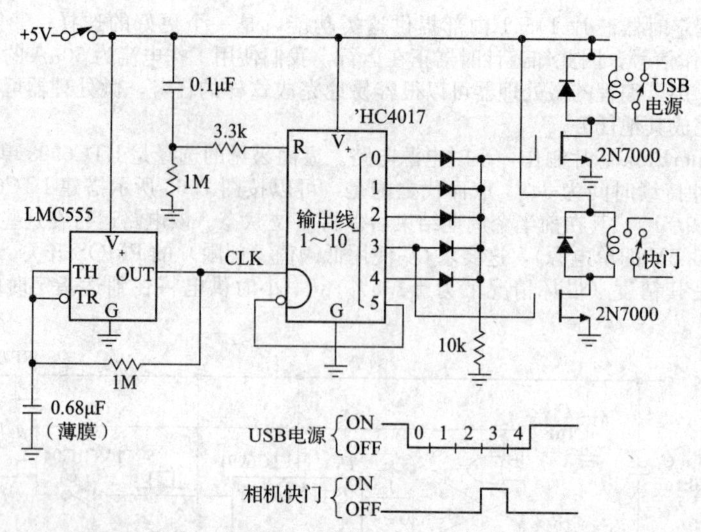

图7.67　用于相机控制的定时器。继电器工作电压为5V（电流为40mA），可切换到8A，合适的器件是Omron（欧姆龙）G5C-2114P-US-DC5

4. 其他数字定时芯片

有一类面向定时器的计数器芯片可胜任此类任务。

ICM7240/42/50/60　Maxim出品的固定和可编程定时器/计数器系列包括一个类似CMOS555的内部振荡器电路，可以在该电路外部连接一个频率设置R（接V_+）和C（接地）。8引脚的7242有一个固定的模256计数器，在$f_{osc}/2$和$f_{osc}/256$处有一对输出。16引脚的7240/50/60可以通过编程引脚设置分频模数，分别为二进制（1～255）、十进制（1～99）和实时（1～59）模式。这些低功耗器件（<1mA）可在2～16V的电源电压下工作，在该范围内，振荡器最大频率为1～15MHz（典型值）。

MC14536　这款来自ON Semiconductor的可编程定时器包括用于实现RC振荡器的内置反相器，其后是24级二进制计数器链，可以选择（通过4个输入引脚）最后16级中的任一级作为输出。片上单稳态触发器可将输出转换为1个脉冲（脉宽约1～100μs），可以绕开前8级，以缩短延时，延时范围从微秒到几天。这款低功耗器件（当用外部振荡器驱动时约为1.5μA/kHz）可在3～18V的电源电压下工作，在5～15V电源电压范围内，最大时钟频率为1～5MHz（典型值）。

MC14541　这款来自ON Semiconductor的可编程定时器类似于MC14536，但只包含16级，并限制了可选分频比（28、210、213和216）。作为交换，它提供了内部上电复位、输出极性选择、单周期或重复周期模式选择以及较低的工作电流。它包括一个输出触发器，但不幸的是没有提供可以设置或清除输出触发器的输入。

LTC699x TimerBlox　该系列包括振荡器和定时器功能，具有单电阻频率（或延迟）编程，以及分压器（2个电阻）范围和模式选择。它们采用+2.5～+5.5V单电源供电，具有出色的定时精度（用作振荡器时最坏情况小于2%，用作定时器时最坏情况为3.4%）。

除了该系列中的振荡器和单稳态振荡器以外，还有LTC6994-x延迟模块与去抖动器。-1型仅延迟一个边沿，而-2型对两个边沿都延迟（因此保留脉冲宽度）。延迟范围τ为1μs～34s，可通过分压器选择（以及极性模式）；第二个电阻可在选定范围内以16∶1的跨度调谐延迟。短于τ的输入脉冲不会产生输出，这便于去抖动或进行脉冲限定。

TPL5000/5100　这些来自Texas Instruments的纳瓦功率级定时器的工作电压范围为1.8～5.5V，额定电流仅为40nA，并且是3位可编程的（通过3个输入引脚），时间为1～16s或16～1024s（分别为TPL5000和5100）。TPL5100可以驱动1个P沟道功率MOSFET来切换输出负载。

微控制（处理）器　微控制器是一种廉价且灵活的片上计算机，可以嵌入几乎任何类型的电子设备中。我们将在《电子学的艺术》（原书第3版）（下册）的第15章中详细介绍这些器件。

图7.68中，具有片上振荡器和计时器功能的Atmel ATtiny24微控制器运行程序来完成相机快门和USB电源时序控制。它的输出引脚可以拉或灌20mA的电流，因此使用并联对来处理40mA的继电器电流。像所有微控制器一样，它有许多型号可供选择，并带有额外的存储器、I/O、A/D转换器等。

微控制器版的“供电一小时”（见图7.69）稍微有点复杂，因为微控制器只能在低于前面我们为图7.69中示例选择的+9V的电源电压下工作，通常需要电压范围为+1.8～+5V的直流电源。这里我们用的是具有关机模式的低压差线性稳压器（在该模式下，其待机电流 I_{OFF} 约为 $1\mu A$），并可在运行期间用微控制器输出引脚启用稳压器。除定时外，该电路的电池损耗为零（除了漏电和 I_{OFF}）。可编程微控制器的一大优点是它们能够在各种任务中提供出色的性能。在这个电路中，可以对控制器进行编程来接收其他输入并产生其他输出（例如，检测温度和湿度并在LCD显示屏上显示数值），并完全省略输出功率开关。或者更简单地说，作为简单的供电一小时任务的改进，可以有多种模式输入来设置不同的时间或电源模式等。

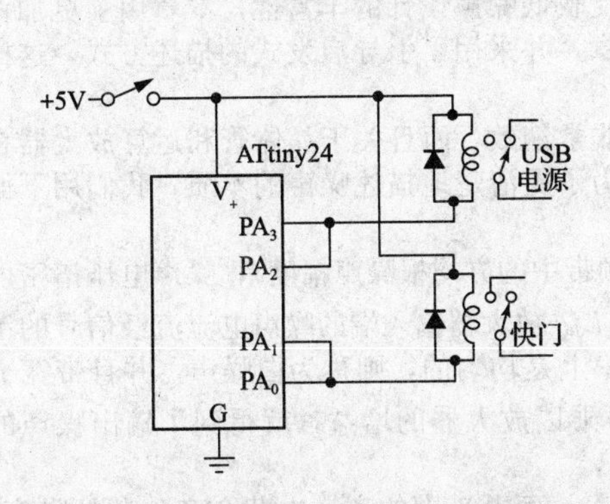

图7.68 用微控制器实现的用于摄像机控制的定时器

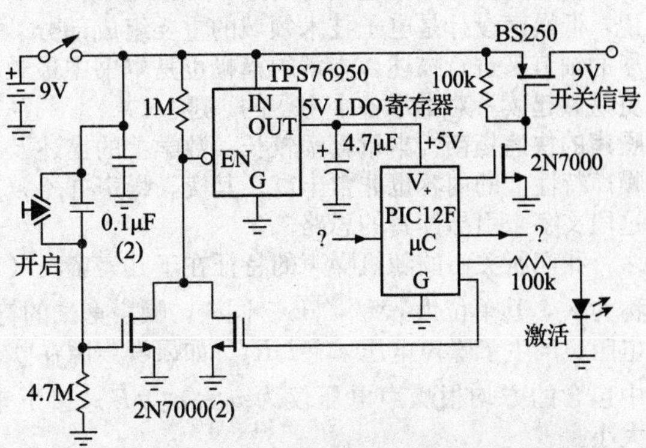

图7.69 用微控制器实现“供电一小时”

第 8 章 低噪声技术

在许多信号处理应用的场景中，处理小信号时，必须最大限度地减小放大器噪声的影响。可以说，低噪声设计是电子技术领域的重要组成部分。为了反映低噪声设计的丰富性，本章用了更加详尽的细节来进行描述。本章的篇幅也是本书中最长的一章，并采用了引导启发式的描述方式，这样更易激起读者对本章各个主题的兴趣。

噪声的快速指南 本章篇幅较长，数学上的描述及推导非常细致，而且关于晶体管和运算放大器在噪声特性上的内容也非常丰富。其实，噪声并不复杂。为了更清楚地描述噪声的本质，我们用下面这段文字来引导读者的思路。

我们所关心的随机噪声的特征在于其谱密度（1Hz 频带中的方均根噪声幅度）；噪声电压谱密度称为 e_n，其单位为 $nV/\sqrt{Hz}$。同样，噪声*电流*的符号为 i_n。放大器输入端的噪声电流流经信号的源电阻，产生了噪声电压 $e_n = i_n R_S$。如果噪声源在整个频率上是均匀的，则称为白噪声，并且带宽 B 中包含的方均根噪声电压仅为 $v_n = e_n\sqrt{B}$。接下来，再乘以放大器的增益，就得到了输出噪声的大小。

放大器不是唯一的噪声来源。电阻会产生约翰逊噪声，而电流中的离散电荷会产生散粒噪声，它们都属于白噪声。那么，为了计算具有多个独立噪声源的电路中的总噪声，又该怎么办呢？可以通过计算每个噪声谱密度的平方之和，乘以带宽，再取其平方根，就计算出了总噪声。

8.1 噪声

在几乎每个测量领域中，微弱信号的可检测性的最终极限都是由噪声来决定的，如果噪声信号强于待测的微弱信号，则很难提取（微弱信号的检测与提取一直都是测量领域的难题）。即使被测信号强度不弱，噪声的存在也会降低测量的准确性。而且某些形式的噪声是不可避免的（例如被测信号的实际波动引起的噪声），只有通过*信号平均*和*带宽变窄*的技术才能克服这些噪声的影响。其他形式的噪声（例如射频干扰和接地回路），可用多种技术来减小或消除，包括滤波以及注意布线配置和元器件位置之间的关系等方法。最后，在信号放大过程中也会产生噪声，一般通过低噪声放大器设计技术来降低该噪声。降噪之后，一般采用信号平均技术来获取“掩埋”在噪声中的信号。

我们首先讨论影响电子电路的各种噪声的起源和特征；其次，讨论双极晶体管（BJT）和场效应晶体管（FET）噪声，包括在给定信号源下进行低噪声设计的方法，并提供一些设计示例；接下来，对差分放大器和反馈放大器中的噪声进行简要论述；然后，我们将继续对运放进行低噪声设计分析，包括跨阻（电流至电压）放大器；接下来是有关噪声测量、带宽限制和锁定检测的部分，再简要论述电源噪声的特点；最后，以适当的接地和屏蔽以及干扰的消除和检测为结尾。

因为*噪声*一词可以用于描述遮挡所需信号的一切干扰，所以噪声可以被表示为另一种形式的信号；但最常见的是，我们使用该术语来描述物理（通常是热）起源的随机噪声。噪声可以通过其频谱、振幅分布以及产生噪声的物理机制来表征。接下来让我们看一下主要噪声的分类。

- **约翰逊噪声**：由电阻中的热波动产生的随机噪声电压。
- **散粒噪声**：由于电荷的离散性而导致的流动电流中的随机统计波动。
- **闪烁噪声**：额外的随机噪声，在低频，功率通常上升为 $1/f$，原因多种多样。
- **突发噪声**：低频噪声通常被视为由材料器件缺陷引起的一对电平之间的随机跳跃。

8.1.1 约翰逊（奈奎斯特）噪声

电路的电阻中电导流子的无规则热运动就会在其两端产生噪声电压，这种噪声被称为约翰逊噪声（或奈奎斯特噪声）。它具有平坦的频谱，这意味着噪声大小在带宽范围内是均等的，具有相同的噪声功率（当然有一定的限制）。频谱平坦的噪声也称为白噪声。由电阻 R 在温度 T 下产生的实际开路噪声电压为

$$v_{noise}(rms) = v_n = (4kTRB)^{\frac{1}{2}}\ V(rms) \tag{8.1}$$

式中，k 是玻耳兹曼常数，T 是开氏温度的绝对温度（$K = ℃ + 273.16$），B 是带宽（以 Hz 为单

位）。因此，如果用电阻在温度 T 下驱动一个带宽为 B 的无噪声带通滤波器，则输出端测量的噪声（rms）在室温下（68℉=20℃=293K）为

$$
\begin{aligned}
4kT &= 1.62\times10^{-20} \quad \mathrm{V^2/(Hz\cdot\Omega)}\\
(4kTR)^{\frac{1}{2}} &= 1.27\times10^{-10}R^{\frac{1}{2}} \quad \mathrm{V/Hz^{\frac{1}{2}}}\\
&= 1.27\times10^{-4}R^{\frac{1}{2}} \quad \mu\mathrm{V/Hz^{\frac{1}{2}}}
\end{aligned}
\tag{8.2}
$$

例如，室温下 10kΩ 电阻的开路噪声电压为 1.3μV，以 10kHz 的带宽测量（例如，将其放置在良好的音频放大器的输入端并用电压表测量其输出）。若噪声电压的源电阻为 R，如果将电阻的端子连接在一起，则会得到一个（短路）电流

$$i_{\text{noise}}(\text{rms})=v_{\text{noise}}(\text{rms})/R=v_{\text{nR}}/R=(4kTB/R)^{\frac{1}{2}} \tag{8.3}$$

将噪声电压（或电流）表示为密度 e_{n}（每平方根带宽的方均根电压）很方便。具有平坦（白色）光谱的约翰逊噪声具有恒定的噪声电压密度为

$$e_{\text{n}}=\sqrt{4kTR}\quad \mathrm{V/Hz^{\frac{1}{2}}} \tag{8.4}$$

从中可以得出在有限带宽 B 中的方均根噪声电压为 $\mathrm{nV}/\sqrt{\mathrm{Hz}}$。同样，短路噪声电流密度为

$$i_{\text{n}}=\sqrt{4kT/R}\quad \mathrm{A/Hz^{\frac{1}{2}}} \tag{8.5}$$

图 8.1 绘制了约翰逊噪声电压密度与源电阻之间的简单关系，还显示了短路噪声电流密度。在为低噪声放大器设计选择电阻值时，请记住：室温下的 1kΩ 电阻产生的开路噪声电压密度为 $4\mathrm{nV}/\sqrt{\mathrm{Hz}}$。

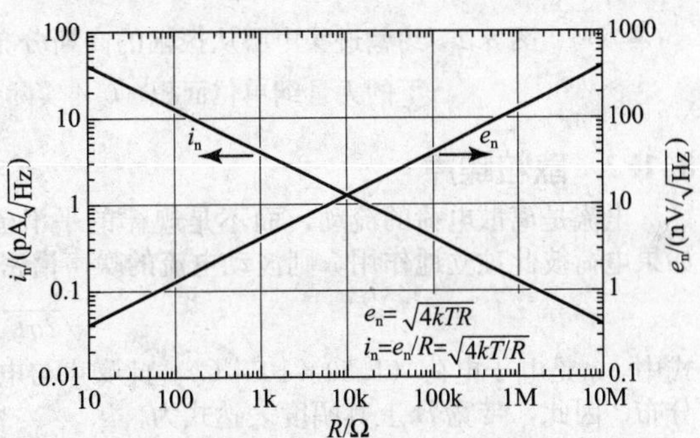

图 8.1　25℃时开路热噪声电压和短路热噪声电流密度与源电阻的关系

这里给出了一个方便的约翰逊噪声表，列出了 7 个以十倍递增电阻阻值的电压和电流噪声谱密度（单位为 $\mathrm{V}/\sqrt{\mathrm{Hz}}$ 和 $\mathrm{A}/\sqrt{\mathrm{Hz}}$，其中噪声的频带为 10kHz）。

R/Ω	**约翰逊噪声，温度为 25℃**			
	开路		**短路**	
	e_n/(nV/$\sqrt{\mathrm{Hz}}$)	**$e_n\sqrt{B}$ B=10kHz/μV**	**i_n/(pA/$\sqrt{\mathrm{Hz}}$)**	**$i_n\sqrt{B}$ B=10kHz/pA**
100	1.28	0.128	12.8	1280
1k	4.06	0.406	4.06	406
10k	12.8	1.28	1.28	128
100k	40.6	4.06	0.406	40.6
1M	128	12.8	0.128	12.8
10M	406	40.6	0.041	4.06
100M	1280	128	0.0128	1.28

通常，任何时刻的约翰逊噪声电压的幅度都是不可预测的，但是它服从高斯幅度分布（见图 8.2），其中 $p(V)\mathrm{d}V$ 是瞬时电压介于 V 和 $V+\mathrm{d}V$ 之间的概率，$v_{\text{n}}(\text{rms})$ 是方均根噪声电压。

约翰逊噪声的意义在于，它是具有电阻的任何检测器、信号源或放大器中的噪声电压的下限。源阻抗的电阻部分会产生约翰逊噪声，放大器的偏置电阻和负载电阻也会产生约翰逊噪声。那么，我们是如何处理它的呢？

我们来看这样一个现象，电阻的物理模拟（物理系统中任何能量损失的机制）都与其相关的物理量的波动有关（在这种情况下，粒子的速度表现为混沌布朗运动）。约翰逊噪声只是这种波动-耗散现象的特例。

当外部施加的电流流过电阻时，约翰逊噪声不会与由电阻阻值波动产生的额外噪声电压混淆。这种过大的噪声具有频谱 $1/f$，并且在很大程度上取决于电阻的实际结构。我们稍后会再讨论这一点。

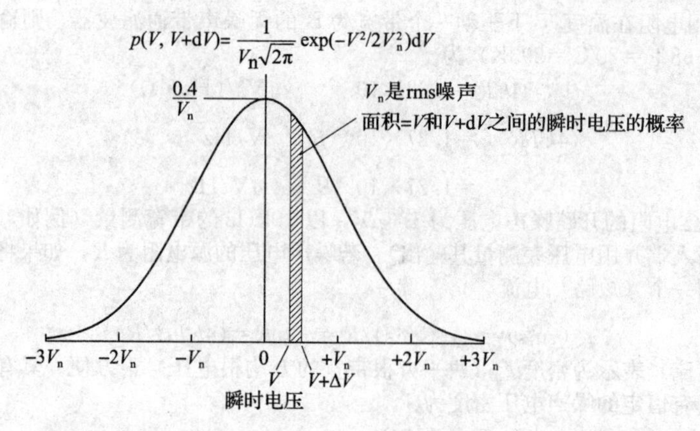

图8.2　约翰逊噪声服从振幅的高斯分布。归一化系数$0.4/\sqrt{V_n}$确保钟形曲线下的无量纲单位面积（0.4实际上是$1/\sqrt{2\pi}$，约为0.3989）

8.1.2　散粒噪声

电流是离散电荷的流动，而不是规律的平滑流动。电荷量子的有限性会导致电流的统计波动。如果电荷彼此独立地作用，则波动电流的噪声谱密度为

$$i_n=\sqrt{2qI_{dc}}\quad A/Hz^{\frac{1}{2}} \tag{8.6}$$

式中，q是电子电荷（1.60×10^{-19}C）。此噪声与电阻约翰逊噪声一样，是白色的，并具有高斯幅度分布。因此，带宽B上其幅度表达式为

$$i_{noise}(rms)=i_{nR}(rms)=i_n\sqrt{B}=(2qI_{dc}B)^{\frac{1}{2}}\quad A(rms) \tag{8.7}$$

例如，在10kHz带宽中测得的1A的稳定电流实际上具有57nA的方均根波动，即波动约占0.000 006%。对于较小的电流，相对波动较大：1μA的稳定电流实际上具有方均根值的电流噪声波动（在10kHz带宽上测得）为0.006%，即−85dB。直流为1pA时，方均根电流波动（相同带宽）为57fA，即变化了5.7%！所以，信号越小散粒噪声的影响越大。

下表列出了10kHz频带中散杂度电流跨越12个数量级的散粒噪声电流密度和散粒噪声电流。

		短路噪声电流 B=10kHz	
I_{dc}	i_n	$i_n\sqrt{B}$ (10kHz)	$\frac{i_n\sqrt{B}}{I_{dc}}$
1fA	$18aA/\sqrt{Hz}$	1.8fA	+5dB
1pA	$0.57fA/\sqrt{Hz}$	57fA	−25dB
1nA	$18fA/\sqrt{Hz}$	1.8pA	−55dB
1μA	$0.57pA/\sqrt{Hz}$	57pA	−85dB
1mA	$18pA/\sqrt{Hz}$	1.8nA	−115dB

重点：前面散粒噪声公式是在假定构成电流的电荷载流子独立起作用的条件下给出的。但是不同的元器件，电荷载流子的运动是不一样的。对于电荷越过势垒的情况，例如在结型二极管中的电流，电荷确实是通过扩散而移动的。但是对于金属导体的情况却并非如此，在这种情况下，电荷载流子之间存在长程相关性。因此，简单电阻电路中的电流噪声比散粒噪声公式所预测的噪声要小得多。

练习8.1　电阻用作低噪声放大器中的集电极负载，集电极电流I_C伴有散粒噪声。证明只要负载电阻两端的静态压降大于$2kT/q$（在室温下为50mV），输出噪声电压就由散粒噪声（而不是电阻中的约翰逊噪声）决定。

8.1.3　1/f噪声（闪烁噪声）

散粒噪声和约翰逊噪声是根据物理原理生成的不可还原的噪声形式。即便是最昂贵、最精心制作的电阻，也与最常见的碳电阻在相同电阻值情况下，具有完全相同的约翰逊噪声。此外，真实设

备还具有多种过大噪声来源。实际电阻在工作时会受到其他干扰波动的影响，从而产生与流过它们的直流电流成比例的附加噪声电压（这会增加约翰逊噪声）。该噪声取决于与特定电阻构造有关的许多因素，包括电阻材料及制作工艺，尤其是引线连接端的影响。下面列出了各种类型电阻的典型过剩噪声，以在十个频率上测得的电阻两端每伏方均根（μV）的形式给出：

碳成分电阻	0.10～3.0μV
碳膜电阻	0.05～0.3μV
金属膜电阻	0.02～0.2μV
线绕电阻	0.01～0.2μV

该噪声的功率谱大约为 $1/f$（每十倍频等于功率），有时也称为粉红噪声。当针对电压或电流（而非功率）绘制时，其幅度下降为 $1/\sqrt{f}$，见图 8.3。图 8.4 显示了白噪声和粉红噪声（$1/f^2$ 功率谱）的对比。

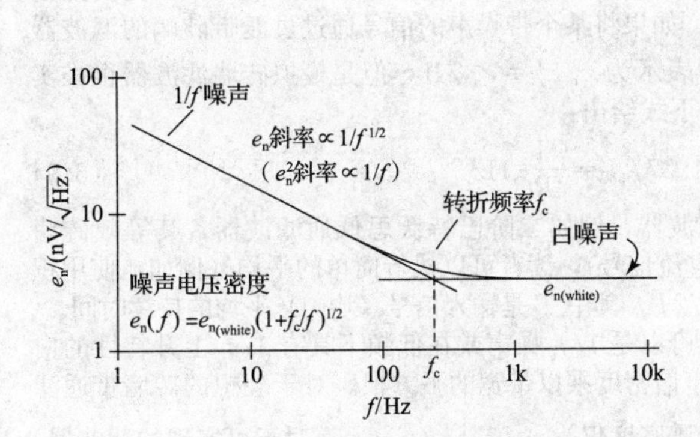

图 8.3　当在对数轴上绘制噪声电压与频率的关系时，$1/f$ 噪声以 1/2 的斜率下降，即 $1/f^{\frac{1}{2}}$

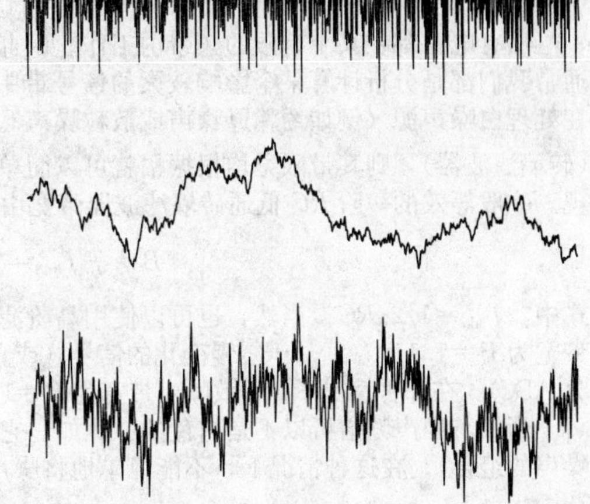

图 8.4　三种噪声：顶部为白噪声，中间为红噪声，底部为粉红噪声

读者在学习相关知识时，经常会看到 $1/f$ 噪声与底层白噪声成分相同的转折频率符号 f_c。组合噪声电压谱密度为

$$e_n(f)=e_{n(white)}\sqrt{1+f_c/f} \tag{8.8}$$

从中可以计算出从 f_1 到 f_2 的频带内的方均根积分噪声电压。

其他生成噪声的机制通常也会产生 $1/f$ 噪声，例如晶体管中的基极电流噪声和真空管中的阴极电流噪声。奇怪的是，自然界中的 $1/f$ 噪声存在于意想不到的地方，例如洋流的速度、沙漏中的沙流、高速公路上的交通流等。如果将一段古典音乐的响度与时间作图，就会获得 $1/f$ 噪声的频谱！对于似乎在我们周围萦绕的所有 $1/f$ 噪声，尚未找到统一的描述准则，尽管通常可以在每种情况下识别出其特定的来源。

8.1.4　突发噪声

并非所有噪声源都具有高斯（甚至平滑）的幅度分布特征。其中，最典型的是突发噪声（也称为爆米花噪声、双稳态噪声或随机电报信号噪声），它偶尔会在半导体器件中出现。突发噪声是由两个电压电平之间的随机跳变组成的，发生在数十毫秒的时间范围内，当用扬声器播放其时，它听起来像爆米花噼噼啪啪的声音。图 8.5 给出了典型波形，当然，该波形是将噪声通过放大后得到的。在这里，放大器采用的是以 741 运算放大器为核心的增益 $G=100$ 的同相放大器。

从频域来看，突发噪声造成信号低频部分频率升高，但其没有任何明显的频谱峰值。可以在图 8.6 中看到这一点，其分别绘制了有、无突发噪声两种情况的运放样本的电压噪声频谱。

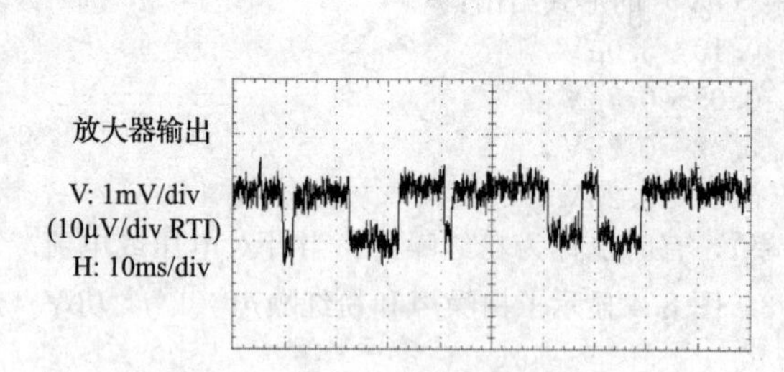

图8.5　741放大器的突发噪声，配置为带接地输入的×100同相放大器

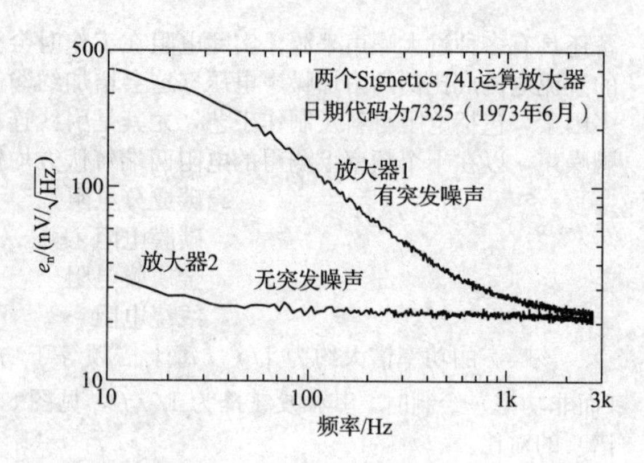

图8.6　由与图8.5相同的运算放大器产生的突发噪声频谱

8.1.5　带限噪声

所有电路都在某个有限的频带内工作。因此，尽管分析并计算*噪声谱密度量*是可以实现的，但通常我们都是分析计算某个影响较大的信号带中包含的方均根噪声电压。在很多情况下，其实都是在处理白噪声源（例如约翰逊噪声或散粒噪声）。如果将某个带噪声的信号通过过渡带陡峭的滤波器（砖墙滤波器），则其带限方均根振幅就可以简单表示为 $v_{n(rms)}=e_n\sqrt{B}$，但是模拟砖墙滤波器很难实现。一般等效的一阶 RC 低通砖墙滤波器带宽由下式给出：

$$B=\frac{\pi}{2}f_{3dB}=1.57f_{3dB}=\frac{1}{4RC}\text{Hz} \tag{8.9}$$

式中，$f_{3db}=1/2\pi RC$。当然，也可以使用高阶滤波器，例如二阶巴特沃思低通滤波器，其等效砖墙带宽为 $B=1.11f_{3dB}$。对于缓慢变化的信号（或直流信号），读者可以执行简单的平均（例如，使用积分ADC）。在那种情况下，等效噪声带宽为 $B=1/2T$，其中 T 是输入信号（均匀）平均的持续时间。

当然，噪声频谱可以不是白色的（例如，它可以是 $1/f$ 噪声或在低频下具有 $1/f$ 上升特性的白噪声的组合）。在这种情况下，不能简单地将噪声谱密度乘以带宽的平方根。对于理想的砖墙带通滤波器，从滤波器的低频截止频率到高频截止频率谱密度仅为 $v_n^2=\int e_n^2(f)\mathrm{d}f$。对于可实现的滤波器，对于任意噪声频谱，可以在通带内对噪声谱密度乘以滤波器的频谱响应 $H(f)$ 进行积分：$v_n^2=\int|e_n(f)H(f)|^2\mathrm{d}f$。但是，如果要处理经典的噪声频谱（例如 $1/f$ 闪烁噪声），则会更加简单。在这种情况下，其积分结果可以用解析公式表示。

8.1.6　干扰

如前所述，内部干扰或外部干扰（如杂散干扰、互调干扰等）也会构成一种噪声形式。此类噪声的频谱和幅度特性取决于干扰信号。例如，60Hz电力线阻波器具有尖锐的频谱和相对恒定的幅度，而汽车点火噪声、雷电和其他脉冲干扰的频谱范围很广，并且幅度较大。其他干扰源对广播和电视台（在大城市附近尤其严重的问题）有较强影响，如附近的电气设备、电机和电梯、地铁和开关稳压器等。手机通常是最严重的射频干扰源，即使不使用手机，手机也会定期发送信号以告知手机信号塔其位置，从而以独特的节奏产生一定的干扰。使用蜂窝网络进行互联网访问的移动计算机也是如此。

另外，就设备本身的一些扰动而言，也会对要测量的参数产生相应的干扰。例如，光学干涉仪的振动，敏感的RF测量（例如核磁共振）会受到周围RF的影响。许多电路、检测器甚至电缆对振动和声音都很敏感。用行业术语来说，它们都是*微音*（microphonic）的。

如本章稍后所述，可以通过屏蔽和滤波等手段来抑制这些噪声。在其他情况下，我们将采取更严格的处理措施，涉及块状石桌（用于隔振）、恒温房间、消声室，以及电屏蔽（法拉第笼）房间。

8.2　信噪比和噪声系数

在详细讨论放大器噪声和低噪声设计之前，我们需要定义一些经常用来描述放大器性能的术语。这些术语包括在电路中相同位置测得的噪声电压之比。通常认为噪声电压来自放大器的输入端（尽管通常在输出端对其进行测量），即在*输入端*以微伏为单位来描述信源噪声和放大器噪声，而这些噪声将通过放大器在输出端产生输出噪声。如果要讨论放大器和输入给定信号所增加的相对噪声与放大器增益有无关系时，就必须引入信噪比和噪声系数的概念（一般来说，输出噪声与放大器增益无关）。在这里，大多数放大器噪声通常都是在输入级引入的。所以，之后除非我们另外声明，通常来说噪声电压就是指输入端的噪声电压（Referred To the Input，RTI）。

8.2.1　噪声功率密度和带宽

在前面的约翰逊噪声和散粒噪声示例中，噪声电压既取决于测量带宽 B，同时又取决于噪声来源自身的变量（R 和 I）。因此，给出方均根噪声电压谱密度 e_n 的表达式非常容易：

$$v_{n(rms)}=e_nB^{\frac{1}{2}}=(4kTR)^{\frac{1}{2}}B^{\frac{1}{2}}\quad \text{Vrms} \tag{8.10}$$

式中，v_n 是在带宽 B 中测量的方均根噪声电压。白噪声源的 e_n 与其频率无关，而粉红噪声源的 e_n 则以 3dB/二倍频的速度下降，e_n^2 为均方噪声谱密度。

对于来自电阻 R 的约翰逊噪声的 e_n、e_n^2、v_n 等参量的计算如下：

$$e_{nR}\ (\text{rms})=(4kTR)^{\frac{1}{2}}\quad \text{V/Hz}^{\frac{1}{2}}$$

$$e_{nR}^2=4kTR\quad \text{V}^2\text{/Hz}$$

$$v_{n(rms)}=v_{nR}B^{\frac{1}{2}}=(4kTRB)^{\frac{1}{2}}\quad \text{V}$$

$$v_n^2=v_{nR}^2B=4kTRB\quad \text{V}^2$$

将两个不相关的信号相加时（比如两个噪声信号或噪声加上有用信号），它们的噪声功率也会相加，而相加后的总信号为：

$$v=(v_s^2+v_n^2)^{\frac{1}{2}}$$

式中，v 是通过将信号 v_s 的方均根振幅与噪声信号 v_n 的方均根振幅相加而得到的方均根信号。方均根振幅不相加。

8.2.2　信噪比

信噪比（Signal to Noise Ratio，SNR）的定义为

$$\text{SNR}=10\log_{10}(v_s^2/v_n^2)=20\log_{10}(v_s/v_n)\quad \text{dB} \tag{8.11}$$

式中，电压为方均根值，并指定了一些带宽和中心频率；也就是说，信噪比就是所需信号的方均根电压与噪声的方均根电压之比㊀(以 dB 为单位)。信号本身可能是正弦波，或者是已调制的信号，甚至是类似噪声的信号本身。如果信号具有某种窄带频谱，则指定带宽尤为重要，因为信噪比会随着带宽的增加而降低：放大器会不断增加噪声功率，而信号功率则保持恒定。

8.2.3　噪声系数

现实中，任何信号源或测量设备都会由于其信号源内阻中的约翰逊噪声（其信号源内部阻抗复数表达式中的实部）而产生噪声。当然，可能还有其他原因引入的其他类型噪声。放大器噪声系数（Noise Figure，NF）为实际放大器的输出与理想放大器的输出之比，其值以 dB 为单位，所谓的信号源内阻 R_S 可将其等效为跨接在放大器两端的电阻。也就是说，电阻 R_S 引入的约翰逊噪声是输入信号：

$$\text{NF}=10\log_{10}\left(\frac{4kTR_S+v_n^2}{4kTR_S}\right) \tag{8.12}$$

$$=10\log_{10}\left(1+\frac{v_n^2}{4kTR_S}\right)\text{dB} \tag{8.13}$$

式中，v_n^2 是放大器产生的每赫兹方均噪声电压，在其输入两端连接了值为 R_S 的无噪声电阻且放大器产生的噪声电压很大程度上取决于信号源内阻抗（见图 8.7）。

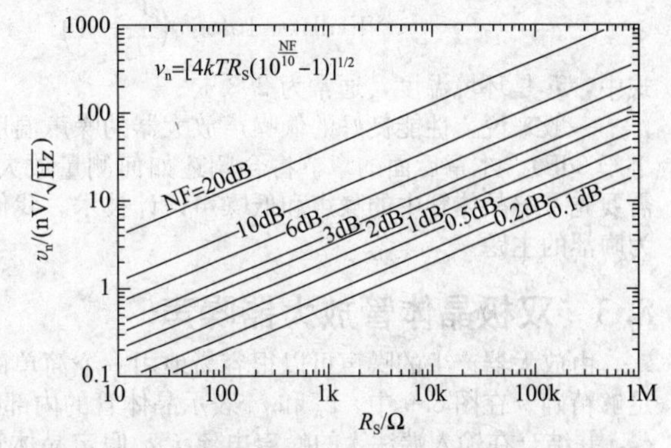

图 8.7　有效输入噪声电压密度与噪声系数和源电阻的关系

㊀ 用振幅平方可以表示以功率为单位的比率，这是分贝比率定义的来源。但是 20log10 形式也被广泛使用，即使在没有实际功率的情况下，例如开路负载时（或更令人困惑的是，当结果与实际功率比不一致时，例如当表达该比率时）信号变压器产生的振幅的变化）。

当给定内阻抗的信号源并想要比较放大器的性能（或经常指定噪声系数的晶体管）时，噪声系数对于衡量放大器的性能非常关键。噪声系数会随频率和源阻抗的变化而变化，通常以恒定噪声系数与频率和 R_S 的等值线的形式给出，也可以给出一组噪声系数与频率的关系图，该组中的曲线分别对应不同情况下的晶体管集电极电流，或一组相似的噪声系数与 R_S 的关系曲线，该组中的曲线分别对应不同情况下的集电极电流。*注意*，以上针对噪声系数的表达式均假设放大器的输入阻抗远大于其源阻抗，即 $Z_{in} \gg R_S$。但是，对于特殊情况下的射频放大器，通常具有 $R_S = Z_{in} = 50\Omega$，此时，NF也有相应的数学表达式。对于这种阻抗匹配的特殊情况，只需要从式（8.12）和式（8.13）中去除因子4。

谬论：不要试图通过在信号源上串联一个电阻来达到最小NF的目的来改善放大器性能。这样做只能使信号源更嘈杂！也就是说，噪声系数的降低必须从改善信号源本身入手。就晶体管或场效应晶体管的噪声系数（例如，噪声系数为2dB）而言，一般是放大器电路中内阻 R_S 和集电极电流 I_C 的最优组合。

通常，在评估某些放大器的性能时，如果必须要使用其源电压和内阻抗计算其SNR，则会比较困难。这里直接给出了NF转换为SNR的公式：

$$\mathrm{SNR} = 10\log_{10}\left(\frac{v_s^2}{4kTR_S}\right) - \mathrm{NF(dB)}(R_S\text{ 处})\quad \mathrm{dB} \tag{8.14}$$

式中，v_s 是方均根信号幅度，R_S 是信号源内阻，NF是放大器在内阻值为 R_S 时的噪声系数。

8.2.4　噪声温度

有时也会以*噪声温度*而不是*噪声系数*来表示放大器的噪声性能。两种方式给出的是几乎相同的信息，即当信号源内阻为 R_S 时，放大器所引入的超额噪声的大小。它们是描述同一现象的不同方法。

由图8.8，来了解一下噪声温度的工作原理，首先想象一个实际放大器连接了一个电阻 R_S，R_S 为无噪声阻抗（见图8.8a）。也可假设将电阻值 R_S 冷却至绝对零度，这样就近似认为其是*无噪声源*。此时，R_S 没有引入任何噪声，而在输出端也存在一些噪声，这是因为放大器本身有噪声。现在想象一下，构造图8.8b，在这里我们使用理想放大器，即此时放大器自身无噪声，并使 R_S 达到某个温度 T_n，以使得*输出噪声电压与图8.8a中的相同*。此时的 T_n 就是源阻抗为 R_S 的放大器的噪声温度。

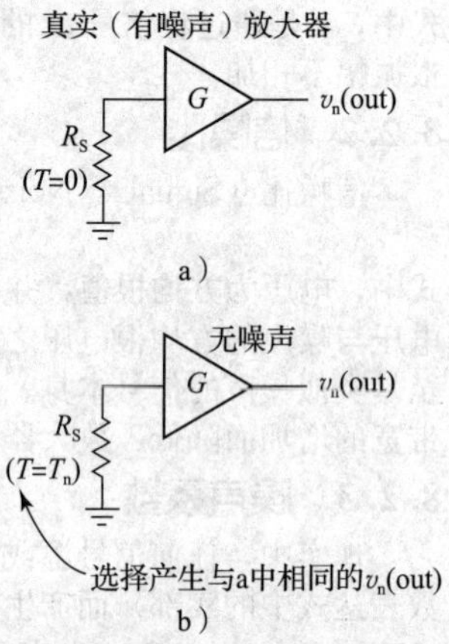

图8.8　噪声温度

如前所述，噪声系数和噪声温度只是传达相同信息的不同方式。实际上，可以通过以下表达式说明二者之间的关系：

$$T_n = T(10^{\mathrm{NF(dB)}/10} - 1) \tag{8.15}$$

$$\mathrm{NF(dB)} = 10\log_{10}\left(\frac{T_n}{T} + 1\right) \tag{8.16}$$

式中，T 是环境温度，通常为293℃K。

一般来说，性能良好的低噪声放大器的噪声温度远低于室温（换种说法就是它们的噪声系数远小于3dB)。本章后面的章节将会阐述如何测量放大器的噪声系数（或噪声温度）。但在之前，读者需要先了解晶体管中的噪声和低噪声设计技术。我们希望随后的讨论将为读者阐明这个通常来说较为晦涩的主题。

8.3　双极晶体管放大器噪声

由放大器产生的噪声可以很容易地用一个简单的噪声模型来描述，这个模型在大多数情况下都足够精确。在图8.9中，e_n 和 i_n 表示晶体管的内部噪声电压和电流，建模为与输入串联的噪声电压 e_n，并结合在输入端注入的噪声电流 i_n。假定晶体管本身（或一般来说，放大器）是无噪声的，它只是放大了它所看到的输入噪声电压（由其自身的 e_n 引起，并与流经输入信号源阻抗 R_S 的情况相结合）。也就是说，放大器提供了总噪声电压 e_a，称为输入噪声：

$$e_a(\mathrm{rms}) = [e_n^2 + (R_S i_n)^2]^{\frac{1}{2}}\quad \mathrm{V/Hz}^{\frac{1}{2}} \tag{8.17}$$

式中，等号右边的两项就是放大器输入噪声电压和放大器输入噪声电流通过信号源内阻所产生的噪声电压的平方⊖。因为这两个噪声项通常不相关，它们的平方振幅相加产生放大器所看到的有效噪声电压，对于低源电阻，噪声电压 e_n 起主导作用，而对于高源阻抗，噪声电流 i_n 通常起主导作用。

图 8.10 给出了低噪声 NPN 晶体管 2SD786 的 e_n 和 i_n 与 I_C 和 f 的关系图。本章将详细介绍如何设计最小噪声放大器的方法。值得注意的是，双极晶体管的噪声电压和噪声电流在 nV/$\sqrt{\text{Hz}}$和 pA/$\sqrt{\text{Hz}}$范围内；对于 FET，噪声电流较低，在 fA/$\sqrt{\text{Hz}}$范围内。

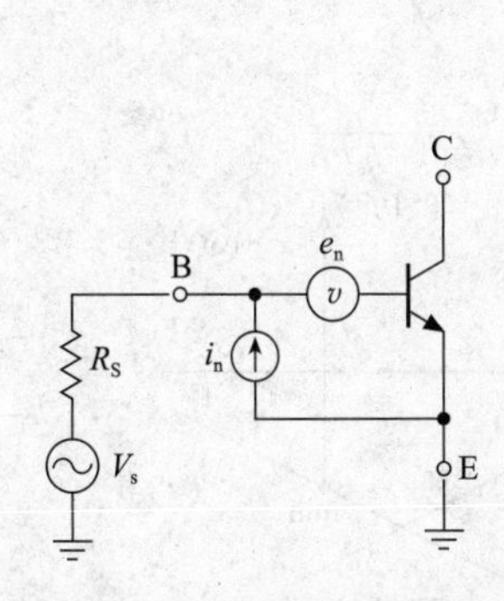

图 8.9　晶体管的噪声模型

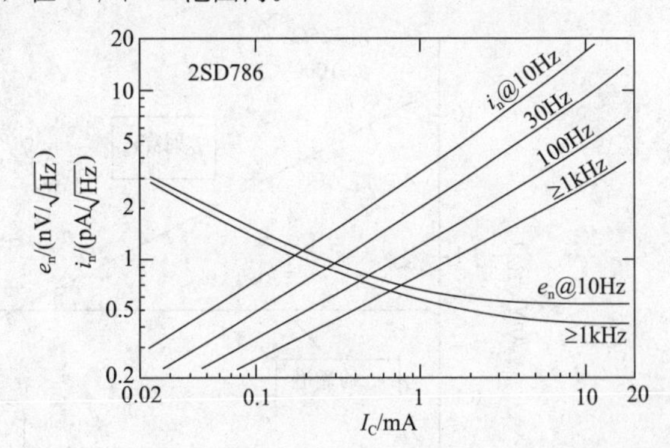

图 8.10　2SD786 NPN 晶体管的等效方均根输入噪声电压（e_n）和噪声电流（i_n）与集电极电流的关系，改编自数据手册

8.3.1　噪声电压 e_n

双极晶体管的基极串联等效噪声电压是由集电极电流散粒噪声产生的，该噪声在本征发射极电阻 r_e 两端会再产生噪声电压，而且它还会在基极体电阻 $r_{bb'}$ 中产生约翰逊噪声，基极电流通过该电阻也会产生噪声。暂不考虑基极电流项（通常不会对 BJT 的噪声电压产生重大影响），输入噪声电压谱密度如下：

$$e_n^2 = 2qI_C r_e^2 + 4kTr_{bb'} \tag{8.18}$$

$$= 4kT\left(\frac{V_T}{2I_C} + r_{bb'}\right) \tag{8.19}$$

$$= 4kT\left(\frac{r_e}{2} + r_{bb'}\right) \quad \text{V}^2/\text{Hz} \tag{8.20}$$

式（8.19）作为第二种形式忽略了 r_e，式（8.20）作为第三种形式忽略了 I_C，在这里，$r_e = V_T/I_C = kT/qI_C$。

第三种形式很方便，因为它可以让你考虑噪声电压，就像从两个电阻中分离出来的约翰逊噪声合并而来。要了解 BJT 噪声电压的大小，了解基极体电阻 $r_{bb'}$ 会很有帮助。典型的 BJT 从几欧姆变为几百欧姆。因此，第二项的噪声电压通常在 0.2～2nV/$\sqrt{\text{Hz}}$的范围内（可以记住，100Ω 电阻的 $e_n = 1.28\text{nV}/\sqrt{\text{Hz}}$）。

对于式（8.20）中的第一项，它告诉我们集电极散粒噪声电流通过 r_e 产生的噪声电压与数值为 $R = r_e/2$ 的电阻的约翰逊噪声相同。例如，在 100μA 的 BJT（假设 $r_e = 250\Omega$）中，这就等于 $e_n = \sqrt{4KT} \cdot 125\Omega$ 或 1.4nV/$\sqrt{\text{Hz}}$。知道这点非常有用，例如当选择电阻值时，就以不损害低噪声放大器的噪声性能为参考了。为了避免今后的计算错误，再次强调一下，本征发射极电阻 r_e 不是一个真实存在的电阻（它只是一个等效电阻），所以其没有约翰逊噪声，我们所描述的噪声电压项仅来自流经无噪声 r_e 的集电极散粒噪声电流产生的噪声电压。

式（8.18）和式（8.20）中的两个噪声电压项均具有平坦的（白色）频谱，并且具有瞬时振幅的高斯分布。由于 r_e 的值与集电极电流成反比，因此 BJT 的 e_n 随集电极电流的上升而下降为 $1/V_C$，最终达到依赖于 r_e 的最小值（见图 8.11）。因此，如果放大器的设计目标是最大限度地降低噪声电压，通常最好在较高的集电极电流下运行；当然，需要付出的代价就是增加的基极电流和热量。再

⊖　附加条件，在较高频率或 i_n 值较小时很重要，即噪声电流 i_n 是由 e_n 与输入电容组合产生的：$i_n = e_n \omega C_{in}$。

以晶体管2SD786为例，当频率高于1kHz，$I_C=100\mu A$时，其e_n为$1.5nV/\sqrt{Hz}$，$I_C=1mA$时，其e_n为$0.6nV/\sqrt{Hz}$（见图8.10）。该晶体管采用特殊的几何形状以实现非常低的$r_{bb'}$，为了实现e_n的最低值，需要4Ω的电阻。当然，如果需要设计工作在一个较低的集电极电流（r_e的影响占主导）情况，只是较低的$r_{bb'}$值是不行的，还得考虑其他因素的影响。为了更直观地说明这一点，我们在图8.12中给出了6种集电极电流为低噪声的NPN晶体管测量曲线，这里使用了基于$r_{bb'}$的简单单参数模型。

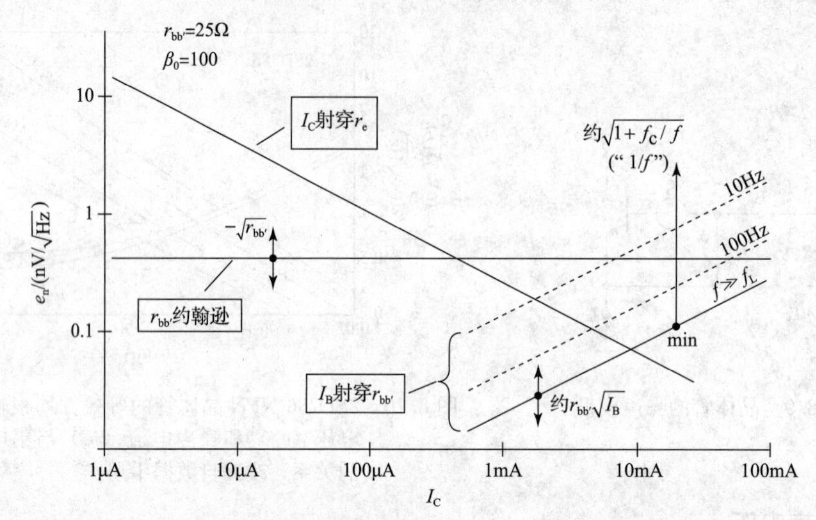

图8.11　输入BJT中的噪声电压e_n。在低电流，I_C中通过r_e的脉冲噪声占优势；否则，$r_{bb'}$中的约翰逊噪声是主导项。然而，在低频率和大电流，通过$r_{bb'}$的基极电流脉冲噪声会使e_n再次升高。这些曲线假定闪烁噪声断点（f_{ci}约为1kHz）和基极电阻（$r_{bb'}$约为25Ω）的典型值，双面箭头表示$r_{bb'}$的变化，从min向上的箭头表示$1/f$随着频率的降低而升高

然而，选择低$r_{bb'}$的晶体管在大电流时确实很重要，如果想要实现大小为$1nV/\sqrt{Hz}$的e_n值，就必须在更高的电流下操作。

当然，如图8.12所示，1kHz的噪声电压谱密度e_n并不能说明全部情况。如果要减小较低频段的噪声，则必须考虑晶体管噪声中与频率相关的分量，通常表现为$1/f$闪烁噪声尾部上升（以f_c为特征）。对于BJT而言，其e_n中的$1/f$噪声来自我们迄今为止已忽略的噪声项——基极的噪声电流在流过晶体管自身的$r_{bb'}$时产生的噪声电压，即$e_n=i_n r_{bb'}$。这是仅在低频和相对较高的集电极电流下才起作用的重要因素。另外，i_n流经输入信号源内阻时，还会产生额外的噪声电压$v_n=i_n R_{sig}$。接下来将介绍噪声电流。

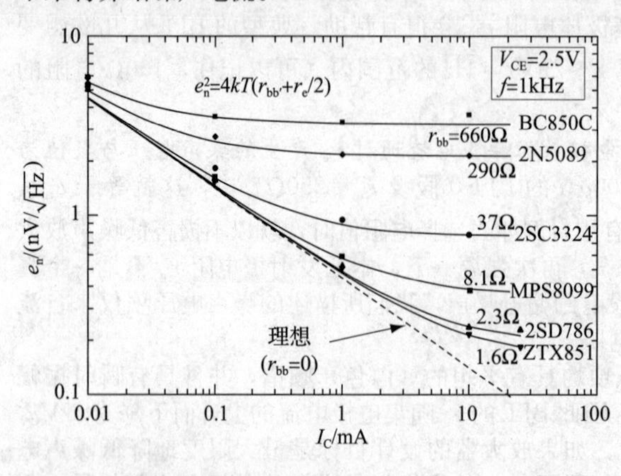

图8.12　简单的BJT噪声电压模型（通过r_e的噪声电流，结合基极电阻的约翰逊噪声，实线）提供了良好的测量噪声值的近似值（4个电流的数据点），这里显示了6个选择的低噪声BJT。虚线表示电流I_C的理论最小噪声电压。当集电极电流低于100μA时，测量到的噪声高10%～20%

8.3.2　噪声电流i_n

晶体管的输入噪声电流在输入信号源内阻抗上产生额外的噪声电压。基极噪声电流的主要来源是稳定基极电流中的散粒噪声波动，其计算公式为

$$i_n = \sqrt{2qI_B} = \sqrt{2qI_C/\beta_0} \quad \text{A/Hz}^{\frac{1}{2}} \tag{8.21}$$

为了表现出平缓频谱的高斯噪声（即白噪声）的影响，这里使用了符号 β_0，其实就是直流电流的放大倍数 β。

此外，还有一个闪烁噪声成分，它是低频段的主要噪声源，其表现出典型的 $1/f$ 频率相关性，又称为 $1/f$ 噪声。另外，其转折频率 f_{ci} 对总体 i_n^2 的影响为 $2qI_Bf_{ci}/f$。由于 I_C 的 $1/f$ 拐点上升，因此它的上升速度更快一些，通常 f_{ci} 会增长为 $I_B^{1/3}\sim I_B^{1/4}$，见图 8.13 和图 8.14。典型的噪声电流转折频率在 1～10μA 时为 50～300Hz，在 1mA 时为 200Hz～2kHz。

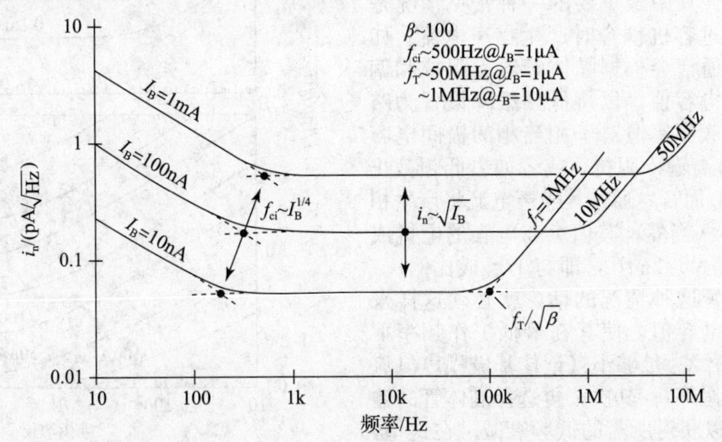

图 8.13　BJT 中输入噪声电流谱密度与频率的关系。在中频，它完全是基极电流散粒噪声，与 $\sqrt{I_B}$ 成比例。低频时为 $1/\sqrt{f}$（噪声功率为 $1/f$）；然而，$1/f$ 拐点（f_{ci}）随着电流的增加而上升，因此在低于 f_{ci} 的给定低频下，噪声电流的上升速度快于基极电流的平方根，如图所示。在高频下，下降的 β（在 f_T 处 $\beta\to1$）导致噪声谱密度上升$\propto f$。这些曲线假设闪烁噪声拐点的典型值（在 $I_B=1\mu$A 处，$f_{ci}\sim500$Hz），实线箭头表示 i_n 随基极电流的变化，虚线箭头表示 $1/f$ 拐点随基极电流的变化

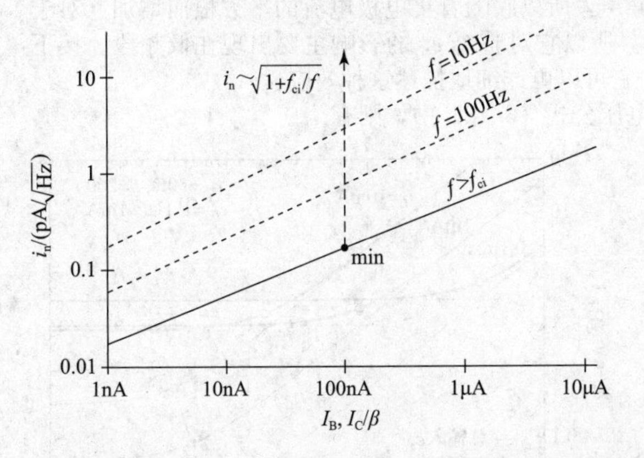

图 8.14　BJT 中的输入噪声电流是散粒噪声，对于 $1/f$ 转折频率 f_{ci} 以上的频率，其缩放比例为基极电流的平方根。在较低频率下，曲线更陡，因为 f_{ci} 随着电流的增加而上升

注意，这个简单的基极电流散粒噪声不是集电极电流散粒噪声除以 β，而应该是 $\sqrt{2qI_C}/\beta_0$，而不是 $i_n=\sqrt{2qI_C}/\sqrt{\beta_0}$。事实上，一阶基极电流散粒噪声与集电极电流散粒噪声不相关。

然而，在高频，这个关系就不再成立，这是由于在接近晶体管 f_T 的频率下（即当电流增益接近 1 时），降低 β 值会使集电极电流的散粒噪声在基极可见。把这些结合在一起，有

$$i_n^2 = 2q\frac{I_C}{\beta_0}\left(1+\frac{f_{ci}}{f}\right) + 2qI_C\left(\frac{f}{f_T}\right) \quad \text{A}^2/\text{Hz} \tag{8.22}$$

式中最后一项有效地表示频率相关的 β。

再次以晶体管 2SD786 为例（见图 8.10），1kHz 以上的 i_n 在 $I_C=100\mu$A 约为 0.25pA/$\sqrt{\text{Hz}}$，I_C=1mA 时 i_n 约为 0.8pA/$\sqrt{\text{Hz}}$。随着 I_C 的增加，噪声电流也会增加，而噪声电压降低。图 8.15 显示了一对低噪声晶体管的输入与频率和电流的关系。

噪声电流乘以输入阻抗　流经输入信号源内阻抗的输入噪声电流产生幅度为 $v_n = i_n Z_S$ 的噪声电压谱密度，它与晶体管的输入噪声电压谱密度相结合[㊀]（以平方和的形式）。通常，信号源的内阻抗是电阻性的，在这种情况下，还需要添加它的约翰逊噪声，即总输入参考噪声电压的平方为

$$v_n^2 = e_n^2 + 4kTR_S + (i_n R_S)^2 \quad V^2/Hz \tag{8.23}$$

然而，如果信号源的内阻抗为电抗，噪声电流将取决于频率。其中最重要的一种常见情况是交流输入信号通过容抗耦合时产生噪声电流。如果不考虑噪声，通常会根据晶体管输入阻抗和偏置电阻选择阻塞电容值，以将低频滚降设置为略低于目标的最低频率。但对于相当小的极间电容（如果放大器具有高输入阻抗，或者如果低频截止频率不是非常低）而言，通过其噪声电流将产生相当大的噪声电压[㊁]（当然，其值会与电容的电抗成比例增加，为 $X_C = 1/2\pi fC$，即与 $1/f$ 成比例）。

因此，要改善这种情况的话，就必须这样来做。首先，选择电容值，使其在最低工作频率下的噪声电压 $v_n = i_n X_C$ 足够小（记住基极噪声电流通常呈现在 $1/f$ 尾部）；其次，再选择晶体管的输入偏置电阻值，以获得所需的低频衰减。在这里，通常会出现一个问题：$1/f$ 噪声电压（$1/f$ 振幅，而不是功率）还会由阻塞电容的电抗与频率的关系引起。为了解决这个问题，必须将阻塞电容的值增加50倍！

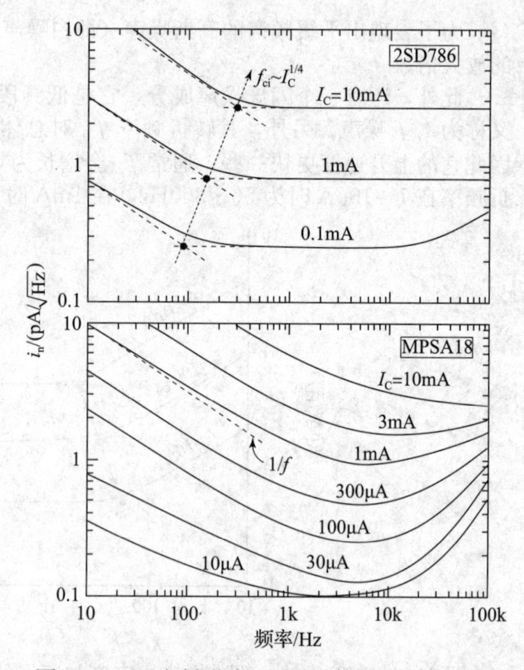

图 8.15　两个低噪声 NPN 晶体管的噪声电流（i_n）与频率的关系。由于 $1/f$ 转折频率的上升，低频噪声电流随着集电极电流的增加而有所增加

8.3.3　BJT 噪声电压的探讨

由于内部 $r_{bb'}$ 两端产生的噪声电压，晶体管的输入噪声电流 i_n 可能会导致其输入端的噪声电压 e_n 显著增加。因为 i_n 是基极静态电流中的散粒噪声，所以它随着集电极电流的平方根而增加（对于常数 β）。此外，由于 BJT 的 i_n 受到严重的影响，所以它对整个 e_n 的影响主要出现在低频段。接下来，介绍双极晶体管的一种更详细的噪声模型，它可以更详细地描述这种效应。

把 $1/f$ 低频噪声这个噪声项加到 BJT 噪声电压公式（8.18）中，则有

$$e_n^2 = 2qI_C r_e^2 + 4kTr_{bb'} + 2q\frac{I_C}{\beta_0} r_{bb'}\left(1 + \frac{f_{ci}}{f}\right) \tag{8.24}$$

式中，第一项可以用 $2kTr_e$ 代替，噪声电流转折频率 f_{ci} 大约在 I_C 的第4个根处上升。

要了解这是如何工作的，可参见图 8.16，它分别绘制了（集电极电流的三种选择）前两项的 e_n（虚线）和第三项的 e_n（细实线）。粗实线代表总噪声电压，即包括式（8.24）的所有三项。这些曲线使用了典型的 BJT 噪声参数（$I_C = 1mA$ 时，$\beta = 200$，$r_{bb'} = 50\Omega$，$f_{ci} = 1kHz$）。

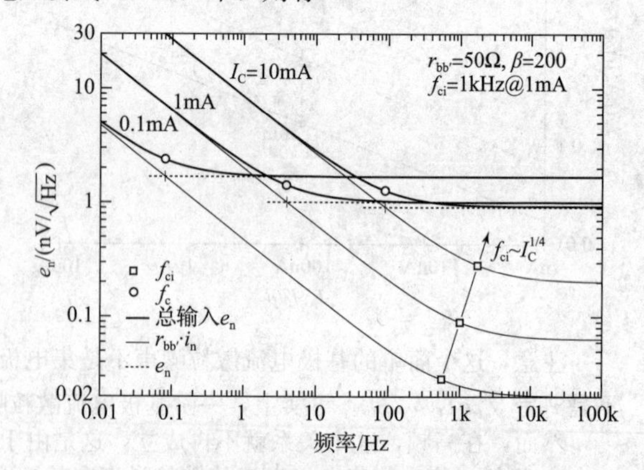

图 8.16　BJT 噪声电压谱密度与频率的关系，假设晶体管具有所列参数，显示了低频和高集电极电流下噪声电流的影响

这说明 $i_n r_{bb'}$ 噪声电压项如何与其他两个噪声项竞争，而且它在高集电极电流和低频段是占主导地位的。尽管噪声电流 $1/f$ 的转折频率 f_{ci} 是仅随 I_C 的增加而轻微增加，但它

㊀　主要的复杂问题是随温度的升高和频率的降低（$1/f$ 行为）。
㊁　注意，理想的电容（或电感）不会产生约翰逊噪声。

的作用是产生一个快速上升的噪声电压转折频率点 f_c。将其与图 8.11 进行比较，可以看到相同的效果，图中绘制了集电极电流与几个点频率的关系。

注意，这里保持了一定的视角，只有在非常低的频率（图 8.16 降至 0.01Hz）和相对较高的电流谱密度时，才会出现额外的噪声电压。这可以从图 8.17 中绘制的测量噪声电压曲线中看出，仅对于具有非常高 $r_{bb'}\approx 750\Omega$ 的晶体管 BC850 而言，在 10Hz 以上（在 10mA 的相当大的集电极电流下）的影响是严重的。事实上，对于 $r_{bb'}$ 极低的晶体管，如图 8.18 所示，在高集电极电流下运行所获得的改善超过了对来自基极电流散粒噪声导致的低频上升的补偿。

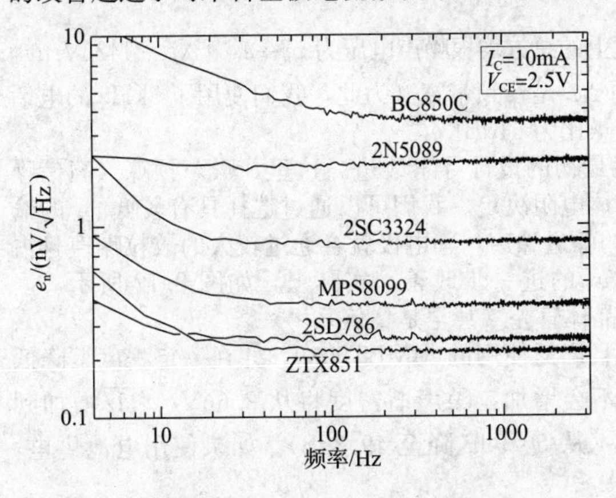

图 8.17　图 8.12 的 6 个 BJT 的测量输入噪声电压谱（I_C = 10mA 时 e_n 与频率的关系）

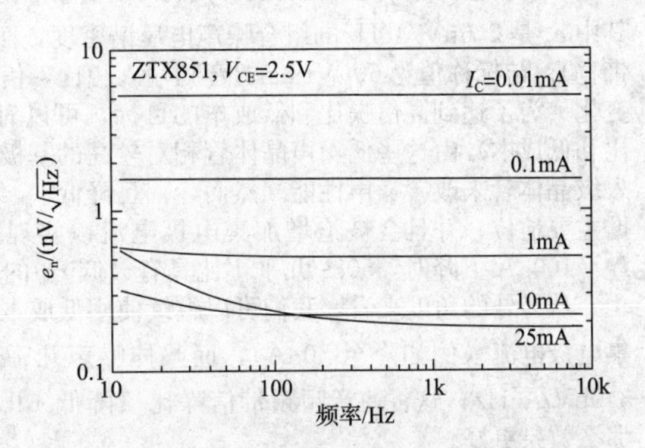

图 8.18　ZTX851 在 5 种集电极电流选择下的测量输入噪声电压频谱。基极噪声电流在低频和高电流时会增加噪声电压，但集电极电流高达 10mA 时仍处于领先地位

8.3.4　设计示例：扬声器作为传声器

让我们通过设计一个简单且低成本的交流耦合音频放大器来将这一噪声理论付诸实践，该放大器采用 +9V 单电源（可以是电池或壁式交流适配器）供电，输入噪声仅为几 nV/$\sqrt{Hz}$。例如，门禁对讲机的小扬声器就可以作为传声器。

为了了解噪声规格，读者可以采用几个小型的负载为 8Ω 的扬声器，用正常声音与它们交谈，并测量 30～100μVrms 范围内的输出音频电压，使得信噪比达到 40dB 或更高；这相当于 0.5μVrms 或更低的输入噪声电压。

基本电路　图 8.19 显示了该电路，一个阻容耦合式共射极（带旁路发射极电阻）放大器驱动一个射极跟随器。在不考虑失真（输出摆幅在几十毫伏范围内，从 50μV 输入电平开始）的情况下，可以有足够的电压增益，对发射极电阻旁路可以消除它作为噪声源的影响。可以选择 100μA 的工作电流来对电路性能进行初步评估（对该类放大器的电路设计都可先做类似评估）。

Q_1, Q_2: MMBT5089
$\beta\approx 600$, $r_{bb'}\approx 300$

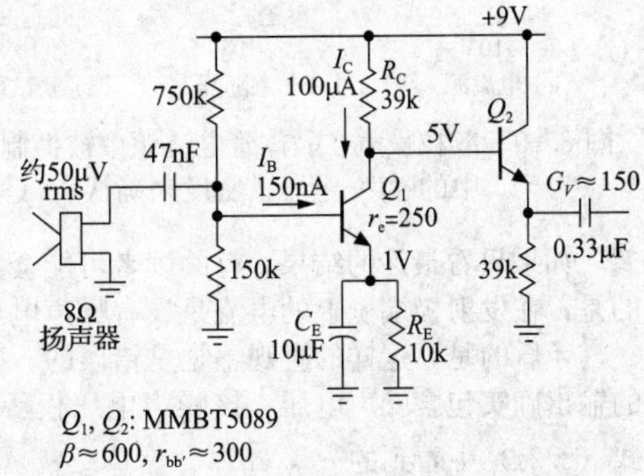

图 8.19　低噪声，低成本：简单的音频前置放大器

噪声计算　我们选择晶体管 5089 作为例子，因为它的用途广泛且价格便宜，并且它在低噪声放大器应用中得到了推广，电流增益较大（至少 400 倍，典型值为 100μA 时 600 倍），但它具有较高的基极体电阻，$r_{bb'}\approx 300\Omega$。

参见式（8.24），可以很容易地计算各种噪声电压谱密度 e_n 且参考输入（RTI）为

I_C 通过 r_e 的散粒噪声	$r_e\sqrt{2qI_C}$	1.4nV/$\sqrt{Hz}$
$r_{bb'}$ 中的约翰逊噪声	$\sqrt{4kTr_{bb'}}$	2.2nV/$\sqrt{Hz}$
R_C 中的约翰逊噪声	$\sqrt{4kTR_C}/G_V$	0.17nV/$\sqrt{Hz}$

I_B 通过 $r_{bb'}$ 的散粒噪声　$r_{bb'}\sqrt{2qI_B}$　0.066nV/$\sqrt{\text{Hz}}$

主要噪声源是图 8.19 中晶体管 Q_1 内部基极电阻中的约翰逊噪声，其次是集电极散粒噪声，流经 Q_1 的发射极电阻 r_e 为 250Ω，集电极电流为 0.1mA。相比之下，后两项可以忽略不计：Q_1 的集电极电阻中有大量约翰逊噪声，但是由于该级的电压增益约为 150，因此对输入（RTI）的影响不大；流过 $r_{bb'}$ 的基极电流散粒噪声产生的噪声电压甚至更小。当然，还有其他噪声影响的可能性，但相比之下它们微乎其微。例如，流经扬声器 8Ω 阻抗的偏置分频器中的约翰逊噪声电流产生的噪声电压谱密度仅为 0.003nV/$\sqrt{\text{Hz}}$。

性能　根据这些噪声电压谱密度，我们得出信号带宽上的总方均根噪声电压为 $v_n = e_n\sqrt{\Delta f} = 142\text{nVrms}$，其中 e_n 是 2.6nV/$\sqrt{\text{Hz}}$ 的组合噪声电压谱密度，而 Δf 是音频带宽（为此，我们使用了 3kHz 的电话带宽）。与标称值为 50μVrms 的音频输入相比，信噪比为 51dB!

变化　为了达到高信噪比和低成本的目标，可以对最初的设计寻求改进。这里，噪声预算（高信噪比和低成本）由这些低噪声晶体管相对较高的基极体电阻决定。我们可以通过选择具有较低 $r_{bb'}$ 的输入级晶体管来改善噪声性能。然而，一旦降低 $r_{bb'}$ 约翰逊噪声，集电极就会通过较大的散粒噪声且占据主要地位，并且会被迫增加集电极电流以实现 v_n 的进一步改善。实际上，如图 8.12 所示，当 $I_C = 100\mu\text{A}$ 下降时，5089 几乎不比具有最低 $r_{bb'}$ 的晶体管差（甚至是 2 倍）。

从另外的角度来看，我们可以继续使用低成本且广泛使用的 MMBT5089，并在一定程度上降低集电极电流（例如降至 50μA），而整体噪声几乎不会增加：噪声谱密度将从 2.6nV/$\sqrt{\text{Hz}}$ 增加到 3.0nV/$\sqrt{\text{Hz}}$，这将使音频频带信噪比仅降低 1dB（从 50.9dB 降至 49.8dB）。如果使用电池供电，那么效果更好。

8.3.5　电流源和射极跟随器中的散粒噪声

经典的 BJT 等效电流源中的散粒噪声得到了抑制（见图 8.20a）。首先，因为集电极电流只是发射极电流（除了很小的基极电流噪声影响外），于是就显得没有散粒噪声（就像金属导体一样）。但是在集电极，就会有不可避免的散粒噪声出现。

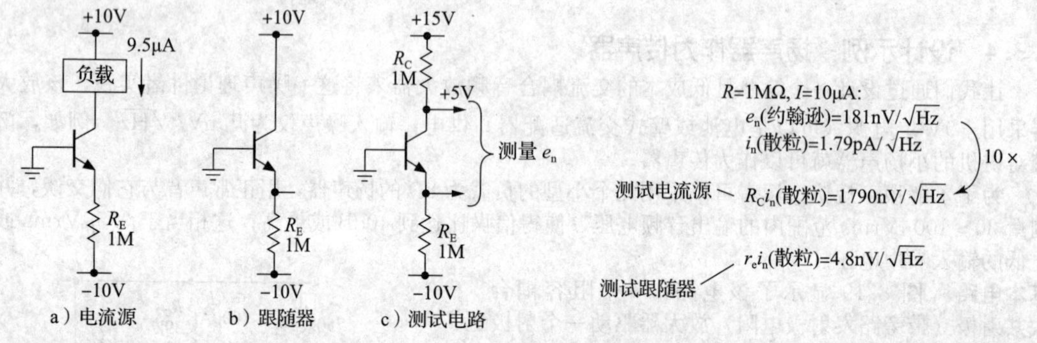

图 8.20　散粒噪声在晶体管电流源中被抑制，但在射极跟随器中没有。这很容易通过测量测试电路中的噪声-电压谱密度来确认

如果只看最终的结果，有的读者可能会认为，电流源也许就是会表现出散粒噪声。但可以肯定的是，在发射极端子上的电流是没有噪声电压的——这是由发射极电阻 r_e 决定的!

矛盾的是，这样的直观感觉是错误的。事实证明，电流源是安静的（噪声很小），但射极跟随器的输出确实包含噪声电压，该噪声电压仅等于流过 r_e 的散粒噪声电流（根据 I_C 计算），即我们在式（8.24）中看到的 $r_e\sqrt{2qI_C}$。

实际上，测试起来很容易。参见图 8.20c，其中在一个约 10μA 电流源上装有 1MΩ 的集电极电阻。在没有集电极散粒噪声的情况下，我们应该只在集电极上看到约翰逊噪声电压谱密度为 181nV/$\sqrt{\text{Hz}}$[⊖]，才能与噪声进行比较，如果集电极电流的标准散粒噪声 $i_n = \sqrt{2qI_C}$，则电压高 10 倍。同时，在发射极，流过 r_e 的散粒噪声电流将产生 4.8nV/$\sqrt{\text{Hz}}$ 的噪声电压谱密度，在没有发射极散粒噪声的情况

⊖ 这是 1mΩ 电阻的 128nV/$\sqrt{\text{Hz}}$ 约翰逊噪声的 $\sqrt{2}$ 倍。$\sqrt{2}$ 的出现是因为这是一个单位增益反相器，因此 R_E 的约翰逊噪声贡献了一个相等的不相关噪声电压。

下，跟随器将保持“安静”。

就电路 c 而言，可以在集电极处测量到 $190\text{nV}/\sqrt{\text{Hz}}$ 噪声电压谱密度（仅与约翰逊噪声一致，即一个低噪的电流源）；我们在发射极处测得了 $4.93\text{nV}/\sqrt{\text{Hz}}$（与通过 r_e 的集电极电流散粒噪声一致）。显然，散粒噪声在电流源中受到抑制，但在跟随器中不受抑制。这是个有趣的现象！为了测试集电极电流是否永远不会产生散粒噪声的可能性，可以在基极和发射极之间放置一个旁路电容，而此时集电极的噪声电压上升到 $1679\text{nV}/\sqrt{\text{Hz}}$，这与散粒噪声公式预测的 $1664\text{nV}/\sqrt{\text{Hz}}$ 非常一致[㊀]。这又怎么理解呢?

为了理解这个难点，以图 8.21 为例，我们给出了以下步骤。

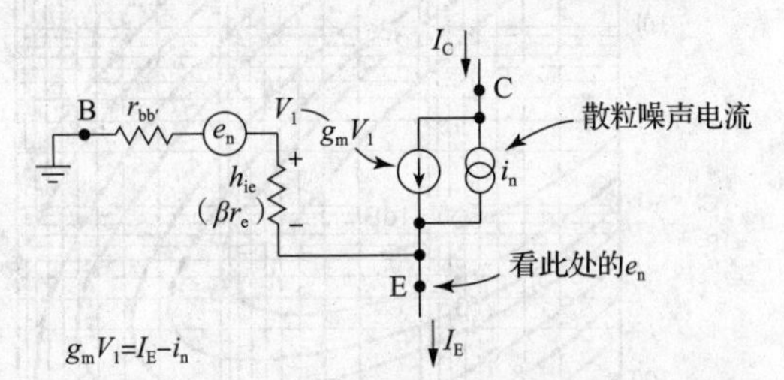

图 8.21　图 8.20c 的电流源跟随器的三端简化混合 π 模型。噪声电压 e_n 反映了不可避免的内部散粒噪声电流。如果发射极电流很小，那么集电极电流 I_C 也会很小

1）我们确信发射极电流是低噪的，因为它类似于通过金属导体的电流。我们可能担心这种电流会因晶体管基极-发射极电压（即输入噪声电压）的波动而变得有噪声，这一点很容易解决：我们可以通过简单地按比例增加 R_E 和负电源电压，将这种影响（已经可以忽略不计，因为噪声变化 $v_{n(BE)}$ 在微伏范围内降低）降低到我们认为低噪的程度。

2）在晶体管内的某个位置必须有一个受经典不相关电荷流散粒噪声影响的扩散性集电极电流，其值为 $i_n=\sqrt{2qI_{C(dc)}}$，并且晶体管无法对其进行控制。

3）由于基极电流可以忽略不计，因此我们知道流入集电极的电流等于流出发射极的电流（在较大的 β 范围内）；后者是低噪的。

4）因此，BJT 集电极电流的可控部分必须以抵消散粒噪声波动的方式波动。

要做到这一点，BJT 跨导模型的输入电压 V_1 必须是 $g_mV_1=I_E-i_n$，因此 V_1 的输入噪声电压部分正好为

$$e_n=-i_n/g_m \tag{8.25}$$

这（回忆 $r_e=1/g_m$）是式（8.24）中常见的形式。

这似乎是一个循环论证；但实际上，这就是基极-发射极噪声电压分量的产生方式。这种推理也很好地解释了我们测试电路的发射极（当然还有射极跟随器的输出端，或者共射极放大器的输入端等）存在噪声电压。这也解释了为什么绕过发射极会释放电流源集电极的全散粒噪声：这样的连接会使起始假设（上面的步骤 1）无效，因为电容在信号频率下完全转移发射极电流。事实上，它创建了一个共射极放大器（而不是电流源或跟随器），其中跨导 g_m 将上述给定的完整输入噪声电压放大以产生等于 g_me_n 的输出噪声电流。这正是对应于直流集电极电流 I_C 的全（未抑制）散粒噪声（倒回到上述步骤 2），这是我们在测试设置中测量的。

最后，电流源中的散粒噪声抑制需要一个安静的发射极电流吸收器，在这种情况下，通过一个大的（与 r_e 相比）下拉电阻 R_E 来满足。但是，未生成的电流镜就不是这种情况。这就提出了一个定量的问题，从这个意义上来说，R_E 必须有多大才算大?

这很容易计算出来：在发射极，我们有一个噪声电压 e_n，等效于电压值为 $r_e/2$ 且源阻抗等于 r_e 的电阻的约翰逊噪声。这是由静音（即无散粒噪声）下拉电阻 R_E 稀释的，因此集电极噪声电流的降低比例为 $2r_e/R_E$。例如，在 1mA 集电极电流下，我们在发射极处看到的阻抗为 $r_e=25\Omega$，噪声电压等于 12.5Ω 电阻的噪声电压，或者噪声电流等于 50Ω 电阻的噪声电流。因此，一个 50Ω 的下拉电阻可将噪声降低 3dB，而一个 4.95kΩ 的下拉电阻则可将噪声降低 20dB，依此类推。更一般地说，集电极噪声电流 i_n 的降低比率为 $\sqrt{50\text{mV}/V_{RE}}$，其中 V_{RE} 为发射极下拉电阻 R_E 两端的直流电压。

8.4　从噪声系数中查找 e_n

晶体管数据手册通常会提供 e_n 的值，以及（通常）e_n 和 i_n 选定的集电极电流与频率（或 e_n 和

㊀ 对于该测试，集电极电流为 8.65μA，受电池工作的限制，因此散粒噪声预测值略小。

i_n 与选定频率下的集电极电流）之间的图表，比如 2SD786 和 MPSA18 所提供的数据手册。

图 8.22 为噪声系数（NF）的图表，选定的器件是 Toshiba 公司的低噪声 2SC3324 NPN 双极晶体管，具体为恒定 NF 与 I_C 和 R_S 的关系曲线。

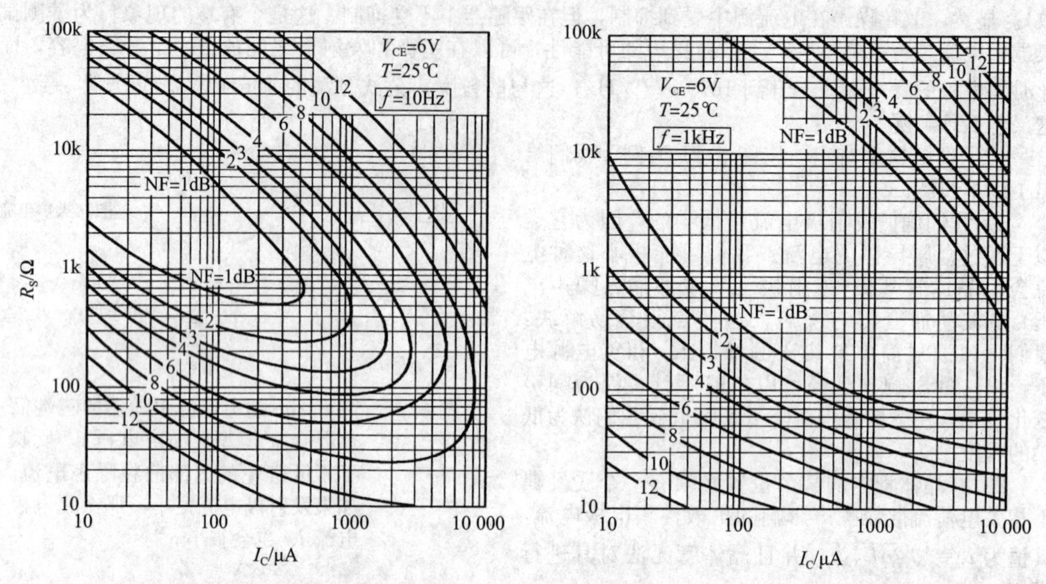

图 8.22　Toshiba 公司有关其低噪声 2SC3324 NPN 晶体管的数据手册没有提供输入噪声电压 e_n 的值或图形，取而代之的是噪声系数与集电极电流和源电阻的关系图

图 8.22 包含了很多信息，即使它们只有 2 个频率（10Hz 和 1kHz，仅显示噪声参数与频率的关系图）。

8.4.1　步骤 1：NF 与 I_C

我们可以通过沿图 8.22 中的水平线的读取值来绘制一组源电阻中每组 NF 与集电极电流的关系图。使用具有绘图功能的电子表格程序（如微软的 Excel）或更复杂的数学软件包（如 MATLAB 或 Mathematica）。图 8.23 显示了在图 8.22 的 1kHz 曲线上读取 6 个源电阻值得到的结果。在这里，我们估计了 I_C 的 5 个十进制步长（即 10μA、30μA、100μA 等）的 NF 值，在 Excel 中绘制它们，然后在 Adobe Illustrator 中用贝塞尔曲线对其进行平滑。低于 1dB 的噪声系数不应被认为是可靠的，因为图 8.22（数据来源）没有显示低于 NF＝1dB 的轮廓线。虚线表示 NF＝3dB，其中晶体管产生的噪声等于源电阻中的约翰逊噪声。

对于较低的信号源内阻 R_S 值，具有较低的约翰逊噪声电压（例如，$R_S=100\Omega$，$e_n=1.3\text{nV}/\sqrt{\text{Hz}}$），比晶体管输入端的集电极电流小得多。这就是噪声系数随着集电极电流的增加而提高的原因。另外，与电阻大得多的约翰逊噪声相比，晶体管的噪声电压并不重要。但现在，当我们在大集电极电流下工作时，晶体管的输入噪声电流（基极电流散粒噪声 $i_n\approx\sqrt{2qI_B}$）会在较大的 R_S 上产生相当大的噪声电压，使输入端的噪声电压比约翰逊噪声本身大得多，因此噪声系数较大。

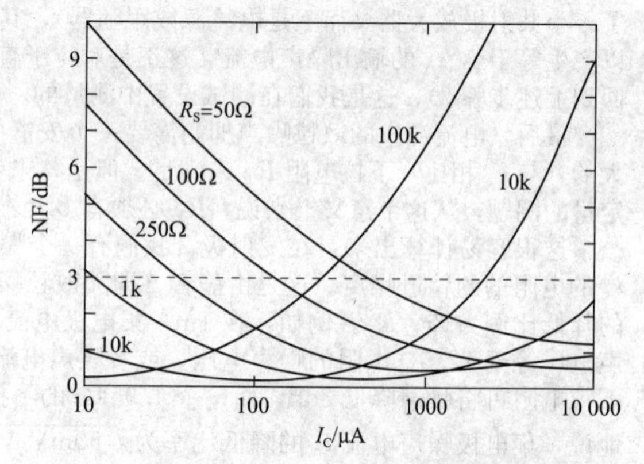

图 8.23　2SC3324 噪声系数与集电极电流的关系，来自图 8.22 所示的数据手册等高线图

8.4.2　步骤 2：NF 与 R_S

图 8.24 是一个类似的图，但是这次显示了一组集电极电流中每一个的 NF 与源电阻（而非 I_C）的关系，它取自图 8.22 的 1kHz 轮廓曲线，这次沿恒定 I_C 的垂直线读取对应值。这是一个有用的

图形，用于大致确定给定源阻抗的信号的最佳工作电流。

8.4.3　步骤 3：找到 e_n

图 8.23（NF 与 I_C 的关系）和图 8.24（NF 与 R_S 的关系）两个图只是 1kHz 噪声系数轮廓图的重组（图 8.22），不需要再进行任何计算。

噪声电压不是这种情况。我们需要反演噪声系数的定义，以便找到

$$e_n=\sqrt{4kTR_S}\sqrt{10^{NF/10}-1} \tag{8.26}$$

该式中第一项是信号源电阻的约翰逊噪声电压谱密度，第二项是由晶体管的噪声系数所引起的参数。在这里，必须将 NF 值用于较小的源电阻，以使晶体管 i_n 的影响可以忽略不计[⊖]。

图 8.25 显示了 e_n 与集电极电流的关系，从 $R_S=50\Omega$ 对应的噪声值开始（见图 8.23 或图 8.22）。与大多数器件一样，这种晶体管在其 $1/f$ 噪声转折频率以下表现出常见的闪烁噪声过量。

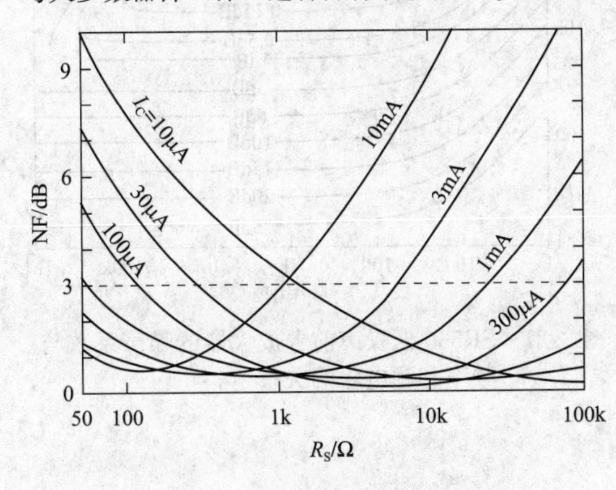

图 8.24　2SC3324 噪声系数与源电阻的关系，由图 8.22 的数据得出

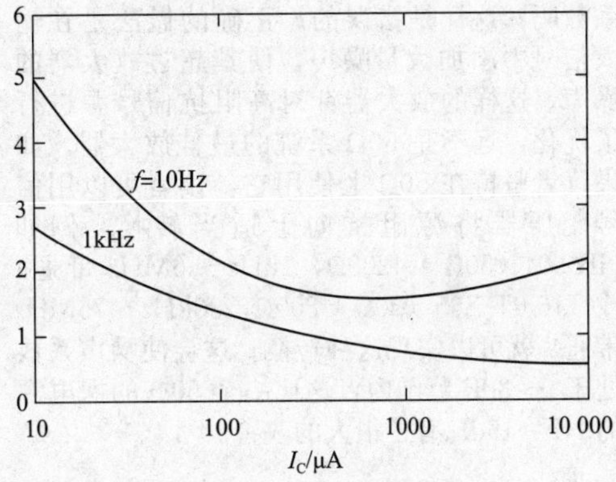

图 8.25　2SC3324 噪声电压与集电极电流的关系，由图 8.22 的数据得出

8.4.4　步骤 4：e_n 的频谱

在前面的章节中我们仅给出 10Hz 和 1kHz 的噪声数据与频率的关系。接下来可以以合理的选择频率值来填充细节，使低频噪声功率约为 $1/f$（即 $e_n\propto 1/\sqrt{f}$），并且两个数据点跨越 $1/f$ 噪声的转折频率。

因此，首先应找到 $1/f$ 转折频率 f_c。大致来说，其为

$$f_c=f_L\left(\frac{e_{nL}^2}{e_{nH}^2}-1\right) \tag{8.27}$$

式中，e_{nL} 表示低于转折频率时频率 f_L 的噪声密度，e_{nH} 表示高于转折频率时频率 f_L 的噪声密度。一旦我们有了 f_c，我们就可以找到 e_n 与频率的关系：

$$e_n(f)=e_{nH}\sqrt{1+f_c/f} \tag{8.28}$$

因为转折频率取决于集电极电流，所以我们从图 8.25 读取了 I_C 的 4 个十进制值中的每一个，然后绘制了对应的 e_n 与 f。图 8.26 显示了产生的噪声电压频谱。

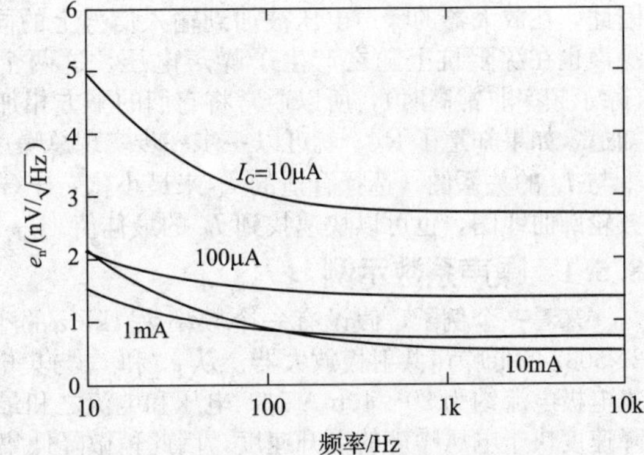

图 8.26　2SC3324 噪声电压与频率的关系，由图 8.25 的曲线推导得出

8.4.5　i_n 的频谱

通过类似的过程，我们可以提取噪声电流相对于频率的曲线。在 $1/f$ 拐角以上，我们会看到基极电流散粒噪声（$i_n=\sqrt{2qI_B}$）在低频时以 $1/f$ 特性上升。

在测量并绘制 e_n 和 i_n 与频率之间的关系图后，所有基本信息都包含在噪声图轮廓图中。

⊖　类似地，我们可以从 NF 值中提取 i_n 以获得较大的源电阻，而晶体管的 e_n 可以忽略不计。

8.4.6 当工作电流不由设计者选择时

改善 e_n 和 i_n 随集电极（或漏极）电流变化的关系有助于设置最佳噪声性能工作点，这将在下一部分介绍。

图 8.27 显示了一个例子，其中公布了 Stanford Research Systems 型号 SR560 前置放大器的噪声系数轮廓。从高输入噪声电阻（约 200kΩ）来看，这是一个 JFET 输入放大器，在低阻抗源下，其噪声性能远非最佳：$R_S=50\Omega$ 时 NF=15dB！与约 2dB 的噪声系数进行比较，2SC3324 的工作电流为 $I_C=5\text{mA}$。

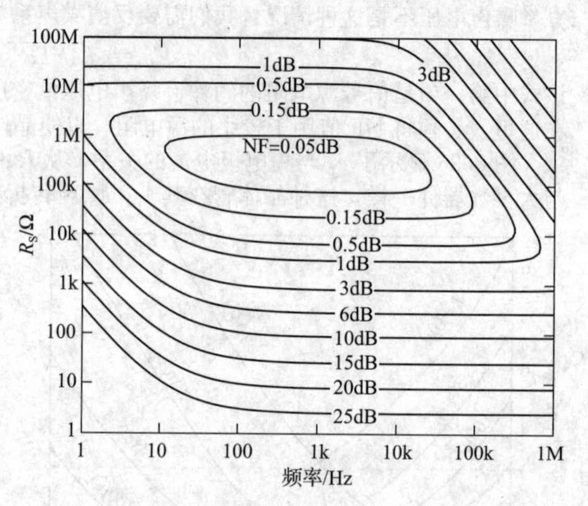

图 8.27　SR560 低噪声前置放大器的噪声系数与频率和源电阻的关系

如果简单地把一个 200kΩ 的电阻和输入信号串联起来，就会得到一个 0.05dB 的噪声系数吗？这样是错误的。正确的做法是在输入信号中添加大量噪声，使其超过放大器的噪声。这样的放大器针对高阻抗信号源进行了优化，远不是 50Ω 系统的最佳放大器。如果读者坚持在 50Ω 上使用它，读者可以用信号变压器将源阻抗向上适当转换，例如 HB0904（50Ω∶1200Ω，1kHz～6MHz 带通）或 T16-6T-X65（50Ω∶800Ω，30kHz～75MHz 带通）就可以实现这种转换。这会使噪声系数处于 0～3dB 范围内，这比一个 50Ω 的裸电源的 NF=15dB 有了很大的改善。

8.5 采用双极晶体管的低噪声设计

e_n 随 I_C 的变化而变化的规律提供了一种简单的方法来优化晶体管的工作电流，据此便可以在给定信号源的情况下获得最低的噪声。查看模型（见图 8.28）发现，无噪声信号源 v_s 在其源电阻的约翰逊噪声基础上增加了一个不可降低的噪声电压：

$$e_R^2(\text{source})=4kTR_S \quad (\text{V}^2/\text{Hz}) \tag{8.29}$$

放大器本身也会增加噪声，即

$$e_a^2(\text{amplitier})=e_n^2+(i_nR_S)^2 \quad (\text{V}^2/\text{Hz}) \tag{8.30}$$

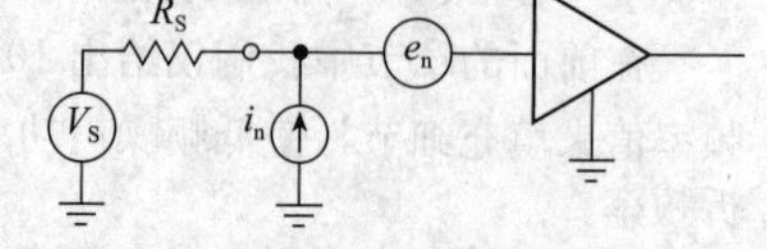

图 8.28　放大器噪声模型

因此，在放大器的噪声电压被加到输入信号上的同时，其电流噪声也在源阻抗上随之产生了噪声电压。这两个是不相关的（除了频率非常高时），所以通常将它们的平方相加。如何尽可能地降低放大器总噪声的值呢？我们知道，如果知道了 R_S，就可以一步一步实现总噪声的减小了。这时只需要观察信号频率区域的 e_n 和 i_n 与 I_C 的关系图，选择合适的 I_C 来最小化 $e_n^2+(i_nR_S)^2$ 即可。或者，观察 I_C 和 R_S 所对应的噪声系数轮廓曲线图，也可以快速找到 I_C 的最佳值。

8.5.1 噪声系数示例

来看一个例子，假设有一个频率为 1kHz 的小信号，基极体电阻为 10kΩ，我们希望制作一个 2N5087 的低噪声共射极放大器。从 e_n 和 i_n 与集电极电流的数据手册图（见图 8.29）中可以看出，集电极电流约为 20～40mA 时，电压和电流之和最小。由于随着集电极电流的降低，电流噪声的下降速度快于电压噪声的上升速度，因此稍微降低集电极电流可能是个好方法，特别是系统在较低频率下运行时（输入随着频率的降低而迅速上升）。这样就可以估算在 1kHz 下使用 e_n 和 i_n 时的噪声系数为

$$\text{NF}=10\log_{10}\left(1+\frac{e_n^2+(i_nR_S)^2}{4kTR_S}\right)\text{dB} \tag{8.31}$$

从图 8.29 中读数可得，对于 10kΩ 的源电阻，$I_C=20\mu\text{A}$，$e_n=3.7\text{nV}/\sqrt{\text{Hz}}$，$i_n=0.17\text{pA}/\sqrt{\text{Hz}}$，$4kTR_S=1.65\times10^{-16}\text{V}^2/\text{Hz}$。因此，计算出的噪声系数为 0.42dB。这与数据手册（见图 8.30）中的频率一致。这幅图显示了 NF 与频率的关系，在该图中，选择了 $R_S=10\text{k}\Omega$ 的工作电流源。集电极电流的选择也是从图 8.31 所示 1kΩ 噪声系数等值线中得到的，尽管实际噪声系数只能从略小于 0.5dB 的曲线图中大致估计出来。

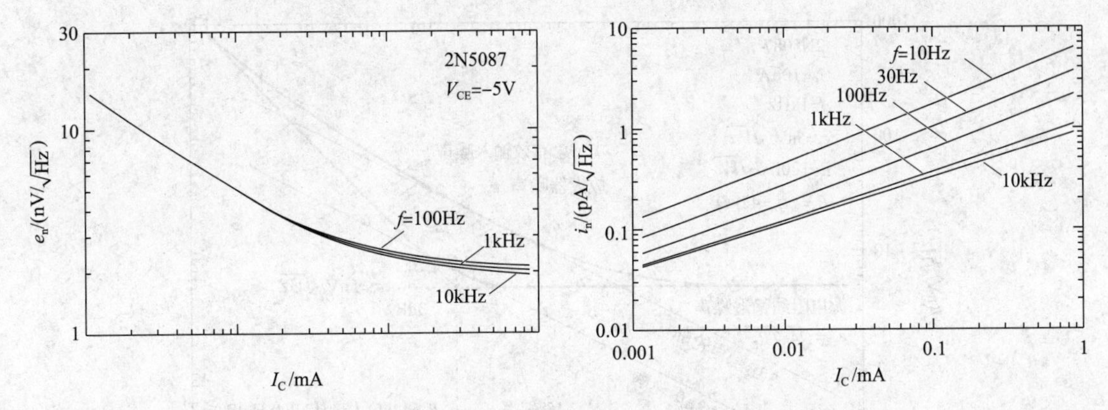

图 8.29 2N5087 型 PNP 晶体管的电压、电流噪声与频率的关系

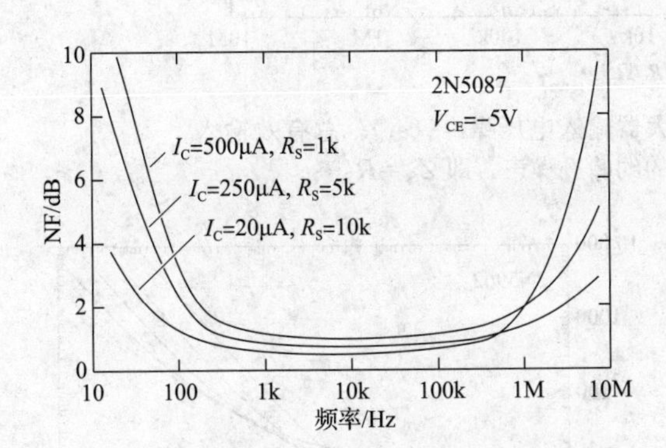

图 8.30 噪声系数（NF）与频率的关系，适用于 2N5087 中 I_C 和 R_S 的 3 种选择

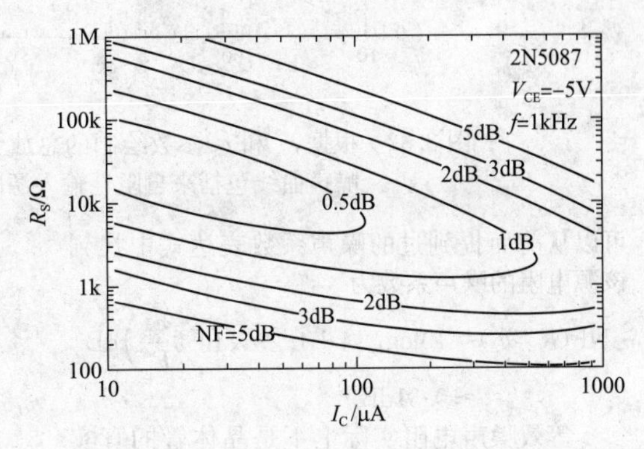

图 8.31 2N5087 晶体管恒定窄带噪声系数

练习 8.2 利用图 8.29 中 e_n 和 i_n 的关系，找出 $R_S=100\text{k}\Omega$ 和 $f=1\text{kHz}$ 时的最佳 I_C 和相应的噪声系数。根据噪声系数等值线检查答案（见图 8.31）。

对于放大器的其他形式（跟随器、基极接地等），噪声曲线也基本相同，因为对于给定的 R_S 和 I_C，其 e_n 和 i_n 不变。当然，具有单位电压增益的级（跟随器）可能会将噪声传递到下一级，因为信号的电平没有增加到可以在后级忽略低噪声的程度。

8.5.2 绘制放大器噪声与 e_n 和 i_n 的关系图

刚刚给出的噪声计算方法虽然简单，但仍然会使设计放大器这个主题显得有些令人敬畏。如果把玻耳兹曼常数的某个系数弄错了，就会突然得到一个噪声为 10 000dB 的放大器。针对这一问题，本节将介绍一种简单实用的噪声估计方法。

该方法先选择一些频率，以便从晶体管数据手册中获得 e_n 和 i_n 相对于 I_C 的值。然后对于给定的集电极电流，便可以绘制来自 e_n 和 i_n 的总噪声。如图 8.32 所示，注意确保通过单个电压和电流噪声的 3dB 交叉点（电压比为 1.4）。还可以绘制源电阻的噪声电压，这也是 3dB NF 轮廓。正如将在下面的示例中看到的，恒定噪声系数的其他线是平行于这条线的直线。

在此集电极电流和对应频率下，最佳噪声系数（0.65dB）出现在源电阻为 42kΩ 时，对于所有源电阻在 2kΩ～1MΩ（3dB NF 曲线与放大器噪声曲线相交的点），噪声系数很容易看成小于 3dB。下一步是使用不同的集电极电流或频率并选择晶体管类型，在同一张图上多绘制几条噪声曲线，以评估放大器的性能。在继续深入了解之前，让我们展示一下如何使用一对不同的噪声参数来评价同一个放大器的性能，噪声电阻 R_n 和噪声系数 NF（R_n），这两个参数都可以从图中看出。

8.5.3 噪声电阻

本例中的最低噪声系数出现在源电阻 $R_S=42\text{k}\Omega$ 时，等于 e_n 与 i_n 之比。定义噪声电阻为

$$R_n=\frac{e_n}{i_n} \tag{8.32}$$

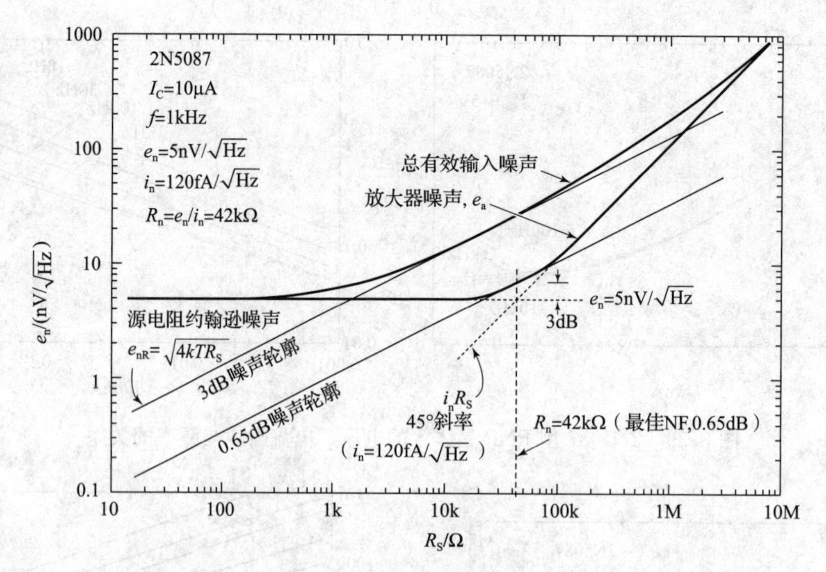

图8.32　根据e_n和i_n参数绘制的总放大器输入电压噪声（e_a）。总有效输入噪声曲线包括来自阻性输入源的约翰逊噪声，即$Z_S=R_S$

可以从前面提到过的噪声系数表达式中找到该源电阻的噪声系数为

$$\mathrm{NF}(R_n\text{处})=10\log_{10}\left(1+1.23\times10^{20}\frac{e_n^2}{R_n}\right)\mathrm{dB}$$

$$\approx0.31\mathrm{dB}$$

等效噪声电阻实际上不是晶体管的真实电阻。它就像一个工具，可以帮助读者快速找到最小噪声对应的源电阻值，理想情况下，读者可以改变集电极电流，使R_n接近读者实际使用的源电阻值，它对应内连线和外连线相交的点。源电阻等于R_n时的噪声系数可根据前面的等式简单得出。

8.5.4　绘制噪声对比图

用这种画图的方法，我们可以很容易地比较待测晶体管，同时得出各种可能的集电极电流放大器总噪声。图8.33比较了高β和低$r_{bb'}$的2N5962型构成的放大器总噪声（包括源电阻的约翰逊噪声）与源电阻值。而对于ZTX851 NPN晶体管，使用β和$r_{bb'}$的测量值。可以看到，在集电极电流较小时，基极电阻越高，则β越高，其较高的$r_{bb'}$（480Ω）对系统来说不会造成什么负面影响，因为这点噪声经常会被信号源的约翰逊噪声淹没。相比之下，对于低源电阻（比如1kΩ及以下），ZTX851的$r_{bb'}$非常低（约1.7Ω），因此可以尽可能地减小信号源的约翰逊噪声，尤其是在相对较高的集电极电流下工作时，我们经常会最小化r_e噪声项（可回忆一下前面学过的知识：集电极电流散粒噪声通过$1/g_m$产生的噪声电压密度e_n，相当于值为$r_e/2$电阻产生的约翰逊噪声。

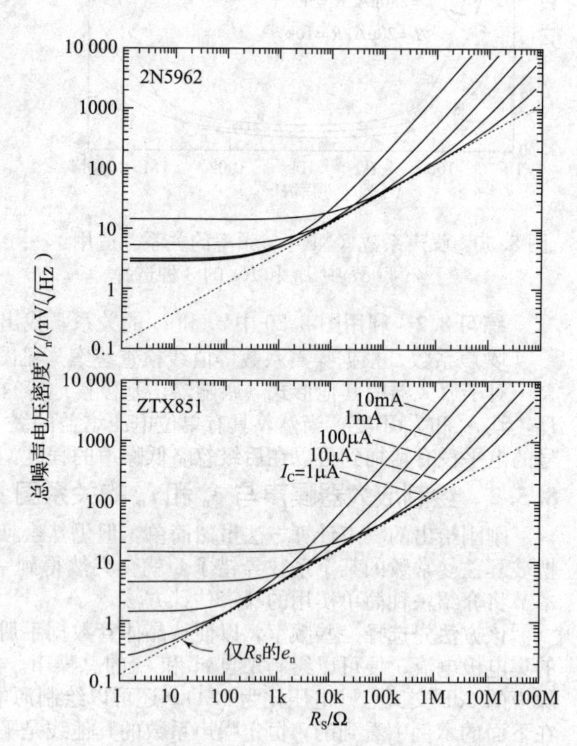

图8.33　比较了两个待测低噪声BJT的总放大器输入噪声电压与源电阻的关系。这些曲线绘制了集电极电流的50倍值。对于低源电阻，ZTX851的低$r_{bb'}$在高集电极电流下产生低噪声；相比之下，2N5962较高的$r_{bb'}$限制了最终噪声电压，但其较高的β（因此基极电流散粒噪声$\sqrt{2qI_C/\beta}$更低了）可能提高高源电阻的性能。这些曲线包括源电阻的约翰逊噪声

8.5.5　采用 BJT 的低噪声设计：两个示例

让我们把这些想法和公式付诸实践，先看一款从 20 世纪 80 年代开始流行的简单的单端低噪声音频前置放大器，然后将其与解决了单端电路许多缺点的经典设计进行比较。

1. 纳伊姆前置放大器

图 8.34 显示了英国制造商 Naim Audio 多年来在低电平前置放大器中使用的输入级。它是交流耦合、两级串联负反馈设计，是专门为低输入噪声电压量身定做的。总体电压增益为 $G_V=1+R_f/R_E$（这里为 30dB），选择较小的 R_E 以将其约翰逊噪声电压保持在 $1nV/\sqrt{Hz}$以下（15Ω 的 $e_n=0.5nV/\sqrt{Hz}$）。另一个重要的噪声项是晶体管对 $r_{bb'}$ 的贡献，它在数据手册上被称为不同的 e_n 值（在某个特定的集电极电流下）的图形，或在很少情况下作为 $r_{bb'}$ 本身的值。对于本前置放大器中使用的低噪声 ZTX384C，数据手册里几乎什么也没说，仅说在 $R_S=2k\Omega$ 和 $I_C=0.2mA$，带宽在 30Hz～15kHz 范围内时，NF＝4dB（最大）。但这条信息对我们是没什么作用的，因为这相当于约翰逊噪声电压为 $60nV/\sqrt{Hz}$，这非常大。

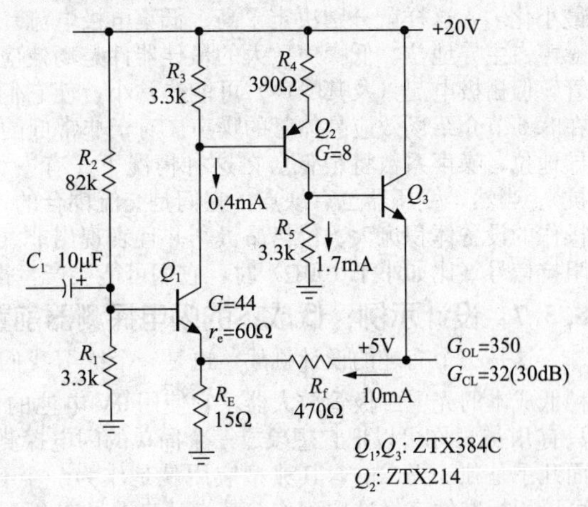

图 8.34　低电平音频前置放大器，类似于 Naim NA323 中使用的前置放大器。Q_1 由 4 个或 5 个选定的晶体管并联而成

事实上，这些放大器的噪声很低。例如，低噪声 2SC332 型 NPN（在特定测试条件下）的 NF＝3dB（最大值），但通常为 0.2dB（典型值）。原因可能是 Naim 选择了低噪声的部件。另一个原因是 Naim 的电路实际上是在晶体管 Q_1 中使用了 5 个并联的电阻（每个都有一个 15Ω 的发射极镇流电阻），从而将其噪声电压降低了$\sqrt{5}$。

总之，这款前置放大器的噪声可能在 $1nV/\sqrt{Hz}$左右，是为动圈式拾音器信号的低电平特性而设计的前置放大器。

这个电路虽然简单，但选择小 R_E 来降低噪声也会造成一些其他方面的问题，从而导致选择偏置电阻方案需要进行一些调整。分压偏置电阻 R_1、R_2 更多地是充当电流源（与经典的电压偏置相比），因此静态工作点相当依赖 Q_1 的 β。由于 3.2kΩ 是必须的偏置分压阻抗，R_E 变小会导致输入阻抗变低。

2. 更好的设计：直流耦合前置差分放大器

图 8.35 所示的直流耦合前置差分放大器很好地解决了 Naim 前置放大器的许多缺点，并保持了前者理想的低噪声性能。它是经典的两级运算放大器配置，这里简化为有源负载的单端 A 类输出级（假设下一级不需要大量驱动电流）。该电路消除了输入端和增益设置反馈分频器 R_1、R_2 中的电解阻塞电容，并将输入级非线性的早期效应降至最低；同时，它对有源（电流源）负载的使用会改善其整体线性度（通过改善单级线性度和更高的环路增益），并提供稳定和可预测的偏置。而所付出的代价很小，即电路复杂度增加，噪声增加 3dB（由于 Q_2 的贡献）。在这些集电极电流下，噪声主要是基极电阻 $r_{bb'}$的约翰逊噪声。因此，与 Naim 放大器一样，输入晶体管可以用与并行阵列匹配的 V_{BE} 晶体管实现（即使使用单个晶体管，该对也应该匹配到 10mV 左右），或者用具有较低 $r_{bb'}$ 的管芯尺寸较大的晶体管来实现。

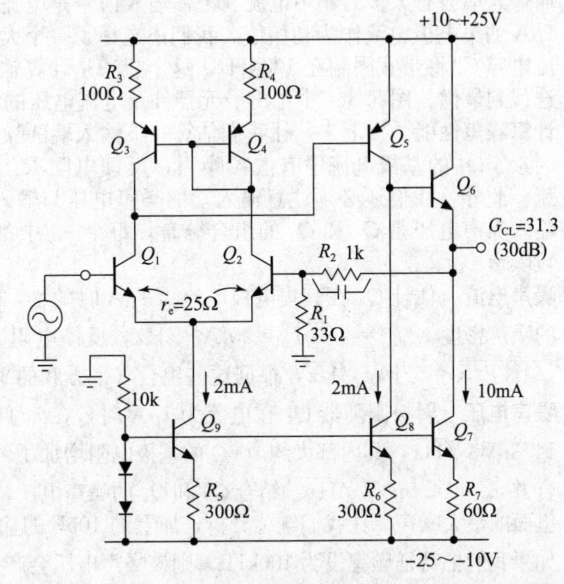

图 8.35　具有可预测偏置的低噪声直流耦合前置差分放大器

8.5.6　最小化噪声：双极晶体管、场效应晶体管和变压器

双极晶体管放大器可以在200Ω～1MΩ的源阻抗范围内提供非常好的噪声性能，相应的最佳集电极电流通常在几毫安至几微安的范围内（对于低源阻抗，读者希望最小化e_n，而对于高源阻抗想最小化i_n，这样就分别决定了高、低集电极电流）。如果源阻抗很高，比如大于100kΩ，晶体管电流噪声占主导地位。低噪声放大的最佳器件是场效应晶体管，虽然它们的电压噪声通常大于双极晶体管，但栅极电流（及其噪声）可能非常小，使它们非常适合低噪声高阻抗放大器。接下来，我们将在8.6节介绍场效应晶体管的噪声。对于非常低的源阻抗（比如50Ω），晶体管电压噪声将始终占主导地位，噪声系数将很低。在这种情况下，有一种方法是使用信号变压器来提高信号电平（和阻抗）。当然，变压器也有缺点：它们是交流耦合的；它们只在几十Hz的带宽内工作；那些用于低频操作的设备体积庞大、价格昂贵，并且表现出非线性；它们容易受到磁场的影响。然而，当处理低阻抗信号（比如小于100Ω）时，它们可能会产生很好的效果。

8.5.7　设计示例：低成本的闪电探测器前置放大器

这是一个有趣的设计挑战，也是一个练习我们掌握的噪声理论的机会。想象一下，想要制作一种低成本的光电二极管放大器，它使用9V电池的低电流，输入噪声只有几个nV/$\sqrt{\text{Hz}}$，响应时间只有几μs。你可以把它想象成一个简单的闪电探测器，因为闪电在向室外环境传送微秒级光脉冲方面几乎是独一无二的，其典型应用就是作为一个有用的早期预警装置，可以安装在室内。在这里，可以用标准件来做这项工作，其设计步骤见图8.36。

1）交流耦合跨阻放大器运放级框图。我们对光电二极管反向偏压以降低其电容（从而获得更低的噪声和更快的响应），并且在跨阻的结中使用阻塞电容以消除环境光和漏电流对直流电平的影响。反馈电阻调节增益（$G=-R_f$）。

2）分立元器件设计（共射放大器＋跟随器），第一次迭代。我们需要逆反馈，所以我们从接地发射极级（Q_1）开始，使用射极跟随器（Q_3）来创建低阻抗输出和反馈源。

3）添加级联共射共基放大器。该电路将在低电流（0.1mA左右）下运行，因此存在较高的阻抗，在较高的阻抗下，米勒效应会显著降低带宽。因此我们在增益级Q_1的集电极上增加了一个共射共基放大器。

4）将共射共基放大器反向。9V电池在使用寿命结束时降至6V，此时我们想要保持足够的动态范围，需要通过将Q_2反转来解决这个问题，创造一个反相共射共基放大器，其中Q_1的集电极电流变化通过PNP源极栅极的晶体管Q_2，而后者继续钳位Q_1的集电极电压。输出跟随器在这里起着双重作用，于是Q_2的集电极电流$I_{C2}=V_{BE3}/R_3$。

5）添加前端跟随器和输入噪声电流。在Q_1中的50μA集电极电流下，才能获得足够的带宽，而输入端会有太多的噪声电流（记住输入信号是电流）。于是我们加了一个高β跟随器（Q_4），选择1μA的集电极电流作为初始值。我们还选择了一个大反馈电阻R_2，以最小化输入端的噪声电流，分流电容C_c将带宽限制在100kHz。这个想法是计算输入噪声，看看噪声主要来自哪里，然后将设计迭代到最优。图8.36e中给出了元器件及电流电压的相应值。

计算噪声性能　接下来，让我们估算一下输入端的噪声电流，它是影响光电二极管（电流）信号的因素。Q_4的基极电流中有散粒噪声，反馈电阻R_2和光电二极管偏置电阻R_b中有约翰逊噪声电流。此外，我们还必须注意输入端的噪声电压与输入电容C_{in}结合会产生输入噪声电流$i_n=e_n\omega C_{in}$。输入噪声电压是Q_1和Q_4的组合分布，每个$r_{bb'}$中都有约翰逊噪声和通过r_e时所产生的集电极散粒噪声[⊖]。

噪声电流　估计Q_4在其集电极电流为1μA时的$\beta\approx350$，我们发现其基极电流为3nA时产生了极大的噪声密度$i_{n(shot)}=\sqrt{2qI_B}=30\text{fA}/\sqrt{\text{Hz}}$，反馈电阻$R_2$和偏置电阻$R_b$产生约翰逊噪声电流$i_{n(R)}=\sqrt{4KT/R}=57\text{fA}/\sqrt{\text{Hz}}$，根据这些组合（平方和的平方根）可以得出$i_n$(总)$=65\text{fA}/\sqrt{\text{Hz}}$。

噪声电压　射极跟随器Q_4在电流为1μA时，在r_e两端产生一个瞬时噪声电压$e_{n(shot4)}=r_e\sqrt{2qI_C}=14.3\text{nV}/\sqrt{\text{Hz}}$，其内部大约300Ω的基极电阻增加了约翰逊噪声电压$e_{n(J4)}=\sqrt{4kTr_{bb'}}=2.2\text{nV}/\sqrt{\text{Hz}}$，合并$e_{n4}=14.5\text{nV}/\sqrt{\text{Hz}}$。结合$Q_1$和$Q_4$的噪声电压，我们发现$e_n$(总)$=14.8\text{nV}/\sqrt{\text{Hz}}$，显然$Q_4$是这里面的最大噪声。让我们继续分析，加上约10pF的输入电容（光电二极管5pF，Q_4的$C_{CB}=2.5\text{pF}$），如果我们把特征频率设为100kHz，则该噪声电压会产生有效输入噪声电流$i_n=e_n\omega C_{in}=90\text{fA}/\sqrt{\text{Hz}}$。

⊖　在这些低集电极电流下，我们发现实际测得的噪声电压比简单理论预测的噪声电压高约25%。

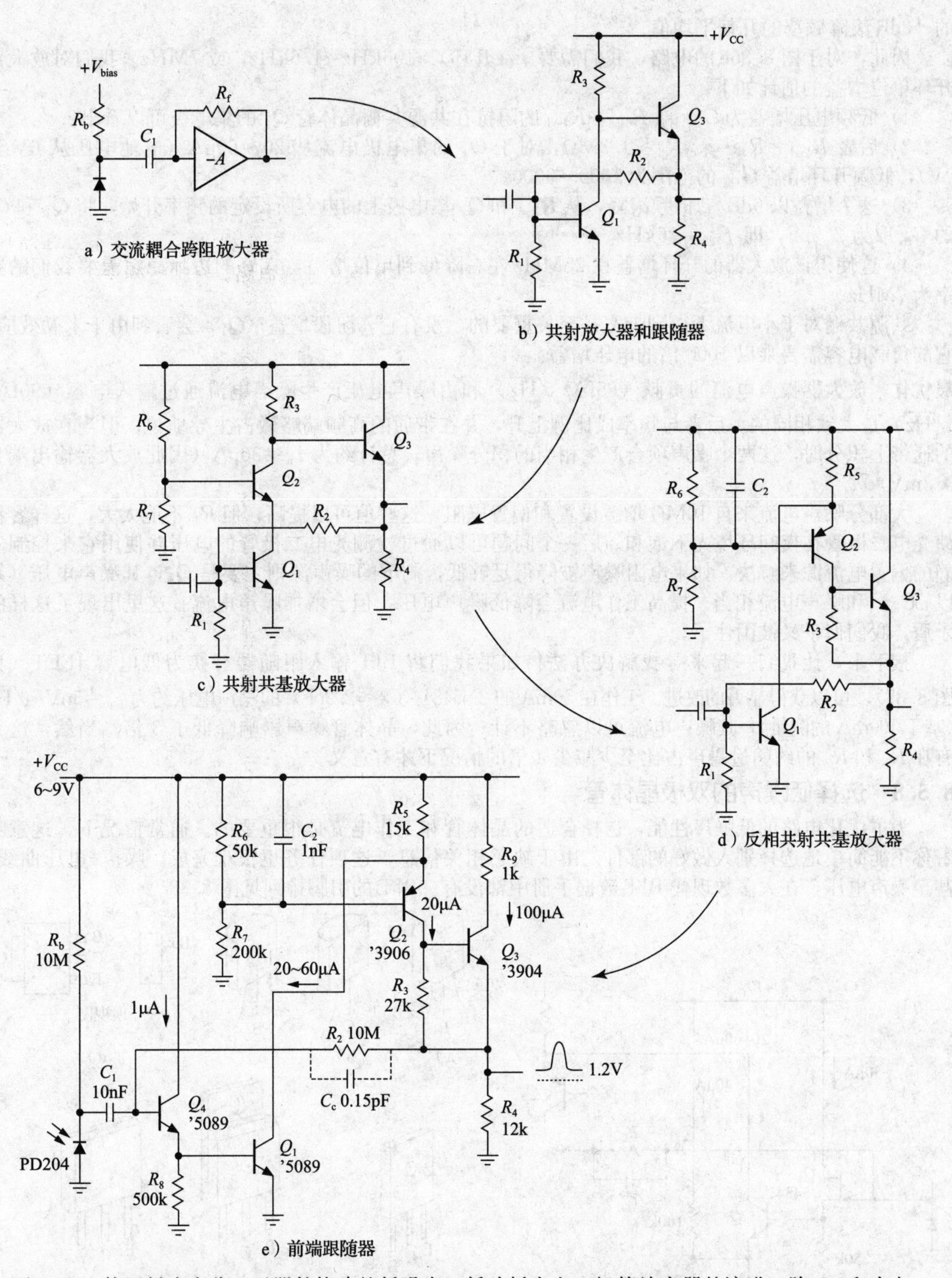

图 8.36　使用低成本分立元器件构建的低噪声、低功耗光电二极管放大器的演进。除 Q_1 和光电二极管外，所有零件都采用表面贴装封装（在晶体管的零件编号前加 MMBT，例如 MMBT5089）

验证反馈的稳定性　这是一个反馈电路，具有随时存在的振荡电位。并且，在这样的跨阻配置中，输入端的分流电容与大值反馈电阻结合，引入了额外的滞后相移。稳定性的判据是开环放大器的单位增益带宽必须满足

$$f_T(\text{开环}) > f_{R_2C_c}^2 / f_{R_2C_{in}} \tag{8.33}$$

换句话说，反馈网络的−3dB 滚降频率必须小于放大器开环单位增益频率和反馈电阻结合输入电容

的-3dB滚降频率的几何平均值。

因此，对于图8.36e的电路，我们需要f_T(开环)$>106\text{kHz}^2/1.6\text{kHz}$，或7MHz。我们对放大器开环单位增益的估计如下。

1）低频电压增益为$G=g_{m1}R_{load}$，R_{load}的阻抗在共源共栅晶体管Q_2的集电极可以看出。

2）后者$R_{load}=R_4\cdot g_{m3}R_3\approx1.3\text{M}\Omega$，对于$Q_1$的集电极电流从20～60μA（电池电压从6V到9V），低频开环增益G_{OL}的范围为1000～3000。

3）这个增益以6dB/二倍频滚降，从R_{load}和Q_2集电极上的电容所设定的频率开始，将Q_2和Q_3的C_{cb}取为2.5pF，即$f_{3dB}=25\text{kHz}$。

4）这使得该放大器的开环增益在25MHz左右降低到单位增益，良好的边际稳定需要我们的频率为7MHz。

共源共栅对于小电流下得到带宽是至关重要的，没有它，阶段增益（Q_1）会看到由于米勒效应，它的负载电容需要乘以1000倍的电压增益。

最优化 放大器噪声电流的贡献（$65\text{fA}/\sqrt{\text{Hz}}$）和由噪声电压产生噪声电流通过输入电容（$90\text{fA}/\sqrt{\text{Hz}}$）是大致相同的。后者与频率成比例上升，并在带通的高频端略微占主导地位；但当在放大器的通带上积分时，这两个噪声项会产生相当的积分噪声，总计约为$I_n=30\text{pA}$（因此放大器输出端为0.3mV）。

大部分噪声电流来自10MΩ增益设置和偏置电阻。这些值可以提高，但R_b不能太大，这样容易使光电二极管在夜间环境光下饱和。后一个问题可以通过检测光电二极管的电压并使用它来控制安静的偏置电流源来解决。如果电阻噪声被降得足够低，剩下的噪声源则主要是Q_4，其噪声电压（乘以ωC_{in}）和噪声电流相当。提高工作电流会降低噪声电压，但会增加噪声电流。这里出现了这样的矛盾，我们似乎又被困住了。

接下来，让我们一起来寻找解决办法！如果我们将BJT输入跟随器替换为低电容JFET（见图8.37），可以获得显著的改进。工作在50mA的2N5484（$C_{in}\approx2.2\text{pF}$）的噪声电压约为$e_n=5\text{nV}/\sqrt{\text{Hz}}$（基于100mA的测量），其噪声电流可以忽略不计；因此，晶体管噪声影响降低了3倍。当然，这只有在R_b和R_2的约翰逊噪声占比至少减少4倍的情况下才有意义。

8.5.8 选择低噪声的双极晶体管

为了优化电路的低噪声性能，选择合适的晶体管和工作电流是很重要的。通常情况下，这意味着你不能简单地选择别人做好的部件。由于缺乏相关信息，这项任务也很难完成。噪声-电压曲线，甚至噪声电压，在大多数现代BJT数据手册中都没有。BJT的引脚排列见图8.38。

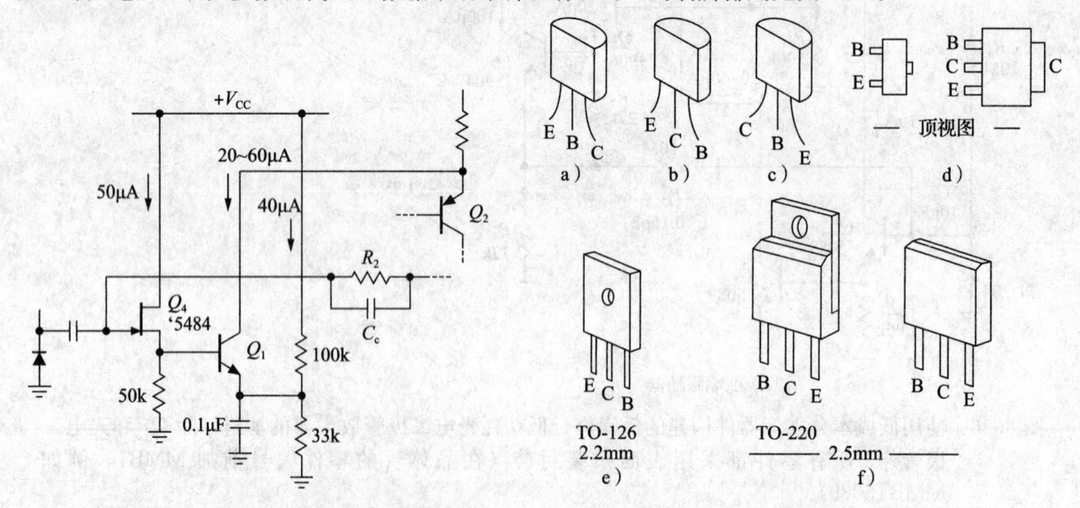

图8.37 将图8.36的BJT输入跟随器替换为低电容JFET，可将输入噪声电压和噪声电流降低3倍

图8.38 BJT的引脚排列

制造商的β规格通常比读者使用的电流高，在较低的电流下，β可能会严重退化。为了了解哪些晶体管易受此影响，我们测量了从1mA到100mA的β和集电极电流，结果见图8.39。注意，有些部件在电流超过1mA时会被损耗，这些是在高电流密度下运行的小芯片部件。请记住，我们的测量是

在 $V_{CE}=5V$ 时进行的，一些 BJT 的大电流 β 在较低的集电极电压（饱和效应）下迅速下降。我们的测量曲线图高达 50mA，但一些较大芯片部件（如 ZTX851）的数据手册提供了高达 10A 的 β 曲线。

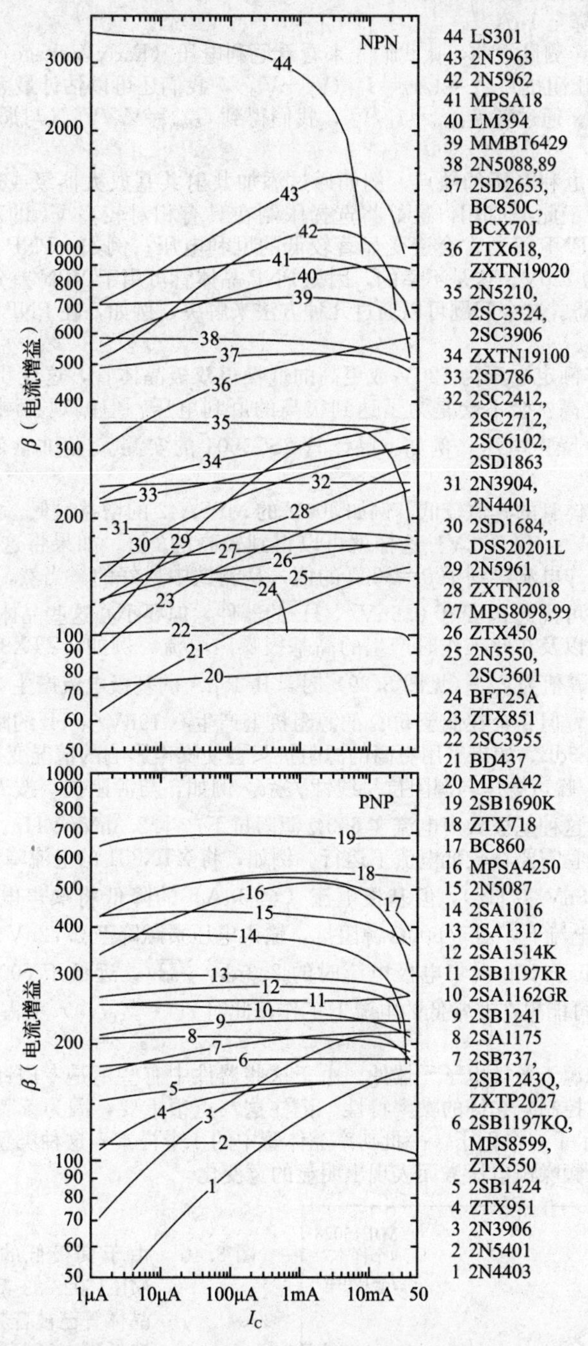

图 8.39　晶体管在 $V_{CE}=5V$ 时测得的 β 与集电极电流的关系。在 $i_n=\sqrt{2qI_C/\beta}$ 的情况下，使用这些数据来检测所选集电极电流下的基准噪声电流

一些 BJT 类型由制造商测量，并归入测试类别。例如，BC850 有 A 级、B 级和 C 级，在 2mA 时的典型 β 值分别为 180、290 和 520。在你的设计中，追求最高级的 BJT 确实是很好的，但通常你可能在分销商那里找不到。较高的 β 级还会降低噪声性能、电压额定值和厄利电压（即较低的输出阻抗）。

再看看 BC850，读者会发现它是一种小面积晶体管，其使用电流可能比规定的 2mA 低得多；因此，很高兴在图 8.39 中看到，它的 β 在 1μA 时下降了不到 10%。NPN 2N3904 更能保持其稳定性，所以它的应用更广泛，但PNP 2N3906的β值在$40\mu A$的电流中下降了3倍，这是PNP零件的常见情况。当然，也有一些性能良好的器件：PNP BC860和ZTX718的β在$1\mu A$时下降不到20%，较低增益的2N5087的β则降至$1\mu A$。

在讨论最重要的噪声测量之前，让我们先来看看厄利电压（Early Voltage）。V_A提供了BJT的输出电导的估计值（和输出阻抗）$g_{oe}=1/r_o=I_C/(V_A+V_{CE})$，我们还可以估计最大可能的单级增益（即$R_L=\infty$）$G_{max}=g_m/g_{oe}$。通过替换$g_m=I_C/V_T$，我们得到$G_{max}=V_A/V_T$（与通常大得多的$V_A$相比，可以忽略$V_{CE}$）。

虽然有可能克服低厄利电压的缺点，例如通过添加共射共基放大器级或通过添加发射极退化，但通常不必这样做。对于此类应用，最好将选择限制在具有相对较高V_A的双极晶体管上。然而，NPN-PNP互补对中的PNP管通常会遭受显著较低的厄利电压；例如，PNP BC860C的$V_A=30V$，而NPN BC850C的值为220V。这是不幸的，因为PNP晶体管可用于NPN差分放大器的电流镜，其低V_A大大降低了级增益。这个问题可以通过几种方法来解决，例如，在PNP镜中增加发射极抵消，或者使用威尔逊电流镜。

我们可以看到许多额定电压为120V或更高的低噪声双极晶体管，这让我们不禁要问，为什么它们的额定电压如此之高？会不会是为了达到很高的厄利电压？但据观察测量，高额定电压晶体管通常表现出很好的低噪声电压。例如，晶体管2SC3601的实测e_n值非常低，为$0.22nV/\sqrt{Hz}$，同时$r_{bb'}$为1.7Ω。

一般来说，高压晶体管的β值较低，例如300V的MPSA42的增益最低。线性集成系统的IT124是测试中性能最高的，V_{CEO}仅为2V！这样就可以得到较高的β值。如果将这一设计转变成18V的LS301，并以$1\mu A$的工作电流得到了$\beta=3000$的值，是测试中最好的。当然，最重要的就是如何选择晶体管的工作电流。可挑选e_n低于$0.5nV/\sqrt{Hz}$的器件，但要小心这些晶体管在低e_n时所需的相对较高的集电极电流，以及在此工作时产生的高基极噪声电流。例如，ZTX851在$I_C=10mA$时具有$0.5nV/\sqrt{Hz}$，但其β值为220（见图8.39）时，其$45\mu A$的基极电流产生$3.8pA/\sqrt{Hz}$的输入噪声电流。这听起来很小，但它会在低至50Ω的源阻抗上产生$0.19nV/\sqrt{Hz}$的附加噪声电压，使晶体管的输入噪声电压增加3dB。如果采用更高的源阻抗只会使噪声影响的情况变得更糟。

随着i_nZ_S的增加，噪声电压与源阻抗呈线性关系。例如，与源阻抗（按R_S的平方根增长）[⊖]产生的约翰逊噪声相比，这种基极噪声电流在600Ω源阻抗下产生$2.3nV/\sqrt{Hz}$。

通常情况下，晶体管需要在较低电流下运行。例如，将ZTX851的电流降至1mA时，噪声电压提高了2.3倍（至$0.48nV/\sqrt{Hz}$），但基极电流（至$5\mu A$）的降低将噪声电流降低了3.2倍，至$1.2pA/\sqrt{Hz}$。在较低电流下，对于600Ω源阻抗，输入电压贡献降至$0.72nV/\sqrt{Hz}$，放大器总噪声为$0.86nV/\sqrt{Hz}$，远低于10mA集电极电流时的$2.3nV/\sqrt{Hz}$，远低于600Ω电阻约翰逊噪声的$3.1nV/\sqrt{Hz}$。有时你可能想在非常低的电流下工作，此时$r_e(=V_T/I_C)$项占主导地位，$r_{bb'}$对噪声的影响就显得无关紧要。

测量噪声基本上来源于各类电子元器件。由于这些器件中有些不是专门针对低噪声应用的，因此制造商不会指定（或控制）它们的噪声特性。记住这一点很重要，因为读者可能会遇到低噪声的成批零件。图8.40显示了一个例子，一批功率晶体管中的4个样本，这种类型的晶体管受到了音频测试者的青睐，但在低频噪声电压方面表现出明显的宽变化。

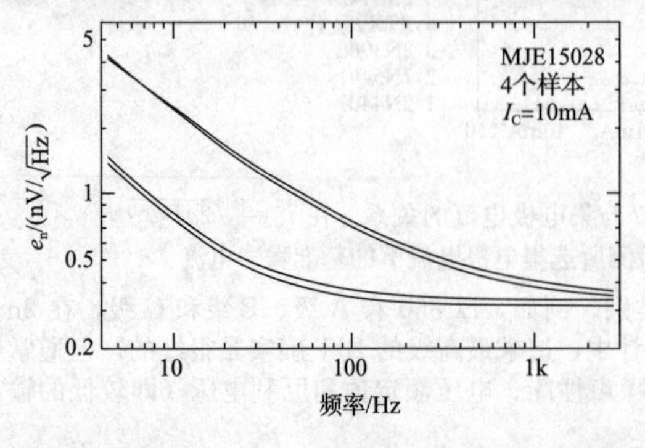

图8.40　由于其极低的基极电阻（$r_{bb'}$），MJE15028-33系列8A双极功率晶体管已被音频实验人员用来制造低噪声音频放大器。对我们来说，这听起来不错，但是我们发现了超过10dB的变化。它们的（未指明）低频噪声，即使是在一批零件中也是如此

⊖　当然，你可以有一个高阻抗信号源，它没有电阻性，因此几乎没有约翰逊噪声。

图 8.41 比较了 6 个典型低噪声晶体管在 10μA 和 1mA 工作电流下的噪声电压与源电阻的关系。器件通过增加 1mA 集电极电流和低源电阻进行分级，即通过增加 $r_{bb'}$ 进行分级。虽然最低噪声器件（如 ZTX851）的 $0.5nV/\sqrt{Hz}$ 性能令人印象深刻，但只有当源阻抗的电阻分量低于 10Ω 时，这一点才成立。注意，R_S 大时与 R_S 小时的排名通常相反。另外，在集电极电流为 10μA 时，所有晶体管的源电阻均小于 10kΩ，噪声电压相当，但高 β 器件的噪声高于 1MΩ ㊀。这些数据和分析说明了如何针对给定的源阻抗优化低噪声性能，方法是选择合适的晶体管，并使其以适合的电流工作。

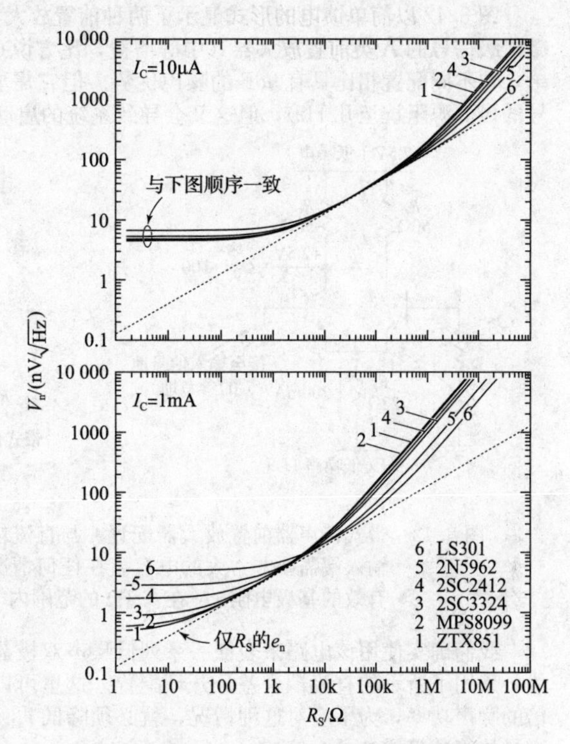

图 8.41 比较 6 个 BJT 的总输入噪声。对于较低的源阻抗，需要 $r_{bb'}$ 较低的晶体管，工作在高电流下；对于较高的源阻抗，需要工作在低电流下，β 较高的晶体管

图 8.33 和图 8.41 中的曲线包括来自阻性 R_S 的约翰逊噪声，对电容式传感器等高源阻抗是无效的。在这种情况下，e_n 和 i_nZ_S 迹线相交，类似于图 8.32 中 0.65dB 的线。

8.5.9 极低噪声设计挑战

在这里，我们举一个非常低的输入噪声电压的应用例子，这是一个具有挑战性的应用。该例子来源于这样一个传统的应用——动圈式留声机，它的信号电压非常低。

本例的无变压器带式麦克风中也使用了一种与动圈式留声机密切相关的技术，即在带式传声器中使用了一条金属箔（通常厚度为 2μm)。它悬挂在磁铁的缝隙中，在周围声场的作用下振动，也可以把它想象成一个单声程的发电机，由声音的微小振动驱动。带式传声器是一种真正高保真的传声器。

与低电平的动圈留声机相比，带式传声器的输出信号很小：在 1Pa 的标准声压级下，可直接获得 50～100μV 的电压。这听起来像是很大的信号，直到你意识到这个参考电平相当于＋94dB 音量。一个灵敏的传声器需要再降低 80dB 左右才能捕捉到音乐会中最安静的声音。为了设置量程，噪声电压谱密度最低（LT1028，$e_n=0.85nV/\sqrt{Hz}$）的运算放大器的输入噪声电压约为 100nVrms，集成在 20Hz～20kHz 的音频频段内。

因此，带式麦克风始终包含一个音频升压变压器，匝数比通常为 1∶30。这将使信号幅度增加相同的比例，因此设计良好的低噪声音频放大器不会影响低电平性能。但变压器可能会有问题，无论是线性度还是在 1000∶1 的高质量音频频率范围内保持平坦的响应。我们可以通过设计一个输入噪声电压至少比 LT1028 高 20dB 的放大器来完全消除变压器噪声，即 $e_n \leqslant 0.1nV/\sqrt{Hz}$。

1. 简单的 $70pV/\sqrt{Hz}$ 前置放大器测试设计

若要达到一定的低噪声水平，在使用 BJT 的情况下，就必须在输入电流（即相对较低的输入阻抗）方面作文章。这就需要寻找一种基极电阻 $r_{bb'}$ 很低的晶体管，使其在相对较高的射极电阻 r_e 下工作，记住 r_e 在数值上与 $R=r_e/2$ 的实电阻产生的约翰逊噪声相同。

在这里，我们的目标噪声电压为 $e_n=0.1nV/\sqrt{Hz}$，它是对应 0.6Ω 电阻产生的约翰逊噪声电压而言的！换句话说，我们需要一种 $r_{bb'}$ 明显小于这个值的晶体管，并且我们需要在至少 50mA 的集电极电流下运行它。这样就能够实现低噪音电路配置的基本要求了。

在这里，有几种可选的电路配置。比如，可以尝试一下如图 8.34 所示的 Naim 电路形式。但必须将 R_E 降低一点，并强制使用 Q_3 才能驱动较大的负载。这个问题对于图 8.35 中设计的电路来说也

㊀ 读者可能会忍不住使用 10μA 的高增益低 $r_{bb'}$ 器件，因为它的噪声电流不会比 $r_{bb'}$ 高的器件差；但请注意，低 $r_{bb'}$ 带来的电容明显更高，这确实会降低高阻抗输入信号的性能。

是一样的。它们的共同之处在于反馈信号的阻抗都非常低。

图8.42以简单馈电的形式显示了两种前置放大器的电路配置。这两种电路都省去了反馈，认为微伏级信号的A类前置放大器（中等增益，比方说$G\approx100$）本质上是线性的，单端共射放大器最简单，与不同配置相比具有3dB的噪声优势。但它需要一个很大的输入电容（约150 000μF以保持信号的极低源阻抗至几Hz），但这又会导致系统的启动时间变长。

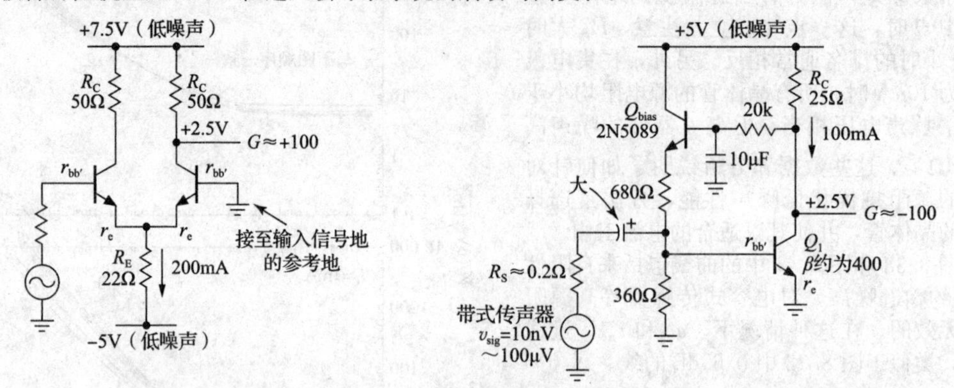

图8.42　带式传声器前置放大器配置。与直流耦合差分电路相比，单端电路更安静，但在输入端需要非常大的电容。在任何情况下，都需要使用多个并联的变压器，以使有效的基极电阻$r_{bb'}$在0.1Ω的范围内

我们确实使用该电路来表征一系列低噪声双极晶体管，但为了应对带式传声器前置放大器的挑战，采用了所示的直流耦合差分开环配置。这里可以不用很大的输入电容；但是这样可能会出现双倍的噪声功率，为了应对这种情况，就必须降低$r_{bb'}$和r_e再乘以2（即我们将用于输入对每一侧的并联晶体管数量增加了一倍）。

2. 选择低噪声的BJT

对于这样的电路，必须使用输入噪声电压非常低的晶体管（或几个并联的晶体管）。这就要求基极电阻$r_{bb'}$降到只有几欧姆的范围内。但$r_{bb'}$很少有那么低，而且过去那些低$r_{bb'}$的晶体管基本上现在已经找不到了。但好消息是，这种晶体管确实详细说明了它们的噪声表现。这些小尺寸的晶体管一般都是在电流下优化工作的，其噪声很大，没有必要保持$r_{bb'}$很小。例如，2SC3324的最小噪声下I_C约为30μA；在该电流下，r_e为830Ω，因此只要$r_{bb'}$保持在200Ω以下，其对$r_{bb'}$的噪声影响就微不足道了。其样品测量到的$r_{bb'}\approx40\Omega$足以满足这些晶体管的小电流应用要求，但在实验中我们总是追求更好的。

我们开始寻找低$r_{bb'}$的晶体管，但情况并不好。在半导体世界中，你会发现大尺寸晶体管（即功率晶体管）具有良好的噪声特性。我们测量了几十种性能较好的晶体管的噪声电压，结果发现，实际上，一些体积较大的功率管的$r_{bb'}$值低于10Ω，并且提供的参考输入电流为10mA左右（其中r_e的噪声影响相当于1.25mA的约翰逊噪声电流）。在前面提到的图8.17中展示的ZTX851的性能与理想的2SD786不相上下；读者还可以看到，2N5089和2SC3324等较小尺寸的低噪声器件有较大的$r_{bb'}$，这在I_C较高的低噪声e_n领域中是不具竞争力的。

这里我们给出了6个候选低噪声BJT，从它们的e_n与集电极电流之间的曲线图（见图8.12）中可以看出，在低电流下工作（$r_{bb'}$的影响占主导地位），其噪声不会受到多少影响；但在高电流下它确实很重要，如果你想让e_n增加$1\text{nV}/\sqrt{\text{Hz}}$达到峰值，你就必须在高电流下进行实验。为了强调这一点，我们在图8.43中显示了ZTX851在大范围集电极电流范围内的噪声电压频谱图。经过多次实验我们得出经验，必须在大电流下才能真正降低e_n。当然，也不能过大。如前面的图8.18所示，在更高的电流下，由于基极电流

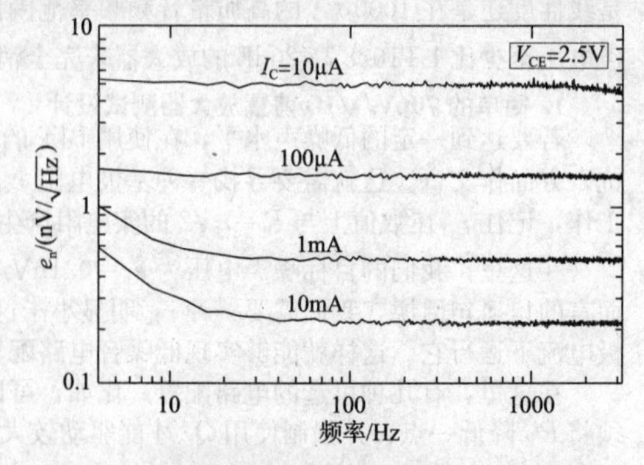

图8.43　为了获得具有所需低$r_{bb'}$的晶体管（约翰逊噪声较低），必须在足够高的集电极电流下工作

高，抖动噪声会迅速增加，低频噪声会快速上升，这种晶体管的最佳点是集电极电流为 5mA 时。

3. 超过 0.1nV/$\sqrt{\text{Hz}}$的目标

在上述候选的 BJT 中，低噪的 PNP 型晶体管比同类的 NPN 型晶体管的性能稍好一些。例如，在 I_C=10mA，典型的 PNP ZTX951 测得 e_n=0.20nV/$\sqrt{\text{Hz}}$，而 NPN ZTX951 测得 e_n=0.21nV/$\sqrt{\text{Hz}}$（对应 $r_{bb'}$ 值分别为 1.2Ω 和 1.5Ω）。我们不确定为什么会这样，在本章前面提到的 NPN 2SD786（和 PNP 2SB737）的噪声特性也会有这样的趋势[⊖]。

使用图 8.42 的差分电路，每个输入端对都有平行的晶体管阵列，放大倍数 G=30（由 LT1128 制成，其输入噪声电压可低至 10mV）。通常，它可以作为 G = 30 的低噪声放大器输入级（由 LT1128 制成，其输入噪声电压最低 ≤ 1nV/$\sqrt{\text{Hz}}$，最低可达 10Hz）。为了均衡电流，需要将电压降低 50mV 左右，在每个晶体管基极电流为 10mA 时，就会叠加不可接受的噪声电压。一般来说，来自单个生产批次的晶体管在其基极、发射极压降方面是内在匹配的。我们测量了一批各 100 个 ZTX851 和 ZTX951，结果见图 8.44 的直方图，样品抽样匹配相当好。顺便说一句，JFET 并非如此；见图 3.17 的 300 个 N 沟道场效应晶体管的直方图，它们是由流行的 2N5457-59 系列 N 沟道场效应晶体管（由 I_{DSS} 分级）中的 3 批 100 个 JFET 制作而成。

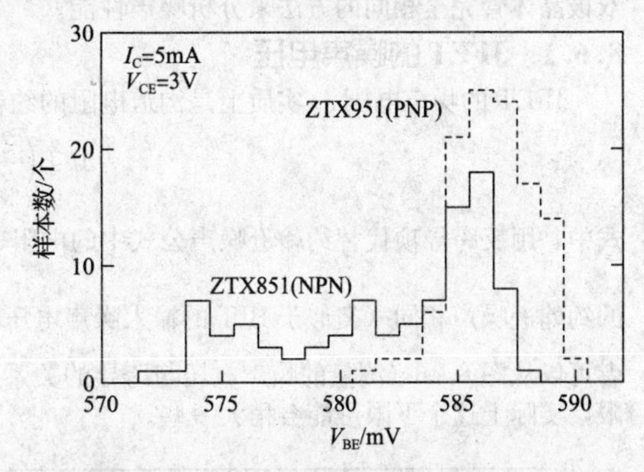

图 8.44　一批 100 个 NPN 和 PNP 器件的测量 V_{BE} 的分布

对于这样的电路，由于集电极电阻负载和发射极下拉，直流供电轨必须保持稳定，因为输出端的供电轨噪声似乎没有衰减。这里我们使用了所谓的电容倍增器来消除电源噪声，这也是一种有效的方法。

以下是几种晶体管配置的测量噪声电压（见图 8.45）。

晶体管	数量/个	I_C/mA	e_n/(nV/$\sqrt{\text{Hz}}$)	
			@1kHz	@100Hz
ZTX951	2×16	2×100	0.085	0.10
	2×32	2×200	0.070	0.09
BD437	2×24	2×100	0.095	0.17
	2×24	2×200	0.080	0.13
2SC3601E	2×12	2×200	0.093	0.18

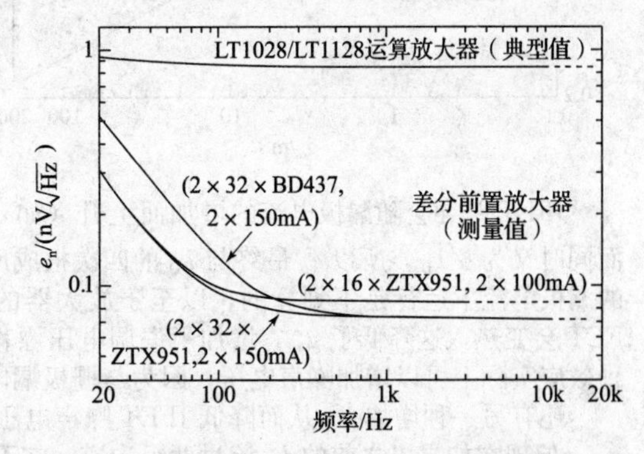

图 8.45　图 8.42 所示放大器的测量噪声电压频谱，有 3 种输入晶体管和工作电流选择，64 个 ZTX951 晶体管的前置放大器胜出

对于非常低的输入噪声电压（一般来说不低于 0.5nV/$\sqrt{\text{Hz}}$），超低源阻抗小于 1Ω，因此可以承受集电极电流为 100mA 的接地发射极放大器级的低输入阻抗（和相对较高的输入电流）。然而，要获得低得多的输入电流，最好用 JFET 来实现，正如我们将要看到的。

4. 测量 BJT 噪声

那么是如何进行这些晶体管噪声测量的呢？你可以采用昂贵的商业仪器来测量分立晶体管（BJT 或 FET）的噪声参数，这些仪器通常针对射频和微波特性。本书采用一条更适中的路线，构建了一个简单的测试电路，将待测器件（DUT）配置为接地发射极放大器级，具有可设置的集电极电流和集电极-发射极电压，并提供确定其电压增益的功能。接下来，就可以测量输出噪声电压频谱，首先旁路输入，然后在输入端使用串联电阻测量 i_n。8.12.2 节将详细描述。

⊖　这可能与性能类似的 PNP 晶体管所需的更大芯片尺寸有关。

8.6 采用 JFET 的低噪声设计

对于高源阻抗，晶体管噪声电流占主导地位，因此可利用 JFET 的压控效应，扼制输入端噪声电流。与 BJT 相比，JFET 通常具有更高的噪声电压，但栅极电流（和噪声电流）要低得多，因此它们是低噪声高阻抗放大器的普遍选择。在这种情况下，有时可以将约翰逊噪声电压与信号源内阻之比认为是噪声电流 $i_n = v_n/R_S$。这使读者可以将源噪声占比与放大器噪声电流进行比较。

JFET 可以采用相同的放大器噪声模型，即串联噪声-电压源和并行噪声-电流源，并可以使用与双极晶体管完全相同的方法来分析噪声性能。

8.6.1 JFET 的噪声电压

JFET 的噪声电压 e_n 实质上是沟道电阻的约翰逊噪声，近似为

$$e_n^2 = 4kT\left(\frac{2}{3}\frac{1}{g_m}\right) \quad V^2/Hz \tag{8.34}$$

式中，用反跨导项代替约翰逊噪声公式中的电阻；也就是说，噪声电压与值为 $R=\frac{2}{3}\frac{1}{g_m}$ 的电阻产生的约翰逊噪声相同（类似于 BJT 的输入噪声电压，其 e_n 等于值 $R=\frac{1}{2}\frac{1}{g_m}$ 的电阻的约翰逊噪声）。读者可以从图 8.46（测量的噪声电压与跨导的关系）中看到，这为实际噪声电压设置了一个可靠的下限，实际上这个下限可能会稍大一些。

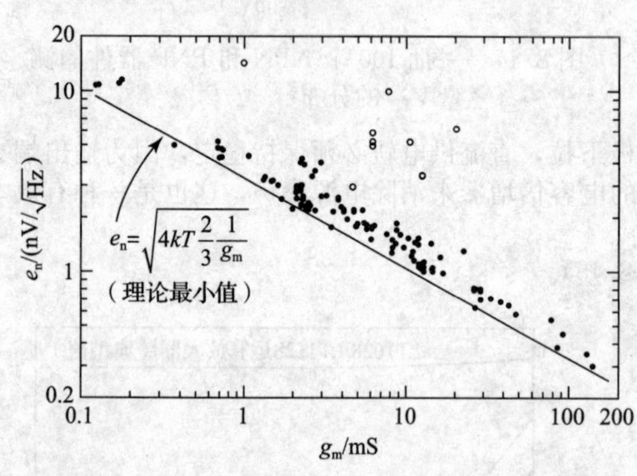

图 8.46 测试 JFET 噪声公式：选择 50 种不同类型的 JFET，在不同的漏极电流下工作，测试 JFET 噪声电压谱密度（远高于 $1/f$ 拐点频率）与测量跨导的散点图。开环表示噪声在我们的最大频率下没有平坦到白噪声底板的 JFET

JFET 跨导会随漏极电流的增加而上升（如 $\sqrt{I_D}$），又由于 e_n 是约翰逊噪声，其值为 $1/\sqrt{g_m}$，而同时又为 $\sqrt{I_D}$，所以 e_n 最终与 I_D 的四次根成反比。由于 e_n 对 I_D 的依赖程度如此之低，在如此高的漏极电流下运行是不划算的，以至于放大器的其他性能都会降低。特别地，在高电流下运行的 FET 会变热，这降低了 g_m，增加了失调电压漂移和 CMRR，以及显著地增加了栅极漏电流；后一种效应实际上可以增加噪声电压，因为与栅极漏电流相关的闪烁噪声对 e_n 有一定的贡献。

还有另一种增加 g_m 从而降低 JFET 噪声电压的方法：通过将两个 JFET 并联，你可以得到两倍 g_m。但现在如果以之前的 I_D 流过两个沟道，在不增加总漏电流的情况下，仍然可以将 g_m 提高到单管 JFET 放大器的$\sqrt{2}$倍，所以把 e_n 减少$\sqrt[4]{2}$，就可达到单管 JFET 放大器跨导值的 84%。在实践中，可以简单地并联一些可匹配的 JFET，或寻找较大跨导值的 JFET 来实现噪声电压的降低，如前面提到的 IFN146（0.7nV/$\sqrt{Hz}$）或 IF3601（0.3nV/$\sqrt{Hz}$）。

然而，这是要付出代价的。总电容会随并联 JFET 的数量而变化。结果会导致高频性能（包括噪声值）下降。实际上，当电路的输入电容与源电容大致匹配时，应该停止并联其他晶体管。如果关心高频段的性能，可以选择高 g_m 和低 C_{rss} 的 JFET；你可能会认为 g_m/C_{rss} 和 g_m/C_{iss} 的比率是高频率的优点（回想一下 $f_T = g_m/2\pi C$，其中 C 是输入电容或米勒电容，取决于电路配置）。注意，电路配置也可以发挥重要作用；例如，共源共栅放大电路可以用来消除 C_{rss} 上的米勒效应（增益倍增）。

JFET $1/f$ 噪声电压

类似于 BJT，大多数 JFET 也遭受低频噪声电压谱密度上升的影响，见图 8.47 的测量数据。在某些情况下（如 2SK170B），$1/f$ 噪声相当低，可以用和 BJT 近似的单个噪声转折频率 f_c 来表征。在这种情况下，噪声相角可以用式（8.27）估算，一旦知道了 f_c，就可以用式（8.28）计算噪声谱密度。该图显示了 1kHz 的噪声电压谱密度，从 2SK170B 的 1nV/$\sqrt{Hz}$，到小电容 2N5457 的 2.8nV/$\sqrt{Hz}$，

再到小芯片 PN4117 的 11nV/$\sqrt{\text{Hz}}$（其漏极电流为 I_{DSS}，此处为 75μA）。

但是一些 JFET 具有升高的低频噪声平稳区，比如 LSK389。该器件在 1kHz 及以上时具有 1.8nV/$\sqrt{\text{Hz}}$ 的低噪声谱密度，但在 100Hz 范围内，它会以蛇形曲线上升至该值的两倍。对于这款出色的器件来说，这点并不是一个非常严重的缺点，对于 1kHz 和 10kHz 的总带宽，它仍然具有约 70nVrms 和 180nVrms 的低宽带噪声水平。

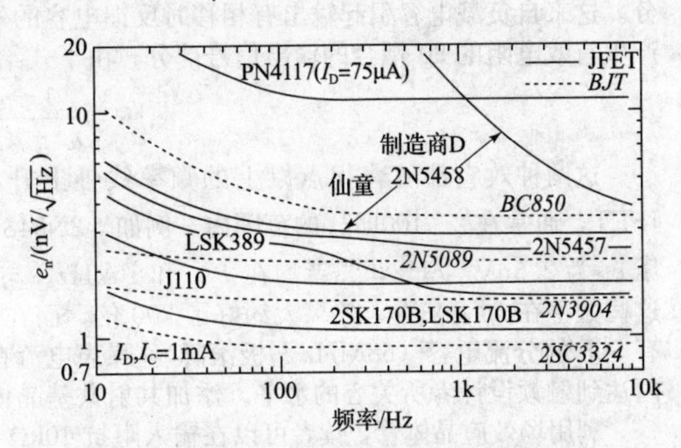

图 8.47 几个 BJT 和 JFET 的测量噪声电压谱密度与频率的关系，说明低频时的 $1/f$ 形下降

有时候这种效果会失控。例如，当 e_n＝3nV/$\sqrt{\text{Hz}}$时，将噪声较小的 2N5486 与制造商提供的测量噪声样本进行比较：后者在 10kHz 的噪声为 4.5nV/$\sqrt{\text{Hz}}$，在较低频率急剧上升，在 700Hz 偏离标度。它在 100Hz 攀升至 50nV/$\sqrt{\text{Hz}}$，约为低噪声 2N5486 半导体 JFET 的 15 倍。因此，噪声部分的带宽约为 1μV（至 1kHz）。有关多个制造商制造的 2N5486 噪声变化的惊人对比见图 8.51。该组中噪声最大的部分具有 210nV/$\sqrt{\text{Hz}}$，产生约 2.5μVrms 的低频积分噪声电压。2N5486 射频放大器数据手册仅列出了 100MHz 和 400MHz 的噪声系数规格。还要注意的是，这种低频噪声过剩并不影响高频下的工作。

虽然谈论 $1/f$ 噪声和相应的转折频率 f_c 很常见，但现实是许多 JFET 不符合这样的模型。在数据手册中，制造商以多种方式处理低频噪声过大的问题。第一，它们可能会避开使用会产生严重噪声的规格。第二，它们可能在相对较高的频率下给出噪声谱密度规格 e_n——10kHz、100kHz，甚至更高。第三，它们可以在特定带宽下提供方均根噪声电压规格。第四，它们可能给出一个有意的高（保守）规格，例如最大 115nV/$\sqrt{\text{Hz}}$，或者 R_S＝1MΩ 时的 3dB 噪声系数（其源噪声电压谱密度为 126nV/$\sqrt{\text{Hz}}$）。第五，它们可能给出一个 100Hz（在有用的地方）的能量谱密度，但只给出典型值。第六，对于用于高频放大的器件，它们可能会给出 100MHz 或更高频率的噪声规格。

8.6.2 JFET的噪声电流

在低频，噪声电流极小，并由栅极漏电流中的散粒噪声引起[⊖]（见图 8.48）：

$$i_n=\sqrt{2qI_G}=(3.2\times10^{-19}I_G)^{\frac{1}{2}}\quad \text{A/Hz}^{\frac{1}{2}} \tag{8.35}$$

随着栅极漏电流的增加，噪声电流随着温度的升高而增加。注意在高电压或高电流下工作时 N 沟道 JFET 中栅极漏电流的快速增加。很难准确估计 JFET 中的噪声电流水平，因为栅极漏电流的规定很差。你经常会看到不切实际的高最坏情况规格，例如 I_G＝1nA（最大值），而在正常环境温度下，它通常在 1～10pA 范围内。在如此低的偏置电流下，输入噪声电流谱密度非常小，例如，10pA 的栅极漏电流为 1.8fA/$\sqrt{\text{Hz}}$。通过 1MΩ 的信号源阻抗，噪声电流将产生 1.8nV/$\sqrt{\text{Hz}}$的 e_n（顺便说一句，它本身就有一个约翰逊噪声电压为 128nV/$\sqrt{\text{Hz}}$；在 JFET 的噪声电流产生的噪声电压与源的约翰逊噪声匹配之前，源电阻必须达到 5GΩ）。

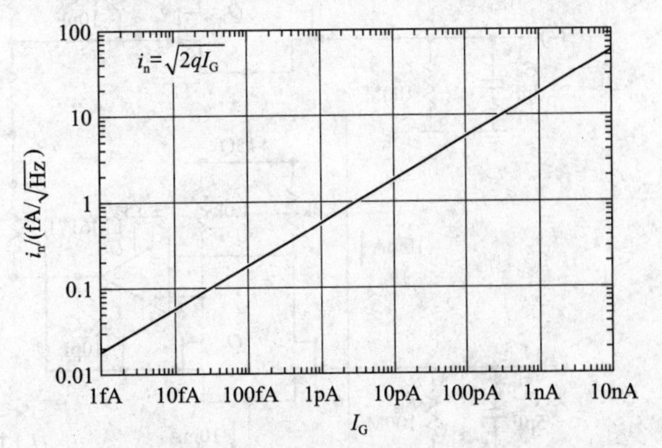

图 8.48 输入散粒噪声电流谱密度与场效应晶体管栅极漏电流的关系

在中高频，会有额外的噪声和电阻项。

1）如果有一个求和点（例如跨阻放大器），那么驱动输入电容的输入噪声电压 e_n 产生噪声电流 $i_n=e_n\omega C_{in}$。

⊖ 此外，一些 FET 中存在闪烁（$1/f$）噪声电流成分。

2）在没有共源共栅放大器的情况下，从栅极看，输入阻抗（通常为容性）有一个有效的电阻部分。这来自负载电容引起输出有相移时反馈电容的效应（米勒效应），即通过反馈电容 C_{rss} 在输入端产生有效电阻的90°耦合的输出信号部分，由下式给出：

$$R=\frac{1+\omega C_L R_L}{\omega^2 g_m C_{rss} C_L R_L^2} \tag{8.36}$$

这两种效应都随着拐点以上的频率线性上升，并且都具有相似的转折频率，对于低漏电流JFET，通常在2～100kHz的范围内。例如，2N5486 N通道JFET的噪声电流为5fA/$\sqrt{\text{Hz}}$，噪声电压 e_n 为2.5nV/$\sqrt{\text{Hz}}$，二者均在 I_{DSS} 和10kHz。与图8.29中使用的2N5087 BJT的相应数字相比，这些数字在 i_n 上来看，效果大约好了200倍，而在 e_n 上大约差了2倍。如果我们假设470Ω负载具有5pF的分流电容（68MHz漏极滚降），噪声电流在30kHz左右开始上升，并在10～100MHz范围内达到射频设计者所关心的水平。添加共射共基晶体管来抑制这种效应并提高高频增益并不少见。

利用场效应晶体管，读者可以在输入阻抗10kΩ～100MΩ范围内获得良好的噪声性能。正如我们所见（图8.27），SRS型SR560前置放大器的噪声系数为1dB或更高，源阻抗为5～20kΩ，频率范围为100Hz～10kHz。它在中等频率下的性能相当于4nV/$\sqrt{\text{Hz}}$的噪声电压和0.013pA/$\sqrt{\text{Hz}}$的噪声电流。

8.6.3 设计示例：低噪声宽带JFET混合放大器

通过将最好的分立JFET与运算放大器进行混合设计，可以改善商用JFET前置放大器（和运算放大器）的噪声性能。几个不错的电路示例在其他章节中展示：①图3.34中的交流耦合低噪声宽带放大器，$e_n \approx 1\text{nV}/\sqrt{\text{Hz}}$；②图3.37中的模拟直流耦合放大器，$e_n \approx 2\text{nV}/\sqrt{\text{Hz}}$。

鼓励读者回顾这些例子，它们说明了用分立JFET设计低噪声放大器的重要技术（并且当与运算放大器第二级结合时）。在这里，我们使用直流耦合仪表放大器，它具有较低的噪声和较宽的带宽。

图8.49中的电路是图3.37中单端直流耦合混合放大器的改进，其中两个构成了经典三放大器INA的差分放大器输入。电压增益（输入与单端输出之差）为 $G=100$，由 $1+2R_f/R_g$ 设置。R_{f2} 的±2%微调用于最大化共模抑制比，这是一个理想的特性，也是INA出名的原因。JFET需要帮助来实现低失调电压（Q_1 指定20mV，最差情况），因此我们在 $Q_{1a,b}$ 的漏极增加了失调平衡。

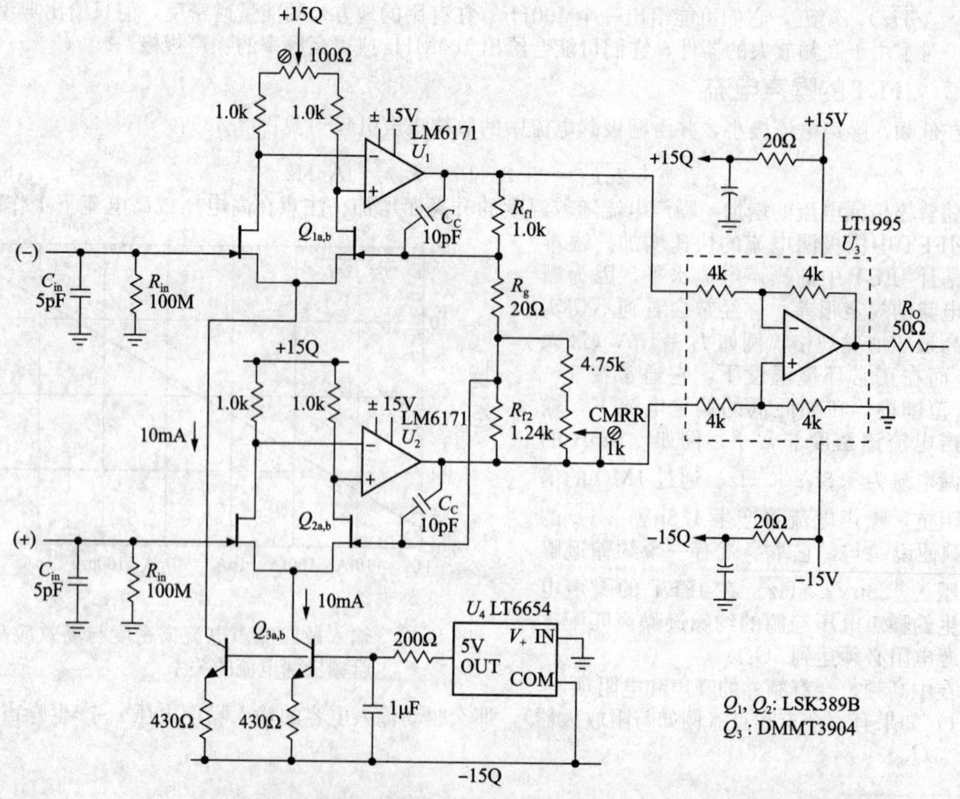

图8.49 混合JFET输入低噪声宽带仪表放大器：$G=100$，$e_n \approx 2\text{nV}/\sqrt{\text{Hz}}$，BW≈20MHz

至于噪声，LSK389B 说明了在 1kHz 和 $I_D=2mA$ 时典型的 e_n 为 0.9nV/$\sqrt{Hz}$。在我们的 5mA 漏电流下，我们可以期待稍微好一点；但是每个差分对（例如 $Q_{1a,b}$）的噪声大于$\sqrt{2}$倍，另一个因素是$\sqrt{2}$，以考虑上下差分对的组合噪声。与图 3.37 的单端放大器一样，运算放大器的噪声（e_n 约为 12nV/$\sqrt{Hz}$）在参考输入时降低了 JFET 对的增益（约为 20）。因此，该仪表放大器的总噪声电压为 2nV/$\sqrt{Hz}$。结合其带宽（约为 20MHz，信号源阻抗≤1kΩ），这是比现有仪表放大器更好的性能。

我们能做得更好吗？降低 JFET 噪声电压最简单的方法是在每个输入端增加第二对 JFET，与现有的栅极和漏极并联。例如使用一个 10mA 电流的两个晶体管（现在漏极电阻为 500Ω），这将输入噪声电压降低了$\sqrt{2}$，并且不需要担心独立 JFET 匹配对之间的一致的 V_{GS}。最后，如果你想最小化输入电流，增加一对共源共栅晶体管，使 Q_1 的 V_{DS} 保持在 5V 以下。

8.6.4　大师级设计：SR560 低噪声前置放大器

看看一个好商业产品的内部总是有启发性的。斯坦福研究系统（SRS）公司有一系列不错的科学仪器，其中你会发现 SR560 低噪声前置放大器，自 1989 年以来一直在连续生产。它使用差分 JFET 前端实现高输入阻抗（100Ω‖25pF），并且有一套很好的面板控制，可以让你选择电压增益、频率响应（通过可切换的低通和高通部分）、交流或直流耦合、相位转换等。这是一款出色的产品——噪声电压优于 4nV/$\sqrt{Hz}$，响应平坦至±0.5dB，典型失真为 0.01%，输出信噪比为 10Vpp。

图 8.27 展示了特定噪声系数轮廓。图 8.50 显示了前端放大器电路的全部细节（图 8.50a）和简化形式（图 8.50b 和 c）。

整体拓扑　匹配的低噪声 JEFT 对 Q_{1ab} 以 4.6mA（接近其保证的最小 I_{DSS}）运行，形成全差分第一级，在混合配置中，JFET 差分输出驱动一个运算放大器，但在这里配置 Q_{1a} 的源端反馈，以便两个 JFET 都可以用作外部输入。因此，整体配置是一个差分电流反馈放大器（CFB），类似于图 3.34 的单端混合电路。第一级原生电压增益可选为×10 或×2；对于后者，接入一个 499Ω 的串联电阻，因此在第二级输入端可以看到单位净增益。第二级是一个 LT1028 低噪声运算放大器（$e_n \approx 1nV/\sqrt{Hz}$，在 10Hz），$G=10$，带两个输入端的源阻抗均为约小于或等于 100Ω，以保持低噪声电压。使用输入分频器时，第二级总增益为×2、×5 或×10。

JFET 偏差　通过测量平均漏极电压，将其与+6.2V 基准电压进行比较，并通过积分器 U_2 关闭环路，很好地解决了 I_{DSS} 不确定的问题。这是一种处理松散 I_{DSS} 的可靠方法，例如 NPD5564 双 JFET（I_{DSS} 最小为 5mA，最大为 30mA）。制造商不再提供 JFET，但幸运的是，有一个更好的替代品（LSK389B），具有更好的更严格的 I_{DSS} 规格（最小 6mA，最大 12mA），还有一个额外的好处，它具有更低的噪声电压（在 $I_D=2mA$，NPD5564 在 10Hz 和 1kHz 的典型噪声电压分别为 12nV/$\sqrt{Hz}$和 3.8nV/$\sqrt{Hz}$；LSK389B 的相应数值为 2.5nV/$\sqrt{Hz}$和 0.9nV/$\sqrt{Hz}$）。

带宽　在信号路径中，放大器 U_1 是一个失补偿的低噪声（10Hz 时，典型值为 $e_n \approx 3.5nV/\sqrt{Hz}$）宽带（$f_T=63MHz$）运放，此处配置为 $f_T=5MHz$（33pF）的积分器。它的压摆率为 17V/μs，在额定 1MHz 带宽下转换为 5Vpp 的第一级输出。在第二级，电容 C_3 将带宽限制为约 2MHz。

在第一级偏置路径（对于共模抑制非常重要）中，积分器 U_2 的输出压摆率为 10V/μs（最小值），因此它可以在完整的 1MHz 额定带宽内输出端跟随 3Vpp 共模输入（仪器的额定最大值）。积分器的单位增益带宽为 230kHz（6.8pF 和 50kΩ），因此在 1kHz 的偏置设置环路增益为 230。在更高的频率下，U_1 的 CMRR 负担增加了，这在仪器的 CMRR 规范中显而易见：至 1kHz 大于 90dB，在 1kHz 以上时降低 6dB/倍频程（即 $1/f$）[⊖]。

失调电压　这些双 JFET 与精密匹配的 BJT 不在同一个联盟中，并且它们并没有声称如此。NPD5564（其系列中最好的）在 $I_D=2mA$ 时具有 5mV 的规定最大失调电压（即栅极-源极不匹配，$|V_{GS1}-V_{GS2}|$）；LSK389B 的噪声性能虽然很出色，但要差得多，最大失配为 20mV（在 I_D=1mA 时指定）。SR560 通过向其添加电位器来解决此问题：Q_{1b} 的漏极中有一个 10 匝失调微调器，其范围（±0.13mA）足以平衡最坏情况的失调，第二个 10 匝微调器在源电阻串中向下移动，以在切换至低增益时独立平衡失调。有一对类似的 CMRR 微调器，每个微调器 20 匝。我们已经完成了校准程序（完成了一些非正交调整的迭代），并且可以证明获得（并维持）深偏移。

⊖ 通过配置 U_1 的输出来控制一对偏置 Q_{1ab} 的电流吸收晶体管，可以改善高频 CMRR。

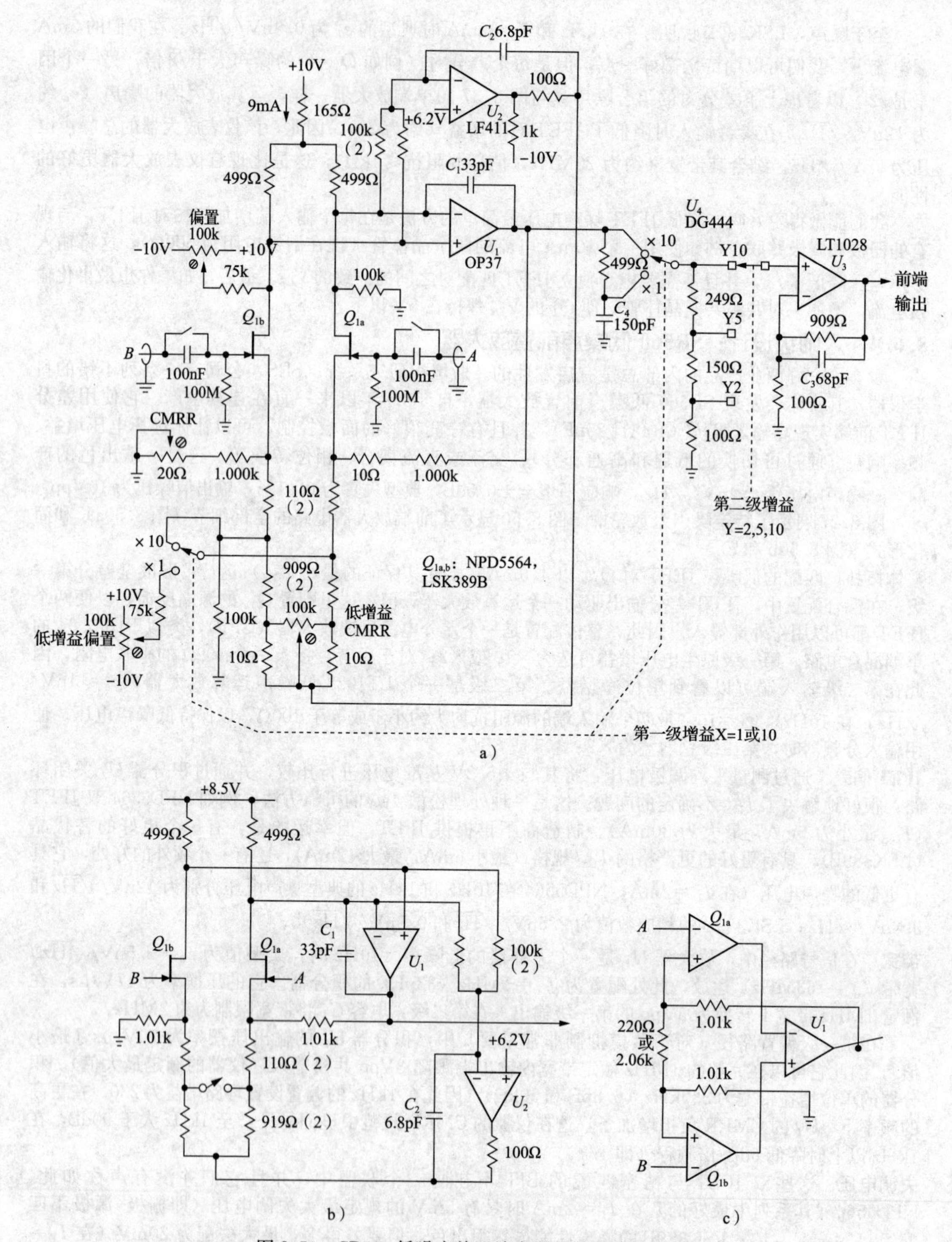

图8.50　SR560低噪声前置放大器的前端放大器级

噪声电压　为了使噪声电压最小，JFET在相对较高的电流下工作，并且电阻值（通常在源极、漏极和信号路径中）选的较小。最初的噪声预算约为$4\mathrm{nV}/\sqrt{\mathrm{Hz}}$，例如，在JFET源极中使用110Ω电阻是可以接受的。但是，串联的一对电阻会产生$2\mathrm{nV}/\sqrt{\mathrm{Hz}}$的约翰逊噪声电压，这比我们将这些噪声较小的JFET配对时要多一些。优化的设计可以将这些值减少大约2倍。

其他　低电平信号切换（例如AC/DC/GND输入耦合、×1/×10增益选择和A/B输入互换）是通过机电继电器完成的。但除了使用普通继电器之外，还使用带有镀金双触点的继电器（旨在获得稳定的低电阻，即使在没有触点清洁的低电平信号下也是如此）。这些继电器是闭锁型，其中瞬时脉冲切换状态，从而消除了稳态下的感应线圈电流。这进一步消除了作为漂移源的局部加热。在该仪器中，微控制器运行所有继电器和指示灯，检测前面板命令（或外部数字控制），并根据需要对继电器进行适当的脉冲改变其状态。

8.6.5　选择低噪声 JFET

如前所述，由于双极晶体管具有较低的输入噪声电压，因此在低源阻抗的情况下仍具有最佳的噪声性能。通过选择具有低 $r_{bb'}$ 的晶体管，并在高集电极电流下工作（只要 h_{FE} 保持高电平），就可以降低噪声电压 e_n。对于较高的源阻抗，可以通过在较低的集电极电流下运行来将噪声电流降至最低。

在源阻抗很高的情况下，FET 是最佳选择。通过在跨导最高的较高漏极电流下工作，可以降低其噪声电压。用于低噪声应用的 FET 具有较高的 κ 值，这通常意味着较高的输入电容。例如，低噪声 2SK170 的典型 C_{iss} 为 30pF，而 PN4117-9 系列低电流 FET 的最大 C_{iss} 仅为 3pF。

我们偏爱具有高跨导和低栅极截止电压的 JFET，但可悲的是，许多性能优异的老产品已经停产。NXP 的 BF862 已成为首选的低噪声部件，噪声又小又具有极低的电容。Toshiba 公司的 LSK170 是一系列当前可用的低噪声分立 JFET。

跨导与漏极电流的关系也可直接从其构成的线性积分系统中获得，比如 LSK389。优秀的 IFN146 和 IFN147 可直接从 InterFET 获得。还有 Fairchild J107，这是一种低成本开关，与低噪声 JFET 有一样的噪声特性。

未指定的低噪声晶体管　重要警告：依赖未指定的噪声参数是有风险的，例如，假设（没有制造商的 e_n 规范）给定部件号的所有晶体管都将表现出与在晶体管中测量的相似的噪声电压。图 8.51 绘制了 2N5486 N 沟道 JFET 的 6 个采样的实测噪声电压。实际上，甚至来自同一制造商的晶体管也可能显示出较大的差异，如图 8.40 的 4 个批次的功率晶体管实测噪声所示。图 8.52 显示了许多常用且有用的 JFET 噪声特性的比较。

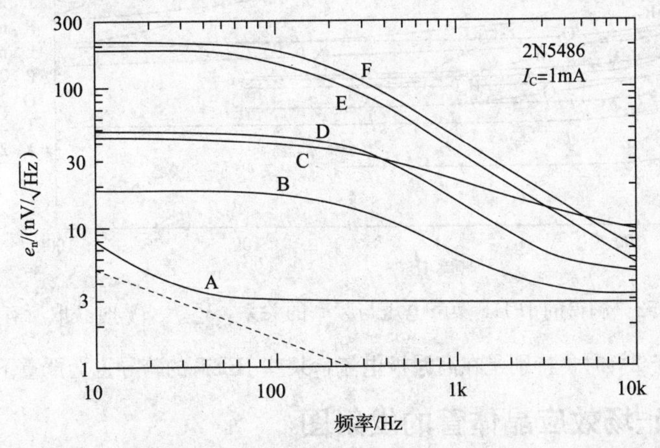

图 8.51　当心未指定的噪声参数：来自 5 个制造商的 6 个 2N5486 JFET 样品的测量噪声电压，一些数据手册仅指定了高频下的噪声性能。$1/f$ 噪声的斜率由虚线表示。E 和 F 具有 2.5μVrms 的低频噪声（至 1kHz）

注意 JFET 的缺点　当我们讨论选择低噪声双极晶体管的许多注意事项时，一个重要的因素是晶体管的输出电阻 r_o（或者，如果愿意，它的输出电导 g_{oe}）。对于 BJT，这由其厄利电压 V_A 来描述。大多数 NPN BJT 具有很高的 V_A 值，也就是说它们具有很高的输出电阻，因此通常不会引起严重的关注。

但是 JFET 并非如此。如果读者尝试测量 JFET 的类似厄利电压，读者会为它们的低电压值感到失望。通常用来描述漏极电流随漏极电压变化的参数是输出电导 g_o，它随漏极电压和漏极电流而变化。对于许多 JFET，输出电导（理想情况下为零）足够高，会对放大器增益产生严重影响。由于 JFET 的 g_{os} 值大致与其跨导（g_m）成正比，因此我们定义了一个参数 $G_{max}=g_m/g_{os}$，它表示具有高阻抗漏极负载的共源放大器的最大电压增益[⊖]。在设计 JFET 放大器级时，读者需要考虑到这一点，也许可以通过添加级联来避免其增益破坏效应。

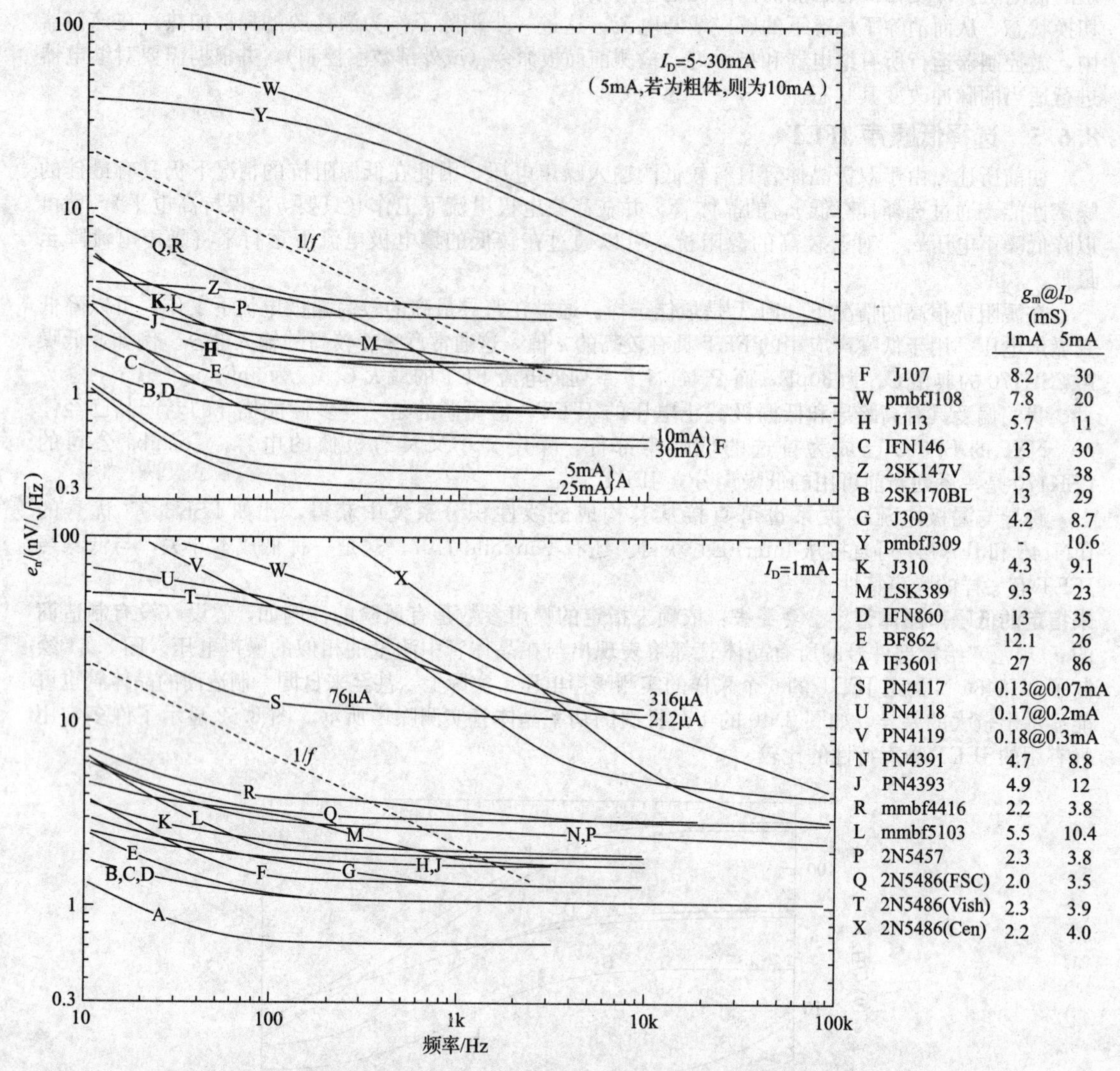

图 8.52 测得的 JFET 噪声电压与频率的关系，V_{DS}=5V 时获取所有数据

当漏极电压小于 2V 时，特别是在高漏极电流，某些 JFET 的跨导也会严重下降。

8.7 绘制双极-场效应晶体管的发射图

工程师们一直争论的焦点是 FET 还是双极晶体管更好。我们通过匹配两个最佳竞争者并让它们发挥出最佳性能来解决这一问题。

2SD786 的噪声电压在 1mA 时约为 0.5nV/$\sqrt{\text{Hz}}$，$1/f$ 噪声极低，拐角远低于 10Hz；其极低的 $r_{bb'}$（我们测得的值为 2.3Ω）使我们可以在较高的集电极电流下降至 0.25nV/$\sqrt{\text{Hz}}$。电流下降到 1μA，β 仍大于 200，这有助于实现低噪声电流。在音频发烧友中，它一直是最受欢迎的产品。FET 的 2SK170 N 沟道 JFET，该晶体管因其惊人的低噪声性能而广为人知，其知名度超过了双极晶体管。在图 8.54 中可以看到它非常低的噪声电压。根据其数据手册，仅针对 200μA～10mA 的漏极电流。但是我们保守地推断其噪声参数低至 100μA，因此我们可以用 100μA～10mA 的漏极电流对其进行评估。该输入噪声电流非常低（约 1fA/$\sqrt{\text{Hz}}$，散粒噪声对应于其栅极漏电流约 3pA）。在

⊖ 我们喜欢 G_{max}，因为它在很大程度上与漏极电流无关，并且随漏极电压以可预测的方式（线性）变化。

图8.53中，我们绘制了它们的总放大器噪声电压。

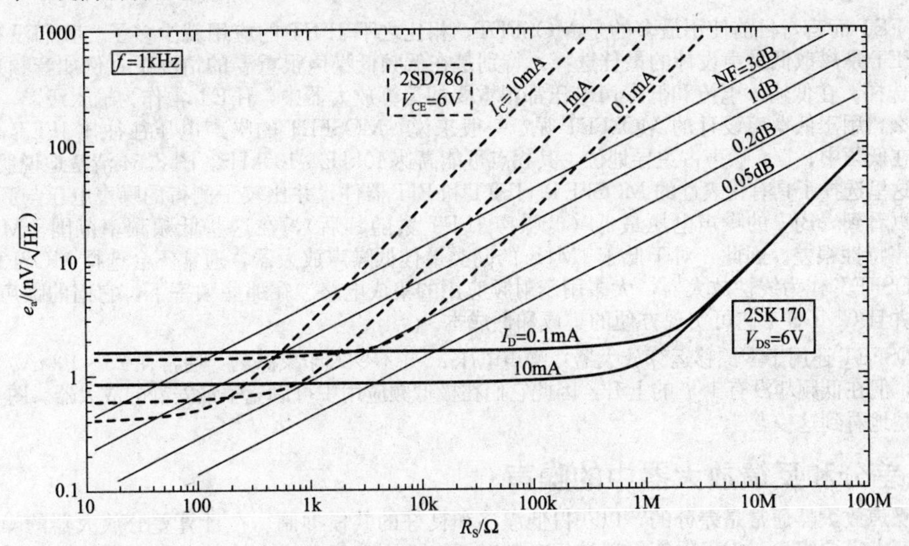

图8.53 2SD786 NPN双极晶体管（虚线）和2SK170 N沟道JFET（实线）在1kHz时的总放大器输入噪声电压（e_a）的比较

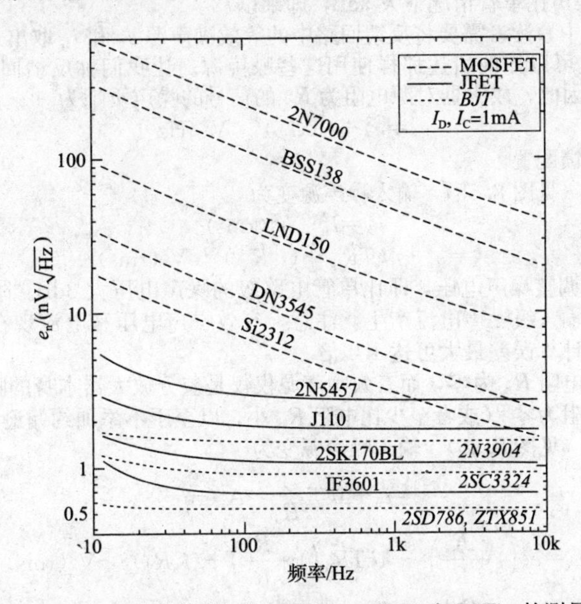

图8.54 比较一些常用晶体管（MOSFET、JFET和BJT）的测量噪声电压

那么赢家呢？这是一个分裂的决定。FET赢得了最低噪声系数NF（R_n）的分数，达到了惊人的0.0005dB噪声系数，并且从1kΩ到100MΩ的源阻抗下降到0.2dB以下。对于高源阻抗FET保持不变。双极晶体管最适合低源阻抗，尤其是低于5kΩ，并且对于源电阻R_S在1～10kΩ，可以选择合适的集电极电流，它可以达到0.2dB的噪声系数。尽管仅凭噪声取得的胜利很小，但它还有其他重要优点，尤其是与JFET的V_{GS}相比，其V_{BE}的可预测性更高。

2SD786已停产。Toshiba公司的2SK170有时可用，有时则不可用。但是，LSK170 JFET的性能几乎一样好。Zetex的ZTX851 BJT和ZTX851 BJT的噪声性能均未达到最佳，甚至比2SD786还要好。而且，如果读者想要的是真正的低噪声电压，请考虑InterFET的IF3601，其典型噪声电压为0.35nV/$\sqrt{\text{Hz}}$，甚至降低到30Hz！这是一个JFET，具有低输入电流（典型值为100pA，因此i_n较低，约为6fA/$\sqrt{\text{Hz}}$）。当用于源阻抗等于其抗噪声能力（即R_S＝60kΩ）的放大器时，其性能无与伦比——噪声系数为0.001dB。

MOSFET 呢？

就 FET 而言，目前使用最多的是 MOSFET，相比之下 JFET 的应用就少多了。我们没有忽略，不过 JFET 是离散低噪声设计的最佳选择，特别是在低频低噪声很重要的情况下（例如音频），它们是最佳选择。在低输入电流和低噪声电压都很重要的运算放大器中，JFET 常作为输入级。

那么，用于低噪声设计的 MOSFET 呢？一般来说，MOSFET 的噪声电压往往比 JFET 高得多，特别是在低频中，$1/f$ 噪声占主导地位，其拐点可能高达 10kHz～100kHz。图 8.54 清楚地说明了这一点，在这里选择了具有代表性的 MOSFET、JFET 和 BJT 器件，并比较了测得的噪声电压与频率的关系。可以看到，BJT 的噪声电压最低（低噪声 JFET 紧随其后），在这些低频频率范围，MOSFET 甚至噪声特性很差。因此，对于低于 1MHz 的同类最佳低噪声放大器，通常不会选择 MOSFET。

MOSFET 作为线性放大器，大多用于射频应用的集成电路。在那些频率下，它们的噪声性能足够好，并且 CMOS 工艺可实现方便的集成和低成本。

MOSFET 还用于零漂移运算放大器：噪声电压 e_n 并不令人印象深刻，通常在 25～100nV/$\sqrt{\text{Hz}}$的范围内，但在低频却没有 $1/f$ 的上升，因此它们在极低频应用中可以竞争最安静的放大器。图 5.54 中可以清楚地看到这一点[㊀]。

8.8　差分和反馈放大器中的噪声

低噪声放大器通常是差分的，以获得低漂移和良好的共模抑制。在计算差分放大器的噪声性能时，有三点需要牢记：①确保使用单端集电极电流，而不是集电极电流的总和去获取数据手册中的 e_n 和 i_n；②每个输入端子的电流 i_n 值与单端放大器的配置相同；③在另一个输入接地的情况下，从一个输入处看到的 e_n 噪声比单管情况下大 3dB，即乘以$\sqrt{2}$。

在带反馈的放大器中，读者需要将反馈回路中的等效噪声源 e_n 和 i_n 取出来，这样在计算给定信号源的噪声性能时，就可以如前所述那样使用这些噪声源。让我们称反馈回路中的噪声项为 e_A 和 i_A，即放大器噪声项。因此，放大器对源电阻为 R_S 的信号的噪声贡献为

$$e^2=e_A^2+(R_S i_A)^2 \quad \text{V}^2/\text{Hz} \tag{8.37}$$

让我们分别考虑两种反馈配置。

同相　对于同相放大器（见图 8.55），输入噪声源变为

$$i_A^2=i_n^2 \quad \text{A}^2(\text{rms}) \tag{8.38}$$

$$e_A^2=e_n^2+4kTR_{\parallel}+(i_n R_{\parallel})^2 \quad \text{V}^2(\text{rms}) \tag{8.39}$$

式中，e_n 是差分配置的调整噪声电压，即比单管电路级的噪声电压大 3dB。附加噪声电压项由反馈电阻中的约翰逊噪声和输入级噪声电流产生。注意，有效噪声电压和电流现在并非完全不相关，因此将它们的平方相加的计算误差最大可达 1.4 倍。

对于跟随器来说，电阻 R_2 为零，而有效噪声源仅仅是差分放大器本身的噪声源。注意，这些插图和公式假定信号源电阻为零[㊁]（或者至少比电阻 $R_{\parallel}$ 小，以至于不添加约翰逊噪声）。

反相　对于反相放大器（见图 8.56），输入噪声源变为

$$i_A^2=i_n^2+4kT\frac{1}{R_1} \quad \text{A}^2(\text{rms}) \tag{8.40}$$

$$e_A^2=e_n^2\left(1+\frac{R_1}{R_2}\right)^2+4kTR_1\left(1+\frac{R_1}{R_2}\right)+(i_n R_1)^2 \quad \text{V}^2(\text{rms}) \tag{8.41}$$

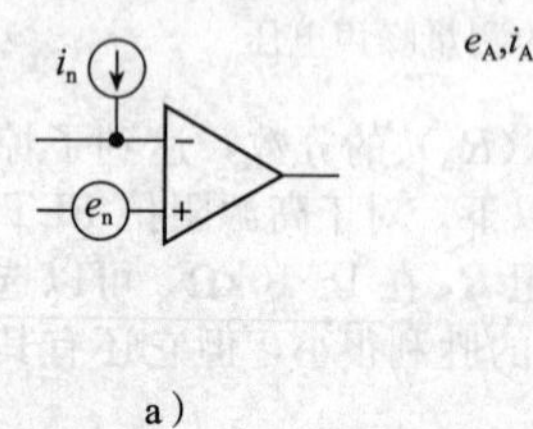

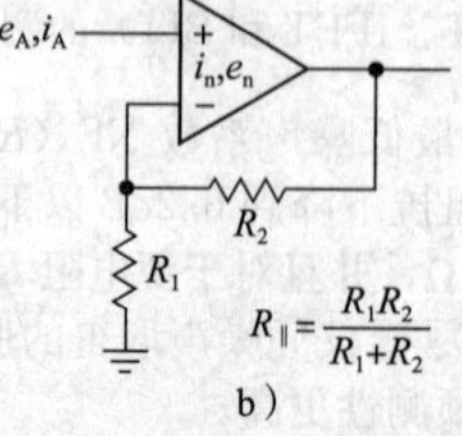

图 8.55　a）运算放大器的噪声模型；b）同相放大器中的噪声源

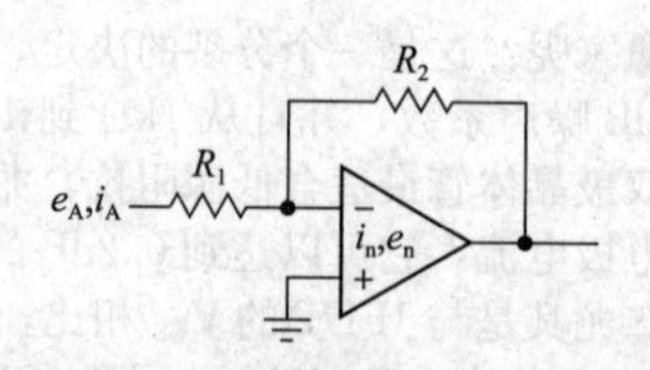

图 8.56　反相放大器中的噪声源

㊀　OPA188 和 OPA2188 高压 CMOS 自动调零运算放大器可能是最好的放大器，其 e_n 值为 9nV/$\sqrt{\text{Hz}}$。

㊁　如果在同相输入端添加额外的串联电阻（为了平衡输入电流偏移量），可以考虑用电容将其分流，以抑制其约翰逊噪声。

对于差分放大器和普通运算放大器，两个输入端的输入噪声电压和噪声电流相当。然而，对于电流反馈（CFB）运算放大器来说，情况并非如此，反相输入端的噪声电流通常比同相输入端的噪声电流大得多。

运算放大器　这些放大器有着差分输入，所以它们遵循相同的规则。运算放大器在大多数模拟电路设计中占据主导地位，这是有充分理由的：它们是高度进化的，并提供出色的性能。运算放大器有数千种选择，针对包括精度、速度、噪声、功耗和电源电压在内的各种参数组合进行了优化。你可以用运算放大器解决设计问题。带运算放大器的低噪声设计是下一节的主题。

8.9　运算放大器电路中的噪声

与一些晶体管和 FET 一样，运算放大器数据手册根据 e_n 和 i_n 来指定输入噪声的大小。你会看到手册上的数值通常会以 e_n 和 i_n（有时候）与频率的曲线图的形式出现。然而，与分立晶体管的设计不同，你不需要调整内部工作电流和元器件的值——你只能使用它们。

市面上有数以千计的运算放大器，有很多面向低噪声应用的器件可供选择。如何在这些中做出选择呢？相关参数有 e_n 和 i_n，当然还有相应的 $1/f$ 低频转折频率 f_c。但是，通常是将精度、速度、输入电流、功耗和价格等性能进行权衡，选择相对最优的器件。例如，在 $0.85\text{nV}/\sqrt{\text{Hz}}$（$f_c=3.5\text{Hz}$）的条件下，LT1028 是可用最低 e_n 放大器之一，但它的电源电流为 8.5mA，仅输入级就有约 1.8mA。由于 8.3 节～8.6 节中讨论的所有原因，在总电源电流为 0.1mA 的运算放大器中，读者无法达到这种程度的低噪声电压。而 LT1028 的 BJT 输入端有较大的偏置电流，相应地具有较高的噪声电流。换句话说，对于源阻抗大于 1kΩ 的电阻（噪声电阻 $R_n=e_n/i_n$）的输入信号，就会产生较大的噪声电流。

8.9.1　低噪声运算放大器的选择

1. 电源电压、高电压和低电压

注意，许多高压运算放大器（特别是双极型）也可以在非常低的电源电压下工作，总电压低至 2.2～3V。因此，像 LT1677 这样的精密高压运算放大器，在 3V 总电源下工作得很好，并且允许输入和输出摆动到任一轨，显然这也是一个优秀的低压器件。无论读者使用的是单电源还是双电源，如果其输入和输出可以摆动到负轨，则该运算放大器被称为单电源运算放大器。

2. 电源电流 I_Q 和噪声电压

注意，高静态工作电流也具有低噪声电压，例如 ISL28194 仅使用 330nA 的电流，但具有高达 $265\text{nV}/\sqrt{\text{Hz}}$的噪声谱密度。相比之下，LT1028 的噪声谱密度为 $0.85\text{nV}/\sqrt{\text{Hz}}$，但需要 7.4mA 或约 20 000 倍的工作电流。

图 8.57 是数百个运算放大器的 e_n 和 I_Q 的散点图，显示了噪声电压和静态电流之间的折中关系。读者可以看到噪声是如何下降的，这大约是工作电流的平方根。在给定静态工作电流的情况下，任何处于最佳器件的两倍给定的静态电流之内的器件都可能被认为是低噪声运算放大器，但与静态电流的相关关系并不是完全确定的。这是因为运算放大器设计者正在权衡许多性能参数，例如高压摆率、低输入电流、小管芯尺寸（用于小封装尺寸和低成本）等，但代价是低噪声电压。

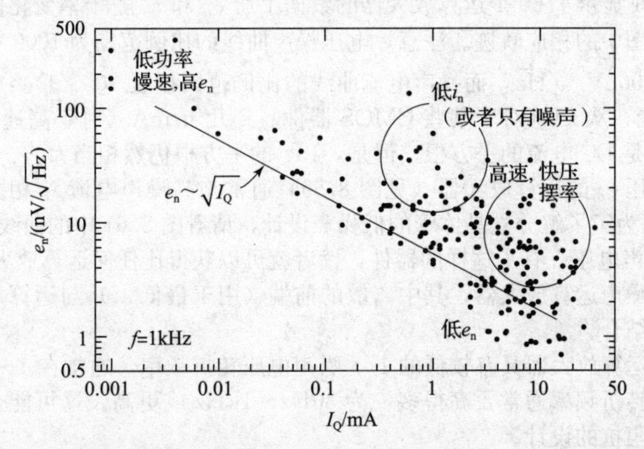

图 8.57　为了将输入噪声电压降至最低，读者必须在相对较高的静态电流下运行 BJT 和 JFET，这一情况同样适用于集成运算放大器

3. 噪声电压和噪声电流：e_n 和 i_n

就像分立晶体管一样，运算放大器的噪声性能由噪声电压 e_n 和噪声电流 i_n 及它们随频率的变化来确定。图 8.58 及其公式显示了如何将 e_n 和 i_n 与电路的有效源阻抗 R_S 的约翰逊噪声相结合，以求出电路的有效总输入噪声谱密度。简单地说，有三个噪声源：运算放大器的输入噪声电压、流经信号源阻抗的运放噪声电流和源阻抗中的约翰逊噪声。这三者关系是不太相关的，所以要得到总噪声电压谱密度，就需要将它们的平方相加（单位为 V^2/Hz），然后取平方根。图 8.58 中给出了 14 个具有代表性的运算放大器，其中 BJT 型最适合低源电阻，JFET 和 CMOS 型最适合高源电阻。

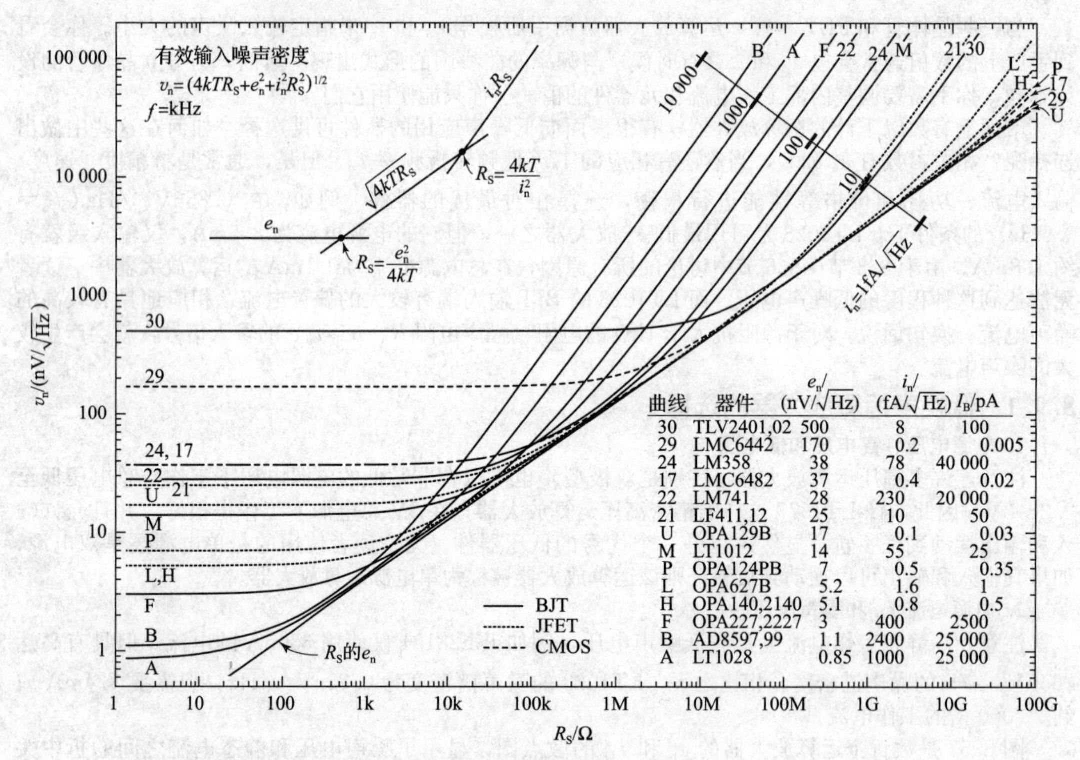

图 8.58　一系列低噪声运算放大器（字母标记）的总噪声（源电阻加放大器，在 1kHz 处）与源电阻；我们提供了几个普通运算放大器（数字标记）进行比较。曲线由 e_n 和 I_Q 的数据手册值生成

4. 噪声图：e_n 和 i_n

图 8.60 和图 8.61 显示了 60 个运算放大器的数据手册 e_n 和 i_n 随频率变化的关系曲线图，其中数字和字母标识曲线图中的相应轨迹。注意，电压噪声曲线的比例范围为 1000∶1（尽管大多数运算放大器的范围为 1～100nV/$\sqrt{Hz}$，而噪声电流曲线的比例范围接近 10^6∶1）。后者反映了非常大的 DC 输入偏置电流范围，从 fA（对于某些 CMOS 器件）到几十 mA（对于高速 BJT 器件），比率为 10^{10}∶1。噪声电流只是 DC 电流的平方根，但是，10^{10} 的平方根仍然相当大。

具有极低噪声电压 e_n 的运算放大器（见图 8.59）通常与高噪声电流 i_n 相关。这是一种常见的 e_n 值与 i_n 值的折中。为了了解分立晶体管的低噪声设计，请看图 8.61 中的曲线 1 和 2，即同类最佳的 BJT 和 JFET 的噪声电压。有了这样的器件，读者就可以获得比任何运算放大器都低的噪声电压，创造出一个混合型低噪声运算放大器，其中离散的前端（用于最低 e_n）与运算放大器第二级（以提供增益和输出级）相结合。

一般来说，BJT 运算放大器具有较低的 $1/f$ 噪声电压转折频率，通常在 1～30Hz 范围内；但要注意它们的噪声电流转折频率通常要高得多，为 30Hz～1kHz 或更高。这可能会严重影响具有高值反馈电阻或高信号源阻抗的设计。

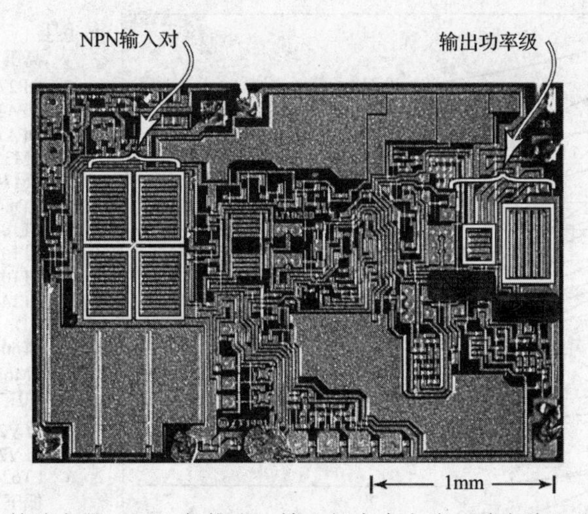

图 8.59　LT1028 运算放大器，1981 年推出，输入级在大电流（总电流 1.8mA）下运行以获得低 e_n 值；大的输入晶体管保持低电流谱密度，以获得 3.5Hz 的低 $1/f$ 转折频率

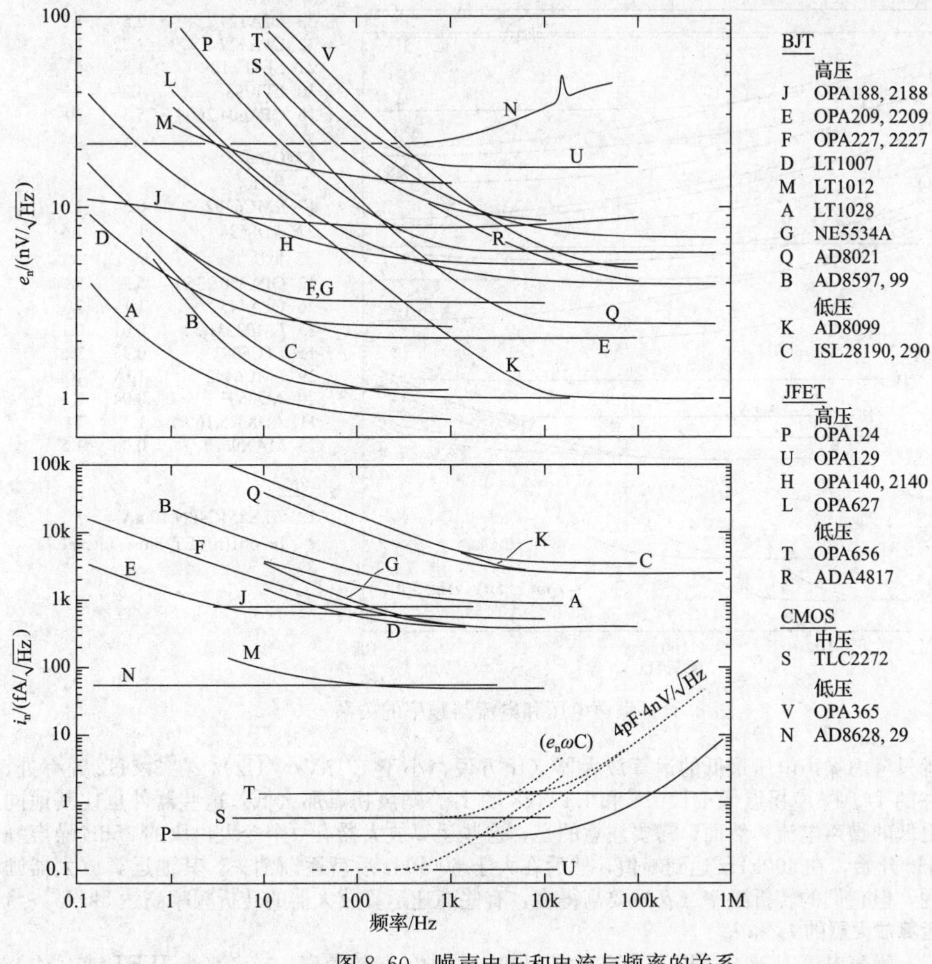

		I_Q/mA	GBW/MHz
BJT			
	高压		
J	OPA188, 2188	0.4	2
E	OPA209, 2209	2.2	18
F	OPA227, 2227	3.7	8
D	LT1007	2.6	7
M	LT1012	0.4	0.7
A	LT1028	7.4	75
G	NE5534A	4	10
Q	AD8021	7	1000
B	AD8597, 99	5	10
	低压		
K	AD8099	15	4000
C	ISL28190, 290	8.5	100
JFET			
	高压		
P	OPA124	2.5	2
U	OPA129	1.2	1
H	OPA140, 2140	1.8	11
L	OPA627	7	16
	低压		
T	OPA656	14	230
R	ADA4817	19	400
CMOS			
	中压		
S	TLC2272	1.2	2.2
	低压		
V	OPA365	4.6	50
N	AD8628, 29	0.8	2.2

图 8.60　噪声电压和电流与频率的关系

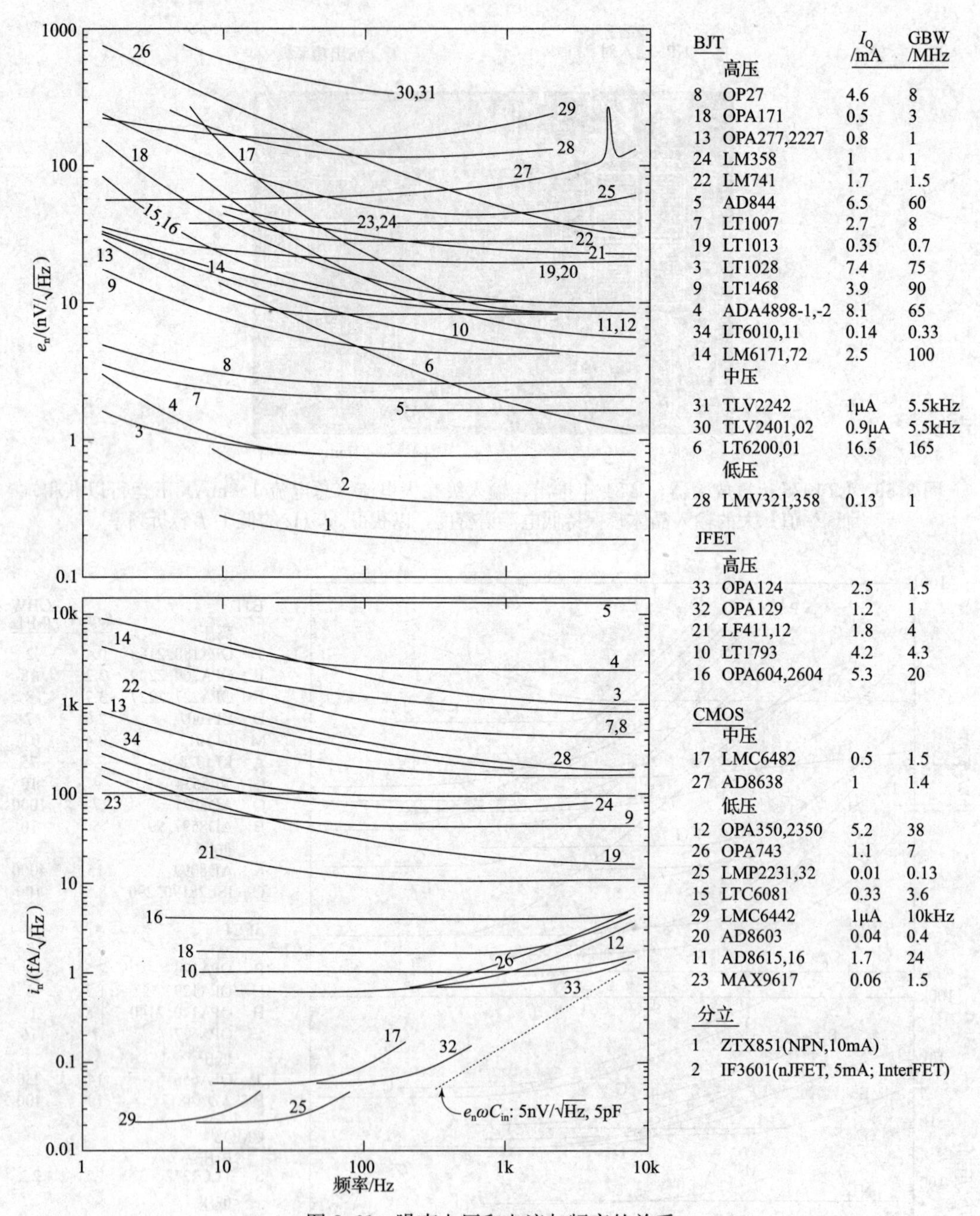

图 8.61　噪声电压和电流与频率的关系

如果读者只考虑噪声电压最低的运算放大器（比方说，小于 $1.1\text{nV}/\sqrt{\text{Hz}}$），在 3.5Hz 频率处，没有其他器件的 $1/f$ 噪声拐点像 LT1028 和 LT1128 的 $1/f$ 噪声拐点那么低。这些器件也比其他同类产品具有更低的噪声电流。然而，需要注意的是，这些运算放大器有一个令人讨厌的 15dB 噪声峰值，从 150kHz 开始，在 400kHz 达到峰值，然后在大于 600kHz 后就逐渐消失。其他运算放大器则没有这个问题，但它们的转折频率（f_c）要高得多，有些高速运算放大器的转折频率高达 5kHz。

5. BJT 运算放大器的 I_B 和 i_n

一般来说，噪声电流 i_n 来自 BJT 运算放大器基极电流中的散粒噪声，或者来自 JFET 或 CMOS 运算放大器中的栅极漏电；因此，我们可以预料到噪声规格与偏置电流密切相关，因为散粒噪声方程 $i_n=\sqrt{2qI_B}$。但许多 BJT 运算放大器使用输入偏置抵消方案，以大幅降低 DC 偏置电流 I_B。然而，此方案中的DC电流抵消并不会降低运算放大器的 i_n 噪声（事实上，它通常会将其提高 $\sqrt{2}$ 倍）。这些运算放大的 i_n 噪声通常比基于指定偏置电流 I_B 的散粒噪声的预期高出10～40倍。这种增加反映在较低的 R_n 值上，但理想情况下，读者不会发现较高的噪声电流和较低的反馈电阻值会成为问题。

电源轨附近的纹波消除 当使用偏置去抵消双直流电源供电时，其电压轨到轨之间的纹波，在设置运算放大器输入偏置电流时要特别注意，因为当输入信号幅度接近电源轨时，它们的输入偏置电流会急剧上升。数据手册以图形的形式显示了这一点，但它们通常不会在列出的性能数据中说明这一点。

6. 电流反馈运算放大器

与电压反馈运算放大器不同，电流反馈运算放大器（用于宽带应用）的“－输入”处的直流偏置电流和噪声电流通常比相应的“＋输入”处高得多。对于CFB运算放大器，最低电流和噪声的输入噪声电流值差额可能高达10倍。像之前所说的一样，请仔细研究数据手册！

7. 噪声电阻 R_n

噪声电阻参数是与可能的最小放大器噪声系数相对应的源电阻值。但它的真正用处在于让读者一目了然地看到可以使用的最大反馈电阻值：如果读者希望确保 e_n 是电路中的主要噪声源，则运算放大器在其输入端看到的阻抗 R_S 值应比运算放大器的阻抗 R_n 值小5～30倍。这里的想法是，读者无法对读者坚持的 e_n 值做任何事情，但你可以降低你的反馈电阻阻值，以减少运算放大器的 i_n 的影响。但别忘了，与阻抗 R_n 相比，你必须保持信号的源阻抗较小（此外，除了噪声电流，读者可能还需要担心流经信号源的直流偏置电流的影响，该信号源可能是一个直流电阻相对较高的传感器）。所以最终读者可能不得不放弃最喜欢的低 e_n 放大器，而选择一个低 i_n 的，即使它有更高的 e_n 值。

8. JFET和CMOS运算放大器的 I_B 和 i_n

输入偏置电流 I_B 具有典型值和最大值。通常，I_B 的 i_n 散粒噪声是根据 I_B 的典型值以最乐观的方式计算出来的。对于BJT运算放大器的最大 I_B 一般不超过其典型值的2～3倍。但JFET和CMOS运算放大器的情况则截然不同，它们的最大 I_B 值与典型 I_B 值之比要大得多，例如TLC4501A为60倍，LMC6442A为800倍。对于低成本的低 I_B 规格的器件来说，情况尤其如此。注意，输入电流可能会受到共模电压的强烈影响。

9. I_B 和结温

带偏置电流抵消的BJT运算放大器在高温下非常有效，在某些条件下，它们可能会提供最低的 i_n 值。对于低电源电流运算放大器尤其如此，其输入级集电极电流只是其已经很低的 I_Q 值的一小部分。例如，LT6010A在100℃时的典型偏置电流仍低于50pA，远低于OPA134CMOS运算放大器的1200pA。它在25℃的温度下看起来更好。然而，即使在这种情况下，热JFET运算放大器的噪声电流 i_n 仍然比热BJT运算放大器高出约5倍。这是因为BJT的低偏置电流是出色偏置消除的结果，当读者关心DC输入电流时，这是可以接受的，但这并不能降低大得多的未抵消偏置电流的噪声电流。

在考虑温度升高时，请记住，箱内和机载温度通常明显高于外部环境，特别是在涉及电源线路的情况下。一些运算放大器还会经历显著的额外自加热。例如，我们最喜欢的OPA627JFET运算放大器在使用±15V电源供电时功耗为210mW；在SOIC-8封装中，这会导致结温比环境高出34℃。

10. $1/f$ 噪声和 $1/f$ 转折频率 f_c

图8.60和图8.61显示了低频噪声的增加，这称为 $1/f$ 噪声。在各种电路环境中都有所讨论。注意那些可能具有低 e_n 值（通常指定在1kHz处）的运算放大器，它们会受到高 $1/f$ 转折频率的影响。如果读者的电路带宽小于 $10f_c$，则应考虑这些影响。

11. 积分噪声

图8.62显示了4个低噪声运算放大器的积分噪声，这是将工作带宽上的噪声谱密度（有时称为点噪声）相加（即积分）的结果。它具有电压单位（例如，μVrms），而噪声谱

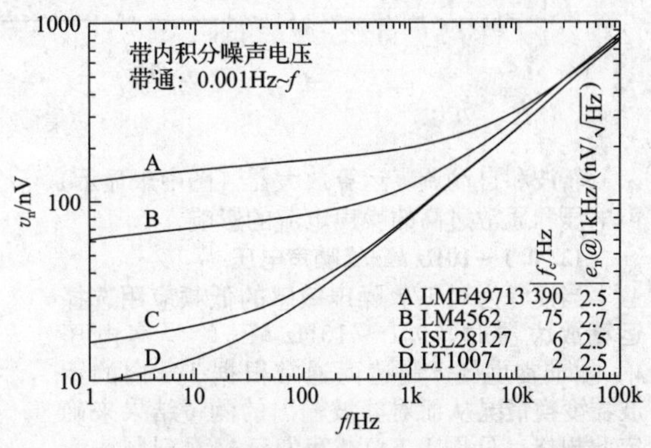

图8.62 数据手册中列出的在1kHz（通常情况）频率下，理想的低 e_n 值并不能说明问题的全部。具有高 $1/f$ 转折频率 f_c 的运算放大器将具有更高的带内积分噪声电压，如1kHz处的 e_n 值所示

密度具有除以带宽平方根的电压单位（例如，$\mathrm{nV}/\sqrt{\mathrm{Hz}}$）。有时积分噪声被称为噪声电压，或简称为噪声。积分噪声可以写成 v_n 或 V_n，但绝不能写成 e_n。在图8.62中，4个运算放大器在1kHz下具有相似的指定 e_n 值，但 $1/f$ 转折频率 f_c 变化很大，范围为2～400Hz，当工作处于完全低于1kHz时，会产生截然不同的积分噪声。事实上，可以看到低频噪声通常都处在<10kHz这个范围。

图8.63绘制了30多个运算放大器的积分噪声图。一般来说，JFET运算放大器在低频下比BJT运算放大器差，而CMOS运算放大器更差。在白噪声占主导地位的高频下，曲线图简化为 $v_n = e_n\sqrt{f_2}$。

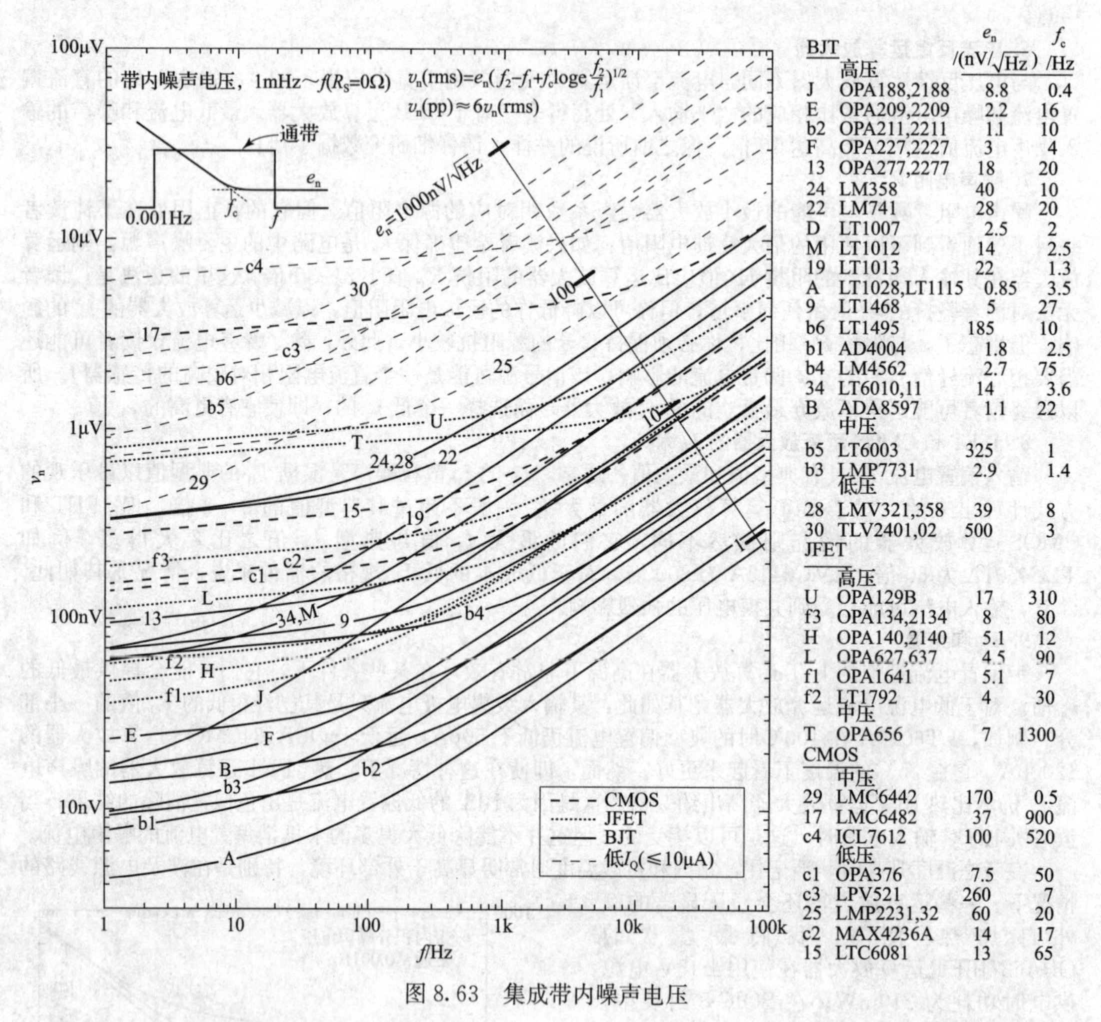

		e_n /(nV/√Hz)	f_c /Hz
BJT 高压			
J	OPA188,2188	8.8	0.4
E	OPA209,2209	2.2	16
b2	OPA211,2211	1.1	10
F	OPA227,2227	3	4
13	OPA277,2277	18	20
24	LM358	40	10
22	LM741	28	20
D	LT1007	2.5	2
M	LT1012	14	2.5
19	LT1013	22	1.3
A	LT1028,LT1115	0.85	3.5
9	LT1468	5	27
b6	LT1495	185	10
b1	AD4004	1.8	2.5
b4	LM4562	2.7	75
34	LT6010,11	14	3.6
B	ADA8597	1.1	22
中压			
b5	LT6003	325	1
b3	LMP7731	2.9	1.4
低压			
28	LMV321,358	39	8
30	TLV2401,02	500	3
JFET 高压			
U	OPA129B	17	310
f3	OPA134,2134	8	80
H	OPA140,2140	5.1	12
L	OPA627,637	4.5	90
f1	OPA1641	5.1	7
f2	LT1792	4	30
中压			
T	OPA656	7	1300
CMOS 中压			
29	LMC6442	170	0.5
17	LMC6482	37	900
c4	ICL7612	100	520
低压			
c1	OPA376	7.5	50
c3	LPV521	260	7
25	LMP2231,32	60	20
c2	MAX4236A	14	17
15	LTC6081	13	65

图8.63 集成带内噪声电压

斩波和自动调零运算放大器（图中未显示）不会受到 $1/f$ 噪声的影响，但它们会受到较高的噪声电压和通常过高的噪声电流的影响。

12. 0.1～10Hz峰-峰噪声电压

当读者为对 $1/f$ 噪声敏感的低频应用选择运算放大器时，0.1～10Hz峰-峰噪声电压 $V_{n(pp)}$ 非常重要。制造商通常根据10s内的示波器变换情况从而对滤波输出的测量结果来确定此规格（见图8.64）。我们已经看到制造商使用单极、双极 *RC* 对和两阶或三阶巴特沃思滤波器。

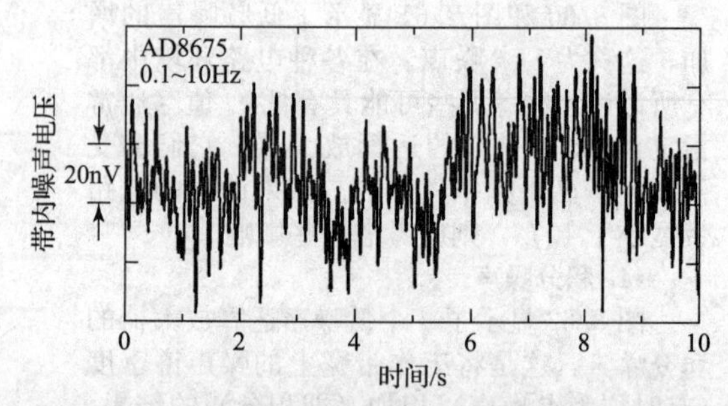

图8.64 数据手册有时会提供低频噪声电压快照

13. 输入电容 C_{in}

在考虑跨阻放大器中的 $e_n \cdot C_{in}$ 噪声时，运算放大器的输入电容是一个严重的问题。对于一些高阻抗传感器，输入电容既充当额外的高频负载，又为电源轨上的高频噪声提供了一种方式，使其作为噪声电流耦合到输入级上。有些运算放大器同时提供共模电容值和差分电容值（像之前所说的一样，我们建议在开始设计之前仔细研究数据手册）。

通常，低电平的运算放大器使用较大面积的输入晶体管，具有相应较大的电容，见图 8.65。忽略 BJT 运算放大器和噪声运算放大器，低输入电容的噪声损失越来越大。但有些例外，我们认为它们相当有价值。一款优秀的 JFET 运算放大器是 LT1793，其指定的 C_{in} 值为 1.5pF；即使其 $5.8\text{nV}/\sqrt{\text{Hz}}$ 的 e_n 相对较高，它仍具有最低的 $e_n \cdot C_{in}$ 值[⊖]。

通常我们有一个高电容传感器或一些输入同轴电缆等，因此除了一个 $e_n \cdot C_{in}$ 运算放大器 FOM（$C_{ext}=0$）外，我们还会从外部分流电容（比如 25pF）中产生额外的有效 $e_n \cdot C_{in}$ 噪声电流。现在，较低的 e_n 值变得更加重要，像 OPA827、OPA627 和 LT1792 这些器件的 e_n 值就很低，其次是 LT1793 和 OPA36，它们的 e_n 值也较低。AD743 的 e_n 为 $2.9\text{nV}/\sqrt{\text{Hz}}$，可能是在 $C_{ext}>25\text{pF}$ 时最好的了，但遗憾的是，它已经进入了“不推荐用于新设计”的领域。最后，对于高 C_{ext} 应用，可以考虑性能优于最佳 IC 运算放大器的分立器件设计。

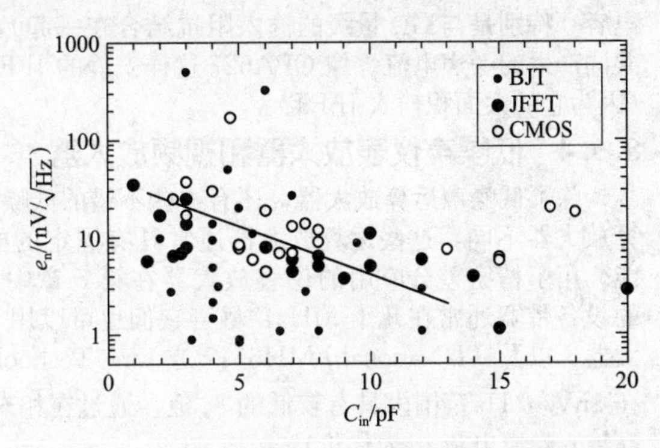

图 8.65　具有低噪声电压的运算放大器往往具有更高的电容，尤其是具有大面积输入晶体管的低噪声 JFET 输入运算放大器

尽管如此，具有小几何尺寸、低电容输入晶体管的运算放大器仍然会受到其输入保护设备所需的附加电容的影响。真正的低电容运算放大器在操作过程中可能更容易受到静电损坏。与低噪声 JFET 和 CMOS 运算放大器相比，双极晶体管不易受到静电损伤，而且电容往往要小得多，但其较高的 I_B 值和 i_n 值往往会阻碍其在高阻抗电路中的应用。如果一个双极运算放大器的 C_{in} 没有特别指明的话，读者通常可以假设它在 2～5pF 的范围内。

8.9.2　电源抑制比

除了运算放大器内的噪声源，电源轨上的任何噪声（或干扰信号）都会耦合到输出，并通过电源抑制比（PSRR）进行衰减。典型的运算放大器在低频（大约为 $1/G_{OL}$，为 80～140dB）时有相当好的电源抑制比，但在较高频率时电源抑制比下降为 $1/f$，从而实现了电源-噪声耦合。通常，由于内部补偿电容的耦合，高频电源抑制比相对于一条或另一条电源轨特别差。例如，在 10Hz 以上的频率处，LT1012 的正轨电源抑制比比负轨电源抑制比差 25dB；微功率 LT6003 的负轨电源抑制比在 1kHz 处骤降到 10dB 以下！敏感的简单 *RC* 滤波可以在很大程度上解决这个问题。不过，请务必阅读数据手册，否则读者甚至可能不知道问题。

8.9.3　总结：低噪声运算放大器的选择

总之，在为低噪声应用选择运算放大器时，首先要将注意力集中在满足其他需求的运算放大器上，例如精度、速度、功耗、电源电压、输入和输出摆幅等。然后根据它们的噪声参数再进行选择。一般来说，对于高信号阻抗，读者需要低 i_n 的运算放大器；而对于低信号阻抗，读者需要低 e_n 值的运算放大器。正如我们所看到的，总的输入参考平方噪声电压为

$$v_n^2=4kTR_{sig}+e_n^2+(i_nR_{sig})^2 \qquad \text{V}^2/\text{Hz} \tag{8.42}$$

式中，第一项是由于约翰逊噪声，最后两项是由于运算放大器噪声电压和电流。很明显，约翰逊噪声为输入噪声设置了一个下限。回到图 8.58，可以以图形方式查看 v_n（1kHz）随 R_{sig} 值变化的情况。它们跨越了典型的 e_n 和 i_n 范围，从中可以对未明确显示的运算放大器进行内插估计。

此图以图形方式说明了低噪声电压（其中 BJT 器件为实线）和低噪声电流（其中 CMOS 器件为虚线）之间的权衡。像 OPA140 这样优秀的低噪声 JFET 运算放大器几乎结合了两者的优点。但请注意，即使是像 LMC6482 这样简单（且有噪声）的 CMOS 器件，在由 1MΩ～10GΩ 之间的任何源电阻驱动时，其噪声电压也是无关紧要的，其中运算放大器对总噪声谱密度的贡献可以忽略不计。

⊖ 其他还有 OPA124、OPA121、AD8067 和 OPA656，后者的 f_T 为 230MHz。对于 CMOS 运算放大器，请考虑 OPA365，其 I_B 值为 0.2pA。

运算放大器噪声频谱图见图8.60和图8.61。对于低频放大器应用，见图8.63，以及总（集成）平方根噪声 v_n 与带宽的关系曲线图。

需要注意的两点是：①图8.58的总噪声谱密度图（v_n 与 R_S）表征了仅在1kHz处的性能。因此，具有高 $1/f$ 噪声拐点的运算放大器在10Hz处看起来会相当糟糕。以LMC6482（曲线17）为例，其10Hz处的 e_n 为 $170\text{nV}/\sqrt{\text{Hz}}$，与曲线29对齐。②同样，在高频情况下，读者关心的是输入电容（特别是与GΩ量级的输入阻抗结合在一起），以及运放的噪声电压与输入电容（$i_{nC}=e_n\omega C_{in}$）共同产生的噪声电流。像OPA627这样安静的JFET运算放大器的输入电容几乎是OPA656的3倍（因为它的大面积输入JFET）。

8.9.4　低噪声仪表放大器和视频放大器

除了低噪声运算放大器，还有一些不错的低噪声IC*仪表放大器*和低噪声*前置放大器*。与通用运算放大器不同，这些运算放大器通常具有固定的电压增益，或者提供附加外部增益设置电阻的功能。用于精密差分应用的仪表放大器在第5章中进行了广泛讨论。那些被归类为“视频放大器”的设备带宽通常在几十MHz，尽管它们也可以用于低频应用。例如TI/Burr-Brown INA103仪表放大器，以及TI/National LMH6517或Line Technology LTC6400系列视频放大器。这些放大器通常在 $1\text{nV}/\sqrt{\text{Hz}}$ 范围内具有较低的 e_n 值，通过在相对较高的集电极电流下运行输入晶体管来实现（以高输入噪声电流 i_n 为代价）。

8.9.5　低噪声混合运算放大器

在8.9.1节中，我们说明了混合低噪声设计的可能性，在这种设计中，低噪声BJT或JFET差分前端可以与传统运算放大器相结合，以提供卓越的性能。图8.66和图8.67中的简化电路分别用BJT和JFET展示了如何做到这一点。这些放大器也是复合放大器的一种形式。

1. 一般设计问题

共模范围　在这两种情况下，我们设计的电路都能提供相当大的共模输入信号范围（至少±10V），意在作为通用低噪声运算放大器的替代品。因此，发射极（或源极端子）中的电流源被偏置，以符合各自轨的2.5V范围内的要求，而双极晶体管设计中的集电极负载电阻（R_1 和 R_2）仅下降3V（从而使负输入摆幅至少达到−12V）。JFET的设计同样存在偏移；然而，在共源共栅晶体管（Q_3 和 Q_4）和输入级的负 V_{GS} 中下降1V或2V，从而将正共模输入范围减小到大约10V。

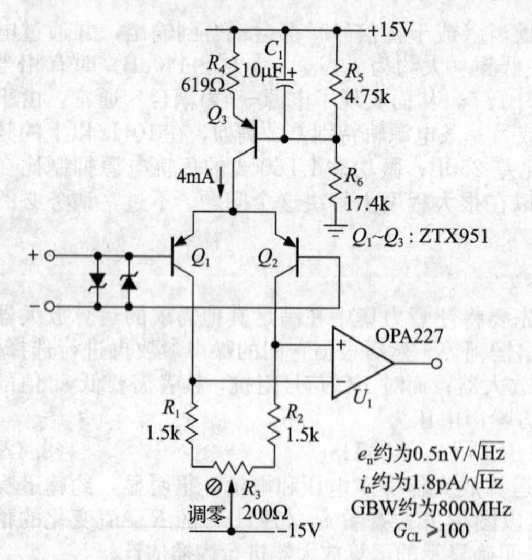

图8.66　结合了两者的优点：BJT混合型宽带低噪声运算放大器

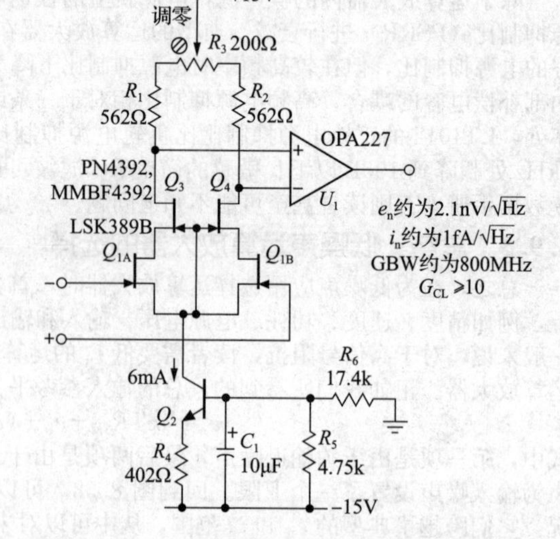

图8.67　另一款混合运算放大器，采用了差分JFET共源共栅前端

偏移微调　在BJT电路中，我们使用了在测试中发现的噪声特性最好的晶体管之一（Zetex ZTX951）；它不能作为配对使用，因此我们提供了偏移量调整 R_3，调整范围相对较大（±6%）。对于JFET电路，我们使用了LSK389进行双重匹配，但其最坏情况下，20mV的偏移量要求更大的调整范围，这里为±17%。根据我们的经验，分立BJT对的 V_{BE} 失配很可能小于匹配的JFET对的 V_{BE} 失配。

重要的是要认识到一个简单的失调-微调电路会使负载电阻不平衡，从而大大降低差分输入的共模抑制比。此外，不平衡负载极大地影响了电流源中噪声的衰减（在负载电阻为1%的情况下，噪声衰减至少为50倍）。一种更好的方法是平衡集电极（或漏极）负载电阻上的电流。

最小闭环增益 由于这些混合放大器的晶体管前端有电压增益（BJT约为×120，JFET约为×12），因此整体环路增益远大于单独的第二级运算放大器（其本身相当高，低频时约为160dB）。为了确保稳定性（假设OPA277是单位增益稳定的），这些混合放大器应分别配置至少×100和×10的闭环增益㊀。

2. 详细设计问题

晶体管的选择 尽管其噪声电压未指明，但我们发现一些Zetex双极晶体管具有优异的噪声性能（以及良好的一致性），特别是它们的ZTX851（NPN）和ZTX951（PNP）。后者稍好一些，所测得的输入噪声电压对应相当低的基极电阻$r_{bb'}$（约为1.2Ω）（例如，集电极电流为10mA时的e_n为$0.17nV/\sqrt{Hz}$），而NPN ZTX851㊁的$r_{bb'}$约为1.4Ω。对于JFET电路，我们选择了低噪声器件LSK389B；它的典型特性是$e_n=0.9nV/\sqrt{Hz}$（典型值）和$1.9nV/\sqrt{Hz}$（最大值），漏极电流为2mA。这是一个大尺寸的JFET（用于低噪声），具有相应的大电容$C_{iss}=25pF$。它具有高跨导，在3mA的漏极电流下指定为20mS（最小值）。

输入电流 当然，考虑到保持低e_n值所需的相对较高的集电极电流，BJT应该具有高输入电流；当指定的$\beta=200$时，输入电流为10μA。这是为最低e_n值付出的代价。相比之下，从其前身2SK389（LSK389没有提供类似的图形或规格）所示的“超额栅极电流”图来判断，JFET电路的输入电流降到了1pA范围内，而且共源共栅的V_{DS}非常低。

总噪声电压 这是差分输入级，因此读者需要将单晶体管e_n乘以$\sqrt{2}$，从而得到如图所示的值。对于前端增益较低的JFET，运算放大器的输入噪声（$3nV/\sqrt{Hz}$）也有很小的贡献，但当输入仅为$0.3nV/\sqrt{Hz}$时，与较大的前端平方噪声电压谱密度结合在一起，这可以忽略不计。

注意，这些是静音放大器，因此读者需要以低信号源阻抗呈现它们的输入，以保持它们的低e_n。例如，对于BJT，这意味着反馈分频器下端的电阻值降低了约10Ω。

差分输入电压 如果读者的应用可以将差分BJT与运算放大器的级联放大器加在±5V以上的直流电压，可以添加一对背靠背的保护二极管，以防止基极-发射极击穿和随之而来的晶体管退化。差分JFET与运算放大器的级联放大器可以安全地工作在全轨差分输入电压下。这些运算放大器输入级在相当高的电流下运行，因此保持几毫秒以上的较大输入电压差将导致加热不平衡和随之而来的输入偏置电压。对输入对进行热耦合是个好主意，或许还可以将它们与气流热隔离。

8.10 信号变压器

当试图用非常低的源阻抗Z_S（比方说小于100Ω）的信号将放大器噪声降至最低时，读者会遇到困难。例如，一个50Ω的电阻的噪声电压只有$0.9nV/\sqrt{Hz}$，这处于最安静的运算放大器的极限，还有一些电阻相当低的信号传感器，例如磁线圈拾取器。如果只针对交流信号的话，可以使用变压器来提高信号电平（按匝数比$n:1$），同时将放大器输入端看到的信号源端输入阻抗提高到该比例的平方，即放大器看到的是源阻抗n^2Z_S的信号。

Jensen Transformers和Signal Recovery等公司提供了高质量的信号变压器。例如，声源阻抗为100Ω的音频频段（例如从100Hz到10kHz）的信号与SR560这样的放大器不太匹配，后者的最低噪声系数出现在源阻抗为500kΩ左右。问题是放大器的噪声电压比信号源的约翰逊噪声大得多，直接连接到放大器的信号合成噪声系数是12dB。通过使用外部升压变压器，如Jensen JT-115K-E，其1∶10圈比（150Ω∶15kΩ）可提高信号电平（及其源阻抗），从而超越放大器噪声电压。在此信号阻抗下，放大器的噪声系数约为0.4dB；然而，变压器绕组的电阻导致总噪声系数约为1.5dB。

像这样设计精良的信号变压器的性能是非常好的，在音频频段（20Hz～20kHz）上的响应度为±0.15dB，在2.5Hz和90kHz处下降了3dB，即使在20Hz处失真也不到0.1%。还有一个额外的好处是，在60Hz处共模抑制为110dB。Signal Recovery的Model1900信号变压器（最初来自Princeton

---

㊀ OPA277具有出色的相位裕度，约为60°，远远超过其1MHz的GBW。如果读者需要更低的闭环增益，读者可以在运算放大器的输入端添加一个串联电阻和电容，从而有效地降低高频下的负载电阻和开环增益。

㊁ PNP的噪声比NPN低，但厄利电压要差得多。如果PNP对的厄利电压（相对较低）不匹配，则CMRR将降低。如果读者觉得这是一个问题，可以使用NPN对或附加的共源共栅对来重建电路。

Applied Research 公司）提供1：100和1：1000的匝数比。它的带宽小于JT-115K-E，但其低绕组电阻为0.04Ω，在0.8～10Ω范围内源电阻的最小噪声系数为0.5dB。这比8.5.9节中的并联BJT放大器的噪声性能稍好一些；但是，由于变压器的限制，它不能在整个音频频段工作。

在无线电频率下（例如，从100kHz左右开始上升），制作良好的变压器是非常容易改变电压的，无论是调谐（窄带）信号还是宽带信号。在这些频率下，可以制造性能非常好的宽带传输线变压器。变压器是在非常低的频率（音频及以下）下出现问题的。

接下来，在变压器使用上提出三点意见。

1）电压与变压器的匝数比成正比，而阻抗与变压器的匝数的平方成正比。因此，2：1电压-升压变压器的输出阻抗是输入阻抗的4倍（这是由能量守恒规定的）。

2）变压器并不完美。它们容易受到磁拾取的影响，在低频（磁饱和）和高频（绕组电感和电容）时都会出现故障，而且铁心的磁性和绕组电阻也会造成损耗。后者也是约翰逊噪声的来源之一。然而，在处理源阻抗非常低的信号时，读者可能别无选择，变压器耦合可能非常有用。冷却变压器、超导变压器和超导量子干涉器件等技术可以在低阻抗和低电压水平下提供良好的噪声性能。

3）再次警告：不要试图通过串联低源阻抗的电阻来提高性能。如果读者这样做，那么读者将是噪声数字谬论的又一个受害者。

带变压器反馈的宽带低噪声放大器

为了避免让读者觉得变压器在信号应用中作用不大，我们需要指出，通过仔细的工程设计可以获得一些非常良好的性能。图8.68显示了一个很好的例子：它是具有高输入阻抗的宽带低噪声放大器，通过匝数比（这里为×10）设置电压增益，变压器可以提供无损（因此无噪声）反馈。该变压器还很好地解决了向多个并行输入JFET分配相同反馈的问题，每个输入JFET偏置于相同的10mA漏极电流。

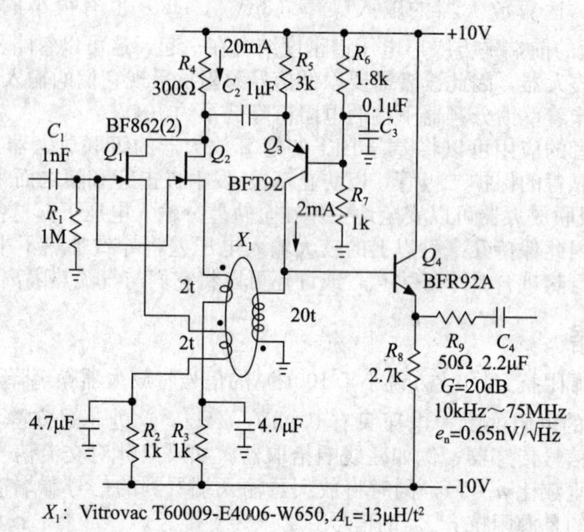

图8.68 在该宽带低噪声放大器中，变压器反馈给并联JFET的输入噪声电压达到650pV/$\sqrt{Hz}$

图中的变压器是一台小型变压器（外径6.5mm）。高强度胶带缠绕环面只需要在绕组中旋转几圈，即可将工作频带的高端设置为75MHz。这样可以将低频端的频率限制在大约10kHz以上，频率范围达到惊人的10 000：1。源极下拉电阻R_2和R_3将BF862输入JFET的漏极电流设置为10mA（其指定的最小I_{DSS}），其噪声电压为0.9nV/$\sqrt{Hz}$；并行对将其提高$\sqrt{2}$倍，即0.65nV/$\sqrt{Hz}$。双极PNP管Q_3构成了一个倒置共基共射放大器，其r_e为12Ω，基本上转移了所有输入晶体管的漏极信号。Q_3和Q_4都是宽带晶体管（5GHz）；Q_3的集电极电流被用来抵消输入晶体管在变压器中感应的直流磁化效应，以防止铁心饱和。电源轨需要低噪声，所以最好使用电容倍增器。注意，此反馈电路有两个低频断点（来自电容C_2和变压器相当低的磁化电感），导致电位不稳定和低频振荡。这是因为电容C_2的大电容使其断点远低于变压器的断点。

8.11 跨阻放大器中的噪声

跨阻放大器（或称TIA，或有时称为电流放大器）响应电流输入产生电压输出。因此，它们的

增益是 V_{out}/I_{in}，单位为 Ω（欧姆），因此得名跨阻放大器[㊀]。我们在第 4 章中介绍了跨阻放大器，我们阐述了一种廉价闪电探测器的 TIA 设计。提醒一下，我们以前看到的基本电路见图 8.69。假设理想器件电流 I_{sig} 产生输出 $V_{out}=-I_{sig}R_f$，此时增益仅为 $-R_f$。它们广泛用于输入是电流的电路中，例如光电二极管或光电倍增管、带电粒子探测器、隧道显微镜或膜片钳放大器。

本章的重点是噪声，在 TIA 中可以通过几种方式产生噪声。放大器本身将有输入 e_n 和 i_n；并且反馈电阻产生等同于输入噪声电流 $i_{nR}=\sqrt{4kT/R_f}$ 的约翰逊噪声电压（因此对于高 R_f 值更有利）。电容不仅在稳定性和带宽方面起着重要作用，而且在将放大器的噪声电压转换为噪声电流方面也起着重要作用。还可能存在我们所说的*信号噪声*：信号电流中的散粒噪声、信号源电阻中的约翰逊噪声，以及其他形式的信号波动。让我们看看这一切会如何发展。

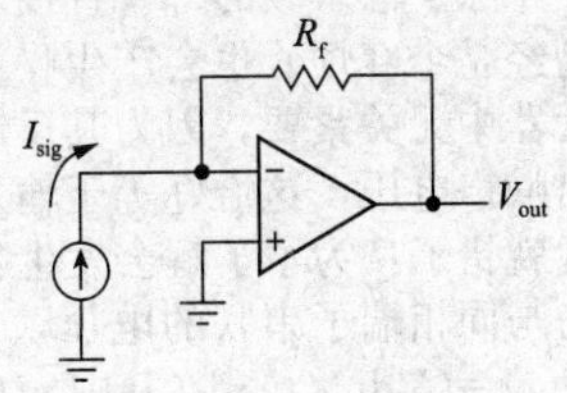

图 8.69　跨阻放大器：电流输入，电压输出

8.11.1　稳定性问题总结

输入端的对地电容（例如，来自电流输出传感器及其连接电缆）与反馈电阻（通常较大）结合在一起，会在反馈路径中产生滞后相移。这与运算放大器的 90°（或更多）滞后相移结合在一起时是不稳定的。你可以通过在反馈电阻上加一个小电容来解决这个问题，但这会严重降低可用带宽。正如我们所看到的，为了获得适度的电路带宽，读者需要使用带宽高得惊人的运算放大器。更确切地说，电路的可用带宽 f_c 大致是运算放大器的 GBW（或 f_T）和输入电容的降频频率 $f_{RC}=1/2\pi R_f C_{in}$ 的几何平均值，即

$$\mathrm{GBW}=f_c^2/f_{RC_{in}} \tag{8.43}$$

8.11.2　放大器输入噪声

无论是分立元件搭建的放大器还是集成运算放大器，其构成的跨阻放大器输入级都会有一些噪声电压和电流，其谱密度主要以 e_n 和 i_n 为特征；到目前为止，这些信号通常在低频下呈现出 $1/f$ 上升，而且除了低频噪声尾部，噪声电流还取决于 DC 输入电流（对于 BJT，主要取决于基极偏置电流；对于 JFET 或 MOSFET，主要取决于漏极电流），因为在中频，输入噪声电流只是 DC 电流的散粒噪声。

e_n 和 i_n 对 TIA 的整体输入噪声有何影响？我们将在 8.11.3 节中看到，e_n 通过输入端的电容产生噪声电流，事实上，这很容易成为主要的噪声项，特别是在更高的频率上。在担心这种影响之前，只需要注意输入 e_n 流经反馈电阻，然后产生噪声电流 $i_n=e_n/R_f$（如果信号源具有有限的源电阻，则用 $R_f \| R_S$ 替换 R_f）。与相应的约翰逊噪声电流相比，这些项通常较小，但在低频下，它们可以增长到显著的水平，其中 $1/f$ 可能使 e_n 的占比值提高 10～50 倍[㊁]。

输入级的噪声电流输入不需要转换——它直接作用于 TIA 的等效输入噪声电流（平方和的平方根）。带 FET 输入的低偏置运算放大器（以及分立 JFET）通常在 fA/$\sqrt{\text{Hz}}$范围内具有相当低的输入噪声电流。但要注意 $1/f$ 噪声的增大，例如低 e_n 值的 JFET AD743 的数据手册显示，从中频的 7fA/$\sqrt{\text{Hz}}$增大到 1Hz 处的 100fA/$\sqrt{\text{Hz}}$，这相当于 30nA 的直流偏置产生的散粒噪声（其典型的室温输入电流为 0.15nA）。还要注意高温下的 i_n 值的增大（JFET 漏电流增大），AD743 只规定 i_n 在 25℃（在 0.15nA 的直流输入电流下，它的 7fA/$\sqrt{\text{Hz}}$值与散粒噪声一致）处的大小；但读者可以通过直流输入电流随温度变化的曲线图发现，当 80℃时 i_n=40fA/$\sqrt{\text{Hz}}$（其中曲线图显示直流输入电流为 5nA），当 125℃时进一步上升到 400fA/$\sqrt{\text{Hz}}$。

温度不是影响 JFET 输入电流的唯一因素，另外还存在冲击电离效应。当 JFET 在漏极-源极电压大于几伏的情况下工作时，会导致输入电流（和噪声）的毁灭性上升。使用分立式 JFET 设计，可以通过在低漏极电压下工作（例如，采用共源共栅）来防止出现这种情况；低噪声运算放大器通

㊀ 这与 JFET 等器件相反，在 JFET 中，输入电压产生输出电流。这里的增益是 I_{out}/V_{in}，单位为 S（西门子），因此得名跨导放大器。

㊁ 例如，AD743（最安静的 JFET 运算放大器，在 10kHz 处 e_n=2.9nV/$\sqrt{\text{Hz}}$）的噪声电压在 1Hz 处增长到 23nV/$\sqrt{\text{Hz}}$；LT1792 增长到 30nV $\sqrt{\text{Hz}}$，OPA627 增长到 33nV $\sqrt{\text{Hz}}$，ADA4627 增长到 42nV $\sqrt{\text{Hz}}$。在 10Hz 频率处，OPA656 可达 75nV $\sqrt{\text{Hz}}$！AD8610 和 8620 JFET 运算放大器从 6nV $\sqrt{\text{Hz}}$增长到约 200nV $\sqrt{\text{Hz}}$。

常在设计时会考虑到这一影响，但当输入电压接近其中一条轨（例如，LT1792 或 ADA4627 的正轨，AD8610 的负轨）时，你会看到输入电流（和噪声电流）增加。

8.11.3　e_nC 噪声问题

除了输入级的 i_n（直接）和 e_n（流经反馈和输入电阻）外，输入电容（在稳定性和带宽方面已经是个麻烦）也会产生噪声问题。例如，起初读者可能认为放大器噪声电压在输入为电流的放大器中无关紧要，因为其反馈看起来像一个电压跟随器，所以它似乎最多产生一个额外附加的输出噪声电压，这恰好等于输入噪声电压 e_n（相当于输入噪声电流 $i_n=e_n/R_f$）。如果这么想，那么读者就错了！为了了解会发生什么，请参见图 8.70。图中运算放大器的内部差分噪声电压 e_n 被建模为与同相端子串联的电压，反馈迫使反相端子（其电容 C_{in} 接地）跟随，从而产生实际输入电流 $i_n(t)=C_{in}dv_n(t)/dt$（其中 $v_n(t)$ 是运算放大器的输入噪声电压），我们得到

$$i_n=e_n\omega C_{in}=2\pi e_nC_{in}f \tag{8.44}$$

也就是说，放大器的噪声电压会产生与输入电容成正比的噪声电流，并与频率成正比。我们将这种由放大器内部噪声电压产生的输入噪声电流称为 e_nC 噪声。

8.11.4　跨阻放大器噪声

让我们应用这种思想来计算跨阻放大器的噪声。我们在图 8.71 中进行了重新绘制，明确显示了运算放大器的输入噪声电压 e_n、噪声电流 i_n 和并联反馈电容 C_f。在典型的高速（小面积）光电二极管应用中，C_f 的范围为 10～20pF（但如果通过屏蔽电缆连接则更大），R_f 的范围为 1～10MΩ，对于 FET 输入运放，e_n 的范围为 3～10nV/$\sqrt{\text{Hz}}$，i_n 的范围为 1～10fA/$\sqrt{\text{Hz}}$。

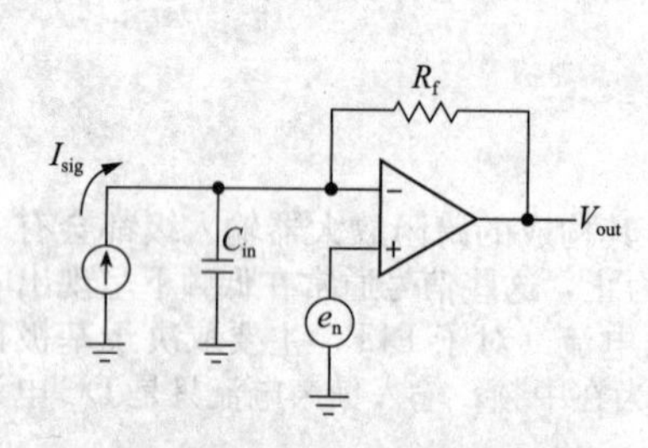

图 8.70　输入端的电容导致放大器的噪声电压 e_n 产生输入噪声电流 $i_n=e_n\omega C_{in}$。图中没有显示这种 e_nC 噪声电流，也没有显示放大器自身的输入噪声电流

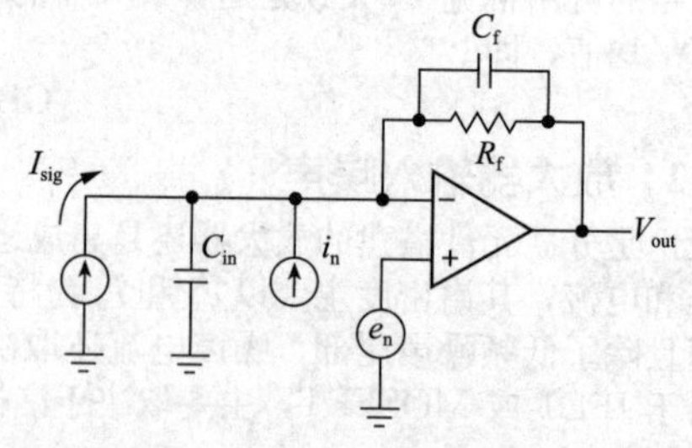

图 8.71　光电二极管放大器中的噪声。在计算中，我们使用了 $R_f=1\Omega$。这里，C_{in} 是在输入端看到的总电容（放大器、布线和输入设备电容）

我们将计算噪声占比（来自反馈电阻中的 e_n、i_n 和约翰逊噪声）作为输入端的有效噪声电流（与频率的关系）；毕竟，这是我们所关心的输入电流信号进入的地方。我们暂时忽略电容 C_f，使用 $R_f=1\text{M}\Omega$ 和 C_{in}（电路）$=10\text{pF}$ 的典型电路值。

如前所述，约翰逊噪声在频谱上是平坦的，噪声电压 $e_n=\sqrt{4kTR}$；这转化为短路噪声电流通常为 e_n/R，即 $i_n=\sqrt{4kT/R}$。因此，对于 25℃下的 1MΩ 反馈电阻：

$$i_n=\left(\frac{4kT}{R_f}\right)^{\frac{1}{2}}=1.28\times10^{-10}R_f^{-\frac{1}{2}}=0.128\text{pA}/\sqrt{\text{Hz}}$$

这比放大器的输入噪声电流大一到两个数量级，因此我们可以忽略它。最后一个贡献来自放大器的 e_n，正如我们前面提到的，它看起来像是输入噪声电流 $i_n=2\pi e_nC_{in}f$。它与频率成正比，在我们称为 f_X 的某一交叉频率上，它对电阻的约翰逊噪声起主导作用。通过将约翰逊噪声电流等同于 e_nC 电流，读者可以发现㊀

$$f_X=\frac{\sqrt{4kT/R_f}}{2\pi e_nC_{in}} \tag{8.45}$$

除了并联电容 C_f 的影响，它将永远上升而且会导致噪声电流在频率 $f_c=1/2\pi R_fC_f$（这是由 R_fC_f 抵消了以+6dB/倍频程上升的 e_nC 噪声所引起的）处变平。如果我们进一步选择 C_f，使 f_c 等于几何平均频率

㊀　对于 $R_f=1\text{M}\Omega$，这就变成 f_X（Hz）$=2\times10^7/e_nC_{in}$，e_n 和 C_{in} 分别以 nV/$\sqrt{\text{Hz}}$ 和 pF 为单位。

$$f_{\mathrm{GM}}=\sqrt{f_{RC_{\mathrm{in}}} f_{\mathrm{T}}} \tag{8.46}$$

这时将在 f_c 处产生一个轻微的峰值，在更高的频率下，这对极点导致 e_nC 噪声以 -6dB/倍频程（即 $\propto 1/f$）下降，见图 8.72。

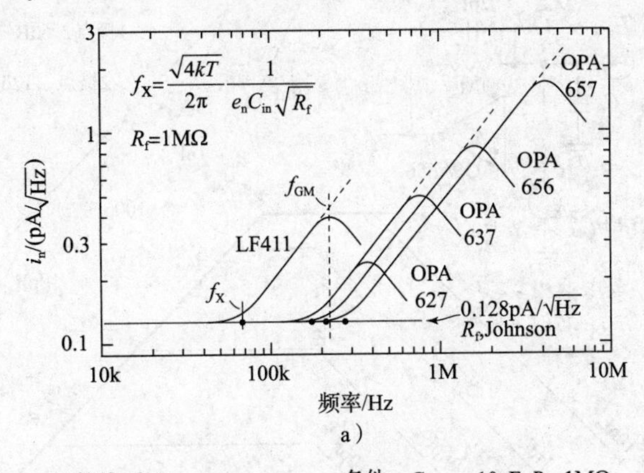

a）

计算的 f_c 和 f_X，　　条件：C_{external}=10pF, R_f=1MΩ

运算放大器	e_n/(nV/$\sqrt{\mathrm{Hz}}$)	C_{amp}/pF	$C_{\mathrm{in(total)}}$/pF	f_T/MHz	f_c/kHz	f_X/kHz
LF411	25	2	12	4	230	67
OPA627	4.5	15	25	16	320	178
OPA637	4.5	15	25	80	715	178
OPA656	7	3.5	13.5	230	1650	212
OPA657	4.8	5.2	15.2	1600	4100	274

b）

图 8.72　a）图 8.71 中光电二极管放大器的输入噪声电流的频谱，对于每种配置，e_nC 噪声占主导地位的频率 f_X 都用一个点标记，对于 LF411，f_X 和 f_c 都被标记，在每种情况下，都假设 C_f 的选择使 f_c 等于 $f_{\mathrm{GM}}=\sqrt{f_{RC_{\mathrm{in}}} f_{\mathrm{T}}}$，从而获得与峰值（阻尼比 $\zeta=0.7$）一致的最大放大器带宽；b）图 8.71 所示光电二极管放大器的输入噪声电流参数，假设外部输入电容为 10pF

在图 8.72 中，我们绘制了图 8.71 的跨阻放大器的 i_n（输入）图，其中 $R_f=1\mathrm{M}\Omega$，这用于运算放大器的选择以及显示图中相应的数据。该图清楚地显示了通过选择低输入电容和低噪声电压的放大器可以降低总输入的噪声电流。当然，假设你计划使用低通滤波来限制输出带宽。

结果表明，在其他条件相同的情况下，具有更大放大器带宽的运算放大器不会降低输入噪声电流，而只是扩展了跨阻放大器的带宽。然而，由于较快的运算放大器往往具有较小的输入电容，因此存在一些噪声优势，特别是当外部输入电容正如我们这里假设的那么低时。

8.11.5　示例：宽带 JFET 光电二极管放大器

沿着这条学习路线继续下去，在图 8.73 中，我们绘制了由 OPA656（$f_T=230$MHz，$e_n=7\mathrm{nA}/\sqrt{\mathrm{Hz}}$）制成的跨阻放大器的跨阻增益、噪声增益和有效输入噪声电流，该放大器带有 1MΩ 的反馈电阻和保守的并联电容（2pF，$f_c=76$kHz），以确保在输入电容高达 1000pF 时的稳定性。

注意，这里有两个增益：*跨阻增益*（顶图）是输出信号电压与输入信号电流的比率，该图名义上与在 f_c 处的滚降持平，但带有有限（且下降的）运算放大器开环增益 G_{OL} 的附加限制；*噪声增益*（中间曲线图）是输出信号电压与输入噪声电压之比，其特性是与频率成正比上升，斜率大小为 e_nC。它在 f_c 处趋于平坦，但（对于一定的开环增益[⊖]的运算放大器）进一步受到 G_{OL} 的限制。

最后，在输出端（底图）看到的有效输入参考噪声电流是 e_nC 噪声和反馈电阻的约翰逊噪声之和，其由放大器的滚降决定。这些噪声电流项（如输入端所示）分别为 $e_n\omega C$ 和 $\sqrt{4kT/R_f}$。这里，约翰逊噪声在低频下占主导地位：1MΩ 电阻产生 0.13pA/$\sqrt{\mathrm{Hz}}$的（短路）白噪声电流。

⊖　对于宽带的运算放大器（例如 OPA655/6/7 这样的器件，GBW 值在 GHz 区域），可能会遇到开环增益限制，但是对于像 OPA637 这样的低频运算放大器来说，这样的限制是很少见的。

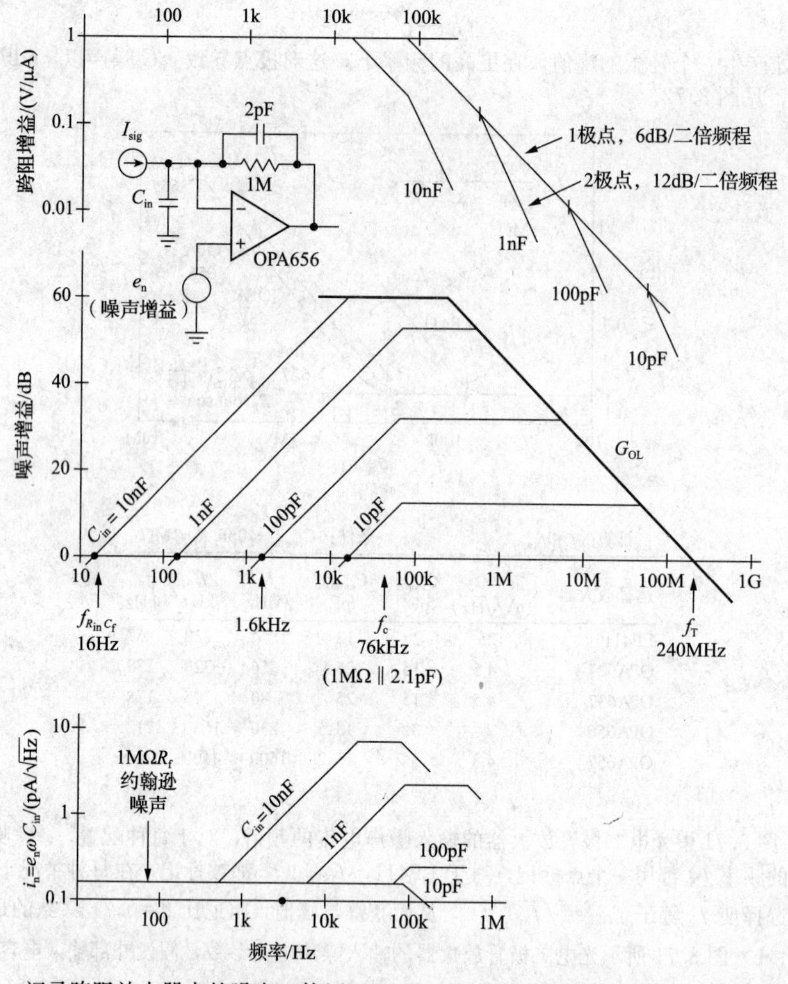

图 8.73 记录跨阻放大器中的噪声。使用230MHz的运算放大器来获得输入电容从10pF到1nF的约75kHz带宽。当输入电容为1nF时，跨阻带宽不会受到太大影响，但10nF的输入电容会大大降低带宽。在这种情况下，OPA656在不造成不稳定的情况下实现了这一点，因为它的开环增益有限（65dB）

我们用4个输入电容值得到了该放大器的输出噪声谱，并测量了运放的输入噪声电压（e_n）。图8.74是屏幕截图（来自SRS785频谱分析仪），标有相应的输入 i_n 和 e_n 的参考刻度。测量数据与图8.73的预测是一致的，除了10nF图的低频端有一些多余的噪声。但图8.73假设 e_n 的恒定（白噪声）值为 $6nA/\sqrt{Hz}$，而测量的噪声电压在低频下表现出通常的 $1/f$ 上升，大约是100Hz处高频值的3倍。

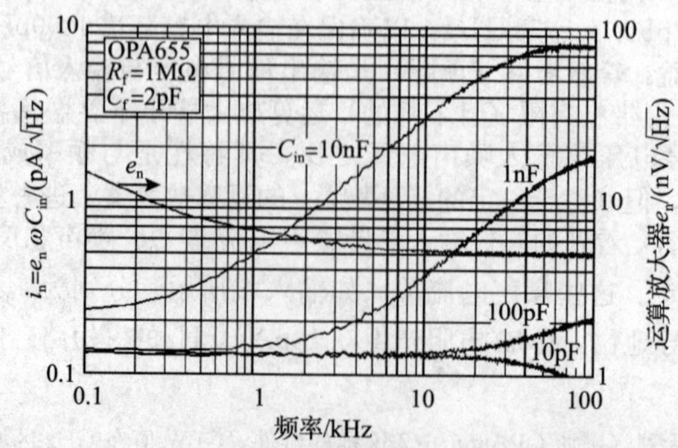

图 8.74 图8.73中放大器中测量的输入参考噪声电流

8.11.6 跨阻放大器中噪声与增益的关系

在前面的讨论中，我们随意地取了 1MΩ 作为反馈电阻 R_f 的整数值，而没有过多考虑对噪声和带宽的影响。从图 8.72、图 8.73 和图 8.74 很容易看出，低频噪声电流下限是由射频的约翰逊噪声决定的；因此，R_f 值越大似乎越好。

对于给定的输入电容，较大的 R_f 值对应较低的输入滚降频率（$\omega=1/R_fC_{in}$），这就需要更积极的补偿（即较低的带宽 f_c）。如果噪声主要是射频中的约翰逊噪声，并且不关心带宽，而是想把低频噪声降到最低，那么更大的 R_f 值是好的。但在 e_nC 噪声占主导地位的宽带光电二极管放大器中，如果你想提高带宽，最好是降低射频。

但是，不要太多！原因是任何跨阻放大器设计的目标都应该是确保放大器在输入信号的固有散粒噪声中添加微不足道的噪声。然而，当我们减小射频时，它的约翰逊噪声电流 $\sqrt{4kT/R_f}$ 增加，最终控制了输入信号不可减少的散粒噪声电流 $\sqrt{2qI_{in}}$。通过使这些噪声电流相等，我们得到了条件 $I_{in}R_f=2kT/q=50\text{mV}$。也就是说，为了避免增加放大器噪声，反馈电阻不应选择得太小，以至于输入产生的压降（可能是输入信号的直流分量）小于 100mV。

图 8.75 揭示了在选择反馈电阻时在噪声带宽方面所采取的折中，其中将射频从 1MHz 降低到 100kHz 会将输入滚降向上移动 10 倍，从而使放大器带宽增加约 3 倍（更准确地说是 $\sqrt{10}$）。读者付出的代价是降低增益×10（通过下游电压放大级轻松恢复）和增加低频噪声底线（与 e_nC 高频噪声相比仍然可以忽略不计）。当然，带宽的增加也伴随着 e_nC 噪声的持续增加，如图 8.75 底部的 100kHz 处所示。

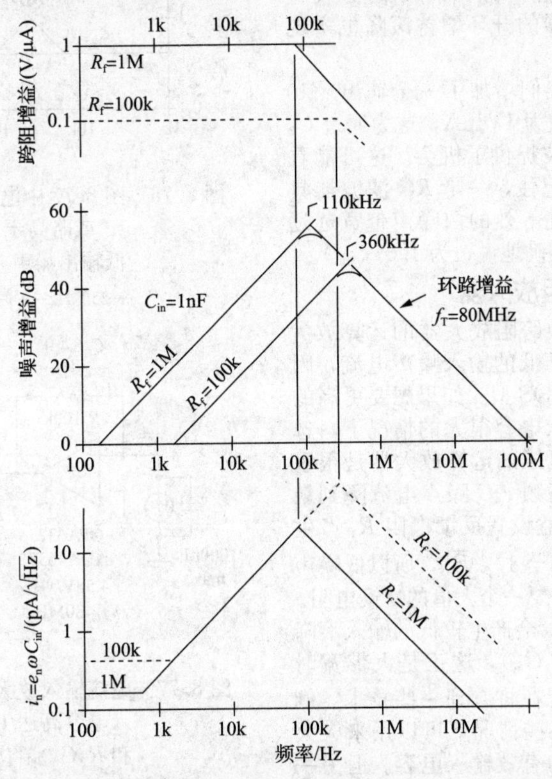

图 8.75 在 e_nC 噪声超过 R_f 约翰逊噪声的快速跨阻放大器中，你可以通过降低 R_f 来增加可用带宽，在第二级电压放大器中恢复丢失的增益

令人高兴的是，有一些很好的技巧可以用来减轻这些高频噪声效果。一种方法是通过自举电路将放大器的电压进行叠加提高后，反馈到信号源的输入端（例如光电二极管和电缆屏蔽），这样就极大地降低了输入端的有效电容；另一种方法是使用共基晶体管级（或共源共栅）将光电二极管电容与跨阻级隔离。在简要讨论一个重要的（经常被忽视的）问题之后，我们将很快描述这些问题：在跨阻级的输出端需要一个带宽限制的低通滤波器。

8.11.7 跨阻放大器的输出带宽限制

如果读者正在设计一个实际的跨阻放大器，并且输入端的电容会产生显著的 e_nC 噪声，那么在输出端添加一个低通滤波部分就很重要了。再次查看图 8.73 中的噪声增益图。由于选择 C_f 是为了获得预期输入电容最大的稳定性，因此在高频下会有较宽的噪声频带，特别是在输入电容较小的情况下。这种噪声超出了放大器的带宽，可能占总输出噪声的最大份额（记住，对数频率图往往会掩盖这样一个事实，即大部分带宽都在高频端）。

为了更清楚地了解这一点，请看图 8.76，这是图 8.77 中电流输入放大器的一组类似的曲线图。这里我们使用了一个去补偿的低噪声 JFET 运算放大器，其 C_f 的选择使得放大器在输入电容高达 1000pF 的情况下是稳定的，并绘制了输入端电容大小分别为 1000pF 和 100pF 时的噪声增益和有效输入噪声电流曲线图。实线表示 U_1 的输出，虚线表示经过简单 RC 低通后的信号。由于放大器在 $C_{in}=100$pF 时被过补偿，因此有一大部分带外噪声区域（虚线区域）可由 R_1C_1 滤波器消除（当放大器经过临界补偿时所产生的影响很小，f_c 几乎等于 f_{GM}，如 1000pF 的曲线所示，因为运算放大器的开环增益滚降也实现了同样的效果）。

在该电路中，我们增加了一个输出×10 增益级，因此总增益为 1V/μA，这为通过 C_2 进行额外的低通滤波提供了机会。这可能看起来很极端，但请记住，一阶 RC 滤波器具有一定的滚降，因此等效的白噪声带宽远远超出其特征频率（准确地说，为 $1.57f_{3dB}$）。

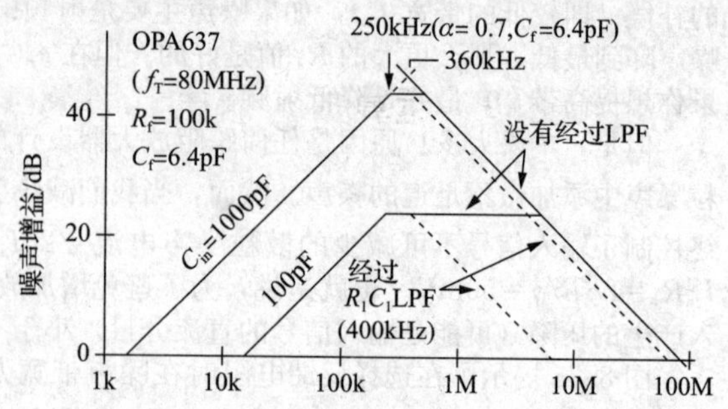

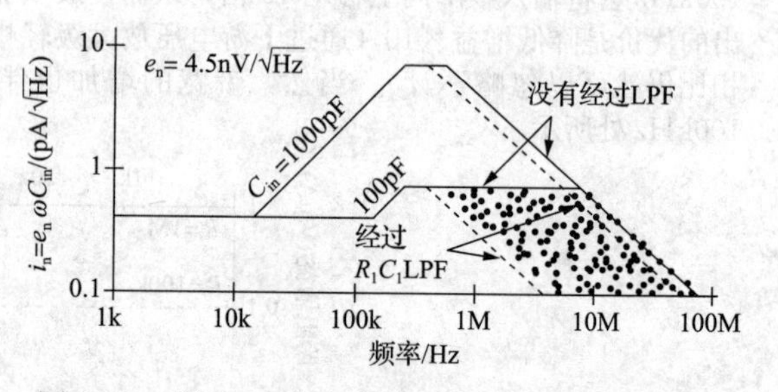

图 8.76 图 8.77 中电流放大器的噪声曲线图。在 f_c 或略高于 f_c 处添加输出滤波器可降低输出噪声

8.11.8 复合跨阻放大器

在选择用于灵敏跨阻放大器的运算放大器时，可能需要非常低的输入噪声电流，因此需要 JFET 或 CMOS 型。如果想要更高的速度，特别是在输入电容很大的情况下，选择一个低输入噪声电压的运算放大器是很重要的（将其产生的高频 e_nC 噪声电流降到最低）。最后，由于增益设置反馈电阻 R_f 产生的输入噪声电流减小至 $1/\sqrt{R_f}$，所以低噪声的暂态电流放大器需要一个大值的反馈电阻。

但是，较大的 R_f 会产生较低的输入滚降频率（$f_{RC_{in}}=1/2\pi R_fC_{in}$），这正是大带宽时所不需要的。我们现在将看到一些技术，例如自举和级联，在某些情况下可以用来大大降低跨阻放大器中的有效输入电容。但另一种方法是简单地选择一个具有足够大带宽 f_T 的运算放大器来产生所需的 TIA 带宽（约$\sqrt{f_{RC_{in}}f_T}$）。

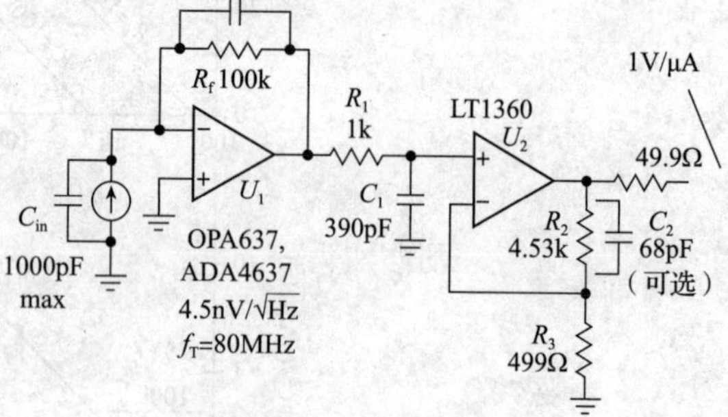

图 8.77 电流输入放大器，带宽等于 250kHz，输入电容高达 1000pF。低通滤波器（R_1C_1 和 R_2C_2）将带外噪声降至最低，尤其是当 C_{in} 值小于最大值时

这是一种合理的方法，但使用运算放大器所获得的性能往往达不到要求。大多数快速运算放大器（如 $f_T\geqslant$350MHz）具有相对较高的噪声电压（e_n 为 6nV/$\sqrt{\text{Hz}}$或更高），而安静的运算放大器往往较慢，如我们的 AD743（e_n=2.9nV/$\sqrt{\text{Hz}}$，f_T=4.5MHz）。一些速度最快的运算放大器是低压器件，例如 f_T=1500MHz 的 OPA657，其总电源电压范围被限制在 9～13V。这一点很重要，因为降低噪声所需的反馈电阻值越大，就会产生越大的增益，从而产生越大的输出摆幅（当输入电流中存在非零直流分量时，会有越大的静态直流电平），从而有利于运行在±15V 处的运算放大器。

那么，我们能做些什么呢？一个不错的方法是将输入级与输出级分开，以优化整体噪声和速度能力。这可以通过复合放大器来实现，这是一种强大的技术。

图 8.78 显示了一个例子，该 TIA 适用于承受相对较高电容（1000pF）的低电平电流信号。这里，一个 AD743 低噪声输入级与一个×100 宽带 AD811 输出级配合使用，从而在保持低噪声的同时将复合放大器的 f_T 提高了 100 倍，达到 450MHz。虽然输出级具有相当高的带宽（这是一个专为视频应用设计的电流反馈放大器），但由于 AD743 的带宽很低（在该频率处及更高频率附近还有额外的两极，数据手册的开环增益和相位图证明了这一点），使得复合放大器在 5MHz 以上表现出−12dB/倍频程的滚降，在 20MHz 达到约 180°相移。这听起来很危险，但没关系，因为它远远高于我们的 f_c，而且高于平坦的噪声增益与开环增益的截距（见图 8.73），所以这样的配置是稳定的，实际上第二级带宽超出了需求。

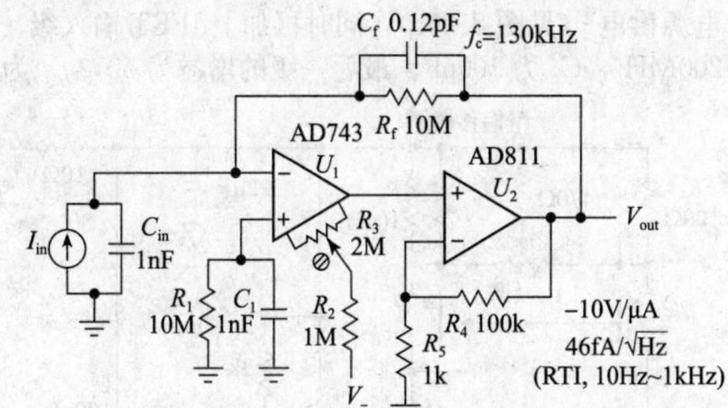

图 8.78　低噪声宽带跨阻放大器，该放大器利用一对运算放大器的理想特性的组合配置为复合放大器

当输入电容为 1000pF，带宽输出为 100kHz 时，它的性能相当好，并且在频率范围 10Hz～2kHz 内，i_n 约为 50fA/$\sqrt{\text{Hz}}$。但是，输入噪声电压（2.9nV/$\sqrt{\text{Hz}}$）加上大的输入电容会导致 e_nC 噪声电流迅速上升，在 100kHz 处达到近 2000fA/$\sqrt{\text{Hz}}$（见图 8.79）。低频噪声下限主要由反馈电阻的射频的约翰逊噪声电流控制。鉴于 AD743 是市面上最低噪声的 JFET 运算放大器，我们似乎已经达到了由高电容源驱动的跨阻放大器的噪声性能极限。

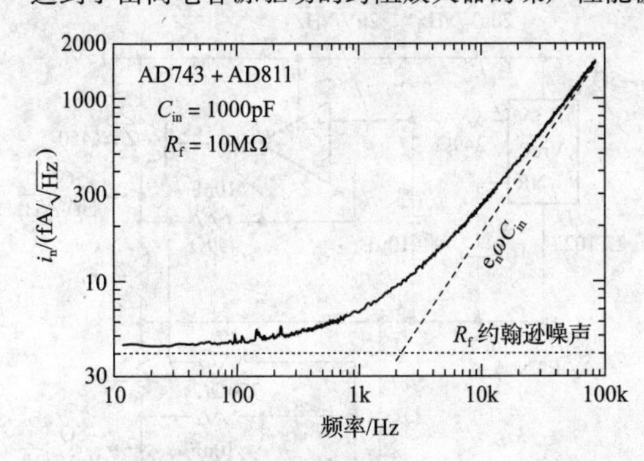

图 8.79　测量了图 8.78 中放大器的噪声电流与频率的关系，输入端的电容大小为 1000pF。虚线显示了 e_n=2.9nV/$\sqrt{\text{Hz}}$（AD743 数据手册规定的典型值）时的 $e_n\omega C_{in}$ 值；点线是 $\sqrt{4kT/R_f}$，即 10MΩ 的反馈电阻的约翰逊噪声电流

1. 混合型复合跨阻放大器

不过，如果我们能找到一种方法，在保持较大增益带宽积的同时，再降低已经很低的 e_n（这使得 e_nC 上升到大约 10kHz 以上）的话，那么就可以在低噪声放大方面做得更好。这里实现这一目的的技术是使用混合输入级的方式，利用像 InterFET 的 IF3602 这样的大面积 JFET 对的极低 e_n（e_n=0.3nV/$\sqrt{\text{Hz}}$，典型值为 100Hz）。当然，大尺寸 JFET 有很大的电容（这个 JFET 的 C_{iss} 高达 300pF），但当你的信号源已经承载了 1000pF 的电容时，这并不是特别明显。我们将坚持使用复合放大器，以获得所需的高开环放大器带宽，以便在高电容输入下获得合理的 TIA 带宽。

图 8.80 显示了这样的设计。运算放大器是一个三级复合放大器，其输入级 Q_{1ab} 是一个带有电流镜像漏极负载 Q_5Q_6 的共源差分 JFET，与共基共射的 Q_3Q_4 隔离。整体 GBW 为 10GHz，见图 8.80b 的伯德图。当用作电压放大器（至少在闭环增益小于 45dB）时，这种复合运算放大器是不稳定的！但当搭建为跨阻放大器时（见图 8.80c），在 20MΩ 的增益-设置反馈电阻上的有效补偿电容为 0.032pF（由电路中的 R_2 设置[一]），它是稳定的[二]。输入级的噪声电压 e_n≈0.6nV/$\sqrt{\text{Hz}}$。第二个运

㊀ 或者，读者也可以从四个或五个电阻的串联串（隔开且远离地）中产生 R_f，以减少各自大约 0.15pF 的寄生并联电容的总电容。

㊁ 当 C_{in}=1000pF、$f_{RC_{in}}$=10GHz 和 f_T=10GHz 时，f_{GM} 约等于 280kHz；如果 R_f 上的有效电容为 0.032pF，则 f_c=200kHz。

算放大器（LT6230）是一款宽带（200MHz）低噪声（$1.1\text{nV}/\sqrt{\text{Hz}}$）运算放大器，由低噪声±5V电源供电[⊖]（见图8.80d），同时再加上JFET输入级。这两级的总GBW为$f_T=g_m/2\pi C_c$，或大约等于200MHz，C_c为100pF。最后一级的增益为50，f_T为65MHz，将复合放大器的GBW提高到10GHz。

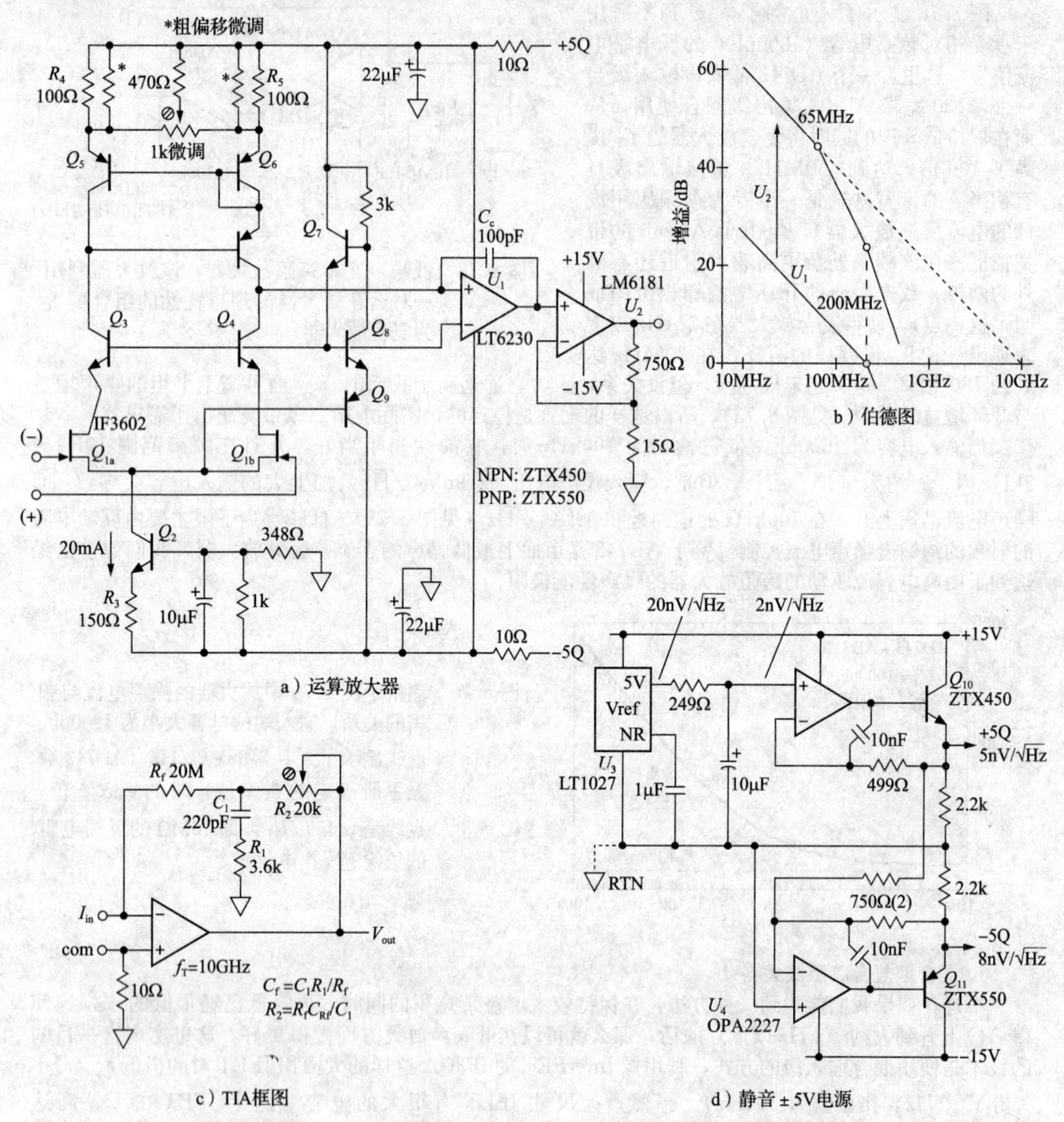

图8.80　混合型跨阻放大器，通过使用噪声电压极低（$e_n=0.35\text{nV}/\sqrt{\text{Hz}}$）的大面积输入级JFET，优化为具有数量级为约1000pF的电容式输入的最低噪声。复合放大器将增益带宽积f_T提高到10GHz，尽管有较大的R_f和C_{in}（20MΩ和1000pF），但总的TIA带宽仍保持在250kHz。跨阻配置将增益设置为20V/μA，有效C_f值为32fF（由零极点网络$C_1R_1R_2$创建，需要抵消R_f的过度自电容，我们将其称为C_{Rf}）；将主极点设置为200kHz以确保稳定性。低噪声基准电压源用于创建静音±5V的电源轨

当配置为跨阻放大器时（即图8.80a和c），该电路的噪声电压比图8.79的复合TIA低5倍（因

⊖ 我们从LT1027基准电压源开始，该基准电压源使用埋入式齐纳实现低$1/f$噪声，在降噪引脚上使用旁路电容进一步静音。从上级运放的反相输入向地添加一个电阻可以更改静音分流电源电压，例如，更改为±6V或其他值。

此 e_nC 噪声低 5 倍）。它的带宽也更大，这要归功于它的 f_T 提高了 20 倍，即使反馈电阻的值更大（20MΩ，因为前端更安静，所以选择 20MΩ 来降低约翰逊噪声电流）。

一些细节　我们对工作在 10mA 的 IF3602 JFET 进行了 $e_n=0.35\text{nV}/\sqrt{\text{Hz}}$的测试，在 25mA 的测试结果为 $0.3\text{nV}/\sqrt{\text{Hz}}$，为了降低功耗和 $1/f$ 噪声，我们选择了 10mA 的较低漏极电流。由于 IF3602 的电容非常大（C_{iss} 为 300pF，C_{rss} 为 200pF），我们使用共源共栅结构来钳位漏极电流，并设置 $V_{DS}=V_{BE}$ 独立于 V_{GS} 和输入共模电平。这进一步降低了 JFET 的功耗（每个约为 6mW），并防止了栅极电流的过度冲击。

考虑到 IF3602 对非常高的跨导，IF3602 对不能很好地进行匹配（指定 $V_{os}=100\text{mV}$ 为最大），这尤其麻烦（我们在 10mA 时测量的 $g_m=130\text{mS}$）。如果我们试图通过不平衡漏极电阻值来调整偏移量（使用如图 8.67 所示的电路），我们很快就会从 $\Delta I_D/I_D=0.5g_mV_{os}/I_D$ 中发现，我们需要 39%的漏极电流不平衡值才能使最坏情况下的输入偏移量归零。因此，我们采用了下述方案。该方案采用低噪声电流镜来设置所需的不平衡漏极电流。对于 JFET 输入端，100Ω 的发射极电阻 R_4 和 R_5 的电流镜的噪声电压为 $e_n=\sqrt{4kT/R_4}\cdot 1/g_m$，或 $0.1\text{nV}/\sqrt{\text{Hz}}$，当幅值平方加在一起时，这一占比就显得微不足道，只有 4%。最后，关于差分对电流吸收器 Q_2 的分析：通常情况下，差分对的电流吸收噪声不是特别严重，因为合理平衡的差分级可以消除噪声（可降至 3%）。但在这里，可能会面临严重的电流不平衡去调整偏置电压，因此使用了低噪声电压调节器（$<10\text{nV}/\sqrt{\text{Hz}}$），并对电流接收器进行了进一步的 RC 滤波。

练习 8.3　计算图 8.80d 中±5Q 电源的噪声谱密度。它们的方均根噪声是多少？

2. 复合跨阻放大器与单级跨阻放大器

图 8.81 中的跨阻增益和输入噪声电流曲线图很好地展示了复合 TIA 在高输入电容的困难情况下所获得的性能提升。性能的提高来自更大的放大器带宽 f_T，以及创建安静输入级的能力。

首先比较单级（即非复合）配置 A 和 B，读者会发现更快的 OPA637 带来了带宽提升，但同时也带来了更大的噪声。在较安静的配置 A 中添加一个（复合的）第二级可以在不增加噪声的情况下获得大量额外带宽（配置 C，见图 8.78 中的电路）。具有更低噪声的离散输入级（配置 D，见图 8.80 的电路）的复合放大器具有更大的带宽，并且可以承受充分利用放大器较低 e_n 所需的较大 R_f。最后，如果是自举电路的输入电容（例如图 8.82），大幅降低的 C_{in} 值可以恢复到简单的单级 OPA637 配置，而不会对性能造成太大影响。

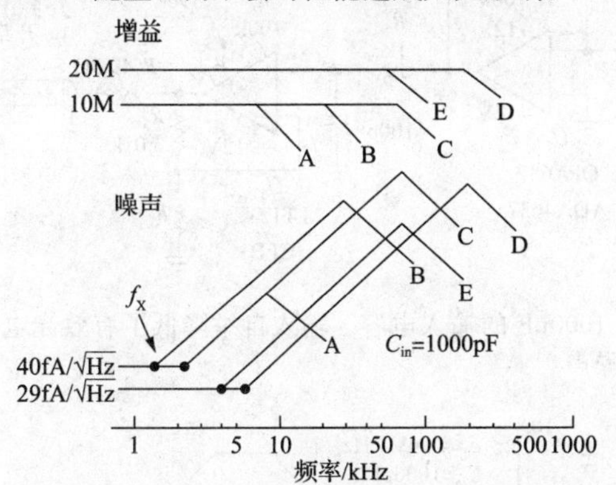

图 8.81　比较了 5 种跨阻放大器在 1000pF 电容电流信号驱动下的性能。A 为 AD743，B 为 OPA637，C 为复合 AD743（图 8.78），D 为复合 IF3602（图 8.80），E 为带 BF862 自举的 OPA637（类似于图 8.82）；反馈电阻 R_f 值 A～C 为 10MΩ，D 和 E 为 20MΩ

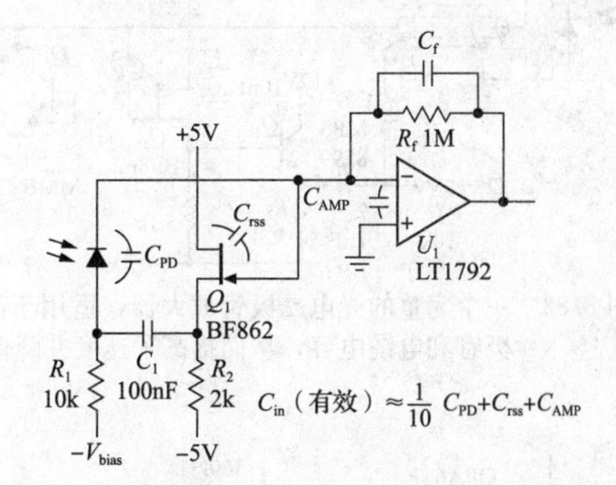

图 8.82　跟随器 Q_1 以信号频率自举光电二极管，将其有效电容降低 10 倍或更多。BF862 具有低电容和亚 $\text{nV}/\sqrt{\text{Hz}}$ 噪声，特别适合这项任务。这使得可以为 U_1 选用更便宜的运算放大器（带宽更小，e_n 稍高）。我们经常添加射极跟随器（为简单起见没有显示）

这个例子再次说明了我们在设计低噪声放大器的几十年中的一个经验，即电路复杂性随着改进的增加而迅速增加，以达到低噪声电路性能的极限。

8.11.9　降低输入电容：自举型跨阻放大器

如图 8.73、图 8.74 和图 8.76 所示，就噪声和带宽而言，输入电容是“万恶之源”。大面积光电二极管的电容很大（高达1000pF或更高）；如果探测器位于一段屏蔽电缆的末端，则可以在额外的30pF/ft电缆上计算（该值不是任意的）。

正如前面所说的，有一些技巧可以大大降低有效电容。图8.82显示了一种完美的解决方案，即电容式输入设备返回侧的交流耦合自举电路（如果有的话，再加上屏蔽电缆）。在该电路中，JFET跟随器 Q_1 通过复制求和点的任一信号来驱动光电二极管的低端；Q_1 的高跨导（25mS）确保增益接近1（输出阻抗约为40Ω），因此光电二极管的有效输入电容至少降低了10倍。

但现在不得不担心 Q_1 和相关电路带来的噪声。你可能会首先考虑 Q_1 的栅极电流，以及它加到输入端的电容 C_{iss} 值。对于这种特殊的JFET，情况看起来相当不错：它具有低栅极输入电流（约1pA，只要保持 $V_{DS}<5V$）和低反馈电容（约2pF）。但JFET的噪声是另一回事，因为它的噪声电压会与未自举的光电二极管（和电缆）电容一起产生 e_nC 噪声电流。这与运算放大器的 e_n 形成对比，并且比现在看到的自举后的电容要低得多。这两种噪声电流都必须通过 R_f，从而产生输出噪声。

因此，必须选择噪声电压非常低的JFET，理想情况下要比运算放大器的 e_n 低得多。BF862是一个极佳的选择，其具有非常低的 e_n 值，约为 $0.9nV/\sqrt{Hz}$。即便如此，它的噪声贡献还是大于运算放大器（后者当然得益于JFET成功地降低了光电二极管的有效电容），因为LTC1792从一开始就是一款安静（$4.2nV/\sqrt{Hz}$）的运算放大器。例如，对于1000pF的光电二极管，运算放大器的 $4.2nV/\sqrt{Hz}$ 作用于光电二极管的100pF，而JFET的 $0.9nV/\sqrt{Hz}$ 作用于光电二极管的全部1000pF。定量地说，在100kHz处，对于 $0.63pA/\sqrt{Hz}$ 的组合噪声电流，噪声电流贡献分别为 $0.26pA/\sqrt{Hz}$ 和 $0.57pA/\sqrt{Hz}$。虽然JFET的噪声占主导地位，但我们仍然比非自举情况下要好得多，其噪声电流为 $2.6pA/\sqrt{Hz}$。

在这里，我们设计了一个利用自举技术的输入-电容-容限光电二极管放大器，该电路见图8.83。在本设计中，我们使用了性能优异（且不便宜）的OPA637（GBW=80MHz，$e_n=4.5nV/\sqrt{Hz}$）。图8.84中绘制了输入电容减少10倍的保守估计下的噪声和带宽。自举技术提高了带宽，降低了噪声，并保持了跨阻增益不变。

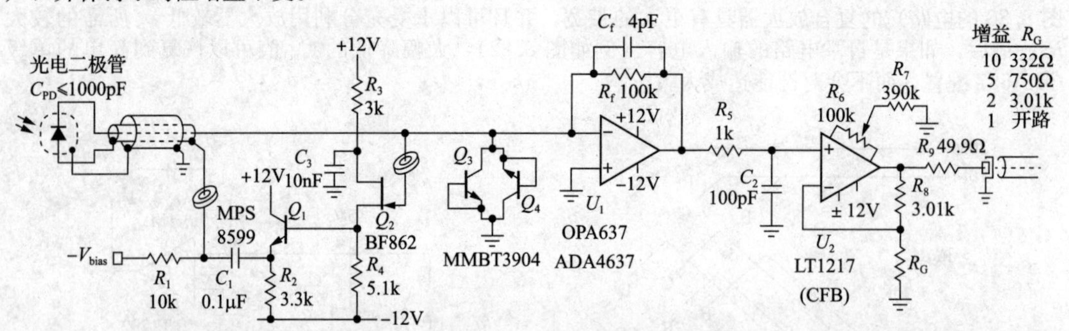

图8.83 一个完整的光电二极管放大器，适用于高达1000pF的输入电容。输入自举降低了有效光电二极管和电缆电容，从而提高了速度并降低了噪声

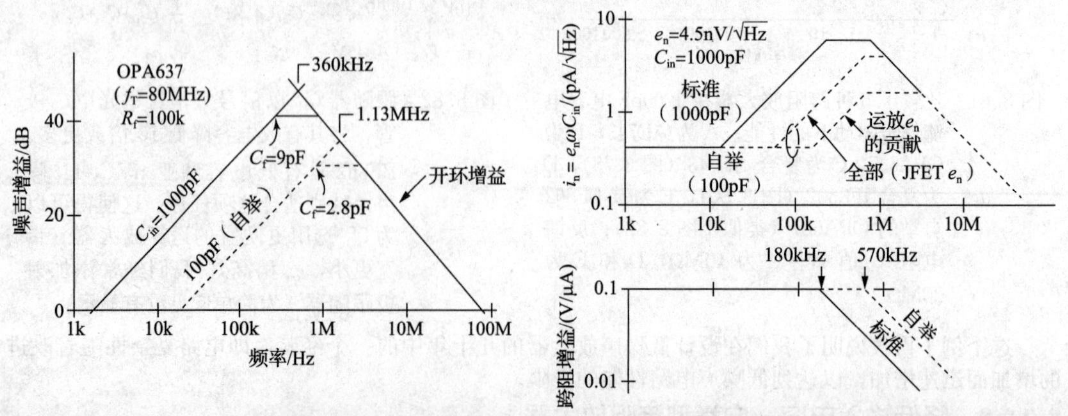

图8.84 自举光电二极管放大器的噪声、带宽和增益。降低的有效电容改善了噪声（通过降低 e_nC）和带宽（通过更小的稳定反馈电容 C_f）

练习 8.4　设计带有 OPA637 运算放大器和 BF862 JFET 自举跟随器的 TIA，用于 $C_{in}=1nF$ 的输入信号。使用 $R_f=20M\Omega$，并假设 BF862 的噪声电压为 $0.85nV/\sqrt{Hz}$，电压增益（在驱动自举端时）为 $G_V=0.95$。评估电路的噪声和增益性能，这应该与图 8.81 中的曲线 E 相同。

8.11.10　隔离输入电容：共源共栅跨阻放大器

自举降低了有效输入电容（通常为一个数量级），从而降低了噪声，提高了电容式电流输出传感器（如光电二极管）的带宽。但可以做得更好：通过在输入信号和跨阻放大器之间插入共基（共源共栅）级，从而实现完全隔离输入电容是可能的。

1. 创建电容隔离共源共栅放大器

步骤 1：无偏置共源共栅放大器　图 8.86a 显示了核心思想，这通常被称为共基极放大器。假设晶体管有合理的测试值，那么大部分电流出现在集电极上，但集电极的输出电容只有 Q_1，通常只有几皮法。电容隔离的一个小缺陷是会使得输入端的电位低于地。我们希望在非常低的信号电流下有良好的噪声性能，比如甚至低于微安级。但达不到的话，晶体管 β 有可能会下降。更糟糕的是，发射极的输入阻抗与输入电流成反比上升，在 1μA 时为 25kΩ。因此，输入以 $f_{3dB}=1/2\pi r_e C_{in}$ 的频率滚降，例如对于 $C_{in}=1000pF$ 的 1μA 信号，大约以 6.4kHz 频率滚降[⊖]。

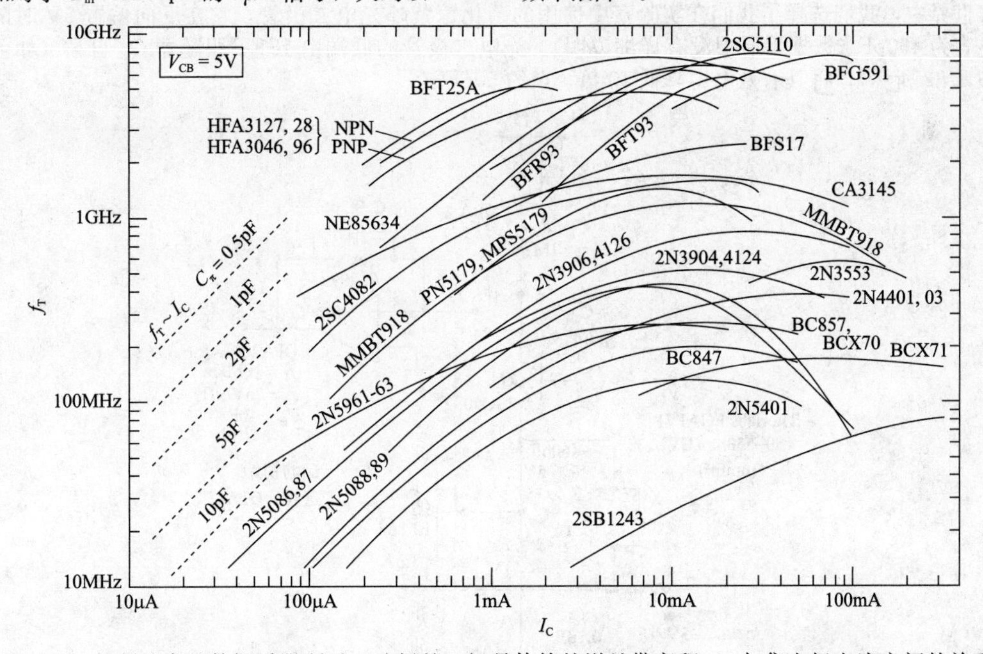

图 8.85　如制造商的数据手册所示，选择的双极晶体管的增益带宽积 f_T 与集电极电流之间的关系

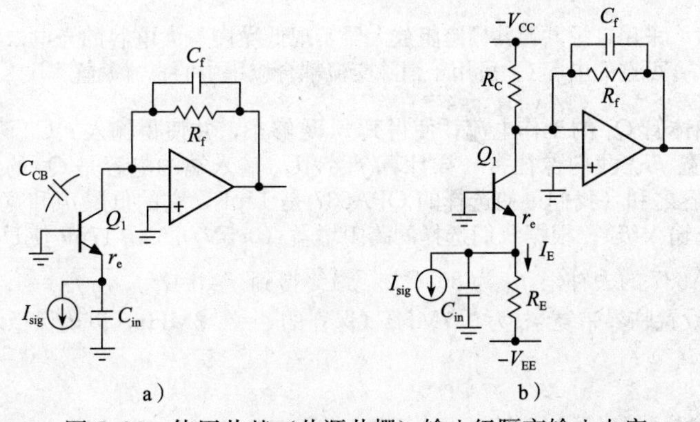

图 8.86　使用共基（共源共栅）输入级隔离输入电容

⊖ 你还必须担心晶体管在低电流下的 f_T 下降，在高频 β 将发射极电流转移到基极，见图 8.85。

步骤2：偏置共源共栅放大器　我们可以通过调节Q_1来降低r_e（同时保留合理的β），见图8.86b。在±15V电源下，我们可以选择$R_C=R_E=60k\Omega$来将I_C设置为大小为250μA的静态电流；因此$r_e=100\Omega$。这使得r_eC_{in}的滚降达到相当可观的1.6MHz。但现在我们出现了三个新问题。首先，这种相当大的静态集电极电流意味着必须严格选择R_C，以便Q_1的集电极工作点（与虚地断开时）位于地；否则跨阻级（如果配置为高增益，例如为1V/μA，$R_f=1M\Omega$）将具有较大的输出直流偏移量。其次，在该电路中，R_C、R_E和R_f的噪声电流都在求和点处合并，所需的较低R_C和R_E电阻值会在跨阻输入端产生相应较大的约翰逊噪声电流（值为R的电阻会产生$i_n=\sqrt{4kT/R}$的短路约翰逊噪声电流）。最后，Q_1更高的工作电流意味着更高的基极电流，因此更高的散粒噪声（$i_{n,base}=\sqrt{2qI_B}$），这是跨阻输入端的另一个噪声电流贡献[㊀]。

到目前为止的情况是这样的：使用图8.86b所示的电路，与以前的跨阻设计相比，在给定输入电容的情况下，我们获得了更好的带宽，但代价是：①直流偏置；②输入端电位低于地；③在选择Q_1的静态电流时需要在噪声和速度之间进行权衡。

步骤3：自举的偏置共源共栅放大器　将降低电容的自举技巧与偏置共源共栅放大器相结合。图8.87显示了如何操作，这一次是一个详细的设计，显示了元器件值和类型的细节。为了将其带到现实世界中，我们选择了我们在实验室中使用的磷化镓紫外光电二极管，它在反向偏置5V时的测量电容为460pF（数据手册中没有详细说明）。光电二极管的低端由JFET跟随器Q_2自举（如前面的图8.82所示），将其有效电容降低10倍，至约50pF。

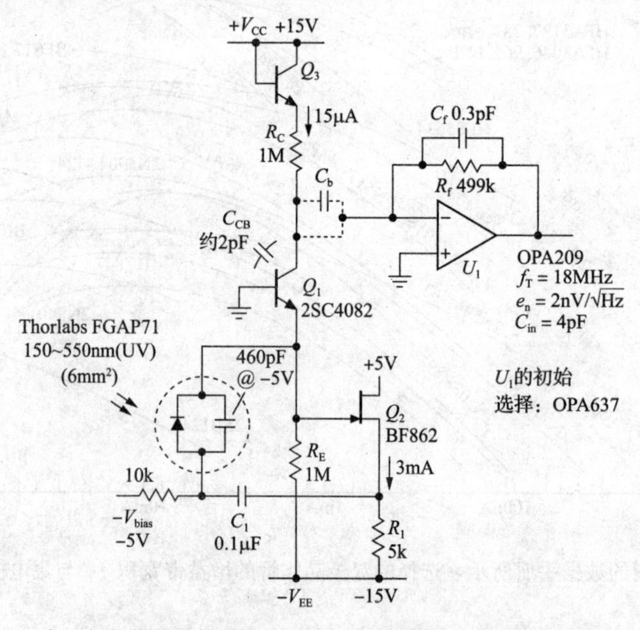

图8.87　采用自举共源共栅跨阻放大器实现低噪声与大电容的光电二极管，可选的电容C_b可用于消除交流耦合应用中的直流偏置

下一步是选择晶体管Q_1的工作电流，使得其r_e足够小，并使得输入r_eC_{in}滚降[㊁]不会损害到由跨阻级U_1设置的带宽f_c。我们像往常一样计算f_{GM}，U_1输入端的电容是Q_1的集电极电容（2pF）和U_1自己的输入电容之和（我们最初选择的OPA637是15pF，它的低噪声和宽带宽使其成为光电二极管放大器的首选输入级）；根据我们选择的跨阻增益（0.5V/μA），17pF使U_1的输入滚降$f_{R_fC_{in}}$等于18.7kHz。OPA637的去补偿f_T为80MHz，最终得到$f_{GM}=\sqrt{f_{R_fC_{in}}f_T}=1.22$MHz。我们选择反馈电容$C_f$的值来设置临界带宽$f_c$为0.7MHz（保守的$\zeta=1.2$MHz，以确保稳定性），希望跨阻带

㊀ 这里有一个微妙之处：由金属导体上的电压降产生的电流（如I_E）不会表现出散粒噪声电流（载流子不独立作用）。但是基极电流确实有完全散粒噪声。噪声电流表现在集电极上，因为$I_C=I_E$(无噪声)$-I_B$(有噪声)。

㊁ 在足够大的电流下，晶体管f_T由$f_T=1/\pi r_eC_{in}$给出。

宽 f_b 为1MHz。这里我们选择的 C_f 大小为0.46pF，其中电阻本身提供约0.1pF。可以使用一对PCB线、可调的电容 $C_f=0.5pF$ 或一对缠有几根绞线的绝缘线来添加剩余的0.36pF。

2. 迭代：更好的运算放大器选择

这里出了点问题：OPA637是一款精细运算放大器，但它使用大面积的JFET来实现低 e_n，结果是输入电容高达15pF。比方说，当你有一个含有大电容（例如光电二极管和一些屏蔽电缆）的输入信号时，这并不是一个令人担忧的问题。但它是在低电容节点（Q_1 的集电极）控制滚降，迫使提高 f_T。

让我们重新计算一下，假设我们使用的是电容较小的运算放大器，比如 $C_{in}=4pF$。现在 $f_{R_fC_{in}}=53kHz$，对于1MHz的 f_b，$\zeta=1$（$f_c=0.7MHz$），我们需要一个 $f_T\geqslant 9MHz$ 的运算放大器。我们的努力得到了回报，因为现在有很多可能性。我们选择OPA209，它的 f_T 为18MHz。这使得 $f_{GM}=0.98MHz$，所以我们可以设置 $f_b=f_{GM}=1MHz$，而当 $\zeta=1$（临界阻尼）时，我们得到 $f_c=0.7MHz$ 和 $C_f=3pF$。

知道跨阻级有1MHz的可用带宽，接下来我们将 Q_1 的静态电流设置得足够高，以便 r_e 的滚降与50pF（自举电路）的有效光电二极管电容相结合，从而具有更高的频率。这里，15μA的集成电路给我们提供了1.7kΩ的 r_e（信号在发射极等效的阻抗），因此输入滚降频率为1.9MHz。自举产生的降低的 C_{in} 使我们能够在这么低的电流下运行 Q_1，好处是 Q_1 的1MΩ集电极和发射极电阻贡献的约翰逊噪声电流不大于 R_f。基极电流散粒噪声也同样降低；在这里，它贡献了 $0.1pA/\sqrt{Hz}$ 的输入参考噪声电流（与 R_C、R_E 和 R_f 的 $0.26pA/\sqrt{Hz}$ 合计贡献相比）。

一些细节如下。

1）自举型跟随器 Q_2 的输出阻抗必须以远低于 Q_1 的输入阻抗（即 r_e，这里大小为1.7kΩ）去驱动光电二极管，其中 Q_2 的高跨导确保了 $Z_o=1/g_m\approx 40\Omega$ 的低输出阻抗㊀。

2）在这里，首先选择了2N5089作为 Q_1，因为它在小电流下具有高 β（$I_C=100\mu A$ 时，β 最小为400）和低输出电容（2pF），这两种特性都是低噪声的。但后来我们参考了图8.85，发现它的GBW太少：f_T 在15μA时只有2MHz。对于MMBT918（2N918），它在15μA时的正常 $f_T=13MHz$。它的基极将减少 f/f_T，在 f_c 处大约为8%，因此对电路在1MHz处的3dB降频的贡献微不足道。但它的测试值很低，在15μA时不到40，所以我们最终选定了图中所示的2SC4082：在10μA，它的 $f_T=20MHz$，在100μA，它的 β 曲线在 $\beta=90$（在15μA，可能也不会低很多）时很平坦。

3）还有一个额外的噪声电压贡献，以晶体管的输入噪声电压的形式通过光电二极管的有效输入电容产生 e_nC 噪声电流。这些参数看起来对2SC4082是有利的㊁。

3. 最后：可调节的共源共栅

图8.88显示了一种在光子学领域颇受欢迎的电路配置，在光子学领域，你要处理的数据速率是GB/s。晶体管 Q_1 和 Q_2 形成一个紧密的局部反馈回路，Q_1 的基极由 Q_2 调节（如图所示，Q_1 和 Q_2 可以由MOSFET取代）。可调节的晶体管在图8.86的简单晶体管的基础上进行了两个重要的改进：①电路的输入阻抗（在晶体管 Q_1 的发射极）降低了晶体管 Q_2 的电压增益系数，大大增加了 $R_{in}C_{in}$ 的有限带宽；②输入噪声电压由晶体管 Q_2 设置，而不是由晶体管 Q_1 设置，因此后者可以在理想的低电流下运行，而不会造成噪声损失。

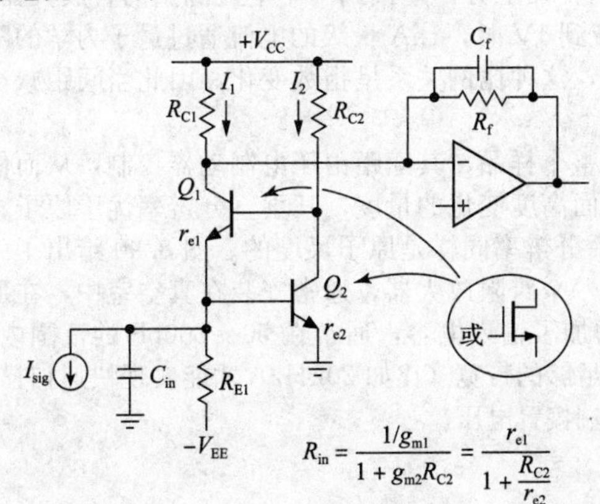

$$R_{in}=\frac{1/g_{m1}}{1+g_{m2}R_{C2}}=\frac{r_{e1}}{1+\frac{R_{C2}}{r_{e2}}}$$

图8.88 跨阻放大器 U_1 的输入级允许电容隔离 Q_1 在低电流下工作而没有相应的 e_n 损失。它还可以减小电容性输入端的阻抗（降低了 G_{V2} 倍），从而提高了带宽

㊀ 我们通常会添加一个运行在几毫安的射极跟随器，以进一步加强保护信号，特别是当它可能驱动同轴电缆的外屏时。

㊁ 2SC4082的 $r_{bb'}C_c=6ps$，意味着 $r_{bb'}$ 小于10Ω（$C_{ob}=0.9pF$）。

为了进一步说明这一点，请记住，最简单的跨阻放大器（图8.70）中的输入电容既是“带宽杀手”（通过R_fC_{in}），又是“噪声增强器”（通过e_nC）。我们努力解决这个问题，以及它带来的稳定性问题。首先，通过添加足够的反馈补偿来确保稳定性，然后提高运算放大器的速度以恢复一些带宽。接着，我们调整了电路配置以解决输入电容问题：我们自举光电探测器的低端以降低有效输入电容；我们添加了一个共基共射输入级来隔离输入电容，但这会增加电路的输入阻抗（牺牲带宽）；因此，我们偏置晶体管以降低R_{in}；再采用自举形式进行偏置。

但在这种情况下，要求输入级必须在较大的集电极电流下运行，从而产生难以消除的直流偏移量，从而限制了跨阻级的增益。

可调节共基共射晶体管通过允许Q_1在低电流下运行（所以电路在小信号电流下工作良好），从而巧妙地解决了这些问题，同时规避带宽和噪声损失（通过降低R_{in}，并允许Q_2替换Q_1的噪声电压）。为了将输入噪声电流降至最低，应该在集电极电流较低的情况下运行Q_1，但确保不要过度降低带宽[㊀]。

8.11.11 带容性反馈的跨阻放大器

有一种方法可以完全消除增益设置反馈电阻R_f对约翰逊噪声的影响，即消除电阻本身的噪声，就是由电容C_f单独提供反馈，从而形成积分器。另外，必须对输出信号进行差分，以恢复与输入信号电流成正比的输出；当然，积分器和微分器都必须经常重置（中断其操作），以防止饱和。为了保持输入级的低噪声，微分器运算放大器的噪声电压必须明显小于输入（积分）运算放大器的噪声电压。

尽管电容反馈似乎是一种不同寻常的方法，但实际上，对于使用高值反馈电阻（例如100MΩ及以上）的普通TIA来说，其工作频率较高，电阻的自电容在概念上将放大器转变为积分器，而电阻扮演着类似于重置的角色。一旦开始沿着这些思路思考，故意将反馈电容提高到约1pF的想法就不再那么可怕了。

这种技术通常用于膜片钳放大器[㊁]和其他低电平电流检测器，例如冷冻锗或硅X射线探测器，分别称为IGX和Si（Li），其中积分器通过来自LED的光脉冲来重置（从而避免开关泄漏效应）。

这种积分跨阻放大器更常见的应用是用于成像探测器的读出，其中感兴趣的量是在短暂读出期间传递的总电荷，而不是其电流-时间波形。对于这种应用，你只需要知道电荷输送引起积分器输出电压的变化。这项技术被称为相关双抽样（correlated double-sampling），可以追溯到20世纪50年代。

8.11.12 扫描隧道显微镜前置放大器

扫描隧道显微镜（Scanning Tunneling Microscopy，STM）可以追溯到Binnig和Rohrer在20世纪80年代初的工作，它可以让人们在原子水平上对样品的表面形貌（和其他性质）进行成像。图8.89显示了一个尖锐的金属尖端悬停在真空室中的样品上方，连接到一个电流测量前置放大器。当针尖靠近表面（约1nm，约10个原子直径）并偏置到1V时，1nA量级的电流通过量子力学的隧穿效应通过势垒。电流对针尖到样品的间距非常敏感，这种比例关系呈指数变化，因此当间距减小0.1nm时，电流通常会增加一个数量级。

为了形成图像，将针尖保持在固定电压下并扫描整个样品，其间距由压电制动器控制，从而使测量的针尖电流保持恒定。因此，压电驱动电压是表面高度变化的量度，其垂直分辨率优于原子直径。如果尖端的点足够小（不超过几个原子宽），水平分辨率同样是原子尺度的。图8.90给出了一个例子，为硅表面的STM图像。STM前置放大器是一个跨阻放大器，通常安装在真空室中，在那里它通过一段屏蔽线接收尖端的隧道电流信号。这增加了输入电容，通常在50～200pF的范围内。由于前置放大器位于尖端间隔伺服环路内，因此需要足够的带宽（比如20kHz）才能实现快速扫描，因此需要仔细的环路补偿。前置放大器还需要施加尖端偏置电压。

㊀ 当然，担心的是在低集电极电流下的晶体管Q_1的f_T会很差，但是设计师知道如何在其IC中制造出优质微波晶体管。

㊁ 例如，Axon 200B膜片钳放大器声称在电容反馈模式和热电制冷模式下工作时，在150Hz处，开路输入噪声电流仅为$0.2\text{fA}/\sqrt{\text{Hz}}$，这相当于0.1pA漏电流的散粒噪声。

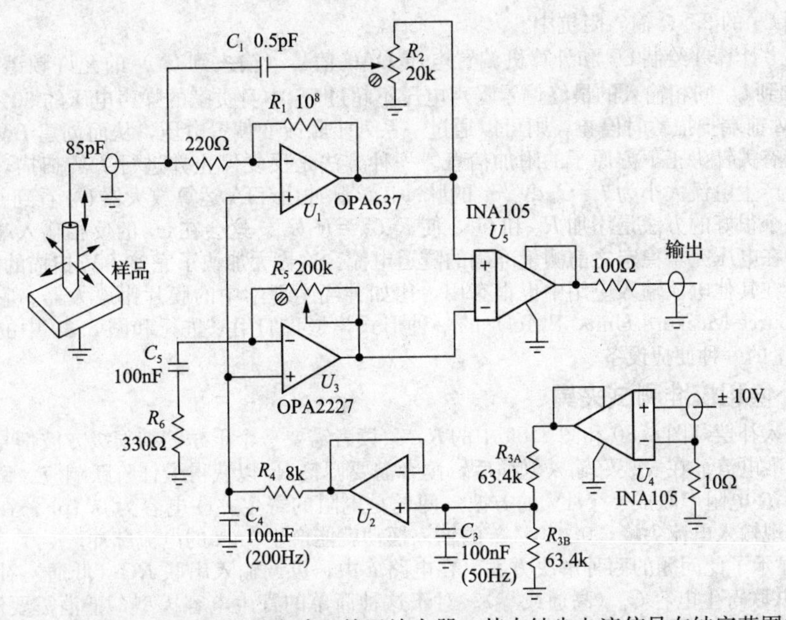

图 8.89 一种用于STM的低噪声跨阻前置放大器，其中针尖电流信号在纳安范围内。针尖到样品的电压由针尖偏置输入设置，频率响应为10kHz，增益为0.1V/nA。微调器R_2调整有效反馈电容，以补偿屏蔽输入线处看到的100pF（或更多）电容，屏蔽输入线是从低温真空室取出来的

在图8.89中，跨阻级U_1是OPA637，一种80MHz（去补偿）的JFET运算放大器，具有16pF的输入电容和4.5nV/$\sqrt{\text{Hz}}$的输入噪声电压。这是一个相当大的输入电容，但在这里，它与电缆电容相比微不足道，作为交换，我们得到低输入电流的宽带放大器。尖端偏置由U_1同相输入端的直流电压设置；运算放大器的输出由偏置电压补偿，我们用差分放大器U_5消除偏置电压[⊖]。

练习8.5 当$C_{\text{in}}=100\text{pF}$时，计算$C_1=0.1\text{pF}$前置放大器的带宽，并计算允许的最大输入电容。阐述你的稳定性标准。绘制总的有效输入噪声电流谱密度的曲线图，其中包含C_{in}的几个值，包括最大值（不要忘记R_1的约翰逊噪声），并计算相应的f_x。

本练习表明，e_nC噪声严重限制了整体速度和性能。注意，这里重要的不仅仅是运算放大器的e_n——它还与施加到U_1同相输入的偏置电压中的噪声结合在一起。为了使偏置电压保持低噪声，我们在其计算机控制的DAC中使用了差分放大器U_4来隔离接地路径噪声，并在通过U_2的偏置路径中添加了一对RC低通滤波器。U_2输出端的滤波器是必需的，否则U_2输出的噪声电压将对U_1的噪声电压产生重大影响，如下一练习所示。运算放大器U_3将偏

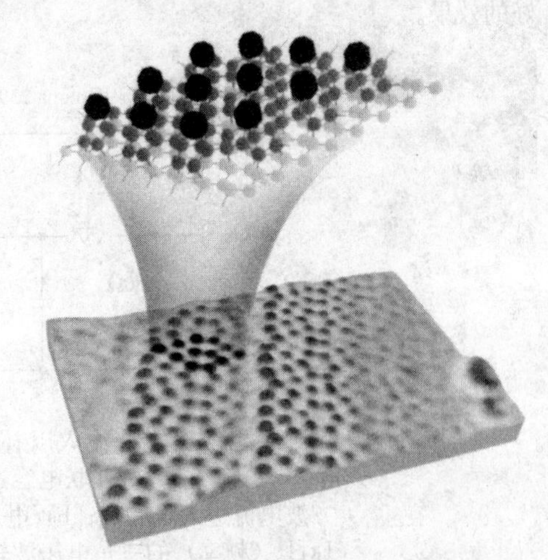

图8.90 用STM在原子水平上成像得到的硅晶体表面的10nm×10nm正方形区域结构。图形模型（上面展开）阐明了观察到的表面结构（称为重建，因为表面原子采用与整体不同的排列方式；在这里可以看到几个原子平面，这是一个典型的7×7重建）

⊖ 高增益差分放大器可以用于U_5（例如，$G=10$的INA106），只要隧道电流不超过几纳安。STM前置放大器通常工作在非常低的电流水平，$R_1=10^9\Omega$。求和点的连接（220Ω电阻的两侧，以及运算放大器的反相输入）通常放置在特氟龙支架上，以防止PCB漏电流。

置电压缓冲到U_5的25kΩ输入阻抗中。

练习8.6 计算并绘制U_2和计算机偏置电压DAC信号（输入到U_4）的允许频谱噪声曲线图，假设施加到U_1同相输入的最终偏置噪声电压不超过U_1本身贡献的噪声电压的30%。

如果STM前端扫描暂时停止，则可以通过一系列步骤改变偏置电压，从而创建I-V扫描，该扫描可用于确定有关针尖正下方原子的附加信息。一种方法是反复停止并进行I-V扫描，但是改变尖端偏置电压会产生电流大小为$i=C_{in}dV/dt$的脉冲，该脉冲由TIA运算放大器U_1看到并放大。处理这种效果的一个很好的方法是添加R_5和C_5，使$R_5C_5=R_1C_{in}$。这会在U_5的反相输入端产生一个抵消脉冲，允许在电压完全稳定之前测量准确的隧道电流。这大大加快了完整I-V扫描的速度。

这种电路在其他电流输入应用中也很有用，比如神经生理学中的膜片钳放大器。它基本上是源测量单元（Source-Measure Unit，SMU）的一种形式，是我们用来进行和图8.39中的BJT β图的JFET跨导测量的一种便捷设备。

8.11.13 补偿和校准测试夹具

要调整输入补偿（图8.80和图8.89中的R_2），读者需要一个干净的纳安级方波信号源在输入连接器上提供校准电流。在安装好输入电缆后，读者需要调整R_2以获得最佳阶跃响应。读者可能会想象到用一个1GΩ电阻串联成一个1V的方波。问题是电阻的寄生并联电容为0.1pF，在方波的每个转变处都会出现输入电流尖峰，0.01V/μs的输入摆动就能产生1nA的电流脉冲。

图8.91显示了此问题的两种解决方案。在电路a中，可调输入串联RC（低通）补偿了电流调节电阻R_2的并联寄生电容C_p（高通或零）。对于这种简单的寄生电容模型，抵消需要满足$R_1C_1=R_2C_p$。隔离输入连接器可抑制信号发生器与前置放大器和示波器之间的接地路径电流尖峰。电路b采用不同的方法，使用一个小的串联电容（在输出端进入求和点）作为微分器，$i=C_2dV_{in}/dt$预测0.5Vpp输入三角波在1kHz处的输出方波为±1nA。这个电路比较简单，但是它的性能敏感地取决于转折点的三角波的质量；我们已经从Agilent 33120A（和更高型号）合成函数发生器中获得了良好的效果。

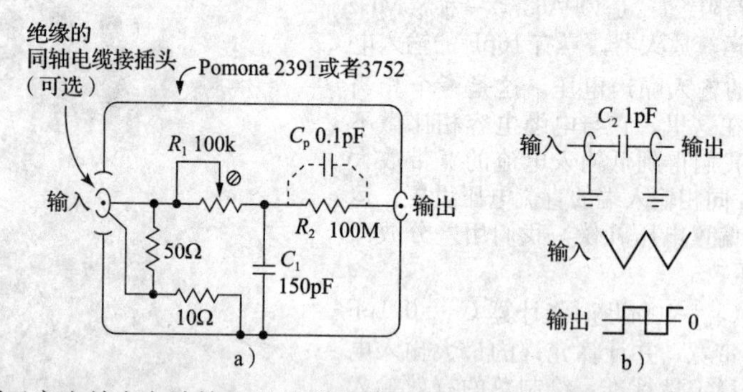

图8.91 用于产生纳安方波输入以补偿和校准跨阻放大器的测试夹具。a）可调节的R_1C_1消除了R_2的并联电容造成的峰值，因此0.1V的方波产生一个1nA输出方波电流进入求和点；b）电容式微分器在输出求和点处将500mV（峰-峰值）、1kHz（频率）的三角电压波转换为±1nA的电流方波

8.11.14 最后一句话

需要提醒读者，我们将跨阻放大器用来作光电二极管放大器，这只是众多应用中较为重要的一个。

我们在本章中的处理主要涉及跨阻放大器中的噪声，假设读者熟悉基础知识。

8.12 噪声测量和噪声来源

对于任何给定的信号源，确定等效噪声电压和放大器的电流，再去确定噪声系数和信噪比，是一个相对简单的过程。这就是所需要知道的关于一个放大器的噪声性能。基本上，这个过程包括把已知的噪声信号放到输入端，然后在一定的带宽内测量输出噪声信号的振幅。在某些情况下（例如，匹配的输入阻抗装置，如射频放大器），一个精确已知和可控振幅的振荡器可以作为输入信号源。

之后我们讨论需要做输出电压测量和带宽限制的技术。现在，让我们假设你可以用你选择的测量带宽对输出信号测量有效值。

8.12.1　无噪声源时的测量

对于由场效应晶体管或晶体管制成的用于中低频的放大级，输入阻抗可能非常高。你想知道 e_n 和 i_n，这样就可以预测一个任意的源阻抗和信号电平的信号源的信噪比，就像我们之前讨论的那样。过程很简单。

首先，用一个感兴趣的频率范围内的信号，通过实际测量来确定放大器的电压增益 G_V。振幅应该大到足以覆盖放大器的噪声，但又不能大到导致放大器饱和。

其次，缩短输入并测量噪声输出电压的有效值 e_s。这样可以根据下式得到输入噪声电压：

$$e_n=\frac{e_s}{G_V B^{1/2}} \tag{8.47}$$

式中，B 是测量的带宽。

再次，在输入端放电阻 R，测量新的噪声输出电压有效值 e_r。电阻值应足够大，以增加大量的噪声电流，但不能太大，以至于放大器的输入阻抗开始占主导地位（如果这不可行，可以保持输入断开，并使用放大器的输入阻抗为 R）。测量的输出为

$$e_r^2=[e_n^2+4kTR+(i_nR)^2]BG_V^2 \tag{8.48}$$

从上式可以确定 i_n 为

$$i_n=\frac{1}{R}\left[\frac{e_r^2}{BG_V^2}-(e_n^2+4kTR)\right]^{1/2} \tag{8.49}$$

幸运的话，只有平方根的第一项重要（即如果噪声电流相对于放大器噪声电压和源电阻约翰逊噪声占主导地位）。

现在可以确定一个源阻抗为 R_S 的信号 V_S 的信噪比了，计算公式为

$$\mathrm{SNR(dB)}=10\log_{10}\frac{V_S^2}{v_n^2}=10\log_{10}\frac{V_S^2}{[e_n^2+(i_nR_S)^2+4kTR_S]B} \tag{8.50}$$

式中，分子是信号电压（假定位于带宽 B 内），分母中的项是放大器噪声电压、施加到 R_S 的放大器噪声电流和 R_S 中的约翰逊噪声。需要注意的是，如果增加放大器带宽直到超过传输信号 V_S 所需的带宽只会降低最终的信噪比。然而，如果 V_S 是宽带（例如噪声信号本身），则最终的信噪比与放大器带宽无关。在许多情况下，噪声将被上式中的某一项覆盖。

8.12.2　示例：晶体管噪声测试电路

我们用图 8.92 中的电路测得了噪声数据。图 8.42 基本上是一个简单的单端发射极接地的放大器，它提供了增益校准，还提供了插座和测试点的替代组件。单端配置需要一个大的输入隔直电容。跟随器 Q_2 通过 R_8 将被测器件（DUT）偏置到标称静态电压点，也可以用 R_C 设置静态电流。可选电阻 R_B 能测量 β 和 i_n。为了抑制大量的低频噪声，需要使用很长的 RC 时间常数（电容倍增器以及输入和输出阻塞网络）。电路需要数秒才能稳定下来。

8.12.3　用噪声源进行测量

上述测量放大器噪声性能的技术有一个优点，即不需要精确可调的噪声源，但需要一个精确的电压表和滤波器，它假设实际用了源阻抗后，已知放大器的增益与频率。噪声测量的另一种方法是将已知振幅的宽带噪声信号应用到放大器的输入端，并观察输出噪声电压的相对增量。虽然这项技术需要精确校准噪声源，但是它对放大器的特性不用做任何假设，因为它的兴趣点也就是在输入端测量噪声特性。

同样，进行必要的测量也相对简单。把噪声发生器连接到放大器的输入，确保其源阻抗 R_g 等于最终计划与放大器一起使用的信号的源阻抗。首先注意噪声源衰减输出信号为零时，放大器的输出噪声电压的有效值。然后增加噪声源有效值振幅 V_g 直到放大器的输出上升 3dB（输出电压有效值因子为 1.414）。对于这个源阻抗，放大器的测量带宽内输入噪声电压等于这个附加信号的值。因此，放大器的噪声系数为

$$\mathrm{NF(dB)}=10\log_{10}\left(\frac{V_g^2}{4kTR_g}\right) \tag{8.51}$$

这时在相同源阻抗下，对于任意振幅的信号可以用下式求得信噪比：

$$\mathrm{SNR(dB)}=10\log_{10}\left(\frac{V_S^2}{4kTR_S}\right)-\mathrm{NF}(R_S) \tag{8.52}$$

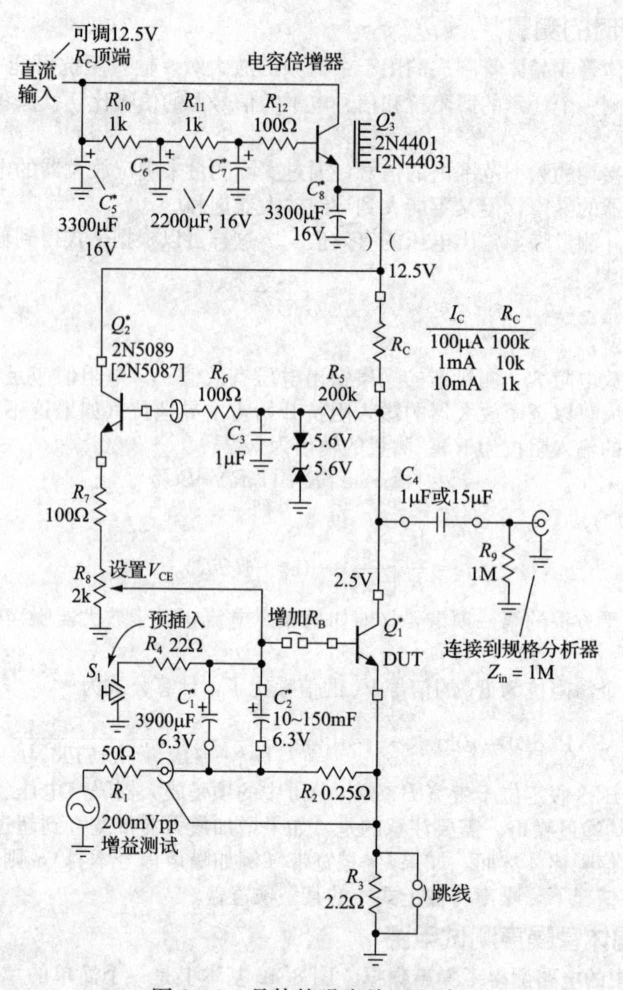

图 8.92　晶体管噪声检测电路

有很好的校准噪声源可用，其中大多数可以实现精确衰减到微伏范围内。上式假设 $R_{in} \gg R_S$。但是如果使用匹配的信号源进行噪声系数测量，即 $R_S = Z_{in}$，则删除上式的因子4。

注意，这项技术并不是直接告诉 e_n 和 i_n，它只是一个阻抗源的适当组合，它等于在测量中使用的驱动阻抗。当然，通过使用不同的噪声源阻抗进行几个这样的测量，可以推断出 e_n 和 i_n 的值。

这种技术的一个很好的变换是使用电阻约翰逊噪声作为噪声源。这是一个设计师设计非常低噪声射频放大器最喜欢使用的技术（这时信号源阻抗通常是50Ω，与放大器的输入阻抗相匹配）。这项技术的步骤通常如下：液氮杜瓦瓶在沸点氮（77°K）的温度下有一个50Ω的终结点（终结点是一个设计良好的电阻的别致名字，它的电感或电容可以忽略不计）；第二个50Ω终结点是在室温下。放大器的输入交替地连接到两个电阻（通常用高质量的同轴继电器），输出噪声功率（在某个中心频率，在一些测量带宽内）由射频功率计测量。分别调用两种测量结果 P_C 和 P_H 值，输出噪声功率分别对应冷源电阻和热源电阻，然后放大器在测量频率下的噪声温度就可以用下式求出：

$$T_n = \frac{T_H - YT_C}{Y-1}(\mathrm{K}) \tag{8.53}$$

式中，$Y = P_H/P_C$，表示噪声功率比。噪声系数为

$$\mathrm{NF(dB)} = 10\log_{10}\left(\frac{T_n}{290}+1\right) \tag{8.54}$$

练习 8.7　推导上述噪声温度的表达式。提示：首先注意 $P_H = \alpha(T_H + T_n)$ 和 $P_C = \alpha(T_C + T_n)$，其中 α 是一个常数，很快就会消失；然后注意到放大器的噪声贡献，以噪声温度表示，增加了源电阻的噪声温度。

练习 8.8　放大器的噪声温度（或噪声系数）取决于信号源阻抗 R_S 的值。以 e_n 和 i_n（见图 8.28）为特征的放大器在源阻抗 $R_S=e_n/i_n$ 时具有最低噪声温度。当源阻抗 R_S 最低时，噪声温度可以由下式求出：$T_n=e_n i_n/2k$。

如果不想用液氮，只对低频的放大器感兴趣，可以利用这个奇怪的事实：BJT 的输入噪声电压（在低电流下，$r_{bb'}$ 的影响是微不足道的）等于电阻值为 $r_e/2$ 的约翰逊噪声。比如，如果把基极接地，把集电极连接到 +5V，然后把发射极用 10kΩ 电阻拉低到 −5V，则会在发射极上看到一个噪声信号，源阻抗为 50Ω，噪声温度为 150K。添加一个隔直电容，用一个真正的 50Ω 电阻来替代这个噪声源（使用同轴继电器，而不是 CMOS 开关），就能得到一个简单且非常便宜的双温噪声校准器。

输入阻抗匹配的放大器

对于放大器的源阻抗被匹配好的情况下，上一种技术是噪声测量的理想方法。最常见的例子是射频放大器或接收器，通常意味着用 50Ω 的信号源阻抗驱动，而且它们本身的输入阻抗为 50Ω。关于偏离通常的标准的解释，信号源相比于它驱动的负载应该有一个小的源阻抗。在这种情况下，e_n 和 i_n 作为单独的量，是不相关的；重要的是整体噪声系数（有匹配源）或特定振幅的匹配信号源的信噪比。

有时，噪声特性是明确地以窄带输入信号幅值来表示的，以获得一定的输出信噪比。典型的射频接收器可能指定一个 10dB 的信噪比，输入信号有效值为 0.25μV 和 2kHz 接收器带宽。这时，程序包括在输入信号由匹配正弦波源驱动时（这个正弦波源最初衰减到零），测量接收器输出信号的有效值；然后增加（正弦波）输入信号，直到输出信号有效值增加 10dB，这两步中接收器带宽设置为 2kHz。在噪声和信号结合的地方，使用能读出真实电压有效值的仪表是很重要的。需要注意的是，测量出来的射频噪声经常包含音频范围内的输出信号。

8.12.4　噪声和信号源

宽带噪声，即约翰逊噪声和散粒噪声，可以由我们前面讨论的效应产生。真空二极管中的散粒噪声是宽带噪声的经典来源，它特别有用，因为噪声电压可以精确地预测；齐纳二极管噪声也被广泛应用于噪声源，如气体放电管。它们可以从直流延伸到非常高的频率，使它们在音频和射频测量中很有用。

多功能信号源可通过 GPIB、USB 或 LAN 进行编程，精确控制输出信号幅度（低至微伏范围及以下），频率范围从零点几赫兹到千兆赫兹级别。例如 Agilent E8257D 型合成信号发生器输出频率为 0.25MHz～20GHz，校准振幅有效值为 40nV～1V，并具有调制和频率扫描模式、优质的数字显示和总线接口，以及将频率范围扩展到 500GHz 的优质配件。这比通常做的工作要多一些。泰克的任意函数发生器，例如双通道的 AFG3102C，除了标准波形（正弦、方波、脉冲、三角波等）和任意（编程）波形外，还提供高斯噪声输出。如果你想要的只是一个噪声波形，可以考虑 Noisecom NC346（10MHz～18GHz）这样的宽带噪声源。

一些多功能的噪声源可以产生粉红噪声和白噪声。粉红噪声每倍频程的噪声功率相等，而不是每赫兹的功率相等。它的功率谱密度（每赫兹的功率）下降到 3dB/倍频程（尽管对耳朵来说，它听起来更像是频谱平坦的随机噪声，而不是白噪声）。它被广泛用作音频系统，在一个典型的应用中，可以通过手持实时频谱分析仪（例如，SMART 声学软件工具）进行测量，去平衡由粉红噪声源驱动的扬声器系统。因为 *RC* 滤波器的衰减降到 6dB/倍频程，所以需要一个更复杂的滤波器来从白噪声输入中产生粉红噪声的频谱。

伪随机噪声源

我们可以利用数字技术制造出有趣的噪声源，特别是通过连接长移位寄存器，它们的输入来自后面几个位的模 2 加法。输出结果是 1 和 0 的伪随机序列，这个结果经低通滤波，可以产生一个白色频谱的模拟信号，它的频谱可以高至低通滤波器的截点，但也必须远低于寄存器移位的频率。这些过程可以在非常高的频率下运行，产生高达很多 MHz 或更多频率的噪声。这个噪声有一个有趣的特性，就是会在一定时间间隔之后重复，这个时间间隔取决于寄存器长度（一个最大长度为 n 位的寄存器在重复之前会经过 2^n-1 个状态）。这个时间可以很长（几年或者一千年），虽然通常 1s 的周期已经足够长了。例如，以 10MHz 频率移动的 50 位寄存器将产生高达 1MHz 的白噪声，重复时间为 3.6 年。

图 8.93 所示的电路使用 71 位最大长度移位寄存器，时钟频率为 1MHz，以产生 100kHz 的频谱平坦（±0.07dB）的数字伪随机波形。这个伪随机位序列的长度惊人——它在 1MHz 时钟的情况下大约 7500 万年后重复。产生白噪声或红噪声很容易：白噪声的获取可以将原始的 2 级波形通过一个简单的 200kHz（高于感兴趣的频带）的 *RC* 低通滤波器，以抑制（宽带）时钟边缘；红噪声的获取可以插入一个低通滤波器，频率为 5Hz，低于感兴趣的频带，因此输出以通常的 6dB/倍频程滚降。

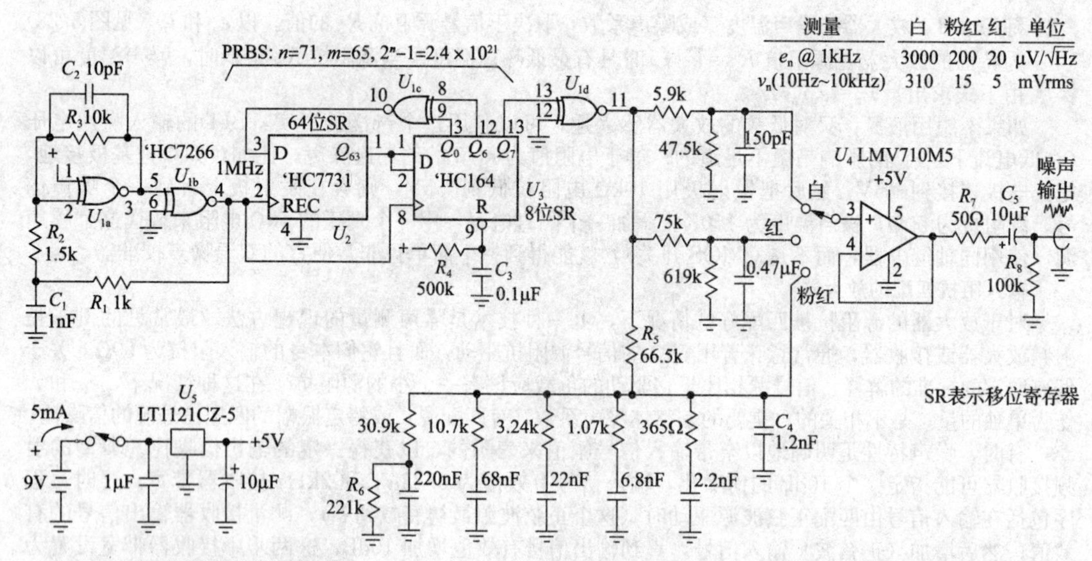

图 8.93　伪随机噪声源，提供 10Hz～100kHz 的 3 种颜色的模拟噪声，测量输出噪声谱密度值（1kHz 时）和带限噪声电压（4 阶巴特沃思，10Hz～10kHz）

粉红噪声则更棘手；每倍频一次，需要一个滤波器来减少白噪声振幅，其因子是 $1/\sqrt{2}$（而不是 1/2）。常用的模拟方法是使用一组平行的串联 RC（见图 8.93），每个连续 RC 的特征频率以固定比率增加（此处为×10，即 10 倍），具有按平方根（$\sqrt{10}$）减小的阻抗。即使有如此宽裕的十倍间隔，你也做得非常好，如图 8.94 中的 SPICE 结果所示，其中偏离理想的－3dB/倍频程仅±0.25dB（在 10Hz～1MHz 的每 5 倍频率范围内）。

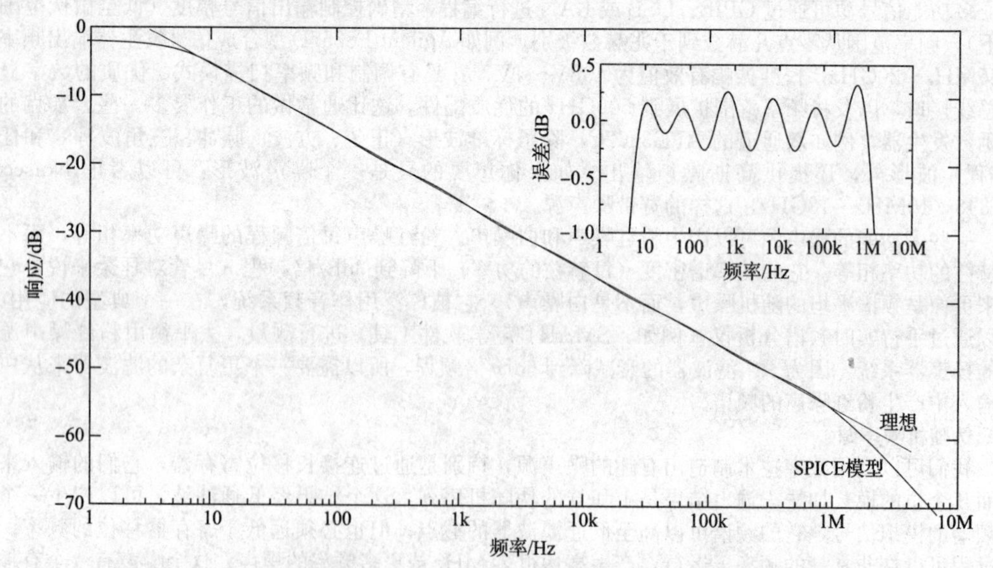

图 8.94　在 SPICE 中模拟图 8.93 中的粉红噪声滤波器（R_5 和下面的组件）

图 8.95 显示了测量图 8.93 电路的频谱。

电路的一些注释　我们对这个电路有一些想法。每一步都有几个选择：好的设计平衡了性能、成本、复杂性等问题，器件的可用性、功率、可靠性和优雅性。例如，1MHz 时钟信号可由晶体振荡器模块提供；但对于这种应用，它不需要精确或稳定，所以我们选择使用 quad XNOR 的两个未使用的部分制作一个简单的 RC 张驰振荡器。我们没有在别处看到这个特殊的实现，但它确实非常简单：它是图 7.5 的拓扑结构，U_{1a} 配置为不可逆施密特缓冲器，后面的 U_{1b} 是可逆施密特缓冲器。迟滞由 R_2R_3 设置为 0.65V，使用小的加速电容 C_2，频率由 R_1C_1 设定。

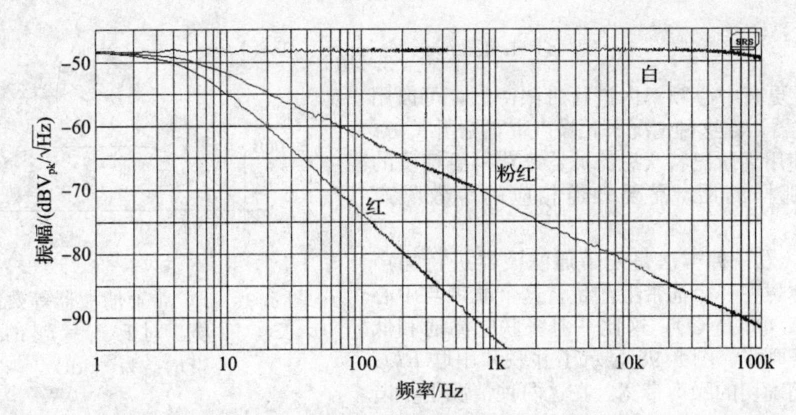

图 8.95　图 8.93 电路的测量频谱。每个绘制的频谱由两个 800 点的 FFT 谱组成，以跨越完整的 100 000：1 频率范围测量的总噪声电压 v_n 和噪声谱密度 e_n

我们之所以选择 74HC 逻辑系列，是因为零件是现成的，数量多，速度快，功耗低。我们需要的是标准逻辑函数，所以我们这样选择（而不是 CPLD、FPGA 或微控制器）。可用的移位寄存器要么太小（8 级），要么大得离谱（我们使用的 HC7731 是 256 级，它是 4 个独立的 64 级移位寄存器组）。我们选择了后者，并附加一个 HC164，它是一个 8 级并行输出移位寄存器。这样我们可以得到所需的抽头。注意使用异或（而不是或），以防止全零的停滞状态，从而保证启动。

输出缓冲器是一个不错的 BiCMOS 轨对轨输入/输出运放，具有 5MHz 增益带宽积、低输入电流（典型值为 4pA）、充足的输出驱动能力（±20mA）和适度的功耗（1.2mA）；它有噪声（20nV/$\sqrt{\text{Hz}}$，转折频率 $1/f$ 很高），但当你放大噪声时，这几乎不重要。串联电阻 R_7 可确保容性负载的稳定性，（如果读者在意的话）为电源端提供 50Ω 电缆。

对于 5V 稳压器（U_5），我们最初从低压差的线性稳压器（LDO）LP2950 或 LM2931 系列获得了一些东西。但是 LP2950 不能容忍反向输入极性（当更换 9V 电池时，这很容易完成）；这两个稳压器对输出电容都有点条件。特别是它们需要最小数量的等效串联电阻（ESR），这一点令人困扰——人们期望如何处理散落在电路其余部分的低 ESR 陶瓷旁路电容。令人高兴的是，有一些不错的 LDO 不会给设计者带来这样的担忧：我们选择的 LT1121-5 是稳定的，输出电容为零 ESR，并且它可以承受反向输入（到−30V）；它还具有过电流和最高温度保护功能。

8.13　带宽限制和电压有效值测量

8.13.1　带宽限制

我们所说的测量都假设所看到的噪声输出在有限频段内。在一些情况下，放大器可能有这样的规定，使工作更容易。如果没有，必须在测量输出噪声电压之前，在放大器输出端连接上某种滤波器。

***RC* 滤波器**　最容易使用的是简单的 RC 低通（或带通）滤波器，把想要的带宽大概设置在 3dB 点。为了精确测量噪声，需要知道等效噪声带宽，意为让相同噪声电压通过的 brick-wall（砖墙）滤波器的带宽，见图 8.96。

这个噪声带宽是前面公式中 B 的值。对于 RC 低通滤波器，B 用下式求出：

$$B=\frac{\pi}{2}f_{3\text{dB}}=1.57f_{3\text{dB}} \qquad (8.55)$$

对于一对级联的低通 RC 部分（用于缓冲，所以它们不互相加载），公式会变成 $B=1.22f_{3\text{dB}}$。对于巴特沃思低通滤波器，噪声带宽为

$$B=1.57f_{3\text{dB}}=\frac{1}{4RC}\text{（一极）}$$

$$B=1.11f_{3\text{dB}}\approx\frac{1}{5.6RC}\text{（二极）}$$

$$B=1.05f_{3\text{dB}}\approx\frac{1}{6RC}\text{（三极）}$$

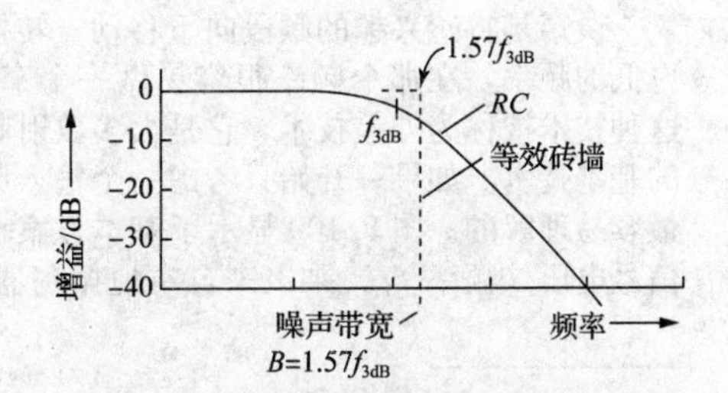

图 8.96　RC 低通滤波器的等效砖墙噪声带宽

$$B=1.025f_{3dB}\approx\frac{1}{6.1RC}\text{（四极）}$$

如果想在更高中心频率内进行带限测试，可以用一对 RC 滤波器，在这种情况下，噪声带宽见图 8.97。你可能希望使用高阶巴特沃思滤波器来获得更精确的带通特性。那样的话，需要知道相应的等效噪声带宽。

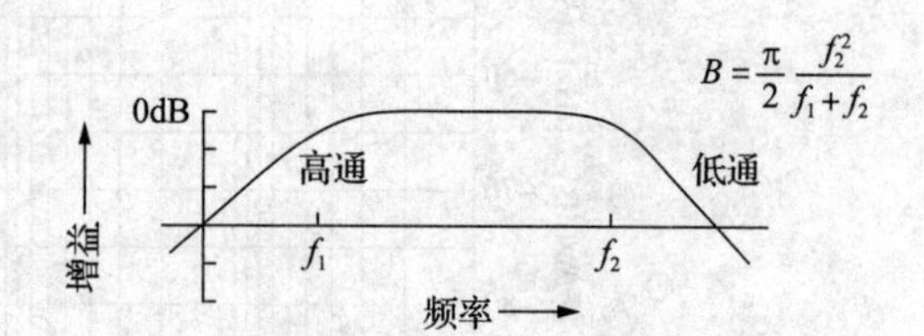

图 8.97　RC 带通滤波器等效砖墙噪声带宽。对于 $f_1=f_2$ 的情况，中间带增益为−6dB

***RLC* 滤波器**　另一种方法是用带通滤波器进行噪声测量。如果你想在一个通带上测量，这个通带与中心频率相比要窄（即高 Q），这比一对级联的高通和低通 RC 滤波器要好。图 8.98 显示了并联和串联 RLC 电路以及它们确切的噪声带宽。在这两种情况下，谐振频率为 $f_0=1/2\pi\sqrt{LC}$。你可以安排带通滤波器电路作为并联 RLC 集电极（或漏极）的负载，在这种情况下，可以使用给定的表达式。

还有另一种方式（回想图 1.107），可以插入滤波器，见图 8.99，为了测量噪声带宽，电路完全等效于并联 RLC，$R=R_1\|R_2$。

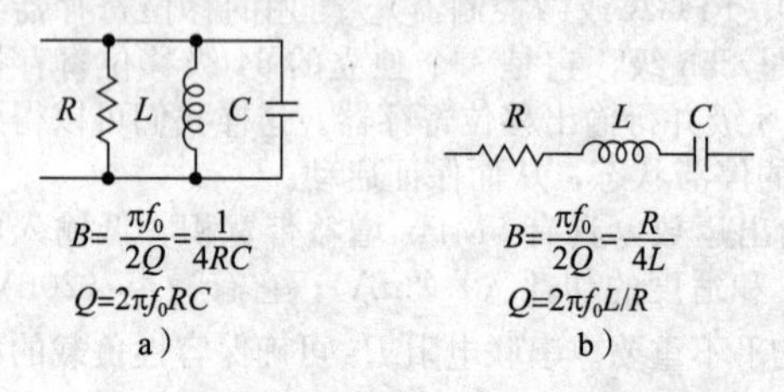

图 8.98　RLC 带通滤波器的等效砖墙噪声带宽。a）并联型，信号源是电流，输出是端电压；b）串联型，信号源是施加在电路上的电压，输出是产生的电流

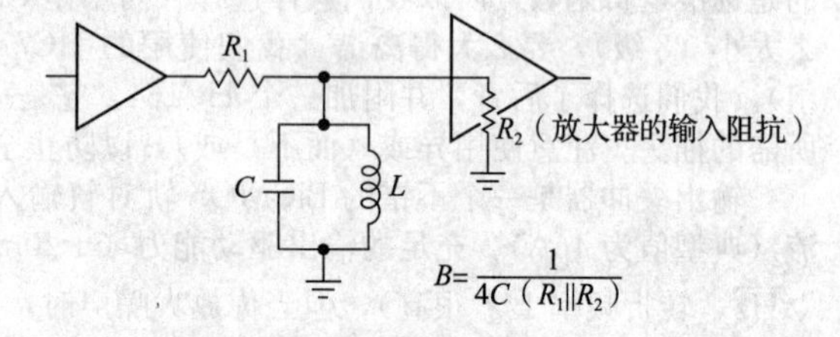

图 8.99　级间 RLC 带通滤波器

平均　完成慢信号（例如，在存在附加白噪声的情况下的直流电压）的低通滤波的另一种方法是简单地在某个时间间隔 T 内对其求平均，这与对 ADC 求积分所做的平均操作相同（例如，在数字电压表中）。在这种情况下，等效噪声宽度[⊖]为 $B=1/2T$。例如，平均 1s 的时间允许 0.5Hz 的噪声带宽。这是一个简单的低通滤波器，但它甚至比单节 RC（单节 RC 在 6dB/倍频程时下降，而时间平均值为 3dB/倍频程）的锐度更低。

数字滤波器　数字信号处理（DSP）是实现定义非常明确的滤波函数的有效方法，其特性可以通过改变存储的数值系数来改变。

频率转换　假设想在某个相对较高的中心频率 f_{in} 的窄带 Δf 内（比如说 10Hz）测量点噪声电压，f_{in} 可能高达几十到几百 kHz，甚至可能是 1MHz 或更多。也就是说，$Q=f_{in}/\Delta f$ 的比值非常大，比如大于 1000。这样的高 Q 带通滤波器很难实现！但是有一个很好的方法可以不用滤波器进行测量。

诀窍是将感兴趣的频段向下移动（转换）到一个更低的频率，在那个频率很容易做一个窄带滤波器。这种技术被称为外差技术，它是大多数射频通信系统的基本技术。如果一开始只考虑一个输入频率，这是最容易理解的。图 8.100 显示了基本方案，其中输入信号电压（频率 f_{in}）乘以来自本地振荡器（LO）的

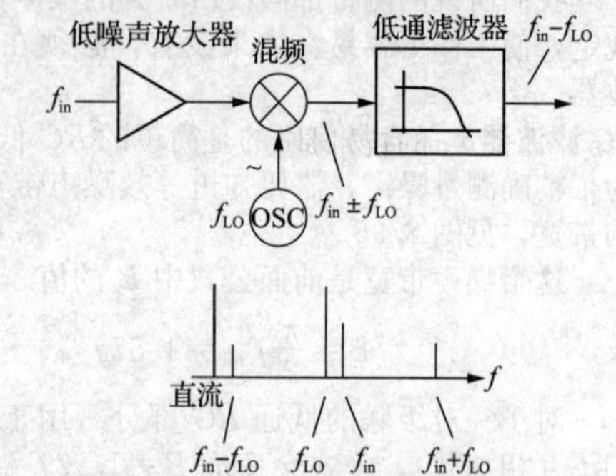

图 8.100　外差频移：混频器产生和频和差频，只有后者能通过低通滤波器

⊖　如前所述，区分平均时间 T 的操作是很重要的，当测量静态信号时，使用限定交流信号测量间隔的时间窗口（持续时间 T）。在后一种情况下，使用这样的矩形窗口施加分辨率带宽 $B=1/T$（即直流测量的两倍）。在数字信号处理中，加窗起着重要的作用。

正弦电压（频率 f_{LO}），产生频率为 $f_{in} \pm f_{LO}$ 的一对正弦信号。这个乘法器被称为混频器，其输出被过滤以消除其中一种结果。混频器可以是有源电路（四象限倍增器）的形式，也可以是在更高频率下使用的无源变压器耦合二极管的形式，称为平衡混频器。

在通信应用中，可能有几个频率转换阶段，越过几个发生放大和滤波的中频（IF）。对于一个简单的噪声测量应用，通过将本振调谐到测量点噪声电压的频率，以此直接调整到基带就足够了。同步检测也是同样的过程。商业同步（锁定）放大器允许在其范围内的任何频率进行窄带点噪声电压测量，比如 100kHz（对于典型的锁定放大器），也可高达 200MHz（例如 SR844）。

8.13.2 计算积分噪声

我们从简单的单阶 *RC* 低通带限滤波器开始。根据其等效砖墙带宽，滤波噪声谱密度为 e_n 的白噪声后的输出中的积分噪声电压为

$$v_n^2 = e_n^2 B = e_n^2 \frac{\pi}{2} f_{3dB} \tag{8.56}$$

如果噪声谱密度 e_n 取决于频率，情况就复杂了（粉红噪声就是如此）。这时，你必须在频率上积分，被积函数是噪声谱密度的平方 $e_n^2(f)$ 乘以滤波器的频谱功率带通特性。带通滤波器一般具有频率下限和上限（称为 f_1 和 f_2）。理想的砖墙带通滤波器在 f_1 和 f_2 之间有单位响应，噪声带宽是 $B = f_2 - f_1$。

砖墙在模拟技术中很难实现，一个简单的权宜之计是简单地使用一对级联的 *RC*，并具有 f_1 和 f_2 的 3dB 频率。如果你有一点数学技巧，可以通过适当的积分，计算出标准噪声（$1/f$，甚至 $1/f^2$）的输出噪声电压。表 8.1 总结了这些结果，包括 3 种颜色的噪声和 4 种类型的带通滤波器（砖墙、简单 *RC*（单阶，即一对级联 *RC*）、二阶巴特沃思和 *m* 阶巴特沃思）。

表 8.1　噪声积分

类型	白（e_n=常数）	粉红（$e_n \sim 1/\sqrt{f}$）	红（$e_n \sim 1/f$）
砖墙	$e_n^2(f_2-f_1)$	$e_{n2}^2 f_2 \log_e \frac{f_2}{f_1}$	$e_{n2}^2 \frac{f_2}{f_1}(f_2-f_1)$
单阶（*RC*）	$e_n^2 \frac{\pi}{2} \frac{f_2^2}{f_1+f_2}$	$e_{n2}^2 \frac{f_2^3}{f_2^2-f_1^2} \log_e \frac{f_2}{f_1}$	$e_{n2}^2 \frac{\pi}{2} \frac{f_2^3}{f_1(f_1+f_2)}$
二阶巴特沃思	$e_n^2 \frac{\pi}{2\sqrt{2}} \frac{f_2^4}{(f_1+f_2)(f_1^2+f_2^2)}$	$e_{n2}^2 \frac{f_2^5}{f_2^4-f_1^4} \log_e \frac{f_2}{f_1}$	$e_{n2}^2 \frac{\pi}{2\sqrt{2}} \frac{f_2^5}{f_1(f_1+f_2)(f_1^2+f_2^2)}$
m 阶巴特沃思	$e_n^2 \frac{\pi/2m}{\sin(\pi/2m)} \frac{f_2-f_1}{1-(f_1/f_2)^{2m}}$	$e_{n2}^2 \frac{f_2}{1-(f_1/f_2)^{2m}} \log_e \frac{f_2}{f_1}$	$e_{n2}^2 \frac{\pi/2m}{\sin(\pi/2m)} \frac{f_2-f_1}{1-(f_1/f_2)^{2m}}$

表中列出的表达式给出了对噪声电压谱密度 e_n 经积分后的噪声电压平方 v_n^2，积分区间是下限频率 f_1 和上限频率 f_2（见图 8.101），噪声电压有效值对 v_n^2 求平方根即可，$V_{n(rms)} = \sqrt{v_n^2}$。对于粉红噪声和红噪声，噪声谱密度 e_n 是频率的函数；对于这些表达式，我们在高频带端用作噪声谱密度的总倍增系数，即 $e_n^2(f_2)$（表中缩写为 e_{n2}^2），是 $f=f_2$ 时的噪声谱密度平方，单位为 V^2/Hz。

注意，可以在白噪声的表达式中设置 $f_1=0$，得到直流到 f_2（低通限制）的噪声电压。不过，这对粉红噪声或红噪声不起作用，因为在零频率时，分母为零导致积分发散。这就是为什么 $1/f$ 噪声通常用 0.1～10Hz 的有限带宽进行测量，见图 8.102 和图 8.103。

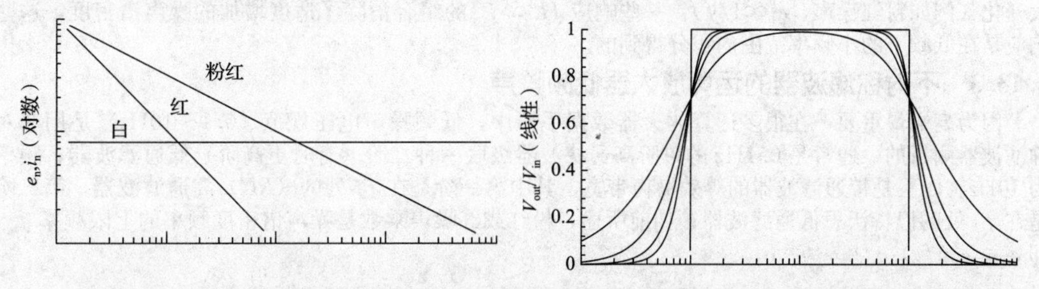

图 8.101　3 种典型噪声的频谱形状，以及用于评估积分噪声电压或电流的带通滤波器

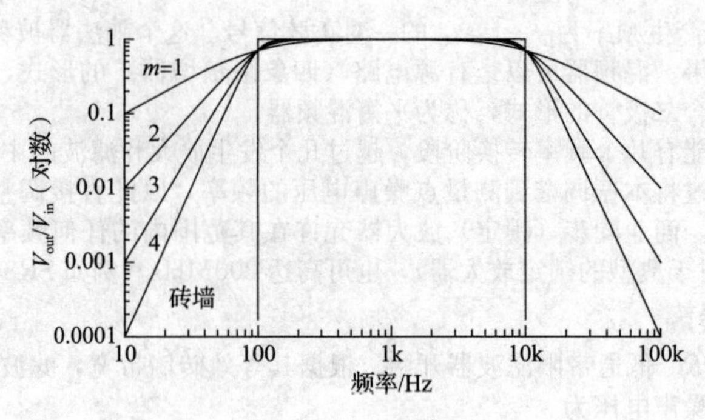

图 8.101　（续）

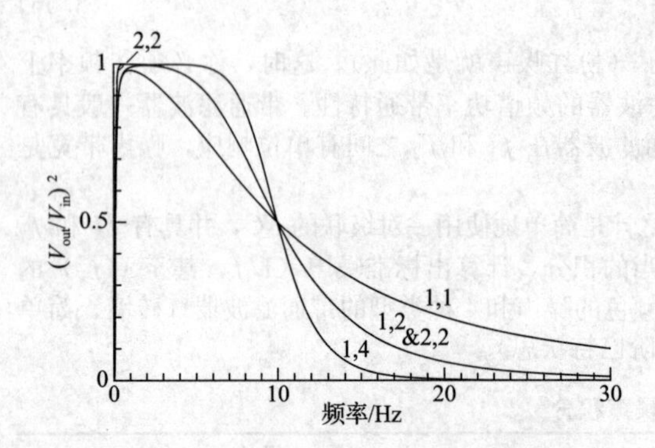

图 8.102　白噪声经 0.1～10Hz 巴特沃思带通滤波器的功率谱（低、高端；因此，“1，2”带通滤波器由 f_1 处的一阶高通 RC 与 f_2 处的二阶巴特沃思低通级联而成

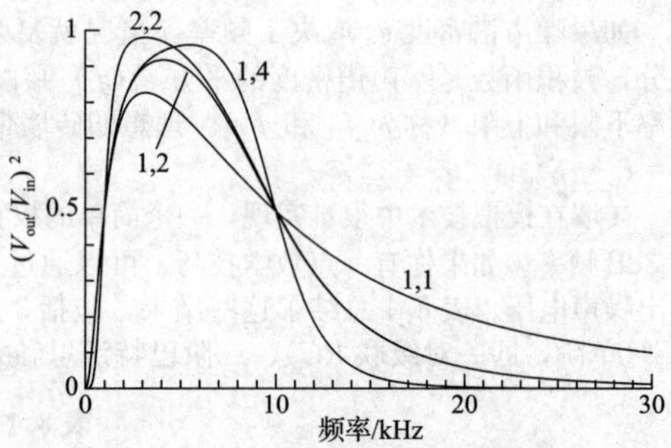

图 8.103　白噪声经 1～10kHz 巴特沃思带通滤波器的功率谱（低、高端）

噪声电流的处理方法是一样的，用噪声电流谱密度 i_n 代替 e_n，求出积分噪声电流 $I_{n(rms)}$。

高端最重要

要计算某个通带上的积分噪声电压，需要将噪声功率谱密度（e_n^2）在频率上积分，同时考虑滤波器的通带响应，称为 $H(f)=V_{out}/V_{in}$，也就是说

$$v_n^2=\int_{f_1}^{f_2}e_n^2H^2(f)\mathrm{d}f \tag{8.57}$$

然后 $V_{n(rms)}=\sqrt{v_n^2}$。

所以，看看图 8.101 中滤波器通带的对数-对数曲线图，你可能会首先认为需要一个在低端和高端都有对称和急剧衰减的带通滤波器。但是，令人惊讶的是，v_n^2 在高端不成比例地加权（见图 8.102），在图 8.102 中，我们在线性频率和振幅标度上绘制了白噪声（$e_n=1$）的 $e_n^2H^2(f)$ 值。积分是曲线下的面积，在高端为单阶 RC 慢慢积累了大量不需要的频谱；相比之下，低端的滤波器阶数几乎不重要，而且即使在 10∶1 的通带较窄的情况下（见图 8.103），这种普遍的现象仍然存在。

我们以白噪声为例，它的谱密度均匀。但这种情况即使在低频噪声谱密度上升时也并不发生太大变化（例如粉红噪声，$e_n^2\propto 1/f$）：一些响应 $H^2\propto f^2$ 的组合消除了适度增加的噪声谱密度，这些响应是在低频下的小频率范围内积分得到的。

8.13.3　不对称滤波器的运算放大器低频噪声

因为高端最重要，在很多运算放大器数据手册中，低频噪声电压规范（0.1～10Hz）是用非对称滤波器测量的，通常是 0.1Hz 的单阶高通滤波器级联一种二阶（有时更高阶）低通滤波器，频率为 10Hz。以下是带通滤波器的等效噪声带宽，其中第一阶是在 f_1 处的（RC）高通滤波器，第二阶是在 f_2 处的巴特沃思低通滤波器；如前所述，粉红或红噪声乘数是噪声谱密度频率的上限频率 f_2，即 $e_{n2}\equiv e_n(f_2)$：

$$v_n^2=e_n^2\frac{\pi}{4}\frac{\sqrt{2}f_1^2f_2^3-2f_1f_2^4+\sqrt{2}f_2^5}{f_1^4+f_2^4}\quad（白噪声）$$

$$v_n^2=e_{n2}^2\frac{\pi f_1^2f_2^3+4f_2^5\log_e(f_2/f_1)}{4(f_1^4+f_2^4)}\quad（粉红噪声）\tag{8.58}$$

$$v_n^2=e_{n2}^2\frac{\pi}{4}\frac{\sqrt{2}f_1^3f_2^3-\sqrt{2}f_1f_2^5+2f_2^6}{f_1^5+f_1f_2^4}\quad（红噪声）$$

运算放大器数据手册通常为所列的低频噪声电压指定 0.1～10Hz 的带宽；通常情况下，它是用非对称滤波器定义的。但是，奇怪的是，它们倾向于列出一个从 10s 的范围内捕获的峰-峰值（而不是有效值）。常见的估算噪声电压有效值的方法为

$$v_{n(rms)}\approx v_{n(pp)}/6$$

运算放大器低频噪声电压

运算放大器（自动调零运算放大器除外）现在表现出了我们熟悉的噪声谱密度特性：在较高的频率下是平坦的（称为 e_{nH}）。$1/f$ 噪声和带宽噪声之间的交越点称为 $1/f$ 转折频率（f_c），但对于低于 $1/f$ 噪声拐点的频率，大约上升 $e_n\propto 1/\sqrt{f}$（粉红噪声）。如果知道 f_c 和 e_{nH}，可以用表 8.1 中的表达式来估计 f_1 到 f_2 通带的任何跨度上的积分噪声电压。

在这里，有 3 种可能性：①通带完全在白噪声区，即 $f_1>f_c$；②通带完全在粉红噪声区，即 $f_2<f_c$；③通带跨越 $1/f$ 转折频率。前两种情况下，使用表 8.1 中的相应表达式与所使用的滤波器特性。对于③，只需要单独计算整个通带（f_1 到 f_2）上白和粉红噪声的 v_n^2 占比，并取它们的和即可。在砖墙带通滤波器的理想情况下，这个过程给出的积分噪声电压为

$$v_n^2=e_{nH}^2\left(f_2-f_1+f_c\log_e\frac{f_2}{f_1}\right)\tag{8.59}$$

图 8.104 显示了使用 AD8671 的示例数据手册 e_n 曲线（频率为 5Hz）以找到积分噪声电压 v_n 作为上截止频率的函数（有必要选择一个非零的下截止频率 f_1 以防止发散）。

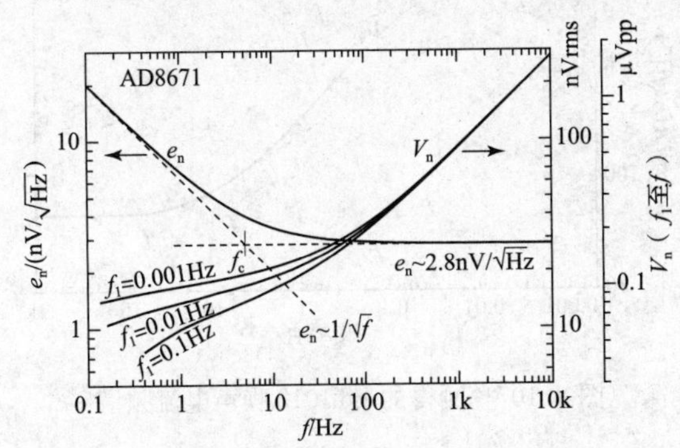

图 8.104　这个运算放大器的噪声电压谱密度 e_n 在 5Hz 的转折频率 f_c 是 $1/f$。从低频 f_1 到截止频率 $f_2=f$ 对噪声功率（e_n^2）积分得到积分噪声电压的平方 v_n^2，以此得到 v_n 的这些曲线。如果 f_1 设为零，v_n 积分将发散

8.13.4　1/f 转折频率的求解

如果你看的是噪声谱密度与频率的关系图，就可以发现 $1/f$ 转折频率 f_c。但是，当没有可用的图时，能够找到 f_c 也是可以的（在数据手册中，e_n 通常被指定在 10Hz 和 1kHz）。在图 8.105 的指导下分析 $1/f$ 转折频率 f_c 为

$$f_c=\frac{e_{nL}^2-e_{nH}^2}{e_{nH}^2}f_L=\left(\frac{e_{nL}^2}{e_{nL}^2}-1\right)f_L\tag{8.60}$$

式中，e_{nL} 是在低于转折频率的 f_L 的噪声谱密度，e_{nH} 是在远高于转折频率的 f_L 的噪声谱密度。

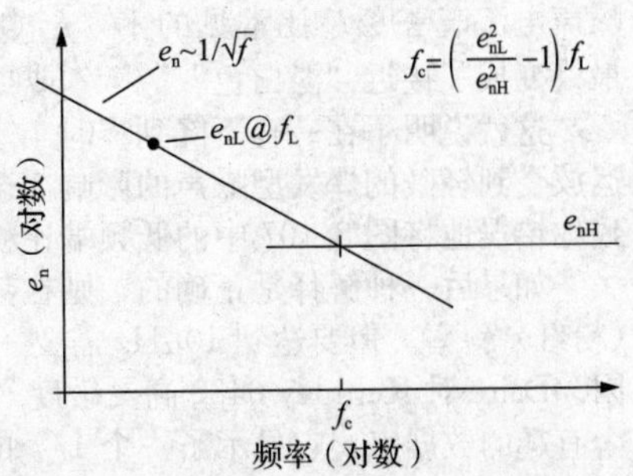

图 8.105　对于噪声谱密度（低频时为 $1/f$，高频时平坦），可以从两个点的 e_n 值得到转折频率

1. 每十倍频程时的噪声电压

一种白噪声源（即 e_n 是常数），在带宽 B（例如砖墙通带 $f_2-f_1=B$）中滤波后，噪声电压 $v_n=e_n\sqrt{B}$。因此，观察连续几倍频率的通带（0.1～1Hz，1～10Hz，10～100Hz 等），我们希望看到噪声电压以 $\sqrt{10}$ 的倍数递增，这就是为什么高端最重要。粉红噪声的情况则不同，e_n^2 的 $1/f$ 依赖

性补偿了带宽的增加，产生恒定的噪声电压。这些相关性在图5.54以及图8.62和图8.63的综合噪声图中得到了很好的说明，其中低频 $1/f$ 传统运算放大器的特性导致其积分噪声电压在低频端趋于平坦；相比之下，自动调零运算放大器在低电流下表现出恒定的 e_n，所以它们的积分噪声电压随着带宽的减少，每十倍频程减少10dB。

测量是否证实了这种现象？看在图8.106所示的范围内，这是LT1012 BJT运算放大器的带限输入噪声电流的单脉冲波形。从最上面的十倍频程到下一个十倍频程的电流振幅降低大约10dB，但它看起来是平稳的，然后在最低的十倍频程又增加了。这说明电流噪声谱密度比粉红噪声的 $1/\sqrt{f}$ 上升得更快。相比之下，如果一个运算放大器低频噪声符合理想粉红噪声谱，那么小于 $1/f$ 转折频率时，每十倍频带宽它将呈现近似恒定的噪声的振幅。

2. $1/f$ 是恒定的吗？

你经常听到关于低频噪声功率符合 $1/f$ 的说法，貌似这是一种规定的说法。一开始你可能会认为这不可能是真的，因为 $1/f$ 功率谱不能永远持续下去，否则它意味着无限的噪声振幅。如果你等待足够长的时间，输入偏置电压（在这里为输入电流）将变得无界。事实上，关于低频噪声灾难的流行说法完全没有价值：即使噪声功率谱密度继续为 $1/f$，一直降到零频率，其总噪声功率 $\int f^{-1}\mathrm{d}f=\log_e f$（即噪声功率谱密度的积分）仅以对数形式发散。加点数值限制，在1μHz～10Hz的总噪声功率仅为0.1～10Hz的3.5倍；再过六个十倍频程（到 10^{-12}Hz），相应的比率只增长到6.5。

为了了解实际运算放大器的低频噪声是否继续符合 $1/f$ 频谱，我们测量了LT1012运放的噪声电流下降到0.5mHz的频谱，结果见图8.107。

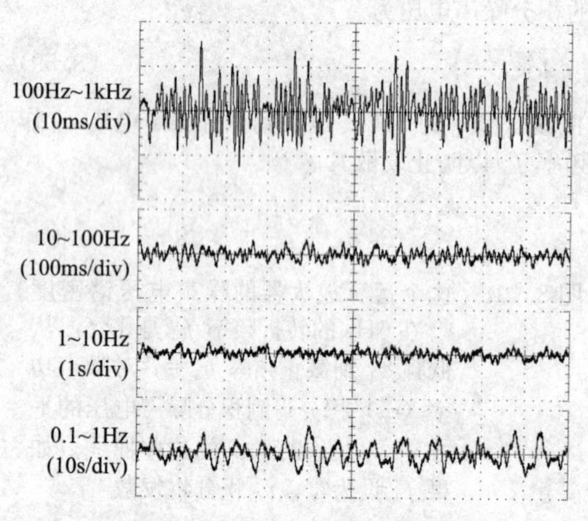

图8.106 LT1012噪声电流与时间的关系，连续十倍频程通带。纵轴为5pA/div，横轴为缩放到通带

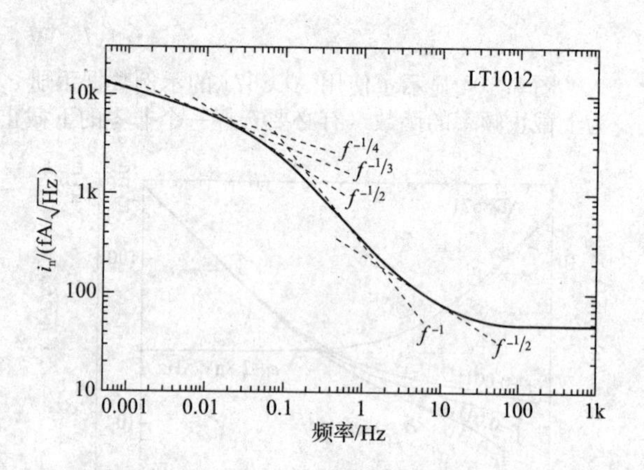

图8.107 测得的LT1012噪声电流频谱

正如我们上面所说，这种运算放大器是不寻常的，因为在频率约为1Hz周围的10倍频内，它的噪声电流谱密度 i_n 比常见的 $1/\sqrt{f}$（粉红噪声）快；但即便如此，它还是回到了经典的粉红噪声，最终变成了接近“淡白色”（$f^{-1/4}$ 或更低）。

这就说明了在一直下降到零时 $1/f$ 现象的非物理本质。但是还有另一种可能的解释，就是这个运放受到轻微的爆发型噪声的影响。这将与1Hz左右比粉红噪声更快的斜率相一致，而且它还会导致你错误地将图8.107中的低频端比粉红更慢的斜率归为它的属性。

如果后一种解释是正确的，则在甚至更低的频率（比如说0.000 01Hz）也会证实持续性的 $1/f$（粉红）斜率。但要达到10μHz需要一整天，这就是为什么很难找到可靠的长时间尺度的数据的原因。Daire对Keithley 6430高灵敏度（0.05fA分辨率）源测量仪器的频谱噪声分布的测量提供了一个有趣的数据点，它显示了一个 $1/f$ 的特征，一直降到μHz（对应几个星期的时间尺度）。考虑到这一点，图8.107中所示的低频平坦趋势很有可能是由于突发噪声的影响。也可能不是——没有规定要求极低频噪声必须服从 $1/f$（粉红噪声）频谱。

8.13.5 测量噪声电压

有一类测试仪器，称为频谱分析仪或动态信号分析仪，用来测量和显示输入信号的频谱。一种是针对优化低频和音频使用的，通常高至 100kHz 左右，用离散傅里叶变换进行频谱计算，例如 SR780/5 和 U8903A。另一种是射频和微波频谱分析仪，其频率上限范围为 3～50GHz，这种仪器使用内部扫描振荡器和混频器（通常用数字傅里叶变换进行信号增强）按顺序绘制频谱图。主流的配置可以适应 9kHz～3GHz 的频率范围，内部通常有一个跟踪发生器，可以扫描滤波器或放大器的响应，例如 E4403 和 FSL3。

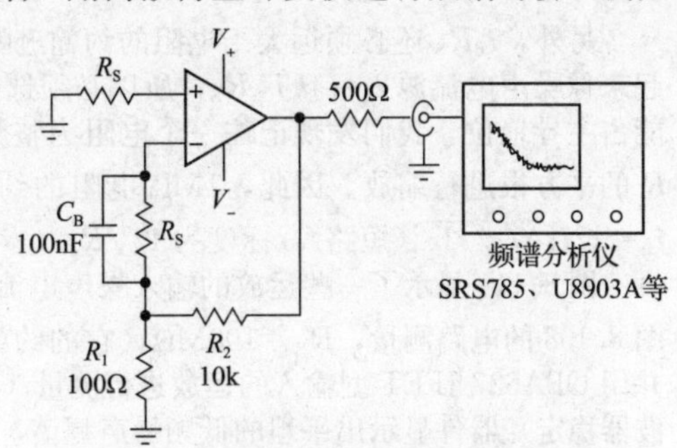

图 8.108　测量运放噪声电压和电流频谱。对于 e_n，令 $R_S=0$；对于 i_n，选择比放大器的噪声阻抗（$R_n=e_n/i_n$）大得多的 R_S

这些仪器相当灵活，输入增益设置、频率范围、显示比例等范围很广。低频仪器的输入阻抗为 1MΩ，便于电路测量（例如，运算放大器或参考噪声电压），而射频分析仪提供标准的 50Ω（或 75Ω，用于视频应用）输入阻抗。例如，测量运算放大器噪声频谱，只要使用图 8.108 的电路，当 $R_S=0$ 时，你会得到一个类似图 8.109 的频谱。某些运算放大器的噪声电压谱测量值见图 8.110。

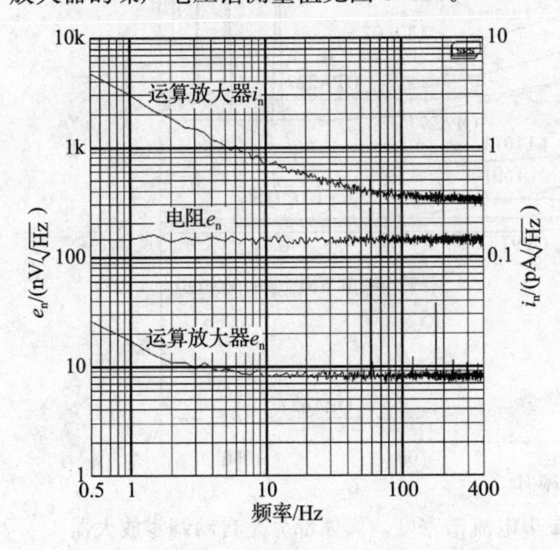

图 8.109　用图 8.108 所示电路测量的 OPA277 的噪声电流和电压谱

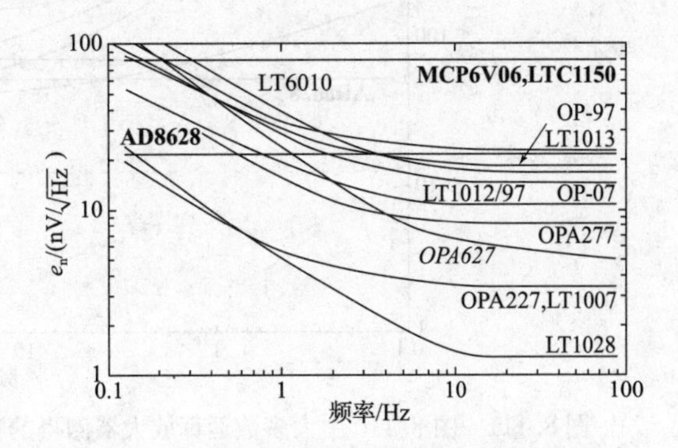

图 8.110　测量所选运放的噪声电压谱密度。黑体部分是自动调零放大器，斜体 OPA627 是 JFET 输入运放

积分输出噪声电压最精确的测量方法是使用有效值真值电压表。具体操作是测量信号波形（适当放大）产生的热量，或使用模拟平方电路，然后再进行平均。如果你用的是有效值真值表，确保它在你测量的频率上有响应，其中一些频率只有几 kHz。有效值真值表还规定了峰值系数，即峰值与有效值之比。对于高斯噪声，峰值系数 3～5 就足够了。

如果有效值真值表不可用，可以使用简单的平均型交流电压表，但是必须校正从刻度上读出的值。事实证明，所有的平均型仪表（VOM、DMM 等）都已经调整了刻度，所以你读到的不是平均值，而是电压有效值。例如，如果在美国测量电源线电压，你的读数如果接近 117V，那很好，但是如果你读到的信号是高斯噪声，你就必须进行额外的校正。规则如下：要得到高斯噪声的电压有效值，将其值乘以 1.13。警告：如果读者所测量的信号是纯噪声（例如，以电阻或噪声源作为输入的放大器的输出），这样做很好，但是如果包含加在噪声上的正弦波，这种方法就不正确了。

还有一种方法是用示波器查看噪声波形：电压有效值是峰-峰值的 1/6～1/8（取决于读者的峰-峰值振幅的读数）。这不是很准确，但至少获取足够的测量带宽没有问题。

8.13.6　测量噪声电流

在运算放大器中测量输入噪声电流的一个简单方法是使用图 8.108 的电路，它的输入电阻必须足够大，以便运算放大器的输入噪声电流在这个输入电阻两端产生的噪声电压至少可以和运放的噪声电压在大小上有可比性（最好比噪声电压大得多）：$i_nR_S \geqslant e_n$。也就是说，$R_S \geqslant R_n$，后者表示运放的噪声电阻。

另外，i_nR_S 还必须远大于电阻的约翰逊噪声电压谱密度：$i_nR_S \geqslant \sqrt{4kT/R_S}$。也就是说，$R_S$ 看起来像噪声电流源 $i_n=4kT/R_S$，所以必须选择一个更大的值，这样运算放大器的输入噪声电流才能占主导地位。我们发现记住一个电阻为整数的约翰逊噪声电压和电流值是最容易的，然后根据 R 的平方根进行缩放。因此，1MΩ 电阻的约翰逊噪声为 $e_n=127\text{nV}/\sqrt{\text{Hz}}$（开路），标度为$\sqrt{R}$；$i_n=127\text{fA}/\sqrt{\text{Hz}}$（短路），标度为 $1/\sqrt{R}$。

图 8.111 显示了一些运放的输入噪声电流（这些运放大多数的 BJT 输入消除了偏置电流），用图 8.108 的电路测量，$R_S=100\text{M}\Omega$（它的约翰逊噪声电压等于 $12.7\text{fA}/\sqrt{\text{Hz}}$ 的噪声电流谱密度），并用 OPA627 JFET 型输入的运放进行测量（其噪声电流和电压可以忽略不计）。两个自动调零（斩波器稳定）器件显示出平坦的低频噪声频谱，与通常的粉红噪声不同，传统运算放大器的粉红噪声的噪声功率谱密度是上升的，但自动调零通常在较高的频率下会有频谱峰值，是由输入端的时钟开关引起的。

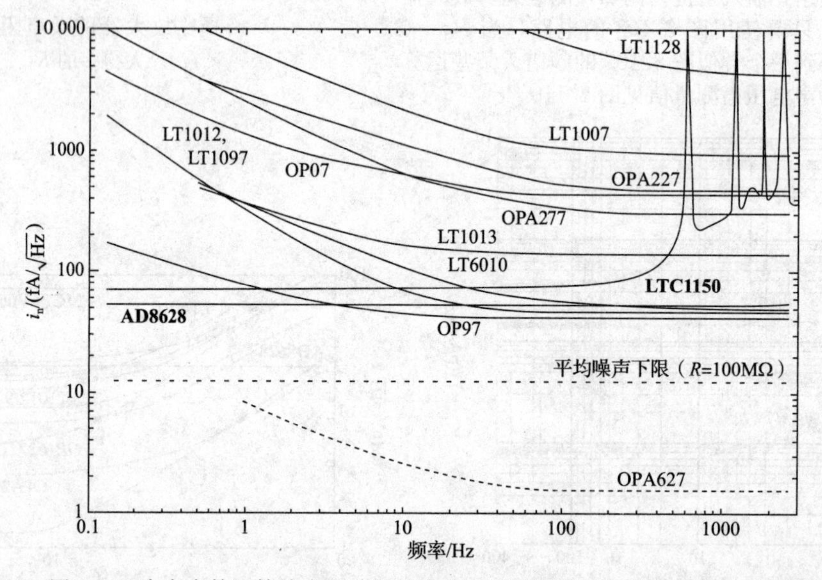

图 8.111　图 8.110 中大多数运算放大器测得的噪声电流谱密度。黑体部分是自动调零放大器

注意：输入噪声电流的数据手册有时会出现严重的误差，显然是因为制造商没有对其进行测量，认为基于直流输入电流的散粒噪声计算可以准确地预测到噪声电流。噪声电压的数据手册是正确的；但是对于某些器件，指定的噪声电流则不够准确，有时甚至高了 50 倍。同样的错误影响到一些 BJT 输入型的运放，尤其是那些抵消输入偏置的运算放大器，其中，数据手册中的（不正确的）噪声电流显然是根据对应于净输入电流的散粒噪声计算的，而不是根据更大的未抵消输入电流计算的。

1. 一些限制：带宽、稳定性和直流偏置

这种简单的 i_n 测量方案——让被测器件放大其自身的输入噪声电流，作为大输入电阻两端产生的电压，有一些缺点，它严重限制了在低 $\text{fA}/\sqrt{\text{Hz}}$范围内测量噪声电流的能力。如前所述，你必须使用足够大的 R_S 值来克服放大器的 e_n 和电阻的约翰逊噪声。例如，对于 $1\text{fA}/\sqrt{\text{Hz}}$的噪声电流，需要至少 10GΩ（等效贡献为 $1.3\text{fA}/\sqrt{\text{Hz}}$）。但是现在要担心的是由输入偏置电流产生的直流电压。例如，10pA 的电流会导致 100mV 的直流输入，因此在 $G=100$ 后输出端已经饱和了。你还得担心稳定性，因为它从输出引脚到无反转输入都不需要太多的反馈电容使放大器变成振荡器。这可以通过一个小的并联电容接地解决，但是增加的电容会减少（已经很小了）带宽。例如，我们的 $R_S=10\text{G}\Omega$，输入电容仅为 1pF 就限制了测量带宽到 16Hz！在我们的测量中，我们需要额外的并联电容来防止我们的（插座）测试夹具中的低频振荡。

2. 使用电流放大器提高带宽

这里的教训是，测量优质放大器的低电平输入噪声电流并不容易。不过，你可以通过使用精心设计的外部电流放大器（提供低阻抗输入，即虚地）直接连接到被测设备的输入，见图 8.112。例如，DL Instruments 1211 型电流前置放大器的输入噪声电流为 $1.5\text{fA}/\sqrt{\text{Hz}}$（相应的输入求和点的反馈电阻为10GΩ），带宽为400Hz。它是静电计配置（直流负反馈到一个输入求和点），因此在满标度输入电流下，它将输入保持在离地0.2mV的范围内。

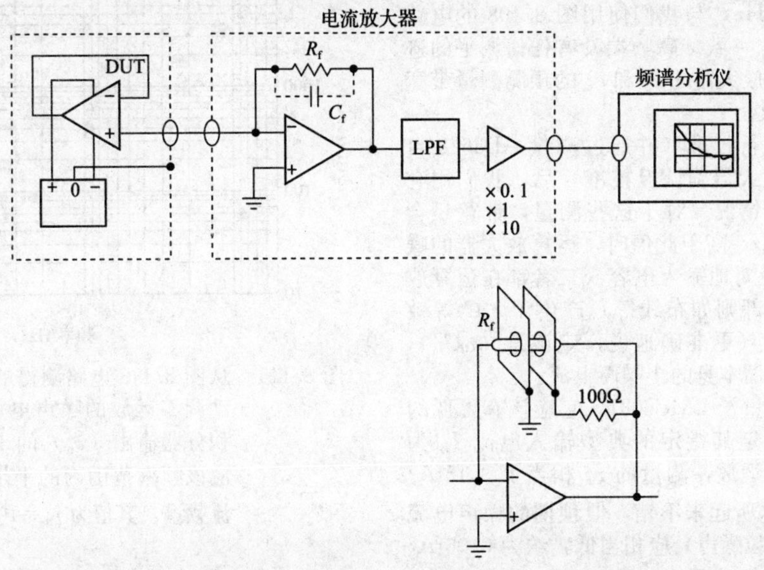

图8.112 用灵敏的外部电流放大器测量运算放大器噪声电流

8.13.7 使用自己的fA/$\sqrt{\text{Hz}}$仪器

商用高性能电流放大器的成本很高，有这样一台通用的台式仪器真是太好了。但如果你只想测量低电平运算放大器输入噪声电流，愿意做一个专用的测试夹具，你可以把元器件如图8.113所示连接起来。

这个电路采用了一种不同寻常的方法，值得讨论。我们的第一个想法是彻底消除产生噪声的反馈电阻，回想一下值为R的电阻的约翰逊噪声电压谱密度$e_n=\sqrt{4kTR}$，因此等效噪声电流谱密度$i_n=\sqrt{4kT/R}$。因此，使其贡献小于1fA/$\sqrt{\text{Hz}}$要求R_f大于16 000MΩ（随后还有带宽、偏移和稳定性问题）。所以在这里我们用反馈电容代替！这就形成了积分器，被用作复合放大器，其中DUT（配置为跟随器）驱动反相运算放大器，它的单位增益带宽受限（通过C_{COMP}，结合R_1）至16kHz。我们不需要更多的带宽，而这样的过度补偿确保了稳定。

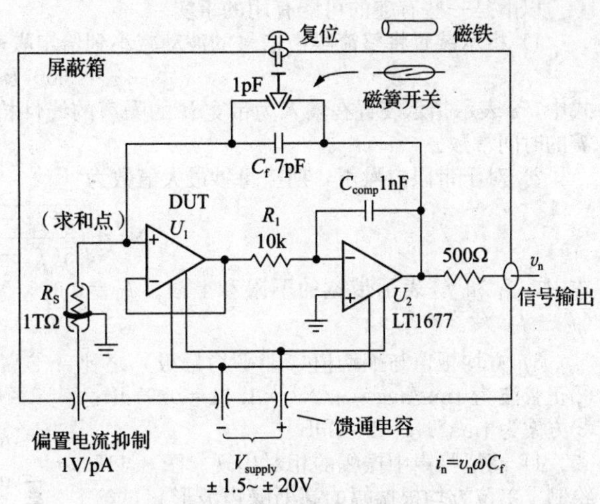

图8.113 使用复合积分器测量低至0.1fA/$\sqrt{\text{Hz}}$的i_n，带宽到1kHz

暂时忽略被测器件的直流输入漏电流，这个积分器根据$v_n=i_n/\omega C_f$将输入噪声电流转换为输出噪声电压。因此，平坦（白）频谱产生一个v_n，其频谱振幅下降为$1/f$，或者等效地，其噪声功率谱密度下降为$1/f^2$（红噪声）。当然，在两个运算放大器中也有噪声电压e_n，它被加到v_n上（通常用不相关噪声的平方和平方根的方式）；通过选择较小的C_f值，我们可以减少e_n的影响，因为小的C_f值产生大的电流-电压增益（也就是说，输入噪声电压e_n产生的有效噪声电流是电流的有效噪声$v_n=i_n/\omega C_f$，相当于测量扩展到$\omega=i_n/e_nC_f$的频率，高于此频率时放大器的噪声电压占主导地位）。对于该电路，我们选择LT1677作为U_2，因为它有相当低的噪声电压（3.2nV/$\sqrt{\text{Hz}}$）、低偏置电流，以及宽工作电压范围（±1.5～±20V）和轨间输出。

图8.114所示为图8.113电路在LTC1049自动调零运算放大器插入DUT插座的伏安频谱。它精确地符合$1/f$，在该频率范围内，计算结果为$i_n=100\text{fA}/\sqrt{\text{Hz}}$，与我们使用图8.108的电路进行测量的$i_n$一致。高频端没有任何调平的迹象，与此运算放大器的$i_n$和$e_n$的预测测量带宽约10kHz一致。

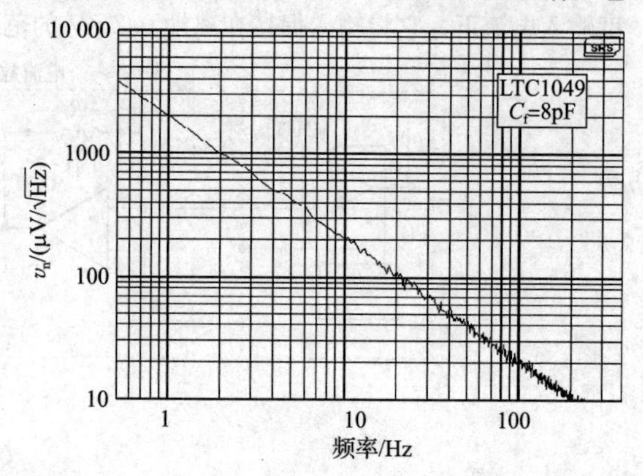

图8.114 从图8.113电路测得的LTC1049自动调零运放的噪声电压谱密度v_n。积分器输出（v_n）的$1/f$振幅谱对应该频率范围内的平坦输入噪声电流频谱，其值为$i_n=100\text{fA}/\sqrt{\text{Hz}}$

对技术进行校准（并通过测量AD8628自动调零运算放大器确认已校准）后，我们用它来测量困难的情况。对于这些测量，带宽只会扩展至约1kHz，高于此值时，运算放大器的噪声电压e_n以及对地输入电容（二者都在运算放大器内部，外部则如布线等）产生了e_nC等效输入噪声电流（更准确地说，应该是$e_n\omega C_{in}$），它远大于放大器本身的小噪声电流。

我们还测量了LMC6081，它应该有更低的噪声电流，给定其指定的典型输入电流I_B为10fA；对于该运放，测量的v_n相当于$0.15\text{fA}/\sqrt{\text{Hz}}$的$i_n$。这听起来不错，但预期的噪声电流（计算为$I_B$散粒噪声）应相当低，约为$0.06\text{fA}/\sqrt{\text{Hz}}$。因此，现在我们不得不承认，这种测量技术已经受到限流电阻R_S的影响，需要消除直流输入电流。我们使用了一个非常大的值（1TΩ，即10^6MΩ）以减少增加的噪声电流，这里的噪声电流$i_n=\sqrt{4kT/R_S}=0.13\text{fA}/\sqrt{\text{Hz}}$。所以对于这个运放，我们实际测量的是由偏置抑制电阻引入的噪声！我们可以做得更好，比方说用一个100TΩ的电阻，把增加的噪声降低10倍。

8.13.8 各种噪声

以下是一些有趣的可能有用的事实。

1）指示装置将整流噪声信号的波动减小到给定噪声带宽的期望电平所需的平均时间为

$$\tau\approx1600/B\sigma^2 \tag{8.61}$$

式中，τ表示指示装置在输入为带宽B的噪声的线性检测器的输出处产生标准偏差σ百分比波动所需的时间常数。

2）对于带限白噪声，期望每秒最大值数为

$$N=\sqrt{\frac{3(f_2^5-f_1^5)}{5(f_2^3-f_1^3)}} \tag{8.62}$$

式中，f_1和f_2表示带宽的下限和上限。$f_1=0$时，$N=0.77f_2$，对于窄带噪声（$f_1\approx f_2$），$N\approx(f_1+f_2)/2$。

3）方均根值与平均值（即平均量级）之比：①高斯噪声为$\text{rms/avg}=\sqrt{\pi/2}=1.25=1.96\text{dB}$；②正弦波为$\text{rms/avg}=\pi/2^{3/2}=1.11=0.91\text{dB}$；③方波为$\text{rms/avg}=1=0\text{dB}$。

4）高斯噪声中振幅的相对出现。图8.115绘制了单位方均根振幅的高斯噪声波形超过给定振幅水平的分数时间。

5）单位方均根振幅高斯白噪声低通滤波后的正阈值穿越率为

$$\text{TCR}=\frac{\text{BW}}{\sqrt{3}}\exp(-V_{th}^2/2) \tag{8.63}$$

式中，V_{th}表示正阈值电压，BW表示砖墙低通带宽。

6）量化误差后的噪声标准差为

$$\sigma_n=\frac{\text{LSB}}{\sqrt{12}}\approx0.3\text{LSB} \tag{8.64}$$

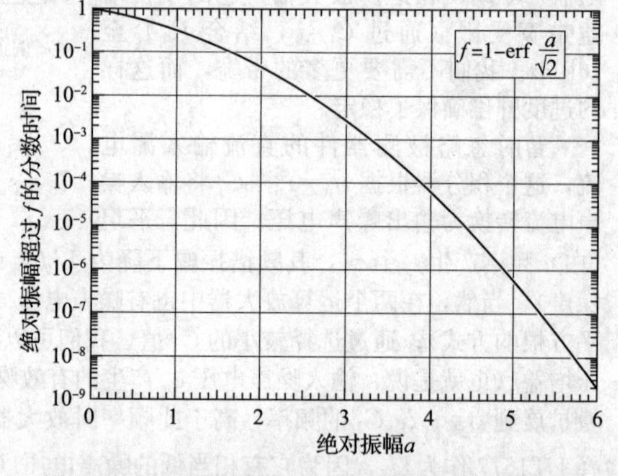

图8.115 在高斯噪声中振幅的相对出现频率

8.14 通过减小带宽来改善信噪比

幸运的是，你经常想要测量的信号被埋没在噪声中（其中噪声可能包括在频率上邻近的其他信号，即干扰），通常在示波器看不到。即使外部噪声不是问题，信号本身的统计数据可能会使探测变得困难，例如当计算来自弱源的核分裂时，每分钟只检测到几个计数。最后，即使信号是可以检测到的，可能希望提高检测到的信号强度以便进行更精确的测量。在所有这些情况下需要一些技巧来提高信噪比。为了在保持所需信号的同时减少可接受的（宽带）噪声总量，它们都相当于减小了探测带宽。

当考虑减少测量带宽时，读者可能会尝试的第一件事是在输出端接简单的低通滤波器，以便将输出平均化。有些情况下这种方法会奏效，但在大多数情况下，它不会起到什么作用，原因有两个。首先，信号本身可能有一些高频，或者它可能在某个高频的周围。其次，即使信号实际上是缓慢变化的或者是静态的，你总是要面对这样一个现实，即噪声功率谱密度通常具有 $1/f$ 特性，所以当你把带宽压缩到直流时，你就得到很少。可以这么说，电子和物理系统都是不稳定的。

在实践中，有一些带宽减小的基本技术正在广泛使用，包括信号平均、瞬态平均、矩形波串积分、多通道定标、脉冲高度分析、锁相放大测量和相敏检测。这些方法都假设读者有一个重复的信号；这不是真正的问题，因为假设它不是周期性的，几乎总是有一种强制信号周期化的方法。这里我们讨论这些技术中的一个重要的技术，称为锁定或同步检测。

锁定检测

这是一种相当微妙的方法。它由两个部分组成：①调制源信号的某些参数，例如 LED 可以用固定频率的方波驱动；②检测到的（和有噪声的）信号被解调，例如通过将其乘以相同调制频率的固定幅度的参考信号。调制将源信号频谱向上移动到调制频率，高于 $1/f$ 的低频段，并且远离其他噪声源（如在 LED 示例中远离环境光波动）。解调步骤产生一个与信号成比例的直流输出，该输出再进行低通滤波（简单的 RC 滤波器就足够了），以减小检测带宽。

为了理解这个方法，有必要对相位检测器进行简介。

1. 相位检测器

为了实现锁定检测，读者需要了解线性相位检测器，因为读者几乎总是在处理模拟电压。

最简单的电路[㊀]见图 8.116。模拟信号通过线性放大器，该放大器的增益由方波参考信号控制 FET 开关进行反转。这个输出信号通过低通滤波器 RC。

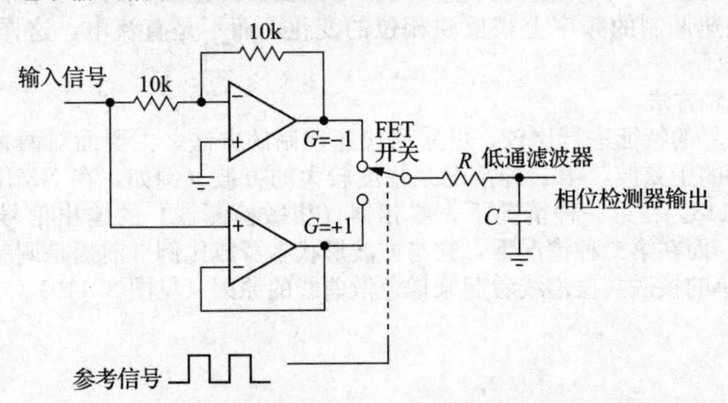

图 8.116 线性输入信号的相位检测器。最简单的是，你可以用一个双运算放大器和一个 CMOS 开关 IC 来实现，该方案用于单片 AD630

相位检测器的输出 为了分析相位检测器的操作，我们假设信号 $E_s\cos(\omega t+\phi)$ 是它的输入，参考信号是在 $\sin\omega t$ 的零点处跃迁的方波，即在 $t=0$、π/ω、$2\pi/\omega$ 等处。让我们进一步假设，我们通过低通滤波器（其时间常数远大于一个周期）来平均输出 V_{out}：$\tau=RC\gg T=2\pi/\omega$。低通滤波器输出是 $\langle E_s\cos(\omega t+\phi)\rangle\big|_0^{\pi/\omega}-\langle E_s\cos(\omega t+\phi)\rangle\big|_{\pi/\omega}^{2\pi/\omega}$，式中尖括号代表平均值，减号代表 V_{ref} 交替半个周期的增益反转。可以练习 $\langle V_{out}\rangle=-(2E_s/\pi)\sin\phi$。

练习 8.9 通过显式积分执行所示的平均化，以获得同一增益的前面的结果。

我们的结果表明，对于与参考信号相同频率的输入信号，平均输出与 E_s 的振幅和正弦的相对相

㊀ 但不太理想：方波调制导致奇次谐波响应。使用模拟乘法器，如 AD633 或 AD734，由正弦波基准驱动，消除了这一缺陷。

位成正比。

在继续之前我们还需要更多结果：频率接近（但不等于）参考信号的输入信号的输出电压是什么？这很容易，因为在前面的方程中，ϕ 现在是缓慢地变化，在不同频率下，$\cos(\omega+\Delta\omega)t=\cos(\omega t+\phi)$，其中 $\phi=t\Delta\omega$，输出就是 $V_{out}=(2E_s/\pi)\sin(t\Delta\omega)$。如果 $\Delta\omega<1/\tau=1/RC$，则它将相对无损地通过低通滤波器；如果 $\Delta\omega>1/\tau$，则会严重衰减。

2. 锁定方法

现在来介绍一下锁定（或相敏）放大器的用途。首先可用信号源产生一个微弱的周期信号（就像我们讨论过的，比如说在100Hz附近），它极易被噪声叠加。这个带噪声的微弱信号被放大，并相对于调制信号进行相位检测，见图8.117。在很多情况下由于实验条件是多种多样的，就测量微弱信号而言，可以做两个实验来观察现象，其中一个通过对输入信号做鉴频处理进行相位检测，另一个实验是慢慢浏览信号的特征（例如，在核磁共振中，快速调制可能是一个小的100Hz的磁场调制，慢调制可能是通过共振持续10分钟的频率扫描）。同时调整移相器以提供最大输出信号，并将环路低通滤波器设置足够长的时常数来提供良好的信噪比。环路低通滤波器设置了带宽，1Hz的衰减会使杂散信号和噪声的敏感度仅在所需信号的1Hz范围内。带宽也决定了你可以多快地调整解调后的振幅起伏，因为现在不能通过调整任何信号的特征而超过滤波器的响应；一般使用的时常数是几分之一秒到几十秒，甚至更多。

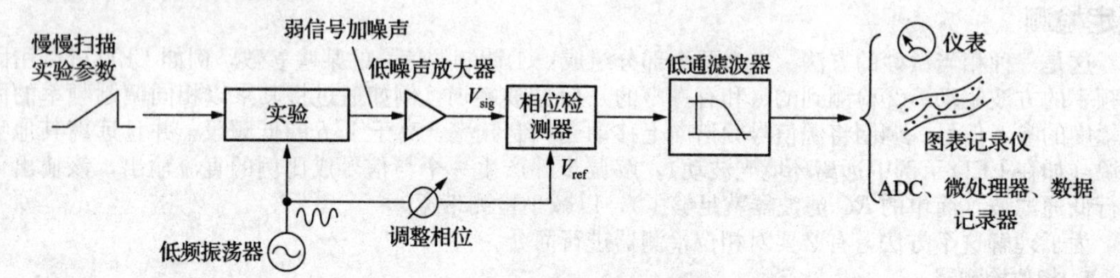

图8.117　锁定放大器检测

注意，锁定相位检测时需要将带宽变窄，带宽由检测后低通滤波器设置。另一种降低检测带宽的方法是采用信号平均技术，其中重复测量的结果（如扫频）是累积的。在任何一种情况下，调制都是将信号集中在快速调制的频率上来反映相位的变化，而不是直流电，这样就避开了 $1/f$ 噪声（闪烁噪声、漂移等）。

3. 快速调制的两种方法

为了与想要的信号的特征进行比较，可采用快速调制的方法，主要面对两种情况，第一种是调制信号波形是非常小的正弦波，第二种情况是幅度较大的方波（例如，在NMR中，线条形状与磁场的对比），见图8.118。在第一种情况下，鉴相器（相敏检测器）的输出信号与线条形状的斜率（即其导数）成比例。而在第二种情况下，它与方波形状本身成比例（前提是调制波形为理想标准方波）。这也是所有简单的核磁共振谱线看起来像色散曲线的原因（见图8.119）。

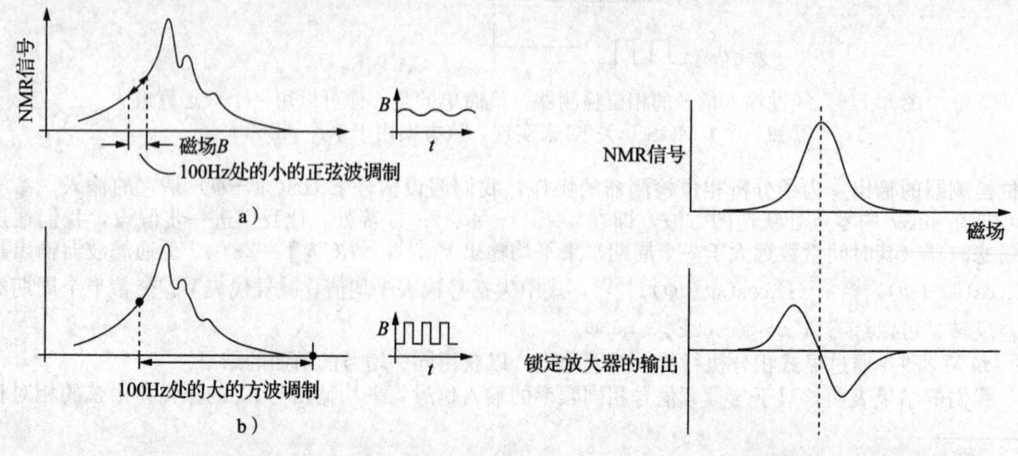

图8.118　锁定调制方法。a）小的正弦波；b）大的方波

图8.119　锁定检测器输出的线形差异

对于周期及占空比较大的方波调制，抑制其调制失真是面临的较大问题。图 8.120 显示了其调制波形，采用了使信号以调制波形的两倍基波进行开关调制。这是一种只在特殊情况下使用的方法。

大振幅方波调制是从事红外天文研究时常用的方法，目的就是使望远镜的二次反射镜可以在一个红外源上来回切换图像。它在射电天文学中也很流行，在那里它被称为 Dicke 开关。

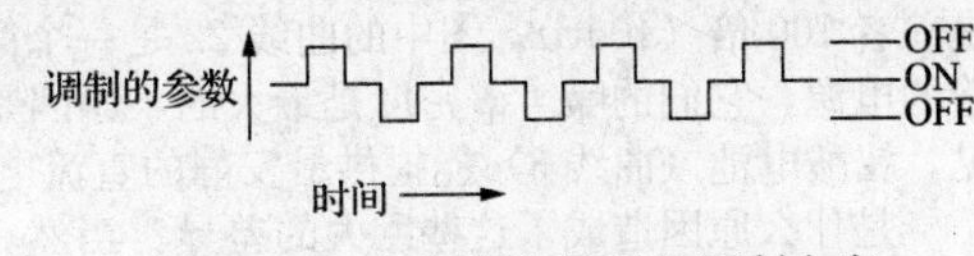

图 8.120　抑制调制馈通的调制方案

8.15　电源噪声

对于较低电压电源供电的抑制放大器电路而言，更容易受到直流电源上噪声（和信号）的影响。如果直流上有噪声，输出信号也会被其叠加，所以必须对电源噪声进行低噪声处理。不过，情况并没有想象中那么糟糕，因为电源噪声在输出端一般不会被放大（放大器的信号增益不大于 100 时）。尽管如此，直流电源的噪声谱密度很少能达到 100nV/$\sqrt{\mathrm{Hz}}$，但相对来说，其噪声还是算低的。

典型的直流台式电源有多少噪声？对于像“0.2mVrms，2mVpp”这样纹波范围规范的电源，其实在实际使用中都会超过这个规范。例如，图 8.42 中前置放大器在 20kHz 音频频带上的输出噪声电平仅为 1μVrms($v_{\mathrm{n(out)}}=G_V e_{\mathrm{n(in)}}\sqrt{\Delta f}$)。但是这种电源的实测噪声比噪声规范底线输出高出 46dB。

规格是一回事，实际性能是另一回事。为了获得电源噪声的测量值，我们测量了实验室收集到的 24 个直流电源，其频谱见图 8.121。

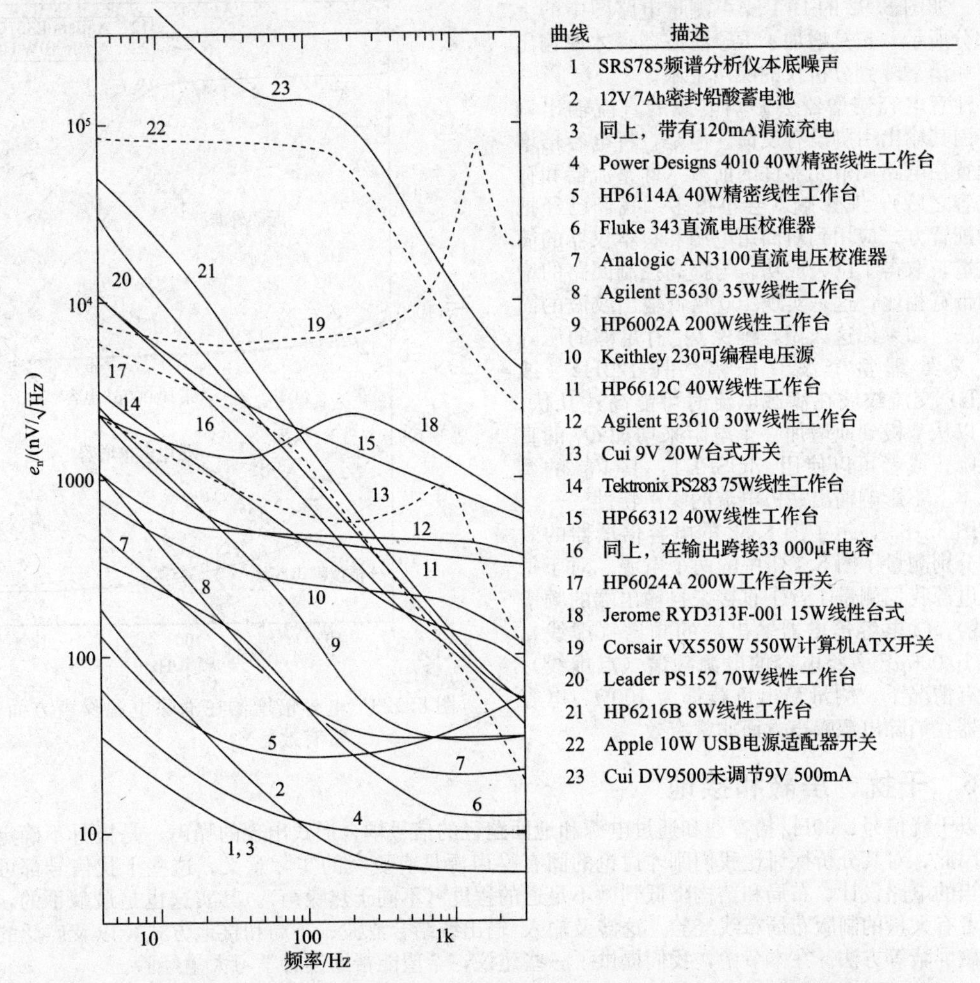

曲线	描述
1	SRS785频谱分析仪本底噪声
2	12V 7Ah密封铅酸蓄电池
3	同上，带有120mA涓流充电
4	Power Designs 4010 40W精密线性工作台
5	HP6114A 40W精密线性工作台
6	Fluke 343直流电压校准器
7	Analogic AN3100直流电压校准器
8	Agilent E3630 35W线性工作台
9	HP6002A 200W线性工作台
10	Keithley 230可编程电压源
11	HP6612C 40W线性工作台
12	Agilent E3610 30W线性工作台
13	Cui 9V 20W台式开关
14	Tektronix PS283 75W线性工作台
15	HP66312 40W线性工作台
16	同上，在输出跨接33 000μF电容
17	HP6024A 200W工作台开关
18	Jerome RYD313F-001 15W线性台式
19	Corsair VX550W 550W计算机ATX开关
20	Leader PS152 70W线性工作台
21	HP6216B 8W线性工作台
22	Apple 10W USB电源适配器开关
23	Cui DV9500未调节9V 500mA

图 8.121　所有的直流电源都是不相等的！在我们的实验室中发现了多种电源的噪声电压谱。虚线为开关电源，其余的都是线性电源。在大多数情况下使用 100Ω 负载

图中的曲线4是对一个精确电源测试的特性曲线，相比而言该曲线是很好的情况了，这个电源已有半个世纪了（我们在1967年买的）。相比之下，带数字读数的当代电源（曲线12）的噪声几乎是前者100倍（40dB）。图中的曲线22是一个简单的开关式手机充电器电源，曲线23是一个不受监管的电源，它们的噪声谱密度是最大的，原因是其电力线跟踪输出漂移在低频频谱占主导地位。可见，铅酸电池（曲线3）能提供最安静的直流电源。

是什么原因造成了这些巨大的差异？当然，开关电源本身就有噪声。但即使在线性电源中，噪声也有100倍（40dB）的扩展电压。一个低噪的直流稳压电源必须有足够的环路增益，实现低噪声放大器。选择低噪声基准电压至关重要（尤其是在低频下，这是滤波器不可能做到的）。

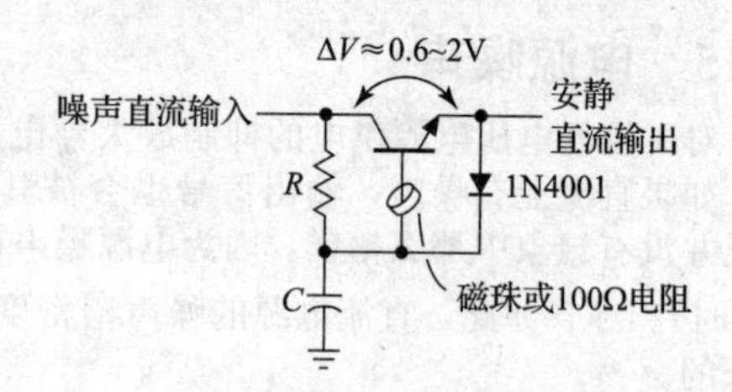

图8.122 一种用于滤波输入直流电的电容倍增器电路由一个射极跟随器组成，它带有平滑（低通滤波）的噪声输入副本的偏置。磁珠或小电阻防止振荡

电容倍增器

降低电源噪声有一个很好的办法，就是构成电容倍增器电路（见图8.122）。这里我们选低值的电阻 R，以便在最大负载电流下，至少有1V左右的压降。然后再选择电容 C 的值，使其具有足够长的时常数 RC，这样就可以充分衰减噪声频谱的幅值。对于我们前面提到的带状麦克风放大器，带有一个0～2s时常数的二阶 RC 滤波器；如图8.92的BJT噪声测量电路图中的上半部分所示，正是增加了 RC 滤波器，才使输出噪声频谱下降到分析仪的噪声下限。

注意电容倍增器会影响电源的直流输出调节，因其输出引脚没有反馈。但是，将电容倍增器配置在电路调节元器件的前端（即整流器和存储电容之后），其影响就会小得多。我们已经把这种配置方式应用到对商用电源和科学仪器的简单改造，取得了巨大成功。与提高控制回路的增益和带宽相比，这是实现100倍低输出纹波的简单方法。如果你这么做，确保 Q_1 有足够的压降以此来处理整个波纹振幅。但120Hz（或100Hz）交流纹波在满载电流时可能高达几伏。你可以从基极到地增加一个电阻来增加 Q_1 的直流压降；或者可以使用MOSFET，其 V_{GS} 的调节基本上不影响输出漏极电流的噪声特性。

图8.123显示了图8.92的电容倍增器的效果，分别测量了图8.121中的两个电源。对于每一种电源我们测量了：①直接来自输出端的频谱（实线）；②电容倍增器输出端的频谱（虚线）；③带10 000μF旁路电容的电源频谱（点虚线）。在所有情况下，测量输出负载都为100Ω。电容倍增器在消除电源噪声方面非常有效[⊖]。

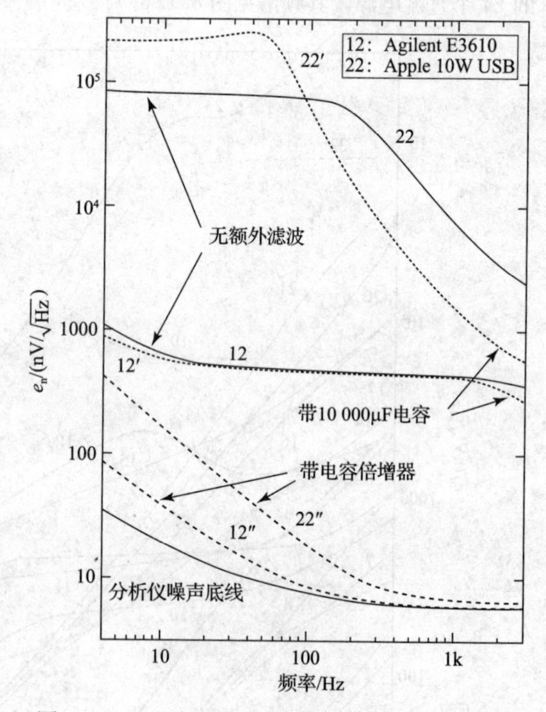

图8.123 电容倍增器在消除电源噪声方面非常有效

8.16 干扰、屏蔽和接地

以干扰信号、60Hz拾音器和通过电源和地面路径的信号耦合形式出现的噪声，是极具不确定性的。因此，对其分析探讨比我们刚才讨论的固有噪声源具有更大的实际意义。这些干扰信号都可以用适当的电路设计、布局和结构降低到微不足道的程度（不同于热噪声）。其实这也是最棘手的，需要读者有大量的制版布局布线经验，这涉及输入/输出线结合滤波、布局和接地方式，以及广泛的静电和磁屏蔽等方法。在本节中，我们提供了一些建议，希望能帮助读者学习大量经验。

⊖ 除了在非常低的频率，那里没有稳定的参考电压电源替代品。

8.16.1 干扰信号

干扰信号可以通过电源线输入或通过信号输入和输出线进入电子仪器。此外，干扰信号可以是电路布线间的容性耦合（比高阻抗点影响更为严重），也可以是在电路中电磁耦合到闭合回路（与阻抗水平无关），或电磁耦合到电缆线上（就像充当电磁辐射的小天线）。其中任何一种情况都可能会成为从电路的一部分到另一部分的耦合信号。最后，电路中一部分信号电流也会通过地线或电源线上的电压降而耦合到其他部分，形成干扰。

1. 避免干扰的影响因素

许多有效的技巧不断被改进，用来处理大多数这些常见的干扰问题。请记住，这些技巧都是有针对性地将干扰信号降低到可接受的水平，想要完全消除它们几乎是不可能的。因此，提高信号电平是最常用的，这样做只是简单地提高了信号干扰比。另外，还要注意环境的重要性，比如在静止桌面上工作得很好的仪器在移动的汽车上可能表现得很糟糕。一些需要避免的环境：①靠近无线电或电视台（RF干扰）；②靠近地铁（脉冲干扰和电力线干扰）；③靠近高压线（高压无线电干扰）；④靠近电动机和电梯（电力线尖峰）；⑤在有双向晶闸管调光器和加热器控制器的建筑物中（电源线尖峰）；⑥靠近大型变压器设备（电磁干扰）；⑦靠近电焊电弧的环境（会产生各种各样的令人难以置信的干扰）。

2. 通过输入、输出和电力线耦合的信号

避免电力线噪声干扰的最佳选择是设计并使用交流电源线上的射频线路滤波器和瞬态抑制器。这样就可以在几百千赫兹以上的高频段达到60dB或更好的干扰衰减，以及有效消除一些伤害性尖峰。

相对而言，输入和输出耦合噪声的消除会更加困难，因为电路中对阻抗值、耦合期望信号会有一定的要求。如果所期望的信号就在干扰的频率范围内，这就非常难了。在像音频放大器这样的设备中，会受到来自附近无线电电台的大量干扰的影响，这些干扰会通过扬声器线路进入电路，但一般来说，它们都是高频的，于是你可以在输入和输出端使用低通滤波器来减小其带来的噪声。但对于低频干扰而言，屏蔽线的使用就非常必要了。低电平信号，特别是高阻抗电平的信号，应始终屏蔽。

3. 容性耦合

仪器内的干扰信号会很容易通过静电耦合传播。比如，某仪器内的某个节点有一个10V的干扰信号形成跳跃，会导致邻近的高阻输入信号产生一些跳跃的干扰。最好的方法就是减少电容之间的连接点，给电容加上保护层（一个完整的金属外壳，形成金属屏蔽层，即可消除这种形式的耦合干扰），将电缆线引至接地层（这样就会吞没静电边缘场，极大地减少耦合干扰），同时降低了这些敏感连接点的阻抗。所以，集成运算放大器输出端不易被干扰，而输入端则易受干扰。

4. 磁性耦合

需要注意的是，金属外壳并不能显著降低低频磁场的干扰。比如，话筒、录音机、低电平放大器或其他敏感电路靠近装有大功率变压器的仪器时，将产生很大的60Hz干扰信号。而这里最好的方法却是要避免电路路径中的大面积封闭区域，并尽量避免电路与外界环境形成闭合环路。在这里，可以使用双绞线，它对减少磁感应非常有效，因为其封闭面积小，并在其连续的缠绕中电磁干扰容易被抵消。

当处理特别容易受到磁性干扰（磁头、电感器、绕线电阻）影响的设备中的信号时，就需要使用磁屏蔽。钼金属屏蔽可用于这种屏蔽。如果周围的磁场很大，最好在内部使用高磁导率的屏蔽金属，在其外面再围上一层渗透性屏蔽材料（可以是普通铁或低钼屏蔽材料），以防止内部屏蔽中的磁饱和。当然，将磁场干扰源移走通常是一个更简单的解决方案。在允许的情况下，可将大型电力变压器转移到其他地方。也可使用屏蔽电感器，这样为磁性材料（通常是铁氧体）提供了一个闭合的磁路，从而减小干扰。环形变压器的边缘磁场比标准框架式变压器要小，采用反向匝（或安排绕组模式返回起始位置）的绕组形式也会抵消环形绕组的一圈有效面积，而降低干扰。

5. 电路板和电缆

在电路板上所布的金属线之间、电缆线之间及带状电缆中的导线对之间，相当于一个小电容，就会发生容性耦合和磁耦合干扰。磁耦合有时被称为感性耦合，区别于容性耦合。在实践研究中发现，感性串扰和容性串扰的大小一般是可比较的，但在一对间隔较近的金属线路的两端，它们的表现却是不同的：正向串扰的大小与信号的频率成比例。就容性和感性串扰分量而言，是趋于相互抵消的。为了消除串扰，通过电抗耦合的信号看起来像一个占空比相等的模拟脉冲，这是由电容和电感元件加强的。如果驱动阻抗与布线路径的特征阻抗不匹配，近端串扰信号将反射并变为前向信号，从而导致远端串扰。

6. 射频耦合

射频干扰可通过自由空间耦合到电路中，那么电路中很多由导线形成的等效电感及电容部分都可以充当谐振电路，并以较大的有效截面积接收射频干扰。为了防止射频干扰，除了整体屏蔽外，最好保持引线短一点，避免可能形成产生谐振的回路。如果问题涉及非常高的频率，铁氧体磁珠可能会有所帮助。对于射频耦合干扰，要特别注意的是一些用来改善其他噪声特性的电抗元件又会出现新的问题。例如，为了减小噪声，读者可能需要使用几个陶瓷电容来旁路直流电源，但这些电容与连接电源的电感相结合，就会在HF到VHF区域的某个频率上形成寄生调谐电路，使有源电路产生振荡㊀。

8.16.2 信号接地

同时采用接地线和屏蔽的方式来防止干扰也会引起很多麻烦，比如流过接地线的电流会产生一个信号，这个信号会使在电路中共用同一接地线的另一部分受到影响。于是麦加（Messa）接地点（麦加接地点就是电流的公共汇合点，是电路中连接所有接地线的公共点）的技术经常被使用，它使电路中各个部分都通过自己的接地线到地。这样就处理了大多数接地抗干扰情况。

常见的接地错误

图8.124显示了一种常见情况。这里将差分放大器和大电流驱动器放置在同一个仪器中。第一个电路是正确的。两个放大器（差分放大器和低电平放大器）与稳压器的电源电压端相连接，因此差分放大器的电源电压中不会出现电源与地网络之间的IR压降。此外，返回到地的负载电流不会出现在低电平放大器的输入端；没有电流从低电平放大器输入的接地侧流向电路的麦加接地点（这里的麦加接地点可能是连接到输入端附近的外壳）。第二个电路有两个错误。一个错误是在高电平工作阶段会使由负载电流引起的电源电压波动影响低电平供电电压。除非输入级有很好的电源纹波抑制，否则会导致振荡。更糟糕的是，返回到电源的负载电流使外壳地相对于电源地发生波动，这是第二个错误。而且将输入端与这个波动的地连接，会导致更糟糕的情况。一般的解决办法是根据大信号电流的流向产生的电势方向，确保它们的IR压降不会在输入端为零。在某些情况下，用一个小型*RC*网络将电源电压与低电平放大级分离是一个好方法（见图8.125）。在电源耦合的情况下，在低电平放大级与电源的连接线上加入齐纳管或三端稳压器，可以实现额外的耦合抵消。

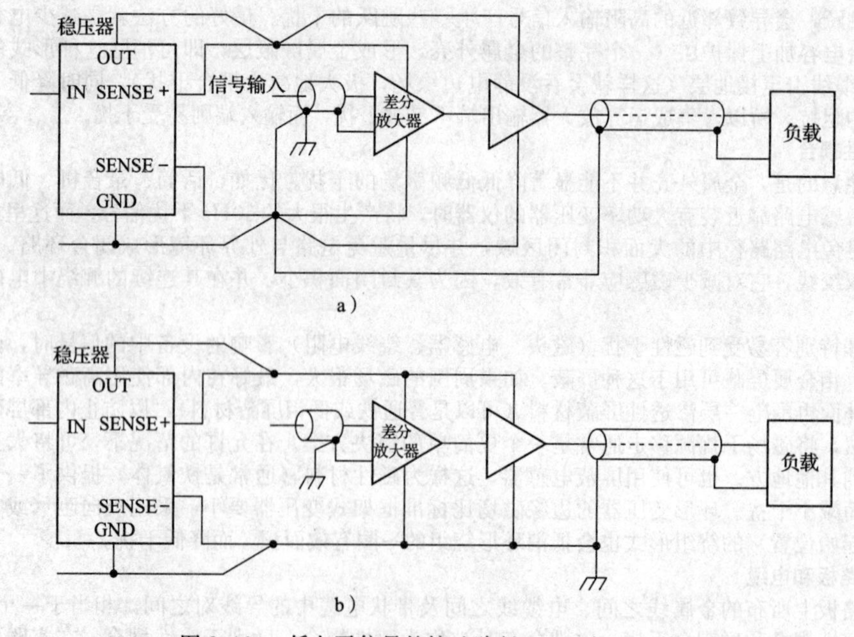

图8.124 低电平信号的接地路径。a）对；b）错

㊀ 一种解决方法是使用一些铝电解电容，它们有损耗的串联电阻会抑制谐振。

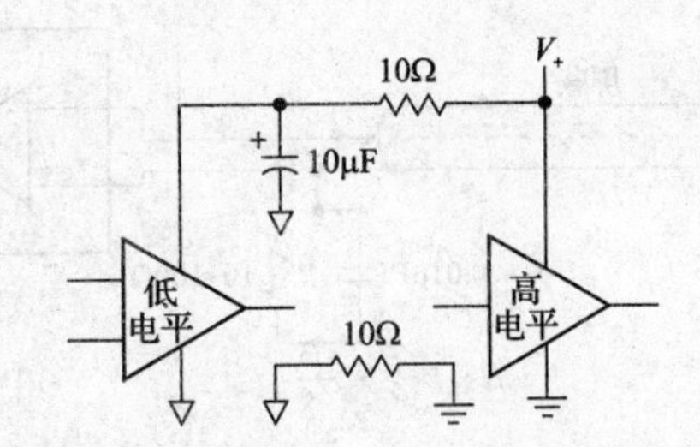

图 8.125 直流电源电压与低电平级解耦

8.16.3 仪表间接地

在仪器内设置一个受控接地点的想法是好的，但是当信号必须从一个仪器传到另一个仪器，每个仪器都有自己的接地时，又该怎么办？以下是一些建议。

1. 高电平信号

如果信号振幅是几伏级的电压或是大的逻辑摆幅（见图 8.126），则会出现在两个接地点之间的电压源的局部接地的变化及波动（或在同一个房间或不同房间的不同电源线插座上）。该波动由 60Hz 的电压、线路频率的谐波、一些射频信号（由相当于天线的电力线引入）和各种尖峰和其他噪声组成。只要信号强度足够大，就可忽略这些噪声与干扰。

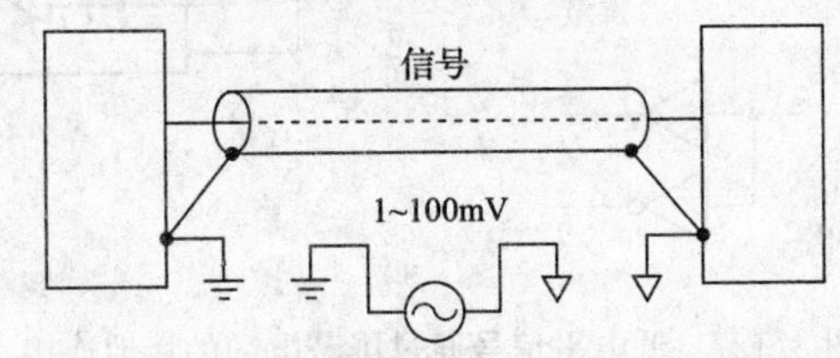

图 8.126 当连接仪器之间的信号时，可能会在不同局部接地点间看到 100mV（或更多）的差异（在电力线频率），即使它们被桥接

2. 小信号和长导线

对于小信号来说，这种情况是不能容忍的，你必须采取一些措施来补救上述的这种情况。图 8.127 给出了一些方法。在第一个电路中，同轴屏蔽电缆连接到外壳和驱动端的电路接地，但在接收端与外壳保持隔离（使用 Bendix 4890-1 或 Amphenol 31-010 绝缘 BNC 连接器）。差分放大器用于缓冲输入信号，从而忽略屏蔽层上出现的少量接地信号。用一个小电阻和旁路电容接地以限制地面摆动和防止输入级干扰，这是个较好的方法。图 8.127a 中的电路显示了对于单端放大器级的伪差分输入信号的使用（可能是标准的非转换运算放大器连接，如图所示）。放大器公共端和电路接地之间的 10Ω 电阻在这里已经足够大了，可以让信号源的参考地在该点设置，因为它是远大于信号源的地阻抗。当然，在该节点上出现的任何噪声也会出现在输出端。但是，就算是在输出端具有足够高的电压增益 G_V，也不会影响噪声特性，因为期望信号与地面噪声之比被 G_V 降低。因此，尽管该电路不是真正的微分电路（具有无限 CMRR），但它工作得足够好（具有有效的 CMRR=G_V）。这种伪差分地面降噪技术也可以用于仪器内的低电平信号。

第二个电路（图 8.127b）使用了一个屏蔽双绞线，屏蔽层与外壳连接在两个末端。因为屏蔽层上没有信号传播，则接收端就可以和以前一样使用差分放大器。如果是传输逻辑信号，最好发送一个差分信号（信号及其逆形式），如图所示。普通差分放大器可以用作输入级，如果接地干扰严重，则可以选择 Analog Devices 和 TI 等制造商的特殊隔离放大器来防止干扰。另外，也可使用光电隔离器模块，在某些情况下，它是数字信号隔离的便捷解决方案。

在无线电频率下，变压器耦合为消除接收端的共模信号提供了一种方便的方法。这也使得在驱动端产生差分双极性信号变得容易。变压器在音频应用中也很受欢迎，尽管它们往往体积庞大，会导致某些信号衰减。

对于非常长的电缆，变压器耦合可以防止屏蔽层在射频时产生的较大接地电流。图 8.128 给出了一种方法。和前面的描述一样，差分放大器会因为使用了双绞线而忽略屏蔽层上的干扰电压。可以通过一个小电感将屏蔽层绑在外壳上，直流电压就会保持在很小的位置，同时也防止了大的射频电流。该电路还常用于防止共模偏移超过±10V 的保护电路。

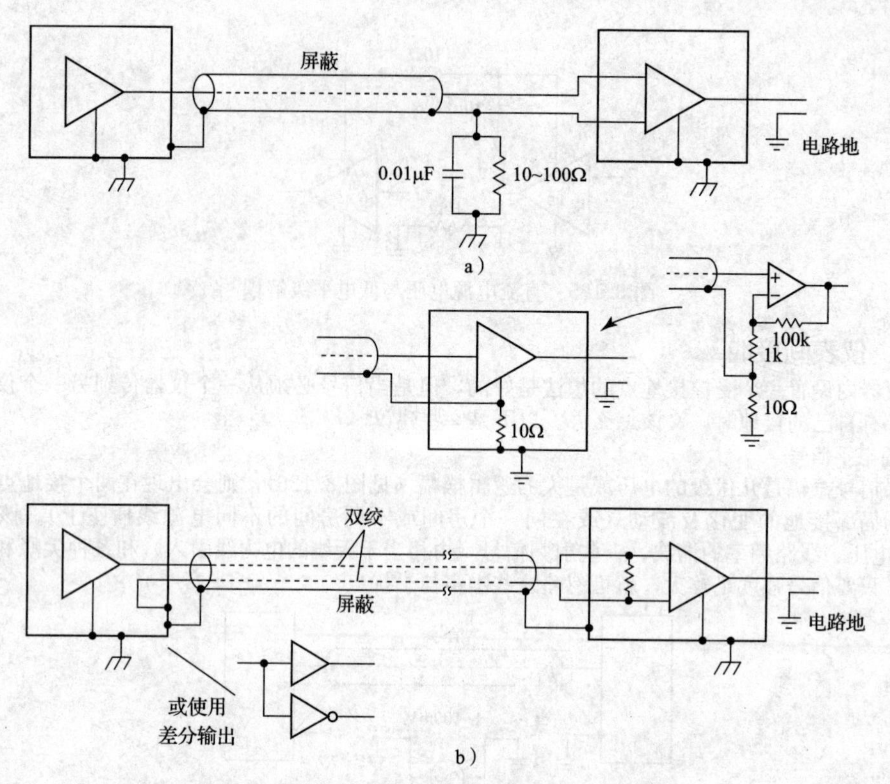

图 8.127　低电平信号通过屏蔽电缆的接地连接

图 8.129 给出了一个在多线电缆中消除其共模干扰且节省电线的好方案。因为所有的信号都有相同的共模干扰，所以在输入端有一根固定在地面上的公用单导线，以消除 n 条信号线上的共模信号干扰。

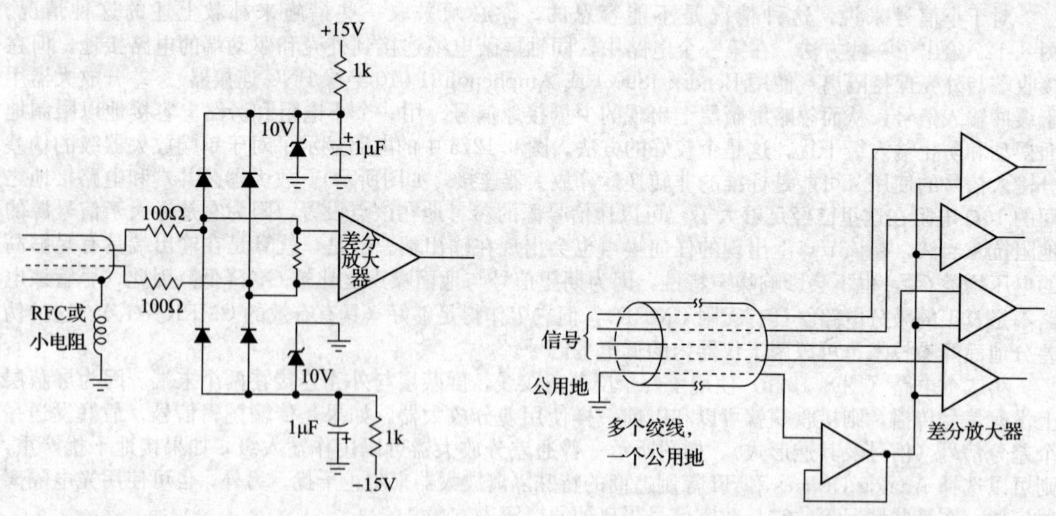

图 8.128　长导线的输入保护电路

图 8.129　长的多芯电缆共模干扰抑制

它虽然很好地消除了在低至中频的共模干扰，但由于接收差分放大器的共模抑制能力差，它们对射频干扰的抑制效果不是很好。

还有一种方法是将整个电缆包裹在一个铁氧体环上（见图 8.130），这样就增加了整个电缆的串联电感，将高频共模信号的输入阻抗提高，并在远端用小电容将高频信号旁路接地。这样就可以在不衰减差模信号的情况下工作，将电感串联插入信号线和屏蔽层之间，形成一个紧密耦合的单位匝数比变压器，所以差模信号不受影响。

3. 浮接信号源

当低电平输入时，不同位置的接地端的电压分歧会以更严重的方式出现，这只是因为信号太小了。例如，需要屏蔽信号线的磁头或其他信号转换器。如果你将屏蔽层两端接地，接地电位差将作为信号出现在放大器输入端。最好的方法是将传感器输入端处的屏蔽层不接地（见图 8.131），形成一个浮接信号源。

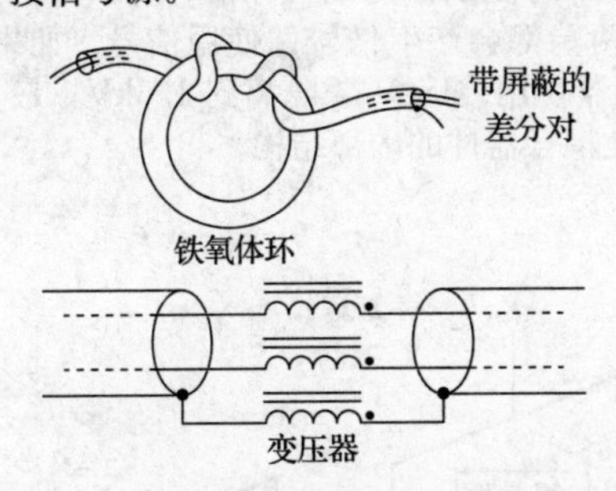

图 8.130　在铁氧体环上缠绕同轴或多线电缆，以抑制高频共模

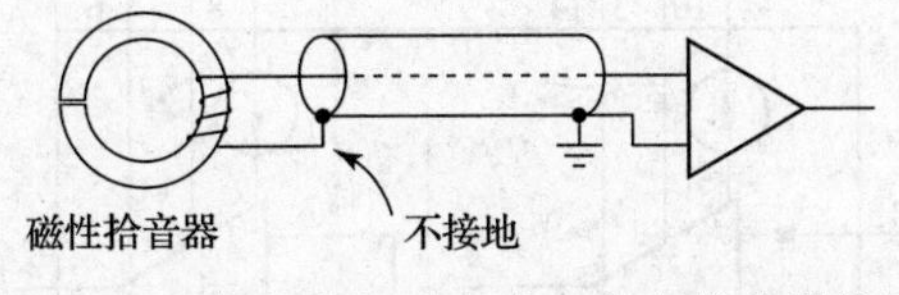

图 8.131　防止潜入地电流，仅在接收端将屏蔽层接地

4. 隔离放大器

另一个解决严重接地问题的方法是隔离放大器的使用。隔离放大器用于将一个接地参考电路的模拟信号（带宽降至直流电）耦合到另一个接地完全不同的电路（见图 8.132）。事实上，在一些特殊情况下，不同地的压差可能达到千伏级！隔离放大器是医疗电子设备的强制应用要求，其中电极应用于人体受试者，以完全隔离那些直接由交流电力线供电的仪器电路。目前，可用的隔离放大器使用以下 3 种方法之一。

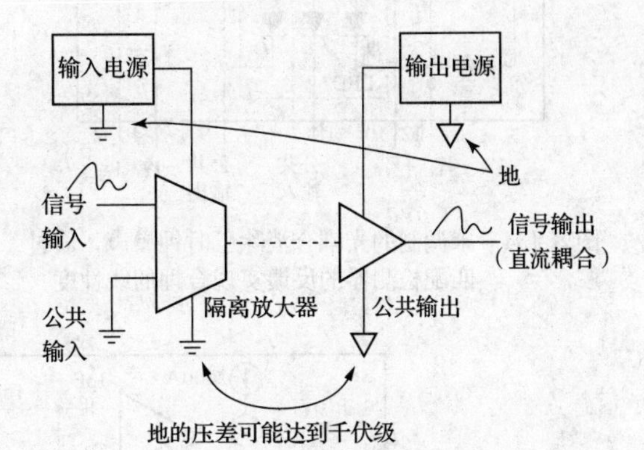

图 8.132　隔离放大器

1）高频已调波信号的变压器隔离可以隔离调频信号，也可以隔离频率相对较低的脉冲宽度调制信号（见图 8.133）。图 8.133 的结构用于很多 Analog Devices 公司的隔离放大器中。采用变压器隔离的隔离放大器具有只需要单直流电源供电的特性，它包含了一个变压器耦合的直流-直流转换器。变压器耦合的隔离放大器可以隔离高达 1.5kV 的电压，并且具有 5kHz 的典型带宽。另外，有些器件（例如 AD215）可以达到 120kHz，其最大非线性度为 0.015%。

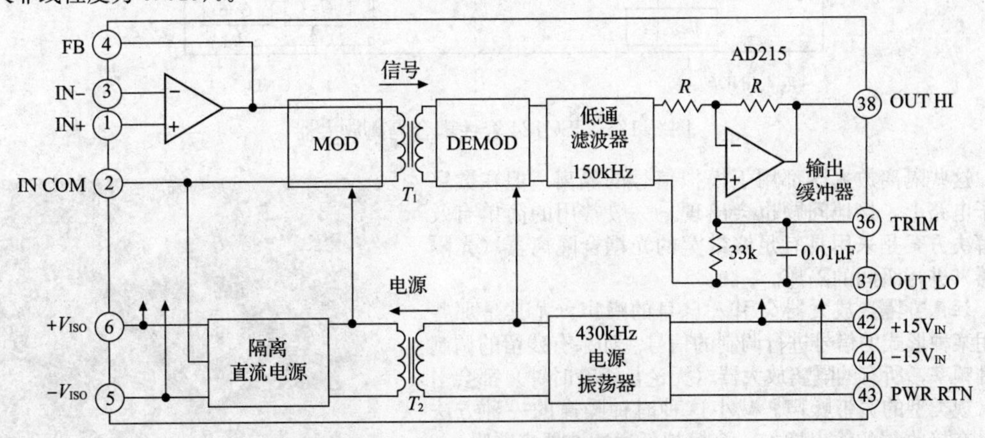

图 8.133　AD215 变压器耦合隔离放大器

2）通过发送端 LED 和接收端光电二极管进行光耦合信号传输。这个技术的典型代表是来自 Avago 的 ACPL-C79 系列光电耦合器。它们使用的是 delta-sigma 调制和解调方案，并实现了一个 0～200kHz 的带宽。该系列的器件性价比较高，最大非线性度为 0.06%。这种方案不涉及时钟信号

或载波频率，只是把发送端LED和接收端光电二极管进行耦合。为了达到很好的线性特性，在接收来自同一LED的光的发送端使用第二个匹配的光电二极管的反馈，从而抵消了LED和光电二极管的非线性（见图8.134）。

3）对用隔离信号调制的高频载波信号进行容性耦合隔离（见图8.135）。这种技术的典型代表是TI/Burr-Brown的ISO122和ISO124（见图8.136）。该技术与变压器隔离一样没有反馈，但两端都需要电源。这通常不是问题，因为一般可能在电子设备两端都会产生信号并使用信号。如果没有，你可以得到一个隔离的直流-直流转换器去配合隔离放大器使用。ISO124隔离到1.5kV，最大非线性度为0.01%，带宽为50kHz。图8.137给出了这些容性耦合器件的内部结构。

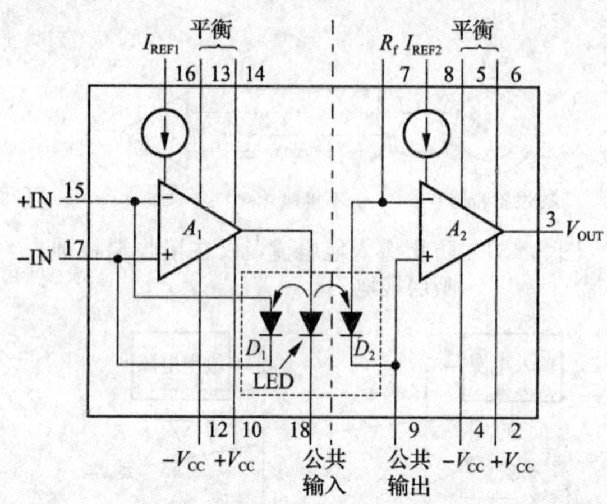

图8.134　未调制的光耦合消除了时钟噪声，通过匹配检测器的反馈实现合理的线性度

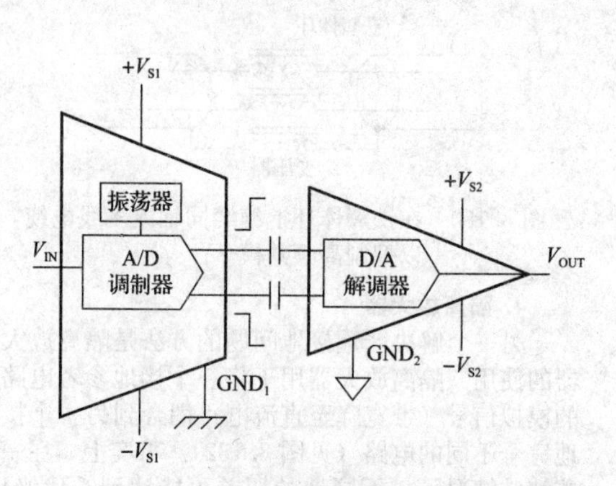

图8.135　容性耦合隔离放大器

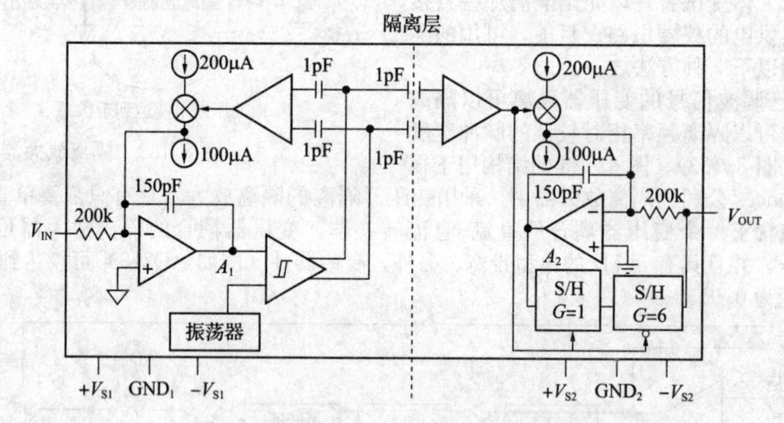

图8.136　ISO124容性耦合隔离放大器

这些隔离放大器都用于模拟信号的隔离。但在数字电子电路上，接地问题也会出现。一般常用的简单有效的解决方案是采用具有足够带宽的光耦合隔离器（光隔离器）进行级间的隔离。

注意：隔离放大器会引入自身的噪声，尤其是那些使用某种形式的信号进行调制的信号。如果有残留的调制时钟频率，所有的隔离放大器（无论是否有时钟）都会引入常规类型的宽带噪声。减小这种时钟噪声的一种方法就是在接收端的输出增加一个模拟低通滤波器来降噪。

图8.137　Burr-Brown（TI）ISO106隔离放大器

5. 信号保护

还有一个密切相关的问题就是信号保护，它可以减少输入电容和漏电对高阻抗小信号的影响。这样就可以

在源阻抗为数百兆欧的情况下，处理来自微型电极或容性传感器的信号。只需要用几皮法的电容就可以形成一个低通滤波器，使信号从几赫兹开始衰减！此外，连接电缆中绝缘电阻的影响很容易降低超低输入电流放大器（偏置电流在皮安内）的数量级。两者的解决方案是加一个保护电极（见图 8.138）。

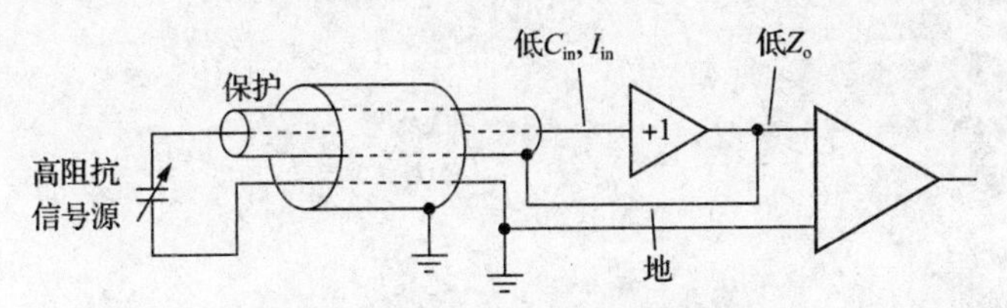

图 8.138　使用保护装置提高输入阻抗

电压跟随器通过保持信号与周围环境之间的零电压差，有效地消除了漏电流和电容衰减。采用外部接地屏蔽层是一个好方法，它使保护电极远离干扰。电压跟随器在驱动电容和漏电流方面没有问题，当然，前提是它的低输出阻抗。

有时候也要避免过度使用这些技巧。最好让跟随器尽可能地靠近信号源，只保护连接它们的电缆。普通屏蔽电缆可以将低阻抗输出信号传送到远端放大器。

6. 耦合至输出

通常运算放大器的输出阻抗很低，不必担心容性信号耦合。然而，在高频或快速开关干扰的情况下，就必须注意容性耦合的干扰了，特别是当所需的输出信号要求有一定的精度时。如图 8.139 中的示例，输入信号由运算放大器缓冲，并通过一个包含数字逻辑信号跳跃与转换率为 0.5V/ns 的区域。运算放大器的闭环输出阻抗随频率增加，通常在 1MHz 达到 10～100Ω 或更高的值。为了保持耦合干扰小于模拟信号 0.1mV 的分辨率，允许耦合电容为多大？答案是最大值为 0.02pF。

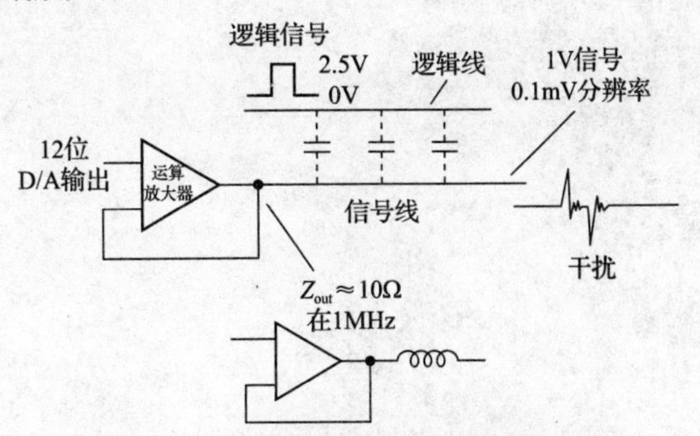

图 8.139　线性信号的数字交叉耦合干扰

另外，还有一些解决方案。例如，在运算放大器输出端加合适的旁路电容（可能带有小串联电阻，以保持运放的稳定性），但它的作用是降低耦合电荷束，使运算放大器的反馈可以抵消它们。与地间的串联电容（几百皮法）将对高频模拟信号分压，并反馈回输入端进行噪声抵消。当然，还可以使用低阻抗缓冲器（例如 LT1010）或功率运算放大器（例如 LM675）。同时，还应使用屏蔽、双绞线和接近地来减少耦合。

附加练习

练习 8.10　证明 $\mathrm{SNR}=10\log_{10}(V_S^2/4kTR_S)-\mathrm{NF(dB)}$（在电阻 R_S）。

练习 8.11　一个正弦信号，其方均根是 10μV，频率是 100Hz，其与阻值为 1MΩ 的电阻工作在室温下，则下列情况下信号的信噪比（SNR）为多少？a）中心频率为 100Hz，带宽为 10Hz；b）从直流到 1MHz 的 1MHz 频带。

练习 8.12　一个使用 2N5087 的晶体管放大器集电极电流是 100μA 且被阻抗为 2000Ω 的信号源驱动。求：a）其在 100Hz、1kHz 与 10kHz 的噪声系数（NF）；b）在输入信号方均根为 50nV 以及放大器带宽为 10Hz 条件下，放大器的信噪比（SNR）。

练习 8.13　为了确定经济型放大器（输入阻抗为 1MΩ）的等效输入噪声 e_n 和 i_n（在 1kHz），需要进行一些测量。放大器的输出信号通过了一个带宽为 100Hz 的窄带滤波器，输入为 10μV 时输出为 0.1μV。此时，放大器的噪声贡献可以忽略；随着输入端短路，噪声输出方均根为 0.4mV；随着输入端开路，噪声输出方均根增加到了 50mV。求：a）此放大器在 1kHz 下的 e_n 和 i_n；b）放大器在 1kHz 下的噪声系数（电源电阻分别为 100Ω、10kΩ 以及 100kΩ）。

练习 8.14　使用放大器进行噪声测量，放大器使用一个已经被校准的噪声源且放大器的输出阻抗为 50Ω。为了使放大器的输出噪声功率增大两倍，发生器的输出必须提高到 $2\mathrm{nV}/\sqrt{\mathrm{Hz}}$。那么在电源电阻为 50Ω 的条件下，放大器的噪声系数为多少？